中国吉菜大典

ZHONGGUO JICAI DADIAN

夏金龙 主编

中国商业出版社

图书在版编目（CIP）数据

中国吉菜大典 / 夏金龙主编 . -- 北京 : 中国商业出版社 , 2024. 8. -- ISBN 978-7-5208-2958-8

Ⅰ . TS972.182.34

中国国家版本馆 CIP 数据核字第 2024EZ7410 号

责任编辑： 杨善红
策划编辑： 刘万庆

中国商业出版社出版发行
（www.zgsycb.com 100053 北京广安门内报国寺 1 号）
总编室：010-63180647 编辑室：010-83118925
发行部：010-83120835/8286
新华书店经销
北京美图印务有限公司印刷
*
889 毫米 ×1194 毫米 16 开 35.5 印张 1000 千字
2024 年 8 月第 1 版 2024 年 8 月第 1 次印刷
定价：488.00 元
* * * *
（如有印装质量问题可更换）

《中国吉菜大典》

编委会

主　任：张炳辉

副主任：张越杰

顾　问：唐　文　陈　峰　宫兰文　张灿利　闫海泉　朱国儒　张世全　张勤杰　夏德润
刘　丽　李　娟　王玉明　杜静波　秦元刚　温亚龙　王福贵　王旭时

主　编：夏金龙

副主编：朱基富　陈立萍　刘　东　孙　影　魏志春　薛　海　石红年　姜　欣　田伟强
郑　星　李　东　刘海全　赵天华　牟忠波　韩光绪　李　想　邹　冰　王海宁

编　委：张崇奎　尹　良　陈金龙　贾海峰　蒋海波　石　磊　田　越　韩宏博　吕国强
刘子厚　刘国峰　刘　斌　梁　斌　徐连举　李永山　冷孝冰　王　雨　王永金
贾艳华　宿春玲　曹清春　李　野　初晓彤　梁长才　巩桂花　吕振才　霍　宏
王　黎　孙晓娇　张诗雨　钱禹成　朱海峰　陈　含　吕春雨　王　猛　刘彦龙
陈　露　于　刚　李光健　张　钧　王　俭　邴旭东　李成国　张　迪　李德春
付大海　刘兴春　周　旭　陆柏荣　李林杰　夏铁状　麻立宏　王　平　宋艳辉
于兴旺　陈晓西　张光有　张国华　王大伟　耿枕军　李亚东　王　昕　张利民
任术峰　刘亚轩　杨　军　班兆金　张德伟　刘　伟　孙晓辉　朱立元　张文军
赵鹏程　高　贺　曲　宝　庄金宝　王　强　高　强　罗　志　刘　秉　刘忠辉
黄树昕　任建华　高　波　李春迪　车德意　单喜松　康云聪　赛　勇　姜立志
刘　京　胡忠海　陈　亮　魏海波　宋彦斌　郭　爽　张亚倩　祝春雷　张贺男
杨春雨　黄润群　李天淼　赵红伟　宋文雪　厉轩麟　孙世超　林佰峰　郭　涛
赵艳文　齐志强　张洪洋　王智刚　李　玉　廖　宇　王　莉　李冬雪　刘　丹

摄　影：郑维国　娄殿岐　陈长城

中国吉菜大典

ZHONGGUO JICAI

DADIAN

作者简介

夏金龙，1977年出生，吉林榆树人，民革党员，现任吉林工商学院教授（二级），全国劳动模范、全国技术能手、享受国务院政府特殊津贴专家、长白山技能名师、吉林工匠，吉林省非物质文化遗产吉菜代表性传承人，吉林省饮食文化研究会会长。

自序

心心念念的《中国吉菜大典》终于付梓了，此时此刻，真是别有一番滋味在心头。这部吉菜大典，凝聚了太多人的心血，在吉菜传承创新之路上，从前辈到我辈，再到无数个奔波在路上的吉菜追随者，都在探索前行的征途中，留下了坚定而清晰的脚印。这一刻，就让我们用这部吉菜大典，共同向吉菜传承创新者致敬！

2024年，于我而言，将是特别有意义的一年。不仅是《中国吉菜大典》的问世，也是我从事餐饮行业的第30个年头。30年栉风沐雨，30年执着向前，作为吉菜产业发展的见证者、实践者和推动者，一路走来，感慨万千。回首往事，我从一名小厨工起步，到如今被行业同人认可，自己点点滴滴的进步，都离不开社会各界的关心厚爱与支持培养。

1994年，我从榆树来到长春，踏入餐饮行业，心怀梦想，努力拼搏，经过六年日日夜夜的辛苦磨砺，从初出茅庐的小伙计成长为知名酒店的厨师长。2003年我有幸拜师唐文教授，这是自己人生中一个极其重要的时刻，从此追随恩师，开启了吉菜传承创新之路，那时，我已默默栽下一颗梦想的种子，要求自己每天都不能虚度时光，必须学有所得，一定要努力向下扎根，向上成长，我坚信，只有根深才会叶茂。

星光不负赶路人
江河眷顾奋楫者

在追求梦想的过程中，不断得到各级领导、师长前辈、餐饮同人的鼓励鞭策和鼎力支持，自己也因此有幸获得了诸多荣誉。如全国劳动模范，全国技术能手，享受国务院政府特殊津贴专家、吉林省政府津贴专家，长白山技能名师，吉林省 B 类人才，吉林工匠，长春工匠，中式烹调高级技师，注册中国烹饪大师，吉林省第七批拔尖创新人才，吉林省非物质文化遗产吉菜代表性传承人，国家人社部夏金龙技能大师工作室领办人，吉林省人社厅夏金龙首席技师工作室领办人，吉林省总工会劳模和工匠人才创新工作室领衔人，吉林省政府秸秆变肉暨千万头肉牛工程领导小组专家委员会委员，世界中餐业联合会饮食文化专家工作委员会委员，世界厨师联合会国际裁判等荣誉和职务。

之所以列举这么多个人荣誉，是因为我觉得，这不仅仅是对我个人的认可肯定，更多则是对吉菜产业发展的鼓励和鞭策，目前吉菜产业发展已得到上至国家领导人、下至平民百姓的关注和好评。对吉菜产业而言，这是加快发展的最好时代，吉菜正成为盛世欢歌下的世界认同。

回首来路，感恩各界，唯有更多的回报社会，才能不负初心。2008 年我发起并成立了吉林省慈善总会“厨师爱心基金”，现已发展成为“童在蓝天下”困境儿童救助项目。慈善事业贵在坚持，每月我们都会收到善款，为更多的孩子送去温暖。2018 年至今担任吉林省慈善总会副会长，2023 年荣获吉林慈善奖 · 慈善楷模。

吉菜产业的发展，既要努力实践，在传统烹饪间总结经验，亦须深入科研，做好科研项目的研究建设工作。

2017 年，以高技能人才引进方式，我进入了吉林工商学院，开启了在高校教学与科研的新征程，更加专心致力于推动吉菜的传承与发展。2021 年，担任吉林工商学院吉林省饮食文化研究院院长，带领科研团队，围绕“秸秆变肉”暨千万头肉牛工程、吉菜传统烹饪技艺传创、饮食文化弘扬等方向，开展科研平台和科研项目研究工作，收获颇丰，2022 年我荣幸地被聘为二级教授。

我与吉菜
既然情有独钟 必是魂牵梦绕

一直有个想法，想把吉菜梳理一下，这种想法得到了吉林工商学院领导和前辈的大力支持，给了我启动编撰《中国吉菜大典》的信心和底气。编撰《中国吉菜大典》是提振吉菜产业、促进吉菜高质量发展的一项重要举措，也是功在当代、利在千秋的好事和大事。吉菜大典编撰，用创新型思维介入，不仅在吉菜品类上进行了系统梳理，更在吉菜文化和吉菜产业发展方面做了诸多全新阐述，这是中国第一部关于吉菜发展全面、系统、权威的综合性著作。

《中国吉菜大典》编撰历时一年，我与编撰团队的伙伴们走遍了全省 9 个地市州和长白山地区，行程 4000 多千米，参与的厨师、专家和服务人员达 200 余位。一年时间吉菜大典能够顺利编撰完成，不仅得益于我从业 30 年出版 170 多本餐饮书籍的积累和 8 年在高校的从教经历，更得益于各级领导、专家学者、餐饮界同人的集思广益、群策群力，众人划桨开大船，追梦之旅必实现。

2024 年《中国吉菜大典》的出版，恰逢吉菜发展从第一代 1934 年开始到现在 90 周年，中国吉菜已进入了跨越发展新赛道。新食路新思路新作为，在未来的日子里，我们将以吉林省饮食文化研究会为平台，在吉林省委省政府的推动和相关部门的指导下，在社会各界的支持下，站在新起点，开启新征程，积极构建中国吉菜产业高质量发展新格局。

凡是过往，皆为序章，人生耕耘，久久为功。用扎实至臻的厨艺追寻安身立命之道，这是我的座右铭，我想也应该是所有吉菜传承创新者的工作准则和制胜法宝。

让我们一起勇毅向前，坚守工匠初心，发扬工匠精神，咬定目标不放松，敢闯敢干加实干，带动更多身边人在推进吉菜产业高质量发展新征途中建功立业，奋力谱写新时代吉林振兴发展吉菜产业新篇章。

盛世修典，吉菜逢时，感恩铭记，薪火传承。以梦为马，不负韶华，一路同行，未来可期。

夏金龙
2024.6 长春

序

在推动中华优秀传统文化创造性转化、创新性发展的过程中，吉菜的传承与发展是一项重要的课题。文化自信是一个国家、一个民族在文化领域自信的体现，是建立在对自己文化历史、传统、价值观、生活方式等方面的全面认识和理解基础之上的。在这个基础上，我们需深入挖掘和传承自身文化的优秀成果，让传统文化在现代社会中焕发新的活力。饮食文化是文化自信不可缺少的重要组成部分，具有悠久历史和独特魅力的菜系尤为值得关注。作为中国地域菜系之一的吉菜，其文化内涵源远流长，3000 年前，满族的祖先肃慎已定居于白山黑水之间，从事渔猎生活。自古以来，吉林地区汇集了汉、满、朝鲜、蒙古等多个民族在这里繁衍生息，多样的民族文化和饮食习惯孕育出独特的多元饮食文化，成为中华饮食文化璀璨的一部分。吉菜之独特，在于融会了东西南北各大菜系之精粹，形成了别具一格的地方风味。这不仅展现了吉林饮食文化的丰富多样，更是对中华优秀传统文化的一种传承与发展。

自古以来，吉菜承载着丰富的文化内涵，其形成与发展紧密相连于吉林的地理、历史、经济、民族、文化、风俗及资源等多方面因素。位于我国东北中部的吉林，拥有“世界三大黑土地”之一，土壤肥沃，物产丰富，为吉菜的发展提供了有利条件。吉菜借此优势，汇聚了丰富的食材与独特的烹饪技巧。吉林省优越的自然生态环境孕育出了诸多名贵实用菌类、山野菜类以及珍贵药膳原料和调味品。叶赫白蘑、延边黄牛、草原红牛等美食更是享誉海内外。省内淡水鱼类品种繁多，诸如松花湖的“三花一岛”、查干湖的胖头鱼以及图们江的大马哈鱼等均脍炙人口。

历经多年发展，吉菜已形成了民族菜、民俗菜、宫廷菜和山珍菜等诸多品类，以其选材四季分明、勺功技法独特、口味咸鲜醇厚、文化多元融合的特点深受消费者喜爱。在挖掘吉菜文化内涵方面，应深入研究其独特烹饪技艺及地方民族风俗，以展现吉菜的魅力。吉林冬季气候严寒，人体需摄入较多热量，加之当地人民热情好客，讲究实惠，故菜肴以肉多、调味重为特点。从食材角度看，吉菜选料广泛，包括地产山珍、人工养殖产品、农业深加工产品及引进原料等；在口味上，吉菜注重健康，改良了传统东北菜酱汁浓、色重、油腻、偏咸的弊端，呈现出清淡、醇厚、香浓的特点。随着饮食文化交流日益深入与频繁，人们对美食的需求和品味也在不断提升。我们需要紧随时代步伐，将吉菜的优良传统与现代烹饪技艺相结合，创新推出更具特色的美食。

吉菜作为吉林地域的特色美食，近些年来，在吉林省省委、省政府的大力支持下，取得了显著的发展和转变。为了推动吉菜的发展和创新，政府每年举办美食节，提供政策支持和资金投入。在提倡绿色健康生态理念的背景下，吉林地区涌现出了一批以绿色生态园餐厅为代表的餐饮企业，他们以生态、健康、绿色的理念为出发点，从土地到餐桌食材，为顾客提供优质的餐饮服务和美食体验。同时，吉菜产业也在积极推行标准化，如人参江米鸡、酸菜扣肉、人参江米藕丸和小鸡炖蘑菇等经典菜品都制定了严格的制作标准，以确保菜品的质量和口感。“吉林八景饮食文化研究”作为省级科研课题，旨在深入挖掘吉林地区的美食文化，提升吉菜的文化内涵。此外，“吉菜美食”365 集由吉林教育电视台录制并播放，中央电视台第二频道和山东电视台频道播放，《中国吉菜》《吉林菜谱》《吉林面点谱》《吉菜故事》《中国吉林名厨大典》等著作也为吉菜文化的传播提供了丰富的素材和视角。吉菜在近几年的转变中，不仅在菜品研发、技术培育与创新、绿色生态理念等方面取得了显著成果，还在吉菜理论体系建立、文化研究、文化交流等方面进行了深入探索。这些努力为吉菜的发展奠定了坚实的基础，也为吉林地区的美食文化增添了新的活力。

在吉林工商学院、吉林省饮食文化研究会、吉林省资深吉菜烹饪大师、名师、理论研究学者及餐饮企业的共同努力下，一部汇聚饮食文化、烹饪技艺、吉林名菜名点、餐饮美学等诸多方面的巨著《中国吉菜大典》得以问世。这部大典全面梳理了吉菜的历史渊源、食材特点、吉菜特点、烹饪技法、风味特色等，为大家呈现出深入了解和感受吉菜的载体。它不仅是吉菜文化的概括与升华，更是对中华饮食文化深内涵的生动诠释。

在新时代背景下，继续深度挖掘和传承吉菜文化，让其在现代社会中焕发新的活力，对于弘扬吉菜文化、增强文化自信具有重要意义。我们相信，在不久的将来，吉菜必将成为我国餐饮业的一颗璀璨明珠，闪耀在世界舞台。让我们共同期待这一天的到来，共同为吉菜的发展喝彩！

资深注册中国烹饪大师
吉林工商学院吉林省饮食文化研究院终身名誉院长
唐文

目录

第三章　吉菜烹饪技艺

第四章 吉菜大师名师

第五章　吉林地方名菜名点

第六章　吉菜筵席及名宴名席

第七章　吉菜的文化价值与未来发展

第八章　吉菜名店名企

附　　录

参考文献

后　　记

绪

论

吉菜的由来

JI CAI DE YOU LAI

长白山

一、吉林的历史沿革

吉林省是中国一级行政区划，简称“吉”。全国唯一以少数民族语言命名的省，吉林，源自吉林乌拉。吉林，满语：沿；乌拉，满语：江。吉林乌拉，沿江的城池。“吉林”二字是因吉林省省会最初设在吉林市而得名。吉林市历史悠久，据历史文献记载和考古发掘，早在新石器时期，就有人类在吉林一带栖息。

明代以前的吉林市，虽然为历朝所领，但并未得到充分开发。直到明永乐年间，辽东都司指挥使刘清奉命率军来这里造船运粮，此后吉林才成为通往黑龙江地区，或更远地方的一个中转站，其政治、经济、军事上的重要地位日益显著，并为清朝正式建城奠定了基础。

明朝接管了元朝在东北的大片土地后，为了加强对东北边疆的管理，于1409年（明永乐七年）在黑龙江入海口处设置了管辖黑龙江、乌苏里江、松花江流域等地的最高地方行政机构奴尔干都指挥使司，负责征收赋税、管理地方行政事务。为了开辟与内地的交通线，特别是为大兴安岭以南、黑龙江流域广大地区运送粮食、布匹及军需物资，在陆路运输十分困难的情况下，把目光转向了水路运输。吉林市地处松花江上游中段，当年水面宽阔，适于大船航行。为打造运输用船和军事用船，1420年（明永乐十八年）、1425年（明洪熙元年）、1432年（明宣德七年）明政府三次派辽东都司都指挥使刘清到吉林造船。吉林市遂有“船厂”之称。后来，船厂在战争和清初的“封禁”中日渐湮没。

清朝初年在东北边疆地区不设省，而派驻防内大臣。1646年（清顺治三年），驻防内大臣改称昂邦章京。1653年（清顺治十年），在宁古塔（今黑龙江省海林，后徙宁安）设昂邦章京镇守黑龙江、松花江和乌苏里江流域的广大地区，吉林为其属下。从此盛京、宁古塔两昂邦章京并设，初步将东北划分为两个军事驻防区。这便是吉林省建置之始。

当时吉林是松花江边的水陆码头。冬天冰雪封江，大江成了天然的通道。有各种马车、牛车、爬犁在江道上往来，把松花江上游的土特产汇集到吉林来。满族人在江面上修起独具特色的冰上客栈（旧称“水院子”），接待过往商人。冬天人们把锯倒的大树集中在上游的江边堆积起来，到了江水开化后，把这些木头串成筏排，顺江溜放下来，最后到吉林靠岸储集。现在的临江门、东大滩一带就是当年木材的集散地。那时松花江上大小船只往来不断。

1656年（清顺治十三年），为巩固东北边防，抵御沙俄入侵，清政府派昂邦章京沙尔虎达在吉林建厂造船，组织船队，巡行江上。1658 年（清顺治十五年），首战沙俄，获得胜利。据《吉林外纪》记载：“顺治十五年，因防俄罗斯，造战船于此，名曰船厂。”明、清两朝在此造船、屯驻水军，故有“船厂”“船营”之名。此后，居住在松辽黑地区的各民族都称这里为“船厂”。这便是吉林“船厂”的由来。

当时，宁古塔将军镇守的地区非常广阔，今吉林省境归其管辖。1663 年（清康熙二年），为巩固东北边疆，清政府开始重视城镇建设。据史料载，当时“自奉天（今沈阳）过开原出威远堡有 7 镇，首曰稽林乌拉，亦作吉林乌拉”。可见此后“船厂”又称“吉林乌拉”。1671 年（清康熙十年），清政府遣发“流人”数千户，到船厂地方造船，调宁古塔副都统安珠瑚驻吉林乌拉，监督造船，为抗击沙俄做准备。1673 年（清康熙十二年），宁古塔副都统安珠瑚监修吉林城。1676 年（清康熙十五年），在吉林设将军衙门，宁古塔将军驻地由宁安迁至吉林乌拉城。宁古塔将军与吉林副都统同城驻防，同署办公。从此这个地区的政治、军事、经济中心也由宁古塔转移到吉林，吉林城受宁古塔将军辖制，这就是史家所称的军府时期。

船厂由于“驻将军”“置省会”“建木城”，再叫“船厂”似有不妥，便渐渐改称“吉林乌拉”，为有别于大乌拉虞村，船厂亦称“小乌拉”。吉林乌拉系满语，吉林谓“沿”，或靠近之意，乌拉谓“江”或“川”，就是靠近江边的地方或沿江之地、沿江之城。后来在口语和行文中多将“乌拉”省略，简称“吉林”。因为“吉林乌拉”是以汉字注音的满语，200 多年来在各种史料中曾把“吉林”书写成不同的汉字，如鸡林、鸃林、鸡陵、几林、吉临等。

1882 年（清光绪八年），设吉林分巡道，驻吉林城。隶属于吉林将军，辖吉林、长春 2 府，伯都讷、双城、五常、延吉 4 厅。吉林城由吉林厅升为吉林府，领伊通州和敦化县，此即谓吉林府时期。1883 年（清光绪九年），沙俄侵占伊犁，吉林边疆危急。钦差大臣吴大澂勘察北疆，督建吉林机器局。吉林将军希元主持再次改建吉林城，将土墙改建为大青砖墙。吉林古城在 200 余年间，由木城改为土城再改为砖城，面积也由 0.2 平方千米扩展到 4 平方千米。1907 年（清光绪三十三年），实行省制，撤吉林将军、吉林副都统，裁去吉林分巡道，置吉林省，设治于吉林城，吉林城从此成为吉林省省会。

中华民国成立后，基本沿袭了清末政区。民国 2 年（1913 年），颁布现行各县行政官厅组织，把旧时府、厅、州一律改为县，即以原有区域为县之区域，仍按旧志分全省为四路，民国 3 年（1914 年），把原有四个路、道依次改为吉长道（治长春县）、滨江道（治滨江县）、依兰道（治依兰县）、延吉道（治延吉县）。抗日战争爆发后，中国东北抗日联军第一路军战斗在吉林省。民国 34 年（1945 年）8 月，日本战败投降，国民党成立“吉林地方治安维持会”。后把东北划成 9 省，吉林省领长春、吉林 2 市和永吉、榆树等 18 县 1 旗。10 月 25 日，中共中央东北局决定在长春成立吉合区党委。11 月 10 日，中共中央东北局决定撤销吉合区党政军机构，成立中共吉林省工作委员会。11 月 25 日，中共永吉地委征得驻吉苏军同意，成立吉林市民主政府。民国 35 年（1946 年）5 月 28 日，东北民主联军及民主政府从吉林市撤出，国民党在此成立了吉林省政府。同时中共发起了四次“四平战役”。1947 年东北各省重新划定，吉林市仍为吉林省会。民国 37 年（1948 年）3 月 9 日，中共占领吉林市。3 月 10 日，中共吉林省政府迁至吉林市。10 月 19 日，驻长春国民党守军起义投诚，长春解放。自此吉林省全境解放。民国 38 年（1949 年）4 月 21 日，长春市政府由东北行政委员会直属改由吉林省政府直属，东北划分为 6 省。中华人民共和国成立初，吉林省辖 2 个市、2 个专区、1 旗、22 个县和 1 个工业特区。1954 年，东北行政区划调整，将原黑龙江省的 7 个县划归吉林省，与原属吉林的乾安县共同组建白城专区；将原辽东省的 1 市 9 县划归吉林省，设立通化专区；将原辽东省的辽源市、西安县、东丰县和原辽西省的四平市、双辽县、梨树县划归吉林省管辖。东北 6 省改为 4 省，吉林省与黑龙江省、辽宁省以两省新划归吉林省的市、县界线为省界，与朝鲜、苏联国界仍旧。1954 年 9 月 27 日，长春直辖市改为省辖，省会迁往长春。1969 年 7 月 5 日，中共中央、国务院决定将内蒙古自治区的哲里木盟和呼伦贝尔盟的突泉县、科尔沁右翼前旗划归吉林省管辖。1979 年 5 月 30 日，中共中央、国务院决定将哲里木盟和白城地区的突泉县、科尔沁右翼前旗划归内蒙古自治区管辖。从此，吉林省行政区划延续。

二、吉菜的由来与命名

巍巍长白，古称不咸，山一年多是白雪皑皑而得名，是东北亚最高山峰，有三条大江发源于山巅，其中一条名松阿里乌拉在满语中的意思是天河（即今松花江），穿过莽莽林海注入北方的鄂霍次克海，在流经途中到了一个叫“乌拉”的地方，形成一个八卦形的弯，人们称之为“吉林乌拉”，满语意为沿江有一个地方叫“船厂”。松花江沿岸自古就是多民族繁衍生息之地，先后有数以百计的部落、部落联盟和部族生活在这里。东胡、契丹、肃慎、女真都在这里发祥，使得吉林乌拉民风古朴，这儿“部落杂处，以其族类之长为千户统之。契丹、女真贵游子弟及富家儿月夕被酒，则相率携尊，驰马戏饮。其地妇女闻其至，多聚观之。闲令侍坐，与之酒则饮，亦有起舞歌讴以侑觞者，邂逅相契，调谑往反，即载以归。不为所顾者，至追逐马足不远数里。其携去者父母皆不问，留数岁，有子，始具茶、食、酒数车归宁，谓之拜门，因执子婿之礼。其俗谓男女自媒，胜于纳币而昏者”（见于宋代流人鄱阳洪皓《松漠纪闻》，《长白丛书》吉林文史出版社，李树田主编，1995 年版）。这段古籍记载的民族民间婚俗，道出了吉林民间一道古老的菜点。

夜晚，天上的月亮又圆又大，男儿们备好了自家酿的好酒，来到部落外的江边，树林里、草甸上，对自己心爱的女子劝酒，姑娘们动心了，便接酒，与之歌唱、跳舞，然后心爱的男子将心上的人带走了，数月或数年后，待女子有了身孕或生了孩子，再双双备好茶、食、酒数车来拜见女方的家人。从“月夕被酒”到“数车归宁”载的具体是什么呢？清代吴大澂在《皇华纪程》中记载了最初到东北当地亲朋招待他最好的是“日食花猪肉，松江冰白鱼”，这两道最初的“茶、食、酒”——“花猪肉”、“冰白鱼”正是两道吉林最早最古老的地域名菜，当然也要送给心上人的父母了。这种“男女自媒，胜于纳币而昏者”的拜门，“执子婿之礼”之俗已形成优美丰富的菜系列传。这个菜系列传，充满了幸福、亲情和美丽，它是延续生命的菜，它是传宗接代的菜，它是百姓心中的菜，它是这块土地和江河上的菜，它更是人与自然的生命的结果。这便是最初的民间吉菜。

北方少数民族是一个伟大的族群，在这块土地上，曾经有六个少数民族入主中原，其中，公元 1644 年，满族建立清朝，统一全国。从远古开始，入主中原的王朝都把长白山视为神山、圣山。由于北京距离长白山路途遥远，往来祭祀不便，清廷开始选址建殿，以遥祭长白山神，最后选中了吉林乌拉城西的小白山（温德赫恩山），认为“小山胜丘壑，远与长白通。”于是，康熙、乾隆百多年间六次东巡，一下子将民间的吉菜上升至国菜和宫廷菜的地位。仅以康熙帝第二次东巡为例，这时吉菜已经形成自己庞大的菜系系列了。

清康熙二十一年（1682 年），无比强大的帝王第二次率领他的精兵强将走出京师，直奔他的老家、祖地吉林乌拉，这次他带着浩浩荡荡的巡察队伍和大批辎重来到他既是故乡又是边疆的吉林，如果说是来考察民情、掌控边疆，不如说是帝王来此生活了。此次他前后在此 80 天，同行者七万余众，光是食物的数量，就十分惊人：“猪六十二头、鹅二百三十五只、鸡六百二十只、鸭一百四十只、粳米十一石五斗七升、红白高粱米、燕麦等杂粮十石五斗七升、豆面、菜豆八石九斗半另二升、白面三千九百四十九斤、芝麻油一千零二斤八两、白芝麻油一百一十斤、牲口草料，豆一百五十二石八斗半、草两万五千零一十九捆。从五十九个棉、靛、盐庄征用：猪一百二十头、米三十石一斗一升、饲草六千捆。另外，因购买酱醋杂物、租车等花费，合计向八十二庄征银八百八十八两五钱。从京师带往盛京的腌制兽肉四十牛车、菜肴十四马车。御膳房一日用羊十二只，拟三个月，备羊一千零八十只……”（见清高士奇《扈从东巡日录》，《长白丛书》吉林文史出版社，李树田主编，1995 年版）吃惯了宫廷菜的帝王将相、格格、妃子、阿哥、佳人，甚至各带帐篷、寝具、食具、厨子，“大批准备屠宰的牛群、羊群和猪群也一齐在御道的两旁被驱赶着前进，虽然这一切都和后妃们要经过的道路保持了相当的距离，但是这车、人、兽相掺杂的不间断的大群，还是闹得尘埃飞扬，我们如同前进于无边无际的云雾中，风从迎面或是侧面吹过来，十五步到二十步远的地方，竟至什么也分辨不清”（见比利时南怀仁《鞑靼旅行记》，《长白丛书》吉林文史出版社，李树田主编，1995 年版）。各地迎接圣上的民间菜肴，皇上准备给祖先，圣山祭祀而用的祭祀菜点都已制作齐备，一时间古老的吉林乌拉，松花江两岸烟雾飘荡，煎炒烹炸，菜香四溢。据《清史稿》记载：“圣祖爷四月初四于大乌拉虞乘船返吉，扶桅临风，见两岸山色荡漾，时游兴大起，弃舟登岸。踏青巡游，未久，见咫尺间有禾田顷于，青苗喜人。遂环顾左右，蓦然，远眺田边有农舍数间，正炊烟轻起，爷无视随扈阻劝，微身入宅。耕稼翁惊见帝至，大喜款招，并以新熟白饭呈享。爷亦无拒，尽食之。”但觉其米香糯润滑，口感甚佳，欣喜不已，遂题诗赠翁，诗云：“山连江城清水停，稻花香遍百里营。粗碗白饭仙家味，在之禾中享安宁。”从此，吉林晶莹如玉，唇齿留香的米和 2400 百种贡品连绵不断的流向京都，乾隆也曾作诗盛赞：“松江万里稻兴滔，碎碾珠玉降琼瑶。绵香宜腹还添力，慰我黎庶尽辛劳。”

清帝东巡及祭祖祭山所用的那些著名菜点和地域风味，如白肉血肠、清蒸白鱼、红烧熊掌……从此成了固定的吉菜，一道道佳肴名珍就这样写入了宫廷菜谱，而满族、契丹等少数民族的佳肴“花猪肉”“冰白鱼”“乌拉火锅”“八大碗”更使吉菜增加了多样性，带有传奇和绝活性质的“爆炒活鸡”“油炸冰溜子”“刀切生鸡蛋”“米儿酒”“瓮头香”更加丰富了宫廷菜，直到“满汉全席”的诞生，一下子又把“吉菜”推向了顶峰。清代至民国年间，齐鲁民众闯关东，又把中原菜肴带入东北，融入吉菜。

“满汉全席”表达了清王朝把自己融入伟大的汉民族之中的不朽创举，也完整地总结了吉菜，并最终形成了吉菜，而齐鲁菜的融入，增加了吉菜的多样性。这时候，吉菜已悄然谱写了自己的列传，它历史久远，起源清晰，产于民间，活于风俗，定于皇家，容纳齐鲁，它穿越时空，走至今天。20 世纪末的 1999 年，时任吉林省省长洪虎最终将吉菜推向了时代的前沿。从此留下了吉菜在时代中的地位和具体的名字、细节及味道。

第一章

吉菜的历史源流

JI CAI DE LI SHI YUAN LIU

第一节 吉林地理环境对吉菜资源的影响

美丽富饶的吉林省，自古以来就是中国领土重要组成部分；吉林省各族人民是中华民族大家庭中的重要成员；吉林省的历史同我们伟大祖国的历史一样源远流长。在几千年文明史中，吉林人民用自己的勤劳、智慧和不屈不挠的精神，建设和保卫祖国的边疆，为中华民族的繁荣昌盛作出重大贡献。

一、吉林自然地理概述

吉林省为边疆近海省。东部与俄罗斯接壤，东南以图们江和鸭绿江为界同朝鲜的咸镜北道、两江道、慈江道为邻，边境线长 1438.7 千米。其中，中俄边境线长 232.7 公里，中朝边境线长 1206 千米，东端珲春市敬信镇防川村距日本海仅十几公里。

吉林省地处东北亚地区中央，中国东北地区腹地，北邻黑龙江省，南邻辽宁省，西与内蒙古自治区相接。东西长 650 千米，南北宽 300 千米，西北窄而东南宽，轮廓呈狭长形。面积 18.74 万平方公里，约占全国总面积的 2%。

吉林省地势东南高西北低，山地占全省总面积的 60%，平原占全省总面积的 40%。省域东部为长白山山脉，包括长白熔岩台地和吉东低山丘陵两部分，长白山主峰为休眠火山，火山锥顶为火口湖——长白山天池，天池周围十六峰倒入水中，有“处处奇峰镜里天”之美，其中白云峰海拔 2691 米，是中国东北地区最高峰。省域西部为平原，位于大黑山以西，包括东部山前台地、松辽分水岭、松嫩冲积平原和辽河冲积平原，地势低平，海拔 120 ～ 250 米。吉林省地势的这些特点奠定了政区的格局。

吉林省内河流分属松花江、辽河、鸭绿江、图们江、绥芬河与白城内流河流域。长白山为松花江、鸭绿江和图们江发源地，松花江向西北流至扶余县境，与嫩江汇合后又折向东，进入黑龙江省，流域面积约占全省总面积的 2/5，境内松花江主要支流有辉发河、饮马河、伊通河、呼兰河、拉林河等。鸭绿江、图们江分别向东北、西南流，为中朝界河。东辽河为辽河东源，流经省域西部。绥芬河位于省域东北角。白城市内的河流多为内流河，流入湖泡或形成草原湿地。松花湖位于省域中部，为松花江上的人工湖。境内西北部还分布着许多平原湖泊，较大的有月亮湖、大布苏湖、查干湖等。这些河流、湖泊的分布对吉林省政区的划分和中心城市的形成产生了极为深刻的影响。

二、吉林气候特点概述

吉林省位于中纬度欧亚大陆的东侧，属于温带大陆性季风气候，四季分明，雨热同季。吉林省气温、降水、温度、风以及气象灾害等都有明显的季节变化和地域差异。春季干燥风大，夏季高温多雨，秋季天高气爽，冬季寒冷漫长。从东南向西北由湿润气候过渡到半湿润气候再到半干旱气候。冬季平均气温在 - 11℃以下。夏季平原平均气温在 23℃以上。吉林省气温年较差在 35℃ ~42℃，日较差一般为 10℃ ~14℃。2015 年，无霜期一般为 100~160 天。吉林省多年平均日照时数为 2259~3016 小时。年平均降水量为 400~600 毫米，但季节和区域差异较大，80% 集中在夏季，以东部降水量最为丰沛。正常年份，光、热、水分条件可以满足作物生长需要。

三、吉林特产资源概述

吉林省位于中国东北地区，是一个美丽富饶的地方。这里拥有得天独厚的自然环境和独特的文化底蕴，孕育着许多令人惊叹的特产和美食。吉林省的特产和美食种类繁多，让人目不暇接。其中最著名的特产之一是长白山人参，这种人参被誉为“百草之王”，具有极高的药用价值和保健功能。长白山人参与貂皮、鹿茸并称为“东北三宝”，是吉林省吉林市、白山市特产，为国家地理标志保护产品。其以“补五脏、安精神、定魂魄、除邪气、止惊悸，明目开心益志，久服轻身延年”的神奇功效，被誉为“百草之王”，稀世珍宝，民间称人参为长白山上“三宝之首”，是吉林省著名的中草药特产。人参产地长白山地区，是东北亚最大的天然药材库，是“百草之王”中国人参的核心产区，有“中国人参看吉林，吉林人参看白山，最好人参在抚松”的称谓。其特点是形美、质坚硬，断面皮部显裂隙，形成层明显，气微香，味微苦且甘，是吉林一张响亮的特产美食名片。吉林著名的人参还有抚松人参、集安人参、靖宇林下参、靖宇西洋参、集安边条参。“东北三宝”之一鹿茸，主产于吉林省长白山区，是吉林省白山市著名的特产，取自梅花鹿新生的没有长成硬骨时的嫩角。因其营养丰富，药效显著，历史上列为贡品，现在以鹿茸片为代表的各种鹿茸制品在国际市场上畅销不衰。鹿茸生长在春秋两季，以春季长出的品质最好。鹿茸的药用价值很高，中国最早的《神农本草经》已把它列为上品，自用或者赠礼都是佳品，也是吉林著名的特产伴手礼。而长白山地区所产的貂皮、鹿茸、灵芝等也是吉林著名的特产。

查干湖胖头鱼是吉林省松原市前郭尔罗斯蒙古族自治县内的查干湖一带特产鱼类，为国家地理标志产品，由于特殊的气候条件和生长环境，其品质优异，被认定为“中国名牌农产品”，是中国的“四大家鱼”之一。查干湖是吉林省最大的天然湖泊，也是吉林省著名的渔业生产基地，所产的查干湖胖头鱼体质健壮，无污染，肥满度高；其味道鲜美醇正，肉质细嫩，个大体肥，肥而不腻。吉林省其他特产鱼鲜还有蛟河庆岭活鱼、明太鱼、吉林松花江“三花一岛”（“三花一岛”特指松花江流域的四种名贵鱼产，当地分别称鳌花鱼 / 鳜鱼、鳊花鱼 / 边花鱼、季花鱼 / 吉花鱼 / 鲫花鱼和岛子鱼）等。

吉林大米是吉林省粮食名片工程中的“白金名片”。吉林省是我国主要的优质粳稻生产基地，常年水稻种植面积 1200 万亩，主要分布在图们江、鸭绿江、松花江、嫩江和辽河流域，吉林大米是吉林省著名的农产品特产，先后荣获全国优良食味粳稻品评特等奖、全国优质稻（粳稻）品种食味品质鉴评金奖等荣誉，荣获“中国粮油影响力公共品牌”称号。吉林大米尤其以万昌大米（农产品地理标志产品）、延边大米（国家地理标志保护产品）、吉林市舒兰大米（农产品地理标志产品）、通化姜家店大米（国家地理标志保护产品）、通化辉南大米（国家地理标志保护产品）、通化梅河大米（国家地理标志保护产品）、通化西江大米（国家地理标志保护产品）、长春公主岭大米（国家地理标志保护产品）等最为著名。

吉林省黄金玉米带是地球上稀少的资源之一，既是吉林省独有的优势资源，也是吉林省特有的宝贵财富，是吉林人民赖以生存的基础和命脉。吉林省位于我国东北部，地处松花江、辉南江和拉法尔河等三大水系发源地，地势平坦，土壤肥沃，具有得天独厚的农业生产条件。全省总面积 180 万平方千米，耕地面积 400 万公顷，其中玉米种植面积占比较大，是我国重要的玉米产区。吉林省属于温带大陆性气候，四季分明，光照充足，雨热同季，为玉米生长提供了良好的自然环境。春季气温回升缓慢，有利于玉米播种；夏季炎热多雨，有利于玉米生长发育；秋季降温迅速，有利于玉米成熟。

近年来，吉林省积极推进农业现代化，大力推广高产、优质、抗病、抗逆、节水等新品种和配套栽培技术，提高玉米产量和品质。同时，普及科学施肥、病虫害防治、农田水利等基础设施，为玉米产业发展提供技术保障。吉林省玉米产业链条完整，包括种子研发、种植、加工、销售等环节。其中，玉米深加工产业发展迅速，产品涵盖食品、饲料、化工、能源等多个领域，为玉米产业增值提供了广阔空间。吉林省政府高度重视玉米产业，出台了一系列政策措施，包括资金补贴、保险理赔、贷款支持等，鼓励农民种植玉米，扶持企业发展，推动产业升级。

随着人们生活水平的提高，对玉米及其制品的需求不断增长。吉林省地处我国粮食主产区，玉米产量丰富，市场潜力巨大，有望成为国内外市场的“粮仓”。

未来，吉林省将积极推进玉米产业与科技、旅游、文化等产业融合发展，打造玉米主题公园、农业观光园、农家乐等，拓宽产业空间，促进农民增收。

吉林省将积极参与国际市场竞争，扩大玉米及制品出口，与国际市场接轨。同时，引进国外先进技术和管理经验，提升产业整体竞争力。

吉林玉米产业具有明显的资源优势、产业优势和发展前景。在新的历史条件下，吉林省将紧紧围绕农业现代化，进一步发挥优势，推动玉米产业转型升级，为实现乡村振兴、农民增收作出新的贡献。

吉林木耳色泽黑褐，质地柔软，味道鲜美，营养丰富，可素可荤，不但为中国菜肴大添风采，而且能养血驻颜，是吉林省著名的农产品特产。吉林省木耳尤其以延边汪清黑木耳、白山市长白山黑木耳、吉林市黄松甸黑木耳最为有名。其中黄松甸黑木耳为国家地理标志保护产品，其有生长周期长、色黑肉厚，口感柔软，肉质细腻，味道清新、微量元素含量多、营养丰富等优良品质，被评为中国“全国名牌产品”。而汪清黑木耳为农产品地理标志产品，更是入选“中国农业品牌目录”。长白山黑木耳也被评为农产品地理标志产品，是来长白山旅游值得带走的伴手礼。

吉林梅花鹿产品是吉林省著名的特产，为国家地理标志保护产品，经过人工驯养培育的梅花鹿药用价值很高，被加工成为各类保健品和药品，长期以来深受国内外消费者欢迎。吉林梅花鹿产品包括鹿茸、鹿鞭、鹿血、鹿尾、鹿筋、鹿胎及鹿胎膏等梅花鹿产品，其中鹿茸是“东北三宝”之一，鹿茸的保健作用非常高，因此它也成为古代地方大臣常朝贡的补品之一，对全身虚弱、久病之后患者，有较好的强身作用。

黑水西瓜是吉林省白城市洮南的地方特产，为国家地理标志保护产品，也是吉林省著名的特色水果。黑水西瓜有着悠久的历史，在辽时期就已经有记载，在清朝为宫廷贡品，20 世纪 70 年代初曾作为国宴用品进入中南海，赢得“中南海消暑佳品”的美誉。洮南地区温差大，季节性强，雨热同季，非常适合西瓜的生长，所产出的西瓜个大皮薄、沙瓤爽口，颜色鲜美，香甜可口，耐于储存。1971 年，黑水西瓜被吉林省果品会议评为特产果品，2000 年年荣获“北京国际农业食品博览会金奖”，2001—2002 两次荣获“长春农博会金奖”。

黄松甸灵芝是吉林省吉林市蛟河市黄松甸镇特产，为农产品地理标志保护产品，是吉林省著名的农产品特产之一。黄松甸灵芝，单个不连朵，菌盖比较圆正肥厚美观，棕褐色，边缘生长点和中心色泽一致，表面附着孢子粉，菌盖腹面淡黄色或乳白色，无划痕；菌柄粗壮，呈暗褐色，有光泽，无霉变，无疤痕，无病斑、虫蛀。黄松甸灵芝凭借其独特生长环境和先进的栽培技术，逐渐形成质优、量高等特点，广受消费者青睐，产品远销海内外。吉林省其他著名农产品特产还有洮南辣椒、马记鹿茸、集安蜂蜜、洮南绿豆、靖宇平贝母、长白山香菇、东辽黑猪、延边黄牛肉等。

榆树钱酒是吉林省长春市榆树市地方特产，为国家地理标志保护产品，以“真藏真酿”著称于世，被誉为北派浓香型白酒典范，是吉林长春市著名的特产名酒。榆树钱酒于嘉庆十七年（1812 年）诞生，已有 200 年的传奇历史，是一款浓兼复合型白酒，以脱壳的红高粱、小麦、豌豆等为酿酒原料，采用混蒸混烧老五甑工艺；低温入窖、缓慢发酵、文火蒸馏、酒味清醇，香味悠长，开创了北方酒独有净爽风味。榆树钱酒曾荣获“巴黎国际博览会特别金奖”等百余项国际酒类行业评比殊荣，多次被评为“被评为吉林省名酒”，“榆树钱酿酒技艺”被列入“吉林省级非物质文化遗产”名录。

吉林特产资源丰富多样，在这片神奇的土地上，人们可以尽情地欣赏大自然的美丽，品尝美食，感受民俗文化的独特魅力。未来，吉林将继续发挥资源优势，为实现绿色发展、可持续发展作出更大贡献。

第二节 吉林饮食文化概述

吉林地处中国东北地区中部，地域广袤，物产丰富，巍巍长白山，茫茫林海；滔滔松花江，滚滚浪花；一望无际的大草原，蕴藏着无尽的宝藏。全省可加工香料、滋补品的植物和食用菌众多。像松口蘑、榆黄蘑、蕨菜等吉林特产备受消费者青睐，这些山珍经过厨师精心烹制，形成了一道道极富营养的关东佳肴。

吉林菜点兼取京、鲁和西菜的烹调精华，结合当地人民饮食习惯，充分利用吉林丰富的物产，形成了自己的特色，可以简略地概括为善制野味，讲究火候，醇厚香浓，朴素实惠。

吉林菜用料广泛而讲究精细，十分注重地方特产原料的使用。用特产烹制的长白山珍宴、康乾东巡宴、松花江水味宴、参花药膳宴、梅花鹿全席、查干湖全鱼宴等名扬四海。特别是在制作野味菜方面有很多独到之处，积累了丰富的经验。

吉林菜十分讲究火候，擅长使用烧、炖、扒、㸆、熘、拔丝、酱等烹调方法。制作精细、油重、色浓，特别注重宴席中大件菜的配置，菜以盘大量多、讲求丰满实惠而闻名。一些菜肴的烹制做到了嫩而不生、透而不老、烂而不柴，或外脆内嫩、外酥内烂等特征，火候的运用达到炉火纯青的地步。

醇厚香浓是吉林菜的主要特征，也是吉菜特色的核心。吉菜醇香味鲜，软嫩酥烂，清淡爽口，使菜肴浓、淡、荤、素分明。香辣味、五香味、甜咸味、甜酸味、茄汁味、酸辣味、甜香味等口味占较大比重。吉菜还善于用滋补性的中草药与原料结合烹成药膳。吉林的清真和朝鲜族菜点小吃也颇具特色风味。

吉林菜点简称“吉菜”，是利用吉林省特产原料或主产原料，运用吉林特有的烹调工艺，结合吉林省各族人民饮食文化和习俗而形成的，具有绿色理念的风味菜点。吉菜厚重朴实，给人以天然去雕饰的美感。价廉物美、量大实惠。炒菜盘大，炖菜往往是满满一盆。著名美味佳肴有猪肉炖粉条、小鸡炖蘑菇、白肉血肠、酸菜火锅、鹿茸羹、鸡茸哈什蚂、炸蛤蟆、人参鸡；朝鲜族风味有：狗肉、狗肉火锅、生拌牛肉、白扒松茸蘑、红焖狍肉、鲇鱼炖茄子、炒肉拉皮、带馅麻花、朝鲜族冷面、雪衣豆沙、打糕等。

一、沿革与构成

吉林省地处我国东北中部，有广阔的黑土地，有巍峨的长白山，有辽阔的西部大草原，还有美丽的松花江、图们江，盛产山珍野味、五谷鲜蔬、淡水鱼鲜和牛羊禽畜，为吉菜的形成与发展提供了坚实的物资基础，这块有 3000 多年历史的文化边陲地域，是清皇族的发祥地，是无数“闯关东”移民的沃土，是满、汉、蒙古、回、朝鲜等多民族文化交融的吉祥地。自 19 世纪末期，中国内忧外患不断发生，黎民百姓处于水深火热之中，关内大批移民冲出山海关来到吉林大地谋生，许多山东招远地区的厨师纷纷落脚在哈大铁路各主要城镇，如四平、长春、德惠等地，他们大多在高档酒楼执灶，善烹山珍海味，如海参席、鱼翅席、燕翅鸭全席，将齐鲁饮食文化与本地饮食文化融为一体，形成了吉菜发展的主力军——山东帮；最早活跃在沈吉铁路沿线各城镇的厨师源于当地的肆食和窝子行（承办红、白事的厨师），他们善烹满、汉、回族的风味菜，如火锅、白肉血肠、鸡里爆、腰里爆等，讲究“响堂响灶”（展示灶，由服务员报菜），麻利快，逐渐成为吉菜发展的一大支柱——本地帮；清朝咸丰年间（1852 年），大批朝鲜族难民涌入吉林东部山区集安、临江及延吉、图们一带，他们善烹狗肉，精于制作冷面、打糕、泡菜，使朝鲜族烹饪文化在吉林地区得以发扬光大；本省西部草场、湖泊、湿地纵横交错，那里是蒙、汉民族杂居的地区，他们邻里相望，互助耕耘，饮食文化相互借鉴，相互融合，相互渗透，形成了粗犷、豪放的饮食风格，善烹牛羊肉，擅于烤、烧、煎、炸、煮等烹调方法，形成了为本省的一风味流派。伪满时期（1934—1945 年），长春市（伪满称“新京”）成为伪满帝国的政治、经济、文化中心，皇宫御膳与奉帮（沈阳称“奉天”）厨艺是当时烹苑代表，长春、四平、通化、辽源、德惠、吉林、白城等地出现了一些高档酒楼，推出了一些山珍海味等高档菜肴，如葱烧海参、扒通天鱼翅、绣球燕菜、八宝鱼翅、烧鹿筋、扒熊掌及满汉席、全羊席等。中华人民共和国成立后至改革开放前这一时期，吉林省的饮食业也同全国各地一样，经过了公私合营、大跃进、国民经济调整和“文化大革命”阶段，经过“继承、挖掘、整理”传统经营品种的活动，全省整理出了上千个传统品种，出现了上百个风味小吃店及“名菜、名点、名宴”。如清蒸松花江白鱼、兰花熊掌、蝴蝶海参、白扒猴头蘑、炸铁雀带铃铛、神仙炉、口袋鸡、脱骨鸡、荷包鲫鱼、李连贵熏肉大饼、杨麻子大饼、三杖饼、真不同酱肉、回宝珍饺子、吉林白肉血肠、带馅麻花、清宫宴、聚仙宴、农家宴、龙凤宴等。改革开放以后，吉菜开发工作受到了省政府的重视和支持，先后举办了“长白山杯”“同达杯”“天景杯”“皓月杯”“净月杯”等美食节，推出菜点 4000 多种，评出吉菜名宴 91 台，吉菜名菜 207 种，各种风味小吃 91 种，代表性菜点 30 种，创新菜点 135 种，使吉菜出现一个万紫千红的繁荣景象。吉林省原省长洪虎在 1999 年 5 月，参观吉林省接待系统特色餐食展后提出“吉菜”这一名词。他指出：餐饮消费是人们消费中极重要的部分。吉林有不少特色的菜，但没有形成菜系，在全国没有多大影响，因此要搞吉菜菜系，要扩大吉林的影响。洪省长提出省贸易厅与有关方面一道，好好研究，认真组织。此后，吉菜作为一项产业，一个品牌，拉开了发展的序幕。在商务厅的指导下，吉林省饮食文化研究会在长白山开展了“压山菜”的研发，为解决长白山旅游核心吸引物供给不足提供了饮食支撑；《中国吉菜》画报册的编辑与出版，使吉菜在 2017 年的中国餐饮博览会上大放异彩，获得商务部领导赞誉；“赏冰雪，品美食”，在吉林冰雪产业博览会、长春冰雪旅游节上，吉菜更是作为重要角色，屡现身影，为国内外食客带来饕餮盛宴，味蕾享受，助力了我省冰雪经济发展。2019 年，吉菜开放 20 年之际，吉林省饮食文化研究会编撰了《中国吉菜 20 年风云录》，系统梳理了吉菜高质量发展成果，也开启了吉菜发展的又一个新征程。在 2024 年年初，我国吉林省饮食文化研究会在深入挖掘和梳理吉林省区域饮食文化方面迈出了新的步伐。为了推动吉林地域饮食文化的高质量发展，研究会启动了一系列富有成果的论坛活动，旨在系统地整理和展现吉林菜系的丰富内涵。此次论坛系列活动以学术性与实践性相结合的方式展开，主要包括学术论坛、专家研讨和文化旅游项目策划等多个方面。在学术论坛中，来自全国各地的专家学者齐聚一堂，共同探讨吉林饮食文化的起源、发展及其特点。通过对历史文献和研究资料的深入分析，大家对吉林地域饮食文化的脉络有了更为清晰的认识。

在专家研讨环节，各位专家针对吉林饮食文化的保护、传承和创新提出了许多宝贵的意见和建议。大家一致认为，要使吉林菜系走向全国，乃至全球，必须充分挖掘和发挥吉林地域特色食材、烹饪技艺和传统文化等方面的优势。此外，还须加强人才培养和技艺传承，为吉林饮食文化的未来发展打下坚实基础。

文化旅游项目策划是本次论坛系列活动的重要环节之一。通过策划一系列具有吉林饮食文化特色的旅游线路和活动，旨在吸引更多游客前来体验吉林美食的魅力，推动当地旅游业的发展。同时，也让更多人了解和传承吉林地域饮食文化，为吉林菜系的传播搭建平台。

吉林省饮食文化研究会在 2024 年年初启动的论坛系列活动，为吉林地域饮食文化的高质量发展将提供有力支撑。在全省人民的共同努力下，相信吉林省饮食文化必将绽放更加璀璨的光芒。

纵观吉菜沿革历史，不难看出吉林菜点风味体系的构成是由本帮风味、山东风味、宫廷风味、少数民族风味等四个部分组成，本帮风味是土生土长的满族家常风味与汉民族家常风味的结合。形成历史源远流长；山东风味源于鲁菜而又不同于鲁菜。主要由山东招远一带、"闯关东"的厨师结合吉林地区人们的饮食习俗创新发展而来，它对吉林风味体系的形成与发展起到主导作用；宫廷风味是清宫御膳与山东风味、民间风味相互交融而形成，它对吉林风味体系的形成占有重要地位；少数民族风味主要由朝鲜族风味、蒙古族风味、回族风味组成，它们分别活跃在吉林省的东部、北部和中部地区，对吉林风味体系的形成与发展起到主力军的作用。吉林省虽然属于东北风味体系的范畴，同样都经过了清末、民初、伪满时期的历史传承与积淀，但是很多肴馔的制法、口味，乃至饮食习惯上都有别于辽宁和黑龙江两省，即饮食文化方面各有其共性和特殊性。吉菜的特点及成因特点：吉菜是以民俗、民族菜为根，承袭鲁菜、东北菜为脉，以"天然、绿色、营养、健康"为理念，烹饪技法精细求新，菜肴口味增鲜趋淡，原料广泛精选，注重营养平衡，追求健康时尚。首先，吉菜能发挥资源优势，精选"天然、绿色"原料。"天然"指野生，"绿色"指无污染。由于吉林省生态环境好，水土肥沃，气候条件适宜，农作物生长期长、品质好。自然生长的山珍野菜和人工种、养殖种类非常多，常用的烹饪原料有400余种，如人参、鹿茸、林蛙、猴头蘑、榛蘑、蕨菜、薇菜、刺嫩芽和天然牧场养殖的梅花鹿、牛肉、大鹅也闻名遐迩。近年来，人工养殖远离添加剂，种植施用有机肥，绿色基地和产品越来越多，为吉菜的发展提供了资源保障。

二、吉菜开发注重创新

吉菜在加工制作中追求"营养、健康"。吉菜遵循继承、发扬、创新的方针，师传统而不拘泥，崇时尚而不脱俗，学他人而不照搬，是"集千家炊烟为一缕，移万店清新为一堂"，以时尚为导向，不断创新菜点，满足消费需求并引领绿色消费时尚。近年来，吉菜开发取得了显著的成果，越来越多的餐饮企业和厨师开始注重创新，将传统烹饪技艺与现代美食理念相结合，为消费者带来独具特色的美食体验。在原材料方面，吉菜开发者们不断挖掘地方特色食材，不但充分发挥和放大长白山的人参、木耳、菌菇、山野菜，松花江的鱼虾等特色食材的价值，也将吉林特产粮食融入吉菜开发序列，粗粮细作，开发出众多粮食菜肴、点心、面食等，不仅丰富了吉菜的口感，还展示了吉林地域饮食文化。

吉菜开发过程中，烹饪技艺的创新也是重要一环。吉菜传统烹饪技艺已列入吉林省非物质文化遗产名录，但吉林厨师在开发吉菜过程中，在传统的炖、煮、蒸、炸基础上，融入国际、国内的先进烹饪技艺，尝试吉菜精致料理，将日式料理、韩式料理、法式西餐以及融入现代科技的分子料理等技术，将中西餐相结合，为消费者带来全新的味觉享受。

此外，吉菜开发还注重菜品造型和餐具的搭配。厨师们将美食与艺术相结合，通过对食材的巧妙摆放和色彩搭配，使每一道菜品都呈现出独特的视觉美感。同时，选用精美的餐具和摆设，为消费者营造出优雅的用餐环境。

随着人们对健康饮食的重视，吉菜开发也在营养搭配方面下足了功夫。依托长白山的药食同源食品资源，吉林厨师们擅长烹制"吉菜药膳"，天麻鱼头、黄芪牛肉、陈皮鹿排、人参江米鸡、参鸡汤等，在吉菜市场上也广受食客喜爱。根据食材的营养价值和食客的口味需求，合理搭配膳食，使吉菜在美味的同时，兼具健康养生之功效。

吉菜开发注重创新，不仅丰富了餐饮市场的多样化需求，也为消费者带来了更多的美食选择。在今后的发展过程中，吉菜开发者们将继续秉承创新精神，深入挖掘地域文化，将传统烹饪技艺与现代美食理念相结合，为消费者带来更高品质的美食体验。同时，加强人才培养和交流，不断提高吉菜烹饪水平，推动吉菜产业的繁荣和发展。

三、吉菜体现了浓郁的民族民俗气息

吉菜的许多菜点源于农家餐厅，易于被广大群众接受，具有扎实的群众基础。吉菜也体现了民族文化，在众多的菜点中满族、朝鲜族、蒙古族、回族等少数民族菜点占了很大的比例，具有鲜明的民族特色。同时，吉菜追求符合时代特点，注重营养，科学配膳，讲究健康。在不同时期推出不同的品牌，逐渐向素菜、低糖、低脂肪方向转化，"绿色餐饮"为中心引领消费时尚。吉菜是由本地菜、山东菜、少数民族菜组成。本地帮厨师擅用"片刀"，精于急火快炒。如"丝炒，片炒"（炒肉丝、熘肝尖、熘肉片之类），操作干净、利落、麻利快；山东帮厨师擅长用"大方刀"，精于扒、煸 、烧、爆等菜肴的烹制，大翻勺的功夫令人叫绝，如扒三白、扒二白、扒通天鱼翅，个个做到不散不乱，分毫不差，汁明芡亮，晶莹剔透。少数民族菜肴清秀素雅，口味异彩纷呈，如朝鲜族的咸菜、泡菜、冷面、石锅拌饭；有的古拙朴实，肥硕醇厚，如蒙古族的烧烤菜肴，在原料的选择、调味料的搭配、品种的翻新、器皿的使用都承袭了当地的民俗、民族传统饮食习惯，吸纳了各民族风味之所长，不断创新发展繁荣。

吉菜风味体系的形成发展取决于它滋润在优越的地理环境，经过几千年的历史积淀，又有着多民族饮食文化交融的内涵。吉林省地处东北长白山脉，松花江流域，冬季漫长，气候寒冷。特殊的地域与气候决定了人们的饮食以肉类居多，炖菜为主，人们住火炕，用火锅炖菜，形成了民间简单的烹饪技法，“一炖、二炬、三蒸、四贴”。每到农历腊月临近过年时，要吃杀猪菜，做豆腐，蒸黏豆包，后来演变产生了汆白肉、猪肉炖粉条、白肉血肠、东北火锅、东北饺子等典型民间菜点。吉林省是多民族聚集的地位，除汉族、满族外，还有朝鲜、蒙古、回等多个民族在这里繁衍生息，他们有各自的民俗、民风、文化传统及饮食习惯，朝鲜族酷爱泡菜、拌菜、冷面及狗肉，口味以酸辣为主；蒙古族喜食牛羊肉及烧烤制品；汉民族在保持原有饮食习惯外，又融合了其他民族的饮食习俗。各民族饮食习俗，文化上相互借鉴，相互影响，相互融合，使吉菜风味体系形成了雏形。在近、现代，许多山东人不远千里来到东北谋生，即所谓的“闯关东”，带来了历史悠久，深具影响的鲁菜文化，吉菜融入、吸纳、借鉴了鲁菜之精髓，大大丰富了当地风味菜肴的内容。中华人民共和国成立后，吉林省的烹饪艺术发展较快。许多精通鲁菜的名厨和本帮名厨共同努力，积极利用当地丰富的物产资源，挖掘地域饮食文化，不断加以研究、改进、创新，推出了很多地方风味名菜，如“人参鹿茸羹”“葱油鹿筋”“冰糖田鸡油”及“三熘三酥”（锅熘里脊、锅熘豆腐、锅熘鱼片，香酥鸡、香酥肉、香酥鱼）。为吉菜风味体系的形成奠定了基础。改革开放以后吉林风味菜又有了新的飞跃。省政府为了进一步激活全省餐饮业，引导消费，扩大内需，活跃市场，作出了“开发吉菜”的战略决策，经过了 20 余年的发展，使吉菜特色更加突出，品种更加多样化，跨进了“天然、绿色、营养、健康”的绿色餐饮通道，出现了“生态餐饮”“连锁经营”等模式。目前，吉林省餐饮市场也和全国一样，川菜、粤菜、湘菜、苏菜、台湾菜以及日本料理、韩国料理等特色风味餐馆、酒楼遍布全省各地，悠久的饮食文化，精湛的烹饪技艺，精美的各种风味菜点，为“吉菜”的进一步开发、研究、创新提供了一个最佳空间。吉菜又借“振兴东北老工业基地”的强劲东风，吸纳了各种风味流派之精华，使吉林农家风味菜、吉林家常风味菜脱颖而出，并将洋溢着黑土地的芬芳，白山松水的神韵，承载着古朴的民风，厚重的饮食文化，冲出吉林走向全国。

第三节 吉林民族文化对吉菜文化的孕育

一、吉林民族文化特征

考古证明，上溯到 16 万年以前，在吉林地域就有人类生活的遗迹。华夏系的燕人、汉族；东胡系的乌桓、鲜卑、室韦、契丹、蒙古、锡伯；秽貊系的秽人、貊人、夫余、高句丽；肃慎系的挹娄、勿吉、靺鞨、女真、满族四大族系，自古以来就在吉林大地繁衍生息。自秦汉建立大一统多民族王朝以来，历代王朝与吉林地域各民族的关系日趋紧密，其行政管理由羁縻建置发展为一般行政建置，各民族间的关系也由“华夷有别”发展为“中华一体”。在漫长的历史中，各民族在这片富饶美丽的黑土地上共同创造出丰富多彩的文化，是多源同归与多元互补的中华文化的重要组成部分。

吉林地域文化的历史是一部多民族文化交融共进史。它的形成与发展受诸多因素的影响，多样的自然地理环境、生产方式变革相对滞缓、不同民族文化主导地位的更迭变迁等，为这里人们的文化创造提供了特殊的历史舞台，成就了一方具有魅力的地域特色文化。

（一）地域特色文化特点

1. 地理环境的梯度差异导致文化生成的地域差异性

吉林地域的自然地理环境呈东南高、西北低走向，有明显梯度差异的三大自然生态。自然环境的不同在很大的程度上决定了生产方式和本土文化的不同。东部长白山区，山高林密，间或有高山盆地，雨量充沛，动植物资源丰富，气候严寒，生存环境艰苦，初始，肃慎系民族在这里采集、狩猎，渐渐由原始蛮荒之地变成满族、汉族、朝鲜族、回族的生活家园，伐木、开矿、畜牧、垦殖等生产活动逐步发展，成为吉林地域文化发祥地；中部平原土质肥沃，江河纵横，四季分明，适于农耕，为秽貊系民族世居之地，以农耕经济为主，渔猎为辅，受中原文化影响较早较深，吉林地域的农耕文化滥觞于此；西部草原，水草丰茂，是游牧生活的广阔天地，东胡系的蒙古族在这里创造了游牧文化，成为吉林地域文化中亮丽的草原风情。生活在吉林大地的各民族，由于所居的自然地理环境差异，尽管在不同历史时期民族的称谓有所变化，尽管在历史上一直深受中原汉儒文化的影响，各民族文化也不同程度地互相渗透，但是，其生活方式和民间习俗，诸如民居、交通、饮食、服饰、交际、音乐、舞蹈以及婚丧礼仪等，基本保持了由自然环境和生产方式决定的三大板块的文化面貌。

2. 民族政权的更迭造成文化发展的间断性

吉林地域曾经历了夫余、高句丽、渤海、辽、金等少数民族政权的次第更迭，其文化在明代以前并没有形成以某一个民族文化为主体持续传承的局面，而是多民族多元文化类型并存共荣，尤其值得注意的是，文化发展的轨迹同经济发展一样不是直线上升的态势，而是呈现出间歇起伏的发展特征。

出现这种状况主要有两个原因：一是地方少数民族政权的更迭，出现迁都和文化中心的转移，必然打破以一个民族文化为主导而永久传承的局面。其优点是，在政权更迭过程中，掌权的民族其文化得到长足发展，同时促进了民族之间不同文化的相互吸收与融合，从而丰富了本民族文化而形成独树一帜的具有民族特色的文化，如夫余文化、高句丽文化、渤海文化等。但只是各领一代风骚，极一时之盛。二是由于战争对民族文化造成的破坏，影响了文化的持续、有序发展。例如，辽灭渤海、金灭辽、元灭金，都使后者的文化遭到了毁灭性的浩劫。除毁于兵燹之外也有自毁，比利时人南怀仁在随康熙东巡时写下这样的见闻：“战争前的许多村镇，其遗迹早已消失。所以如此，是因为鞑靼王以微小的兵力起事，迅速地大规模地从一切城镇中强募军队，为了使士兵失去回到家乡的一切希望，把这些村镇完全破坏了事。”这样，随着民族的兴衰，地域文化呈现潮起潮落、波澜壮阔的曲折历史。

3. 中原汉族文化与北方少数民族文化交融过程体现了互补性

不同民族文化不是相互对立与排斥，而是相互亲和与交融，在互补中不断发展，历代少数民族政权无不“参汉制，重汉学”同时又“尊祖尚武，无忘旧俗”，经历了由北方少数民族文化为主到以汉族文化为主同时保持民族文化特色的发展过程，这是吉林地域文化形成的最重要历史轨迹。主要表现为：其一，在本地掌权或入主中原的北方少数民族统治者主动吸纳汉族文化以丰富本民族文化，从而巩固本民族的统治地位。特别是有清以来，清王朝在坚持满族旧俗的同时，重用汉族知识分子，效仿明代的政治制度来建立全国的政权系统，大力吸取并推行汉族文化；其二，中原地区人口向东北的大量迁移，加速了中原文化与少数民族文化的融合，自清朝乾隆中后期开始、历时百年之久的“闯关东”现象，使吉林省人口至1909年已达560多万，其中大部分是汉族人，他们在“大杂居，小聚居”格局下同原住少数民族居民和谐相处，开荒垦殖、创办作坊、经商贩运、开设私塾，口传师授汉儒文化，在思想观念、文化教育、生产技艺、生活习俗等方面都给当地带来了新气象，促进了中原文化的广泛传播和不同文化的相互融合；其三，“流人”文化对中原文化在东北的传播发挥了重要作用。清朝将“流徙罪犯多编管于吉、江两省……缙绅获文字之祸，或罹党狱，恒流放于此”。流人与“闯关东”的流民不同，多来自江南，是有很高文化素养的将士、官员、文人、学者。他们在艰苦的生活条件下，从事文化活动，传习汉学，不废吟咏，留下大量诗文，形成一股流人文化潮，促进了“北雄南秀”的相互融合。

从上述吉林地域文化形成的诸因素可以看出，吉林地域文化的进步经历了漫长而曲折的过程，其文化发展走向，平民阶层的俗文化一直在传承、延续，而精英阶层的雅文化则进展缓慢。这种特殊的自然地理环境和民族演化融合的历史，造就了特殊的文化传统。在吉林历史上精英文化占有重要位置，在吉林生活时间或长或短的一些文化名人，如洪皓、吴兆骞、吴禄贞、刘建封、沈兆禔和号称“吉林三杰”的成多禄、宋小濂、徐鼐霖等，曾对吉林地域文化的发展作出重要贡献。但是，与中原诸省深厚的精英文化相比，从可以构成吉林地域文化传统特色的角度而论，更为突出的是平民文化。

（二）平民文化特色

1. 拓荒创业锻造了自强不息的文化精神

吉林地域文化始终是在开疆、拓荒、创业历史过程中产生和发展起来的，从而锻造了自强不息、崇尚英雄的精神。各部落、民族之间的角逐、征伐，契丹人、女真人、满族人的挥戈南下，问鼎中原，在这片苍茫肥沃的土地上演出了一幕幕历史话剧，留下了一曲曲英雄颂歌。吉林大地上一些标志性的文化遗产，是这一历史的记录和文化符号。被称为“海东古碑之冠”的高句丽好太王碑，记述了高句丽第十九代王好太王谈德一生戎马，南征北讨，开疆拓土的功绩；大金得胜陀颂碑是金太祖完颜阿骨打兴兵反辽、得胜建金的记功碑，歌颂了完颜阿骨打栉风沐雨拼杀疆场、开国创业的功绩；口碑文学

“满族说部”是宏篇而珍贵的满族文化遗产，已出版的28部满族说部丛书可以说是歌颂不畏强暴、能征善战的英雄的壮丽史诗。

吉林地域开发较晚，生产方式相对落后而进步缓慢。在莽莽山林、江河湖泊、黑土地和草原拓荒创业极为艰难。狩猎由石砮到铁镞，由步射到骑射；捕鱼由水中捕鱼到冰上捕鱼，由凿冰窟叉鱼到冰下设网捕鱼；耕稼由石犁到铁犁，由单纯种植谷麦到试种玉米成功，由单纯旱作到在高寒地区稻作，每一步都是一种艰难开拓，率先的开拓者自然受到崇敬。有的学者将18世纪至20世纪初的吉林称为“拓荒者阶段”。大量汉族农民铤而走险，冒死出关，挖参采药，开荒垦殖，兴办各业。他们同样崇拜开拓有功的英雄人物，如把进山探险采参死于山里的孙良奉为神明，如各行各业都赋予本行开拓者“老把头”以无上权威，尊崇有加。

在这样的自然与人文环境和历史演进过程中，生活在吉林大地的各族人民锻造了世代相传的自强不息、崇尚英雄、开拓进取、守土护边、骁勇尚武、彪悍无畏的坚毅顽强精神。“北方风气刚劲，振古如兹”“今长白一带，其强悍骁勇之习，犹有东海之雄风焉”。这种精神不仅广泛播撒在民间，其激昂狂放的格调也渗透于各种文学艺术中。

2. 艰险环境磨砺了坚韧刚健的文化个性

在生产力低下的情况下，人们仅靠一种生产方式难以维持生活，往往是采集、游牧、渔猎、农耕方式并存。尤其是满族及其先民女真人“皆依森林以居住，恃射猎为生”，这便与长白山结下了不解之缘。人们在莽莽山林从事挖参、采药、狩猎、伐木、放排以及农耕等活动，产生了独特多彩的文化，并为历代文人雅士讴歌。有些学者认为“长白山文化”是吉林地域文化的主体，不无道理。长白山的环境极其艰险，毒虫猛兽出没其间，冰雪严寒令人难以承受。英国探险家扬·哈斯本在《帕米尔探险记》中记述了进入长白山时，其驮给养的马被蚊虻叮咬得“发疯般窜林跳进山崖”。有的探险者、采参者被蚊虫叮咬，死于老林，只剩一副白骨。清朝著名诗人吴兆骞在《长白山赋》中写道：“自山麓至半山，皆黑松林，亘三百余里，不见日月，树根相纠如网，地皆深淖，马行七日乃毕。”在这里谋生不仅需要敢于同大自然搏斗的勇气，甚至要甘冒生命的危险。进山伐木的人，要在冰天雪地生活整个冬季，经历各种险恶。在江河上漂流放排随时都有险情，沿岸多处留有放排人的孤坟。歌谣说“伐大树，放大排，哪里死了哪里埋”，就是这种豁达而又艰险生活的真实写照。狩猎者不仅捕猎大动物有危险，即使捕貂也要在冰天雪地的山里忍饥耐寒数日不归，谣曰“今日离了家，何日能得还？一张貂皮十吊半，要拿命来换”。

处于中西部平原草原的人们，劳作同样艰苦。以采东珠为例，江河一解冻，“珠轩丁”将船驶入江心，裸体抱杆沉入水底，得则口衔缘杆而上，不复生还者亦有之。冰川捕鱼要冒零下二三十摄氏度的严寒，湖水溅到身上立刻成冰，无处取暖。生活在吉林大地的人们，在同大自然搏斗中，不惜赌命从事危险劳作，演绎出许多可歌可泣的动人故事。这样的艰苦环境磨砺了人们坚忍不拔、勇敢刚健、吃苦耐劳、克难履险、朴素节俭的文化品格。许多歌谣谚语、劳动号子、民间故事以及文人雅士的诗文，真实而生动地记录了这种文化个性，并且哺育了一代又一代吉林各族人民，成为他们的生活教科书。

3. 民间行为文化张扬着宽厚质朴的民风

在吉林，民间行为文化土壤深厚，特色鲜明。由于长期处于生产方式比较落后、人烟稀少、环境严酷的状况，人与人之间只有靠互助才能更好地谋生，如在深山老林遇到个陌生人也立即成为亲密同伴；待到抛家闯关的汉族人涌入，一方面，得到原居民热情接纳很快消除了孤单感，旧的家族观念淡化，新结下的乡情日浓；另一方面，带来了儒家“仁义”“忠恕”的思想观念和行为方式。在吉林地域文化形成的这一历史过程中，积淀了深厚的民间行为文化，其特点是宽厚质朴、团结互助。

这种行为文化突出表现在各种行业帮伙的规俗中。行业帮伙是一种自发的生产性组织，如木帮、参帮、金帮、打围帮、网伙、车伙子等，他们都有自己的帮规帮俗。比如，采参、伐木者在山里搭建小木屋或窝棚，离开时不仅不拆除，还要把粮米油盐留下来，以便后来人进屋就可以做饭、住宿；猎人、渔人有所捕获时，如路人遇到也要分给一些“战利品”；车伙子如路遇翻车打误的祸事，要竭尽全力相帮，否则会被人耻笑、唾骂。这些规俗的共同特点是有福同享，有难同当，相依相济，宽厚待人，并成为他们约定俗成的行为准则。

这种行为文化深入人心，植根于吉林这片沃土。“前行柳条边外者，率不裹粮。遇人居，直入其室。主者则尽其所有享。或日暮，让南炕宿客，而自卧西北炕。马则煮豆麦莝草饲之，客去，不受一钱……盖是时俗固厚。”“民风朴厚，勤俭守信，义重宗法。乡民平素往来均系口头契约，恒数世不爽，贫民到处游食无拒者”，“邻里戚旧则互相访问，遇有吉凶事故，则互相庆吊，……有无通共，守望相助，敦笃之风诚为气象焉”。既已形成民风，它便成为民间的普遍价值观念和传之久远的习俗，潜移默化地养成了宽宏大度、厚重质朴、扶危济困、知恩图报、豪爽仗义的品格。

文化交融是双向的，吉林地域文化有史以来一直接受着中原文化的影响和滋养，与整个中华文化一脉相承，同时，世居吉林的少数民族以他们与中原文化相异的文化个性丰富了中华文化的内涵。既不能把中原文化在吉林的传播看成移民文化，也不能因为有的民族其个性已经弱化而忽略他们在历史上对地域文化的贡献。

回顾吉林地域文化历史，吉林省有丰富的物质文化遗产，这是先人留在吉林大地的足迹，它弥补了文献的不足，使我们慎终追远，更具体地了解过去。吉林的非物质文化遗产也得到了较好的保护，比如，查干湖冬捕，千百年前冰下捕鱼的古法古俗传承至今，仍保留着世所罕见的原生态文化景象；朝鲜族农乐舞，满族驯鹰，形象地再现了原始农耕、狩猎的生活图景，仍保留着古色古香的风貌。它们是时代的遗孤，历史的遗爱，我们应予珍惜。

更值得我们珍视的是地域文化所蕴含的精神财富。吉林各民族以其自己的生存方式、风俗习惯、情感样式、信念理想所创造的文化，反映了世代先民艰苦卓绝的奋斗历程，既有刻骨的悲怆，也有铭心的壮丽，凝结在其中的自强不息、坚韧刚健、宽厚质朴的人文精神沉浸在民族的血脉中，传承在人们的社会心理和行为习惯中，成为一种传统融入现代生活，是吉林地域文化持久的魅力所在。不要以短视的眼光只看重可作为旅游资源的地域文化的表面形态，更要重视地域文化的思想资源，加倍珍惜吉林人永久的集体记忆。

二、吉林民族饮食文化特征

（一）汉族饮食文化

在旧中国，吉林省汉族的饮食，各阶层的差距很大，富者以大米、白面为主，一般人家以小米为主，辅之以高粱米、玉米等，贫苦人家以高粱米、玉米为主，杂以土豆、地瓜，经常过着“半年糠菜半年粮”的日子。东北沦陷时期，日本侵略者禁止中国平民吃大米，犯禁者视为“经济犯”，加以迫害。中华人民共和国成立以后，汉族中的广大劳动人民的饮食得到改善，细粮的比例逐渐增加。20 世纪 80 年代，细粮比例已占一半左右。城市 70 岁以上老人（各民族）和部分高级知识分子（各民族）全部供应细粮。

1. 米食

大米可做粥、水饭、干饭、二米饭数种。粥与干饭是米食惯例，与各地无异。水饭则是东北特殊习俗，制法将米做成稠粥，用凉水去粘汤，泡上洁净的凉水即成水饭，吃起来清凉爽口，常用为夏食。二米饭，以大米为主，杂一部分高粱米或小米，有的用大米与小米合煮做粥，农家多搀芸豆、小豆，颇增香味，营养丰富。青玉米还可以烤吃、煮吃。吉林省汉族民俗意识中认为小米养人，故孕妇、产妇、病人、小孩多食小米。

2. 面食

主要有白面做的饺子、馒头、豆包、油饼、烙饼、面条等。饺子多以猪、牛肉与韭菜、芹菜为馅。猪肉、鸡蛋、虾仁加少量韭菜制成的三鲜饺子更是家庭美食。汉族人家每逢节假日或有贵客来都要吃饺子。除夕晚上，必吃饺子，送旧迎新。馒头多是白面做的大馒头，松软暄和。花卷、开花馒头、肉馅包子也是常吃的面食。春饼，用白面做成薄饼，裹上绿豆芽、肉丝、干豆腐丝、韭菜或大葱和酱，吃起来别有风味。馅子，由两片薄面皮包上猪肉韭菜馅烙制而成。玉米面饼子，俗称“大饼子”，用玉米面搀一部分黄豆和成面（俗称“杂和面”），贴在铁锅边上，中间加水蒸烤而成，也有全用玉米面制成。“窝窝头”，是用玉米面蒸成的底部带孔的金字塔形的面食。煎饼，用稗子面、小米面或玉米面摊成的大张薄饼，可夹油条吃，也可单吃。以山东煎饼为佳。煎饼多与豆腐脑同吃，是城市传统的快餐。“臭磜子”，多用小米、玉米、高粱米等粗粮放水浸泡发酵，至发出淡的臭味，洗净碾面，用一种特制的磜子，磜成二三寸长的粗面条状，煮熟后放卤或蘸酱吃，爽口别致，汉族以及满族农家都喜吃，也成为城镇饭店的一种风味小吃。因发酵过久容易中毒，中华人民共和国成立后食用者见少。元宵，多用白糖、芝麻、青丝做馅，在江米面中摇滚而成。吉林省只在元宵节吃元宵。粘豆包。农村冬季，用黄黏米面包红小豆或芸豆馅蒸成，一次蒸很多，冻在外面，吃时蒸热。这种面食在农村很普遍，多在冬天食用。白面包豆馅制成的豆包也是城乡汉族常用面食。此外朝鲜族的黏米凉糕，满族传统的豆馅粘饽饽、苏子叶饽饽等也受到汉族的欢迎。面包以及 20 世纪 80 年代出现的方便面等也是城镇职工的方便主食。以玉米为原料的机制“康乐果”则成为城市儿童喜食的补充粗粮营养的食品。

3. 菜肴

吉林省汉族富贵人家的传统菜肴十分讲究，并有鲜明的地方特点。如用猴头、松茸、雪蛤、鹿脯等珍稀食材制成的菜肴。一般人家的主要菜肴有酸菜炖猪肉。酸菜即渍菜，秋天用大白菜渍成，发酵后带酸味，脆生爽口，可使猪肉香而不腻。凉菜，多用生白菜丝、凉粉皮、肉丝拌成，是下酒的好菜。夏天也用黄瓜、粉丝、干豆腐拌凉菜。一般农家还常备自制的咸菜，如咸白菜、酱罗卜、腌“姜不辣”“雪里蕻”等，咸鸭蛋也是常用菜，并有茄子干、萝卜干、豆角干等各种干菜。中华人民共和国成立后，贫富差异缩小，吉林汉族饮食吸收了其他兄弟民族的饮食风格，形成了独具风味的食谱。如猪肉炖粉条、干豆腐卷生葱、炝芹菜、焯菠菜蘸酱、小葱拌豆腐、冻豆腐汤、烧茄子、猪肉炖豆角、摊黄菜、皮冻、炸花生米、水晶肘子、白菜炖土豆、酱牛肉、熘肉段、木樨肉、锅包肉、麻辣豆腐、烧鸡、红焖鱼、茄子炖土豆、蒸茄子拌酱等。产妇有吃煮鸡蛋之俗，并常以鲫鱼汤、鲇鱼汤催奶。进入 20 世纪 80 年代，五香鸡蛋、鸡汁小干豆腐卷、新疆风味的烤羊肉串、朝鲜族风味的咸菜和烤明太鱼片等成为城市街头小吃。

4. 茶、酒

吉林中部、东部地区汉族以喝茉莉花茶为主，并以茶作为待客必备饮料。西部地区的汉族受蒙古族影响喜喝红茶。农民受满族影响，喜喝糊米水。延边地区的汉族受朝鲜族的影响，饭后喜喝凉水。

酒以白酒（又名烧酒）为主，以纯粮食制成的高度烈酒为佳。20 世界 30 年代以来，城市夏天多喝啤酒（生啤、熟啤）。80 年代以后，酒的种类渐多，主要有白酒、果酒、啤酒三大类，农村汉族男子仍以饮烈性白酒为主。

（二）满族饮食文化

满族饮食习俗受狩猎生活影响很深，并带有浓厚的北方民族特色。满族饮食文化中最具鲜明特色的便是首推食肉，《三国志》中就有“肃慎俗好养猪，食其肉，衣其皮。冬以猪膏涂身，厚数分，以御风寒”。例如，天火肉、白煮肉、白肉血肠、砂锅白肉、坛肉、虎皮肉、烀肘子、炸丸子、烤乳猪、烤鹿肉、蒸鹿尾等。

1. 天火肉

满族的渔猎生活对饮食习俗影响很深，其表现之一就是“天火肉”。古时，满族先民曾在林莽中集体敲石呐喊震山，凭借风势火威石击弓射追剿猛兽。猎毕熄火，先用肥大的野牲九头谢天，谢毕，把野兽刮洗清净，放在火上烤，名曰“天火肉”，族人共享。清代满族萨涡祭礼中的燎毛猪，实为天火肉的延续。清中叶的“满汉全席”的基本特点就是烧烤，这种食法亦源于“天火肉”。

2. 黏食

清代，满族在传统饮食基础上吸收了汉、蒙古等族饮食习俗形成了新的食谱。清代，满族以杂粮为主食，主要有黍、穄、玉米、稷、大麦、小麦、稗、荞麦、大豆、小豆、芸豆，亦有稻。民国时期，吉林省满族的主食和汉族相近，但在吃法和喜好上仍有自己的特色。满族爱吃用小米、黄米、稗子米、高粱米和玉米做成的干饭、稀饭、水饭和黏饭。其特点是：酸、黏、酥、凉。净水饭，俗称凉水饭或水饭，是夏天的一种主食，即把用高粱米、小米做成的饭放在清水里泡。吃时，再用笊篱捞出，配以几样盐渍或酱渍小菜，清凉可口，消暑清火。黏饭中较有名的是黄米粥或叫拉拉粥，用黏米加红小豆或芸豆熬成粥后，加上红、白糖和炼好的猪油，香甜味浓。

满洲饽饽，满族把馒头、包子等面食统称“饽饽”。饽饽的式样很多，如搓条饽饽、撒糕饽饽、炸饺子饽饽、豆面饽饽、蜂糕饽饽、叶子饽饽。其中有代表性的如下：馓子，它用东北特产的散头高粱（黏高粱）为原料。将黏高粱米面和面，搓拉成细条，由笼屉蒸或水煮熟后，拌卤酱成汤，入口“筋道”（有韧性）好吃。今天，东北地区的钢丝面便是由馓子转化而来的。

打糕，用黏高粱米，大小黄米、江米（糯米）为原料，做法是把米上屉蒸成饭，取出和以清水，放在石板上用木榔头反复锤打成湿面状，再制成糕饼。吃时，将熟黄豆粉撒在糕上，或蘸蜂蜜与糖食用，十分可口。

玻璃叶饽饽，俗称“玻璃叶饼”。玻璃叶即柞树叶，做法是用黏米面和成面团，做成皮，包裹小豆馅，后用玻璃叶裹上，上笼屉蒸熟即成。苏叶饽饽，其做法和玻璃叶饽饽相似，只是用苏子叶代替玻璃叶。苏子也叫“紫苏”，是一年生的草本植物，其籽可榨油。苏子叶祛火消炎，苏叶饽饽，芬芳爽口。苏叶饽饽也常被当作祭品。吃黏米饽饽时，常拌熟猪油加白糖，香甜可口又耐饥，是满族农家喜爱的传统主食。

淋浆糕，原料也是高粱米面、黄米面、江米面。做法是将面搅拌均匀后，舀在布袋中，使淋成的汁滴成方块或棱形块，蒸而食之。其质地松软、细腻，味道香甜。

藤花饼，由藤萝花和糖作馅的面饼。

煎饺子，原料和做法与苏叶饽饽相近，只是外形做成有肚儿的半圆形或圆形，油煎而成。煎饺子具有外脆里粘，馅甜等特色。

洒糕，即切糕，原料也是黏米面。做法是将屉置于锅上，按屉面大小，上铺屉布，先撒上一层煮烂的小豆，然后撒上一层黏米面，蒸熟后再撒第二层，层层撒之，如此，一直撒到与屉帮大体相同的高度为止。加糖食之，甘甜可口。

盆糕，又叫黏谷糕，其做法与撒糕相同。只是把笼屉改成陶制的底部有若干小孔的“蒸笼”。糕成后，把盆倒扣在案子上，整个糕呈半圆形，高一二尺，吃时用刀切成片状，卷上白糖，也是切糕的一种。“色黄如玉，味腻如脂。”

3. 糕点

萨其玛，是驰名全国的满族糕点，其前身是搓条饽饽。搓条饽饽的做法是把蒸熟的米饭放在打糕石上用木锤反复打成面团，然后蘸熟黄豆面搓拉成条状，油炸后切成块，再撒上一层较厚的熟黄豆面即成。后来，用白糖代替了熟豆面，成了“糖缠”，更名为萨其玛。

金丝糕，用精粉、鸡蛋、糖稀、芝麻、青红丝制成。先将面粉加入鸡蛋和适量的水，搅起泡沫后再加入面粉，揉成面团，放置一段时间，切成细条油炸，再用糖稀拌匀，铺以芝麻、青红丝、瓜子仁等，切成方形即成。

牛舌头，金代称“大软指”，是一种油炸的黏性点心，制法与蛋糕同，只是做成“舌”形而已，外挂蜂蜜的为上品。

驴打滚，金代称“小软指”，是一种油炸的细条的黏性点心，以面滚馅，故称驴打滚，也可以外挂蜂蜜。常作为待客和婚礼的喜庆食品。

此外，还有水团子、豆擦糕、黏火烧、太阳糕、凉糕、卷糕、松糕等黏食。中午“打尖”也有吃饭团子或打饭包的（用白菜叶包米饭酱菜）。

4. 蔬菜

小菜。满族一日三餐都有4碟小菜，俗称“压桌碟”，小菜有豆、酱、韭菜花和各种酱菜。做小菜原料有：葱、韭、蒜、生菜、香菜、水萝卜、黄瓜、芹菜，还有黄花菜、蕨菜、灰灰菜、明叶菜、抱头菜、小根蒜、猫耳朵、老母猪忽达、大叶芹、小叶芹、猴腿儿、红花根（野百合）等各种野菜，其味清香，别致。

窖藏蔬菜。秋末冬初在家院中的向阳背风处挖2米多深之地穴，上横木杆，再盖上土，即成菜窖，容量可大可小，内藏白菜、萝卜、土豆等鲜菜。窖藏蔬菜可保鲜到第二年4月，色味不变。

渍菜。满语称“布素皆”。其制法是：秋末用白菜去根洗净装到缸内，放上清水发酵而成，能储存七八个月之久。其味微酸带甜，脆爽清凉，可以做汤、炒菜，或做水饺馅，或下火锅。其中酸菜白肉粉丝汤是东北地区最受欢迎的家常菜。

豆酱。用煮熟的黄豆糜做成块，发酵后（约需4个月），放在大缸里再加盐水，发酵一月即成。以酱做原料，可以制出许多美味的菜肴，如菜酱、鱼酱、肉酱、鸡蛋酱。吉林农村，家家会做大酱（豆酱），已成满汉民族的传统食品。

5. 肉类菜肴

肉食在满族菜谱中占主导地位，其中禽兽野味占相当比例，其主要做法为“扒”“熥”“烧”“烤”“烀”等。“扒”“熥”意在炖煮肉食、蔬菜时，使汤水慢慢耗掉，使菜味浓香。

晾肉。将兽肉切成薄片，放在阴干处风干，即成晾肉。晾肉多用野猪、狍子肉制成，后也用家猪肉制作。吃时将晾肉切成细丝，放锅内放上少许白糖略炒后，用鲜汤没肉，放入姜丝、葱丝等调料，用文火焖至汤尽时，淋上香油即成，其色呈紫红，甜咸适度，越吃越有味。

坛焖肉。用腌好的猪肉块装入坛里，放入高汤没过肉，加料酒、盐、白糖，并在坛口放一小碗，内放少许小米和水，将坛中水浇开后，文火焖烧，至坛口碗内小米呈粥状即成。坛焖肉原汁原味，肥而不腻，浓香酥烂，深受老年人与儿童喜爱。

烤鹿肉。将鲜嫩的鹿肉直接放火里烤吃。鹿肉在满族中直到清末还是一种常用肉类，有鹿馅饺子，汆清烩鹿尾，烧鹿脯等菜肴。中华人民共和国成立后，鹿肉已成珍品。

烤小油猪。用泥土将乳猪整个包住，放在柴火里烧一夜，直至泥土成黑色，用木槌敲开，那时小乳猪滚圆焦黄，把蹄摘下，将下水掏空，把葱、蒜等调味品放入肚中，直蒸到调料味道都进入肉中，才算完成，其味鲜美酥软。

燎毛猪。也称“烧皮”。原是满族祭祀中祟祭火神的祭品，后成为满族的一种特殊风味食品。其做法是猪开膛后，摘去内脏，不煺毛，从猪腿扒开，把整个皮肉扒下来，剩下骨头，去头，用9根柞木杆撑开，放在篝火上燔燎，直至毛焦皮冒油，再从火上移开，把皮刮得焦黄，洗净了再放锅里煮，煮到只剩瘦肉再吃。

手把肉。将猪煺毛或扒皮，切成大块，水煮至酥烂，用手拿而食。

白肉血肠。原是祭祀中的供品。白肉满语叫“阿木孙”肉，也叫“努尔哈赤黄金肉”。白肉，把刚宰杀的新鲜猪肉放在清水中炖煮而成。血肠用猪肠灌血而成。白肉血肠已是吉林省各族人民喜爱的食品。

烤肉、熏肉、酱肉。烤肉是满族狩猎时代的野味，把猎物用篝火烤熟后，用刀割吃，别有风味。后来，用炉灶烤肉，就更为普遍了。以后发展成熏肉，味道更加鲜美。酱肉，清初称为截肉，即酱制的大块肉。制法是把肉煮熟后，加上盐、酱。这种肉不仅味美，而且便于携带，容易保存。

皮冻。将刮净油脂的猪皮放水熬煮，直到猪皮融化，放盐或调料，置器内等其凝固，切成小块食用。皮冻分“清冻”“浑冻”2种，是下酒的美肴。

全猪席。《春明梦录 · 客座偶谈》载“满人祭神……未明而祭，祭以全豕，去皮而蒸。黎明时，客集于堂，以方桌面列炕上，客皆登炕坐。席面排糖蒜韭菜末，中置片肉一盘，连递而上，不计盘数，以食饱为度，旁有肺、肠数种，皆白煮，不下盐豉，末后有白肉末一盘，白汤一碗，即可下老米饭者。”这是对清代满族全猪席的描写，很明显，全猪席是吃阿木孙肉（白肉）的发展。

6. 鱼类、海味

满族常食的鱼有大马哈、鲤鱼、鳇鱼、鲟鱼、鲫鱼、重唇、草根、鳌花等，还有海参、海菜、海蛤、海鱼等。往昔，满族经常晾鱼干，满语称“奥尔克奇”，又常吃富有北国风味的“塔尔卡”（生鱼），最有趣的是捕上活鱼后，即用湖水或河水煮，名谓“活水炖活鱼”。鱼可以做各种菜肴，如鱼丸子、鱼肉青椒馅水饺、生拌鲫鱼等。

鳇鱼席。鳇鱼是黑龙江、乌苏里江、松花江出产的一种大鱼（比一个成人大），是清代向皇室进贡的贡品。以鳇鱼的全身作原料可做宴席，有鱼肉丸子、煎鱼肉片、生鱼片、鱼鼻子（鱼的头部脆骨）、鱼馅饺子、鱼单翅（鱼鳍）等。

大马哈鱼席。其做法同鳇鱼席相近，突出的是配有鲜红色的大马哈鱼籽，营养丰富。

生鱼席。一般多用鲟鱼、鲤鱼、鳇鱼、胖头、草根等江鱼制作。将鱼去皮后，用白醋浸泡，再配上白菜、粉丝，毫无腥味，清凉爽口，百吃不厌。

7. 汤类

满族的蛤士蟆羹极富营养，蛤士蟆其肉可煮吃或烤吃，其卵巢常做成哈士蟆羹。

8. 火锅类

火锅是满族之名馔，其中代表性的有天上锅、水中锅、地上锅、野意火锅、白肉火锅等。天上锅即飞禽锅。水中锅，即鲜鱼锅，古时常用一种石制方形锅，下部加火煮烧，鱼放进去时，往往还是活的，所以其味也佳美。地上锅，即用走兽肉制作的火锅，配上木耳、蘑菇等山珍，别具一格。野意火锅，是入了清宫膳单的满族火锅。《奉天通志》记其特点，“汤沸时，煮一切肉脯、鸡、鱼，其味无不鲜美”。“兼备参、筋，佐以猪、羊、牛、鱼、鸡、鸭、山雉、虾、蟹子肉”等，原料十分丰富，锅用锡与红铜制成。渍菜白肉火锅，这种火锅容积大，装的东西多，为各类火锅之冠。其吃法是，将冷冻的肉刨成薄片放入滚开锅中即熟。再配以酸菜、粉丝、冻豆腐、大海米、海蟹，并对上口蘑汤、鸡汤，吃时将肉片蘸以酱油、韭菜花、腐乳，味道鲜美，腴而不腻。

9. 饮料

满族喜欢白酒与家酿的米尔酒（用小米酿成），农村满族用野玫瑰花叶、黄芪、鞑子香（一种山杜鹃花）叶晒干泡饮，十分清香。还用柳芽焙茶，可败火。常喝的饮料还有蜂蜜水、山楂水、糖李子水、糊米水等。城镇的满族常喝花茶或绿茶。

满族的传统食品，是其在长期的渔猎生活中产生的，清末民初，随着农耕的发展，与汉族的混居，与汉族食俗有明显的趋同性。近年，城镇的满族已与汉族食品无明显差别，农村的满族仍保留了食黏食，常用四碟压桌小菜等传统习俗。

饮食禁忌。满族饮食诸禁与信仰祭祀有关。早期受萨满教影响很深。如做祭祖敬神的神糕，要在金秋时分，选择颗大粒圆的新黄米，妥善保管，不许小孩在上撒尿、扬土。在做打糕的时候，打糕人不喧哗，不吐唾沫，身板要直。做神糕的女子，必须身体洁净，来月经的女子不得参加。祭过神的阿木孙肉，族人围坐分食，以肉为饭，而且必须在祭祀期间吃完，如有剩肉和骨头，则要埋在高岗上的洁净之地。路人可以分享神糕、神肉，但不能带走。满族有忌吃狗肉的习俗，相传，黄狗救过罕王努尔哈赤。狗是满族狩猎中的忠实助手，满族爱狗心理是在长期狩猎生活中形成的。近年，年青一代也不讲究这种食忌，但在不少老年人中仍相沿这种风俗。

满汉全席。说它集中了中华食文化之大成，当之无愧。它包括各种冷热菜肴、甜咸面点、干鲜果品达百余种之多。以数种菜、点、果为一“道”，全席要分多少“道”才能进完。需技艺精湛的厨师 50 多名共同操作才能完成。满汉全席既有宫廷菜肴之特色，又有地方风味之精华，突出满族菜点特殊风味，烧烤、火锅、涮锅几乎不可缺少的菜点，同时又展示了汉族烹调的特色，扒、炸、炒、熘、烧等兼备，实乃中华菜系文化的瑰宝和最高境界。满汉全席原是清代宫廷中举办宴会时满人和汉人合做的一种全席。满汉全席上菜一般起码 108 种（满菜 54 道和汉菜 54 道），分三天吃完。满汉全席菜式有咸有甜，有荤有素，取材广泛，用料精细，山珍海味无所不包。选料要求极高，以山珍为首，诸如熊掌、犴鼻、鹿尾。汉以海鲜领衔，诸如燕窝、海参、鱼翅。烹制工艺极精。满以烧烤见长，诸如烤鹿肉、烤仔猪。汉以烹饪取胜，诸如炖燕窝、烩海参。所用菜点名目虽各地不一，但均以多种满府干菜心，御府掐菜辣子、御府椿鱼、御府鸭掌、御府酱鱼丁、御府铁雀、御府铁花里脊等八种菜肴。虽名“小炒”，实为名肴。

满汉全席有四八珍：山八珍、海八珍、禽八珍、草八珍。

山八珍：驼峰、熊掌、猴脑、狸唇、象拨、豹胎、犀尾、狮乳。

海八珍，鱼籽、鱼翅、海参、鱼肚、鱼骨、鲍鱼、鱼唇、干贝。

禽八珍：红燕、飞龙、鹌鹑、天鹅、鹧鸪、彩雀、斑鸠、红头鹰。

草八珍：猴头、银耳、竹荪、驴窝菌、羊肚、花菇、黄花菜、云香信。

席间专请名师奏古乐伴宴，沿典雅遗风，礼仪严谨庄重，承传统美德，侍膳奉敬校宫廷之周令客人流连忘返。全席食毕，可使您领略中华烹饪之博精，饮食文化之渊源，尽享万物之灵至尊。满汉全席菜点精美，礼仪讲究，入席前，先上二对香，茶水和手碟：台面上有“四鲜”。清朝乾隆期间，正值鼎盛时期，政局稳定，经济发展，饮食市场空前繁荣，“满汉全席”称雄饮食业，满汉全席分为“上八珍”“中八珍”“下八珍”，

满族八大碗，为满汉全席之一下八珍。满族八大碗，是满族特有菜种。它由雪菜炒小豆腐、卤虾豆腐蛋、扒猪手、灼田鸡、小鸡珍蘑粉、年猪烩菜、御府椿鱼、阿玛尊肉八种菜组成。《满族旗人祭礼考》记载：宴会则用五鼎、八盏，俗称“八大碗”，年、节、庆典、迎、送、嫁娶富家多以八大碗宴请，八大碗在当时集中了扒、焖、酱、烧、炖、炒、蒸、熘等所有的烹饪手法。其中“阿玛尊肉”俗称努尔哈赤金肉最为代表性，此菜是清太祖努尔哈赤时代流传下来的。《满族简史》记载努尔哈赤统一东北后建“堂子”，立竿祭天凡用兵及大事必祭。《竹叶亭杂记》载，祭用必选择其毛纯黑无一杂色者其牲即于神前割之、烹之。

（三）朝鲜族饮食文化

1. 主食

米饭。朝鲜族善长种水稻，长年以大米饭为主食。朝鲜族用一种特制的铁锅煮饭，做出的饭分外香。

打糕。将泡好的大米放水中浸泡 4—5 小时后，捞出控干放笼屉蒸 30 分钟左右，再洒淡盐水焖半小时，将饭团放在木臼或石槽里用木制打糕槌反复捶打至糕状而成。

松饼。把米面蒸熟后打成大黏团。再擀成小片，或把和好的米面擀成小片，包上小豆、豌豆、芝麻或苏子、栗子、白糖制成的馅，蒸熟可食。

冷面。按比例将荞麦面、面粉掺和轧成面条，煮熟后用凉水滤过，再放上精牛肉或鸡肉汤、芝麻、辣椒油等调料即成。如放牛肉片或蛋丝、熟鸡蛋、苹果片和梨片就更加美味。过去朝鲜族有正月初五吃冷面的习惯，认为这一天吃了长长的冷面，就会长命百岁，故称“长寿面”。如今，朝鲜族冷面已遍及全国。

2. 菜肴

泡菜。选出有菜心的秋白菜，洗净后放进淡盐水缸里浸泡几天，捞出后用清水洗净，掰开菜叶，涂匀蒜头、生姜、辣椒面和其他香料等调味品，腌渍在大缸里密封，半月后可食用，味浓生脆，深受各族群众喜欢。此外有用萝卜、雪里蕻、缨菜等做成的泡菜，还有用明太鱼、花生米、小根蒜、苏子叶做成的咸菜，都以辣为主，别有风味，是当今吉林省最流行的家常小菜。

狗肉。是朝鲜族最喜爱吃的肉类。一般是烀熟后扯成细条拌上调料吃。狗肉另一种吃法是做汤，汤里再放辣椒，味道浓烈。婚丧或佳节，不杀狗，也不吃狗肉。朝鲜族喜食狗肉席，将一条狗烀熟扯条拌上调料，或炖干菜，置一大盆，大家喝酒围吃。狗的内脏和四蹄，另放小碟，加调料作下酒小菜。饮酒毕，用狗肉汤下饭。

大酱汤。俗称“酱木离”汤，以大酱、白菜、海菜熬成，有时也放肉或明太鱼，有一种特殊风味。延边其他各族也喜欢喝这种汤。

除以上几种有代表性的菜肴以外，还有悦口子汤、烤牛肉、生牛肉脍、花菜、水正果、黏米血肠等。“悦口子汤”是用神仙炉（即火锅）随煮随吃的杂烩汤，可放鱼肉、蔬菜、木耳、蘑菇、胡桃、银杏、黄栗、松籽仁、鸡蛋丝、辣椒丝等，随人口味自由选放，真正做到悦口，故名。汉族、满族不少菜肴也传入朝鲜族。朝鲜族喜食牛肉、鸡肉、海鱼，不喜欢吃羊、鸭、鹅及油腻的食物。过去吃饭以汤、饭与泡菜为主，很少吃炒菜，现今炒菜开始多了起来。

3. 酒

朝鲜族男子喜饮白酒，酒量颇大，此外还饮民间酿制的米酒、清酒、浊酒。浊酒，朝鲜语称“麻苛列”，家酿的米酒，比汉族米酒色白微甘。

4. 进餐礼俗

朝鲜族多席炕而食。在旧中国，老人独用一个小饭桌，以示尊重。其余人用大饭桌，主食不用小碗分食，而是放在一个盆里，用匙子分吃。筷子公共夹菜时使用，饭后喜欢饮凉水，叫锅巴水，或用凉水漱口。一般年轻媳妇不上桌，在旁侍候。酒席后，多以歌舞尽兴，连年过花甲的老人也载歌载舞。中华人民共和国成立后，这些习俗开始变化，但席后歌舞之俗，保留至今。

5. 炊具与食具

朝鲜族炊具很有特点，饭锅好似汉族饭锅上扣一个蒸笼，带有飞边，锅底较宽。锅盖铁制，中心有圆柱形小手把，一般一灶两锅，一锅做饭，一锅做菜或汤，也有三四锅的，这种锅做出的饭香甜可口。食具过去多用黄铜器皿，铜碗、铜筷子、铜勺。也有瓷器、陶器、木器，现在传统的食具已见少，代之流行的搪瓷器与铝制品。朝鲜族爱整洁，炊具与食具经常保持干净。

（四）回族饮食文化

1. 食物禁忌

回族食俗要求清真，严格禁食。凡不反刍的兽类，

驴、猫、狗、虎、豹、狼、貉等；性情凶暴的禽类，如鹰、鹞、鹫、乌鸦等；包括蟒、蛇，以及一些形象怪诞的动物，如龟、泥鳅、蛙、海参、海蜇等均禁食。猪肉是回族严格禁食的肉类，不养，不吃，甚至连“猪”字都忌讳，接触过猪油、猪肉的灶具、餐具都不能使用。只食蹄分两瓣的反刍动物，如牛、羊、骆驼、鹿、狍子、黄羊、山兔等；禽类中食鸡、鸭、鹅、鸠、鸽、野鸡、野鸭、山雀等；水产中食鱼虾。在可食的动物中又禁食某些部位。可食的动物只吃清真寺刀师傅或阿訇屠宰的。

2. 面食糕点

回族日常生活中的主食基本与汉族相近，某些面食与糕点却很有特色。

油香。用面粉做成的一种油炸圆饼，是回族主要的节日喜庆食品，过尔代节（俗称“大开斋节”）、古尔邦节（俗称“小开斋节”）时，家家炸油香，待客或馈赠，婚丧日子，也要做油香，吃时要用手掰开。相传是伊斯兰教创始人穆罕默德留下此俗。吃时不能吸烟喝酒，平时不随便做油香。

羊肉烧麦。用新鲜羊肉加调料，有时也加菜泥和成馅，用薄面皮包馅，上略开口，蒸熟而食，味美不腻。

五花糕。把小豆馅、枣泥、山楂、青红丝、芝麻、瓜仁等撒在一层层江米面中蒸制而成，样式美观，香甜可口。

油炸糕。用和好的江米面皮子包小豆馅或枣泥馅、玫瑰泥糖馅，油炸而成，里嫩外焦，香甜可口。

回族的糕点种类繁多，有肉火烧、烧麦、锅烙、缸炉烧饼、搅面馅饼、油煎饺、澄沙包、油炸糕、切糕、五花糕、粘火烧、凉糕、蛤蟆酥、刀拉酥、糖蜜果、玫瑰糕、梨糕等，其中有些品种深受各族群众欢迎。

（五）蒙古族饮食文化

吉林省蒙古族居住地大致可以分牧区、半牧半农区、农区三部分，其饮食受地理环境、气候条件的影响。牧区以肉乳为主，辅之以粮食，保留本民族的古俗最多，半牧半农区，粮、肉乳并用，农区以粮食为主，以肉乳为辅。粮食的吃法接近汉族、满族，肉乳的吃法基本上保留了本民族的传统。中华人民共和国成立以后，食俗有了很大变化，其传统食品主要有以下四种。

1. 肉食

手把肉（或称手扒肉），蒙古语“布胡里得那”，是蒙古族的上等佳肴，其做法有两种：一种是将羊杀后剥皮取出内脏，去头蹄，把整个羊解成若干大块，放在白水里煮，不加调料，水一沸滚就起锅，用蒙古刀割、刮、卡、挖、剔着吃，味鲜肉嫩；另一种是将洗净的羊肉（去内脏与血水，多挑选公羊）砍成3寸左右的块，放于锅中煮，加上各种调料，煮八分熟即用笊篱捞出，控水后用植物油炒一下，放上调料，盖上锅盖焖至酥软，用大盘盛出食用，味浓鲜美。

“乌查”，即羊后鞧。制法是将羊肉由第七肋骨至尾部切一段，带尾下锅，水沸后即取出，盛大盘中食用。

全羊席。将全羊解为几段，用水煮熟后，按全羊形摆好，端上宴席，撤掉头与四肢食用，吃时蘸调料。

烤全羊。将整羊去掉头与四肢煮熟后，放到无烟火堆上炙烤，边烤边涂油加调味品，直至羊表皮呈金黄色时，盛盘入席，分割而食。

以上羊肉的吃法，不仅是佳肴，而且往往以此代替主食。蒙古族将肉食统称“乌兰伊德”，即红食。蒙古族主要食牛肉与羊肉，其次是山羊肉和驼肉，忌食狗肉。农村与城镇的蒙古族也喜食猪肉。

2. 米面

“胡赉巴大”，即炒米。将稷子放在锅里煮熟，捞出烘干，拌沙子炒出香味，然后簸去沙子，上碾子串好，再去糠皮，装入口袋，放在通风干燥的地方，吃时取出拌牛奶、白糖，泡开水即可食用，香甜酥脆。也有将炒米拌黄油、白糖，凉后切块食用，亦香甜可口。

馅饼，是蒙古族喜食的主食，常用来招待客人或节庆时吃，一般的蒙古族妇女都会做。

“萨罕古日拉”，即荞麦面。将荞麦面和好，擀成面条，清水煮熟后，拌韭菜花等调味品食用，也可泡羊汤与鸡汤，别具风味。

此外，还有在牛、羊血中放入荞麦面、猪板油和各种佐料制成的血肠，以及肉粥等。从前，农耕的蒙古族其主食与汉族、满族相同，但保留肉食及奶食习俗。

3. 奶食及饮料“查士伊德”，即白食

指奶制品，分乳制品与饮料两大类。

乳制品。奶酪，俗称“酸奶子”，将生奶放在容器里发酵，出现分离现象时，将水与漂浮物去掉，沉积的凝结物即奶酪，清凉消暑，可清饮，也可拌饭拌炒米食用。奶油，分黄油、白油两种。黄油是将夏天浮在奶上的脂肪蛋白取出，过滤后炼制而成。白油是黄油炼剩的渣子。奶皮子，在夏秋季，将奶放锅里微火煨，当奶沸腾时，一面用勺子扬，一面用生奶点，直到奶上凝结成一层奶皮，将奶皮揭下晾干即成。奶干，俗称“奶豆腐”，将取出蛋白的酸奶沉淀成粉块，装入布袋压榨后，用模具制成各种形状的奶饼，晾干即成。这种奶干也叫酸奶干。近年又出现一种奶糕，制法是将鲜奶直接用火煨熬，至黏米糕状时取出，加白糖食用。还可在白面中加牛奶或奶油，做成各种奶油糕点。

“图古拉”，即牛犊汤。将白面和好，做成菱形面片，清水煮熟捞出，拌上牛奶和奶皮子再煮开，放上白糖、黄油，搅拌后食用，甘甜美味，是很别致的一种吃法。

乳制饮料。主要有两类：奶茶。将砖茶砸碎放入水锅中煮，茶烧开后，放上鲜奶，再烧开后滤去茶渣饮用。喜咸的加适量盐，喜甜的加糖。可单独饮用，也可与炒米、奶皮子、手把肉等共食。奶酒。是一种历史悠久的蒙古族酒类。《马可波罗游记》载：“鞑靼人饮马乳，其色类白葡萄酒，而其味佳，其名曰‘忽迷思’。”将奶置一皮囊或其他容器中，用一根一头粗大的棒搅拌，奶发生气泡，像新酿的葡萄酒一样，并且变酸发酵，继续搅拌，提取出奶油，这时奶味相当辛辣，奶酒就制成了。据《蒙古酒考》载：烈性的奶酒要经过 6 蒸 6 酿，每次要回锅加奶，至 6 次，称为“薰舒尔”。一般奶酒用马奶制，故称马奶酒，牛奶也可制奶酒。陶宗仪《辍耕录》中把上等马奶酒分为紫玉浆与玄玉浆两种。玄玉浆又称元玉浆。《瑟树丛谈》形容它“色玉清水，味甘香”。

酒。被蒙古族视为快乐之友，寒冷之柴。清以前蒙古族用大米、小米、小麦和蜂蜜酿酒。清以来，主要饮用汉族生产的白酒。

茶。蒙古语称“切”，牧区多用红砖茶，城镇喜用花茶。红茶，蒙古族俗称“黑茶”。饮红茶，也称“清饮”，每天早上不吃饭，先饮茶。饭后、晚间都要喝浓烈的红茶。红茶有助于肉食的消化，保障了牧民的健康。

中华民国以后，城镇和农村的蒙古族饮食已逐渐与当地汉族趋同。至近年，已和汉族饮食无明显区别，但许多传统风味食品已成为各民族喜爱的食品。

4. 进餐礼俗

蒙古族极为好客，并有待客的礼俗。如请客人吃羊手把肉，必以一条琵琶骨配 4 条长骨请客人先吃，牛肉则以一根尾椎骨肉配半节肋骨及一段肥肠进食。整羊肉称“看斯”，请客人吃“看斯”，表示尊敬与隆重。在隆重的宴席或祭典上，主人要讲“进献看斯辞”，从古代传统一直说到当时的盛宴或祭典，然后由晚辈用银制的蒙古长刀将整羊的羊头皮割划几个小块，献给长辈以飨天、地、火神，随后将羊头撤走，把席上的整羊脊背按一定顺序，割成方形，将零碎肉发给在场的小孩，而后请客人拿刀割肉进餐。接待贵客，必须用肥尾大羯羊做全羊席。姑娘出嫁前，须煮羊胸脯肉吃，以示送别。羊的小腿骨、下巴颏、脖子肉等，多是晚辈和小孩的佳肴，蒙古族祭灶要用羯羊胸脯肉供奉。祭敖包、祭神佛，讲究用当年的羊羔肉做供品，平时进食先敬老人。

蒙古族的奶制品被认为是纯洁崇高的食品，因此招待客人时，先敬献“白食德吉”（一件或一块完整的食品先尝的叫“德吉”）。在喜宴上，主人必先端出一盘洁白的奶豆腐或奶皮子，让客人品尝。家中有亲人要出远门，要用白食祝其一路平安。结婚典礼、晚辈生日，长辈要飨以鲜奶，表示良好的心愿。

中华人民共和国成立后，蒙古族吃手把肉与全羊席的某些繁礼缛节已经简化，但盛情待客，敬重老人的风俗一如往昔。

（六）锡伯族饮食文化

古代，锡伯族曾以狩猎为生，以各种兽肉为主食。清以来，锡伯族又多从事农业生产，主食以粮食为主，如高粱米、玉米、稗子米、荞麦面、小米等。副食以蔬菜为主，肉类次之。春天有菠菜、韭菜、小白菜，夏秋有土豆、芸豆、茄子、黄瓜、辣椒、萝卜、芹菜等。冬日则以白菜、萝卜为常用菜。家家渍酸菜，做各种咸菜与泡菜，挖窖储白菜及萝卜，一直吃到第二年春。肉类有鸡、鸭、鹅、猪、羊、牛等家畜、家禽肉。“白肉血肠”“火锅子”是锡伯族中最好的佳肴。春节杀年猪，常把近邻族人请来吃“白肉血肠”。旧社会只有少数人家能在春节期间吃火锅。锡伯族的传统风味食品有以下几种：

发面饼。以小麦粉为主，佐以切成小碎块的煮熟的南瓜、薯类，和成面，发酵，做成饼烤熟。出锅的饼分“天地面”。饼忌用刀切，只能用手掰着吃。

锡伯粥，又叫“鞑子饭”。将牛羊肉或猪肉切成小块，与粳米放在一起熬成粥，加些调料和盐，醇香可口，这是古代山林中米肉同吃的遗风。满族及蒙古族亦喜欢鞑子饭。

高粱米饭鱼肉汤。捕鱼季节，熬鱼汤与高粱米干饭同吃。鱼炖豆腐，虾米小鱼打酱，别有滋味。

炒面。农历六月初六，将高粱米磨成面，上锅炒熟，留在伏天吃，常在食生冷瓜果闹肚子时食用，吃时用饭米汤或开水冲调（放红糖更好），可以补肚子。锡伯族有饮茶的习惯，爱喝浓茶、糊米水，每日晚饭后，或喝红茶水，或喝糊米水（将高粱米炒糊，储备起来，用时用水煮开），以助消化。

酸茶。这是锡伯人自己酿造的饮料，多在端午节到数伏期间饮用。做法：将黄豆、小黄米（或小米）、稗子米淘干净，水泡后磨细，再泡半天变酸，后用纱布或豆腐包过滤，滤出的干渣可做饽饽，酸水汁入锅熬熟，晾凉即可饮用。味酸，消暑解渴，清凉提神，是锡伯人家常备饮料。

花花菜。将甘蓝、芹菜、胡萝卜、黄瓜等青菜切成片，拌入盐末等调料，既可做成即食，亦可腌制一昼夜再吃。

“托乎尔布达”。将面条用清水煮熟后，捞在饭盆里，拌以葱花和熟猪油，加少许盐，十分爽口。

拌血肉。将清水炖熟猪肉、杂碎切成片，与煮熟的猪血肠拌在一起，加上葱花蒜泥等调料，呈酱色，肥而不腻，味道很美。

蒸鱼。将鱼沿背剖开，取出内脏，洗净，在肉厚处划几刀，上面撒盐、辣椒面、芥菜末，晾半干时放锅里蒸，一直到鱼刺酥软时拿出来吃，其味辣中带麻，香酥可口。

锡伯人还用某些食品来治疗疾病，如用不加盐的热鸡蛋治嗓子肿痛，用红糖、高粱米、葱须、姜片熬水治伤风感冒，鸡蛋内放入白矾，煮熟治肠炎、痢疾。猪心加朱砂煮吃治心口疼，冬青加麻雀脑汁治冻疮，等等。

锡伯人爱喝酒，往昔锡伯人家用大黄米自酿米酒，男子几乎都会喝酒，女人有的也喝酒。

米酒。一般多在农历四月十五日做，用大黄米，洗净磨面，上锅蒸熟，加水使其发酵变酸辣味，将上层浆水澄出来便为米酒，喝多了也可醉人。其积淀物做饼，给小孩吃。

中华人民共和国成立后，锡伯族的生活水平逐渐提高。进入 20 世纪 80 年代，主食逐渐以大米、白面为主，其吃法与汉族基本相同。蔬菜、肉类和各种副食品，吃法也和当地汉族无异。酒以白酒为主。

往昔，锡伯族用饭时禁用筷子、勺子等餐具敲打碗碟，筷子不能搭在或插在饭碗里（只有给亡人祭供时才将筷子插在碗里），吃饭时如有猫跑来，不能用筷子打。饭、菜由家庭主妇盛添，公、媳不同桌用餐。锡伯族忌食狗肉，如有擅自偷食者，族长或家长要责令其碱水洗肠，并罚禁食三天。如今这些习俗已有改变。锡伯人常以好酒佳肴待客，吃手把肉时，主人将解食刀给客人，必须将刀尖指向自己。如今，已基本不用刀割，此种习俗亦很少见。

第四节 吉林民俗文化对吉菜内涵的凝练

一、吉林民俗文化特征

吉林省的风俗，是吉林省世居各族人民在长期的历史生活中积淀而成的，它反映了吉林省各个历史时期经济形态的发展，社会环境的演进和人们精神状态的变化。俗云：“上导为之风，下行为之俗。”故民俗（民间风俗）包罗甚广，既表现在人类的物质生活方面，也表现在人们的道德观念、行为和信仰上，并渗透于生活、仪礼、生产、节庆、游艺等各个方面。吉林风俗是千百年来相沿成习、精神一致的人类文化意识的综合表现，它蕴含着吉林省世代人民生活、生产经验，闪耀着各族人民的聪明智慧、心理素质和一切美好的愿望。从传统民俗中后人可以汲取到很多优秀品格和文化素养。民俗首先是群体意识和自发现象，它有多方面的功能性、稳定性、神秘性和变异性的特点。作为一种意识形态，吉林省古民俗产生于生产力低下，灵魂观念盛行的原始社会和封建社会，同时也随着阶级的产生和阶级斗争的存在，经济的发展，社会的不断进步而变化发展。有些民俗事象被淘汰，有些民俗文化发生了很大的变化；随时而息，随风而生。但是，一旦积习成俗，又往往落后于物质文明的发展，对经济基础发生反作用。故当今吉林的传统民俗中也存在许多反映封建迷信思想的旧风陋习，同时也因社会在不断发展（特别是社会主义时期）而不断涌现新风良俗。本志的目的在于以历史唯物主义观点审视吉林省风俗变化的规律，批判继承，扬优弃劣，保存一地风俗史料，以供民俗学研究。同时，它也将以自身的理论价值和现实主义有益于学术界和社会主义精神文明建设。

民俗是历史的产物，故学者常称之为“历史之学”。但民俗又非比历史，积久成俗，难分起讫。民俗既是文化创造的综合积累，自然和民族之间各种意识形态交相纠结，有其独特的历史发展轨迹可寻。就 3000 年来吉林本土民族民俗文化渊源考察，大体可作如下表述：首先是肃慎至辽金元明时期。这一漫长的历史年代都可以说是吉林省民俗的形成时期。吉林境内早期民俗在《后汉书·东夷传》《晋书·东夷传》等史籍中均有约略记载，可视为吉林之古俗。古俗大体来自两个方面：一是来自土著民族民俗（如生产、生活习俗）；二是来自中原汉族习俗（如某些信仰、节俗）的影响。这些保留鲜明地方色彩的古俗，多可视为吉林近现代民俗之源。

清一代是吉林民俗成熟时期。此时东北土著狩猎、游牧民族如满族和蒙古族在长期有国过程中迅速发展；加之灿烂的汉民族封建文化源源流入东北，使吉林文化达到相当繁荣阶段。清朝建国前后的300多年内，是吉林省满族民俗发展、传播并同以汉族为首的其他民族民俗文化大交流、大融合的盛期。17世纪初叶以来，努尔哈赤自长白山崛起，满族以其长期形成的渔猎民族风俗，迅速影响到吉林省各地人民生活。满族统治者入主中原，影响更加深远，服饰习俗表现得尤为突出。民间宗教信仰，满族除保持其原始宗教萨满教的信仰（后期已式微）外，更引入佛教、道教及喇嘛教，是为受兄弟民族习俗之影响。吉林省的寺庙，除少数古迹外，大多建于清代，是满族统治者借助神权观念加强政权统治的重要手段之一。清廷以长白山为“祖宗肇迹兴王”之所，视为“龙脉”，清初实行封禁政策，限制内地汉族人进入东北，并于吉林乌拉街特置打牲乌拉总管衙门，专门掌管吉林省特产人参、貂皮、鹿茸、鳇鱼、东珠、蜂蜜、松子等入贡皇室事宜，从而产生许多独特的采参、捕猎习俗及入贡礼仪。

长白山、松花江的富源强烈吸引着山东、河北一带贫苦农民，他们筚路蓝缕，前来开辟生路，无视统治者的防禁。直至沙俄侵扰北边，清政府为巩固边防，改“封禁”为“移民实边”政策，汉族和其他土著民族共同成了这块黑土地上的主人。中原人民的涌入，一方面促进了吉林省自然经济的发展；另一方面也带来了内地的民俗，由于各民族杂居，形成民俗的大交流和大融合。吉林婚丧习俗、民间信仰和节令习俗受汉族影响最深；祭祀、居住习俗、饮食和服饰又都在贵族、官僚等阶层中得到融合发展，如“满汉全席”，菜肴达196品，至今标志着我国乃至世界饮食文化的最高水平。满族之旗袍、天足，影响汉族民俗发生了深刻的变化。

辛亥革命虽废帝制，然社会制度并无根本改变，此期间的民俗，总的来说，承旧者多，改革者少。然中华民国初期全国范围的反对封建迷信，以及妇女剪发、放足（汉族），提倡婚姻自由，办学堂、受教育等，传到吉林省，都有开启风气的作用，使某些民俗自此开始发生深刻变化。统观中华民国初期，由于物质文明的进化，进步思想的影响，一些民俗毕竟反映了资产阶级民主革命的某些特点，并为以后的民俗演变准备了条件。1931—1945年东北沦陷时期，上层社会的礼仪接受了清代某些遗俗及日本礼节。更主要的是日本在东北进行奴化教育，需要迷信思想作为愚民的工具，并以之笼络人心，所以一些封建迷信陋俗，反而得到提倡。然吉林省各世居民族传统民俗，表现出稳定的传承性，没有因外族的入侵而变异，这反映了中华民族伟大的爱国主义精神。

中华人民共和国成立以后的30多年间，吉林省民俗发生了质的变化。尊重少数民族的风俗习惯是党的一贯政策。在1949年中国人民政治协商会议第一届全体会议上通过的《共同纲领》中，在历届全国人民代表大会通过的《中华人民共和国宪法》中，都明确规定，各少数民族都有保持或改革本民族风俗习惯的自由。为了确保这项政策的贯彻执行，国家还颁布了有关法律加以保障。此外，国家还发布了一系列尊重少数民族风俗习惯的文件规定。在尊重少数民族风俗习惯的前提下，党和政府还积极引导少数民族对落后的风俗习惯进行改革。毛泽东同志在1950年指出：“少数民族地区的风俗习惯是可以改的。但是，这种改革必须少数民族自己来解决。”1986年中共十二届六中全会做出的《关于社会主义精神文明建设指导方针的决议》指出：“在广大城乡要积极开展移风易俗的活动，提倡文明健康科学的生活方式，克服社会风俗习惯中还存在的愚昧落后的东西。婚嫁丧葬中的陋习要改革，封建迷信要破除。”吉林省是一个多民族省份，认真贯彻执行了上述党的一系列方针政策，随着社会主义制度的建立，社会主义建设事业的发展，科学世界观的传播，各族人民生活条件的改善，在自愿原则下，各民族健康向上的风俗习惯得到了保持发扬；劣俗陋习逐渐被淘汰；在各民族共同生活、相互影响下，还形成了许多各民族共同信守的新风新俗。如中华人民共和国成立初期颁布的《土地法大纲》和《婚姻法》，对维护地主阶级的封建剥削制度，宗法观念和不合理的婚姻习俗（如多妻制和童养媳），从法律上给予取缔，保护了广大劳动人民和妇女的权利。吉林省除回族保持传统土葬习俗外，全部改土葬为火葬；很多青年摒弃昔日繁缛婚礼，举行集体婚礼或旅行结婚；乐于接受国家计划生育，只生一个孩子；国家和集体建立了敬老院，使孤寡老人老有所养，老有所乐；春节的拥军优属，清明节给革命先烈扫墓，进行爱国主义和革命传统教育；助人为乐，公而忘私，学习雷锋活动更蔚然成风，先后出现了许多先进人物，社会风气大变，人们的精神面貌为之改观。

历史上吉林省与邻省省界划分多次变动，且风俗之流变、传播，本不受人为疆界的约束，所以邻省各族习俗与本省习俗日渐习染，互相影响，势所必然。如因气候、地理条件的相同，吉林省广大城乡民居火炕的习俗和冬菜窖藏、渍酸菜的饮食习俗以及服饰习俗都有北方民族习俗的共性。各民族之间又有其传统风俗的差异性，如满族、蒙古族均善狩猎，同样重视猎犬的助力作用，有许多爱犬护犬习俗，然具体细则、禁忌又不尽相同；两个民族历史上同重视祭祀，信仰萨满教，因居处条件和其他原因，满族有背灯祭，蒙古族有敖包祭。在今日现代化生活条件下，这些昔日的信仰与禁忌，有的已经消失，有的正在消失；有的新俗正在发生。诸如此类，说明各族风俗，有的是多源多流，有的是同源同流，有的同源多流，也有的是多源同流。重要的是这最后一种，更具有代表性和普遍性。就吉林民俗所见，可以看出，党和国家提出的民族平等、民族团结的方针和对少数民族宗教信仰及传统习俗采取尊重的政策，在少数民族政治、经济、文化的发展上产生了巨大的物质力量。许多现象证实了“中华民族的多元一体格局”民族理论的强大生命力。尽管吉林省各族习俗有许多差别，各有特点，但在长期共处，文化交流过程中，却是你中有我，我中有你，都统一于中华民族整体利益的认同，和依从于先进文化，同臻于社会主义文明的境界。

二、吉林传统节日

（一）春节

1. 汉族

春节即农历正月初一。旧时吉林省汉族把过春节称“过大年”“过旧历年”“过阴历年”。“过年”，充分表达了从事农耕的汉族人民的心理习俗。农历腊月二十三，小年开始，中国进入过年时间。经过一夏一秋一冬孕育，天地即将在严冬极致时临盆，诞生一个春天。生育春天的庆典就是过年。人虽无酬天之力，天却有养人之方。于是，酬天谢地成了中国年的主旨（2014-01-23 来源：人民日报海外版《施立学：酬天谢地：中华民族过大年》）。“过大年”是中华民族众多节日中最绚丽多彩、辉煌夺目的节日，节日中表现出来的福、禄、寿、喜、财等祥瑞文化事象，充满了人性伦理之美，亲情、乡情、友情之美，艺术智慧之美，天人合一之美，彰显了这个民族博大精深的文化与昂扬向上的精神风貌。《说文》：“年本作季，谷熟也。”从禾从子，象征人负禾丰收状。吉林省汉族人民从中原传承下来的“过年”习俗，包含有喜庆丰收之意。此俗源于古代的“腊祭”，所谓“猎禽兽以岁终祭先祖”。汉代以冬至后第三个戌日为“腊日”，《荆楚岁时记》以农历十二月八日为腊日。腊祭时间包括小年至大年的整个腊月，而以“年终大祭”为主。

春节虽专指农历正月初一而言，但吉林人把正月初一以后的几天也看作春节。旧时过春节从办年货到过年，大致经过扫除、贴对子、供祖宗、接神、守岁、吃更岁饺子、辞岁等过程。除夕（农历十二月最后一天）这一天，人们都穿上节日新装，准备辞旧迎新。

旧时，吉林省民间在年三十以前贴好春联（对子）、春条、挂签、年画、门神等，使门庭焕然一新，增加了节日喜气。过年贴春联在中国有悠久的历史。关于“桃符”的记载，始见于南梁宗懔著《荆楚岁时记》，五代时出现题联语，明代始渐盛行春联（对联）。吉林地方则在清代开始遍行于城乡。春联内容多反映主人的社会地位和心理要求，主要有迎春、求吉利、发财致富、喜庆丰收等含义。以迎春颂善为内容的如：“向阳门第春常在，积善人家庆有余”；以发家求财为内容的店铺对联如：“生意兴隆通四海，财源茂盛达三江。”一般春联都挂横批。横批多为四字，语言高度概括，画龙点睛，并与对联内容和谐一致。如“双喜临门”“万事如意”“四季平安”等。亦有在门或墙上倒贴“福”字（意取“福到家”）者。春条则为颂春的条幅。字句有长有短，长则十数字、二三十字。多是各种祝词的堆砌。农村又多在自家粮仓、鸡架、猪圈、牲口棚、大车上贴对联或单条，如“五谷丰登”“鸡鸭成群”“肥猪满圈”“六畜兴旺”“人马平安”等。旧时的春联直接反映出民众求安致富、趋吉避凶的心理要求。中华人民共和国成立以后，贴春联的习俗未变，只是内容有了根本性的变化。如尊师重教的新春联“园丁汗水催绿千株苗，教师心血浇红万朵花”等。

此外，吉林省城乡还有贴“挂签”的习俗。挂签用各种色彩纸剪成，上有图案花纹。图案多为吉祥物，如鱼、鸡等；文字多为祝福庆贺之词，如“吉祥如意”等。如果家中有丧葬之事，则贴蓝对联及蓝挂签。珲春地方满族人家老人故去，则有贴白色挂签者。挂签色彩鲜艳，情绪热烈，可增加节日气氛。故新中国成立之后，此俗不衰。吉林东部山区，有些地方在腊月二十七八收拾庭院时在“门前种植青松”，取意生活有如松柏长青。年三十的晚宴必备鱼，以示“年年有余（鱼）”“富贵有余（鱼）”。

旧时除夕夜，最重要的祭仪是接神祭祖。据旧地方志书记载：“居民于昧爽前，盛服焚香祭祖，礼神，鞭爆鼓乐之声彻夜不绝。”所谓祭祖、礼神，即除夕午夜的“接神”。一是接祖神，二是接天地诸神和财神。吉林省有些地区在天黑前后上坟，祭祖烧纸后点上灯，回家的路上边走边扔下草火，意在把祖神引回家来过年。多数人家于午夜接神之前，在村头十字路口给祖先烧纸，也有的用黄钱纸做成口袋，装满纸钱或彩纸衣服，口袋外面写上考妣名讳，俗称“烧包袱”。在给祖先烧包袱时，先扔些零散纸钱于圈外，用以打发“外鬼”。城镇则多在城镇内的十字路口烧纸。

旧社会，在接财神之前，有些乞丐或生计困难的人，借此机会挨家送“财神码”（用纸画成，也有印制的），并高声叫报：“财神来了。”主人为了吉利，总要给一些小的报酬，如米、黏豆包或零钱。

接神一般在午夜12时，传说此时诸神下界。旧志书载：“夜分，复悬灯门首及院中，于祖位前及各神位前致奠，行叩拜礼，并往庙参拜，然后赴院外迎财、喜、贵、福诸神。”旧社会，农民多无钟表，接神看三星，俗称“三星打横”就到时间了。接神时，由男性长辈带领男孩子们按皇历所示诸神方向鸣鞭炮，跪拜迎神（妇女回避）。将神引回院中，供在已经摆好的供桌上。桌上设有香炉、烛台及馒头等供品，另有三杯白酒，供桌旁边生上一盆火（俗称“聚宝盆”），象征吉祥，新的一年过得火红。祭拜后，男主人捧着燃烧的火盆向屋里走，俗称“财神到家，越过越发”。也有的地方不抱火盆，而在院中烧起一堆火。同样取意旺发，驱赶邪祟。锡伯族则认为除夕夜“发纸”（给祖先烧纸），烟越多越有驱魔的神秘作用。满汉杂居的地方，接神之后，男则“回头至院中各门户、仓房、马棚、猪圈等处焚纸”。扶余等县有些地方还流传三十“发纸”时给马喂隔年饭的习俗。

除夕接完神，一家老小进屋吃团年饺子，此俗遍布吉林城乡，并世代相传至今。旧时吃饺子取“更岁饺（交）子”之意，为了吉利也叫“吃元宝汤”（象形）。在接神度岁的关键时刻，禁忌也很多：如饺子煮破了，不能说“破”，要说“挣”了，或在饺子里放钱币，吃着的就发财，交好运。除夕又不能倒垃圾，怕倒出财去；扫地要往里扫，往里扫聚财，往外扫破财；不能打了盘子碗，打了盘子碗意味着人畜不安全。大男大女没有配偶的，三十晚上要搬动一下荤油坛子，这样大荤（婚）就“动”了。总之，人们在这神秘的除夕之夜，总想借助超人的神灵来实现自己一切美好的愿望。

旧时吃完饺子，长辈人要坐在炕头上接受晚辈叩头拜年。磕了头的孩子们就可以从老人那里得到一份“压岁钱”。此时也是老人向孩子们讲家史、个人生活经历及国家兴亡大事，进行传统教育的时候。也有的合家游戏，打麻将牌、玩升官图、全家卜等。娱乐活动常使人彻夜不倦。俗信，如果守岁坚持一夜，一年都会有精力；也有的说，子女守岁可以延长父母寿命。中华人民共和国成立后，民间所有接神、祭祖等迷信活动多已停止，但游艺活动大皆保留下来，或更添新花样。近年来，电视普及，城乡多数人家在除夕夜晚，围坐在电视机前看春节联欢节目，了解国家形势，和全国人民共庆佳节。

传统习俗，大年初一早晨要放“开门（鞭）炮”（俗称“旺鞭”）、吃新年饺子，以取吉利。之后便开始整天的拜年活动。一大早，亲朋、邻里、师友、同事之间互相登门拜年，恭贺新喜。昔时常抱拳相贺，说“恭喜发财”，或“见面发财”；今日贺词多说“春节好”，“过年好”，亦尝以“见面发财”之语相戏谑致贺。初一至初五，每家都备有烟茶、瓜子、糖果之类，以招待拜年贺岁的客人。傍晚多是家人宴饮的时间，因此出于礼貌，多不在下午拜年。但时间紧迫者也常有例外。这种亲友交往互拜及问候馈送之事，持续三五日。初五以后相贺，俗称“拜晚年”。

20世纪60年代以后，吉林省许多机关学校组织团拜和茶话会，团拜之后，大家即不再相互登门拜年，但近亲和至友多有例外。近年来，一个单位的领导到本单位离退休职工家拜年或看望本单位病人已成新风。这些活动，改变了许多旧习，建立了新的人际关系。民政部门对革命军烈属和复员转业退伍军人，乡（镇）村干部对五保户等拜年慰问也蔚然成风。这些都已不同于原来意义上的“拜年”，而起到移风易俗的作用。

旧时，吉林部分地方初二午夜即“送年”，把除夕晚上请回家过年的“祖宗神灵”送走。送年的形式主要是煮饺子在祖先牌前上供。初二收起家谱就把祖先送走了。个别人家在初五撤供。这些地方的新婚夫妇则可以在初三或初五以后到岳父家拜年（此俗从关内传入）。拜岳父母拿四色礼，旧时多拿两瓶酒，两盒糕点及水果、罐头等。吉林旧俗，女儿女婿婚后三年内到娘家拜年时，岳父母要给女婿女儿“压腰钱”，而女婿带去的礼物又只能留下一半。由于新出阁的姑娘有不许看见娘家“供尖”的习俗，故多数新婚夫妇初五以后才回娘家。

初五，俗称“破五”。吉林许多地方有乡里旧俗，初五亦“每有忌讳，凡所扫灰尘及泔水，不许掷”。旧俗初五为财神诞辰，大小商店开业，店主请伙计吃财神酒，并于席上决定各柜伙计的去留。店铺一大早即“礼财神，燃鞭爆，院中建席棚，祀天地。神祇前植松树，或二，或四，或六不等，皆高丈余，上贴桃符，张设灯彩。富家间亦为之”。祭祀时，立财神爷像在案头，以鸡、鲤祭，取意吉祥。此俗传承至今已改为吃饺子，有的在初五特意吃蒸饺，取“蒸蒸日上”之意，均以表示送年。旧俗有此日“不宜出行”之说。

吉林省旧时有妇女在初六之后才可以出门拜年之俗。旧时妇女拜年，多带“果匣”。果匣是薄木板做的，长方形，内装蛋糕、京八件等。上敷红纸，装潢漂亮。一般人家舍不得自食，常转送他家，以为拜年礼物。往往过了正月，糕点风干了才得以品尝。

吉林正月里多数日子都有“说道”。如初一到初十，分别为“鸡日”“狗日”“猪日”“羊日”“牛日”“马日”“人日”“谷日”“果日”“菜日”等。这些天里，那一天天气晴好，其所主之物就兴旺。又忌在其日宰杀牲禽。人们特别注重初七人日。为了全家健康，早晨特意给小孩煮鸡蛋吃，合家吃面。初七人日，本来是中国古老俗说，早见于《荆楚岁时记》。此俗在北方经过近1500年的演变，吉林地方演为三个“七”的人日：初七为儿童人日，十七为中年人日，二十七为老年人日。可见传统民俗文化对人们祈瑞心理的深刻影响。

吉林民间还有正月妇女“忌针”的说法。有“初一做针线扎龙头”，会引来自己头痛之俗说。今多破除。

2. 满族

满族过春节行大祭。年三十晚上，在庭院索罗神杆上锡斗中投五谷及猪杂碎祭祀天神。春节家祭时拆除屋内的木隔扇，祭祀在西屋摆设的祖宗牌。满族春节又有祭北斗等习俗。祭祀之后，晚辈向长辈磕头，行辞岁礼。满族在春节期间要杀神猪，吃白肉血肠。其他春节习俗均与汉族大体相同。

3. 蒙古族

与汉族一样，自古以十二生肖纪年，亦实行夏历，但蒙古族对春节另有本民族特殊的名称和习俗。源于蒙古族群众游牧生活的影响，特别是乳食生活习惯，使蒙古民族崇尚白色，以白色比喻纯洁，象征吉祥如意，并把正月称为“白月”（蒙古语“查干撒剌”），春节就称为“白节”。蒙古族受汉、满民族影响，亦有在院中竖灯笼杆，吃饺子等习俗，并亦重视祭祀。蒙古族古时祭祖“用马一、羊三、马（乳汁）、酒醴、红织、金帛及裹绢各三匹，……掘地为坎以燎肉”。此俗在后世富裕人家仍有所反映。吉林前郭、白城一带蒙古族，旧时除夕夜阖家欢乐宴饮，以整羊献祖，向长者献哈达，敬“辞岁酒”。席间劝酒欢歌，青年们即席而舞。接神时向火堆投“土烈食”，即将烤肉、酒饭等扔在燃起的火堆中以（左乡右向）神，保持着祭火古俗。其他习俗与汉族同。

4. 回族

吉林省回族过春节的习俗多同汉族。但是因受伊斯兰教影响，有自己民族的饮食禁忌，亦不贴对联、不接神、不发纸。

5. 朝鲜族

朝鲜族在除夕夜全家欢聚，吃团圆饭、放鞭炮，此外，家家做打糕或黏米饭，保持其民族传统。大年初一早晨，在鸡鸣破晓时祭祖（集安），晚辈必向长辈磕头拜年。春节期间，邻里、亲戚及同志间互相拜年致贺，欢聚歌舞，做各种游艺活动。龙井等地朝鲜族则喜欢掷云豆。

中华人民共和国成立后，春节习俗与旧俗相比已有很大改变，国务院规定春节放假三天。自20世纪50年代开始，党政机关及企事业单位职工，带头改变过春节的某些旧习，继承发展了许多健康有益的习俗。如组织大型秧歌队伍，开展集体游艺活动，慰问军烈属，年初一进行团拜，做各项促进生产的有益宣传，使春节成为充满教育意义，送旧迎新，全民欢乐的节日。如今，春节燃放烟花爆竹的习俗也受环保因素的影响，诸多地区有明细限制规定。

（二）元宵节

农历正月十五为元宵节。此俗始于汉代。唐代渐渐流行张灯之俗。金代传入东北。俗以这天是一年中第一个月圆之夜，故亦称“上元节”；又因为这天是一年中第一个月圆之夜，故称“元宵”或“元夜”。元宵节张灯3夜，所以又称“灯节”。旧时元宵节在吉林的典型传统民俗活动是：“街市张灯三日，金鼓喧阗，燃冰灯，放花爆，陈鱼龙，曼衍、高跷、秧歌、旱船、竹马诸杂剧。是日，男女出游，填塞衢巷，或步平沙，谓之‘走百病’，或联袂打滚，谓之脱晦气。”此俗一直延续至今。全省城市、乡村，正月十五日，挂红灯、吃元宵、耍龙灯、展灯会、燃花、放炮。夜幕降临，男女老少走到街上观灯，一如往昔。旧俗有“比灯”之意，谁家的灯笼挑得高，燃得亮，花样新巧，谁家的运气也就好，财（才）气也就高，人也显得特别聪明智慧。所以各商号、店铺和临街住户都纷纷挂出自家精心制作的金鱼灯、荷花灯、白菜灯、萝卜灯等新鲜别致的灯笼，为灯节添一份喜气。过去，吉林东部地区有用玉米面做的灯笼，称“金灯”；西部地区用白面或荞麦面做灯笼，称作“银灯”；还有许多地方用萝卜雕成“莲花灯”，样式新颖，灯火炫目。旧社会，一些地方官常把这一天当成炫耀政绩，粉饰太平和“与民同庆”的日子。

元宵节传统的娱乐形式有扭秧歌、踩高跷、耍龙灯、舞狮子、跑旱船、老汉推车、媳妇骑驴等，俗称“闹元宵”。旧社会，吉林城灯市设在牛马行（街），灯会设在粮米行、河南街等地。中华人民共和国成立后，城镇各单位组织十五灯会大联展，花灯花样翻新，胜于往时。花灯的样式有西瓜灯、包米灯、鲤鱼灯、龙灯、走马灯及“孙悟空大闹天宫”“猪八戒背媳妇”，以及“万马奔腾”“鱼龙变化”等应有尽有，数以千万计。长春市灯展多设在儿童公园、胜利公园等公共游乐场所。许多大的厂矿区也组织灯会。过去持灯游行的游乐形式，一直保持至今日。这种灯会一般都和群众性的秧歌舞结合，火爆热烈，更加强了灯节的欢乐气氛。旧时元宵节猜灯谜的习俗一直传承至今，长春工人文化宫等处，年年组织灯谜会，在全国制谜猜谜活动中多次获奖。

元宵节的饮食特点是吃“元宵”。吉林省的元宵用开水煮食或用油炸食。炸好的元宵亦可为节令名菜。每至此日，农村多包饺子，有条件的人家，用春节剩下来的山珍海味吃火锅。过去，吉林省某些地区（如梨树县）过元宵节不但在房前挂红灯，在路边撒路灯，还要“给祖坟送灯”。送祖坟的灯用面制成，注油后置灯芯，点燃。所以不用蜡烛者，是忌讳后人“成光棍儿”，此俗今已淘汰。长春、通化、柳河等地，至今仍有元宵节“滚冰”“走百病”的习俗，民间说它可以“消灾”。此种户外运动的良习实于人民健康有益。

20 世纪 70 年代以来，长春胜利公园等地，元宵节常举行大型冰灯展览，继承了古代冰雕艺术，培养了一批冰雕艺术家。长春因天气关系，冰雕作品不能保持长久，每年正月十五前后天已转暖。但吉林市冰雕与雪柳相映成辉，比单纯冰雕更胜一筹。吉林省也有的大型厂矿自办冰雕展览，如通化梅河煤矿的冰雕，展现出煤矿工人的高大形象，别有新意。

吉林东部朝鲜族集居区，保留了元宵节的民族风俗。正月十五太阳落山后，整个屯子都忙着迎月的准备。在空场中用木杆搭起“月亮之家”，四周围垒起松枝。有人到山顶去看东边月出。据说，谁第一个看见正月十五的月亮，谁就有福气。最早看见月亮出山的人立刻抢先喊：“望月喽，月亮出来了！”喊声在山林中回荡，被人们重复。声音传到屯子，守在村头的人，马上点燃“月亮之家”，立时火光冲天，鼓乐大作（过去此时还有巫师作法）。人们都在欢迎月神，尽情歌舞。继而举行跳板等民族传统体育活动及青少年的各种娱乐活动。

正月十五也是朝鲜族传统的“五谷祭”日。因为要向乌鸦行祭，也叫“乌祭之日”，又称“射（上羽中人下彡）画”。这天一大早，朝鲜族人家在家里举行“卖暑”和“咬疖子”仪式。“卖暑”是为防止夏季受暑而做的仪式。“咬疖子”是为防止身上长脓疮等病举行的饮酒活动。俗谓饮自家所酿的米酒，可使耳聪目明。最后，阖家吃用五种粮食（如江米、大麦、大黄米、高粱米、小豆等）做成的五谷饭，以求农业丰收。据调查，清末，图们朝鲜族在元宵节这天吃“药饭”，喝“聪耳酒”。1910 年以后，才用五谷饭代替药饭。

现在，居住较分散的朝鲜族（如敦化市）吃五谷饭的已经很少，但却普遍在此日早晨喝“聪耳酒”。

满族亦称元宵节为“上元节”，照例有点灯笼和观灯习俗。在满族集居地区，扮秧歌、跳民族舞、拜灯官及打（唱）太平鼓等活动常通宵达旦，十分热烈。其传统舞蹈《笊篱姑娘》很有民俗特色，唱词中有：笊篱姑娘下山来，十五、十六看灯来，梳的什么头，梳的四散头，头上抹着桂花油。

旧时，正月十六有些地区（如通化等地）的满族妇女亦有室外漫步习俗，俗称“走百病”。大人带小孩子在冰雪地上打滚，叫“滚冰”，意为“脱晦气”。此外，满族旧俗有正月十六“纵偷”“打画糜”（不分老少互画黑脸取乐）古俗，此俗民国以来渐被淘汰。

（三）端午节

农历正月初五是端午节。古有“值五曰午”的习俗，故端五也称“端午”，亦称“端阳”。端午，中华民族的传统佳节。几千年来，一幕天人合德的“大戏”每年上演，积淀了丰富多彩的文化内涵。天有恒久运行之规律，人有持之以恒之美德。端午是天人合一的节点，天人合德的一幕大戏。粽子香厨房，艾叶香满堂，天中采五瑞，人人吃五黄；江河龙舟赛，五彩绣端阳。一岁岁刻印的民族记忆，充盈斗牛的伟大智慧，将与天地日月长存（2016-06-11，人民日报海外版，施立学《端午：一岁岁刻印的民族记忆》）。端午节在全国有广泛的民俗影响和很大的心理势能，故吉林省各族均过此节。古时，五月端午是中国南方祀龙的节日，又是沐浴卫生的日子。至战国，楚大夫屈原遭谗被楚襄王去职放逐，国是日非，郢都为秦兵所破。屈原满怀爱国热情于此日投汨罗江。楚人遂以五月五日为纪念屈原逝世的日子，有划龙舟（以舟救之）、吃粽子（以米投水祭之）的风俗。随着楚文化的传播，二千年来，端午节成为全中国人庄重的民间节日。

在东北，对种种传统端午习俗，除划龙舟外，均有传承。吉林东部山区，有“此日瘟神下界”的记载。《荆楚岁时记》云：“五月五日……采艾以为人，悬门户上，以禳毒气。”端午之日，吉林人民早起采艾蒿，插到房檐上，门窗上，妇女也有的插在发髻上。有些地方艾蒿不多，则插上些菖蒲和桃条、柳条之类，并饮（或涂）雄黄酒，以此“避五毒”。还有些人此日将艾蒿打成辫绳晾干，以备入伏后驱蚊虫。

五月节的风俗中，还有在房门上和室内悬挂纸葫芦或贴剪纸（剪刀剪蝎子蜈蚣图案）之俗，都是由“竞采杂药”及“此月蓄药，可蠲毒气”的古俗发展而来。吉林有些地方传说，吕洞宾告诉人们用葫芦装药，于是有了挂葫芦的习俗。又因为采药用篮子装，也就一起挂起花篮。吉林制作的纸葫芦有大有小，红黄相间，下缀彩条，悬于门窗，给人很强烈的节日感受。永吉县一些老年人认为，五彩花篮和葫芦可以吓退瘟神，确保家人平安。如今应节令制作的玻璃（瓷）葫芦玩具，特别受到儿童和少年的欢迎。吉林、浑江、永吉等地，有在小孩子衣扣上挂葫芦、粽子、小猴和麻做的小笤帚的习俗。

姑娘们还把精心绣好的荷包装上香草，挂在自己的衣裙上，意在扫除邪秽，以避瘟疫。受朝鲜族风俗影响，今通化一带五月节荡秋千已成风气。

端午的应节食品，主要的是吃粽子。同时要备酒菜，改善生活。吉林农村多半用大黄米做粽子，城市居民、饭店及市场则多用糯米做粽子、凉糕。除黏食之外，在吉林民间过五月节有全家吃煮鸡蛋的特殊习俗。清晨，老奶奶把刚煮熟的鸡蛋放在小孙子肚皮上滚几个滚，然后再剥皮给小孩吃，嘴里还念叨着“宝子吃蛋，灾星滚蛋”的妈妈令，同时给他们系上已在窗外经露水“搭”过的五色线（长命线），戴上小葫芦、小笤帚，以此保佑孩子健康。五月，正是吉林农村铆地的大忙季节，端午又是大节，故在农村有杀猪做豆腐的。此时早豆角（五月鲜）等新鲜蔬菜开始上市，许多人家在这天排宴饮酒，欢庆春播完毕，迎接盛夏到来。此俗意义已超出昔日饮雄黄酒避邪避虫的范围。

吉林省朝鲜族过端午节，家家做打糕和黏米饭，或做艾糕、蒸饼。有些地方受汉族影响（如敦化）做葱饼、小豆包。城镇朝鲜族多吃打糕和饺子。居住农村的朝鲜族在这天杀猪宰鸡，隆重纪念。各家门前插上艾蒿，挂上红绸布条。妇女们头插菖蒲，身着彩色民族长裙荡秋千、跳跳板，男人常进行摔跤比赛。中华人民共和国成立后许多地方常在五月节期间举办民族运动会。

满族和蒙古族都把五月初五这天称为“猎节”。据《金史》记载，女真族在端午、重阳两个节日，都要比武、射柳（一种练习射箭技巧的游戏，是我国古老习俗之一）、击球。清末以来，满族端午风俗接近于汉族。端午这天，蒙古族也有打大围的风俗。旧时，蒙古族一年中数次打大围，后来野兽大量减少，大规模的狩猎几乎废除，独端午猎日成了沿袭不变的活动。大围开始时，大家先推选总指挥“阿宾达”，再商定好围猎范围和路线。人们骑马持枪，带着猎狗，按着约好的时间从不同方向进入围场；在山地向山口里围进，在平原从四方向中间聚推。包围圈越来越小，野兽就越处于直接被困状态。当围猎圈缩到最小时，人们施弓搭箭，捕获猎物。围罢，猎手相会，一起吃手把肉、比武谈艺。今天吉林省从事农业生产的蒙古族，端午节已没有打大围的习俗了。

（四）乞巧节

农历七月初七是乞巧节，又称“女儿节”，吉林民间俗称“七夕”。乞巧节由来已久，南北朝时有“陈瓜果于庭中以乞巧”的记载。吉林省关于乞巧节的习俗与全国一样，都与牛郎织女等故事相关。任昉《述异记》（逸文）：“天河之东有美丽女人，乃天帝之子，机杼女工，年年劳役，织成云雾绡缣之衣，辛苦无欢悦，容貌不暇整理。天帝怜其独处，嫁与河西牵牛之夫婿，自后竟废织纴之功，贪欢不归，帝怒责归河东，但使一年一度相会。”吉林省民间口头传说中的织女，是王母娘娘的女儿，由于来人间洗浴时衣服被牛郎得去，无法回天宫，遂与牛郎结婚，并生得一男一女。王母娘娘知道织女下凡，非常愤怒，派天兵捉拿她回大宫。牛郎得黄牛（牛金星所变）帮助，披着牛皮，挑上两个孩子，追上天来。眼看要追上时，王母娘娘拔下金簪，在织女牛郎中间划出一道天河，把二人隔开。牛郎在河西，织女在河东，他们变成了两颗星星，至今隔河相望。啼泣状感动了王母，允许他们每七天见一次面，派乌鸦去传话。乌鸦传错了话，说成每年七月七日见一次，便留下了七夕牛郎织女相会的日子。这个美丽的传说得到世人深刻同情，又编出织女七夕当渡河，使鹊为桥的传说。相传，“七日鹊首无故皆髡，因为梁以渡织女故也”。因为织女手巧，能织出云锦天衣，成为女孩们的崇拜对象，便形成了七夕乞巧的习俗。

吉林传统乞巧习俗有多种：有将豆芽泡在水中看芽影，以其形似针、剪、花、鱼等物，以卜巧。也有把小蜘蛛放入盒中，第二天看结网情况以定巧拙等。《永吉县志》载：“七夕，妇女陈瓜果，以立采缕穿针乞巧。”《安图县志》载：“妇女辈多于是夕手执针线于无灯处穿针乞巧。”扶余有“小女儿置一水碗曝日下，投一花针，针浮水面，影射碗底，视影何似，以定巧拙，谓之乞巧”。传统乞巧习俗至今已有很大变化，但在七夕夜晚，空中繁星闪烁之时，人们遥望星空，仍然对神话传说中的牛郎、织女寄予美好的祝愿。也有的家长给孩子们讲述牛郎织女故事，并教他们辨认牛郎星、织女星的位置，这种美好的习俗一直流传至今。吉林农村，过去有七夕看银河明晦卜年成（星明则丰收）的习俗。也有些地方有女孩们到黄瓜架下偷听牛郎织女啼泣的习俗。民间还有“七夕不嫁女”的忌讳。长白山上还有“牛郎渡”“织女峰”“洗儿石”等景观，可见牛郎织女故事和乞巧节习俗在吉林人民心目中的地位和影响。

（五）中秋节

农历八月十五是中秋节，俗称“八月节”。古代用孟、仲、季表示序位，中秋恰在秋季第二个月，所以称中秋节或仲秋节。吉林有“八月十五月儿圆，西瓜月饼敬苍天”的俗语，这是对中秋活动的高度概括。吉林农历八月，正是各种水果上市的旺季。中秋赏月源于殷周之际的“春分祭日”“秋分祭月”的礼俗。秦汉时，已与庆祝丰收有关了。至唐代，日益和人间团聚的美好愿望结合。

八月十五这天，月亮又圆又亮，旧俗，吉林省民间家家都要吃团圆饭。回娘家的媳妇和在外打短工的男子，都要回家过团圆节。故吉林有“宁留一秋，不留过中秋”之谣。旧时，中秋之夜，家家供月。富裕家在院中放上八仙桌，摆上月饼、葡萄、西瓜、瓜子和毛豆等水果、新谷，再点上三炷香，谓之“敬月”，俗称“圆月”。男人一般不磕头拜月，旧有“男不拜月，女不祭灶”之说。供月时，全家围坐月空下，边吃水果边赏月，孩子们听老人们讲“嫦娥奔月”“吴刚伐桂”“玉兔捣药”等故事。孩子们在中秋的玩具，也常以兔儿爷为主。旧时甚至有供兔儿爷、拜兔儿爷的。农家更特别注意中秋节的天气，有“八月十五云遮月，正月十五雪打灯”“七月十五看旱涝，八月十五定收成”的说法。认为如果八月十五天气好，明月高悬，即预示着当年是一个丰收年。“花好月圆”“人寿年丰”，是人们在中秋节共同的美好愿望。人们这天常通过馈送月饼，将良好的愿望带给亲朋好友。今日，吉林供月等习俗虽已不多见，但赏月、吃月饼的习俗仍然盛行。

过了八月节，吉林省农村就进入秋收大忙季节。故此，八月十五赏月也是吉林金秋到来之前的重要时节。

吉林朝鲜族，称八月十五为“秋夕节”。旧时其俗大致与汉族敬月习俗相同，只是供桌上增放一个水盆，为的是秋夕时不仅看天上的明月，还要看水中映出的月亮。有的还向水盆扔硬币，借以祈求富贵。朝鲜族农民过中秋用新粮酿酒，做打糕，杀牛宰鸡，颇为隆重。入夜，群起歌舞，为新谷登场和人畜兴旺而饮酒狂欢，尽兴而散。

（六）重阳节

农历九月九日谓重阳节，俗称“重九”。旧俗，每逢重九，野游登高，佩戴茱萸，饮菊花酒。旧社会，吉林地方重阳登高的多是些文人墨客。当时，要进山的人常选择在九九重阳日聚餐，认为这是大吉之期，俗称“登高会”。榆树、扶余等地流传有“九月九，大撒手”的民谚。认为此时农村庄稼收获后，可以散放牲畜了，这与重阳节原意相去甚远，可谓重九风俗的地方变异。如今，每至重阳前后，公园常举办菊花展。人们特应时赏菊。

（七）腊八节

腊八指农历十二月八日，此日原为古之“腊祭日”。佛教传入中国后，又将腊八附会在释迦牟尼成道日传说上。传说佛祖在成道之前，曾有牧女向他献乳糜。因此，佛寺在此日用精粮与多种干果合煮粥糜供佛，称腊八粥。

吉林省地处塞北边陲，冬季气候寒冷，民谚有“腊七腊八，冻掉下巴”之语。每逢此日，家家户户煮“腊八粥”吃。旧习，腊八粥用八种杂粮煮成（贫苦人家或只用高粱米、玉米楂子）。外加糖枣、花生仁、核桃仁、瓜子仁，也有外加青红丝、栗子、葡萄干、柿饼丁等物。吃腊八粥的习俗流传至今。旧时农村把吃剩的腊八粥喂牲口或涂抹在果树上，以祈新的一年果木丰收，人畜两旺。吉林省冬季严寒，据此，民间对腊八粥来源有另一种说法。传说有一对好吃懒做的夫妻，不听老人言，坐吃山空，把父母留下的家财吃光用完。最后在腊八这一天，打扫囤底的杂粮碎米熬了点粥喝，终因饥寒交迫，冻饿而死。为吸取这一教训，留下了喝“腊八粥”的习俗。

（八）小年（灶王节）

农历腊月二十三过小年。过小年的旧俗是祭灶，因此又称灶王节。中华人民共和国成立前民间在灶旁墙上供灶王爷、灶王奶奶像，两侧贴有对联：“上天言好事，下界保平安”，横批为“一家之主”。腊月二十三这天晚上，是送灶王爷上天的时候。为送灶王爷上天，以秫秸劈成细篾儿做马、犬、鸡等，并备草料喂上。吉林地区又有在灶门脸粘灶糖的习俗，长春地区则用灶糖直接抹在灶王爷的嘴上，认为这样就把灶王的嘴给粘住，上天不能说坏话。祭灶在傍晚掌灯时进行：给灶王爷烧三炷香，全家向灶王爷磕头后，将灶王爷像揭下来与所扎马、鸡、犬等物一起烧掉，鸣爆竹以送之。浑江等地东南部山区，送灶王爷上天时，口里还念道：“灶王爷，本姓张，骑着马，挎着枪，上上方，见玉皇，好话多说，坏话少讲，过年回来多给你供香火。”扶余等西北地区，部分信佛的人家还流传给灶王念长经的习俗。自中华人民共和国成立后，信奉灶王的观念已很淡薄，供奉灶王爷的习俗已基本绝迹。旧时，蒙古族祭灶保持原始祭火遗俗，有其独特民族传统。祭灶时全家人都到院中或灶门旁；家长上香之后，点上一捆柴草，把牛羊肉、烧酒、黄油等祭品投入火中。在长辈的带领下，全家人依次跪下，向火堆磕头。主祭（家长）望着熊熊火焰，向火祷告，请神庇佑，保佑明年风调雨顺，五谷丰登，人畜兴旺。此俗今已改变。

祭灶之后至春节期间家家忙年，每日均有安排，俗说：二十四写大字，二十五扫房土，二十六做豆腐，二十七杀年鸡，二十八把面发，二十九糊香斗，三十晚上熬一宿。说明大搞卫生、辞旧迎新是吉林人民的共同美好愿望。

三、吉林传统渔猎民俗

（一）长白山区猎俗

东北民谣说：关东山，三宗宝，人参、貂皮、乌拉草。长白山里不仅盛产紫貂，獐狍野鹿，虎豹狼熊也很著名。清以来长白山成为天然猎场，并形成独特的猎俗（1996 年 1 月，吉林省人大常委会做出《关于吉林省五年禁止猎捕陆生野生动物的决定》，使吉林省成为全国第一个全省禁猎的省份。2001 年，吉林省人大常委会决定，将无限期地对长白山陆生野生动物实行禁猎，直至今日，位于北温带的长白山区，一些濒临灭绝的黑熊、猞猁、野生梅花鹿等珍稀动物开始出现，雉鸡、野兔、狍子等在林区时常可以见到，飞禽走兽的种类、数量明显增多）。

1. 猎貂

貂是属于鼬科的世界著名经济动物，一般称为“小食肉兽”或“细皮毛兽”。民间称捕貂为“打大叶子”，称捕黄鼠狼为“打黄叶子”。这些小兽习性相近，捕法也相同。貂有多种，民间叫法有白板、紫鞟、花板、油红、青豆、亮青、大黑、金嗉等名目，其中毛长三寸的“千金白”最为稀珍，紫貂为上品。貂在天气转冷后，毛才长得厚实，所以猎人多在入冬后进山，腊月或明春下山。集体捕貂叫“围貂”，单个猎貂者叫“貂溜子”。狩猎之前，猎民有供奉山神、猎神的习俗，以祈巨获。猎貂方法有以下几种：

犬捕。猎人以犬探貂。犬发现貂，貂即以极快速度缘树而逃，犬跟踪至树下，狂吠不已，猎人砍树，貂会逃进土洞或山岩中，猎人或掘土或烟熏，将其捕捉。

网捕。猎人跟踪貂的足迹（因多在冬季捕貂，雪地上貂踪很明显），发现它的巢穴和通路，在其洞口或通路上张网，再以烟熏，迫使貂出逃，落网被擒。

弓捕。严冬雪深时，貂觅侣交配，生仔藏窝，活动频繁，猎人根据其活动路线，伏弓（一种可触发的地箭）在路上，貂路过则中箭。

碓捕。这是一种古老的捕捉法。猎人将排子、关子、夹子和阎王碓装好，安上机关，装好诱饵，放在貂经常出没的地方，貂食诱饵，触动机关，即被捕获。

铳捕。近代狩猎已用火枪代替弓矢。好猎人要枪击貂的头部，不损其皮。

2. 捕熊

熊自古就是满族山民的主要猎物。其猎法有：

套网法。熊性情孤僻，多独来独往。冬天，肥熊不畏风寒雪冻，坐坡过冬，活像一尊雪堆佛爷，故称“坐殿”。这时，猎人将其套上网具，等它醒来挣扎时，朝它下颌的一撮白毛处，用长刀猛刺进去，可直达心窝，熊倒地即死。

掏包法。长白山原始森林，有不少树洞大如窑，冬天，熊进树洞猫冬，俗称“蹲仓”。猎人将木棍卡住洞口，然后，打树干，把熊惊醒。再趁熊探头出洞时，开枪射杀，或用长刀刺杀。有的猎人在熊“蹲仓”的空心树上挖四个洞，熊会将掌顺洞眼伸出树外，猎人可砍掌捕获。

陷阱法。掘陷阱捕熊，俗称“埋地窖子”。猎人选择熊出没的山道口掘 3 米之深的大坑，上面覆盖树杈、土石，放一些食物作诱饵，熊踏翻树杈被获。

3. 猎鹿

春天，鹿喜食盐碱。猎人在鹿出没的豁口山路上撒上盐，埋伏在暗处，等鹿来舔盐时，伺机射杀，俗称“蹲咸场”。

打“红围”。农历四五月，是猎取鹿茸的“红围”季节。猎人分两翼，五步、七步一哨，放猎犬轰赶，逼鹿群朝一个方向逃窜。猎手事先埋伏在鹿群逃跑的隐蔽处，鹿至出击。

哨鹿。八月金秋，是鹿的发情期，公鹿和母鹿相互鸣叫，寻找情侣。一鹿鸣叫，群鹿接踵而至。猎手身披鹿皮，头戴鹿头皮帽，口衔用桦树皮制成的口哨，模仿鹿鸣，引鹿而至，射杀或枪击。

套鹿。冬季，鹿成群而居。猎手发现鹿群，立即选定追获对象，骑马跟踪追捕。逃鹿窜进另一鹿群，切不可舍此追彼，一马追多鹿，马力不支。必须盯住一只鹿，穷追不舍。追捕时，猎手十分注意鹿的情态。鹿累得摇晃身子时，必须停止追赶，如再追，套获以后也必死。猎人让鹿慢慢行走，待鹿缓过劲来，再伸竿套鹿。套住的鹿，浑身汗淋，猎人就地生火，把鹿汗烤干，否则就会冻死。猎人套获活鹿后，可带回驯养。

窖鹿。窖鹿是猎鹿古法。鹿窖设在鹿常出没的地方，上面盖上伪装，此法易捕获活鹿。

（二）蒙古族猎俗

居住在吉林省西部地区的蒙古族，牧猎经济占有较大的比重，并保有古老的狩猎习俗。蒙古族狩猎，个人狩猎称寻猎，多人狩猎称围猎。每年的农历五月五日，是蒙古族的猎日，也叫打大围。

旧时，五月五日猎日（打大围）之前，要由公众推举的“阿宾达”（本次猎日的总指挥），规定出猎时间，圈猎范围及包抄的中心点。出猎时辰一到，可见匹匹猎马摇鬃，条条猎狗摆尾，猎人驾着“海东青”

猎鹰，身背弓箭，手执“布鲁”（也叫“陶劳棒”，一种投击野物的猎具），向指定的围猎场奔去，蹄声似鼓，烟尘如浪，很是壮观。围猎圈的直径一般都在5~10千米，当围猎圈逐渐缩小到对面见到人影时，才能发箭、掷布鲁。

打围时，有一些共同遵守的猎俗：凡是用枪（古时用箭）、布鲁打中的猎物，谁打的归谁，他人不能争抢；在围猎圈内，猎狗抓住的野物，谁都可以抢，只要你抢到手，向空中一举，谁也不许再抢了，连猎狗都知道这种猎俗。有些老人跑不动，就在野兽跑的道上投下“窝什”（一种网）。如果野物钻进了“窝什”，即使主人不在也不能偷。这是一种敬老而高尚的道德。

狩猎习俗，蒙古人还有“见面分一半”的传统。如果对方有要求，不给不行，不愿意也得给。然而，即使给了猎物的大部，也绝不给其“只勒都”（头部和气管、心肺）。因为“只勒都”被看作是福物。认为，如果把这“福物”给了别人，以后就会打不着猎物了。

蒙古人常用的狩猎方法有鹰猎和犬猎。狩猎工具常见的有火枪（古时是弓箭）、布鲁，还有套索、签子、网、闸等。

鹰猎：鹰素有空中狮虎之称。蒙古人常用的猎鹰分两种。一种称“俄德勒呼”，专门用其猎获野兔等小型兽类。这种鹰不如另一种“海青”鹰贵重。海青，也称海东青，蒙古语称“升豁儿”，多产于库页岛一带。此鹰最为凶猛。猎人在行猎中，一旦有误不获，海青一气之下，垂天俯地直向主人冲来。据说它的前胸极其坚硬，可把彩鞍撞碎。这样，猎人只好“镫里藏身”，才免去灾祸，“莫学海青，自冲其影”，这则蒙古族古谚，也是这个意思。

蒙古人和满族人都有放鹰的习惯。旧历四月将猎鹰放回草原，让其在自然环境中脱羽毛。放飞之前，喂它新鲜肉，然后托在右手到旷野，默诵祷鹰的赞词，盼其羽毛丰满后如期归来。

犬猎：蒙古人非常喜欢用猎犬捕捉野兽，蒙古人驯养猎犬是从幼犬开始的。猎犬是一种细腰、宽胸、长腿、小头、嘴粗、毛短、尾直形的白色或乳黄色的犬，俗称“细狗”。蒙古妇女常把野兔肉剁在榆木板子上，肉丝和筋条剁进深深的木纹里，让小幼犬舔着吃，是为了锻炼狗嘴唇厚齿坚、粗而有力；为了防止幼犬前腿弯曲变形而影响速度，还要打上“腿绊子”（8寸到1尺左右木制绊）。幼犬长到3个月的时候要开始调驯。10个月左右开始戴皮脖索（带针刺以防野兽咬伤）。一岁的猎犬只能观猎，不能捕猎，以防累伤，这样特殊驯养出来的猎犬体形修长、健壮、力大，嘴齿有劲，反应灵敏、跑速极快而有耐力，敢于和野狗等凶兽搏争。蒙古人自古就有崇鹰、喜马、爱犬、恨蛇的习俗，都与他们的牧猎生活有关。蒙古猎人要按每条犬不同素质，令其承担不同的使命，如嗅觉灵敏的，专管寻踪；能跑而有耐力的，专管追赶；善于捕咬的，负责捕获。

水猎：居住在松花江、嫩江沿岸的蒙古人喜水猎。松、嫩两江都是在夏秋季节涨水，出槽的江水漫灌草甸子，一些逃避不及的野兽被水围于沙坨、岗尖等孤岛上。猎人登上“孤岛”，犬追、布鲁击，乃至用脚踢，获取猎物。水猎还必有一些人留在船上，专管猎取跳水的野物。

雪猎：蒙古人冬天常进行雪猎。大雪后，通常三五骑，也有单骑，在茫茫的雪原上围追困兽，然后将筋疲力尽的野兽用布鲁击毙。

吉林省西部的蒙古族，还有冰猎、火猎、穴猎、套猎等猎俗。

（三）松花江渔俗

中国东北有着久远的渔猎历史，捕鱼，这是一种古老的行当。正因为这个行当古老，所以其中的习俗和规矩十分特殊。它和采摘瓜果、猎获动物一样，都是原始先民谋生的一种手段。地处长白山地区的松花江、图们江、鸭绿江及流经东北平原的黑龙江、嫩江、乌苏里江因水利资源和地理位置的优越，渔业资源十分丰富。古代这里就有人用原始渔具从事捕捞活动。

据史料记载，吉林渔民曾经由图们江出海捕鱼，盛时达千余人，年作业四五个月，用刺网捕捞，人均产量可达20吨，用串联网捕捞可达25~30吨，捕捞海参每人每天可达15千克。北方典型的渔猎民族，如赫哲族，从前被称为“鱼皮鞑子”。赫哲人每年要向朝廷进贡鳇鱼鱼骨、鳇鱼筋等珍贵的特产，光绪年间俄国轮船航行至黑龙江中常常向赫哲人买大马哈鱼。

从春天跑冰排开始到夏季“小满”，这时期为春季鱼汛期。这时在松花江、黑龙江、乌苏里江流域主要捕那些吃食小鱼的杂鱼类。这类鱼在稳水涡子里待了一冬天，它们往往随着开江的冰排震荡顺流而下，到没有冰排的稳水涡子（卧子）里停下来觅食。捕这个季节的鱼用网、钩都可以，而且鱼好吃也能卖出好价钱来。

五月端阳节前后，水温开始回暖，各种专门吃活鱼的大鱼都集中往江边游，在岸边的青草和苇棵里找小鱼吃。这时节，江边草丛里的蚊虫还没大量生起，打渔人不受蚊虫叮咬侵害，夜里小凉风一吹，又凉快又舒服，这是打渔的好季节。这样的日子，不停地捕捞。如果勤快一些的话，这个季节渔民便可以把一年的“口粮”弄回来。

北方民族，大多经过了渔猎生活阶段，他们饱尝了这行当的辛苦。东北靠江较近的渔民，一到汛期就结伙出船，自家没有船的，就到网户达（有钱的大户人家）那里租船或租网。盖的小窝棚就叫“网房子”。

春天开江打开江鱼，开江鱼好吃，但罪难遭，春天的江水都带冰碴子。夏天的时候，在江上行船打鱼，无遮无挡，火辣辣的太阳晒得人身上一爆一层皮。打鱼的人哪年夏天都得脱几层皮。身上一脱皮，汗水一浸，疼得扎心。秋天，是打鱼人一年当中最好过的季节，这时候，鱼儿肥，天又不太热。

所以北方的打鱼人常常这样说：转眼到了秋，打鱼的乐悠悠。背网江上走，草棵里下老钩。鱼儿多又肥，真是好时候。

捕鱼要用船。北方船只的制造有悠久的历史，松花江上游的吉林市，古称“船厂”，这儿一直是生产大船的地方。清朝的各水陆驿站所有的船只，都要到“船厂”去领换。而旧船领换新船，要求驿丁把旧船烧掉，背着烧完后剩下的船钉去领。那船钉是有分量的，少一两朝廷就认为是失职，不但不给新船，还要受到处罚。东北渔猎和交通中使用的最早的船只是独木舟，名为“杨木雕”，赫哲语为“敖拉沁”，只能乘一人。后来又出现了“桦皮快马”船。这种船叫“乌末日沉”，是把整张的桦树皮呈筒状扒下，固定在事先串好的桦皮船“骨架”上，船便成了。这种船的船体非常轻，一个人可以扛着行走。另外这种船可以在少水的江汊子、河湾子一带通过，不用绕弯走很远的路。但是这种桦皮船最多只能载两三人，不能运载重物，但叉鱼时是最得力的船只。18世纪末期，赫哲族中又出现了一种叫“吉拉”的小船，这是一种载重桦皮船，船体大，是用松木做的“骨架”，划行时速度快，体轻，摩擦水面的声音小，叉鱼时，等鱼发现叉已飞出。但远航时，得十多个人划桨。

到了中华民国初期，北方又出现了一种叫“三页板”的船，称“舢板”，赫哲语为“滕木特克”。这种大渔船中间有桅杆眼，可以竖杆、拉风帆、挂篷，这种船是下鳇鱼钩、打大网、载运货物的最好的船只。后来，从松花江上游的汉族渔民中传来一种“划船”，两头尖翘起，似鞋形，外壳涂油漆，船长二丈三尺，在船中间的“船迷子”（船面中间）上，覆盖“跨子”（船盖），这样既可以挡雨，又免得江水灌进舱中，有的用白布做“二篷”代替“跨子”。如雨天或夜晚回不了家，可以供两个人在里边歇宿。

从“白露”开始的一个月时间是北方秋季鱼汛期，乌苏里江和黑龙江流域开始捕获大马哈鱼（鲑鱼的一种）和鲟、鳇鱼及其他各种鲜美的杂鱼。这时节上网最多的是鳇鱼和大马哈鱼。

松花江沿江大小河流湖泊都有鱼群集中的网口（渔场），网口分布着不同的鱼群。清代，松花江的鱼类品种很多，常见的有：鲤、鲫、鳌花、哲罗、雅巴哈、达发哈、鳟、鲟、鳇、白、法罗、鳝、草根、鳊花、黄鲴、重唇、鲇、鲢、凤尾、鲅、狗鱼、牛鱼、雅鱼以及河蟹、水獭等水珍。松花江沿江渔民捕鱼多在春、秋、冬三个季节。

春捕。春天，躲在冰下深水涡子的鱼群，成群结队，随着开江冰排顺流下到没有冰排的稳水涡子里停下来。这时，渔民就要在网口下网捕捞。为了让鱼集中，还用石块筑起拦坝，坝中留出通水口，并在通水口处下网，布置障碍物，俗称“鱼亮子”。到了鱼汛高峰期，江河两岸的渔民就要全家出动，驾着“扎哈”木制小船和“威呼”独木舟，带着鱼网、鱼叉、鱼钩、鱼笼等穿梭在松花江上。春捕主要使用旋网捕捞。旋网上小下大呈圆锥形，底边织兜水，并上底网铅坠，用旋网捕鱼有两种方法：一种是打朦网，把网扔在鱼涡子里，然后往上拉网，鱼就挂在网里了。另一种是喂窝子捕捞。在阴历四五月间，用一块约 0.5 千克重的三角豆饼拴在一根名为食条的柳枝上，下在稳水流里。在其上游 2 尺远处再插一根档网晃条，以防拉网时将喂窝子的豆饼拉起来。在捕捞时，网、叉、钩、笼各显神通。

到了端午节前后，各种吃活食的大鱼多靠近江岸找小鱼吃；吃草的鱼也多是到草沟子或江边上找草吃。这时节可在晚间用爬网捕获。爬网是一种用绞丝织成的挂子网（在早用线织）。用此网堵截稳水涡子或回水汊子里的鱼。

夏捕。到了小暑，进入夏季，气候炎热，鱼都漂游到陡岸子底下、柳毛子边上，渔民们利用渔闲，一边修补鱼具，一边用鱼钩捕鱼。

秋捕。到了流冰排时，离封江还有二十几天。这时，渔民顺着冰排空隙，用挂子网、小型趟网捕鱼。这是捕鱼的黄金季节，可捕到体大身肥的鲟鱼、鳇鱼。

冬捕。封江之后，渔民在冰上凿开冰层，犹如井口，俗称“冰涡子”。冰下的鱼群见到光亮，蜂拥而至，渔民便用钢叉叉、鱼钩钩。到了夜晚，用火照“冰涡子”，鱼便聚在冰口，用钢叉叉，可得大鱼。在鱼常常游动的稳水流的江冰上，凿成 2 尺宽、2 尺长的冰眼，站或坐在冰眼上用三齿挠钩鱼。在鱼钩上面坠上闪闪发白的金属片，一般都制成小鱼形状，不停地慢慢拉动，吃活鱼的鱼误认为是小鱼在游动，在其吞噬时，将其钩住。

“挂子网”。在冰上约隔 3 丈远凿一个冰眼，下网冰眼 2 尺长、2 尺宽。将网穿在水线杆上，从冰眼中徐徐穿过。

（四）捕鳇

鳇鱼是生长在松花江和黑龙江中的名贵鱼类之一，有淡水鱼王的美称。鳇鱼是清代向皇帝敬献的贡品，因此，形成一套捕鳇渔俗。清代，康熙、乾隆来到过松花江，捕捞鳇鱼并且品尝、作诗。清朝制定贡献鲟鳇及采捕定例，不得违抗。民间不准私捕鳇鱼，更不许吃鳇鱼。鳇鱼岛区域的清朝贡江碑上面记载向朝廷进贡，赞誉德惠鳇鱼岛鲟鳇鱼“非皇宫口味可比”。

鳇鱼略呈圆筒形，吻尖口小，大者千斤。鳇鱼亦称“麻特哈鱼”或“牛鱼”。《鸡林旧闻录》（二）载：“至麻特哈巨鱼，先济勒弥等人，以为海神之使者，故不敢捕取，近年俄人设法竞取，土人亦从而效之。每江中风浪大作，辄扬帆持叉，俟出水时，以叉遥掷之。叉尾系长绳，俟鱼力既惫，乃牵至江岸，或售或食，仍不敢携入室中，恐为祟也。若乘威呼（独木舟）持叉取鱼，则以剃发黑斤（赫哲人）为最。当波浪平静时，江面认取鱼行水纹，抛叉取之，百无一失。”渔民叉中鳇鱼之后，常被巨大的鳇鱼拖出数里之外。渔人捕鳇妙诀是在“鱼倦少休时，敲其鼻，鼻骨至脆，破则一身力竟，然后戳其鳃使痛，自然一跃登岸，索伦人尤擅其能”（《黑龙江志稿》）。吉林省亦善用网捕。鳇鱼落网，初时挣扎，激起浪花和江底卵石回溅，甚至出现船翻、网破、鱼逃走的情况。有经验的渔人，轻轻地给鳇鱼载上笼头，然后众人合力把鳇鱼拉入圈里养起来。

康熙五年（1666 年），恭进上用鳇鱼，鳇鱼差由打牲乌拉总管衙门担当，至乾隆四十三年（1778 年），上谕：“上年进鲟鳇鱼有八九尺者不等，今减剩四尺，足见该总管索柱并不竭力捕打。”“嗣后将打牲乌拉所进东珠、鲟鳇鱼差，着归吉林将军富康安兼理总管。”为了保证鱼源、鱼鲜，自此，每年至谷雨节，出派委官 3 员，领催 3 名，头目 12 名，打牲丁 72 名，往赴边外产鱼各河口捕鳇，随时送圈养。在吉林省德惠、扶余和农安县均设有鳇鱼圈，专门饲养鳇鱼，等千斤后向皇室供鲜鳇。这种“鳇鱼圈”一般设在与主江道连通的宽阔地带或江叉子，方圆大小不等，如德惠“鳇鱼圈”水面约 2 万平方米，农安鳇鱼圈也与之相似，四周插柳埋栅，留有赶鱼换水的闸门。与陆地毗连之处，柳树环成屏障。放养在圈中的鳇鱼，每年刚交腊月，由乌拉街打牲乌拉总管衙门组织，把鳇鱼挂冰装车送往京师。

四、吉林采集民俗

（一）采参习俗

自古长白山盛产人参。长白山人参“秉东方生发之气，得地脉淳精之灵，生成神草，为药之属极上上品”。人参，满、蒙语均称“敖拉呼达”，山的亲家之意，亦译为“百草之王”。因视人参灵异，故在采参过程中形成一整套完整的山规和参俗。

《鸡林旧闻录》载，放山者分三期：四五月为“放芽草”，因百草甫生，参芽萌苗便寻认也。六七月为“放黑草”，则丛草浓绿，最费辨认。八九月为“放红头”，因参苗顶心结子，浅红易识认也。及参籽落后，又曰“放刷帚头”。毕事下山曰“辍棍”。

放山人的组织，大体可分拉帮放山和撮单棍两种。拉帮放山一般三五人或五七人一组（10 人以上者较少），也称放山帮。撮单棍，也叫放单帮，就是独自采参。采参前，备好食品、炊具及生产工具——镐头、刀子、斧子、鹿骨针、红绳等。谷雨后，由把头率领入山，首先选好山场，选择气候环境较好、土质松软、水源充足、花红草绿的地方压“（左土右仓）子”，盖山神庙（供奉山神，老把头）。放山帮的主要成员：头领叫“领棍”，也叫把头或头棍，是放山的组织者和领导者，把头谙熟参性，经验丰富，处事公平，恩威并行。领棍的副手叫“边棍”，即二把头。其他成员都叫“腰棍”。新入伙的叫“雏把”，常管炊事，看（左土右仓）子，也叫“端锅的”。上山挖参，组织很严密，每个成员之间要拉开一定距离，中间约距一棍之长，棍棍相接，横排前进。领棍打头，边棍把边，中间叫“挑杆”的。边棍、挑杆的因有经验是行家里手，又都叫“明棍”或“腰棍”，夹在边棍与挑杆中间的，由“雏把”担任。

由于人参酷似人形，又奇异难觅和某种民俗心理作用，形成放山人在采参过程中许多山规、禁忌：不许多说一句话，不许多做一件事，务求吉利。放山人在压草寻参时，叫压“趟子”，放山时，一律禁言。发现人参时叫“开眼”，要立刻大声呼叫：“棒槌。”（人参的俗称）传说，如此棒槌就会被“定住”，不再逃跑。此时把头就要问“什么货”？发现者则据实回答，然后同伙人贺道：“快当！快当！”被发现的人参要系上红绳，以防逸去。发现者的报告叫“喊山”，后边应和者的问语、祝词叫“接山”。喊山是非常严肃的事，决不可乱喊，如把某一种草误当棒槌喊了，则认为不吉利，叫“喊炸山了”。

采参山规中，只许说“拿”，不许说“放”，吃饭叫“拿饭”，回（左土右仓）子睡觉叫“拿（左土右仓）子”，休息叫“拿火”（抽烟），做饭叫“端锅”，挖参叫“抬参”。挖参人很讲职业道德。规定，有愿入伙挖参者，把头不得拒绝。看见小参苗如“三花”“巴掌子”，都不能采挖，待长大或移植隐避地方，或在附近树上做上记号，使后来人能够发现。挖到五品叶以上大山参时，要把参籽的一半撒在山上，不能叫人参绝种。挖参时，如被另一伙放山人看见，按山规要见面分一半。放山人有棚同住，有饭同吃，均成采参习俗。

抬出的人参要用青苔敷裹，外边用红松皮或桦树皮包好，叫“打参包子”，以防走掉水分。扒红松皮时，要在树上留记号。有此种记号的树叫作“洗脸树”，标记此地曾出过人参。

如果第一天“开眼”了，还要砍“照头”，由把头选一棵红松树，朝拿到人参的方向，从树干上砍下块长方形树皮，然后在砍下树皮的白木头上用刀刻上杠，左边刻的杠，代表放山的人数；右边刻的杠，代表拿到几品叶的参。如果发现了“片”或者“堆”（五品为片，六品为堆），要用树皮搭个小庙，立个山神爷牌位，有香烧香，没香以草代之，并由把头许愿祈祷。砍了“照头”后，还要给“照头”洗脸。所谓洗脸就是用火烧烤“照头”的四周，为的是防止流出的松油遮盖住“照头”。如果进山以后三四天也不开眼，就要“喊空山”，就是以假充真。把头喊“棒槌”！别人问“啥货啊”？把头回答“抬出来了”。

传说，放山人发现的人参，正顶着红榔头（人参籽），喊山时籽落了下来，这落下的籽就叫催生籽。妇女难产喝了催生籽熬的水，就能顺利地生下孩子。

（二）采山货习俗

长白山盛产山珍、山果、药材，山货采集一直是山区人民群众农业生产的重要组成部分，故形成许多特有的习俗。山珍类有猴头、木耳、松子、松蘑、榛蘑、草蘑、榆黄蘑、橙盖伞、鸡头蘑、花脸蘑、扫帚蘑、牛肝菌等。猴头蘑是柞树上的寄生物，形似猴头，最为名贵，常供宴席。其生亦异，两两对生。采山货的人找到一棵长猴头的柞树时，就要就地找另一棵。山里人常常爬几丈高的柞树上去采猴头，然后晒干储藏。猴头蘑清甜鲜美，肉厚香嫩，能与各种肉类混做而不霸味，细嚼其味香醇无穷。

吉林省西部草原的草蘑，一生就是一个圆圈，牧民称为蘑菇圈。传说北方有一个巴特鲁（英雄），战胜九头魔王之后，九千部众围成 90 个圆圈跳舞，踏平了 90 圈花草。后来，每当甘露过后，升起彩虹，在九千部众围成的 90 个圆圈上，就一圈一圈地长出了洁白的草蘑。

五、吉林生产节日

（一）填（添）仓节

农历正月二十五是填仓节。这天吉林农家在院子里撒灰圈子。灰圈象征粮食囤，放上五谷杂粮，并在仓房点上香烛，以祈当年粮食丰收，积储满仓。旧时吉林各地填仓习俗也有些微小不同。如九台等地农村，有用荞面做成油灯，供奉仓神的。老太太们则剪纸鸡纸猫贴放仓房处，意在防止老鼠和害虫进仓吃粮食。

农民靠天吃饭和尊天思想，使“填仓”有靠天神惠赐之意，故又称“天仓节”。《德惠县志》记载：“以灰于天井中作圆形，曰天仓，又名龙凤日。”吉林民间以此日为第一个龙凤日，认为这一日的阴晴风雪，能影响以后的三个龙凤日（4 月 25 日，7 月 25 日，10 月 25 日）。图们在填仓节煮糙子饭，放在仓里，用秫秸编一只小马插在盆上，取马驮粮食还仓之意，表现出祈求丰收的愿望。

（二）春龙节

农历二月初二为春龙节，俗称“二月二”，又称“中和节”。过去人们认为，龙在春分登天，所以在春分之前、“惊蛰”前后的二月二日，是蛰龙开始活动的时候，二月二也就成为“龙抬头”的“春龙节”了。此时，江河解冻，大地回春，万物苏醒，于是想象为龙蛇初动，“抬头”行雨。吉林农谚说：“惊蛰一犁土，春分地气通”，就是对二月二所作的节令催耕之总结。二月二这天，所有的习俗都与龙及祈年有关。农民在这天清晨，用草木灰从家撒到井沿，弯曲如龙，俗称“引龙”。引龙旧俗，是在日出时（以免砸了龙头），用小簸箕从水缸底下撒灶灰，一直撒到井台。撒出龙道后不回头，不说话，打水后挑到家，倒入水缸里，是谓“引龙入室”。也有的一大早就在窗户上或小孩衣服上挂起秫秸或布条做的龙尾。扶余有不愿第一个去水井打水的习俗，俗信谁先去打水就会撞着龙头，做饭就得干锅。民间流传“二月二，炒黄豆，老天下雨人不愁”的民谣，以表祈雨之意。通化还流行“二月二，龙抬头，大仓满，小河流”的民谣，也是祈求丰收。为了吉利，这天小男孩必须剃头，谓之“剃龙头”。吉林有个俗令：“正月剃头妨舅舅”，就是要等到二月二这天才剃。

在饮食习俗上，民间多在此日扒猪头，以取龙抬头吉祥之意。每家杀年猪总是把猪头留着二月二再吃。此外二月二还有应节令吃春饼的习俗（俗云立春之后做春饼才起层）。昔日永吉地方，正月、二月“有女之家，多架木打秋千，曰打油千。”是很独特的节令习俗。

（三）雨节

农历五月十三，是吉林各地的雨节。这天，各地群众赶关帝庙会，祭关圣。吉林有“大旱不过五月十三”的农谚。相传，关羽死后被玉皇大帝封为关帝，掌管人间风雨。五月十三这天，是关公单刀赴会的日子。关公要磨快了刀，才好只身赴宴。磨刀就要用水，所以这一天就要下场磨刀雨。由于时令的关系，端午节到五月十三这几日总要下雨，于是就产生了下“磨刀雨”的奇迹，并定此日为雨节。由于人们信天的观念已经淡薄，今日此俗多作为故事流传。

（四）虫王节

农历六月初六是虫王节，又称“虫王会”。吉林民间传说，这天是虫王爷的生日。农民要给虫子立神，利用它控制虫害，保证粮食收成。农历六月初，天气转热，进入小暑，正是庄稼拔节、抽穗的时节。浑江、榆树等许多地方，至今还流传着“六月六，看谷秀”的农谚。意思是这天如果谷子秀穗，就有好收成；如果虫王爷作祟，就会有灾情。所以农村此日有“会宰牲致祭虫王”的习俗，并把这天的吃喝称“吃虫王日”。农村有些地方在这天还要做黏米面饽饽，放在庄稼地头上，以祭虫王求丰收。

由于天气炎热，许多人家还借虫王过节之机，把怕虫咬的毛皮衣服、毡毯类毛织物及各种衣物拿出来晾晒，认为这天把衣服晒一晒，敲一敲，就可以不生虫子。这就是俗语所说“六月六，晒皮肉（裘）”的意思。榆树等地则用更直白的说法：“六月六，新衣裳要往外露”，表达人们防虫防潮的习俗。今日晒衣习俗虽仍有，但不一定在六月六，也不再祭“虫王”了。

（五）老把头节

农历三月十六日木把节，是长白山地区独特的民俗纪念日。相传这天是老把头生日，故亦称“老把头节”。

长白山地区独特的经济地理条件与社会历史原因，自清中叶以来，出现了一批以山林为生计的关内（山东、山西等地）移民群体。这些人先是进入长白山采参、打猎，继而从事采松籽、伐木材、捕貂等业，并且在山里开垦种地，渐渐形成了一个生产方式不稳定却又都依附于山林的劳动阶层。木把节就是这些在山区伐木、打猎、挖参、采集等谋生者的节日，即山里人的节日。

三月十六日这天，山里人举行庄重祭奠仪式，纪念山神爷。传说，山里居民还尊奉老虎为“山神爷”，并设立小庙，供奉牌位，以祈求平安。旧志书载：“十六日，山神庙会，各参户醵资演戏，山村具牲礼祀神者尤众。”流传更广的是把这天看成是纪念最早入山采参并牺牲在山里的“老把头”生日。老把头何许人，传说不一。最早的有王姓、柳姓诸说，皆不可考。据旧志记载和口头传说，老把头是山东莱阳县一个姓孙的（名叫孙良）挖参人。此人于清初（一说于清末）来闯关东，是汉族较早入山采参者。因为迷路，于某年三月十六日饿死在长白山里。传说他死前在石上写下一首诗：

家住莱阳本姓孙，隔江跨海来挖参，三天吃了个蝲蝲蛄，你说伤心不伤心？家中有人来找我，沿着古河往上寻，入山再有迷路者，我就当作引路神。

这些传说，反映出最初闯入深山求生者的艰苦历程，表明人们对前辈用生命为后人开路者的敬仰。更由于人们入山危险，祈神求助的心理便把老把头奉为保护神，把他想象为慈祥的白胡须老头，专在人们危难时出现，解人困厄。据调查，老把头同治年间来闯关东，死地即今辽宁省宽甸县夹皮沟乡下甸子村大砬子沟，古河、遗诗等皆有其事。后人考其笔迹刻石，今已不存，且无坟墓。《通化县志》则谓：“老把头坟在城西南信禾乡，距城八十里处，其姓氏不详。据父老流传，清初封禁时代，台兵稽查严，人迹罕至，独老把头冒险深入，采掘山参，人服其胆。老把头殁，为留此墓。”抚松、长白等地县志亦有类似记载：三月十六这天，山里人抬着猪羊到窝棚（小地子）或工房附近的“老爷府”（三块石头搭成的小庙）去烧香许愿，求神保佑。被称为山神爷的老虎此日也与老把头一起受到供奉。除此之外，就是在平时，只要木把或挖参人进山，就要在住处东面用三块石头盖个小庙，插草为香，祭奠老把头。他们认为，这样做后进山就可以胆子壮些，也可以不迷路，不出危险，从中得到神佑的精神安慰。

六、民俗文化对吉菜内涵的凝练

吉菜是一种民俗菜和宫廷菜，总体可以概括成是“仪式菜”。仪式是人类精神、思想和制度的一种表现方式，也就是人类传统的象征。在吉林久远的生存历程中，吉菜在人们习惯和信仰中渐渐地形成，在远古时民间的婚俗中，北方的各民族都把一种结亲、娶亲，女婿去看望老丈人的最初的菜看成一种表示心情，展示情感的“礼物”，而受礼的对方又把来送茶、菜、果、食、酒的行为看成是人的一种品质。于是，一种人们通过精神生活的完整过程来验定的菜，就这样产生了。最早的吉菜，是人们生活习俗中的重要代表菜，作为代表性吉菜的另一属性就是它的宫廷身份。

在吉菜悄然获得了民间身份之后，这块土地上的自然和历史发生了重大变化，一是北方民族都把长白山作为自己的“圣山”，这使得历史上从康熙到乾隆年间，曾经有当朝帝王六次东巡（到东北吉林乌拉巡视），他们的到来，一是祭祀祖宗发祥地——长白山；二是要确定 2400 种贡品为朝廷“贡物”，而无论是祭祀祖山还是验查“贡品”，都是需要虔诚的祭拜和认真品验各种“物品”的质地和味道的。于是，那从前已悄然流传于民间的“吉菜”便堂而皇之地变成了宫廷“吉菜”。在吉林作为朝廷贡品的重要物产其实早已为世人所知，如人参、鳇鱼、鹿胎膏、松籽、虎骨、熊掌、飞龙、棒鸡、昆布、瓜果、粮米等。这在吉林早期的历史中已通过朝廷建立的大量官庄表现出来。至顺治元年（1644 年），当建立大清之时，吉林在今乌拉一带就设立了尤家屯、张庄子、前其塔木、后其塔木、蜂蜜营屯等庄，为“五官屯”，专门负责种植生产稻米、小米和各种蔬菜（见金恩晖《打牲乌拉志典全书》，吉林文史出版社）。而在雍正十一年（1733 年）所确立的小白山（温德赫恩山）代祭山上还专门建有“白山鹿囿”，此处的“望祭殿”旁的“鹿囿”养鹿数十只，专门作为朝廷祭祀而用。另在东北吉林、农安、德惠、舒兰、九台和伯都讷（今松原）一带处处都有“鳇鱼圈”，这也是为了把夏天捕来的鳇鱼先养在圈内，待冬天捕出留着祭祀或送往京城充贡，大量的“祭祀菜”“贡品菜”的仪式菜，就这样形成了。祭祀表示了人们对祖先的尊崇，菜要讲究一系列的种类，加工、制作，包括摆放和吃用，这也是吉菜的重要民俗和文化。《禹贡 · 疏》载：“贡者，从下献上之称，谓以所出之谷，市其土地所生异物，献其所有，谓之厥贡”，把人间最好、最独特的东西——物质——贡，供之而上。

长白山自古就是自然资源最丰饶的物产之地，这又为“吉菜”的诞生蕴育了丰润的土壤。可是数百年间，吉菜的丰富历史和文化曾经被忽略得无影无踪。通过此次吉菜文化的总结我们才惊奇地发现，吉菜的民间身份和宫廷身份原来如此清晰。民间现在还有的“四凉四热”，压桌小碟，媳妇回门、女婿看丈人时的“提盒”，包括大量的“杀猪菜”“炖菜”，都是最早的民间身份的吉菜；而祭祖、上供、祭山、祭江、祭星、祭天时的“仪式菜”，就更加突出了朝廷的身份，这使得吉菜的双重身份更加鲜明和突出。“一谢苍天有太阳，日照大地五谷香；二谢苍天有甘露，雨降四野年粮熟，粮山谷海天地乐，半年糠菜粳足；三谢祖山神灵在，保佑庶民永太平。”（见《谢天地歌》，《吉林歌谣集成》齐兆麟搜集，吉林省民间文学集团办公室编，2005 年中国 ISBN 中心出版）祭祀礼仪形成吉菜是这古老菜系的突出特点。

同时，吉菜又有自己通俗和独特的用法、做法、吃法的文化和民俗，这表明了作为一种“菜”的完整性和成熟性。“鲫鱼肚，虫虫嘴，鳌花身子，鲇鱼尾，胖头脑袋味最美。湖鲫吃脊肉，红尾美味在汤水。”（出处与上同，作者富育光）而“有心要探亲，离不开鳇鱼筋；吃了狗鱼肠，忘了爹和娘；吃了鲤鱼籽，不知你是谁；吃了鲑鱼籽，忘了老乡里；吃了鳇鱼籽，有数不会数；不吃怀头肚，不能把家还；吃了雅罗肝，眼亮心又宽；吃了鳇鱼片，美味没法算；喝上鲫鱼汤，鲜味满口香；烧吃鳇鱼皮，嘴唇发亮光；油煎鱼丸子，一人十盘子；吃上刨花鱼，没酒醉成泥……”（同上，作者富育光）“乌苏城，三样宝，苏子叶，粘豆包，还有寒葱在山腰。”（同上，作者孙廷尉）寒葱是东北山林和吉林乌拉山上的一种独特野葱，从前也是朝廷的贡品。

吉菜的民间做法十分丰富、多样，“鲇鱼炖茄子，撑死老爷子！”这条吉林民间菜肴是对吉菜的最好赞美。鲇鱼、茄子都是吉林黑土地和山间的特产，可是如果一“炖”在一起，奇迹便出现了。因为鲇鱼本身就肥润、有油，而茄子是素菜，它最喜欢与油相融，于是这两样“炖”在一起，这道出名的“吉菜”就此而生。能把人“撑死”的菜，可见该是多么香啊！而这又是人们对吉菜的智慧的总结与概括，这应是典型的吉菜，而“炖”字，又总结出吉菜做法的特殊性。时至今日，吉林炖菜名震四方。

“我哥哥，来接我，一壶酒俩馍馍，撑得肚子像窝瓜。”吉林民间歌谣，妹子出嫁后，哥哥去接妹妹回娘家住，回家吃得又香又饱，而“柳蒿芽用锅炸，老头吃，腰不哈；老婆吃，眼不花；小伙儿吃，力气大；大姑娘吃，不长麻；小孩儿吃，满炕爬；爬掉地，磕掉了牙！”（同上，作者宋振方）吉林的菜肴全靠厨师的手艺和功夫，“往前走，往前看，厨房好比金銮殿，师傅好比文武官，里外忙个不消闲，大刀剁来小刀拦，大刀切个骰子块儿，小刀拦出柳叶尖儿，骰子块，柳叶尖，一样一样真好看，骰子块，装大碗，柳叶尖，装成盘，厨师手艺万万年”（《厨房歌》，作者尹士成，出处同上）。“叫哥们，你别走，我来炒菜，她打酒，咱们哥们喝一宿，连喝酒，带吃菜，葱拌豆腐家鸡蛋，想吃山鲜咱也有，小鸡蘑菇就去取，炒蒜苗，香椿头，铁锅大鹅豆腐乳，猪肉包子羊肉面，再来一盆过水面，青炒肉丝、黄烧鱼，嘟嘟啦全是粉皮。”（《八大味》，口述赵氏，出处同上）

丰富的的吉菜文化和食用民俗，把吉菜久远的历程清晰地刻画出来了，这说吉菜已形成自己独特的体系和文化，是一个具有独立内涵的菜系和菜肴，我们称之为吉菜的系列民俗和文化。

第五节 吉林非遗饮食对吉菜技艺的传承

一、吉菜传统烹饪技艺概述

（一）吉菜传统技艺的历史沿革

据《柳边纪略》记载：清代初，“宁古塔宴会以十二篇为率，小吃之数亦如之”。烹制菜肴的原料多以肉类为主，除猎取的熊、鹿、獐、狍、野猪、山兔、雉、雁、鱼等野生动物（1996年1月，吉林省人大常委会作出《关于吉林省五年禁止猎捕陆生野生动物的决定》，使吉林省成为全国第一个全省禁猎的省份。2001年，吉林省人大常委会决定，将无限期地对长白山陆生野生动物实行禁猎，自此野味不再出现在吉菜的餐盘中）之外，尚有家庭养殖的猪、羊、鸡、鹅、鸭、蔬菜、水果等；烹调技法主要是烧、烤、炖、煮、焖、拌。19世纪下半叶，从山东、山西、直隶等地来的移民增多，加速了境内的经济发展，移民引入中原烹饪技艺，城镇饮食业发展较快，经营优质饭菜的酒楼、饭庄逐渐增加，烹饪技艺随之提高，又有熘、炒、烹、炸、煎、蒸、烩、酱等多种技法。清末民初，全省饮食业多属山东、河北和本地传统技艺，清真菜技艺有了初步发展，南菜、西餐、朝鲜族烹饪技艺开始传入，一些官府名厨技艺流入民间。从此，行业技术开始向多种烹调技法发展，制作精细、质优味美的名菜、名点陆续出现。一些大饭店经营山珍海味，美馔佳肴，能制作燕菜席、鱼翅席、海参席、全羊席、素席，有的还能制作满汉全席。吉林城松江第一楼饭店开始引进西餐菜肴。20世纪30年代至40年代初期，日伪政权官僚及资产阶级豪饮成风，饮食业繁荣兴盛，大饭店从北京、天津、山东、沈阳、上海等地聘来名师，促进了饮食业烹饪技艺的发展，烹调技法发展到熘、炒、烹、炸、爆、靠、煎、扒、烧、烤、炖、煮、焖、烩、煽、煽、酿、贴、煨、蒸、拔丝、挂霜、冰霜、蜜汁、汆、涮、炝、拌、熏、酱、腌、卤等30余种。菜馆业有京鲁、本地、南菜、清真等主要帮派，京鲁、本地帮在行业中占绝大多数。烹饪技艺开始形成以鲁菜为主，兼融各方和汉、满、回、朝鲜各族菜点技艺之所长。京鲁技艺以菜肴精致鲜丽、清爽香鲜味纯著称，擅长烹制各种海味，善于运用清汤、奶汤烹制菜肴，扒、爆、炒、熘、炸、烧、熇技法较为突出，以伪新京（今长春市）的中央满西饭店、国都饭店、鹿鸣春饭店、宾宴楼饭店、益兴楼饭店、吉林市的西春发饭店、聚英楼饭店、美林饭店等为代表。本地技艺善于烹制猪禽肉类和野味菜肴，技法以炒、炸、炖、扒、烧、汆见长，菜肴油重色浓，咸香鲜嫩酥烂，以长春市的国泰饭店、德胜楼饭店，吉林市的福春园饭庄等为代表。南菜技艺名店有长春、吉林两市的南味斋饭店。川菜技艺名店有长春市的松竹梅饭店。清真技艺擅长烹制牛、羊肉类菜肴，尤对羊肉的烹制技术很有讲究，能制成全羊席，烹调技法以烧、熘、爆、炒见长，口味清鲜脆嫩，名店有吉林市的小楼饭店（1936年改名中央饭店）、西来顺饭店，长春市的西域楼饭店。这些饭店的厨师技艺高超，能精制各种山珍海味，高档筵席，掌握千余种菜肴的烹调技术，并各有多种独特的拿手名菜招徕顾客。

中华人民共和国成立初期，饮食业在继承传统技艺的基础上，根据社会消费层次发生变化的新情况，注重对大众化饭菜技术的提高，长春市公共饮食业公司组织经验丰富的老厨师，先后编写了《公共食堂适用菜谱》《粗粮细做》《豆腐吃法一百种》等烹饪技术书籍。“文化大革命”期间，批判“技术挂帅”，把老厨师视为“资产阶级反动技术权威”，一些老名厨受到冲击；批判“食不厌精”，片面强调大众化饭菜，一些制作精细的烹饪技艺一度消失。20世纪至70年代后期，为活跃饮食业市场，执行“面向大众，适应消费者多种需要”的经营方针，一些精湛的技艺逐渐恢复，注重改革创新、学习引进外地技艺，长春饭店，在发扬鲁菜技艺的基础上，创制吉林风味，引进川、苏、粤、沪等南菜技艺，增设了吉林风味餐厅、川苏南菜餐厅。

20 世纪 80 年代初，在改革开放的新形势下，省和各地区饮食业主管部门，组织开展挖掘整理传统技艺、引进外省技艺、研究创制具有吉林地方特色的新菜点。1981 年，吉林省饮食服务公司组织本省著名厨师挖掘整理吉林省传统烹饪技艺，编写了具有吉林烹饪特色的《吉林菜谱》《吉林面点谱》。《吉林菜谱》计 30.8 万余字，收入菜肴烹制 1155 例（肉菜类 84 种、蛋禽类 136 种、水产类 171 种、野味类 98 种、干菜类 181 种、综合料类 46 种、甜菜类 66 种、凉菜类 46 种、熏酱菜类 40 种、素菜类 42 种、朝鲜族菜肴 91 种、回族菜肴 154 种）；《吉林面点谱》计 19.2 万字，收入面食点心制作 387 例（其中中式点心 292 种、西式点心 63 种、回族点心 21 种、朝鲜族点心 11 种）。此书经吉林人民出版社印刷发行，成为全省烹饪专业人员主要的技术教材和技术考核的蓝本。

1983 年，长春、吉林市以饮食业为主体，分别成立了地区性的烹饪协会。继后，吉林省饮食服务公司设立了吉林菜研究室，推动全省烹饪技艺的不断提高和发展，在组织挖掘整理、创新、引进烹饪技艺，开展烹饪理论研究，交流技术经验，培训技术人才，特别是在研究发展吉林特色菜点方面，取得了显著的成绩。全省饮食业共挖掘、创新吉林风味菜、药膳滋补菜、宫廷菜、红楼梦菜等新菜肴近 200 种，引进外省市风味菜、孔府菜 100 余种，创制“长白山珍宴”“松花湖鱼宴”等一批风味独特的新型宴席。经过研究创新，吉林菜的地方特色更加鲜明，吸收众家技艺之长，博取全国各菜系的精华，技艺日趋多彩多姿。

吉林省传统烹饪技艺的主要特点：一是选料广泛、精细，注重利用本省的特产原料，如熊掌、鹿筋、鹿尾、鹿肉、黄羊、飞龙、山鸡、沙半鸡、毛腿沙鸡、松鼠、哈什蚂、田鸡油、鹿茸、人参、松茸蘑、猴头蘑、白蘑、蕨菜、薇菜、大马哈鱼、鲐鱼、金丝鲤鱼、鳜鱼、长春鳊、吉花鱼等（1996 年全省禁猎后，野生动物不再作为食材使用）。用这些质地优良的原料制成的各种名菜，富有浓郁的吉林风味，营养价值很高。二是制作精细，注重刀工、勺工和色泽、造型，烹调技法全面，尤以烧、炸、熘、扒、靠、炖、蒸、汆见长，菜肴火候适宜，嫩而不生，透而不老，烂而不碎；三是口味偏重咸鲜、咸香、醇浓。1981 年 10 月，吉林省烹饪技术表演团（厨师董家芳、孟繁祥、杜广春）赴香港表演展销吉林珍馐，受到很高的评价。全港电台、电视台和各大报纸，连日竞相报道赞誉。《新晚报》署名文章称：“此刻在举行‘吉林食品节’，‘翠亨村’所推出的长白山珍宴，胜此前任何地方性食品节”；《星报》专讯报导称赞长白山珍宴：“特色与造型精致雅观，同时火候掌握相宜，烹调口味与各省名菜不同，有炸、熘、焖、炒、炖，浓淡适宜，且营养价值甚高，滋补强身，延年益寿，为不可多得之食谱。”长白山珍宴虽每桌售价 3700 港元，但在港的许多外国朋友和香港各界知名人士纷纷争相预订此宴。1985 年 10 月，应美国费城中华文化中心的邀请，吉林省烹饪团前往参加该中心成立 30 周年及其名誉董事长百岁寿辰庆祝活动，主办宴会并在费城表演烹饪技艺近三个月。赵忠民、刘永传、韩志庚三位厨师制作的各种名菜佳点，受到客人的高度赞扬。美国总统里根的夫人也为此赠送祝辞，客人们赞不绝口地说：“好极了”“美味可口”“特等菜肴”“印象深刻”“美好的享受”“难忘的晚餐”；《费城询报》用三个版面的篇幅，报道吉林厨师们的高超技艺；费城中华文化中心还挽留这个烹饪团继续参加当地的三个月春宴活动。

（二）吉菜烹饪技术人才的培养

清代、民国时期，饮食业传授技艺采取以师带徒岗位教学的形式。一般是一个师傅带一两名学徒，学期三年，也有无固定“出徒”期限的。学徒第一年是“打杂”，干一些打扫卫生、摘菜、侍候师父之类的杂活；第二年开始学技术活。学“红案”的要经过“料青”（学习切青菜，了解猪、牛、羊各部分原料的名称及用途，并能实地分割这些肉料和鸡、鱼等，学习对炊具的使用与保管方法）、“切墩”（学习切肉丝、肉片和一般配菜）、“瞧火”（学习开业前灶房、调料等准备和闭店后灶房清理等工作）、“二火”（学习灶上一般菜肴制作）、“头火”（制作宴席、高档菜肴及计算成本）等阶段。因旧时的厨师生活没有保障，一般存有“教会徒弟，饿死师父”的顾虑，不轻易将手艺教给别人，因此学徒学艺较难，有的技艺只能偷着学。学徒要想学到技术，必须与师父建立起良好的感情，取得师父的欢心，才能得到师父真诚的传授指点。因师父文化水平低，缺乏烹饪理论知识，一般都是以自己的技术操作示教，学徒主要靠自己平时观摩领悟和钻研。

私营饮食业实行社会主义改造以后，烹饪技术人员日渐不足，各级饮食业主管部门开始有组织、有计划地加强职工技术培训工作。1959 年 5 月 11 日，吉林省商业厅发出《关于培养饮食、理发、缝纫技术人员工作方案的通知》，除继续采取以师带徒岗位教学的传统培训形式外，省商业厅以长春市实验饭店为基地，举办烹饪技术进修班，分期分批为各市、县培训师资人员，学期一年至一年半，每期 20~30 人。长春市饮食服务公司以国营长春饭店为基地，组织短期烹饪技术培训班，学期一个月，每期培训 10 人。其他市、县饮食服务公司，有条件的也以实习饭店或大饭店为基地，组织短期技术培训班；有的地方不定期组织技术水平较高的厨师进行技术表演，供行业职工观摩学习。进修班和短期培训班，采取教学与企业经营相结合、学习与劳动相结合，聘请技艺高强的老厨师为教员；采取教员示范操作，边做边讲，学员实习、教员指导的教学方法。培训后，学员的技术水平均有明显长进，多数人提高一个技术等级。这种培训形式，学员积极性高，效果显著，成为饮食行业培训中、高级技术人员的重要方法。为了鼓励技术高超的老厨师，1960 年经吉林省商业厅评审上报商业部批准，授予长春、吉林市饮食业张殿发、闫德海等人特级厨师技术职称，并享受特定工资待遇（每月 99 元）。

为了适应饮食业发展长远需要，培养全面发展的烹饪技术人才，1960 年开始，省商业厅，长春、吉林市商业局，分别建立商业技工学校，设置烹饪技术专业，从社会招收青年学生，进行政治、文化、专业技术等全面系统的学习。学制二年。专业教育从基础学起，理论联系实际，课堂学习与实地练习相结合。毕业生一般达到一、二级厨工的技术水平。

1962 年 12 月 28 日，吉林省商业厅发出《关于贯彻执行商业部颁发的“关于在商业、饮食、服务业建立学徒、练习生制度的若干规定（草案）”的通知》，明确规定了厨工的学习期限为三年和满徒后应达到的业务技术标准。许多基层企业，本着自愿结合的原则，组织技术水平较高的厨师与青年职工建立师徒关系，签订师徒合同，实行保教保学，合同期一年至两年不等，届时进行考核验收（有的要求会做菜肴 200 种以上，会做普通筵席及计算成本）。1964 年，吉林省饮食服务公司两次向各市、县饮食服务公司发出通知，要求在全省饮食业开展大练基本功活动，并提出了各工种人员练功的内容及基本要求；一些市、县饮食服务公司建立了技术研究组织，推动行业经常性的练功活动。

1964 年 5 月，商业部颁发《饮食业、服务业技术等级试行标准》，规定：红案（烹调）技术等级分为二级厨工、一级厨工、三级厨师、二级厨师、一级厨师、特级二级厨师、特级一级厨师；白案（点心）技术等级分为二级厨工、一级厨工、三级厨师、二级厨师、一级厨师、特级厨师；对特级厨师给予特定工资待遇。对上述规定，吉林省商业厅决定首先在长春、吉林、四平三市试行，促进了饮食业技术培训工作的发展。

1978 年 3 月 29 日，商业部发出《关于在商业、饮食业选拔一批优秀的专门人才授予技术职称的通知》后，吉林省饮食服务业恢复和建立技术职称制度，推动全省饮食业技术培训工作全面开展，各县、市（地区）饮食服务主管部门，按照商业部颁发的《商业企业职工业务技术等级标准》的要求，开始层层组织技术考核评定技术职称。长春、吉林市商业局对优秀老厨师进行考核，经过市革命委员会审查和吉林省商业局考核上报，吉林省革命委员会于 1978 年 10 月 20 日批准授予长春市长春饭店张殿发、刘熙田、康勋培、刘熙崇，吉林市实习饭店闫德海、江城饭店刘继普，吉林省商业学校实习饭店潘瑱为特级烹饪技师；吉林省商业学校实习饭店刘兴让为特级面食糕点技师；长春市长春饭店于金阁、东风饭店孙焕臣、重庆路饭店刘长荣、吉林市江城饭店宫开昌、回族饭店张文祥、江南春饭店孙林甲为烹饪技师；吉林市江滨饭店刘仲文为面食糕点技师；长春市长春饭店刘永祥、欧金安、吉林市江滨饭店杨柏芳为宴会设计师。1979 年 11 月，吉林省饮食服务公司组织进行全省饮食业特级厨（技）师技术考核评定工作，经吉林省商业局审核，于 1980 年 2 月 9 日批准授予 36 人技术职称，其中，红案特级二级厨师 20 人，特级冷荤酱菜技师 1 人，白案特级厨师 11 人，特级西餐点心技师 1 人，二级服务技师 3 人。这次全省性的技术职称评定工作，激发了广大职工钻研技术的积极性，全行业掀起了学技术的热潮。1981 年，省饮食服务公司、长春、吉林等较大城市的饮食服务公司，均设置负责技术培训工作的职能科室，其他市县公司建立了技术研究小组，省和各地区、市、县饮食服务公司，共建立培训基地 13 处，举办短期培训班多期，对 2480 名有一定技术水平的职工进行轮训，经过考核，其中 404 名达到三级以上厨师、技师水平。1982 年，省饮食服务公司组织巡回教学，聘请著名厨师到各地区的重点市、县传艺。1983 年 2 月，商业部制定下达《商业部系统饮食服务职工业务技术培训规划》，提出：“采取全员培训，突出重点，分级负责的方针和普及与提高相结合的原则。总公司和省公司主要培训高、中级人员和师资，地、市、县公司主要培训中、初级人员”；“重点抓在职轮训和业余教育，同时要办学校教育，逐步建成比较完整的饮食服务教育培训体系”。吉林省饮食服务公司据此制定并开始实施本系统的技术培训规划。省公司建立培训中心，各地区（市、州）公司建立培训基地，各县（市）公司建立培训点；省公司负责轮训一、二级厨（技）师和二级以上服务员，各地区（市、州）公司负责轮训三级厨师和服务员，县(市)公司负责轮训初级技工。培训办法采取办进修班(三级以上厨师,学期半年左右)、短训班（初级技术人员，学期 1~3 个月)、组织技术表演、巡回传艺、以师带徒等形式。1982年、1983年选派基础较好的8名人员分别参加了商业部委托各省、市举办的技术培训班进修，学习外省烹饪技艺。为了加强对饮食服务业技术人员的培养和管理工作，吉林省商业厅于1983年6月6日发出《吉林省饮食服务业技术人员暂行管理办法》，规定：

对技术人员实行分级管理，省负责对特级厨师、技师、服务技师的管理、考核和授予技术职称；市（地区）负责一、二级厨师、技师和一、二级服务员的管理、考核和授予技术职称；县（市）负责三级厨师、技师和三、四级服务员的管理、考核和授予技术职称。

对各类各级技术人员实行定期考核和晋升制度，考核和晋升技术职称，必须以工作成就、技术水平、思想表现为依据，按国家商业部颁发的《饮食服务业技术等级标准》严格掌握进行。

一级厨师、技师需晋升特级的，由市（地区）主管部门推荐，经省考评委员会考核、评审，报省商业厅批准、授予职称；二级晋升一级、三级晋升二级的厨师，由县（市）主管部门推荐，经地区（市）考评机构进行考核、评审，报地区（市）商业局批准、授予职称；技工晋升三级厨师，由县（市）自行考核、评审，由县（市）商业局批准，授予职称。

晋升特级技术职称的，应在平时考核的基础上，由省商业厅每隔二年左右组织进行一次；一、二级技术人员的考核、晋升，由地区（州、市）商业局自定；三级以下技术人员的考核、晋升，由县（市）商业局自定。1983年全省饮食业逐级组织技术考核，经省饮食业特级厨师（技师）考评委员会考核、评审，吉林省商业厅于9月16日批准授予毕作胜、郭兰英等74人技术职称，其中，红案特级厨师44人、特级酱菜厨师2人、白案特级厨师17人、二级服务技师11人。为了适应改革开放的新情况，不断提高行业技术水平，加速烹饪技术人才培养，1983年长春、吉林市以饮食服务业为主体，先后建立地区性的烹饪协会和烹饪技术培训中心，在进行烹饪技术理论和实践研究、组织技术交流和培训人员活动中，打破了行业范围，面向全社会。1983年11月，商业部在北京人民大会堂举行全国烹饪名师技术表演鉴定大会，吉林省选派烹饪新秀长春市长春饭店特级二级厨师王喜春、孙殿国2人参加。1984年3月22日至27日，吉林省商业厅在长春市南湖宾馆举行全省烹饪名师技术献艺表演鉴定会，各地区（市）共选派红案厨师49名、白案厨师17名参加技术表演，共制作热菜196个、冷拼花摆菜49个、面食点心85种，既有传统名菜，又有不少创新品种，展示出吉林省烹饪技艺的新水平。这次技术表演鉴定会，对全省饮食业轰动很大，行业职工学习技术的热情空前高涨。经过各种形式培训和实行技术职称考评制度，全省饮食业技术力量日益壮大，至1985年末，全省城镇饮食业共有三级厨师、二级服务技师以上技术人员2511人（其中有特级红案厨师77人、特级白案厨师32人、宴会设计师3人、二级服务技师14人），占吉林省商业厅系统归口管理的饮食业职工总人数的11%。

在1999年，吉林省政府提出“吉菜”系列开发工程，并列为吉林省“十五”发展计划，吉林省烹饪技术人才如雨后春笋般涌现，并获得飞速成长。唐文（吉林省原商业技工学校校长、吉林商业高等专科学校校长）作为吉菜开发工程专家组组长，凭借其强烈的现代市场经济意识，解放思想，大胆创新，锐意改革，在吉菜理论框架的构建、吉菜菜品技术的创新等方面作出了突出的贡献。唐文教授曾在《中国烹饪》《吃在中国》《食用菌》《烹调知识》《商业研究》《长春日报》《江苏商专学报》《吉林商高专业学报》等学报和刊物上共发表学术论文30余篇。公开出版的专著以及主编的教材有《中国火锅》《南北菜点精粹》《东北地区教学菜点》《烹调入门》《餐饮管理》《中国烹饪概论》《家庭菜肴速成》《中国吉菜》《冷菜制作工艺》《现代家庭使用东北菜谱》《巧吃妙做茄子辣椒西红柿》《现代中式快餐》《中国烹饪词典》《中国烹饪百科全书》等。1989年，唐文撰稿并主讲的《学烹饪》电教片，由中央电视台在全国播出；由唐文撰稿、主讲的录像片《萝卜花雕刻技法》获得第二届吉林省高教优秀电教教材奖。2001年，由唐文任总策划、技术总监的《吉菜美食》大型电视专题片在中央电视台、吉林教育电视台、山东电视台播出。这些电视节目的播出，为烹调技术的广泛传播、吉菜文化的推广做出了较大贡献。2003年主编的由教育部组织编写的《烹饪原料知识》教材被教育部评委部级优秀教材。唐文撰写多篇关于吉菜开发的论文，《谈吉菜原料的开发与利用》《吉菜的形成与发展》《吉菜的开发和利用》《吉菜理论框架的构想和形成》等文章对吉菜发展影响较大。在吉菜发展的进程中，唐文撰写了多篇论文，《谈吉菜原料的开发与利用》《吉菜的形成与发展》《吉菜的开发和利用》《吉菜理论框架的构想和形成》。唐文主持的《吉菜精品营养成分的分析》课题在吉林省科技厅立项，对吉菜营养成分的分析研究在吉林省尚属首次，为进一步开发和发展吉菜提供了有力的理论支持。《吉林八景饮食文化研究》在吉林省教育厅立项，开启了吉菜美食与旅游资源整合研究、饮食文化与旅游产业融合发展的新篇章。

2001年，在中国第二届美食节全国新菜系展示中，唐文大师推出的吉菜一举夺得新菜系展示金奖，名列新八大菜系榜首。2003年为开发吉菜预防疾病、防治非典疫情、增强人体免疫力、养生保健、延年益寿的药用价值，他积极参加吉林省政府与吉林省科技厅、卫生厅联合组织的药膳开发工作，开发出药膳近50种，这些药膳在长白山宾馆一经推出，立即受到消费者青睐，被消费者广泛接受。

本书主编夏金龙教授，2006年1月获得吉林省职业技能鉴定高级考评员资格证书。2006年在西安参加中国饭店协会举办的“中国饭店业国家级评委”培训班，结业后获得“中国饭店业国家级评委资格证书”。同年，被中国食文化研究会授予“中国餐饮文化名师”称号；2008年8月中国北京奥运会生活服务处对外交流中心聘为“名厨专家顾问团成员”同时授予“中国奥运美食形象大使”称号和“杰出贡献人士奖”。2008年10月被中国烹饪协会评为“2008年度中华金厨奖”。2009年被中国国际交流促进会授予“中国烹坛领军人物奖”和“餐饮业卓越管理奖”。2010年由中烹协名厨委派遣并代表中国名厨参加世界各国现任“总统御厨第33届年会”传播中国饮食文化。从厨至今20余年，一直致力于烹饪事业发展，吉菜传统烹饪技艺第四代传承，目前他亲自带徒60人，他的传承队伍已达2000余名。从厨期间夏金龙不仅苦练技术，在文化素质上也不断强化，先后出版烹饪书籍170余部，参与《中国药膳大辞典》等中医典籍的编撰工作。在吉菜文化传播方面做出突出贡献，被吉林科技出版社授予“吉林省饮食图书第一人”。领办国家级人社部“夏金龙技能大师工作室”、吉林省政府“长白山技能名师工作室”、省人社厅“夏金龙首席技师工作室”等，致力于高技能人才培养和烹饪技术攻关。这些前赴后继的烹饪工作者、教育者，为吉菜的传承与开发，奠定了雄厚的人才基础。

在烹饪人才的培养中，吉林省烹饪教育对提高人才队伍水平影响巨大。1960年成立吉林省商业学校、长春市商业技工学校和吉林市商业技工学校，设立烹饪专业并招生，1984年开始招收专科生，2007年招收本科生。至今已向行业输送烹饪中专生近5000人，烹饪专业各类短训班培养20000多人，大专生1500人，本科生200人。由于烹饪教育的发展，吉林菜点的传承发生了质的飞越。中等教育时期，突出的成果是出版发行了《吉林菜谱》《吉林面点谱》《吉林烹饪原料集》，在饮食服务公司的主导下，《吉林菜谱》在社会上得到了广泛的应用，影响深远。它记载了来自长春饭店的吉林烹饪界响誉省内外的“五虎上将”刘熙崇、刘熙田、张殿发、潘瑱、刘岗对吉菜技艺的传承所起的至关重要的作用，也是省饮食服务公司和商业学校范希林教授主编这部菜谱的历史贡献。

吉林省烹饪高等教育的发展对餐饮行业的影响更是不可估量。吉林工商学院烹饪专业教学团队，在带头人唐文教授的带领下，取得了历史性的成果。出版菜谱教材100余部，完成专项科研课题近50余项，包括“吉林省八景饮食文化研究”“吉林年夜饭研究”“吉林省餐饮经济发展战略研究”“吉林省餐饮企业品牌战略研究”等，都开创了中国烹饪餐饮领域研究先河。烹饪专业始终坚守务实、服务、创新的理念，逐步实现应用型培养目标。

时至今日，烹饪技术人才不计其数，更不乏获得全国劳动模范、全国技术能手、领办国家级技能大师工作室等国家级荣誉的高技能人才，以及享有国务院特殊津贴、烹饪专业二级教授、吉林省拔尖创新人才等专业技术人才，为吉菜技艺传承、创新发展奠定了人才基础，也让吉菜毅然矗立在全国餐饮领域之林。

（三）吉林地方风味名菜

吉林地方风味名菜，多以省内特产珍禽异兽、山珍野菜、各种鱼类为主要原料精制而成。中华人民共和国成立前的名菜有：长春市中央满西饭店的一品燕菜、碎烧鲤鱼、九转大肠，宾宴楼饭店的葱烧海参、一品酒锅、炒肉拉皮，益兴楼饭店的白扒鱼翅、白扒鱼肚，鹿鸣春饭店的各吃燕菜、锅爆鸡、香酥鸡，厚德福饭店的糖醋瓦块鱼、铁锅烤蛋、成吉思汗烤肉，正阳楼饭店的干烧鲫鱼、炒三泥，五香居饭店的雪衣豆沙，福兴园饭店的坛肉，西域楼饭店的水爆肚、涮羊肉；吉林市西春发饭店的全爆、爆双脆、油爆肚，富春园饭店的清蒸鲌鱼（白鱼）、生拌鱼，福兴园饭庄的腰里爆，聚英楼饭店的香酥丸子、熗大虾，太盛园老白肉馆的白肉血肠、扒灯笼碗，中央饭店（前身名小楼饭店）的京包羊肉、烩全羊、锅烧羊肉、金钱羊尾，西域馆的牛羊肉锅贴、平锅包肉；延吉市的狗肉汤、神仙炉、铁锅里脊；梅河口镇的熟扯鸡、抽刀白肉等。

中华人民共和国成立后，特别是20世纪70年代以来，经各市县的老名厨和烹饪新秀不断挖掘和创新，全省风味名菜由原有的数十种增加到百余种。主要菜目如下：

地方名菜：汆扒鹿筋、八卦鹿筋、红烧鹿筋、松茸磨汆鹿筋、葱油鹿筋、鲍鱼烧鹿筋、扒酿龙须鹿筋、琵琶鹿肉、烹烧梅花鹿肉、酒锅鹿肉、人参蒸鹿肉、参芪鹿肉、湘云烧鹿肉、白汁透珑鹿肉、清炸鹿肉串、箭射鹿肉白玉兔、烧鹿尾、鹿尾汤、鹿茸三珍汤、鹿茸银耳汤、砂锅八鲜、翡翠鹿筋玉嫦娥、吉林集锦玉液锅、酸辣黄牛肉、荷花炸三样、叉烧山兔肉、芙蓉鲍鱼雪蛤、什锦雪蛤、冰糖雪蛤、汆鸡茸雪蛤、菊花酿馅哈什蚂、清汤鹿茸雪蛤、天池雪蛤红莲花、山宝葫芦鸭、鸡丝蕨菜扇、网油山鸡卷、纸包山鸡片、炒山鸡丁雪里蕻、雪梅山鸡、绣球松茸鸡片、荷花家麟戏野凤、脆香双雉喜相会、酱瓜山鸡丁、㸆山鸡腿、清烹沙半鸡、香酥沙半鸡、㸆鹌鹑、炸烹铁雀带铃铛、御扇猴头蘑、荷花猴头、蝶恋猴头香、猴头三白、虾籽烧猴头蘑、火腿扒猴头蘑、烧双蘑、白扒松茸蘑、五彩松茸蘑、绣球松茸鸡片、百花松茸、山珍松茸套金环、滑炒里脊丝蕨菜、脆皮蕨菜卷、虾籽刺嫩芽。

海鲜水产菜：砂锅鱼翅、芭蕉鱼翅、红烧三丝鱼翅、素扒鱼翅、白扒翅角、参花海参、肉片烧海参、扒鱼肚、龙王闹海、什锦火锅、红梅大虾、生菜大虾、鹿茸三吃虾、红娘大虾、清蒸松花江鲌鱼、多喜人参长寿鱼、奶汤碰网鲫鱼、五柳蟠龙鱼、御笔鲍鱼、荷花网包鳜鱼、人参元鱼、清蒸人参鳜鱼、酸辣鳜鱼卷、清蒸莲蓬鱼、翡翠金钩钓鲌鱼、锅塌鱼、香酥鱼、白汁桂鱼、人参鹿茸绣球干贝、锅塌蕨菜鱼卷、菊花鱼茸卷、菠萝鲤鱼、金钱鱼、砂锅鲶鱼、红烧开片鱼。

禽畜和其他菜：口袋鸡、香酥鸡、柳绒鸡、锅塌鸡、贵妃鸡、灵芝醉鸡、翡翠灵芝鸡、鸡茸芦笋、芭蕉人参鸡、佛手玉扇鸡、汽锅鹿茸鸭、胭脂鹅脯、兰花鸽松、孔雀蹄筋、香酥肉、锅塌肉、松仁小肚、牛乳蒸羊羔、宫保兔肉丁、锅塌豆腐、烧八宝老豆腐、八宝西红柿、扒海米冻豆腐、扒云梯、狗肉火锅、烤牛肉、虎眼肉、梅云汤、参茸豆沙、拔丝苹果梨、蚕宝披雪衣、蜜焖三鲜、什锦人参羹、什锦杏仁豆腐、水晶肘子、白城熏兔、“真不同”熏酱菜。

（四）吉林地区特色筵席

清代康熙年间，吉林地区的筵席已具相当规模，“宴席以十二簋为率”，“以南方难致之物为贵，一席之费大约直三、四金，满洲则例用特牲或猪或羊或鹅其费更甚”。清代后期，随着烹饪原材料日渐丰富和烹饪技术提高，筵席有了相应的发展。《满洲旗人祭礼考》记载：“宴会则用五鼎八簋，俗称“八中碗”。年节婚丧富家多用八中碗，次“六小碗”，再次“六碟”。“六碗”，以燕菜、银耳为上品，鱼翅次之，海参又次之，皆食品最佳者。”20世纪初，经营高档饭菜的饭店逐渐增多，菜品以燕菜、鱼翅、海参等为贵，高档筵席则有“燕菜席”“鱼翅席”“海参席”。20世纪20—40年代，城市中官绅之间的宴请，除这些筵席外，最高级的为“燕翅鸭全席”。这类筵席一般都由大饭店经营，名厨师精心制作，餐厅设备、桌椅、餐具、席间服务等都很讲究，场面气派。各种筵席有固定的格局及上菜程序。高档筵席的结构由干、鲜果盘、凉菜、大件（大菜，也叫正菜）、热炒菜、2~3道点心、汤菜或端锅（火锅、砂锅）等组成，具体菜肴安排则依席价高低各有不同。上菜程序一般是先凉菜后热菜，先炒菜后烧菜，先上咸鲜、清淡的菜，后上甜菜、味浓的菜，最后上饭菜、汤；第1个热菜大件为“头菜”，表示这桌筵席的档次和名称，燕菜席的“头菜”是燕菜，海参席的“头菜”是海参；每个大菜之后上两个小炒，第2或第3个大菜开始，每个大菜之后上一道点心。1924年，吉林城燕菜席每桌售价38～46元（吉大洋，下同），鱼翅席28～36元，海参席24～28元，每桌外加饭金2元，酒费另计。回族饭店筵席有“全羊席”，吉林城名店小楼饭店的高档全羊席，格局尤为高雅丰盛：席面先摆4盘鲜果、4盘干果、4盘蜜果压桌，客人入席用餐摆上以片羊脸为导菜的8个冷盘（或4个对拼冷盘），4个大件以羊头为首菜，每个大件配4个熘炒菜和1道点心，4个饭菜以羊尾为尾菜，全桌共32个菜、4道点心。民间婚丧、请客的普通筵席，多为一般肉菜，因结构及价格不同，亦有等次之分：较高的有“八八席”（又称“八顶八”）、“四四席”（4个凉菜、4个大件、4个熘炒、4个饭菜，有的还加一个砂锅或火锅）；稍次的有“三套碗”席（第1套4个凉菜、第2套4个炒菜、第3套4个炖菜）、“八中碗”席（8个烩、炖菜，有海参、鸡、鱼等3个大件和点心，俗称“席饽饽”）、“六对六”席（6个炒菜、6个炖菜）；再次的有“六碟六碗”“四碟四碗”“六大盘”“八碗菜”“六碗菜”等，菜肴多是荤素兼有的烩、炖菜。

中华人民共和国成立后，各种传统高档筵席承袭下来，其格局变化不大；普通筵席随着烹饪技术和人民生活水平提高，形式逐渐改变，菜肴编排灵活多样，没有固定的结构，旧时的“八八席”“六对六”等名称及格局随之消失。1980年，吉林省饮食服务公司编写的《吉林菜谱》中，现行传统筵席有一、二、三级燕菜席，一、二、三级鱼翅席，一、二、三级海参席，一、二、三型全羊席（清真）。现录其中一级燕菜席的结构及上菜程序一例：4盘干果（核桃酥、炸大扁、葡萄干、瓜条），4盘蜜果（蜜红果、蜜菠萝、蜜香蕉、蜜柑橘），4盘鲜果（国光苹果、大头梨、香蕉、葡萄），2盘酒铺垫（青梅、冰糖），4盘串拼凉菜（糟蛋、金华火腿、虾子炝芹菜、熏鸡、炝虾片、酱鸭、卤鱼片、㸆鹌鹑、珊瑚白菜）；

第1个大件各吃燕菜，随上2盘熘炒（氽银耳、炸金果鱼）；第2个大件白扒鱼翅，随上2盘熘炒（扒熊掌、酿龙须）；第3个大件清蒸元鱼（俗称甲鱼、团鱼、王八），随上第1道点心（三鲜烙盒）、2盘熘炒（葱烧海参、清炒虾仁）；第4个大件什锦杏仁豆腐，随上第2道点心（小个炸酥盒，甜的）、2盘熘炒（火腿扒猴头蘑、烧鲍鱼）；第5个大件烤北京填鸭，随上第3道点心（片饽饽、片火勺）、2个小炒（炒二冬、炒山鸡丁雪里蕻）和1碗汤菜（生鸡锅）。全羊席（回族）的结构为：4个酒铺垫、6个冷荤、6个大件、12个熘炒菜、2道点心、6个饭菜。朝鲜族桌菜的结构为：4个凉菜、14个热菜、4样饭。新式筵席注重科学配膳，营养与美食相结合，讲究实用、美观、口味多样；高档筵席凉菜运用围配、雕刻、镶嵌等技艺，造型优美，热菜的件数比传统筵席少，但有许多复合菜，席面丰富多彩。近年来，长春、吉林等城市的饮食业，利用吉林省特产烹饪原材料，研究创制出一批富有吉林特色的新型筵席，例如，以长白山特产山珍野味制作的“长白山珍宴”；以松花湖产的多种名鱼制作的“松花湖鱼宴”；以柞蚕蛹为主料制作的“蚕宝宴”；以面点、杂粮为主料配以山珍海味制作的“面点宴”；以梅花鹿为主料制作的“梅花全鹿席”；以豆腐为主料辅以鸡鱼肉蛋等制作的“一品豆腐席”；以田鸡、田鸡油等滋补品制作的“田鸡滋补席”；以人参、黄芪等滋补药材配制的“参芪药膳席”等。长春市几名厨师研究制作的“长白山珍宴”，集长白山山珍野味的精华和名贵滋补药材为一席，菜肴主料有熊掌、飞龙、鹿筋、鹿茸、鹿肉、人参、松茸、猴头蘑、哈什蚂油、沙半鸡、山鸡、甲鱼、鲌鱼等10余种；烹调技法采用京、鲁菜系之长，熔吉林菜技于一炉，凉菜以围配、雕刻、码摞、镶嵌塑造其形，热菜采用爆、扒、烧、汆、炸、清蒸等技法。此筵席选料名贵，药膳结合，工艺精湛，形、味俱美，席面富丽典雅，为吉林省现代名筵之冠，载誉海内外。长白山珍筵的格局，由1个冷拼大花摆、8味美碟、8道热菜、1道汤菜、2道点心、1道适令鲜果组成，现将改进后的具体食单一例简介如下：冷拼大花摆“梅花金鹿”，以梅花鹿肉为主料，熟制后在盘中央拼制成一只奔跑的梅花鹿，脚下用银耳铺成皑皑雪原，身侧用蕨菜推成青山，身后用黄瓜皮摆成美人松林，此菜荤素相宜，鲜咸清淡，造型生动美观，颇具吉林风光特色；美碟8味：“君子迎宾”“松鹤延年”“蝴蝶沙鸡”“花篮蕨菜”“北山桃仁”“黄瓜香扇”“叉烧玉兔”“金猴蟠桃”，放于大花摆周围；热菜8道：“长白飞龙鲜香锅”，主料为珍禽飞龙，用飞龙脯肉辅以叶赫白蘑、油菜、火腿等，加“高汤”汆制而成，汤清味鲜；“松花熊掌福禄寿”，以整只熊掌为主料扒制而成，盘周饰以发菜、鸡脯肉、鲜贝等制成的绣球，口味浓香中略带幽香，为传统珍品美馔；“脆香双雉喜相会”，以沙半鸡、鹌鹑、黄瓜香、大红松籽仁为主料，辅以大虾、鸡蛋、猪肥膘肉、火腿等，用纸包炸、酥炸、卷包炸的技法制成，酥脆异香；“荷花家麟戏野凤”，以山鸡肉和鹿茸为主料，爆制而成，是强身健脑的药膳佳肴；“多喜人参长寿鱼”，以松花江甲鱼与人参为主料，清蒸而成，不仅口味鲜美，且具补气养血药膳之功；“翡翠鹿筋玉嫦娥”，是荤素搭配的工艺菜，以梅花鹿鹿筋为主料，辅以鹌鹑蛋、油菜，经烧、扒等技法精制而成，口味清鲜；“山珍松茸套金环”，是一道造型菜肴，以珍稀松茸蘑为主料，配以大虾、蟹黄，烧制而成，松茸蘑肉质细嫩，味道奇鲜，被誉为野菇之冠，此菜色、香、味、形、质俱佳，食后口留余香回味无穷；“天池雪蛤红莲花”，以蛤什蚂油为主料，辅以莲籽、大枣、菠萝汁、冰糖等炖制而成，具有色泽艳丽，清甜利口的特色，有“三色三形一汤飘”的美誉；“吉林集锦玉液锅”，是一道汤菜，又称“山珍酒锅”，主料选用梅花鹿肉、狍子肉、山鸡肉、黄羊肉、渍菜、榆黄蘑和几种海鲜品，用酒锅氽制而成，此汤锅上桌热气腾腾，锅底火苗闪动，锅内虾跃蟹走，妙趣横生，人称“聚鲜一锅美，调食五味香”，具有浓郁的北国风味。

二、吉林饮食传统制作技艺非遗名录

（一）吉菜传统烹饪技艺

吉林菜简称“吉菜”，取吉祥、吉庆、吉利之意，指利用吉林特产或主产原料，运用吉林特有烹饪工艺，结合当地各民族饮食风俗而形成的地方菜。千百年前，满族先祖在白山松水间渔猎，吉菜悄然孕育。清朝建立，清帝东巡祭祖祭山的著名菜点成为固定吉菜写入宫廷菜谱。闯关东时期，吉菜融入鲁菜烹饪技艺。伪满时期创建满西饭店，刘仁斋等20人共同经营，成为继宫廷菜系后可考的吉菜第一代传承人。随后，以潘瑱、唐文、夏金龙为代表的传承人，师徒相继，传承创新吉菜技艺。吉菜精烹山珍，讲究火候，擅长刀工勺工，采用烧、扒、酱、炖、蒸、煎、烤、拔丝、锅煽等技法，呈现热菜、凉菜、点心等形式。吉菜传统烹饪技艺不局限于烹饪技艺传承，也包括东北特有冬储菜、干菜、腌菜制作技艺和粗粮细作技艺等的传承。除经典菜品外，腌制菜品系列、干菜系列、粗粮细做系列等，构成完整菜品体系。吉菜通过师徒和教学传承，白肉血肠、锅包肉、砂锅鹿宝、锅煸豆腐、烧鹿尾等名菜享誉中外。

吉菜起源于吉林省，吉林省的多民族栖居特征使吉菜自然融汇了多民族美食内涵，以其深厚的文化底蕴、较强的包容性、开放性、创造性形成了多元化吉菜技艺文化。

吉林省东部山区主要以朝鲜族美食为主，中部地处松辽平原，满族饮食所占比重较大，西部草原以蒙古族美食为主要特征，其余是融合的汉族美食。而随着民族融合，各民族烹饪技艺也随之融通，取长补短，最终在吉林省内形成了融合多民族元素，带有地方性、融合性、创新性的吉菜烹饪技艺。

2019 年，中烹协发布《关于推进“中国菜”体系建设的指导意见》，提出“地域菜”“民族菜”概念，打破“八大菜系”束缚，为各地菜系发展开拓了空间。在一代代吉菜技艺传承人的传承创新、传播发展下，吉菜技艺悄然走出吉林，成为全国有影响力的特色菜系。通过大型国际赛事、餐饮行业国际论坛、与国际代表性行业协会搭界合作等方式，吉菜也逐步走出国门，向系列化、标准化、产业化、国际化方向发展，国际知名度显著提升。

千百年前满族祖先肃慎在白山松水间渔猎，吉菜悄然孕育。清朝建立，清帝东巡祭祖祭山的著名菜点烀猪头、清蒸白鱼等，成为固定吉菜写入宫廷菜谱。满族等民族佳肴和民间绝活“八大碗”、爆炒活鸡等，丰富了宫廷菜，满汉全席诞生更把吉菜推向顶峰。吉林苦寒，需要热能，菜肴肉多，形成了以炖、烧、蒸、煮为主的吉菜技艺，为了延长保质期，以满族为主的吉菜技艺推出酱这一独特工艺，延续至今。

清代至民国，齐鲁民众闯关东，中原菜肴入东北，吉菜融入鲁菜扒、煎、贴等烹饪技艺。溥仪在长春建立满洲国时期，御膳房囊括清宫御厨和山东名厨，宫廷菜、山东菜与民间菜相互交融。1934 年创建满西饭店（长春饭店前身），作为国宾馆接待伪满高官，由刘仁斋等 20 人共同经营，成为民间发展、宫廷菜系后可考的吉菜烹饪第一代传承人，三酥、三煸等菜品风靡一时。

20 世纪 60 年代，从业于满西饭店的潘瑱担任长春商业技工学校教师，作为第二代传承人开启吉菜系统研究，将朝鲜族、蒙古族等民族餐饮纳入吉菜，桔梗鲤鱼、苏叶鸡丁等特色菜品层出不穷。1999 年，吉菜由时任吉林省省长洪虎正式命名。唐文受省商务厅委托担任吉菜开发专家组组长，出席《中国吉菜》首发式，肩负起引领吉菜保护和传承的重大使命。以吉林工商学院吉林烹饪研究所终身名誉所长唐文、吉林省饮食文化研究会会长夏金龙为代表的第三、第四代传承人承古纳新，开创外阜融合菜、国际融合菜理念让吉菜广纳四方，借鉴国内国际技艺，将吉菜赋予崭新内涵，推向时代前沿。

技艺特征：吉菜技艺具有地方性、融合性、创新性，讲究火候，擅长刀工、勺工。以炖、烧、蒸、煮、酱等技法为主，融汇鲁菜传统扒、煎、贴等技法，结合地方民族、民俗特色，形成以烧、扒、酱、炖、蒸、煎、烤、熘、爆、拔丝、锅煸为主的技艺。因冬日长，创造晒制、腌制和窖藏等方法存放烹饪原料，因此制作晒制、腌制和窖藏吉菜品种技艺方法较为独特。20 世纪 70 年代资源匮乏，创造粗粮细做技艺，延续至今。

原料特征：吉林山林茂盛，野生动植物多，四季分明，原料季节性强，使得吉菜重特产原料使用，精烹山珍美味，味浓醇正。

菜品特征：吉菜追求原汁原味原生态，遵循食材本味，凸显食材佳味互补，营养配比，呈现嫩而不生，透而不老，烂而不化或外脆内嫩、外酥内烂特点。随着传承发展，衍生出传统菜、融合菜、标准菜等内容。

文化特征：吉菜是地方特色菜，带有地方烙印和民族民俗印象。吉林人热情质朴、性格豪爽，大锅炖菜，大碗上席，吉菜也承载着热诚淳朴风度悦纳四海宾朋。

（二）四平李连贵熏肉大饼制作技艺

李连贵熏肉色泽棕红、皮肉剔透，肥而不腻、瘦而不柴，熏香沁脾；大饼皮面金黄、圆如满月、层层分离、外酥里软、滋味浓香。食用时，如果辅以甜面酱、葱丝，再喝上一碗小米绿豆大枣粥，更增食趣。李连贵熏肉大饼具有解腻、解暑、健脾胃、助消化、引气、调中、消食、杀虫等药用功效，实为集美味和药膳于一体的不可多得的佳肴。目前，根据原国家工商行政管理总局商标注册，“李连贵”的商标持有者（包括商品商标和服务商标）为四平市李连贵风味大酒楼。李连贵熏肉大饼距今已有 100 多年的历史。清光绪二十年（1894 年），河北滦县柳庄人李广忠（乳名连贵）随父亲逃荒，来到吉林省梨树县小镇，后在买卖街宝德胡同租了两间草房，开了一家字号为“兴盛厚”的肉铺，主要经营生猪肉、酱肉、大饼和酒类。1910 年春天，一名经常光顾“兴盛厚”的老中医给李连贵出了一个主意：“要使煮肉够味儿，须如此这般，保你生意世代兴盛。”随后，老中医交给李连贵一张纸单，上面列了九味中药。李连贵按照老中医的药方如法炮制，煮出的肉果然芳香四溢，从此远近闻名。因为经营量太大，为了便于保存，又采取熏烤方法，这样就使得熟肉更加别具风味。配上用煮肉汤调酥的大饼，二者浑然一体，顾客交口称赞，“兴盛厚”的字号渐渐为“李连贵熏肉大饼”所取代，后来就改换了招牌，叫“李连贵熏肉大饼店”。由于李家的酱肉干净、烂糊、浓香，大饼柔软、酥香，吃的人都称赞道：“大饼卷熏肉，吃起来没够”，因此，李连贵熏肉大饼店在梨树镇常是座上客满，门庭若市，深受群众欢迎。

1924年，李连贵病逝，其养子李尧（李连贵的侄子，因李连贵无子，故过继给李连贵）继承父业，带着老汤从梨树迁入四平，在四平道东四马路租了五间瓦房开设李连贵熏肉大饼铺，继续经营熏肉大饼，生意兴隆，蜚声东北。

李连贵熏肉大饼制作技艺独特，口味特殊，百年来深受东北民众推崇，一直是当地招待上宾的必选美食。1958年，邓小平同志来四平视察，品尝李连贵熏肉大饼后赞美：“经济实惠，简单好吃。”翌年，国家领导人陈云来视察时赞扬：“别具风味。”至今，作为商务部认定的首批“中华老字号”之一，李连贵熏肉大饼已走向连锁经营，连锁店分布在全国22个省、自治区、直辖市，约有150家。

（三）回宝珍饺子

回宝珍，回族，民族名食长春回宝珍饺子的创始人。河北省青县新集镇人，1897年（光绪二十三年）出生于贫农家庭。他父亲叫回长江，回宝珍兄妹5人，一个哥哥，一个弟弟，两个妹妹。9岁时丧母，靠父亲种地为生，过着艰难困苦的生活。

1907年（光绪三十三年），回宝珍的父亲为了摆脱贫困，决定“闯关东”。走前把他大妹妹送到姥姥家抚养，二妹送给了姨妈。他父亲带着回宝珍兄弟3人离开家乡，投奔天津的远房亲属。因同样困难，凭空添上4口人，食宿都是问题，远房亲属不肯收留。回宝珍同哥哥每天沿街乞讨或者到饭铺捡点残汤剩饭度日。1908年（光绪三十四年）春节后，回宝珍父子4人投奔营口伯父家。经清真寺教长的介绍，回宝珍到“德胜福”糕点铺学徒。可掌柜的并不教他手艺，每天只是让他看小孩、买菜、打杂。后来，他给一个开汤铺的王德禄放牛，没有工钱，白吃饭，白干活。1913年离开了王家，和一个姓刘的同乡做包子、烧饼穿街叫卖，可还是维持不了生活。

1917年，他来到长春，在哥哥的饭馆里学打烧饼。1919年他去哈尔滨投奔一位叫马生的老乡。恰在这时，哈尔滨道外五道街开建市场，源顺太经理（人称“胡二爷”）放地号。回宝珍和马生，另外还有两个姓马的，一个姓邱的，5个人合买了一地号，搭起棚子开个炒菜馆，买卖萧条。本街有个“保府马家饺子馆”是和他们先后开业的，却顾客很多，甚至应接不暇。之后，又出现了四五家饺子馆，营业都不算坏。后来，回宝珍提议，决定他们炒菜馆改卖饺子，因饺子味道不好，顾客越来越少，几乎无人问津。在这一筹莫展的时候，意外得到了一个转机。“保府马家饺子馆”里的一位调馅师傅叫刘子清，因家中急需，要从柜上先借支100元钱而遭到拒绝，他一怒之下离开马家饺子馆，想另谋生路。回宝珍得知后，立即找到他，请他来当调馅师傅，并先支给他100元钱，刘子清高兴地答应了回宝珍的邀请。刘子清先看看他们的调馅，摇摇头说：“难怪你们生意萧条了”，后又讲了怎样选肉、调味等一些道理。牛分为5种，即牝牛、牡牛、尖牛（圈牡牛）、奶牛、喂牛。最适宜做馅的是喂牛（专门喂食牛）、牝牛，肉肥嫩；其次是尖牛；做馅以上脑，腰条为最好。胸口和腱子不能做馅，因胸口是脆的，腱子筋多，包饺子煮不烂。调料主要是高级酱油、鸡汤、煮腱子汤，没有这三样只有葱、姜等是不行的，而且必须适量。回宝珍自从雇用刘子清当调馅师傅后，生意兴隆起来。

1924年，回宝珍回到长春，在新市场（原新民胡同），先接兑了“犇羴鱻”炒菜馆，改名三庆和，又改为集贤村，可是生意并不景气。1925年春迁至新民胡同今回族饺子馆的地址专卖饺子，改名“回记饺子馆”。新民胡同当时是长春最热闹的，也是饭馆最多的一条街，回汉两族饭馆不下几十家，竞争得非常激烈。回宝珍用刘子清师傅的调馅方法，创出独特风味的饺子，并定下五条规矩：“一是做到货真价实；二是薄利多销；三是用人少而精；四是礼貌待客；五是清真洁净。”回宝珍靠他别具特色的生意经，使“回记饺子”声名大振，成为长春乃至吉林省远近闻名的民族风味食品。新中国成立前，饺子馆内可容纳70~80人进餐，鼎盛时期一天卖150千克面的饺子，顾客达到上千人次。新中国成立后，1955年改为公私合营。1956年，回宝珍当选为长春市政协委员。

回宝珍饺子之所以能成为民族食品，深受广大顾客的喜爱，关键在于回宝珍在饺子制作中独特的选料、用料和加工方法。第一，严格掌握投料标准。回宝珍力求饺子个头均匀、皮薄边小，馅大馅嫩，汤肥味美。开始确定每碗20个饺子用0.175千克面改用0.2千克面，后来改进为500~520个饺子用面5千克、精肉3.25千克、净菜（挤净水分的）1.75千克、花椒水400克、鲜姜75克、大葱750克、味素20克、豆油400克、香油350克、鸡汤300克、煮牛肉腱子汤300克。第二，严格选料、用料。回宝珍立下了“八用八不用之规”：饺子面皮用硬面不用软面；用鲜肉不用陈肉；用上脑和腰条不用胸口和腱子肉；白菜入窖前，用帮不用心，入窖后则用心不用帮；用大葱不用元葱，大葱用葱白不用葱叶；用花椒水不用花椒面；用上等酱油不用普通酱油；调馅用鸡汤、腱子汤不用水。第三，严格执行操作规程。回宝珍为使饺子不破肚、不裂口、不漏馅、不塌腔，做到先汤后油，先肉后菜，肉、菜、葱、味素不先混调，包饺子时现用现调。操作实行“三定”：定人、定质、定量。要求必须做到“五专”：专人选料、专人拌馅、专人和面、专人包饺子、专人看锅。还在加工销售时规定“三不做三不卖”：牛肉不鲜不做不卖；配料不全不做不卖；面质不达到要求不做不卖。

回宝珍饺子，在长春市颇有名气，顾客逐日增加，回头客也越来越多。在长达半个多世纪里闻名于吉林省和长春市。当时“回记饺子馆”，因创始人是回宝珍，饺子个头大，馅的味道好，人们为了赞美它，竟把回宝珍和饺子连在一起，称它为“回宝珍饺子”。

（四）临江村姑大煎饼制作技艺

煎饼制作历史悠久，相传它的发明者是三国时期的著名政治家诸葛亮。诸葛亮辅佐刘备之初，正值曹操统兵南下攻取荆襄九郡之时。刘备兵微将寡，被困一处，锅灶尽失。将士们饥饿困乏，无力再战，又担心受到曹军追击，因此不敢生火做饭。诸葛亮灵机一动，便令伙夫以水和玉米面为浆，将铜锣置于火上，用木棍将米浆摊平，煎出香喷喷的薄饼来，将士们食用后士气大振，杀出重围。此后，当地人也纷纷效仿此法，但铜锣昂贵，且容易开裂，十分不便。于是，人们将铁制成锣状，再磨制光滑，也就演化成今天的鏊子。从此，煎饼的制作广为流传，在东北的黑土地上也得到了传承和发展。为了挖掘吉林饮食文化和长白山饮食文化，保护东北煎饼的传统制作工艺，临江市长白山林蛙养殖加工厂按照传统的手工技艺生产出了带有浓郁地方特色的村姑大煎饼。

临江市坐落在美丽富饶的长白山脚下、风景独特的鸭绿江北岸。“村 姑”的“村”指的是临江市闹枝镇吊打村。吊打村是临江最早开始做煎饼的村子，已有20 年历史，其中“肯拓”牌村姑大煎饼和“五妹”牌大煎饼是两个响当当的品牌。

村姑大煎饼以长白山腹地优质山泉水来发酵，原料全部由生长自长白山脚下的玉米、谷子、高粱、地瓜干等粗粮精研细磨而成，配以适量的黑芝麻、花生、核桃、板栗、大枣、鸡蛋、胡萝卜等原料，不含任何添加剂。同时严格按照流传下来的技艺，纯手工制作，口感好、耐储存，是家庭佐餐和馈赠亲友的佳品。

（五）临江彪哥煎饼制作技艺

煎饼这种食品最早起源于山东，后来被闯关东的山东人带到了东北这块黑土地上，它也被赋予了新的生命形式。东北的粮食由于生长期长，所以它的营养和口感都非常好。这里还有优质的地下山泉水，这一切使得东北的煎饼从口感到保存都比其他地区的煎饼要略高一筹。

煎饼的原料是煎饼沫子，需要提前几天备好。将玉米磨成粉，经过发酵，再掺入一些大豆。经过这样一番制作，粗粮的滋味就变得香甜，口感也细润了。姑娘出嫁前，通常都要从母亲那里学会如何摊煎饼。摊煎饼首先要从火候的控制和耙子、抹子的使用方法上学起。谁家的煎饼摊得好吃， 就说明谁家的媳妇贤惠。煎饼具有食用方便、保存时间长的优点，所以家家户户一年四季都离不开煎饼。

临江市彪哥食品有限责任公司位于临江市花山镇老三队温泉度假村，彪哥煎饼是公司的主打产品。彪哥煎饼继承了传统的煎饼生菜的发酵和烙制工艺，利用当地优质丰富的地下矿泉水和优质的农作物资源，结合现代的经营和管理理念，生产出了彪哥煎饼，并使这一传统食品走上了产业化生产道路，使这一民间手工技艺得到了保留和发展。在省内营养学专家和吉林农业大学教授的帮助和指导下，产品在大米、玉米等煎饼品种的基础上又相继开发出了花生、大枣、燕麦、松仁、荞 麦、黑米、核桃仁、南瓜、靛枣等三大系列十几个品种，不仅丰富了产品种类，而且增加了产品的营养价值。

彪哥东北大煎饼继承了传统煎饼 的制作技艺，以生、熟粮食各 50% 的比例混合研磨成糊状，通过常 温发酵，根据发酵时间，再用面碱调配其酸碱度 ， 最后一勺勺倒在加热头肉、加上大碗清汤，美美地吃上一顿，不但果了腹，也解了馋，吃得满口香，顿时浑身就暖和起来，这份享用真是难以言表。朝廷派往卜奎（今齐齐哈尔市）骑马办事的钦差大臣经过小榆树，也要跑进店里特意尝尝这儿的煎饼， 一路上还不住地夸赞小榆树筋饼如何好吃，返回时再好好饱餐一顿，还得大大方方地打包带回朝廷。20 世纪 80 年代初，哈黑公路从老镇穿过，大路两侧的饭馆酒店如雨后春笋，家家户户烙筋饼，鲜红的酒帜饭幌映红老镇半边天。闻名遐迩的榆林镇筋饼火爆起来、北京、天津、大连、哈尔滨皆打出正宗榆林筋饼的品牌，有的饭店店名干脆就叫榆林镇筋饼。

（六）延边朝鲜族冷面制作技艺

朝鲜族冷面是东北地区的特色小吃，以独特的风味闻名中外。据说，冷面起源于高丽王朝时期，已有数百年历史。19 世纪末，随着朝鲜人迁入中国东北，冷面也引入中国。

冷面的主要原料是荞麦粉、小麦面和淀粉，也有用玉米面、高粱米面和土豆淀粉的。冷面既清凉馥郁，又甜美新鲜，因此朝鲜族群众不仅在炎热的夏天爱吃冷面，而且在寒冬腊月里也喜欢吃冷面。除延边朝鲜族自治州外， 北京、沈阳、哈尔滨、长春等大中城市也都设有朝鲜族冷面馆。过去，朝鲜族有正月初四中午或过生日时吃冷面的习惯。据民间传说，这一天吃了细长的冷面 就会长命百岁，命大福大，故冷面又名“长寿面”。更值得一提的是，朝鲜族后来对冷面做了进一步的改良，有多味中草药经熬制后 兑入冷面汤中，所以在夏季吃冷面，不仅清凉，更有解暑的功效。朝鲜族冷面之所以能够享誉国内外，是 因为它具有三个特点： 一是具有朝鲜族饮食习俗特点；二是制作工艺精细；三是风味独特。朝鲜族冷面的原料多为荞麦。现代医学研究结果证明，荞麦粉营养丰富，有降低血脂和胆固醇、软化血管的作用。此外，由于冷面五味搭配得宜，而且在制作过程中不添加任何添加剂，所以朝鲜族冷面又是地地道道的纯绿色健康食品。

冷面的制作比较复杂，要按适当比例将荞麦粉、面粉、淀粉等掺和均匀，压成细细的面条，用精牛肉或鸡肉熬汤。做汤时，一定要待汤冷却后撇 除浮油才能用。面条下锅煮熟后盛放于大碗内，上面要洒一点儿香油、胡椒 面、辣椒面、味精等调料，浇上肉汤，再放上牛肉片、鸡蛋丝或切成瓣的熟鸡蛋、苹果片或梨片，这样吃起来格外开胃、爽口。

（七）前郭尔罗斯蒙古族荞面食品加工技艺

蒙古族历史上以肉食、奶食为主，亦称红食、白食。随着社会的发展和饮食结构的改变，半农半牧的郭尔罗斯与内蒙古东部的蒙古族聚居地区一 样，粮食逐渐成为人们的主要食品。其中，荞面食品是最具特色、深受蒙古族喜爱的面食品之一。

荞麦是我国北方重要的农作物之一，最早种植于黑龙江至贝加尔湖一带。在我国，荞麦最早由蒙古族先民种植，称之为“蒿勒”。公元前 5 世纪的《神农书》就将其列入“八谷”之一。在隋末唐初医药学家孙思邈所写的《千金要方》中，“荞面”一词首次出现。几百年来，由于特殊的地理位置和土壤、气候条件，郭尔罗斯地区盛产的荞麦质量好，而且营养丰富，是绿色食品，且具有独特的医疗保健价值。民间种植荞麦、食用荞面的范围很广，其中在查干花镇、前郭镇、乌兰敖都、乌兰图嘎、浩特茫哈、东三家子、海勃日戈、乌兰塔拉等蒙古族聚居乡镇更具民族特色。如今，在知名餐饮店荞面食品已经成为特色食品，是前郭尔罗斯各族群众最喜爱的食品之一。

前郭尔罗斯地区的荞麦面分冷食、热食两种，其食品样式多达几十种，味道可口，营养丰富，具有医疗保健作用。主要有荞面饸饹、猫耳朵汤、荞面肠、荞面条、蒸饺、锅贴、牛犊汤等。在制作过程中，除荞面饸饹需用“饸饹床”加工外，大多与白面食品加工方法相同。几种主要食品的做法和特点如下：

荞面饸饹。荞面饸饹在前郭尔罗斯较为常见，具有独特的风格。其传统做法和现代做法略有不同，但都符合现代营养学理论要求。荞面饸饹的做法很简单，但要求很严格。首先，要用上等的荞面，质量要过关。把面和好，最好在荞面中加入少量白面，这样轧出的饸饹才不容易断。轧饸饹需要饸饹床，一般饸饹床是木制的（也有少量铁制的）。饸饹床底部有漏孔，把和好的面按轧口的大小切成块状。其次，在大锅里添上适量的水，烧开后，把饸饹床放在灶台上，将面放进轧口里慢慢开始轧。随着用力，从饸饹床漏孔出来的一条条饸饹便下入锅中，在沸水里煮熟，捞出后一般放入冷水中。饸饹一般要和猪肉酸菜卤搭配着吃。如果意犹未尽，可再加韭菜花、蒜泥、酱油、醋等调味。

荞面猫耳朵汤。猫耳朵汤是前郭尔罗斯地区蒙古族较为特殊的饮食，因为成品面的形状像猫耳朵，所以叫猫耳朵汤。做法是将和好的面做成手指粗细的条状，然后把它切成大拇指指甲大小的块块，用大拇指在手堂心捻成猫耳朵形，把面煮在清水里。一般猫耳朵汤的汤汁是猪肉排骨汤，在煮好的猫耳朵面上倒进熬好的排骨汤，这样，味道鲜美的猫耳朵汤就做好了。

荞面食品深受群众喜爱，是由其特征所决定的。荞面是由成熟的荞麦料脱壳加工后制成的，有着天然绿色食品的美誉，因其面细、色白、味香，蛋白质、多种维生素、淀粉含量高而闻名中外。用荞面制作的各类食品不仅美味可口、口感细腻，而且有着其他食品不可替代的营养价值。

（八）蒙古族馅饼制作技艺

蒙古族馅饼是一种风味面食，距今已有300多年的历史，最早是以当地特产的荞麦面制皮，以牛羊猪肉为馅，采用干烙水烹的方法制成。明末清初，馅饼面食从民间传入王府，由干烙水烹改为用豆油、奶油煎制，并用白面做皮，成了王府中经常食用的佳品。它以面稀、皮薄、馅细为特点，烙制后形如铜锣，外焦里嫩，饼面上油珠闪亮，透过饼皮可见里面肉似玛瑙、菜如翡翠，红绿相间，煞是好看。用筷子破开饼皮，热气升腾，香味扑鼻，使人们产生了强烈的食欲。蒙古族馅饼是上等的地方美食，是蒙古族人家招待贵客的主要食品之一。每到蒙古族家庭做客，主人便以馅饼作为最好的饭食招待来客。汉族有句俗语“好吃不如饺子”，蒙古族有句常话“好吃不如馅饼”，看来馅饼和饺子一样都是上乘佳品。

蒙古族馅饼广泛流传在吉林省前郭尔罗斯蒙古族自治县。数百年前，逐水草而居的蒙古族人迁移至此，受到当地汉族农耕文化的影响，形成了有别于草原蒙古族人的生活习俗和饮食习惯。比如，正月初二要吃蒙古族馅饼，正月初七要吃饸饹面（荞麦面条），等等。

一切民族的饮食文化，其形成过程都与当地的自然、地理、气候及生产生活方式有极大的关系。蒙古族饮食文化就是与蒙古族地区的历史条件紧密结合而形成的。过去蒙古族人的饮食结构中肉食、奶食占主导地位，随着我国东北地区的开发，农业较早进入蒙古东部区，面食逐渐代替了单纯的肉食、奶食如今馅饼已成为人们不可缺少的食品。曾有人这样写道：“皮薄如纸可见馅，香胜乳饼不腻人。蒙古馅饼独一味，汉兄食后笑吟吟。”蒙古族馅饼不仅好吃，而且含有较高的营养价值。蒙古族人喜欢吃牛羊肉，因为牛羊肉不仅肉鲜味美，而且比猪肉具有更高的营养价值，对人体有益。蒙古族馅饼多用牛肉圆葱、牛肉萝卜、羊肉芹菜、羊肉青椒（也有猪肉酸菜、猪肉白菜）做馅。它以独特的美味和独有的做法远近闻名，流传至今。

蒙古族馅饼是蒙古族独创的面食品，在前郭尔罗斯的历史上，蒙古族馅饼有王公贵族的“宫廷式”做法和民间百姓的“大众式”做法。例如，居住在哈拉毛都镇的邓氏姐妹传承了其祖母曾在王爷府内的制作技能；而在西部蒙古族聚居区，许多蒙古族妇女都掌握普通的制作技术。两种制作工艺略有不同，但特点基本相同。二者的主要特点是面软，所以和面时要用温水。

蒙古族馅饼的做法与配料独特，需用软面和细馅。其基本做法是，先把白面倒在盆内，再用温水加点盐，往盆内面上倒水，用筷子或木棍搅拌。随搅随加水，面特别软，搅匀待用。再把牛（羊）肉剁成馅，加入花椒面、精盐、葱姜末、香油、味精等搅拌成馅。然后，在面板上放些面粉，把搅好的面拿到面板上揉匀，搓成条，捏成剂子，用手按扁。在手心上摊开后，填适量肉馅，抟成包子状。同时，把锅烧热，再把包好的馅饼放入锅内，用手轻拍成圆形的饼状，至见馅而不露。也可在面板上先按扁再上锅。等到饼在锅内烙熟（烙到两面见黄色时，适量刷油），即可食用。做好的蒙古族馅饼皮薄馅嫩，透过面皮隐隐可见绿色的菜馅。

蒙古族馅饼的价值主要体现在两大方面：首先，其营养价值极高，主要原料为牛羊肉和白面，为人体提供了丰富的营养成分。其次，蒙古族馅饼承载着世代相传的独特制作工艺，是蒙古族饮食文化的重要组成部分，因此具有深厚的文化价值。

随着社会的不断进步，郭尔罗斯蒙古族的年青一代在生活方式上逐渐向现代化转变。传统饮食文化的传承面临挑战，许多年轻人已不再掌握蒙古族传统饮食的制作技艺。在当前经济高速发展的背景下，越来越多的人倾向于在饭店享用传统食品，导致家庭制作民族食品的习俗逐渐减少。因此，郭尔罗斯蒙古族馅饼制作技艺目前处于濒危状态，亟须得到有效的保护和传承。

（九）前郭尔罗斯黏米食品制作技艺

“黍”作为粮食作物的一种古老名称，在中国拥有着长达近六千年的种植历史。此作物主要分为糯性与非糯性两类。“黍”的黏性品种通常被称为黍子或黏糜子，而非黏性品种则被称为糜子。当黍子的籽粒经过去皮处理后，便成为人们所熟知的黄米或黄糜子。黄米味道甘甜、性质微寒，含有丰富的蛋白质、碳水化合物和维生素等多种营养成分。它还具备益阴和利肺等多种功效。在过去的北方地区，人们主要食用黏性食物，这些食品大多是由黍子去皮磨成面粉后制作而成，也被通俗地称为“黏米食品”或“黄米食品”，甚至“黏糜子食品”。在这些黏性食物中，东北地区的黏豆包尤为典型，它源自满洲，并受到各民族的广泛喜爱。这类黏米食品对于东北地区的人民在寒冷的天气中进行长时间的户外活动起到了积极的作用。

在前郭尔罗斯地区，蒙古族、满族、汉族等各民族人民长期共同生活，彼此间文化与生活习俗相互渗透融合。这种多元文化背景，造就了前郭尔罗斯地区独特的黏米食品制作技艺。一方面，这里拥有汉族特色的黏米食品制作技艺；另一方面，也发展出了具有浓郁蒙古族特色的黏米食品制作技艺。这种兼具不同民族特色的黏米食品制作技艺，正是前郭尔罗斯地区多元文化交融的生动体现。两者在制作技艺上略有不同，例如，汉族居民制作的黏豆包大小如橘子，呈圆形，制作完成后会像蒸包子一样放入锅中大火蒸制 15 分钟左右，出锅后即可食用或留存。而蒙古族家庭制作的黏豆包则受到满族、汉族等民族的影响，黏豆包的大小如馒头，通常在制作完成后不进行熟制而直接进行冷冻保存。在食用时，再将黏豆包蒸熟。

黏米食品制作技艺在前郭尔罗斯地区有着广泛的分布。在洪泉、长龙等乡镇地区，汉族特色的黏米食品制作技艺得到了传承和发展。而在查干花、东三家子等西部地区，蒙古族特色的黏米食品制作技艺也得以流传，成为当地珍贵的非物质文化遗产。这些传统手工技艺经过世世代代的传承和发展，不断得到完善和创新，成为了前郭尔罗斯地区重要的文化瑰宝。

（十）太盛园白肉血肠制作技艺

白肉血肠是满族人最喜爱的食品之一，满族人的祖先很早就将其列为重要的食品，连祭祖、续家谱时都有白肉血肠这道菜。白肉血肠是满族传统的风味菜肴，与杀猪菜完全不是一回事。清人姚元之在《竹叶亭杂记》中记载："主家仆片肉于锡盘飨客，亦设白酒。是日则谓吃肉，吃片肉也。次日则谓吃小肉饭，肉丝冒以汤也。"吴振臣在《宁古塔纪略》中也说："大肠以血灌满，一锅煮熟。请亲友列炕上，炕上不用桌，铺设油单，一人一盘，自用小刀片食。"这说明，满族人吃白肉血肠的习俗是很久远的。

太盛园白肉血肠距今已有 300 多年的历史。清康熙十年 (1671 年)，有一个满族人在吉林城西小白山和古船厂附近开了一家小饭店，专门经营满族喜食的糊白肉、清血肠（白肉血肠），生意十分红火，贩夫走卒、放排船工和水师营的官兵是这家店的常客。从那时起，脆嫩的清血肠和薄如纸帛的白肉片的烹饪技术就在吉林市流传了下来。光绪末年，一个叫白树令的满族人继承了这一技艺，在吉林市炭市胡同经营白肉血肠饭馆，店名叫"太顺园"，后改名"太盛园"，俗称"老白肉馆"。民国初年，白肉血肠的传人葛青山主理太盛园。中华人民共和国成立后，葛师傅将这一技艺带到德胜门的太盛园，后店址迁到水门洞，并起"太盛园老白肉馆"。以后，该店又迁到繁华的河南街西头炭市胡同。

太盛园老白肉血肠分为清血肠和混血肠：清血肠清白细腻，脆嫩绵软混血肠香脆可口。白肉呈乳白色，晶莹剔透，薄如白纸，肥而不腻，瘦而不柴，清软鲜嫩。其制作也十分考究，有选肉、烤肉、煮肉、片肉四个工序血肠的制作分为选料（包括 20 多种精选药材）、兑血、灌肠、煮肠、片肠五道工序，再经烹制，血肠则形如灯碗，一朵朵像花瓣一样浮在汤上。糊白肉用手撮起来放回盘里，宛如菊花。吃的时候，再加上韭菜花、辣椒油、蒜泥、腐乳、虾油、芥末油等佐料，更是别具风味太盛园老白肉馆经营 100 多年，深受人们喜爱。直到现在，太盛园仍坚持用手工片肉、柴火烤肉等传统技艺，已经成为吉林市的餐饮业名牌。

（十一）查干湖全鱼宴烹饪技艺

吉林省前郭尔罗斯蒙古族自治县历史悠久的全鱼宴，是以查干湖为中心， 自辽金时期沿袭至今的传统名宴。

查干湖位于吉林省西北部的松原市前郭尔罗斯蒙古族自治县（以下简称"前郭县"）境内，是蒙古族聚居区。它地处北纬 45° 03'~ 45° 09'、东经 124° 03'~124° 34'，是嫩江与霍林河交汇的水网地区。南北长 37 千米，东西长 17 千米，湖岸线蜿蜒曲折 128 千米，面积 420 平方千米，属温带大陆性季风气候区。四季变化明显：春季干燥多雨；夏季湿热，雨量集中，秋季凉爽温差大；冬季漫长而寒冷少雪。湖区水产丰富，盛产鳙鱼、鲤鱼、鲢鱼、鲫鱼等 15 科 68 种鱼类，以及虾类、芦苇、珍珠等。

自古以来，居住在查干湖及其周边水域的广大群众就以渔猎为生。至今，其古老神奇的冬捕活动更是闻名全国。在这一地区群众的饮食中，最为华贵的大宴就是"全鱼宴"。其历史渊源可能要上溯到湖区有古人类活动的石器时代，经数千年的传承发展，至辽金时期一度盛行，沿袭至今，已名扬四海。

宋辽时期，查干湖被称为"大水泊""鸭子河泺"。北宋曾公亮主编的《武经总要》记载："大水泊周围三百里。"《辽史 · 营卫志中》记载："春捺钵曰鸭子河泺。皇帝正月上旬起牙帐，约六十日方至。天鹅未至，卓帐冰上，凿冰取鱼。冰半，乃纵鹰鹘捕鹅雁。晨出暮归，从事弋猎。……弋猎网钩，春尽乃还。"自辽金以来，历代帝王都到查干湖"巡幸"和"渔猎"，举行"头鱼宴"和"头鹅宴"。元代至清初，这一带江流泡沼星罗棋布，银鱼穿梭，水草肥美，雁鸭栖集。沿岸林木葱郁，田野芳葳蕤，风景如画，是辽、金、元几代帝王巡幸游乐的渔猎之地。

历史上，辽、金皇帝“捺钵”规模较大且影响深远。“捺钵”为契丹语，汉译为“行在”，即辽帝出行所在之地。《辽史 · 营卫志中》记载：“辽国尽有大漠，浸包长城之境，因宜为治，秋冬违寒，春夏避暑，随水草，就畋渔，岁以为常。四时各有行在之所，谓之‘捺钵’。”

辽帝一年一度的春捺钵主要做三件事情：一是从事政务活动，特别是与北方的女真、室韦、五国部（剖阿里国、盆奴里国、奥里米国、越里笃国、越里吉国）修好；二是偕皇族、百官，享渔猎之乐；三是占岁，这当是“春捺钵”最为主要的活动。

根据《辽史》的记载，从辽统和元年（983 年）起，到辽保大二年（1122 年），在这 139 年间，有 106 年记有春捺钵，其中去鸭子河、混同江 49 次，去达鲁河、长春河、春河、纳河 21 次，去长春州、春州 11 次，去鱼儿泺 24 次，去大鱼泺、春州水淀、长泺 10 次。综合上述记载可以看出，契丹皇帝春捺钵地除鱼儿烁（月亮泡）外，多在查干湖周围地区。由此可见查干湖实为辽代主要春捺钵地。

查干湖及其周边的嫩江、松花江等广大水域内出产的各种鱼类，为当地制作独具特色的全鱼宴提供了物质条件。世代居住在查干湖周边的广大群众善于制作各种以鱼为主料的菜肴，加之制作所用的鱼种类全、菜样多而被称为“全鱼宴”。其制作技艺是伴随着当地的渔业生产而发生、发展的，是属于辽金遗风中的民间技艺之一。

查干湖全鱼宴是前郭尔罗斯人根据查干湖生鲜鱼为主料，采用炖、煎、炸、爆等独特的厨艺加工，用小仅几厘米长、大至几千克重的十几种甚至几十种查干湖野生鲜鱼，做成冷、热、生、熟俱备，软、嫩、酥、脆俱全，香、甜、麻、辣俱有的丰盛宴席。查干湖全鱼宴按照季节的不同，所选用鲜鱼的种类、数量也不尽相同，但四季口味却都不失鲜美。它于 2009 年入选《吉林省第二批省级非物质文化遗产名录》。

近年来，前郭尔罗斯还创制了以全鱼宴为核心，形、色、味俱佳的“查干湖风情宴”，并已逐渐形成品牌佳肴，是前郭尔罗斯地区饮食文化的代表作，已成为吉林省地方特色和餐饮业的著名品牌。

（十二）郭尔罗斯全羊席制作技艺

全羊席，又称“全羊大筵”。郭尔罗斯全羊席以烤全羊为主菜，是具有独特草原风情的宴席。

10 世纪至 12 世纪初，蒙古族已形成具有历史文化特征的饮食模式和饮食习俗，其饮食模式虽然具有独特性，但也受到相邻的汉族、女真等民族的影响。“烤全羊”是蒙古族的传统习俗，而“全羊席”却是蒙汉文化交流的结晶，它吸取了汉族的烹调技艺，把蒙汉民族的饮食文化推向高峰。

全羊的蒙古语为“术斯”。烤全羊是蒙古族的餐中之尊，多在隆重宴会或祭奠时用。制作时，须选两岁左右的肥绵羯羊一只，用“攥心法”宰杀，除去内脏，将多种调料洒入腹腔内，体表刷一层糖糊和香油，置于烤炉内经四五个小时的高温吊烤，方可出炉。

据《元史》记载，12 世纪时蒙古人流行“掘地为坎以爆肉”。元代，蒙古人的肉食方法和饮腾都有了很大改进，元忽思慧《饮膳正要》所记述的近百种美味中，有五分之二是游牧民族的食品，其中对蒙古族的烤羊肉作了较详细的介绍：“于地上作炉，三尺深，周回以石，烧令通赤，用铁芭盛羊，上用柳子盖覆，土封，以熟为度。”由于有覆盖并加以土封，不慢不火，恰如其分，炭味被吸收到体内，外焦里嫩，别具风味。尹湛纳希《青史演义》记载，成吉思汗曾设九桌整羊席宴款待群臣。元朝建立以后，全羊席的风俗得到了较好的传承和发展。清康熙年间，全羊宴已经很丰盛。清乾降年间袁枚撰写的《随园食单》记载，“全羊法有七十二种”。

据《蒙古族风俗志》介绍，“全羊席”共有 76 道菜，每个菜名都没有“羊”字。例如，以羊眼睛做的菜名为“玉珠顶”，以羊脑做的菜名为“烩白云”，以羊百叶做的菜名为“素菊花”等，还有“吉祥如意”“满堂五福”等吉利雅致的菜名。

清代伊始，蒙古王公府第在接待贵宾时，普遍采用最高规格的礼遇——烤全羊。在康乾盛世时期，北京阿拉善王府所烹制的烤全羊更是誉满京城，备受赞誉。直至中华人民共和国成立前，这一传统依然在各地蒙古王府中得以延续。如今，烤全羊已成为草原上蒙古族的传统名宴，深受广大民众的喜爱与好评。

传统的全羊“术斯”被细致地划分为七种类型，包括珠洛玛术斯、烤术斯、布敦术斯、哈希森术斯、肩胛术斯、牛哈图术斯以及羊头术斯等。这些术斯在制作过程中，注重原料的选择和精细的烹饪技巧。

首先，珠洛玛术斯根据腌制方法和原料的不同，分为光秃珠玛和烤珠玛，以及绵羊珠玛和山羊珠玛。其独特之处在于，除肠肚内脏外，其他部位均可食用。在制作过程中，活羊宰杀后需剔除内脏和肠肚，然后整羊下锅煮制而成。在某些地区，制作时不扒皮。

其次，烤术斯的品位较高，是献给尊贵客人的佳肴。其制作方法有两种：一种是把食盐等调料撒到全羊内，吊在炭火上反复烘烤；另一种是先煮熟术斯，再放火上烤干。

最后，值得一提的是全羊席，这一蒙古族名宴。它精选羊身各部位，采用多种烹饪技法，如烧、蒸、爆、烤、焖、熘、烩、煎等，烹制出 70 余种菜肴。这些菜肴形色各异，口味独特，充分展示了烹饪技艺的精湛和丰富性。

（十三）正红旗烧鸽子制作技艺

正红旗烧鸽子，作为满族的传统美食，在东北地区尤为盛行，也被称为“满族烧鸽子”或“伊通烧鸽子”。这款美食拥有着 400 年的悠久历史，承载着满族人民的传统与文化。400 年前，努尔哈赤率领八旗子弟，在白山黑水之间英勇征战。他们面对强敌毫无惧色，虽受重创却始终不屈，以勇猛和坚韧树立了威望，最终在历经 30 余年的艰苦斗争后，成功统一了东北各地的女真各部。

在入关之前，满族人长期居住在东北地区。由于地理、气候以及生活习惯等多种因素的影响，他们形成了烤食野味的饮食习惯。在众多野味中，原鸽（现俗称“鸽子”）因其繁殖迅速、存活率高、数量丰富且味道鲜美，深受官民的喜爱。因此，原鸽成为当时人们餐桌上常见的美食之一。但是小吃是不能登大雅之堂的。在某日，正红旗御厨肇虞曦与各位师傅在为太祖烹制飞龙时，误将原鸽投入了锅中。太祖品尝后，觉得异常鲜嫩可口，骨里透香，此等美味前所未尝，便好奇地询问：“此为何物？”见此情形，负责的御厨大惊失色，生怕触怒了太祖，于是立刻进行调查。经过一番查证，他们才发现太祖所食的原来是下人所用的原鸽。这一发现令他们意识到，烧鸽子的味道比烧飞龙更加香美。自此，烧鸽子的食法应运而生。烧鸽子是一道美味的佳肴，然而其食材普通，难以满足帝王之尊享。因此，烧鸽子并未成为御膳房的正菜，而仅在将相之间流传。历史记载，后金天聪十年（1636 年），烧鸽子的创始人因战乱避难至东北，在伊屯（今伊通）定居，并将烧鸽子的秘方及制作工艺传授给了当地的父老乡亲。自此，部分满族正红旗人在伊通掌握了这一特色食品的制作技巧，并代代相传。

目前，伊通烧鸽子主要选用信鸽作为原料。由于信鸽的肌肉较为强健，经过烧制后肉质香气浓郁，品质上乘。在处理信鸽时，需要将信鸽去毛、洗净，并去除内脏。随后，将特制的配料原汁注入鸽肉中，用锡纸包裹，埋入炭火中烧至八成熟。最后，再用炭火进行明烤，以完成整个烧制过程。

不久之后，一盘烧鸽子将呈现在您的眼前。其外观焦香诱人，色泽暗红，散发出的香气让人陶醉。仅仅是在初次瞥见它的那一刻，就足以令您食欲大增，多年后仍难以忘怀。伊通烧鸽子具有高蛋白、低脂肪的特质，非常符合健康饮食的标准。中医认为，鸽肉具有补肝壮肾、益气补血、清热解毒、生津止渴的功效。它能够提高人的记忆力，降低血压，调整人体机能，具有显著的保健作用。民间也一直流传着“一鸽胜九鸡”的说法，肯定了其营养价值的高度。

（十四）庆岭活鱼烹制技艺

庆岭活鱼，作为吉菜美食的璀璨瑰宝，特指源于吉林省庆岭地区，以蒿为主要配料的活鱼佳肴。庆岭，这个坐落于蛟河市的山谷小村，与松湖、庆岭森林公园和红叶谷等风景名胜紧密相邻。这里不仅拥有壮丽的自然风光，还打造了一条颇具规模的庆岭活鱼美食街，名扬四海，成为吉林美食的耀眼名片。

庆岭活鱼，选材严谨，以金鳞大鲤为主原料，即人们所称的“开江鱼”。所谓“开江鱼”，特指每年 4—5 月松花江江面冰封溶解时，首批从源头游向下游的鱼类。此鱼肉质肥美，尤为适合制作庆岭活鱼。烹饪时，选用鲜活的鲤鱼，经大火烧开、小火炖煮，食之口感鲜美，香味独特。

庆岭活鱼烹饪技艺独具特色，选材严谨。选取金鳞大鲤，确保新鲜活蹦。快刀处理，手法熟练，调料选用油盐姜葱等天然食材，保持原汁原味。特选当地山间野草“蒿”作为独特调料，其叶形与菊科植物相似，色泽与南方艾叶相近，气味芳香，具有药效。在烹饪过程中，随着汤汁的浓缩，“蒿”的香气与药效逐渐渗透至鱼肉之中，使得鱼肉口感鲜美、肉质细嫩。品尝庆岭活鱼，让人满口生津，回味无穷。

庆岭活鱼，源自松花湖畔，秉承巴拉人的渔猎文化传统，被誉为“最后的女真人”的烹饪真传。其制作工艺独特，选用松花湖特产的花、鲤、白鱼为原料，佐以庆岭山泉水，采用把蒿和木栫子进行烹制，味道鲜美、肥而不腻，被誉为“美食一绝”。以庆岭活鱼为主打，配以笨鸡和山野菜，共同构建庆岭鱼宴，色香、味、营养皆备，绿色生态尽显。其民俗风情淳朴浓郁，深受国内外游客的喜爱。作为吉林省旅游美食的知名品牌，庆岭活鱼已经成为一道独特的风景线。

庆岭活鱼的做法如下：

先将鲤鱼冲洗干净，鱼身改“一”字刀。

把蒿用清水泡 10 分钟，取出后切成 8 厘米长段。

把蒜改刀切成小块，葱切段，姜切片，干辣椒切碎，香菜切成小段。

锅内倒底油，中火，放把蒿、葱、姜、蒜、干辣椒、大料炒出香味，再加两匙黄豆酱煸炒。

加350毫升矿泉水，依次放入料酒、米醋、盐、老抽、生抽、糖调味，转大火待汤烧开后，下鲤鱼，其间不断用大勺把汤汁淋到鱼身上，大约焖制8~10分钟。

转小火慢炖10~15分钟，待汤汁浓缩至一半左右把鱼捞出，摆盘撒香菜段即可。

（十五）满族八大碗制作技艺

在满族民间过年的庆典中，“八大碗”是不可或缺的重要菜品。这八道主菜各有千秋，包括小鸡炖蘑菇、雪里蕻炖豆腐、五花肉炖酸菜、乌拉大碗鱼、红烧狮子头、老鸭炖海带、红焖肉炖干豆角和蒸血肠。为了丰富口感，还配备了4个压桌碟，分别是猪排骨（精排）、猪心肝（可用肘花代替）、韭菜花（或地环）和五花咸菜。这满族“八大碗”的用料极为讲究，主要选用山川郊野、江河湖泊的天然食材，如小笨鸡、白菜、酸菜、黄花菜、海带、木耳、粉条等。这些食材均源自大自然的馈赠，让满族先人深感恩泽。因此，满族“八大碗”在民间极受欢迎，成为庆典中的佳肴美味。

在清乾隆年间，政治稳定与经济的繁荣共同促进了餐饮市场的空前发展，其中尤以满汉全席的崛起为饮食业的代表。满汉全席以其细致的分类著称，包括上八珍、中八珍和下八珍，而满族八大碗则位列其中。据《满族旗人祭礼考》记载，宴会中常使用五鼎、八盏，俗称“八大碗”。在年节庆典、迎送宾客以及婚嫁等重要场合，富裕人家多以“八大碗”作为宴请之选。“八大碗”在当时汇聚了扒、焖、酱、烧、炖、炒、蒸、熘等多种烹饪手法，充分展示了其精湛的烹饪技艺。其中，“阿玛尊肉”，又称“努尔哈赤黄金肉”，作为最具代表性的菜品，源于清太祖努尔哈赤时代，流传至今。《满族简史》记载，努尔哈赤统一东北后设立“堂子”，进行祭天仪式，凡用兵及大事必祭。据《竹叶亭杂记》记载，祭祀时必选择毛色纯黑的祭牲献于神前割烹……后来便演变为这道传统名菜。其实际上是多种酱猪肉菜品的集锦，现今的版本包括酱猪心、酱猪肝、酱猪耳、酱猪尾巴、酱猪大肠头等，均切片摆盘上桌。除“阿玛尊肉”外，满族“八大碗”还包括雪菜炒小豆腐、卤虾豆腐蛋、扒猪手、灼田鸡、小鸡榛蘑粉、年猪烩菜以及御府椿鱼等佳肴。

在满族人入关前，“八碟八碗”是等级规格最高的宴席形式。据传，在一次努尔哈赤的胜利战役后，由于当时条件所限，无法举办盛大的庆祝宴会以犒赏群臣。为了解决这一问题，努尔哈赤命令八旗的各旗主自带碗碟，从而形成了这一独特的宴席形式。由于这一形式与努尔哈赤的胜利战役紧密相关，八碟八碗只在极为重要的场合和招待极为尊贵的贵宾时才会被使用。

在烹饪技法上，八大碗分为粗细两种。细八大碗主要包括熘鱼片、烩虾仁、全家福、桂花鱼骨、烩滑鱼、川肉丝、川大丸子以及松肉等菜肴。而粗八大碗则包括炒青虾仁、烩鸡丝、全炖蛋羹蟹黄、海参丸子、元宝肉、清汤鸡、拆烩鸡以及家常烧鲤鱼等菜品。

在传统的宴客习俗中，八大碗是不可或缺的佳肴。每桌八人，共享用八道菜肴，且均使用洁净的大海碗盛装。这种宴席方式不仅让人感受到豪迈与痛快，还蕴含着浓厚的乡土风情。

（十六）朝鲜族狗肉制作技艺

朝鲜族是一个具有独特饮食文化的民族，其成员普遍认为食用狗肉具有一定的健康益处。在他们的传统观念中，狗肉具有清热解毒的功效，特别是在炎热的夏季，食用狗肉被视为一种补充体力和营养的方式。有句俗语：“六、七月的狗肉胜过吃人参”，充分体现了他们对于这一食材的重视。久病初愈的人家往往会选择杀狗，煮狗肉的技巧也非常讲究。将狗肉煮至即将烂熟时，再加入黏高粱糖稀一同熬煮，直至狗肉变得黏黏糊糊的。据说，连续食用这种狗肉糖稀一个月，人的气色会变得红润。此外，朝鲜族中流传着一句话：“狗肉滚三滚，神仙站不稳”，形容朝鲜族人对狗肉的喜爱程度之深。如今，随着饮食文化的演变，狗肉已经不再局限于特定的季节，而是全年都可以享用的美味佳肴。在朝鲜族的烹饪技艺中，狗肉菜肴的烹制具有独特之处，它既代表了这一民族的传统饮食习惯，也是他们对美食的热爱的具体体现。

朝鲜族善于运用狗肉这一食材，创造出众多精致美味的佳肴，如砂锅狗肉、狗肉火锅、手撕狗肉以及各类汤品。在这些美食中，狗肉火锅以其独特的烹饪技巧和浓郁的民族风味而最为闻名。

狗肉火锅源于传统的狗肉汤，其制作过程需精心挑选狗肉并细致处理。首先，将狗肉按照不同部位切割成块，确保每块不超过1千克，随后进行充分的浸泡以去除多余血水。待浸泡完成后，将狗肉放入大锅中用开水焯煮，其间需定期清除产生的浮沫，确保狗肉的纯净。待狗肉煮熟后，需进行细致的清洗，确保其清洁。随后，将处理好的狗肉与野苏子一同放入锅内，加入足够的水量，并盖上锅盖。在保持中火的状态下，进行长达3~4

小时的炖煮。当狗肉皮肉分离，呈现酥烂状态时，即标志着炖煮完成。此时，可以开启火锅的火源，将先前炖煮好的狗肉汤与适量的狗肉倒入火锅中。为确保汤底沸腾，可加入烧红的木炭以加热至沸腾。根据个人口味，可适量添加精盐、味精和绍酒进行调味。享用狗肉火锅时，搭配粉条、豆腐、青菜和蘑菇等食材，能够进一步提升其鲜美与口感。这款狗肉火锅的特点在于其肉质酥烂、汤汁浓郁，鲜美香辣且不油腻。无论是在冬季驱寒，还是在夏季防暑，都是极佳的美食选择。

相较于狗肉，朝鲜族同胞更偏好狗肉汤。这款汤品具备滋补强身的功效，因而又被称为“补身汤”。在民间，有句俗语：“未尝延边狗肉汤，枉来延边走一趟。”久病初愈或体质虚弱的人们常常通过饮用狗肉汤来调养身体。据传言，在三伏天品尝一碗狗肉汤，便能温暖整个冬季。

（十七）朝鲜族米肠制作技艺

米肠，作为朝鲜族的传统美食之一，其选材讲究且制作精细。主要原料包括新鲜的猪肠、猪肉馅、猪板油以及优质的糯米。此外，新鲜的猪血与其他调味品如葱花、大蒜、洋葱、鲜姜和盐等，也被适量添加以增添风味。经过搅拌均匀后，这些食材被灌入肠衣中，形成了一种独特的灌肠式风味小吃。值得注意的是，除了猪肠外，牛肠和羊肠同样可作为制作米肠的替代原料。这种美味的传统食品不仅展现了朝鲜族烹饪技艺的独特魅力，更承载了丰富的文化意义。

米肠的历史可以追溯至朝鲜王朝时期。在那个时期，朝鲜人采用狗的内脏，将其掏空后灌入肉馅，再加入胡椒、生姜、川椒、香油和酱油，最后卷起来食用。这便是米肠的雏形。而现今中国的米肠，其风味主要源于中国朝鲜族的米肠。在清代末年，清政府开始实施并鼓励移民政策时，朝鲜移民便将具有朝鲜半岛北方风味的米肠带到了中国，并在中国得以延续和发展。

米肠的特色在于其脂香味浓郁，质地软糯嫩滑，搭配特制的蘸汁食用，更能凸显其香辣味鲜的特点。不过，由于其制作过程中会使用猪肠、大米、糯米和鲜猪血等食材，因此可能会略显油腻。这种独特的制作方法使米肠成为东北地区的传统风味小吃。在寒冷的冬季，食用米肠有助于增加身体热量，因此深受当地人喜爱。

米肠的制作步骤如下：首先将江米泡制一段时间，确保其充分吸水膨胀。然后将泡制好的江米灌入已清洗干净的猪肠中，注意要灌入适量的猪血，以增添风味。灌好后，将口扎紧，然后上屉蒸熟。待蒸熟后，将米肠切成与日本寿司相似的大小段。在食用时，配以特制的汤料，并撒上葱花、酱油、香菜和辣椒即可。这款米肠香黏可口，让人垂涎欲滴。

朝鲜族饮食文化独具特色，其中米肠是其最具民族代表性的食品之一。在重要的节日、庆典和招待贵客的场合，朝鲜族人民常以米肠为主食，如同汉族人民在重要时刻吃饺子的习俗。米肠不仅风味独特，口感鲜美，更经过精心烹制，可呈现多种形态和口味。其中，炒米肠是最受欢迎的做法之一，将米肠与猪肝、大麦芽、大米糕、面条等食材一起爆炒，再加入辣酱调味，香气四溢，美味可口。除此之外，清炒米肠配以辣酱并用苏子叶包裹食用的白米肠，以及在排骨汤中烹制的米肠汤、什锦米肠和营养蔬菜米肠等创新做法，均深受各族人民的喜爱。

朝鲜族米肠在朝鲜族同胞中享有盛誉，是朝鲜族人民在长期生产生活中不断创造并完善的传统食品。经过数百年的发展，它已成为具有鲜明民族特色和地区特点的美食佳品。朝鲜族米肠充分体现了朝鲜族人民的生活饮食文化习俗，是朝鲜族传统饮食文化中的重要组成部分。它以独特的制作工艺和味道，深受朝鲜族同胞的喜爱，也成为朝鲜族民俗文化的重要象征。

（十八）凤吉园乌拉满族锅子加工技艺

凤吉园贾家火锅店始创于清光绪五年（1879 年）。早在打牲乌拉时期，就以当地土特产为主，辅以海味形成贾家锅子的独特风味。当时，打牲乌拉总管衙门云生（第 31~33 任）、台春（第 34 任）、德克德恩（第 35 任）、乌音保（第 36 任）等贵客经常光顾。创始人贾福也曾被召进京，到清宫御膳房料理传授乌拉满族火锅技术。

凤吉园乌拉满族火锅作为一家拥有五代传承，长达 130 多年历史的知名品牌，一直以来都以其独特的满族风味和严格的选材标准赢得了广大食客的喜爱。在凤吉园贾家锅子，我们选用打牲乌拉贡品为主要原料，经过严格的火烤、浸泡、刮洗和夹板去油等工序，确保肉质肥而不腻，口感鲜美。

此外，凤吉园贾家锅子的特制锅底“凤吉园汤”，则是以各类药材、地方特产集山珍海味于一锅的独特方式，精心熬制而成。这一锅底既保持了传统火锅的醇厚口感，又融入了丰富的营养价值，让人回味无穷。在调料方面，凤吉园贾家锅子采用特制的调料，与满族风情摆案相得益彰，形成了一道道独具特色的美味佳肴。无论是香气扑鼻的锅底，还是口感鲜嫩的食材，都让人流连忘返。总的来说，凤吉园乌拉满族火锅凭借其悠久的历史、独特的满族风味、严格的选材标准和丰富的营养价值，成为满族火锅中的佼佼者。

吉林市乌拉街满族镇的生活习俗和饮食文化独具民族特色，其中满族传统火锅是最具代表性的文化遗产。对于每一位到访乌拉街的游客来说，冬季观赏雾凇和品尝乌拉满族火锅是不可或缺的体验。只有在品尝过乌拉满族火锅之后，才能真正领略到这座小镇的独特魅力。因此，错过“一观一品”将是一次遗憾的旅程。

乌拉满族火锅，作为吉林省的代表性饮食，具有深厚的民族文化底蕴和营养科学价值，赢得了国内外游客的广泛赞誉，已然成为吉林美食的一张名片。其中，凤吉园乌拉满族火锅以其正宗的制作技艺和选材标准，成为这一美食的典范。在原料选取上，凤吉园严格遵循满族传统饮食习惯，许多食材更是乌拉贡品，体现了对传统的尊重。

在加工技艺方面，凤吉园的技艺源自满族及其先民的民俗生活，如烤制猪硬肋五花肉的方法源于女真时期“烤燎法”，白片肉和血肠的加工技艺则源于满族萨满祭祀的“吃福肉”习俗。这些私房技艺的独特之处在于其祖传秘方，如熬凤吉汤、挤油、灌制血肠等。

此外，凤吉园贾家馆子还致力于保护历史建筑，将清末民初的老街老房子进行修缮保护，恢复其原始风貌，悬挂老店标志，以呈现其百年老店的底蕴。这一举措不仅是对历史的尊重，更是对传统文化的传承和弘扬。2023 年，凤吉园凤吉园贾家馆子被评为“中华老字号”，这对于促进乌拉满族火锅的发展、产业升级、文化引领以及增强地区人民的民族自信等方面，均具有重要意义。

（十九）福贵铁锅鸭绿江鱼烹饪技艺

吉林省东南部、长白山南麓的集安市，与朝鲜隔鸭绿江相望，拥有长达 203.5 千米的边境线。鸭绿江作为中朝两国的界河，源自长白山天池，流经白山市八道江区三道沟后进入集安市，并穿越该市六个乡镇。鸭绿江的水源充足，水质始终保持在国家二级标准以上，为鱼类提供了良好的生存环境。该江拥有包括名贵的鳌花鱼、虫虫鱼、细鳞鱼、马口鱼、鲩鱼、鲤鱼、鳃鱼、草鱼等在内的 8 科 30 余种鱼类资源。

福贵铁锅鸭绿江鱼烹饪技艺，以鸭绿江野生鱼类为基本原材料，根据鱼种、肉质和生长周期的不同，运用铁锅和柴火烹调，搭配各类调料，实施焖炖、清蒸、干烧、清炖等多种技巧，精制出各类鱼肴。其代表菜肴有大铁锅焖炖“双人抬”鸭绿江鲤鱼、铁锅清蒸鸭绿江鳌花鱼、铁锅酱焖鸭绿江杂鱼等。

福贵铁锅鸭绿江鱼菜系，每道菜品都具有其独特风味，且普遍具备原料新鲜、工艺独特、口感上佳、营养丰富、色香味俱全等特质。特别是大铁锅焖炖“双人抬”鸭绿江鲤鱼，选取的原料是重达 2.5 千克以上的野生鸭绿江鲤鱼，经过刨鳞、内脏清除和清洗等准备工作后，便开始烹制。首先用柴火加热大铁锅，放入由动物油和植物油混合的“底油”，然后用黄豆酱加葱姜蒜、干红椒末进行“爆锅”，炒制出香醇的酱汁。待酱汁散发出香味时，加入预先准备好的鸡肉、猪骨混合汤，烧开后，一人负责托起鲤鱼头部，另一人负责托起鲤鱼尾部，将处理好的鲤鱼放入锅中。以慢火焖炖 50 分钟后即成。此道菜品的特色在于其色泽微黄、口感细腻，不仅美味可口，还有助于增强人体免疫力，达到强身健体的效果。

福贵铁锅鸭绿江鱼烹饪技艺源于长白山木帮，与鸭绿江放排人（木帮）有密切联系。鸭绿江放排历史很久远。清代末年，人们就将长白山树木采伐后，穿成木排顺江漂送到安东（今丹东市），就这样产生了木材采伐和漂送的行业。进行木材采伐漂送作业，自然要结成帮伙、形成排群往下漂流。负责采伐的称“木把”，负责放排的叫“木帮”。木把和木帮们的工作也分别称作“山场子”和“水场子”。山场子从每年的农历九月开始到第二年三月结束，木把们一冬天都在伐木。大树伐完，运下山，山场子就结束了。山场子结束叫“掐套”，掐套是有仪式的，木把们要带着红纸、鞭炮、猪头到庙上去祭奠保佑他们平安的山神爷。掐套仪式结束，水场子就开始了。水场子首先要穿排，排头最宽 8 米，全长 65 米左右。穿完排，就进入了漫长的放排时段。

在鸭绿江上漂送木材，是一项充满挑战和危险的任务。面对大自然的风雨交加，木帮们必须保持高度警惕，稍有不慎就可能葬身江底。一首《放排歌》生动地描绘了他们的艰苦生活：“雨打木排起白烟，望不到后，望不到前。前呼后应声声传，头往右啊，尾往左偏，小心顺拐撞着山。岸上野兽声声惨，鬼哭狼嚎心胆寒。”

由于生活条件有限，木帮们在木排上的饮食尤为简陋，尤其是缺乏新鲜蔬菜。为了改善伙食，他们经常下网或垂钓，捕获鸭绿江鱼。随后，他们使用随身的铁锅在木排上或岸边进行简单烹饪。这道铁锅鸭绿江鱼菜肴新鲜美味，深受大家喜爱。

山东蓬莱县人邢长顺、邢天财父子闯关东来到东北鸭绿江一带，在木帮伙里当伙夫。他们熟练掌握了铁锅鸭绿江鱼烹饪技艺，并不断进行创新和完善。随着时间的推移，他们在鸭绿江岸边开设了鱼馆，为木帮们和来长白山区收购药材、山货的商贩们提供了一道美味佳肴。

经过几代人的努力，特别是集安市餐饮协会会长、国家级营养师、吉菜大师王福贵先生的20余年深入研究，铁锅鸭绿江鱼烹饪技艺得以完善，并成为吉菜系列的重要组成部分。这道菜肴不仅代表着木帮们的辛勤努力和智慧结晶，更是东北地区独特文化和饮食传统的体现。

（二十）松花江周氏传统鱼宴烹饪技艺

松花江周氏传统鱼宴，源自松花江水上居民的制鱼技艺，是一种具有深厚民间传统的烹饪技艺。周氏家族的先辈们既擅长制作鱼宴，同时也是经验丰富的江上捕鱼人。得益于松花江丰富的鱼类资源，他们就地取材，巧妙地利用了这一得天独厚的条件。在继承松花江水上人家制鱼技艺的基础上，他们吸收了满族、朝鲜族的传统炖鱼、煎鱼、干鱼和生食鱼的做法，同时借鉴了来自中原的川鲁菜系鱼宴制作技艺。经过不断的改良和创新，松花江周氏传统鱼宴逐渐形成了自己独特的风味和特色。

松花江周氏传统全鱼宴，秉持着水上人家的烹饪传统，展现出对鱼的各种独特处理方式。其中包括了鱼鳞、鱼皮、鱼肚、鱼汤等特色做法，完美地传承了家族的烹饪技艺。同时，也融入了满族、朝鲜族的生鱼、焖鱼和水饺的吃法，展现了其包容与创新的精神。此外，川鲁菜系的红烧、香焖、软炸、拔丝口味也被巧妙地融入其中，使得全鱼宴口味丰富，独具特色。

具体来说，全鱼宴的菜品包括红焖鱼头、红烧鱼尾、香焖鱼腹、软炸鱼条、拔丝鱼段、五香鱼排、生鱼片、拌鱼皮鱼肚、荷花鱼丁、香炸鱼鳞、红焖鱼子鱼丸子汤以及鱼肉馅水饺。每一道菜品都经过精心烹制，色香味俱佳，充分展现了松花江周氏传统全鱼宴的独特魅力。

松花江周氏传统鱼宴充分体现了“江水炖江鱼”这一回归大自然的健康绿色理念。这一传统厨艺，是松花江地区传统鱼宴文化与关东满族、朝鲜族渔猎餐饮文化及中原餐饮文化相互融合、相互吸收的结晶，并得以传承至今。它强调“食之甘味，回归于自然，来源于自然”的核心观念，与当今“绿色天然”的健康理念高度契合。在选材方面，松花江周氏传统鱼宴始终恪守祖辈传承的“江水炖江鱼”的原则，让食客在品尝美味的同时，也能感受到松花江鱼宴文化的原始生态魅力。

（二十一）手把肉制作技艺

“手把肉”，这一源于蒙古语的词语，在呼伦贝尔草原的游牧与狩猎民族中拥有深厚的历史底蕴。经过千百年的传承，手把肉已成为这些民族最为钟爱的传统食品。在制作过程中，通常选用草原上生长的两龄羊，采用独特的“攥心法”使羊心脏骤缩，全身血管扩张，确保肉质的鲜嫩。烹制时，除头、蹄和内脏外，其余羊肉均以白水清煮，不加任何调味品。煮熟后的大块羊肉置于大盘中，人们手持蒙古刀大块大块地割取，并蘸以盐面、韭菜花等佐料，口感极佳，且易于消化。手把肉不仅限于羊肉，还可以用牛、马、骆驼等其他牧畜及野兽的肉进行烹制，但羊肉仍是最为主流的食材。手把肉的历史可追溯至古代，元代时期尤为盛行。元代古籍《饮膳正要》便有关于这种游牧民族食品的记载。到了明代，《夷俗记·食用》一书中也有描述：“其食肉类皆半熟，以半熟者耐饥且养人也。”而《蒙旗概观》更是对手把肉进行了详细描述：“食肉在半熟略熟之际。即刀割而食。”

10 世纪至 12 世纪初，我国北方以游牧和狩猎为主的蒙古族已形成了独特的饮食模式与饮食文化。其中，吉林省郭尔罗斯部的蒙古族饮食文化后来受到汉族、满族等民族的影响，具有明显的地域性和民族性特征。“手把肉及其制作技艺就是其中之一。过去，手把羊肉在郭尔罗斯一直是蒙古族的家常菜。后来，经过厨师的改进，手把肉成为菜馆酒楼中的席上名菜。清代手把肉曾作为王府每餐必备的菜肴，供王室和贵族享用。随着农业经济的发展，蒙古族人的肉食从主食逐步退居次要地位，但在重要节日或接待宾朋时，手把肉仍是必备菜肴。目前，郭尔罗斯各地制作的“手把肉”，都要在煮好后根据众人口味进行二次加工。通常是将煮好的大块再分解成小块，辅以盐、米醋、花椒、八角、味精、辣椒油、姜丝、葱段等调味作料，进行特殊制作后食用，其鲜嫩不变，味道更加独特。

（二十二）前郭尔罗斯蒙古族牛肉干制作技艺

吉林省松原市前郭尔罗斯蒙古族自治县，位于东北三省与内蒙古自治区交界处，是重要的交通枢纽和物流中心。此地民族多元，汇聚了汉族、蒙古族、满族、回族、朝鲜族、锡伯族等民族。作为国家大型商品粮种植基地，前郭尔罗斯拥有优越的自然条件，西邻全国“八大淡水湖”之一的查干湖，东靠哈达山。这片富饶的土地，地理位置优越，草原饮食文化深厚，民族工艺独特，为哈萨尔王风干牛肉干的生产提供了得天独厚的条件，使其品质举世无双。

牛肉干拥有深厚的历史底蕴，源自蒙古族先民在森林狩猎时期的古老技艺与生活习惯。随着游牧生活的兴起，草原牧民逐渐形成了晾晒牛肉干的生活习俗。在成吉思汗率领蒙古铁骑征战欧亚大陆时期，牛肉干便作为军粮的重要来源。在当时的工艺条件下，大约需要 1.5

千克新鲜牛肉经过风干后炸熟，才能制作出0.5千克的牛肉干，其质地紧密，可视为古代的压缩饼干。牛肉干不仅易于保存，而且富含营养，口感独特，深受人们喜爱。

经过蒙古族传统手工技艺精心制作的牛肉干，其制作过程极为烦琐。在制作过程中，选用的优质牛肉需经过切割、腌制、风干及油炸等步骤，才得以形成低脂高能、口感醇厚、色泽金黄且外焦里嫩的牛肉干。由于其精细的制作工艺，在蒙古族饮食文化中，牛肉干被视为珍贵的佳品，常常用来款待尊贵的客人。其制作技艺历史悠久，具有鲜明的民族特色，选料严格、工序繁复、技能精湛，并具有显著的地域特征，是前郭尔罗斯地区珍贵的非物质文化遗产。如今，牛肉干的美味已经广为人知，作为草原特有的风味食品，它深受草原牧民的喜爱，同时也成为招待客人的必备特色菜肴。

（二十三）牛马行传统牛肉饸饹制作技艺

“牛马行牛肉饸饹铺”作为吉林市的一家老字号，自1894年以来已经拥有了120余年的历史。其前身是“龙须饸饹面馆”，由一位绰号为“饸饹杨”的回族人创办。后来在清宣统元年（1909年），店铺正式更名为“牛马行牛肉饸饹铺”。经过四代人的传承，现由崔玉芬女士担任经营管理者，并继续沿用“吉林市牛马行牛肉饸饹铺”这一品牌名称。

牛马行牛肉饸饹遵循严格的选材标准，主要采用红高粱和优质牛肉作为原料。其中，红高粱选用了被誉为“歪脖张”的优良品种，这种红高粱产自东北，品质卓越。而牛肉则选取了牛身上最为细嫩的“紫盖肉”和“键子肉”，这种肉质脂肪含量低，口感鲜美。牛马行牛肉饸饹始终坚持不使用猪肉或其他肉类，并且在煮制和调味过程中，除了食盐和酱油之外，不添加任何其他调味品，以保持其传统风味。

牛马行牛肉饸饹的传统制作过程繁复且讲究，包括和面、压面、压条、煮条、捞条、抓条等多个步骤。按照这种传统工艺制作的饸饹条，质地适中，柔韧且富有弹性。其最大的特点在于保持了食材的原汁原味原色，味道醇厚，余味悠长，且油而不腻。在调料的选择上，除了常见的香菜、麻酱、辣椒、香油、盐、蒜等，绝不添加任何食品添加剂，充分体现了绿色、健康的饮食理念。

吉林市是一个多民族聚居的地方，牛马行牛肉饸饹原本是回族的风味小吃，但经过汉族商人的百年经营，不断发展壮大，也融入了满族、汉族、蒙古族等各民族的饮食文化元素，成为各民族共同喜爱的美食。从牛马行牛肉饸饹的发展历程，我们可以深入探究当地饮食文化的演进和取向，具有重要的研究价值。

（二十四）龙岗山蝲蛄豆腐制作技艺

龙岗山脉，坐落于吉林省东南部的柳河县南部，拥有温带大陆性季风气候特征，其气候变化显著，四季分明。夏季时，该地区湿润多雨，而秋季则呈现出温和凉爽的气候状态。在此得天独厚的自然环境中，龙岗山脉的植被生长茂盛，水源充沛。山泉、溪流等水资源丰富，为蝲蛄的繁衍生长提供了优越的条件。因此，这一地区自然地构成了制作蝲蛄豆腐技艺得以产生、完善和世代传承的必要条件。

在生物分类上，蝲蛄属于甲壳类动物，其外形与龙虾相似。在民间，它也被称为“石蟹”或“长白山小龙虾”。这种生物的第一对足特化成了螯状，具有很强的夹持能力。蝲蛄主要以小型微生物和虫类为食，展示出其细腻的饮食习惯。它主要生长在龙岗山的哈泥河以及周边的溪流和河岔之中，是当地居民非常喜爱的一种水产品。

从营养角度来看，蝲蛄肉质鲜嫩，呈白色，并且含有丰富的营养成分。通过盐水煮、油炸、煎炒或油焖等多种烹饪方式，都能将其美味发挥到极致。尤其是由此制作而成的蝲蛄豆腐，更是美味中的佳品。

蝲蛄豆腐是一道以蝲蛄肉、黄为主要原料的荤汤菜，其色泽丰富，包括红色、黄色和绿色，口感鲜美。备受人们喜爱，是极具特色的乡村美食。在龙岗山脉的柳河、通化、靖宇等地，蝲蛄豆腐的制作技艺各具特色。其中，柳河县龙岗山区的蝲蛄豆腐，由于得天独厚的生态环境，优质的水源，四季分明以及较大的昼夜温差条件，使得该地区的蝲蛄产量高、品质优良。因此，柳河县龙岗山区成为蝲蛄豆腐制作技艺的核心区域，其制作技艺最为精湛，产品呈现出最佳的视觉和味觉效果。

蝲蛄豆腐是一道独具特色的地方美食，其制作过程虽然工具简陋，技艺简单，但其所呈现出的美味却是无法复制的。首先，需要用清水将蝲蛄清洗干净，然后去皮除内脏，用石制或木制碓臼将蝲蛄捣烂成糊状，再过滤去渣。接着，将得到的原汁倒入滚开的锅中，待其脑化后，便能呈现出鲜嫩可口的味道。在龙岗山区，几乎家家户户都会制作这道美食，它是当地独特的地域文化的一部分，具有很高的传承价值。因此，我们应该重视并保护这种传统的制作技艺，让更多的人能够品尝到这一美味佳肴。

（二十五）朝鲜族大酱制作技艺

朝鲜族传统大酱，作为朝鲜族日常生活的必备佐餐副食，也是制作各类朝鲜族菜肴的基本调味料。其品种繁多，包括清酱、大酱、辣椒酱、汁酱、青苔酱及黄酱等。据我国著名史籍《三国志》记载，朝鲜半岛亦使用大酱，而日本则称之为“味增”，意指“增加味道”。在烹饪过程中，烤肉、烤鱼时常搭配辣酱或大酱，增添风味。此外，大酱还可用于烧制各类菜肴和汤汁，美味可口。最新研究显示，在各类酵食品中，朝鲜族传统大酱的抗癌效果最佳，有助于肝功能恢复及增强肝解毒功能。

自朝鲜时代以来，文献中就有关于大酱制作方法的详细记载。《救荒补遗方》中提到，当时的酱引子主要使用黄豆和大麦制作，这与现今的酱引子存在显著差异。而真正使用大豆制作酱引子的方法，则最早见于《增补山林经济》一书，这也成为现代大酱制作的重要起源。

如今，朝鲜族通常在农历十月进行大酱制作。其制作过程包括：先将大豆煮至深棕色，然后在石臼中捣成豆沙状，进而制成酱坯。大酱坯通常呈方块形或圆形，重三五斤，然后放置在阴凉通风处风干三五天。之后，用稻草等将大酱坯绑好，悬挂在房梁上晾晒 40 天左右后取下。接下来，将酱坯一层层摆放于温度、湿度适宜的地方，使其自然发酵。数月后，打开酱坯、弄碎，浸入淡盐水中。如果酱坯漂浮在盐水上，说明盐水的浓度适宜。再经半个月左右的盐水浸泡发酵后，取出已发酵的酱坯，将深褐色的盐水煮开到一定浓度，便制成了酱油。这种酱油味道醇厚，兼具甘、咸、微苦等多种风味，主要用于调味。而将已发酵好的酱坯根据口味制成糊状，便成了大酱。

制作大酱的核心环节在于发酵过程，这一环节对大酱的质量起着决定性作用。考虑到发酵工艺的特点，土木结构的泥草房是最适宜的发酵场所。因此，在过去，农村地区成为酿造朝鲜族传统大酱的主要基地。如今，农村家庭普遍酿制大酱，大酱的味道也成为评价家庭主妇烹饪技艺的重要标准。因此，人们对于大酱酿制技艺的掌握和运用十分重视。

（二十六）朝鲜族辣椒酱制作技艺

辣椒酱，作为朝鲜族的传统特色食品，广泛应用于各类传统菜肴的烹饪中，占据着不可替代的地位。在制作朝鲜族泡菜的过程中，白菜、萝卜、樱菜等食材为主料，而辣椒酱则是不可或缺的重要佐料。事实上，在超过 80% 的朝鲜族传统菜肴中，都能发现辣椒酱的踪迹。其色泽深红，外观晶莹但不透明，内部微小的辣椒颗粒清晰可见。入口后，辣味与甜味交织，完美地融合了朝鲜族料理中辣与甜两大核心特点。此外，朝鲜族辣椒酱具备良好的耐储性，只要保存得当，便可长时间保持其品质，不易变质。

朝鲜族辣椒酱是以精选上等的辣椒加工出的辣椒面为原料，用朝鲜族自古流传的特殊加工法制作出来的。辣椒酱的做法如下：

将糯米粉用开水和面，制成圆饼状，中间穿孔后在热水中煮熟捞出。此时，煮糕的水不要倒掉，将其保管好。

将煮熟捞出的糯米糕放在铜盆中，在其温热时，打至其出现水泡。

如果觉得有点稠硬，可以倒入煮糕的水，做成糊状。

煮糕的水挪到别的碗中，稍凉后放入麦芽酵母勾芡的水，将其发酵。此时，麦芽酵母勾芡的水要在制作辣椒酱的前夜调制。每杯麦芽酵母粉倒入 4 杯水，第 2 天使用上面的水。

将发酵的糕水用筛子筛好，重新煮后冷却，将糊状糕放入盆中。这样糕会变得柔软、松懈。

完全冷却后，放人辣椒粉充分调匀。

其上撒些豆豉粉，将其搅拌均匀。

将辣椒酱放入缸中，并放到太阳下，待其表面干硬时，在上面撒些食盐。如果在辣椒酱表面还未干时就撒上食盐，这样食盐会渗入辣椒酱中对味道有影响。

辣椒酱作为一种佐餐佳品，在朝鲜族饮食文化中占有重要地位。其美味可口且具有很高的食用价值，这主要得益于它属于发酵食品。辣椒酱中的乳酸菌含量丰富，有助于提高人体免疫力，长期食用甚至可以达到良好的防癌效果。正因如此，朝鲜族辣椒酱受到了广泛欢迎，成为越来越多人的美食选择。

（二十七）长白山满族豆瓣酱酿造技艺

在历史的演变中，长白山区作为满族的发源地，孕育了独具特色的满族文化，尤其在饮食文化方面。长白山区的自然环境，以大豆为主要农作物，而非小麦，因此满族的先民们发挥聪明才智，利用大豆创制了大酱，并根据当地的自然条件，如气候、节气、温度、湿度等，逐渐发展出独特的大酱酿造技艺。历史文献《满洲源流考》中也有记载，满族先民女真人以黏米酿酒、以大豆做酱的生活习俗。这表明酱文化在满族社会生活中占有重要地位。历经岁月的沉淀，长白山满族大酱的酿造技艺在民间得以传承，成为满族饮食文化中不可或缺的一部分。这份传统与智慧，不仅是满族人的骄傲，更是中华民族文化多样性的生动体现。

在东北菜系中，满族大酱作为一种重要的佐料，其制作过程非常讲究。首先，选豆、制、晾晒、下缸发酵等环节缺一不可。同时，酱引子、做酱块子、发酵、下酱、打把等步骤也需要严格的时间安排，这与季节的变化密切相关。这种时间安排是经过千百年酿酱实践的经验总结，考虑了周围环境的温度、湿度和光照等因素。这种严谨的制作方式确保了大酱发酵的温度和速度，从而保证了其品质。因此，长白山满族豆瓣酱作为一种独具特色的生活食品，深受广大百姓的喜爱，成为北方人民日常生活中必不可少的食品。

（二十八）三青山粉条制作技艺

吉林省松原市长岭县三青山镇，享有“粉条之乡”的美誉。自160多年前起，此地便开始生产粉条，历经原始方法、手工作坊及现代化机械三个阶段。

清咸丰四年（1854年），兰氏家族自远地迁至此处（今家粉坊屯），见土地肥沃、祥瑞之气弥漫，遂决定定居于此，并开始种植马铃薯，操持祖传漏粉业。当时，马铃薯洗净后需通过马拉的石磨磨成浆，再提取淀粉，每年产量约550千克，品种仅限于菜粉和马莲粉。此后，更多人也开始从事粉坊生意。

如今，三青山粉条制作工艺依然保留了传统特色，经过清洗、磨碎、浆渣分离、淀粉沉淀、晾晒、制糊、和面、漏粉、煮粉、冷却、切断、晾晒等环节。得益于当地优质的天然水源和特色马铃薯原料，所制粉条色泽洁白、晶莹透明、柔韧滋润、清香耐炖、鲜香可口，成为东北乃至全国消费者餐桌上的美味佳肴。

（二十九）长白山土豆粉条漏制技艺

在东北，猪肉炖粉条是一道备受赞誉的特色菜。然而，粉条的制作工艺却是一门博大精深的学问。尤为值得注意的是，粉条的加工过程中，漏制粉条技术，尤其是“煮”这一环节，既是技艺的关键，也面临着逐渐消逝的困境。令人欣慰的是，吉林省辽源市东丰县人齐显亮，他坚定地选择了手工漏粉的方式，成功地将这项技艺传承下来。至今，已有百余年的历史。

鉴于长白山地区气候严寒且无霜期较短，种植土豆成为唯一能获得丰收的农作物，土豆也因此成为当地农民的重要口粮，甚至被称为“半年粮”。在特定的地理环境、民族文化和饮食习惯的影响下，东丰县形成了独特的长白山土豆粉条制作工艺，该工艺手工漏制的土豆粉条，其口感筋道、爽滑，与现代工业生产的粉条有显著差异。吉林省辽源市东丰县作为土豆的重要产地，拥有多家粉坊，其中齐显亮家的粉坊以其卓越的技艺和品质，成为行业的佼佼者。

齐显亮家族在东丰县居住了超过一个世纪，长久以来，家族传统技艺得以完好地传承。齐显亮的祖父齐才厚于1903年出生，他曾在粉坊跟随师傅学习漏粉技艺，并亲自传授给后代。作为第三代传承人，齐显亮将这门技艺继续发扬光大。如今，他的儿子齐辉已经全面掌握了漏粉技艺，并坚定地表示要将它传承下去。

在制作过程中，土豆需要经过长时间的浸泡。特别是在伏天，土豆的沤制过程更为迅速。优质的粉浆呈现出粉红色，且出粉面子较多。经过精心包装的粉浆在大缸中沉淀，最终形成细腻的土豆淀粉。在漏粉环节，拍瓢师傅会以规律的节奏轻拍瓢，确保粉质均匀流畅地下落。当粉浆流入锅中时，翻锅师傅会使用翻棍不断搅拌，防止粉团粘连。当瓢中的芡粉即将漏尽时，拍瓢师傅会连续轻拍两下瓢，此时填瓢师傅迅速将预先准备好的粉面子倒入瓢中。完成漏粉后，成品被放置在粉架上进行控水处理，待水分蒸发后，再转移到外部粉架上晾干。值得一提的是，这门传统漏粉技艺已被成功列入吉林省非物质文化遗产名录，齐显亮也被认定为长白山地区土豆粉条传统漏制工艺的代表性传承人，为保护和传承这一独特的民间工艺作出了杰出贡献。

（三十）朝鲜族咸菜制作技艺

我国朝鲜族咸菜，这一具有深厚文化底蕴的饮食习俗，其形成与发展源于朝鲜族人民的历史变迁。17世纪末，部分朝鲜族人踏上了前往中国东北地区的征程。至19世纪中叶，朝鲜北部遭遇严重饥荒，大量朝鲜族人纷纷北迁至中国寻求生存与发展的机会。而在1910年日本吞并朝鲜半岛后，又有大批朝鲜族人选择迁入中国东北各地。

在东北地区，吉林省前郭尔罗斯一带的朝鲜族咸菜以其独特的制作工艺和风味而著名，成为这一地区的代表性美食。这一美食文化不仅承载了朝鲜族人民的迁徙历史，更展现了他们在异国他乡扎根发展、传承与创新的精神。在19世纪初，吉林省前郭尔罗斯的朝鲜族居民因生计问题迁移至此，最初散居于套浩太、吉拉吐乡等地。经过百余年的发展，如今主要聚居在鲜丰、灯笼山等村屯。在这期间，朝鲜族与当地的蒙古族、汉族等各族人民共同开垦建设了富饶的前郭尔罗斯。朝鲜族的饮食文化具有独特之处，对其他民族的饮食文化产生了积极的影响。如今，朝鲜族风味的餐饮店铺在城乡各地随处可见，深受广大群众的喜爱。其中，朝鲜族咸菜作为佐餐食品之一，是该民族日常生活中不可或缺的菜肴，也已成为广大群众喜爱的特色食品之一。

咸菜是朝鲜族饮食中最具特色、闻名世界的一种菜肴，也是朝鲜族群众主要的过冬蔬菜。每到秋天，家家户户都要整修存放咸菜的地窖、大缸等，适时腌制白菜、萝卜等各种蔬菜，装满院子里和地窖内的多口大缸，景象非常热闹。朝鲜族咸菜做工精细，讲究卫生，且种类多、味道好，又香又辣还带甜味，是朝鲜族家庭入冬后至第二年春天的常备菜肴。主要品种有酱腌辣椒、酱腌紫苏叶、辣酱南沙参、咸辣桔梗、酱牛肉萝卜块等。在前郭尔罗斯，朝鲜族咸菜的加工制作也受到农业生产、气候变化及饮食习俗等方面的影响，多以白菜、萝卜、桔梗、黄瓜、芹菜等为原料，切成片、块、丝，用盐卤上，再拌以芝麻、蒜泥、姜丝、辣椒面等多种调味品，吃起来清脆爽口。

朝鲜族咸菜作为特色食品，拥有多种类型，如辣白菜、酸辣萝卜和甜辣小黄瓜等。其中，辣白菜占据主导地位，在朝鲜语中被称为“吉木其”。这种咸菜的制作不受季节限制，展现出其独特品质，被誉为朝鲜族咸菜中的上品。

在制作工艺方面，朝鲜族咸菜注重原料的选择，主要选用优质的白菜、萝卜、黄瓜和茄子等。经过淡盐水的发酵或直接晾晒后，再加入辣椒、姜末、白皮蒜和香菜籽等调料进行腌制。完成腌制后，这些咸菜会被放置在地窖或冰箱等阴凉处，经过一段时间的存放后即可食用。

此外，吉林省前郭尔罗斯地区的朝鲜族咸菜具有独特的制作技艺。与此同时，鞍山朝鲜族泡菜（酱菜、拌菜）制作技艺也有着近百年的历史，同样值得我们关注。这种泡菜以发酵为主要制作工艺，具备解腻解酒、助消化和增强食欲等功效。

（三十一）朝鲜族泡菜制作技艺

作为朝鲜族传统饮食的重要组成部分，泡菜是一种经过盐腌制后，加入辣椒粉、蒜、姜、葱、萝卜等调味品，并进行发酵的食品。从广义上讲，朝鲜族泡菜包括泡菜、小咸菜和酱腌咸菜等多种类型，其中以白菜为主要原料的咸菜最为常见。在朝鲜族日常生活中，泡菜是每餐必备的配菜，而腌制泡菜更是每个家庭主妇必备的技能。在老一辈朝鲜族妇女中，有许多擅长腌制泡菜的能手，她们在原料选择、食盐处理、佐料调制等方面有着丰富的经验和技巧。

朝鲜族的泡菜具有悠久的历史。在朝鲜族的传统饮食中，泡菜是最有代表性的食品，无论是粗茶淡饭还是美味佳肴都离不开它，它已成为朝鲜族的象征。

朝鲜族的泡菜，历史悠久，长达 1300 余年。在古代，它被称作“菹”“渍”或“沉菜”，都带有“浸泡的菜”的意思。古代的泡菜主要用咸盐或醋进行腌制。然而，现代的泡菜制作工艺则起始于 16 世纪中叶，自辣椒传入朝鲜半岛之后。人们巧妙地将辣椒、大蒜、生姜等调味品融入腌制过程中，使泡菜的味道变得丰富多样，包括辣、咸、甜、酸等多种味道，而且营养也更为丰富。泡菜的主要原料是各种新鲜蔬菜。在泡制过程中，蔬菜的温度一直保持在常温下，这确保了蔬菜中的维生素 C 和 B 族维生素不会受到破坏。因此，与炒菜相比，泡菜的营养价值更高。此外，泡菜含有大量的乳酸，这有助于刺激消化腺分泌消化液，促进食物的消化和吸收。经常食用泡菜，不仅可以增加肠胃中的有益菌，抑制肠道中的致病菌，从而降低患胃肠道疾病的概率，而且还能增强身体的抵抗力。

朝鲜族泡菜品种多样，可分为泡菜类，如辣白菜、小白菜泡菜、包馅泡菜、豆芽泡菜、豆角泡菜、水泡菜、萝卜块泡菜、英菜（又名胡椒菜）泡菜、芥菜泡菜等；咸菜类，如萝卜丝咸菜、黄瓜咸菜、寒草咸菜、苏子叶咸菜、蒜薹咸菜，香葱咸菜、茄子咸菜等；酱腌咸菜，如酱黄瓜、酱辣椒、酱沙参、酱黑豆等。

朝鲜族泡菜的腌制工艺十分严谨，主要包括原料处理、初渍、调料调制、涂抹佐料和发酵等环节。在选择原料、处理食盐以及调制调料等方面，都需遵循一定的技巧和规范，以确保泡菜独特的风味和品质。经过这一系列烦琐的工艺，朝鲜族泡菜终于成为备受喜爱的民族特色食品。

（三十二）小万庄酱菜腌制技艺

在东北地区，有一种颇具乡村特色的食品，它质朴无华，看似平凡，却让人难以忘怀。这种食品选材于纯绿色蔬菜，经过一坛坛巨大的酱缸腌制而成。在过去，这种食品陪伴着庄稼人度过了一个个寒冷的冬季。它就是享有悠久历史的敦化特色酱菜——小万庄酱菜。

小万庄食品有限公司，坐落于吉林省延边朝鲜族自治州敦化市经济开发区工业园区，是一家专注于食品生产的公司。公司名称中的“庄”字，蕴含着浓厚的乡土气息，彰显了公司以田园绿色为特点的生产理念。这一名称，让人不禁联想到乡村的宁静与纯净，产生一种难以言表的亲近之感。

小万庄腌鲜酱菜技艺创始于清乾隆三年（1738 年），距今已有 200 多年的历史。乾隆初年，清政府在敦化额穆设立了赫索罗打牲乌拉。作为专门给清皇室采集贡品的部门，赫索罗打牲乌拉每年都需要数次进贡皇宫土特产品。在进贡的产品中，山野菜蕨菜、黄花菜及种植的青菜芹菜、黄瓜等在盛夏季节难以存放，人们冬季又难吃到北方蔬菜，为此有一位名叫刘长青的人研制出了小万庄腌鲜酱菜。

在清朝乾隆年间，有位名叫刘长青的菜农，他在长白山下辛勤耕作，以种植蔬菜为生，因勤奋努力而收获颇丰。由于当时的气候条件限制，蔬菜的保鲜期有限，他开始研究腌制酱菜的方法。经过无数个日夜的努力，他终于成功地研制出了一系列具有家乡特色的酱菜，这些酱菜深受邻居们的喜爱和好评。基于这一成就，刘长青开设了自己的酱菜作坊——小万庄，并以他独特的配方为基础进行经营。

直到清末，由于战乱，酱菜作坊被迫关闭。20 世纪 80 年代，刘长青后人刘东伟在一次维修祖屋的时候发现了祖辈留下的秘方和遗愿。于是他按照此秘方逐一摸索，终于复原了“小万庄”的传统口味。

当前的小万庄酱菜，在选材上尤为严谨。我们选取长白山区深山中的五种山珍美味：蕨菜、大叶芹、刺老芽、刺五加和柳蒿，再加以严格筛选的黄瓜、辣椒、辣菜、甘露等为原料。为保证食材的天然风味，我们坚持使用传统的 38 道酱制工序，历时 56 天。在制作过程中，绝不添加任何化学添加剂。这样既保留了山野菜等原材料的原有滋味，又确保酱菜中的亚硝酸盐成分完全消除。产品质量方面，小万庄酱菜经过国家及吉林省农业深加工产品质量监督检验中心 17 项内含指标的严格检验，均符合标准，荣获“延边州知名商品”的称号。此外，其传统酱菜制作工艺也被收录到《吉林省第三批省级非物质文化遗产名录》。

（三十三）福源馆糕点加工技艺

吉林福源馆诞生于明崇祯元年（1628 年），坐落于长白山脚下、松花江路的吉林市。具有 300 多年历史的福源馆是中国历史最悠久的食品企业之一。

在明崇祯元年（1628 年），有一位人称“茶水张”的老者，携其女儿及救助的山东骏县书生赵青，在松花江畔的码头附近开设了一家食杂小铺。该铺以售卖香茶、油茶、江米条等糕点为主。凭借码头的优越地理位置，他们以香茶款待宾客，美食邀请友人，生意逐渐兴旺。于是，他们正式将店铺命名为“埠源馆”。

在康熙二十一年（1682 年），我国圣祖康熙皇帝亲临吉林进行东巡。据历史记载，某日康熙皇帝乘坐龙舟游览江景。当时正值午时，侍从呈上了由埠源馆精心准备的糕点。品尝之后，康熙皇帝极为赞赏，赞叹道：“这款糕点制作细腻，清香四溢，确实是宫中所罕见的佳品。”康熙皇帝随即兴致勃勃地挥毫泼墨，创作了著名的《松花江放船歌》。这首诗歌流传至今，使得埠源馆的声名大振，其字号更是传遍了关东内外。

在雍正六年（1728 年），埠源馆已经是一家享有盛誉的百年老店。当时，民间流传着一句顺口溜：“埠源馆，宴诸仙，诸仙宴后忘为仙。”这足以证明其在百姓心中的地位。到了乾隆十九年（1754 年），乾隆皇帝携太后、皇子及臣子们前往吉林祭祖。由于携带的供品在长途跋涉中发霉，乾隆皇帝传旨：“所需供品由埠源馆负责制作。”这段历史被后人广为传颂。更为神奇的是，在祭天之时，人们忽然看到对面山上升起一片紫气，仿佛星云缭绕，乾隆皇帝遂将此山封为“朱雀”。这一传说至今仍被人们津津乐道，埠源馆也因此更加声名远扬。

清道光三十年（1850 年），一位人称“俊六大人”的京城富商看中了埠源馆，遂出资入股扩大经营。为使财源永续，取“福之源”之意，改“埠源馆”为“福源馆”，并扩大前店后厂规模，生产满、汉、京、浙等各式糕点，兼营香肠、火腿、酱菜、名茶、瓜果、山珍、参茸等，开创了下帖子订货，上门送果匣子、寿桃等生意形式，后又在吉林开设了两个分号。

在正月初一这天，福源馆内熙熙攘攘，热闹非凡。门两侧悬挂的大红对联格外醒目，上书：“福生福地福源馆，元月元宵圆岁长。”店内高朋满座，文人墨客们妙语连珠，气氛热烈。店外则搭起了高大的席棚，悬挂着各式彩灯。大师傅们熟练地支起面案，摆出大箩筐，当众摇制元宵，引来众人围观抢购。

吉林地区素有“吃状元粽，中状元”的传统说法。在清同治年间，有一位李氏书生才华横溢，却因家境贫寒无法赴京赶考。福源馆掌柜得知后，不仅慷慨资助了他的赶考费用，还特制了一款名为“状元粽”的糕点，寓意他吃了此粽能金榜题名。传闻一年后，这位青年果然一举夺魁，成为了当科状元。

每到中秋佳节前夕，福源馆的月饼总是备受欢迎。福源馆的月饼制作技艺精湛，种类繁多，配方独特。用料讲究，品质卓越。无论是关东内外，还是宫廷王府、平民百姓，都会慕名而来，争相购买福源馆的月饼。这个传统习俗一直流传至今，成为一道亮丽的风景线。

（三十四）朝鲜族打糕制作技艺

在秋冬时节，朝鲜族经常制作一种小方块米糕（也称打糕），最常见的一种叫糯米打糕，用糯米精制而成。临过年时，家家户户都要准备很多糯米打糕，分赠邻居和亲友。从这种习俗中产生了“吃打糕过年”的说法。节日送礼不能缺了米糕，尤其是在送娘家礼物时更不能缺少，据说米糕里还有诚心、爱心和孝心的含义。

打糕作为历史悠久的食品，早在18世纪的朝鲜文献中已有相关记载，当时称之为“引绝饼”。据学术研究，制作糕饼的行为在朝鲜半岛三国鼎立时期之前就已存在，并且糕饼在当地文化中承载了深厚的意涵。例如，元旦食用糕饼汤的习俗背后，有学者解释为以清白的年糕汤作为新一年的起始，寓意着万物的再生与新生。时至今日，无论是节庆还是红白喜事，打糕都是当地居民款待亲朋好友的必备食品。

打糕的制作工艺名副其实，是通过打制而成的。其主要原料为糯米，若本地不产糯米，则会使用小黄米或糜子替代。撒在打糕上的豆面原料，除小红豆外，还包括黄豆、绿豆、松子、栗子、红枣和芝麻等。在制作过程中，首先将黏米清洗后蒸至熟透，然后放入打糕槽或板上，用专门的打糕槌子将其打碎并黏合在一起，形成完整的打糕。食用时，人们会用刀沾些水，将打糕切成小块，然后直接蘸着豆面食用。

朝鲜族人民有着悠久的喜食打糕的传统，这种食品在重大喜庆场合中占据着重要的地位。每当逢年过节、老人寿诞、小孩生日、结婚庆典等特殊日子，打糕总是餐桌上的必备佳肴。制作打糕的原料必须选用上等北方糯米，经过一天的浸泡后才能上锅蒸煮。蒸熟的糯米会被放到木槽或石槽中，由两人面对面地站在槽边，互相交替捶打，或一人捶打、一人在下面翻动糕团，确保捶打均匀。这一制作过程中还演变出了朝鲜族的打糕舞，使其成为一种独特的文化表现形式。食用打糕时，通常会蘸上红豆沙或炒好的黄豆面，这种搭配使得打糕的口感更加细嫩、润滑、筋道，深受朝鲜族人民的喜爱。

（三十五）鼎丰真糕点制作技艺

鼎丰真创立于清朝光绪三十二年（1906年），由浙江绍兴人王信瑞等合资创办。王信瑞在年轻时期，随父亲来到了东北，并在一家饭店担任跑堂工作。他工作勤快，服务态度热情，备受顾客好评，因此被大家亲切地称为“王勤快”。

一天，在紧张的工作中，王信瑞遇到了一位患病的老人。他不顾店老板的反对，毅然决定收留并照顾这位老人。经过十多天的精心照料，老人康复了。为了感谢王信瑞的善良与热心，老人决定拿出自己的积蓄与他合作开设一家“南糖作坊”。

王信瑞非常高兴，回家后将此事告诉了父亲，得到了父亲的支持。于是，在两位老人的支持下，王信瑞在长春创办了自己的糕点作坊，并取名为“糕点王”。他凭借着自己的精明能干和勤劳精神，将糕点作坊经营得有声有色，深受当地百姓的喜爱。

1911年，王信瑞在大马路建起了一个大糕点作坊，最终定名为“鼎丰真”。“鼎”即古代的炊具，它三足鼎立，传至万世，象征着生意吉祥如意；“丰”则昭示着五谷丰登；“真”字则标示着诚信为本、货真价实、童叟无欺的经营理念。鼎丰真最初的发家地点在长春城区内大马路的亿丰鞋店址，后迁到长春大马路与四马路的交会处。1931年，王信瑞由于身体欠佳，将店铺转让给同乡高锦浦经营。高锦浦经营有道，在经营食品糕点上，他制定了严格的投料标准配方，确保质量第一，并实行薄利多销，时时刻刻照顾顾客的切身利益。

经过百年的积淀和传承，鼎丰真已经成为吉林省内家喻户晓的“中华老字号”食品企业。在长春和关东地区，鼎丰真享有“糕点之王、月饼之冠、汤圆元宵之最”的美誉，其传统手工糕点作坊的生产历史悠久，是中国传统手工食品技艺的典范。

在鼎丰真糕点的制作过程中，我们严格选用优质的面粉、食用油和糖等原材料，并始终坚持从盛产地直接进货，并在固定区域采购，以确保产品口感的独特性和品质的稳定性。例如，我们用于制作绿豆糕和红豆糕的主要原料，均直接采购自被誉为“粮豆之乡”的榆树地区，并且我们严格筛选，确保每一粒绿豆和红豆都经过手工去皮，且粒粒饱满。这些精心挑选的原料是鼎丰真糕点独特口感和色泽的重要保障。

在制作工艺方面，鼎丰真糕点严格遵循传统技艺，每一道工序都由经验丰富的师傅亲手操作。从“大面案”师傅的“分剂”“按坯”“包剂”“摆盘”，到小面案师傅及“炉上”大师傅等生产人员的协同作业，共需经过十几道生产工序，才能完成一款鼎丰真糕点。

在产品创新方面，鼎丰真既重视传承具有鲜明地方特色的传统产品，也不断尝试创新，努力将南方风味与北方传统风格相融合。这种独特的生产技术是鼎丰真百年生产实践中积累的集体智慧，它不仅是一种重要的历史文化遗产，更是我们未来需要继续传承和发展的宝贵财富。

如今，鼎丰真各式糕点已达600多种，已成为长春百姓记忆中不可缺少的一部分，并且承载着整个东北区域文化的一种记忆和情感。

（三十六）元鼎丰满族糕点加工技艺

在满族的传统中，各类干粮类食品都被称为“饽饽”。而那些经过作坊精心制作的饽饽，则被称为“果子”。据史书记载，清光绪三十三年（1907 年），位于吉林乌拉街南街路东的“凤鸣楼”果匠铺，以其独特的满族风味食品而闻名。该店铺主要生产槽子糕、绿豆糕、“大八件”“小八件”、炉果等多种糕点，深受当地人民的喜爱。值得一提的是，凤鸣楼的部分糕点曾作为吉林将军向朝廷进贡的珍品，享誉四方。

在 1924 年，乌拉街东府的后人赵恩，通过熟人介绍，得以进入凤鸣楼担任学徒。他展现出认真的工作态度和吃苦耐劳的精神，深得师父的赏识，并得到了师父的真传。经过四年的努力，赵恩的糕点制作技艺已基本掌握，成为铺内的师傅，负责日常的生产工作。后来，赵恩选择外出闯荡，而凤鸣楼在战乱中逐渐走向衰败。1945 年 11 月，凤鸣楼不幸被焚毁，东家也失去了踪迹。1948 年 4 月，赵恩回到故乡，开始在繁华的乌拉街古城走街串巷，挑担叫卖，专门制作经营槽子糕。同年 10 月，由于生意日渐兴旺，他在街上开设了两间铺子。赵恩与儿子赵喜山共同经营，从选料、制作、烘烤到销售，均亲力亲为，传承家族技艺。他们采取“前店后厂”的经营模式，为店铺取名“元鼎丰”，主要产品包括槽子糕、绿豆糕、核桃酥、油茶面、月饼以及富有满族特色的果匣子。由于元鼎丰生产的食品品质优良、味道鲜美，生意一直非常红火。

元鼎丰之所以在当时享有盛名，且其制作的糕点深受大众喜爱，其关键在于完全传承了赵恩在凤鸣楼所习得的精湛技艺。赵恩的孙子赵忠民，作为元鼎丰的第三代传人，曾提及油茶面是他们的招牌产品之一。为确保油茶面的上佳品质，必须经过至少两次以上的翻炒。此外，芝麻需晾干并去皮后，方可入锅炒制，如此才能赋予油茶面特有的馥郁香味。

1956 年，元鼎丰实行公私合营，正式并入乌拉街供销社食品厂，赵恩担任糕点师傅一职。在随后的 1968 年，赵喜山携家人迁移至永吉县大口钦五代村，并开始了他的家庭糕点制作事业。每逢中秋和春节等重要节日，他都会精心制作月饼和槽子糕，以及用单手木模刻制的白面小饽饽，用以分享给家人、亲朋好友。赵忠民自幼便对糕点制作产生了浓厚的兴趣，经常在父亲制作糕点的过程中主动参与并学习技艺。经过多年的实践和学习，赵忠民已完全掌握了制作糕点的技术和配方。

在 1998 年 4 月，赵忠民先生在吉林市创立了丰迪食品公司，重新启动了元鼎丰传统的满族糕点的生产流程。此举之后，丰迪食品公司相继研发了速冻水饺、元宵和甜黏玉米等多种产品。如今，元鼎丰的产品销售网络已经从吉林市扩展至东北三省，覆盖面广。鉴于其卓越的品质与影响力，2010 年，元鼎丰荣获吉林省商务厅颁发的“吉林老字号”称号。

（三十七）韩正参鸡汤（延边州）制作技艺

参鸡汤，作为朝鲜族一道备受赞誉的特色美食，以其清爽鲜美的口感和丰富的营养价值而备受推崇。这道药膳料理巧妙地将肉类食品与具有滋补作用的中草药相融合，散发出独特的药香，为食客带来一场美味的养生盛宴。在延边地区，韩正参鸡汤馆以其精湛的制作技艺和卓越的口碑，成为参鸡汤的代表性佳作。无数食客在品尝这道美食后，纷纷为其点赞，口碑相传。对于想要品尝正宗参鸡汤的食客来说，韩正参鸡汤馆无疑是一个不容错过的绝佳之选。

韩正参鸡汤，精选 20 余种上品中草药和延边当地绿色有机食材，秉承传统制作工艺，每道汤品都经过多道工序精心烹制。为保证口感与营养，采用特制石锅盛装，并以精致摆盘呈现。在食材的选择和处理上，始终坚持高标准，力求完美。

从营养成分来看，这道参鸡汤对人体具有诸多益处。其中所使用的高丽参、黄芪、当归、枸杞等药材，均为补血补气的良药，能够增强人体免疫力，提高身体素质。大枣不仅具有健脾养胃、养血安神的功效，还有养颜美容的作用。而大蒜则能安定精神、缓解工作压力，促进人体气血循环，使肌肤红润有光泽。

其基本制作流程为：先将童子鸡洗净，把鸡脚和鸡头去掉，把肚子掏空，将糯米、大枣、板栗、人参和蒜瓣一层层码入鸡腹中。将处理好的童子鸡冷水下锅，放入姜片盖上盖子，大火炖开，小火炖 40 分钟。将 12 种药材放入另一个锅中，慢炖两小时后，再把汤汁浇入鸡中，再慢慢炖鸡。最后加入少量盐、撒点葱花，即可出锅。

韩正参鸡汤将传统的制作方法和现代的养生理念相结合，香而不腻，滋身养颜，深受顾客喜爱。

（三十八）通化大泉源酒传统酿造工艺

大泉源酒的历史可追溯至明末清初的女真部落烧锅。在清朝初期，该酒因其卓越的品质被努尔哈赤皇帝钦定为御用烧锅，这一殊荣使得大泉源酒在清朝的多个重要场合中成为御用酒品。康熙皇帝和乾隆皇帝在东巡祭祖期间，亦曾征调大泉源酒作为御用酒。清光绪十年（1884 年），老御用烧锅得以扩建，并正式转型为酒坊。为了表彰其对皇家酒业的贡献，当时的清兴京府（今辽宁抚顺新宾满族自治县）特别赐予酒坊“宝泉涌”字号。大泉源酒在采用中华酿酒工艺的同时与当地传统酿酒工艺互相融合，保持了我国酿酒技艺的历史原貌，表现出关东白酒的历史渊源和创新发展的轨迹，形成了独特的技艺和风格。

据史料记载，大泉源井水清冽甘甜，沁人心脾，自古被誉为“神泉”“关东第一泉”。1884 年，祖籍奉天的商人傅成贤慕名来到通化，看到关东名泉，便筹资两千块大洋买下这个小烧锅、大泉源井和周边一些土地，扩大规模开办了酒坊。由于大泉源的水源丰富，又期望多出好酒，因此，给酒坊字号取名“宝泉涌”。

宝泉涌酒坊创立之际，便采纳了股份制的组织形式。其中，奉天帮主要通过资金投入获得股份，山西帮则倚重技术入股，而通化帮（本地人士）则以劳力作为出资。共有 26 家股东联手创建了这家历史悠久的酒坊。值得一提的是，山西帮带来了中华老汾酒的独特工艺秘方，与当地的酿酒技艺相互融合。酒坊以东北黑土地上的优质大红高粱为主要原料，结合传统的酿造技艺，并利用宝泉水进行勾调。如此酿造出的清香醇正、独具特色的大泉源酒，其香气迅速飘散至千里之外，赢得了关东大地的广泛赞誉。

大泉源酒还有个别称——“关东王酒”。据《通化县志》记载，曾任奉天督军、东北巡阅使的张作霖，1918 年因公务到通化县巡察，往桓仁返回，过高丽墓子岭后忽闻阵阵酒香扑鼻而来，引得酒瘾大发。他忙问道：“酒香来自何处？”“礼送出境”的通化县知事（县长）潘德荃忙答道：“是十里之外的宝泉涌酒坊。”张作霖对侍卫下令道：“今天晌午到宝泉涌吃饭。”在宝泉涌酒坊的午宴上，他一连干了三碗。乘着酒兴，作了一首打油诗：“关东美酒喝个遍，好酒产在大泉源。人生奋斗几十年，大泉源酒永相伴。”以后每年通化县都要向奉天（沈阳）大帅府上交 500 坛大泉源酒，一直延续到 1928 年。大泉源酒从此名扬关东，因此，被称为“关东王酒”。

大泉源酒在制作过程中，选用优质红高粱作为主要原料，采用传统技艺与现代技术相结合的操作方法。具体操作步骤包括热醅闷料、清蒸混入以及一次发酵。此外，为了提升酒的品质，我们选用了富含多种对人体有益微量元素的矿泉水进行发酵。发酵期设定为 5 天至 30 天，确保酒的口感与品质达到最佳状态。成品酒的入库度数控制在 60°以上，储存陈酿期为 1 年至 20 年，使酒更加醇厚。在勾兑灌装出厂前，严格把控每一个环节，确保成品酒具有清香醇正、绵柔爽净等特色。

大泉源酒具有以下显著特点：首先，优质的水源是酿酒的基础，大泉源酒所用水源被誉为“关东第一泉”的大泉源古井，经过国家地矿部门鉴定，该水源含有多种有益微量元素，属于重碳酸钙镁型天然优质矿泉水，这一独特的优质矿泉水资源是大泉源酒闻名百年的重要因素。其次，精选的原料也是保证酒品质的关键，大泉源酒选用产自东北大平原的白城、辽南等地颗粒饱满、色泽鲜艳、质地纯正的优质高粱作为原料，确保了产品的质量。此外，大泉源酒还坚持传统的固体发酵工艺，将高粱粉碎后加入母曲入窖发酵，达到相应期限后进行蒸馏出纯粮烧酒，这种传统工艺的坚持使得大泉源酒独具特色。最后，大泉源酒的储存方式也独具匠心，百年木制酒海的储存方式凸显了原生态酒文化，使得酒在储存过程中能够更好地醇化、老熟，提升酒的品质和口感。

大泉源酒烧制技艺是非常科学和独特的，只有按照自己的规程酿制，才能生产出原生态的佳酿。大泉源酒传统酿造技艺已于 2008 年入选《第二批国家级非物质文化遗产名录》。随着时代变迁、岁月推移，大泉源酒已香醉关东近 400 年，在几十代酿酒师傅的传承下，越加绵甜清香。

（三十九）德惠大曲酿造技艺

德惠市位于吉林中部，盛产高粱、玉米、水稻，饮马河和松花江流经市内，这里水质清澈甘甜，尤以水清酒洌面誉满关东。德惠大曲酒厂的前身是 1917 年的福裕合烧锅，以酿制烧酒著称。

德惠大曲酒曾为宫廷御酒，在 20 世纪 60 年代就名震关东，1963 年第一次被评为吉林省名酒。1988 年在首届中国食品博览会上获 3 块金牌，38°德惠大曲被评为中国优质酒，获国家银奖。1992 年获法国巴黎国际博览会特别金奖。先后获得国家、省级 41 个奖项，进入中南海和人民大会堂，曾得到国家领导人的高度评价和赞赏。

德惠大曲酒工艺先进，其主要特点是：纯粮酿造、工艺独特、产品良好、底蕴绵长。产品采用东北特产红高粱和小麦为主要原料，取五粮液酿造经验，经主辅料清蒸、续糟混烧、压汽装甑、缓慢蒸馏、热水泼量、糟酒回烧、量质摘酒、分级储存、人工老窖、双轮发酵、精心勾兑而成。德惠大曲酒清澈透明、窖香浓郁、甘洌爽口、香味协调。

2007 年，德惠大曲酿酒技艺入选《吉林省第一批省级非物质文化遗产项目名录》。

（四十）大高粱酒酿造技艺（梅河口市）

梅河口大高粱酒自清光绪十四年 (1888 年) 创建以来，已有将近 130 年的历史。在长期的生产实践中，大高粱酒酿造过程保持了传统工艺的原貌，形成了大高粱酒的独有特色。

明万历三十五年（1607 年），努尔哈赤灭辉发部，于其地置围场。清光绪十四年 （1888 年），在清皇家盛京围场总管衙门治所海龙府（现海龙镇） 东街奶子山下，梅河酒业创始人王财东创办了酿酒作坊，商号为中和烧锅。采用乳山清泉、东北特产红高粱精心酿酒，酿制的高粱酒颇得宫廷贵族们的欢心。相传，光绪帝曾赞叹：“此酒醇而不烈，甘而不过，醉而不伤，真乃佳酿也。”据《海龙县志》记载，此酒就是当时海龙围场向清皇室进贡的“奶酒”，因奶子山其山峰状如乳峰而得名，故此酒特取名为“奶酒”，从此，清代皇家酿酒技术在海龙古城得以延续。清光绪二十四年（1898 年），烧锅改为宝盛长烧锅，在东北驰名一时，被海龙当地人称为“东烧锅”。1945 年，烧锅被人民政府收归国有，改字号大众烧锅，成为新中国第一批国有企业。2004 年 12 月，有 50 多年国有企业历史的梅河口市酿酒厂转制为民营吉林省梅河酒业有限公司。

大高粱酒是以乳山清泉、东北特产高粱、玉米、大米、小豆等为主要原料，经过多次发酵酿造而成的传统工艺酒。为了使酒的品质更加出色，大高粱酒在酿造完成后还须进行长时间的储存。储存时，酒会被装入特制的木酒海中，这些木酒海是用上等红松木制作而成，并且每一箱都需要用多层宣纸裱糊。这一做法可以使酒更加醇厚，同时也赋予了酒独特的木香味。更为重要的是，经过 3 年以上储存，酒的颜色会呈现出微黄的效果，更增添了酒的品质感。

大高粱酒烧制技艺巧妙地将传统手工技术与现代科技融为一体，实现了从原料选取、粉碎、发酵、蒸馏、储藏到灌装的全流程一体化管理。该技艺采用纯粮酿造、固体发酵、酒海储藏的方法，沿袭了百年的古老配方和工艺体系。作为以传统酿酒技术为主体的民间生产工艺，大高粱酒烧制技艺不仅是对中华酒文化的传承，也是对酿酒技艺的持续发展和运用。它代表了坚守传统生产工艺的精神，为维护和发扬民间生产工艺作出了积极贡献。

大高粱酒的品质卓越，醇厚而不过于强烈，甜美而不过于腻，饮后不易伤身，且酒香独特。梅河口大高粱酒在选料、制曲、发酵、酿造及蒸馏出酒等环节中，充分展现了科学合理的技艺和工序，这蕴含着中国人在传统酿酒技艺方面的卓越智慧。大高粱酒拥有 120 多年的完整历史资料，为研究我国白酒业的发展历史和酿造技术提供了宝贵的实证。其百年发展历程中，凝聚了几代人的辛勤努力和智慧，是一部见证近代酿酒工艺发展历史的珍贵史册。

（四十一）洮儿河酒酿制技艺

吉林省白城市的洮儿河酒因洮儿河而得名。洮儿河发源于大兴安岭南麓，蜿蜒近 600 千米，流经科尔沁草原的东部，与嫩江汇合后，注入松花江。旧时称挞鲁河、长春河，元代称托吾尔河，明代称塔尔河，清初称淘川河，清代末年改为洮儿河。从有历史记载的北魏开始，洮儿河就已经成为生活在两岸的居民的永恒记忆。作为旅游观光的圣地和绝佳的水源地，洮儿河流域土地肥沃、水草丰美、物产丰富，素有“洮安谷仓”之称。

洮儿河酒，源于东北特产优质高粱，甄选大兴安岭余脉索岳尔济山的无污染洮儿河水，经过双轮底发酵、清蒸混入、缓慢蒸馏、量质摘酒、分级储存等多重工序，再经多年陈酿精制而成。这款酒具有浓郁的窖香，入口即感绵甜，余香显著，品质卓越。

洮儿河酒源自 1929 年创建的福丰达烧锅，其创始人为民国时期的黑龙江督军万福麟。初期名为“福合义”，主要经营粮油等日用百货，并设有当铺。鉴于当时外国列强的侵略，有识之士深感要振兴中华，必须发展实业，因此“实业救国”成为当时的社会潮流。在这样的背景下，万福麟于 1929 年秋创建了一家烧锅，并将“福合义”等商号更名为“福丰达”。然而，“九一八事变”后，福丰达遭受了严重损失，经营状况十分惨淡。1945 年抗日战争胜利后，福丰达曾短暂恢复烧酒生产，但到了 1946 年 2 月，洮安县民主政府将福丰达烧锅收归国有，并更名为民生烧锅，成为现白城市酒厂的前身。

洮儿河酒的酿制工艺始于明末清初，已有 400 余年的历史。这种古老的酿酒技艺，经过数代酿酒人口传心授的传承和积淀，已臻于成熟。“双轮底发酵、清蒸混入、缓慢蒸馏、量质摘酒、分级储存”，酿酒师通过传统的“手、眼、鼻”感触方法，就可精准地掌握白酒酿制的过程和效果，这种与大自然的融通，使洮儿河酒积聚着天地的灵气，醇香美妙。

洮儿河酒的老窖池始建于清代末年，目前仅存 500 口。陈年老窖的窖泥温润细腻，适宜多种菌群生长、发酵。老窖池中的微生物数百年来生生不息，形成了别具一格、自成体系的庞大微生物生态环境，令洮儿河酒具有自然丰盈、窖香浓郁、醇香净爽的特有口感。

新蒸馏出的原酒由于其生涩、苦辣、刺激性大的特性，口感并不醇厚、柔和。然而，经过在酒海中的储藏老熟过程，原酒得以与环境进行融合、平衡和交互滋养。在这个过程中，原酒的杂味和辛辣味逐渐减少，口感变得更为柔和、绵甜，且芳香浓郁。

洮儿河酒海采用东北特有的长白山松木精心制作而成，其内部以桑皮纸等材料进行粘贴。由于选材和工艺的精细复杂，每个酒海的制作都需要酿酒师耗费一年甚至更长时间来完成。数百年来，洮儿河人一直坚守酒海的妙用，将其用于储存上等原浆，至今从未间断。目前，洮儿河拥有 122 口酒海，这些酒海一直被用于原浆的储存，为酿造出更优质的美酒奠定了基础。

秉承百年酿酒技艺，如今的洮儿河酒不仅是吉林省的白酒名片，成为四方游客来北国体验特色旅游与文化的首选，也是中国白酒北派浓香型的典型代表，在祖国大地幽雅绽放，历久弥香。

（四十二）松花湖酒酿造技艺

吉林省蛟河市松花湖酒业有限公司始建于 1903 年，是吉林地区最古老的白酒酿造企业之一，并拥有中国最大、最古老的木制酒海。

松花湖酒是一款优质兼香曲酒，酿造过程中采用了无污染的松花湖水、东北高粱、玉米、大米等优质原料，并通过传统纯酿固态发酵工艺，在木制酒海中储存两年以上。这款酒具有香、绵、净、甜四大特点，品质卓越。松花湖酒分为“松花湖”和“红叶谷”两大系列，年产纯粮固态白酒达 2600 吨，灌装能力为 5000 吨 / 年，是该领域的重要生产商。该产品行销至北京、天津、河北、江西、江苏、山东、吉林、辽宁、黑龙江等地区，深受消费者喜爱。企业先后荣获多项殊荣，包括“吉林市农业产业化龙头企业”“吉林省非物质文化遗产”“吉林名牌”“质量承诺”“信誉品牌”等称号。在“中国 · 东北亚投资贸易博览会”上，松花湖酒被指定为招待用酒，充分展现了其高品质和影响力。此外，“松花湖”牌注册商标被吉林省工商局认定为“吉林省著名商标”，被吉林省商务厅认定为“吉林老字号”，进一步证明了其在行业中的知名度和美誉度。

松花江，作为中国第三大河流，源自长白山天池，宛如一条绵延不绝的碧绿丝带。它穿越蛟河，横跨吉林市，以其辽阔的流域、富饶的物产和迷人的景色，滋养着沿岸的土地。自 20 世纪 30 年代丰满大坝建成后，松花江被大坝拦截，形成了水清境幽的松花湖及周边的茂密森林，进而构建了松花湖自然保护区。我国著名诗人贺敬之曾将松花湖与西湖、三峡相提并论，赞誉其美景，赋诗云：“水明三峡少，林秀西子无。此行傲范蠡，殊我松花湖。”而蛟河正位于松花湖的上游，占据了松花湖 60% 的水域面积。凭借黑土地孕育的五谷丰登，以及得天独厚的自然资源，蛟河酿造出了享有百年盛誉的松花湖传统佳酿。

松花湖酒业始创于清末民初，当时由一张姓男子管理经营，由于张老太爷的烧酒工艺比较独特，选用的玉米和高粱都用新粮、整粒，不用陈粮及下脚料，加之酿酒过程全为手工操作，且必须在自家挖的酒窖中储存 3 年后再卖，所以他酿造的酒香气十足、远近有名，取名老张家烧锅。1935 年 10 月张老爷子的孙子张瑞山挑头组织几个人合资 2.2 万元，在原有老张家烧锅的基础上，创办了裕泉涌烧锅。中华人民共和国成立后，由国家投资新建厂房 2400 平方米，设立了制酒、制曲、制酵母车间，传统工艺得到了进一步提升。1975 年，时任厂长的宋方、李毓麒和书记边福全想创立一个更加长足发展的商业品牌，经研究后发现蛟河有 7 个人民公社、30 多个村屯坐落在松花湖畔，遂决定把传统的裕泉涌配方烧酒定名为松花湖白酒，并于 1979 年在国家工商部门注册了松花湖牌商标。

在酿造技艺中，传统器具占据着至关重要的地位。以松花湖酒为例，其庞大的木质酒海让人印象深刻。这些酒海制作于 1935 年，共有 48 个，其中一个单体储酒量高达 150 吨，堪称中国现存最大的木质酒海。

酒海的选材十分讲究，采用长白山的红松木，经过特殊加工后紧密铆合而成。内部采用拌有鹿血和猪血的宣纸裱糊达 120 层，这样的构造对于酒的陈化和醇化起到了关键作用。在酒海中，发酵好的酒可以放置长达 3 个月，通过与红木、鹿血的融合，形成高分子链条，不仅缩短了仓储时间，还赋予了白酒更为丰富和浓郁的味道。

在酒的发酵过程中，传统窖泥的运用同样不可或缺。通过将黄黏土、黑坑泥与大曲粉、鲜酒槽、绿豆粉、功能性菌种液等进行配化，经过成型、击打和 3~4 个月的发酵后形成窖泥。将这些窖泥涂抹在窖的壁面和底部，不仅能增加菌种数量，而且多种菌类的加入也显著提升了酒的香气。这一传统工艺的传承和创新为松花湖酒带来了独特的香醇风味和品质优势。

此外，松花湖酒在每一个生产加工环节中都严格把关。在酒的蒸馏过程中，工人们根据所出酒层次及质量的不同，采取按质摘酒，分级并坛储存，验质勾兑出厂的形式，将酒分离储存为不同的等级，保证了松花湖酒一如既往的好品质，也成就了这一经久不衰的传统佳酿。

（四十三）积德泉烧锅酿造技艺

在长春市黄河路、黑水路、光复路一带，提起积德泉烧锅，土生土长的老长春人都听说过一些关于它的往事。那些往事有史料可证，也有美丽的民间传说。

“积德泉”字号起源于 1922 年，是在接兑泉兴德烧锅的基础上，以掌柜王玉堂为首组建的酒厂。泉兴德烧锅的前身是涌发合烧锅，“涌发合”字号起于清咸丰元年（1851 年），创始人叫齐雨亭。

河北人士齐雨亭，勇闯关东，最终在长春市伊通河畔定居。一日，他在开垦荒地时意外发现了一处古泉。经过泉水的浸泡，他身上原本久治不愈的疮疤竟奇迹般地痊愈了。于是，齐雨亭决定利用这天然的恩赐，开设了一家豆腐坊。随着时间的推移，豆腐坊的生意日渐兴隆，齐雨亭又进一步拓展业务，开设了酿酒作坊，利用泉水酿制美酒。

齐家酿酒作坊初名为“涌发合”，所酿之酒醇香甘美，深受人们喜爱。齐家人待人和善，经营有道，不欺不诈，在当时的宽城子地区享有盛誉。他们不仅在平日里以诚信待客，更在灾荒之年施水施粥，救济穷苦百姓。因此，人们渐渐将“涌发合”这一名号淡忘，取而代之的是“积德泉”这一美名。

积德泉酿酒厂在生产过程中，严格遵循固态发酵白酒的各项传统工艺，如香泥老窖、双轮底、清蒸清烧、清六甑、老五甑等，每道工序都经过精心操作。此外，对于液态发酵和榨汁成酒的清、黄酒工艺，以及滋补酒、调料酒的选材配制工艺，也毫不马虎，严格按照标准进行。

在酿造过程中，积德泉酿酒厂需经过原料加工、配方下料、制作曲药、蒸煮糊化、出酒陈储、老熟勾兑等上百道繁杂工序。正是凭借着独特的酿造技艺，积德泉酿酒厂成功生产出不同风格、不同用途的五大类酒产品，以满足市场的多样化需求。

尽管现代工业技术已经极大地改变了酿酒行业，如锅炉已取代了传统的烧大灶和拉风箱方式，地下鼓风减少了醅料摊凉时的劳力需求，高大宽敞的厂房、天窗和抽风机解决了排潮散热问题，不再需要依赖开窗来判断风向，但在实际操作中，师徒传承和言传身教仍然发挥着重要作用。

在积德泉白酒车间，有一句操作经，即“眼看、手抓、鼻子闻”，也被称为“三勤”（眼勤、手勤、鼻子勤）。蒸原料必须达到“熟而不黏，内无生心”的标准，这需要操作人员通过眼看和手捏来体会。积德泉的各种酒工艺是根据其所在地的自然环境、原材料和加工器具条件，经过长期摸索形成的操作规程。而操作经正是为了实现这些规矩而采取的最简便有效的方法，也是经过长期经验积累的独特技巧。

积德泉传承使用的发酵窖池、窖泥、木锨、冲甑桶、木酒海、木榨、大南泥坛、大发酵缸等传统器具，是积德泉突出的文化组成部分，表现出了独特的传统酿造风格。

积德泉所拥有的酿酒技艺和古老器具，是对中国酿酒历史和文化的珍贵传承。其涵盖了白酒、黄酒、清酒、滋补酒、烹调料酒等五大系列的独特技艺，展现了中国酿酒工艺的博大精深。同时，积德泉也熟练掌握了蒸馏酒、发酵酒、配制酒等中国式酿酒的三大传统手法，为酿酒工艺积累了丰富的文化底蕴。作为北方酒文化的独特宝库，积德泉在东北酒文化中独树一帜，为传承和弘扬中国酿酒文化做出了重要贡献。

（四十四）榆树大曲酿造技艺

吉林省榆树钱酒业有限公司坐落在以“天下第一粮仓”“粮豆之乡”美誉而闻名于全国的吉林省榆树市。公司是由始建于 1812 年的聚成发烧锅发展而来的，距今已有 200 多年的酿酒历史。榆树钱酒业拥有七代传承的 200 多年传统工艺。

榆树市地处长白山向西部草原过渡的台地地带，著名的第二松花江流经这里。这里土质肥沃，四季分明，素有“天下第一粮仓”“粮豆之乡”的美誉。尤其是这里出产的红高粱颗粒饱满、富含淀粉，为榆树钱酒的酿制提供了极丰富的粮食资源。

榆树钱酒是闯关东人将中原祖传的酿酒技艺与北方酿酒风格不断融合创造出的风味独特的老酒，距今已有200多年的历史。据《吉林省志》记载清嘉庆十七年 (1812年)，一个叫姜言润、绰号“姜大脑袋”的人，在时称大孤榆树屯(现榆树市区)开办了聚成发烧锅，榆树钱酒从此闻名于世。

榆树钱酒的酿造技艺，历经百年的沉淀与传承，始终坚守传统。其酿造过程采用独特的“五甑工艺”，区别于当时的“清六甑工艺”，成为榆树钱酒的标志性手法，被誉为“老五甑”技艺。在传承方面，师傅们通过口传心授的方式，将这一技艺代代相传。

榆树钱酒的酿造技艺，独具特色。在漫长的岁月中，根据不同时代的口味需求，逐渐衍生出多种具有地方特色的香型。此外，榆树钱酒还因地理和气候的优势，形成了自身独特的品质，充分展现了“七代传承，北派榆树”的品牌内涵和价值。

榆树黑土地上出产的优质粮食，结合传统的“老五甑”酿造技艺以及木制酒海的储藏方式，共同塑造了榆树钱酒的独特风格。这一风格使得榆树钱酒成为北方酿酒工艺的杰出代表，也是北方人民智慧的结晶。

（四十五）“圣颐”牌还阳参酒酿造技艺

人参浸在酒中饮，已有数千年的历史。东北地区泡制人参酒的历史同样悠久。有确切文字记载的是后金努尔哈赤时期，当时的女真人已有泡制人参酒的习俗，并将优质人参酒作为进奉努尔哈赤的御酒。在有着人参种植传统的东北地区，泡制饮用人参酒的习惯一直延续至今。

临江地区出产的人参酒，其历史可追溯至清代。自那时起，便有关于临江地区泡制人参酒的文献记载。经过数百年的不断改良和完善，这种酒的制法已经发展出一些独具特色的品种，并且有十余位家族传承人继承和发扬这一技艺。在这些传承人中，最具代表性的是贾金铃，他是还阳参酒的家族传承人。

还阳参酒的独特之处在于，浸泡在其中的人参能够发芽、复活。这种酒的生产工艺已经传承了百余年，由贾金铃的曾祖父所创。经过贾金铃的祖父和父亲的不断改进，这种酒的口感和药效都得到了进一步的提升。百年来，这种酒一直仅供贾家自家保健使用，并不对外销售。

还阳参酒在其生产过程中，精选大米、玉米、高粱、稻壳作为蒸料，辅以优质长白山山泉水泡制，再配大麦、小米皮加工成曲，合成搅拌后蒸制出酒。将加工出的纯正的粮食酒之密封 60 天后，加入经过特殊处理（处理工艺已获专利保护）的优质长白山人参，再经过 60 天的浸泡，待人参发芽后，装瓶、检验、包装才能成为合格的成品酒。

还阳参酒的酿造过程颇为独特。每年秋季，选取 6 年生的鲜人参，经过仔细刷洗，将其浸泡在采用特殊工艺与优质矿泉水酿造的白酒中。经过至少 1 年的时间，人参在酒中休眠并逐渐生长发芽，长度可达 3~5 厘米。同时，还会出现白色的吸收根。令人惊奇的是，发芽率高达 90% 以上。这种酒中泡参的工艺在我国东北地区已有千年的历史，然而，能在酒中发芽且长期保持不腐烂、不霉变的人参，实属历史罕见。

在继承传统的基础上，我们还不断创新与提升。还阳参酒既沿袭了古老的酿造工艺，又在此基础上实现了保护与传承，同时还积极发展创新。

（四十六）增盛永白酒酿造技艺

增盛永白酒酿造工艺的渊源十分久远，最初的酿造工艺源于山东，清光绪年间由韩氏家族带到吉林，是山东与东北酿酒工艺的有机结合

清咸丰年间（1851—1862 年），山东福山的韩惠与弟弟二人经烟台横渡渤海，前往东北盛京（今沈阳市）定居，不久又迁至吉林德惠郭家店。同治初年（一说光绪年间），韩氏家族再往北迁，渡过松花江，来到了今扶余市增盛镇（原西荒）。他们在这里开垦荒地，种田打井，开烧锅酿酒，开商铺和旅店。韩惠铭的次子韩学武接管家业以后，创建了增盛永烧锅酒。“增盛永”之得名，与韩学文（韩惠铭长子）的儿子韩桂章的乳名“刘增”有关，意即“能留（刘）住，增加财富”。

在增盛永烧锅创立初期，其生产的白酒市场销售情况并不理想。由于无法及时回馈股东的投资，韩学武考虑了一个冒险的方案，即在酒中掺水。然而，这种行为在当时引发了一些问题。由于北方冬季的气温极低，有些顾客在“增盛永”打酒后，酒瓶会在短时间内被冻裂。因此，部分顾客开始将“增盛永”的酒称为“增盛水”，这无疑对烧锅的白酒信誉造成了严重损害。

为了改变这一不利局面，韩学武了解到酿造优质白酒的关键在于水源。于是，他请来了当时著名的井匠，在原有的 3 口井的基础上，在酿酒的甑房内又新打了一口井。这口新井的井水质量极佳，为增盛永烧锅的白酒带来了新的生机。从此，增盛永烧锅的白酒不仅扭转了之前的困境，还逐渐获得了远近闻名的声誉。

该井水清澈透明，口感甘甜爽口。以该井水酿造的白酒，绵甜甘洌，香气扑鼻，品质卓越。据传，韩家曾多次尝试打井，但均未能成功。后经一位风水先生指点，在增盛永烧锅院内成功打出四眼井，其中甄房的井水品质最佳，被誉为“甜水井”。该井分为 3 层，第 1 层井口直径 180 厘米，第 2 层 16 厘米，第 3 层为 8 厘米的竹筒，井水从竹筒内源源不断地涌出，甜润清爽。以该井水制作豆腐，色泽鲜艳，鲜嫩可口；制作大酱，芳香四溢，品质超群。而以该井水酿造白酒，更是堪称一绝，酒香绵甜清冽，沁人心脾，回味悠长。随着增盛永烧锅的名声逐渐扩大，此地逐渐演变为屯名，即今天的增盛镇。

根据严格的酿酒工艺，“增盛永”白酒的制造流程如下：

首先，选用东北特有的百年含锶井泉作为酿酒的水

源，这是在其他地方无法找到的宝贵资源。同时，以第二松花江北侧特有的红高粱、玉米、绿豆作为主要酿酒原料。

在原料处理环节，将这些原料粉碎至规定的粒度，确保发酵过程中的充分接触和反应。接着，利用祖传的秘制工艺和特制的酒曲进行发酵。

在蒸馏环节，使用专业的蒸酒设备，将发酵后的酒醅中的酒精及各种成分转化为蒸气，再经过冷凝，形成初步的酒液。

随后，酒液会进入储存阶段，经过一定时间的陈化和催熟，以减轻其中的辛辣味，并逐渐形成独特的柔和香味。

最后，由专业的调酒师进行精心的勾兑和调味，确保“增盛永”白酒的品质和口感。整个酿制过程包括原料处理、润料、蒸粮、配醅复蒸、摊凉、下曲、发酵、蒸馏、半成品酒、老熟、勾调以及成品酒等步骤。

最终，“增盛永”白酒呈现出绵甜甘冽、香气扑鼻的特点，品质卓越。

百年含锶井泉，代代相传的独特制造工艺，具有地域特色的酿酒原料，是增盛永白酒享誉东北、百年不衰的重要原因。自百年前生产之日起，增盛永白酒便驰名东北大地，成为闻名遐迩的一代佳酿。

（四十七）龙泉春酒酿造技艺

辽源龙泉春酒是由天益涌烧锅发展而来的，距今已有百余年的悠久历史。

1900 年前后，西安县（时称“大疙瘩”，今辽源市）一带正处于清朝皇室围场弃猎招垦之际，有魏老化三兄弟随其父母从辽宁海城长途跋涉来到这里“开荒占草”，后来又开办了一家小杂货铺，卖些日用百货。兄弟三人勤奋经营，勤俭度日，逐渐积攒了一些钱财。魏老化在多年的经商活动中积累了丰富的经验，显示出了很强的管理才能，因此，很自然地成了魏家的掌门人。1906 年，魏家凭借着多年积累的资产先后开办了两个商号：一个是“天益长”；另一个是天益涌烧锅，经营造酒业。在龙首山下，魏家靠着祖传的白酒酿造技艺制作着当时最大的天益涌烧锅。他们利用本地优质的水源和当地生产的红高粱为原料，采用传统手工技艺酿造白酒，所酿造的白酒酒质醇正、口味甘甜、回味悠长。天益涌烧锅酿出来的酒在本地很畅销，也有一部分销往外地。

在 20 世纪 30 年代末期，魏氏家族内部纷争加剧，家庭矛盾不断激化。经过一系列的争执和分歧，1943 年，魏氏家族最终决定结束大家族共同生活的方式。天益涌烧锅作为家族的一部分，被分配给了魏治田一支。

随着时间的推移，1947 年西安县获得了解放，政治局势发生了重大变化。作为当时的家族企业，天益涌烧锅被人民政府所接管。为了适应新的政治环境和社会需求，天益涌烧锅进行了企业名称的变更，改名为新兴烧锅。

此后，新兴烧锅经历了多次企业变革和调整。它先后更名为辽源市第一酒厂、辽源市龙泉酒厂以及辽源龙泉酒业股份有限公司。经过多年的发展，新兴烧锅已经成为了今天我们所熟知的辽源龙泉酒业股份有限公司。

“龙泉春酒酿百年，纯正浓香代代传。”此酒严格遵循天益涌烧锅百余年的传统酿造工艺，采用独特的混蒸混烧“老五甑”技术。该技术是将大渣、二渣、三渣、回糟与入窖发酵的过程相结合，出容后加入新料，形成五种材料的独特工艺。与当时其他烧锅采用的清六甑工艺不同，这一工艺后来被称为龙泉春酒“老五甑”工艺。此外，龙泉春酒的窖泥完全以百年前的活性窖泥为基础，再结合各种不同配比的新鲜水果、罐头等物质进行精心发酵，逐级扩大培养而成。

值得一提的是，龙泉春酒拥有东北地区建造最早、规模最大、保存最完整、连续烧酒时间最长的窖池广场。自建窖以来，该窖池一直连续使用，从未间断，被专家誉为“关东第一窖”。

龙泉春酒凭借其百年传承的酿造工艺、独特的“老五甑”技术、精心培育的窖泥以及历史悠久的窖池广场，展现出其严谨、稳重、理性和官方的品质。

在传统工艺的严格把控下，龙泉春酒的酒质得以稳固保障，确保了酒体的清澈透明。该酒具有浓郁的窖香，口感绵甜爽口，余味纯净悠长。这一独特的净爽风格，开创了北方白酒的先河，完美地展现了北方黑土地文化的深厚底蕴。

（四十八）长白山野生山葡萄酒酿造技艺

长白山山葡萄，源于吉林省长白山区的独特野生葡萄品种，也被称为野葡萄，属于葡萄科的一种落叶藤本植物。其藤蔓的长度可超过 15 米，树皮呈现出深褐色或红褐色，通常以匍匐或攀缘的方式附着在其他树木上。长白山山葡萄的栽培和酿造技术，作为长白山地区传统的手工技艺，已有超过 300 年的历史。

在历史的早期阶段，每年秋季，山区居民会集体携带竹筐，深入山中采摘山葡萄。经过细致的清洗、压榨、过滤，成功分离果皮与果核后，再将其装入各种容器，如木桶、陶罐等，置于阴凉处。经过数月的自然发酵，山葡萄酒将散发出醉人的芬芳，即可供人们享用。这种由当地居民亲自采摘和酿造山葡萄酒的方式，历经岁月的沉淀，已经演变为一种独特且传统的葡萄酒酿造技艺，至今仍被传承和保留。

长白山野生山葡萄酒传统酿造技艺，是一套系统化、综合性的民间生产技艺。该技艺以古老手工技艺为主体，涵盖了从种植、采摘、选料到灌装饮用的全过程。每年九月，人们会上山采摘成熟的野生山葡萄，通过精心挑选和整理，用青蒿将其覆盖，使山葡萄浸入淡淡的蒿香味道，同时保持原有的新鲜度。在盛装物方面，必须使用帚条或油条编成的小筐，容量一般在20~25千克，确保原料品质不受腐烂影响。该技艺不仅展现了民间智慧的独特魅力，也为中国传统酿酒文化的发展作出了重要贡献。

在收集完原料后，需将其存放在通风阴凉处，且原料堆放高度不得超过三个筐。在24小时内，必须完成原料的分选工作，依据果实成熟度划分原料等级。在分选过程中，应仔细清除葡萄中的夹杂物，如树枝、树叶、杂草、泥土等，确保不同等级的原料不混杂。

在进行原料破碎时，需将清洗消毒过的竹帘子放置在容量为200~300升的木槽中，采用手工方式破碎原料。破碎的标准是葡萄皮破籽不碎、果粒和果梗完全分离，以确保原料充分破碎且果梗分离。破碎后的葡萄应统一倒入已清洗消毒的立式槽子（或发酵桶）中进行发酵。

在发酵过程中，使用的器具如桶盖、竹帘子、压杠等需对号使用，且帘子与桶壁之间的距离不得超过0.5厘米。每天需用木耙在发酵桶内上下搅拌几次，使果浆充分发酵，使果汁内的色泽和营养成分得到充分溶解。大约10天后，通过人工品尝来判断是否酿制完成，然后进行手工过滤（通常采用纱布），装入橡木桶（或泥缸）中进行储存。

在储存期间，应定期品尝酒液，每年需进行两次酒泥的倒桶与填满密封操作。储存3~5年后，经自然柔性浸提澄清，根据需求加入一定比例的长白山野生蜂蜜进行调配，最终酿制成人们喜爱的长白山野生山葡萄酒。

这种古老传统的原始手工酿造工艺所酿制出的葡萄酒，保留了野生山葡萄原有的营养价值，并且纯绿色、原生态、无任何污染，口感醇正柔和，色泽优美，香气浓郁。如今，长白山野生山葡萄酒酿造技艺经过数代的传承和发展，并在酿造过程中不断得到完善，形成了中国独有的野生山葡萄酒特色酿造技艺。

（四十九）岭泉白酒酿造技艺

岭泉白酒，坐落于吉林省松原市长岭县，是一款以百年深井水及当地优质玉米、高粱为原料，经过独特酿造工艺精心打造而成的酒类佳品。

岭泉白酒，这一长岭大地的瑰宝，已有逾一个世纪的历史。其起源可追溯至1911年，林鹤皋先生创建的长岭烧锅。自创立之初，长岭烧锅便兼营榨油及米面加工等业务，商号命名为“福厚涌”，并诚邀潘庆祥先生担任首任总经理，主持烧锅的日常运营。在全盛时期，厂内工人数量高达42人，年产白酒高达100吨。然而，历史的变迁在1931年“九一八事变”后带来了巨大的转折。林鹤皋先生将长岭烧锅转售给锦州市资本家郭风岗先生。

1945年10月，东北人民自治军吉长部队收复了长岭县城。12月12日国民党残余势力纠集十数股土匪共2000余人对县城发起了疯狂反攻。次日长岭县酒厂工人配合东北人民自治军吉长部队二营，打退土匪对部队驻地长岭锅大院（今长岭县酒厂）的进攻。1950年，长岭县人民政府企业科接管了福厚涌烧锅，将之改为县制酒厂。到1985年，酒厂有职工191人，年产酒1197吨。

岭泉白酒，自老烧锅酒起源，历经漫长岁月，提炼发展为现今品牌。从一眼深井酿出的琼浆玉液，到百年红松酒海储存，见证了酿酒与储藏技术的卓越进步。百年传承，五代传人，历经沧桑，坚守传统。原料处理、润料、蒸粮、配醅复蒸、摊凉、下窖、发酵、蒸馏、半成品、老熟、勾调、成品酒等酿造技艺，独特而精湛，人文底蕴深厚，生命力持久旺盛。岭泉白酒，赢得了广泛赞誉与认同，展现其卓越品质与不凡价值。

（五十）前郭尔罗斯酿酒技艺

前郭尔罗斯酿酒技艺，作为一项民间传统手工技艺，已在前郭尔罗斯地区流传数百年，至今仍得以传承。松原市天天乐酒业有限公司，其前身乃拥有百年历史的郭尔罗斯前旗正泰隆烧锅与福华烧锅。自民国初年至中华人民共和国成立前，该企业曾被指定为辽北省烧锅，并被誉为历史悠久的郭尔罗斯前旗烧锅。中华人民共和国成立后，它进一步发展成为前郭尔罗斯蒙古族自治县第一制酒厂。

而今，松原市天天乐酒业有限公司坐落在东北松花江畔的前郭尔罗斯地区，依托于松花江水系甘甜清澈的自然水源，以及当地蒙古族人淳厚憨实的品质，持续传承着前郭尔罗斯酿酒技艺。在百年老字号的传统工艺基础上，公司不断发扬光大，使这一技艺具有深远的历史与丰富的文化内涵。

前郭尔罗斯酿酒技艺，作为本地区宝贵的非物质文化遗产，充分展现了鲜明的地方特色和民族文化，其历史价值不言而喻。这一传统酿酒技艺，工艺精湛，流程科学且神秘。在原料选择上，主要采用高粱、大米等粮食，并结合纯小麦包曲作为糖化发酵剂。酿造过程中，涉及泥窖固态发酵、续糟配料、桶蒸馏、陶坛菌酿以及精心勾兑调味等生产环节，总计包含100多道工序。

长久以来，这种传统酿酒技艺的传承主要依赖师徒之间的口传心授，需要经过长期的实践经验积累以及个人感悟才能真正掌握。其核心在于“脚踢手摸”等独特工艺和技能，如泥固态发酵、跑窖清环、续糟醅料、混蒸混烧、量质摘酒、按质并坛等。在勾兑和尝评环节，同样依赖人的感官体验，如眼观、鼻闻、口尝等。其中许多定性描述，如“疏松不糙、柔熟不腻”，难以用言语准确表达，需要用心体会。

百余年来，前郭尔罗斯酿酒技师们已经成功地传承了八代。他们凭借着世代相传的传统酿酒技艺，生产出一系列知名品牌酒，如味馨酒、双曲酒、二锅头、草原白酒、原浆白酒、大曲酒、老窖酒和前泉液等。这些佳酿不仅代表着前郭尔罗斯蒙古族人的生产、生活发展历程，更是见证了这一地区的繁荣与进步。

前郭尔罗斯传统酿酒技艺源远流长，蕴含着丰富的文化内涵和底蕴。这种采用传统酿造工艺生产的白酒，备受世人的喜爱和追捧。在方圆百里的婚庆嫁娶、重大节日以及亲朋相聚的场合，前郭尔罗斯白酒已成为不可或缺的佳酿。研究其产生和发展过程的文化价值，对于深入了解吉林省西部各族群众以及东北地区蒙古族人民独特的民俗、生产、商贸等方面都具有宝贵的参考意义。前郭尔罗斯白酒及其传统酿酒技艺具有重要的文化价值和社会价值，是值得我们珍视和传承的非物质文化遗产。

（五十一）大安老窖酒酿造技艺

大安地区在东北白酒发展史上占有举足轻重的地位，可被视为东北白酒的发源地之一。大安老窖的历史渊源，可追溯至公元1098年的辽道宗时期，当时已存在大安酒坊。在辽代初期，大安地区成为辽帝重要的游猎区域。“大安”这一名称，正是辽道宗所使用的年号，而“大安通宝”的出土，为大安烧坊的存在以及大安老窖名称源于1098年提供了有力的证据。

在大安市出土的文物中，包括鸡冠壶、长颈瓶、鸡腿坛、凤首瓶、辽三彩和仿定白瓷等辽代文物，其中不少是饮酒器具。特别是契丹人特有的盛酒用具——鸡腿坛，分布广泛，几乎每个相关遗址都发现了其遗存。这些文物都充分体现了酒在契丹文化中的重要地位。

值得一提的是，大安地区的烧锅镇，其命名源于辽代烧酒的烧锅。该地区生产的酒即为烧酒，因此，“烧锅”这一名称可追溯至辽代的大安。综上所述，大安地区不仅是东北白酒的发源地之一，而且在其发展过程中占据了至关重要的地位。

清光绪二十四年（1898年），于氏选择在现今吉林省大安市的莫勒红岗地区定居，并购买了辽金时期的大安酒坊。他沿用了辽金时期流传下来的酿酒技艺，持续生产大安老窖酒，每月可产出高粱酒7500千克。这就是后来闻名的大赉厅于家烧锅，其酒厂位置与现在的大安酿酒厂完全一致。如今，酒坊内留存的窖池和酒海已有超过百年的历史，见证了无数酿酒的岁月。

大安老窖酒的发源地水质纯净，粮食品质优良，受地表温湿度影响较小，形成了一个相对独立的气候环境。在酿造过程中，所使用的窖泥富含有机质，这增加了窖泥的接触面积，为酿酒微生物的生长和繁殖提供了优越的环境条件。这些微生物的稳定、均匀、充足和适度的生长，为大安老窖酒的酿造增添了独特的技艺。

此外，酒坊采用具有100多年历史的红松酒海进行贮酒，这一传统做法不仅继承了古老的酿酒工艺，而且赋予了大安老窖酒独特的储酒技艺。这种方法确保了大安老窖酒酒质的稳定和提高，使其口感更加柔和、醇厚，塑造出大安老窖酒柔绵丰满的典型风格。

（五十二）朝鲜族马格利酒酿造技艺

马格利酒，是朝鲜族人民世代钟爱的民族饮料。它以大米、小麦等淀粉质原料为基础，经过酒曲发酵后进行过滤而成。因其独特的白浊色，也被亲切地称为浊酒。马格利酒的酒精度较低，一般在5%~10%之间，这使得它成为农忙时节农民们理想的解渴饮料，因此，又获得了“农酒”的美誉。除此之外，由于其独特的制作工艺——在梨花盛开时进行酒曲发酵，马格利酒还被赋予了“梨花酒”的雅称。

马格利酒历史久远，朝鲜半岛的高丽时期（918—1392年），出使过高丽的宋人徐兢在《宣和奉使高丽图经》（1124年）中记载，高丽人喜欢喝酒，官吏喝好酒，庶民则喝味涩而混浊的酒，但他们喝过酒后不怎么醉。这是马格利酒首次见诸记载。据悉，这种酒的制作方法比较简单，因而在高丽以前平民也经常喝。此外，高丽时期的文集《东国李相国集》（1241年）和朝鲜李氏王朝时期的文章汇编《东文选》（1478年）等文献，也有关于马格利酒的记载。

马格利酒的酿造工艺十分独特，以糯米、粳米、大麦、面粉为主要原料，经过加热、干燥、酒曲和水发酵等工序而成。这种酒含有丰富的氨基酸、维生素、矿物质等营养成分，对养颜美容具有一定的益处。同时，它还含有能够促进大肠蠕动、帮助排泄的乳酸菌，具有一定的保健功能。

尽管马格利酒的酒精含量不高，且外观混浊，但其口感甜酸可口，深受人们喜爱。在喜庆场合或节日庆典中，人们常常饮用这种酒来增添欢乐气氛。在炎热的夏季，农民们也常常在小憩时享用一杯马格利酒，以消暑解渴。

根据酿造材料和工艺的不同，马格利酒可以分为多种类型。其中，高级马格利酒采用优质大米和浓稠的曲子酿制而成，而普通马格利酒则使用各种农作物和曲子生产。此外，还有滋补类马格利酒，利用各种药材制作而成。这些不同类型的马格利酒都具有酿造方法简单、技艺独特等特点。

自古以来，朝鲜族家庭都会在家里酿制马格利酒，在春耕、水稻插秧、收割等农忙季节休息或午餐时饮用，以解除劳作的疲劳。在中国朝鲜族中酿造马格利酒的味道一直以来都是评价妇女手艺的标准之一。

（五十三）白城杨麻子大饼制作技艺

杨麻子大饼是白城的一道特色小吃，历史悠久。“杨麻子”是中华老字号，其特色产品是杨麻子大饼。被国家评为中华老字号的杨麻子总店，所经营的主打产品杨麻子大饼是吉菜金奖菜点。改革开放后，凭着这个老字号，“杨麻子”实现了国内连锁经营，至 2008 年，连锁店发展到 100 多家。其产品有杨麻子大饼、杨麻子火烧、杨麻子馅饼、杨麻子烩饼等 20 余种名牌系列，经营至今，长盛不衰。杨麻子大饼源于清代末年。清光绪二十一年（1895 年），直隶抚宁府（今河北）的杨玉田因家乡遭旱灾，携家闯关东，落户于科尔沁大草原东南沙吉毛吐（今吉林省洮南市）。为养家糊口，杨玉田以摆摊烙饼为生。他施展从小在抚宁集上从打饼师傅那里学来的独特制饼技艺，经过秘方调制，烙制出了外焦里嫩、香脆可口、油而不腻的烧饼。烧饼香气回肠，声名鹊起，受到了当时督军吴俊生（“吴大舌头”）的偏爱，于是铺号定为“玉田饼铺”，烧饼被称为“杨家大饼”。因杨玉田幼患天花，面有微麻，故人们又称其饼为杨麻子大饼。杨麻子大饼的第二代传人杨庆得杨玉田真传，生意越加兴隆，名满大草原，香飘东三省。第三代传人杨福贵继承祖业，博采众长，推陈出新，形成杨麻子大饼、杨麻子火烧、杨麻子馅饼、杨麻子烩饼等 20 余种名牌 系列产品，不仅在辽宁省、吉林省、黑龙江省、河北省、山东省等地设有 100 多家分店，而且在中国香港、新加坡面点业也享有盛誉。

杨麻子大饼由 17 种辅料配制而成，配方独特，选料精良，含有蛋白质、氨基酸、脂肪、磷、钙、维生素等多种营养成分，是集美味、营养、健康于一体的绿色食品。其传统制法是以炭火为炊，上有吊炉烘烤，下有平锅煎烙，上下同时受热，色泽金黄，食之外焦里嫩，香酥可口，油而不腻，馨香诱人，回味无穷，令人难以罢箸。

杨麻子大饼的简易做法如下：

准备好材料：高筋粉 300 克，温水 160 克，猪肉馅 200 克，葱 100 克，姜适量，其他调料（如酱油、花椒面等）。

将高筋粉倒在案板上，中间开窝，加入温水，和成面团。将面团揉透，盖上保鲜袋，静饧 20 分钟。

将葱切成条，再改刀成末，放入盘内备用。姜切片，改刀成切成末，同样放入盘内备用。

将猪肉馅倒入容器中，加入姜末搅拌几下，再加入鸡精、味精、精 盐、花椒面、酱油，搅拌均匀。最后加入葱末、香油、色拉油，搅拌均匀，调好肉馅。

将面团取出，搓成长条，分成三段，刷上色拉油。在案板表面也刷上色拉油，将面团按扁，用擀面杖擀成长形面片，刷上色拉油。将馅心平铺 在面片上，从上向下卷起。将长条面抻长，盘成螺旋形状，用手指压平。

在电饼铛内倒入色拉油，放入生坯，进行烙制。待一面烙制成金黄色时，翻面继续烙制。

取出烙制好的饼，用刀将饼从中间切开，放入盘内。这样，色香味 俱全的杨麻子大饼就制作好了。

三、非遗文化在吉菜技艺传承中的作用

非物质文化遗产是中华优秀传统文化的重要组成部分，是中华文明绵延传承的生动见证，是联结民族情感、维系国家统一的重要基础。保护好、传承好、利用好非物质文化遗产，对于延续历史文脉、坚定文化自信、推动文明交流互鉴、建设社会主义文化强国具有重要意义。《中华人民共和国非物质文化遗产法》规定，保护非物质文化遗产，应当注重其真实性、整体性和传承性，有利于增强中华民族的文化认同，有利于维护国家统一和民族团结，有利于促进社会和谐与可持续发展。非物质文化遗产在各民族中传承与流布，具有多民族共享的属性，是各民族长期交往、交流、交融中形成的文化互嵌

与共生，是中华民族共有的文脉、文象及文化符号。非物质文化遗产凝聚着各族人民的智慧与创造。将凝结为共识的民族文化鲜活地展现在我们面前，营造出“民族互嵌”的和谐氛围与安全的文化心理环境，唤起人们对中华民族的共同记忆，使沉浸其中的民众在文化共享过程中形成强烈的归属感和国家认同感，不断铸牢中华民族共同体意识。

在全球化、城镇化、数字化、科学技术日新月异的历史时期，在吉菜飞速发展，吉菜产业新格局的形成，吉林饮食类非物质文化遗产尤其凸显它的必要性、重要性及其无穷的魅力。它依然在很大程度上是我们生活方式的重要的和核心的成分。除此之外，吉林饮食类非物质文化遗产在加深吉菜文化认同感、增强吉菜技艺历史感等方面，尤其彰显出它的重大现实意义。

第六节 吉林气候与产物对吉菜技艺的影响

一、吉菜多炖的追溯

受东北天寒地冻的影响，东北菜的一大特色是“以炖为主”。在冰天雪地里，人们喜欢吃热乎的菜，以增加人体热量，炖就成为最实用的烹调方式，因为其他所谓煎炒烹炸，均不如“炖”的保温时间长久。

“东北乱炖”又名丰收菜，有“大杂烩”之意，是指做菜时肆意发挥，完全跟着自己的感觉，将多种蔬菜、荤腥置入一锅之内。东北乱炖简单易煮，有荤有素，营养丰富，味道鲜美。相传，炖菜时东北游牧民族遗留的吃法，这里曾是契丹、女真、蒙古族、满族的世居地，这些少数民族过着马背上的逐水草而居的生活，一口大铁锅驮在马背上，每到宿营，只好连荤带素扔到一个锅里烩，慢慢地形成了具有东北特色的乱炖。东北著名的几大炖菜是：猪肉炖粉条、羊肉汆酸菜、鲇鱼炖茄子、狗肉炖豆腐、小鸡炖蘑菇、排骨炖土豆、牛肉炖柿子等。

二、吉菜多酱的缘由

第一个原因是，东北地区盛产大豆，这是最基本的条件。大豆虽然在全国各地均有生产，但唯有东北地区生产的大豆质量最好、产量最高。大豆是油料作物，产量低，而且对土地的肥力要求很高。在东北的长白山区、黑龙江的“北大荒”地区，人们过去多用新垦殖的“生荒地”来种植黄豆（或用轮耕的休耕地来种黄豆），当时东北的生产条件是关内各地所不具备的。从今天的食用油料生产来看，关内北方地区多用棉籽油（黑油）、花生油（白油），再向南方，则普遍用菜籽油，而唯独东北是食用豆油的。可能是由于大豆在东北是一种大宗生产的农作物，在东北人看来，大豆也就成为一种有东北特点的平常的制酱原料。所以，当关内的人们还只能制作面酱的时候（由于生产和生活条件所限），生活在关东的东北人就已经在普遍制作豆酱了。金代女真人十分看重酱的存在：“虏（宋人称金朝）之待中朝使者、使副，油半斤，醋二斤，盐半斤，粉一斤，细白米三升，面酱半斤。”据《金史 · 石盏女鲁欢传》记载，天兴二年（1233 年），金元帅蒲察官奴杀掉知归德府石盏女鲁欢的理由就是“自车驾到府，上供不给，好酱亦不与”，然后“令军士拥至其家，检其家杂酱凡二十瓮……”

东北人喜食豆酱的第二个原因与东北漫长的冬季和春季生活有关。在东北，冬季漫长，而酱制食品制作简单、容易保存，所以人们喜欢把什么东西都拿来“酱”了吃，如酱牛肉、酱猪蹄等。这里的“酱”，类似于南方的“卤”。东北菜以炖、酱、烤为主要特点，形糙色重味浓。东北菜不拘泥于细节，颇像粗线条的东北人，令人胃口大开。酱脊骨、酱猪蹄、酱鸡爪等酱菜，若佐以醇厚的高粱烧酒，便有几分豪气从胃中升腾，充满了塞外的味道。

东北人喜食豆酱的第三个原因是，在关东地区一直有吃“蘸酱菜”的饮食习惯。若说偶然生食一次蔬菜，这在谁的身上都可能会发生，但是把蔬菜当成正餐中的一个或几个菜来吃，而且能够顿顿吃，隔些日子不吃就难受，在中国恐怕只有东北人。《三朝北盟会编 · 女真传》说，历史上的女真人，“其饮食，则以糜酿酒，以豆为酱，以半生米为饭，渍以生狗血及葱、韭之属，和而食之”。很明显，人们今天把祖先食蘸酱菜的习俗保留了下来。

三、吉菜厚味的背景

吉菜给人的第一印象就是口味重。吉菜多油、多盐，且偏爱辛辣口味。例如，吉林的烧烤、炖菜、炒菜等，都离不开大量的油和盐。这种重口味的菜肴，让人在寒冷的冬天里感受到温暖和舒适。吉菜厚味的形成背景主要为：

（一）地理气候背景

在温度越低的地方，越难以持续获得新鲜食物（尤其是蔬菜，而牲畜在冬天也缺乏食物，所以肉类也存在一定程度的匮乏），所以人们为了在冬季也能吃到多种的蔬菜，就习惯于把菜腌起来，出现了腌酸菜、咸菜、酱菜等。而这些食物只有重盐才能保存较长的时间。其次，盐分在寒冷潮湿的天气中，有利于保证人们的体能。久而久之，北方人就养成了偏咸的口味。

（二）主食差别背景

吉林地区气温较低，降水较少，因此适合喜干耐寒的小麦生长。吉林人的主食是馒头、面条、大饼、馍等面食，若菜肴的盐味淡一些的话，吃面食时感觉不入味，面食毕竟不像南方的米饭那样颗粒状的容易入味；加上北方人的豪迈性情，喜欢大口喝酒，大口吃肉，而肉食的烹饪食材也不如南方丰富，主要以牛、羊等略带膻味的为主，而加重盐味也可较好地掩盖一些腥膻味。

四、吉菜选料特点

（一）擅用禽畜肉类及其内脏

吉林省属于内陆地区，家畜、家禽产量丰富，是吉菜主要的动物性烹饪原料。我们可以看到有关吉菜烹饪的书籍统计，用这类烹饪原料制作的菜肴占吉菜的50%左右，它包括冷菜，如五香牛肉，盐水珍肝、水晶鸡、水晶肘子、拌鸡胗、拌腰丝等。有大件菜肴如风味扒肘子、冰糖肘子、扣肘子、红扒鸡、清蒸鸡、烧鸡、烤鸭、熏鸡等。有行件菜肴如香辣肉丝、滑炒里脊丝、芫爆里脊丝、滑炒鸡丝、芙蓉鸡片、宫保鸡丁、熘三样、熘肝尖、烧肚片等，品种繁多、丰富多样，其中不乏著名菜肴，被人们乐于称道的九转大肠、白肉血肠、以肚头和鸡胗制作的油爆双脆，以牛百叶制作的水爆肚，用鸡胸肉和蛋清制作的芙蓉鸡片，具有陶烹韵味的坛子肉等。中华人民共和国成立以来，20世纪50年代时期出版的，第一部由吉林省有关业务部门原商业厅饮食服务公司组织编写的《吉林菜谱》中的焦熘里脊、熘腰花、锅包肉、糖醋里脊、红烧排骨、锅烧肘子、红烧肉、扒牛肉条、炸八块、酱爆鸡丁等禽畜类菜肴，以上的菜例可以看出吉林菜中有一半是以禽畜类原料为主料的菜品，加之满族人嗜好食肉的习俗，禽畜类原料是吉林菜的一个重要原料，擅长烹饪禽畜类原料是吉菜的一个特点。

（二）擅制山珍野味

吉林省长白山这一得天独厚的“绿色天然宝库”，为吉菜提供了丰富的特产食材。在众多的传统吉菜菜谱中，有很多运用当地的山珍野味制作的菜肴，如扒猴头蘑、香烤松茸、小鸡炖榛蘑、鸡蓉刺嫩芽等。而且在制作野味菜方面有很多独到之处，并积累了丰富的经验，如拌狍子肉、香炸铁雀、红烧野猪肉、飞龙野山菌、汆野鸡丸子汤、冰糖哈什蚂等。自全省禁猎后，野味不在出现在吉菜菜肴中，但菌菇类、山野菜类的广泛应用，为吉菜山珍美味奠定了丰厚的物产基础。

（三）擅制江河湖鲜

省内水资源丰富，松花江、图们江、月亮泡、查干湖、雁鸣湖、松花湖等也都各有特产、盛产的烹饪原料，如清蒸白鱼、鲇鱼炖茄子、庆岭活鱼、酱焖鲫鱼、糖醋鲤鱼、清蒸鳜鱼等，可谓丰富多彩，都是充分利用了原料本身特有的鲜味为主味的著名菜肴。特别是图们江出产大马哈鱼和松花江上游尤其是松花湖盛产的“三花一岛”当地分别称为鳌花鱼、鳊花鱼、季花鱼和岛子鱼等其营养丰富，味美可口堪称鱼类珍贵极品。

（四）擅长以一种主料烹制整套宴席

如鹿全席、鹅全席、狗全席、牛全席、鸭全席、羊全席、鱼全席、山珍宴等，用来制作风味各异的宴席，可谓是丰富多彩也体现了吉菜烹饪深厚的功力。

（五）擅长“粗粮细作”

东北有土壤肥沃、广袤无垠的东北平原，适合粮食作物的种植，主要种植大豆、玉米、大米、高粱、马铃薯、甜菜等温带瓜果蔬菜。在改革开放以前，东北经济相对落后，人们生活水平有限，精米白面属于高消费饮食资源，因此人们养成了吃粗粮的习惯，如大楂子、玉米饼、高粱米饭、黏面窝窝等。随着经济社会的发展，人们健康饮食观念的形成，物质生活水平的提高，吃粗粮成为东北人的一种健康饮食追求。但“粗粮”吃起来不像“细粮”那样顺口，感官性状也较差，消化吸收率亦相应下降。因此，吉林厨师在长期的烹饪实践中，不仅掌握了各种粮食资源的运用，还对食客的饮食需求有深刻的了解。

他们认识到，粗粮不仅营养丰富，而且具有独特的口感和风味。因此，他们在烹饪过程中，注重粗粮的细作，使粮食入菜更加美味可口。

吉林厨师们不断研究和创新，将粗粮融入各种菜肴中，如金米虾汤等，将粮食以菜肴的形式呈现。他们运用精湛的烹饪技艺，将粗粮加工得细腻可口，使得菜肴既富有营养，又具有美味的口感。在这个过程中，他们不仅关注粗粮的口感和味道，还注重菜肴的色泽和造型，使每一道菜肴都呈现出独特的艺术美感。

在吉林，有许多具有代表性的粗粮菜肴，如玉米炖排骨、红薯炖鸡肉、荞麦面、饸饹面、玉米面条、杂粮包等。这些食物充分利用了粗粮的营养价值和独特口感，将粗粮与肉类、蔬菜等食材巧妙地结合在一起，既满足了食客的口腹之欲，又提供了丰富的营养。

此外，吉林厨师还善于利用当地的特色食材，如长白山的人参、木耳，以及各种野生菌类等，与粗粮相结合，创作出更多具有地域特色的美食。这些菜肴在满足食客口味的同时，也展示了厨师们对食材的尊重和烹饪技艺的创新。

（六）擅用药食同源食材

吉林省地处我国北药资源宝库长白山核心区，中医药资源极为丰富，素有“北药基地”的美誉。长白山地区具有天然绿色中药材生长的良好生态环境，所产人参占全国人参产量的85%以上，这也造就了长白山地区成为全国三大“中药材基因库”之一。长白山区不仅有人参、五味子、银线草、黄芪、防风、高山红景天等名贵药用植物，又有梅花鹿、中国林蛙等珍贵药用动物。据目前初步统计，吉林省拥有800多种药用植物，200多种芳香植物，药用生物资源共有2790种，分属443科，其中蕴藏量占全国50%以上的品种有40多个，药用资源拥有数量位居全国前列。长白山区不仅药用资源数量众多，而且保存较好，基本没有受到外来基因的入侵破坏。

药膳，这一独特的餐饮形式，起源于我国深厚的历史文化底蕴，是传统饮食与中医食疗的完美结合。在中医学、烹饪学和营养学的理论指导下，药膳严格遵循配方，将中药与某些具有药用价值的食物相配伍，为人们带来绿色健康的饮食选择。

吉菜倡导科学、绿色、营养、健康，采用的原料全部为长白山的绿色食品。随着人们对健康饮食的不断追求，“吉菜药膳”应运而生。区别于传统的菜系，吉菜药膳以绿色、健康、养生为核心理念，将中药与食物相结合，形成了独特的吉菜药膳系列。这些药膳不仅具有美味可口的特点，更能满足人们对于健康饮食的需求，已成为当今餐桌上的特色菜肴。

吉菜药膳是以中医理论为基础，将中药材经过严格的加工，与烹饪原料相结合而烹制成的菜肴，采用的原料全部为长白山的绿色食品，不含防腐剂、着色剂以及化学成分。如人参糯米鸡、天麻蒸鳜鱼、参芪鹿肉、雪茸老鸡菌汤、山药烤鳗鱼等。吉菜药膳系列的推出，是对我国传统药膳文化的传承与创新。它将古老的中医智慧与现代饮食理念相结合，为人们提供了更多健康养生的饮食选择。不仅在一定程度上满足了现代人对美食的追求，还弘扬了我国悠久的食疗文化。

第二章

吉菜的食材资源

JI CAI DE SHI CAI ZI YUAN

在绵延起伏的长白山脉下，吉林省以其独特的地理位置、丰富的自然资源和深厚的文化底蕴孕育了一系列独具特色的食材。位于东北亚的中心，这片土地四季分明，森林覆盖率高，水质纯净，为万物生长提供了得天独厚的条件。从稻田中泛起氤氲的水汽中，到静谧林间微风中飘散的松茸气味，再到田野里金黄玉米穗的沉甸甸，这里的食材凝聚了吉林的天时、地利与人和。本章着重介绍了这些珍稀的吉林特色食材。我们将以吉林大米为起点，这种大米以其粒大、香软、营养价值高著称，是中国东北粮仓的代表。紧随其后的是吉林玉米，它的甜脆口感和高纤维质量让人难以忘怀。吉林杂粮与寒冷的气候和肥沃的土地密切相关，塑造了其独特的营养特点和风味。当谈及吉林畜牧业的瑰宝时，我们将介绍吉牛、吉猪、吉鹿和吉羊，它们不仅是当地菜肴的骨干，也体现了农业文化与食品工艺的交织。此外，吉林的河流和湖泊作为特色水产食材的诞生地，赋予了这里的鱼类和各种水产品以独特的风味。在禽类食材方面，在任何一个节日宴席，都少不了散养在天然林地的本土禽类搭配着当地精制的调料。自然环境的恩泽同样体现在吉林蔬菜、山野菜和食用菌上，它们具有独一无二的营养价值和口感。当然，不可忽视的是吉林丰富的果实，它们不仅丰富了当地人民的餐桌，也深深影响了吉林人的饮食习惯。而吉林畜肉制品和干菜则凝结了食材加工艺术，它们承载着传统与创新，并代代相传。在本章节中，我们将深入探讨吉林的食材，并揭示它们在中国悠久的饮食文化中扮演的璀璨角色。我们的探索之旅不仅是对大自然无尽恩赐的赞歌，也代表了一种探索和重新诠释这片古老而生机勃勃土地的新方式。携带着敬畏与好奇，让我们共同踏上这一历险，一探吉林食材的秘密，并体验这些食材本身所诉说的最美味的故事。

一、吉林大米

吉林大米，作为中国东北的“白金名片”，是中国吉林省的一种优质大米，以其品质、口感和营养价值受到人们的喜爱。它生长在“世界三大寒地黑土带”上的吉林省，这里拥有广阔的农田和适宜的气候条件，是我国主要的优质粳稻生产基地。吉林省的大米产地主要分布于其东部、中部和西部，沿着五大主要的河流流域——图们江、鸭绿江、松花江、嫩江和辽河。这些河流不仅为大米的生长提供了纯净的水源，也赋予了大米独特的风味。在吉林，图们江流域的大米因其黏性而受到人们的喜爱，其口感细腻，特别适合用来做民族特色饮食。鸭绿江流域的大米米粒饱满，口感香糯且有弹性。松花江流域的大米则以其大而规则的米粒和颗粒饱满的口感为特色，口感绵甜而美味。嫩江流域的大米口感清淡，非常适合做粥。辽河流域的大米以其米粒透亮、香气浓郁以及柔软的口感而广受好评。不仅河流，吉林省的土壤也对大米的优质品质发挥了决定性的作用。这里的黑土厚度达 40~100 厘米，富含氮、磷、钾和其他有机物质，被誉为土壤的“乌金”，是最适宜优质水稻种植的土壤类型。

吉林大米因其优良的品质和口感而受到广泛赞誉。其外观晶莹剔透，米粒饱满饱满，质地柔软。吉林大米以其黏性适中、口感细腻、味道香甜而闻名，常被用于制作各种米饭、粥类、糕点等食品。吉林大米富含碳水化合物、蛋白质、维生素和矿物质等营养成分，是提供能量、膳食纤维和维生素 B 族的重要来源。据统计，吉林大米的蛋白质含量高达 8.5%，比一般大米高出 1.5% 以上，而淀粉含量低于一般大米，更有利于人体健康。

吉林大米比较盛名的主要有饮马河大米、梅河大米、舒兰大米、柳河大米、辉南大米、公主岭大米等。九台市坐落于吉林省中部，介于吉林市和长春市之间，那里涓涓流淌着一条养育了世代的饮马河。它的清冽水质和富饶的土壤所孕育的饮马河大米，以绿色优质著称，赢得了“皇庭贡米”这一崇高的美誉。米色如玉、粒粒飘香，它的每一颗米粒不仅蕴含着大自然的馈赠，更囊括了人体所需的诸多微量元素。2008 年，饮马河大米的声望更是得到地理标志证明商标的印证，其“公司—基地—农户”模式的实践，更是确保了其卓越品质的延续。

梅河口大米如同宝石般剔透，散发着温和而诱人的芳香，软硬适宜的口感让人难忘。即便在冷却后，它依然保持着柔软和香气，使之成为广受消费者欢迎的选择。梅河口大米曾是北京亚运会专用食品，这份荣耀更是证明了它在大米市场上无可替代的地位。而榆树市的大米，以稻田广阔、水源充沛的自然禀赋，造就了细腻且口感上乘的大米，颗颗晶亮、嫩滑不硬，让人一试难忘，广受市场青睐。

舒兰大米则是东北大米的优质代表，包含了稻花香、长粒香等多个品种。米粒细长、晶莹剔透，在蒸煮时散发出的香气让人心醉，口感绵软柔糯，即便在冷却后也依旧保持着引人陶醉的口味。不可忽视的还有集安市的贡米，这是集安市肥沃的土地和纯净的水源共同培育出的宝贝。它的米粒长而有力，每一颗米粒犹如精雕细琢的艺术品，煮后风味独特、余香绵长。珲春市也不甘落后，其大米凭借边境城市特有的水土条件，产出米粒饱满、色泽洁白，口味纯正，香气扑鼻的优质大米。万昌镇的大米，享受着吉林市黄金水稻带的中心地带带来的益处，这里的大米因精细的耕种和加工工艺，在长春国际农博会上荣获金奖，米粒均匀、口感柔滑，是饮食享受的上佳之选。

柳河大米以火山岩土壤施肥，品质卓越，且已成为享有国家地理标志证明的标杆产品。米粒圆润饱满，煮成饭后柔滑顺口，香味四溢，成为国内外市场抢手货。

辉南大米享有长生长周期和足够光照，故此香气浓郁，口感松软，适合不同消费者的需要，是该县农业的骄傲。

公主岭大米则以粒形美观、滋味佳轻、营养丰满而被赋予高度的评价，透明洁白的米粒煮成米饭后香醇油亮，满足了消费者对优质米食的追求。

二、吉林玉米

吉林玉米，是吉林省重要的农作物之一。玉米是禾本科玉米属的植物，原产于中美洲，由于其营养价值高，成为全球范围内的主要粮食作物与饲料来源。在中国，玉米是继稻谷、小麦之后的第三大粮食作物。吉林省的玉米以粒大色亮、品质优良而知名，广泛应用于食品加工、淀粉制造和畜牧业等行业。吉林省有着广阔的玉米种植区，尤以松辽平原较为集中。该地区土壤肥沃，黑土层厚，地势平坦，自然降水量适中，再加上现代化的农业灌溉设备，形成了适合玉米生长的优良条件。由于这些自然与人工双重的优势，吉林省的玉米既有较高的单位面积产量，又保持了较好的品质。

近年来，作为对环境责任的响应和可持续农业发展的需要，吉林省在玉米生产上采取了许多新技术和新方法，提高了玉米的产量和抗病性；保护性耕作和有机种植技术的推广，旨在减少土壤与环境的压力，并实现农业生产的可持续性。吉林玉米在国内外市场上具有极高的名声和需求量。特别是在糯玉米及其深加工产品方面，以其独特的口感和优异的加工性能，受到消费者喜爱。同时，作为畜牧业的饲料，由于其高能量和良好的消化率，也是养殖行业优先选择的饲料原料之一。

科学研究表明，玉米是非常有营养的健康食品。它含有丰富的碳水化合物，能快速提供能量，还富含蛋白质、脂肪、维生素和矿物质。特别是玉米中的黄色素质，如胡萝卜素、玉米黄质等，对视力保护具有重要作用。此外，玉米纤维对改善消化系统和减缓高血糖上升也有一定的益处。同时，玉米的深加工产业在吉林省也发展迅速，包括玉米油、玉米糖浆、麦芽糊精、氨基酸等产品，不仅为当地提供就业机会，亦推动了吉林省农产品加工业的繁荣。

吉林省被其丰饶的黑土地和得天独厚的气候眷顾，在玉米的种植领域里独占鳌头。位居这一世界知名的“黄金玉米带”中心，公主岭市以其高效的产出和非凡的品质让全球瞩目。这里的玉米，拥有饱满的颗粒和明亮的色泽，富含多种营养元素，被广泛追捧。四平市的玉米贯穿着松辽平原的肥沃，它以高含量的淀粉质和甘甜的风味获得了地理标志产品的称号，得到了国家重视，即使是国家主席习近平也曾对这片黑土地的保护重要性发表了感人至深的讲话。铸就了岁月印记的乾安糯玉米，以其柔软糯甜的口感，显现了中国农作物文化的深厚底蕴，赢得了国家地理标志产品的殊荣。而白山市抚松县沿江乡的白头霜玉米，以其霜白的穗尖和颗粒，透出细腻与甜香，不仅大幅提高了当地农户的经济收入，亦成为了区域特产中的璀璨明珠。

吉林省鲜食玉米是中国优质玉米的代表，以其香甜、黏糯、营养的特点，受到国内外消费者的喜爱。吉林省的鲜食玉米，凭借着其颗粒的丰满、甜度的恰到好处以及脆嫩多汁的质感，成为夏秋季节中的佳肴之选。吉林鲜食玉米是一种优质的粮食作物，吉林省经过科学的栽培管理，培育出“绿育黄粘早 1 号”“绿糯 619”“吉农糯 111 号”等多个优良品种，具有高产、高糖、高营养的特点。吉林鲜食玉米采用先进的加工技术，从采摘到包装，全程不超过 4 个小时，采用真空锁鲜包装，最大程度上保留了玉米的鲜度、口感和营养。吉林鲜食玉米的水溶性多糖含量达 10%~20%，比其他地区高 1%~2%，口感软糯香甜，营养价值高。吉林鲜食玉米经过多年的品牌建设，形成了天景、农嫂、祥裕、得乐、陆路雪等一批知名品牌，产品远销日本、韩国、新加坡、澳大利亚、俄罗斯等 16 个国家和地区，享有良好的市场声誉和消费者认可。2022 年 3 月 3 日，"吉林鲜食玉米"入选新华社民族品牌工程，标志着吉林鲜食玉米品牌站在了更高的平台。

三、吉林杂粮

吉林杂粮是指吉林省种植的一些非主食性的粮食作物，主要有小米、黄豆、绿豆、黑豆、燕麦、冰麦、紫苏、大豆等。吉林杂粮具有丰富的营养价值和独特的风味，是吉林农业的一张亮丽名片。吉林杂粮的种植历史悠久，有些品种已经形成了地方特色。吉林杂粮的加工和利用也十分多样，可以制成杂粮煎饼、杂粮粥、杂粮面食、杂粮油等，既美味又健康。吉林杂粮是吉林农业的一大亮点，也是吉林人民的一大骄傲。

（一）小米

小米是中国东北吉林省的特色农产品之一，以其优良的品质而闻名。吉林省位于中国东北部，属于温带季风气候，有着丰富的水资源和肥沃的土地，特别是广袤的黑土地，这为小米的生长提供了理想的自然条件。作为一种重要的谷物作物，小米在吉林省具有悠久的种植历史。小米种植面积广泛，主要集中在吉林省中部和西部地区，尤其是松原市、乾安县等地。

小米以其颗粒均匀、色泽金黄、香味浓郁而受到消费者的喜爱。在营养价值方面，小米富含多种人体必需的维生素和矿物质，如维生素 B 族、钙、铁、磷等，同时也含有较高的蛋白质和膳食纤维。小米被认为是健脾益气、滋补强身的佳品，特别是对于消化不良、食欲不振的人群具有一定的食疗作用。在传统农业技术和现代化种植技术的结合下，吉林小米的生产得到了加强和改善。当前，很多地方农民或农业企业都采用良种选育、田间管理和病虫害综合防治等措施，以确保吉林小米的产量和品质。

吉林小米的加工和利用也颇为多样化。它既可以直接煮食成粥，也可以加工成各种产品，如小米面、小米酒、小米糕等。在传统节日或日常生活中，小米经常作为温馨和健康的食物出现在东北人的餐桌上。除了在国内市场受欢迎外，吉林小米还远销至国外市场。随着健康食品趋势的兴起，小米作为一种天然、营养的粗粮，越来越受到海外消费者的青睐。

吉林省以其诸多独特的小米品种闻名于世，获得海内外的一致赞誉。位于松原市乾安县出产的乾安黄小米，以其深沉的金黄色泽、圆润饱满的米粒、绵密甜润的口感，以及极高的营养价值，闻名遐迩，在 2009 年 12 月荣获中国国家地理标志产品的尊贵保护。双辽市出品的双辽小米，被赞誉为"东北小米之王"，凭借其颗粒丰满、色彩光亮、口味糯滑以及富含的蛋白质和维生素，在提升人体免疫力、降血糖方面显得尤为突出。通榆八面小米，作为一种高品质的小米品种，原生于风景如画的松辽平原中心——通榆县，那里独到的种植技艺和得天独厚的自然条件催生了这一粒粒含高淀粉、高蛋白、高油脂的精品小米，也因此获得了国家地理标志产品的护佑。200 多年的栽种岁月里，红石砬小米在农安县独具特色的土壤中生根发芽，其金灿灿的颗粒、馥郁的风味赢得了满堂彩，曾作为清帝溥仪的御用贡品，历史悠久并贵为世人宠爱。而炭泉小米之所以享誉盛名，离不开长岭县南城子充满生机的草碳土与充盈微量元素的泉水，正是这片昔日粮草之地的得天独厚和精心培育，铸就了小米的卓越品质，2016 年 11 月，更有幸获得国家级的委以重任，成为地理标志产品。吉林的这些标志性小米品种不仅为中国农业文化增添了光彩，更在经济层面，为当地农户提供了稳定的收益来源，推动了整个区域农业经济的蓬勃发展。

（二）敦化小粒黄豆

敦化小粒黄豆是产于吉林省敦化市的一种优质黄豆，被誉为"东北黄豆之王"。黄豆在中国有着悠久的历史和文化价值，是中国传统的主要粮食作物之一。在

中国古代文献中，黄豆有多种称呼，如豆、菽、黍、粟等，是中华民族的重要食物和药物。敦化市位于长白山北麓，属于温凉区，享有中温带湿润季风气候，有利于黄豆的生长和发育。敦化小粒黄豆油分含量高，产地环境无污染，富含蛋白质、脂肪、碳水化合物、维生素、矿物质等营养成分，是人类优质植物蛋白的重要来源。此外，黄豆还含有大豆异黄酮、大豆皂苷、大豆磷脂等生物活性物质，具有降血脂、抗氧化、调节内分泌、预防骨质疏松等保健作用。

（三）白城绿豆

白城绿豆是吉林省白城市的特产，也是中国国家地理标志产品。白城绿豆主要产于白城市及其周边的平原、丘陵和低山地区，土壤为风沙土、淡黑钙土、砾石底黑土。白城市所处的温带大陆性季风气候提供了适宜的生长环境。白城绿豆的栽培品种有白绿 522 号、白绿 6 号、白绿 8 号等，种植管理采用科学的方法进行，保证了绿豆的品质。白城绿豆经过机械筛选、去杂、烘干等工序，保证纯粮率高，并符合国家标准。白城绿豆在国内外市场享有较高的声誉，年产量约 10 万吨，出口量约 5 万吨，占全国绿豆出口量的 30% 以

上。白城绿豆先后入选中欧地理标志保护清单、吉林十大地理标志、第一批地理标志运用促进重点联系指导名录等。白城绿豆富含蛋白质、膳食纤维、维生素和矿物质。它是优质的植物性蛋白质来源，有助于维持肌肉和组织的健康。白城绿豆还含有丰富的维生素 B 族、维生素 C、铁、锌和镁等营养物质，有助于维持身体健康和促进新陈代谢。白城绿豆适合制作各种美味的烹饪食品，包括绿豆汤、绿豆粥、绿豆沙等。另外，白城绿豆还可以磨成绿豆粉，用来制作绿豆粉糕点或糕点馅料，口感细腻、香甜可口。

（四）长岭炭泉黑豆

长岭炭泉黑豆是吉林省长岭县的特色农产品，也是中国国家地理标志保护产品。它的名称来源于当地的草炭土和炭泉水，这两种自然资源为长岭炭泉黑豆的生长提供了优良的条件。长岭炭泉黑豆具有颗粒大而饱满、色泽乌黑发亮、豆瓣呈青绿色等感官特征，以及高蛋白、低热量、富含维生素和微量元素等营养价值。炭泉黑豆还有养血平肝、除热止汗、补肾补阴等药用保健作用，是一种既美味又健康的食品。

长岭炭泉黑豆富含优质蛋白质、膳食纤维、维生素和矿物质。它是植物性蛋白质的重要来源，有助于维持肌肉和组织的健康。此外，黑豆的高纤维含量有助于促进消化系统健康、降低胆固醇水平并维持肠道健康。黑豆还富含维生素 B 族、维生素 C、铁、锌和镁等多种营养成分，有助于维持身体健康、促进新陈代谢和提高免疫力。黑豆可用于制作多种美味的食品，如黑豆汤、黑豆糙米饭、黑豆炒菜等。将黑豆浸泡后可以煮汤，煮成黑豆汤有清热解毒的功效，同时口感醇香可口。将黑豆和糙米混合煮熟，可以制作出香浓可口的黑豆糙米饭，增加饭菜的口感和营养价值。

（五）白城燕麦

白城燕麦是吉林省白城市及其周边地区的特色农作物，也是中国国家地理标志保护产品。白城燕麦种植历史悠久，已有近百年，成为白城市的地标产品和农业支柱产业。为了推动其发展，白城市政府积极打造白城燕麦国际产业园，并构建政产学研的联合发展模式，致力于构建东方燕麦之都。白城燕麦生长于北纬 45° 的地区，地处松嫩平原与科尔沁草原交界地带，拥有充足的光照、昼夜温差大、种植天数长、良好的水质和土壤条件。白城燕麦具有粒型大、颗粒饱满、色泽明亮、鲜绿，被认为是国内外市场上的优质燕麦品种。白城燕麦富含蛋白质、脂肪、维生素 E、β- 葡聚糖等营养成分。白城燕麦籽粒大，种皮薄，腹沟浅，表面光滑，口感好，易于蒸煮、冲调，可以制作成多种美食和健康产品。

（六）洮南冰麦

洮南冰麦产自吉林省洮南市，是一种优质的春小麦品种，具有高筋、高蛋白、高矿物质等特点，是制作面粉和面食的优良原料。洮南冰麦是利用现代生物技术将天兰冰草的抗病、抗寒等优良基因转移到北方春小麦中培育而成的。洮南冰麦在吉林省洮南市大面积种植，采用冰麦加燕麦草的“双季双优”种植模式，实现了粮饲结合、一年两季的高效利用土地资源。洮南冰麦已经形成了一定的品牌影响力，被认为是绿色生态种植的标志性产品。洮南农业种植企业与中国科学院东北地理与农业生态研究所等科研机构开展了深度合作，不断优化种植技术，所开发的天然有机洮南冰麦面粉受到了消费者的欢迎，目前正努力打造“吉林冰麦”品牌，拓宽市场渠道。

（七）桦甸紫苏

桦甸紫苏是一种具有独特的香味的杂粮作物，主要产于吉林省桦甸市，也是中国国家地理标志保护产品。紫苏为唇形科一年生草本植物，株高 60~150 厘米，紫色或绿色的茎呈四棱形，叶片呈宽卵形或圆卵形，有特殊的芳香味道。紫苏含有丰富的维生素 C、维生素 A 和维生素 K，多种矿物质，特别是紫苏籽油富含 α- 亚麻酸，是功能性油脂中 α- 亚麻酸含量最高的食用植物油。紫苏在烹饪中广泛使用，它能为食物增添香气和口味，紫苏可以被晒干并研磨成粉末，用作焙烤中的调味料，能赋予食物独特的草本香气和微妙的清新味道。紫苏粉末还可以用于制作肉类或海鲜的干腌料，给食物带来独特的风味。

（八）榆树大豆

榆树大豆是吉林省榆树市的地方特产，榆树市是国家大豆商品粮基地，每年为国家提供大量的高质量大豆，为中国农业的发展作出了重要贡献。榆树大豆不仅在吉林省享有盛誉，还形成了吉林省的一个重要农业产业，形成的干豆腐、大豆腐、豆油、酱油等豆制品系列产品远近闻名。榆树大豆是植物中蛋白质含量最丰富的一种，是素食者的重要蛋白质来源之一，其蛋白质含量约为25%，并且必需氨基酸组成丰富。榆树大豆富含膳食纤维和丰富的维生素和矿物质，如维生素B族、维生素E、铁、钾、钙等，具有较高的营养价值。在烹饪中，大豆具有广泛的应用价值。豆浆是一种非常受欢迎的饮品，是素食者和乳糖不耐受者的理想选择，富含蛋白质和矿物质。豆腐则被广泛应用于中餐烹饪中，如红烧豆腐、麻婆豆腐等，是一种蛋白质丰富的食材。此外，大豆还可以制作其他豆类菜肴，如豆饼、烤豆等，不仅口感独特，而且具有丰富的营养。通过各种烹饪方式，大豆可以为人们提供健康美味的饮食选择，成为均衡饮食中不可或缺的一部分。

四、吉牛

在中国东北的辉煌瑰宝中，吉林省无疑是一个丰富多彩、充满生机的典范。吉林拥有得天独厚的地理位置和多元的自然环境，孕育了一系列令人称赞的特产。其中，最令人印象深刻的，就是赫赫有名的“吉牛”。吉牛，是吉林省的一张金字招牌，是餐饮领域的一颗明珠，是优质畜牧业的一面旗帜。吉牛的肉质细腻，富含蛋白质及多种必需氨基酸，每一口都能感受到吉林丰富的草原和清新的空气，令味蕾振奋。吉牛的成长，离不开吉林省这片神奇的土地和无数辛勤的农牧民。他们伴随着四季的轮回，昼夜不懈地培育着吉牛。这些牛只在广阔无垠的天然牧场上自由放牧，从春天鲜嫩的青草到秋天丰硕的玉米，吉林省的牧场提供了最为天然的饲料，吸取着东北黑土地的精华和充沛的阳光雨露的滋养，确保吉牛肉的品质始终如一。

（一）延边黄牛

延边黄牛主要产自吉林省延边朝鲜族8个县市现辖行政区域，是“中国五大地方良种牛”之一，与日本的和牛、韩国的韩牛齐名。延边黄牛产肉性能优良，它生长在北纬38°~43°的高山牧场中，生长速度快、出肉率高，肉质细嫩、香味浓郁。延边黄牛营养成分丰富，黄牛肉红色均匀，有光泽，脂肪呈白色和微黄色，纤维清晰，有韧性。它富含水分、蛋白质、脂肪、灰分、谷氨酸、油酸等营养成分，有利于人体健康。延边黄牛肉是中国国家地理标志产品，延边黄牛肉的生产者必须遵守国家质检总局的地理标志产品保护规定，包括品种、谱系、饲养环境、饲养技术、屠宰加工、排酸时间、质量特色等方面的要求。延边黄牛肉在烹饪领域有着广泛的应用，

可以采用烤、炒、炖、凉拌等多种方式处理，搭配不同的调料和食材，都能展现出其独特的美味和口感。无论是烤牛排、炒牛肉、炖牛肉还是凉拌牛肉，延边黄牛都能充分发挥其优质肉质，让人们享受到丰富多样的美食体验。

（二）通榆草原红牛

通榆草原红牛是偶蹄目牛科牛属哺乳动物，又称中国草原红牛，体型中等。多数牛有角且向前外方，呈倒“八”字形，略向内弯曲；肩、颈结合良好，背腰较平直，后躯宽平，四肢端正，全身结构匀称，肌肉丰满。被毛多为紫红色或深红色，部分牛腹下、乳房部有白斑；角质蜡黄褐色；鼻镜、眼圈粉红色。通榆草原红牛主产于中国吉林省白城地区西部，以通榆地区产出品质最佳。通榆草原红牛牛肉具有鲜香气味，无异味，煮沸后肉汤澄清，脂肪团聚于表面，肉质细嫩多汁，鲜美适口，肉中富含有蛋白质、脂肪、维生素B族、钾元素等成分。在烹饪应用方面，通榆草原红牛可以被用来制作多种美味菜肴，如清炖牛肉、牛肉炒青椒等，其肉质细腻，适合快炒、慢炖、烤炉烧烤等各种烹饪方式，可以根据个人口味添加各种调料，搭配蔬菜或其他食材，味道鲜美。

（三）桦牛

桦牛产地坐落于神秘莫测的长白山余脉，北纬42°的龙岗山脉的森林牧场，这片景色壮美的土地上，峰峦重叠，清泉溪流交错。在这座大自然赐予的“森林氧吧”中，桦牛悠然自得地漫步，它们以草本植物为食，饮用来自山涧的清泉水，伴随着鸟鸣声和林涛声肆意生长。坚持标准化的养殖流程，牛只的饲养周期涵盖24~36个月的成长时光，其间谷饲期长达500天。采用先进的分区管理和家畜自动跟踪监测系统，确保每只牛都享有其

独一无二的身份识别。科学配比的谷草混饲养殖法不仅保证了桦牛牛肉质地鲜嫩多汁，还平衡了脂肪含量，使之更趋健康且满足人体需求。

五、吉猪

吉林省，这片融汇了长白山的神秘、松花江的流淌与东北大平原的坦荡的神奇土地，延绵起伏的山丘与肥沃的黑土地，赋予了她丰富的自然资源和独特的农牧产品。在诸多闻名遐迩的特产中，“吉猪”无疑是这块土地上的一颗璀璨明珠，它承载着吉林省深厚的农业文化和历史传承。“吉猪”是吉林省畜牧业的骄傲，是那高品质、健康生长的优质猪肉的代名词。在这极寒与温暖交替的北地，吉猪以其肉质鲜美、纹理清晰、口感柔嫩而备受推崇。在传统与现代农牧理念的交会点上，这些猪只得以在自然与人工精心照料下成长，从悠久的历史中继承下来的养殖方法，到现今倡导的健康养殖模式，这一切均确保了吉猪优异的品质。

（一）梨树白猪

梨树白猪是吉林省梨树县的主导生猪品种，以其卓越的品质在市场上受到广泛认可。这一品种以其皮白、毛稀、肉嫩和瘦肉率高等特点而著称，消费者对其赞誉有加。梨树白猪在 2021 年 12 月被吉林省市场监管厅评选为吉林省十大地理标志产品，这一荣誉进一步肯定了其在吉林省的地位和声誉。梨树白猪的瘦肉率超过 62%，肉质细嫩、肥瘦相间，味道鲜美，具有丰富的营养价值，富含优质蛋白质、维生素 B 族、铁、锌等营养成分，白猪肉中的脂肪含量相对较高，风味浓郁。在烹饪应用方面，白猪肉是非常常见的食材，适合用于多种烹饪方式。可以用白猪肉制作炒菜、煲汤、焖肉等菜肴。白猪肉质嫩滑，可以与各种调料和食材搭配，口感鲜美。无论是红烧肉、回锅肉、糖醋排骨还是炖猪肉汤，白猪肉都能为菜肴增添丰富的味道和口感，受到人们喜爱。

（二）东辽黑猪

东辽黑猪是吉林省东辽县的特产，是中国国家地理标志产品。东辽县是著名的黑猪养殖之乡，是国家级标准化养殖示范区。东辽黑猪的感观特征是通体黑色，体质强健、头中等大、额宽嘴短、两耳下垂、腰背平直、四肢粗壮、抗病和抗寒性强，瘦肉率高等特性。东辽黑猪肉质鲜嫩、瘦而不柴、肥而不腻、味美可口，其大理石纹理和食用口感明显。瘦肉中蛋白质含量≥ 21%，肌间脂肪≥ 5%，风味氨基酸含量≥ 43%。黑猪是一种特殊的猪种，通常在山区或特定地域饲养，因其特殊的饲养环境和饲料，黑猪肉质鲜美，受到越来越多人的喜爱。黑猪的肉质柔软、口感鲜美，在营养价值上也有独特之处。

黑猪肉富含优质蛋白质、不饱和脂肪酸和多种维生素矿物质，相对于一般猪肉而言，黑猪肉的胆固醇含量较低，脂肪酸组成也更加均衡。这使得黑猪肉在提供高质量蛋白质的同时，对心血管健康也有一定的益处。此外，黑猪肉中还富含矿物质如铁、锌和硒等，对血红素合成、免疫功能和抗氧化等方面都有积极作用。在烹饪应用方面，黑猪肉可以应用于多种创意菜肴。无论是煎、炒、烧、煮，黑猪肉都能表现出其独特的口感和鲜美的味道。例如，可以用黑猪肉制作黑猪肉炒饭、黑猪肉馅饼、黑猪肉汤等美食。黑猪肉的柔软和独特的风味使其成为餐桌上的佳肴，让人们能够体验到美味和营养的双重享受。无论是家庭晚餐还是高档餐厅，黑猪肉都能为菜肴带来独特的风味，让人们爱不释手。

（三）吉神黑猪

精气神黑猪是吉林省著名的特产，由吉林精气神有机农业股份有限公司经过20年的精心培育，选育出的优质品种。生长在长白山林间，精气神黑猪享受天然的生态环境，无激素和抗生素的添加，饲料主要由有机谷物和野生草药组成，保证了肉质的纯净与无污染。体格健壮，肉质细嫩，肥瘦适中，肉色鲜艳，肉味醇香，口感劲道，营养丰富。精气神黑猪无论是煎、炒、炸、烤、炖、煮、蒸还是卤，都能保持肉的原汁原味，成为了吉林特色美食的重要原料。它通过国家畜禽遗传资源委员会的品种审定，被命名为“吉神黑猪”，并荣获国家科学技术进步二等奖。不仅在国内市场上备受青睐，精气神黑猪也赢得了国际市场的好评，成为吉林省引以为傲的特产之一。

（四）秸秆肉猪

秸秆肉猪作为一种特色的畜产品，已成为吉林省的一张名片。秸秆肉猪，乍听之下可能让人感到些许陌生，其实它源于一种对动物福利和可持续农业的深刻理解。这种独特的养殖模式指的是利用农作物收割后的秸秆来饲养猪只。这不仅解决了农村秸秆处理难的问题，而且提供了一种环境友好型的畜牧业养殖模式。吉林省拥有广阔的农田和肥沃的土地，玉米、水稻等作物收割后遗留的秸秆资源丰富。而秸秆肉猪的饲养正是将这些秸秆资源作为主要饲料，不仅降低了饲养成本，更因为秸秆中丰富的纤维素和其他营养成分，有助于改善猪肉质地和风味。这种饲养方式下的猪只，一般生长周期比普通猪只长，因此肉质更为紧实，肌肉纤维较为细腻。同时，秸秆中的高纤维素有助于猪只消化系统的健康，其肉质中的脂肪分布均匀，口感更佳。在吉林省，秸秆肉猪不仅受到当地居民的喜爱，其独特的生长方式和优良的肉质也逐渐受到更广泛消费者的认可。它不但成为农家餐桌上的美味，也是餐馆里追求原生态食材的首选之一。

六、吉鹿

在中国东北的深林幽谷之间，吉林省蕴藏着无数宝贵的自然资源与特有的野生生物，成为独具魅力的食材宝库。在这些丰盛的资源中，吉鹿便是其中一个极为璀璨的珍宝，它不仅是吉林省的自然财富，更是中华烹饪宝库中的珍稀成员。吉鹿指的是在吉林省生长的各种鹿类，包括梅花鹿、马鹿等，它们在这里得天独厚的环境中自由生长，其肉质和鹿茸等产品因为高质量而被广泛称颂。吉鹿不只是一种美味的食材，它更承载着深厚的历史文化。几千年来，鹿在中国文化中不仅象征着长寿与吉祥，其各个部位也药食兼备，被用于众多传统滋补美食与草药之中。

（一）东丰梅花鹿

东丰梅花鹿来源于吉林省东丰县，地处长白山余脉，具有独特的生态和气候环境及充足的饲料资源极适于梅花鹿的生长繁育。东丰县是全国人工养殖梅花鹿的发源地，素以“梅花鹿之乡”著称于世。东丰梅花鹿体型较小，体躯较短。成年公鹿的体高、体长、体重（平均数）分别为98厘米、92厘米、100千克，母鹿的体高、体长、体重（平均数）分别为80厘米、85厘米、62千克。其茸形呈典型的三圆形状，主干圆（即梃管圆）、扈口圆和嘴头圆。眉枝分生部位高，角基距较宽。夏季被毛呈米黄色，花斑稀疏、较大，背线不明显。上锯公鹿的成品茸单产达0.9千克左右。母鹿的繁殖成活率达70%~90%。对于育种方面，应保持本类型优选繁育，以维护其独特的品种特性。鹿肉是一种优质的肉类，相对于其他肉类原料，具有高蛋白、低脂肪、低胆固醇等营养优势，其肉质细嫩、味道鲜美，多为瘦肉、少有结缔组织，可烹制多种菜肴。鹿肉不仅含有较丰富的蛋白质、磷脂、维生素 B_{12} 及人体必需的氨基酸，还含有丰富的无机盐和维生素，易于被人体消化吸收。从中医养生理论上讲，鹿肉性温和，具有补脾益气、温肾壮阳的功效，对气血不足、虚损羸瘦、肾虚阳衰等症有益。在烹饪应用方面，鹿肉可以被制作成多种美味菜肴，如鹿肉火锅、红酒烩鹿肉，适合用烤、煮、炒等方式烹饪，也可以根据个人口味搭配不同的调味料和蔬菜。

（二）双阳梅花鹿

双阳梅花鹿来源于吉林省长春市双阳区，是世界首例鹿科动物定型品种，1990 年双阳梅花鹿育种项目获国家科技进步奖一等奖。双阳梅花鹿是通过地方类型选育的途径，采用个体表型选择种鹿、单公群母配种、品质与亲缘选配、大群闭锁繁育等方法，经过组建基础群、初选扩繁、精选提高三个阶段培育而成。双阳梅花鹿经长期圈养和多年人工选育，在形态结构、生理机能、生长发育等方面，均表现出较多的培育型特征，具体而言，体型中等、毛色较深、梅花斑点大而清晰、背线较浅、头长额宽、胸部宽深、腹围较大，在吉林省的其他梅花鹿类型中，双阳梅花鹿的头长指数、体长指数及胸围指数为最大，体高指数为最小，肢长指数居中，整体结构紧凑、丰满。成年公鹿体高 101~111 厘米，体长 103~113 厘米，公鹿平均体重 138 千克，其头躯长方形，四肢较短，全身结构紧凑结实，头呈楔形，额宽平；成年母鹿体高 88~94 厘米，体长 94~100 厘米，体成熟时体重 68~81 千克，母鹿头颈清秀腹围较大，后躯发达，乳房较大。公母鹿夏毛为棕红色或棕黄色，梅花斑点大央稀疏，背线不明显，腹下和四肢内侧被毛较长，呈灰白色。冬毛密而长，呈灰褐色，梅花斑点隐约可见。双阳梅花鹿鹿肉具有高质量的蛋白质，较低的脂肪含量，富含维生素 B_6 和 B_{12} 等 B 族维生素，以及丰富的矿物质，如铁、锌和磷。鹿肉可以通过多种烹饪方法制作成美味的菜肴。烤鹿肉是一种简单的方式，将鹿肉切成块状，在合适的调味料中腌制一段时间，然后在预热的烤箱中烤至肉质熟透。鹿肉可以制成多种美味菜肴，将鹿肉切成薄片或丁块，在高温油中快速翻炒至熟透，以保持鹿肉的嫩滑口感。

七、吉羊

在辽阔的吉林省大地上，一朵朵洁白的羊群像点缀在青绿草原上的珍珠，绽放着朴实无华的北国风情。吉羊是指在吉林省饲养的羊，它已经成为这个地区独具特色的农牧业象征，以其优良的肉质、独特的风味成为餐桌上的佳肴。吉林省特殊的地理位置，赋予了这里四季分明的气候特点，得益于清新的空气、纯净的水源以及肥沃的草地，吉羊拥有高质量的肉质和丰富的营养价值。在这片神奇的土地上，传统养羊方式与现代科技相结合，令吉羊肉更为细嫩、口感更佳、营养价值更高，无论是烹饪方式的多样化还是滋补保健的需求，吉羊都以其独有的优势满足着人们对高品质生活的向往。

（一）乾安肉羊

乾安肉羊产自吉林省松原市乾安县，是该县的特产，2018 年 7 月，乾安肉羊获得了国家级的认可和保护，原国家质检总局正式批准对其实施地理标志产品保护。乾安羊肉在 2019 年 11 月 15 日进一步获得认可，成功入选中国农业品牌目录。这一系列荣誉反映了乾安肉羊卓越的品质与价值，它不仅是乾安县人民骄傲的象征，也是中国东北农业的璀璨瑰宝。乾安羊肉展示出鲜红或深红的肌肉色泽，闪耀着引人注目的光泽，而其乳白色的脂肪则纯净且柔和。羊肉的肌纤维紧密、富有弹性，具有坚韧的特质。在轻压后，其质地能快速恢复原状，彰显出出色的新鲜度与高品质。羊肉富含多种维生素，包括维生素 B 族、维生素 D 和维生素 E，还富含多种矿物质，如铁、锌、硒和磷。羊肉可以适合多种烹饪方法加工，常见的烹饪方式包括烤、煮、炖或炒，由于肉质鲜美，适量的加热可以使羊肉风味得到更高的提升，同时也能保留其营养价值。

（二）乾华肉用美利奴羊

乾华肉用美利奴羊是一种肉毛兼用型细毛羊新品种，由吉林农业大学和乾安志华种羊繁育有限公司联合培育。该品种是以南非肉用美利奴羊为父本，东北细毛羊为母本，采用杂交育种技术所培育的。乾华肉用美利奴羊具有抗逆性强、肉质优、肉毛兼用等特点，屠宰率、胴体净肉率等综合生产性能及品质达到或超过国内外同类绵羊品种。羊肉中含有丰富的蛋白质和必需氨基酸，脂肪含量较低，是较为健康的肉类选择。羊的肉质比起其他的肉羊，其肌肉纹路更加细腻且均匀。由于纤维较细，羊肉在烹饪后往往口感更加柔软。相较于一些其他品种的羊肉，这种羊肉的味道较为温和，不太会有强烈的羊腥味，更容易被大众接受。

（三）吉林山羊

吉林山羊产自吉林省多个地区，主要分布在吉林省延边地区，属于奶肉兼用型羊种。吉林省山羊是一种体质强壮，骨架结实，体型较大的特色羊种，绝大部分毛色为白色，也有少数呈灰色和黄色。它们的头部较大，头长额宽，大部分没有角，而颈部较短而粗。本地山羊其肉质较为嫩滑，仅略带膻味，深受吉林省本地居民喜爱，在吉林省羊肉供应中占据主要地位。

（四）吉林绵羊

吉林省地产绵羊是吉林省的一种优质畜产品，也是吉林省的地理标志产品之一。吉林省地产绵羊的养殖历史悠久，养殖技术先进，养殖环境优良，养殖规模大，养殖效益高，是吉林省农牧业的重要支柱产业之一。吉林省地产绵羊以其肉质细嫩、香气浓郁、营养丰富而闻名，含有丰富的蛋白质、氨基酸、铁、锌等微量元素，对人体有益。吉林省地产绵羊的烹饪方法有多种，如烤羊肉、涮羊肉、羊肉汤、羊肉饺子等，都能展现其鲜美的风味，是吉林省的特色美食。

八、吉林特色水产食材

吉林省，这片位于中国东北的福地，被蓝天白云和清澈江河所环抱。在这片迷人的土地上，有着丰富多样的水域资源，孕育了各类珍贵的水产特产。这些以吉林特色水产为主题的食材，不仅能满足人们的口腹之欲，更将吉林的美食传统与地域特色完美融合。吉林省拥有众多的湖泊、河流等水域资源，孕育了丰富多样的水生生物。其中最为闻名的就是各色美味的鱼类，这些鲜活的水产以其肉质鲜嫩、口感醇香而备受追捧，不仅在吉林地区享有盛誉，更远销全国各地。而除了鱼类以外，吉林省还以虾、贝等水产资源独树一帜。这些富含营养的水产食材，因其鲜美的口感和独特的味道，成为吉林美食的灵感来源，也满足了人们对于高品质美食的追求。

（一）查干湖胖头鱼

查干湖胖头鱼是吉林省前郭尔罗斯蒙古族自治县特产，在 2006 年查干湖胖头鱼获“中国名牌农产品”。2010 年 4 月 6 日，原国家质检总局批准对“查干湖胖头鱼”实施地理标志产品保护。前郭尔罗斯蒙古族自治县境内主要有 3 条河流和大小湖泡 27 处。查干湖总水域面积为 3.7 万公顷，是吉林省最大的天然湖泊。最高水位 130 米，湖底低处高程 126 米；最大蓄水量约 5.15 亿立方米，平均水深 1.6 米。湖底平坦，适宜查干湖胖头鱼生长。查干湖胖头鱼生活在水体中上层，性情温驯，行动延缓，以浮游动物为主要食物，一般 4 龄方始成熟。查干湖胖头鱼体质健壮，无污染，肥满度高；其味道鲜美纯正，肉质细嫩，个大体肥，肥而不腻。鱼体富含人体所需的蛋白质、氨基酸、高不饱和脂肪酸和多种微量元素。查干湖胖头鱼在烹饪上有多种应用，传统的烹饪方法包括红烧、清蒸、酸菜鱼等，每一种都能充分展现其滋味。清蒸胖头鱼可保留其原汁原味，淋上适量酱油、葱姜丝增添风味，而红烧胖头鱼则更加讲究酱料的调制和火候的掌控，可使鱼肉更加入味，鲜香扑鼻。

（二）查干湖大银鱼

查干湖大银鱼是吉林省查干湖的特产，是中国国

家地理标志产品。大银鱼的营养十分丰富，每 100 克可食部分含水分 89 克、蛋白质 8.2 克、脂肪 0.3 克、碳水化合物 1.4 克、灰分 1.0 克；钙 258 毫克、磷 102 毫克、铁 0.5 毫克、硫胺素 0.01 毫克、核黄素 0.05 毫克、尼克酸 0.2 毫克。烹饪上，查干湖大银鱼可以灵活运用多种方法来准备，如煎、烤、蒸、炖或凉拌。由于其肉质娇嫩，深受人们喜爱的做法有清蒸大银鱼，这样做可以最大限度地保持鱼的原汁原味，突出了大银鱼的鲜美。

（三）吉林葛氏鲈塘鳢

葛氏鲈塘鳢，俗称为“老头鱼”，是吉林特产的美味食材。产自吉林省多个地区，具有广泛分布的特点。它拥有纺锤形的体态，头部宽阔平平，口大且位于末端，上颌略短于下颌，使得其嘴角微微上扬。身着黑褐色或绿褐色外衣的葛氏鲈塘鳢，体侧布满了特有的黑色斑纹，身躯之下是灰白色的腹部，而在它的鳍条上，则是一道道清晰的黑色纹带。作为吉林特产，它尤其以其细嫩的肉质、鲜美的口感、稀少的鱼刺和丰富的营养价值而饮誉四方。传统的加工方式，诸如酱焖或油炸，更是将葛氏鲈塘鳢的美味发挥到极致，使其成为诸多美食家及饕餮者争相品尝的佳肴。

（四）大安芦苇湿地河蟹

大安芦苇湿地河蟹是产自吉林省大安市，是一种以大安芦苇湿地为养殖环境的河蟹。大安芦苇湿地位于吉林省西部，是一个保持良好状态的芦苇沼泽湿地，这里生长着丰富的水生植物，为河蟹提供了丰富的天然食物来源。大安芦苇湿地河蟹的养殖采用了生态养殖模式，即“苇—蟹（鱼）—稻”复合生态模式。这种模式利用了芦苇湿地的生态功能，实现了河蟹与芦苇、鱼类和水稻的互利共生。大安芦苇湿地河蟹通过充分利用天然水生植物和人工饵料，以及采用盐碱水驯化和生态养殖模式等手段，养殖出优质的河蟹产品。它不仅保护了湿地生态环境，还提高了河蟹的产量和品质。作为食材，大安芦苇湿地河蟹鲜美可口，肉质饱满，营养丰富，深受人们喜爱。营养价值方面，河蟹富含优质蛋白、脂肪、维生素和矿物质，特别是蟹黄中含有大量的脂类物质和维生素 A、维生素 D 等营养成分，富含多种微量元素，如钙、磷、铁等。烹饪应用方面，芦苇湿地河蟹可应用于多种烹饪方法中，流行的烹饪方法包括清蒸、红烧、姜葱炒、黄酒蒸、香辣炒等。清蒸河蟹是最常见的做法，能保持鲜美的蟹肉原味，通常会搭配姜醋酱一起食用以提味。

（五）延边明太鱼

明太鱼一直是延边朝鲜族人民喜欢食用的传统食品，学名是黄线狭鳕，属于是鳕形目鳕科鳕属鱼类。体瘦长形，头尖，下颌突出，颐部仅有一枚短须。鳞细小。背鳍 3 个，臀鳍 2 个，尾鳍呈浅凹形。体褐色，下方白色，体侧有两条断续排列的暗色纵带，胸鳍黑色，腹鳍黄色。寿命约 14~15 年。明太鱼每 100 克可食部分含水分约 89 克、蛋白质约 8.2 克、脂肪约 0.3 克、碳水化合物约1.4克、钙约258毫克、磷约102毫克、铁约0.5毫克、硫胺素约0.01毫克、核黄素约0.05毫克、尼克酸约0.2毫克。烹饪应用方面，红烧明太鱼和明太鱼炖豆腐深受消费者的喜爱，加工方法简单，可以保持食材本身的风味。

（六）查干湖白鱼

查干湖白鱼，学名翘嘴红鲌，是吉林省特产食材中的一种。它也被称为翘嘴巴、翘壳。该鱼体呈侧扁状，头部背面平直。口位于上方，下颚坚硬。独特的特征是鱼嘴向上翘曲，形成了鱼体前端的边缘。它的眼睛较大，鳞片较小。背部具有强大且光滑的硬刺，尾部分叉较深。背部和两侧呈浅棕色或青灰色，而腹部呈银色。各个鳍呈灰黑色。翘嘴红鲌生活在吉林省大型湖泊的中上层水域，行动迅速，善于跳跃，具有凶猛的捕食性，以吞食其他鱼类为主食，体重为500克的翘嘴红鲚甚至能吞食约13厘米长的鲢、鲤鱼等小型鱼类。它在6~7月产卵。常见的翘嘴红鲌体重为2~2.5千克，最大体重可达10~15千克。翘嘴红鲌全年都有产出，但吉林省主要以冬季捕捞为主。翘嘴红鲌的营养成分丰富，每100克可食部分含水分76.7克，蛋白质18.6克，脂肪4.6克，热量为487千焦耳。同时，它还富含矿物质，每100克中含有钙37毫克、磷166毫克、铁12毫克，以及维生素B族和尼克酸等。白鱼肉质细腻，肌肉纤维细密，口感鲜嫩而富有弹性。肉味十分鲜美，入口即可感受到淡淡的鱼类香气，而醇厚的口感长久留在味蕾上。肌间刺少，是鱼类中较为容易食用的品种之一。富含健康的不饱和脂肪酸，含有人体所需的各种氨基酸和微量元素，营养价值高，适合各类人群食用。白鱼因其肉质细嫩，适合各种烹饪方式，包括煎、炸、蒸、炖等多种烹饪方法。清蒸白鱼是最常见的烹饪翘嘴红鲌的方法。清蒸能最大限度地保持鱼肉的鲜嫩和原汁原味，通常配以姜丝、葱段、酱油和其他佐料增添风味。

（七）查干湖野生大草鱼

查干湖野生大草鱼是吉林省前郭尔罗斯蒙古族自治县境内查干湖的特产。查干湖野生大草鱼以湖中的水草为主要食物，肉质鲜嫩，营养丰富，含有丰富的蛋白质、钙、磷、铁等微量元素。查干湖野生大草鱼每年冬季在冰下捕捞，是蒙古族最原始的捕鱼方式，被列入中国国家级非物质文化遗产名录。查干湖野生大草鱼的烹饪方法有多种，如清蒸、红烧、炖汤等，都能保持其鲜美的原味。

（八）查干湖季花鱼

季花鱼是吉林省名产淡水鱼（“三花一岛”的季花），又名吉花勾。季花鱼主要分布在松花江、嫩江流域，喜欢生活在水流较急的河段，以小鱼虾和微生物为食物。季花鱼的体色为黄绿色，腹部灰白色，体侧有暗棕色的斑点，额角基部的背齿呈鸡冠状隆起，是其特征之一。季花鱼的肉质细嫩，鲜美无腥，含有丰富的蛋白质、脂肪、维生素和矿物质。季花鱼的烹饪方法有多种，如煮汤、炸鱼、烤鱼等，都能展现其鲜香的风味。

（九）查干湖有机鲤鱼

有机鲤鱼是指按照有机养殖的标准和规范，采用天然的饲料和水源，不使用化学合成的药物和添加剂，保持水质的自然平衡，提高鱼类的抗病能力，生产出的鲤鱼。有机鲤鱼的体色为银白色，体格健壮，肉质紧实，鲜嫩多汁，无异味，含有丰富的蛋白质、不饱和脂肪酸、氨基酸和微量元素，对人体有益。有机鲤鱼的烹饪方法有多种，如红烧、清蒸、煮汤等，都能保持其营养和口感。

（十）查干湖秀丽白虾

秀丽白虾是查干湖的经济虾类，秀丽白虾的体呈圆筒形，体表光滑，身体透明，呈棕色斑点，死后变通体白色，故称“秀丽白虾”，俗称“白米虾”。秀丽白虾主要生活在湖内的敞水区域和湖内较大的河道内，白天潜入水底，夜间升到湖水上层，喜光亮，以浮游生物和水生植物为食物。秀丽白虾的肉质鲜嫩，味道鲜美，具有生长快、食性广、繁殖力强、营养价值高等特点，含有丰富的蛋白质、钙、磷、铁等微量元素。秀丽白虾的烹饪方法有多种，如炒虾、煮虾、炸虾等，都能体现其鲜甜的滋味。

（十一）月亮泡鲇鱼

月亮泡鲇鱼是吉林省的一种特色食材，月亮泡水库位于吉林省境内西北大安、镇赉两县之间，濒嫩江右岸，为嫩江遗迹湖。月亮泡水库水质清澈，水草丰美，鱼类资源丰富，每年冬季都会举办盛大的冰雪渔猎文化旅游节，吸引了众多游客前来观赏和品尝湖鱼美食。月亮泡鲇鱼是月亮泡水库的特色鱼类之一，体型肥硕，头部圆大，口大牙尖，背部灰黑色，腹部白色，体侧有黑色斑点，肉质鲜嫩，味道鲜美，营养丰富，含有多种氨基酸和微量元素，有利于人体健康。月亮泡鲇鱼的烹饪方法有多种，如红烧、清蒸、炖汤、烤鱼等，都能保持其原汁原味，风味独特。

（十二）松花湖鳊花鱼

松花湖鳊花鱼，学名长春鳊，是松花湖的特产之一，其肉嫩味鲜，营养价值高，其百克肉含蛋白 18.5 克，脂肪 6.6 克，是淡水鱼佳品，生长速度较快，二年体长达 13.8 厘米，三年体长可达到 24.2 厘米。产量高，也适应于池塘和水库驯化放养。松花湖鳊花鱼因其肉质细嫩和口感滑润闻名于世。这种鱼的鱼刺柔软、易于分离，使其成为适宜所有年龄层享用的美食。其肉呈现淡白色，轻柔入口后即刻溶化，带来的不仅是鲜美的味道，还有一股特有的清新香气，且从未带有任何腥味。富含丰富的蛋白质、维生素以及多种必需微量元素，松花湖鳊花鱼不仅美味，也是营养价值高的食材。鳊花鱼同时也是水质清澈的标志，生长在高环境要求之中，成为评价生态环境优良与否的生物指示器。这种鱼适于多样的烹饪方法，包括红烧、清蒸和炖汤。尤其是通过清蒸，最大程度地保留了鳊花鱼的天然鲜味和营养成分。

（十三）松花湖鳌花鱼

松花湖鳌花鱼，学名鳜鱼，又称“桂花鱼”，是东北著名的“三花”之首，也是“中国四大名鱼”之一。鳌花鱼主要分布于吉林省松花江水系，栖息于水底层，有昼伏夜出的生活习性，喜穴居，以小鱼、小虾为食。松花湖鳌花鱼繁殖期一般在每年的 5 月中旬至 7 月中旬，一般在下雨天或微流水环境中产卵，受精卵随水漂流孵化。松花湖鳌花鱼肉质细腻而丰腴、口感滑软，以及富含的高蛋白、低脂肪而受到人们的喜欢。烹饪方法方面，鳌花鱼适合多种烹饪手法，较常见的烹饪方式包括清蒸、红烧等。清蒸鳌花鱼能够保持原有的鱼肉鲜味，一般和姜丝、蒜末、葱段一起蒸制，加入少量料酒和酱油，清蒸 10~15 分钟，便可品尝到鱼肉本身的鲜美味道。

（十四）鸭绿江鲤鱼

鸭绿江鲤鱼是吉林省集安市特产，全国农产品地理标志。它生活在鸭绿江水丰水库界河中方一侧的宽甸满族自治县境内，水质清澈，水温适宜，鱼肉鲜美，营养丰富，是一种高档食用鱼。它的做法有多种，如柴火铁锅炖鱼、鱼头豆腐汤、鱼骨酸菜汤等，都是东北人的传统美食。

（十五）鸭绿江虹鳟鱼

虹鳟鱼是鲑科、太平洋鲑属的一种鱼，鲑科冷水性鱼类，塘养鱼中的珍贵品种。它原产于北美洲北部和太平洋西岸，主要生活在低温淡水中，对养殖水域的水质要求较高。虹鳟鱼的肉质细嫩，味道鲜美，富含人体所需的氨基酸和微量元素，并具有化栓去血垢的碳烯酸。虹鳟鱼的做法有多种，如烤鱼、煎鱼、炖鱼、烟熏鱼等，都是美味佳肴。

（十六）鸭绿江金鳟鱼

金鳟鱼是虹鳟鱼品系中的一个优良品种，属冷水性鱼类，系全国星火带头人——金昌市永昌县焦家庄乡河滩村二社青年王仲正精心培育而成。该品种通体金黄，肉质细嫩，味道鲜美，生长迅速，具有很高的观赏价值和食用价值，深受渔业生产者和消费者的青睐。金鳟鱼富含优质蛋白质，含有较少的脂肪，属于低热量的健康食品，含有较高量的 Omega-3 脂肪酸，富含多种维生素（如 A、E 和 B 族维生素等）和矿物质（如钾、磷、钙等）。将金鳟鱼进行清洗干净后，可以选择清蒸的方式，保留其最原始的鲜味，适宜调味简单，以突出鱼肉的原汁原味。也可以选择煎炸的方式，首先将鱼肉裹上面糊后进行煎炸，外皮酥脆，内在嫩滑，是一种常见的烹饪方法，需要控制油温以保持鱼肉的鲜嫩。

（十七）长白山林蛙油

长白山林蛙油，又称"蛤蟆油"，被誉为"软黄金"，是指使用吉林省长白山林蛙雌蛙的干燥输卵管制成的食材。长白山林蛙油主要产自吉林省长白山区域的 25 个县市区。这些地区的地形、植被、水源、温湿度、昆虫种类等为林蛙提供了最佳生境，使得林蛙能够自然繁衍。林蛙油被广泛应用于保健和膳食领域，其主要成分包括粗蛋白、粗脂肪、灰分、无氮浸出物等，以及多种微量元素如钙、锰、铁、铜、锌等，具有延缓衰老、抗疲劳、滋阴养颜、调节免疫力、调节改善冠心病、补肾益精、润肺养阴等多种功效和作用。林蛙油在烹饪中被视为增添滋补功效的珍贵配料，它需要经过特定的处理才适合食用。在烹饪之前，林蛙油通常需要被浸泡以发涨。这一阶段是保证林蛙油口感和功效得以完整展现的关键一步。经过充分发涨后的林蛙油，可以根据不同的菜肴要求，采用多种烹饪手法，如氽、蒸、炖等。氽的方法通常是将林蛙油快速在沸水中烫煮，这种方法适合快速锁住其中的营养成分。而蒸制可以让林蛙油在温和的热力下充分吸收调味料的香气，保留其口感和营养。而选择炖煮则常用于汤品或滋补类的炖品，慢火长时间炖煮可以使林蛙油的营养成分充分融入菜肴之中，并赋予鲜美的口感。

九、吉林禽类食材

吉林省禽类食材种类繁多，品质上乘，它们为这片土地增添了一抹生动的色彩，以它们的多样性和独特口感，成为吉林餐桌上不可或缺的珍馐美味。吉林省的地形多样，气候条件独特，适宜丰富的禽类资源生长繁衍，其中不乏一些富有地方特色的禽种，如通榆向海大雁、草原白鹅等，它们在自然环境下成长，饲养过程中少有人为干预，因而肉质细嫩、风味纯正。这些禽类食材不仅为当地居民提供了营养丰富的食品，也为吉林的美食文化贡献了独有的风味。作为吉林省特产食材的一个重要组成部分，禽类食材代表着这片土地的丰饶和吉林人民对自然及生活的敬畏与热爱。

（一）通榆向海大雁

通榆向海大雁是一种在吉林省通榆县向海国家级自然保护区养殖的特殊品种的大雁，有着优良的品质和丰富的营养。通榆向海大雁以天然水生植物和人工饵料为食，采用无公害的生产方式，保证了产品的质量和安全。通榆向海大雁已获得美国世界物种中心亚洲雁类新物种认证，并拥有国家发明专利和中国地理标志产品商标，是国内外消费者喜爱的美味佳肴。通榆向海大雁的养殖技术也很先进，独创了"无围栏、无网罩、自由飞翔、自由觅食、自由回巢"的驯养方式，回归了大雁的原生态生存状态。大雁肉富含优质蛋白质，不仅含量高，而且易被人体吸收利用。相比其他家禽，大雁肉的脂肪含量更低，是追求低脂饮食者的理想选择。此外，大雁肉还含有多种对人体有益的维生素和矿物质，如维生素 B 族、磷、铁等。大雁肉肉质细嫩，带有一股野生的香气，风味独特。烤大雁是一种常见的烹饪大雁的方法，通过低温慢烤，使肉质更加酥软多汁，外皮焦香脆。烤制前通常要对大雁进行腌制，以增添更多的味道。红烧雁肉是将雁肉切成小块，用酱油、糖、姜、蒜、八角等香料烧制，使雁肉鲜香浓郁，色泽金红，口感醇厚。

（二）德惠肉鸡

德惠肉鸡是一种在吉林省德惠市养殖的特色农产品，有着优良的品质和丰富的营养。德惠肉鸡已获得国家绿色食品认证，是国内外消费者喜爱的美味佳肴。德惠肉鸡的营养价值丰富，鸡肉富含优质蛋白质，含有人体必需的 8 种氨基酸，其中赖氨酸、苯丙氨酸、异亮氨酸等含量较高，易被人体吸收利用，有利于增强体质和抵抗力。鸡肉肉质鲜美、纹理细嫩，适合多种烹饪方式，包括炖、烤、煮、炸等，不仅可以单独作为菜肴表现其风味，也可以与各种食材结合，增添不同的口味和营养。

（三）集安鸭绿江咸鸭蛋

集安鸭绿江咸鸭蛋是吉林省集安市特产，2009 年 11 月 16 日，原国家质检总局批准对“集安鸭绿江咸鸭蛋”实施地理标志产品保护。集安市素有“塞北小江南”之称，鸭绿江江面宽阔，水质优良，无任何化学污染，非常适合动植物的生长繁殖。因江中鸭子早起到朝鲜内江觅食，晚归回到中国，鸭绿江咸鸭蛋又被戏称为“中朝友谊蛋”。集安市得天独厚的自然生态环境和鸭绿江优良的水质，决定了集安鸭绿江蛋鸭加工出的咸鸭蛋具有独特的产品特性。生咸鸭蛋大小均匀，气室小，蛋白呈液态、有黏性，蛋黄完整隆起。熟咸鸭蛋剥壳后蛋白完整，细而有弹性、不粘壳，无“蜂窝状”现象，蛋黄较结实，有油析出。

（四）草原白鹅

草原白鹅是中国吉林省农安县的特产，具有体型大、生长快、肉质细嫩、香味浓郁等特点，是制作烧鹅等美食的上乘原料。草原白鹅的养殖历史悠久，具有独特的养殖技术和传统的加工工艺。草原白鹅的肉质和口感在国内外享有盛誉，是吉林省的重要特色食材之一。草原白鹅的肉质细嫩、口感鲜美、肥而不腻，肉质中含有丰富的蛋白质、脂肪、钙、磷、铁、锌、碘、镁、钾、硒等多种对人体有益的微量元素和多种维生素。

（五）白城鹅蛋

白城鹅蛋是吉林省白城市的地方特产，也是全国农产品地理标志。白城鹅蛋的主要产地是白城市洮北区、大安市、镇赉县、通榆县等地，这些地区的气候适宜、水质清洁、饲料丰富，为鹅蛋的品质提供了良好的条件。白城鹅蛋以其个大、皮薄、蛋白多、蛋黄少、味鲜、营养高等特点，被誉为“鹅蛋之王”。白城鹅蛋不仅是人们日常饮食的美味佳肴，还是制作各种蛋制品的优质原料。白城鹅蛋的烹饪方法有多种，如水煮、油煎、蒸、炒等，都能保持其鲜香和营养。

十、吉林蔬菜

吉林孕育了极为丰富的农作物，尤其是蔬菜种类繁多，质量上乘。在这里，季节的更迭映射出不同蔬菜的生长周期，呈现了一个多彩的蔬菜界。这片土地肥沃，气候适宜，冷暖适中，日照充足，使得吉林的蔬菜品质非常高，口感独特。这些蔬菜不仅是当地人餐桌上的佳品，也逐渐走向更宽广的市场，成为吉林省的一张亮丽名片。吉林省蔬菜的繁多品种和高品质，早已超越了单一的食材属性，它们承载着吉林人民对健康、环保和可持续生活方式的追求。

（一）腰坨子白根萝卜

吉林腰坨子白根萝卜是长岭县的土特产之一，以特殊的味道和养分丰富而闻名。这种萝卜生长在长岭县的富饶土地上，由于长期以来在这里生长，因此有着较高的品质和口感。腰坨子白根萝卜的外观很普通，和一般的萝卜并没有太大的区别。它的大小和形状都比较规则，外壳呈白色，内部稍微带一点粉色。但是，它的味道却有很大的不同，它比一般的萝卜更加鲜甜多汁，滋味很浓郁，而且还带有一些微微的辣味，让人回味无穷。除了好的口感之外，腰坨子白根萝卜还具有很高的营养价值。它富含钙、锌、钾等矿物质，而且含有大量的维生素C，能够帮助人们抵抗疾病和增强免疫力。

（二）公主岭油豆角

公主岭油豆角是一种优质的蔬菜，以其色泽好、

品质优、口味佳等特点，分别于2003年和2004年被农业部认证为无公害农产品。它是公主岭市的特产，也是中国国家地理标志产品，2012年，公主岭市被中国蔬菜流通协会命名为“中国油豆角之乡”。公主岭油豆角的主产地是怀德镇，被认定为绿色无公害农产品生产基地。公主岭油豆角主要是以食荚为主，烹煮后豆荚软面，纤维少，豆香味浓，蛋白质含量较高。公主岭油豆角的营养价值很高，富含膳食纤维、多种维生素和矿物质。

（三）新安镇辣椒

吉林省松原市新安镇辣椒是一种果实通常呈圆锥形或长圆形的植物，其果皮含有辣椒素，因此具有辣味，能增进食欲。辣椒的果实在未成熟时呈绿色，成熟后可变成鲜红色、绿色或紫色，其中红色最为常见。新安镇辣椒为一年生或有限多年生植物，高度为40~80厘米。其茎几乎无毛或微生柔毛，分枝呈之字形折曲。叶互生，枝顶端节不伸长而成双生或簇生状，叶片为矩圆状卵形、卵形或卵状披针形，长4~13厘米，宽1.5~4厘米，具全缘，顶端短渐尖或急尖，基部狭楔形；叶柄长4~7厘米。花为单生，呈俯垂姿态；花萼为杯状，由五个不显著的齿组成；花冠为白色，裂片为卵形；花药呈灰紫色。辣椒的果梗较粗壮，呈俯垂状；果实呈长指状，顶端常呈渐尖且弯曲，未成熟时为绿色，成熟后可呈红色、橙色或紫红色，具有辣味。辣椒的花有白色和紫色两种，白花和紫花的花瓣数分别为四瓣至六瓣。不同类型的花所结出的辣椒也会有所不同，紫花结出的辣椒呈紫色，而白花结出的辣椒则为普通的红辣椒。新安镇辣椒每100克中维生素C的含量达到198毫克，位居蔬菜之首。此外，它还富含维生素B族、胡萝卜素以及钙、铁等矿物质。

（四）乾安红辣椒

乾安红辣椒是中国吉林省乾安县的特产，2015 年 2 月 11 日，国家质检总局批准对“乾安红辣椒”实施地理标志产品保护。这意味着在乾安红辣椒所在地区，只有符合相关标准的红辣椒才能被称为乾安红辣椒，从而确保了其品质和地域特色。这种辣椒不仅被广泛用作料理调味品，还有着非常高的食用价值。红辣椒在烹饪中以其鲜艳的色泽和独特的辣味而备受欢迎，在各种菜肴中都可发挥其特色。无论是作为主料，还是辅料，红辣椒都可以提升菜肴的层次感，为味蕾带来不一样的惊喜。

（五）洮南辣椒

洮南辣椒，吉林省白城市洮南市特产，2008 年 8 月 22 日，中华人民共和国农业部正式批准对“洮南辣椒”实施农产品地理标志登记保护。洮南市地处中温带大陆性季风气候区。其特点是昼夜温差大，季节性强，春季干旱多风少雨，冬季漫长寒冷少雪。年平均气温 4.8℃，年平均日照为 3005 小时，适宜种植辣椒。自古以来，洮南就有种植辣椒的习惯，辣椒作为商品已有近百年的生产加工历史。洮南辣椒果形为长羊角形和长锥形，个头均匀、皮质厚，平均单果干重为 3.0~3.5 克，鲜红褐色，有光泽。

（六）公主岭永发白皮蒜

公主岭永发白皮蒜公主岭市的特产，也是中国国家地理标志产品。白皮蒜是一种常用蔬菜，是一种制作美味佳肴时去腥解腻的食材，同时也是一种具有医疗保健功能的特殊蔬菜，具有广普抗菌作用，有增强免疫功能的作用。它的味道可口，不但具有生蒜的辛辣味，而且还保留了鲜蒜的清新味，深受消费者的喜爱。

（七）范家窑豆角

范家窑豆角产自吉林省怀德镇，该地地处松辽平原腹地，气候温和，土质肥沃，是豆角的优越种植地。当地种植户一直秉持着绿色、安全、环保的理念，没有过度使用化学农药、化肥和生长剂，保证了范家窑豆角的质量和安全。同时，怀德镇大力发展豆角产业，为农户提供帮助和扶持，提升了当地经济和社会发展水平。范家窑豆角，形状细长，鲜嫩、多汁、脆爽。其营养价值高，含有多种人体所需的氨基酸、蛋白质、脂肪、维生素、微量元素等。在家庭烹饪中，范家窑豆角口感好，烧炒、蒸煮等多种方式都能制作出美食，是人们餐桌上的美味佳肴。

（八）农安哈拉海珠葱

哈拉海珠葱是吉林省长春市农安县特产，属于全国农产品地理标志。哈拉海镇以农村一、二、三产业融合发展为核心，聚焦“三辣”主导产业，积极争取国家、省市支持建设一批多主体参与、多业态打造、多要素集聚、多模式创新的农业产业强镇，加快构建标准原料基地、恒温冷藏、集约加工转化、物流配送、网络销售等系列产业集群，打造主业强、百业兴、宜居宜业的乡村产业发展高地，助推乡村产业振兴。2021 年全镇珠葱面积达 8500 公顷，哈拉海镇将进一步依托优势资源和特色，培育和壮大主导产业，将“三辣”产业做大做强，早日实现农业农村现代化，助推乡村产业振兴。

（九）东丰寒葱

东丰寒葱是吉林省辽源市东丰县的地方特产，生长于东丰县那丹伯镇、沙河镇境内，性耐寒且遇寒生长更茂盛，是东丰特产之一。寒葱喜欢阴凉，需要山皮土才能生长，不能施任何肥料；寒葱茎叶辛辣鲜美，同时有葱、韭菜和大蒜的味道，属于山野菜当中的珍品。经过几十年的苦心摸索试验，当地居民实现了寒葱人工栽培。东丰寒葱营养价值极高，可与人参相媲美，曾是清朝皇家贡品，为皇家御用。东丰小寒葱的烹饪方法有多种，如炒、煮、拌、腌等，都能保持其鲜香和营养。

十一、吉林山野菜

吉林省，这块东北的瑰宝之地，不单是雄鹰展翅的蓝天和白雪皑皑的长白山脉的象征，更是野生美味——山野菜的故乡。在这里，脉脉山泉涵养着无数珍稀植物，孕育出一片片生机勃勃的自然农庄。山野菜以其天然、纯净和高营养价值，在吉林省特产食材中占据着一席之地。吉林的山野菜，是自然界对人类的馈赠。从春季渐渐复苏的蕨菜，到夏日翠绿的刺五加，每一种野生食物都跟随着季节的轮回，于山间和林间静静生长。这里的野菜，凝聚了山水的精华，蕴含着泥土的芳香，比起普通蔬菜生长在大棚里的情形，它们似乎拥有更为淳朴和原始的生命力。

（一）刺老芽

刺老芽是吉林省的一种特产食材，是楤木的嫩芽，具有浓郁的野味和香甜的口感，是中国传统的食药两用山野菜，被誉为"山野菜之王"。刺老芽主要产自吉林省长白山山脉地区，多个县市都能采集。刺老芽的采摘时间一般在 4 月末到 5 月上中旬，当嫩芽长到 10 厘米左右，叶片还未完全展开时，就是最佳的食用时期。刺老芽的营养价值和保健功能极高，含有多种维生素和矿物质，还具有除湿活血、安神祛风、滋阴补气、强壮筋骨、健胃利尿等功效，用于治疗风湿性关节炎、阳痿和糖尿病等众多疾病。刺老芽的食用方法有很多，可以凉拌、炒、炖、腌制等，都能保持其鲜嫩和香气，是一道美味佳肴。刺老芽也是一种珍贵的药材，其根皮、茎皮、叶、花、果实都可以入药，有镇痛消炎、祛风行气、祛湿活血之效，根皮还可以外敷刀伤。

（二）牛毛广

牛毛广是一种吉林省特有的美食野菜，它属于紫萁科植物，也被称为桂皮紫萁。牛毛广生长于吉林省山区泥炭土和暗棕色壤土腐殖质层厚的环境中，喜欢阴湿的环境并对光照要求不高。牛毛广的叶子有两种类型，一种是营养叶，叶片长圆形或狭长圆形，二回羽状深裂，另一种是孢子叶，比营养叶短而瘦弱，遍体密被灰棕色绒毛，背面满布暗棕色的孢子囊。牛毛广的营养价值高，含有多种维生素和矿物质，具有清热解毒、利尿消肿、止血止痛等功效。它可以生食、炒食、凉拌、泡菜、做汤等，口感脆嫩，味道鲜美，是吉林省人民喜爱的食材之一。

（三）猴腿

猴腿，又称多齿蹄盖蕨，是一种野生蕨类植物，广泛分布于中国的黑龙江、吉林、河北、内蒙古等地区。它喜欢生长在湿度较高的环境中，如林下湿处、天然针阔混交林、阔叶林及林缘、灌木丛等。作为吉林省的特产食材之一，猴腿在当地有着悠久的食用历史和文化，被誉为"山珍之王"。此外，猴腿也是吉林省的地方标志性产品，具有较高的经济价值和市场需求。猴腿风味独特，营养价值较高，猴腿的嫩茎和叶子可供食用，春季采摘时，拳卷状的幼茎和嫩叶可经煮沸水焯烫 1~3 分

钟后，炒食、凉拌，也可以进行干制、腌渍或速冻，通过企业加工可以制成猴腿风味独特，营养价值较高，罐头和什锦袋菜等食品。

（四）黄瓜香

黄瓜香，别名广东菜，是一种荚果蕨属的植物。生

长于吉林省海拔80~3000米的山谷林下或河岸湿地，广泛分布于吉林省的长白山、安图、抚松等地。黄瓜香的特点是它的叶子呈簇生状态，具有二形性。不育叶呈鸵鸟羽状，而能育叶则卷曲成荚果状，颜色深褐色。黄瓜香中富含蛋白质，以及多种赖氨酸、苏氨酸、蛋氨酸，富含多种微量元素，如磷、锰、锌、硼、锶、硅等。作为食材，黄瓜香的嫩叶可食用，具有一种清香的气味，可直接炒制食用，也可以经过煮沸水焯一下后炒食、做馅等方式食用，口感鲜嫩，味道清香可口。黄瓜香的幼叶还可以通过盐渍和速冻等方法进行保鲜，延长食用期限，增加食用方式。

（五）水芹

水芹，又称水芹菜、河芹或野芹菜，是吉林省的特产食材之一，属于芹菜科的一种多年生水生植物。水芹是一种多年生湿生或水生草本植物，全体光滑，无毛，中空，高15~80厘米。其特色在于茎基部匍匐，圆柱形，叶子为三角形或三角状卵形，1~2回羽状分裂，末回裂片卵形或菱状披针形，叶片边缘有不整齐尖齿或圆锯齿；叶柄长7~15厘米。水芹在10~25厘米长的嫩苗为采收时期。其叶子和茎都可以食用，口感清爽爽脆，充满新鲜的味道。水芹富含多种维生素和矿物质，如维生素C、钙和铁等，具有很高的营养价值，有助于增强人体免疫力和促进新陈代谢。水芹作为一种具有丰富营养和多种用途的特产食材，不仅能丰富吉林省的饮食文化，还对当地的经济发展和人们的健康生活起到积极作用。在吉林省的饮食文化中，水芹被广泛应用于制作各种美食，如水芹炒肉丝、水芹炒蛋等。这些菜肴不仅保留了水芹的新鲜口感，还能充分展现其营养价值和独特风味。在饮食上，水芹的嫩茎叶有特殊的香气，质地脆嫩，口味甚佳，可炒食、蘸酱、腌渍、制罐头及做什锦袋菜。

（六）刺五加

刺五加属于五加科刺五加属，主要分布在吉林省长白山脉一带。刺五加生长于吉林省海拔400~1600米的针阔混交林或阔叶林内、林缘及灌丛中。刺五加的根和茎部分含有丰富的药用价值，是中医中规定的“上品”药材。含有多种营养物质，包括丹参酮、多糖、黄酮等有效成分，具有调理神经、抗疲劳、增强免疫力、抗癌等多种药理作用。刺五加中富含蛋白质以及16种氨基酸，维生素B族、维生素C等。特别是刺五加根茎叶均含刺五加苷A、刺五加苷B、香豆素、咖啡酸、绿原酸等活性物质。每年4—5月采收15~20厘米长的嫩茎叶供食用。将采集的嫩茎去叶放到开水中煮5~10分钟，捞出在凉水中浸泡1小时，然后再切成2~3厘米长的小段便可炒食、腌渍、调拌凉菜和蘸酱食用。

（七）蒲公英

蒲公英，俗名“婆婆丁”，广泛分布在吉林省广大地区，是一种多年生草本植物，全株富含白色乳汁。蒲公英其主根呈垂直圆锥状，肥厚，而基生叶呈莲座丛状，平展，叶片长圆状披针形或倒披针形，具有羽状深裂，侧裂片4~5对，顶裂片较大，戟状长圆形，羽状浅裂或有波状齿，有蛛丝状毛或者无毛。蒲公英的花葶数个，顶生，与叶近等长。其头状花序由浅绿色钟状总苞和黄色舌状花组成。蒲公英嫩叶中含有蛋白质、脂肪、粗纤维、碳水化合物、维生素B_1、维生素B_2等，同时富含钾、钙、镁、磷、钠等微量元素。除此之外，蒲公英的根含有蒲公英甾醇、蒲公英赛醇、蒲公英苦素、咖啡酸、蔗糖、葡萄糖和果胶；全草含有蒲公英甾醇、天冬酰胺、苦味质、皂苷、树脂、菊糖、果胶和胆碱。蒲公英的嫩苗在食用方面有多种应用，可蘸酱、腌渍、制罐头和做什锦袋菜等。

（八）薤白

薤白，俗名“小根蒜”，广泛分布于吉林省海拔50~900米的田间、路旁、山野和荒地，常聚生成片生长。薤白是一种多年生草本植物，高60~80厘米。其地下鳞茎肥厚，呈球形，外被白色或暗紫红色的膜质鳞皮，具有浓厚的葱味。薤白含有维生素 B 族和维生素 C，以及多种微量元素，特别是近年来的研究证明其中含以后类似于大蒜素的硫化物质。薤白的鳞茎和嫩苗可用于蘸酱、腌渍、炒食、制罐头、加工什锦袋菜，以及作为朝鲜族泡菜的调味品。

（九）苣荬菜

苣荬菜，俗名“小蓟”，生长于吉林省海拔100~1000 米的田间、路旁、荒地等环境中。苣荬菜是一种形态特征鲜明的多年生草本植物，全株富含乳汁。其茎高 60~80 厘米，地下根状茎细长，横生，扎根众多；茎直立，有细枝，单株或分枝，表面平滑。叶片呈广披针形、长圆状披针形或倒披针形，先端锐尖，稍带小刺尖，基部成耳形半抱茎，边缘有着稀疏的波状尖牙齿或缺刻，长 7~18 厘米，表面无毛。花期在 7—8 月，果期在 8—9 月，嫩苗作为食材有多种利用方式，可炒食、蘸酱、用于制作汤、馅料、罐头，或者制作什锦袋菜等美食。

（十）柳蒿芽

柳蒿芽，生长于吉林省的海拔 50~900 米的河岸水边或湿草甸等环境中，是一种多年生草本植物，具有地下茎。其茎直立，高 60~150 厘米，直径 4~8 毫米，通常呈紫红色，上部有倾斜生长的花序枝。下部叶在花期枯萎；中部叶密集，羽状深裂，长 10~18 厘米，宽 5~9 厘米，侧裂片 1~2 对，狭披针形，顶端渐尖，带有浅疏锯齿，上面无毛，下面覆盖白色薄茸毛，基部逐渐狭窄成楔叶短柄，没有假托叶；上部叶排列密集。其复总状花序狭长，具有条形苞叶，无毛；总苞近钟状，长 2.5~3 毫米，宽 2~2.5 毫米；总苞片 3~4 层，覆瓦状排列，外层卵形，中内层三角状卵形；花冠呈黄色，内层两性，外层为雌性；花序托裸露。柳蒿芽富含维生素 C、维生

素 A 和维生素 K，以及多种矿物质，含有多种活性物质，如黄酮和多酚类化合物等。柳蒿芽的幼苗清香味浓，口感脆嫩爽口，可用于炒食、蘸酱、腌渍、制罐头、烹饪什锦袋菜和调味品等。

（十一）荠菜

荠菜，又称荠荠菜，是一种一年生或二年生的草本植物，高度约为 10~30 厘米。它生长在吉林省海拔200~1000 米的山坡、路旁、沟边、田间以及村庄住宅附近等地。在吉林省的各个市县都可以找到荠菜的身影。荠菜的嫩茎叶富含营养，口感鲜美多汁，种子含有脂肪油，可食用。每 100 克鲜荠菜中含有蛋白质 5.3 克、脂肪 0.4 克、粗纤维 1.4 克、碳水化合物 6.0 克、维生素 B_1 0.14 克、维生素 B_2 0.19 克、维生素 PP 0.7 毫克、维生素 C 55 毫克、胡萝卜素 3.20 毫克、钙 420 毫克、磷 73 毫克、铁 6.3 毫克。荠菜的幼苗可以用于炒食、蘸酱、炖菜、制罐头，以及作为什锦袋菜等配料，为了不让荠菜的营养价值减少，快速蒸煮或者炒菜是较为理想的烹饪方式。

（十二）蕨菜

蕨菜，又被誉为“山菜之王”，生长于吉林省海拔50~1200米的腐殖质肥沃的林下、荒山坡、林缘和灌丛等环境中，常以群体形式生长。根状茎还可以提取淀粉，用于制作嚼粉、粉条、粉皮，并可以用于浆纱、浆布和酿酒等用途。每100克鲜蕨菜中含有蛋白质1.6克、脂肪0.4克、粗纤维1.3克、碳水化合物10克、维生素C35毫克、胡萝卜素1.68毫克。每1克干品中含有钙11.89毫克、磷2.18毫克、铁617.40微克、锰44.5微克、锌388.2微克、铜16.58微克。根状茎含有40%的淀粉。在采收时，可以在5月下旬至6月上旬采摘嫩叶，而在春季和秋季可以采挖根状茎提取淀粉。蕨菜的嫩叶柄可以用于炒食、腌制、调拌凉菜、制罐头和制作什锦袋菜等菜肴。

（十三）桔梗

桔梗是一种多年生草本植物，它生长于吉林省海拔50~900米的山地林缘、山坡、草地、灌丛或草甸等环境。桔梗高度为40~80厘米，全株呈苍白色，并带有白色乳汁。它的根部粗壮，呈圆锥形，表皮为黄褐色。茎直立，可以是单一或分枝的。叶子呈3枚轮生，有时也可以对生或互生，形状为卵形或卵状披针形，长度为2.5~4厘米，宽度为2~3厘米，先端锐尖，基部呈宽楔形，边缘有尖锯齿，上面为绿色，无毛，下面为灰蓝绿色。花朵通常生长在茎和分枝的顶端，花萼呈筒钟状，裂片为5片，形状为三角形至狭三角形，长度为3~6毫米；花冠呈蓝紫色，呈宽钟状，直径约为3厘米，长度约为3厘米，无毛，裂片为5浅裂，形状为宽三角形，先端尖锐，展开；雄蕊为5枚，与花冠裂片互生，长度约为1.5厘米，花药为条形，长度为8~10毫米，呈黄色，花丝较短；花柱稍长于雄蕊，柱头呈5裂。蒴果呈倒卵球形，成熟时顶端会裂成5瓣。桔梗的花期在7—8月，果期在8—10月。每100克嫩叶中含有胡萝卜素8.8毫克、维生素C138毫克、蛋白质0.2克、粗纤维3.2克；每1克干品中含有钾11.0毫克、钙27.7毫克、镁5.59毫克、磷2.25毫克、钠0.13毫克、铁135微克、锰73微克、锌35微克、铜7微克。每100克根部鲜品中含有维生素B_2 0.44毫克、维生素C 10毫克，另外还含有谷氨酸、赖氨酸等14种氨基酸，以及钠、锶等22种微量元素。种子含有35.1%的油分，碘值为140.2，皂化值为190.4，脂肪酸成分中包括肉豆蔻酸0.3%、棕榈酸10.7%、硬脂酸3.9%、十六碳烯酸0.5%、油酸12.0%、亚油酸72.6%。桔梗的根部和幼苗可食用，其中根部含有14%的淀粉，是朝鲜族非常喜爱的一种山野菜，可用于炒食、腌制、调拌凉菜、制罐头、果脯、保健饮料和制作什锦袋菜等。

（十四）薇菜

薇菜是一种常见的野生蔬菜，属于伞形科。它生长在山区或草原上，喜欢阳光充足的环境，一般分布在吉林省海拔1000~2000米的地方，适应温带和寒带气候。在吉林省薇菜主要生长在山间或杂草丛生的草地中。薇菜的采摘季节一般在春季和夏季，具体时间会根据气候和地理条件的不同而有所变化。一般来说，最佳采摘时间是在薇菜完全成熟但尚未开花的时候。每100克薇菜含有2~3克蛋白质，2~4克碳水化合物，0.3~0.6克脂肪，0.5~1克纤维素，10~20毫克维生素C，80~100毫克钙，2~3毫克铁。薇菜富含蛋白质、纤维素和维生素C等营养成分，是一种低热量、高纤维和高营养价值的蔬菜。传统中医认为薇菜具有清热、解毒、润肺的功效，并被广泛应用于中药方剂中。它被视为一种滋补品，有助于调节体液平衡、滋养肺部、提高免疫力等。同时，薇菜被认为具有抗氧化、抗炎和抗菌的作用。在烹饪方面，薇菜可以用于制作各种菜肴，包括汤、炒菜和凉拌菜等。它的口感嫩绿，味道鲜美，可以为菜肴带来清新的口感。薇菜可以与其他蔬菜、肉类和海鲜搭配，增添菜肴的美味。最常见的做法是清炒薇菜或将其加入凉拌菜中，以保留其鲜嫩的口感和营养价值。

（十五）马齿苋

马齿苋是一种一年生肉质草本植物，马齿苋的生境为吉林省海拔200~900米的路旁、荒地、田间、田边及住宅附近。马齿苋高度为15~25厘米，全株光滑无毛。茎呈圆柱形，平卧或斜上升，由基部四散分枝，向阳面呈淡红褐色或紫色。叶子是互生或近对生的；叶柄很短；叶片肉质肥厚，倒卵形或匙形，长1~3厘米，宽5~14毫米，先端钝圆或微凹，基部阔楔形，全缘，上面深绿色，下面暗红色。花是两性、较小，通常3~5朵簇生枝端；总苞片4~5个，三角状倒卵形；萼片2片，对生，卵形，基部与子房连合；花瓣5片，黄色，倒卵状长圆形；雄蕊8~12枚，药黄色；雌蕊1枚，子房半下位，1室，花柱顶端4~6裂，柱头呈条形。蒴果短圆锥形，棕色，盖裂。种子多数，黑褐色，表面有细点。花期在6—8月；果期在7—9月。每100克鲜菜中含水分92克、蛋白质2.3克、脂肪0.5克、粗纤维0.7克、碳水化合物3克、维生素B 0.03克、维生素B 0.11克、维生素PP 0.7克、维生素C 23毫克。每1克干品中含钾44毫克、钙10.7毫克、镁11.57毫克、磷4.43毫克、钠21.77毫克、铁484微克、锰40微克、锌72微克、铜21微克。马齿苋的幼苗可被用于炒食、蘸酱、腌渍、凉拌菜、做馅、制罐头以及做什锦袋菜。

（十六）黄花菜

黄花菜是一种多年生草本植物，它生长在吉林省海拔100~1600米的山坡、草甸、林缘、湿地等地方。它具有短而绳索状的根状茎，粗度在1~3毫米之间。叶片呈条形，基生，长度约为40~80厘米，宽度约为1.5~2.5厘米，柔软而上半部分呈向下弯曲的形态。花茎从叶丛中伸出，直立，高度为40~70厘米，与叶片长度接近，无分枝，花朵仅数朵簇生于顶端；花萼片具有宽卵形或心状卵形，长度为1.5~4厘米，宽度为1~2.5厘米，顶端渐尖至近尾状；花冠呈金黄色或橘黄色，具有芳香；花冠管长为1~1.5厘米，花冠裂片狭倒卵形至狭长圆形，长度为6~7.5厘米，外面3片宽度为1.3~2厘米，内面3片宽度为1.5~2.5厘米；花药为黄色，雄蕊有6枚，连接在花冠管的顶端，花丝细长，长度约为2.5厘米；子房呈长圆形，花柱细长，长度为5~6厘米，花柱顶端小而呈头状。蒴果为椭圆球形，长度约为2厘米，稍微有3个钝棱。黄花菜的花期在6—7月，果实期在8—9月。黄花菜的花蕾含有花粉、还原糖、蛋白质、淀粉、维生素C、钙、脂肪、胡萝卜素、氨基酸等人体所需的营养物质，其中所含的胡萝卜素甚至超过西红柿的数倍。采摘黄花菜的嫩苗应在4—5月进行，采摘长度为5~20厘米。花蕾和刚开放的花应在5—6月采摘，根状茎的采挖应在7—8月，之后将其洗净，晾干备用。黄花菜的花、花蕾和幼苗可用于蘸酱、腌渍、炒食、凉拌、制罐头和制作什锦袋菜等食品。

（十七）展枝沙参

展枝沙参，俗称四叶菜，生长在吉林省海拔400~1100米的林缘、灌丛、山坡、草地及路旁等地。

展枝沙参是一种多年生草本植物，高度在 50~100 厘米之间。展枝沙参根粗壮，茎直立且单一。基生叶在花期后会枯萎，茎生叶轮生，通常有 3~5 枚，无柄或近无柄，呈菱状卵形或菱状椭圆形，长度为 4~11 厘米，宽度为 2~7 厘米，基部楔形，先端锐尖或渐尖，背面常有光泽，边缘具粗锐锯齿。花序呈圆锥状，分枝较开展，下部分枝轮生，上部分枝互生；花序轴无毛；花常下垂；花萼无毛，萼筒圆锥状，先端 5 裂，裂片呈披针形，长度 5~10 毫米，宽度略超过 2 毫米，边缘全缘，花期时有反折或不反折的情况发生；花冠钟形，长度 1~2 厘米，呈蓝色、蓝紫色或淡蓝色，先端则有 5 个浅裂片；雄蕊有 5 个；花柱具微毛，与花冠长度近似，柱头则分为 3 裂；花盘短而筒状，长度约为 2 毫米。蒴果则呈扁圆锥形，其嫩苗和块根可炒食、蘸酱、腌渍、制罐头以及用于做什锦袋菜等食品。

十二、吉林食用菌

吉林食用菌以其丰富的种类、独特的风味和高质的营养价值，成为当地不可多得的特色食材之一。在这里，独特的地理环境创造了一个理想的自然温室，滋养了包括松茸、榛蘑、牛肝菌、木耳等在内的各类食用菌。吉林食用菌不仅在当地享有盛名，也远销海外，成为集美味与健康于一身的珍稀食材。吉林食用菌的秘密在于其生长环境的纯净与原始，山清水秀的自然风貌使得这里的菌类具有了无法复制的质朴与纯正。每到夏末秋初，当地森林里的菌类便进入丰收的季节，成群的采菌人踏入森林，寻找那些蕴藏在阴翳地带的珍贵食物。吉林食用菌的多样性和野生性，在一定程度上也成就了当地人丰富的饮食文化和特色美食。

（一）长白山松茸

松茸，又称松口蘑，是一种中等尺寸的食用真菌。该真菌生长在吉林省海拔 300~1000 米的赤松、红松、黄花落叶松、油松和蒙古栎等林地的地上。其菌盖直径在 5~15 厘米之间，呈扁半球形至近平展状态；表面为污白色，带有黄褐色至栗褐色的平伏丝毛状鳞片；菌盖表面干燥。菌肉呈白色，厚实，具有特殊气味。菌褶为白色或稍带乳黄色，呈弯生、密集排列，长度不等。菌柄相对粗壮，长 6~13.5 厘米，直径为 2~2.6 厘米，菌环以上呈污白色并具有粉粒，菌环以下则有栗褐色纤毛状鳞片，内实，基部有时稍微膨大。菌环上部为白色，下部与菌柄同色，为丝膜状，生长在菌柄上部。孢子印为白色，孢子本身无色，光滑，呈宽椭圆形至近球形，尺寸为（6.5~7.5）微米 ×（4.5~6.2）微米。它可以群生、散生或形成蘑菇圈。松茸的子实体含有丰富的粗蛋白、粗脂肪、粗纤维、维生素 B_1、维生素 B_2、维生素 C、维生素 PP、氨基酸、核酸衍生物、肽类物质、海藻糖、果糖、甘油、甘露醇、麦角甾醇、松菌醇以及异松蕈醇等营养物质。在秋季采摘新鲜的子实体进行食用。将采摘的子实体去除杂质，并用水清洗干净后，即可进行炒食或调拌凉菜。若要晾干松茸，需要将其撕成瓣后进行晾晒。松茸的子实体味道鲜美，可直接炒食、腌渍、调拌凉菜和制罐头。

（二）长白山榛蘑

长白山榛蘑，又称蜜环菌，是一种吉林省特产的优良食用菌，也被称为“蜜环菌”。蜜环菌生长在吉林省海拔 150~1900 米的针叶树或阔叶树等多种树干基部、根部或倒木上。它可以群生或丛生。其子实体通常为中等大小。菌盖的直径在 4~14 厘米之间，颜色呈淡土黄色、蜂蜜色至浅黄褐色，老化后会变成棕褐色。菌肉呈白色。菌褶的颜色为褐白色或稍带肉粉色，老化后常会出现暗褐色斑点；褶子的生长方式为直生至延生，稍微稀疏。菌柄细长，长 5~13 厘米，粗 0.6~1.8 厘米，呈圆柱形，稍微弯曲，颜色与菌盖相同，具有纵向条纹和毛状小鳞片，质地纤维质；在内菌柄的上部，幼时常呈双层，松软，后期呈奶油色。孢子印为白色。孢子本身无色或稍带黄色，光滑，形状为椭圆形或近卵圆形，尺寸为（7~11.3）微米 ×（5~7.5）微米。每 100 克新鲜的蜜环菌中含有大约 1.7 克蛋白质、0.1 克脂肪（主要是油酸和亚油酸）、2.7 克糖类（主要是葡萄糖和果糖）、12.9 克膳食纤维、1.07 毫克胡萝卜素、0.11 毫克维生素 B_1、0.14 毫克维生素 B_2、0.7 毫克维生素 PP、3 毫克维生素 C、23 毫克钙、84 毫克磷、1 毫克铁。秋季采摘新鲜的子实体进行食用。将采摘的子实体去除杂质，并用水清洗干净后，即可炒食或炖菜食用。蜜环菌的子实体味道鲜美，是一种优良的食用菌，可直接炒食、炖食、腌渍、制罐头、酿造蘑菇酱油和制作饮料等。

（三）长白山猴头蘑

猴头蘑，是一种生长在吉林省海拔 600~1100 米的栎、核桃楸等阔叶树活立木、枯立木及腐木上的担子菌。其担子果一年生，肉质，含水分多，柔软，子实体中等、较大或大型，直径 5~10 厘米甚至可达 30 厘米，呈扁半球形或头状，由无数肉质软刺生长在狭窄或较短的菌柄部，刺细长下垂，长 1~3 厘米，新鲜时呈白色，后期呈浅黄至浅褐色，子实层生刺之周围。目前，猴头蘑的人工栽培十分普遍，它是重要的栽培食用菌之一，可用于扒、烧、炖、烩、蒸、炒、煨、焖及卤制等多种烹饪方式。每 100 克干品中含有蛋白质 26.3 克、脂肪 4.2 克、碳水化合物 44.9 克、粗纤维 6.4 克、胡萝卜素 0.01 毫克、维生素 B_1 0.69 毫克、维生素 B_2 1.89 毫克、钙 2 毫克、铁 18 毫克、磷 856 毫克，以及包括 17 种氨基酸和尼克酸等多种营养成分。秋后采摘新鲜的担子果进行食用或放在苇席及帘子上晒干用于贮存食用或药用。将采摘的子实体去除杂质，然后用水清洗干净，即可进行炒食。将晒干后的干品用温水浸泡后可用于炖鸡、炖鱼或炒食。

（四）四平卧龙白蘑

四平卧龙白蘑，属于白蘑科真菌门口蘑属伞菌种，是四平卧龙地区主要种植的蘑菇种类。四平卧龙白蘑是伞菌中珍贵的品种，因其富含丰富的蛋白质、维生素以

及钾、钙、铁、磷等矿物质，其形状如伞，洁白如玉盘，口感嫩滑如鲜笋，深受人们喜爱。此外，2016 年 11 月 4 日，原国家质检总局批准对“卧龙白蘑”实施地理标志产品保护。卧龙白蘑具有色泽洁白，入口柔软，菌香浓郁，不生蛆虫等特点。而其最珍贵之处在于独特的香味，烹饪时只需放入三五只卧龙白蘑，便可赋予菜品特殊的鲜美味道，成为不可多得的调味品。

（五）拱嘴蘑

拱嘴蘑是一种特产食材，学名为胶陀螺菌。它的子囊盘较小，直径约 4 厘米，高 2~3 厘米，形状似陀螺又像猪嘴，颜色为黑褐色，质地柔软且具有一定的弹性。除了子实层光滑外，其他部分有密集的短绒毛。孢子为近棒状，大小约为（35~40）微米 ×（3~3.5）微米，每个子囊内含有 4~8 个孢子。孢子的形状可为卵圆形、近梭形或肾脏形，大小约为（10~12）微米 ×（5.5~7.6）微米。侧丝细长且条状，顶端稍弯曲，颜色浅棕色。拱嘴蘑生长在海拔 400~1000 米的桦树、柞木等阔叶树的树皮缝隙上，可以单个生长或成群生长。拱嘴蘑的子实体可食用，也可以加工成蘑菇罐头和干菜。研究发现，拱嘴蘑的子实体具有抗癌作用，能抑制肝癌腹水细胞的生长，并且其醇提物可降低血黏度。拱嘴蘑的子实体富含糖、蛋白质、脂肪、氨基酸、无机元素和亚油酸等营养成分。在夏季雨后，可以在砍伐的蒙古栎的木堆上采摘新鲜的拱嘴蘑子实体。采摘后，将嫩的子实体放入清水中洗涤，然后放入淡碱水中轻轻搓洗，直到子实体表面的黑色孢子全部被洗掉为止。食用时，可将拱嘴蘑拌入大蒜泥和其他调料中，制作成凉菜。

（六）木耳

木耳，又称黑木耳，是一种吉林省的特产食材。它寄生于吉林省海拔 300~1100 米的栎、榆、杨、槭、桦、柳、赤杨等阔叶树或朽木及针叶树冷杉上，可单个生长或成群生长。木耳的子实体具有鲜美的味道，并且目前已经非常普遍地进行人工栽培，是重要的栽培食用菌之一。它的子实体通常较小，宽度在 2~12 厘米之间，呈浅圆盘形、耳形或不规则形状，质地胶质。新鲜的木耳较软，而干燥后会收缩。子实层生长在内部，表面光滑或略带皱纹，呈红褐色或棕褐色，干燥后变为深褐色或黑褐色。外表有一层短毛，呈青褐色。木耳的孢子为无色，光滑且常呈弯曲的腊肠形状，大小为（9~17.5）微米 ×（5~7.5）微米。担子则较长，有 3 个横隔，形状柱形，大小为（50~65）微米 ×（3.5~5.5）微米。每 100 克木

耳干品中含有蛋白质 18.4 克、脂肪 1.9 克、碳水化合物 39.9 克、膳食纤维 8.0 克、胡萝卜素 0.10 毫克、维生素 B_1 0.19 毫克、维生素 B_2 0.2 毫克、维生素 PP 3.2 毫克、维生素 C 7.34 毫克、钾 1118 毫克、钠 90 毫克、钙 86 毫克、镁 273 毫克、磷 310 毫克、铁 51.9 微克、锌 4.92 毫克、铜 0.38 微克、锰 5.89 微克。木耳可用于炒菜和凉拌食用。

（七）羊肚菌

羊肚菌是吉林省的特产食材，其子实体较小或中等大小，高度在 6~14.5 厘米之间。菌盖长 4~6 厘米，

宽 4~6 厘米，不规则圆形或长圆形，表面布满凹坑，形状似羊肚，颜色为淡黄褐色。菌柄长 5~7 厘米，粗 2~2.5 厘米，呈白色，表面有浅纵沟，基部稍微膨大。子囊的大小为（200~300）微克 ×（18~22）微克。子囊内含有 8 个孢子，排列成单行，呈宽椭圆形，大小为（20~24）微克 ×（12~15）微克。侧丝的顶端有时会膨大，并且有时会有隔。羊肚菌生长在海拔 100~800 米的林地、林缘以及灌丛中，可以单个生长或成群生长。羊肚菌的子实体具有鲜美的味道，是一种优良的食用菌，可用于炒菜、凉拌或加工成蘑菇罐头。此外，其子实体也具有药用价值，可用于治疗消化不良、痰多气短以及脾胃虚弱等症状。每 100 克干品中含有蛋白质 26.9 克、脂肪 7.1 克、碳水化合物 30.8 克、膳食纤维 12.9 克、胡萝卜素 1.07 毫克、维生素 B_1 0.10 毫克、维生素 B_2 2.25 毫克、维生素 PP 8.8 毫克、维生素 C 3 毫克、钾 1726 毫克、钙 87 毫克、镁 117 毫克、钠 33.6 毫克、铁 30 微克、锌 12.17 微克、铜 2.34 微克、锰 2.49 微克。此外，子实体中还含有异亮氨酸、亮氨酸、赖氨酸、蛋氨酸、苯丙氨酸、缬氨酸、甘油酸、油酸、海藻糖及纤维素等成分。在春末夏初时，可以采摘新鲜的羊肚菌子实体进行食用，也可将其放在苇席或帘子上晾晒干燥以备食用或药用。在加工处理时，可将采摘的子实体清洗干净后进行炒菜或凉拌食用。另外，将子实体在开水中稍微焯一下，然后用凉水冲洗后即可调拌食用。

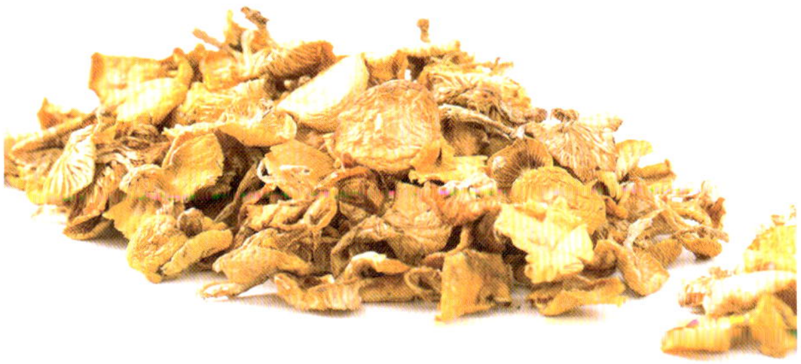

（八）小黄蘑

小黄蘑，学名柠檬黄蜡伞，是吉林省的特产食材。小黄蘑生长在吉林省海拔 300~1100 米的针叶林地上，可以群生或散生。其子实体体型较小。菌盖直径在 2~4.5 厘米之间，初期为半球形，后来会变得平展且中部稍微凸起；呈柠檬黄色；盖缘初期内卷，后期平展，表面光滑，并覆盖着厚厚的一层黏液，具有一定的黏性。菌肉为白色或略带黄色，中部比较厚，味道柔和。菌褶在幼年时为白色，后来逐渐变为淡黄色；呈延生状态，较为稀疏。菌柄长 3~9 厘米，粗 0.3~1 厘米，呈圆柱形，向下略微变细，颜色为白色或略带黄色，内部由实心变为空心。孢子为无色，表面光滑，呈椭圆形，大小为（7~9）微克 ×（4~6.5）微克。小黄蘑子实体含有 17 种氨基酸，总含量为 12.46%，其中包含 7 种人体必需氨基酸。

（九）榆黄蘑

榆黄蘑，学名金顶侧耳，是吉林省的特产食材。榆黄蘑寄生于吉林省海拔 500~1200 米的榆树枯立木、倒木、伐桩及原木上，可以群生或丛生。榆黄蘑子实体一般为中等大小。菌盖直径在 3~10 厘米之间，呈漏斗形状；颜色从草黄色到鲜黄色不等；边缘内卷，光滑，整体呈漏斗形状。菌肉为白色，菌褶为白色或者略带浅粉红色；呈延生状，排列密集，长度不等，在柄上常形成沟状条纹。菌柄长 2~10 厘米，粗 0.5~1.5 厘米，稍微偏生，颜色为白色，内部实心，通常在基部相连。孢子印呈烟灰色至淡紫色，表面光滑，呈圆柱形，大小为（7.5~9.5）微克 ×（2~4）微克，带有囊体。榆黄蘑的特性显示，其子实体食用味道较为优秀，目前在人工栽培方面非常普遍，被视为重要的栽培食用菌之一。每 100 克干品中含有多种氨基酸，总量为 20.13 克，其中包含缬氨酸、苏氨酸、蛋氨酸、异亮氨酸、亮氨酸、苯丙氨酸、丙氨酸、赖氨酸、精氨酸、组氨酸等多种氨基酸。榆黄蘑可直接用于炒菜、调拌凉菜、腌制，或加工成罐头等食品。

（十）平菇

平菇，学名糙皮侧耳，是吉林省的特产食材。平菇寄生于吉林省海拔 500~900 米的阔叶树枯立木、倒木、伐桩及原木上，可以群生或丛生。在寒冷季节里，子实

体的颜色会变得更深。菌盖直径在5~21厘米之间，呈扁半球形，后来会平展并形成后檐；颜色为白色至灰白色、青灰色，有条纹纹路。菌肉为白色，厚实。菌褶为白色；呈延生状态，交织在菌柄上，密度稍高至稍稀。菌柄长1~3厘米，粗1~2厘米，有时较短或无柄，侧生，颜色为白色，内部实心，基部常带有绒毛。孢子为无色，表面光滑，近似圆柱形，大小为（7~10）微克 ×（2.5~3.5）微克。每100克干品中含有蛋白质7.8克、脂肪2.3克、粗纤维5.6克、碳水化合物6.9克、维生素 B_1 0.12毫克、维生素 B_2 7.09毫克、维生素PP 6.7毫克、钙21毫克、磷220毫克、铁3200微克。平菇子实体可直接用于炒菜，也可加工成干蘑菇、罐头或酱油等食品。秋季是采摘新鲜平菇子实体的最佳季节。在处理时，可以将采摘的子实体去除杂质，并用水清洗干净，然后可以用于炒菜、炖鸡、炖粉条或炖白菜等菜肴的制作。

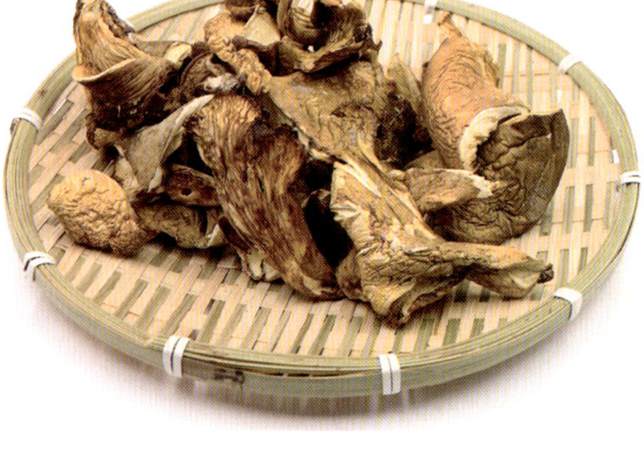

（十一）冻蘑

冻蘑，学名亚侧耳，是吉林省的特产食材。冻蘑寄生于吉林省海拔500~1200米的椴树枯立木、倒木、伐桩及原木上，或者在榆树、械树、柳树和赤杨等活立木的干基部上生长。菌盖直径在3~12厘米之间，形状可以是扁半球形、平展、半圆形或肾形；颜色为黄绿色；具有黏性，表面覆盖着短柔毛，边缘光滑。菌肉为白色，厚实。菌褶为白色至淡黄色；只在菌柄上延伸，稍微密集。菌柄很短或几乎没有，侧生。孢子小，无色，表面光滑，呈腊肠形状，大小为（4~5.5）微克 ×（1~1.6）微克。囊体呈梭形，中部膨大，大小为（29~45）微克 ×（10~15）微克。可以群生或丛生。冻蘑干品中含有蛋白质、脂肪、碳水化合物和纤维素等营养成分。冻蘑可以直接炒、炖、烩、烧，或加工成干蘑菇、罐头或酱油等食品。最佳的采摘季节是秋季和冬季，在处理时，可将采摘的子实体去除杂质，并用水清洗干净，然后可以用于炒菜、炖鸡、炖粉条或炖白菜等菜肴的制作。

（十二）灰蘑

灰蘑，学名棕灰口蘑，是吉林省的特产食材。灰蘑生长于吉林省海拔200~900米的松林或混交林的地上，可以群生或散生。其子实体一般为中等大小，有时较大。菌盖直径在2~9厘米之间，形状可以是半球形至平展，中部稍微凸起；颜色为灰褐色至褐灰色，干燥，具有暗灰褐色的纤毛状小鳞片；随着成熟，边缘会开裂。菌肉为白色，稍厚，没有明显的气味。菌褶为褐白色变灰色；呈弯生状态，稍密，长度不一。菌柄长2.5~8厘米，粗1.2厘米，呈柱形，颜色为白色至污白色，内部松软至中空，基部稍微膨大。孢子印为白色。孢子无色，表面光滑，呈椭圆形，大小为（6.2~8）微克 ×（4.7~5）微克。子实体含有蛋白质、脂肪、碳水化合物、纤维素和维生素等营养成分。灰蘑子实体中含有 16 种氨基酸，其中包括 7 种人体必需氨基酸。此外，它还富含 11 种矿质元素。最佳的采摘季节是夏季和秋季，在处理时，可将采摘的子实体去除杂质，并用水清洗干净，然后可以用于炒菜、炖鸡、炖粉条或炖白菜等菜肴的制作。灰蘑子实体具有鲜美的风味，可直接炒食、调拌凉菜、腌渍或晒成干菜等多种方式使用。

（十三）黄松甸灵芝

黄松甸灵芝是指生长在中国吉林省黄松甸地区的灵芝。黄松甸地区以其独特的地理环境和气候条件而闻名，被认为是灵芝自然生长的理想地点之一。黄松甸灵芝于 2015 年 7 月 22 日获得中国农业部批准，成为国家农产品地理标志产品。地理标志标志着黄松甸灵芝生产者可以按照质量控制技术规范进行生产，并正确使用标志。黄松甸灵芝作为一种具有悠久历史的草药，灵芝在中医和民间传统医学中得到广泛应用。它被认为具有多种保健功效，如增强免疫力、抗氧化、抗炎症等。此外，灵芝还被用于调节血压、降血糖、保护肝脏和改善睡眠质量等方面。黄松甸地区的灵芝因其独特的生长环境而被认为品质较高。灵芝通常在野外生长，采摘后会进行干燥或加工处理，常见的形式有切片、粉末或提取物。人们可以将其用于煮汤、炖肉、泡茶或制作草药补品等。黄松甸灵芝属于灵芝属中的赤芝，具有优良的品质和丰富的营养成分。黄松甸灵芝在生长环境上受到长白山余脉、松花湖上游、张广才岭等自然条件的影响。这个地区的土壤肥沃，水质清澈，气候适宜，没有受到污染。黄松甸灵芝的内在品质指标包括腺苷含量≥ 7.0 毫克 /100 克，粗多糖（以葡聚糖计）含量≥ 14.0 毫克 /100 克，三萜（以齐墩果酸计）含量≥ 1.2 克 /100 克。黄松甸灵芝富含优质蛋白质、多种氨基酸、维生素、矿物质等营养成分，具有增强免疫力、抗衰老、抗肿瘤、降血压、降血脂、保护肝脏等多种功效。黄松甸灵芝可以作为食用菌或药用菌。作为食用菌，可以用于煲汤、炖肉、泡茶等，具有鲜美的口感和独特的风味。作为药用菌，可以研磨成粉末，浸泡在酒中，具有保健和治疗的作用。

十三、吉林果实

在中国东北的遥远边陲，吉林省如一颗璀璨的明珠镶嵌在雄伟的长白山脉与醉人的松花江之间，其独特的地理位置和富饶的土地孕育了多样化的植被与果实品种。这里不仅山清水秀，四季分明，更是众多珍贵果实的发源地，让吉林省的果实成为世界各地人士所共赞的特产食材之一。从香甜的苹果到多汁的梨，从清脆的杏到酸甜兼备的李子，以及其他不那么知名但品质同样上佳的山野浆果，这些果实不仅丰富了当地人民的餐桌，也为吉林省的农业发展和乡村旅游增添了亮丽的色彩。进入吉林省的果园，走近那些挂满果实的枝头，探索这些果实的生长奥秘和采摘乐趣。吉林的果实不只是一种简单的农产品，它们是吉林省自然赋予的宝贵财富，是连接历史与现代、传统与创新的纽带。

（一）集安板栗

吉林省是中国重要的板栗产区之一，其中集安市以其出产的板栗而闻名。集安板栗的外皮呈棕色，具有坚硬的壳，常常有细纹或刺。板栗果肉呈黄白色，质地饱满丰满，口感柔软，味道甜美。板栗的大小会因品种和生长环境的不同而有所差异，一般直径为 3~4 厘米。集安市的板栗产区具备适宜的土壤和气候条件，为板栗的生长提供了良好的环境。集安板栗因其独特的口感备受人们喜爱，并在市场上拥有一定的知名度。集安板栗富含碳水化合物、蛋白质、脂肪、维生素和矿物质等营养物质，是一种营养丰富的食品。它不仅可以直接食用，还可以通过烤、煮、蒸、炒等多种方式进行烹调。烤板栗是常见的做法，能够使板栗更加香甜可口。

（二）柳河山葡萄

柳河山葡萄是吉林省柳河县的特产，也是中国的国家地理标志产品。柳河县位于长白山龙岗山脉和伊通河两岸，山葡萄主要种植在沙壤土地区，这里的土壤肥沃，表土厚度超过 20 厘米，微酸，非常适合种植优质葡萄，被视为葡萄生长的黄金纬度。柳河县拥有悠久的山葡萄产业发展历史，全县北冰红品种的山葡萄种植面积已达到 3 万亩，24 家山葡萄酒企业通过了 QS 认证，成为通化葡萄酒的主要产地。为了保护柳河山葡萄的地理标志，该产品于 2005 年 12 月 28 日获得原国家质检总局的批准，并实施地理标志产品保护。

柳河山葡萄凭借其独特的地理环境和种植特点在吉林省乃至全国范围内享有盛誉。它的种植面积和酒业发展也为当地经济作出了重要的贡献。柳河山葡萄被视为一种珍贵的农产品，同时也是吉林省地方特产的骄傲。柳河山葡萄以其丰富的营养和独特的口感而受到人们的喜爱。它含有丰富的维生素 C、维生素 E 和多种矿物质，具有抗氧化、抗衰老和保护心血管健康的功效。葡萄酒的销售和旅游开发也为柳河县带来了新的发展机遇。无论是其出色的品质还是对地方经济的贡献，柳河山葡萄都是吉林省特产食材的珍宝之一。它不仅是滋补养生的良品，同时也展示了柳河县丰富的农业资源和独特的地域特色。

（三）延边苹果梨

延边苹果梨是中国吉林省延边州的特产水果，也被称为延边梨。它的外形类似于苹果，因此得名。延边苹果梨的果皮光滑，有青绿色或黄绿色的外观，果肉细腻

多汁，味道鲜甜可口。这种品种的水果质地脆嫩，口感香甜，营养丰富，富含多种维生素和矿物质，对人体健康极为有益。作为一种优质水果，延边苹果梨荣获了吉林省特产食材的美誉，并受到了国内外消费者的青睐。延边苹果梨是一种营养丰富的水果，融合了苹果和梨的口感特点，同时含有多种对健康有益的营养成分。延边苹果梨富含维生素 C、膳食纤维、矿物质和抗氧化物质，具有促进免疫健康、消化健康和维持整体身体功能的益处。将延边苹果梨作为饮食中的水果选择之一，不仅能享受其美味，还能获得多种营养素的补充，有助于保持身体健康。

（四）洮南黑水西瓜

洮南黑水西瓜，作为一种具有区域特色的西瓜品种，产自中国吉林省的洮南市。洮南市位于吉林省西南部，受惠于当地温和的气候和肥沃的土壤条件，为黑水西瓜的种植创造了优越的自然环境。经过精心培育，这一品种已成为该地区的农产品标志。黑水西瓜因其独特的漆黑表皮、细嫩且红润的果肉和显著的高糖度而闻名。除了口感上的吸引力，洮南黑水西瓜还含有丰富的维生素 C、膳食纤维和抗氧化成分，具备营养学上的价值。每当夏季来临，洮南黑水西瓜达到成熟，成为消解酷热、降温解暑的理想食品，深受消费者偏爱。

（五）集安白桃

集安白桃是中国吉林省集安市的特产水果，由白桃和毛桃嫁接而来，外形美观，色泽鲜艳，果肉软糯多汁，口感甜中带酸，含铁量高于苹果和梨 4~6 倍。集安白桃在中国传统文化中有着生育、吉祥、长寿的象征意义，

是一种受欢迎的礼品和食品。集安白桃的种植历史悠久，目前已经形成了一定的产业规模和品牌影响力，为当地农民增收和乡村振兴提供了支撑。集安白桃还可以制作成腌渍桃子、桃酱、桃酒等加工产品，增加了其附加值和市场竞争力。

十四、吉林畜肉制品

吉林省，与辽宁、黑龙江相接，毗邻俄罗斯和朝鲜，独特的地理环境和丰富的草原资源，孵化出了令人赞叹的畜牧业和丰富多样的畜肉制品。冰雪覆盖的冬季与凉爽短暂的夏季，共同塑造了这里畜牧文化的独特性，为我们带来了极具地域特色的肉品食材。在吉林，畜肉制品不只是肉的凝结，还承载着深厚的东北饮食文化和粗犷生活情感的一部分。从肥美的黑土地猪到强壮的长白山散养牛，再到山林中的野味，这些畜肉制品不仅因其质地细腻、口味纯正，而且营养价值高，成为吉林餐桌上不可或缺的佳肴原材料。

（一）吉林红肠

红肠在吉林地区拥有悠久的历史和深厚的文化底蕴，是当地居民餐桌上不可或缺的美味佳肴。吉林红肠不仅仅是一道普通的肉制品，它凝聚了历代匠人的智慧与烹饪经验，代代传承并不断优化。以猪肉为主要原料的吉林红肠选用上等的新鲜猪肉，肉质纹理分明，搭配独特定制的香料，增添了红肠的风味。经过熏制工序的红肠，表皮红亮，切开后更是色泽饱满，同时散发出诱人的香气。吃上一口，可以品尝到肉馅的鲜嫩多汁，咸香适中，口味浓郁丰富。在节庆日子或是寒冷的冬季，一道热腾腾的吉林红肠，成为家人团聚的象征，传递着温暖和幸福。

（二）吉林风干肠

吉林风干肠是吉林省的一种特色肉制品，主要以猪肉为原料，经过腌制和风干工艺制作而成。它的肉质鲜美、口感细腻，具有浓郁的香气和独特的风味。制作过程包括原料准备、腌制、风干等步骤。选用适量的猪肉，加入盐和调味料腌制，然后挂在通风处利用自然风干的方式干燥。经过适当时间后，吉林风干肠变得坚实、有韧性，外表颜色均匀，内部肉质鲜嫩。它不仅可以作为零食品尝，还可用于烹饪各种菜肴。购买时需选择正规渠道，确保食品安全和保存条件良好。

（三）吉林火腿肠

火腿肠在吉林具有独特的地位和声誉，它代表了吉林人对食品质量和口感的不懈追求。吉林火腿肠以猪后腿精肉为原料，肉质紧实不失弹性。在加工过程中采用严谨的比例调配各种香料和调味品，使其味道独特而卓越。熏制工艺更是这一肉制品的精髓所在，经过长时间的低温烟熏，肉肠不仅色泽转为诱人的金黄色，而且肉质更加香嫩、风味十足。无论是作为冷盘直接食用，或是搭配其他菜肴，火腿肠都能展现出吉林人制肠工艺的高超和对品质的坚持。

（四）吉林灌肠

灌肠在吉林具有独特的地位和声誉，它代表了吉林人对食品质量和口感的不懈追求。吉林灌肠以猪肉为原料，肉质紧实不失弹性。在加工过程中采用严谨的比例调配各种香料和调味品，使其味道独特而卓越。熏制工艺更是这一肉制品的精髓所在，经过长时间的低温烟熏，肉肠不仅色泽转为诱人的金黄色，而且肉质更加香嫩、风味十足。无论是作为冷盘直接食用，或是搭配其他菜肴，灌肠都能展现出吉林人制肠工艺的高超和对品质的坚持。

（五）咸腊肉

吉林咸腊肉是吉林省的地方特产，也是东北地区的传统食品之一。它是用猪肉经过盐腌、风干或熏制而成的一种肉制品，具有浓郁的肉香和咸味，是冬季的美味佳肴。吉林咸腊肉的制作方法有多种，其中最有特色的是用铁锅熏制的方法，即将腌制好的猪肉放在铁锅里，用木炭和木屑熏制，使其表面呈金黄色，肉质鲜嫩，风味独特。吉林咸腊肉的烹饪方法也有多种，如炒、炖、煮、蒸等，都能保持其鲜香和营养。吉林咸腊肉不仅是人们日常饮食的重要食材，还是制作各种蛋制品的优质原料，如腊肉蛋糕、腊肉饼、腊肉馅饺子等，都是吉林省的特色美食。

十五、吉林干菜

吉林省冬天的漫长和寒冷，赋予了这里独特的食物储藏和加工方式，其中干菜就是一绝。干菜作为一种传统的保存食品，在寒冷的冬季不仅解决了新鲜蔬菜难以长期保存的问题，更凭借它独有的风味和营养价值，成为本土饮食文化中不可或缺的一部分。吉林干菜的种类繁多，每一种干菜都承载着吉林人对大自然的敬畏与感恩。这些干菜不仅能够在极端的气候条件下长期保持营养成分，还能在烹饪时焕发出新的风味和口感，让人们即使在风雪交加的季节也能享受到自然的馈赠。

（一）豆角干

豆角干是最常见的一种干菜，主要选用东北特产豆角为原料，切成细丝或整根晒干，晒好后的干豆角色泽黑亮，质地韧劲，吸收油脂和汤汁的能力很强，是炖肉的最佳搭档，也可以炒肉丝或炒蛋等。

（二）茄子干

茄子干是另一种受欢迎的干菜，将茄子切成片或块，表面撒上面粉，晒干后的干茄子颜色发暗，质地柔软，与鸡肉、鹅肉等炖煮，味道鲜美，也可以清炒或做馅料等。

（三）黄瓜干

黄瓜干又叫黄瓜钱，是一种特色的干菜，将黄瓜切成片，表面扑上草木灰，晒干后的干黄瓜颜色翠绿，口感脆嫩，保留了黄瓜的清香，可以用来炒肉、炒蛋、炒饭等，也可以凉拌或做汤等。

（四）白菜干

白菜干是一种营养的干菜，将小白菜用开水烫过后，挂在阴凉处风干，晒干后的干白菜色泽深绿，质地柔韧，带有白菜的香味，可以用来炒肉、炒蛋、炒面等，也可以煲汤或做饺子馅等。

（五）角瓜干

角瓜干是用角瓜（丝瓜）切片晒干的一种食品，是吉林省的一种特产，也是一种药食两用的食材。角瓜干含有丰富的水分、纤维素、维生素和矿物质，有清热解毒、润肺止咳、美容养颜的功效，对肺热咳嗽、便秘、痤疮等有一定的缓解作用。角瓜干的食用方法也很多，可以炒、炖、煮、蒸等，常见的菜式有咖喱角瓜、角瓜炒肉、角瓜炖排骨等，味道清爽可口，是夏季的一道佳肴。

（六）倭瓜（南瓜）干

倭瓜干是东北地区的一种传统食品，也叫窝瓜干，是用倭瓜切片晒干后再蒸煮的一种干制品。倭瓜干的营养价值很高，富含多糖、维生素、氨基酸和矿物质，有利于降低血糖、血脂和胆固醇，增强免疫力，延缓衰老。倭瓜干的食用方法很多，可以炒肉、炖排骨、煮粥、蒸饺等，味道香甜可口，是东北人的家常美食。

第三章

吉菜烹饪技艺

JI CAI PENG REN JI YI

第一节 吉菜烹调技艺——吉菜烹调基本功

一、吉菜刀工技法

刀工技法通称刀法，是对菜肴原料进行各种形状加工时，所采用的一系列具体施刀方法，它是菜肴原料形状加工的最基本的方法。在实践中，所施刀法的种类很多，根据原料成形的效果，大致可分为基本刀法，特殊刀法和综合刀法三大类。

（一）基本刀法

1. 概念

基本刀法是将原料切制成简单形状所运用的最基本的施刀方法。这类刀法作用原料所形成的形状多为比较简单的几何形状，如丝、片、条、米、粒、蓉等。

2. 适用范围

加工原料比较广泛，一般切制刀法适宜于加工无骨的软硬性动物性原料和比较脆嫩的植物性原料。片制刀法多用于有一定韧性的动植物性原料。

3. 操作程序

取料→根据造型的需要和用料性质→施刀→成形。

4. 成形要求

形状大小整齐，粗细、薄厚都要均匀一致，料面平整光滑，形状符合规格要求。基本刀法对原料加工成形的具体样式及规格标准见表 3-1。

表 3-1　原料加工成形的主要样式及规格

类型	具体形状	规格标准	成形方法
丝	头粗丝	长度 5~10 厘米，截面边长约 0.4 厘米	切（片）片、切丝
	二粗丝	长度 5~10 厘米，截面边长约 0.3 厘米	
	细丝	长度 5~10 厘米，截面边长约 0.2 厘米	
	松丝	长度 5~10 厘米，粗细接近头发丝	
条	粗条	长度约 6 厘米，截面边长 1.3~1.6 厘米	切（片）片、切条
	细条	长度约 5 厘米，截面边长约 1.1 厘米	
片	月牙片（半圆片）	直径约 2 厘米，厚约 0.2 厘米	将圆柱形或球形体原料先纵向一分为二再顶刀切片
	象眼片（菱形片）	长对角线约 2.5 厘米，短对角线约 1.5 厘米，厚约 0.2 厘米	将原料切修成截面为菱形的柱体切制成形
	柳叶片	形似柳树叶，形体长约 5 厘米，最大宽度约 1.5 厘米，厚约 0.2 厘米	先加工成长尖形的块纵向切片
	抹刀片	长约 4 厘米，宽约 2.5 厘米，厚约 0.2 厘米	用斜刀片制成片
块	大方块	边长大于 3 厘米的方块	直切成形
	小方块	边长小于 3 厘米，大于 2 厘米的方块	
	大长方块	长约 4 厘米，宽约 2.5 厘米，厚约 1 厘米	
	小长方块	长约 3 厘米，宽约 1.5 厘米，厚约 0.8 厘米	
	劈材块	长约 3 厘米，宽约 1.5 厘米不规则的块	多用刀或手掰制而成
	滚料快	分大、中、小 多为长约 2.5 厘米 宽约 1.5 厘米的多楞体	边滚动圆柱形、近球状原料边直切而成
	橘子瓣块（梳背块）	半边圆半边直，一边厚一边薄，形似橘子瓣或梳子状一般长约 3.5 厘米，背厚约 0.8 厘米	用斜刀法切制
	大象眼块	长对角线约 2.5 厘米，短对角线约 1.5 厘米，厚约 1.5 厘米	直切成形
	小象眼块	长对角线约 1.5 厘米，短对角线约 0.8 厘米，厚约 1.5 厘米	
丁	大方丁	边长约 1.5 厘米见方	直切成形
	中方丁	边长约 1 厘米见方	
	小方丁	边长约 0.8 厘米见方	
粒	豌豆粒	边长约 0.5 厘米见方或呈菱形状	直切成形
	绿豆粒	边长约 0.3~0.4 厘米见方或呈菱形状	

5. 基本刀法分类

基本刀法按刀面与墩面所形成的角度，分为直刀法、平刀法、斜刀法。

（1）直刀法

直刀法就是在用刀处理原料时，刀面与菜墩或原料接触面成直角的一类刀法。根据运刀方向和用力大小又分成切、剁、砍、排四种。

①切。切就是利用小臂力、腕力和刀的重力，按照一定的方式作用原料，使原料断开的一种直刀法。

切一般适用于无骨的动物性原料和蔬菜的成形加工。操作过程中，因原料质地的不同和运刀方向的不同，又有以下六种具体切法。

A. 直切（又称跳切）。直切就是利用腕力和刀的重力，让刀作上下“跳跃式”运动切断原料的一种切法。其要点是握刀要稳，落刀要准，用力要狠。一般适用于脆嫩性原料，如黄瓜、白菜、莴苣、土豆等。

B. 推切。推切就是利用腕力将刀提起作用原料，再压腕使刀刃由上往下切的同时，将刀由里向外推出切断原料的一种切法。其要点是刀往回拉是虚拉，是不接触原料的，只是将刀拉回，重新回到向前推的位置，以便再切。刀的着力点在后端。一般适用于比较薄小、无骨的软性、脆性、韧性动物性原料和蔬菜等，如猪、牛、羊肉，榨菜、土豆、萝卜等。

C. 拉切。拉切就是利用腕力将刀抬起作用原料，再压腕使刀刃由上往下切的同时，将刀由外向里拉回切断原料的一种切法。其要点是在往下切的同时，将刀向前虚推，然后用力拉回，一刀拉到底，将原料切断。刀的着力点在前端。一般适用于韧性较强的原料，如猪、牛肉等。

D. 锯切（又称推拉切）。锯切就是刀面与墩面垂直作用原料，在刀刃由上往下切的同时，将刀既向前推又向后拉的一种刀法。其要点是刀刃垂直下落后，先将刀向前推然后向后拉，推拉交替向下切，直至切断原料。一般适用于质地松软或较硬、较厚的原料，如面包，熟五花肉为原料制作的白肉、回锅肉等。

E. 铡切。铡切就是刀面与墩面垂直作用原料，近似铡刀切法的一种刀法。在实际工作过程中，由于加工对象性质的不同，又分拍铡式、铡刀式和锯铡式三种方式。

a. 拍铡式。拍铡式又称单手拍切，即将原料平稳地放在菜墩上，右手握稳刀把，刀刃对准要切的部位，刀面垂直墩面，左手掌发力拍击刀背，将原料切断。其要领是：刀要握稳，刀面垂直墩面，拍击用力要足。主要适用于油炸或水煮后无硬骨的熟料、大而薄的原料，如炸牛排、炸板虾等。

b. 铡刀式。铡刀式又称单手压切，即右手执刀，刀尖与菜墩接触，将刀把抬起，将原料要切的部位紧靠着刀刃放置平稳，左手握稳刀背的前端，右手握住刀把，用力下压，将原料切断。其要领是：原料要放稳，双手握刀要固稳，压切有力快而准。主要适用于带壳、带细小骨头的熟料，如清水蟹、盐水鸭、熟鹅蛋等。

c. 锯铡式。锯铡式又称双手压切，即将原料平稳放置在菜墩上，右手握住刀把，将刀刃放在原料要切的部位上，左手握住刀背的前端，两手用力垂直压实原料，并左右交替用力压切原料，使原料切断。其要领是：双手握刀要稳，原料要放平稳，左右交叉用力要均衡，着力重心要设低。主要适用于质地较硬不易一次性切断的动植物性原料，如冻肉、南瓜、熟鸡、熟鸭等。

F. 滚料切。滚料切就是刀面与墩面垂直，一边滚动原料一边直切原料的一种切法。其要点是滚动原料速度要均匀，滚动与切制动作要协调。一般适用于圆形或椭圆形的脆性、软性植物原料，如莴苣、胡萝卜、茄子、山药、地瓜、土豆等。

②剁（又称斩）。适用于无骨或较小骨头的动物性原料和蔬菜等，如猪、牛、羊、鸡肉，白菜、芹菜、莴苣、排骨等。

根据使用刀的数量不同，剁又分单刀剁和双刀剁两种方式。

A. 单刀剁。单刀剁就是单手执刀，刀面与墩面垂直，在刀离原料要切的部位有一定高度时，用小臂的力量将原料斩断的一种刀法。适用于无骨的或有小骨的动物性原料及蔬菜等，如排骨、鸡腿等。其要领是：刀刃剁到原料的一刹那，左手要离刀刃远些，加工带骨的原料要一刀斩断。否则不整齐，用小臂的力量，力要大些。对于鸡、鱼、猪、牛、羊肉之类的动物原料及蔬菜等，将其制馅或蓉、泥时，先将原料加工成细小的形状，再用刀从左到右、从右到左将原料剁碎、剁细，用力不宜太大，抬刀不必过高，每剁一遍都要将原料翻动一次，以便剁匀。

B. 双刀剁。双刀剁主要是出于提高加工效率的目的，采用两手分别执刀，刀面与墩面垂直，两刀交替往下剁的一种刀法。一般适用于制馅和蓉、泥。原料必须是无骨的动物原料和蔬菜等。其要领是：每剁一遍，就翻动一次原料，直至将原料剁成所要求的程度。用力不宜太大，抬刀不宜过高。

③砍。适用于体型大、带骨坚硬的动物性原料或冰冻的动、植物原料成形加工。根据刀作用原料方式的不同，又分为直砍、刀砍两种方式。

A. 直砍。直砍就是将刀高高举起，对准要砍的部位，用臂膀的力量将原料砍断的一种刀法，如砍冻猪肉、整半的猪肉等。其要领是：要一下子就准确地砍在要砍的部位上，并一下就砍断。左手要及时离开原料或离要砍的部位远一点，以防刀伤事故。

B. 跟刀砍。就是直砍原料后，刀镶在原料刀口内，再将原料与刀一起抬起用力落下作用原料，一次或几次将原料砍断的一种刀法。凡是一刀砍不断原料，需要连砍数刀才能砍断的刀法可用此方法砍断原料。主要适用于质地坚硬的动物原料，如猪头等。其要领是：刀必须稳稳地嵌进原料，不能让刀从原料上掉下来。

④排。适用于大片形状肉类原料筋络斩断或肌纤维松散。根据刀作用原料的方式不同，排又分刀尖排和刀背排两种方式。

A. 刀尖排。刀尖排就是利用刀头或刀跟的刀尖，在原料表面轻轻扎几排刀缝的一种刀法。其目的是把原料的筋络斩断，使原料下锅后不致卷缩和易于入味。

B. 刀背排。刀背排就是用刀背在原料表面轻轻地排击，将原料肌纤维排击松散的一种刀法。其目的是使原料下锅油炸或油煎时不致卷曲，保持原有形状；让滋味能入到肉纹内部，易于入味呈味；可使菜肴成熟后更为松嫩。

（2）平刀法

平刀法通称平片，是刀面与墩面平行或接近平行的一种刀法。一般适用于无骨、韧性较强的原料，如鸡肉、猪肉、榨菜、冬笋等原料。刀刃不是从上往下切，这是平刀法与直刀法的根本区别。平刀法分以下五种：

①推刀片。推刀片就是刀面与墩面平行，由里向处推出的一种刀法。一般适用于较脆的原料，如榨菜、茭白等。要领是：左手按稳原料，以原料不移动为度。手掌放平，手指尖微向跷起，食指与中指分开，以便观察原料的厚薄是否符合要求。

②拉刀片。拉刀片就是刀面与墩面平行，由外向里拉的一种刀法。一般适用于略带韧性的原料，如肉片、鸡片等。其要领是：同推刀片相同，只是运刀方向相反。

③平刀片。平刀片就是刀面与墩面平行，由右向左直向运刀的一种刀法。适用于无骨的动物性原料及软性、嫩性的原料，如猪血、豆腐、鸡肉、里脊肉、鱼肉等。其要领是：左手掌按稳原料时，手指尖微微跷起，以观察原料的形状是否厚薄一致。右手既要擎住刀使其平衡，又要用力均匀。

④抖刀片。抖刀片就是刀面与墩面平行，由右向左运刀时，呈波浪运行的一种刀法。适用于质地较嫩、柔软的无骨原料，如蛋白糕、皮冻、皮蛋、豆腐干等。其要领是：按稳原料擎住刀，不能平推，利用手腕轻微抖动，用力均匀。

⑤滚料片。滚料片就是刀面与墩面平行，刀随着原料滚动的方向而运行的一种刀法。适用于长圆形或修整成长圆形的脆性、软性原料，如黄瓜、红肠等。

滚料片根据刀作用原料的方式不同又分为滚料上片和滚料下片两种方式。

A. 滚料上片。将原料放在菜墩上，左手手指将原料按住，刀面与墩面平行，在原料上部的皮下片进，然后滚动原料，刀刃跟进，边滚边片，直至片完。其要领是：一定要掌平刀面，此时刀刃离手指仅有料皮那么一层，极易片到手上。刀切原料前进的速度以滚动的速度为准。

B. 滚料下片。将原料放在菜墩上，左手指将原料按住，刀面与墩面平行，在原料下面片进，然后滚动原料，刀刃跟进，边滚边片，直至片完。其要领是：手指滚动原料时不能偏斜，刀刃也不能偏斜，刀刃始终在原料表面保持一定的厚度。

（3）斜刀法

斜刀法是刀面与墩面成小于 90°角，呈倾斜状态运刀，将原料切断的一种刀法。适用于体型小，无骨有韧性的原料或脆性、软性的一些原料，如熟鸡肉、熟牛肉、猪腰子、白菜等。

斜刀法根据刀口作用原料时处置的方向不同，可分为正刀斜片和反刀斜片两种方法，每种方法的运刀轨迹都有向前推和向后拉两种方式，在实践中灵活运用。

①正刀斜片。正刀斜片又称正刀片，就是刀口方向朝向左手的一种斜刀法。其要领是：每片一刀都保持在一个斜度上，通过落刀部位来控制形状的大小，要整齐划一。

②反刀斜片。反刀斜片又称反刀片，就是刀口方向朝向右手外侧的一种斜刀法。其要领是：左手向后移动的间隔要一致，这是决定原料大小及厚薄的关键。

（二）特殊刀法

1. 概念

特殊刀法是指原料在成形加工的过程中，对原料进行的一种没有规律的一系列行刀技法。如削、剜、挖、雕、刻、旋、模压等。其特点是运刀轨迹没有固定方向，持刀方法灵活多变，作用原料随心所欲。有时一些特殊情形下所采用的自创性的一些技巧运用方式也属于特殊刀法的内容。

目前，能归成类的方法就是食品雕刻中的具体方法。

2. 适用范围

适宜于工艺菜肴中，特殊原料形状的加工，如球状，螺丝状、蝴蝶状、寿字状、龙状、龙尾、树叶、小型建筑、天鹅、各种形状的器物等。

3. 操作程序

取料→定型→选刀→构思→布局→施刀→成形。

4. 成形要求

施刀手法要细腻，成形的规格及形态要规范，比例要协调，造型要大方美观。装饰件的大小形态要与造型菜肴其他部位相协调。常用几种料形的成形规格标准见表 3-2。

表 3-2　常用几种料形的成形规格

类型	具体形状	规格标准	成形方法
球	橄榄状	长轴长约 3 厘米，短轴长约 1.5 厘米，呈橄榄状	削、旋、切等刀法成形
	算珠状	长轴长约 2 厘米，短轴长约 1.5 厘米，呈算盘珠状	
	圆球状	直径在 1~4 厘米之间的圆球体	
文字	寿字	大小根据具体要求而定	刻制成形
	喜子	大小根据具体要求而定	
网	鱼网	大小根据具体要求而定	旋、切等刀法成形

（三）综合刀法

1. 概念

综合刀法是基本刀法和特殊刀法的综合运用，是对形状加工的最高形式，行业中常称为剞刀法。它是将基本刀法和部分特殊刀法的作用效果表现在原料的表面上，使原料表面呈现出深而不透或透而不断的刀纹，使原料预热后呈现出翻卷自如，层次清晰，造型别致的像形形状。它分直刀跳剞、直刀推剞、斜刀推剞、斜刀拉剞四种具体加工方法。原料成形多为花刀工艺型，如金鱼形、菊花形、麦穗形、灯笼形、蜈蚣形等。

2. 适用范围

适宜于脆嫩的植物原料或韧性的动物性原料的加工。如黄瓜、冬笋、莴笋、腰子、鱿鱼、心管、猪里脊、鸡脯肉、桂鱼、草鱼、鳙鱼等。

3. 操作程序

选料→构思→布局→定形→改刀→成形。

4. 成形要求

刀纹深度，宽度要均匀一致，刀深不透或透而不断，像形加工时，注意像形的比例，规格要均匀并符合菜肴制作的要求和食用的需要。炝拌鲜尤花，鲜尤花的大小要比热菜小，以便达到食用的数量，菠萝鱼，鱼身要大，但不能过大，以便于成熟入味。常用的几种花刀成形及方法见表 3-3。

表 3-3　常用的几种花刀成形及方法

类型	成形方法	适用原料
麦穗型	①在片形的原料表面上，利用斜刀法或直刀法切一条条平行的“一”字形刀纹，下刀深度为原料厚度的五分之四，或深至表皮层 ②将原料转换角度，利用斜刀法或直刀法，在第一次改刀的料面上再切一条条平行的“一”字形刀纹，使两次的刀纹成一定的角度，下刀深度仍为原料厚度的五分之四，或深至表皮层 ③将原料改切成长 4~5 厘米，宽 3~4 厘米的长方块即成	适于形体较大 肉质紧密的动物性原 如鱿鱼、腰子等
荔枝型	①在片形的原料表面上，利直刀法切一条条平行的“一”字形刀纹，下刀深度为原料厚度的五分之四，或深至表皮层。 ②将原料转换角度，利用直刀法，在第一次改刀的料面上再切一条条平行的“一”字形刀纹，使两次的刀纹成一定的角度，下刀深度仍为原料厚度的五分之四，或深至表皮层 ③将原料改切成边长 4~5 厘米的方块或长轴长 5~6 厘米，短轴长 4~5 厘米的菱形块	适于质地较为紧密 形体较厚的动物性原料 如鱿鱼、腰子、猪肚、鸡肫等
菊花型	①在块形或厚片形原料的表面上，利用斜刀法或直刀法切一条条平行的“一”字形刀纹，下刀深度为原料厚度的五分之四，或深至表皮层 ②将原料转换角度，利用斜刀法或直刀法，在第一次改刀的料面上再切一条条平行的“一”字形刀纹，使两次的刀纹成一定的角度，下刀深度仍为原料厚度的五分之四，或深至表皮层 ③将原料改切成长 4~8 厘米的长方块即成	适于肉质较厚 质地紧密 形体较大的动物性原料或植物性原料的加工制品 如鳜鱼肉、猪通脊、大豆腐等

类型	成型方法	适用原料
牡丹花型	①用斜刀法在鱼体的两侧从尾处向头部方向分别相对片成刀底不断的若干料片，下刀的间距为 3~6 厘米 ②将每片肉翻开，在其中部深剞一刀，刀深接近鱼皮 ③挂糊油炸即可卷缩成牡丹花瓣形	适于带骨或剔骨的鱼类
柳叶型	①在鱼的一侧，从头至尾用刀划一刀口，深不触骨 ②在这一条刀纹的两侧，从头至尾再用刀划成一定斜度的刀纹，呈“柳叶叶脉”状。刀口也要深不触骨 ③在鱼的另一侧以同样的方法划切刀纹即成	适于整条菱形的鱼类 如武昌鱼等
松果型	①在片状原料表面斜刀 45°推剞至五分之四，转 45°再斜刀 45°推剞至五分之四，改成长方块 ②刀距、深浅、斜刀角度都要均匀一致	适于猪里脊、鱿鱼以及部分块根类植物性原料
梳子型	①用直刀剞和直刀切的混合刀法加工而成 ②先用直刀法剞上一条条平行的刀纹，深度是原料厚度的四分之三，再把原料切成片，经加热后，就形成梳子形状	适于质地细密 有一定韧性的动植物性原料
核桃型	①核桃型花刀又称丁字刀，用直刀推剞或直刀拉剞反复使用加工而成 ②先用直刀推剞上一条条平行的刀纹，再用直刀推剞交叉成直角，深度都是原料厚度的五分之四，最后再切成正方形。经加热，就卷曲成核桃形	适于质地细密 有一定韧性的动植物性原料
蓑衣型	①用斜刀推剞和直刀剞的混合刀法加工而成。是刀工美化中最难掌握的一种，极易破碎。因此，选料一定要韧性强、新鲜，刀法基本功要好 ②在原料的一面先剞上麦穗花刀，再把原料翻过来，用推刀剞法剞一遍，要与正面的麦穗花刀中的斜刀剞的刀纹呈交叉状。两面的刀纹深度均是原料厚度的五分之四，最后将原料切成 3 厘米见方的块。这时，将原料提起，原料两面通孔，呈蓑衣形	适于质地细密 有一定韧性的动和新鲜脆嫩的植物性原料
卷型	①用直刀推剞或直刀拉剞重复使用形成的 ②在原料的一面用直刀推剞成一条条平行的刀纹，再转 90°角，还用直刀推剞尖剞成一条条平行的刀纹，深度都是原料的三分之二，最后再切成长方块，加热后，即成卷形	适于质地细密 有一定韧性的动物性原料
球形	①用直刀推剞或直刀拉剞重复使用后，加工而成的形状 ②同卷形花刀一样，也是用推刀剞，在原料的一面剞上交叉成直角的都是一样深度的一条条平行刀纹，但最后切成的是小方块形。经加热，即成	适于质地细密 有一定韧性的动物性原料
双面莲花型	①双面莲花形刀又称透笼花刀，用直刀推剞重复使用的刀法加工而成 ②先用直刀推剞，在原料的一面剞上一条条平行的刀纹，深度为原料厚度的三分之二，然后将原料翻过来，还用直刀推剞，剞上一条条与正面刀纹相交叉成 40°角的刀纹，深度也是原料厚度的三分之二，最后把原料切成长方块，经加热，即成双面莲花形	适于质地细密 有一定韧性的动植物性原料
麻花型	①用直刀剞的刀法加工而成 ②先把原料切成长 4 厘米、宽 3 厘米、厚 1 厘米的长方块，在块的中间顺长划透约3厘米长的刀口，在这条刀口的两侧再顺长各划一条长约2厘米的刀口，也划透。最后，把一端的头从长刀口中空过来，拉紧，即呈麻花形	适于质地细密 有一定韧性的动植物性原料
蜈蚣型	①用直刀剞的刀法加工而成 ②首先把猪黄管洗净，煮透，撕去油筋后放在汤锅汆透。沥净水，把猪黄管横放在菜墩上，用直刀剞，每隔0.3厘米剞一发，最后再每隔0.3厘米（空一格）对角斜剞一刀，剞至原料的二分之一处，即呈蜈蚣形	适用于猪黄管

二、吉菜勺工技术

吉菜勺工技术主要包括翻勺技术、火候技术和调和技术三个方面内容。

(一)翻勺技术

翻勺技术是指烹调过程中所运用的各种翻动炒勺的技法。其技术标准要求翻动炒勺技术动作要体现熟练性、科学性、规范性和技巧性。

熟练性主要表现为翻勺技术动作连续、自然、灵活。在操作时，快而不乱，慢而不凝，快如暴风骤雨，慢如清风微拂，极富节奏和韵律之美。

科学性是指运勺和用勺过程中要充分利用力学原理。如翻勺时要充分理解和运用杠杆运动学原理等。

规范性就是指每一个翻动炒勺技术动作都有科学的标准要求。如灶上人翻勺，在使原料向后翻时，将勺先往前送，再从前往后拉，拉时要有一个向上翘腕的动作。相反地，在使原料向前翻时，将勺先往后拉，再从后往前送，送时要有一个向下压腕的动作，并在向下压腕的同时勺要做短暂的停顿。

技巧性就是运勺时意会要领所表现的一种特性。如原料向前翻时，送勺向下压腕和在向下压腕的同时勺要做短暂的停顿等，就是技巧性的动作。

实践中，翻勺技术根据翻动炒勺动作的不同，又分翻勺、晃勺和转勺三种方法。

1. 翻勺

翻勺就是根据烹调的需要，通过一定的方法使炒勺和勺中的原料做相对运动，达到原料在勺中翻动，均匀受热成熟目的的翻勺技法。

根据原料在勺中运动状态不同，可分为小翻勺和大翻勺两种形式方法。

(1) 小翻勺

小翻勺简称“小翻”，就是将炒勺连续做横向拉推和纵向抬压动作，使锅内菜肴松动移位，上下翻动的一种翻勺技法。它是相对大翻勺而言的一种方法称谓，因翻动时大勺中原料不颠出勺口，翻动动作幅度较小，故称“小翻勺”。

①分类。根据大勺是否离开灶口可分为离灶小翻勺、灶上小翻勺两种方式。

A. 离灶小翻勺。离灶小翻勺就是在菜肴快要出勺时或装盘前，把炒勺端离火口，翻动菜肴的一种翻勺方法。

B. 灶上小翻勺。灶上小翻勺就是炒勺不离开灶圈的一种勺法。是最为常见、常用的一种方法。根据手勺和大勺的配合情况可分为拉翻、手勺助推拉翻、手勺搅动晃勺翻三种具体方法。

a. 拉翻。拉翻就是左手握勺柄，以灶口边沿为支点将大勺略微拉起，使原料移至大勺前半部再快速向后拉压勺柄，使原料在勺中翻转，然后再将大勺推送至起始状态，如此反复拉动大勺，使菜肴受热均匀，成熟入味的翻勺方法。

b. 手勺助推拉翻。手勺助推拉翻就是为了使菜肴原料有效快速翻动，在拉翻的过程中，利用右手中的手勺顺势推动菜肴原料在勺中翻转的一种拉翻方法。

c. 手勺搅动晃勺翻。手勺搅动晃勺翻就是利用小臂和手腕的合力，左手持炒勺柄晃勺，同时右手持手勺反向搅动菜肴原料，使菜肴原料翻动，达到均匀受热目的的一种翻勺方法。

②技术关键。要做到勺不离火，原料有效翻动率高，动作连贯协调、敏捷快速，双手配合顺畅，翻动自如，干净利落。

③适用范围。主要适用于菜肴原料数量相对较少，形状散碎，加热时间短，易成熟的菜肴制作。

④小翻目的。避免粘锅或烧焦，使原料快速受热、均匀受热，快速调味、均匀入味，粉汁分布均匀、快速糊化，卤汁充分包裹原料。

(2) 大翻勺

大翻勺是指把炒勺中的菜肴原料，整体一次性做180°翻转的一种翻勺技法。因翻勺的动作及原料在勺中翻转的幅度都较大，故名。

①分类。根据大勺是否离开灶口可分为灶上大翻勺和灶下大翻勺两种方式。

A. 灶上大翻勺。灶上大翻勺是指大勺离开灶口，在火口上方进行的一种大翻勺。按菜肴整体倒向的方向不同又分为前翻、后翻、左翻、右翻四种具体方法。

a. 前翻，就是将大勺与菜肴整体一起由前往后拉动，突然停止迅速往前短距离推送，使菜肴后部折起整体翻个倒向前方的一种翻勺方法。

b. 后翻，就是将大勺与菜肴整体一起由后往前推动，突然停止迅速往后短距离拉动，使菜肴前部折起整体翻个倒向后方的一种翻勺方法。

c. 左翻，就是将大勺与菜肴整体一起由左往右前方拉动，突然停止迅速往左后方短距离拉动，使菜肴右侧部位折起整体翻个倒向左方的一种翻勺方法。

d. 右翻，就是将大勺与菜肴整体一起由右往左前方拉动，突然停止迅速往右后方短距离拉动，使菜肴左侧部位折起整体翻个倒向右方的一种翻勺方法。

B. 灶下大翻勺。灶下大翻勺就是指大勺离开灶口和火口，将菜肴整体抛出大勺，在空中翻转，将大勺移动身后侧将菜肴接住的一种大翻勺。此种方法具有一定的表演性和可视性。

②技术关键。在准备翻动菜肴前，火力要大，使大勺温度升高，热度均匀；一定要通过晃勺摆正菜肴最佳翻动形态。在准备翻动菜肴时，大勺与菜肴在运勺过程中，尽量要保持相对静止状态；在翻动菜肴时，前期运勺要突然停止并迅速反向短距离送出。菜肴翻个后，要顺势将勺与菜肴一同下落，接住菜肴，以便减轻惯力，保证菜肴形状不被惯力冲散和菜汁飞溅。

③适用范围。大翻勺主要适用于扒、煽、煎、烧等烹调方法制作的菜品，这些菜品原料多为形体较大的扁平形状的整体原料，或经过摆码成一定形状，成菜后需要保持其形状的菜品。

④大翻勺的目的。就是提高翻勺效率和保持菜肴形状完整不碎。

2. 晃勺

晃勺也称晃锅、转菜，是指大勺在灶口中或灶口上方，利用小臂和手腕施力，按顺时针或逆时针方向转动大勺，使菜肴在勺内转动的一种勺工技法。

(1) 分类

根据大勺是否离开灶口可分为灶上晃勺、离灶晃勺两种。

①灶上晃勺。灶上晃勺就是指大勺在灶口中，利用小臂和手腕施力，使大勺延灶口边沿按顺时针或逆时针方向转动大勺，使菜肴在勺内达到转动目的的一种勺工技法。

②离灶晃勺。离灶晃勺就是指大勺在灶口上方，利用小臂和手腕施力，按顺时针或逆时针方向转动大勺，使菜肴在勺内转动的一种勺工技法。

(2) 技术关键

①晃动炒勺时。主要是通过手腕的转动及小臂的摆动，加大炒勺内原料旋转的幅度，力量的大小要适中。力量过大，原料易转出炒勺外；力量不足，原料旋转不充分。

②晃勺时锅中原料数量必须有一定的限制。如果原料过多，它在锅内翻动的范围小，即原料在锅中的运动距离减短，这样原料就难以达到抛的速度，锅中的菜肴难以翻转，因此用于晃勺的原料不宜过多。

(3) 适用范围

晃勺应用较广泛，在用煎、煽、贴、烧、扒等烹调方法制作菜肴时，以及在翻勺之前都可运用。此种方法单柄勺、双耳锅均可使用。

(4) 晃勺目的

可以防止粘锅；可以使原料在炒勺内受热均匀，成熟一致；对一些烧菜、扒菜，勾芡时往往都是边晃勺边淋芡，使勾出的芡均匀而不会局部太稠或太稀；可以调整原料在炒勺内的位置，确保翻勺或出菜装盘的顺利进行。

3. 转勺

转勺又称转锅，就是指炒勺在灶口内静置状态下，将勺柄由左至右或由右至左做快速推拉或拉推运动，使炒勺快速颠转，达到菜肴晃动目的的一种翻勺技法。

(1) 技术关键

转勺速度要快，否则炒勺会与原料一起转，起不到转勺的作用。

(2) 适用范围

主要用于菜肴数量较大不易翻勺的情况，或菜肴数量少，不宜多次翻动的情况，如烧、炖、爆等烹调方法制作的菜肴。

(3) 转勺目的

主要是防止菜肴原料粘锅。

(二) 火候技术

1. 火候的概念

火候就是指烹调时，根据原料在锅中的变化，所用火力的大小和时间的长短。

2. 火候技术的构成要素

火候技术有三要素，即原料在锅中变化、对原料进行热影响的火势和火力、对原料加热的时间。其技术标准要求其应用要体现出对原料在锅中变化判断的准确性，对火势、火力调控的灵活性和及时性以及对加热时间控制的恰当性。

原料在锅中的变化是一个不可预知的复杂变化，影响变化的因素很多。对其能否准确判断，主要取决于操作者对原材料性状的掌握程度（如对原料的含水量、持水性、原料组织的耐热性、结构的热变性等的了解和掌握程度）和对相应变化所积累的经验。只有广泛了解和掌握原料的性状以及不同成熟程度下原料的热变化现象，才能"预知""鼎中之变"。也才能够灵活、及时地调控加热的火力和恰当地控制加热时间。"鼎中之变"的准确判断是掌握火候技术核心内容，调控加热的火力和加热时间都要围绕"鼎中之变"进行。对火力调控的灵活性和及时性以及对加热时间控制的恰当性是"鼎中之变"调动的结果。

3. 掌握火候

在烹调过程中，根据原料性质、加工的形状、烹调方法、菜肴的质量要求，确定火势、火力、加热时间长短的方法叫掌握火候。

（1）火力的界定

人们在实践中，根据煤火火焰的高低、火光的明暗及颜色、热气的强弱等，把其火力分成四类。

①旺火。旺火又称武火、急火、猛火，是火力最强的一种火。这种火火焰高而稳定，火光耀眼明亮，呈黄白色，热气逼人。这种火适于快速的烹调方法，如烹、炸、炒等。

②中火。中火是介于小火和旺火之间的一种火。其特征是火焰低而摇晃，呈红色，光度较暗，辐射热较强。这种火适于烧、煮、烩、扒、煎、焗等烹调方法，是烹调中应用较多的一种火力。

③小火。小火火焰细小，呈青绿色，光度暗淡，时起时落，辐射热较弱。适用于炖、焖等。

④微火。微火是火力最小的一种火。火焰很小（或没有火焰），火焰呈蓝紫色，有很弱的热气。适用于煨、熬汤等，或供保温用。

（2）掌握火候方法

①质老、形大的原料用小火，时间宜长。

②质嫩、形小的原料用旺火，时间宜短。

③要求脆嫩的菜肴宜用旺火，时间宜短。

④要求酥烂的菜肴须用小火，时间宜长。

⑤用水传热，菜肴要求软、嫩、脆的，须用旺火，时间宜短。

⑥用蒸汽加热，菜肴要求鲜嫩的，须用中火；菜肴要求脆嫩的，要用旺火，时间宜短。

⑦采用炒、爆、烹等方法烹制的菜肴，须用旺火，加热时间宜短。

⑧采用炸的方法烹制的菜肴，须用旺中火，时间可稍长。

⑨采用烧、靠、炖、扒、煎、焗等方法烹制的菜肴，须用中小火，时间宜长。

⑩以汁浓重口为特色的菜肴，宜用中小火，加热时间宜长；以色泽浓白为特色的菜肴，宜用旺中火，时间不可过长。

（三）调和技术

调和技术也是勺工技术的重要内容，其技术标准要求其应用要表现出原材料搭配的美妙性、原料相合的顺序性和适时性。

原材料搭配的美妙性主要表现为原料在质地、颜色、口味、形状、数量等搭配方面所表现出来的一种适口性和悦目性。

原料相合的顺序性和适时性就是指在烹饪过程中，要根据原料的性质和在锅中的变化情况，按照一定的先后顺序灵活、准确、适时地投放原料，按照烹饪产品的质量标准及时出锅装盘，以确保烹饪产品在色、香、味、形、质、养方面的皆佳性。

三、油温的识别和掌握

（一）油温的识别

油温就是锅中的油经加热达到的各种温度。在以油为传热介质时，无论什么原料，采用何种烹调方法，都要准确掌握油温，这是确保菜肴质量的关键。根据经验，油温大致可分为三类，即温油锅、热油锅、旺油锅。其温度范围、油锅表象、适用范围如下表所示。

（二）油温的掌握

正确鉴别油温后，还必须根据火力大小、原料性质

	油温成数	油锅表象	适用范围
温油锅	三成至四成热（90℃ ~130℃）	油锅表面平静，无青烟，生油或混油表面有泡沫生成，泡沫和油中的悬浮物向中间汇集	适宜于质嫩原料的滑油和干货原料的涨发，有保持鲜嫩的作用
热油锅	五成至六成热（130℃ ~170℃）	油锅表面翻动较为剧烈，油面上泡沫基本消失，有青烟生成，搅动时有炸响声，放入原料则有大量气泡生成	适宜于“炒”“炸”或半成品的加工，如炸丸子、炸酥肉等，有酥皮增得，使制品不易破碎的特点
旺油锅	七成至八成熟（170℃ ~220℃）	油面较为平静，冒大量的青烟，搅动时有较大的炸响声，放入原料则有大量气泡生成，同进伴随炸响声	适宜于“爆”或重油炸等。如炸鱼，有脆皮和凝结原料的作用，过油走红也多用旺油锅

以及下料多少等情况正确掌握油温。

1. 根据火力大小掌握油温

用旺火加热，原料下锅时温应低一些；用中火加热，原料下锅时油温应高一些；在过油过程中，如油温上升太快，应将锅端离火口或部分端离火口，在不能端离火口的情况下可加入适量的冷油降低油温。

2. 根据原料性质和规格掌握油温

细嫩和小型的原料，下锅时油温应低一些；粗老韧硬和整形块大的原料，下锅时油温应略高一些。

3. 根据油料比的大小掌握油温

油量多原料少，即油料比大时，原料下锅时油温应略低一些；油料比小时，原料下锅时油温应略高一些。

四、影响烹调基本功认识的要素

（一）烹饪过程中的热传递方式

热力学第二定律指出，热量总是自发地由高温物体传向低温物体，这一过程称为热传递或传热。那里有温度差，那里就有热传递的现象。热传递基本方式有三种：传导、对流、辐射。

1. 传导传热

传导传热是指热量由固体的高温区域转移到低温区域的过程。不同的固体之间的传导过程只有在它们接触时才有可能发生。

烹调中的热传导过程，主要发生在炊具与食品（固体）之间、固体传热介质与食品之间，也发生在固体食物内部。很少发生在食物与食物之间。

2. 对流传热

对流传热是指由于流体微团改变空间位置所引起的流体和固体壁面之间的热传递过程。流体微团改变空间位置的过程称为对流。在对流时，作为载热体的流体微团不可避免地要引起热对流，同时，在对流过程中微团又不可避免地和周围流体接触而进行传导。因此，在对流换热过程中流体内部进行着热对流和传导的综合过程。这种综合过程，当然影响流体和壁面之间的对流传热。

烹调中的对流传热，主要发生在以水、油、蒸汽等为介质的加热过程中，也发生在液体菜肴本身。

3. 辐射传热

辐射传热是指温度不同的两个（两个以上）物体间相互进行的热的辐射和吸收所形成的热传递过程。习惯上，仅将和温度有关的辐射称为热辐射。它的能量是由热能变来的，并且被物体吸收后又重新变为热能。波长在 0.1~ 40 微米范围内的射线（电磁波）就具有这种性质，这一范围内的射线称为热射线。

辐射传热与传导传热、对流传热不同，传导和对流仅发生在冷、热物体接触时，而辐射不需如此。因此辐射能可以在真空中传播。

烹调中的辐射传热主要发生在炊具与热源之间，也发生在用火直接烘烤食物和用电磁灶烹调食物过程中。

（二）决定原料成熟方式的传热介质

介质，是指物体系统在其间存在或物理过程在其间进行的物质。传热介质一般泛指传递热量的中间物质，如水、油等。

传热介质在烹制过程中的作用，一是从热源吸取热量，使自身的温度升高；二是把自身的热量传递给温度较低的烹饪原料。

传热介质的运用，标志着烹饪原料受热变熟的途径。因此，在介质层中，以直接与烹饪原料接触的介质最为重要，谓之直接介质；而其他则为间接介质。如烹饪原料在水中受热，水就是直接介质，而锅则是间接介质；烤的直接介质就是干性热空气等。直接介质是各种烹调方法的标志。

在烹调工艺中，根据传热介质物态的不同，可将其分液体传热介质、气体传热热质和固体传热介质三大类。每一类传热介质都有各种不同的具体物质，并都有各自的性质和特点。

（三）影响原料成熟的原料内部热传递因素

热量从炊具、各种介质传导原料的表面以后，继续传到原料内部还要有一个过程，原料内部的热传递情况如何，对原料的成熟度是否恰到好处，原料的营养成分是否得到了最大限度的利用，以及制成的菜肴是否合乎食品卫生和色、香、味、形、质俱佳的要求等，起着关键的作用。

原料内部的热传递，主要依靠传导。影响原料内部热传递的因素主要有四个，即传热系数、传热面积、传热温差、传热时间。

1. 传热系数

传热系数取决于原料本身，和原料的质地老嫩、组织结构的疏密、其本身的组成成分有关。但对同一种原料来说，传热系数是固定的（可视为固定）。一般的原料传热能力很差，大多是热的不良导体，因此，传热系数很小。

2. 传热面积

传热面积和原料的形状大小、薄厚有关。形状越小、越薄者，传热面积越大，反之，面积越小，越不利于热量的传递。在烹调实践中，可利用剞花刀的方法提高传热面积。

3. 传热温差

热传递的动力是温度差。传热温差即是原料表面温度和内部温度之差。原料内部温度一般是室温，约20 ℃。这样增加温差的途径主要是提高介质温度，即油温、水温、气温等。但提高温差极有限，因为介质温度越高，越容易使原料表面烧焦、炸焦。

在烹调加热中，要注意使原料各部分的传热温差等同，即受热均匀。这样才能保证原料一致成熟。特别是用旺火加热，介质温度较高时，更要注意这一点。而不断翻锅、利用手勺翻拌是使传热温差等同的有效途径。

4. 传热时间

原料内部热的传递具有较强的时间性。其他三个因素固定后，要使原料内部成熟，关键要掌握好时间，尤其是块形较大、较厚的原料。对于形小而薄的原料，传热时间也很重要，不仅要使原料成熟，还要使它们不过熟，保持鲜嫩。

（四）影响菜肴感官质量的原料热变化

烹调原料在加热中的变化是非常复杂的，大体可分为物理变化、化学变化两大类。这些变化对菜肴色、香、味、形、质地的形成，对菜肴的营养成分的保持，都具有直接的影响。烹调原料在加热中的物理变化和化学变化是密切联系的，往往物理变化以微观的化学变化为前提，而化学变化也往往以物理变化为条件。

1. 扩散

扩散主要指可溶性营养物质、呈味物质由高浓度向低浓度的分散。主要有两个方面。

（1）原料内营养物质和呈味物质的扩散

原料在加热前，大多含水量丰富，水分中溶解很多营养物质和其他可溶性物质。加热中还可能产生一些可溶性物质。加热后，组织结构被破坏，使原料中的这些可溶性物质逐步扩散到汤汁中去，吊汤就是利用了这一原理。同时，一起烹调的数种原料中的这些可溶性物质还会互相扩散到彼此内部去，使你中有我的成分，我中有你的成分，形成原来彼此都没有的滋味。

营养物质的扩散，主要有维生素、无机盐、可溶性含氮物质等。淀粉的糊化也属此类变化。此类变化虽能使食物变得美味可口，使汤汁变得鲜美，但有时也会造成营养成分的损失。

影响此类变化的因素主要有：

①加热温度。尤其是初始温度。厨谚云：要吊汤凉水下锅，要吃肉开水下锅。

②加热时间。加热时间长则扩散的幅度大，反之则小。

③加热介质。水加热主要是水溶性物质扩散，油加热主要是脂溶性物质扩散。

④原料形态大小。大者扩散速度慢，反之则快。

（2）调味品中的可溶性物质的扩散

我们加调味品的目的，就是要使调味品中的有效成分充分扩散到汤汁和食物原料中去，以使菜肴滋味可口。有些调味品全部可溶，如食盐、味精等，有些则不能，如天然香料、辣椒、胡椒等。

调味品的扩散和下列因素有关：

①加热时间。长则扩散得彻底，因此块形较大的原料，要较长时间加热，才能入味。

②原料形态。形态越小的越容易扩散进去，反之则慢。调味品扩散所需的介质一般是水。

2. 挥发

食物中含有很多低沸点的挥发性物质。这类物质有些是食物原有的，有些是后来在烹调中产生的，其中有些正是食物的香气成分。这类物质在常温下不易挥发，或挥发的量很少。在加热中，却会大量地挥发出来，使我们未见其菜，先闻其香。影响挥发的因素有：

（1）加热温度

一般说来，温度越高，挥发得越快，挥发的量越大。从这个角度看，热菜在出锅时，保持一定的高温度，以形成古人所说的“锅气”，是提高菜肴感官形状的需要。

（2）食用前的密闭程度

“佛跳墙”“隔水炖鸡”之所以香气令人倾倒，就是因为食用前都是密闭的，香气高浓度的保存在容器内，食用时再启坛开盖，香气四溢。

3. 水解

“水之为始”，烹调离不开水，水解也是加热中常见的变化。烹调中的水解就是使原料中的营养成分在水的作用下发生分解，使大分子变成小分子。

4. 氧化

氧化是烹调中常见的化学变化。烹调是在空气中进行的，氧化是不可避免的。

在烹调加热时，烹调用油、动物肌肉中的肌红蛋白、原料中的维生素及蔬菜中的叶绿素等最易发生氧化反应。

油脂在高温下连续反复使用，会发生高温氧化反应，所产生的某些醛、醇、酸及过氧化物对人体危害很大，所以烹调加热使用的油脂要经常更换。

动物肌肉含有肌红蛋白，这是生肉呈血红色的主要原因，当加热到60℃～70℃时肉呈灰白色，加热到75 ℃以上时，则变为淡褐色，这是因为肌红蛋白受热后，血红素被氧化变成高铁（F e → Fe）血红素，肌红蛋白变为变性肌红蛋白之故。

维生素在烹调中因加热而氧化速度加快。如维生素C、维生素B_1、维生素B_2、维生素A等，在放碱、使用铜质炊具时氧化速度更快。因此烹调含维生素C较多的蔬菜时，不宜加热时间过长，不宜放碱，不宜使用铜质炊具。

蔬菜由于有大量的叶绿素存在，而呈绿色。温度适宜时，叶绿素酶可把叶绿素氧化为褐色的脱镁叶绿素。当用小火加热时，叶绿素酶的活性被促进，因此烹出的蔬菜呈黄褐色，而急火快炒或沸水焯烫，叶绿素酶在高温下失活，则蔬菜仍保持其绿色。

5. 还原

还原和氧化是联系在一起的，有的元素被氧化，必然有的元素被还原。还原就是物质（分子、原子或离子）得到电子或电子对偏近的反应，表现为物质中有的元素化合价降低。如烹调中的香辛类原料（葱、蒜、韭菜、元葱等）在受热后产生具有挥发性的芳香化合物，使菜品出现特有的香气，同时，产物中的二硫化物进一步还原为具有甜味的硫醇化合物（R—S—S—R → R—SH + HS—R）。此还原作用在大蒜中尤为明显。

6. 酯化

油脂中含有脂肪酸，某些植物性原料中含有柠檬酸、苹果酸等，烹调时加入醋酸，也常常加入料酒。在加热过程中，酸与醇类物质作用，会生成具有芳香气味的酯类物质。

不同原料加热时产生的或本身含有的酸类物质、醇类物质不同，因而酯化后的产物也不一样，菜肴的香气也有所不同。

用葱、蒜、姜炝锅时，油会具有一种香气，这是因为葱、蒜、姜中所含有的挥发油、大蒜辣素、姜油醇等遇热后产生一种芳香酯的缘故。

7. 凝固

凝固是蛋白质变性后所产生的物理现象。如瘦肉在烹煮时收缩变硬，蒸鱼时鱼体蛋白质凝固，表现最明显的是蛋液和鸡血、鸭血加热时的凝固。

相对来说，加热时间越长，温度越高，这种凝固作用越强，食物的质地越硬。因而在加热蛋类、禽类、肉类、鱼类时，时间不宜过长（结缔组织含量高的除外），宜高温快速，保证菜肴滑嫩、鲜美。一般温度在45℃时蛋白质就开始变性，在55℃~70℃时，蛋白质开始变性凝固。

8. 其他

原料在加热中还会发生其他变化，如鸡蛋煮熟后，蛋黄表面含有一层暗绿色硫化反应、肉类蛋白在无高温下的美拉德反应、糖类物质的焦糖化反应及糊精反应、草酸和钙质发生的复分解反应等。

第二节 吉菜烹调技艺——干货原料涨发方法

一、干货原料涨发的主要方法

（一）水发

1. 概念

水发，就是将干货原料放在水中浸泡，使干料最大限度地吸收水分、回软涨大的一种发料方法。

水发是最普遍、最基本的一种涨发方法，适用范围广，即使用油发、火发、碱发的原料，也需要与水发相结合，才能达到涨发的目的，符合烹调的要求，所以人们习惯上称发料为“泡发”。

2. 水发原理

水发干料必须具备三个基本条件：一是胶体物质和纤维素的存在；二是干料内部毛细管状通道的存在；三是一定温度水的浸泡。

动物性干货原料，体内充满了蛋白质分子，植物性干货原料，则含有较多的植物胶素和纤维素。

这些物质的分子表面布满了各种不同的极性基团，如-OH、-NH2、-COOH等。这些极性基团同水分子有着极强的吸引力。

当动植物体新鲜时，水分均匀的分布其中，并达到饱和状态，使动植物体具有一定的形状和弹性，呈丰满状态。当这些新鲜原料干制时，水分被慢慢地脱掉，原料的体积逐渐缩小，蛋白质和植物胶素、植物纤维也就成为干制的凝胶干块。但干料内部还留有当初水分蒸发的毛细管状通道和一定的空隙，这就为干料涨发吸水准备了条件。

当干料在水中长时间浸泡时，水分子慢慢地渗透到原料内部，蛋白质、植物胶素、纤维素等重新吸水、膨润，处于胶体状态。这就使干料体积膨大，重新变为柔软而有弹性的原料。

3. 水发方法

水发方法有冷水发和热水发两大类。

（1）冷水发

冷水发就是把干料放入冷水中浸泡，使其自然缓慢地吸收水分，尽量恢复新鲜时软嫩、膨大状态。

冷水发的优点是操作简单易行，并能基本保持干料原有的鲜味和香味。冷水发料的方法一般有浸发和漂发两道工序。

①浸发。浸发就是把干料用冷水中浸泡，使其慢慢涨发。时间可根据原料大小、老嫩和松软坚硬程度而定。老硬、大的原料浸泡的时间要长一点，嫩、软、小的原料浸的时间短 ·点。

②漂发。漂发就是把干料放入冷水中，采用工具或用手挤捏，使水分子运动剧烈，将原料的异味和泥沙等杂质法权洗干净。通过挤捏使外面的水分子不断渗透原料内部，而原料内的水分被排挤出来，并带走了原料内的异味和杂质，反复浸漂干净，有利于烹调和食用。

（2）热水发

热水发就是把干货原料放入热水中慢火加热，促使干料加速吸收水分，成为松软嫩滑状态的全熟或半熟的半成品。其操作方法有泡发、煮发、焖发和蒸发四种。

①泡发。泡发把干货原料放入热水中浸泡至软，不再继续采用其他方法涨发的，称热水泡发。主要适用于一些形体较小，质地不太坚硬的干料，如银鱼、发菜、粉丝等。

②煮发。煮发把干货原料 放入水中，加热煮沸，或煮沸后离火一段时间后再煮，使水分较快地进入原料内部，使干货逐渐膨润。此方法用于体质坚硬、厚大而带有异味的干料，如海参、熊掌、鱼翅、笋干等。

③焖发。焖发是煮发的后续过程，是和煮发相连相辅的方法。在干料煮到一定程度时，改用微火或将锅盖严端离火口，让干料从外到里全部涨发至透的过程。如熊掌、鱼翅等一般是先煮发后焖发结合涨发的。

4. 技术关键

（1）冷水发技术关键

①冷水发一般用于体小质嫩的干料，多数浸泡 2~3 小时即可发透。

②质地较老或带有涩味的干料，在水发透后需漂洗，除尽涩味。

③对于质地老、肉厚皮硬或夹沙带骨的干料，采用热水发或碱发之前都要用冷水浸泡或漂洗，以除尽异味和其他成分。

（2）热水发技术关键

①热水发适用于绝大多数的肉类制品和山珍海味干制品。

②热水发应根据原料的不同性质、不同品种，可分别采用各种不同的水温进行一次性涨发或多次反复地涨发。一次性发料是指经过一次热水涨发过程就可以达到要求的发料方法，如银鱼、粉丝等，加适量开水泡一定时间即可发透。多次反复发料是指经过几次热水涨发过程才能达到要求的发料方法。一些体质坚硬、老厚、带筋、夹沙或腥臊气味较重的原料，都经过几次泡、煮、焖等热水发过程，在进行反复热水发时应灵活运用。

③对于有异味、质老硬的原料，在热水发前后都要经过冷水浸漂，以便更好地除去异味。

④热水发料，要根据干料品种、大小、老嫩等情况以及烹调的要求，分别采用不同的热水发的方法，并掌握发料火候和时间。如果火候大、时间长，干料易涨发过度，制成的菜肴没有完整的形态，失去一定的风味特色；反之，干料涨发不透，制成的菜肴坚韧难以食用。只有正确掌握火候和时间，才能符合标准。

（二）碱发

1. 概念

将干料先用清水浸泡，再加入碱溶液中浸泡，使其涨发回软，再用清水浸泡的方法。

碱发是一种特殊的涨发方法，同水发有密切的联系。碱发能使坚硬的干料质地松软和涨大。主要适用于含胶原蛋白质丰富、质地坚硬之类的干制原料，如鱿鱼、墨鱼等。

2. 碱发原理

涨发时所用的碱主要有碳酸钠、氢氧化钠、碳酸钠加生石灰等，这些碱在水中都能水解和电离产生 OH 时，溶液产生碱性。

$NaOH=Na+ + OH-$

$Na_2CO_3=2Na++CO_{32}-$

$CO_{32}-+H_2O \leftrightarrow HCO_3-+OH-$

$HCO_3-+H_2O \leftrightarrow H2CO_3+OH-$

$CaO+H_2O=Ca（OH）_2$

$Ca（OH）_2+Na_2CO_3=CaCO_3 \downarrow +2Na++2OH-$

碱水中的 OH 与原料的蛋白质分子上的极性基团相结合，增加了蛋白质分子的电荷，从而使蛋白质分子的亲水性大大增强，同时吸水速度加快。

碱水中的 OH 还能促使油脂水解，消除油脂对水分扩散的阻碍。破坏海产品表面的生物膜，加快水分渗透和扩散的速度。另外，碱水泡过的原料，大量的 OH 和其他离子进入原料内部，使其渗透压大大增强。再用清水浸漂时，使得较多的水分子在较短的时间内进入原料中。因此，碱发能缩短发料的时间，使原料迅速涨发，提高涨发率。

但它的缺点是会使干料的营养成分受到一定的损失。浓度和时间掌握不好，会使蛋白质大量水解，使原料发生溃烂。

3. 碱发方法

碱发的方法有碱面（纯碱）发和碱水发两种。

（1）碱面发

碱面发就是把用水泡回软的原料，剞上花刀，切成小块沾上碱面，涨发时用开水浸烫，烫制成形后用清水漂去碱分。此方法比较方便，沾上碱面的干料可存放较长时间，可以用多少发多少，随用随发。

（2）碱水发

碱水发就是先用清水浸泡干料使之初步回软，再放入配好的碱水中浸泡，见干料起发，回软变色时捞出，用清水反复浸漂去掉碱分，再用清水浸泡即可。

碱水发有三种方法：

①生碱水涨发。将纯碱与水按 1 比 20 的比例配成，把浸泡回软的干料放入碱水中，使其涨大。生碱水泡过的原料有滑腻感，用开水退碱，成品质地与碱面发一样细嫩。

②熟碱水涨发。将纯碱、生石灰和水按 1 比 0.4 比 18 的比例配成碱液，在配制时先用 4.5 千克热水搅匀、静置、澄清，然后把清水浸软的原料放入澄清的碱水中浸泡涨大，再用清水漂洗即可。此法涨发的特点是水清，泡后的原料不黏滑，体积可增大数倍，成品质地脆嫩。

③火碱水涨发。用固体烧碱或液体烧碱（氢氧化钠）200 克，水 10 千克，配成 2% 的溶液，将清水浸软的原料浸入其中浸泡涨大，再用清水漂洗即可。此涨发的方法特点是涨发率高，泡后的原料体积可增大数倍，成品质地软嫩。

4. 技术关键

①干料在用碱水浸泡之前，必须先用清水浸泡至软。这样即可以有利于碱水渗透，又可避免因碱水浓度过大，造成蛋白质水解，原料溃烂。

②要掌握好碱水的浓度和涨发时间。碱发时要根据原料的老嫩掌握用碱量和涨发时间。由于碱有腐蚀性和脱脂性，使原料的一部分肉质和营养成分受到损失，如果碱水浓度过大，涨发时间过长，会使蛋白质大量水解，使原料发生溃烂。如果碱水浓度低，涨发时间短，原料发不透，影响质量。一般嫩的原料，碱量相对少些，涨发时间相对短些；老的原料碱量多些，涨发时间相对长些。

③碱发的原料一定要用清水漂洗干净，再进行烹调，方能达到良好的效果。

（三）油发

1. 概念

把干货原料放入适量的冷油或温油锅中，用小火加热，使干料内部的水分汽化，使之膨胀松泡而成为全熟的半成品，这种发料方法称为油发。油发适用于蹄筋、肉皮、鱼肚等。

2. 油发原理

油发的干料大多含有较多的胶原蛋白质，其涨发主要是胶原蛋白质受热变化和蛋白质结合水汽化所致。

干料放入油中，在油温的作用下，胶原蛋白质开始收缩，导致干料卷曲、收缩。由于持续油温的作用，部分蛋白质的氢键断裂，螺旋状的胶原蛋白结构被破坏，形成分散的多肽链，使干料被软化。随着油温的升高，干料内部的蛋白质结合水受热汽化（干料虽经脱水，但仍保持一定的水分），使干料组织内部的压力大大加强，干料受气体膨压作用涨大、膨松、起泡。同时变性的蛋白质分子和蛋白质多肽链在高温油的作用下，重新结合，形成稳定的蜂窝状结构。最后发入水中浸泡，完成吸水涨发过程。

3. 油发方法

油发原料时，要经过洗涤、风干、汆油、除脂、浸泡五个过程。

（1）洗涤

在油发前将干料用碱水或温水迅速去掉污垢，洗净泥沙。

（2）风干

将经过洗涤的干货原料表面的水分自然风干。如不将水风干，原料在汆油时，会发生爆烈现象，影响效果。

（3）汆油

将风干后的原料冷油下锅，逐渐加热，用温油浸润原料。如果原料下锅时温度过高或加热过程中火力过急，会造成外焦而内部尚未浸透的现象。所以应使油温逐渐升高，使原料膨松、涨大、松脆。一般汆油的时间较长，形体较大的鱼肚往往需 1~2 小时。

（4）除脂

用热碱水洗去油汆后原料表面的油脂，通过碱水除脂，可以使油发的原料回软，呈海绵状。

（5）浸泡

将除脂后的原料清洗干净，放在温水中浸泡，除去碱分并进一步涨发。

4. 技术关键

①油发前，应先检查干料是否干燥、变质或污染。潮湿的干料应先烘干，然后再油发；变质的原料不宜采用；被污染的原料应先清洗干净，然后烘干后再油发。

②油发过程中，掌握好火候和油温。火候不宜过旺，油温不宜上升太快，必要时或把油锅端离火口，或用微火保持一定的温度，才更有得原料的涨发。

③油发过程中，要保持干料涨发得均匀。油发时，往往有的部分发透了，而有的部分发不透，为了保持涨发得均匀，常常向油锅中洒入一些水（注意油温，防油

爆），以降低干料表面的温度，使干料均匀涨发。

（四）盐发

1. 概念

盐发，就是把干货原料放在适量的大粒盐中加热，使之膨胀松脆而成半成品的办法叫盐发。一般适于油发的原料都可盐发。

2. 盐发原理

与油发的原理大体相同（详见油发，此略）。

3. 盐发方法

盐发时，要经过炒盐、炒焖、漂洗、浸泡四个过程。

（1）炒盐

将大粒海盐放锅内，置于火上加热，使盐中的水分蒸发。

（2）炒焖

把盐炒热后，把需要涨发的原料，埋入热盐中，同时要不断翻炒，使原料在盐内慢慢涨发鼓起。

（3）漂洗

将发透的原料，用温水漂洗几次，除净原料表面的盐分和杂质。

（4）浸泡

原料洗净后，放入温水中浸泡回软，达到发料目的。

4. 技术关键

①盐发前，应先检查干料是否干燥、变质或污染。

②盐发过程中，掌握好火候和盐温。火候不宜过旺，盐温不宜上升太快，原料埋入热盐中后，注意要不断翻炒。

（五）火发

1. 概念

把原料用火燎烤至外皮焦煳时取出浸泡刮皮，然后再用温水浸泡发料的一种方法。适用于乌参、岩参等烹饪原料。

2. 火发原理

火发并不是用火直接涨发干料，而是去掉坚硬的外皮，这些外皮的存在，阻挡水分向原料内部扩散、渗透。因此这些原料直接用水发不能发开，而且坚硬的外皮不能食用，火发后才能涨发、食用。

3. 火发方法

火发时，要经过烧烤、削刮、蒸煮、蒸煨四个过程。

（1）烧烤

将干料置于火上烧烤，去其表皮。

（2）削刮

将烧烤过的干料，放在碱水中用刀刮净其表面的杂质、煳皮。刷洗干净后放入清水中冲洗一遍。

（3）蒸煮

将削净的干料，放在清水锅中煮或者蒸至八分熟取出，换水，去除异味。

（4）蒸煨

将洗净并去除异味的干货原料，放入容器中，加水或鲜汤，放入葱、姜、蒜等各种调味料，上屉蒸熟或小火煨熟，取出待用。

4. 技术关键

①烧烤外皮时要注意火候，不宜烧过头，以免造成浪费和影响质量。

②削刮时要放在碱水中，刮净原料表面的杂质、煳皮。

③蒸煮不要过熟，要八分熟。

（六）蒸发

1. 概念

将干货原料放入盛器中，放入蒸汽锅中，用热蒸汽使其发透的方法即称为蒸发。

凡不适宜煮发、焖发的干料，或煮、焖后仍不能发透的干料可采用蒸发法。

2. 蒸发的原理

基本上同水发。但蒸发不同于水发之处：

（1）水分子运动不激烈，不像煮焖法那样动荡，易于保持干料原形。同时水温亦较高，发料速度较快。

（2）水量少，往往不用换水，利于保持原味。但异味大者不宜用。

3. 蒸发的方法

蒸发时，要经过水洗、汽蒸、浸泡三个过程。

（1）水洗

用清水将干料洗净。

（2）汽蒸

将洗净的干料放入盛器，加鲜汤上屉蒸透。

（3）浸泡

将蒸透的原料用原汤浸泡。

蒸发不但能保持原料的形态和特定的风味，还可以增进原料的鲜美滋味。一般要加上鸡、鸭或调味品一起蒸发。

蒸发还是某些干料涨发的后期，结合入味进行涨发的一种方法。

4. 技术关键

①蒸制时，要根据原料的特性掌握好火候。

②原料蒸透后要用原汤浸泡。

二、五种常用吉菜干货原料涨发方法

（一）黑、白木耳、山蘑菇（包括榛蘑、松蘑等）

将木耳去净杂质放入盛器，注入冷水，数小时后即可发透，随即摘去根蒂，清洗干净，换清水浸泡备用。

如急用可用温水或开水泡发，以加快涨发速度，但效果不如前者。

（二）猴头蘑

先用温水浸泡 12 小时左右，待其回软后捞出，去掉猴头蘑的根和针刺，洗净，再放入盛器中，加葱、姜、料酒、高汤蒸烂为好。有的地区采用油浸方法涨发猴头蘑。把洗净的猴头蘑泡蒸至八成熟后取出放入砂锅里，再加入熟豆油或花生油，加热五六成熟时，改用小火或端离火口，使猴头蘑浸发至软烂即可。

（三）蹄筋

蹄筋的涨发方法比较多，常用方法油发、水发、水油混合发、盐发四种方法。牛蹄筋一般采用油发，不宜用其他涨发方法。

1. 油发

先将蹄筋用温稀碱水洗去表面油腻和污垢，晾干。然后放入冷油锅中，小火加热，由于油温逐渐上升，蹄筋受热慢慢膨胀，待蹄筋开始漂起并发出叭叭的响声时，离火并继续翻动，当油温降低时再端锅上火翻炸，反复进行几次，待蹄筋全部涨发饱满松脆时捞出。接着把蹄筋放入已准备好的温碱水中漂去油腻，摘去残肉，改用清水浸去碱分，然后换用清水浸泡待用。用油发蹄筋，时间短，而且涨发率高。

2. 水发

将洗净的蹄筋放入开水中，浸泡数小时，待蹄筋回软，再放入盆内加上高汤、葱、姜、料酒，上笼蒸至回软无硬心时即发好了。水发的蹄筋色洁白，富有弹性，口感好，但涨发率低，不宜久放。

3. 油水混合发

油水混合发也称半油半水发。先用油发再改用水发。用油发的方法将蹄筋发到周身起泡而尚未发透时捞出，再放入冷水锅内煮，开锅后改用小火焖煮数小时，待发透为止。用热碱水漂洗油腻，再用清水漂洗净碱液，泡着备用。

4. 盐发

先用小火翻炒盐粒，然后放入蹄筋炒焖，听到爆炸声时，改用小火翻炒，炒与焖结合，至蹄筋全部膨胀松脆时，取出放入热碱水中浸泡回软，再用清水反复漂洗干净即可。

（四）哈士蟆油

将哈士蟆油用温水浸泡 2 小时，使之初步回软，摘去表面黑筋洗净，然后装入盛器内，加清水蒸透即可。

（五）干肉皮，也称“皮肚”

主要采用油发法。油发肉皮与油发蹄筋相同。但由于肉皮的结构没有蹄筋那样坚实，涨发时要注意以下三点：

1. 用稀碱水洗去污垢晾干后，放入冷油锅中慢慢加热，使肉皮回软。当温度达到 100℃时，回软的肉皮局部产生松泡，就迅速捞出。

2. 肉皮捞出后，在油锅温度至八成热时，放入肉皮冲炸（复炸），并用手勺不断翻动肉皮。

3. 由于肉皮受热不易匀，松泡程度不一致，应向油锅中洒点冷水（注意防爆），使肉皮均匀地进一步膨胀。

第三节 吉菜烹调技艺——鲜活原料初步加工方法

一、蔬菜初步加工的方法

（一）摘除整理法

摘除整理法就是对蔬菜原料进行去掉黄叶、老叶、老皮、蒂和根须等不能食用部分，再整理干净的一类方法。

（二）削剔处理法

削剔处理法就是对瓜果类、根块类蔬菜进行削皮、剔蒂、去腐处理，如丝瓜、冬瓜、西葫芦、茄子等。但有的瓜类原料要保留其外皮，如嫩黄瓜。根块类蔬菜表面泥沙较多，在刮削前必须用水冲洗干净，如不洗干净，削刮皮时，皮上的污物会粘到蔬菜上，影响卫生。

（三）洗涤方法

蔬菜经过摘除整理、削剔处理后要进行清洗，否则不能进入烹调熟食。洗涤的方法主要有冷水洗、高锰酸钾溶液洗、盐水洗、洗洁精溶液清洗等方法。

1. 冷水洗

凡是要经过烹调加热的蔬菜原料，大多采用这一方法。这种方法在使用上比较简单，只要将经过摘除、削剔处理的原料放入冷水中反复洗去蔬菜上的泥土污物即可。有些原料去皮后容易氧化变色，洗涤后应立即浸泡在清水中，用时再取出，以防变色，如土豆、地瓜。

2. 高锰酸钾溶液洗

这种方法主要用于凉拌菜或直接食用的蔬菜原料。

具体方法是将经过整理削剔的原料放入 0.3 % 的高锰酸钾溶液中浸泡 5 分钟消毒杀菌，然后再用冷开水洗涤干净可供冷菜使用。

3. 盐水洗

这种方法主要用于虫卵较多的蔬菜，在夏秋之间的蔬菜，吸栖在菜梗、菜叶上的虫较多，用冷水往往洗不掉，把菜放入浓度为 2% 的食盐水中浸泡 5 分钟，由于盐的渗透压作用，可使菜虫足上的吸盘收缩而脱落，再用清水洗净即可。

4. 洗洁精溶液清洗

这种方法既可用于经过加热烹调之类的蔬菜，又可用于凉拌或直接食用的蔬菜原料。具体做法是将水放入盛器中，滴入几毫升（5~6 毫升 /5 千克水）洗洁精，而后将原料放入洗洁精水溶液中，浸泡 3~5 分钟，进行洗涤，再用清水反复清洗干净即可。

二、家禽的初步加工方法

（一）家禽宰杀处理的方法（鸡、鸭、鹅）

1. 宰杀

鸡鸭鹅宰杀前，先准备好一只碗，碗中放少许食盐和适量的冷水（冬天可放温水）。以宰杀鸡为例：用左手握住鸡翅，小拇指勾住鸡的右腿，用拇指和食指捏住鸡颈皮，向后收紧，使手指捏到颈肉后面，以防下刀时割伤手指，在落刀处拔净鸡颈毛，然后用刀割断气管和血管，立即将鸡身上倾，放尽血液。血要流入碗内，待血全部流尽后，用筷子将碗中的鸡血和水搅匀。

2. 烫泡褪毛

这个步骤必须在家禽刚停止挣扎、死后进行。过早因肌肉痉挛皮肤紧缩不易褪毛，过晚烫泡因肌体僵硬也不易褪净。烫泡的水温应根据不同品种，不同的季节温度离体的老嫩，合理掌握。

褪鸡毛时，老鸡用开水烫泡，嫩鸡用 80°C左右的水烫泡。冬季用开水，夏季的水温可以略低一些。

鸭、鹅毛比较难褪，根据经验，宰杀前可先给鸭、鹅喂一些凉水或白酒，并用凉水浇透全身后，褪毛就比较容易。鸭鹅烫泡有温烫、热烫两种。

（1）温烫

将水烧至 60°C—70°C时，放入禽体烫透全身，并使水温度始终保持恒定。拔毛时顺着羽毛生长方向褪净翅膀羽毛，再逆羽毛生长方向褪净颈毛，后再褪净全身羽毛，用清水洗净即可。这种温烫褪毛法适用于当年的嫩鸭、嫩鹅。

（2）热烫

净水烧至 80°C时，把鸭或鹅放入水中，并用木棍不断搅动，由于木棍的搅动，鸭、鹅相互碰挤，促使大量羽毛脱落，捞出再褪掉余毛，洗净即可。这种热烫法适用于较老的鸭、鹅。

3. 开膛取内脏

开膛的方法有多种，可根据烹调的需要而定。开膛取内脏的方法一般用腹开、背开（脊开）、肋开（腋开）三种。

（1）腹开

先在鸡颈右侧的脊椎骨处开一刀口，取出嗉囊，再在肛门与肚皮之间开一条 6~7 厘米长的刀口，由此处轻轻拉出内脏，然后用清水洗净。这种方法处理后的禽体适用于块形小的烹制要求，如切片、丝、丁、块等。

（2）背开

左手按住鸡身，使鸡的脊背朝右，右手执刀，由臀尖处插入刀尖用力劈至颈骨处，取出内脏和嗉囊，冲洗干净即可。这种方法适用于整只禽体制作的菜肴，如清蒸、扒等烹制方法制作的人参鸡、香酥鸡、扒鸡等，成品装盘时腹部朝上，用背开法即看不出裂口，又显得丰满，较为美观。

（3）肋开

在鸡和鸭的右翅腋下开一小刀口，然后由刀口处取出内脏，同时在鸡颈右侧开口把嗉囊拉出冲洗干净这种做法适用于烤鸡或鸭。

以上三种取内脏的方法，都应注意操作中不能碰破肝脏和胆，不然会影响菜肴的质量和味道。鸭、鹅的肛门上有根叉肠和两根骚筋，臭味很大，宰杀时应把叉肠拉出，骚筋割掉，但做烤鸭、烤鹅时，骚筋可以不除，以免烤制时，油会从这里流失。

（二）禽类内脏的整理加工

鸡、鸭的内脏除嗉囊、气管、食管、胆囊不能食用外；其他的内脏，如肫、肝、肠、油脂、血等均可食用，其整理方法为：

1. 肫

先割去前段食管，剖开肫刮去污物，剥掉内部黄皮（内金），洗净即可。

2. 肝

肝在开膛取出时，即应摘去附着的胆囊，洗净即可。

3. 肠

先去掉附在上面的两条白色的胰脏，纵向剖开，加盐、醋、明矾搓洗，去掉肠壁上的污物、糕点液，再反复用清水冲洗，再入开水锅烫泡一下，洗净即可。（不宜久烫，防止变老）

4. 油脂

鸡腹内的油脂，经加工后称为“明油”。此油不可煎熬，否则色浊。加工方法是将油脂洗净切碎，放入碗内，加上葱、姜上笼蒸化，取出葱、姜即可。

5. 血

将已凝结的血块放入开水中煮熟捞出即可。但要注意火候和时间，如时间长，则血块变老，食之如棉絮，质量较差。

（三）鸽子的宰杀处理

鸽子有家养和野生两种。烹调中大多采用活杀，方法有：摔死、闷死、酒醉等。褪毛分干褪与湿褪两种。干褪就是等鸽子死去而体温尚有时将羽毛拔净。湿褪就是用 60℃的水烫后，将羽毛褪净。鸽褪毛后采用腹开方法取出内脏，将鸽体和腹腔用水洗净即可。

三、水产品初步加工的方法

（一）鱼类的初步加工

由于鱼的种类繁多，形状、性质各不相同，加工的方法也不相同，大致包括宰杀、去鳞、褪沙、去鳃、除内脏、摘洗、泡烫等。

1. 宰杀

主要用于加工活养的鱼类和叫鱼但不属鱼类的水产品，如甲鱼。

2. 去鳞与去皮

有鳞鱼大多需去鳞，去鳞用刮的方法，又叫刮鳞，主要用于加工属于骨片鳞一类的鱼，如草鱼、鲤鱼、链鱼等。具体的方法是：鱼头朝左，鱼尾朝右平放，用左手按住鱼头，用筷子、竹片、刀等从尾部向头部刮上去，将鳞刮净。刮鳞时要注意：

①不可弄破鱼皮。特别是用刀刮鳞时更要注意，否则影响鱼体的完整。

②鱼鳞要刮净。要特别注意尾部、靠近头部、背鳍部、腹边部的鳞是否刮净。

③有些鱼的鳞不能刮去，以免影响口味，破坏营养。如鲥鱼，鳓鱼等。

④有的鱼需将鱼鳍剪去或再刮鳞。

3. 除内脏

除内脏时应根据鱼种的不同和烹调的需要合理掌握，一般有三种方法。

（1）口除法

口除法就是从鱼的口腔取内脏。适用于鱼口宽阔，且内脏不多的黄花鱼、铜罗鱼等。具体方法是将去鳞后的鱼，先在脐部横割一刀口，将直肠割断，然后用两根筷子由口腔插入，夹住鱼鳃（经鱼鳃处侧插入腹内），左手拿鱼，右手用力搅动，使鱼鳃和内脏一同搅出，用清水洗净即可。用口除法，可保持鱼体的完整。

（2）腹除法

腹除法即剖腹取内脏。大多数鱼都采用此法。具体方法是：在鱼腹侧顺长开一直刀口，用手抠出内脏，基本上保持鱼体的完整，适用于整条上桌的鱼，如烧、煎、蒸等；另一方法是在肛门与胸鳍之间下刀，取出内脏，适用于做丁、丝、段、块的不整条上席的鱼。

（3）脊除法

脊除法即剖开脊背取出内脏。适用于需要腹部保持完整的鱼。具体方法是：鱼腹朝左平放在墩上，左手按住鱼，右手执刀片进脊背部，连同鱼的开片或整鱼出骨将内脏去掉洗净即可。

4. 去鳃

鱼鳃是鱼的呼吸器官，黏液污物较多，必须除去才能保证鱼的质量。一般用手抠去或撕去，大鱼可用剪刀剪去，适于口除法除内脏的鱼是鳃随内脏一起除去。

5. 泡烫

泡烫适用于鱼体表面带有黏液而腥味较重的鱼类。将鱼去鳃和内脏后，放入开水中浸洗去黏液和腥味，再用清水洗净即可。

6. 褪沙

褪沙适用于鱼皮带有沙粒的鱼类，如鲨鱼、鲟鱼等。具体方法是：先将鱼放入热水中略烫，水温要根据鱼的老嫩、含沙量的多少而定，老硬的鱼，水温要高些，烫的时间可稍长一些；质嫩的鱼可用水温低些的热水，烫的时间应短些；烫到能褪掉沙粒而鱼皮不破为准。然后用刀轻轻地刮净沙粒，洗净即可。

7. 摘洗

摘洗主要用于软体鱼类等水产品的加工。就是摘除软体水产品中不能食用部分并洗涤干净。

（二）虾类的初步加工

用剪刀剪去虾枪、眼、须，挑出头部的沙袋和脊背部的虾肠、虾筋，用凉水洗净。

（三）贝类及其他水产品的初步加工

1. 扇贝

将两壳分开，用小刀剔下闭壳肌，去其内脏，摘掉附在上面的硬筋，洗净即可。

2. 蛏子

将两壳分开，取出蛏肉，挤出沙粒，洗净即可。

3. 鲍鱼

将鲍鱼放在开水锅内煮至离壳，取出鲍鱼肉，支其腹足和内脏，用竹刷把鲍鱼肉刷白用清水洗净，放入盒内加高汤、葱、姜、料上笼蒸烂，用原汤浸泡备用即可。

4. 蛤蜊

将其洗净，入开水锅中煮熟捞出，取出蛤蜊肉用温水洗净沙粒，凉水浸泡即备用即可。

四、家畜的初步加工方法

（一）家畜的出肉加工

家畜的出肉加工俗称“剔骨”。猪、牛、羊的出肉加工大体相同，一般经过以下三个步骤完成。

1. 剔腰排骨

用刀尖先将肋骨条上的薄膜划破，将每条肋骨推出肉外至脊骨，然后连同脊骨一同割下。

2. 剔前槽骨

先将前腿内侧从上到下用刀割开，顺骨缝割下前腿，即前肘子，再将哈利巴骨上面的肌肉分开，然后取出哈利巴骨，再取出前腿骨。

3. 剔后秋骨

先用刀在后腿骨关节处将猪腿割下，即为后肘子，再顺棒子骨至千斤骨划开肌肉，使肌肉与骨分开，剔去椎骨和千斤骨，再去掉棒子骨和膝盖骨。

（二）家畜的部位取料

1. 猪的部位取料

整猪除头、蹄、尾、内脏外，根据烹制各种菜肴所用原料的不同，可分为 13 个部位。

（1）血脖

血脖又称脖头、槽头肉，即耳后部的颈肉，条形的，肥瘦混杂，肉老质次，适于制馅。

（2）鹰嘴

鹰嘴位于背部，靠近颈处的扇面骨上面，肉质细嫩，前半部适于切丝、片，后半部分适于炒、熘、炸等。

（3）哈利巴

哈利巴又称夹心肉，位于前腿扇形骨上的肉，质老筋多。一般适于烧、炖、焖或用于垫肘子等。

（4）里脊

里脊又称小里脊，是从腰子到分水骨之间的一条呈长圆形的肉，一头稍细，肉质细嫩，适于炸、熘、爆、炒等。

（5）通脊肉

通脊肉又称外脊，是和脊骨平行的一条肉，色粉红偏白，肉质细嫩，是猪肉中最好的部位。适用于滑熘、软炸、锅爆、制蓉泥炒、炸等。

（6）底板肉

位于臀部紧贴肉皮的一块长方形肉，一端厚、一端薄，肉质较老，适于炸、炖、焖等。

（7）三岔肉

胯骨和椎骨之间的肉，两头稍尖，肉质细嫩。适于炒、熘等。

（8）臀尖

位于猪臀上部，形似扇面，肉持细嫩，适于爆、炒、煎、熘、炸等。

（9）拳头肉

在底板肉上面紧连肘子，紧对着臀尖肉，形似拳头，肉质细嫩，适于切丝或片炸、熘等。

（10）黄瓜肉

位于底板肉上面，紧连臀尖，长圆形状似黄瓜，肉质较老，适于爆、烧、炖、焖及切丝烹制等。

（11）腰窝

从后秋到肋骨之间的肉，色白，肥瘦相连。适于烧、炖等。

（12）罗脊肉

罗脊肉是膛内连着板油的一圈瘦肉，肉质较嫩，但外面有层脂皮，适于烧或制馅等。

（13）五花肉

位于肋骨底下的一整块腰排肉，肥瘦间隔，呈五花三层状，分上五花和下五花。上五花适于煮白肉，肉质较好；下五花适于炖、焖、红烧等烹调方法。

2. 牛的部位取料

牛的部位和用途大致与猪的相仿，但有些部位的肉质质量与猪有所不同。牛身大致可分为 13 个部位。

（1）牛头

皮多、骨多、肉少，有瘦无脂，适宜酱、烧等。

（2）牛尾

肉质肥美。适宜炖、煮、烧、酱等。

（3）上脑

位于脊背前部，靠近后脑，肉质肥嫩，可用于烤、炒、涮等。

（4）前腿

位于颈肉后部，包括前胸、前键子上部，肉质较老，适宜红烧、煮、酱、制馅等。

（5）颈肉

颈肉即“脖头”，肉丝混乱不规则，横竖比都有，肉质较老，质量较次，适宜红烧或酱、制汤、制馅等。

（6）前腱子

筋多，里面是花色，筋肉混合在一起，肉质较老，适宜酱、红烧、煮等。

后腿部分：

（7）脊背

脊背包括牛排、里脊、外脊。外脊是附着在脊背外侧，在上脑后面，仔盖前的一条肉，肉丝纤维斜而短，质松肥嫩，是牛肉中最好的一块肉，通常用于烤、炸、炒、爆等。里脊位于脊椎里面的一条肉，质地松嫩，适于爆、炒、熘等。

（8）腑肋

位于牛胸部的肋骨处，相当于猪的五花肉，肉中夹盘，适于烩、焖、红烧、炖等。

（9）胸脯

胸脯又名“白奶”，位于腹部，肉层较薄，呈带状，附有白筋，适于烩、焖、红烧、炖等。

（10）米龙

位于牛尾根部，前接牛排，相当于猪的臀尖。肉质细嫩，表面有膘，适于切丝，多用于炸、熘、爆、炒、烩等。

（11）里仔盖

位于米龙肉的下面，肉质瘦而嫩，多适于炸、熘、炒、爆等。

（12）仔盖

位于里仔盖的下面，用途与米龙肉、里仔盖相同。在仔盖的旁边的旁边有一块由五条筋合成的肉，俗称“和尚头”，肉质较嫩，多用于炒、爆等。

（13）后腱子

筋肉混杂，肉质较老，多用于红烧、煮、酱等。

除以上部位外，还有“牛鞭”（雄牛生殖器）和牛骨髓，均有丰富的营养价值。

3. 羊的部位取料

羊的部位和用途，大体和猪、牛的相似。

（1）羊头

肉少皮多，可用于酱、扒、煮、制汤等。

（2）羊尾

有绵羊尾和山羊尾之分。绵羊尾多油，用于爆、炒、汆等；山羊尾都是皮，可用于红烧、煮、酱等。

（3）脑

位于脖头后、肋条前的肉，质地较嫩。适于熘、炒、汆、煸等。

（4）颈肉

肉质较老、夹有细筋，可用于红烧、煮、酱、炖以及制馅等。

（5）前腱子

肉老而脆，纤维短，肉中夹筋，适于酱、烧、炖等。

（6）胸口

位于前端靠颈肉处，上部紧贴上脑，质地较硬，肥多瘦少，肉中无筋，适于烧、焖、熘等。

（7）肋条

位于肋骨外部，去掉肋骨即为肋条，板形，外覆一层层薄膜，肥瘦混合，质地松软，适于扒、烧、焖和制馅等。

（8）腰窝

胸脯，肉质肥多瘦少，性脆，用于烤、爆、炒、烧、焖等。腰窝位于腹部近腰处，肉内夹有三层筋，肉质老，适宜酱、炖等。

（9）外脊

位于脊椎骨的外面，长条形，外面有一层坚硬的筋，纤维斜而短，细嫩，是羊肉中最好的一块肉，用途很广，适用于爆、煎、煸等。

（10）里脊

位于脊椎骨后端，紧靠脊骨的肉，长条形，纤维细长，是羊肉中最嫩的一块肉，外面有筋包围，剔去筋膜，用途很广，适于炸、熘、爆、炒、煎、煸等。

（11）三岔

位于羊尾根的前端、肉腱的上部，肉质肥瘦各半，上部有一层夹筋，剔去筋后都是嫩肉，适于爆、炒等。

（12）裆

位于羊的后腿上端（两腿相磨处），形状如碗，纤维纵横不一，质地松粗，肥多瘦少，边上有薄筋膜。适于爆、炒、炸、烤等。

（13）肉腱

位于羊的后腿上面，肉质地松软，结缔组织较少，适宜炒、熘、涮等。

（14）后腱子

肉质和用途与前腱子相同。

（15）羊蹄

主要是骨，可以制汤。

（16）羊鞭

羊鞭即肾鞭。质地坚韧，可用于炖、焖等。

（17）脊髓

存在脊骨中，青白色，嫩如豆腐，用于烩、烧、汆等。

（18）羊肾

此羊肾非内脏中的肾脏器官，特指雄羊的睾丸，嫩如豆渣，可用于爆、酱等。

（19）奶脯

奶脯 即母羊的奶脯，色白，质软带脆，肉中带“沙粒”，并含有白浆，一烫就脆，可用于酱、爆等。

（三）家畜内脏的初步加工方法

对家畜内脏在初加工时往往需要几种方法并用才能清洗干净，其主要加工方法有翻洗法、搓洗法、冲洗法、烫洗法、刮洗法、漂洗法。

1. 翻洗法

翻洗法就是将内脏里外翻洗。主要用于肠、肚等内脏。因为肠、肚里面有黏液和污物，外面带有油脂，所以在一面洗净后，须将另一面翻转过来清洗干净。

2. 搓洗法

搓洗法就是用盐、醋搓洗内脏。主要用于清洗油腻和黏液较多的肠、肚等的洗涤加工。用翻洗法去掉污物、油脂后，还须放入盆内加盐醋揉搓去其异味，用清水反复洗涤干净为止。

3. 冲洗法

冲洗法就是灌水冲洗。要用于洗涤肺和肠等，尤其是对肺的洗涤。因为肺叶的气管和支气管组织复杂、肺泡多，血污不易清除，洗涤时必须用此法。猪肺的清洗方法有两种：

①将猪肺的大小气管与食管剪开，用清水反复冲洗干净。

②将猪肺的气管套在水笼头上，灌水冲洗数遍，直至血污冲净，肺叶呈灰白色为止。

4. 烫洗法

烫洗法就是用开水烫洗已经过初步洗涤的内脏，包括用于有腥膻味气味和血污过重的原料。如肠、肚等经过翻洗、搓洗还不干净，必须再经过烫洗法，以去其腥膻气味和血污。

5. 刮洗法

刮洗法就是用刀等工具刮剥洗涤原料。主要用于去掉外表的污垢、硬毛与硬壳。有的原料先用火烧、水烫或夹拔的方法去毛后，再用刀刮净污秽杂质，如猪蹄等；有的原料采用开水焯，然后放入凉水中浸透，刮去苔皮洗净，如牛舌、猪舌等。

6. 漂洗法

漂洗法就是用清水漂洗原料。主要用于清洗家畜的脑、脊髓等。因为这类原料质地极其嫩软，容易破损，所以要用清水轻轻漂洗，并用牙签将其中的血衣和血筋剔去、洗净。

第四节 吉菜烹调技艺——菜肴的组配工艺与创新

一、配料的概念与类型

（一）配料的概念

配料，又称配菜，就是根据菜肴的质量要求，把加工成形的数种原料适当的配合，使其成为完整的菜肴或可以直接食用的菜肴。实际上，是使菜肴具有一定的质量形态的设计过程，是一道独立的重要工序。

（二）配料的一般类型

配料包括单只菜肴的原料组合和整桌筵席菜肴原料的组合两个类型。

1. 单只菜肴配料

（1）热菜的配料

制作热菜的一般程序是：初步加工、刀工、配料、烹调、上桌。配料是整个烹调工艺中的一个环节，是不可跳跃过去的工序，配好的菜肴原料必须经过烹调才能食用。

（2）凉菜的配料

制作凉菜的一般程序是：初步加工、烹调、刀工、配料、上桌。配料是最后的一个环节，配好的菜可以直接食用。因此，凉菜的配料无论是在刀工、色与形的配合、质量的配合以及清洁卫生等方面，都是比热菜的配料要求高得多，同时也很讲究。

2. 整桌筵席的菜肴配料

整桌筵席的菜肴配料就是对整桌菜肴进行组合搭配，确定具体用料。配料时要根据筵席的规格，确定配料的质量和数量，同时还要考虑各个菜肴之间的烹调方法、色、香、味、形、器、营养成分之间的配合，要富有变化，切忌雷同。

二、配料对工作人员的素质要求

配料在整个菜肴制作过程中的地位相当重要，它涉及的范围很广。既要精通刀工技术，又要熟悉烹调方法；既要了解原料的性质、用途，又要掌握成本；既要注意色、香、味、形的配合，又要照顾营养卫生；既要讲究食用性，又要提高观赏性。具体要求是：

（一）必须了解原料的市场供应和库存情况

1. 明晓市场行情

配料时的原料来源之一就是当天从市场上购进。这就要注意市场原料的货源是否丰富，有关原料的价格。切忌设计市场上没有的或短缺的原料来制作菜肴，防止因原料短缺而重新安排配菜，不要养成用其他原料来代替的不良习惯。

2. 了解本单位的备货情况

配料时的原料来源之二就是本单位的原料储备。要对本单位的备货情况做到心中有数，这样才能保持原料的新鲜度。防止积压变质，损失浪费。切忌本单位就有所需要的原料，因为不知道有反而购进。实际上，厨师对原料的使用也是厨房管理的一个重要组成部分。

（二）熟悉烹饪原料及各部位的特征

熟悉了解原料的有关知识是能配好菜的一个重要要求。配料是原料知识与实践相结合的密切体现。各种原料及同种原料各部位的质地、性能是不同的，有的是脆性，有的是软性或韧性，它们在经加热后产生的变化也各不相同，配料时就要掌握这些知识。此外，配菜时还要知道哪些原料什么季节的质量好，这些都是确定菜肴质量的前提。

（三）必须掌握菜肴的名称和制作方法（略）

（四）必须有过硬的刀工基础和烹调技术（略）

（五）必须清楚净料成本和质量标准

每道菜都有一定的质量标准。任何原料的搭配都有规格上的要求。所以，尤其要考虑所用原料的净料重量的成本单价。例如，单一原料组成的菜，就要知道这种原料的净料率和成本；配有主辅料、多种主料的菜肴，就要分别掌握每一种原料的配合比例、数量、分别计算成本和这道菜的总成本。

要准确掌握每道菜的规格质量及成本毛利，还要注意：

①知道现在所要配的原料从毛料到净料的损耗率、净料率。

②要事先计算每道菜肴主料、辅料、配料的定量与成本，对新增加的品种，也要及时计算成本。

③根据规定的毛利幅度，明确每道菜的毛利率和售价。

④制定所经营品种的投料标准单，也称规格质量成本单，明确菜肴品种的名称；主料、辅料、配料、调料的名称与重量及成本；菜肴品种的总重量及总成本；毛利率和售价。

（六）对配好的菜肴原料，必须分别放置

一道菜肴往往是由几种原料组成，配料时应将原料分别放置。不要混合在一起。要做到主料之间不能混放，主料、辅料、配料之间也不能混放。

（七）必须具有一定的营养卫生学知识

原料之间的搭配要符合营养学的要求，如果不具备一定的营养学知识就不会而提高菜肴的营养价值，有利于人体的消化吸收，摄取的营养全面；配料工作要严格卫生，如果不具备卫生学知识，就不能把好配料工作的卫生控制点，不能科学卫生用料，利于人体健康。

（八）熟悉和了解服务对象

我们的服务对象是千差万别的，他们的饮食习惯、禁忌爱好、口味要求都有很大的区别；就餐形式、就餐标准都不一样；不同民族、不同年龄、不同职业的人之间对菜肴的要求都可能不同。我们只有随时了解和掌握这些配菜的的客观依据，才能真正把配料工作做好，使就餐人员满意。

（九）必须具有一定的烹饪美学基础知识

烹饪美学是美学在饮食烹饪领域运用而产生的一门新的应用性学科。是人类为了使饮食活动至善至美，在饮食之物被加工生产为饮食产品的过程中，去研究如何创美、审美的一门科学。它的任务时提高他们的审美鉴赏能力和道德思想情操，指导和规范烹饪的审美实践。因此，烹饪美学是完成美食审美设计和创造的理论基础。

（十）不断创新，推动烹饪事业的发展

配料人员不仅能配传统的、已经定型的菜肴，还应当不拘一格，根据原料、刀工和烹调方法的特点，随着市场的需求和货源变化，灵活运用，创造出更多的品种，设计出营养成分更全面、色香味形更好、更新颖的菜肴，以满足消费者的需要，进而推动烹饪事业的发展。

三、配料的方法

（一）量的配合方法

量的配合，包括两个内容，一是一份菜肴的单位定额，二是构成一份菜肴的各种原料的数量比例。根据不同的菜肴，其主料、配料比例的不同，大致可分为以下三种类型：

①以一种原料为主料的菜肴，只要按照总重量的要求配料即可，如“炸虾段”“炸肉段”。

②以几种原料为主料的菜肴，这几种原料的用量应基本一致，如“扒三白”“烧二冬”。

③以一种原料为主料，一种或多种原料为配料的菜肴，主料应以绝对优势多于配料，配料尽管品种多，但加在一起的重量却远远少于主料。总之，要突出料。

（二）颜色的配合方法

主料、配料在颜色上的配合，一般也是配料服从主料，衬托、点缀主料。同时还要注意美观大方，具有一定的艺术性。常用的配色方法有：

1. 顺色配

就是同类颜色配在一起。主料、配料的颜色采用相同的颜色，如“扒三白”。这种颜色配合，能产生和谐、素雅、清爽的艺术效果。

2. 花色配

就是用对比色相配。主料、配料采用不同的颜色。如“浮油鸡片”主料色泽洁白，配绿色的豌豆和火红色的火腿。这种配色方法能产生一种强烈的对比作用，给

人以鲜艳、悦目、美观、舒畅的感觉。

（三）形的配合方法

①在有主料、配料的菜肴中，主料和配料的形状要一致，但配料要略小于主料，要衬托主料形庆，不能喧宾夺主，如主料是丝，而配料是块、丁或片的形状是绝对不可行的。

②在同一席菜肴中，原料的形状也要富有变化，各菜之间的形状不能雷同。

（四）质地的配合方法

1. 同质相配法

就是主料、配料的质地相同。如“爆双脆”。

2. 异质相配法

就是主料、配料的质地不相同。也就是主料和配料要软硬搭配，如“牛肉炖柿子”“炒鸡丝榨菜”。

（五）香和味的配合方法

①以主料的香味为主，配料要衬托主料，使主料的香味为主要味。配料的味绝不能超出主料的味。

②用配料的香味补充主料味的不足。有相当多的原料，包括一些名贵原料，本身的香和味相当的淡，这就需要用香味较浓的辅料进行弥补。如鱼翅、海参、鱼肚等原料，常配以鸡肉、猪肉、火腿、高汤等辅料来增加鲜香等。

③主料的香味过浓或过腻，应配以香味清淡的辅料，以使菜肴味适中，如“余白肉”“排骨炖白菜”等。

（六）营养成分的配合方法

不同的原料，含有的营养成分也不一样。当进行配菜时，要考虑这道菜都含有哪些营养成分，是否有利于消化吸收、有利于人的身体健康。在实践中，配菜后应做到荤素搭配、酸碱平衡、蛋白质互补、原料性味调和。

（七）盛器的配合方法

盛器的配合方法灵活多变。一般要根据宴席和菜肴造型的需要选择搭配盛器。目前常用的有传统餐具配套法和现代餐具个性融合法。

1. 传统餐具配套法

就是选用中餐传统配套餐具与菜品进行搭配。

2. 现代餐具个性融合法

就是选用一部分传统餐具和一部分现代异形餐具与菜品进行搭配。

四、菜肴的命名方法

菜肴命名的方法很多，按照名称反映的内容来分，目前可分为直观表白法、趣味法和蕴意法三大类。

（一）直观表白法

直观表白法就是指菜肴名称如实反映菜肴的用料、烹饪方法、颜色、味型、原料形状、菜肴特点、烹饪器具、原创者的名称、属地名称等。这种命名方法，具有通俗易懂、直观明了、自然朴实的特点。具体方法如下：

1. 在主料前加上烹调方法命名

这类菜肴命名的方法相当普遍，直接反映了烹调方法和主料，有时还点明或暗含菜肴的某些特点。如“炸肉段”“炒牛肉丝”。

2. 在主料前加上调味品或调味方法命名

这类菜肴命名的方法，则在菜名中重点突出主要的调味和主料或重点突出主料的口味特点，如“糖醋排骨”“酸辣黄瓜”。

3. 在主料前加形状和色泽来命名

这类菜肴命名的方法，在菜名中反映了菜肴色、形方面的特点。在菜肴名称中重点突出菜肴的形，在主料前加形状，如“蝴蝶里脊”“琵琶大虾”“飞燕全鱼”等。

在菜肴名称中重点突出菜肴的色，在主要用料前加色，如“金银大虾”“双色鱼丸”“翡翠蹄筋”等。

4. 在主料前加上某一定突出的配料命名

这类菜肴命名的方法，是在菜名中重点突出配料，把配料的作用提到了和主料同样的地位，如“菠菜田鸡油”“荠菜黑鱼卷”等。

5. 在主料某一方面的特征前加上烹调方法命名

这类菜肴的命名方法，在菜然中突出烹调方法及主料在形态、色彩、口味等方面的特点，不说主料，只反映主料的特点，如“扒三白”“扣三丝”等。

6. 在主料前加上人名或地名来命名（有的在人名或地名与主料的中间还加上烹调方法

这类菜肴的命名方法，在菜名中能说明菜肴的出处、起源与典故。如“吉林炒粉”“庆岭活鱼”等。

7. 在主料、配料前加上烹调方法命名

这类菜肴的命名方法，是把所用主、配料及烹调方法 全部在名称中反映出来，是最典型的写实法，如“炒肉尖椒干豆腐”“炖白菜冻豆腐”等。

8. 在特殊的盛器前或后加上用料名称构成菜名

这类菜肴的命名方法，在菜名中让人知道所用的器皿和原料。有标明烹调方法的，也有不标明的，如“石锅豆腐”“酸菜火锅”“砂锅炖鸡”等。

9. 在主料前用数字或菜肴典故的数字，有时再加上烹调方法构成菜名

这类菜肴的命名方法，有寓意吉祥的，也有反映用料多少的，如“一品豆腐”“二吃大虾”“三套鸭”“四喜丸子”“五香鱼”“六角（东汉时，匈奴之左右日逐王、左右温禺鞮王、左右斩将王，总称“六角”）牛排”“七星（七福之星）象丸”“八宝鸡”“九转肥肠”“什锦拼盘”等。

10. 在主料前加口味、形状命名

在菜名中点明主料、更阐明了主料制好后的口味特点和形状特点，如“辣味萝卜鱼”“麻辣鱿鱼卷”。

（二）趣味法

趣味法就是指菜点名称在如实反应菜点的用料性状的基础上，根据创作的目的，再冠以生活中常见的动物、植物、器具、场景或吉祥瑞物的名称。如“瓜舟鱼米”“兰花大虾”“莲蓬豆腐”“菊花鱼”“松鼠鱼”“竹林鸡米”“粮仓小窝头”“核桃酥”“透字薄饼”“葡萄鱼”“麒麟豆腐”“太极鹿血糕”“灯笼虾”“串珠鲜鱿”“荔枝腰花”等等。这种命名方法，具有自然、朴实、易懂、有趣的特点。既能反映菜点的主要内容，又能使菜点具有一定的趣味性，达到引人注意、激扬气氛的目的。

（三）蕴意法

蕴意法就是指菜点名称蕴含特定的意义，以表达某种意愿的一类菜点命名方法。这种命名方法，一般不反映菜肴的原料、烹饪方法、形状、颜色等基本性状，主要体现名称的蕴意，反映创作者的思想情感。多用于宴会菜肴的命名。命名时要依据宴会的性质，根据客情信息和宴会的主题进行。如在婚宴中，将“鸡丝苦瓜”命名为“凤抱情丝”，蕴意新娘对恋情的珍视。同样是“鸡丝苦瓜”这道菜，在寿宴中，为了表现女儿希望老人永远年轻，健康长寿，还可以命名为“凤报青丝”。再如，将鱿鱼改斜“一”字花刀，再切成细条，经加热即可形成“串珠”形状，配以绿色的“珠粒”——青椒粒爆制成菜，在婚宴中就可以命名为“珠联璧合”，蕴意郎才女貌，门当户对。

总之，可以用来体现菜点蕴意、趣味的实例很多，前人已给我们留下了丰富的遗产，譬如一品、鸳鸯、三元、四喜、五福、六合、七星、八宝、九九长寿、十全十美、百子、千层如意、绣球、龙凤、麒麟、松鹤、寒梅、百合、荷莲、芙蓉、翡翠、翠药、登科等，我们都可以加以利用，吸取营养，领略其寓意的妙处。

（四）表达菜点名称文学美的艺术表现手法

菜点名称的文学美主要是通过各种不同的语言艺术表现手法表达出来的。它会使菜点的名称形象、生动、含蓄、精练，蕴意吉祥，能充分体现出菜点名称的文学艺术特性。用于菜点名称命名的语言艺术表现手法主要有比喻、借代、夸张、象征、谐音含蓄表意、形性意含蓄表意等几种。

1. 比喻

比喻就是打比方，即两种不同性质的事物，彼此有相似点，使用一事物来比喻另一事物。

比喻的结构一般由三部分组成，即本体（被比喻的事物）、喻体（比喻的事物）和比喻词（比喻关系的标志性词语）。但在菜点命名中比喻词往往都不体现。

构成比喻必须具备两个条件，即一是两事物必须是本质不同的事物，二是两事物之间必须有相似点。根据本体与喻体之间的关系，用于美化菜点命名的比喻一般可分为明喻、暗喻和借喻三种方式。

（1）明喻

在菜点命名中，明喻的主体与喻体之间的相似关系非常明显，一般都通过形似和色似表达出来，如以形似来表达菜点名称的菜点有“太极官燕”“松鼠鳜鱼”“盘龙鳝鱼”“荔枝腰花”“翅笔鲍砚”“一品蜘蛛鸡”“中国结”“葫芦鸽”“葵花羊脑”“菊花酥”“龙须面”“金丝馓子”等。以色似来表达菜点名称的菜点有“翡翠虾仁”“琥珀肘子”“银丝龙虾”等。以形似和色似兼用来表达菜点名称的菜点有“菊芋银丝”“紫袍玉带”“翡翠虾球”等。

（2）暗喻

暗喻也称隐喻。惯用迂回和类比的手段，从不同角度来揭示其含义。在菜点命名中，通常使用感知的意象来进行暗指。如“珠联璧合”“门当户对”“苦尽甘来”等等。

（3）借喻

在命名中不出现本体，直接叙述喻体，以喻体直接代替本体来进行表意。如“龙虎斗”“凤抱情丝”“霸王别姬”“白壁青丝”“云吞”“抄手”等。

用比喻的修辞方式给菜点命名，可以化平淡为生动，形象而生动地描绘菜点，增加菜点的雅趣性，从而促进人们的审美联想，提升人们的审美感受。

2. 借代

借代是用相关的事物来代替所要表达的事物的一种修辞方式。它与借喻有相似之处，即都用同一事物来代替另一事物，事物本体不出现。但它们有本质上的区别：借代的作用是“称代”，即直接将借体称为本体，只代不喻。构成借代的基础是事物的相关性，即要求借体与本体有某种关系；借喻的作用是“比喻”，虽然也有代替的作用，但总是喻中有代。构成借喻的基础是事物的相似性，即要求喻体与本体有某些方面的相似性。因此，运用借代必须抓住事物最典型的特征。

在菜点命名中，习惯用数字来代替菜点本体，如“扒二白”“二龙戏珠”“烧三合”“炒三冬”“四喜临门”、“扒四蔬”“五福高照”“五彩鸡丝”“六合同春”“六合面饼”“七宝棋子”“八宝饭”“八仙过海”“九转大肠”“十景素烩”“百鸟朝凤”等；也有用专指代替菜点本体来命名的，如“五侯鲭”“它似蜜”“油炸鬼”“轰炸东京”等。

3. 夸张

夸张是为达到某种表达效果的需要，对事物的形象、特征、作用、程度等方面着意扩大或缩小的一种修辞方式。夸张的作用在于揭示本质、给人以启示；烘托气氛，增强感染力；加强联想，以创造意境。在运用夸张时，注意夸张不是浮夸，而是故意的、合理的夸大或缩小，因此不能失去生活的基础和根据。同时还应注意夸张不能与事实距离过近，否则会分不清是在说事实还是在夸张。

利用夸张的手法对菜点进行命名，往往很少采用故意缩小的方式，而是多采用故意扩大的方式，如“百果糕”“百味羹”“百花棋子”“千张肉”“千层猪耳”“过门香”（《烧尾食单》：“薄治群物，入沸油烹”）“佛跳墙”等。

4. 象征

象征就是借用某种具体的形象的事物暗示特定的人物或事理，以表达真挚的感情和深刻的寓意，这种以物征事的艺术表现手法叫象征。象征的本体意义和象征意义之间本没有必然的联系，但通过对本体事物特征的突出描绘，会使艺术欣赏者产生由此及彼的联想，从而领悟到艺术家所要表达的含义。因此象征具有寓意深刻，能丰富人们的联想，耐人寻味，使人获得意境无穷的感觉的表现效果；能给人以简练、形象的实感，能表达真挚的感情。

象征可分为隐寓性象征和暗示性象征两种。象征不同于比喻，它比一般比喻所概括的内容更为深广，有的作品的艺术形象，甚至全用象征手法表现出来。

在菜点命名中，通常利用具有吉祥、高贵、喜庆等象征意义的事物来描绘菜点本体。用“鸳鸯”冠名的菜点，象征夫妻白头偕老、比翼双飞，如“鸳鸯鱼片”“鸳鸯四合”“鸳鸯卷果”等；用“一品”冠名的菜点，象征高级、一流、佳、好之意，如“一品酥方”“一品豆腐”“一品鳜鱼”等；用“百子”象征多子；用“鹤”“鹿”“松”等象征长寿；用“白菜”象征百财。

5. 谐音含蓄表意

谐音含蓄表意就是借助同音字或谐音字所代表的自然事物来表达抽象的意象，使物象形成吉祥的寓意。表达意象的自然事物可以是一个，也可以是两个或多个。

用谐音含蓄表意的方法对菜点命名，能比较“直接”地表现吉祥之意，如“花开五福”“凤抱情丝”“喜上眉梢”“吉庆有余”“早生贵子”“八宝饭”等。

6. 形性意含蓄表意

形性意含蓄表意就是取具有一定吉祥寓意事物的外形，或其性，或其意来表达寓意。例如取物之形的吉祥物，如灵芝，因其形好似“如意”，故将灵芝喻为“如意”；取物之性的吉祥物，如松、竹、梅，因其性高洁，故誉命名为“岁寒三友”；取物之意的吉祥物，如牡丹，因其意喻富贵，故将牡丹视为“富贵”的象征。这种方法在菜点命名中经常用到，如“凤戏牡丹”“招财进宝”“岁寒三友”“吉祥如意”等。

五、菜肴创新的方法

（一）挖掘仿制法

我国古代有许多优秀的菜肴品种失传了，但它们或者记载在某些古代饮食著作中，或在某些史书、文艺作品中有一鳞半爪的记载。我们可以把这些菜肴挖掘出来，进行仿制，让它们重见光明。现在人们已经做了大量的工作，仿制出一批新的肴馔，如仿膳菜、仿唐菜、仿宋菜、红楼菜。

（二）移植借鉴法

借鉴，借鉴其他菜系好的方法、好的经验，借鉴其他行业的，如食品、雕刻、绘画、剪纸等行业或同行中的面点制作技术。把其中我们认为有用的、好的东西移植过来。

（三）采集升华法

采集，是指到民间去采集。我们行业中的菜肴很多是源于民间的，人民群众有无限的创造力，我们要善于发现民间新的烹饪原料、新的烹调方法，然后再整理提高——升华，赋予新的内容——精细的刀工处理、精美的色形搭配、精妙的烹调加工，使之从民间脱颖而出，成为我们行业中的一道名菜。

（四）标新立异法

这一方法是指在原有一些菜肴的基础上进行改造，加入新的原料，或使用新的手法、新的器皿，或运用奇妙的构思，使之在形态上、色泽上，翻新花样，成为一个新的品种。如熘鱼腐，是在汆鱼腐的基础上，再熘制一下。在此基础上，把鱼腐的一半放入番茄酱或红色素，则为双色鱼丸。如再拿出三分之一放入青菜汁使之呈绿色，则为三色鱼丸。做成的汤则是三色鱼丸汤。

（五）换元改造法

把别人的菜肴拿来，进行换元改造，或换一种主料，或换主要的辅料，或换主要的调料而达到换味。这样就使菜肴成为一个全新的菜肴。例如，麻辣豆腐，实际上是把麻婆豆腐的主要的调料换了。再如，肉片烧豆腐，把肉片换成虾子、蟹黄，则变成虾子烧豆腐、蟹黄烧豆腐了。

（六）形图塑造法

可以仿照各种图形、图案，来创制菜肴。如各种花、鸟、虫、鱼、龙、凤、塔、楼、桥、阁等都可仿制。可拼摆冷盘，也可制成热菜。如冷菜的金鸡独立、金鸡报晓、龙凤呈祥、熊猫戏竹等；热菜的花篮鱼、荷花鸡、松鼠鱼、菊花里脊等无一不是这种方法塑造出来的。

（七）寄寓意趣法

即菜肴中隐含诗意、典故、寓言，或象征着一定的美好的事物。如霸王别姬，以甲鱼寓指霸王，以鸡代姬，吃到此菜，使人们联想到楚汉相争的历史故事。这个菜就是根据这个故事创制出来的。再如，游龙戏凤，上下翻动的海参代表游龙，以鸡代凤，象征着人们对美好事物的向往。还有八宝、八仙、四喜、鸳鸯等。

第五节 吉菜烹调技艺——风味调配工艺

一、关于味的五个概念

（一）味

味是某种化学物质刺激味蕾引起的感觉。就是滋味。

（二）单一味

单一味就是单一的滋味。

（三）复合味

复合味就是由两种或两种以上的基本味混合而成的滋味。就像三原色——红、黄、蓝一样，可以组成无数种色泽一样，几种基本味可以组成无数种复合味。

（四）调味

调味，简言之就是调和滋味，是指在菜肴烹制过程中，通过投放各种呈味物质，运用各种手段，影响原料，使菜肴具有多种口味和风味特色的工艺过程。

（五）调味品

调味品就是含有能刺激口腔感觉器官引起味觉的物质的做调味用的物料。

二、影响味的四个因素

影响味的因素很多，我们只讨论和烹调有关的四个因素。

（一）温度对味的影响

温度过高或过低，都会对味蕾产生强刺激作用，使味蕾卷缩，呈味成分对味蕾的作用减少，尝到的味也就差些。一般说来，热菜的适宜温度应是70℃左右，而凉菜的温度应在室温为好。

（二）饮食习惯对味的影响

长时期食用某种呈味成分浓度较高的食物，口腔味感受器就会对这种呈味成分迟钝。例如，北方人嗜咸，菜肴放盐量偏多，广东人认为偏咸的菜不够味。因此，菜肴调味要照顾食用者的饮食习惯。

（三）调味品浓度对味的影响

调味品浓度越大，对味蕾等味感受器的刺激越大，人们感觉滋味越大。但相同浓度的各种调味品呈味效果是不一样的，这是各种呈味物质的阈值不同所致。人们把呈味物质刚好能感觉到的浓度称为阈值（各类人群的阈值是不一样的，老年人比小孩的阈值大。所以阈值是统计数字）。阈值大，浓度增高时，口感变化小些；而阈值小的，浓度增高时，口感变化大些。在调味时，如果咸、甜味不够时，可考虑多放些盐、糖；而酸、苦味不足时，要慎放醋和苦味物质（如陈皮），尤其是苦味物质。

（四）味之间的相互作用

1. 对比作用

对比作用就是根据调料的属性和所需要的具有某种滋味的溶液需要，按比例进行滋味的配合，使其中一种滋味突出。如味精溶液中加入适量的食盐，就能使味精的滋味更加鲜美。

2. 转换作用

转换作用就是尝到一种滋味后，再尝第二种滋味，口腔滋味即换成另一种味道。如口腔放入糖，接着喝酒，口腔只有苦味的感觉。

3. 相乘作用

相乘作用就是两种鲜味加在一起所呈的滋味出现倍增的现象。

4. 抵消作用

抵消作用就是把两种或两种以上的味道加在一起，再也感觉不到各原有味道的呈味程度。如糖醋汁，糖不如原来的甜，醋也不如原来的酸。

三、味的种类与调味层次

（一）味的种类

菜肴的滋味概括起来，可以分为两大类，即基本味和复合味。

1. 基本味

基本味是不能被分解的滋味，是构成复合味的元素。

有的地方又称基本味为母味。一般分有八种，即咸味、甜味、酸味、苦味、辣味、香味、鲜味、麻味。

（1）咸味

咸味是调味中的主味，在绝大部分的菜肴中都带有咸味。在制作一些糖醋味、甜酸味、甜酸辣咸等多种滋味的菜肴中也都需要加一些咸味的调味品以调和其滋味。这样制作出的菜肴口味才醇正。咸味还可以起到增鲜解腻，减轻及缓解辣味的作用。

咸味的调味品主要有盐、酱油、大酱、面酱。

（2）甜味

甜味在制作菜肴过程中，应用范围仅次于咸味，它是制作甜味菜的主味，甜味还可以和其他单一味相配合组成甜味、甜辣味、咸甜味等菜肴滋味。甜味还有去腥解腻、增进美味、缓解辣味、调和菜肴色彩的重要作用。

甜味的调味品主要有绵白糖、砂糖、冰糖、蜂蜜及各种果酱等。

（3）酸味

酸味是在制作很多菜肴中必不可少的一种滋味。酸味具有很强的去除异味的作用，尤其是在制作水产品，腑脏品，牛、羊、肉时，都在稍加一些醋，可以去除腥味、膻味和其他一些不正常的气味。酸味还可以起到帮助人体消化，促进食物的钙质分化的作用。

常用的酸味调味品有米醋、老醋、酸梅、蕃茄酱、山楂酱等。

（4）苦味

苦味是一种特殊的滋味，在制作某些菜肴的过程中放入一些带有苦味的调味料，使制作出的菜肴具有一种独特的芳香味，形成了特殊风味。

苦味的调味料主要有陈皮、苦杏仁等。

（5）辣味

辣味是一种带有强烈刺激性的味道，是吉林省延边等地区大部分菜肴的主味。辣味可以起到刺激食欲、除腥解腻，调和菜肴口味的作用。

辣味的调味品主要辣椒酱、辣椒、胡椒粉、生姜、芥末油、芥末粉等。

（6）香味

香味是人们喜欢的一种味道，这种香味主要来源于某些本身含有醇、酯、酚等有机物质的原料，在加热过程中会散发出一种诱人的香味，除此之外有很多调味品也可以给菜肴增加一些香味。

常用的香味调味品有葱、姜、蒜、芝麻油、香菜、花椒、桂花、香叶等。很多中药材也具有调香味的作用，常用来做菜肴香料。

（7）鲜味

鲜味是一种鲜美的滋味。鲜味可以使些原料增加鲜美的味道，为菜肴提鲜。鲜味主要来于本身含有氨基酸等物质的原料和呈鲜味的调味品。

鲜味的调味品主要有味精、鸡精、虾油、鲜汤等。

（8）麻味

麻味也是刺激性较强的一种滋味。麻味是川菜应用比较多的一种味，在吉林省也是常用的一种调料，主要用于鱼肉类菜肴去异味、增香味，也多用于荤素搭配菜品的增香。它可以刺激人们的食欲，调解人们的口味。去腥解腻，除去异味。麻味通常与辣味一起混合而成菜肴滋味。

麻味的主要调味品主要有花椒。

2. 复合味

复合味是由两种或两种以上的基本味组合而成的滋味。复合味的种类很多，具体详见吉林菜主要味型。

（二）调味层次

根据各种基本味在菜肴滋味中的地位，可将味分为以下四个层次。

1. 主要的味

主要的味是第一层次的味，在菜肴中处于主导地位，是菜肴的风味旗帜。如酸辣味型，由几种基本味构成，而酸和辣是这个味型的主味。

2. 次要的味

次要的味是第二层次的味，在菜肴滋味中，虽不起主导作用，但对菜肴滋味的形成，起十分重要的作用。是入口即可感觉到的滋味。

（1）基础口味

此味虽不是菜肴的主味，但起到给主味打基础的作用，一般由鲜味、咸味来担任。无基础口味，则菜肴口味淡薄。如酸辣味型，主味是酸味和辣味，而咸味和鲜味就是基础口味。

（2）辅助的味

在菜肴滋味中，起辅助主味的作用，是菜肴风味特色的重要组成部分。如鱼香味型中的甜味和酸味。此类味在菜肴滋味中不能过浓，不能超过主味。

3. 微感的味

此味是入口后回味时才能感觉到的味。例如，浓厚咸鲜味型中甜味。此味是菜肴风味的组成部分，但味道不可过多。

4. 无感的味

此味是入口后感觉不到的味，只是起到突出主味的作用，如糖醋甜酸味型中的咸味。

四、调味的原则与方法

（一）调味的原则

1. 确定口味，准确调味

首先要确定所烹制菜肴的正确口味。它是什么味型？该味型由那几种基本味组成？每一种基本味的作用如何？应该使用什么调料？都必须心中有数。同时在投放调味品时还应该清楚先放什么，后放什么，不能随心所欲，要有章可循。与此同时，在放调味品时要掌握好每一种调味品应该投放的数量，力求达到准确，只有做到投料适时、准确，做出的菜肴才能符合菜肴质量的要求。

2. 根据季节的不同进行调味

随着季节的变化，人们的心理味觉和化学味觉也在随其变化，如在寒冷的冬季从菜肴的颜色上看人们喜欢暖色，并不喜欢冷色，因为暖色给人们带来的心理的感觉暖和；而冷色给人们带来的心理感觉凉爽，根据人们心理味觉所起的变化，这就要求根据季节的不同进行调色、调味。冬季的菜肴颜色要调得稍深一些，口味调得浓一些；夏季的菜肴在颜色上相对来讲要调得浅一些，味要稍淡，根据这一变化，在调味时要根据季节的变化而变化，绝不能一成不变。

3. 根据不同的就餐者灵活调味

我国幅员辽阔，东西南北各方的饮食习惯不同，要求的菜肴口味差异很大，如四川、湖南和吉林延边朝鲜族自治州的人们大多喜欢辣食，给这些地区的就餐者制作辣味菜肴时辣味可调得稍重一些；上海一带的人们喜食甜食，在制作甜味菜肴时甜味可稍重一些；北方人口味大多偏咸，在制作复合味菜肴时鲜咸味要稍重一些。总之，要根据不同地区、不同饮食习惯的就餐者的要求进行灵活调味。

4. 根据原料的不同性质进行调味

烹制菜肴所用的不同，其性质差别很大，如新鲜的鱼、虾、蟹、鸡，时令的新鲜菜，采用这些原料制作菜肴时，滋味应尽量调得淡一些，以保持和突出原料本身的鲜味，如果辣、甜、酸、咸调得太重，那么就会把原料本身具有的鲜香味掩盖了。原料如果不太新鲜，在调味时可得稍重些，把不正常的气味掩盖掉，在烹制羊肉，腑脏地可加入料酒、醋、葱、姜、蒜，用这些调味品降低膻味和脏腥味。对于鲜味不足的原料，如鱼翅、海参、燕窝等，在采用这些原料烹制菜肴时，应加入一些能够提鲜的调味品和高汤，以补充原料鲜味的不足。

5. 掌握调味品的性质和质量

由于调味品的产地不同、品种不同，其性质差异很大，如四川的朝天椒与东北的尖椒在辣度上有着明显的区别；四川的豆瓣酱与北方的豆瓣酱在口味上差别也相当大；醋精与米醋、老醋之间，它们在酸度上、味道上都有各自的特点。因此，在烹制菜肴时要根据调味品的不同特性灵活掌握。

（二）调味的方法

1. 腌渍调味法

将调料与菜肴主配料拌和均匀，或者将菜肴主配料浸泡在溶有调料的水中，经过一定时间使其入味的调味方法叫腌渍调味法。在加热之前进行的常为码味。

2. 分散调味法

将调料溶解并分散于汤状原料中的调味方法。此法广泛应用于水烹菜肴的制作过程中，是烩菜、汆汤的主要调味手段，也是其他水烹类菜肴的辅助调味手段。

3. 热渗调味法

在热力的作用下，使调料中的呈味物质渗入原料内部去的调味方法，叫热渗调味法。此法常与分散调味法、腌制调味法配合使用。水烹法，调料必须先分散到汤汁中，再通过原料与汤汁的物质交换，使原料入味。汽蒸和干热法，常需先将原料腌渍入味，再在烹制中借助热力，使调料成分进一步渗入原料中去。一般加热时间越长，原料入味越充分。

4. 裹浇调味法

将液体状态的调料黏附于原料表面，使其带味的调味方法叫裹浇调味法。按调料黏附方法的不同，可分为裹制法和浇制法两种。裹制法是将调料均匀裹于原料表面的调味法，如拔丝白果、焦熘肉段、滑炒里脊丝等都属此类。浇制法是将调料浇散于原料表面的调味法，如浇汁鱼、四喜豆腐、番茄里脊等都属此类。

5. 粘撒调味法

将固体状态的调料黏附于原料表面，使其还（带）味的调味方法粘撒调味法。此法常是将加热成熟后的原料，置于颗粒或粉末状调料中，使其粘裹均匀，也可以将颗粒或粉末状调料投入锅中，翻动将原料裹匀，还可以是将原料装盘后，再撒上颗粒或粉末状调料，如椒盐鱿鱼、椒盐里脊等。

6. 跟碟调味法

将调料盛入小碟、小碗中，随菜一起上席，由用餐者蘸而食之的调味方法。此法多用于烤、炸、蒸、涮等的调味。如涮羊肉、干炸里脊、清蒸鱼、北京烤鸭等。此法较为灵活，可同时满足多人的口味需要。

五、调香的原理与调香的方法

（一）调料调香的原理

1. 挥发增香

挥发性物质在空气中达到一定浓度（阈值）时，才能引起嗅觉。在烹调中的应用有以下两点：

（1）直接调香

有的调料所含的呈香物质挥发性较强，在常温下即可呈现浓郁的香气，可直接用于冷菜的调香，如小磨香油。

（2）加热调香

①有的调料，所含的呈香物质挥发性较弱，在常温下呈现的香气并不雅，通常需要加热来改变其化学结构，如葱、姜。

②烹调加工中，成菜后趁热撒上葱花、胡椒粉、花椒面等，或在往调料上淋热油，如蒸鱼。

③有的调料，所含的呈香物质在一定的温度下才具有挥发性，一般需将其斩碎或碾碎，再通过加热来促使其产生香气。

2. 吸附带香

呈香调料在加热中可挥发出大量的呈香物质，可部分被油脂和原料表面所吸附，达到使菜肴带有其香气的目的。其应用有以下两点。

（1）炝锅

炝锅即用少量的热油煸炒葱、姜、蒜等，调料中挥发出的呈香物质，一部分挥发掉了，一部分则被油脂吸附，油脂再裹附于原料表面，使菜肴带香。

（2）熏制

熏烟中带有大量的呈香物质，其中一部分被原料表面吸附，从而使菜肴带有烟熏的香气。

3. 扩散入香

呈香物质多具有脂溶性，加热中，可以油（包括调料本身所含有的精油）为载体，从调料中溶出，扩散到水中，再渗入原料中，使其入香。其应用有以下三点：

①水烹中，将调料直接放入，使呈香物质扩散到水中，再渗入原料中。

②溶胶制品的调香，常将葱姜等拍松，用水浸泡让呈香物质溶出，再用葱姜水来调制溶胶。

③多种原料混合烹调，各种原料的香气也会相互扩散、交融。

4. 酯化生香

通过酯化作用产生香气。其应用是：在加热中，加入醋和料酒，通过高温的作用，生成具有香气的酯。

5. 中和除香

水产原料中的鱼腥成分多为弱碱性物质（如海鱼中的三甲胺），在加热中，加入食醋，便会发生中和反应，生成盐类，可使腥气大大减弱。

6. 掩盖异味

采用浓香的调料来掩盖、压抑原料异味。

①常用葱、姜、蒜、胡椒、花椒、大料、辣椒、桂皮、丁香等掩盖肉类的异味。

②常用醋、料酒、葱、姜等掩盖鱼腥气。

（二）热变生香的原理

很多菜肴原料，在烹制过程中都会产生一些生料所没有的香气，是形成菜肴风味的重要途径。其生香机制，主要为一些香气前体的氧化还原、受热分解，以及焦糖化作用和羰氨及其中间产物的降解等。

1. 烧炒蔬菜香的形成

（1）呈香物质

甲硫醚、乙硫醚、乙醛、丙硫醇、甲醇、硫化氢等。

（2）生香途径

甲硫醚一般由甲硫基丙氨酸等分解而来；葱蒜类的丙硫醇由二丙硫醚还原而来。

2. 烹煮肉品香的形成

（1）呈香物质

羰基化合物、醇、内酯、呋喃、吡嗪、含硫化合物等。

（2）生香途径

脂肪的自动氧化、水解、脱水及脱羧等反应；糖和氨基化合物的羰氨反应等；羰氨反应及斯特累克尔降解反应的中间产物之间的相互反应。

3. 油炸菜肴香的形成

（1）呈香物质

主要是多种羰基化合物。

（2）生香途径

原料成分在高温下的各种变化；煎炸油本身的自动氧化、水解、分解的作用。

4. 焙烤制品香的形成

（1）呈香物质

羰基化合物、吡嗪化合物、N—甲基吡咯、含硫化合物等。

（2）生香途径

原料表面发生的羰氨反应、焦糖化作用，以及油脂氧化分解和一些含硫化合物的分解有关。

（三）调香的方法

1. 抑臭调香法

抑臭调香法是指运用一定的调料和适当的手段，消除、减弱或掩盖原料带有的不良气味，同时突出并赋予原料香气。具体操作方法：

①是将有异味的原料，经过一定处理后，加调料（如食盐、

醋、料酒、葱、姜等），拌匀或抹匀后腌渍一段时间，与其异味成分充分作用，再通过热处理，使异味成分除去，如肠、肚的初加工。

②在原料烹制过程中，加入某些调料（如食盐、料酒、葱、胡椒、花椒、大蒜等）同烹，以除去原料异味，并增加原料香气。

③在原料烹调成菜后，加入带有浓香气味的调料（主要为香葱、蒜泥、胡椒粉、花椒面、小磨香油等），以掩盖原料的轻微异味，此法还是补充调香、构成菜肴风味的手段。

2. 加热调香法

加热调香法就是借助热力的作用使调料的香气大量挥发，并与原料的本香、热香相交融，形成浓郁香气的调香方法。具体操作方法：

①炝锅加热，使调料香气挥发，并为油所吸附，以利菜肴调香。

②在煮制、蒸制、烤制、炸制时，通过热力使香气向原料内层渗透。

③在菜肴起锅前或起锅后，趁热淋浇或粘撒呈香调料，或者菜肴倒入烧红的铁板内，借助热力来产生浓香。

④在较高温度下，促进醇和酸的酯化，以增加菜肴的香气。

3. 封闭调香法

封闭调香法属于加热调香法的辅助手段。主要是防止香气在烹制中散失，在密闭条件下加热，临吃时启开，可获得非常浓郁的香气。具体操作方法：

①容器密封。如隔水炖鸡、佛跳墙等。

②泥土密封。如叫化鸡。

③糨糊密封。上浆挂糊还具有封闭调香的功能。

④原料密封。如八宝鸡、荷包鱼。

4. 烟熏调香法

烟熏调香法是把熏料加热产生浓烈的烟香气，使烟香物质与原料接触，并被吸附在原料表面，有一部分还会渗入原料的表层中去，使原料带有较浓的烟熏味。具体操作方法：

①从熏制温度上分，有冷熏、热熏之分。冷熏不超过22 ℃，热熏一般在80 ℃左右。

②按熏制的原料状态分，有生熏、熟熏之分。

六、吉林菜主要味型

（一）味型的定义

味型是在菜肴烹制过程中，按照一定的规格，科学地投放各种调味品，对菜肴原料施加影响，所产生的具有各自本质特征的风味类别。

这个定义有三个含义：

1. 一定的规格

这种规格是在长期烹调实践中发展沿革下来的，具有一定的社会基础，并有该种味型的系列菜肴，如果不按一定的规格调味，就产生不出这种风味。

2. 味型是调味品对菜肴的影响，而不是原料本身就有的味道

如咸辣味是加入调味品形成的，而做肉炒青椒时，盐与主料青椒本身形成的味道则不是。同理，葱香味是在咸鲜味的基础上重用大葱调味形成的。而炒洋葱就不能说是葱香味。

3. 味型是具有本质特征的风味类别

各种味型之间有着本质区别，具有各自的特色。但同一味型的系列菜肴，滋味允许有差别，这是由于应用的次要调味品的不同，或者应用具有同一主要功能的不同的主要调味品造成的。如咸鲜味，用酱油和精盐的不同，其味道就会有微妙的区别。这也说明了中国菜调味的千变万化，复杂精细。

（二）吉菜主要味型

吉林菜在长期的发展过程中，在以厨师为主体的广大烹饪工作者、爱好者的共同努力下，运用当地常见的调味品经过长期的烹饪和饮食实践，逐渐地形成了自己的味型，使吉林菜在调味上具有有别于其他地区的风味特色。

吉菜味型按照菜肴的性质可分为冷菜味型和热菜味型两大类。

1. 冷菜味型

冷菜味型主要有咸鲜味型、五香味型、烟香味型、酸辣味型、咸甜味型、芥末味型、甜酸辣味型、椒油味型等。

2. 热菜味型

热菜味型主要有咸鲜味型（清淡咸鲜味、浓厚咸鲜味）、咸辣味型、咸甜味型、咸香味型（葱香味、酒香味、椒香味）、甜酸味型（糖醋甜酸味、番茄甜酸味或茄汁味）、甜辣味型、甜香味型、香辣味型、酸辣味型、孜然味型等。

七、吉菜冷菜味型及调配

（一）咸鲜味型

1. 特点

咸鲜适口、清淡宜人、突出本味。

2. 调味品及其作用

精盐、味精、香油、葱、姜、蒜、酱油等。

精盐、味精调咸鲜味；酱油调色并辅助咸味，但很多菜不放酱油；其他调料辅佐香味，去除异味。

3. 适用范围

此味型适应性较广，肉、蛋、鸡、鱼、蔬菜等皆可，适应的烹调方法有蒸、拌、冻等。此味清淡，以夏季食用为宜，其他季节也可，适于佐酒。

4. 代表菜

鸳鸯肠、肉糕、水晶肘子、拌三鲜、鸡丝卷、拌鸡丝冻粉、鸡丁腐皮冻。

5. 调制方法

在菜肴烹制中，拌菜一般是兑成调味汁浇在菜肴主料上拌匀食用；而蒸、煮、冻等大都放在主料内，和其一齐加热入味至成熟。由于烹制方法和原料不同，所用调料种类亦有所不同。

6. 注意事项

①此味清淡，不宜加入香气浓烈的调味品，其他香料的投放量也不宜过多，以不压主料的本味。

②咸鲜口比一般凉菜口味要轻一些。

（二）五香味型

1. 特点

咸鲜可口，味美浓香。

2. 调味品及其作用

盐、味精、白糖、酱油、葱、姜、料酒、花椒、大料、陈皮、丁香、山柰、草果、桂皮、肉桂、良姜、豆蔻、熟硝等。

酱油调色，并定咸味；盐辅助酱油调咸味；味精增鲜；白糖主要是提鲜味，突出咸鲜味；其他调味品起增香、提味、去异等作用；熟硝放在某些肉类菜肴中，其作用有三个：一是可使色泽鲜艳；二是可延长制品的存放时间；三是可使成品的风味更佳。

3. 适用范围

此味型主要适用于酱、卤等方法烹制的凉菜、主要用于肉、鱼、鸡、野味、豆制品及畜禽内脏、头爪等原料。此味浓厚，所佐之菜肴四季皆宜食用，以冬季为佳。

4. 代表菜

真不同酱肉、卤鸡、烧鸡、五香鱼、酱猪手等。

5. 调制方法

菜肴烹制前，先以酱油调色并调咸味。酱油要满足色泽需要，有时只放酱油色不足，还要添加糖色。盐协助酱油补足咸味，咸鲜口要比上面的咸鲜味稍重一些。糖以放糖不觉甜为宜。其他香料，由于品种不同，所放种类和数量亦不同，导致风味上亦有很大的差别。

菜肴烹制中，一般是将老汤放锅中，烧开去浮沫，加入各种调料和主料，一起加热至熟，入味上色即成。

6. 注意事项

①调制此味重点是香料种类、数量、比例要掌握好，很多名肴都是以其香味独特而著称的。

②放硝要掌握好用量，按国家的卫生标准放入，对人体健康不利。

（三）烟香味型

1. 特点

咸鲜适口，干爽不腻，烟香浓郁，色泽鲜艳。

2. 调味品及其作用

酱油、盐、味精、白糖、料酒、葱、姜、花椒、大料、香油、肉料、熏料。

各种调料除熏料、香油外，其作用与五香味中相同。熏料，吉林菜主要用白糖、茶叶、果树锯木等，其作用是在熏锅中经加热后发烟并附着在主料表面上，使菜肴带有特殊的烟香味，并且使食品耐保藏。香油一般抹在菜肴成品的表面上，其作用有三：一是使菜肴光亮红润美观；二是增加菜肴的香味；三是可保持菜肴内部水分，使之不风干。

3. 适用范围

此味型适于佐助肉、鸡、鱼、蛋、野味、动物内脏、豆制品等原料，其烹制方法即为熏，此味类菜肴四季皆宜食用、最宜下酒。

4. 代表菜

熏沙半鸡、熏兔肉、熏鸡、真不同熏肉、熏肥肠、熏猪手、熏白果等。

5. 调制方法

此味型的表现往往是在酱、卤风味的基础上进行，即将经酱、卤已经成熟并带有咸鲜香味的主料放入熏锅内，加熏料加热烟熏而成。由于熏制前烹制处理的方法不同，所用的调料差别很大，肉料一般只在酱时使用。卤所用的调料较少。熏料有时只用一样，有时用两样。熏后的主料抹上香油即成。

6. 注意事项

①此味型类菜肴大多是在咸香鲜味基础上再突出烟香味。咸鲜香味的调制和五香味往往相同。

②烟熏时间不宜过长，以熏上色为度。因熏烟中含有多环芳烃类物质，于人体有害的物质。

（四）酸辣味型

1. 特点

咸鲜适口、酸辣味浓、解暑开胃。

2. 调味品及其作用

酱油、醋、辣椒、精盐、味精、香油、蒜等。

酱油定色，并调咸味；精盐辅助酱油调咸味；味精调鲜味；醋定酸味；辣椒调香辣味，并兼有调色的作用；香油增香；蒜增香、增味。

3. 适用范围

此味型适于鱼、肉、野味、鸡、蔬菜等原料，所佐之菜肴大多以拌的方法烹制而成。此味型促进食欲的功能颇佳，在夏季食用最宜。

4. 代表菜

拌冻粉瓜菜、拌肉丝瓜菜、拌蜇米瓜丝、拌狗肉、生拌牛肉、拌牛肚等。

5. 调制方法

在咸鲜味的基础上，突出酸辣味。酱油的投入量要满足色泽需要。然后以精盐补足咸味。味精的量可以适当增加。咸鲜味不宜过浓厚，适口即可，重用醋和辣椒。醋的量以“酸而不酷”为度，生拌的可放醋精。辣椒多以辣椒油的形式放入，既香又辣，用辣椒以“辣而不燥”为度。

在菜肴的烹制中，多将各种调料先在碗中调匀。口味适宜后，浇在主料上拌匀即可。

6. 注意事项

①咸味要够口，不可淡薄。

②辣椒油以隔夜或隔几天为好，色红、味浓、黏稠。

③炒肉丝拉皮是酸辣味的另一类型，除上述调料外，还要加麻酱、芥末糊等，但基本口味仍是酸辣的。

（五）咸甜味型

1. 特点

咸甜鲜香、色泽红亮、味道浓厚。

2. 调味品及其作用

酱油、精盐、味精、白糖、花椒、料酒、葱、姜等。

精盐、酱油调咸味；酱油兼有调色的作用；味精辅助原料的鲜味；白糖主司甜味，也兼有调色的功效；其他调料的作用是增香、除异味。

3. 适用范围

此味型所佐之菜肴多以鱼、肉、鸡、鸭等为原料，多由㸆、酱等方法烹制而成。此类菜肴味道浓厚、均为暖色调，适于秋冬季节食用。

4. 代表菜

叉烧肉、㸆排骨、㸆鱼块、㸆鸡腿等。

5. 调制方法

此味型是在咸鲜味的基础上，酌加白糖，形成咸甜的主味。咸鲜味要满足口味需要，甜味因品种不同而有些差别，一般说㸆菜甜味较浓，而酱菜的甜味轻些。

㸆菜往往是先用姜炝锅，然后加入其他调料和主料，一齐加热，加热后期将汁水㸆浓，使之包挂在主料的表面上。酱菜往往先用上述调料兑成酱汁，然后把处理好的主料放入，一起加热使之入味。酱菜往往还要加一些香料，以使香味更浓。

6. 注意事项

①咸甜味一般是咸甜并重，有时以咸为主，甜味次之，不可咸鲜味不足或甜味压了咸味。

②㸆菜时要注意火候，以防白糖焦糖化发黑变苦。

（六）芥末味型

1. 特点

咸鲜香冲，辛辣略酸，芥末味浓，开胃可口。

2. 调味品及其作用

精盐、味精、酱油、芥末糊、香油、醋等。

精盐定咸味；酱油佐助精盐调咸味，同时调色；味精辅助主料的鲜味；芥末糊主辛辣冲味，同时有使调味汁黏稠，易挂主料之上的功用；醋主酸，兼去异解腻；香油增香。

3. 适用范围

此味型适于鸡、鱼、动物内脏、禽爪、蔬菜等原料，多用拌的方法成菜。此味开胃可口，增加食欲，适于夏季消暑下酒，清爽解腻。

4. 代表菜

芥末鸡、芥末肚、芥末鸭掌等。

5. 调制方法

成鲜味以适口为宜，在咸鲜的基础上，重用芥末糊，突出辛辣香冲味。醋的用量以入口可感觉到酸味即可。香油的用量可适量增多，以不压冲味为宜。

调制时，多是先将精盐、味精、酱油、醋调匀，使精盐、味精溶化，再加芥末糊调好，最后加入香油。食用前，淋在主料上，拌匀即可。

6. 注意事项

①芥末糊要发好后才能使用，不可现调现用。

②如果要求菜肴呈浅色或白色，可少放或不放酱油，而酌加晾凉的浓鸡汤，以融合诸调料。

（七）甜酸辣味型

1. 特点

甜酸爽口，香辣微咸。

2. 味品及其作用

辣椒、白糖、精盐、醋、姜、香油或花椒油等。

精盐调咸味，辣椒调香味，并兼调色，醋、白糖调甜酸味；姜、香油或花椒油增香味。

3. 适用范围

此味型适于各种蔬菜，也可用于鱼、鸡等。多用拌、炝、腌等方法烹制成菜，适于夏季食用，宜用佐酒。

4. 代表菜

炝瓜皮、珊瑚白菜、辣白菜卷等。

5. 调制方法

此味型突出甜、酸、辣味，但咸味不可无，以入口可感觉到为度。因咸味较轻，味精可不放。在咸味的基础上，重用辣椒、醋、白糖，但辣味不可过多，以不压甜酸味为宜。辣椒可直接切丝放入，也可炸成辣椒油放入。

在菜肴烹制时，可将各种调味品直接浇在处理好的主料上拌匀，腌渍入味即可食用。

6. 注意事项

①此味型虽不突出咸味，但不可无咸味，无咸味则口感淡薄，甜酸味亦不正。

②腌渍时如放在冰箱中，成品更加凉爽脆嫩。

（八）椒油味型

1. 特点

滋味咸鲜、椒油味浓、略带麻味、清淡宜人。

2. 调味品及其作用

精盐、味精、料酒、花椒油、姜。

精盐调咸味，味精辅助原料的本鲜味。花椒油使菜肴突出花椒的香味，并略带麻味。姜、料酒有去异味、增香味的作用。

3. 适用范围

此味型适于鱼虾等水产、某些动物内脏、蔬菜、鸡等本味鲜美、无异味的原料。此味型菜肴多以炝的方法制成。此类菜四季皆宜，最适夏季。

4. 代表菜

炝三丝、炝虾片、虾子炝芹菜、炝海螺、炝蛎黄。

5. 调制方法

此味型咸鲜味以适口为度，不可过浓，以保持原料的本味和清淡的特点。在咸鲜味的基础上重用花椒油，使之香味突出。

菜肴烹制中，多是把各调料直接投入经熟处理后的原料中调匀即可食用。调制时应先调咸鲜味，然后放其他调料。

6. 注意事项

①此味型菜肴原料多为本味较为鲜美，成菜要突出本鲜味，所以精盐、味精的量适口即可，不可过多。

②此类菜不宜放其他滋味浓重的调料，如大蒜、大料、芥末糊等。

八、吉菜热菜味型及调配

（一）咸鲜味型

咸鲜味在吉林菜中运用最为广泛，且相对于南方，咸味较重，按其浓重程度不同，大体分为两种。

1. 清淡咸鲜味

（1）特点

咸鲜适度，清淡宜人，突出原料本味。

（2）调味品及其作用

精盐、味精、料酒、葱、姜、花椒水、酱油等。

精盐定咸味；味精辅助原料的鲜味；酱油调色，并辅助精盐调咸味；其他调料起提鲜、增香、除异味的作用。

（3）适用范围

此味型适于本味鲜美、无异味的原料，如鸡、鸭、里脊、鱼、虾、蔬菜等。此味型四季皆宜，最宜春夏，适于熘、烹、爆等方法制作的菜肴。

（4）代表菜

滑熘里脊、浮油鸡片，白酥里脊、熘鱼片、熘肉段、滑熘肉片、肉丝掐菜、肉炒瓜片等。

（5）调制方法

精盐的用量以满足菜肴口味需要为度，要适当淡一些。精盐、味精的用量不能掩蔽原料的鲜味，要突出原料本味。其他调料的用量也不宜过多，其味都不能突出出来。

菜肴烹制中，此味型有两种：一种是白汁，不放酱油；一种是红汁，放酱油。酱油要少放，颜色以浅酱红色为宜。具体方法多是将精盐、味精、料酒、花椒水、酱油按照规格先兑在一起成汁，勺内放油，葱姜炝锅后，放入主料和调味汁加热，颠翻几下，淋明油出勺。可结合具体情况，掌握烹汁、卧汁或浇汁。

（6）注意事项

①此味型清淡，因此不能参杂其他异味。有些重味调料，如花椒、大料等不能放，以保证菜肴的口醇正。

②调料中的葱、姜数量不宜过多，即葱、姜味不能突出。有时要用葱、姜块，即将成菜时除去。

2. 浓厚咸鲜味

（1）特点

口味浓厚、咸鲜可口、香味宜人。

（2）调味品及其作用

酱油、盐、味精、料酒、花椒、大料、葱、姜、蒜、白糖等。

酱油主色，并兼调咸味；盐辅助调咸味；味精调鲜味，白糖起提鲜、突出咸鲜味的作用；其他调料起去异味，增香味的作用。

（3）适用范围

此味型适合牛肉、羊肉、猪肉、鱼、鸡及某些蔬菜，适用于蒸、烧、焖、炖等方法烹制的菜肴。在季节上，此味型春、夏、秋、冬季皆可用，以秋冬季为佳。因其味道浓，色调暖，适合人们秋冬季的口感需要，并以佐饭为宜。

（4）代表菜

扣肉、扣肘子、红烧鱼、红焖鸡块、四喜丸子、红烧肉等。

（5）调制方法

此味型调制时，酱油要满足色泽需要，色泽一般要深一些。加入酱油后，用盐补充咸味。味精的用量以不掩蔽原料的鲜味为度，咸鲜味可略重一些。白糖要放得适量，以放糖不觉甜或回味微甜为宜。

在菜肴烹制时，此种咸鲜味有两种调法。有些蒸法烹制的菜肴，须在蒸制前将调味品放入，然后入屉加热使之入味。有些烧、焖、炖等法烹制的菜肴应在烹制中渐次加入调味品，但加入的时机要掌握好。有些菜肴盐和味精可以后放，如炖肉等。

(6) 注意事项

①花椒、大料的用料要适宜，不可用得过多，以致压住原料本来的鲜香味和咸鲜味，喧宾夺主。

②此味型和适用的烹调方法一般加热时间较长，葱、姜、蒜可成块状使用，延长其香味散发时间。花椒、大料也不要用粉面，而是用粒、瓣，最后在成菜前与葱、姜、蒜一起除去。

（二）咸辣味型

1. 特点

咸鲜香辣，开胃可口。

2. 调味品及其作用

精盐、味精、辣椒、花椒水、料酒、白糖、葱、姜、酱油。

精盐在此复合味中司咸味；味精辅助鲜味；辣椒主香辣味，并兼有调色的功用。白糖有缓和辣味的作用，并有提鲜的功效；酱油调色，有的菜肴不放；其他调味品主要起增香、提鲜、去异味的作用。

3. 适用范围

此味型四季皆宜，以冬季为佳，适于熘、炒、烧、爆等方法烹制的菜肴。原料上，鱼、鸡、肉、野味都可用此味辅佐。

4. 代表菜

烧辣子田鸡、三辣狗肉、辣子鸡、辣子肉丁、双辣鱼片。

5. 调制方法

精盐、味精要满足口味需要。在咸鲜口的基础上调辣味，辣椒的用量以“辣而不燥”为度，要适合多数人的口感要求。放糖以入口不觉甜为宜。

在菜肴烹制中，一般是葱、姜、辣椒等先放入底油中煸炒出香味。其他调料在加热中逐渐放入或事先兑好汁一次性放入。

6. 注意事项

①要掌握好辣椒的用量，根据原料的数量、辣椒的辣度决定其投放的多少。因此，对所用辣椒的辣度要了解、熟悉。

②白糖不宜放多，甜味不能突出，否则和甜辣味就分不开了。

③胡辣海参、胡辣海茄子也属于咸辣味，不同点是由胡椒粉调辣味。

（三）咸甜味型

1. 特点

咸甜可口，汁稠色艳、味道浓郁。

2. 调味品及其作用

白糖、精盐、醋、料酒、花椒水、葱、姜、酱油、味精等。

精盐主司咸味；酱油调色，并辅助精盐调咸味；白糖主甜味，还有调色和使菜肴汤汁浓稠的功用；味精辅助调鲜：其他调味品起增香、除异味的作用。

3. 适用范围

此味型适于动物性原料，如鸡、鱼、野味、虾、肉等，主要用于㸆的方法烹制的菜肴。由于此味型所佐之菜肴汁稠色艳、口味浓厚，在冬季食用尤佳，其他季节也可。

4. 代表菜

㸆大虾、㸆肉段、㸆鸡腿、香酥鸡、香酥鱼。

5. 调制方法

此味咸甜并重，因此精盐和白糖的投放量要足够。酱油适量即可，过多则色泽发暗，如是㸆虾类菜肴则不用放，因大虾壳本身色泽鲜艳，放酱油往往起副作用。味精的量要适当，有些原料如虾类的菜可不放。

在菜肴烹制中，一般是先用葱、姜块炸锅，其他调料在加热中陆续放入，至菜肴将成熟时，将葱、姜块取出，㸆至汁浓色艳即好。

6. 注意事项

①葱、姜切成块，但要拍一下，这样可使其在加热中不断发挥本身的作用，又便于成菜前捡去，使菜肴美观整洁。

②此味所佐的原料，除大虾外，一般都应在初步熟处理后再进行烹调，大多是油炸。这样便于上色、入味。

（四）咸香味型

在咸鲜味的基础上，再带有某种或某几种调味品较浓烈的香味，使菜肴风味突出，即所谓咸香味。由于所突出的香味不同，咸香味又可有很多种，在我省主要有葱香味、酒香味、椒香味等几种。

1. 葱香味

（1）特点

咸鲜可口，葱香浓郁、味厚不腻。

（2）调味品及其作用

大葱段、酱油、味精、精盐、料酒、白糖、花椒水、姜等。

酱油在此味型中兼有调酱红色、调咸味和提鲜的功用；精盐辅助酱油补充咸味；味精辅助鲜味；大葱段使菜肴突出葱香，具有特色；白糖和其他调味品的作用主要是提鲜味、祛邪味，增香味。

（3）适用范围

此味型适于肉、鸡、干货、野味类原料，适于扒、烧等方法制作的菜肴。此味较厚、较适于冬季。其他季节也可。

（4）代表菜

葱烧海参、葱扒鸡、葱烧鱼米、葱烧兔肉、葱烧肉段等。

（5）调制方法

此味型咸鲜味要满足，在咸鲜味的基础上重用大葱。酱油要满足色泽需要，放酱油后，不足之咸味用精盐补充。白糖的量要合适，入口不能吃出甜味，以回口略甜为度。

在菜肴烹制中，一般有两种调制方法：一种是先把葱炸成火红色，然后捞出和主料、其他调料一起加热成菜；另一种是勺内放少量底油，先将葱煸炒上色出味，然后放入主料和其他调料一起加热成菜，此种方法的优点是大葱和葱油均得到了利用，葱香更浓。

（6）注意事项

①大葱要切成段，以突出这一主要调料。

②大葱炸或炒要火候适当，既不可加热过头变焦发黑，也不能稍加热葱尚发白即止，要让葱香味发挥出来。

2. 酒香味

（1）特点

咸鲜宜人，酒香扑鼻，清淡适口，风味独特。

（2）调味品及其作用

精盐、味精、白酒、花椒水、葱、姜等。

此味型以精盐定咸味；味精辅助原料鲜味；白酒使菜肴具有酒香味；其他调料辅佐增香。

（3）适用范围

此味型在原料上主要用于鸡，菜肴多用蒸的方法烹制而成。此类菜肴四季皆宜，佐酒为佳。

（4）代表菜

茅台鸡、酒香鸡、参芪酒鸡等。

（5）调制方法

此味型咸鲜不可过浓，可略为淡雅一些，以突出鸡本身的鲜味。在咸鲜味的基础上，重用质量好的白酒，突出酒香。由于所放酒的类别或香型不同，在菜肴风味上亦有所区别。

菜肴烹制中，多是将经初步熟处理的鸡置于容器内，加酒及其他辅料、上汤上屉蒸熟，再经调味成菜。

（6）注意事项

①此味较清淡，不宜放其他味浓重的调料，如花椒、大料等。

②酒要放得适量，以酒香浓郁，而成菜后汤中无酒味为佳。

3. 椒香味

（1）特点

椒香浓郁、略带麻味、咸鲜干香。

（2）调味品及其作用

精盐、味精、花椒盐、料酒、香油、葱、姜等。

精盐调咸味；味精辅助原料的鲜味；花椒盐调咸味，并调香味，略带麻味；其他调料主要起增香味、除异味的作用。

（3）适用范围

此味型适应性广，肉、鸡、鸭、鱼、虾、野味、蔬菜都可以此味辅佐，多用于炸的方法烹制而成。四季皆宜，佐酒为佳。

（4）代表菜

软炸里脊、炸鸡卷、炸虾段、吉列虾卷、雪衣银鱼、炸刺嫩芽、浇油鸡等。

（5）调制方法

在具有一定咸鲜口的基础上，重用椒盐，突出椒香味。味精、酱油的量不宜过多，以防压抑本鲜味和椒香味。葱、姜一般切块或末，块应在烹制加热时取出不用。

此味型的调制，一般是在烹制前，用精盐、味精、香油、料酒及葱、姜等进行基本调味，打下底口。烹制中因油炸，不能调味，烹制后带椒盐上桌，食用者自蘸椒盐食用。浇油鸡比较特殊，是在成熟的主料上浇咸鲜汁后再浇花椒油。

（6）注意事项

①椒盐一般须事先制好，不需现用现制。

②基本调味时，咸味要留有余地，不能调至足咸。

③要注意葱加热变黑的问题，干炸丸子等喂口时可不放葱末，以葱水调味。

（五）甜酸味型

1. 糖醋甜酸味

（1）特点

甜酸味浓、香味扑鼻、爽口宜人。

（2）调味品及其作用

白糖、醋、精盐、酱油、料酒、花椒水、葱、姜、蒜等。

糖、醋定甜酸味；精盐调咸味；酱油调色并辅助精盐调味；其他调料起增香味、除异味的作用。有的此味型菜肴还要加香菜以增香。

（3）适用范围

此味型主要适用于肉、鱼、鸡等原料，多用于熘、烹等方法制作的菜肴。此味型四季皆宜。

（4）代表菜

锅包肉、糖醋瓦块鱼、糖醋排骨、油泼鸡等。

（5）调制方法

精盐和酱油所组成的咸味，只能作甜酸味的基础味。重用糖、醋，形成浓厚的甜酸味。食用菜肴时首先感觉到的是甜酸味，咸味感觉很微弱，只在回味时才有感觉，这样既不会乏味，又能突出糖醋味的风格。

菜肴烹制中，常将糖、醋、酱油、精盐、料酒、花椒水等兑成汁水，勺内放油，用葱、姜、蒜炸锅，然后倒入汁水和原料加热，具体可以卧汁、烹汁、浇汁三种形式调味。

（6）注意事项

①此味型虽突出甜酸味，但咸味不可没有，无咸味则甜酸味不正。

②放酱油的量适当，如醋的颜色较深，可少放甚至不放。只要色泽够用就行，一般浅酱红色为好。

③此味糖、醋比例要适宜，甜味和酸味要相等，不能过甜，也不能过酸。

2. 番茄甜酸味（茄汁味）

（1）特点

甜酸咸鲜、番茄味浓、色泽鲜艳。

（2）调味品及其作用

白糖、醋、番茄酱、精盐、味精、料酒、花椒水、葱、姜等。

精盐定咸味。味精辅助鲜味。番茄酱调色，同时调香、调酸味。醋辅助番茄酱调酸味。糖调甜味。其他调料增香、除异味。

（3）适用范围

此味型在原料上适于肉、鸡、鱼、虾等原料，多用熘的方法制成的菜肴。四季皆宜，佐酒下饭均可。

（4）代表菜

番茄虾饼、番茄肉片、番茄鱼片、番茄里脊、番茄大虾等。

（5）调制方法

在此味型中，咸鲜味以入口感觉适口为度，以甜酸味为主。番茄酱的用量要满足色泽和调味的需要，由于番茄酱有酸味，醋要少放或不放。

菜肴烹制中，一般是炒勺内放底油，油热把番茄酱放入先煸炒一下，使其色泽变红，然后放葱、姜、其他辅料和主料，其他调料可兑成调味汁一同放入。也可先把烹制成熟的主料摆放盘内，然后以浇汁的形式调味。

（6）注意事项

①要把此味型与糖醋甜酸味的不同之处区别开。在此味型中，咸鲜味要浓一些，以入口即可感觉出来，且不压主味——甜酸味为宜。

②甜味和酸味入口感觉要甜略浓于酸味。

（六）甜辣味型

1. 特点

咸辣带甜，味浓可口。

2. 调味品及其作用

精盐、味精、白糖、醋、辣椒酱、料酒、花椒水、葱、姜、蒜、酱油。

此味型中，辣椒酱的作用较多，它主辣味，兼调咸鲜味，增香味，还和酱油一起调色；精盐、酱油补充辣椒酱所调咸味之不足；味精辅助调鲜；白糖调甜味；醋和其他调味品起去异味，增香味的作用。

3. 适用范围

此味型适应的原料主要是各种肉类、鸡、豆腐等，主要用于熘炒等方法烹制的菜肴。此味型四季皆宜。

4. 代表菜

辣酱煸白肉、辣香肉丁等。

5. 调制方法

咸鲜口要满足口味需要，要足够。辣椒酱要满足辣味的需要，以辣度适中为宜。先放辣椒酱，然后加精盐补足咸味，加酱油补足色泽。甜味以入口感觉到甜为度，不可过甜，味精的量要掌握好，不可压抑原料的本鲜味。放醋不能吃出酸味。

菜肴烹制中，一般是勺内放底油，先放葱、姜、蒜、辣椒酱煸炒几下，然后放主料和其他调味品加热。

6. 注意事项

①此味型应以咸鲜为主、辣味次之、甜味再次之的主次地位调制。各基本味的主次地位不能颠倒。

②无辣椒酱用辣椒粉也可，但风味差些。同时调制时要酌情多加精盐、酱油。

③干烧鱼、干烧开片鱼也属此味型，只是甜度略有增加而已。

注：此味型所佐之菜肴很多是从其他菜系移植而来，但为了适应我省人民的口味需要和我省物产供应特点，风味特色上变动很大，且在我省制作较多，故将其收入。

（七）甜香味型

1. 特点

味道甜美，芳香可口。

2. 调味品及其作用

白糖、蜂蜜、香精、熟芝麻。

白糖主甜味，同时白糖在加热中会产生出香味，白糖在加热中还能生成焦糖参与调色；蜂蜜除辅助定甜味外，还可增香；香精、芝麻起增香作用。

3. 适用范围

此味型多用于水果、蔬菜、蛋类等原料，也可用于肉、鱼等，其所辅佐的菜肴多用拔丝、挂霜、冰霜、蜜汁、蜜焖等方法烹制而成。四季皆宜，食用较多。

4. 代表菜

拔丝橘子、拔丝葡萄、拔丝地瓜、冰霜丸子、香酥丸子、蜜汁白梨、蜜焖三鲜等。

5. 调制方法

此味型所适应的烹调方法较多，因而调制方法各不相同，风味特色上也有些区别。拔丝者，直接将熟处理后的主料挂浆，往往还要撒点香精或熟芝麻；冰霜者，将主料挂糖浆后再撒上白糖；蜜汁蜜焖者往往将白糖、蜂蜜与主料一同加热，至菜肴成熟再加点香精。

6. 注意事项

①此味型之香和咸香味之香不同，此乃清香，因此不可加葱、姜、蒜、花椒、大料等香料。

②此味型之甜味一般说来是纯甜味，因而不加酸、辣、鲜、苦等味的调料。咸味的调料一般也不加或略加一点。

（八）香辣味型

1. 特点

咸辣甜酸、香气浓郁、味美可口。

2. 调味品及其作用

辣椒、白糖、醋、精盐、味精、酱油、胡椒粉、料酒、香油、葱、姜、蒜、香菜。

精盐定咸味；酱油主调色兼辅助精盐调咸味；辣椒主司辣味，还有使菜肴色泽红润的作用；胡椒粉和辣椒一起调辣味，同时还有提鲜、除异味的功用；糖、醋调甜酸味；味精辅佐鲜味；香油、香菜主调香味，香菜还有调色的作用；其他调味品有去异味、增香味的作用。

3. 适用范围

此味型适于用熘、炒的方法烹制的鱼、肉类菜肴，四季皆宜。此味型制成的菜肴佐酒下饭均可。

4. 代表菜

香辣肉丝、香辣鱼丝。

5. 调制方法

咸鲜味要足，满足口味需要。在咸鲜味的基础上，调辣味和甜酸味，辣味不可燥，甜酸味也不要过浓，以入口能感觉到即可。香油的量要适当，过多会压抑原料的本味和其他调料调出的香味，只要能起到增香的作用即可。

在菜肴的烹制中，一般是先把葱、姜、蒜、辣椒煸炒后，再在加热中放入其他调料，也可以把其他调料和鲜汤、淀粉一起兑成汁水，再一齐投入勺内和主料一起加热拌匀。

6. 注意事项

①此味型以香、辣味为主味，甜酸味次之。因此，甜酸味不能压香辣味。

②酱油不宜多放。此味型所佐菜肴颜色突出红润，是酱油的酱色和辣椒中的胡萝卜素溶于油中的红色共同组成。酱油多则发暗。

（九）酸辣味型

1. 特点

酸辣宜人、咸鲜适口、清爽开胃。

2. 调味品及其作用

精盐、味精、胡椒粉、醋、花椒水、酱油、料酒、姜、葱、蒜、香油、香菜末（或段）。

精盐、味精主司咸鲜味；醋、胡椒粉调酸辣味，同时胡椒粉还有提鲜的功效；酱油调色并兼辅佐精盐调咸味；其他调料起增香、提鲜、除异味的作用。

3. 适用范围

从原料上看，此味型适用于肉、鱼、豆制品、鸡血等。从烹调方法上看，适于汆、蒸、熘、炒等。此味型四季皆宜，尤以夏秋季为佳。

4. 代表菜

酸辣汤、酸辣肘子、酸辣兔肉、胡辣鱼丝、酸辣酥肉等。

5. 调制方法

此味型咸味要够口，由于酸性环境下，味精的鲜度减弱，所以味精的投放量可略多些，这样才能使味道不淡薄，当然也不宜过多，否则，对酸味有压抑作用。在咸鲜味的基础上重用醋、胡椒粉，调出酸辣味，醋的用量以入口酸度适中，胡椒粉的用量以入口就可有其特有的清香鲜辣味为宜。酱油要满足色泽需要，白色菜可不放。香油的量不可过多，过多时对胡椒粉的味有压抑作用。

在菜肴烹制中，多是先在炒勺内放猪油烧热，用葱、姜、蒜炝锅，然后添汤，加入主辅料加热，接着用精盐、味精、料酒、花椒水等调出咸鲜口味，再放醋（有的菜醋要先放）、胡椒粉等调酸辣味，味正后，淋少许香油，并撒上香菜即可出勺成菜。

6. 注意事项

①此味型咸鲜、酸辣并重，咸鲜味不足则滋味淡薄，无酸辣味则风味消失。

②此味型所佐之菜肴大多汤汁较多，所以胡椒粉不可用辣椒来代替。两者的辣味给人的味觉不一样，用辣椒调辣味，喝汤时，易使人有呛嗓子的感觉。

（十）孜然味型

1. 特点

咸辣可口、孜然味浓、香气浓郁。

2. 调味品及其作用

孜然、辣椒面、精盐、味精、料酒。

精盐和味精主司咸鲜味；辣椒面定辣味；孜然调香味；料酒去异味增香。

3. 适用范围

此味型适用于猪、牛、羊、兔肉、鸡心、鸽子、鹌鹑等原料，适用于炸、炒、烤等烹调方法。此味型制成的菜肴佐酒最宜，是目前比较流行的味型之一。

4. 代表菜

烤羊肉串、孜然鸡心、孜然肉片。

5. 调制方法

咸鲜味要满足口味需要，在咸鲜味的基础上，调辣味和孜然味。

在烤制的菜肴中，往往是在烤制中投放（撒）各种调料。而炸制的菜肴，则在炸制前先用精盐、味精、料酒等腌制，再穿成串，撒上孜然和辣椒面炸制。炒制时往往先把原料炒或炸一下，再放底油，把孜然炒一下，放入主料，加上其他调料，翻炒均匀即可。

6. 注意事项

①此味型咸鲜味不可淡薄，要突出辣味和孜然香味。

②辣味要根据辣椒面的辣度投放。辣椒面不可过粗，过粗则不易黏附于原料上。

九、常见十一种复合调味品的调制方法

（一）椒盐

椒盐主要作为炸制菜肴蘸食的调味料。

1. 用料

花椒 50 克，精盐 150 克。

2. 调制

将花椒去掉籽、蒂把，放勺中加热，炒至焦黄倒出擀碎。再把精盐放入炒勺中，炒至水分已干，粒粒散开，晾凉。将花椒粉和精盐放入同一容器中拌匀即成。

（二）姜醋汁

姜醋汁主要用于水煮海鲜（如盐水虾、盐水海螺等）蘸食的调味汁。

1. 用料

生姜 250 克，醋 500 克，精盐 50 克。

2. 调制

把生姜洗净刮去皮剁成碎末，放入碗中加醋，精盐搅匀待盐化开时即可。

（三）辣椒油

辣椒油适用于凉热菜的调味。

1. 用料

辣椒末 100 克，植物油 500 克。

2. 调制

把辣椒末放入盛器中，油放入勺内加热烧开后，把油倒入盛辣椒末的盛器中，边倒边搅拌，以防受热不均，炸好后静置 2 日后即可使用。

（四）材料油

材料油可做为热制菜肴的明油和凉拌菜肴的用油。

1. 用料

用植物油 1000 克，大葱段 250 克，大蒜 150 克，生姜 150 克，大料 25 克，花椒 50 克。

2. 调制

勺内放油，加热后入放葱、姜、蒜、花椒、大料，用中小火慢慢炸制后，用笊篱捞出葱、姜、蒜、花椒、大料，把油倒入盛器中即可。

（五）花椒水

花椒水主要用于烹制肉类菜肴的调味料。

1. 用料

用花椒 20 克，水 500 克。

2. 调制

把花椒用清水漂洗。勺内放入水、花椒烧煮 10 分钟后将花椒捞出，把花椒水倒入盛器中即可。

（六）蒜泥汁

蒜泥汁常作为凉拌菜肴的调味料和食用某些主食（如包、饺等）蘸食的调味料。

1. 用料

大蒜 500 克，凉开水 250 克，精盐 50 克，味精 25 克。

2. 调制

把大蒜剥去皮用刀在墩板上拍碎，放入盛器中捣成泥后加入水、精盐、味精搅匀即可。

（七）芥末糊

芥末糊主要用作凉拌菜肴的调味料。

1. 用料

芥末粉 150 克，水 300 克。

2. 调制

把芥末粉放入盛器中，倒入开水搅匀，盖上盖焖半个小时后即可。

另一种做法，芥末粉 150 克，熟菜油 50 克，白糖 50 克，醋 150 克，水 400 克。把芥末粉、白糖、醋调匀后，倒入开水搅匀加入熟菜油，密封静置 2 小时即可。

（八）糖醋汁

1. 用料

白糖 200 克，醋 100 克，酱油 40 克，淀粉 40 克，植物油 100 克，葱、姜、蒜末适量，味精 5 克，水 100 克。

2. 调制

勺内放入油，将葱、姜、蒜末炒出香味，加入白糖、水、酱油、醋、味精烧开后用湿淀粉勾芡即可。

另一种做法是：白糖 100 克，醋 150 克，精盐 5 克，番茄酱 10 克，辣椒油 10 克，水 100 克。在勺内加入水，将白糖、精盐、番茄酱、辣椒油烧开即可。

（九）香糟汁

香糟汁主要用作糟油菜肴的调味汁。

1. 用料

黄酒 400 克，香糟 100 克，白糖 50 克，精盐 30 克，

桂花 5 克。

2. 调制

把酒糟放入盛器中，用黄酒泡开后，加入白糖、精盐、桂花搅拌后静置，待渣子沉淀后用纱布过滤，取其汁水，弃去渣子即可。

（十）咖喱油

咖喱油主要用作咖喱菜肴的调味料。

1. 用料

植物油 1000 克，咖喱粉 500 克，生姜 100 克，洋葱末 150 克，胡椒粉 40 克，干辣椒 100 克，蒜末 100 克。

2. 调制

勺内放油加热，放入生姜末、洋葱末，炸至金黄色，加入咖喱粉、胡椒粉、辣椒末、蒜末，待出香味出勺即可。

（十一）花椒油

花椒油可作为某些麻味菜肴的调味品。

1. 用料

植物油 250 克，花椒 50 克。

2. 调制

勺内放油加热，放入花椒炸出香味，将花椒用笊篱捞出，把油倒入盛器中即可。

花椒油可作为某些麻味菜肴的调味品。

1. 用料

植物油 250 克，花椒 50 克。

2. 调制

勺内放油加热，放入花椒炸出香味，将花椒用笊篱捞出，把油倒入盛器中即可。

第六节 吉菜烹调技艺 —— 初步熟处理工艺

一、焯水

（一）概念

焯水又称出水、水锅，就是把经过初加工的原料，放入水锅中加热成半熟或刚熟状态的半成品，以备进一步切配成形或烹调成菜的操作过程。需要焯水的原料比较多，多数植物性原料及一些有血污或有腥、膻、臊异味的动物性原料，烹调前往往都需要焯水。

（二）分类

1. 冷水锅焯水

（1）方法

冷水锅就是将原料与冷水同进下锅加热至一定程度，捞出洗涤备用的操作方法。特点是原料内部和外部所达到的温度相差不大。

（2）适用范围

适合于体积较大，结构坚实的植物原料及动物内脏等。

（3）操作要领

①原料须经冷水锅处理时，加水量要没过原料，要不时翻动原料，使各部分受热均匀。

②水沸后就可根据原料的特点以及菜肴所需的成熟度将原料捞出洗涤备用，以防过于熟烂。

2. 热水锅焯水

（1）方法

沸水锅就是先将水烧开，再将原料下锅的一种熟处理方法。特点是原料在水中的时间较短，营养素损失较少。

（2）适用范围

这种方法既适合于动物性的鸡、鸭等异味较小的原料，也适合于需要保持色泽鲜艳、味美脆嫩的植物性原料，如菠菜、油菜等。

（3）操作要领

①原料加热时间不可过长，以保证达到所要求的色泽和脆嫩度，尤其是蔬菜。

②对于蔬菜，出锅后应立即放入水中浸凉或用冷空气冷却，以免余热使原料过于熟烂。

③有些肉类出水后不应将水弃去，可用来制汤。

（三）原料焯水后的变化

原料焯水后，会发生一系列的物理和化学变化。

1. 形态的变化

原料经焯水处理，形态往往发生一定程度的变化，这些变化既有物理方面的，也有化学方面的，如肉类焯水后，体积变小；蔬菜焯水后，所含纤维素吸水软化，便于去皮。另外，有些动物性原料经刀式处理后再焯水，可形成各种造型，如要花、鱿鱼卷等。

2. 颜色的变化

有些肉类原料经焯水后，会失去原来的紫红色，这是由于原料中的色素蛋白变性所引起的。当肌红蛋白受热后，会氧化为变肌红蛋折而呈褐色。另外，肉类经焯水后，还会排出一部分血污，这也是肉类焯水后颜色变浅的原因之一。

有些植物性原料尤其是某些绿色蔬菜经焯水处理后，颜色的变化有下述两种情况。

第一，在酸性条件下加热，将失去鲜绿色而变成黄褐色。这是因为，加热时由于与叶绿素共存的蛋白质受热变性，使叶绿素游离于植物体中，遇酸则变成脱镁叶绿素而失去绿色。

第二，在碱性或中性条件下加热，呈鲜绿色。这是因为加热时，与叶绿素共存的蛋白质受热变性，使叶绿素游离于植物体中，遇碱分解成水溶性的叶绿素，仍保持其鲜绿色。

3. 风味的变化

动物性原料经焯水处理后，会使脂肪、蛋白质分解，一部分风味会因加热而流失到水中，也可排除腥、膻、臊、臭等不良气味。

蔬菜中所含维生素、无机盐类既不耐高温，又怕氧化，且易溶解于水中，所以焯水后会造成部分营养素的损失。但有些蔬菜焯水后可部分地除去土腥、辣、苦、涩等不良气味。如生萝卜有辛辣味，但经焯水后可除去。这是因为萝卜中所含的黑芥子酸钾受热生成了一种无色、透明、有辛辣味的芥子油，大部分被挥发掉了，辛辣味就消失了。同时萝卜所含的淀粉因受热而水解成葡萄糖，又增加了甜味。

4. 卫生条件的改变

原料经焯水后，一些有害物质如微生物及寄生虫可因加热而部分被杀死，同时由于搅拌或投凉等作用，部分杂质也会得到进一步清除。

（四）焯水的原则

①根据各种原料的性质，恰当地掌握焯水的时间。体积厚大，性质老硬的原料，焯水时间可略长；体积细小、薄嫩的原料，焯水时间应短一些。

②有特殊气味的原料应分开焯水，如内脏、萝卜、菠菜等。为了避免各种原料间相互染味而影响原料的口味，必须分别焯水。

③深色的原料与浅色的原料应分开焯水，以免浅色的原料染上深色原料的颜色而影响美观。

二、水煮

（一）概念

水煮，就是将整个或大块原料，在焯水后或直接投入温水锅中煮至所需的成熟程度，为正式烹调做好准备的一种熟处理方法。

（二）水煮的方法

1. 方法

需要水煮的原料一般都应先经焯水后再煮制；新鲜又基本无异味的原料，也可洗涤干净后直接煮制。

2. 适用范围

水煮既适用于动物性原料，也适用于少数植物性原料。常用于动物性的凉拌菜肴和要求是烹调熟料的热菜，如牛羊肉、鸡、鸭、猪肉、动物内脏等。

3. 操作要领

①水煮的原料，不论是焯水的，还是直接入锅水煮的都要求在水煮前清洗干净。

②掌握好水量，并一次加足，不要中途加水影响原料水煮的质量。一般水量应控制在以刚好淹没原料为好。

③控制好火力的大小，应保持汤面微沸不腾为好，这样对原料鲜香和滋润度影响不大。

④根据原料的老嫩，掌握好成熟程度。要根据需要，视其原料老嫩，适时、有区别地从汤面沸腾处捞出原料。

⑤有些原料捞出后，还可以用原汤浸泡一下，以保持原料皮面滋润有光泽，颜色美观，如鸡、鸭、兔、猪肉、猪肚等原料，就经常采用这种方法。

（三）水煮的原则

①水煮的原料应根据其不同性质分别煮制。如牛、羊肉膻味重，不应与鸡、鸭同锅煮制，避免影响鸡、鸭的鲜香滋味。

②应一次性投入的水煮原料，要一次性同时放入，不要边煮边捞又边下料，以免影响原料的口味、色泽和质地。

③要利用好煮料后的汤法。水煮的原料多是营养丰富、质地鲜嫩的原料，而且在水煮过程中，由于维生素、无机盐的溶解、蛋白质、脂肪水解，所以，水煮后的汤法中含有许多的营养物质，且滋味鲜美，故不应弃去，要加以利用。

三、走红

（一）概念

走红就是将一些烹饪原料投入各种有色调味汁中加热或将其表面涂上某些调味品经油炸，使原料着上颜色，以增加美观的一种初步熟处理方法。走红的过程伴随着非酶促褐变，色素的溶出、吸附、沉淀等一系列物理和化学变化。

（二）走红的方法

1. 红锅走红

（1）方法

红锅走红是将经过焯水或走油后的原料放入红锅中，用中、小火加热至菜肴所需要的颜色。红锅主要用好汤、料酒、各种香料和呈色调料构成。呈色调料可能是糖色，也可能是酱油、红曲，也有的兼而有之。

（2）适用范围

如芝麻肘子、灯笼鸡等菜肴，就是先用红锅走红后，再装碗加调料、汤汁上屉蒸至熟烂成菜的。

(3) 操作要领

①原料在走红时都要经过水焯、水煮或过油，使表面凝固，这样在走红时不致出水，容易上色。

②红锅走红应掌握卤汁颜色的深浅，其色彩要符合菜肴的需要。

③红锅走红时要先用旺火烧沸，要用小火继续加热，使其调味品的滋味和颜色缓缓地浸入，避免因沸腾损失香味，并用些鸡骨垫底，既增加了香鲜味，又使原料不粘锅。

2. 过油走红

（1）方法

过油走红是将糖色、蜂蜜、饴糖等含有羰基化合物的调料涂抹在动物性原料的表面，经油炸后使原料上色。这种方法在走红过程中往往伴随着焦糖化和美拉德两种反应。

（2）适用范围

如扣肉、虎皮肘子、咸烧白等菜肴，就是把原料先水煮至断生，再涂抹上调料油炸上色。

（3）操作要领

①用酱油、糖色、饴糖、蜂蜜等涂抹的原料，要把皮面擦干，趁热涂抹，风干以后，再用油炸。

②过油走红前，必须调制好糖分的含量和色泽的深浅，并涂抹均匀。这样油炸后颜色才会鲜艳一致。

③过油走红的油温应掌握在7～8成热。油温低则不易上色，油温过高容易色重，甚至黑糊。

（三）走红的原则

1. 根据菜肴的要求，决定走红的颜色

菜肴由于原料的质地、复合味型、烹制方法、风味特色的原因，成菜后须表现出各种相宜的色泽。因此，原料走红时，在卤汁中的糖色和有色调味品的用量和颜色深浅要掌握准确；过油前对原料表面涂抹蜂蜜或饴糖等调味品的厚薄多少，要估计好油炸后的呈色程度，并使走红后的原料颜色符合菜肴烹调的需要。

2. 控制好原料在走红加热时的熟化程度

原料走红上色时有一个受热熟化的过程，因为走红还不是正式烹调阶段，不是烹调的目的，所以要尽可能在上好原料颜色的前提下，结束走红，迅速转入烹调，避免使原料因走红过分熟化而影响原料鲜香味在烹调中的发挥。

3. 走红中要保持原料形态完整

原料在走红过程中基本决定成菜后的形态。走红前一般需要将鸡、鸭等整好形状，要规格化，使原料走红时保持形态完整。

4 过油走红的原料水煮后要趁热抹上调料，这样才易于附着

过油时，油温要高，火力要旺，要采用冲炸的方法。糖色走红的原料也应焯水或油炸后趁热放入糖色中煸炒，煸炒时火要旺，要不断翻炒搅拌，这样才易于着色，而且上色均匀。要防止出现焦点、花斑点等。

四、过油

（一）概念

过油又称拖油，就是指以油为传热介质，将加工成形的原料，在油锅内加热至熟或炸制成半成品的熟处理方法。过油在烹调工作中是一项很重要的操作技术，对菜肴的质量关系很大。原料过油时，火力的大小、油温的高低，投料数量与油量的比例、加热时间的长短等因素，只有掌握得恰如其分，才能保证半成品的质量，使制成的菜肴符合质量要求。

（二）过油的方法

1. 滑油

（1）方法

滑油又称拉油、划油，就是将质地嫩、体积小的原料投入温油锅中加热，使其达到一定成熟程度的过程。滑油时，多数原料都要上浆，使原料不直接与油接触，水分不过分外溢，而保持鲜香细嫩柔滑的特性。滑油的油温一般三四成热。

（2）适用范围

适用于鸡、鱼、虾、肉等原料加工成的丁、丝、片、条等形状。

（3）操作要领

①油锅要洗净炙好。油要熗熟、干净，以免影响菜肴的色泽和香味，或产生粘锅现象。

②上浆的原料下锅后要迅速划散，未上浆的原料应先掺入适量油脂，抖散下锅，以免原料粘到一起，影响菜肴质量。

③油量要适中，一般为原料的4～5倍。掌握好油温。要根据原料性质、烹调方法、成菜要求具体掌握好油温。油温过高或过低，都会影响到成菜的质量。

④菜肴要求色泽洁白的，原料在滑油时必须用猪油或浅色、洁净的植物油。

2. 走油

（1）方法

走油又称炸、跑油，就是将原料投入油量大、温度高的油锅中加热，使其达到一定成熟的过程。走油时，因油温较高，原料表面及内部的水分迅速蒸发，从而达到定型、色美、酥脆或外酥内嫩的效果。

（2）适用范围

走油既适宜于动物性原料，如鸡、鱼、肉等，又适宜于植物性原料，如土豆、刺嫩芽等。

（3）操作要领

①必须用多油量的热油锅。走油时锅内的油量要多，要淹没并使原料漂浮其中，使原料受热均匀。火力要适当，火候要一致，防止外焦内不熟。

②需要外脆内嫩的原料，过油时应该重油（复炸）。即炸至原料接近成熟时，将原料捞出，待油温升高后，再入锅复炸，直至原料表面酥脆，达到要求为止。

③需要内外酥脆的原料。需用温锅浸炸。有些菜肴，成菜后要求内外酥脆，如香辣酥鱼等，应先将原料放入中火热油锅炸制定型，再改中火温油锅继续炸至内外酥脆即可。

④有皮的原料在下锅时应皮面朝下。因肉皮组织紧密，韧性较强，只有将其朝下，多受热才能炸透，达到松酥泛泡的要求。

⑤注意锅中的油爆声，待爆声微小时应将原料推动翻身。当原料放入热油锅时，由于原料表面的水分在高温作用下迅速汽化，进入油中会因体积膨胀发出油爆声。待油爆声减弱时，说明原料表面的水分已基本蒸发了。这时应将原料推动翻身，其受热均匀，防止相互粘连、粘锅或炸焦。

⑥必须注意安全，防止热油飞溅。当原料放入油锅时，因原料表面的水分骤然受热而汽化逸出，引起热油四处飞溅，容易造成烫伤事故，必须设法防止。

⑦走油的原料应分散下锅。走油时，油温较高，如果原料一起下锅可能会因骤然受热凝结成团而影响到烹制菜肴的效果，所以应分散下锅。

⑧色泽需要浅白的原料，过油时应用清油、猪油、色拉油。以保证菜肴的质量。酥脆程度要求较高的菜肴，可以用混合油脂走油。

（三）过油的原则

1. 正确地掌握油温

油温是过油的关键。油温的高低，主要应根据原料过油后的质感来决定。如质地滑嫩的应用温油锅，而质地外焦里嫩的原料应用热油锅、旺油锅。

2. 投料数量与油量多少应比例适当

投入原料的数量与油量应成正比，过多投入原料，会影响原料的受热程度，使之受热不均，火候不一致。也不能为了多投入原料而多放油，因为炒锅容量有限，油量过多，过油时容易溢出锅外。

3. 注意油脂的质量，以保证原料过油后色、香、味、的质量

利用植物油脂走油时，必须事先熗好。动物油脂不宜高温下使用，以防熬焦，影响色泽。不管何种油脂，使用时都要注意清除杂质，以保证油脂的清洁。

4. 有异味、易掉色、残渣多的原料应单独用油

有异味、易掉色、残渣多的原料单独用油，是为了避免影响其他原料的滋味、色泽，如炸鱼、滑肝尖等往往单独用油。

五、汽蒸

（一）概念

汽蒸，又称汽锅、蒸锅。汽蒸是以蒸汽为传热介质，将经过初加工后的原料放入笼屉中加热。使其达到一定成熟度的熟处理方法。汽蒸也是一种常用的初步熟处理方法。因为要在密闭条件下加热，所以控制汽蒸的火候有较大的难度。

（二）汽蒸的方法

1. 旺火沸水长时间蒸制法

（1）方法

用旺火加热至水沸腾，放入原料，经较长时间的蒸制将原料蒸制成软熟的半成品。

（2）适用范围

旺火沸水长时间蒸制法主要适用于体积较大、韧性较强、不易熟烂的原料。例如，鱼翅、干贝、海参、蹄筋、银耳、鱼骨等干料的涨发，以及香酥鸭、八宝鸡、扣肉、扣肘子等菜肴半成品的熟处理。

（3）操作要领

①此法蒸制要求火力大，水量够，蒸汽足，才能保证蒸制的半成品原料质量。

②蒸制时间的长短，应视原料质地的老嫩、软硬程度、形体大小及菜肴需要的成熟程度而定。如果火候不到，则老韧难嚼，风味全无。

2. 中火沸水徐缓蒸制法

(1) 方法

先用旺火加热至水沸，再用中火缓缓地将原料蒸制成细嫩、软熟的半成品。

(2) 适用范围

此方法适用于新鲜度较高，细嫩易熟、不耐高温的加工后的半成品原料。例如，蛋羹、鸡糕、肉糕、虾糕等。

(3) 操作要领

①中火沸水徐缓蒸制法要求火力适当，水量要足，蒸汽冲力不大，才能保证蒸制的半成品原料质量。如果火力过大，蒸汽的冲力过猛，就会导致原料起

蜂窝眼、质老、味败，有图案的花色菜还会因此而冲乱形态。

②如发现蒸汽过足，可减小火力或把笼盖露出一条缝，以降低笼内的温度和压力。同时要掌握好蒸制的时间，以使半成品原料符合菜肴质感细嫩柔软的特点。

（三）汽蒸的原则

1. 要与其他初步熟处理方法配合使用

一些原料在进行汽蒸之前，还需要进行其他方式的熟处理，如走红、焯水等，均应按其熟处理原则，保证加工质量。

2. 要掌握好火候

汽蒸最关键的是要掌握好火候，要综合考虑原料的新鲜度、性质、类别、形状和蒸制后的质感等多方面的因素，否则达不到汽蒸的效果。

3. 多种原料同时汽蒸，要防止串味、染色

原料不同，它们所表现出提色、香、味也不相同。汽蒸时要以最佳方案放置，防止互相串味，污染颜色。

第七节 吉菜烹调技艺——制汤工艺

一、制汤的概念

制汤又称为吊汤，是将富含鲜味物质的动植物原料放入水锅中长时间煮沸后，使其所含的有机成分溶于水中而成鲜汤的过程。通常使用的原料有鸡、鸭、鱼肉等。

二、制汤的目的

制汤的第一目的就是获得鲜汤，最终要达到以下应用目的。

（一）补充原料本身鲜味的不足

动物性原料制得的鲜汤鲜味成分，主要含有肌苷酸、谷氨酸等氨基酸、肌肽等其他含氮浸出物。植物性原料制得的鲜汤鲜味成分，因原料不同而有差异。黄豆芽汤和动物性汤基本相同，竹笋主要是天门冬氨酸，蕈类的鲜味物质主要是鸟苷酸。

有很多烹调原料，本身味道很淡，甚至没有什么滋味，如海参、鱼翅等。这些原料本身没什么滋味，却是制作高档菜肴不可少的原料，为了使这些原料做出的菜肴更加鲜美可口，在烹制时必须加入鲜汤来弥补其原料鲜味不足。

在水中加入味精，也具有鲜味，但这种鲜味是单一的谷氨酸钠的鲜味，放多了还会有怪味。而鲜汤中的鲜味是复合的，醇厚绵长，无论怎么鲜也不会有怪味。

（二）为汤菜提供半成品原料

不论是低档的鸡蛋汤、瓜片汤，还是高档的清汤燕菜、各吃燕菜，都要用鲜汤。相对于汤菜而言，鲜汤是半成品，是汤菜的原料。

（三）鲜汤可以使菜肴具有不同的特色

鲜汤往往是形成菜肴特色的重要因素。奶汤可使菜肴汤白如乳，如奶汤白菜。而清汤可使菜肴汤清如水、透明清澈，如清汤燕菜、清汤银耳等。

三、汤的种类

鲜汤从原料上分，可分为荤汤、素汤两大类；从特色上可分为白汤、清汤两大类。从原料上还可以把鲜汤分为鸡汤、骨头汤、牛肉汤、豆芽汤、口蘑汤等。

吉菜烹调用汤有白汤、精制白汤、清汤、精制清汤、素汤五种。

四、鲜汤的制作原理

（一）白汤的制作原理

1. 分解与溶融

在加热过程中，制汤原料中的某些蛋白质如胶原蛋白等逐渐水解为结构简单、可溶于水的物质，增加了汤的浓度，同时明胶还是重要的乳化剂之一。原料中的脂肪细胞加热中被破坏，脂肪溶融，进入汤中。

2. 溢出与扩散

加热过程中，原料中的鲜味物质随水分溢出、扩散在汤中，使汤汁变鲜，味道变美。

3、脂肪的乳化

在加热中，由于汤汁沸腾的机械力作用，脂肪乳化，呈微小的颗粒状，均匀地分布在汤汁中。这些脂肪颗粒不能使光线通过，而将光线反射出来，使汤汁呈白色，故称白汤。在乳化中，充当乳化剂的是明胶、磷脂、甘油一酯等，使脂肪乳化在汤中，这是制成白汤的关键，也是白汤区别于清汤的根本所在。

（二）清汤的制作原理

1. 清汤鲜香味的来源

清汤的鲜香味的来源和白汤一样，来自原料内鲜味成分的溢出和扩散，也存在着蛋白质的分解和脂肪的溶融。

2. 清汤的制作原理

清汤的清，主要依靠乳化的防止和蛋白质的吸附作用。清汤中也有脂肪和乳化剂，要保持汤清，关键之一是掌握好火候，控制不使汤沸腾，这样乳化所需要的机械搅拌力就不存在了。关键之二是利用了蛋白质的胶结吸附作用。蛋白质分子表面的极性基团带有电荷，可以将悬浮在汤汁中的混浊物吸附在自身周围，再上浮撇出，使汤汁更清、更醇、更美。

五、汤的制作方法

（一）白汤

1. 一般白汤

一般白汤又称为毛汤，是烹制菜肴最常用的，制作方法比较简单的一种鲜汤。

具体做法是：把鸡、鸭的骨架或猪骨、猪排骨等原料放入冷水锅中煮，待开后去沫，加入葱、姜、料酒煮至汤发白即可；还可以用鸡、鸭翅膀放入冷水锅中煮烧开去沫，加入葱、姜、料酒，原料煮烂时捞出，汤继续煮制成白色即可。这种制汤方法，原料即可作为菜肴的原料，汤又不浪费，可以说是一举两得，但成品汤少。

一般白汤只能作为一般菜肴的调味汤。

2. 精制白汤

精制白汤又称奶汤，其质量要高于一般白汤。

具体做法是：把鸡、鸭的骨架、翅膀、猪爪、排骨等原料放入冷水锅中加入葱、姜、料酒烧开后去沫，改中火加热 2~3 小时，制成奶白色，将原料捞出，用纱布过滤后即可。一般用料 5 千克可以制成奶汤 5~7.5 千克。

精制白汤可用做较高档白汤菜和烧扒菜的调味用。

（二）清汤

1. 一般清汤

一般清汤的制汤原料有两种：一种是老母鸡，另一种是老母鸡、精肉、火腿合用。

具体做法是：将原料放入冷水锅中加葱、姜、料酒用旺火烧开去浮沫，改用小火长烧 3 小时以上。保持汤面微沸不腾，使原料中的脂肪和含氮物质充分溶于汤中，捞出原料过滤即可。一般用料 3 千克可以制汤 5 千克。

一般清汤只能作为一般菜肴的调味汤。

2. 精制清汤

精制清汤又称高汤，是在一般清汤的基础上精制而成。

具体做法是：选用去皮、去骨的鸡腿肉或鸡脯肉，剁成泥子，加入清水、葱、姜末、料酒搅拌后放入清汤中，用旺火加热并用手勺顺一个方面搅动，待汤将开，改小火使汤中的鸡茸黏结漂浮在汤面上，用手勺盛出鸡茸，将汤用纱布过滤后即可。

精制的清汤，汤汁清彻，鲜味浓而纯，适用于制作高级菜肴的调味汤。

（三）素汤

素汤是以植物性原料和食用菌类制成的一种鲜汤。具体做法比较简单，常用主要有黄豆芽汤和菌汤两种。

1. 黄豆芽汤的制法

锅中放入冷水，加入洗净的黄豆芽，葱段、姜块，旺火烧开，小火熬制，至汤味醇厚鲜美即可。

2. 菌汤的制法

锅中放入冷水，加入洗净的口蘑或竹笋，旺火烧开，小火熬制，至汤味醇厚鲜美即可。这种鲜汤是烹制素食菜肴的一种调味汤。

六、制汤的关键

（一）必须选择鲜味足、无腥膻气味、未经冷冻的新鲜原料

因为不新鲜的原料做的汤味不醇正，鲜味较差，更不能选用带有异味的原料制汤。而原料鲜味足是鲜汤鲜味的来源。

（二）制汤的原料必须是冷水下锅，水要一次性加足

因为沸水下锅，原料的表面会因骤然受热形成致密的结构，使呈味物质、脂肪等不宜溢出，这样会影响汤的质量。同时水要一次加足，中间加水会影响汤的鲜味浓度，最终影响汤的质量。

（三）掌握好制汤的火候

制白汤，尤其是精制白汤时，应先用旺火烧开，改用中火使汤面沸腾。制清汤时，应旺火烧开后，改用小火长烧，控制不使汤面沸腾。不管是白汤还是清汤，制汤时间都不能过短，一般需 2~3 小时，或更长，以使原料中的含氮浸出物和脂肪等能充分溶出，使汤味鲜美醇厚。

（四）注意调味品的投放

制汤时，选择的调味品主要有葱、姜、料酒，应该掌握投入调味品的先后顺序。根据盐可以使蛋白质凝固的特点，制汤时不宜先放盐，如果先放盐使蛋白质凝固后，含氮浸出物不宜溢出，会直接影响汤的鲜味纯度。也不宜放入花椒、大料等香味浓重的调料。

（五）注意清洁卫生

制汤原料在下锅前，必须清洗干净，去除杂质，必要时，有些原料还要焯水。汤制好后也要注意清洁卫生。

第八节 吉菜烹调技艺——保护与优化工艺

一、糊浆处理的概念

糊浆处理，就是在经过刀工处理的原料的表面，包裹上一层黏性的粉糊或粉浆，经烹调后使菜肴达到酥脆、滑嫩或松软的要求的一项技术措施。

糊浆处理好像在原料表面裹上了一件具有保护作用又有装饰性的外衣，所以饮食业中又称“着衣”。

糊浆处理对菜肴的色、香、味、形、质、养等各方面均有很大的影响，处理是否得当会直接影响菜肴的质量。

二、糊浆处理的作用

（一）保持原料中的水分和鲜味，使菜肴外部香脆或软滑，内部鲜嫩

1. 炸、熘等烹调方法

大多是用旺火热油进行加热，原料如不经挂糊，在旺火热油中，水分会很快蒸发，鲜味也随着水分外溢，使菜肴质地变老，鲜味减少。挂糊可使原料裹上一层具有黏性的糊浆作保护，糊浆受热糊化而凝成一层薄膜，原料不直接和高温接触，其内部的水分和鲜味就不易外溢，也就是保持了原料的鲜嫩；同时还可选用不同配料的粉糊，使过油后的原料有的香脆，有的焦酥，有的松软，使菜肴的风味更加突出。

2. 爆、炒等烹调方法

虽然也是使用热油，但由于原料外部不需要香脆，故不挂糊只上浆。浆也能保护原料，使原料内部鲜嫩，外部柔软滑润。

（二）保持原料形态，使之光润饱满

鸡、肉、鱼等原料经过刀工处理后的丁、丝、条、片、粒等，如果不挂糊、上浆，经过高油温的煎、炸，非常容易散碎、断裂、卷缩，都不能保持加工时的完整形态。经过糊浆处理以后，则提高了原料的耐热性能，加热后，不但能保持原来的形态，而且能使原料外形饱满，光润美观。

（三）保持和增加菜肴的营养成分

原料所含的蛋白质、脂肪、维生素等营养成分在高温烹制过程中，容易受到破坏或降低营养价值。通过挂糊、上浆，外面有了保护层，使原料不直接与热油接触，其营养成分就不致受到较多的损失。糊浆处理所用的淀粉、鸡蛋等原料，本身含有丰富的营养成分，从而也增加了菜肴的营养成分。

（四）丰富菜肴的色彩

未经糊浆处理的原料，遇到高温则出现干糊的颜色。经过糊浆处理后再进行加热，会呈现出各种不同的绚丽色泽，有的火红，有的金黄，有的洁白，从而丰富了菜肴的色彩。

三、糊浆处理所用的主要原料

（一）淀粉

1. 玉米淀粉

由玉米加工制成。白色微带淡黄，质地松滑。用做挂糊，经油炸后，色泽纯正，质地酥脆；用作上浆，经滑油后，色泽洁白，质地柔滑。玉米淀粉糊化性小，脆性大，成本较低，是调制糊浆的上好原料。

2. 土豆淀粉

由土豆加工而成。细白光泽度好，松滑。用做挂糊经油炸后，色泽发红，质地酥脆；用作上浆，经滑油后，色泽灰白，质地柔滑。土豆淀粉糊化性大且透明度高，脆性小，吸水性差，成本低，是调制糊浆的较好原料。

3. 绿豆淀粉

由绿豆加工而成。色白略带淡绿，有光泽，松滑。用做挂糊，经油炸后，色泽纯正，质地酥脆；用作上浆，经滑油后，色泽白绿，质地柔滑软嫩。绿豆淀粉黏性足，吸水性小，是淀粉中质量最好的一种，但成本较高。

（二）面粉

面粉是制糊的常用原料之一，主要利用其黏性强的特点，如挂蛋泡糊，拍粉拖蛋液，拍粉拖蛋液滚面包渣等都需要先蘸面粉。有些原料表面光滑容易脱糊，或在炸、蒸的过程中容易散碎、脱糊，都需要进行拍粉。

（三）蛋液

蛋液是糊浆处理的重要原料之一，通常用鸡蛋液。根据需要，可选择蛋清或全蛋液应用。

1. 蛋清

蛋清一般与淀粉合用，可使制品色泽洁白，质地松脆或软嫩滑润。也可用它调搅成蛋泡糊，制作松炸类等菜肴。

2. 蛋黄

蛋黄一般是同淀粉，面粉调成酥糊，可使油炸的菜肴色泽金黄，酥松。

3. 全蛋

全蛋，即蛋清和蛋黄调和在一起，再外加淀粉调和成糊浆，主要用于滑熘、焦熘、煎等菜肴制作，也用于

拍粉拖蛋糊，适用于煎、煽等菜肴，可使菜肴色泽金黄、质地松脆或软嫩。

（四）面包渣及其他碎料

面包渣即为面包的碎屑，主要用于炸制的菜肴，可使菜肴色泽金红，口味酥香；除了用面包渣外，还可用馒头丁来代替。此外，根据成菜需要，还用芝麻、松籽仁、花生仁等，如芝麻里脊。

（五）发酵粉

发酵粉又称焙粉，是用碳酸氢钠、钾明矾、烧明矾及淀粉等物质混合配制而成，发酵粉能降低碱性，又可充分提高膨松效力。发酵粉是调制脆皮糊的一种原料，主要能使菜肴膨松、表面酥脆。

（六）面肥

面肥又称老肥，是调制脆糊的原料之一，可使菜肴膨松、外皮酥脆。

（七）苏打

苏打是调制糊浆的常用原料，学名叫碳酸钠，又称纯碱、苏打、食用碱等。此外还有小苏打，学名是碳酸氢钠，又称重碱，酸式碳酸钠，可用来中和酸碱度，并使菜肴起到膨松，软化的作用。

（八）米粉

米粉是以粳米、籼米、糯米为原料，经加工磨碎成粉的总称，是制糊的常用原料之一，可使制品有韧性而柔软。

四、糊浆处理的方法

糊浆处理的方法一般有挂糊、上浆和拍粉三种。

（一）挂糊

1. 概念

挂糊就是把各种粉糊以拌拖或类似浇的手法均匀地包裹在原料的表面上。

2. 原材构成

调制粉糊的粉料主要有淀粉、面粉等，其他用料主要有蛋液、水、发酵粉、小苏打等。

3. 技术特点

挂糊大多需要事先调制粉糊，粉糊一般调制较稠，原料上挂的较厚。

4. 成品特点

成品色泽多为金黄色，质地多为松、酥、脆。

5. 适用范围

多用于炸、熘、煎、贴、烹等烹调方法。

（二）上浆

1. 概念

上浆就是将淀粉和蛋液或水直接加在原料上拌匀，使粉浆均匀地包裹在原料的表面上。

2. 原料构成

调制粉浆的粉料主要是淀粉，其他用料主要有蛋液和水，但是，根据不同的需要，还可以加入料酒、盐或苏打粉等。

3. 技术特点

上浆一般把淀粉以及其他用料直接加在原料上调拌均匀，要求淀粉与液体用料的比例要适当，使粉浆厚薄适度，粉浆与原料必须拌匀并拌上劲，否则会“吐水”脱浆。粉浆一般较稀，原料上挂的较薄。

4. 成品特点

成品色泽多为洁白光润，质地多为软、嫩、滑。

5. 适用范围

多用于滑熘、滑炒等烹调方法。

（三）拍粉

1. 概念

拍粉又称“蘸面”，就是在经过调味的原料表面以撒或蘸的方法均匀地粘上一层面粉或淀粉。

2. 具体方法

（1）单纯拍粉

单纯拍粉的原料一般要经过精细的刀工处理，经过拍粉后可使剞切的刀纹分开不结团。单纯拍粉一般适用于炸、熘的烹调方法，使炸制后的原料纹路清晰美观，外脆内嫩或质地焦脆。

（2）拍粉拖蛋液

拍粉拖蛋液是先在原料表面粘上一层干粉，再拖上鸡蛋液，使粉与蛋液形成薄薄的一层保护膜。适用于煎和煽的烹调方法，可使制品外层酥香，里面鲜嫩。

（3）拍粉拖蛋液再粘上面包屑、馒头丁、芝麻等香脆性原料

可突出成品香脆的特殊风味。适用于炸、熘等烹调方法，成品一般为外脆内嫩，色泽金黄。

五、糊与浆的种类与应用

（一）糊的种类与应用

1. 蛋清糊

蛋清糊也称“蛋白糊”“银酥糊”“白汁糊”“清稀糊”。用鸡蛋清加淀粉和适量水（或加适量面粉）调制而成。蛋清糊用于软炸类菜肴，制品色泽较浅。

2. 蛋黄糊

蛋黄糊是将干淀粉加蛋黄，水调制而成，或将面粉加蛋黄、熟油、少许水调成。淀粉蛋黄糊常用作熘菜，制品酥软而嫩；面粉蛋黄糊一般用于裹烧和酥炸，制品外层酥脆鲜香，里面酥嫩。

3. 蛋泡糊

蛋泡糊也称“雪衣糊”“高丽糊”“芙蓉糊”。蛋泡糊是先将蛋清搅打成泡沫状，再加入干淀粉拌和而成。适用于松炸等烹调方法，制品色泽洁白或浅黄，形态饱满，质地松软滑嫩。

4. 水粉糊

水粉糊也称“干浆糊”，俗称“湿粉”。由淀粉和水调制而成，用于干炸类或脆熘类菜肴，制品色泽金黄，干香酥脆。

5. 全蛋糊

全蛋糊也称“蛋粉糊”“金酥糊”。用全蛋，淀粉，面粉，水调制而成，适用于熘，炸等烹调方法，能使菜肴外酥脆，内松嫩，色泽金黄。

6. 发粉糊

发粉糊也称“酥炸糊”“回酥糊”“松糊”。制法有二种：一是用面粉（或糯米粉），发酵粉（或苏打粉），清水，熟油和适量精盐调制。二是利用发酵面肥，荸荠粉和适量精盐，清水调匀，经发酵后调和而成。此糊炸后制品酥而松，入口即化。

7. 脆浆糊

用面粉加干酵母加水和好后静置一定时间进行发酵，待发起后加淀粉、花生油调匀而成。主要适用于脆炸制品，能使制品外层松脆，里面软嫩。

8. 发面糊

以面肥、小苏打、水为主调制而成。其原理是通过酸碱中和产生二氧化碳而使制品松酥、膨胀。其制品的色泽一般为金黄色。

（二）浆的种类与应用

1. 蛋清浆

蛋清浆主要用蛋清、淀粉制成，适用于滑炒、滑熘等烹调方法，能使菜肴柔滑软嫩，色泽洁白。

2. 全蛋浆

全蛋浆是用整只蛋、淀粉制成，适用于滑油类菜肴中某些色泽较重的原料，能使菜肴滑嫩，微带黄色。

3. 水粉浆

用料为淀粉和水，多在烹制前将浸泡好的水淀粉放入原料中拌匀即可。适用于煮、熘、汆等烹调方法。能使制品柔滑软嫩。

4. 苏打浆

将小苏打加在已调味的原料中拌匀，放置一两个小时后再加蛋清，淀粉进行烹调。适用于牛肉类的原料的上浆，因牛肉的质地较老，用苏打粉上浆可以加强牛肉的亲水力，使牛肉过油后达到鲜嫩柔滑。

六、糊浆处理的关键

（一）糊浆调制的关键

各种糊浆的厚度，应根据原料性质及其他具体情况灵活掌握调制糊浆时，各种糊浆浓度的稠或稀，应当根据原料的老嫩，是否经过冷冻，以及挂糊上浆后离烹调时间的长短等因素而定。

①较嫩的原料，糊应稠一些；较老的原料，则应稀一些。较嫩的原料，本身含水分较多，吸水力较弱，因此，糊或浆中的水分就应适当减少，浓度可以稠一些。较老的原料，本身含水分较少，吸水力较强，因此，糊或浆中的水分就应适当增多，浓度可以稀一些。

②经过冷冻的原料，糊、浆应稠一些；未经冷冻的原料，则应稀一些。经过冷冻的原料，破坏了细胞原有的结构，使细胞壁破裂，内部水分外溢较多，所以糊或浆应稠一些，未经冷冻的原料，水分一般不外溢，糊或浆应当稀一些。

③糊浆处理后应立即烹调的原料，糊、浆应稠一些；要间隔一些时间的则应稀一些；

要立即进行烹调的原料，如果糊、浆过稀，原料来不及吸收糊浆中的水分即下锅烹调，糊浆容易脱落；要经过一些时间再烹调的，则因原料能够充分吸收糊浆中的水分，及糊浆暴露水分容易蒸发，故糊浆应略稀一些。

搅拌时应先慢后快，先轻后重。调制糊浆时，水要慢慢加入，以搅得开为度。搅拌时应先慢后快，切忌将糊搅上劲。在调制蛋泡糊时，必须先将蛋清用力打透，使之成为雪堆般的泡沫糊，立而不塌，然后再加入干淀粉搅拌。

糊浆必须搅拌均匀。制糊拌浆时，必须细致，使糊浆均匀，不能含有小的粉粒，否则小的粉粒附在原料表面，会影响菜肴的外观的质量。

（二）挂糊上浆拍粉的关键

1. 糊浆必须把原料表面全部包裹起来

如果糊浆包裹不严，在烹调时油就会从没有裹住的地方浸入，使这部分主料质地变老，形态萎缩，色泽焦黄，影响菜肴的质量。

2. 糊浆必须厚薄均匀地包裹原料

无论挂糊还是上浆，必须厚薄均匀地包裹原料，如果糊浆有厚有薄，就会造成原料受热不均匀，从而影响菜肴的色泽和质感。

3. 单纯拍粉必须在原料即将下锅炸制前进行

拍粉与加热烹制间隔时间不宜过长，否则，原料中的水分渗出，会使原料表面发黏，起小疙瘩，影响菜肴的质量。

第九节 吉菜烹调技艺——融味亮化工艺

一、勾芡的概念

勾芡，也称“拢芡”“着腻”“挂芡”。就是在菜肴接近成熟时将调好的粉汁淋入锅内使卤汁稠浓，增加卤汁对原料的附着力，促进菜肴呈味、色泽油润光亮的一种方法。

勾芡的粉汁是用淀粉和水或淀粉和汤、调料调成，经加热淀粉发生糊化，并吸收汤汁中的水分和油分，形成具有黏性并光洁滑润的芡汁，使菜肴原料与汤水、调料充分融和在一起，形成味美、形满润亮的菜品。

二、勾芡的粉汁种类及其调制方法

（一）单纯的粉汁

单纯粉汁又称为湿淀粉、水淀粉。

1. 原料构成

淀粉、水。

2. 调制方法

将干淀粉用清水浸泡，搅拌均匀。

3. 技术关键

掌握好水和淀粉的比例，浓度要适中；勾芡时，根据菜肴制品的要求，灵活的掌握粉汁的用量。

4. 适用范围

适用于炒、烧、扒、熘等烹调方法。

（二）粉汁加调味品

粉汁加调味品又称为“调味粉汁”或“预调粉汁”，俗称“兑汁”或“兑碗汁”。

1. 原料构成

淀粉、汤或水、制作菜肴所用调味料。

2. 调制方法

用空碗将粉汁和菜肴所需的各种调味料、汤放在一起调拌，即在菜肴烹调前就事先把菜肴需要的各种调味品放在鲜汤碗中调匀。

3. 技术关键

掌握好调料、汤或水和淀粉的比例，浓度要适中；勾芡时，根据菜肴制品的要求，灵活的掌握粉汁的用量。

4. 适用范围

多用于爆、炒等旺火速成的烹调方法。这些烹调方法的特点是火力旺、加热时间短、操作速度快，调味品来不及逐一下锅，通常当菜肴的主料经过炸油处理后再回锅时，选择恰当时机将碗汁倒入锅内翻拌，淀粉迅速糊化，使调味、勾芡瞬间一起完成。

三、芡汁的种类

芡汁就是菜肴卤汁和粉汁融合后的汁。根据勾芡以后芡汁的稀稠程度，芡汁可分为厚芡和薄芡两大类。

（一）厚芡

厚芡就是勾芡后菜肴的芡汁较浓，按浓度不同，又可分为包芡和糊芡两种。

1. 包芡

芡汁较稠，其作用是使稠汁全部包在原料上，多用于滑炒、爆类的菜肴，这类菜肴吃完后，盘中几乎不见芡汁。

2. 糊芡

芡汁比包芡略稀，芡汁呈薄糊状，达到汤菜融合，口味浓厚，柔滑的要求。多用于熘类的菜肴和一般烧炒菜肴。

（二）薄芡

薄芡就是勾芡后菜肴的芡汁较稀，按浓度不同，又可分为流芡和汤芡两种。

1. 流芡

流芡比糊芡要稀，一适用于部分蒸和煮等方法烹制的菜肴。其汤汁相对较稠黏但仍能缓慢流动。这些芡汁，一部分粘在菜肴上，一部分从菜肴向盘中呈流泻状态，故称流芡。又因其光洁度高，犹如奶油，又称奶油芡、琉璃芡。

2. 米汤芡

米汤芡是一种最稀的芡，芡汁比菜肴原来的汤汁略稠密一些，以使口感略浓。多用于烩菜。例如，酸辣汤、烩鸡丝蜇头等。

四、勾芡的方法

（一）翻拌法

翻拌法就是利用翻拌的手法使粉汁、菜肴卤汁、菜肴原料充分融合的一种勾芡方法。其特点是勾芡后的卤汁全部粘裹在原料上。多应用于爆、熘、炒等烹调方法。具体又有以下三种方法：

①菜肴接近成熟时，淋入粉汁勾芡，使卤汤稠浓，使芡汁均匀地粘裹在原料上。

②炝锅后，加入汤汁、调味品，勾芡使卤汤稠浓，

将已过油的原料下锅翻拌，使芡汁均匀地粘裹在原料上。

③先将菜肴所需的汤，各种调味料和湿淀粉放入小碗里兑成调味汁，待经过过油的原料沥油回锅后，随即把调味粉汁泼入，立即翻拌，使芡汁均匀地粘裹在原料上。采取这种方法，一定要求所用调味品数量准，比例恰当，同时还要求动作迅速。

（二）淋晃法

淋晃法就是利用晃勺的手法使粉汁、菜肴卤汁、菜肴原料充分融合的一种勾芡方法。其特点是菜肴芡汁稠浓，包住原料。多适用于烧、焖、扒等烹调方法的菜肴。

（三）泼推法

泼推法是在菜肴成熟时，将粉汁泼入锅内立即用手勺迅速推匀，此法多用于烩菜。

五、勾芡的技术关键

（一）勾芡必须在菜肴即将成熟时进行，过早或过迟都会影响菜肴的质量

如果勾芡后菜肴在勺中停留过久，则卤汁易焦，所以不能过早勾芡。一些熘、爆等烹调方法的菜肴的操作过程非常迅速，如果在菜肴已经成熟时才进行勾芡，勾芡后要翻拌，点明油，就会造成菜肴受热时间过长，失去脆嫩的口感，所以勾芡不能过迟。

（二）勾芡必须在旺火上进行

勾芡时火力不足，使淀粉不能迅速糊化，容易粘底，而且会出现生芡、疙瘩芡的现象，而且芡汁不光亮。

（三）勾芡时菜肴卤汁中的油量不宜过多

如果油量过多，勾芡后卤汁便粘裹不上原料。如果勾芡时发现油量过多时，可用手勺先将油撇出一些，待勾芡后再淋入勺内。

（四）用单纯的粉汁勾芡，必须在菜肴的口味、颜色已经调准后进行

如果勾芡后再加入调味品，就不容易溶解渗透入味，起不了调味的作用。勾芡后发现颜色过深过浅都难以改正。

（五）勾芡时，勺中汤汁量必须恰如其分，不可过多或过少

用烧、扒等烹调方法制作的菜肴如汤汁太多，可在旺火上将汤汁略收干一些，再行勾芡，如果汤汁太少，可沿着勺边再淋一些汤汁再勾芡。

勾芡是烹调的最后一个环节，但有些菜肴在勾芡后，还有一些辅助的操作过程，如勾芡后淋明油或撒上一些香菜梗、葱末等，以增加菜肴的色彩和香味。此外，有些甩蛋花的菜肴，如酸辣汤等，蛋液应在勾芡后再淋入，以减少其加热时间，使其更加滑嫩。

勾芡是改善菜肴的口感、色泽、形态的重要手段，但某些菜肴不需要勾芡，如勾芡反会影响菜肴的质量。例如，口味清爽的菜肴，勾芡以后便失去清新爽口的特点。原料质地脆嫩，调味汁液易渗入的菜肴，勾芡后反会影响其脆嫩的特点；汤汁已自然稠浓的菜肴也不需要勾芡；一些在烹调过程中需要加入具有黏性的调味品的菜肴也不需要勾芡。

第十节 吉菜烹调技艺——凉菜制作工艺

凉菜制作工艺方法很多，按原料在调味阶段是否加热分，可分为冷制冷吃类和热制冷吃类两类制作方法。凉菜制作工艺常见的工艺方法主要有拌、炝、腌、卤、酱、酥、蒸、熏、冻、炸收。

一、拌、炝、腌

拌、炝、腌是原料洗净后，改刀调味成菜或原料经过熟处理晾凉后，改刀调味成菜的一类制作方法。它们在调味阶段不再加热，故属于冷制冷食类凉菜的制作方法。

（一）拌

拌是将经过初步加工的生料或晾凉的熟料改刀后，不经加热调味，直接加入调味料调制成菜的一种制作方法。根据用料的生熟可分为生拌、熟拌、生熟拌三种方式。

1. 生拌

生拌是将经过加工处理的生料，直接加入调味料调拌成菜的一种方法。

（1）工艺流程

选择原料→初步改刀→改刀→调味→拌制→装盘成菜。

（2）工艺特点

生拌菜的原料是可生食的鲜嫩原料。经刀工处理后，常以丝、片、条、丁、块为主要形状。现拌现制，不能停放，

在装盘、调味一系列过程中，必须注意卫生。

（3）风味特色

生拌菜一般具有清香、脆嫩、爽口、本味鲜美的特点。

（4）适用范围

适用于品质新鲜，质地脆嫩的可生食的植物性原料，如黄瓜、萝卜、小白菜等。也适用于少数质地鲜嫩的动物性原料，如牛里脊、生鱼肉等。代表菜主要有拌瓜条、拍黄瓜、生拌鱼、生拌牛肉等。

（5）操作要领

①生拌菜选料必须严格，无论是植物性原料还是动物性原料，必须选用新鲜的。

②在调拌菜肴时，要根据原料的性质以及菜肴的质量标准进行投料，决定拌制时间，确保生拌菜的风味特点。

2. 熟拌

熟拌是将加热成熟的原料，晾凉后加入调料调拌成菜的一种方法。

（1）工艺流程

选择原料→熟处理→晾凉→改刀→调味→拌制→装盘成菜。

（2）工艺特点

熟制原料的方法很多，主要有蒸、煮、焯水、过油等；成熟度不要过烂，要根据具体菜品的质量标准来掌握；原料形状多以片、丝、条为主；调味要注意熟料的底口。

（3）风味特色

熟拌菜肴一般都具有滋润鲜醇的特点。

（4）适用范围

适宜于新鲜味美的动物性原料和质地脆嫩的，不宜生食的植物性、原料。代表菜有拌苦瓜、蒜泥白肉、椒麻鸡片、怪味桃仁等。

（5）操作要领

①原料在熟处理时，要根据原料的性质和熟处理方法的要求，运用好火候，掌握好成熟度。

②拌制时，要根据菜肴的质量标准，投放调味料。同时要掌握好投料的数量、次序、调味的方式和时间。

3. 生熟拌

生熟拌是将处理干净的生料和晾凉的熟料改刀后，与调味品一起调拌成菜的一种方法。

（1）工艺流程

选择原料→刀工处理→加入调味品调拌均匀→装盘成菜。

（2）工艺特点

选择原料时，必须选择生料和晾凉的熟料作为此类菜的主料。生料是可生食的植物性原料，熟料可以是动物性的，也可以是植物性的。

（3）风味特色

生熟拌凉菜一般具有色泽鲜艳、爽滑味浓、软脆适口的特点。

（4）适用范围

适宜互不串味的动植物性原料组合成菜。代表菜有炒肉丝拉皮、拆骨肉拌黄瓜、金针蘑拌黄瓜等。

（5）操作要领

①熟料在熟处理时，要根据原料的性质和熟处理方法的要求，运用好火候。

②原料在刀工处理时，注意生熟原料的形状要相似。

（二）炝

炝是将加工成形的生料，先焯水或滑油使其成熟，晾凉后再加入花椒油和其他调味品，使原料入味成菜的一种制作方法。

1. 工艺流程

选择原料→初步加工→刀工处理→焯水（滑油）→晾凉→加花椒油等调味料调味→装盘成菜。

2. 工艺特点

①动物性原料熟处理方法多为滑油，原料的形状多为丝、片等。

②植物性原料熟处理方法多为焯水。原料形状多为丝、段、片等。

③花椒油是炝制菜肴的特色调味料。

④主料一般都是熟料，也有用生料的，但很少。

⑤炝制原料熟处理的方式分为焯炝、滑炝两种方式。焯炝是将经焯水后投凉的原料与调味品一起调拌成菜的一种制作方法。菜肴质地鲜嫩。滑炝是将经滑油后晾凉的原料与调味品一起调拌成菜的一种制作方法。菜肴质地软嫩适口，味厚。此外还有一种焯滑炝，是将焯水后晾凉的原料与滑油后晾凉的原料一起，与花椒油等调味品一起调拌成菜的一种制作方法。菜肴质地软嫩鲜脆，具有焯炝和滑炝的特色。

3. 风味特色

炝制菜肴，一般具有色彩鲜艳、口味咸鲜、清凉爽口、花椒味浓的特点。

4. 适用范围

炝适宜的原料比较多，动物性原料主要有猪肉、鸡脯肉等；植物性原料主要有芹菜、冬笋、青椒等。代表菜有炝鸡丝青椒、炝鸡丝冬笋、炝肉丝芹菜、滑炝鸡丝、滑炝里脊丝、炝双耳等。

5. 操作要领

①原料加工时，刀工要精细，对不同种原料进行改刀时，注意形状的一致性。

②原料在熟处理时，注意其成熟度和质感的技术性操作。一般在焯水时，水量宽水要滚开，滑油时，油量要适当，油温一般多在三四成热的温度。需上浆的原料，浆不宜上的过多。

（三）腌

腌是将原料浸入调料汁中或用调味品涂抹拌和，使原料排除内部水分再入味成菜的一种制作方法。

1. 工艺流程

↑改刀↓

选择原料→加工→腌制→入味 → 装盘 -- →成菜。

↓　刀工处理　↑

2. 工艺特点

腌由于调味品的不同可分为盐腌、醉腌、糟腌、糖醋腌等四种。

①盐腌。施盐法有两种。一种是撒盐法，即在容器内每摆放一层原料，都要在原料表面上撒匀一定量的盐。此法多用于大量腌品的腌制。而且这些原料多是含水量较多的脆性原料，如白菜等。二是拌盐法，即在改刀成形的原料中加入一定量的盐，进行翻拌或搓揉，使原料失水，重新入味。此法多用于现食现腌制品。根据菜肴的风味，可加其他调味品调制成咸鲜味、芥末味、酸辣味等。

②醉腌。醉腌是以精盐和酒为主要调味品的腌制方法。其酒可用一般的好白酒，也可用花雕酒、绍兴酒等。酒腌的时间长的为 3~7 天，如醉蟹，短的可现制现食，如醉虾。

③糟腌。糟腌是以精盐和糟卤为主要调料的腌制方法。糟卤又分为香糟卤、红糟卤两种。一般腌制 3~4 小时即可。

④糖醋腌。糖醋腌是以糖醋为主要调味品的腌制方法。一般是将糖用清水熬至浓稠再加上醋制成卤汁，再将原料放入腌制成菜。以柠檬酸为酸味调味品更为爽口清香。一般腌制 0.5~1 小时即可。

腌由于原料加工的不同有生腌和熟腌的区别。生腌，原料不经熟处理直接腌制，如某些蔬菜、虾、蟹等。熟腌，原料经熟处理后再腌制，其熟处理方法有水煮、蒸等。

3. 风味特色

腌制菜肴具有色泽鲜艳、鲜嫩清香、醇厚浓郁、爽口不腻的特点。由于所放调料不同，风味又有所不同，如醉腌突出酒香，糟腌突出糟香。

4. 适用范围

适宜原料比较多，动物性和植物性的生料或熟料都可以。代表菜有咸甘蓝、辣白菜、咸萝卜、糟鸡、醉蟹、醉虾、糖醋萝卜卷等。

5. 操作要领

①选料必须是新鲜的原料，否则易腐、变味。尤其是生腌动物性的原料一定要活的。在腌制时，原料一定要投洗干净，并控净水分，否则会影响卫生和品味浓度。

②用固体调料腌制，一定要调拌均匀，中途不时翻动，以使调味品渗透均匀。

③要根据原料的性质、用量等灵活掌握各种调味品的用量和比例，以使味道准确。

④醉腌的过程中，要封严盖紧，不使漏气，直至用时取出。

二、卤、酱、酥

卤、酱、酥都是热制冷食类凉菜的烹调方法，它们有共同的特点，即原料都要放入汤汁中长时间加热。

（一）卤

卤是将原料放入卤汤中，以小火使原料成熟入味的一种烹调方法。

1. 工艺流程

调配卤汤→原料加工→放入卤汤中→小火焖煮成熟入味→置凉改刀 →成菜。

2. 工艺特点

①调配卤汤是卤制菜肴的制作关键。卤汤又分红卤和白卤两种，各地配制用料各不相同，红卤常用的配料有红酱油、红曲米、黄酒、白糖、冰糖、精盐、葱段、姜片、味精、茴香、桂皮、甘草、花椒、丁香、草果、沙姜等。白卤常用的调配料与红卤基本相同，不同的是白卤中不加红色调味料如酱油、红曲米。

②原料的加工主要包括原料初加工和成形加工两个方面。卤前原料多数要进行初步熟处理，如焯水、煮、过油等，不经熟处理的生料，必须洗涤干净，切好形状。

3. 风味特色

卤制菜肴一般具有质地酥烂或软嫩，香料味浓，色、形美观的特点。

4. 适用范围

适宜原料较多，一般多用于动物性原料卤制成菜，如鸭、鸡、鸡肫、鸡肝、猪心、猪肝等。代表菜有卤鸭、卤鸡肫、卤猪肝、卤牛肉等。

5. 操作要领

①卤前，卤汤一定要调好色、味、香。

②应选用新鲜、滋味鲜美的原料。

③原料卤制前，必须洗涤干净，有异味和血污的原料，必须除尽。卤制的原料卤前应焯水一次。

④要根据原料的质地、形状大小等灵活掌握卤制的火候。

⑤要注意老卤的保存。老卤保存的时间越长，香咸味越大，制品的滋味越佳。一般老卤因经常使用，要不断的补充调味料，确保口味恒定。卤完原料后，要用通风的罩盖盖严，以免落入灰尘或飞虫或回流的蒸汽水，影响老卤的质量，如果老卤长时间不用，要定时加热，防止变质，在每次用完后，都要去净残渣和浮沫。

（二）酱

酱是将经过一定处理后的原料，放入酱汤锅中，用小火煮至成熟入味，最后大火收汁，包裹原料的一种烹调方法。

1. 工艺流程

选择原料→加工处理→入酱汤锅烧沸慢煮至成熟入味→收汁包裹原料→置凉改刀装盘。

2. 工艺特点

①原料在加工处理时，方法很多，一般情况是原料要事先改好形状，再腌渍或焯水或过油等。在腌渍时，有的用一般调味料腌制，有的用硝盐腌制以突出其色味。

②成菜时肴收汁包裹原料。在收汁裹料时，一般有两种方式：一是原料在勺中直接收汁挂汁，二是原料盛盘后，另起勺熬汁至浓，淋浇原料，使原料表面裹有酱汁。

3. 风味特色

酱制菜肴一般色泽红亮光润，口味咸鲜，酱料味浓的特点。

4. 适用范围

适用的原料较多，多为动物性原料，如猪肉、牛肉、猪蹄、猪肝、鸡爪、鸡翅等。代表菜有酱猪蹄、酱牛肉、酱猪肝等。

5. 操作要领

①原料在用硝腌时，必须注意硝盐的用量，按我国规定，硝酸钠和亚硝酸钠的使用量，不得超过 0.5 克 / 千克和 0.15 克 / 千克。

②要根据原料的性质，形状大小等灵活控制火候，使成品软而不韧，烂而不散，原料表面的酱汁不宜过多。

（三）酥

酥是将经过炸、煎等处理的原料，以醋为主要调味料，用小火慢慢烧制，使原料酥烂的一种烹调方法

1. 工艺流程

选择原料→炸（煎等）→入汤锅调味→大火烧开小火长时间慢慢加热→酥烂入味→冷却出锅装盘。

2. 工艺特点

酥，根据原料在入汤前是否经炸，可分为硬酥和软酥两种方式。硬酥是指原料经过炸制后再入汤锅酥制的一种原料烹调方法，软酥是不经炸制的原料入汤锅酥制的方法。

3. 风味特色

酥制菜肴，一般都具有骨肉酥软、口味鲜香、形整不碎的特点。

4. 适用范围

适用于宜长时间熟制的动植物性原料，如鲜鱼、海带、藕等，代表菜有酥鲫鱼、酥海带、酥合菜等。

5. 操作要领

①原料松散摆于锅内，一般原料与锅面之间放一细网状隔物，防止原料粘锅糊底。

②汤水和调味品要一次加足，中途不能再补加，同时还应注意调味品的用量不宜过多。

③原料出锅时，要注意形状不能破碎，一般待原料冷却后再出锅较好。

三、蒸、熏、冻、炸收

蒸、熏、冻、炸收也都是熟制凉食类菜肴的烹调方法，在制作工艺上与卤、酱、酥略有不同。

（一）蒸

蒸是将原料加工后调味，再放入蒸锅中加热成熟的一种烹制方法。

1. 工艺流程

选择原料→刀工处理→调味组合→造型→

上屉蒸制→成熟晾凉

2. 工艺特点

凉菜原料的蒸法有卷蒸和糕蒸两种方式。卷蒸就是将主料加工成丝或泥，调入淀料、鸡蛋、水、各种调料，再用大片的原料卷上，上屉蒸熟，再晾凉成菜；糕蒸是将原料加工成蓉泥，加蛋类、淀粉、水、调料调成膏状或半固体，或把蛋类原料打散加入淀粉、调料调和后，上屉蒸成糕状，最后晾凉成菜。

3. 风味特色

蒸制菜肴，一般具有质地软嫩、味鲜醇厚、形状整齐的特点。

4. 适用范围

适宜一些动植物性原料的加工，如动物性原料鸡肉、鸡蛋、里脊、虾肉等，植物性原料发菜、紫菜等。代表菜有如意发菜卷、鸡丝卷、紫菜卷、黑白蛋糕、蛋白糕、蛋黄糕等。

5. 操作要领

①原料在调味前的刀工处理形状要规格细腻，要在蒸制前调好口味。

②要根据原料的性质，灵活掌握火候。一般情况下，对卷类原料蒸制时，火要稍大，时间要短，对于糕类的蒸制，则需用小火，长时间加热，这样才能使糕类成品质地细腻而坚实。

（二）熏

熏是将经过加工处理的原料，通过熏料的烟气加热，使其成菜的一种烹制方法。

1. 工艺流程

选择原料→加工处理→入熏炉熏制→出锅抹油→晾凉改刀装盘。

2. 工艺特点

①熏制原料的加工处理方法多样，有蒸、炸、烤、煮、烧等。

②用来烟熏的熏料种类很多，常用的熏料有木屑、白糖、松柏树枝、香樟树叶、茶叶、大米、米饭、甘蔗等。

③熏制用的容器有需封闭和不需封闭两种。

④用来熏制的原料可生可熟。生料熏制简称为生熏，熟料熏制简称为熟熏。生熏即生料经调味后，利用熏料的烟气熏制成熟。这种方法，常用不需封闭容器熏制，注重的是成熟。熟熏就是原料先经蒸、煮、炸、酱等方法处理成熟，晾干其表面的水分，再熏制成菜，熟熏常用封闭容器熏制，注重成品的颜色。

3. 风味特色

熏制菜肴一般具有质地嫩软、色泽红黄光润、烟香味浓的特点。

4. 适用范围

熏制的原料比较广，有禽类、鱼类、肉类、蛋制品以及豆制品，这些原料既可整体熏制，又可斩件熏制。代表菜有熏肉、熏兔、熏鸡、熏干豆腐等。

5. 操作要领

①原料熏制前，表面必须晾干，否则影响上色。掌握好熏制的时间，时间过长，菜肴的色泽会发黑，有苦味。

②生料进行熏制时，原料的形状要薄小些且腌制入味后再进行熏制。这些原料必须选用无异味、新鲜、质地细嫩易熟的原料。

③需封闭熏制的，熏锅必须封闭完好。

（三）冻

冻是将加工处理后的主料加热调味冷却凝固，或将加热调味后的主料与事先制好的冻汁一同冷却凝固而成菜的一种方法。

1. 工艺流程

选择原料→初步加工→加热调味→冷却成冻→刀工成形→装盘成菜。

2. 工艺特点

（1）在实际工作中，冻菜大致可分三种制作方法

第一种是富含胶质的主料经加热调味后成熟，单独冷凝成菜，如皮冻；第二种是将经初步处理的胶质含量较少的主料，与处理过的猪皮或琼脂等一起加热调味成熟起胶后，再冷凝成菜；第三种是先预制好冻汁，同时加工主料，再将成熟入味的主料摆于盛器内，慢慢注入调好口味的冻汁，一同冷凝成菜。

（2）冻汁的熬制是此菜的关键

冻汁是利用含胶质丰富的原料熬制而成，或用琼脂、明胶、食用果胶等与水共热调兑而成的透明的稠浓汤汁。在实践中，常用猪肉皮或琼脂来熬制。用猪肉皮熬制的冻汁称为皮冻汁，用琼脂熬制的冻汁，称为琼脂汁。皮冻汁在蒸或熬制前，肉皮要去净皮毛污垢和油脂，水要一次加足，熬制时，火不能过猛，要保持汤沸而不腾，要不断地撇去浮沫，以保证冻汁清净，肉皮与水的比例一般为1：3~1：5。琼脂汁除水熬制法外，还可用蒸的方法制备，在制备时，应掌握好与琼脂的比例，一般是琼脂。水为1：90或1：100为佳。同时注意火力要小。

3. 风味特色

冻制菜肴一般具有造型美观，晶莹透明，软嫩滑韧，清凉爽口的特点。

4. 适用范围

适用于富含胶质的动植物性原料的制作和其他无骨无血，无异味的动植物性原料的成菜加工。代表菜有皮冻，冻鸭掌、冻鸡翅、水晶虾仁、水晶肘子等。

5. 操作要领

①熬制皮冻时，应注意掌握好冻汁的浓度，不可过浓，也不可过稀。

②由冻汁加调味料直接成菜的菜肴制作，调味一般

需在冻汁的形成过程中进行。冻汁加其他原料成菜时，其他原料若为液体原料，其加入必须在冻汁加热过程中进行，若为固体原料，则必须事先改制好形状。

③冻制菜肴在操作时，不要沾油和酸性物质，否则，会影响冻汁的凝固。

（四）炸收

炸收是将原料改刀后，清炸成半成品，放入调好口味的汤汁中，加热入味，最后收汁成菜的一种烹调方法。

1. 工艺流程

选择原料→加工处理→清炸→放入汤锅中→中小火烧制→入味→调整口味→收汁晾凉→装盘成菜。

2. 工艺特点

①在加工处理过程中，根据菜肴的要求，有的原料直接改刀调味，有的原料则需水煮等熟制后改刀调味。

②炸收菜肴的味型较多，主要有咸甜味、麻辣味、茄汁味、糖醋味等。

3. 风味特色

炸收菜一般具有干香滋润、酥松鲜醇、色棕红或金黄、形整不碎的特点。

4. 适用范围

炸收菜肴主要适宜新鲜、细嫩无筋、肉质紧实的精肉，如猪里脊、牛里脊、鸡脯肉、臀尖肉、无细刺的鱼肉等。代表菜有糖醋里脊、糖醋排骨等。

5. 操作要领

①原料选择必须是新鲜的。

②原料在炸制时，要根据原料的质地，菜肴的色泽、口味、质感及形状大小来灵活掌握油温和加热时间。

③在收汁前，必须进行口味调整。

第十一节 吉菜烹调技艺——热菜烹调工艺

热菜烹调工艺，就是把经过初步加工和切配后的半成品或原料通过加热和调味，制成不同风味菜肴的操作过程和方法。由于烹饪原料的性能、质地、形态等的不同，菜肴在色、香、味、形、质等方面的质量要求不同，使热菜烹调工艺方法多种多样。吉菜常用的烹调工艺方法主要有炸、炒、煸、熘、爆、烹、煎、贴、煬、烧、扒、焖、㸆、汆、烩、涮、煮、炖、蒸、烤、拔丝、挂霜、蜜焖的方法。

一、炸

炸是将经过加工处理的原料，放入大油量的油锅中加热，使之成熟并直接成菜的烹调方法。它与初步熟处理的“炸”不同，它是原料事先进行基本调味，以大量油为传热介质，利用多种油温和炸制手法进行熟制原料成菜的一种工艺方法。根据工艺特点和成品特点的不同，主要有清炸、干炸、软炸、板炸、松炸、卷包炸、脆炸 、酥炸 、泼炸 、氽（tǔn）炸等不同的具体工艺方法。

（一）清炸

1. 工艺流程

选择原料→刀工处理→基本调味→间隔油炸成熟→装盘、加配调味品→成菜。

2. 工艺特点

基本调味之后的原料大多不拍粉或挂糊，直接油炸。个别品种也有拍粉后再油炸的。油炸时，大多是采用高温油间隔炸的方法成熟，所以其刀工成形一般较小。

3. 风味特色

清炸的菜肴一般都具有外香脆内鲜嫩或脆嫩的质地特征。要形成菜肴的这一风味特色，必须正确地选择原料，正确地掌握油温。

4. 适用范围

适于清炸的原料主要是质地脆嫩、细嫩的原料，如里脊、猪肝、猪腰、猪肚仁、鸡肫、鸭肫、蛎蝗等。其代表菜有清炸里脊、清炸鸡肫、清炸蛎蝗等。

5. 操作要领

①刀工处理要精细，原料成形后要大小一致，剞花刀的刀距要均匀，以利于入味均匀，成熟均匀。对于形大肉厚的原料，应在肉厚处戳上刀口。

②正确掌握油温，一般应七八成热，加热时间宜短，间隔炸几次。如果油温低，原料表面就会不挺不脆，如果时间长，就会使原料失掉水分，不嫩不鲜。形态较大的原料可降低油温，延长加热时间，以防外焦里不熟。

③清炸成菜后是整形原料的，要迅速改刀装盘，及时上菜，以保证菜肴的质感良好。

（二）干炸

1. 工艺流程

选择原料→刀工处理→基本调味→挂水粉糊→油炸成熟→装盘、加配调味品→成菜。

2. 工艺特点

①原料基本调味后必须挂硬糊（水粉糊）再进行油炸。

②为了保持成品外焦里嫩，炸制时油温较高，要进行复炸。

3. 风味特色

干炸类菜肴具有外焦脆内鲜嫩的质地特征。色泽一般是金黄色。

4. 适用范围

干炸适用的原料范围较广，畜肉类、鱼类、内脏、禽肉等均可。有的原料可以带皮带骨。形状也可大一些。其代表菜有干炸肉段、干炸丸子、炸八块等。

5. 操作要领

①菜肴原料刀工处理后，一定要调好味，要让滋味渗入原料内。

②原料挂糊要注意一要匀，二不可过薄，只有做到这两点，才能使菜肴成品色泽均匀，原料水分散失较少，有利于菜肴质地性的形成。

③掌握好油炸的火候。一般是热油下锅将原料表面炸至凝固定型，再用慢火将原料炸至八九成熟，捞出原料，升高油温至七八成热，再下入原料炸制，复炸至外表焦脆。

（三）软炸

1. 工艺流程

选择原料→刀工处理→基本调味→挂蛋清糊→温热油炸熟→装盘→加配调味品→成菜。

2. 工艺特点

①原料基本调味后必须挂软糊再进行油炸。

②为了保持成品外松软略脆里软嫩，炸制时油温比干炸低，一般是温油下锅。快出锅时进行复炸。

3. 风味特色

软炸菜一般色泽洁白或浅黄，其质地特征是外松软略脆里软嫩。

4. 适用范围

软炸菜的原料一般要求细嫩新鲜，如猪里脊、鸡脯肉、虾仁等。

5. 操作要领

①原料要处理好。一般要去骨去皮，除净筋络，以保证菜肴的嫩度。为了利于入味和成熟，还应在原料上剞上一定深度的刀口，然后再按菜肴的要求，改切成小块、小条等形状。

②挂糊要得当。剞花刀的原料挂糊，宜稠宜少，使成菜既可见花刀的形状，又可达到软炸的质感要求。一般原料调味后，要在油炸之前挂糊，挂糊后立即放入油锅内炸制。

③掌握好油温。软炸菜宜用猪油或色拉油炸制，油锅要洁净。炸时温油下锅，待原料将熟，捞出，待油温升至六七成熟，复炸一次，以形成特定的质感。也可以温油下锅，油温逐渐升高，一次炸熟。总的说加热时间不宜过长。

（四）板炸

板炸又叫排炸、吉列炸。

1. 工艺流程

选择原料→刀工处理→腌渍入味→拍面粉→拖全蛋液→滚上面包渣（馒头丁）→下入热油锅炸熟→装盘、

↓→刀工处理→↑

加配调料→成菜。

2. 工艺特点

①原料改到通常切成大片形状。

②挂糊是拍粉托蛋滚面包渣糊。

③炸时一般是热油下锅，炸的时间不宜过长。

3. 风味特色

板炸类菜肴由于外蘸面包渣或馒头丁，热油炸成，所以一般是色泽金黄、质地外酥脆里软嫩。

4. 适用范围

板炸一般适于猪肉、牛肉、鸡肉、鱼虾等去骨肉类原料。代表菜如炸肉排、炸板鱼、炸板虾、金丁虾球、吉利肉饼等。

5. 操作要领

①原料要去骨去皮，去掉筋膜。

②为了保持成菜的嫩度、形状，韧性，原料片成大片后，应先用刀背交叉砸两遍，或用刀尖戳一遍，斩断

肌纤维。

③蘸面粉不宜过厚，要把多余的面粉抖掉。

④掌握好油温。

（五）松炸

1. 工艺流程

选择原料→刀工处理→调味→蘸面粉→挂蛋泡糊→温油炸熟→装盘、加配调味品→成菜。

2. 工艺特点

①所用的糊是蛋泡糊。

②对油脂的颜色要求较高，传统用油是大油，现代多用颜色浅白的色拉油。

③用温油炸制。油温一般控制在四五成热。

3. 风味特色

松炸类菜肴因挂蛋泡糊，温油成熟，所以一般是色泽浅黄，外松软内软嫩，形态饱满。

4. 适用范围

松炸一般适用于软嫩无骨的原料，如里脊、鱼肉、口蘑、鸡肉等。有的原料先初步熟处理，再松炸成熟，刀工处理后成菜，如鸡等。很多水果很适宜用软炸法成菜，但因成菜后撒糖口味属甜菜类，故不在这里讨论。但其操作过程和要领与松炸大体一致，因而可以借鉴。松炸类的代表品种有雪衣鱼条、松炸口蘑、炸葱卷、炸网油里脊、脱骨鸡等。

5. 操作要领

①调制好蛋泡糊，主要是掌握好蛋清搅打的硬度和加入干淀粉的量。一般来说，加入干淀粉后调搅成非常细腻的膏状为好。

②松炸一般以猪油或色拉油为好。油温一般要控制在四五成热左右，油温高会使成品色泽加重，油温低会发生浸油现象。

③炸制时，原料下锅后浮在油面上，先不能用手勺搅动，要用手勺舀热油往蛋泡糊上轻轻浇淋，待表面受热已挺实，再用手勺搅动，以免相互碰撞粘连，影响形状的美观。

（六）卷包炸

卷包炸是卷炸和包炸的合称。

1. 工艺流程

选择原料→刀工处理→调制入味→备制卷包皮料→卷包成形→炸制成熟→装盘、加配调料→成菜。

↓→刀工处理→↑

2. 工艺特点

①卷、包都是半成品原料加工的手法。卷包炸的主料在卷和包前，大多要节制成小片、小条、小丁或末、蓉等形状，再调味卷包。有些末、茸类原料还要加蛋液、好汤等加以调制。

②卷包的皮料，有的直接拿来裁成大小适宜的形状即可使用；有的要经过刀工处理或煎、摊等加工成形才能使用。

3. 风味特色

卷包炸的菜肴大多具有外酥脆、内鲜嫩的特点。用纸炸的菜肴，由于外包一层不可食用的纸，去掉纸后色泽鲜艳、质地软嫩。

4. 适用范围

卷包炸的原料要选择新鲜细嫩、无异味的主料和色泽鲜艳，鲜香味美的辅料，如猪肉、鱼虾、火腿、鸡肉、某些蔬菜和野味等。用于卷包的皮料，一般分为可食和不可食两类。可食的有蛋皮、猪肉油、腐皮、面皮、糯米纸等，不可食的有桑皮纸、无毒玻璃纸等。卷皮炸的代表品种有：炸千子、炸佛手、香酥蛋卷、纸包鸡、纸包飞龙、纸包三鲜、炸春卷、炸三鲜山鸡等。

5. 操作要领

①选用原料，主辅料要搭配好。如是荤料，要掌握好主料或主辅料的肥瘦比例，如猪肉馅要三肥七瘦，鸡、鱼、鸭、虾蓉等要酌加肥膘肉泥，以保证菜肴的滋润细嫩。

②大多数卷包炸的菜肴，可用慢热油炸制，最好复炸一次，使皮面酥脆。对于用纸包炸的菜肴，则应用温油浸炸成熟，切不可油温过高，以防玻璃纸变形，制作失败。

除以上六种炸法外，尚有几种比较特殊的炸法，这里只作简单的介绍。

①脆炸，是把原料切配整理后调味，挂匀脆糊浆后用热油炸熟成菜的方法。成品色泽金黄、外脆里嫩。代表菜有脆炸鲜奶、脆皮茄条、脆炸生蚝等。

②酥炸，酥炸是把糕状半成品挂糊、拍粉后油炸成菜或把调味后的原料先蒸、煮至软熟再挂糊、拍粉油炸成菜的方法。其成品具有外酥松内软嫩的质地特征。代表菜主要有酥炸八宝葫芦鸡、椒盐酥皮兔糕、香酥仔鸭等。

③泼炸，是将烧至高热的油泼洒在原料上，用其热量烫熟原料的一种炸法。泼炸的菜肴原料呈断生状态，色泽好，质地脆嫩或鲜嫩。代表菜有油泼豆莛。

④氽（tǔn）炸，是将原料放入温油内慢慢炸熟。氽炸的菜肴既能将原料炸熟、炸透，又能保持原料的本色。代表菜如油氽花生米、油氽腰果等。

二、炒

炒是把刀工处理后的小型原料，用中、旺火在较短时间内加热翻拌成熟、调味成菜的烹调方法。

炒是一种常用的的烹调方法，和其他烹调方法相比，炒的特点有以下三个方面：首先，炒的原料要小，要容易成熟，一般需加工成丁、丝、条、片、球、末、蓉、粒，甚至浆等形态，个别可以是块，但一定要小。其次，炒的用油量少，俗称小油锅。炒的时候，油是传热介质，但不是唯一的传热介质。热量更多的是依靠金属锅壁来传导，油主要起润滑、调味作用，所以，油量不可过多，以免影响菜肴的风味。最后，炒菜（除干炒外）加热的时间较短，原料水分保存较多，菜肴成品大多炊嫩或脆嫩，爽滑可口。

炒根据其工艺特点、原料特征、成菜特色不同，可分为生炒、熟炒、生熟炒、滑炒、软抄等具体烹调方法。

（一）生炒

生炒也叫生煸。

1. 工艺流程

择洗原料→刀工切配→入锅煸炒→调味→装盘→成菜。

↓→勾芡→↑

2. 工艺特点

①生炒用的是生料，生炒前不做任何熟处理，原料刀工处理后直接下锅炒制。

②炒制时，锅温高、火力旺。

3. 风味特色

生炒菜肴具有鲜香嫩脆，汁薄入味的特点。一般说植物性原料成菜后质地脆嫩，而动物性原料大多成菜后质地松嫩。

4. 适用范围

生炒用料范围较广，可以是动物性的各种肉类、禽蛋、鱼虾等，也可是各种蔬菜、食用菌、豆制品。其代表菜如炒肉丝豆芽、木须西红柿、生煸草头、素炒豌豆苗、牛肉萝卜丝等。

5. 操作要领

①要掌握好火候，这是生炒的关键。在整个过程中，炒勺内要保持高温，炒的时间不可过长。如果勺温低，易使原料疲塌变软，难以保证色鲜嫩脆的特色，炒制时间过长，会引起色败质老而失去风味。为了使原料在高温下成熟一致，防止炒焦粘锅，要动作敏捷，翻炒均匀，出勺利落。

②掌握好主配料的下锅（炒勺）时间。为了使主配料成熟时间能一致，要掌握各种原料的下锅时间。一般说质老的先下锅，质嫩的后下锅。有的原料可能需单独煸炒至半熟，再与其他料一起炒制。

③生炒类菜肴，有的需要勾芡，有的不需勾芡，要根据情况来确定。如炒肉瓜片需勾芡，而炒木须瓜片则不需要勾芡。需要勾芡的要注意汁不宜多、芡不宜稠。

（二）熟炒

熟炒顾名思义用的是熟料。一般原料在炒制前要经水煮、汽蒸或焯水等处理，然后再改刀、正式烹调。

1. 工艺流程

选择原料→初步熟处理→刀工处理→入锅煸炒→调味→装盘→成菜。

2. 工艺特点

①熟炒用的是熟料，生熟炒前原料要经过熟处理，熟处理方法多为水煮、焯水、汽蒸等，原料刀工处理后直接下锅炒制。

②炒制时，锅温不宜高、火力以中火为主，旺火为辅。

3. 风味特色

熟炒菜由于它的用料和火候，使它的成品具有酥香滋润、见油不见汁的特点。

4. 适用范围

熟炒的主料主要是一些新鲜无异味的动物性原料，如猪肉、牛羊肉、香肠、腌肉、酱肉等。配料宜选用青蒜、大葱、青椒、鲜笋等香辛味浓，质地脆嫩的蔬菜。其代表菜如回锅肉、煸白肉、清炒蟹粉等。

5. 操作要领

①选择好熟炒的原料。猪肉要肥瘦比例适当，不宜过肥过瘦。牛羊肉要选胸口肉、上脑肉。

②掌握好原料熟处理的成熟度。一般是水煮或汽蒸至刚熟或软熟状为佳。在水煮或汽蒸时要修整成利于下一步切制的形状。

③炒制时，宜以中火为主，旺火为辅助。油量要恰当。熟炒的菜肴大多不勾芡。

④若使用豆瓣酱、甜面酱、豆豉等调味品，熟炒时一定要炒出香味。

（三）生熟炒

生熟炒的原料有生料，还有熟料，是生炒和熟炒相结合的一种方法，如炒护心枝尖椒等。有的菜肴先生炒再下入熟料进行炒制，有的菜肴先熟炒再下入生料进行炒制。

1. 工艺流程

择洗原料→

刀工切配→生料入锅炒 →加熟料入锅炒→

↓→熟料入锅炒→加生料入锅炒 →↑

调味 → 装盘 → 成菜

↓→ 勾芡→↑

2. 工艺特点

①菜肴原料中的熟料和生料比配制比较灵活，一般根据原料的不同或食用对象的需要来定，通常孰料较生料多一些。生熟炒前原料要经过熟处理，熟处理方法多为水煮、焯水、汽蒸等，原料刀工处理后直接下锅炒制。

②先炒制熟料时，锅温不宜高，火力以中火为主，旺火为辅，下入生料后以旺火为主。先炒生料时火力要旺，速度要快，一般炒至六分熟下入熟料，用中旺火交替炒制。

3. 风味特色

成品一般具有软烂嫩脆、鲜香滋润的特点。

4. 适用范围

一般适用于动物内脏熟料和辣味植物性生料的成菜，也适用于动物肉料熟料和辣味或清香味植物性生料的成菜。

5. 操作要领

①掌握好原料熟处理的成熟度。一般是水煮或汽蒸至刚熟或软熟状为佳。

②内脏熟料要新鲜无异味，其他动物熟料不宜过肥过瘦。

③炒制时，注意掌握好火候。油量要恰当。菜肴需要勾芡时注意粉汁的浓度和用量。

（四）滑炒

1. 工艺流程

选择原料→刀工处理→上浆→滑油→

↓→调味→↑

翻炒→调味→勾芡→装盘成菜。

↓ → 烹入调味汁 →↑

2. 工艺特点

①原料选择严格，改刀形状薄小。需上浆处理。

②原料通常用滑油进行熟处理。但有的地区制作滑炒菜，原料上浆后不滑油，直接放入小油锅中炒，属特殊做法。

③在后期调味阶段，各地区也略有不同，有的先调味，后勾芡；有的则先用调味品、汤汁、湿淀粉兑汁，在原料翻炒时烹入调味汁成菜。

3. 风味特色

滑炒菜一般具有柔软没嫩、卤汁紧包、明油亮芡的特点。

4. 适用范围

滑炒方法使用比较广泛，其所用的原料一般是质地细嫩的动物性原料，如猪牛羊的里脊肉、鸡脯、鱼、虾等。其代表菜如滑炒里脊丝、滑炒鸡丝、鱼香肉丝、香辣肉丝等。

5. 操作要领

①要选择细嫩的新鲜原料。里脊肉要去净板筋，瘦肉要选细嫩无筋的部位。选好原料是烹制好滑炒菜的基础。

②刀工处理要精细。滑炒的原料形状以丝为多，一定要精细均匀、长短一致，而且精细要适度，使其成熟一致，入味均匀，形状美观。

③上浆要适度，不可过稠或过稀。对质地细嫩易碎的原料，上浆时出手要轻，用力要匀，抓匀拌透。对质地老、纤维粗的原料，可以加适量小苏打和清水一起上浆，使其吸水软化脆嫩。虾仁、牛肉等，上浆后入冷藏柜放置适当时间，上浆效果更佳。

④滑油时注意一定要用炙好的炒勺或炒锅，用炼熟的油。注意掌握好油量、油温，一般以四成热左右为宜。原料下锅后要迅速用筷子划开。直接用小油锅炒的，原料下锅后也要立即炒散，防止相互粘连。

⑤滑炒的菜肴芡汁要少而稠浓，包裹住原料，防止黏黏糊糊。炒的操作速度要快，监灶时间要短，不能使原料在锅中停留时间过长，否则影响原料质地和风味。

（五）软炒

1. 工艺流程

原料选择→刀工处理→调配组合→软炒成熟→装盘成菜。

2. 工艺特点

①刀工处理是将主料鸡、鱼、虾等砸成蓉泥，或将豆、薯类煮熟后压制成蓉泥，如果是蛋类、奶类则本身为液态不需加工。配料则加工成丁、段、条、片等形状。

②软炒的主料在刀工处理后需组合调配，再下锅加热。根据主料的性质，要加鸡蛋、高汤、水淀粉等调制成流体状态，以使成菜后达到半凝固状或固体状态。

3. 风味特色

软炒类菜肴成菜后呈半固体或软固体状态，具有细腻嫩滑、香软油润的特征。

4. 适用范围

软炒的主要原料一般选用鸡蛋、牛奶、鱼、虾、鸡肉、豆腐、鲜豆、薯类等。代表菜有炒鲜奶、炒黄菜、炒鸡茸油菜、炒鸡茸干贝等。

5. 操作要领

①鸡、肉、鱼、虾等在捣蓉泥时，必须剔净筋络，要压细，豆薯类蓉泥也要压细，以保证成菜细腻嫩的质感。

②主料在调配鸡蛋、淀粉、好汤时，要掌握好比例。主要应考虑主料的吸水能力、淀粉的糊化性能，掌握好加淀粉的量和加汤水的量。蓉泥加汤水时，应按一个方向搅动。

③软炒菜制作难度较大，色泽和口味要求严格。在炒制时，一要把勺炙透。二要选用精炼无色的油脂。三要掌握好火候，可根据情况采用中小火炒制。火力过大，容易糊底而色败质老；火力过小，会影响凝结效果和淀粉的糊化与熟化，致使成菜形态散烂或半生不熟。

④要注意软炒的手法。一般是用手勺有节奏地来回推动或顺一个方向炒转。有的菜在炒制时，还要分次淋加油脂，使原料与油脂融为一体，形成菜肴油润的口感，并可防止糊底。

三、煸

煸又称干炒、干煸。

1. 工艺流程

选择原料→刀工处理→滑油→干炒→调味→装盘成菜。

↓→调味→↑

2. 工艺特点

干炒的原料一般改刀成均匀的丝、条、滚料块等形状。为了能迅速驱干水分，缩短干煸时间，干炒的原料大多先用温油滑一下呈蔫软状态，滗去油脂后再干炒。反复煸炒至原料水汽已干，见油不见汁，再加调味品煸炒出香味，装盘成菜。

3. 风味特色

煸的菜肴由于加热时间较长，原料脱水较多，加之调味汁渗入原料内，因而具有干香滋润、酥软或酥脆化渣、油亮无汁的风味特征。

4. 适用范围

适于煸的原料主要有牛肉、猪肉、鳝鱼、兔肉、鱿鱼等动物性原料和冬笋、豇豆、芸豆、胡萝卜、黄豆芽、苦瓜、茎兰等植物性原料。代表菜的干煸牛肉丝、干煸鳝背、干煸苦瓜、干煸鱿鱼等。

5. 操作要领

①选料要精。制作干炒菜的肉类原料一定要选用细嫩无筋的瘦肉，成菜才能酥软化渣。植物性原料要选用鲜嫩无筋的上品，成菜后才会清香脆嫩。

②重视刀工。干炒的原料刀工处理要求规格一致，保证受热均匀，使菜肴有良好的质感。

③肉类原料在滑油时，原料下锅后要迅速划散，以免粘连。也可刀工处理后加入适量植物油拌匀，以利于划散。

④掌握好煸的火候。煸时火候的掌握是关键，火力过旺，原料内部水分来不及蒸发，会形成外焦里不透的现象；火力小，原料水分不能大量蒸发会韧而不酥。

⑤调味要恰当。煸的原料大多在加热前要基本调味，煸时再加入调料，渗透入味。前后调味要照应，防止口味过重。

四、熘

熘是将原料先用过油或汆、煮的方法加热成熟，再包裹或浇淋上较浓卤汁的烹调方法。

此类菜肴在烹制时一般可分为两个阶段。第一阶段是熟处理阶段。熟处理方法主要是油炸、滑油、煮、汆等，使主料成熟，并达到特定的质感。第二阶段是熘汁调味，即将烹制用的芡汁与主料混合调味。熘汁调味的方式有三种：浇汁、卧汁、烹汁。浇汁是将熟处理的原料半成品摆在盘内，再把芡汁浇淋在上面；卧汁是先将芡汁在锅内烹调好，再放入熟处理后的主料，颠翻锅勺，包裹均匀成菜；烹汁是先由葱、姜、蒜、辅料等炝锅，倒入熟处理后的主料，再倒入事先兑好的调味汁，颠翻锅勺，使芡汁迅速成熟并均匀包裹在主料上。烧汁适于大型的原料。卧汁、烹汁一般适于小型原料。但烹汁必须在火力较旺、菜量较少的情况下使用。熘菜一般芡汁较宽。

熘，由于操作技法和成品特色不同，又可分为以下三种。

（一）炸熘

炸熘又叫作焦熘、脆熘。烧熘亦可归入此类。

1. 工艺流程

选择原料→刀工处理→挂糊或拍粉→油炸成熟→复炸定型→熘汁调味→装盘成菜。

2. 工艺特点

①炸熘的原料改刀形状一般为条、块、厚片等。形状较大的原料要剞上花刀，以利于成熟、入味和芡汁粘裹。

②炸熘菜原料需要挂糊或拍粉，所挂的糊、粉有多种，要根据要求选用。糊主要是水粉糊、全蛋糊、蛋黄糊、脆浆糊等，粉主要是单纯拍粉、拍粉拖蛋滚面包渣或馒头丁等。

3. 风味特色

炸熘菜的特点是质地外焦脆或酥脆，内软嫩或软熟，明油亮芡，爽滑滋润。

4. 适用范围

炸熘适宜有原料范围较广，鱼、虾、各种畜肉、禽蛋均可。也适于土豆、茄子等蔬菜。代表菜有浇汁黄花鱼、焦熘肉段、糖醋肉段、松鼠鳜鱼、番茄里脊、辣子鸡、熘虾段等。

5. 操作要领

①为了确保原料能受热成熟一致，成菜形状美观，主料刀工处理后形状应大小一致，薄厚均匀，剞花刀的要刀口均匀，深度一致。

②掌握糊、粉的厚度。糊要和匀，不能有小颗粒，挂糊时要匀，并掌握厚薄程度。拍粉的原料下锅前要将未粘牢的干粉抖掉，以使油炸时干粉不致散落过多影响油脂洁净。

③油炸时，通常原料下锅油温可略高些，以防脱糊，固定原料的形状。原料成熟后应复炸一次，油温可高些，使原料达到酥脆、焦脆的质地特点。

④调制芡汁的速度要快。炸好的原料在勺内停留的时间要短，否则原料外层吸水过多将失去酥脆、焦脆的质感。

（二）滑熘

1. 工艺流程

选择原料→刀工处理→上浆→温油滑熟→熘汁调

↓→调味→↑

味→装盘成菜。

2. 工艺特点

①滑熘菜的主料改刀成形一般为薄小的片状、丝状、丁状。

②原料必须上浆。可上的浆有多种，蛋清浆、全蛋浆、水粉浆、苏打浆均可，要根据情况选用。

③滑油的油温一般为三四成热。

④菜肴原料在勺中停留时间要短，以确保其质地细嫩。

3. 风味特色

滑熘的菜肴具有质地滑嫩柔软、味道清淡鲜香的特点。

4. 适用范围

滑熘一般适用于味鲜美、质细嫩的动物性原料，以精选的家畜、家禽、鱼虾等类净料为常用。代表菜如滑熘里脊、熘肉片、熘肝尖、熘鱼片、滑熘鸡片、糟熘三白等。

5. 操作要领

①滑熘的主料改刀后可直接上浆，也可进行基本调味后再上浆，后者上浆的效果更好。上浆时，要掌握好浆的稠度和上浆的厚度。鱼肉细嫩易碎，上浆时手法要轻柔一些。

②滑油时要掌握以下三点：一是要先炙好锅；二是要事先选用好油脂，确保油脂色浅、干净、无异味；三是要掌握好油温，一般以三四成热为宜。油温过高，原料会相互粘连划不开，会质地发老，色泽变深。

③掌握好芡汁的用量和稠度。

（三）软熘

1. 工艺流程

↑→粉、浆处理→↓

选择原料→刀工处理→氽、煮成熟 → 熘汁调味→

↓→调制组合→↑

装盘成菜。

2. 工艺特点

软熘的原料刀工处理后有的可直接氽、煮，有的需拍粉或上浆后再氽、煮成熟。有的原料要先加工成蓉泥状，与水、淀粉、肥膘泥、蛋清、精盐等按一定比例调制组合，再熟处理。熟处理的氽有水氽、油氽两种方法。

3. 风味特色

软熘菜肴具有柔软滑嫩、清淡鲜香的特点，和滑熘菜大体相似。有的菜肴比滑熘更嫩更软。此类菜肴大多色泽洁白。

4. 适用范围

软熘适于质地软嫩、味道鲜美的原料，主要有鱼、虾、兔肉、里脊肉、鸡肉等。代表菜有捶溜里脊、浮油鸡片、西湖醋鱼、双色鱼丸等。

5. 操作要领

①蓉泥类的原料要掌握加水量，掌握蛋清、肥膘泥、淀粉等的用料比例，使菜肴质感细腻滑嫩。

②掌握好原料熟处理的成熟度，一般以刚熟为度，保持其嫩度。油氽的原料，为了减少油腻感，可用鲜汤或温水退去黏附的油脂。

③此类菜肴调味不宜重，油脂也不宜过多，以突出其风味特色。

五、爆

爆是选用质地脆嫩的动物性原料，用旺火沸水、热油加热至断生，再调味成菜的烹调方法。

爆菜对火候、选料要求严格，尤其讲究火候。爆菜可分油爆、水爆、盐爆等三种方法。

（一）油爆

油爆是爆菜的典型代表。

1. 工艺流程

选择原料→刀工处理→焯水→油炸→调味→装盘成菜。

2. 工艺特点

油爆的主要程序是水焯、热油氽炸、调味三个阶段。为了加快操作速度，一般都需事先兑好带淀粉的调味汁。在调味时，热锅热油，烹入汁水，颠翻几下，淋明油出菜。

3. 风味特色

油爆菜具有质地脆嫩、芡汁少而稠、明油亮芡、食后无余汁、形状美观等特点。尤以脆嫩鲜美而受到食者称道。

4. 适用范围

油爆主要适用于一些脆性原料，如猪腰、鸡肫、鸭肫、鱿鱼、墨鱼、猪肚仁等。代表菜如油爆双脆、爆鱿鱼卷、爆双花等。

5. 操作要领

①为使爆菜原料在短时间内能一致成熟，形态美观，要求刀工处理要细致。油爆菜原料多要剞花刀，要求花刀深浅一致、刀距相等。对一些韧性较强的原料如肚仁、鸡肫、鸭肫等刀口可深一些。

②要掌握好火候。沸水或沸汤焯烫时要旺火沸水，热油氽炸时要旺火热油，调味阶段也要旺火热锅。操作速度要快而准确，要求有较强的基本功。

③调味阶段底油不宜过多。因为爆菜原料大多表面比较光滑，芡汁较难裹附上去，只有底油少些，芡汁稠些，才会使芡汁紧包原料。

（二）水爆

1. 工艺流程

选择原料→刀工处理→沸水汆烫→装盘→配加调料→成菜。

2. 工艺特点

水爆只有沸水加热一道工序，但火候要求非常严格，烫后蘸调料（酱油、醋、腐乳、韭菜花、辣椒油、葱花、香菜末等）食用。

3. 风味特色

水爆菜的特点是脆嫩鲜爽，所蘸调料可以自由选择，各取所需。

4. 适用范围

水爆适用于猪肚头、羊肚、牛百叶等脆性原料。代表菜有水爆肚、水爆百叶等。

5. 操作要领

①水烫时水量要大，沸水下锅。以水爆肚为例。最佳温度是95℃～98℃，即将水烧开后，稍点一点冷水，使水处于沸而不腾的状态。

②一次下料不宜过多，以保证水烫所需的温度。

③掌握好水烫的时间。时间稍长质地即变老。

（三）盐爆

盐爆又称芫爆，和油爆比较接近。不同点是盐爆不勾芡，在菜肴将要出锅时放入香菜段。代表菜为盐爆肚仁。

六、烹

烹是先将刀工处理后的小型原料过油成熟，再烹入调制好的清汁成菜的烹调方法。

烹菜一般来说，具有两个特点。一是逢烹必过油；二是调味汁大都不加淀粉，即清汁。烹，由于糊浆处理、加热方法、成菜特点不同可分为清烹、炸烹、滑烹三种。

（一）清烹

1. 工艺流程

选择原料→刀工处理→拍粉→过油成熟→烹汁成菜。

2. 工艺特点

清烹菜原料一般拍干淀粉或面粉。

3. 风味特色

清烹菜由于形状不同，质地有所不同。原料形态较小者质地焦脆，形态较大者质地外焦脆内鲜嫩。清烹菜滑爽利落，略带汁水。

4. 适用范围

适用于猪肉、牛肉、鱼虾、鹿肉、鱿鱼等原料。代表菜有清烹肉丝、清烹虾仁、清烹鹿肉丝。

5. 操作要领

①清烹原料拍粉要在临下锅油炸前进行，不要过早。过早容易形成小疙瘩，表面不光滑。

②油炸时可采用高温油间隔炸的方法，炸至表面焦脆。每次炸的时间不宜过长，以免原料水分损失过多，质地干硬。

③烹汁时，原料在锅内停留的时间不宜过长，颠翻几下，马上出锅。

（二）炸烹

1. 工艺流程

选择原料→刀工切配→挂糊→热油炸熟→烹汁→装盘成菜。

2. 工艺特点

炸烹原料要挂糊，挂的糊可以是水粉糊、全蛋糊、蛋黄糊等，根据情况选用。

3. 风味特色

炸烹菜一般具有外焦脆或酥脆内鲜嫩的质地特征。和清烹一样，菜品清爽利落，略带汁水。

4. 适用范围

适于鸡、鸭、鱼虾、各种肉类、动物内脏等。代表菜有炸烹肉段、炸烹小鸡、炸烹肥肠、炸烹虾段、锅包肉等。

5. 操作要领

①糊要和匀，不能有小疙瘩，糊的稠度要掌握好。

②过油一般是热油炸熟。炸时是先炸至原料将熟捞出，升高油温复炸，使原料形成外脆内嫩的质感。

（三）滑烹

1. 工艺流程

选择原料→刀工处理→上浆→滑油→烹汁调味→装盘成菜。

2. 工艺特点

滑烹和滑炒相似，滑烹不勾芡，滑炒勾芡，滑烹原料大多改刀成片、丝、丁等小的形状。

3. 风味特色

滑烹菜具有软嫩适口、清淡爽利、略带汁水、大多色泽洁白等特征。

4. 适用范围

适用于里脊、鸡肉、虾等。代表菜有滑烹里脊、滑烹虾片等。

5. 操作要领

①掌握好浆的稠度和上浆的厚度。

②掌握好滑油的油温。

七、煎

煎是用少量的油布遍锅底，用中小火将原料煎熟并两面煎上色再加入调味品成菜的烹调方法。

1. 工艺流程

选择原料→刀工处理→调味→糊浆处理→两面煎熟→装盘成菜。

2. 工艺特点

①煎用油量较少，加热时原料紧贴锅底，是以油和金属壁为传热导体的。煎的原料一般要求扁薄，有些蓉泥状的原料做成丸状下锅，还要用手勺或锅铲压成饼状。

②煎菜的原料一般要在切配后，加热前调味，因其加热后不再添汤加食盐等原料。糊浆处理可以拍粉，可以拍粉拖蛋，也可以挂糊。

3. 风味特色

煎菜一般具有外脆内嫩、色泽金黄、味道鲜美等特征。

4. 适用范围

煎适于形态扁平的鱼类、鸡蛋等，代表菜有干煎黄花鱼、干煎带鱼、苦瓜煎蛋、摊黄菜等。

5. 操作要领

①煎菜的原料加热前调味要比一般的基本调味略重一点，以适应人们的口感需要。

②煎时火候的掌握是关键。总的来说，火力不宜过旺，以免外焦里不熟。下料时火力可稍旺一些，油稍热一些。另外，原料较薄，火力可旺些，原料较厚，火力可小些。

③煎的时候油要干净，锅要干净，要掌握好成熟度。

八、贴

贴是将几种片状原料粘在一起，放入锅中只煎一面便之成熟的烹调方法。

1. 工艺流程

选择原料→刀工处理→调味→黏合造型→贴制成熟→装盘成菜。

2. 工艺特点

贴是煎的一种特殊方法。贴的原料一般是二种以上，往往是三种，以肥膘肉垫底，中间是主料，上面是菜叶。主料可切成和肥膘肉大小相等的片状，再蘸上糊和肥膘肉片合贴在一起，也可制成蓉泥状，调制好后，再抹在肥膘肉片上，贴只煎肥膘肉一面。

3. 风味特色

菜肴具有一面酥脆，一面软嫩，形状整齐，油香浓郁的特点。

4. 适用范围

贴适用于鱼、虾、鸡、里脊、豆腐等质地细嫩，味道鲜美的原料。代表菜有锅贴鸡、锅贴里脊、锅贴豆腐、锅贴鱼、锅贴虾等。

5. 操作要领

①肥膘肉大多要事先煮熟，垫底前要先戳上刀口，防止卷缩破坏贴制菜肴的形态。下锅前要把肥膘肉也蘸上糊或干粉再煎贴。

②贴制时油量要没过原料厚度的一半，可用手勺舀油向原料上浇淋，促其尽快成熟。

③要掌握好贴的火候，火力不可过大，以防煳底。

九、煽

煽是把刀工处理的原料拍粉拖蛋液后放入小油锅中两面煎成金黄色，再加汤、调料，用小火煨熟的烹调方法。

1. 工艺流程

选择原料→刀工处理→调味→拍粉拖蛋液→油煎→

↓ → 调馅成形→↑

添汤、调料→勾芡→装盘成菜。

↓→ 收汁 →↑

2. 工艺特点

①煽的原料有的是片状，有的是用菜叶、蛋皮、肉片、肥膘肉片、网油等包裹调制好的馅心形成的卷。

②煽菜有两个主要的加热阶段，即油煎阶段和煨制阶段。煨制阶段各地有些不同，有的地区勾芡成菜，有的地区则收汁成菜。

3. 风味特色

煽菜具有色泽金黄，口味醇厚，松软鲜嫩的特点。

4. 适用范围

煽菜适于猪肉、鱼、虾、鸡、豆腐等原料。代表菜有锅煽肉片、锅煽鱼片、锅煽豆腐、锅煽里脊卷、锅煽白菜卷等。

5. 操作要领

①由于原料拍粉拖蛋包裹较严，滋味很难进入，所以原料必须进行加热前调味。带馅心的馅料要调制好稀稠的程度，如是肉馅，肥瘦比例要适宜，如是其他蓉泥，要调制好适当比例的肥肉膘。

②掌握好煎的火候，要有较好的大翻勺的基本功，保持其整体形状不变。

③煨制时一般用小火，火力过旺容易脱糊且汤汁混浊。勾芡时火力要旺一些。

十、烧

烧是将刀工切配的原料，先初步熟处理，再加汤汁、调料烧透入味成菜的烹调方法。

烧是一种使用频率比较高的烹调方法，分红烧、白烧、干烧三类。烧菜的操作过程主要有两个阶段，即初步熟处理阶段、烧制入味阶段。初步熟处理的方法有多种，主要是油炸、焯水、煸炒、油煎等。其主要作用，一是去除原料表面的腥膻异味、增加香味；二是去除原料的多余水分，使原料易于入味；三是原料通过 熟处理后表面变得紧密、坚实，烧制时不易破碎，同时还可使原料上色。烧制入味阶段还可再分三小段，即旺火烧开、中小火烧透入味、旺火收汁或色芡。两头火旺些；时间短些，中间火小些，时间长些。

(一) 红烧

1. 工艺流程

选择原料→刀工切配→初步熟处理→烧制入味→勾芡→装盘成菜。

2. 工艺特点

加热的时间长；其正式烹调阶段都是以水为主要传热介质；多以红色酱油、豆瓣酱、糖色、面酱、番茄酱等有色调料为呈色调味品；需要勾芡成菜。

3. 风味特色

红烧类菜肴具有质地软嫩或软烂、口味浓郁、色泽红亮等特点。

4. 适用范围

红烧用料广泛，山珍海味、家禽家畜、蔬菜、水产品、豆制品等皆可。其代表菜有红烧肉、红烧鱼、红烧狮子头、葱烧海参、烧海杂拌、肉片烧豆腐、烧二冬等。

5. 操作要领

①做好初步熟处理工作。如用油炸，则油温要高些，使其表面迅速凝固上色。时间不宜过长，避免原料内部水分损失过多。如果用水焯，一定要烫透。

②掌握好烧制时间的长短和火力的大小。火力过大容易烧焦煳底。烧制的时间要根据原料的质地、形状的大小来决定，质地老的、形状大的时间可长些；质地嫩的、形状小的时间可短些。

③勾芡时要掌握好芡汁的浓度和用量，要在菜肴即将成熟、口味、颜色都恰当时进行。

(二) 白烧

白烧与红烧从烹调方法上讲基本相同。不同的是调料不同、成菜特点不同。从调料上说，白烧不能用酱油、豆瓣酱、糖色、面酱、番茄酱等有色调料，只能用精盐、味精、白糖等无色或浅色调料。菜肴的滋味也只能限于咸鲜口味、咸甜口味等。从成菜特征上说，白烧菜要求色泽洁白素雅，因此在制作时，一定要勺净、油清、汤洁、调料无污染。

1. 工艺流程

选择原料→刀工切配→初步熟处理→烧制入味→勾芡→装盘成菜。

2. 工艺特点

加热的时间长；初步熟处理方法一般用焯水，不用油炸；其正式烹调阶段都是以水为主要传热介质；只能用精盐、味精、白糖等无色或浅色调料进行调味；需要勾芡成菜；菜肴的滋味有限，一般只限于咸鲜口味、咸甜口味。

3. 风味特色

白烧菜具有质地软嫩或软烂、色泽洁白素雅的特点。

4. 适用范围

白烧用料广泛，山珍海味、家禽家畜、蔬菜、水产品、豆制品等皆可。其代表菜有白汁鱼肚等。

5. 操作要领

①初步熟处理时，水焯一定要烫透。

②掌握好烧制时间的长短和火力的大小。火力过大容易烧焦煳底。烧制的时间要根据原料的质地、形状的大小来决定，质地老的、形状大的时间可长些；质地嫩的、形状小的时间可短些。

③一定要勺净、油清、汤洁、调料无污染。

④勾芡时要掌握好芡汁的浓度和用量，要在菜肴即将成熟、口味、颜色都恰当时进行。

（三）干烧

1. 工艺流程

选料加工→刀工切配→初步熟处理→烧制入味→收汁装盘→成菜。

2. 工艺特点

加热的时间长；初步熟处理方法多用油炸；其正式烹调阶段都是以水为主要传热介质；多以红色酱油、豆瓣酱、糖色等有色调料为呈色调味品；成菜时需要用自来芡成菜，不需要勾芡。

3. 风味特色

干烧类菜肴一般具有质地细嫩、色泽红亮，汤汁浓稠、口味醇厚等特点。

4. 适用范围

干烧方法适用于鱼虾、部分蔬菜、蘑菇、某些山珍海味等。代表菜有干烧鱼、干烧豆角、干烧元蘑等。

5. 操作要领

①恰当选用熟处理的方法。熟处理是用热油炸、温油滑，还是用水焯，要根据原料的性能掌握。并要掌握好熟处理的程度。用油炸时，一般要热油短时间炸为好。

②掌握好口味和色泽。有时几中调料都有咸味、红色，要相互照应，避免过咸、色重。如放豆瓣酱、辣椒等要先煸炒至油发红，再放入汤和主料。

③收汁时要注意火候，一般火不能太大，要多晃动炒锅或炒勺，防止烧焦糊底，以免制作失败。

十一、扒

扒是将初步熟处理的原料切配后，整齐地码入炒勺中，添加调料，烧透入味，勾芡翻勺成菜的烹调方法。

1. 工艺流程

选择原料→初步熟处理→排列造型→烧透入味→勾芡→翻勺→装盘成菜。

2. 工艺特点

①扒比较讲究菜肴的整体形状。菜肴原料可以是整只、整块的，也可以是经刀工要配后整齐排列的。在烧制后要求原料保持原形，不散不乱，有些菜肴要求制作者要有娴熟的大翻勺的基本功。

②扒菜原料的熟处理方法有多种，如焯水、水煮、汽煮、油炸等，可根据需要选用。原料的排列造型往往是先在盘中码摆成一定形状，待炝锅添汤后再推入炒勺中烧制。

③扒根据色泽可分为红扒、白扒。红扒、白扒是相对应的，一般说红扒放酱油，白扒不放酱油。

3. 风味特色

扒菜一般具有形状整齐、口味香醇的特点。红扒要色泽红亮，白扒要求菜肴色泽洁白。

4. 适用范围

扒适用于多种原料，其中很多是高档原料，如肉类、鸡、鸭、蔬菜、豆腐、鱼翅、海参、鱼肚、熊掌等。代表菜如白扒鱼肚、白扒鱼翅、扒三白、海米扒油菜、鸡茸扒白菜、鸡腿扒海参等。

5. 操作要领

①掌握原料熟处理的成熟度。有的原料必须达到酥烂的程度；有的原料则要刚熟，如白菜等。如果是多种原料同扒，要用熟处理来控制其成熟程度，使它们在烧扒时成熟时间一致。

②烧扒时火力不宜过大。火力过旺汤汁沸腾激烈会冲散造型。在烧扒时还要尽力防止粘锅，以保持形态完整。

③勾芡时要调好粉汁，边淋粉汁边晃勺。芡要均匀，待芡汁稠度适宜时，再淋入明油，大翻勺把原料翻过来，使原料周身均匀地裹上一层亮芡。

十二、焖

焖是将油炸等方法处理过的原料，加汤汁调料，用中小火长时间煨至酥烂的烹调方法。

1. 工艺流程

原料选择→刀工切配→初步熟处理→调味焖烧→
↓　→　初步熟处理　→　刀工切配　→ ↑
收汁勾芡→装盘成菜。

2. 工艺特点

①焖和烧相似。一般认为焖比烧用小火加热的时间

更长，火力也更小。

②焖菜原料的熟处理以油炸为多，也有水煮、煸炒等方法。有的菜先熟处理，然后再刀工切配，如红焖肘子。

③焖菜由于所加调料不同，有红焖、黄焖之分，但两种焖菜在烹调方法上大体相同。

3. 风味特色

焖菜一般具有形态完整、汁浓味醇、质地酥烂或软嫩的特点。红焖色泽红润明亮，而黄焖则色泽浅黄。

4. 适用范围

焖适于鸡、鱼、肉、蔬菜等原料。在焖菜中红焖菜比较多，代表菜有红焖肘子、红焖肉、红焖鸡块、黄焖鸡等。

5. 操作要领

①掌握熟处理的方法和火候。熟处理的方法要根据原料的质地选用。有的原料熟处理要结合走红，使原料着色。

②焖烧时，先用大火烧开，然后转小火长时间焖制。水要一次加足，不能中途添加，以免影响本味。焖烧时要盖严锅盖。

十三、㸆

㸆是将原料经油炸、煸炒等熟处理后，加入调料、汤汁，用中小火㸆成浓汁，主料熟烂成菜的烹调方法。

1. 工艺流程

选择原料→刀工切配→初步熟处理→㸆烧成熟→收浓汤汁→装盘成菜。

2. 工艺特点

㸆与烧、焖比较接近，㸆菜一般不勾芡，要㸆成浓汁，而且浓汁要包裹在原料表面上。

3. 风味特色

㸆菜大多具有汁浓味厚、火红光亮、质地酥烂或软嫩的特点。

4. 适用范围

㸆菜适用于新鲜且质地坚实的动物性原料，如鸡、鸭、鱼、虾、肉和某些野味。代表菜如㸆大虾、㸆兔肉、㸆肉段、㸆鹌鹑、㸆香鸡等。

5. 操作要领

①㸆菜原料熟处理时往往伴随着走红一起进行，使原料着色，使成菜色泽更好。

②掌握好收汁时的火候和手法。一般先中小火焖㸆，待汤汁不多将近变浓时改用旺火，并不停地晃勺、翻锅、浇淋明油。这时要特别注意火候，防止煳底，待色泽逐渐火红明亮时即可出锅装盘。

十四、汆

汆是把加工调制好的原料放入沸汤中，迅速加热成菜的烹调方法。

1. 工艺流程

选择原料→刀工处理 → 沸汤汆制→装碗成菜。

↓→调制、上浆→↑

2. 工艺特点

汆是汤菜的重要烹调法。汆的原料一部分可直接下锅汆制；有的则需上浆后汆制；有些鱼、虾、鸡、肉等加工的蓉泥，要与蛋清、汤水、调味品调制后方能汆制。一般的汆菜是沸汤汆制后直接成菜，但有的则是先用沸水断生或刚熟，捞出装碗，再调制汤水倒入碗内成菜。

3. 风味特色

汆菜具有汤宽量大，汤多于菜，清淡适口，主料质地软嫩或脆嫩的特点。

4. 适用范围

适宜汆汤的原料多为质地软嫩或脆嫩的原料，如鸡、鱼、虾、家畜肉、各种蔬菜。代表菜有汆丸子、汆鱼腐、三鲜汤、什锦汤、木须柿子汤、里脊瓜片汤等。

5. 操作要领

①汆制菜肴对刀工要求较严。要求原料形状要厚薄均匀、粗细一致，不能连刀，以免影响菜肴美观和菜肴成熟。

②蓉泥状原料在调制时，一定要搅足水分，搅上劲。搅拌时要顺一个方向，防止搅泻。

③掌握好汆的火候。根据原料的性能，掌握好成熟度。一般是沸水下料，一滚即成。有的菜肴，如汆丸子，则不能沸水下料，以免冲散。

④成菜前要撇尽浮沫，要使汤汁清澈见底。

十五、烩

烩是将加工好的小型原料放入汤中，用中火烧沸，勾芡成菜的烹调方法。

1. 工艺流程

选择原料→刀工切配→初步熟处理→炝锅烩制→

↓ →初步熟处理 → 刀工切配→↑

勾芡→装碗成菜。

2. 工艺特点

①烩也是汤菜烹调方法之一。烩是半汤半菜。烩一般是勾芡成菜。

②烩菜原料有的需先熟处理然后再改刀，如肚丝、鸡血、熟鸡丝；有的需先改刀再熟处理，如里脊丝、生鸡丝等。烩菜从颜色上分有红烩、白烩之分，但其烩制的方法是一致的。

3. 风味特色

烩菜具有原料多样，汁宽量多，汁菜合一，质地软嫩，滑腻爽口，清淡鲜香等特点。

4. 适用范围

烩菜适于鲜嫩无异味的原料，主要有鸡肉、里脊、虾仁、鸡蛋、猪肚、海参、乌鱼蛋、木耳、鸡血等。代表菜有烩肚丝、酸辣汤、植物四宝、烩鸡丝豌豆、烩鸭四宝、酸辣乌鱼蛋等。

5. 操作要领

①由于烩菜加热时间较短，所以要选择熟料、半熟料和易熟的生料。原料加工的形状要小，一般多为丝、片、粒丁等。如果选用多种原料，原料形状要相同或相适应。

②烩制的时间不宜过长。一般是原料下锅后经烧沸入味，确定口味即可勾芡，尽量缩短烩制时间。有的原料时间稍长，就会发老。

③掌握好芡汁的稠度。烩菜勾芡是典型的米汤芡。一般以勾芡后用手勺将汤舀起慢淋成一直线为好。稠了汤菜不分，吃时糊口；稀了则汤菜分家，菜要沉底。勾芡时，火要旺，汤要沸，下粉汁后要迅速搅动，防止淀粉成坨，稀稠不均。

十六、涮

涮是用火锅把汤或水烧开，将切成薄片的主配料放入烫片刻，蘸调料食用的烹调方法。

1. 工艺流程

选择原料→加工切配→调配汤汁→火锅烧沸→涮烫→蘸调料食用。

2. 工艺特点

涮烫的原料形状要小，其中动物性主料，一般都切成薄片，且越薄越好，利于在短时间烫至断生。原料涮后所蘸的调料一般是食用者自行调制，各取所需，这就可以最大限度地满足每个人的口味爱好。

3. 风味特色

原料多样，汤鲜味美，边吃边涮，口感细嫩，自行调味，别有风味。

4. 适用范围

涮适用的原料十分广泛，牛羊肉、猪肉、鸡肉、水产、动物内脏、各种蔬菜、豆制品等皆可。代表菜有涮羊肉、毛肚火锅、四生片火锅、牛肉酸菜火锅等。

5. 操作要领

涮火锅一定要选择新鲜度高、鲜嫩易熟、没有异味的原料。对肉类原料要剔除筋膜、板筋、脆骨，肠、肚类要洗净，腰子要片去腰臊。有些原料需用水盆浸漂，不时换水，防止变味。有些原料如鱼丸、鸡丸等需事先制好。

刀工要精细。为了适应涮食的特点，涮火锅的原料一般形状不宜过大、过厚。但也不能过碎，过碎不利于涮烫。每种原料切好后，要求整齐、均匀，码摆在盘中。

调制汤汁。涮火锅大多需事先调制汤汁，汤汁的优劣对火锅质量影响很大。如涮羊肉往往要事先熬好鸡汤或肉汤（也有清水涮的），又如生片火锅，也要事先熬制清汤。

掌握好涮烫的技巧。有的人把很多原料一下子放入锅中，慢慢食用，这是不科学的。应该是边涮边吃，如涮羊肉，每次夹 2~4 片，在沸汤处涮几下，见肉变灰白即可蘸调料食用。涮火锅原料有多种，一般是先荤后素，也可边荤边素，要把原料安排好。

十七、煮

煮是将原料或经初步熟处理的半成品，切配成小型料后，放入多量汤汁中，用中小火烧熟入味成菜的烹调方法。

1. 工艺流程

选择原料→刀工切配→初步熟处理→煮制→调味→

↓ → 上浆 → ↑

装碗成菜。

2. 工艺特点

煮制时，有的原料需上浆后放入锅中，以使其质地软嫩；有的原料须经焯水、过油等熟处理后再放入锅中以缩短煮制时间和去掉原料的异味。

煮制菜肴用汤量较多，成菜汤与原料的比例至少在 1 ∶ 1 以上。

3. 风味特色

煮制菜肴一般都具有汤宽汁浓、汤菜合一的特点。

4. 适用范围

煮适用于猪肉、牛肉、豆制品、鱼、蔬菜等原料。代表菜有手把肉、水煮凤脯等。

5. 操作要领

煮要选择新鲜无异味、质嫩易熟的原料，或是经熟处理的原料。

煮的加热时间要比烧、焖短，要求成菜速度要快一些，菜肴成熟后就及时起锅成菜。过分煮制会影响菜肴质量。

十八、炖

炖是将加工处理的原料，放入锅中，用小火长时间加热使其酥烂成菜的烹调方法。

1. 工艺流程

选择原料→刀工处理→焯水→炖制→成菜。

2. 工艺特点

炖的原料形态较大，或整只、整条、整块，或切成较大的块。

炖的原料大多要经过焯水，以便排除血污和腥膻异味。

炖菜加热时间较长，往往较多地使用陶器为炊具，其炊具又兼上菜的盛器。

炖制时一般是大火烧开，然后小火长时间加热，直至原料熟烂酥糯，汤汁浓香。

3. 风味特色

炖菜具有汤多味鲜、酥烂脱骨、原汁原味、形态完整的特点。

4. 适用范围

炖菜适用于形态较大、鲜味足、结缔组织较多、比较耐加热的原料，如鸡、鸭、排骨、肘子、元鱼、牛肉、猪肉等。其代表菜有排骨炖白菜、刮炖鳜鱼、炖吊子、清炖牛肉、清炖元鱼、清炖鸡块、砂锅狮子头等。

5. 操作要领

由于炖菜加热时间长，原料的形态不宜过小，一般切成大块。临下锅炖制前，用开水焯烫透，去除异味。有的原料还要用油炸或煸炒的方法进行处理。

炖制时，要一次加足水。炖菜成菜后汤汁较多，炖的时间又长，水量需要较多，要一次加足。中间加水，将影响汤汁的鲜醇。

根据原料的性质掌握好炖的火候。炖制时，旺火烧开后，立即转小火炖制，勿使汤汁激烈沸腾。原料质地老的，炖的时间可长些；质地较嫩的，时间可短些。另外，多种原料一起炖，要根据其性质，掌握好各种原料的下锅时间，使其一起成熟。

十九、蒸

蒸是将加工调味后的原料利用蒸汽加热，使之成熟或酥烂入味的烹调方法。

蒸是以水蒸气为加热导体，和其他烹调方法相比，蒸具有很多特点：首先，蒸有利于保持原料的原汁原味。在蒸的过程中，蒸锅（箱）内水蒸气处于饱和状态，原料内外的水分交流比较少。虽然有部分原料内部水分受热外溢，但外溢的水分仍在器皿中，不会流失。虽然也会有水蒸气的冷凝问题，但冷凝水进入菜肴毕竟较少。当然，从另一面来看，蒸不利于原料除去异味，也不利于原料吸收滋味。其次，蒸有利于保持原料的原有的形态。因蒸的时候，原料不用翻动。蒸汽加热不像水沸腾那样具有较大的冲击力。所以即使原料已达到成熟或酥烂的状态，也不改变外形。由于蒸的这一特点，使蒸广泛地被造型讲究的工艺菜所应用。最后，蒸所适应的原料比较广泛，无论质老还是嫩，形态大还是小，固体还是流体、半流体，皆可运用此法成菜。

由于蒸菜适应的原料比较广泛，成菜后要达到的质地特征又有所不同，所以蒸制要采取不同的火候。第一种是旺火速蒸，这种方法要求火力旺、水量宽、蒸汽足，迅速使原料达到断生或刚熟的状态。此法适用于质地软嫩的原料，蒸后达到清淡鲜嫩的程度，如清蒸鱼。第二种旺火沸水长时间蒸。要求蒸时旺火沸水、一气蒸成。适于质地老、形体大的原料，如扣肘子、粉蒸肉等。第三种是中小火沸水蒸。蒸时要求控制火力，汽不可过足。适于蒸制质地软嫩、经过加工造型、要求保持形状完整的原料。如蒸鸡蛋羹、绣还球干贝等。

蒸根据蒸制具体方法和风味特色，又可分为清蒸、干蒸、粉蒸三种。

（一）清蒸

1. 工艺流程

选择原料→加工处理→盛装→添汤调味→蒸制→成菜。

2. 工艺特点

①清蒸的原料一般蒸前要焯水处理，去除原料的血污和异味。

②清蒸是带汤蒸制，汤要调味，蒸后一般带汤上席。

3. 风味特色

清蒸具有汤清汁宽、主料质地软嫩或软烂，清淡爽口的特点。

4. 适用范围

清蒸的原料一定是鲜活的原料，如鸡、鱼等。代表菜有清蒸鸡、清蒸鱼。

5. 操作要领

①清蒸的原料一定要新鲜、没有异味。有些池塘的鱼虽然是活的，但土腥气太重，也不宜使用。

②清蒸的原料熟处理时，鸡要烫透，鱼要刮去黑皮，熟处理后原料可再用温水洗涤一下，使原料更加洁净，保持菜肴汤汁清澈。

③根据原料性质、形态大小掌握好蒸的时间。要使原料熟而不过。

（二）干蒸

干蒸又叫旱蒸。顾名思义是不带汤汁的蒸法。

1. 工艺流程

原料选择→加工处理→调味、调制→蒸制→装盘→成菜。

2. 工艺特点

干蒸原料的加工处理，因原料不同也各不相同，有的生料直接刀工处理，有的须经焯水、水煮或油炸后再刀工切配。有的原料被加工成蓉泥状，还要加汤、鸡蛋、淀粉、调味品调制，再制成一定的形状后上屉蒸制。

3. 风味特色

干蒸的菜肴具有原汁原味、形态完整、质地软嫩或软烂的特点。

4. 适用范围

干蒸方法适用于鸡、鸭、鱼、猪肉、某些蔬菜、水果等。代表菜有干蒸鳌花、绣球干贝、八宝饭、瓤青椒等。

5. 操作要领

①要选择新鲜度高、无异味的原料。蒸制时要根据原料的性质掌握蒸制所用的火力和时间。

②干蒸后的菜肴，有的直接上席，这些菜肴加热前调味要适当重一些；有的菜肴干蒸后还要浇汁，或带其他味汁上席，加热前调味要适当轻些。

③蒸制后扣盘成菜的干蒸菜，扣盘时要注意手法，不要损坏了原料的形态。浇汁的干蒸菜要明油亮芡，以增进菜肴的美观。

（三）粉蒸

粉蒸可以认为是一种特殊的干蒸。

1. 工艺流程

选择原料→刀工处理→调味浸渍→拌制米粉→装碗蒸制→扣盘成菜。

2. 工艺特点

粉蒸菜在蒸制前，先要炒米粉和处理主料。炒米粉的方法是，将大米用小火煸炒至米粒发黄，再加花椒、茴香、桂皮炒出香味，拣去香料，将米磨成粗粒。处理主料，是将主料刀工切制成片、条、块状，再根据复合味型的要求，加各种调料拌匀浸渍一会儿，使之入味。主料调味后，拌匀黏附上米粉，上屉蒸制。

3. 风味特色

粉蒸菜一般具有软糯滋润、醇浓香鲜、肥而不腻的特点。

4、适用范围

粉蒸方法适用于猪肉、牛肉、羊肉、鸡和某些蔬菜。代表菜有粉蒸猪肉、粉蒸羊肉、粉蒸鸡等。

5. 操作要领

①米粉要先用磙籼米炒制，不能选用糯米、粳米炒制。这样成菜后米粉才松疏、滋润。

②粉蒸的原料如缺乏脂肪，可适当在调味时拌和脂肪，以使成菜油润肥美。

③粉蒸类菜肴蒸制时要一气呵成，中途不能断火或突然降温，否则会影响菜肴质量。成菜后要立即上桌食用，才能突出粉蒸菜在色、香、味形等方面的最佳效果。

二十、烤

烤是指用热空气和热辐射把加工处理的原料直接加热成熟的烹调方法。

烤制菜肴的烤炉有多种，热源也有多种，但其传热过程都是热源先把空气烧热，空气再把热量传给原料，同时，热源的强烈辐射也给原料以很高的热量。烤的温度很高，在高温的作用于下，原料会迅速地脱水，形成香脆的外表层，高温还能使原料散发出很浓的香味。

烤由于烤炉不同，操作方法不同，可分为明炉烤和暗炉烤。

（一）明炉烤

明炉烤是把原料放在敞口的火炉或火盆上烤。

1. 工艺流程

选择原料→加工处理→调味→烤制→刀工处理→装盘、加配调料→成菜。

这是传统明炉烤的工艺流程。但现在风行全国的烤羊肉串等则是原料切片或块，串好后直接烤制边烤边调味，烤好后直接食用。

2. 工艺特点

明炉烤具有设备简单，方便易行，火候易于掌握的优点。但一些较大型的原料，由于不易成熟，烤制时间长，则技术难度较大。

3. 风味特色

明炉烤的菜肴具有色泽鲜艳、皮脆肉嫩、香气浓郁的特点。

4. 适用范围

明炉烤适用于鸡、鱼、方肉、乳猪等大型原料，也适用于牛羊肉、禽类内脏、鹌鹑、鸽子等原料。代表菜有烤酥方、烤乳猪、烤牛肉、网油包烧鸡、烤羊肉串等。

5. 操作要领

①要选好原料。如烤酥方，需选厚膘连皮带肋骨的肉，而且肉皮必须平整没有凸凹的为好。烤羊肉串，羊肉要

去掉筋膜、筋腱，选取质地细嫩者。

②搞好烤前处理。烤前处理直接关系到菜肴质量，绝不能马虎。如网油包烧鸡，在烤前必须先用调料腌渍入味，再用网油包裹好。烤酥方烤前必须烧燎泡刷肉皮。

③烤制时要掌握好火候。对于形体大的原料，要有耐心，离火不可过近，要不断转动原料，使各部分受热均匀。

（二）暗炉烤

暗炉是封闭的烤炉，用暗炉烤，由于热量集中，原料四周受热，温度较稳定，所以烤制所用时间较短，容易烤透。

1. 工艺流程

选择原料→加工处理→调味→整理→入炉烤制→刀工处理→装盘、加配调料→成菜。

2. 工艺特点

①暗炉烤需要封闭的烤炉设备，操作技术强。

②用暗炉烤，由于热量集中，原料四周受热，温度较稳定，所以烤制所用时间较短，容易烤透。

③暗炉烤由于原料不同，在具体操作上可有很大的不同。

3. 风味特色

暗炉烤的菜肴具有色泽棕红、皮酥肉嫩、香气浓郁的特点。

4. 适用范围

暗炉烤适用于鸡、鸭、鱼、方肉等大型原料。暗炉烤的代表菜最著名的是挂炉烤鸭。

5. 操作要领

①原料要选新鲜的原料。

②原料烤前处理和方法要根据菜品的质量标准进行选择。对于有异味的原料，烤前必须进行去除异味。整只原料腹腔需填注汤水的要注意封好口防止溢漏。

③烤制时要灵活掌握好火候。

二十一、拔丝

拔丝又叫挂浆，是将油炸后的小型原料，挂上能拔出丝来的糖浆的烹调方法。

1. 工艺流程

选择原料→刀工处理→挂糊、拍粉→炸制成熟→熬制糖浆→包挂均匀→装盘成菜。

2. 工艺特点

①拔丝菜的原料先经去皮、去核或籽后，一般切成块状。原料大多要挂糊。所挂糊主要有全蛋糊、蛋泡糊、蛋清糊等，也有的原料拍粉拖蛋滚面包渣。

②拔丝菜熬制糖浆的方法是关键。其方法常用的有三种：水浆、油浆、油水混合浆。水浆纯用水熬制而成。油浆纯用油熬制而成；油水混合浆是用油和水共同熬制而成。在具体操作中，可根据需要和工作习惯选用。

③拔丝菜在包挂糖浆时，往往还要撒上少许青红丝或熟芝麻以增色、添香。拔丝菜成菜后要立即上桌。上桌时，还要随带一碗凉水蘸食，以便降低糖浆的温度使菜肴香脆不粘牙、不烫嘴。

3. 风味特色

拔丝菜一般具有甜脆香酥、色泽浅黄、明亮晶莹、拉动多丝的特点。

4. 适用范围

拔丝菜比较适用于一些水果和薯类蔬菜，如香蕉、橘子、葡萄、山楂、苹果、梨、马铃薯、地瓜、山药等。也适用于鸡蛋、莲子、豆沙、猪肉等原料。代表菜有拔丝香蕉、拔丝葡萄、拔丝白果、拔丝地瓜、脆皮豆沙、酥白肉等。

5. 操作要领

①拔丝的原料除自然形态如葡萄、莲子等外，切块不宜过大，片不宜过厚，尤其是马铃薯等不易熟的原料。块、片切得要大小、薄厚一致。

②掌握好油炸的火力和时间。一般来说，水果类原料以炸透为准。时间不宜过长；而薯类原料一定要炸熟，时间不宜过短。从色泽上说，都应炸上色，或浅黄，或金黄为好。在原料即将炸好捞出时，油温可高些，以使外皮脆硬一些，挂糖浆翻动时才不易破碎。

③熬制糖浆是拔丝菜成功的关键。以水油浆为例，糖浆熬制大体经历三个阶段，第一阶段因糖浆含水量大，基本无色，气泡大。第二阶段含水量逐渐减少，糖浆变得黏稠，气泡变白。第三阶段，气泡变得小而细密，糖浆由稠转稀，色泽由白变黄，即可投料翻挂。如果在第二阶段放入原料，就会使糖重新结晶返砂；如果第三阶段继续加热，糖浆就会变红变黑、焦糖化。

④油炸、熬糖最好同步进行。如果能把油炸和熬浆同时完成，巧妙结合在一起，拔丝的效果将更好。如果不能，也要尽可能缩短两者之间的时间。因为油炸和挂糖浆间隔时间过长，主料温度过低，不仅糖浆不易挂匀，而且拔不出丝。有的菜肴如拔丝雪糕，必须同步进行。

二十二、挂霜

挂霜是将油炸后的半成品原料粘上一层返砂糖浆或撒上一层糖粉成菜的烹调方法。

1. 工艺流程

①选择原料→加工处理→油炸→装盘→撒上白糖粉→成菜。

②选择原料→加工处理→油炸→挂上拔丝糖浆→撒上白糖粉装盘→成菜。

③选择原料→加工处理→油炸→挂上返砂糖浆→装盘成菜。

2. 工艺特点

实际上挂霜有三种不同方法：

①撒霜。原料油炸后直接撒上糖粉。

②冰霜。原料油炸后先挂上拔丝的糖浆再撒上糖粉成菜。

③返霜。原料油炸后挂上返砂阶段的糖浆。

3. 风味特色

挂霜类菜肴具有色泽洁白、口味香甜的共同特点。在质地方面，由于菜肴不同而不同，撒霜菜大多质地松软；冰霜菜、返霜菜质地酥脆。

4. 适用范围

挂霜菜适于豆沙、苹果、香蕉、鸡蛋、金糕、猪肉等原料，代表菜有雪衣豆沙、雪衣苹果、雪衣金糕、冰霜瓤白内、香酥丸子、返砂白肉等。

5. 操作要领

①撒霜菜的菜肴只要能掌握炸的制作要领，炸后趁热撒上糖粉即可。冰霜类的菜肴掌握了拔丝的要领，拔丝后趁热散上糖粉即可。

②返霜类菜肴的关键是熬制返砂糖浆，返吵糖浆只能用水浆，熬制时要用慢火，要让水分慢慢蒸发，当糖浆变得浓稠，色泽发白即可放入炸好的原料颠翻推搅，待糖浆冷却即可返砂。注意原料放入后要立即把炒勺端离火口，使糖浆迅速降温。如能在阴凉通风处翻动推搅，效果更好。

二十三、蜜焖

蜜焖又称蜜汁，是把加工处理的原料加水、蜂蜜、白糖，用中小火收浓汤汁，主料熟透成菜的烹饪方法。

1. 工艺流程

选择原料→加工处理→初步熟处理→焖制→收汁成熟→装盘成菜。

2. 工艺特点

①蜜焖的原料去皮、籽或核后，有的可保持原有自然形态，有的要改刀成块、条状。

②其熟处理的方法主要是水焯，也有油氽、汽蒸或水煮的。

③蜜焖时一般是旺火烧开，中小火焖制成熟，收汁装盘。

3. 风味特色

蜜焖的菜肴一般具有汤汁浓稠、明亮美观、酥糯香甜的特点。

4. 适用范围

蜜焖适于山药、地瓜等薯类和苹果、桃、梨、山楂、枣等水果以及莲子、栗子等原料。代表菜有蜜焖三鲜、蜜焖山药墩、蜜汁白梨、蜜汁三果、蜜汁桃脯等。

5. 操作要领

①蜜焖时，可先用油或水把部分糖炒成黄色，再加入蜂蜜、水、主料和其余的白糖焖制，糖汁容易浓稠发亮。

②蜜焖时，要根据原料的性质掌握好焖制的时间，以原料熟透、糖汁黏稠为好。时间过长，原料过分熟烂，往往会破碎，影响菜肴形状。

③蜜焖的糖汁内如能酌量先加桂花酱、香精、香油、桂花等，可使菜肴的风味更佳。

第十二节 吉菜烹调技艺——菜肴盛装工艺

菜肴盛装包括热菜与凉菜的装盘。它是烹调技术全部操作过程的最后一道工序，是一道技术性和艺术性较强的重要工序。不管是热菜还是凉菜，不管是一般菜还是花色菜，食用前都要装盘或装入其他盛器。不管是随意的还是精心的，在装入盛器后，菜肴就有了一定的形式。精心的盛装是烹调技术的基本功，是烹调技术的最后体现，绝不要认为这是烹调技术以外的内容。

一、盛具的种类与用途

（一）圆盘（又称平圆盘）

形状呈圆形，在盘子中心圈以内微微下凹，盘边微微上翘，直径在16~53厘米之间，小的可盛装冷碟小菜，中等的可盛装熘炒菜肴，大的可用于盛装整鸡、整鱼、整鸭及花色菜肴，还可用于筵席中花摆冷盘的使用。

（二）腰盘（又称椭圆形盘、长盘、条盘、鱼盘、鱼池）

形状呈猪腰子、椭圆形。长轴一般在18~70厘米之间，用途与圆盘相同。

（三）汤盘

呈圆形，盘底略深，直径在20~40厘米之间，主要用于盛装烩菜及汤菜较宽的煨、炖、烧菜等，还可用于抽蛋泡糊，制作芙蓉菜肴。

（四）汤碗

呈圆形，碗底深凹，容积较大，直径一般在17~40厘米之间。有的带盖称为瓷品锅，有的汤碗边沿还有各种变化，有的荷叶状、葵叶状等，主要用于盛装整只鸡、鸭及汤菜等。

（五）扣碗

呈圆形，碗底深。直径一般在17~27厘米之间。主要用于盛扣肉、酥肉，经刀工处理的鸡、鸭等。还有一种扣钵，形圆较大，一般用于盛装全鸡、全鸭、全蹄等。

（六）品锅

品锅主要有铜、锡、瓷三种。直径一般在34~47厘米，有盖，容积较大。有的中间分三档隔开呈"品"字形。可用于盛装全鸡、全鸭、全蹄等。

（七）砂锅（又称煲）

呈圆形，带盖，有的带有耳，还有的带有把柄，直径一般在14~32厘米之间，是加热器具又是盛具。特点是散热慢，能起到保温的作用。运用于煨、焖、炖、煮等烹调方法制作的菜肴，制好后连同砂锅一同上席。

（八）汽锅

形似砂锅，比砂锅高，有盖。规格有六七种之多。直径大的砂锅约在27厘米，小的砂锅约在10厘米，是一种陶瓷蒸锅。一般是用紫砂制作。打开盖，锅中心有一塔形的空心蒸汽管，从锅底通至上面接近盖子。蒸时，将经过刀工得理的或焯水处理的原料放入锅内加盖子上蒸笼。汽从底部空心蒸汽管直串入汽锅内，使原料蒸熟而且还具有香味不外透，质感酥香、汤汁鲜醇而澄清的特点。汽锅主要用于蒸制高档原料，如鸡、甲鱼、哈士蟆等。

（九）火锅

火锅是一种在锅内放入高汤烧沸，汆生料而熟再蘸调味料而食的一种加热器具和盛大具。火锅用铜、锡、铝、搪瓷等材料制成。火锅按使用的燃料可分为以下五种类型：

1. 炭火锅

传统的炭火锅多用铜质制作而成。圆形，上宽下窄，锅的中央逐渐高出锅面而呈圆筒形，可安放小烟筒。有盖，盖的中间有圆孔，可穿过烟筒盖在锅上。锅底有座，座形是上窄下宽呈圆形。底座内有小炉膛还有炉箅子可放炭火，火力最强。但在烧的过程中需要加炭以维持火力。加炭时把小烟筒安上，把盖穿过烟筒盖在锅上，再把炭放入小烟筒内，通过小烟筒进入炉膛内。炭火锅的优点是火力旺，充分燃烧时灰很小。缺点是食用时间长时，需要加炭并且烟多灰大。

2. 鸳鸯火锅

同传统的火锅一样，只是在锅内有隔，将锅内分为两部分，分盛两种汤料，可使汤味不串，一锅两用。

3. 菊花锅

式样呈圆形，分上下两托。一托为锅体，下托托住锅体，下托有炉膛，内放酒精为燃料，周围有镂空的花纹罩住锅体。这种锅的优点是四面出火，火力均匀，火力较强，无灰、卫生好。缺点是使用酒精要格外注意安全。

4. 电火锅

形如火锅。有陶瓷的、铜质的、搪瓷的。也分上下两托，上托为锅体，下托内也有炉膛但不是放炭用的，而是安放电阻丝，下托体外有电插座，是从炭火锅的基础上演变过来的。优点是无火无烟无灰，卫生好，缺点是火力慢仅适于4~6人食用。

5. 烧液化气的铝盆火锅

这种简易火锅主要是在家庭里较为常见。将炉具放在桌子中间，点燃后置铝盆于炉具上，放入汤，食法如火锅。优点是无火无烟无灰，卫生好。缺点是有燃烧的液化气味。

（十）酒精锅

整体为平行框架，一端有容器呈圆筒状可放酒精之用，另一端有炉具，炉具上放平底的不锈钢锅体，呈圆形，锅有盖。两端有管相连，是输送酒精的。锅底框架上有开关，拧开点燃。食法如火锅。优点是既可单人食用，又可多人食用。但多人食用时一般是用酒精锅制作汤菜。火力可调，保温效果好。缺点是易倒，锅体容易滑掉。

（十一）攒盒

是一种7~9个盒拼在一起所组成的一整套或单个的盛装器具。底略深有盖。中间一个较大，旁边围6－8个较小的盒。专用于盛装冷菜。还有一种是供单人使用的盛具，形状有南瓜、螃蟹、苹果、菠萝等，有盖，由顾客自己打开。

（十二）分餐盘

是不锈钢制作，呈长方形，长约35厘米，宽约20厘米。一般有二大四小的凹下部。大的可盛装饭和汤，小的可盛菜，一般用于会议的分餐或自助、快餐。卫生好，上菜速度快。

二、冷菜的盛装工艺

（一）冷菜盛装的要求

凉菜制作的最后一道工序就是盛装。凉菜的盛装就是根据食用与美学的要求，把经过制作加工的凉菜原料经刀工处理后或直接整齐美观地装入盘中。

凉菜是筵席的开路先锋，是第一道菜。凉菜盛装的好坏会直接影响整个筵席的质量。如果达到刀工精细、美观，选用不同色彩，形状、口味、质地的原料拼装而成，不但具有较高的营养价值，而且还具有较高的艺术欣赏价值。如果刀工粗糙，盛装散乱，就会影响宴会气氛，以及整个筵席的质量。

1. 必须以食用为主

制作凉菜的目的是食用盛装是为更好的食用。应考虑用料、口味、颜色、质地等多方面的内容，避免口味单一、用料单一产生的乏味感，还要避免单纯地追求华美。首先是食用性，然后才是欣赏性。

2. 色彩搭配要协调美观

品种丰富的凉菜原料都有不同的色彩、性能、形态、口味和质量。彼此之间的搭配盛装一定要协调美观。在盛装时要注意不同颜色原料之间的搭配和映衬。如果整个凉菜将几种颜色很相近的盛装在一起必然显得单调。相反地，在盛装时有计划的选择，合理安排，搭配得当，使各种颜色浓淡相间，互相衬托，就会产生自然柔和的感觉，给人以美的享受。如“雄鹰展翅”，雄鹰本身色彩不是鲜艳的，色调深。常用猪肝、松花蛋、酱肉等。要避免原料都是深色的办法，不能在雄鹰上打主意，而是在雄鹰的下方，可用色彩鲜艳的原料盛装成假山等景色画面，这样就显得协调美观。

3. 兼顾软硬面

软面是指不能排列整齐的比较细小的原料堆积起来形成的不规则的表面。如菜松、蛋松、发菜、海米等。硬面是指质地较为坚实，经刀工处理后具有特定形状、料面光滑的原料排列整齐形成的有一定规律的表面。因此，在盛装中要有软硬面的配合，这样盛装出来的形态才丰富、自然。

4. 防止串味

在一盘凉菜中，往往都是不同口味的，有的带有汤汁的原料搭配在一起。如果配合得不恰当就会串味，影响各自的清爽与醇正。如将“酸辣瓜条”与“拌鸡丝冻粉”配在一起，结果都失去了各自的特点而味不醇正，这就是串味。串味必然影响质量。

5. 注意与盛器的协调配合

凉菜在盛装时要与盛器协调照应，突出菜肴的色彩、形态，使菜肴更显得高雅和美观。

6. 降低损耗，节约用料

尤其是需要盖面盛装的凉菜，一定要注意下脚料的合理运用，使原料物尽其用。需要垫底的，不能把盖面的原料用上，更不能大材小用，要合理用料。

7. 注意营养，讲究卫生

凉菜盛装需要刀工处理，菜墩和刀及原料都要生熟隔离，刀和菜墩都必须是专用的。绝不能在同一菜墩刚切完生鱼就切酱肉，应严格执行卫生“五·四制”。

8. 盛装的形态要灵活多样

在一桌筵席中，往往有一组凉菜，这几只菜肴的形式与花样不能是同样不变的，而要用不同的原料、口味、色彩、质地、刀法、形态，使盛装富有变化，诱人食欲。有时还可用食品雕刻来装饰美化凉菜，增加和烘托场面气氛。

（二）冷菜盛装的方法

1. 一般冷盘的盛装步骤和方法

（1）垫底

把一些较差的原料放在盘底称为垫底。目的是先铺垫成一定形状，为下一个步骤打好基础。

（2）盖面

盖面就是将经过刀工处理的质地优良、形态整齐的原料，将垫底原料全部盖住并呈现出排列整齐、工艺美观的表面。这是冷盘的主旋律，是最主要的表现形式。

（3）点缀

点缀又称衬托，就是根据需要，在适当部位放置一些点缀品，如青菜叶、红或绿色的樱桃、萝卜花等，使整个冷盘更加悦目和谐。但点缀品放得过多就会杂乱和喧宾夺主，甚至不能食用，所以要适量、恰当。

2. 花色冷盘的盛装方法

花色冷盘的盛装步骤和方法与一般冷盘的盛装步骤和方法相同，只是花色冷盘的盛装有很强的艺术性。更需要在盛装前、盛装过程中、盛装后下功夫。

（1）构思

构思就是根据筵席的规格、目的和要求确定所盛装冷盘的名称，构想或勾画出名胜形图案，也就是确定主题，创造性地去发挥，也可以模仿某种图案去练习、提高。

（2）选料

选料就是根据构思的造型图案这一主题，在色彩、形状、质地、口味、性质等方面对原料进行最佳的选择，包括根据需要自制原料，如蒸蛋糕、炸菜松等，也包括根据衬托美化主题的需要选择最佳的餐具。

（3）刀工处理

把选好的原料运用精细的刀工切制成造型所需要的各种形状。要整齐、均匀、利落。

（4）造型盛装

造型盛装就是根据构思的主题，在适当的盘内把已备好的凉菜原料拼摆成形。具体操作可分以下两个阶段：

①确定基本轮廓。也就是表达形象轮廓的基本形态，将一些可塑性强的原料在盘内首先完成形象的基础。基本轮廓确定的好坏将直接影响整个冷盘的盛装效果。

②盛装成型。将已选好的原料按一定的顺序，把不同颜色的原料盛装成一个完整的形象图案。

（5）恰当点缀

盛装成整体形象后，有的需要在盘中空隙处或适当位置，装点相称的装饰原料，目的是使整个冷盘更加悦目完美。

三、热菜的盛装工艺

（一）热菜盛装的要求

要根据菜肴的形态选择盛具。菜肴的盛装要与盛具形态相适应。圆形盘，要将菜肴装成圆形，腰盘要装成椭圆形，整条鱼要装在鱼盘里。

菜肴盛装时要注意菜量与盛具相适应，不可过满装到盘边。

两味或多味菜肴同装一盘时，应力求分量平衡，形态完整相照，界线分明。如果一个菜有汁，另一个无汁或很少，应先装有汁的后装无汁或少汁的。使之在形、色等方面不受影响，避免压味和杂乱。

（二）热菜盛装的方法

1. 炸制菜肴的盛装

（1）菜品特点

炸制菜肴的特点是没有汁芡。大都呈块、条、段或小的整体（如虾仁），块块分开，形状均匀。

（2）盛装方法

先将菜肴倒在漏勺中掂一掂，快速沥净油然后把菜肴倒入盘中。

（3）技术关键

从漏勺中将菜肴倒入盘中时，要迎着倒入方向用手勺或筷子挡一挡，注意不要倒在或掉在盘子外边。若掉在外边、捡回装盘是不卫生的，不捡回菜肴定量又受影响。装盘后，一般在盘子中心圈内呈馒头状，如有凸出或凹陷，可用筷子加以调整，切忌用手操作，防止烫手影响卫生。

2. 熘、爆、炒类菜肴的盛装

（1）菜品特点

这几类的菜肴特点是大多有汁有芡，原料形状较小，易于盛装。

（2）盛装方法

①左右交叉轮拉法。一般适用于形态较小，勾芡或勾薄芡的菜肴。方法是装盘前要先颠勺，将形大的翻在上层，形小的翻在下层，然后用手勺将菜肴拉入盘中。

②倒入法。一般适用于质嫩易碎的勾芡菜肴，往往是单一料或主配料无显著差别的菜肴。方法是装盘前要先大翻勺，将菜肴整体翻个身，多面手倒入盘中。

③分主次倒入法。一般适用于主配料比较明显差异的菜肴。方法是先将配料较多的部分倒入盘中，最后将主料较多的部分铺盖在上面，侧重突出主料。

④覆盖法。一般适用于基本无汁的或不勾芡汁少的爆菜。方法是盛装前先翻勺几次，在进行最后一次时，用手勺趁势接入部分菜肴，先倒炒勺内的菜，然后将手勺中的菜覆在上面。

（3）技术关键

①左右交叉轮拉法。要用手勺一勺从左边，一勺从右边轮流向盘中拉，形小的垫底，形大的盖面能显得形态饱满。如“滑炒里脊丝”，把不太整齐的垫底，将丝匀形好的盛在上面。

②倒入法。翻勺时，要翻到形色完美汁芡均匀时淋少许明油，盛在盘子的中心圈内。

③分主次倒入法。要先次后主，分二次装盘。如“炒肉青椒”。肉量少，青椒量多，装盘时要突出质量好的，将肉尽量地显示在青椒上面。

④覆盖法。在倒炒勺内菜肴时，得用手勺挡一挡，使菜能盛在盘子的中心圈内，然后视先盛入的形状有不饱满处，再用手勺中的部分去覆盖住，如“爆海贝”。

3. 烧、焖、炖、㸆类菜肴的盛装

（1）菜品特点

这类菜肴一般是原料形较大，乃至整只。加热时间长，质地酥烂。除有些菜肴需原砂锅上席外，其他装盘方法大致相同，用于筵席中的大菜。

（2）盛装方法

①拖入法。一般适用于整只的原料，特别是整条鱼的装盘。方法是先将锅转动，略掀一下，趁势将手勺迅速插到菜肴下面，再把锅移近盘边，将锅身倾斜，用手勺连拖带倒，将菜肴拖入盘中。

②盛入法。一般用于不易散碎的块形原料所组成的菜肴。方法是用手勺将菜肴盛在盘内，先盛细碎的小块，最后盛形整、体大的快料。

③扣入法。一般适用于事先根据不同需要在碗中排列成形或配色图美的菜肴，方法是先将菜肴按需要将每件紧密地排列碗中，排平碗口后把盘反覆在碗口上，然后迅速翻转过来，将碗慢慢提起，撤出。

（3）技术关键

①拖入法。拖入时，以锅底碰不到菜肴又离菜肴是最近为度。拖入的位置要准确，不可入盘后再重新在盘内摆正，如移动会有汁芡留在原位置，显得不利落。

②盛入法。分几次装盘，手勺不能将原料的形状戳破、戳烂。防止汤汁淋在盛器的边上。

③扣入法。排料要紧密，菜肴下面向着碗底，先排大块形态的原料，再排形小的原料，最后排辅料；菜肴摆排放在碗口为宜，不可排得过多或过少，否则形状易散；扣盘时要将菜肴扣在盘的中心圈内，不能偏。撤碗时要纵向缓慢进行。

4. 扒、煽菜的盛装

（1）菜品特点

这几类菜肴的特点是原料入锅整齐，虽经过加热乃至几次翻勺仍保持整齐形态。

（2）盛装方法

菜肴出锅前，淋明油，转动炒锅后大翻勺，使菜肴形状整齐翻过来，并趁热迅速将菜肴扒入盘中。

（3）技术关键

①翻勺前一定要转动炒锅，视菜肴转动否，若不转动则是菜肴粘在锅底不能翻勺。

②要趁热翻勺，翻勺前淋适量明油，以增加菜肴的光亮和炒勺的光滑性。翻勺后菜肴形状不能散乱。

③装盘时，锅身要倾斜，不宜离盘过高，一面转动菜肴，一面将锅迅速向盘边移动。

5. 整只或大块菜肴的盛装

（1）菜品特点

这类菜肴形大，加热时间长，装盘时要形态饱满，扬长避短，突出原料特点。

（2）盛装方法

①整鸡、整鸭。由于鸡、鸭胸部肌肉丰满，背部骨骼突出，因此要腹部朝上背部朝下；鸡、鸭的颈部较长，应将头弯转过去，紧贴在背部。

②整鱼。单条的鱼应装在盘子的正中，头部在盘子的右侧，腹部有刀口的一面朝下并面向操作者，如“红烧鱼”。还有的单条鱼也是装在盘中央，但腹部朝下背部朝上立在盘中，如“金毛狮子鱼”。另外，分雌雄片的全鱼，背部应向盘中腹部向外，如“西湖醋鱼”；一盘中装有二条鱼，要注意长短相等、双腹相对紧靠在一起，背部向外；装盘后需淋汁的全鱼，应该从头部向尾部浇，要浇均匀。头部要多淋一些，因近头部位置肉多。要注意汁芡不要四处淋漓。

③蹄膀。要皮面朝上，骨朝下，因为带皮的那面是着色的，经加热后形状饱满，色泽鲜艳美观。

（3）技术关键

①整鸡、整鸭。将头弯转时，要紧贴在背部。

②整鱼。单条鱼装盘要注意鱼腹部刀口要朝下；盘中装有二条鱼，注意鱼腹要相对；浇汁时，要浇匀，不能四处淋漓。

③蹄膀。要皮面朝上，骨朝下；浇汁时，要浇匀，不能四处淋漓。

6. 汤、烩、羹类菜肴的盛装

（1）菜品特点

这些类菜肴的特点是原料细小质嫩，以水或汤导热，经加热后，汤宽味醇，不勾芡或勾薄芡，成为汤菜或半汤半菜。

（2）盛装方法

①这些类的菜肴一般用汤碗、汤盘、汤婆子盛装，占盛具容积的 80%~90%。太多容易溢出，上席时手指还容易接触汤汁，不卫生，少则不饱满。

②由几种形小易散的汤料所组成的汤菜，需要保持一定造型的，应将菜肴整齐地扣摆于碗中，然后用手勺覆盖原料，将汤缓慢地淋入，保持菜肴形态完整，如“荷花莲蓬汤”。

③有些高档汤菜在原料盛入碗后，汤汁应通过汤筛过滤，淋入碗中。这样能使汤清洁而美观，如“清汤蒸菜”。

④大型原料的汤菜，应先将原料盛入碗中，然后再将汤汁缓慢地倒入，如“清汤鱼圆”。

（3）技术关键

盛汤不要过满或过少；需要保持一定造型的汤菜要缓慢注入菜汤。

第十三节 吉菜面点技艺——面点制作基本功与工艺流程

一、面点制作的基本功

（一）和面

依据制品要求，将粉料与其他适量辅料（如水、油、蛋、糖等）逐渐混合，搅拌均匀不同状态后开始揉面，直至面团光滑、柔软且富有弹性。这一步是面点制作中最基础的步骤，和面的好坏直接影响最后成品的质量。

（二）揉面

在和面的基础上，将和好的面团通过反复推压和揉搓，使其更加光滑有弹性。揉面有助于增加面团的延展性和柔软度。

（三）搓条

将揉好的面团上劲，分割成小块，每个小块用手掌在台面上滚动向两侧延伸，搓成长条状。这是为了更好地分割和操作面团。

（四）下剂

将整块或者长条状坯料，按照品种规格的要求，采用不同的方法进行分个的操作过程。下剂直接关系到制品规格的整齐一致。

（五）制皮

制皮是包馅前的一项操作程序。在面点制作中，大多数包馅品种都须先进行制皮。由于品种不同、要求不同、特色不同、坯料的性质不同，制皮的方法多种多样。

（六）上馅

把各种不同馅心或原料通过操作使坯料和馅心合为一体成为成品、半成品的方法。

（七）成形

用调制好的面团或坯皮，按品种要求运用各种成形方法，使成品定型或生坯定型。

不同的面点种类可能有稍微不同的操作步骤和技巧，制作面点需要一定的经验和技巧，随着不断地练习，会变得更加熟练。

二、面点制作工艺流程

面点的基本操作程序是：选料→和面→揉面→搓条→下剂→制皮→成形（包馅）→成熟→装盘。

（一）选料

定量选择适合面点品种制作所需的面粉、水、油等原料。

（二）和面

将选好的面粉与水或油或水油混合拌匀，通过初步揉搓形成一定硬度的面团。将面团继续用力揉搓。

（三）揉面

将和好的面团，通过反复揉搓，将其揉匀、揉润，直至表面光滑，不粘手，并且有一定的韧性。

（四）成熟

将制作成形的面点生坯（半成品）运用各种加热方法，使其成为符合面点质量标准的熟制品（成品）。

（五）装盘

将成熟后的成品摆放在盘中，并根据需要搭配合适的调料或配菜。

三、面点的分类

（一）按原料分类

主要分为米面类制品，如馒头、包子、饺子、油条、米粉、米糕、米线等制品；豆类及豆粉制品，如豌豆黄、芸豆糕、绿豆糕等；杂粮和淀粉类制品，如小窝头、玉米煎饼、马蹄糕等；其他原料制品，如南瓜饼、荔芋角、薯蓉饼等。

（二）按面团性质分类

主要分为水调面团（冷水面团、温水面团、开水面团）；膨松面团（生物膨松面团、化学膨松面团、物理膨松面团）；油酥面团（层酥面团、松酥面团）；米粉面团（糕类粉团、团类粉团）和其他面团。

（三）按成熟方法分类

一般可分为：煮、蒸、炸、煎、烘、烤、烙、炒等几种。

（四）按形态分类

一般可分为糕、饼、团、酥、包、饺、粽、汤圆、汤羹、粥、烧卖、馄饨、冻酪等。

（五）按馅心分类

按馅料荤素性质一般分为荤馅类、素馅类、荤素馅类三大类；按馅料生熟性质可分成生拌馅、熟制馅等。

（六）按口味分类

一般可分为甜味、咸味、复合味三种。

第十四节 吉菜面点技艺——面点制作常用的食品添加剂

食品添加剂就是为了增强食品的感官性状，保证食品的质量，在食品原料中加入的一类化学合成或天然的物质。常用的添加剂主要有膨松剂、着色剂、赋香剂、凝胶剂、乳化剂等。

一、膨松剂

凡能使面点制品膨大疏松的物质都可称为膨松剂。膨松剂有两类：一类是生物膨松剂，多用于糖、油用量较少的制品；另一类是化学膨松剂，多用于糖、油用量较多的制品。

（一）生物膨松剂

生物膨松剂也称生物发酵剂。主要是利用酵母菌在面团中生长繁殖产生 CO_2 气体，使面点制品膨松柔软。

目前，制作面点的生物膨松剂主要有酵母菌和面肥两大类。酵母菌包括液体鲜酵母、固体鲜酵母和活性干酵母三种；面肥，或称老酵，就是上次用剩的发酵面团。此外还有将酒或酒酿作为膨松剂进行发酵的。

（二）化学膨松剂

常用的化学膨松剂主要有碳酸氢钠、碳酸钠、碳酸氢铵、泡打粉、明矾等。

1. 碳酸氢钠（$NaHCO_3$）

碳酸氢钠俗称小苏打，又称重碱。碳酸氢钠呈白色粉末状，无臭味，易溶于水，水溶液呈碱性，遇酸会发生中和反应，产生 CO_2 气体。受热易分解，分解温度为60℃ ~150℃，分解出气体为 CO_2 。碳酸氢钠常用于制作油条、麻花以及各类甜酥面点。

2. 碳酸钠（Na_2CO_3）

碳酸钠又称食碱，呈白色粉末或细粒状，易溶于水，水溶液呈碱性，遇酸则发生中和反应产生 CO_2 气体。碳酸钠受热不能分解。碳酸钠主要用于以老酵作为膨松剂的发酵面团中，中和面团发酵过程中产生的有机酸，产生 CO_2 气体，使面点制品膨大。此外，在冷水面团中适量使用，可以增加面团的韧性和延伸性。

3. 碳酸氢铵（NH4HC03）

碳酸氢铵又称臭粉，呈白色粉状结晶，有刺鼻的氨气味，易溶于水，水溶液呈碱性。碳酸氢铵在常温下可缓慢分解出 NH_3、CO_2 气体，60℃以上分解迅速。在面团中使用具有用量少、产气多的优点，但残留在面团中的氨气会导致面点制品表面出现气孔，色泽偏黄，口味不正，因此，碳酸氢铵一般和碳酸氢钠混合使用（注意用量，一般不宜超过面粉用量的 1%），常用于炸点和烤点的制作，以减少氨气的残留和利于氨气的挥发。

4. 泡打粉

泡打粉又称发酵粉、发粉，是由碱剂、酸剂和添加剂配制而成的一种复合型膨松剂。碱剂主要是小苏打，酸剂主要是酒石酸，或磷酸氢钙，或钾明矾等，添加剂是淀粉。泡打粉常温呈中性，受热时碱剂和酸剂中和反应产生 CO_2 气体。泡打粉使用量为面粉用量的 1%~3%，用量过多会影响制品的口味。

5. 明矾

明矾又称钾明矾、钾矾，呈无色透明坚硬的结晶块或白色结晶粉末状，无臭，味酸涩。在面点制作中常与碳酸钠或碳酸氢钠等碱性物质配合使用，酸碱中和产生 CO_2 气体。常用于油条、馓子等面点品的制作。但因明矾中含有铝，对健康不宜，故目前应用受限。

二、着色剂

着色剂通称食用色素，它是以食品着色为目的的一类食品添加剂。着色剂按其来源和性质可分为天然和人工合成两大类。

1. 天然着色剂

天然着色剂主要是指从某些食物原料中提取或利用和控制微生物发酵获取的食用天然色素。具有很好的安全性和着色自然的特点。常用的主要有红曲米、焦糖、叶绿素、姜黄素等。

（1）红曲米

红曲米又称红曲、丹曲。它是以优质早稻米为原料，利用和控制微生物发酵获取的食用天然色素。呈棕紫色，溶于热水、酸及碱溶液，色价稳定，是我国传统的食用色素。

（2）焦糖

焦糖也是我国传统的食用色素，又称糖色，呈红褐色或黑褐色。它通常以白糖为原料，通过熬制获得。

（3）叶绿素

用于食品添加剂的叶绿素主要是叶绿 a 和叶绿素 b，是从高等植物叶绿体中提取的。它们不溶于水，溶于有机溶剂，其降解速率与光的强度、氧气浓度、环境温度呈正相关。叶绿素 a 呈蓝绿色，叶绿素 b 呈黄绿色。叶绿素除了做着色剂外，还可作为食品的脱臭剂。

（4）姜黄素

姜黄素主要是从姜科植物姜黄根茎中提取的一种天然食用色素。呈橙黄色结晶粉末，在碱性时呈红褐色，在中性、酸性时呈黄色。目前应用食品中的主要水溶性和油溶性姜黄色素产品。

2. 化学合成色素

目前，我国允许使用的常用合成色素主要有胭脂红、苋菜红、柠檬黄、日落黄、亮蓝、靛蓝等，由于是化学合成，有一定毒性，故在《食品添加剂使用标准》中明确规定了可使用的范围和剂量。这些合成色素，多用于饮料、冷饮食品、糖果、配制酒、糕点彩装，使用量一般不得超过1：10000，在其他加工食品，尤其是婴幼儿食品中，都不可以使用合成色素。

三、赋香剂

赋香剂也称香味增效剂或香味改良剂。凡能增加食品的香气，突出食品风味的物质都可称为赋香剂。赋香剂按来源分有天然赋香剂和人工合成赋香剂。按质地分有水质、油质和粉质；按香型分有奶香型、蛋香型和水果香型。面点中常用的有橘子油、薄荷油、香兰素、吉士粉等。

1. 橘子油

橘子油是由橘皮经压榨或蒸馏加工而成。橘子油为浅橙色至橙红色液体，具有清甜的柑橘香气，是制作糕点、饼干等常用的赋香剂。

2. 薄荷油

薄荷油也称薄荷素油，由唇形科植物薄荷的新鲜茎和叶蒸馏加工而成。通常是淡黄色或黄绿色液体，具有薄荷香气，味初辛后凉，是制作冻类点心常用的赋香剂。

3. 香兰素

目前使用的香兰素主要合成香兰素，呈白色结晶或白色粉末状，具有香荚兰豆香气及浓郁的奶香。主要用于糕点、饼干等焙烤面食的增香。

4. 吉士粉

吉士粉是有多种原料混合而成的一种食品香料，为黄色粉末状，具有浓郁的奶香和果香味。适用于冷热甜点的增香。

四、凝胶剂

凝胶剂是一种能增加胶乳、液体黏度的物质，也称增稠剂。凝胶剂分天然和化学合成两大类，其中天然凝胶剂又分为动物性、植物性两类。面点中常用的凝胶剂主要有琼脂、明胶、果胶等。

1. 琼脂

琼脂又称琼胶、冻粉、洋菜等，主要是从海藻类植物石花菜和江蓠中提取而成一种。无色固体，溶于热水。具有凝结力强、冻胶爽脆、透明度高等特点。常用于水果冻、杏仁豆腐、豌豆黄等制品，还可用于鲜肉馅的掺冻。

2. 明胶

明胶是动物的皮、骨、韧带或鱼鳞中的胶原适度水解和热变性得到的产物。明胶为白色或微黄色半透明的、微带光泽的薄片或粉粒状，无挥发性，无臭味，有微弱的肉脂味。明胶具有凝结力强、冻胶柔软而有弹性、不易渗水等特点，常用于冷冻食品。

3. 果胶

果胶主要是从天然的水果柑橘和苹果皮中提取的一种食品凝胶剂。呈白色或带黄色或浅灰色、浅棕色粉末状，口感黏滑。常用作果酱、果冻的添加剂。

第十五节 吉菜面点技艺——面点制作工具

一、案板

面点案板，也称为擀面板，是一种用于制作面食的工具。它通常是由木材、竹子、大理石、塑料、不锈钢等材料制成的平板，可以为面团提供一个平整的工作表面。

二、锅具

面点锅具通常是指用于烹调、蒸煮或油炸各种面食的厨房用具。常见的面点锅具主要有：

1. 炒锅

炒锅是最常见的面点锅具之一。用于炒制、煮面和煮馅料，如饺子馅、包子馅等。

2. 油炸锅

油炸锅主要用于油炸各种面食，如春卷、油条、炸饺子等。

3. 烙饼锅

烙饼锅主要用于制作煎饼、烙饼、煎馅饼等。烙饼锅一般具有平坦的底部，以便于将面团或馅料铺展在上面，有助于均匀受热和烹饪出美味的薄饼类食物。

4. 煮面器

煮面器是专用于煮面条的器具。它的深度一般较大，使面条可以完全浸泡在水中煮熟。

5. 饺子锅

饺子锅是一种带有浅底和高侧壁的锅具，用于煮饺子。

三、蒸笼

蒸笼是用于蒸面食的工具。它通常是由竹子或不锈钢制成，有多层叠放的设计，可以同时蒸多个面点。

四、走槌（通心槌）

走槌是用于擀面片的工具。根据不同品种的要求，走槌分可分为大、中、小三种型号。小的型号主要用于擀烧麦皮。

五、面杖

面杖是擀制面皮的工具。杖体具有笔直、表面光滑的特点，以檀木或枣木的为好。根据用途及尺寸和使用形式不同，面杖可分为大、中、小三种型号面杖。根据面杖的形状不同，又有圆柱形杖、橄榄形杖。

1. 大型号面杖

大型号面杖长度 2.4~2.6 尺，较粗，用以擀大块面。

2. 中型号面杖

中型号面杖长度 1.6 尺，宜用于擀花卷、饼等。

3. 小型号面杖

小型号面杖长度 1 尺左右，用以擀饺子皮、包子皮及油酥等小型面剂。

六、其他工具

1. 饺子模具

饺子模具是用于制作饺子的工具。它通常是由塑料或金属制成，有不同尺寸和形状。

2. 面条机

面条机是用于制作各种类型面条的机器。它可以将面团压榨制成不同厚度的面片，然后通过切割部件将面片切割成所需宽度的面条。

3. 面团刮板

面团刮板是用于刮取黏附面板粘面的工具。

4. 面点切割器

面点切割器是用于切割大块面团的工具。

5. 面点刷

面点刷是用于在面食表面涂抹油、水或蛋液的工具。

6. 面点模具

面点模具是用于快速制作统一规格面点的一类成形工具。

第十六节 吉菜面点技艺——面团调制工艺

一、水调面团调制工艺

水调面团俗称“死面”“呆面”，是指在面粉中加入适量水调制而成的面团。具有组织严密，质地坚实，富有筋性、韧性和可塑性的特点。水调面团按水温的不通可分为冷水面团、温水面团和热水面团。

（一）冷水面团调制工艺

冷水面团调制一般经过配料、下粉、掺水、拌和、揉面、饧面等几个过程。

1. 工艺流程

配料→下粉→围面池→掺冷水→拌和→揉面→饧面→面团。

2. 工艺特点

①用 30℃以下冷水调制。

②掺水时，水不能一次加足，可少量多次掺入，防止伤水。必要时可掺入适量精盐，以增加面筋的强度和弹力，并促使面团组织紧密，筋性更强，色泽更白。

③面团的筋性好、韧性强、质地坚实、劲力大、延伸性强。

3. 风味特色

成品色白、滑爽而有筋力。

4. 适用范围

适合制作面条、水饺、春卷等。

5. 操作要领

①掌握好水温。冬季可用温的水（水温在 30℃左右）；夏季要使用冷水，必要时可在水中加冰块或冰水

降低水温。

②用劲揉搓面团。在和面时，当抄拌成雪花片状后，要用力捣揣，反复用劲揉搓，使面团表面十分光滑，不粘手。

③掌握好掺水比例。通常情况下，面粉和水的比例约为 2 ∶ 1。掺水量要根据成品需要、面粉的特性、加工环境的温湿度等因素灵活掌握确定。

④饧面要充分。饧面时间一般为 10~15 分钟，有时也可达到半小时左右。同时，饧面必须加盖湿布，确保表面湿润。

（二）温水面团调制工艺

1. 工艺流程

配料→下粉→掺温水→拌和→散热→揉面→饧面→面团。

2. 工艺特点

①用 50℃左右的温水调制。

②掺水时，水不能一次加足，可少量多次掺入。

③面团柔软色白，有韧性，筋力比冷水面团稍差，富有可塑性。

3. 风味特色

成品不易走样，口感软滑适中。

4. 适用范围

适合制作花式蒸饺、三杖饼、家常饼、葱花饼、油饼等。

5. 操作要领

①掌握好水温。水温在 50℃左右。水温过低或过高均不能达到温水面团的特性。

②要散尽面团中的热气。面团内热气会继续促使淀粉糊化、膨胀，影响面团的成形和品质。因此初步成团后，要将面团在面板上摊开或切开，散尽热气，完全冷却后再揉和成团，这样才能保证制品的质量。

③揉搓面团要用力均匀适度，不要过度用力，以防面团过度筋化。要反复揉搓，使面团表面十分光滑，不粘手。

④掌握好掺水比例。通常情况下，掺水量要比冷水面团略多一些，一般占面粉总重量的 50%~60% 为宜。具体掺水量也要根据成品需要、面粉的特性、加工环境的温湿度等因素灵活掌握确定。

⑤饧面要充分，确保面团表面湿润不干裂。

（三）热水面团调制工艺

热水面团通称开水面团。根据成品制作的需要其调制工艺可分为全烫面工艺和半烫面工艺两种类型。二者的区别是全烫面工艺只用开水调制面团，半烫面工艺是先用一定量的开水烫“透”一部分面粉后再加一定量的冷水调制剩余的面粉调制面团。半烫面工艺因用冷水调制面粉的量所占面粉总量的比例不同，面团有“二生面”“三生面”“四生面”之别。

1. 工艺流程

配料→下粉→掺热水→拌和→散热→揉面→

↓→掺冷水→拌和→↑

饧面→面团

2. 工艺特点

①用 70℃以上的热水调制。

②掺水时，水不能一次加足，可少量多次掺入。

③面团黏、糯、柔软，没有劲力。

3. 风味特色

成品色泽不白，口感细腻，略带甜味。

4. 适用范围

适合用于制作蒸饺、虾饺、烧卖等面点。

5. 操作要领

①准确掌握掺水量，且在一次调制过程中掺完、掺足，不能在成团后补添调整。

②热水要浇匀，确保面粉颗粒吸水均匀、受热均匀、烫熟度均匀而不夹生。

③半烫面团调制时，要先烫面后洒上冷水再揉面。确保面团糯性更好，制成成品后，吃口糯而不粘牙。

④热水调制面分后要将面摊开或切开使面团内的热气散尽凉透，以避免成品结皮、表面粗糙、开裂现象。

⑤面团揉匀即可，不可过度，以免上劲，影响烫面特点。

二、膨松面团调制工艺

膨松面团是指在调制面团过程中，添加膨松剂或采用特殊膨胀方法，使面团发生生物化学反应或物理反应，改变面团性质，产生许多蜂窝组织，使体积膨胀的一类面团。

此类面团具有疏松、柔软，体积膨胀、充满气体，饱满、有弹性，制品呈海绵状结构的特点。

膨松面团根据其膨松方法的不同，大致可分为生物膨松面团（发酵面团）、化学膨胀面团、物理调搅面团三大类。

（一）生物膨松面团调制工艺

生物膨松面团的调制工艺包括酵母膨松面团调制工

艺和酵面膨松面团调制工艺。

1. 酵母膨松面团调制工艺

酵母膨松面团调制工艺主要是利用酵母菌生长繁殖在面团中分解糖类物质产生二氧化碳气体，从而使面团疏松，产生孔洞，体积膨大。

（1）工艺流程

酵母→培殖→下粉→揉搓→发酵→面团。

（2）工艺特点

①通常使用鲜酵母和活性干酵母作为菌种。

②利用酵母菌分解面粉中葡萄糖，产生二氧化碳气体达到面团蓬松目的。

③发酵时，由于菌种较纯，很少有酸味，一般使用时不用加碱。

④发酵速度相对较快。

（3）风味特色

成品色泽白，口感宣软，略带甜味。

（4）适用范围

适合用于制作馒头、包子、花卷等。

（5）操作要领

①掌握好面粉质量。面粉中面筋质的含量少不能保持生成的气体，使面团形成不了膨松状态，面筋质过多又抑制气体的生成。面筋质适量为好。

②掌握好酵母的质量和数量。不论是鲜酵母还是干酵母，必须保证其活性。用量要根据使用时的实际情况适当添加。鲜酵母的菌种纯，用量要少，一般用量 1.5% 左右。

③控制好水温和环境温度，一般夏季用冷水，冬季用温水，但不能用 60℃以上的水和面。发酵的环境温度一般控制在 25℃ ~ 28℃。

④控制好水的添加量，使面团不宜太硬，稍软一些较好。硬的面团面筋网络紧密，抑制二氧化碳的生成，发酵慢；软的面团虽易被气体所膨胀，但气体易散失。因此，要根据天气冷暖以及面粉质量、干湿等情况掌握适当的加水量。

⑤掌握好发酵时间。时间过长，发酵过头，面团质量差，酸味强烈，熟制时软塌不暄。时间过短，发酵不足，不涨发，色暗质差，也影响成品质量。

⑥面团要揉搓上劲。

2. 酵面膨松面团调制工艺

酵面膨松面团就是利用陈面酵种进行发酵的面团。陈面酵种是前期使用过剩下的有一定酸味的酵面，俗称面肥、引子、老酵、酵肥等，具有取之容易、方法使用简单、成本低廉的特点。

（1）工艺流程

下粉→引入酵种（面肥）→掺水→拌和→揉搓→发酵→面团。

（2）工艺特点

①使用陈面酵种作为菌种。

②主要利用酵母菌分解面粉中葡萄糖，产生二氧化碳气体达到面团蓬松目的。

③发酵时，由于酵母菌在无氧的条件下分解葡萄糖产生酒精，陈面酵种含有的醋酸菌将酒精分解为醋酸和水，导致面团有酸味，在使用时必须加碱中和酵面中的酸，去除酸味，同时也起到了辅助发酵作用，使面团松软。

④因发酵程度、发酵方式不同会形成不同种类酵面：

A. 大酵面。大酵面也叫大发面、全发面，是一次发足，面团体积膨大松发的一种陈面酵种面团。手拍面团嘭嘭作响，面团切口可见黄豆粒大空洞，嗅面有正常酒香。发酵时间较长，一般需 1~2 小时。制品暄软甘香。适宜制作馒头、花卷。

B. 嫩酵面。嫩酵面也叫嫩发面、小酵面，是指面粉加面肥加水调匀发酵，时间短，没有发足的一种陈面酵种面团。面团既有一些膨松性，又有一些韧性，手按面团弹性小，面团切口空洞小而密。发酵时间较大酵面短，一般是大酵面发酵时间的三分之一或二分之一。适于一些带汤汁的软馅品种，如“包子”等。

C. 碰酵面。碰酵面又称对酵面。通常以 1 ∶ 1 的比例将陈面酵种与粉料加水调制成团，稍经静止即可使用。其膨胀程度与大酵面相似。发酵速度较快，可随制随用。制品暄软甘香，但不如大酵面洁白、光亮。适宜制作馒头、花卷。

D. 烫酵面。烫酵面即把面粉用沸水拌和，拌成雪花状，待其稍冷后再放入老酵面肥揉制而成的面团。面粉与面肥的比例视季节、发酵时间以及品种而定，一般其比例为 10∶3。制品色泽不白净，吃口软糯、爽口。适宜制作煎、烤的品种，如烧饼、发面大饼、生煎包子等。

E. 呛酵面。呛酵面就是在酵面中或酵种中掺入干面粉揉搓成团的一种陈面酵种面团。这种面团有两种呛面方式：一种是在对好碱的大酵面种掺入 30 %~40 % 干粉调制发酵而成。其制品吃口干硬、筋道、有嚼劲。如呛面馒头、高桩馒头等；另一种是在面肥中掺入 50% 的干面粉调制发酵而成。其发酵后再加碱加糖制作制品。其制品柔软、香甜，表面开花，没有嚼劲。如开花馒头等。

⑤面团膨松多孔，松软可口，易于消化，富于营养，用途广。

（3）风味特色

成品色泽白，口感暄软，略带甜香。

（4）适用范围

适合用于制作馒头、包子、花卷、发面大饼等。

(5) 操作要领

操作要领与酵面膨松面团基本相同。不同的是在加碱时要根据碱的品种（常用碳酸钠、碳酸氢钠等）掌握好碱的用量。加碱过多，面团色黄味涩，用碱不足色暗味酸，面硬不暄软。

(6) 陈面酵种面团的加碱法与验碱法

陈面酵种面团发酵后加碱，不论是哪种碱，首先都要用水融化再加入酵面中，揉匀揉透，以避免出现花点现象。如发现碱量不足应立即补碱。

(7) 熟练掌握验碱的方法

①嗅碱法。嗅碱法又称闻碱，酵面加碱揉匀后，闻有酸味的即是碱小，有碱味的则碱大，正常面香味的为施碱适当。

②尝碱法。酵面加碱揉匀后，取一小块面放在嘴里嚼品，有酸味粘牙则碱小，有碱味、有涩味则碱大，无酸味、无碱味，有面香味的为施碱适当。

③看碱法。酵面加碱揉匀后，从中间切开看切面蜂窝孔，孔小细密或无孔则碱大，孔大且不均匀则碱小，孔洞像芝麻粒大且分布均匀为施碱适当。

④听碱法。酵面加碱揉匀后，手掌拍打酵面，发出叭叭声，声音发实者则碱大，发出噗噗声，声音发虚者则碱小，发出嘭嘭声，声音空而不虚者为施碱适当。

⑤抓碱法。酵面加碱揉匀后，用手指抓一块酵面往外拉，面劲大易断则碱大，面软无劲且粘手不易断则碱小，面有劲、有弹性、伸缩力强则为施碱适当。

⑥试样法。酵面加碱揉匀后，切一小块，用蒸或烤或烧或烙的方法使其至熟，如色黄有碱味则碱大，如色暗灰有酸味则碱小，如色白、暄软，嗅之有面香味为施碱适当。

（二）化学膨松面团

化学膨松面团，就是在面粉中加入适量的化学膨松剂调制而成的面团。成品具有膨松、酥脆的特点。根据使用化学膨松剂的不同，可分为发粉化学膨松面团和矾碱盐化学膨松面团。

1. 工艺流程

配料→下粉→掺入辅料、水→拌和→揉面→加发粉→揉面→面团。

↓→掺入矾碱盐水→搅动、揉和、揣捣→饧面→抹油→↑

发粉化学彭松面团的调制方法是：先将面粉扒一小窝，放入油、蛋、糖等辅助原料和水，拌和揉搓均匀，再加入发粉与剩余面粉一起搓透至发粉溶化，再和成面团。

矾碱盐化学膨松面团的调制方法是：将明矾、食碱、盐分别碾细，按比例配合在一起，搅拌均匀，加水溶化成矾碱盐水，加入面粉中立即搅动、揉和揣成面团，再用双拳反复揣捣均匀。每次揣捣后要注意饧面，以免面团过于上劲。最后抹上一层油，盖布饧面，饧好后倒在抹过油的案板上，再抹些油即可。

2. 工艺特点

①面粉一般采用面筋含量少，中低筋性的面粉。

②发粉主要采用泡打粉、臭粉、小苏打。

③辅料种类较多，主要有油、蛋、糖、奶等，用量较大。

④掺水均为冷水。

3. 风味特色

成品酥松多孔，质地酥脆。

4. 适用范围

常用于制作蛋糕、饼干等烘焙制品。

5. 操作要领

①正确选择化学膨松剂。一般小苏打适用于高温烘烤的糕饼类制品，如桃酥、甘露酥等，也适用于制作面肥发酵面团品种；臭粉比较适于制作薄形糕饼，也可制作馒头；矾、碱、盐等做膨松剂适宜制作油条之类食品。

②严格控制化学膨松剂的用量和比例。用量多，面团苦涩；用量不足则成品不膨松，影响制品质量。小苏打用量一般为面粉重量的1%～2%；臭粉的用量为面粉重量的0.5%～1%；制油条时，矾、碱使用量为面粉的2.5%；发粉可按其性质使用要求掌握用量。

③科学掌握调制方法。化学膨松剂遇热会起化学反应，分解出部分气体，在溶解化学膨松剂或在调制放入了化学膨松剂的面团时，应使用凉水。

④面团必须揉匀、揉透否则成熟后成品表面就会出现黄色斑点，并影响口味。

（三）物理膨松面团

物理膨松面团，又称蛋泡面团、蛋糊面团。它是利用快速搅拌易“充气”的原料使空气存在于面团中，再经加热膨胀，使面团体积膨大、组织疏松。用作“充气”膨松的原料必须具有胶状或黏稠的性状和包含气体并不使之溢散的特性。制品具有疏松多孔，柔软而有弹性的特点。

1. 工艺流程

①蛋糕面团：配料→打蛋泡→下粉→调匀→面团。

②泡芙面团：配料→烧开水→掺入精盐和油脂→下粉→拌和炒透→转入搅拌器（机）→分次加蛋液→打透

→面团。

2. 工艺特点

①面粉通常使用低筋面粉，必要时需事先蒸熟，晾凉后经过捻细、过筛再进行使用。

②辅料主要有鸡蛋、油脂、白糖、奶等，其中蛋糕面团所用的鸡蛋要打成蛋泡。

③此类面团要经过搅拌、调匀形成。通常呈糊状。

3. 风味特色

成品疏松多孔，柔软而有弹性。

4. 适用范围

常用于制作蛋糕、泡芙等烘焙制品。

5. 操作要领

①严格选料和用料

鸡蛋必须用新鲜的鸡蛋。存放时间过久的蛋和散黄蛋，因其胶体稀散、浓度低等不易打入的较多的气体，使蛋液不易打发膨胀。蛋糕面团对面粉的要求也较高，宜用粉质细腻而筋力不大的低筋粉，如使用筋力较大的面粉，面团在加入面粉时容易上劲而排出气体，就不能达到成品膨松的效果。

②注意调制时的每一个环节

用物理膨松法调制面团的关键是抽打蛋泡。鸡蛋加入盆内后（一定要保持盆内干净、无水、无油、无碱、无盐），用打蛋器顺一个方向高速抽打，打至蛋液呈干厚浓稠的泡沫状，颜色发白，能立住筷子时为止，然后加入面粉拌和即成（加入面粉后不宜再打，以免上劲）。

三、油酥面团调制工艺

油酥面团是以面粉和油脂为主要原料调制而成的面团。根据成品的起酥特性，可分为层酥面团和单酥面团两大类。

（一）层酥面团

层酥面团是由皮面和酥面两块不同性能的面团按一定比例组合而成的一种油酥面团。酥面又称干油酥、油酥面团，是用油脂与面粉混合调制而成的面团。皮面一般可分为水油皮面、酵皮面、水蛋皮面等。其中水油皮面又称为水油酥、水油面团。水油面团和油酥面团一起形成的面团，由于其制作过程中影响因素较多，在这里就以其为研究层酥面团的对象。

1. 工艺流程

①水油面团：配料→下粉→掺入水、油脂→拌和→揉搓→面团。

②油酥面团：配料→下粉→掺入油脂→拌和→搓擦→面团。

⑶ 层酥面团：水油面团包裹油酥面团→擀卷→面团。

2. 工艺特点

①由水油面团和油酥面团组合而成。水油面团兼有水调面团和油酥面团两种性质的特点，既具有水调面团的筋力、韧性和保持气体的能力，又有油酥面团的润滑性、柔顺性和起酥松发性。

②选料严格。水油面团最好选用高筋质面粉，油酥面团最好选用低筋质面粉；为了制品洁白、细腻、润滑、香味浓郁，油脂最好选用猪大油。

③水油面团采用反复揉搓的方法制成，油酥面团采用反复搓擦方法制成。

④层酥面团采用包酥工艺形成分层特性，即水油面团包裹油酥面团，经叠擀片、卷，形成密集的多层组织结构。包酥有大包酥和小包酥两种工艺方法。大包酥的优点是速度快、效率高，适用于一般油酥品的大批生产。缺点是酥层不易起得均匀，质量较次。小包酥的优点是酥层均匀，层次多，皮子光滑，不易破裂，适合特色品种使用。缺点是速度慢、效率低。

⑤采用不同的制法、不同的切法，可以形成明酥、暗酥、半明半暗酥等三种类型层酥制品。

3. 风味特色

成品具有分层细密，质地酥松的特点。

4. 适用范围

常用于制作各种层酥类制品。

5. 操作要领

①水油面团调制时，油料比例要适当，油量过多，使酥皮容易散碎或漏馅，油量过少，制成的坯皮僵硬、坚实、不酥松；面团要反复揉搓，揉匀揉透；揉成面团后，上面要盖一层湿布，以防开裂结皮。

②油酥面团调制时，面粉，一般均用生粉，有的也用熟粉，如用熟粉，最好用蒸熟的；油脂用猪油较好，一定要用常温凉油；注意配料比例要适当，一般情况下是 500 克面粉加 250 克油；要用掌跟反复将油、面擦匀擦透，使其增加油滑性和黏性；油酥面团的软硬度应与水油面相一致，否则，擀片时易露酥，影响酥层，影响成形。

③包酥时，水油面团和油酥面团的比例要适当。油酥面团过多，容易发生皮面破裂、漏馅，成熟时易碎等现象。水油面过多，则皮面硬实，酥层不清，影响成品酥松程度；包制要均匀，特别防止顶端收口处过厚，致使在按坯擀皮后两样面团分布不均匀。

④擀皮起酥时，用力要适当，如果用力过重，会使油酥压向一面，或使水油面粘在一起而影响分层起酥；擀皮尽量少用生粉（铺面），确保成品成熟干净无黑渣；

卷卷要卷紧，确保酥层紧密。

⑤起酥后的面坯要盖上干净湿布，防止外表皮层变干起壳，影响成形。

（二）单酥面团

单酥面团又称混酥面团，是以面粉为主料，以油、糖、蛋、乳、疏松剂、水等为辅料调制而成的一类油酥面团。因所用辅料的不同，又可以形成不同种特色的面团。无论是哪种特色的面团，都没有弹性和韧性，但有良好的可塑性。

1. 工艺流程

配料→调和水、油脂、糖等辅料形成乳浊液→拌入面粉→抄拌、翻叠→面团。

2. 工艺特点

①油、糖是必须加入的辅料，且用量较大。利用油、糖的作用一方面限制面筋的生成；另一方面在面团调制中结合空气，使制品达到松、酥的口感要求。

②调制面团时，先将水、油、糖等辅料充分搅拌乳化，使之形成乳浊液后再拌入面粉。

③面团成形的手法因配料不同、制品特性的不同等而不同。

3. 风味特色

成品具有质地酥松香，不分层的特点。

4. 适用范围

常用于制作各种饼干、酥塔、曲奇等制品。

5. 操作要领

①面粉宜选用低筋粉。因高筋面粉筋度过高，在面团调制过程中易生筋，影响成品酥松的程度。

②严格按照先调和油、糖、蛋、乳、水等辅料，乳化后再拌面粉的顺序调制面团。辅料不充分乳化会导致面团出现发散、浸油、生筋等现象。

③加入面粉后，拌粉时间要短，速度要快，要一次搅拌，拌匀即可，防止面团形成面筋。

④面团静置时间宜短，温度宜低。

⑤面团软硬度要适中。面团过软，制品易变形；面团过硬，制品酥松性欠佳。

⑥面团用水要一次加足，严禁中途或成团后补水。

四、米粉面团调制工艺

米粉面团，是指用米粉掺水或其他辅料调制而成的面团。吉林面点常用粳米粉和糯米粉制作糕类粉团制品。糕类粉团根据成品的性质一般可分为黏质糕粉团和松质糕粉团两类。

（一）黏质糕粉团

黏质糕粉团是先成熟后成形的一类糕类粉团。

1. 工艺流程

配料→加水、辅料拌和均匀→上屉蒸熟→拌揉均匀→粉团→成形→制品。

2. 工艺特点

米粉先经调拌后，再进行蒸制成熟，最后形成粉团。

3. 风味特色

制品具有黏、韧、软、糯等特点，大多数成品为甜味品种。

4. 适用范围

适用于制作年糕、豆面卷等黏性粉团制品。

5. 操作要领

①米粉在加水调拌时，掌握好加水量。调拌好后要搅匀或揉匀再进行蒸制。

②蒸制时，要防止蒸汽水滴入粉团中；掌握好蒸制的火候和时间。

③蒸熟后，要趁热将粉团揉匀。

（二）松质糕粉团

松质糕粉团简称松糕，它是先成形后成熟的一类糕类粉团。

1. 工艺流程

配料→加水、辅料→拌成松散粉粒状→过筛→松散状粉团→成形→上屉蒸熟→制品。

2. 工艺特点

调拌米粉通常有用清水调拌和用糖浆调拌两种方式。米粉调拌后呈松散的粉粒状。

3. 风味特色

制品具有多孔、松软的特点，大多数成品为甜味品种。

4. 适用范围

适用于制作松糕、方糕等松质性粉团制品。

5. 操作要领

①熬糖浆时，掌握好糖和水的比例，一般为 2 ∶ 1；熬糖浆的锅具要清洁干净；在熬制时火不能太旺，避免免烧焦，见糖浆泛起大泡即可离火；熬好的糖浆要用很细的筛子过滤，待糖浆完全冷却后方可使用。

②调制粉团时，根据制品的要求及粉质的吸水性掌握好掺水或糖浆的量。掺水（糖浆）量少，粉质太干无黏性，蒸时会被蒸汽冲散，影响成形，反之，粉质黏烂，

容易造成制品中间夹生。

③拌粉时，必须搅拌均匀，使所有的粉粒都能均匀地吸收水分和糖分；拌好后，要静置一段时间，使水分和糖分充分渗透。

五、其他面团调制工艺

除以上四大面团外，还有用蛋类调制的蛋面面团，用纯淀粉调制的澄粉面团、杂粮面团、薯类面团、豆类面团、果蔬面团以及用鱼虾蓉调制的面团等。简述如下：

（一）蛋面面团

蛋面面团，就是用蛋液或用蛋液与水或油调和而成的一类面团。

1. 纯蛋面团

纯蛋面团是以鲜蛋液与面粉为原料调制而成的一种面团。具有面质较硬、筋力大、韧性足的特性。通常用于煮、炸面食制品的制作。如萨琪玛、薄皮馄饨等。

2. 油蛋面团

油蛋面团是在面粉中加入鲜蛋液和油脂调制而成的一种面团。这种面团因加入了油脂，增强了面团的油润性，制成的面点更加酥松。

3. 水蛋面团

水蛋面团是以面粉、鲜蛋液、水为原料调制而成的一种面团。面团中因掺入了适量的水，所以比面团软一些，兼具水调面团的一些特点，但吃口比水调面团爽滑有嚼劲。

4. 水油蛋面团

水油蛋面团是在面粉中加入水、油、鲜蛋液调制而成的一种面团。这种面团既有水调面团的柔韧性、延伸性，又有油酥面团的柔软性和不黏性，还具有鸡蛋面团的质地坚硬、劲力大的特点。制成的面点口味润美，色泽鲜明，并具有香、脆、酥、嫩等特点，可用来制作煎、炸、烤等类制品。

（二）澄粉面团

澄粉面团，又称小麦淀粉面团、淀粉面团。就是将小麦淀粉用沸水烫制，趁热擦透而成的一种面团。这类面团具有良好的可塑性，其制品成熟后呈半透状，柔软细腻，口感嫩滑。通常用于制作“水晶”类造型点心制品。

（三）杂粮类面团

杂粮类面团就是将小米、玉米、高粱等杂粮磨成粉，单粉加水调制或单粉掺和面粉加水调制而成的一类面团。这类面团种类多样，通常用于制作煎饼、大饼子、玉米窝头、馒头等制品。

（四）薯类面团

薯类面团就是将红薯、白薯、山药、芋头等原料去皮煮熟制成泥，加入面粉或澄粉等粉料调制而成的一类面团。通常用于制作糕、团、包、饺、饼等制品。

（五）豆类面团

豆类面团是指用各种豆类（如绿豆、豌豆、蚕豆、赤豆等）加工成粉、泥或单独调制或与其他原料一起调制而成的一类面团。制品具有色泽自然、豆香浓郁、干香爽口的特点，通常用于制作糕类点心制品，如赤豆糕、绿豆糕等。

（六）果蔬类面团

果蔬类面团就是将各种具有鲜艳颜色和特色质感与风味的果蔬原料榨成汁水或搅打成蓉泥或切丝、切末等形状，与面粉一起调制而成的一类面团。面团具有色彩鲜艳，质感与风味独特的特性。通常用于制作各种颜色鲜艳和特殊风味的面食制品，如彩色面条、花式彩色馒头、萝卜丝饼、什锦蔬菜饼等。

（七）鱼虾肉蓉类面团

鱼虾肉蓉类面团就是以面粉、鱼虾肉蓉为主要原料，加水、精盐、白糖、油脂、泡打粉等辅料调制而成的一类面团。面团具有营养丰富，质地柔软的特性。通常用于制作精致点心制品。

第十七节 吉菜面点技艺——馅心制作工艺

吉林面点的馅心用料因寒冷的气候让人们更加倾向于较高热量的肉类。因此，馅心的口味以咸鲜味型居多，使用大葱、姜、花椒面、大料面等调味品调味成为吉林面点馅心的主要特征。吉林面点馅心的种类较多，花色不一，口味多样，风格各异。按馅心的口味不同，可分为咸味馅心、甜味馅心和甜咸味馅心三大类。按馅料原料属性可分为荤馅、素馅和荤素馅三大类。按馅料的生熟状态分为生馅、熟馅和生熟馅三大类。

一、咸味馅心制作工艺

咸味馅心通称咸馅，是吉林面点制作最常用的一种馅心。其用料广泛，品种多样。咸馅按原料的生熟状态可分为生咸馅与熟咸馅两种。每种咸馅按其原料的属性分，又有菜馅、肉馅和菜肉馅之别。

（一）生咸馅

生咸馅就是利用生料调制而成的一类咸味馅心。

1. 工艺流程

选料→加工成细碎小料→加入配料及调料拌和→馅心。

2. 工艺特点

①所使用的馅料均为生料。

②调味味型为咸鲜味型。

③素料多选用新鲜蔬菜、干菜（黄花菜、笋尖、蘑菇、粉丝等）以及豆制品等。

④荤料多选用新鲜禽畜肉和水产品等，如猪、牛、羊、鸡、鸭、鱼、虾、蟹、蛋等。

⑤无论荤料还是素料，在制作馅料前都要进行预加工处理。对于有苦味、涩味、腥味或质地较老等的原料，要进行异味处理和制嫩处理：如对牛羊肉要用花椒水解膻，或配以香味浓郁的辅料增香；对纤维粗、肉质老的肉类，如牛肉等，应适当加些小苏打腌制，使其变嫩等。

⑥无论荤料还是素料，在制作馅料时，都要加工成细碎小料，如细丝、丁、粒、末、蓉、泥等。

⑦调制素馅前，通常需先去除原料部分水分（刹水）以增加馅心黏性；调制荤馅时，通常需加水或高汤或皮冻，以增加馅心黏性和汁水。

3. 风味特色

原汁原味。荤馅口味咸鲜香浓，肉嫩多汁；素馅口味咸鲜清香，质地嫩爽；荤素馅口味咸鲜香醇，肉嫩清鲜。

4. 适用范围

适用于制作包子、饺子等制品。

5. 操作要领

①无论荤、素原料，要选用质嫩、新鲜的原料。

②肉类原料，要注意去骨、去皮，洗涤干净；植物性干料要发透，新鲜原料要洗净，“刹水”要适度。

③原料保证原料加工形态要均匀一致。蓉泥要剁得越细越好，就是丁、丝、粒等也要切细些为好，不能过大。

④给肉馅打水时，加水量的多少应根据制作的品种灵活掌握；在调味之后再进行打水搅拌，搅拌时要顺着一个方向用力搅打，水要分多次加入，边搅边加水，避免肉馅水分溢出。

（二）熟咸馅

熟肉馅是用畜禽肉及水产品等原料经加工处理，烹制成熟的一类咸馅心。其特点是：卤汁紧、油重味鲜，肉嫩爽口，清香不腻，柔软适口。一般适用于酵面、熟粉团面坯花色点心及油酥制品的馅心。

1. 工艺流程

(1) 熟肉馅心

选料→初步加工→刀工成形→烹制调味→调拌→馅心。
↓ 烹制调味→刀工成形→勾芡 ↑

（2）熟菜馅心

选料→清洗→泡发→水分处理→刀工成形→
↓ →焯水→↑

烹制调味→调拌→馅心。

（3）熟肉菜馅

选料→初步加工→

刀工成形→烹制调味→勾芡调制→混合调拌→馅心。
↓→ 熟处理 → 刀工成形 →↑

2. 工艺特点

①馅料在成馅前均要熟制。肉馅、干菜馅通常要进行烹制调味和勾芡或拌芡处理。

②肉馅成形不宜过细，以便突出肉质细嫩的特点。形态大小以包捏成形和入味为目的。

3. 风味特色

熟肉馅口味咸鲜香浓，肉嫩多汁；熟菜馅口味咸鲜清香，质地柔软适口；熟肉菜馅口味咸鲜香醇，肉嫩清鲜。

4. 适用范围

适用于制作成形要求高的面点制品。

5. 操作要领

①选料时，鲜要新鲜，干料无虫蛀、无霉变。

②原料初步处理时，鲜肉要去骨除筋，清洗干净；干菜要泡发完全，去除泥沙及老硬不能食用部分。

③刀工处理时，熟肉馅料形态要符合烹调的要求，不宜过于细小，也不宜过大，要便于调味、包捏和成熟。熟菜馅料形态要加工成小料，或丝或丁，规格一致，便于烹调入味。

④馅料在烹调时，要根据制作品种灵活掌握烹调方法，掌握好火候和加热时间。需要勾芡时，注意芡汁的浓度。馅心芡汁一般较菜肴稍浓稠。

二、甜味馅心制作工艺

吉菜面点中甜馅是以糖、油为基础，配以各种豆类、果仁、蜜饯等原料调制而成的一类馅心。根据馅料的生熟状态，可分为生甜馅与熟甜馅两种馅心。按馅心原料的组成和形式状态情况，可分为糖馅、果仁蜜饯馅、泥蓉馅等。

（一）生甜馅

生甜馅是以糖为主要原料，配以粉料（糕粉、面粉）和干果料，经擦拌而成的一类甜味馅心。加入的果料主要有果仁和蜜饯两类。常用的果仁有瓜子仁、花生仁、核桃仁、松子仁、榛子仁、杏仁、芝麻等；蜜饯有青红丝、桂花、瓜条、蜜枣、桃脯、杏脯等。常用的品种有白糖馅、麻仁馅、五仁馅等。

1. 工艺流程

选料→配料→擦拌→馅心。

2. 工艺特点

①为了馅心馅质松润、爽口，口味香甜、无异味，甜而不腻，突出果料的特殊香味，所用的粉料和有些果料在调馅前要进行化熟处理和退皮处理。常用的熟化处理方法主要是蒸、烤等；常用的退皮处理方法主要是泡、煮、揉搓等。

②调制馅心采用擦拌的方法。

3. 风味特色

馅心质地松润、爽口，口味香甜醇厚、甜而不腻，果香味浓。

4. 适用范围

适用于制作烙、烤等的饼类制品。

5. 操作要领

①选择果仁或蜜饯不能受潮霉变，有虫伤鼠害。

②选料时应选用香味相宜的果料搭配。

③原料成形加工要适应馅心的用途要求。

④调馅时，加入的粉料和油(水)要适宜，使馅心软硬适当，便于包捏。

（二）熟甜馅

熟甜馅是指以植物的种子、果实、根茎等为主要原料，用糖水熬炼，加油搅拌而成的一类甜味馅心。常见的有豆沙馅心、枣泥馅心、山药馅心等。

1. 工艺流程

选料→配料→预处理→蒸煮→糖水熬炼→搅拌调理→馅心。

2. 工艺特点

①原料需要事先进行清洗、浸泡、沥干等预处理。

②原料需要进行蒸煮熟烂后再入糖水锅中熬炼成黏稠的“酱”状。

③搅拌调理过程可以加植物油，以增加馅心的滑嫩口感和油润特性。

3. 风味特色

馅心质地细腻油润，甜而不腻，果香浓郁。

4. 适用范围

适宜制作花色面点和风味面点制品。

5. 操作要领

①选料要精细。熟甜馅是高档类馅心，常用的原料有豆类、红枣、莲子、土豆、甘薯、山药等。选料时，一要注意是否有霉变虫伤现象；二是要选择质量最佳的原料，如豆类要选择淀粉含量丰富，出沙率高，质地细滑的品种。

②原料熟化处理时，面粉要用旺火足汽蒸制0.5～1小时，熟面粉冷却后碾散，再用细罗筛过筛，使粉粒松散、无结块；果仁需要烤制时，根据果仁的特性灵活掌握好火候。

③原料退皮处理时，要根据原料的特性灵活掌握退皮方法，退净表皮，去除异味和肉质粗硬的纤维筋。

④在熬煮原料过程中，要注意掌握火候。因熟甜馅所用的原料含糖量高，在高温下易焦化变色，产生苦味，淀粉在高温下易吸水糊化，发生粘锅现象。因此，先熬干水分，再转入中小火不停地炒拌，使淀粉着色入味，防止粘锅现象出现。

⑤在调制馅心甜度时要注意糖与馅的比例。一般糖馅的比例为1：1。糖量过少甜味不足，糖量过高，口味偏甜腻人，并掩盖原料应有香味。

第十八节 吉菜面点技艺——面点成形技法

面点成形技法是吉菜面点技艺的一项重要内容。它是造型艺术在面点制作中灵活运用的具体表现，是面点制品形式美塑造的艺术表现方法。在实践中，主要有手工成形技法、模具成形技法、装饰成形技法三种。

一、手工成形技法

吉林面点手工成形技法常用的主要有搓、按、卷、包、捏、镶、滚沾、叠、抻、擀、切、摊、剪等。

（一）搓

搓就是双手作用面团，使面团变成圆顺、粗细均匀长条形状或类似圆形体的一种成形技法。主要适用于圆形馒头制品成形。

馒头成形包括搓条和搓形两道工艺过程：搓条就是把条状面团放在双手掌之间用力夹住，双手掌做反向交替运动作用面团，或将条状面团放在面板上，用双手手掌按压面团的同时进行前推后拉运动作用面团，使面团呈现面质紧实，面体光润，面形圆顺、粗细均匀的条状；搓形就是左手握住面剂子，不要握紧，右手掌根压住面剂子一端底部向前搓揉，将面剂子头部变圆，尾部揉进变小，立放面案上呈“坟头”形或卵圆形等。

（二）按

按就是将制品生坯用手压扁压圆的一种成形技法。具有方法简单，手法轻巧，效率高的特点。适用于制品外形平整而圆，大小合适，馅心分布均匀，不露馅的面点制品成形。

按有两种手法：一种是用手掌根部按，主要目的是将制品生坯按实、按扁、按平；另一种手法是用手指按（将食指、中指和无名指三指并拢），主要目的是将制品生坯按扁、按平、按圆。多用于形体较小的包馅品种成形。

（三）卷

卷是面点成形的一种常见的方法之一。卷分为“双卷”和“单卷”两种具体技法：“双卷”是从面片两头向中间卷，然后切剂成形。适用于制作鸳鸯卷、蝴蝶卷、如意卷等；“单卷”是从面片一头向另一头一直卷成圆筒状切剂成形。适用于制作蛋糕卷、普通花卷等。

无论是单卷还是双卷，在卷之前都要事先将面团擀成一定厚度的长方形片，刷油（起到分层作用），然后根据制作品种的要求或撒盐或铺馅后再进行卷制成形。

（四）包

包就是用坯皮将馅心裹起来，使制品成形的一种技术方法。主要有无缝包、卷边包、捏边包和提褶包四种方法。

1. 无缝包

无缝包就是坯皮将馅包裹后，收口无缝无褶的一种包制成形技法。收口时要用力收平、收紧，然后将剂顶揪除。适用于糖包、生煎包等制品的成形。

2. 卷边包

卷边包就是在两张坯皮中间夹馅，然后将两张坯皮边和龙，捏严捏实，再卷捏成花边的一种包制成形技法。适用于花边饺子、花边韭菜盒子、酥盒等的成形。

3. 捏边包

捏边包就是坯皮上馅后，将坯皮边捏合成褶的一种包制成形技法。多适用于各种饺子的包制成形。

4. 提褶包

提褶包就是坯皮上馅后，右手拇指和食指捏住坯皮边沿，自右向左一边提褶一边收拢，最后收口、封嘴的一种包制成形技法。适用于小笼包、大包及包类制品的成形。

提褶包的技术难度较大，提褶要求清晰、纹路要直。一般要求提 18~24 个褶。

（五）捏

捏就是坯皮将馅心包裹后，将坯皮边合拢压实，对面点生坯进行造型的一种技法。根据面点制品造型的需要，捏又形成了挤捏、推捏、叠捏、扭捏、花捏等多种手法，使面点制品呈现多种花边与造型。适用于中高档宴席中工艺点心的成形。

（六）镶

镶又称镶嵌，是把辅料或装饰原料嵌入面点生坯或半成品上的一种技术方法。此方法既可以丰富面点制品的用料，也可以丰富面点制品的色彩，还可以按照设计的图案进行镶嵌，使制品呈现所需要的造型。

（七）滚沾

滚沾就是通过反复晃动块形馅料，使其逐层沾附粉料成形的一种技法。主要适用于元宵的制作成形。其关键是让沾水的馅心在干粉中来回滚沾，然后再沾清水滚沾，如此反复进行，直至成形。

（八）叠

叠就是将片状面料折叠或重叠成一定的形状，然后再经其他手法制成制品的一种辅助成形技法。主要适用于层酥类面的制品的分层成形。

（九）抻

抻是将调制柔软的面坯，双手各掐一端，双手不断上下顺势抛动，经过反复合拢抻拉，将大块的面团，拉成粗细均匀，富有韧性的条、丝状的一种成形技法。主要适用于抻面的制作成形。其操作工艺复杂，一般要经过和面、饧面、溜条、出条四个工艺过程。抻拉而成的面条生坯，可粗可细，细者能穿针，除了做面条外，还可以用来制作金丝卷、银丝卷、龙须卷等制品。

（十）擀

擀就是利用擀面工具将面坯碾轧成形的一种面坯成

形技法。它是饼类的主要成形技法，也是其他多数面点制品成形前的一道工序。

（十一）切

切就是利用切刀，按照面点制品的成形要求，将加工成一定形状的坯料切割成形的一种技法。通常与擀、叠、卷等技法协同使用。主要适用于刀切面、刀切馒头、花卷以及成熟后需要改刀成形的糕类等面点制品的成形。其要点是刀口要锋利，下刀要准，动作要快。

（十二）摊

摊就是把糊状食物原料倒在热锅中，铺成薄片煎烤成形的一种技法。主要适用于煎饼、蛋皮等的成形。其要领是保证原料呈糊状，锅面要洁净油润，锅热要均匀，火候要适中，每摊完一次要刷一次油，饼、皮摊得要圆、厚度要匀，速度要快，保证制品大小一致，不出现砂眼、破洞。

（十三）剪

剪就是用剪刀对一定形状的面坯进行花纹处理或特设形状铰切的一种成形技法。通常协同包、捏等技法完成面点制品成形。主要适用于各种工艺面点的成形、制作。

二、模具成形技法

模具成形就是利用印模、套模、盒模、内模等各类模具，对面点制品进行塑形造型的一种成形技法。它具有操作简单，制品规格一致，造型丰富，形式美观的特点。根据制品的工艺特性，可分为生成形、加热成形和熟成形三种技法。

1. 生成形： 半成品放入模具内成形后取出，再经熟制成形。如月饼、肉丁馒头等。

2. 加热成形： 将调好的坯料装入模具内熟制成形。如蛋糕、心形煎蛋等。

3. 熟成形： 将粉料或糕面先加工成熟，再放入模具中压印成形。如绿豆糕等。

三、装饰成形技法

装饰成形是根据面点美化造型需要，通过雕塑将色彩鲜明、便于塑形的可食性原料制成装饰件，对面点制品进行装饰点缀，使面点制品具有形、色、意。主要用于工艺面点造型。通常用面塑、糖艺等作品对面点制品进行装饰造型。

第十九节 吉菜面点技艺——面点成熟工艺

面点成熟工艺也称面点熟制工艺。是指面点师利用各种面点工具对面点原料或面点生坯（半成品）进行加热处理，最终使之成为全熟的面点制品的方法与过程。由于面点品类多样，因此熟制的方法也较多。主要有蒸、煮、炸、煎、烤、烙、炒等。在实践中，这些方法可单一使用，也可以复合使用。

一、蒸

蒸是利用蒸汽作为传热介质，利用蒸汽的热传导和压力使制品生坯成熟的一种方法。

1. 工艺流程

蒸锅加水→加热上汽→蒸制→下屉→制品。

制品生坯→摆屉→饧发→↑

2. 工艺特点

①以蒸锅或整车为加热器具，以蒸汽为传热介质，通常用中大火加热。

②利用热传导的方式将生坯加热成熟。传热空间热传递的方式主要是通过对流。传热空间的温度高低主要取决于气压的高低和火力的大小。

③蒸制品中多用酵母面坯和膨松面坯，在蒸制前要进行饧发。

3. 风味特色

面点制品质地松软、馅嫩多汁、口味香醇、形状饱满。

4. 适用范围

主要适用于发酵面团、膨松面团、热水面团、米类等制品的成熟。

5. 操作要领

①蒸器中加水量要适宜。水量过多，水沸腾后冲击屉底，易使处于笼底部的制品浸水；水量过少，一是容易干锅，二是产生的水蒸气汽量不足，使制品产生夹生、粘牙等不良后果。

②制品生坯摆屉前，如是酵面、膨松面生坯必须饧面。饧面要掌握好温度、湿度和时间。温度一般在30℃~35℃之间，温度过低，坯体涨发性差，体积不大。温度较高，生坯的上部气孔过大，组织粗糙，熟制后易坍塌变形，口感不细腻；湿度要适宜，湿度过小，生坯表面易干燥、结皮。湿度过大，表面凝结水过多，熟制

后在此处形成“斑点”；时间一般在10~30分钟之间，时间不足，达不到松弛面筋和继续涨发的目的；时间过长，制品生坯会出现“跑碱”现象而使制品产生酸味。

③制品生坯摆屉前，屉面要加屉垫或抹油，防止生坯粘屉。

④制品生坯摆屉时，注意制品生坯之间的距离，不要过密，防止不透气合制品成熟后相互粘连。

⑤蒸制时，必须把水烧开，蒸汽上升时才能放屉蒸制。

⑥蒸制过程中，根据蒸制品种的特性灵活控制蒸制的火候与蒸汽量。

⑦蒸器密闭性能要良好，严防漏气，确保蒸器内有足够的蒸汽压和湿度，保证制品成熟后的质量。

⑧注意水质洁净情况，通常要经常换水，不可一锅水蒸到底，只加水，不换水。

⑨要能准确判断制品的成熟时间，确保制品成熟适度。

二、煮

煮就是把成形的制品生坯或制品原料投入水锅中加热成熟的一种方法。

1. 工艺流程

水锅加水→加热水开→下入生坯→煮制→制品。

制品原料→初步加工→清洗→入水锅→↑

2. 工艺特点

①以深底锅为加热器具，以水为传热介质，通常用中大火加热。

②利用热传导的方式将生坯加热成熟。传热空间热传递的方式主要是通过对流，传热空间的温度高低主要取决于气压的高低和火力的大小。

③煮制品原料如是水饺、面条等面品生坯，要开水下锅煮制，煮制过程通常要“点水”，如是米、豆、薯类等原料要事先初步加工，清洗后再下锅煮制。

3. 风味特色

制品清润、滑爽、有汤汁、质感丰富。

4. 适用范围

主要适用于冷水面团制品、米粉类制品、米、豆和薯类原料等的成熟。

5. 操作要领

①根据品种不同准确掌握用水量。成形的面点生坯，如汤圆、水饺、云吞等，煮制时加水量要大，使生坯受热均匀，不粘连、浑汤，确保制品清爽利落；粥、饭及甜羹制品的煮制，水量要放准，以保证成品质量。

②根据品种不同确定生坯入锅的水温。大多数面点制品都是沸水下锅煮制。但有些制品是冷水或温水下锅。

③生坯下锅时要随下随搅，避免粘锅和相互粘连。

④根据品种的特性掌握好火候。一般成形的面点生坯煮制时都要求火旺、水沸，水面要始终保持沸腾状态，但又不能大翻大滚。水不沸腾，制品不易成熟，皮坯在水中长时间浸泡容易造成皮烂馅漏。水过于沸腾，时间过长也容易煮破面坯；煮制米饭、米粥时，原料下锅后要大火烧开，待米粒涨发后改用小火焖煮成熟。

⑤在连续煮制时，若汤水混浊，必须更换新水，否则，制品容易夹生或发腻不清爽，影响制品质量。

⑥制品成熟后要及时、尽快出锅食用，避免过熟或老化，或浸水现象。

三、炸

炸就是将成形的面点生坯或其他方法成熟的制品下入一定温度的油锅中加热，利用油脂传热使其成为全熟制品的一种方法。

1. 工艺流程

油锅加油→加热→下入生坯或其他方法成熟制品→炸制→制品。

2. 工艺特点

①以深底锅为加热器具，以油为传热介质，通常用微小火或中大火交替加热。

②利用热传导的方式将生坯加热成熟。传热空间热传递的方式主要是通过对流。

③根据油温的不同，分为温油炸和热油炸两种方式。

3. 风味特色

制品松发、膨胀、干香、酥脆、色泽美观。

4. 适用范围

适用范围广泛。通常温油炸制适用于面坯较厚大、带馅制品和油酥面团等制品的成熟；热油炸适用于矾碱盐面团、米粉面团及形体较薄小无馅的制品成熟以及其他方法成熟的制品的再成熟。

5. 操作要领

①油脂要清洁无异味。油脂在使用前要熗熟，去掉油内的杂质、水分和异味（生腥味）；否则会影响热传导或污染制品。

②根据不同点心品种的特性，要正确使用油脂。油酥制品最好选用猪油炸制，使制品香美松酥，色白亮丽；米制品或水调面团最好选用植物油炸制，使制品焦香酥脆，色黄亮丽。

③根据不同制品的特性，正确掌握油温和炸制时间。油酥面团、工艺制品一般采用100℃~130℃的低油温炸

制；较厚、带馅的制品一般采用130℃ ~180℃的中油温炸制；体薄无馅或全熟制品一般采用180℃ ~ 210℃的高油温炸制。

④炸制点心时最好使用平底油锅炸制，使点心相互不会挤压粘连，确保制品质量标准。

⑤掌握好油料比例，确保制品生坯均匀受热，成熟度一致。

四、煎

煎就是指将制品生坯或其他方法成熟的制品放入有少量油的热锅中加热，使其成为全熟制品的一种方法。

1. 工艺流程

平底锅加油 →加热 →

下入生坯或其他方法成熟制品 →煎制→制品。

↓ →煎制→加水→ ↑

2. 工艺特点

①以平底锅为加热器具，以油为传热介质，通常用中小火加热。

②利用热传导的方式将生坯加热成熟。传热空间热传递的方式主要是通过传导和对流两种方式。

③根据制品的特性，有油煎和水油煎两种方法。油煎通常对制品生坯进行两面煎制，全程不盖锅盖；水油煎通常对制品生坯进行单面煎制，全程要进行几次洒水（清水或油水），每次洒水后都要盖锅盖，使制品受到油、锅具和蒸汽三种传热介质的传热。

④利用少量的油进行煎制。

⑤煎制时要经常移动锅位。

3. 风味特色

制品色泽金黄、口味香醇、外脆里嫩、形状饱满油润。

4. 适用范围

适用范围较广，主要适用于热水面团制品、发酵面团制品、米类制品的成熟和蒸、煮等方法成熟的制品的再成熟。

5. 操作要领

①根据不同制品的制作需要，正确使用油量。通常用油不宜过多，水油煎一般在锅底刷一层少许油，油煎一般用油相对多一些，但最多也不宜超过生坯厚度的二分之一，否则制品水分挥发过多，失去煎制品的特色。

②掌握好煎制的火候。煎制时火力要适度，要经常移动锅位或移动生坯位置，确保制品受热均匀，防止焦煳。

③油煎时，要根据火力的大小、品种的大小和厚薄掌握好翻坯的时机和次数，使制品成熟的恰到好处，保证成品的特色和风味。

④水油煎时，洒水量及次数要根据制品的形状和成熟度灵活掌握。洒水后要及时盖紧锅盖蒸焖。

五、烤

烤也称烘烤，就是把制品生坯放入烘烤炉内加热成熟的一种方法。

1. 工艺流程

烤炉预热 →放入制品生坯 →确定烤制温度和时间→烤制→制品。

2. 工艺特点

①以烤炉或烤箱为加热器具，以热空气为传热介质，成熟温度多样复杂，制品生坯通常在200℃ ~ 250℃的温度环境中完成熟制。多用不同温度的底火和面火加热。

②利用热传导的方式将生坯加热成熟。传热空间热传递的方式主要是通过辐射方式，其次是传导方式，对流方式存在，但作用较小。

③通过高温的作用，制品可产生悦人的色泽、丰富多样的质感和烘烤独特的香味。

3. 风味特色

制品色泽金黄、口味干香、质地或外酥脆松软或内外绵软富有弹性、形状饱满光洁。

4. 适用范围

适用范围较广，主要用于各种膨松面团和油酥面团制品的熟制。

5. 操作要领

①根据制品的不同特性和颜色要求灵活掌握烘烤所用的温度。对于初步熟处理和体型大、坯体厚的制品，温度一般控制在100℃ ~ 150℃之间；对于层酥类制品、色浅类制品，温度一般控制在150℃ ~ 180℃之间；对于表皮需上色制品，温度一般控制在180℃ ~ 220℃之间；对于清酥类等制品，温度一般控制在220℃ ~ 270℃之间。

②烘烤温度要针对不同制品的特性及其质量要求进行正确调节。大多数制品的烘烤温度都是按“先高后低”进行调节，但有些制品需要按“先低后高”或“先低后高再低”进行调节。一般对于先表面定型上色后成熟的制品，通常采用“先高后低”的方式进行调节；对于需要在升温过程中充分完成松发、膨胀后才定型、上色的制品，通常采用“先低后高”的方式进行调节；对于含水量较少的制品，通常采用“先低后高再低”的方式进行调节。此外，对“底火”和“面火”的调节也要根据实际情况灵活掌握。一般来说，“面火”会比“底火”高10℃左右，但需膨胀松发的产品要求“底火”大于“面火”，以使其胀发充分，避免表面过早结壳定型。

③选择带有恒湿控制的设备烘烤。不宜经常开启炉门。烤炉的排气孔可适当关闭，以利保湿。炉内相对湿度一般要求达到65%~70%为宜。湿度小，制品会发干变硬，表面干裂、上色不均匀、无光泽，形态变形。

④控制好烘烤时间。制品烘烤的时间受烘烤的温度、湿度、制品生坯的形状、制品种类及是否使用模具等多种因素制约。一般来说，烘烤温度高，熟制时间就短。制品体积厚大，熟制时间长；制品装入模具中烘烤时间要长。具体要根据实际情况，综合制约因素灵活掌握。

六、烙

烙就是将制品生坯摆放在一定温度的平底锅中加热成熟的一种方法。

1. 工艺流程

平底锅→↓

平底锅刷油→加热 →下入制品生坯 →烙制→制品。

平底锅→↑ ↓ →烙制→加水→↑

2. 工艺特点

①以平底锅为加热器具，以热空气或油为传热介质，通常用大火或中火或小火或微火加热。

②利用热传导的方式将生坯加热成熟。传热空间热传递的方式主要是通过传导和对流两种方式。

③根据制品的特性，有干烙、刷油烙和加水烙三种方法。干烙是先将锅烧热，不加油，直接加入制品生坯进行双面烙制，全程不盖锅盖；刷油烙与干烙基本相同，不同的是制品生坯在入锅前，在平锅底面上或在制品生坯表面上刷少许油进行烙制，每翻面一次刷一次油；加水烙是在干烙的过程中，只烙一面，烙成焦黄色时，洒少许水后盖严锅盖焖熟。一次洒水蒸焖不熟，可以进行二次或多次洒水。

3. 风味特色

制品色泽黄润、口味香醇、皮面香脆、内里柔软。

4. 适用范围

适用范围较广，主要适用于水调面团、发酵面团、米粉面团、粉浆等制品的成熟。

5. 操作要领

①烙锅必须干净，否则直接影响到成品的色泽和质量。

②根据不同制品的制作需要，正确使用油量。干烙和加水烙不需要用油。刷油烙要采用刷油的方法刷少许油。

③要根据制品的不同形状采用相应的火候。通常形体较薄的制品，火力要大，烙制时间宜短；形体一般厚度的制品，火力和时间要适中；形体较厚的制品，火力要小，烙制时间宜长。此外，注意烙锅受热不匀，要经常移动锅位或移动生坯位置，确保制品受热均匀，防止焦煳。

④干烙或刷油烙时，要根据火力的大小、品种的大小和厚薄掌握好翻坯的时机和次数，使制品成熟适度，保证成品的特色和风味。

⑤刷油烙时，要选用清洁熟油。若油质不够清洁，则油内的杂质会影响制品的成熟和外表色泽；若是生油，制品成熟后会有异味。

⑥加水烙时，通常要多次洒水，洒水次数要根据制品的成熟情况灵活掌握。每次洒水水量要少，要洒在锅中最热处，使其快速汽化。若洒水量过多，蒸汽不能快速生成，会导致成品色泽变差；洒水后要及时盖紧锅盖蒸焖，防止蒸汽溢出，加快制品成熟，避免成品夹生或色泽变差。

七、炒

炒就是将通过蒸或煮等方法成熟的半成品，经配料、刀工处理后，用中、旺火在较短时间内加热翻拌、调味成熟的一种方法。

1. 工艺流程

配料→刀工处理→入炒锅加热 →翻拌、调味→制品。

2. 工艺特点

①以炒锅为加热器具，以油为传热介质，通常用中大火交替加热。

②利用炒锅热传导的方式加热成熟。传热空间热传递的方式主要是通过传导和对流两种方式。

③用油量少，熟制时间短，操作动作快捷迅速。

3. 风味特色

制品具有醇香滋润、见油不见汁的特点。

4. 适用范围

主要适用于蒸或煮成熟的面制品的进一步熟制加工。

5. 操作要领

①掌握好预熟处理制品的成熟度。一般是水煮或汽蒸至刚熟或软熟状为佳。不要过熟。

②配料要选择新鲜的原料。一般猪肉要肥瘦比例适当，不宜过肥过瘦。牛羊肉要选胸口肉、上脑肉。

③预熟后的面制品和配料，刀工处理时，形状要薄小，以便进一步成熟和入味。

④炒制时，宜以中火为主，旺火为辅助。油量要恰当。

⑤若使用豆瓣酱、甜面酱、豆豉等调味品，炒时一定要炒出香味。

第四章

吉菜大师名师

JI CAI DA SHI MING SHI

第一节 吉菜烹饪大师

一、元老级吉菜烹饪大师

潘瑱 中共党员，山东夜县人，“五虎上将”之一，闯关东到长春中央饭店（中华人民共和国成立后改为长春饭店）。吉林省首位烹饪副教授，曾任长春市商业技术工学校烹饪教师，近 40 年培养学生、弟子 2000 余人，弟子遍布国内外，以精湛的刀工技艺享誉全国，砧板纱布切肉堪称刀功一绝。潘老师的众多弟子中，尤以唐文得其衣钵。

他是全国烹饪技术比赛第一、第二、第三届评委。理论与实践结合密切，在全国烹饪教育战线上默默奉献了自己的一生。他为人正直，技术过硬，工作细致，多次被评为省、市、学校的先进工作者。他在烹饪教育战线上改变以师带徒模式，探索烹饪教学方法。他是《吉林菜谱》一书主编之一，先后发表论文数十篇。在烹饪教育和技艺传承方面取得突出业绩。成为饮食行业中流砥柱，为吉菜发展做出了突出贡献，享年 76 岁。

张殿发 刘希崇 刘希田

刘　刚 刘　一 董家方 宋德太

康勋培 何荣显 孟繁祥 孙焕臣 刘兴让

（以上均为已故吉菜烹饪大师）

二、资深级吉菜烹饪大师

唐文 中共党员，1954 年 5 月出生，三级教授，原吉林省商业技工学校校长、吉林商业高等专科学校校长，长春市绿园区第十三、第十四、第十五届人大代表，资深注册中国烹饪大师，中国烹饪大师金爵奖，中国烹饪大师终身成就奖，中国餐饮业功勋人物，中国烹饪巨匠，中国烹饪艺术家，餐饮业国家级评委，餐饮业国家职业技能竞赛裁判，中国烹饪协会顶级烹饪大师匠传委员会副主席，曾任第六届亚洲冬季运动会餐饮总监，并获得吉林省委省政府二等功，原吉林省烹饪协会会长，现任吉林工商学院吉林省饮食文化研究院终身名誉院长、吉林省饮食文化研究会名誉会长。

几十年的工作经历，虽然唐文大师身兼多职，但是从没有间断烹饪教学工作。先后为全日制专科学生、技工学生、各类烹饪短期培训学员讲授《烹饪原料加工技术》《烹饪原料学》《烹调技术》《烹调原料知识》、《中国烹饪概论》《雕刻与花摆》《烹调工艺学》《烹饪品种工艺制作》《筵席设计》《烹饪美学》等课程。唐文大师培养的专科和技工学生达 1500 余人，各类烹饪短期培训班学员超过 3000 人，现已遍布国内外，部分学生已经成为名师。在教学之余，唐文大师致力于烹饪理论的研究，经过多年的探索，他在《中国烹饪》《吃在中国》《食用菌》《烹调知识》《商业研究》《长春日报》《江苏商专学报》《吉林商高专业学报》等学报和刊物上发表了 30 余篇学术论文。他出版的专著以及主编的教材包括《中国火锅》《南北菜点精粹》《东北地区教学菜点》《烹调入门》《餐饮管理》《中国烹饪概论》《家庭菜肴速成》《中国吉菜》《冷菜制作工艺》《现代家庭使用东北菜谱》《巧吃妙做茄子辣椒西红柿》《现代中式快餐》《中国烹饪词典》《中国烹饪百科全书》等。1989 年，唐文编写的《学烹饪》电教片在中央电视台全国播出，他编写的《萝卜花雕刻技法》录像片荣获第二届吉林省高教优秀电教教材奖。2001 年，由唐文担任总策划和技术总监的《吉菜美食》大型电视专题片在中央电视台、吉林教育电视台、山东电视台播出，为推动烹调技术广泛传播和吉菜文化推广做出了积极贡献。2003 年，他主编的《烹饪原料知识》教材被教育部评为部级优秀教材。

1999 年，吉林省政府决定实施“吉菜”系列开发工程，并将其纳入吉林省“十五”发展计划。在这个过程中，唐文作为吉菜开发工程专家组组长，以其敏锐的现代市场经济意识，积极推动改革和创新。他在构建吉菜理论框架、创新吉菜菜品技术等方面做出了杰出的贡献。

为了推动吉菜的发展，唐文撰写了多篇论文，包括《谈吉菜原料的开发与利用》《吉菜的形成与发展》《吉菜的开发和利用》以及《吉菜理论框架的构想和形成》。此外，他还主持了“吉菜精品营养成分的分析”课题，并在吉林省科技厅成功立项。这是吉林省首次对吉菜营养成分进行的分析研究，为进一步推动吉菜的开发和发展提供了重要的理论支持。在中国第二届美食节全国新菜系展示中，唐文大师推出的吉菜一举获得新菜系展示金奖，名列新八大菜系榜首。2003 年为开发吉菜预防疾病、防治“非典”疫情、增强人体免疫力、养生保健、延年益寿的药用价值，他积极参加吉林省政府与吉林省科技厅、卫生厅联合组织的药膳开发工作，开发出药膳近 50 种，这些药膳在长白山宾馆一经推出，立即受到消费者青睐，被消费者广泛接受，同时，还成功将“杨麻子大饼”等吉菜名品进行挖掘整理，开发推广。

从教几十年来，唐文大师一直坚持“教书育人，为人师表”这一宗旨，科学合理地处理好正常工作事务和理论学习、业务学习、教学研究的关系，做到了专业工作与行政工作比翼齐飞，多次受省、市、校的表彰和奖励，1990年，获得“商业部优秀教师”称号，1995年在吉林省抗洪抢险中荣立三等功，1996年获全省“贸易系统管理效益标兵”。2001年11月23日，首批唐门弟子正式加入，自此，唐门开始吸纳了百余位餐饮行业的精英。随着时间的推移，团队规模不断扩大，为吉菜的创新发展和文化传承奠定了坚实的基础。

闫海泉 中共党员，吉林省德惠市人，大专文化，曾任德惠市饮食服务公司业务经理、吉林省物资大酒店业务经理、吉林国盛大酒店行政总厨、吉林省餐饮业竞赛裁判员、评委。中国烹饪大师导师、吉菜特级烹饪大师。被吉林省饮食服务公司、吉林省商业专科学校、吉林省工业大学工商管理学院聘为客座教授。餐饮业国家技能竞赛裁判员、评委。

曾与吕继生大师合作编写《大众食谱》、参与编写《烹饪培训教材》、编写了《中国烹饪大师专辑》；2001年吉林省烹饪协会举办的烹饪大赛中所制作的吉林风味宴、2014年制作的农家宴被评为金奖、长春第六届亚洲冬运会被授予特殊贡献奖、中国长春冰雪节第八届美食年会被授予特殊贡献奖、2014年被吉林省餐饮饭店协会评为功勋人物、2018年被吉林省烹饪协会评为吉菜开发特殊贡献奖，业绩被中国饮食服务年监所收编为2004年烹饪风云人物。主要代表菜品有鸡饼扒白菜、浮油鸡片、锅煽鱼片、浓汤鹿筋、明月星、脆皮大虾等。

张世全 中共党员，1947年2月出生于山东省曲阜市，从业60余年，高级讲师，吉林省商务厅优秀党员，全国首批注册元老级中国烹饪大师，国家一级评委，吉林省工商技师学院原党总支书记。

他在1960年闯关东来到吉林省四平市，先后就职于四平饮服公司、吉林省饮服公司省工商技师学院。张世全先后多次被聘为全国大赛评委、裁判员。自1979年开始，他连续被聘为省内历届烹饪比赛的评委。1963年，他获得了四平市财贸系统抻面表演奖；1964年，他在四平地区比赛中获得第二名；1978年，他以第一名的成绩被吉林省政府任命为面食糕点技师。1979年，张世全被选为四平市青联常委，并连续两届担任吉林省青联常委；他曾担任四平市人大代表、四平市铁西区政协委员。由于其突出的表现，多次被评为四平市先进工作者、优秀党员，并被四平市政府命名为“面食糕点技师”，技术能手。2017年，张世全被中国烹饪协会授予“中国餐饮30年杰出人物奖”。早在1985年，他便开始参与早期吉菜的开发工作。1979年，他成功开发了“空心抻面”“吉林面点宴”“小山东汤包”等60余种菜品。2007年退休后，张世全在海南省商校、部队厨师班传授技艺13年。在全国各地表演讲学时，他培养了大批烹饪人才，其中一些学徒在全国大赛中荣获重要奖项。张世全主编了《中国烹饪大师专辑》《面点工艺习题解》《巧吃妙做饺子》等著作，并参编了《吉林面点谱》《吉林菜谱》《吉林特产烹饪原料集》《关东菜肴荟萃》《中国吉菜》等书籍。他还发表了10余篇论文。2000年，张世全随中国烹饪协会代表团赴美国洛杉矶学校考察交流，开创了中西点结合的先河。

王英娥 女，1941年3月出生，原籍敦化县，现居吉林省延吉市，国家中式烹调高级技师、高级面点技师、高级营养师、吉林省职业技能鉴定高级考评员、中国烹饪大师、吉菜烹饪大师、延边烹饪大师，曾担任第三届吉林省烹饪协会理事。她拥有60年的从业经历，致力于中高档菜肴的潜心钻研。

王英娥一直致力于厨师技能培训工作，为吉菜和延边地方菜的发展作出了重要贡献。她曾为中国人民解放军驻延边某部培养了500余名军地两用技能型人才，为社会餐饮业输送了数千名不同级别的技能型人才。她的入门弟子有80人，其中15人获得技师以上职称，65人获得高级工职称。她曾多次担任省内外美食活动的评委，并于1999年荣获黑龙江省科技服务团烹饪分团、海峡两岸南北厨艺交流百名厨师长竞技献艺大师称号。2000年，她担任延边地方菜开发研究交流中心的总顾问。2008年，她荣获吉菜开发推广突出贡献奖。她的代表菜品有兰花海参、葱烧鹿筋、朝鲜族参鸡汤、极品猴头蘑、砂锅鱼头等。

赵怀信 1941年6月出生于吉林省白城市，现年81岁，拥有60年的餐饮从业经验，国家中式高级烹调师、中国名厨、中华国际烹饪美食艺术家，吉林省饭店餐饮烹饪协会特邀美食顾问、白城市餐饮协会美食顾问。

赵怀信出生于烹饪世家，17岁时便开始跟随父亲潜心学习烹饪技艺，在吉菜传承创新以及白城文化宴方面有着较为深入的研究。他撰写的《实用家庭菜谱》，荣获中国十大畅销书之一；著有《烹调技术1000个为什么》三卷以及《中国狗肉菜谱》《名菜赏析与烹制技巧》《中国兔肉菜谱》《中国菜肴》等40余部烹饪专著。此外，他还在《中国烹饪》《中国大厨》《东方美食》等专业类杂志上发表过百余篇论文。他的事迹曾入选《中国当代名厨》一书。

赵怀信曾在2002年获得首届长春市名厨表演创新奖，2004年获得“中国第三届奇山杯比赛”最佳金厨奖，2008年获得吉菜开发推广突出贡献奖，2017年获得白城市餐饮协会终身成就奖。他的代表菜有梅花鹿血糕、草原熏兔、雪衣豆沙等，深受食客喜爱。

张双宝 1948年1月生人，吉林省图们市人，从业42年，国家中式烹调高级技师，吉菜烹饪大师，延边烹饪大师。

1966年入图们实习饭店跟随延边著名烹饪大师桑惠民学徒，烹制的海参虾丝炒掐菜、四喜鸭子、荷香糯米蟹、捶烩芙蓉虾、手把牛排以及四大酱菜的酱大骨、酱牛肉、酱猪蹄、酱小肚等菜肴。1982年以来担任图们江饭店厨师长，带领员工完成多次重要接待任务。1984年担任图们市税务局临江饭店经理，他通过名厨带高徒活动先后带出5名技师、13名高级工、数名中级工。他打破传统的重量菜，忽略色、香、味、形、器的弊端，在盛器运用、色彩搭配、拼摆花边等方面精心研究，根据传统工艺加工创新的菜肴深受人们喜爱。2003年在深圳东北菜大食坊任厨师长，先后推出30余道吉菜，为企业赢得了经济效益和良好的社会效益。2008年退休后担任图们市烹饪协会顾问，始终保持着对烹饪事业的热爱，经常走访饭店对中青年厨师传授烹饪技术和工作经验。

夏德润 1947年出生于吉林省桦甸市，高级讲师，中国烹饪协会国家一级评委，国际烹饪艺术大师、国际美食评委、中国烹饪名师、中国十佳烹饪大师、吉菜烹饪大师，先后担任吉林市商业技工学校校长，吉林商务学校校长。现任吉林省饭店餐饮烹饪协会荣誉会长，吉林市饭店餐饮烹饪协会名誉会长。为吉林地区的烹饪教育与科研、吉菜研发与推广、餐饮行业的发展作出了突出贡献。

夏德润曾撰写完成了讲义《烹饪教学法》，主编并出版了《烹饪技术》《烹饪基础知识》《烹饪概论》《餐旅服务烹饪知识》《厨房管理》《风味特色教学菜》等多部全国统编教材，先后发表学术论文百余篇。

夏德润响应号召，从1999年起，与烹饪专家共同开展吉菜研发推广。他立足吉林市的历史文化、地域特色等，研发了松花湖鱼宴、吉林船厂宴等，荣获吉林省长白山杯烹饪大赛金奖。他主持研发的状元宴等宴席，荣获同达杯美食节金奖。2014年11月，他被吉林省商务厅授予吉菜研发终身成就奖。

于泽滨 中共党员，1946年10月出生，助理经济师，国家特一级烹调师、高级技师、吉林省烹饪协会理事。毕业于吉林市商业技工学校，曾荣获国家、省、市特级厨师称号，并在多项烹饪比赛中斩获金奖。他曾荣获商务局先进工作者、财贸系统先进工作者、吉林市劳动模范、吉林市饮食公司“最佳厨师”等荣誉。

于泽滨还担任吉林市商业技工学校客座高级实习指导教师。从1978年开始，于泽滨兼职教学工作，培养了几千名学员，其中许多已在行业担当要职，他还担任各级烹饪专业考核的评委。曾在江城饭店、实验饭店、西春发饭店、凤凰大酒店、饮食公司朝鲜族饭店担任主厨兼任出品总监。他擅长的菜肴包括荷花鹿筋、油爆肚、鹿肉狮子头等，并对吉林省特产的梅花鹿、飞龙、田鸡、山参等多种原料进行深入研究。他曾成功研制出营养滋补的全鹿宴、松花湖全鱼宴、朝鲜族民俗宴。1992年雾凇节期间，他与商业技工学校共同研制了吉林雾凇宴席，受到了港、澳、台及江城各界食客的一致好评。

贾成明 1949年12月出生，是吉林省非物质文化遗产凤吉园乌拉满族火锅的第四代传承人。他担任第一批吉林省老字号凤吉园餐饮文化服务有限责任公司的总经理，同时也是第一届吉林省饭店餐饮烹饪协会的常务理事。

贾成明于2004年接掌家族企业凤吉园贾家馆子。凤吉园贾家馆子始创于清光绪年间（约1875年），至今已有五代传承，140余年的历史。作为第四代传承人，贾成明对乌拉满族火锅加工技艺掌握娴熟，并且拥有丰富的管理经验。在他的带领下，凤吉园的营业面积由接管时的200平方米扩大到1000多平方米，占地7000多平方米，将凤吉园推向了历史新高。自2008年6月起，凤吉园先后被吉林省政府、省文化厅、省商务厅、省旅游局、省工商局评为吉林省非物质文化遗产、吉林省老字号、吉林特色餐饮旅游名店、吉林省著名商标等荣誉。特别是在2011年1月10日，作为吉林省餐饮业代表在北京受到时任全国人大法律委员会主任委员、吉林省原省长洪虎的接见。

王玉明 1955年出生，天津宝坻人。中国烹饪大师、吉菜烹饪大师、特一级厨师、高级工人技师，曾任吉林省南湖宾馆餐饮部经理，副处级调研员。拥有40年烹饪与餐饮管理经验，曾多次参与南湖宾馆承接的许多重大内事和外事宴请与接待工作；1984年随时任中共中央总书记胡耀邦访问朝鲜并承接答谢宴会的制作；1986年在南湖宾馆参加接待时任国务院副总理李鹏；1988年在北京主持参加全国人大六届一次会议吉林代表团的餐食工作；1991年参加接待来吉林省考察的中共中央总书记江泽民；2010年参与承接了时任中共中央总书记胡锦涛与朝鲜劳动党中央委员会总书记金正日在吉林省南湖宾馆会晤的宴请工作；先后参与接待华国锋、邓小平、李先念、乔石等党和国家领导人及国家各部委的部长与主任以及许多国际友人与团体，受到各级领导表扬和好评。

在40多年的实践工作中，他始终坚持研究与创新，在省内及全国各类竞赛中获得重要奖项，其中包括1992年全国烹饪大赛银奖、“1994年省政府接待办岗位服务明星”称号。

张灿利 1956年出生。国家特一级烹调师、中国烹饪名师、吉林省烹饪大师。从厨近50年，曾就职于吉林省饮食服务公司实验饭店、中建总公司并被派往伊拉克，1989年被省饮食服务公司派往澳大利亚开办合资饭店，曾担任同达酒店集团工作餐饮总监、吉菜食府行政总厨、吉林省和合会馆行政总厨。现任和润艺术酒店高级技术顾问。

张灿利一直坚持技艺完善，不断突破与完善自我。曾在1980年参加吉林市一级厨师学习班，跟随前辈厨师刘吉普学习东北菜；在1983年参加商业部在沈阳举办的宫廷菜学习班，跟随宫廷御厨唐克明老师学习；在1985年参加商业部在武汉商业学院举办的中国烹饪理论研修班一年；2002年前后先后三次去香港从事厨师工作。1980年后通过五年的自学考试，毕业于吉林省教育学院中文系，1986年在《中国烹饪》杂志发表的《水与火在烹调中的作用》获得当年理论征文第二名，2003年参加在马来西亚举办的中国烹饪世界烹饪大赛获得热菜比赛个人金牌。在吉菜理论的研究与创新方面作出了积极贡献。

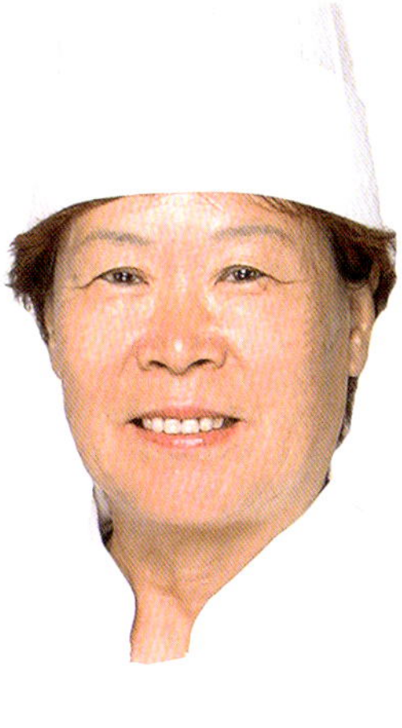

刘丽 女，1954年5月出生，汉族，大专学历，毕业于吉林省财贸学校烹饪专业、吉林省委党校经济管理专业，高级工人技师、中国名师、吉菜烹饪大师，吉林省饮食文化研究会面点专业委员会专家，吉林工商学院吉林省饮食文化研究院客座研究员，曾获得省优秀厨师、技术能手、功勋人物等荣誉称号。

刘丽从业51年，历任吉林省宾馆厨师长、餐厅经理、人事培训部经理等职务。曾多次参加国家、省、市及接待系统举办的烹饪比赛、学术研讨会，并获得团体金牌。1990年获特一级面点师称号，1990年获吉林省首届烹饪学术研讨会论文一等奖，1993年参加“第三届全国烹饪技术大赛”，获团体金牌并获“吉林省优秀厨师”称号，1999年聘为吉林商业高等专科学校客座教授，2002年被聘为吉林省第四届皓月杯吉菜美食大赛评委，2002年被商业联合会、中国烹饪协会授予“中国烹饪名师”称号，2003年在第五届净月先锋杯吉菜美食节大赛任裁判员，2014年被吉林省饭店餐饮烹饪协会、吉菜研究专业委员会授予功勋人物称号。

王开祯 1952年11月生于吉林省四平市，国家注册级中国烹饪大师、中国烹饪大师、特三级风味技师、特二级风味大师、吉林省吉菜烹饪大师、吉林餐饮十大名厨，从事熏肉大饼制作至今已53年。王开祯一直工作在四平市李连贵饮食服务股份有限公司。

王开祯作为熏肉大饼制作技艺的第三代传承人，在几十年的职业生涯中，先后为国家级、省市级会议提供专项服务或为政府特种接待提供专门服务无数次。他曾在1987年3月至4月，被邀请到北京为第六届第五次全国人民代表大会全国人大代表制作熏肉大饼，共制作饼、肉五次。1987年6月17日，李鹏同志来四平视察工作期间，王开祯受命在四平宾馆为领导同志制作熏肉大饼。

王开祯在餐饮行业取得了多项荣誉和认可。1980年9月25日，他被四平市商业局授予“风味大饼技师”称号；1983年6月1日，被获四平地区商业局授予“风味技师”称号；1988年7月至8月，全国部长级以上会议在长春松苑宾馆召开期间，他受邀前去制作熏肉大饼。

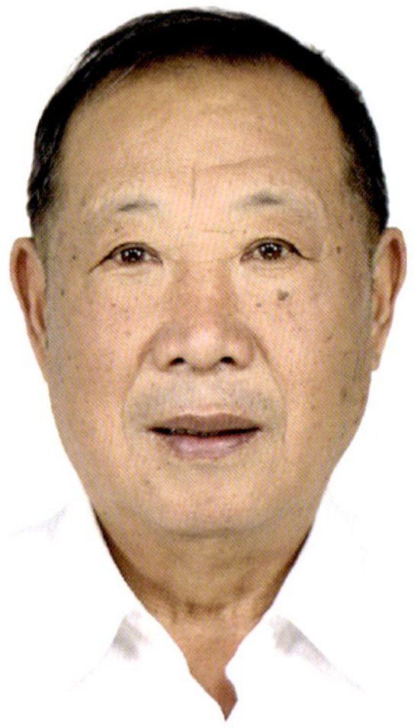

张勤杰 1954年9月生人，中国烹饪大师、中国烹饪名师、全国特级厨师、全国高级技师，全国餐饮业一级评委，曾就职于长春宾馆、吉林大学后勤服务集团餐饮中心、长春市政府招待处，曾担任长春市烹饪协会副会长，现任吉林省烹饪协会特邀顾问。熟悉鲁菜、吉菜等地方特色菜系的发展及起源，并逐步了解全国各大菜系的名典、名菜肴的制作加工主要技术特征。

1977—1983年，张勤杰顺利通过省市烹饪技术各项考核，并多次被派外省学习交流。由于技术突出，曾代表长春宾馆与名师徐桂田参加了1984年吉林省名厨表演鉴定会，1988年调任吉林大学工作。曾参加第三届全国烹饪大赛，代表吉林省获得个人热菜金牌、冷菜铜牌；曾担任全国第六届烹饪技术比赛评委，全国第二届高校烹饪技术比赛副总裁判长，全国高校高级技术比赛红案组组长。多年来，张勤杰为机关、企事业、餐饮业、劳动人事所属单位组织专业培训、技术考核，为吉林省餐饮行业的发展作出了巨大贡献。

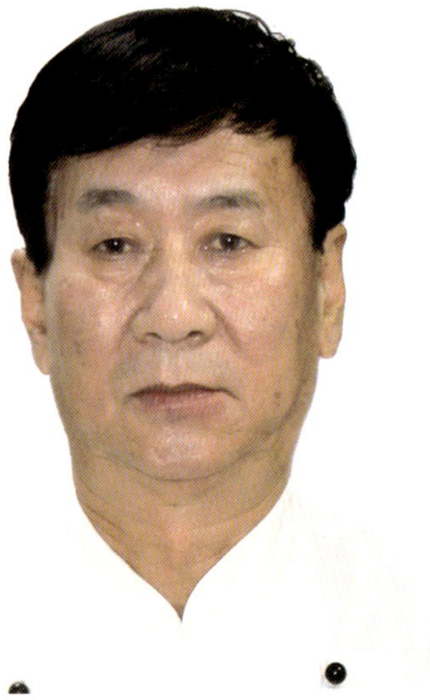

闫海奎 生于1955年4月，三级厨师，特级烹调师资格，国家考评员资格。

1999年，他在劳动部考核中再次脱颖而出，成为烹调技师。在1974年至1989年，曾在德惠市饮食公司所属饭店担任厨师长，积累了丰富的烹饪经验和管理能力。从1989年开始，闫海奎老师转至长春市商业技工学校烹饪教研室，担任教师及主任职务。在这个岗位上，他致力于烹饪技能的传授，为学生们提供了宝贵的知识和实践经验。在专业领域，闫海奎老师的成就更是令人瞩目。1987年，他经过吉林省商业厅的严格考核，在长达41年的职业生涯中，闫海奎老师先后担任过多家酒店的厨师长，包括净月宾馆、南湖大酒店、北京天池宾馆等。这些丰富的工作经验为他的教学增添了更多的实践色彩。

2015年，闫海奎老师在国盛大酒店退休，结束了他辉煌的职业生涯。无论是作为厨师还是老师，他都始终保持着对烹饪艺术的热爱和专业精神，值得学习与借鉴。

陈相坤 1955年5月5日出生，吉林省长春市人。从事餐饮工作40余年，1973年至1987年先后在九台饭店、九台迎宾饭店、九台宾馆任厨师班长行政总厨，1987年调任吉林省政府机关食堂为省政府领导专职厨师，并任总厨师长。1993年在吉林省新雅大酒店工作任行政总厨和总经理。1996年聘任为吉林省劳动保障厅职业技能鉴定考评员。2000年被授予吉菜烹饪大师称号。2002年在中国名店名厨名菜征集评比中，荣获世界（中国）烹饪大师题名，并获荣誉证书。

陈相坤在传承传统的烹调技艺基础上创新研发了吉林关东风味名菜肴，包括长白山珍宴、松花江鱼宴和农家喜乐家宴等菜肴；多次参加吉菜创新与发展研讨班；并撰写了《中式烹调技艺传承与创新菜点融合发展》等学术论文10余篇。有的论文发表在《中国烹饪》杂志上。先后被吉林省商业专科学院，长春市烹饪技术学校聘请为课座教授。在厨师行业内培养厨师数十名，为部队机关团体举办各类厨师培训班数十期，在吉林餐饮行业内起到了主力军作用。

崔远泽 1952年4月生于吉林省白城市，国家中式烹调高级技师、吉菜烹饪大师，吉林省饭店餐饮烹饪协会副会长、吉林省药膳协会副会长、吉林省职业技能鉴定考评员。崔远泽自1972年开始先后在长春市长白山宾馆，北京市华北楼饭庄和吉菜泰斗唐文老师门下学习。

崔远泽从事中式烹调工作40余年，曾为部队培训了大批初、中、高级中式烹调师军地两用人才，为部队作出了突出贡献。由于崔远泽的成绩优异，他被军区破格从炊事班长调入长城酒店任经理，后又被聘请到北京武警学院任食堂经理和维克多酒店任行政总厨。崔远泽非常注重工匠传承精神，多年来培养出了100余名学生，其中技师10余人，这些人都在餐饮业的重要岗位工作。在多年的实践中，崔远泽对吉菜和白城地方特色菜有着较为深入的研究，擅长烧、扒、汆、蒸、炸等技法。他的代表菜品有奶汤鲫鱼、锅爆豆腐、原味羊排、三花羊汤、锅烧鸡、拔丝香瓜、莺歌燕舞、群鹤驼掌、梅荷相映、草塘情趣等，深受广大食客的喜爱。

冯勇智 生于1957年6月，吉林省伊通县人，中式烹饪高级技师、吉菜烹饪特级大师，曾获吉菜开发特殊贡献奖、吉菜发展20年功勋人物、改革开放40周年吉林省饭店餐饮业功勋人物，现任吉林省饭店餐饮烹饪协会监事长。他师从王凤阁学习中式烹饪，曾在各机关、餐饮单位担任重要职务。

1985年冯勇智认真贯彻省领导指示精神，参与组织对全省县以上78家宾馆进行行业管理指导；组织开展全系统优质服务活动；与吉林省人事厅联合组织省直宾馆岗位大练兵活动。先后组织吉林省各委办厅局食堂骨干厨师培训班、机关后勤工作干部业务培训班、机关事务工作经验交流座谈会、与锦江集团的餐饮交流等多项活动，并组织派出厨师，参与锦江集团旗下7家宾馆的春季营养滋补节活动。对锦江集团的餐饮服务发展作出了巨大贡献。

他积极参与吉菜开发推广工作，组织省直各大宾馆、市县级宾馆参加吉林省饭店餐饮烹饪协会组织的各项活动。组织吉林省直5大宾馆和9个市州宾馆参加“吉林省地方特色餐食展”。

王贵森 1950年11月生于吉林省延吉市，国家中式烹调高级技师，中国烹饪大师，吉菜烹饪大师，延边烹饪大师，从厨42年。他师承著名烹饪大师张传志先生，曾先后担任厨师长、餐饮经理等职务。他对吉菜及延边地方民族风味菜有着较为深入的研究，在原材料取用、烹饪方法运用、调味品选用、装盘艺术、菜单组合设计等方面探索出一系列方法和经验。

1988年1月，王贵森被延边州接待办调入白山大厦工作，任二餐部经理。多年来王贵森同志带领延边州宾馆和延边白山大厦的厨师服务团队，成功地接待了老一辈革命家和多位党和国家领导人，承接了多个大型及重要接待活动，受到了上级领导的肯定和好评，为地方的政务接待工作出了重要贡献。王贵森特别重视中、青年厨师技术人才的传承和培养工作，教授烹饪技艺对学生言传身教、一丝不苟，并为酒店培养了多位技术型管理人才。他擅长急火速烹，代表菜品有鸡片扒松茸、葱烧海参、风味米肠、狗肉火锅、什锦田鸡油、特色扒鸭、长白山珍小炒等。

朴惠玉 女，出生于1952年11月，吉林省延吉市人，中式烹调高级技师、延边朝鲜族民餐料理大师，拥有45年的烹饪行业经验。朴惠玉是吉林省首位获得韩国料理大师称号的人。她在韩国水源的著名大厦进行研修，与韩国世宗大厦的厨师长们建立了良好的关系，并一直保持紧密的烹饪技艺交流。在1999年的第一届吉林省地方特色餐食展览会上，她所制作的石锅拌饭、辣白菜、萝卜块、明太鱼等多种朝鲜族特色菜品荣获金奖。她始终怀着一颗敬业的心，烹制每一道菜品时都极度注重细节。她不断锐意进取，勇于创新，凭借着对民餐的强烈热爱，研发出更符合吉林当地朝鲜族口味的菜点。

在朴惠玉的职业生涯中，培养了数名优秀的厨师，并在全国各地积极弘扬延边朝鲜族民餐文化，成果显著。2006年，她成功创立了延边朝鲜族民俗特色餐馆吴氏包饭屋。如今，这家餐馆已经成为到访延边必吃的美食打卡地。其代表菜包括包饭、菜包肉、辣白菜、宫廷烤牛肉、拌冷面以及吴氏酱豆腐等。

高学成 1959年出生于吉林省吉林市，46年厨艺生涯，中国烹饪大师。1985年获得了吉林省商业厅和省饮食服务中心颁发的红案一级厨师等级证书。由于表现突出，他在1987年被任命为招待所所长。1989年，高学成进入烹饪教师大专班学习，并获得了职业技术培训教师专业资格证书。1990年，高学成考取了红案特三级厨师等级证书。通过这次学习，他明确了自己未来的发展方向，致力于农家传统菜肴的研究。之后，高学成通过了职业技能考试，成功获得了红案特二级厨师等级证书。1995年6月，他再次通过考核，获得了劳动人事部颁发的工人技师等级证书。

在不断地学习和实践中，高学成结合当地的民俗民风和生态环境，形成了自己独特的烹饪风格。他的菜肴以山野土特产为主要原料，味道鲜美，营养丰富，深受当地百姓的喜爱。高学成的成就不仅得到了业内人士的认可，也得到了社会的广泛关注。他的独特风格和成就，为乡村菜肴的发展作出了重要贡献。

姜春和 1954年12月出生，烹饪与营养专业教授，国家特一级烹调师、营养技师、餐饮业国家级评委。曾任吉林商业高等专科学校餐旅管理系系主任、党总支书记，吉林工商学院旅游学院党总支书记。先后发表论文30余篇，其中多篇论文获省、市、校级优秀论文奖励。与他人合作出版《南北菜点精粹》等3部专著，主编《中餐烹饪基础》《烹饪技术》等8部教材。

姜春和在吉菜理论的研究上成果丰硕，在吉菜发展简史、吉菜的区域性、吉菜各区域的发展方向、吉菜味型、吉菜的宴席设计等方面都有独到见解。很多成果已广泛应用于教材和教学实践中。主持研究的五项教研、科研课题已通过校级、省级鉴定。其中《吉林滋补宴》获吉林省政府组织的“2000吉菜美食节”金奖、“吉林省名宴”称号。主持研究的“营养餐设计制作课教学研究”教研课题已通过学校鉴定。他研制的清烹鹿肉丝等吉菜已通过省级鉴定。姜春和他还积极投身于烹饪专科、本科教育事业，为培养更多的烹饪人才作出了贡献。

洪延恩 1955年10月出生于吉林省蛟河县，国家中式烹调高级技师、吉菜烹饪大师、延边烹饪大师，图们市烹饪协会的名誉会长，从事烹饪行业已有42年。他多次圆满完成重要接待任务，并烹制了扒猴头蘑、松花湖奶汤鱼头、三味鹌鹑、全鱼宴和全鹅宴等宴席。1989年，洪延恩担任图们市海关宾馆的厨师长，负责多次主厨接待重要外事活动。1996年，他成为阿里郎酒家的厨师长，对朝鲜族花甲宴、婚礼宴、儿童生日宴的制作有着较为深入的研究和烹制经验。洪延恩在2003年和2008年分别担任首届图们市失业下岗职工烹饪技能大赛评委和迎奥运北交会图们市烹饪技能大赛评委。2004年，他荣获图们市“十佳厨师长”的荣誉称号。

洪延恩始终保持对烹饪事业的热爱、执着和责任感。即使退休后，他仍然经常前往酒店对中青年厨师进行经验传授。他的代表菜包括锅焗豆腐、芙蓉泡菜虾、糖醋松花江鲤鱼、焦熘肉段、虎蹄肘子、庆岭活鱼等。他的职业生涯和对烹饪的热情，无疑展现了他卓越的烹饪技艺和对这个行业的深厚热爱。

柴俊臣 1954年8月出生，从业45年，现任蛟河市柴家饭店董事长，蛟河市十大名厨，东北地方菜传承人，蛟河地方菜名厨，蛟河庆岭活鱼传承人，蛟河市餐饮协会副会长，改革开放优秀基层创业先锋，蛟河市优秀餐饮业代表，蛟河实验饭店名厨，蛟河煤矿机关食堂顾问，红叶谷地方菜名厨，蛟河市松花湖鱼宴名厨，蛟河市熏酱名厨。

柴俊臣在80年代初到吉林市新兴园饭店学习，在熏酱名师马金成指导下学习熏酱制作技术。代表菜品包括庆岭活鱼、干煸大笨鸡、大鹅炖干菜、松花湖鱼宴、老式灌肠、熏酱小肚、爆炒飞龙、山鸡焖玉兔、干煎松茸菌、鸡丝山蕨菜、白肉酸菜汤锅、拔丝黄菜、柴家老豆腐、山野菜水饺、萝卜牛肉蒸饺等，柴家饭店经过一代人的不懈努力现在已经传承到第二代人柴立明肩上。柴家饭店将继续深耕在家乡蛟河这片热土上，为家乡旅游业发展作出新贡献。

吕继生 中共党员，1950 年出生，吉林省德惠市，高级技师，吉菜大师。从业 50 余年来，曾任德惠县饮食服务公司副经理、总经理、党总书记职务；荣获“吉林省劳动模范”“长春市劳动模范”等称号。

烹饪技艺精湛，专注于刀功、勺功；尤擅长吉林传统菜肴烹制；对菜肴属性的相互关系和成品特点研究较深。擅长的烹饪方法有烧、炸、熘、扒、爆、拔丝、汆、汤菜的制作。经过几十年的研究与实践，创出菜肴数百种，创新出及第宴、千秋宴、百岁宴、龙凤宴、锦程宴、开市宴、乔迁宴等筵席。在烹饪技艺传承方面，先后被吉林省商业技校、德惠县职业技工学校、吉林省供销社系统、长春市供销社系统聘为客座教授。自编教材数十万字，还会同闫海泉大师编写《实用烹饪教材》《节日菜谱》等著作。1991 年至 1992 年年初同闫海泉大师、何荣显教授在苏联加盟共和国乌克兰首都基辅市的和平宾馆从厨，制作中餐，得到了广大食客的好评和国外同人的赞誉。

陈沧海 中共党员，1951 年 9 月出生，餐饮管理大师，具备丰富的餐饮行业工作经验和卓越的成就。陈沧海先后担任吉林省南湖宾馆副总经理、吉林省乐府大酒店总经理、吉林省政府办公厅副巡视员等重要职务。陈沧海职业生涯中兼任多项重要职务，如吉林省烹饪协会副会长、吉林省饭店协会副会长、国家商务委员会委员和省烹饪协会特邀顾问。曾被国家烹饪协会授予劳动模范荣誉称号。

陈沧海在南湖宾馆任职期间，积极参与吉菜开发工作。吉菜为吉林省地方特色菜，洪虎省长高度重视吉菜的开发，并在南湖宾馆这个平台上推广。陈沧海承担这一重要任务，并取得显著成果。

在吉菜开发过程中，陈沧海组织厨师参加全国美食大赛，多次获得优异成绩。陈沧海的工作曾得到党和国家领导人的高度评价。在接待党和国家领导人及外宾时，吉菜作为主要招待菜品，受到领导人高度评价。此外，陈沧海还组织厨师到人民大会堂为全国人大代表烹制吉菜，进一步扩大了吉菜影响力。

刘东平 女，中共党员，1958 年 5 月出生，大学本科学历，中国注册烹饪大师、中式面点高级技师，吉林市烹饪技术协会高级评委、吉林市烹饪协会技术顾问、吉林市饭店餐饮烹饪协会副会长、吉林市营养学会副会长。她曾在吉林市商业技工学校、北苑实习酒店、吉林特产高等专科学校、吉林农业科技学院等多个教育机构担任重要职务。此外，她在吉林省城市建设学校国家示范“烹饪专业项目建设”中担任专家委员会委员。

在厨艺竞赛方面，刘东平曾获吉林市烹饪大赛面点专项比赛第一名、吉林省烹饪大赛面点比赛明星称号、吉林市食品科学技术二等奖、吉林省女职工面点技术明星奖等多项荣誉。她还参与了“吉林松花湖鱼宴”等多项研究。

在学术成果方面，刘东平公开发表了十余篇论文，包括《面点技术教学理论体系的研究》《竞争环境下的食品产业市场战略分析》《中国烹饪质量表述及形成途径》《烹饪专业模块化教学方法初探》《蛋白质变性与烹饪过程中的应用》等。

宋殿阁 中共党员，1956年7月出生，吉林省吉林市人，中国烹饪协会国家一级评委，中国烹饪大师、吉菜烹饪大师，吉林省烹饪协会副会长、吉林市饭店餐饮烹饪协会荣誉会长。曾先后担任吉林市商务学校副校长，吉林省城市建设学校党委书记兼吉林省城市建设学校实训基地北苑连锁酒店总经理。

宋殿阁2008年获吉菜开发推广突出贡献奖。他建立了北苑酒店吉菜名品牌店，是吉林省首批吉菜名店和首批吉林老字号餐饮企业，曾获中华餐饮名店、东北餐饮名店、百家诚信企业、江城人喜爱的消费品牌名店、省内二十强餐饮企业等荣誉称号。

宋殿阁以开发和弘扬吉菜为己任，先后开发出吉林状元宴、吉林迎宾宴、松江情——品宴等吉菜名宴，2005年吉菜名菜寒毡铁杵被评为中华名品。啤酒烧金丝鲤鱼、松湖情结等特色吉菜被评为吉林松花湖开江鱼美食金牌菜。2010年受吉林市第五届开江鱼美食节组委会委托冠名和承办了金牌鱼宴和鱼师傅的系列评选活动。2008年11月北苑酒店代表吉林市参加第六届全国烹饪技能竞赛，获7金5银9铜的佳绩。

张公昌 中共党员，1956年11月出生，毕业于吉林财贸学校烹饪专业。中国烹饪大师、吉菜烹饪大师、国家中式烹调高级技师，国家职业技能鉴定中式烹调师工种吉林省考评员，国家职业资格鉴定吉林省中餐烹饪工种考评员，商务部国家钻级酒店评定吉林省专家组考评员，吉林市饭店餐饮烹饪协会专家委员会委员，吉林省饭店餐饮烹饪协会第一届理事会常务理事，曾担任吉林商务学校（吉林市商业技工学校）烹饪教研室主任。

自1980年起，张公昌深耕烹饪教育与科研领域，累计达36年。张公昌参与编写了《东北地区教学菜点》《华夏菜点精萃—关东风味》等专业书籍。1999年，吉林市商业技工学校被确定为首批吉菜重点研发基地，张公昌作为烹饪教研室主任，参与研发吉林松花湖鱼宴、吉林船厂宴等宴席，并发表《东北农家菜的形成与创新》《创新—吉菜发展的永恒主题》等论文。2001年，张公昌被评为吉林省吉菜研发与推广先进个人。

2006年至2013年，张公昌连续七年承担中国·吉林开江鱼美食节烹饪技能大赛的组织工作，获得同行好评。

姜玉琢 中共党员，1958年8月出生，吉林省长春市榆树市人，特一级厨师、高级烹调技师，吉林省厨师厨艺联谊专业委员会副会长、中国老子饮食文化研究委员会榆树市执行会长、吉林省饭店餐饮协会副主席、榆树市烹饪协会会长。他自1978年开始从事餐饮行业，至今已有45年。

姜玉琢多次在各种烹饪比赛中获奖，如第六届齐山杯最佳金厨奖、首届厨邦杯吉菜味道创意美食烹饪赛特金奖等。他的工作得到了社会各界的认可和肯定，如在长春市个体劳动者综合教育中被评为“五一普法先进个人”，被长春市个体劳动者协会被评为“文明个人奖”等。姜玉琢还积极参与社会公益事业，担任吉林省慈善总会餐饮行业爱心基金爱心人士，并作为全国生态食材与生态餐饮评定中心委员会专家，为行业的可持续发展作出了贡献。

姜玉琢工作和成就被编入多部名厨菜典，如1993年以来参加《中国厨师名人录》《名厨菜典》《中国北方菜谱》《中国名厨技巧博览》《中国名师菜典》《华夏名厨名菜先编》《专家名厨》等书的编辑工作。

王述钧 1960年10月出生，共产党员，副教授，营养技师，高级烹饪技师，曾担任吉林省烹饪专业大赛考评员、吉菜标准化技术专家、省政府食品专业采购评审专家等职务，现任吉林城市职业技术学院城市服务分院主管教学副院长。他曾担任吉林省饭店餐饮协会常务理事、吉林省饮食文化研究会副会长、吉林省饭店餐饮烹饪协会第一届理事会副会长等职务。

王述钧致力于烹饪与营养专业理论与实践教学，担任多部教材的主编、副主编，发表学术论文11篇，参与省级教科研课题2项，主持校级科研课题1项。1999年，他在吉菜“长白山杯”大赛个人赛中荣获总成绩第二名，获得金牌，并被省烹饪协会授予“最佳烹调师”称号。他多次指导大学生参加国家级、省级烹饪大赛，对东北菜的研发创新和推广工作出了突出贡献。在吉林省首届“凯利泛美食文化”嘉年活动中，王述钧被评为最佳指导教师。在吉林工商学院“大学生挑战杯”科技竞赛中，他荣获优秀组织奖。2005年，长春市政府授予他“高校学生管理”先进工作者称号。

陈峰 1962年8月出生，吉林省前郭尔罗斯蒙古族自治县人，资深注册中国烹饪大师，吉林特级烹饪大师，餐饮业国家一级评委，国家注册裁判员，中国名厨委员会委员，吉林省饭店餐饮烹饪协会第一届理事会副会长，吉林省饮食文化研究会专家委员会主任；在吉菜研发与创新推广过程中被授予“杰出贡献奖”。从业45年，擅长地方菜开发与研创。

陈峰曾就职于吉林省前郭江南宾馆，担任厨师长、行政总厨、副总经理职务；吉林省同馨宾馆担任总经理职务；曾任中国烹饪协会名厨专业委员会吉林工作区主席，中国烹饪协会第四、第五届烹饪大赛裁判工作，吉林省历届美食节活动中担任裁判、裁判长工作。2000年8月，他带领吉林省代表团赴香港举办吉菜美食节，在美食节上推出长白山山珍宴、吉林雪蛤宴、长白全鹿宴、全羊宴、人参寿果、香煎松茸。菜品推出后深受港人赞赏，活动内容被香港报纸刊登，并被授予“厨艺超群、技贯中西”荣誉。陈峰在传承和创新烹饪技艺的过程中为吉林烹饪事业的发展作出了突出贡献。

秦元刚 1963年出生，国家一级厨师、吉菜烹饪大师，吉林省饭店餐饮烹饪协会副会长、吉林省饮食文化研究会专家委员、吉林工商学院吉林省饮食文化研究院客座研究员，从业42年。

秦元刚曾在第四届海峡两岸春节民俗庙会活动中获得突出贡献奖。中国烹饪协会第八届全国烹饪大赛裁判，吉林省历届美食节担任裁判工作，他从业期间曾在浑江饭店、吉林省冶金工业厅、吉林省实验饭店工作；1988年创建满园春饭店。

秦元刚一直致力于厨艺专研与传创，在技艺研发、食材研究等方面为吉菜的传承与发展作出了积极的贡献。

王洪宇 1968年7月出生，吉林省松原市人，党校在职研究生学历。中国饭店业国家级评委、吉菜烹饪大师、吉林省工人技术认定特一级烹调师。在省旅游系统工作期间，连续13年被评选为先进个人和优秀生产者光荣称号。

王洪宇从事餐饮行业37年，在长春市长白山宾馆开始中餐烹饪生涯，曾担任吉林省旅游局首家涉外饭店天马饭庄厨师长、吉林省委党校副总经理、天马饭庄经理，现任中共吉林省委党校交流合作中心主任。2007年经吉林省烹饪协会第四届常务理事会审议通过，被任命为吉林省烹饪协会副秘书长。2007年根据《饭店业职业经理人执业资格国家标准（GB/T 19481—2004）》，经考核认定，被授予饭店业职业经理人执业资格证书，2007年荣获中国烹饪协会年度中华金厨奖、技术创新奖，2008年获中国饭店协会改革开放30年功勋人物中国饭店业优秀职业经理人白金勋章，2009年获中国饭店协会年度中国饭店餐饮业劳动模范及优秀职业经理人称号。

付建平 1961年3月生于吉林省延吉市，从业45年，现任延边东方技能培训学校校长，延边州政协委员；国家中式烹调高级技师，吉林省优秀高级技能人才，享受国务院特殊津贴，吉林省技术能手，吉林烹饪大师，延边州五一劳动奖获得者，资深注册中国烹饪大师，世界中餐业联合会东北亚餐饮产业分会联席主席，荣获中华餐饮最佳人才培育奖获得之，功勋国际餐饮文化大师，全国餐饮企业现代管理工作督导师，世界餐饮业竞赛评委，国家餐饮竞赛国家级评委，中国名厨委员会资深委员，延边烹饪协会会长，延边餐饮行业协会副会长兼秘书长，延边社会科学院客座研究员。他17岁从厨，曾荣获2005年烹炉大观世界金厨特金奖，首届中餐技能创新大赛特金奖，吉菜特殊贡献奖，第三届食神争霸赛获食神称号，香港华夏美食杯金奖，中华美食金鼎奖，2014年吉菜特殊贡献奖,2015年吉林省饭店餐饮烹饪协会年度突出贡献奖,2019年吉菜发展20年杰出人物，吉林餐饮卓越人物入选延边人物大辞典，入选全国先进模范事迹汇编。代表菜有观莲献福、锅煬豆腐、糖醋鲤鱼等。

郑培君 1962年出生，吉林省龙井市人，国家中式烹调高级技师、中国烹饪大师、延边烹饪大师。郑培君在延边烹饪协会担任副会长一职。

他制作的创新菜盐焗鱼等菜肴被餐饮业广泛推广。1990年，郑培君在延边州实习饭店从事厨师技能培训工作，为社会各界输送了超过800名的技能人才。此外，2004年郑培君受央视七频道邀请，接受采访，为“记忆中的味道”栏目组制作了吉菜“杀猪菜”，并在央视播出。他曾作为延边电视台的特邀嘉宾主持了《厨里飞出欢乐的歌》《厨师茶座》《金点子》《每周一菜》等栏目，受到了观众的好评。1997年，郑培君的个人事迹被收录到《延边人物大辞典》一书中。他先后在白山大厦、青年大厦、金城大厦、远东大厦、王府饭店、世纪酒店等几家大型餐饮机构担任主灶师傅。他不仅精通烹饪，还对面点制作有着较深的造诣。他烹制的脆炸鲜奶、卷龙顶凤、扒什锦、凤尾樱桃虾、香炸小排、龙抱凤蛋、锅包肉、群蝎入凤巢、锅 豆腐、红梅珠香、烧冰激凌、荷衤煬排骨成为种子菜并得到广泛推广。

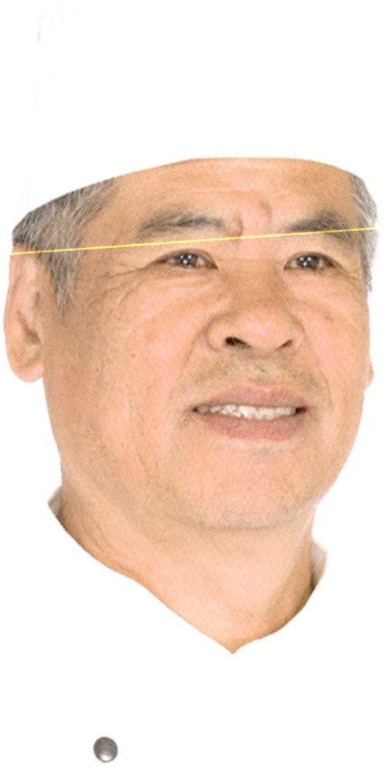

张庆海 1960年1月出生，籍贯延吉市，国家中式烹调高级技师、中国烹饪名师、延边烹饪大师，目前担任延边州烹饪协会名誉会长。

他的职业生涯始于1979年，当时他在延吉市饮食服务公司的朝阳饭店开始学习烹饪，后在延吉市饮食服务公司的得意楼饭店担任经理。他的烹饪技术十分娴熟，多次负责接待各种重要活动的大型宴会，并获得了极高的赞誉。他的烹调技艺精湛，擅长吉菜的炒、爆、蒸、炸、扒、烧、烤等各项技艺。他研发了独具特色的延边民族风情宴，被人们赞誉为绝佳之作。他始终坚持在厨房一线，积极推动岗位大练兵活动，加强团建工作实施储备人才发掘人才的战略方针。他亲自教授了31名学生，其中5人是高级技师，26人是高级工。

1992年，他代表公司到山东济南进行技术交流，他领队制作的民族风味特色宴和山珍宴充分展示了他的才华和技艺，赢得了观众的热烈喝彩。他的代表菜品包括干烧偏口鱼、油焖豆腐、金钱鸡饼、糖醋松花大鲤鱼、螺片芹菜芽、私房排骨等。

李晓强 1961年1月出生，国家高级烹调师、吉菜烹饪名师。2002年起任职于吉林省商业技工学校北苑酒店，现任吉林市北苑餐饮文化有限公司厨房主管、指导教师。

李晓强在2007年的北苑优质服务百日竞赛中被评为岗位标兵；2008年东北美食节中，他的妙笔生花菜肴荣获金奖；2009年东三省美食节雕刻的“跃马奔腾”荣获金奖；2010年被聘为吉林省城市建设学校烹饪与管理专业学习指导教师；2010年荣获第五届中国·吉林松花湖开江鱼美食节个人金牌；2010年在第五届中国·吉林松花湖开江鱼美食节吉林市北苑杯技术技能大赛中制作的菜肴松鼠鱼被评为金奖，并授予国家高级烹调师称号。

李晓强拥有15年的厨师工作经验，负责厨房管理工作，同时也负责本店的专业技术工作和雕刻。他每年承担两千余桌的宴会工作，为北苑酒店宴会工作的有效运行作出了巨大贡献。他始终以把工作做得更好为目标，积极创新，圆满完成本职工作。

刘铁山 1961年12月出生，原蛟河市现珲春市人，国家中式烹调高级技师、高级公共营养师、中国烹饪大师、吉菜烹饪大师、延边烹饪大师，现任珲春市麦浪饼城总经理兼厨师长。从业40余年，潜心钻研吉菜和延边地方菜，形成了自己独特的烹饪风格。

刘铁山曾在吉林市西关宾馆进修，在吉林市丰满五虎岛松花湖鱼餐厅、延吉市农家餐馆等多个知名餐厅担任主厨或厨师长，积累了丰富的烹饪经验。

刘铁山凭借精湛的厨艺和对吉菜、延边地方菜的深入研究，荣获了许多奖项，如省级金鼎奖、吉菜突出贡献奖、珲春市首届文明守信奖等。此外，他还在2023东北亚文化旅游周暨珲春首届北冰洋帝王蟹节、延边州朝鲜族美食料理王大赛中获得特金奖。刘铁山的代表菜品有传统锅爆肉、青椒肉段、虎皮肘子、酱大骨、拔丝酥黄菜、雪衣豆沙、锅爆沙参、辣白菜五花肉、锅爆豆腐、白肉血肠等，这些菜品充分展现了他的烹饪技艺和对吉菜、延边地方菜的独特理解和创新。

韩举 1962年6月出生，吉林省敦化市人，中式面点高级技师，中式面点职业技能考评员，延边面点大师，并在吉林省的民办培训机构担任技能教师，从事面点行业已有43年。自1980年开始，韩举先后在敦化市万豪酒店、敦化市金茂酒店、延吉市国际酒店、珲春市宾馆及汪清县红菊大厦等多家大型餐饮机构担任行政总厨、餐饮部经理及酒店总经理等职务。

在1989年，韩举参加延边州面点行业大赛并荣获金奖。他在酒店工作时所制作的面点更受到了国内外宾客的高度赞扬。例如，在敦化市万豪酒店工作期间，他曾接待摩洛哥亲王并得到了亲王的好评和赞扬。此外，韩举在珲春市工作期间担任了赴朝鲜传授面点技术的领队，得到了朝鲜领事馆领导的高度评价。他的代表作品包括金丝饼、晾衣大饼、银丝卷、大油饼、水晶蒸饺、辣白菜土豆粉蒸饺、酵面小糖饼、手抓饼、大枣开花馒头、敦化煎饼盒子、酸菜蒸饺等。韩举先生的精湛技艺和深厚的专业知识为他在面点行业树立了卓越的声誉。

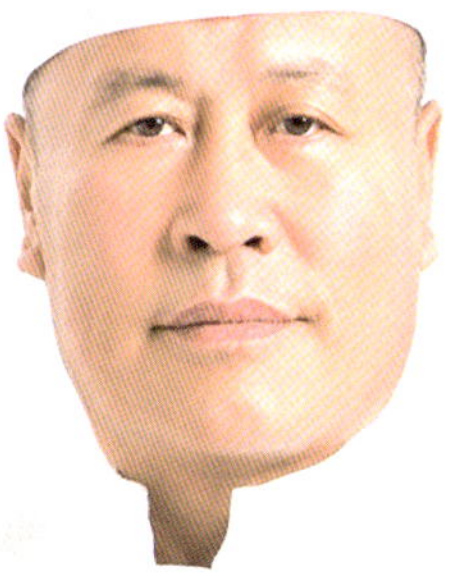

李维平 1962年6月出生，吉林省延吉市人，国家中式烹调高级技师，高级营养师，中国烹饪大师，延边烹饪大师，延边州技术能手，延边州职业技能鉴定考评员，从业40年，现任延吉市渤海饭店厨师长。

1997年，他参加延边州商业局、劳动局、总工会联合举办的全州厨师厨艺大赛荣获“延边烹饪大师”称号。同年参加商业局、劳动局、总工会联合举办的全州技术工人技能竞赛，荣获“延边州技术能手”称号。1999年荣获黑龙江省举办的“海峡两岸”南北厨艺大赛创新奖；同年荣获第二届吉林省长白山杯吉菜烹饪大赛金奖，参赛作品九天揽月、五洋捉鳖以造型新颖、风味独特受到评委一致好评，被破格晋升为高级技师，作品被评为吉林省名菜，授予“全省最佳厨师”称号。2019年被吉林省技术学院聘为烹饪系教授。

多年来李维平带徒41人其中技师3人和高级工38人，现都是餐饮一线技术骨干。代表菜有枸杞牛鞭花、灯笼海参、传统锅包肉、汆鱼腐、金鸡独立、孔雀开屏、雪衣豆沙等。

孟繁军 1962年4月出生于吉林省白城市，吉菜烹饪大师，中国烹饪协会第一届常务理事、白城市餐饮行业商会特邀名誉会长、吉林省烹饪协会常务理事。

孟繁军在1980年开始学厨，1988年跟随白城市著名厨师程俊清学习技艺，在吉菜烹饪技艺方面得到了很大的提高。他曾在多家酒店担任要职，如白城市万盛春饭庄、白城市通业大酒店，并在其中担任总经理兼餐饮总监。他还注重传承工匠精神，培养了2名技师和高级工20人。此外，孟繁军在餐饮管理方面颇具心得，他通过团队建设、人才培养等策略，使得他经营的酒店拥有实力雄厚的厨师队伍。

孟繁军在烹饪风格上融汇中西菜系，形成了自己独特的风格。他通过不断的创新，推出了多款特色菜品，深受广大消费者的喜爱和一致好评。此外，他还荣获了多项荣誉和称号，如1993年被载入《华夏名厨名菜大辞典》一书中，1994年被授予“中厨之星”称号，2021年被誉为在吉菜开发推广中作出突出贡献人物等。孟繁军最具代表性的菜品有香熏乳鸽、白菜冻豆腐粉、飞燕大虾、素炒银针等。

盛跃阳 1965年出生，中式烹调技师、吉菜烹饪大师、松花湖鱼宴烹饪大师，拥有39年的从业经验，现任九穆餐饮集团行政总厨。

在职业生涯中，盛跃阳取得了多项荣誉和成就。2010年3月，他被聘为吉林省城市建设学校管理专业指导教师；2010年8月，他被聘为吉林市烹饪协会常务理事。2013年，他在中华御宴新满汉全席烹饪大赛中获得特别金奖，并担任专家评委。2018年，他被评为吉林烹饪技艺传承资深十大名厨。除了在烹饪领域的成就，盛跃阳还积极担任各种大赛的评委和组委会成员。

盛跃阳师承于中国烹饪大师夏德润，凭借精湛的技艺、扎实的基本功，熟练地掌握传统烹调方法和烹饪原料，并加以改进和创新。他将选拔人才、传承技艺、教学育人、承前启后、宣传推广、改革创新作为己任。在2008年奥运会期间，盛跃阳肩负吉菜的宣传任务走出吉林，在青岛市白桦林吉菜馆进行教学和表演活动，获得国内外美食爱好者的高度评价和赞誉。

三、知名吉菜烹饪大师

朱基富 1966年2月生于吉林省柳河县，中式烹调高级技师、中国烹饪大师、吉菜烹饪大师、吉菜烹饪名师、中国吉林资深名厨，吉菜标准化技术专家，世界厨师联合会国际裁判、国家级注册裁判员，世界中医药联合会药膳食疗研究专业委员会理事，中国烹饪协会名厨委员会委员，吉林省饭店餐饮烹饪协会名厨专业委员会副主席，吉林省饮食文化研究会常务副会长。他被授予长春市高级技能领军人才“岗位技能带头人”的称号，并荣膺中国餐饮30年杰出人物、首届中国烹饪工匠、全国餐饮教育优秀教师、吉林省人民政府“长白山技能名师”等荣誉，目前担任吉林工商学院烹饪副教授。

朱基富在烹饪竞赛中成绩斐然，荣获第六届全国烹饪技能大赛冷菜铜奖、第三届吉林省烹饪技能竞赛冷菜金奖、首届中国饮食文化节创新菜点大赛金厨奖等。在北京奥运会和残奥会期间，他参与了餐饮服务工作，荣获优秀组织管理奖和特殊贡献奖。此外，他还荣获中日韩国际文化美食节冷菜金奖、东北菜研发创新和推广工作突出贡献奖、中国吉菜发展杰出贡献奖等。

吕国强 中共党员，1969年6月11日出生于吉林省长春市，大学本科学历。中国烹饪大师、国家高级营养师、吉菜烹饪大师、中国餐饮业国家级评委、吉林省职业鉴定考评员。此外，他还是中国饭店协会名厨专业委员会常务副主席、世界中餐业联合会企业家委员会吉林区主席、吉林省饮食文化研究会常务副会长、吉林省饭店餐饮烹饪协会执行主席、吉林省烹饪专业委员会主席。

吕国强的职业生涯丰富，曾担任紫荆花饭店餐饮总监兼行政总厨及以吉林省雪立方摩尔运动中心有限公司法人执行董事等重要职务。他曾获得过多项荣誉，1996年，他在吉林省乐府大酒店改扩建及申报星级工作中荣获三等功；1997年，他被评为“省政府接待办公室先进工作者”；1999年，他在吉林省接待服务系统地方特色餐饮展中荣获金奖，曾多次在省级餐饮比赛中荣获金奖。2007年，他荣获中国烹饪协会“中华金厨奖”。吕国强对餐车饮食和动车组餐食盒饭营养配餐及标准化制作流程进行了设计。

李军 出生于1966年9月，毕业于黑龙江商学院旅游烹饪系。中国烹饪大师、吉菜烹饪大师，至今已有39年的烹饪工作经验。他不仅是长春市商贸旅游技术学校的专业高级讲师，同时担任餐饮业国家级评委。

凭借着出色的工作表现和对行业的贡献，李军荣获了省市政府特殊津贴、省市高技能人才、吉林省第十一批有突出贡献中青年技术人才等各项荣誉共计50余项。他还在学术研究方面取得了丰硕的成果，曾发表47篇专业论文，其中部分获得了奖项；同时，他还承担了六项科研课题的研究，为行业发展贡献了宝贵的智慧。除此之外，李军在专业书籍的编写方面也颇有建树。截至目前，他已经编写了5部专业书籍，这些书籍为烹饪行业的发展和教育提供了宝贵的文献资料。纵观李军的职业生涯，他不仅在烹饪领域取得了卓越的成就，还在教育、科研和学术方面取得了丰硕的成果。他的努力、勤奋和智慧，为吉林省餐饮行业的发展作出了巨大的贡献，同时也为后来者树立了一个值得学习的榜样。

杨文库 1965年出生，吉林省松原市人，中国吉菜烹饪大师、中国吉菜名厨、中餐一级厨师资格，吉林省吉菜研究会区域理事、吉菜推广大使、吉林省餐饮功勋人物、吉菜特殊贡献奖获得者。从业36年，拥有丰富的餐饮行业经验和独特的烹饪技艺。

1988年，杨文库在哈尔滨学习厨艺，其间不断学习、探索，逐渐形成了自己独特的烹饪风格。1989年，他创办了自己的餐饮品牌——文库饭店，开始了自己的餐饮创业之旅。凭借精湛的厨艺和独到的经营理念，他的饭店在当地取得了良好的口碑和业绩。1996年，杨文库在扶余县宾馆担任凉菜主管和厨师长，负责菜品的研发和创新。1998年，杨文库回到文库饭店担任厨师长，至今一直致力于弘扬吉菜文化，推动吉菜事业的发展。他的饭店凭借精湛的菜品、周到的服务和良好的口碑，在当地餐饮行业享有盛誉。在杨文库的职业生涯中，不仅注重自身的厨艺提升，还积极参与各类餐饮行业活动，为吉菜的传承和发展作出了贡献。

朱洪祥 中共党员，1965年1月出生，大学本科学历，高级技师，吉林市双十佳教师和烹饪专业学科带头人，曾任吉林市北苑酒店解放路分店副总经理、吉林省城市建设学校餐旅服务教学部主任，现任吉林省城市建设学校面点专业技能导师工作室负责人。

朱洪祥在面点专业上具有较深的造诣，多次在全国及省级行业比赛中获奖。1999年在首届吉林省长白山杯吉菜烹饪大赛上荣获两枚金牌；2000年在吉林省同达杯吉菜美食节上荣获一枚金牌；2001年11月在中国第二届美食节上表演吉菜，荣获表演奖；2003年获得吉林市青年科技奖；2007年，在中国烹饪协会组织的全国厨艺绝技绝活演示和鉴定会上，他的三杖饼获得最佳绝技厨艺奖；2002年被载入《世界优秀专家人才名典》，同年入选《中国饭店管理人才大典》。此外，1994年他还参加了《东北地区教学菜点》等书籍的编写工作，在省级以上专业刊物上发表了论文十余篇。朱洪祥所负责的面点专业技能导师工作室于2021年11月取得一项国家级实用新型专利。

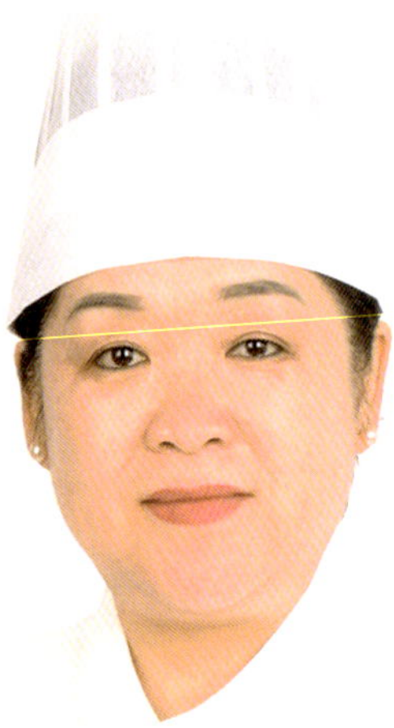

申美柯 女，1966 年 3 月出生于吉林省延吉市，国家中式高级烹调师、高级营养师和中国药膳师，具有 24 年的从业经验，现任延边裕花园职业技能培训学校有限公司校长。

自 1999 年起，申美柯在韩国正餐店工作并担任了 17 年的厨师长。

2005 年，她在首尔大学女性 CEO 协会任教，同时致力于产品研发、策划以及加盟连锁店的经营管理。2008 年，申美柯在朝鲜族餐饮培训学校担任教职，并兼职于多家省内外知名朝鲜族民餐店的策划、菜品研发和升级工作。这些年来，她培养了 500 多名朝鲜族民餐学员。

申美柯在 2017 年荣获乾元翔宇杯首届中国朝鲜族菜品创新大赛的金奖。2019 年，她创办了延边裕花园职业技能培训学校，致力于以营养、卫生、科学养生的理念传播朝鲜族美食教学工作。申美柯不断学习，于 2021 年参加延边大学女性终身教育班。2022 年荣获延边文化旅游美食节地方特色菜肴技能竞赛的特金奖。申美柯的代表菜肴包括烤肉、菜包肉、参鸡汤、江米鸡和拌饭等。

赵祺 1966 年 1 月出生，国家烹饪大师，从事餐饮行业 35 年，同时担任吉林省吉林市第十四、第十五、第十六届人大代表，民族侨务外事委员会会员。1991 年 9 月，赵祺创办了吉林市阿拉伯饭店，并担任总经理至今。

在赵祺的带领下，阿拉伯饭店发展成为吉林市著名的阿拉伯餐饮企业。赵祺一直致力于推动吉林菜的发展，能烹制出具有绿色健康理念的风味菜。1999 年，身为吉林市烹饪协会副会长的赵祺，带领吉林市的餐饮界精英团队，参加各种大赛，推广吉菜，扩大其影响力。在 2001 年举办的第二届中国美食节上，吉菜已成为“中国新八大菜系”之首。2009 年第十二届中国美食节上，吉菜“长白山天池盛世宴”荣获最高大奖“金鼎奖”等 7 个奖项，让全国的餐饮界人士都了解了吉菜。赵祺带领阿拉伯饭店团队正朝着做强老品牌的目标迈进，致力于成为江城百年品牌和百年老字号；他在餐饮行业的成就和贡献，赢得了人们的尊敬和赞誉。

刘海全 1967 年 12 月出生，原籍吉林省蛟河，现籍图们市，国家中式烹调高级技师、高级营养师、延边技术能手、注册中国烹饪大师、中国滋补药膳名师、吉菜烹饪大师、吉林省饮食文化研究会的副会长，吉林省饮食文化研究会延边文旅特色美食委员会主席。他拥有 38 年的从业经验，目前担任大安市正兴职业技能培训学校的校长。他同时兼任《米说吉林》厨亦有道栏目的首席技师以及延边州地方标准审查专家组成员和延边州人社局专家人才专家库成员。

他曾在图们金刚山饭店、延边乾元翔宇大酒店以及加拿大多伦多的沸腾鱼乡等餐饮机构任厨师长。自 1986 年以来，他一直在厨房生产和教学一线工作，培养了 38 名技师和高级工，职业技能培训人数超过 2000 人。他在职业技能竞赛中屡获佳绩，2003 年获得首届伊尹奖中华烹饪技术创新大赛金奖，全国决赛成绩前十名；2006 年获得首届中国药膳美食文化节金奖；2007 年获得中华满汉全席烹饪大赛金奖。近年来，他曾担任多次美食节及活动的总设计师和总顾问。他的代表菜品包括雪衣豆沙、锅爆豆腐、朝鲜族江米鸡、米肠以及泡菜鱼等。

苑洪芬 女，1967 年 3 月出生，原籍吉林省蛟河市。她拥有 36 年的从业经验，国家中式面点高级技师、高级西式面点师、高级营养师，同时也是吉林省民办培训机构的教师和吉林省职业技能鉴定考评员。在过去的职业生涯中，她在图们考利亚饭店、金刚山饭店担任面食主管。在过去的 36 年里，苑洪芬在美食领域作出了杰出的贡献，已经培训了 1500 余名面点师，并为他们提供了实用的技能和知识。

苑洪芬在面点制作方面取得了许多荣誉。她制作的紫荆小花包、蚕丝焦香饼荣获 2003 年首届中国伊尹奖中华烹饪技术创新大赛金奖；人参饼、茯苓灯笼包荣获 2006 年首届中国药膳美食文化节金牌；2021 年图们市餐饮业职工技能大赛金牌菜；2021 年 7·16 主题日活动荣获吉林大米美食文化节最佳创新奖；同年荣获第二届中国吉林鲜食玉米产业大会鲜食玉米美食文化节金奖；2022 年荣获延边旅游文化节朝鲜族特色菜技能竞赛特金奖。她的代表作品包括雪哈蛋挞、风味千层饼、翡翠咖喱饼、萝卜丝饼、馅饼以及水晶虾仁饺等。

朴星花 女，1968 年 11 月出生，吉林省延吉市人，从业 25 年，国家中式烹调高级技师，中国朝鲜族传统石锅饭非遗传承人，百年石锅饭品牌创始人，延边州政协委员，延边朝鲜族企业家协会常务副会长，延边朝鲜族传统饮食协会常务副会长，延边爱心妈妈协会常务副会长，中国烹饪协会民族餐饮专委会理事，中国餐饮企业家文化传承突出贡献人物，吉林餐饮卓越人物，延边十大诚信餐饮服务行业领军人物，全州社会组织优秀工作者，国家级美食评委，现任延吉百年石锅饭店总经理兼总厨。

朴星花在 1990 年毕业于吉林大学财贸学院后，1998 年任丛州物资局业务科长职位，创办了第一个朝鲜族传统餐饮店密阳馆。通过不懈的努力，她于 2003 年创办了第一家百年石锅饭店。经过 25 年的努力，她成功地将百年石锅饭打造成为延边地方特色美食品牌。朴星花在餐饮行业培养了 50 多名技术骨干，并带领全体员工积极参加社会公益事业。近五年来，她为当地贫困学生和残障家庭及爱心机构捐款捐物达 30 余万元。

邹冰 1968 年 1 月出生，吉林省长春市人，国家高级烹饪技师，世界餐饮联合会吉林分会副会长，吉林省饮食文化研究会常务副会长，国家高级公共营养师，中国烹饪大师，中国吉菜大师，吉林省饭店烹饪协会副会长，长春市饭店餐饮烹饪协会副会长，吉林省十大名厨。

邹冰职业生涯丰富多样，曾担任海航东北区、吉林市皇家花园大酒店、吉林省长白山宾馆行政、吉林省长白山宾馆等多家餐饮企业要职。在菜品创作方面，邹冰持之以恒地创新和探索，代表单位荣获中华金厨奖和第五届烹饪大赛金奖等荣誉。在担任总厨期间，他始终严以律己，对自己秉持严谨的态度，不断提升烹饪技艺，力求卓越；先后与中国香港、中国澳门、日本等地厨师合作、交流、学习。曾多次参与组织策划各种大型团餐宴会的接待工作，并代表吉林省远赴台湾、澳门等地弘扬吉菜文化。他对自己的职业充满热情，敢于挑战自我，不断提升自己的厨艺。邹冰通过自己的努力，为吉林省餐饮行业的发展作出了重要的贡献。

马福林 1964年6月出生，辽宁省盖县人，中共党员，本科学历，高级讲师，工人技师，长春市高技能人才，吉林省第二届黄炎培职业教育杰出校长奖，长春市技工学校优秀教育工作者，全省职业教育先进个人，现任长春市商贸旅游技术学校校长。

从业38年来，马福林曾获长春市职工技能竞赛中式烹调第一名，并被授予“技术明星”称号；曾获吉菜烹饪大赛特金奖、金奖、金厨奖多次，并被授予“全省优秀厨师”称号；曾获得“2013年度饭店餐饮业突出贡献奖”、东北菜研发创新和推广突出贡献奖；被烹饪协会授予“改革开放40周年餐饮突出贡献人物”及“吉菜发展20年杰出人物”；多次指导学生参加省赛、国赛获得优秀指导教师奖。他曾主持《长春市中等职业教育改革发展行动计划（2011—2013）》、“职业院校学生心理健康及教育对策研究”等科研课题研究，参与长春市《面点工艺》《烹调工艺》精品课程建设研究，参与编写了《烹饪原料知识》《烹调基本功》《烹调工艺》《面点工艺》《面点基本功》等多部教材并已全部投入使用。

刘继宏 1964年出生于吉林省吉林市，中国烹饪大师、中式烹调高级技师，吉林省烹饪协会常务理事、吉林市餐饮烹饪协会副会长，1986年毕业于吉林市商业技工学校烹饪专业，后又于2009年从黑龙江商业大学毕业，获得本科学历和讲师职称。

刘继宏的烹饪生涯始于1986年，在实训基地负责烹饪教学工作。1988年，他调入吉林市商业技工学校烹饪教研室，开始从事烹饪理论教学和实习实训教学工作，至今已有30多年的烹饪和烹饪教学经验。刘继宏在2011年因在东北菜研发创新和推广工作中表现突出，被辽宁省餐饮烹饪行业协会、吉林省餐饮烹饪行业协会、黑龙江省餐饮烹饪行业协会联合授予“中国东北烹饪大师”称号。此外，在2012年第二届东北美食节精品菜展评活动中，他制作的“琵琶指鹿”荣获“东北名菜”称号。除了丰富的教学经验，刘继宏还在烹饪教学和菜品制作方面有着深厚的造诣。他曾参与了《烹饪教学菜》和《烹饪教学菜点100例》的编写工作，并公开发表了多篇烹饪教学论文。

冯振新 1964年出生，吉林省长春市人，中国注册烹饪大师、中国烹饪大师、中国东北烹饪大师、吉林烹饪大师、全省优秀厨师、国家级评委、技术工种考评员，吉林省饭店餐饮烹饪协会副会长、吉林省饭店餐饮烹饪协会职业经理人专业委员会副会长、吉林省饭店餐饮烹饪协会名厨委员会副会长、清真团餐委员会副会长。

冯振新从业40年来，开发创新了很多菜点品种，研制开发的“鹿宝宴”“长白山珍宴”被评为吉菜名宴；杏汁雪蛤、烤松茸、黑椒鹿排、人参肘子等被评为吉菜名菜大奖；制作的葱烧海参、海参烧松茸、竹篱烤鱼等菜品成为所在酒店多年畅销的精典菜品。全省饮食服务业考核被评为业务能手，获吉林省“长白山杯”吉菜大赛最佳厨师，中国饭店协会中国烹饪大师白金勋章，中国吉菜特殊贡献奖、年度特殊贡献奖、改革开放40周年吉林省餐饮业突出贡献人物、吉菜发展20年杰出人物。个人成就先后被收录入1997年《中国烹饪大典》、2002年《二十一世纪杰出专家》及2003年《世界优秀专家人才名典》。

巩越辉 女，1964 年出生，吉林省四平市人，从业 40 年，现就职于四平市溢香阁餐饮咨询管理有限公司，担任出品总监一职。在巩越辉的领导下，溢香阁集团取得了骄人的成绩：1990 年 4 月成立四平溢香园饺子馆，1993 年 10 月正式成立溢香阁酒楼，2005 年 4 月在四平成立宏泰宾馆，10 月在四平成立溢香阁饺子城，2008 年 3 月在长春成立溢香阁饺子城，2012 年 8 月在四平成立盛宴汇，2014 年 4 月在四平成立四平市溢香阁餐饮咨询管理有限公司。溢香阁集团现已发展成为集餐饮、宾馆、旅游接待服务、婚博园、综合宴会接待旅游服务为一体的综合性企业。

2015 年巩越辉被授予“四平市五一巾帼标兵”荣誉称号，2020 年被评为“四平好人”和年度提名奖，并先后被评为“五一巾帼标兵”，2022 年被评为“四平市劳动模范”，2023 年被评选为“铁西区巾帼建功”先进个人。

巩越辉作为四平市溢香阁餐饮咨询管理有限公司的出品总监，通过不断拓展业务范围，创新餐饮理念，带领企业取得了卓越的成绩。

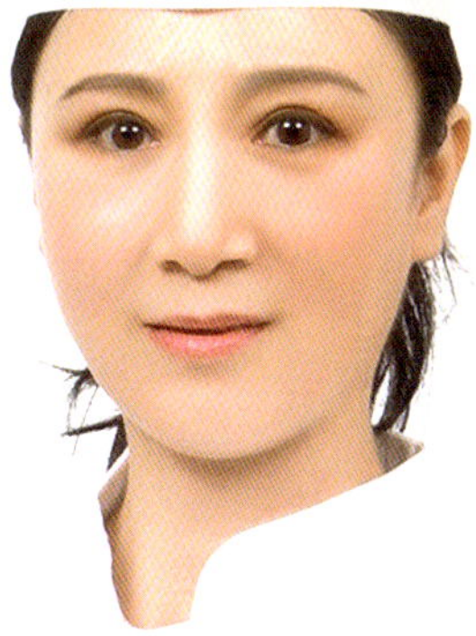

杜金平 女，1966 年 5 月出生，从业 34 年，正高级讲师、高级技师、中国烹饪大师、国家级一类大赛裁判员资格。

杜金平主要荣誉有：享受国务院政府特殊津贴，荣获全国技术能手、全国职业教育先进个人、中华金厨奖、国家级技能大师、吉林省首席技师、吉林省 B 类人才、吉林省劳动模范、吉林省有突出贡献专家（高技能人才类）、长白山技能名师、吉林技能名师、吉林省首届“黄炎培”杰出教师、吉林技能大奖、吉林省技术能手、吉林省优秀高技能人才、吉林省“优秀厨师”称号、十大最具影响力“长春工匠”、长春市“特等劳动模范”、长春市“五一”劳动奖章，以及省市“优秀教师”、省市中等职业教育双师型教师等称号。此外，多次在全国、省、市烹饪技能竞赛中荣获“优秀指导教师”荣誉。她现任长春市商贸旅游技术学校中西式面点专业教师。

高云桥 1966 年 3 月出生，吉林省长春市人，从业 42 年，现任长春市光大银行厨师长，国家中式烹调高级技师，高级公共营养师，中国烹饪大师，吉菜烹饪大师。

高云桥 15 岁入厨，师从烹饪大师邱赢芳，曾跟随苟新忠、康新两位大师学习技艺。曾先后在山东威海拖拉机厂疗养院高级餐厅、长春宽城区上台子生态园等大型餐饮机构担任厨师长、行政总厨等重要职务。1993 年带队参加吉林省吉菜大赛荣获团体银奖、个人赛金奖。他更注重工匠传承精神，培养徒弟 60 余人。

他从厨 42 年旁通鲁菜、川菜、粤菜、更对吉菜有着较为深入的研究，制作的菜肴突出本味，富有质感。他在继承传统菜的同时，还对菜品进行改革和创新，烹制的代表菜肴琵琶指鹿、白扒猴头菇、梅香酥狍子腿、麒麟鳌花鱼、兰花鹿筋、白肉血肠、酱大骨、香酥鸡、拔丝苹果梨等曾经成为引领酒店热销名菜，深受消费者的好评。代表菜品有铁锅燇大鹅、山东蒸肉丸、炖吊子、小笨鸡炖榛蘑、氽锅煰、香熏鲖罗鱼、锅 豆腐、浦酥里脊等。

巩桂花 女，中共党员，1967年11月生人，从业36年，吉林工商学院旅游烹饪学院教师，副教授，注册中国烹饪大师、中式面点高级技师、长白山技能名师、吉菜烹饪大师、国家公共营养技师，吉林省技术能手，烹饪职业技能竞赛国家级裁判员，国家职业技能鉴定专家委员会面点专业委员会专家，中国烹饪协会教育工作委员会委员，吉林省高校休闲康养现代产业学院协作体理事。曾担任吉林省烹饪协会常务理事，吉林饮食文化研究会副会长，长春电视台寻找长春第一饺专家评委。

巩桂花曾获中华金厨奖，吉菜同达杯比赛中“吉林滋补宴”获金牌、“双色龙珠”获吉菜名点，中国吉菜杰出贡献奖，东北菜研发创新突出贡献奖，中日韩国际文化美食节面点金奖，中国餐饮30年杰出人物奖，参加全国性技能大赛的裁判工作10余场、省级比赛裁判工作30余场，主持并参与的科研、教研课题研究共计20余项，主编、参编30余本教材，发表专业论文20余篇。

马建武 1969年12月出生于吉林省敦化市，中国共产党员，已从事烹饪行业30年，当前担任敦化市穆斯堡清真餐饮管理有限公司的总经理兼厨师长。自1993年起，马建武投身烹饪行业，继承并弘扬了由其祖父马兴仁在中华人民共和国成立前创立的清真马记烧麦饺子馆的烹饪技艺。在2000年，马建武将原始的烧麦馆进行了商业模式的改造，将其升级为现在的穆斯堡清真饭店。凭借其卓越的烹饪品质和独特的清真风味，穆斯堡清真饭店在2005年荣获了“延边州优秀清真饭店”的荣誉称号。

马建武掌舵穆斯堡清真饭店以来，不仅丰富了饭店的菜品种类和品质，还不断汲取融合吉菜的精粹。在他的领导下，饭店多次接待了来自中东、印度等国家的穆斯林食客。由于其独特的菜品和优质的服务，饭店受到了多方的好评，并被敦化市旅游局列为定点单位。马建武在2017年成立了穆斯堡清真餐饮管理有限公司。公司的主打菜品之一烧麦，更是具有近百年的家族传承历史。其他代表性菜品还包括扒肉条、葱爆羊肉、爆肚、它似蜜、葱烧蹄筋以及特色酸菜羊肉等。

费维明 1966年6月出生，1986年8月参加工作，中国烹饪大师、吉菜烹饪大师，至今已有36年的从业经验。在职业教育中，费维明承担了《中式面点技艺》《中式烹调技艺》《中式面点一体化训练》等多门理论、实习实训等课程。

除了在教学一线担任骨干教师外，费维明还积极参与各类培训和比赛。他曾在2007年被认定为吉林市中等职业学校双师型教师，2012年在吉林省城市建设学校年度考核中被评为优秀，2012年在第二届东北美食节精品菜展评活动中荣获“东北金厨奖”，2012年在东北菜研发创新和推广工作中，贡献突出，特被授予“中国东北烹饪大师”。2017年吉林市中等职业学校企业杯技能大赛获优秀指导教师，2017—2019年度被吉林省城市建设学校授予优秀园丁称号，2018年在星级教师评选中被吉林市教育局授予“二星级教师”称号，2020年在中等职业学校技能大赛学生比赛中被吉林市教育局授予“优秀指导教师奖”，2020年在吉林省城市建设学校年度考核中被评为先进个人，2020年在吉林省职业院校技能大赛中职组烹饪比赛中指导学生获二等奖。

李德春 中共党员，1961年8月出生，吉林省长春人。曾任吉林省烹饪研究所所长、吉林省饮食文化研究会创会会长、延边大学硕士研究生导师、中国服务贸易委员会专家组成员。

从事烹饪餐饮旅游教育30多年，共撰写论文40余篇，其中重点核心2篇，核心4篇，10余篇获国家、省级论文一、二等奖；主编教材6部，其中《餐饮管理》获国家三等奖；主持国家级餐饮教研课题1项，省级教科研课题8项，其中“吉林长吉图餐饮战略规划研究”等多项成果填补省内国内烹饪餐饮旅游领域研究空白；组织策划12项餐饮省级专项研究工作，开创了烹饪餐饮科研工作先河。

在研创领域，他曾获得吉林省首届吉菜开发理论研究论文一等奖；李德春作为带头人主讲的《餐饮管理》课被评为省级优秀课，曾获“吉林省青年高教科研积极分子”称号，并多次获学校优秀共产党员和先进工作者称号；为中国烹饪餐饮高等教育发展做了开创性、探索性、引领性贡献。

张红 女，1969年出生于吉林省四平市，现任杨木林清真楼总经理。她的祖辈在百年前就曾经营清真餐厅，深受祖辈熏陶，1990年开始创办四平杨木林清真楼，专职从事吉菜清真菜经营33年。她秉承“匠心制作，百年传承”的理念，坚守清真菜的传统烹调技巧。

张红在传统老肥发面技艺和四平优质玉米的运用上，独具匠心，打造出了一系列深受顾客喜爱的美食，如玉米面羊肉韭菜玉米粒包子、玉米面开心窝头、玉米面酸菜团子等。她还传承了老辈的糕点技艺，创新了玉米面桃酥、玉米面月饼等，并自创了鲜榨羊奶玉米汁、牛肉玉米粒烤肠等纯手工自制熟食，为吉菜玉米系列食品的开发做出了巨大贡献。杨木林清真楼在2020年被四平市政府选定为“人间臻味四平玉米”主题餐厅，同时荣获“四平餐饮名店”称号。张红本人在2022年荣获“四平玉米主食大师”和“四平玉米主食名厨”称号。可以说，张红和她的杨木林清真楼为四平市的餐饮业和吉菜清真菜文化传承作出了突出贡献。

李清月 1965年7月出生，中国烹饪大师、国家高级烹饪技师、吉林省资深名厨、吉林省饮食文化研究会副会长，吉林餐饮文化大师，中国百年吉菜经典荟萃编委、中国吉林名厨大典编委、吉林省慈善总会爱心传播大使，现任海南亚泰温泉酒店行政总厨。

李清月的职业生涯始于1985年，至今已有32年。他擅长吉菜，关注饮食文化，以“舍得、奉献、包容、创新、进取”为理念，曾在多家餐饮企业学习交流，并在2002年吉菜美食节中荣获一金一银奖牌。此外，他还在2003年考取了中国烹饪协会举办的行政总厨资格认证，并被授予十佳称号，具备丰富的菜品研发和管理经验，连续几年获得吉菜贡献奖，并得到媒体多次报道。

方清友 1963年出生于吉林省长春市，吉林省饮食文化研究会副会长、长春市饭店餐饮烹饪协会执行会长、世界中餐行业国际裁判，1988年开始从事餐饮行业，至今已有30余年的丰富经验。

在他的职业生涯中，经历了从厨到创立品牌“方二美食”的过程。1992年，他创立了自己的餐饮品牌，如今已成为东北菜名店，远近闻名。他始终坚持“食之工匠，炙烹以饪，东北味道，食尚先锋，烹小鲜，扬厨德，力争精益求精”的原则，致力于打造和挖掘中国餐饮特色，全力打造适合当地的菜品。“炙小膳，匠心魂，精益求精”是方清友的经营理念。秉承着“从厨三十余载，不忘初心，顾客至上，服务于民”的企业文化，方二美食已成为老百姓最喜欢的餐饮品牌之一。在方清友的努力下，旗下品牌与各省餐饮行业深入交流，共同为中国餐饮业的发展作出贡献。

郭凯 中共党员，1963年10月出生于吉林省吉林市，高级技师，大学本科学历。曾任吉林市东关宾馆餐饮部经理；吉林市西关宾馆餐饮部经理、餐饮总监；西关宾馆副总经理、法人；现任吉林市西关宾馆副总经理兼餐饮部经理。

郭凯从事外事、旅游、接待服务工作近40年，曾先后带领团队接待江泽民、胡锦涛、李鹏、朱镕基等党和国家领导人及外国元首，受到一致好评。多次带领团队参加省、市级比赛，亲自参与策划、制作的菜品、宴席获得了金奖、吉菜开发特殊贡献奖及江城特色名宴称号。先后获得中国注册资深级烹饪大师、吉菜烹饪大师、吉林餐饮文化大师、中国吉林名厨、中国吉菜推广大使、吉菜发展二十年杰出人物等称号。先后被吉林市委、市政府评为吉林市劳动模范；吉林省委、省政府评为吉林省劳动模范；2012年度“十项功坚”先进工作者；全国接待交际年会暨第21届全国接待部门通联工作会议上获得全国接待工作终身成就奖；被舒兰市委、市政府授予新冠疫情防控工作“突出贡献奖”。

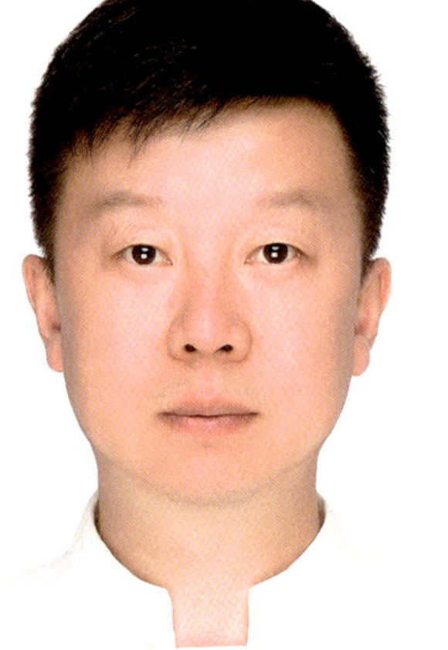

邴旭东 1969年出生，吉林省长春市人，现就职于长春亚泰新城饭店。

邴旭东从业35年，1987年在长春饭店学习鲁菜，1999年进入长春鲍鱼饭店学习粤菜；先后在长春、延吉、北京等知名酒店工作；2003年加入亚泰新城饭店工作至今，研发出鸿运百财鱼、炭烤合盘、油酥南瓜等特色菜品，带领团队自主研发的招牌产品“金牌烤全羊”2005年获得吉菜美食节金奖，2013年获得国家专利；2018年获得亚洲擂台赛特金奖。从鲜羊的选材、秘制的配方、独特的烤制、新颖的吃法、详细的讲解等方面形成了独特的烤羊文化。

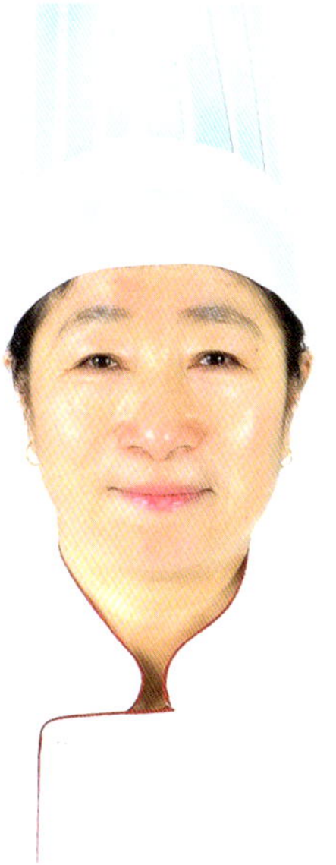

魏秀平 女，1969 年 7 月 2 日出生于吉林省四平市，国家高级厨师、国家公共营养师二级（技师）、国家高级育婴师三级、ISF 国际注册营养师，吉林省国家职业技能鉴定考评员，四平市人社局技工学校（厨师、育婴）考评员，四平市厨师协会理事，四平市健康协会理事。

魏秀平从事厨师工作已有 37 年之久，积累了丰富的实践经验和专业技能。他在 1986 年 7 月开始了他的职业生涯，四平江南春饭店成为他的职业起点。在多年的从业生涯中，她以精湛的烹饪技艺和独特的烹饪理念，赢得了广泛的赞誉和认可。除了在烹饪领域的成就，魏秀平还被多家技能培训学校聘为厨师、面点、营养授课教师，将自己的经验和技能传授给更多的人。自 2019 年以来，魏秀平积极投身公益直播事业，通过直播平台与大家分享健康饮食的知识和技能。她的直播内容涵盖了如何营养搭配三餐、提高免疫力。魏秀平在烹饪领域的精湛技艺和卓越成就，以及她对公益事业的积极投入和奉献精神，都展现了她的人格魅力和社会价值。

田越 民革党员，1971 年出生，高级工人技师，注册中国烹饪大师，中国饭店协会西餐休闲餐委员会副主席，吉林省饮食文化研究会常务副会长，国家级西餐评委，国家级职业竞赛裁判员，世界厨师联合会裁判，吉林省技术能手，全国生态食材与生态餐厅评定中心专家委员会专家，现任吉林省长春市南湖宾馆厨师长。

田越的职业生涯开始于 1996 年，他在 2005 年和 2007 年分别获得了法国厨师协会颁发的培训证书。2015 年，田越担任了中国国际西餐大赛评委，2016 年又担任了中国技能大赛吉林省职业技能竞赛烹饪（西餐）项目比赛评委。2018 年，他荣获了中国西餐十大总厨称号，并成立了中国西餐技能大师工作室。2019 年，田越担任了吉林省万名青年技术能手选拔暨首届“北李杯”青年厨师技能大赛评委，并在吉菜发展 20 周年庆典活动“盛记杯”吉菜烹饪技能大赛中式烹调中担任裁判长。同年，他还担任了鱼出江湖吉浙两省星厨厨艺 PK 技能竞赛评委以及第二十一、第二十二届 FHC 中国国际烹饪艺术比赛裁判团评委。

李林杰 1970 年 6 月出生于吉林省长春市。

李林杰曾获中国烹饪协会中华金厨奖、2014 年吉林省饭店餐饮协会突出贡献奖，2015 年国家酒店酒家钻级评定先进工作者。2003 年，他在吉林省接待服务系统地方特色餐食赛中，热菜“春日私语”获得金奖；同年，在第五届全国烹饪技术比赛热菜项目中，他获得银奖。2006 年，他制作的“长白山珍佛跳墙”被评定为吉林名菜。2009 年被商务部授予中国名厨称号。2011 年被中国饭店协会授予“中国名厨白金奖”。2017 年，他被吉林省饭店餐饮烹饪协会授予吉林餐饮卓越人物奖。2018 年，在第八届东北美食节中，他被授予东北餐饮创新杰出人物奖。同年，他被吉林省慈善总会授予爱心传播大使。

杨忠盛 1970年2月出生于山东省烟台市，从业35年，具有丰富的餐饮行业经验。曾在丽豪酒楼、夏威夷大酒店、绿园大厦和盛记饮食等多家知名餐饮企业任职。

作为率先将大连海鲜引入长春的餐饮人士，他根据吉林人的口味创造出了许多家喻户晓的美味佳肴，如葱油螺片、葱姜炒蟹、家焖小嘴鱼、银鱼酸辣汤、焦溜虾段、葱烧活海参等。随着在长春的厨事经验的积累，他根据长春人的口味创新了飞蟹汆锅底、四宝肘子等菜品，这些菜品至今仍受到春城食客的喜爱。2002年，杨忠盛发现长春缺少海鲜水饺品类，于是根据山东渔家的饮食习惯和长春的口味，成立了盛记海鲜大饺子馆。他率先推出了以一半燕鲅肉、一半鲜肉和少量韭菜为馅料的燕鲅蒸饺，以及虾爬子馅、海螺馅、蚬子馅、海肠馅等，填补了春城水饺市场的空白，并在当年风靡一时。杨忠盛在职业生涯中热心公益，参加了“童在蓝天下”慈善项目，自费赞助了百年吉菜烹饪大赛（盛记杯），为吉林餐饮业作出了贡献。

陈大永 1970年12月出生，中国烹饪协会西餐专家评委、吉林省长春市饭店餐饮烹饪协会西餐专业委员会主席。自1990年开始，他在长春华侨饭店就职，担任过西餐行政总厨和饭店行政总厨等职务。

2007年，陈大永在吉林省食间饮食管理有限公司担任多个重要职务，如研发部经理、研发出品总监和行政总厨。在此期间，他参与了多个产品系列的建立，包括食间牛排系列、领仕扒房、青柠泰餐厅、董鲁烤鸭、MQ牛排和黑草莓焙甜等。2018年，陈大永为多家在长春具有良好口碑的西餐厅提供了策划服务，如nana KITCHEN西餐厅、TANK西餐厅和玖壹U·show等。此外，他还参与了外省多家西餐连锁企业的模块建设工作。

陈大永在西餐行业拥有33年的丰富经验，一直致力于提高吉林省西餐行业的整体水平。他还培养了众多优秀的西餐厨师，他通过中西交融的方式，开发吉林特色食材用于西餐行业，让大众在认可西餐的同时，了解吉林和吉菜，进而达到洋为中用、促进整体行业发展的效果。

李忠志 1971年12月出生，吉林省龙井市现延吉市人，国家中式烹调高级技师、高级公共营养师，延边州技术能手，注册中国烹饪大师、吉菜烹饪大师、延边烹饪大师，吉林省饭店餐饮烹饪协会第一、第二届理事会常务理事，延边州职业技能鉴定考评员，从业34年，现任延边图们市行成园行政总厨。

1987年，李忠志在龙井市隆兴饭店跟随龙井名厨任崇有大师学习，1996年担任延边大宇饭店中餐厨房长，次年被选派到韩国希尔顿国会议员国际酒店研修，其间主厨接待过韩国总统、国会议员及中、日等国国家领导人。2001年担任长白山大宇饭店接待厨房长，其间接待过胡锦涛、吴邦国、李瑞环等党和国家领导人。2009年担任延吉市豪亚帕克大厦行政总厨，2018年长春高丽王朝技术研发出品总监。

李忠志2004年荣获第二届国际食神争霸赛金奖；2005年荣获首届全国中餐技能创新大赛热菜项目银奖；2008年荣获第六届全国烹饪技能竞赛中式烹调金奖；其事迹被载入《世界华人精英人才大典》。代表菜有长白竹笙天池鱼、锅 豆腐、石锅枫叶鹿肉等。

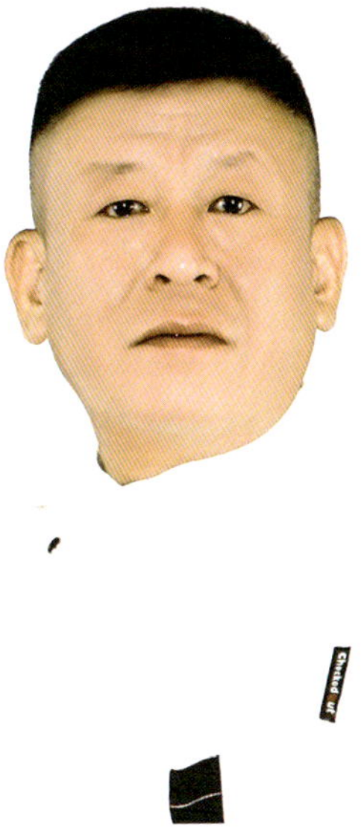

季海涛 1973年9月生于黑龙江省哈尔滨市，高级技师，吉菜烹饪大师。1988年，他在哈尔滨市道里区福泰楼饭店开始了他的烹饪生涯。1990年，入伍并加入了吉林省军区独立营警备连，担任炊事员，随后被调到吉林省军区机关政治部干部处招待所担任主灶炊事员。1991年，季海涛赴吉林省军区高干招待所和军区第二招待所进修学习，并多次参与接待军内外重大领导及活动。1992年10月，他加入中国共产党，并在同年退伍。

2002年，季海涛担任长春市国贸大饭店厨师长。2005年，他担任吉林省自然村行政总厨。2006年，吉林省自然村获得吉菜名店称号，并在吉林省中展工程杯吉菜美食节上获得金厨奖。同年，季海涛带队赴沈阳参加全国服务行业技能大赛，获得个人菜品龙王献宝金奖，团队获得团体金奖。2007年，他被东方美食杂志授予中国绿色厨艺大使。

李成国 1973年2月18日出生，吉菜烹饪大师、中式烹调技师、国家高级营养配餐师、国家高级职业经理人，吉林省饮食文化研究会常务副会长，吉林省饮食文化研究会长春区域主席。他在首届关东美食节中荣获关东金厨奖。吉林省烹饪比赛中获得特金奖，多次荣获中国吉菜突出贡献奖，第四届美食节中获得金厨奖；第五届美食节获得金厨奖，中国烹饪协会中华金厨奖，中国饮食文化节金厨奖。

凭借丰富的经验和高超的烹饪技艺，李成国在2012年荣获中国烹饪协会授予的全国优秀厨师长称号，2013年荣获中国饭店协会授予的全国优秀行政总厨称号；2015年荣获吉林省饭店餐饮烹饪协会授予的吉林省首届优秀名厨，并在全国名厨邀请赛中荣获特金奖。在中国厨师烹饪技艺大比武总决赛中荣获金厨奖，并被授予中华金厨奖。在吉浙星厨艺PK技能竞赛项目中，荣获特金奖。他还参与了第21届FHC中国国际烹饪艺术比赛的裁判工作。他先后出版了《素食笔记》《素食小菜》《喜宴》3套烹饪书籍。

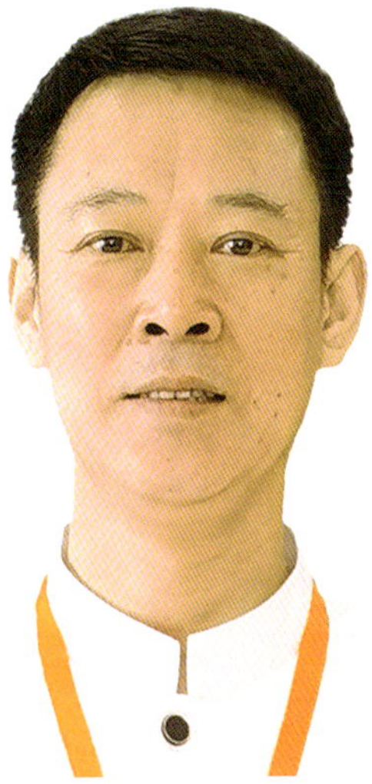

刘斌 1974年3月生于吉林省长春市，中国烹饪大师、吉菜烹饪大师、世界厨师联合会国际裁判员、中国烹饪协会注册裁判员，并且担任吉林省饮食文化研究会常务副会长、吉林省饭店餐饮烹饪协会副会长、吉林省饮食文化研究会竞赛委员会主席、吉林省职业技能鉴定中心考评员、新东方烹饪学校客座教授，现任喜来登酒店行政总厨。

刘斌拥有丰富的从业经验，他曾在中国驻加纳使馆、中国驻坦桑尼亚使馆、中国驻科特迪瓦使馆担任餐饮经理。在国内，刘斌先后担任吉林省南湖宾馆的行政总厨、海航紫荆花饭店的行政总厨等要职。他曾获得多项荣誉和奖项。其中包括：2011年首届关东美食节关东金厨奖，2012年年度中国饭店餐饮业杰出贡献奖，2013年中国吉菜突出贡献奖，2014年中国烹饪协会授予的中华金厨奖，2015年全国名厨邀请赛特金奖并被吉林省总工会授予吉林省职工技术能手称号，2018年第三届亚洲厨神大赛亚洲厨神称号；2017年担任吉林状元星厨王争霸赛特邀评委，2019年担任吉林饮食文化研究会授予的吉菜推广大使。

刘刚 1972年生于吉林省长春市，吉林省餐饮文化研究会常务副会长、吉林省饭店餐饮烹饪协会副主席、中国吉林省老字号企业协会理事、长春市伊通商会第二届副会长；2006年荣获中国国际美食烹饪大赛金奖，2018年荣获第八届东北美食节东北餐饮创新杰出人物，2019年荣获吉菜发展20年杰出人物；2021年4月，在吉林省餐饮功勋人物评选活动中，荣膺吉林省餐饮领军人物。

刘刚在东北烹饪领域具备丰富经验和辉煌成就，2009年实现自主创业，创立吉林省众合餐饮管理有限公司及小花卷餐饮品牌。2015年，带领团队再创巷子里小酒馆品牌，2018年创立小花卷食韵江南品牌，食韵江南金川街店开业；2023年，公司再创佳绩，投资恒兴国际8号楼2000平方米一楼商铺，食韵江南珍味坊应运而生。

刘刚带领管理团队不断学习、汲取全国各地餐饮行业精髓，致力于秉持“真材实料好味道，发心服务为他想”的经营理念，坚守只做适合春城人口味的江浙菜初衷，为广大食客带来健康的美食和独特的餐饮体验。

梁斌 1975年3月生于辽宁省丹东市，吉菜烹饪大师，具有丰富的烹饪经验和深厚的烹饪功底，现任吉林省春谊宾馆餐饮部行政总厨，吉林省饮食文化研究会副会长。

在职业生涯中，梁斌在烹饪领域取得了多项荣誉。2008年，他在第六届全国烹饪技能竞赛中获得团体赛银奖和个人赛金奖。2012年，他考取技师证书并被评为优秀职员。2014年，他获得中国吉菜杰出贡献奖，被评为优秀工勤人员。2015年，他被授予职工技术能手称号，被评为优秀共产党员，在饮食文化节中获得金厨奖。2017年，他被评为先进工作者，并被评为吉林省餐饮文化研究会“中国吉林名厨”。2017年，梁斌在吉林餐饮中荣获“优秀名厨”称号。2018年，他在中国“一带一路”名厨精英大赛中荣获金奖，并被评为吉林省机关事务管理局“优秀工勤人员”。同年，他带领团队参加吉林省机关事务管理局第二届技能大赛，获得团体一等奖。2018年，梁斌在第四届“长白山人参”美食大赛总决赛中，作品“人参汽锅鸡”获得特金奖。

张陟阳 1971年6月出生于吉林，中式高级面点技师，吉菜烹饪名师，吉林省餐食文化研究会注册裁判员。拥有30余年从业经验的张陟阳，目前在吉林省国盛大酒店任职。

张陟阳职业生涯中，曾荣获多项荣誉，其中包括1999年在吉林省（长白山杯）吉菜烹饪大赛中获得金牌，并被评为全省最佳厨师。2015年，张陟阳在首届中国饮食文化节中被授予“金厨奖”，并在同年8月带领团队在首届中国饮食文化节创新菜点展评估活动中，制作的菜品多项被评为金牌菜。2018年5月25日至26日，在第八届东北美食节暨第三届亚洲国际厨神挑战赛中，张陟阳所在的团队斩获“东北餐饮百强名店”“团体宴席特金奖”“中国吉菜十大特色宴——吉鹤同春宴”等多个奖项。2018年9月中国烹饪协会主办的2018向世界发布“中国菜”活动暨全国省籍地域经典名菜、名宴大型交流会中，张陟阳所制作的“吉鹤同春宴”入选十大主题名宴。2019年11月，张陟阳参加吉菜发展20周年庆典系列活动，荣获中国吉菜20年领军企业奖和吉菜发展20年突出贡献奖。

李德春 1972年1月出生于吉林省长春市，毕业于吉林工商学院，注册中国烹饪大师、国家高级烹调技师、国家营养配餐技师，同时还担任吉林省饮食文化研究会常务副会长、世界中餐联合会吉林分会副主席、全国生态食材与生态餐饮评定中心吉林专家工作站副站长等多个组织机构的重要职务。他有超过30年的工作经验，先后在多家知名酒店担任要职，如国际大厦、香格里拉酒店等。

李德春在广州白天鹅大酒店实习期间，积累了丰富的实践经验。凭借着扎实的专业知识和丰富的实践经验，他一直活跃在餐饮行业的前沿，为行业的发展贡献着自己的力量。李德春的业务范围广泛，涵盖了餐品研发、星级酒店的运营管理以及文旅景区的经营规划等多个方面。他主持和参与了20多项餐品研发项目，对菜品的创新和改良有着丰富的经验和独到的见解。同时，他还参与了10多项星级酒店和文旅景区的前期定位及建设规划项目，为其提供专业的咨询和建议。

董志辉 1971年11月出生于吉林省白城市，高级公共营养师，中国烹饪协会烤鸭技术委员会委员、世界厨师联合会国际裁判员，现任宇泰餐饮集团副总经理，宇泰金鸭坊品牌创始人之一。

他从1988年开始参加工作，在烹饪领域取得了丰硕的成果，荣获多项荣誉。2017年12月，他在第二届吉菜冰雪美食节上荣获金厨奖，其烹饪的“精品酥不腻烤鸭”被评为金牌菜。董志辉在烹饪行业积累了丰富的经验，技艺精湛。他在职业生涯中秉承着“发心为正，砥砺前行”的宗旨，脚踏实地钻研技艺，在传承基础上不断创新，并于2014年创立了吉林省首家以“酥不腻烤鸭为主打，京鲁菜系为辅的董鲁烤鸭店品牌”，深受春城百姓的推崇。2021年，董志辉与宇泰珠宝董事长共同创立宇泰金鸭坊品牌，担任宇泰餐饮集团副总经理一职，继续为餐饮行业的发展贡献自己的力量。

刘汉平 1972年出生，吉林省通化市人，大专学历，高级烹饪技师，中国烹饪大师，吉菜烹饪大师，高级考评员，高级营养师，吉林省饮食文化研究会注册裁判员，吉林省烹饪协会副会长，吉林省烹饪协会通化会会长，从事烹饪行业33年。曾担任《吉林省名厨》编委。

刘汉平擅长制作吉菜、鲁菜、川菜和粤菜，尤其擅长烹饪长白山特产鹿肉、江鲜河鲜、野菜、菌类和人参等。刘汉平1989年参加工作任通化市山城宾馆餐厅经理，先后担任通化市通化饭店餐厅副经理兼行政总厨。2006年至今，他在通化市多家培训学校担任客座讲师，在政府就业中心培训教学学员达2000余人。刘汉平多次参与筹办通化市烹饪大赛和美食节，2016年成功筹办吉林省首届冰雪美食节通化分会场美食节。刘汉平2000年首届吉林省美食节获得最佳菜品奖，参与制作通化山珍宴被评为吉菜名宴。他还获得中华金厨奖、吉林省十大名厨、东北金厨奖、国际中餐名厨杯厨艺技能交流赛大国工匠特金奖、吉菜发展20年杰出人物、功勋奖等。

夏铁状 1972年5月出生于河北省秦皇岛市，现任吉林省众祥餐饮管理有限公司董事长、中国烹饪大师、注册裁判员、吉林省饮食文化研究会副会长以及长春市饭店餐饮烹饪协会副会长。

夏铁状在吉林省餐饮行业中已经奋斗了30余年，以其精湛的厨艺和丰富的经验赢得了无数餐饮人的尊重与敬仰。身为吉菜大师，夏铁状深刻理解传承与发扬吉菜文化的重要性。他一直致力于将吉菜文化传递给下一代，并努力推动吉菜文化走向更加广阔的舞台。他的努力不仅为吉菜的发展作出了巨大贡献，也为整个餐饮行业注入了源源不断的活力与创造力。

曹清春 中共党员，1973年3月出生于黑龙江省青冈县，从事烹饪专业31年。吉林省工商技师学院烹饪系主任教师，享受国务院政府特殊津贴专家，吉林省B类人才，注册中国烹饪大师，吉林省饮食文化研究会副会长，首届吉林省技术能手，国际雕刻大师，吉林省金牌教练员，中华国际名厨荣誉勋章，亚洲国际评委，国际烹饪专家评委，吉菜专家评委，吉林省餐饮优秀名厨，中国吉林名厨，吉林餐饮文化名师，美食艺术家，金牌绿色厨艺大使，中餐烹饪大师。

曹清春在2001年全省第四届“职工技能大赛”，荣获了“食雕个人赛”第一名，2002年在马来西亚举办的“第四届世界烹饪大赛”，获得“展台金奖”“个人食雕金奖”，并被省贸易厅特授予“吉菜开发突出贡献奖”，在2007年和2014年全省中等职业学校烹饪技能竞赛荣获教师组食雕一等奖、冷拼金奖。曾多次在世界和国家及省市技能大赛上获特金奖、食雕艺术大师金奖、面塑艺术大师金奖、优秀表演奖、中国吉菜突出贡献奖、表演艺术家奖。

鲍继承 1973年5月出生于吉林省长春市，中国吉林餐饮企业杰出人士奖，并担任吉林省饮食文化研究会副会长、中国吉林名厨、吉林省烹饪大师、吉林省吉菜研究专业委员会副会长、吉林省饮食文化研究会注册裁判员、吉林省慈善总会餐饮行业爱心传播大使。

自1990年开始，鲍继承投身餐饮行业，先后在长春市的都夜桃园（1990—1993）、金融大厦（1994—1996）和北京烤鸭店（1996—2000）担任行政总厨和总经理。2000年至2005年，他在深圳市老北方酒店担任行政总厨。

常利 1973年12月4日出生于吉林省，国家级健康管理师，吉林省饮食文化研究会面点专业委员会主席、长春市饭店餐饮烹饪协会面点预制品专业委员会主席、长春市饭店餐饮烹饪协会执行会长，从事面点行业30余年。现任贺耘记食品有限公司董事长。

常利在第八届东北美食节中被评为创新杰出人物，荣获“2021年度中国·长春资深十大名厨”称号。此外，常利还在2021年吉林省慈善总会“童在蓝天下”活动中积极奉献爱心，被授予“爱心传播大使”荣誉称号。贺耘记面点预制品在常利的领导下，秉承“少年强则国强”的理念，长期为长春市百余家社区团购及家庭服务。该品牌致力于提供优质、健康的面点产品，赢得了广泛的赞誉。他在面点行业拥有丰富的经验，并积极参与行业交流与合作，为推广面点文化作出了巨大贡献。同时，他热心慈善事业，积极履行社会责任，赢得了社会的尊重与认可。

刘云峰 1974年4月出生于吉林省长春市，中国烹饪大师、国家级烹饪技师，吉林省养生保健协会药膳专业委员会理事、吉林省饭店餐饮烹饪协会吉菜专业委员会副主席，《中国新吉菜》《家常菜谱》《蘑菇主厨》等书籍编委。

刘云峰曾在多家知名酒店担任行政总厨、厨师长等职务。自1996年起，先后在瑞天红大酒店、吉通餐饮实业有限公司、维多利亚潮皇食府等担任要职。2015年创办了巷子里小酒馆，担任总经理；2022年至今，担任云记独一处小酒馆总经理。

刘云峰在厨艺方面曾获得多项奖项和荣誉。其中包括：2004年中国净月潭冰雪旅游节暨瓦萨国际越野滑雪节第四届关东美食年会烹饪大赛金项奖、2005年“金士百干啤”第五届关东美食年会烹饪大赛金项奖得主、2006年“赤水河杯”第六届美食关东年会烹饪大赛金项奖，2017年还荣获“中国吉林名厨”及“中国长春十大名厨”称号。刘云峰在餐饮行业中拥有丰富的经验和卓越的成就，熟悉各种菜系，擅长烹饪技艺，是值得信赖的专业厨师和管理者。

张迪 1974年出生，在餐饮行业拥有30年的工作经验，中国烹饪大师、吉菜烹饪大师、国家高级营养配餐师、注册国际裁判员、国家高级职业经理人，吉林省饮食文化研究会副会长，长白山人参美食推广大使。现任长春市青年餐厅董事长，吉林省百家鸿源餐饮管理有限公司总经理。

张迪的职业生涯始于1990年，曾在多家知名餐厅担任厨师长、总经理等要职。2010年，他开始负责吉林省百家鸿源餐饮管理有限公司的整体运营管理。2015年，张迪创办了长春市青年餐厅，并担任董事长。在他的带领下，长春市青年餐厅凭借独特的菜品和优质的服务赢得了广大消费者的青睐，成为当地的知名餐厅。张迪致力于餐饮行业的人才培养和厨艺传承，组织并参与了多次餐饮行业的培训、比赛和交流活动，为推动餐饮行业的发展作出了贡献。

张迪将继续在餐饮行业深耕，推动餐饮行业的发展和创新。他希望通过自己的努力，为更多的餐饮从业者提供专业的指导和支持，培养出更多的优秀厨师，为餐饮行业的繁荣作出更大的贡献。

张钧 1975年7月出生，国家高级烹饪技师，现任张记鱼庄董事长。他在长春市厨师行业拥有30年的丰富经验，擅长吉菜创新、粤菜营养套餐制作。

张钧经营的张记鱼庄，作为中国最具成长力的东北菜系品牌，三辈人携百年之精髓、万土之灵气，深受各地食客追捧。凭借其独到的风味、万象的组合、玄妙的搭配，让人“品之不能忘、食之日日想”。随着公司规模化、多元化的发展趋势，张记鱼庄迅速在各个领域与合作伙伴达成了密切的战略同盟。作为吉林人，张钧从厨开始学，学吉菜，爱吉菜，研发吉菜，现如今经营着一家吉菜店，把厨业做到底，把吉菜经营到底。张记鱼庄秉承“弘扬和发展中国餐饮文化事业”的经营理念，提升吉菜品质，演绎经典，信添财富的经营宗旨，长期引领中餐市场消费潮流，为国内众多热爱吉菜的投资者实现其致富梦想，成为领先于国内市场的餐饮企业。同时，在业界树立了良好的知名度、美誉度和信誉度，取得了一定的社会效益和经济效益。

窦礼 1976年11月出生于吉林省，高级烹饪技师、国家级公共营养师，吉林省饮食文化研究会副会长、吉林省关东菜点创新研发推广委员会会长、中国饭店协会绿色饭店评审员、中国烹饪协会名厨委员会新星俱乐部会员、中国烹饪协会评审员、中国烹饪大师、吉菜烹饪大师、中国东北烹饪大师、吉林省科学技术协会第九次代表、中国饭店协会职业经理人，现就职于长春和润记忆酒店，从业29年。

在烹饪技能方面，窦礼精通吉菜，旁通粤菜、湘菜、川菜、淮扬菜等菜系。他参加了由吉林省标准化协会组织的对部分吉菜品种标准制定系列工作，并参与制作了《中国百年吉菜经典荟萃》《满汉全席——宫廷菜的传承与发展》等书籍的菜品制作工作。

窦礼曾获得中国饭店协会“改革开放30年功勋人物”奖、中国烹饪大师白金奖、中国烹饪协会“中国餐饮30年杰出人物奖”、中国烹饪协会授予“中华金厨奖”、国际烹饪艺术大师赛金奖、中国第五届全国烹饪大赛银奖，2011年、2014年、2015年度荣获吉林省餐饮行业突出贡献奖。

牟中波 女，出生于1977年2月，中国烹饪大师、面点高级技师、烹调高级技师、西点高级技师、西餐高级技师、世界厨师联合会裁判员、中国烹饪协会注册裁判员、中国烹饪协会厨政管理师、吉林省饮食文化研究会注册裁判员、吉林省饮食文化研究会竞赛委员会秘书长。

牟中波一直在烹饪领域深耕，在近10年的职业生涯中参与了50多次国家级、省级各类技能大赛，并斩获了诸多荣誉和成就。她曾荣获2011年首届中国饮食文化节金厨奖、2016年中华金厨奖、关东美食节关东金厨奖、长白山冰雪嘉年华名厨烹饪大赛特金奖等。她的才华和实力得到了广泛认可，被授予中华金厨奖、国际美食青年技艺精英人才称号、2018年首届长春东北亚旅游美食年会专家组评审烹饪艺术家集团餐饮专家顾问等。此外，她曾担任《中国吉林名厨大典》编委，被吉林省饮食文化研究会授予吉林餐饮文化名师、中国吉林名厨、吉菜推广大使荣誉。同时，她还积极参与了各项烹饪研究和交流活动，为推动吉林省烹饪产业的发展和进步贡献了自己的力量。

宁凯鸣 1977年9月19日出生于吉林省长春市，大学本科学历；吉林省饮食文化研究会注册裁判员，吉林省饮食文化研究会副会长、吉林省饭店餐饮烹饪协会烹饪委员会常务副主席。

1999年，他在长春市创立了吉源乡老坎麻辣龙虾店，随后师从吉菜大师唐文进一步深化了他的烹饪技艺。2014年，他荣获中国吉林餐饮企业杰出人士奖；2018年，他荣获烹饪艺术家证书。2019年宁凯鸣被授予中国吉菜推广大使，这进一步肯定了他在吉菜推广和传承中的重要作用。宁凯鸣不仅致力于烹饪事业，还积极参与社会公益事业。他多次向慈善总会、街道社区捐款献爱心，体现了他的社会责任感和关爱之心。2022年，他以乡老坎麻辣龙虾店的名义向桂林街道捐赠善款物资，为疫情防控作出了突出贡献。2018年，他以个人名义在吉林省慈善总会“童在蓝天下”活动中奉献爱心，获得了吉林省慈善总会“爱心传播大使”的荣誉称号。他在吉菜的推广和传承中扮演着重要的角色，同时也为社会公益事业做出了积极贡献。

冷孝冰 1977年出生于辽宁省丹东市，中国烹饪大师、吉菜烹饪大师、吉林省首批十大名厨、吉林省烹饪工匠、国家级烹饪技师、烹饪艺术家、吉林省餐饮领军人物、吉林省饮食文化研究会常务副会长、世界厨师联合会国际裁判、吉林省饮食文化研究会注册裁判员、吉林省慈善总会理事、慈善大使，从业29年，吉林省冷大厨餐饮管理有限公司创始人、董事长。他曾在沈阳、哈尔滨、佳木斯、齐齐哈尔、济南、长春等多家知名餐饮企业担任总厨、董事等职务，擅长吉菜、官府菜、鲁菜、粤菜、大连海鲜、湘菜等多种菜系。

2017年，冷孝冰创立了自己的餐饮品牌——冷大厨灌汤包。多年担任厨师及管理职务，使冷孝冰积累了丰富的企业管理经验。他具有过硬的烹饪技术本领，对餐饮企业管理和品牌建立有着独到的见解。旗下“冷大厨灌汤包”品牌致力于打造东北地域城市餐饮标志性名片。

冷孝冰及其餐饮团队多次获得国家、省、市颁发的荣誉及奖牌，多次获得个人及团队大奖。

李光健 1977年出生于山东省，现居住于吉林省长春市。国家公共高级营养师高级技师，注册中国烹饪大师、中国青年烹饪艺术家、国家一级评委、世界厨师联合会认证国际裁判员、国家职业技能竞赛裁判员、吉林省总厨联盟执行会长、吉林省饮食文化研究会副会长、东方美食杂志客座讲师，现任红事会餐饮集团长春旗舰店行政总厨兼出品总监。

李光健在烹饪领域拥有卓越的成就，曾获得多个国家级和国际级烹饪大赛的金奖和荣誉，如2009年第三届全国技能创新大赛特金奖、2009年首届国际中青年争霸赛金奖、2009年中国烹饪协会颁发“中华金厨奖”、烹饪协会研究专业委员会颁发吉菜杰出贡献奖等。

李光健在餐饮行业的影响力也不容小觑。他曾担任多个烹饪大赛的评委，如第七届全国烹饪技能大赛河北赛区、黑龙江省首届绿色养生烹饪技能大赛，2014年受国家教育部邀请担任全国职业院校技能大赛“中职组”烹饪赛项裁判员等。此外，他还参与过多本餐饮书籍的编写。他致力于通过精湛的厨艺和独特的菜品创新，为饮食爱好者带来美好的餐饮体验。

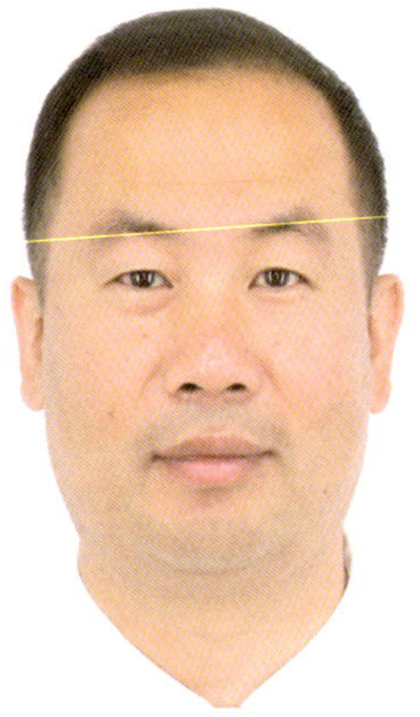

李亚东 1977年3月出生于黑龙江省哈尔滨市松北区，现任长春市外婆居百姓生活菜馆行政总厨。

2014年，他荣获了吉林省餐饮协会颁发的“中国吉菜杰出贡献奖”。2020年，他又获得了吉林省餐饮协会颁发的“十大名厨”称号。他拥有29年的餐饮从业经验，曾在黑龙江省哈尔滨市的多家著名酒店和餐馆担任要职。1995年，李亚东在黑龙江省哈尔滨市汇丰大酒店学习烹饪技巧，开始了他的职业生涯。1997年，他又在黑龙江省哈尔滨市北国饭店深造，进一步提高了自己的烹饪技艺。1998年至2000年，李亚东在名仕高尔夫酒店担任鲁菜主管。在这段时间里，他积累了丰富的烹饪经验和管理能力。2001年至2003年，他在香庆饭店担任厨师长，进一步拓展了自己的职业生涯。2004年至2005年，李亚东在天鹅饭店担任中餐厅厨师长，并参加了黑龙江省第三届烹饪大赛，荣获一等奖。这个奖项充分肯定了他的烹饪才华和技艺。2006年至2008年，李亚东在吉祥凯悦海参养生会馆担任行政总厨，全面负责餐饮管理工作。

于刚 中共党员，1977年9月出生，大学本科毕业，吉林省饮食文化研究会副会长、吉林省餐饮行业的领军人物，现任吉林省松苑宾馆行政总厨，从事中餐烹饪29年。他曾被选送到北京贵宾楼，跟从田润福大师学习烹饪技法并吸取其饮食精髓。

于刚曾在吉林省乐府大酒店、吉林省松苑宾馆担任厨师、行政总厨等职务。2020年拜入吉菜创始人中国烹饪大师唐文门下。2020年担任吉林省人社厅于刚首席技师工作室领办人和长春市人社局于刚技能大师工作室领办人。工作室成立以来，于刚定期开展餐饮培训，科研创新、技术交流，为年轻厨师提供了广阔的交流学习平台。

在他的职业生涯中，于刚荣获了众多奖项和荣誉，包括2019年“第八届中国烹饪协会餐饮业高技能人才”称号，2020年吉菜技艺大赛“突出贡献奖”，2021年“吉林省餐饮领军人物”称号，2021年“建党100周年先锋模范”称号，2022年“吉林省十大名厨”称号，2022年“吉林省技术能手”称号等。于刚不断推动吉菜创新发展，为餐饮行业培养人才，提升行业整体水平，深受业界赞誉。

钱韵多 1977年8月出生于吉林省伊通满族自治县，国家烹饪高级技师，现任吉林省饮食文化研究会副会长、注册裁判员，长春市饭店餐饮烹饪协会韩餐日料铁板烧专业委员会主席。

1998年，他跟随吉菜大师韩密何学习。2001年3月至2002年，钱韵多担任通达家乡菜馆厨师长。2003年1月至2008年8月，他在真子饭店清明节店担任厨师长。2009年10月，钱韵多开始在吉林省韩庄餐饮有限公司担任行政总厨，悉心管理厨房事务。在此期间，他的烹饪技艺得到了更大的提升和发展。2023年5月，他出任鸿钰烤串小火炉经理，继续在餐饮行业深耕发展。钱韵多的职业生涯中，荣获了诸多奖项和荣誉。2014年，他荣获“中华金厨奖”，这是对他烹饪技艺的极大肯定。2013年，他获得吉林省饭店餐饮烹饪协会餐饮业突出贡献奖，表彰他对餐饮行业的贡献。2018年，他荣获“吉林省十大名厨”称号，再次印证了他在吉林省餐饮界的地位和影响力。

王新刚 1977年10月出生于吉林省伊通满族自治县，具有28年的从业经验，厨艺精湛，曾多次参加国内烹饪大赛并取得优异成绩。作为吉林省厨师协会的一员，王新刚致力于研发和创新新派吉菜，为推动吉林菜的发展作出了贡献。

王新刚曾任北李妈妈菜全国出品总监，并参与创立北京京海棠鸽子楼，其间担任董事长。在他的带领下，团队成功研发了多种独特的菜品，为餐厅带来了荣誉。王新刚注重研究和实践，致力于将传统吉林菜与现代烹饪技艺相结合，在发扬吉林菜方面作出了重要贡献。在漫长的厨艺生涯中，他始终以严谨的态度和精湛的技艺追求烹饪的极致，获得了众多个人荣誉。凭借着对烹饪的热忱和尽责，王新刚已成为吉林菜发展道路上的一位重要人物。

王子芳 1977年2月出生，北京清华大学EMBA高级工商管理硕士学历，国家特级烹饪技师，世界厨师联合会国际裁判，长春鸿铭隆东方肉馆创始人，吉林省鸿艺影业文化投资有限公司董事长、南关区民盟支部主委、工商联副主席、爱心联盟长春读书会会长、长春伊通商会党支部书记、吉林省饮食文化研究会副会长。

王子芳在餐饮领域已有30余年的从业经验，他在2002年创立了第一家鸿铭隆东方肉馆，并不断扩大经营规模，赢得了众多荣誉，如中华特色餐饮美食名店、十佳特色名店、十佳服务名店、质量服务信誉三优企业等。王子芳社会公益事业和商业领域做出突出贡献，带领企业家们走进学校捐资助学，走进企业交流分享。企业家们先后走进长春市一中、长春市四十中学、伊通二十五中学，为特优特困学生们送去图书、教育器材及钱款。在担任吉林省“商域精英”公益培育计划企业家导师期间，王子芳积极选拔培养青年技术能手。2018年，他担任吉林省万名青年技术能手选拔首届“北李杯”青年厨师技能大赛活动裁判。

方大军 1975年2月出生，现任长春皇觅楼餐饮有限公司总监，中国饭店协会注册裁判、中国烹饪大师、中式烹调高级技师、吉林省饮食文化研究会副会长、吉林省江浙美食委员会主席、吉林省烹饪工匠、吉林省餐饮领军人物、吉林省最具影响力厨师、长春市十大资深名厨。

方大军从事烹饪行业多年，拥有丰富的经验和精湛的厨艺。他曾荣获第二届、第三届亚州厨王挑战赛个人金奖，吉林省第三届冰雪美食节金鼎宴席奖，中日韩美食节宴席白金奖等。2018年，方大军被评为吉林省最具影响力厨师，2019年荣获吉林省烹饪工匠称号，2020年荣获吉林省江浙美食委员会主席，2021年被评为“吉林省餐饮领军人物”，并被聘为吉林省工商学院烹饪研究所研究员。2021年，方大军在中国建党一百周年五谷的红色记忆活动中被评为突出贡献奖。他不仅善于挖掘传统美食的精髓，还不断创新，将现代元素融入传统烹调技艺，形成了自己独特的烹饪风格。他的成就得到了业界的广泛认可，为吉林省餐饮业作出了突出贡献。

霍宏 女，1975年2月10日出生于内蒙古自治区通辽市，中式面点技师、高级营养师和高级健康管理师，长春市职工技术带头人，吉林省餐饮领军人物、中国烹饪协会注册裁判员、职业技能等级高级考评员、世界厨师联合会注册裁判员，现任职于亚泰龙达宾馆有限公司。

她在餐饮行业从业30余年，在省内多项烹饪比赛中担任大赛评委，包括2015年厨邦杯吉菜创意大赛中式面点赛项、2016年长春市职工技能大赛中式面点赛项、2017年第三届长春美食大赛中式面点赛项、2018年吉林省万名青年技能大赛中式面点赛项、2019年首届全国鲁菜名厨技能大赛中式面点赛项、2020年第三届中国长春厨师节厨艺大赛中式面点赛项、2021年吉林省餐饮行业职工技能大赛中式面点赛项、2021年度餐饮服务企业职工职业技能竞赛中式面点赛项、第八届全国烹饪竞赛（吉林赛区）中式面点赛项以及第二十九届厨师节青年创新大赛中式面点赛项等。霍宏在餐饮行业的突出贡献和丰富经验，使她在行业内享有很高的声誉。

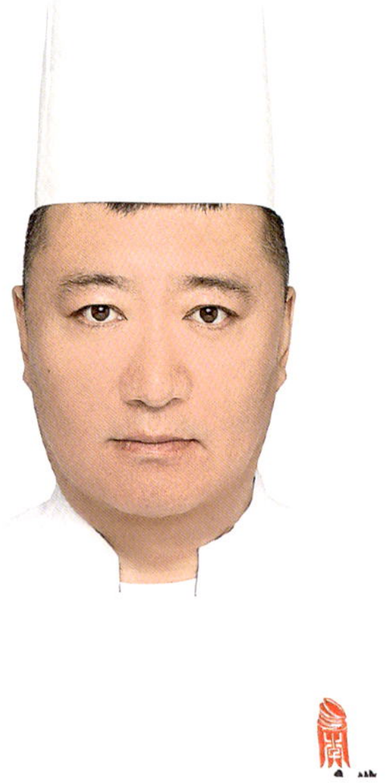

李泓远 1975年11月出生，长春市李氏八大件的创始人。自从业以来已有33个年头，凭借着自己的不懈努力，他以身作则，秉持着传承中华民族优秀传统文化的信念，将李氏八大件打造成了具有鲜明地域特色和独特魅力的知名品牌。

李泓远从小就对传统烹饪技艺产生了浓厚的兴趣，刻苦钻研，练就了一手精湛的技艺。为了适应现代社会的需求，李泓远在传承传统工艺的基础上，不断进行创新和改进。他将现代科技手段融入传统手工艺，提高生产效率，保证产品质量。此外，他还注重培养新一代传承人，传授技艺，让他们继续发扬光大，经过努力，李氏八大件在省内享有盛誉，成为了吉林地区饮食文化的代表。

贾海锋 1977年2月出生，中国烹饪名师、中国吉菜烹饪名师、中国吉林名厨，世界厨师联合会国际裁判，吉林省饮食文化研究会副会长、吉林省饮食文化研究会通化区域主席、汕头市餐饮协会常务副主席，辽宁沈阳燕鲍翅肚参专家工作委员会副会长，全国生态食材与生态餐饮评定中心专家委员会专家，通化市东昌区政协委员，吉林省慈善总会“童在蓝天下”慈善爱心传播大使，吉林省专家工作站副站长，目前担任通化市鼎祥餐饮管理有限公司董事长。

贾海锋具有非常丰富的从业经历。2013年开始，他创立了多个餐饮品牌，包括鼎祥餐饮旗下第一品牌粤味鲜营养馆、颐品汇花式铁板烧、鼎祥春饼果木烤鸭等。此外，他还参与了集安市雅罗酒庄的筹建策划，以及长春弘安丽水温泉会的合作筹建与策划。他的创业历程也展示了他敢于挑战、勇于创新的精神，这些特质让他在餐饮行业中取得了丰硕的成果。

麻立宏 1977年3月出生于辽宁省昌图县，中国名厨，中国餐饮工匠，注册中国烹饪大师，中国吉菜烹饪大师。现任职于吉林省宏厨伟业餐饮有限公司，拥有25年从业经验。

麻立宏多年来致力于吉菜文化的弘扬与发展，为推动吉菜创新作出了巨大贡献。在2019年10月11日举办的第九届东北美食节上，麻立宏带领团队，精心设计了金猴献桃、红酒烧鹿丝、松茸鱼丝等特色吉菜，充分展示了吉菜倡导天然、绿色、营养、健康的理念，凸显吉祥、吉庆、吉利的美好寓意，深受广大参观者喜爱。在2021年12月举办的第六届吉林省冰雪美食节上，麻立宏先生带领宏厨伟业厨政团队再次参展，推出了特色宴席展、特色食材展、吉林火锅产业大会等，充分展示了吉林省名店、名菜、名厨风采，繁荣餐饮市场，集中体现了吉菜餐饮新时代、新餐饮、新发展的理念。他在吉菜领域的成就和贡献，得到了业界的高度认可和赞誉；同时，凭借着精湛的厨艺和对吉菜文化的传承与创新，为推动吉菜事业的发展作出了卓越贡献。

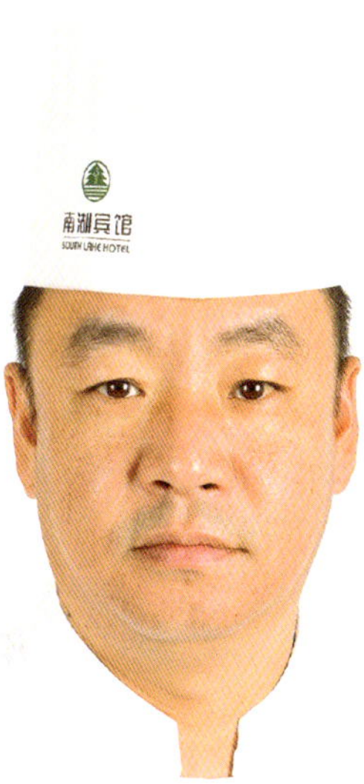

陈含 1978年8月出生于吉林省前郭尔罗斯蒙古族自治县，高级技师，现担任吉林省南湖宾馆经理助理兼厨师长。

陈含的职业生涯始于1994年，在吉林省前郭尔罗斯蒙古族自治县江南宾馆开始了他的烹饪之旅。陈含在烹饪领域不断进步，凭借着自己的努力和才能，他曾担任吉林省南湖宾馆集餐部红案领班、集餐部厨师长等职务。在这些岗位上，他不仅提高了自己的烹饪技能，还积累了丰富的管理经验。在他的带领下，南湖宾馆的餐饮业务取得了显著的成绩。他曾带领团队接待过杨尚昆主席、李鹏总理、朱镕基总理、房维中首长、陈晓光首长、朝鲜领导人金正日、德国前总理施罗德等多位党和国家领导人及外国元首。

2020年，陈含完成了国家开放大学工商管理专业的学习，这进一步丰富了他的专业知识，提升了他的管理能力。他将所学知识运用到实际工作中，使南湖宾馆的餐饮业务更加规范化、专业化，提高了宾馆的整体服务水平。陈含在烹饪领域取得了丰硕的成果，他的敬业精神赢得了业界的广泛认可。

田伟强 1978年6月出生于河北省滦县，本科学历，西点高级技师，吉林省技能名师，吉林省职业技能竞赛专家，吉林省饮食文化研究会副会长。

他拥有24年的从业经验，曾在乐府大酒店担任厨师和面点领班。在2006年参加的省直机关事务管理局、省人事厅、省劳动和社会保障厅举办的宾馆（酒店）烹饪技能竞赛中，他荣获面点项目金奖。自2008年起，田伟强在吉林省工商技师学院担任中西式面点教师、烹饪系主任。

2018年，田伟强被评为吉林省技术能手及烹饪学科带头人；2020年，他成为中华人民共和国第一届职业技能大赛烘焙项目裁判；被评为吉林省中等职业院校专业（学科）带头人。2021年，田伟强被聘请为吉林省乡村振兴职业技能大赛西点项目裁判长；2022年，他再次被聘请为吉林省第一届职业技能大赛烘焙项目裁判长。此外，他还是2020年国家高技能人才培训基地负责人。田伟强不仅在专业领域拥有丰富的经验和精湛的技能，还在教育教学和职业技能竞赛方面作出了突出贡献。

张亚军 1978年4月出生于辽宁省阜新市，从事餐饮业23年，退役军人，厨政管理师、中国烹饪大师、中国吉菜烹饪大师、中国餐饮文化名师，吉林省饮食文化研究会副会长、吉林省饭店餐饮协会烹饪专业委员会常务副主席。

张亚军的职业生涯始于长春开元名都大酒店任行政总厨。之后，他还曾在内蒙古包头小尾羊集团担任行政总厨，现任长春净月益田喜来登酒店中餐厨师长。张亚军在厨艺方面取得了多项荣誉，其中包括长春市五一劳动奖章获得者、长春市高技术能手称号、中国烹饪工匠、中国吉林名厨、吉林省十大青年名厨、长春市十大青年名厨等。2017年9月16日，他在山东济南举办的第十八届中国美食节暨第二届鲁菜美食节上，被中国饭店协会评为首批中国烹饪工匠。张亚军在餐饮业的成就不仅体现在他的厨艺上，还体现在他对行业的贡献上。他曾参与出版《中国吉林名厨大典》。张亚军的职业生涯充满了对餐饮行业的热爱和对厨艺的执着，为餐饮业的发展作出了重要贡献。

陈云龙 1979年12月26日出生于重庆市，吉林省餐饮烹饪协会火锅专委会执行会长和吉林省重庆商会执行会长。陈云龙的职业生涯始于1997年，当时他从重庆来到长春，在一汽四环大厦学习厨艺，潜心深造。1999年，他在贵福地大酒店担任主厨、厨师长等要职，并成功跻身吉林省名厨专业委员会。2006年，他创办了盛川王府火锅连锁机构，将其发展成为一个拥有十余家门店的知名品牌，覆盖辽宁和吉林周边地区。

身为长春市俞龙餐饮管理有限公司董事长，他同时也是盛川王府火锅的创始人。陈云龙在餐饮行业拥有丰富的经验和卓越的成就，其足迹遍布长春绿园区，是第十七、第十八、第十九届人大代表，并荣获长春市五一劳动奖章。2013年，陈云龙成立了长春市俞龙餐饮管理有限公司，公司旗下不仅拥有食品加工厂，还经营着一家高端私人会所。在他的领导下，公司秉承着服务至上、品质第一的经营理念，不断创新发展，为顾客提供优质的餐饮服务和用餐体验。他在吉林省餐饮行业的成就和贡献赢得了业内同人的认可与赞誉。

贾艳华 女，1979年12月出生于吉林省。她从业已有23年，国家高级面点技师，吉林省青年技术能手，现任吉林省劳动保障培训鉴定基地、进口厨房家电欧博电器特约高级主厨。

在从业期间，贾艳华不仅专注于烹饪技艺的提升，还注重食品安全和营养搭配，因此她也成为一名国家公共营养师。此外，她还担任吉林省餐饮服务单位食品安全管理员，负责监督和管理餐饮服务单位食品安全工作。贾艳华在社会上也颇具影响力，她作为吉林省厨师厨艺联谊委员会会员，积极参与厨师文化交流和技艺切磋活动，为吉林省烹饪行业的发展贡献力量。

贾艳华曾经参加过多个烹饪比赛，战绩辉煌。她在2006年第四届东北美食节上荣获创新菜东北金厨奖，又在2007年第七届东北亚关东美食冰雪节上获得金牌厨师的荣誉。这些荣誉不仅是对她烹饪技艺的肯定，也为她在吉林省烹饪领域赢得了认可。

姜远志 1970年10月出生于吉林省农安县，中式烹调高级技师、公共营养技师、餐饮业高级职业经理人、中国饭店业国家级评委，拥有国际烹饪艺术大师、中国烹饪大师、中国名厨、吉菜烹饪大师、吉林省十大名厨等称号。

姜远志在餐饮企业运营系统优化与改善、精益生产、安全管理、精细化运营管理等方面有着丰富的经验。他曾在吉林省政府春谊宾馆、深圳三九大酒店、红太阳禧富德花园酒店、空军第二航空学院、吉林大学白求恩医学成果转换研究会、首都机场餐饮发展有限公司吉林分公司等单位任职，多次获得吉林省政府办公厅、人社厅、接待服务系统表彰。他的成就卓著，包括第五届全国烹饪大赛银牌获得者、中国烹饪协会中华金厨奖获得者、中国烹饪大师杰出勋章获得者、国际烹饪艺术大师赛特金奖获得者、中国海参大赛金奖获得者等。

郝政宇 1970年6月出生于吉林省德惠市，从业30余年，大专学历，国家中式烹调高级技师，延边烹饪大师，延边州餐饮科学学会副会长。

他于1992年加入延边白山大厦工作，得到名厨王贵森的精心培养和指导。在此期间，他历任白山大厦中餐厅和国际俱乐部餐厅的主管级厨师长。2000年，郝政宇在延边军分区招待所和州政府机关服务中心担任厨师长一职。2012年，他调入延吉著名的社会酒楼新王府酒店，担任出品总监。在过去的30年里，郝政宇在不同的岗位上接待了许多国家级领导和外国友人，获得了广泛的赞誉和好评。他承接了多场重要接待及大型宴会，并为烹饪行业培养了多名职高和技校学生。

此外，郝政宇积极参加各种烹饪赛事并屡获殊荣。他在2013年的延边首届金海蓝天杯厨艺技能大赛中荣获特金奖，并在2014年荣获延边吉菜烹饪大师的称号。他的代表菜品包括清炖野生鳌花鱼、老式自灌血肠、煽统红烧肉、雪衣豆沙、锅包肉以及锅　豆腐等，均获得了广大食客的好评与认可。

孔祥海 出生于1971年3月，吉林省延吉市人，拥有33年的烹饪经验，国家中式烹调高级技师，中国烹饪大师、吉菜烹饪大师、延边烹饪大师，延边烹饪协会的副会长，现任珲春市友谊宫大酒店行政总厨。

孔祥海的成就包括：2016年荣获第三届全国名厨烹饪邀请赛特金奖，2017年荣获首届中国朝鲜族菜品创新大赛金奖，2021年7月16日主题日活动荣获吉林大米美食文化节最佳创新奖，2021年第二届吉林鲜食玉米美食节金奖，以及2023年东北亚文化旅游节特金奖。1993年，他被聘为北京中苑宾馆的东北菜和日韩料理主厨。1995年，他任职于山东潍坊富华大酒店担任东北菜和日韩料理的总厨。1997年，他被酒店管理公司派往香港和广州进修酒店管理和系统的粤菜学习。之后，他被派往兰州、天津、乌鲁木齐等各大星级酒店担任中餐厨师长和行政总厨等职务。在2003年回到延吉市后，他曾在延吉市宾馆鲍翅楼、爱得韩食馆等多家酒店担任厨师长。他的代表菜品包括雪衣豆沙、纸包鹿排、芙蓉鸡片、龙须大黄鱼、脆皮乳鸽和韩式宫廷焖牛尾等。

罗佩恒 1971年出生于黑龙江省伊春市。自1993年起，他便投身于餐饮行业，至今已有30年的行业经验。在他的职业生涯中曾任职于多家知名餐厅和酒店，如哈尔滨梦之蓝大酒店、内蒙古牙克石建兴集团、大庆市政府接待宾馆等，并在吉林四平市溢香阁餐饮集团担任行政总厨至今。

罗佩恒在餐饮领域取得了诸多荣誉和成就。他曾荣获1991年燕鲍翅制作专家称号，2000年至今担任伊春新厨艺高级顾问，2008年荣获黑龙江省十大名厨，2009年成为大庆市百湖餐饮创始人，2018年担任中泰美食大使，2021年荣获吉林省冰雪美食节金厨奖，以及2022年荣获吉林四平玉米大赛玉米大师称号。他为吉菜发展作出了重要的贡献。他运用独特的烹饪技巧，结合当地特色食材，为食客们带来了一场场视觉与味觉的盛宴。罗佩恒在餐饮行业的成就和贡献，使他在业界享有盛誉。他不仅是一位杰出的厨师，更是一位对餐饮行业有着深刻理解的企业家。他深知餐饮行业的发展趋势和市场需求，不断推动餐饮行业的繁荣与发展。

尹良 中共党员，1971年12月出生于山东省招远市，国家中式烹调高级技师、高级营养师、吉林省民办培训机构技能教师、延边州职业技能鉴定高级考评员、注册中国烹饪大师、吉林烹饪工匠、吉菜烹饪大师、吉林餐饮十大名厨、中国东北烹饪大师、吉林省餐饮领军人物，吉林省饮食文化研究会副会长、延边区域主席及注册裁判员，吉林省饭店餐饮烹饪行业协会副会长，从业35年，曾任白山大厦总经理助理兼行政总厨。

1988年，尹良在延边白山大厦开始学习烹饪，曾跟随资深顶级中国烹饪大师唐文先生学习。多年来，他带领团队成功接待了百余位党和国家领导人以及国外政要等。尹良曾荣获多项国家、省、州级和行业协会赛事的殊荣，包括2007年吉林省总工会职工创新能手、2008年第六届全国烹饪技能竞赛金奖以及吉林省技术能手称号、2011年延边州技能大奖、2012年延边州委、州政府授予的延边州劳动模范称号以及2018年吉林省人社厅授予的中式烹调尹良师徒工作间荣誉。尹良的代表菜品包括人参米烩鹿宝、泡菜蒸鲽鱼、芙蓉朝鲜松叶蟹、苹果梨炖黄牛排等。

臧传富 中共党员，1971年5月出生，吉林省吉林市人，大学本科学历，高级讲师、中国烹饪大师、吉菜烹饪大师、东北烹饪名师，国家职业技能鉴定中式烹调师职业高级考评员，吉林市饭店餐饮烹饪协会副会长。

臧传富自1993年开始从事烹饪教育教学工作，现任吉林省城市建设学校餐旅服务教学部烹饪专业的教师。2008年11月，臧传富荣获第六届全国烹饪技能竞赛中式烹调项目个人赛金奖，同年被吉林省政府授予吉林省劳动技术能手称号。2011年，他参加中国吉林第六届开江鱼美食节并获得金牌厨师称号。在教学方面，臧传富充分发挥实践经验丰富、专业技术能力强的优势，培养了大批品学兼优的烹饪事业接班人。2019年，他指导学生制作的创新菜品金菊在吉林市技兴江城中式烹饪赛中获得二等奖；2020年，他指导学生参加吉林省中等职业学校技能大赛中式热菜项目并荣获一等奖。臧传富深受学生爱戴，2019年被评为市级学生管理先进个人，多次被评为校级学生德育工作先进个人。

江彩富 1972年2月出生，原为黑龙江省牡丹江市人，现珲春市人，国家中式烹调技师、吉菜烹饪大师、延边烹饪大师、珲春名厨，珲春市名厨委员常务理事，从业32年，现任珲春市麦香粗粮馆行政总厨。

自从业以来，江彩富先生始终勤勉钻研业务，他先后前往北京和上海等地学习进修，曾在多家知名餐饮企业担任厨师长或行政总厨，包括牡丹江市人人大酒家、珲春市长城长大酒店等。多年来，他培养了28名高级工和中级工，现均为餐饮业的一线主力。除了精湛的厨艺，江彩富积极参加各类烹饪赛事并屡获殊荣。在2011年的吉林省第四届烹饪大赛中荣获白金奖，2014年在中国延边首届金海蓝天杯厨艺技能大赛中荣获金奖，2022年的延边旅游文化节朝鲜族特色菜技能竞赛中荣获金奖，以及2023年的东北亚文化旅游节中荣获特金奖。江彩富的代表菜品包括秘制排骨山药、养生兰花黑豆腐、冷吃毛肚、荷花扇贝、宝塔秋葵虾仁、瀑布土豆丝、蝴蝶海参、百花熊掌豆腐和锅包肉等。

李志强 1972年11月出生，吉林省和龙市人，从业30年，国家中式烹调高级技师、高级西餐烹调师、高级营养师、中国烹饪名师、吉菜烹饪大师、延边烹饪技术能手、延边资深烹饪大师，延边朝鲜族自治州餐饮科学学会副会长，延边蓝天爱心协会会员，李氏师门爱心厨艺发起人，现任延吉市卡伊洛斯酒店24楼自助餐厅厨师长。

1996年他在延边大宇饭店工作，次年在韩国研修期间曾接待过国内外政要和重要领导人。2001年第三届白山珍品宴活动中荣获高档宴席金奖，2002年皇家猪排被评为延边名菜，法式龙舟宴荣获金奖。2008年在日本工作期间进行民间厨艺交流大会，制作的吉林油饼和吉林馒头荣获最受喜爱的中国美食称号，2013年荣获延边首届金海蓝天杯厨艺技能大赛特金奖。他多次受驻延某部队邀请培训炊事员100余人，亲授学生30余人，现都是餐饮领域中的技术骨干。2015年发起爱心公益成立活动为延吉市孤儿院、敬老院、贫困学生等捐款捐物。代表菜品有辣白菜吐司披萨、雪衣豆沙、松茸鹅肝、紫菜包饭扒西冷等。

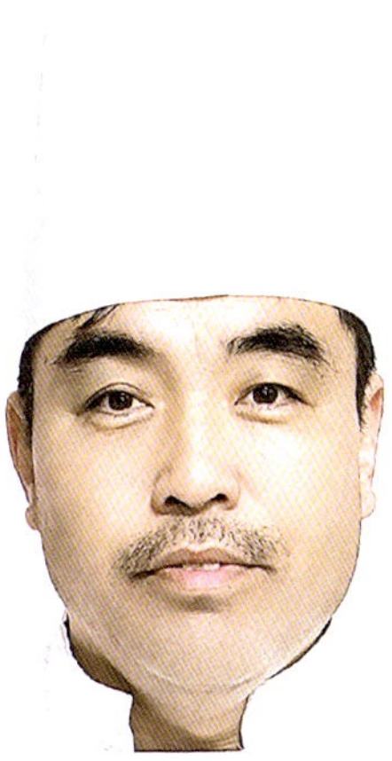

王英坤 1972年出生于吉林省四平市，吉林省特三级厨师、吉林省级高级烹调师、吉林省级雕刻师，现为四平汉食坊酒店的法定代表人。

王英坤于1990年前往长春市朝阳区厨师培训学校学习烹饪技术。在接下来的几年里，他不仅在厨艺上取得了显著的进步，还对烹饪技艺有了深刻的理解和领悟。1995年，王英坤被特聘为四平市就业局厨师培训学校的教师，倾尽全力培训了超过1000名的学员。他的教学风格严谨，烹饪技艺精湛，深受学员们的敬仰和爱戴。此外，他还是四平市劳动局厨艺资格评委之一，为推动四平地区的烹饪事业发展作出了贡献。自2000年开始，王英坤在吉林师范大学博达学院担任伙食科科长5年。在这段时间里，他以严谨的管理和精湛的厨艺，赢得了广大师生的一致好评。

王英坤擅长烹饪的几道菜堪称一绝，包括梅花肉煸炒青蚕、宫廷滋味肉、炭烤疙瘩肉以及干锅鲜八爪鱼。他的烹饪技艺已经达到了炉火纯青的境地，每道菜都以其独特的口感和精心的烹饪工艺赢得了食客的喜爱。

杨洪昕 1972 年 1 月出生于吉林省长春市，高级烹饪技师、中国吉林名厨、吉菜烹饪名师，拥有 32 年的烹饪经验，现就职于吉林国盛大酒店。

杨洪昕凭借丰富的经验和深厚的技艺在各项烹饪大赛中屡获殊荣。2003 年，在第五届净月先锋杯全省烹饪大赛荣获个人热菜特金奖，并被授予吉林省最佳厨师称号。2006 年，在第八届（榆树钱杯）全省烹饪大赛中，他制作的鸡腿烧海参和千岛海鲜饺被评为吉菜名菜。他的作品“肉苁蓉煲辽参”“脆鳞活鲈鱼”还获得了首届东北美食节创新菜点展的金牌菜。此外，他的作品吉鹤同春宴在第八届榆树钱杯“鹤寿延年宴”制作中被评为吉林名宴，并在中国烹饪协会举办的活动中荣获中国菜·全国省籍地城主题名宴。在第八届东北美食节上，他的“吉鹤同春宴”荣获中国吉菜十大特色宴席和团体宴席特金奖。此外，他还参与了餐饮行业职工技能竞赛宴席“花开富贵宴”的制作，以及吉菜发展 20 年庆典活动中的宴席“瑞雪迎宾宴”的制作。

陈爱东 女，1973 年 8 月出生，吉林省吉林市人，吉林省劳动技术能手，吉林省技术能手，吉林省烹饪协会授予餐饮服务大师，具备高级讲师资质。她从事餐饮服务行业多年，担任过吉林市商务学校北苑酒店副总经理、吉林市饭店餐饮烹饪协会第四届理事会副会长等职务。

2016 年，她被吉林省商业服务业工会授予“餐饮行业服务标兵”称号。在学校任职期间，陈爱东承担了餐旅教学、技能大赛指导教师等工作。她带领学生多次参加比赛，取得优异成绩。2017 年，她带领学生参加黄炎培校园创新创业大赛，荣获省级一等奖和国家级优秀奖。2019 年，陈爱东在吉林市人力资源和社会保障局技兴江城茶艺比赛中被授予优秀指导教师，在超星杯教学技能大赛中荣获一等奖，2021 年，被吉林市教育局评为优秀裁判员。2022 年，她在市中等职业学校学生技能大赛中指导学生调酒获得二等奖，被授予优秀指导教师、中等职业学校技能大赛中华茶艺二等奖、优秀指导教师、模范班主任等荣誉。

施广庆 中共党员，1973 年 6 月出生，具有 30 年从业经验，本科学历，高级烹调师、吉菜烹饪大师、东北烹饪大师、中国烹饪大师，中国烹饪协会职业经理人、吉林市技兴江城职业技能优秀指导教师、吉林市人力资源和社会保障局特聘考评员、吉林市烹饪协会理事，现任吉林省城市建设学校中餐烹调教研室主任。

施广庆在烹饪教学工作领域有着丰富的经验，执教 20 余载，曾被评为省双师型教师、中餐烹饪专业学科带头人、国家职业技能鉴定考评员。他在第七届全国烹饪技能竞赛中获得银奖；在第二届东北美食节上荣获东北金厨奖；在吉林省职业院校技能大赛中职组烹饪大赛中荣获金牌指导教师；在首届吉菜美食节上获得个人金奖和团体金奖；在首届松花湖美食节上获得菜品金奖；他的作品清蒸白鱼在第六届松花湖美食节上荣获金牌菜肴；他的作品清汤菊花鱼在东金牌菜肴评选中获奖。施广庆还参与了“十三五”规划教材《烹饪工艺基础》的编写工作。同时，他曾在 2005 年赴韩国光州商学院讲学，受到韩国师生的一致好评。

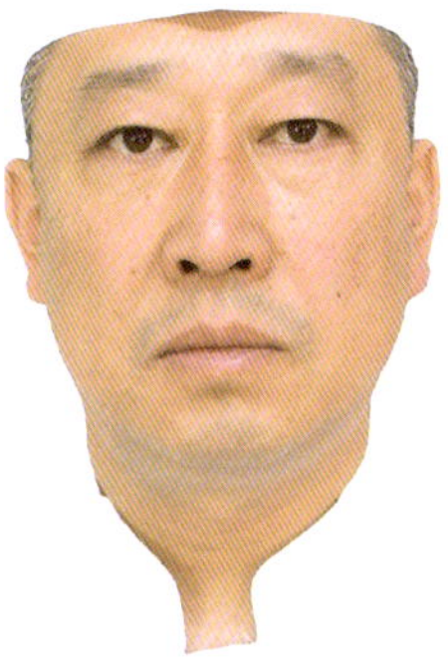

谢晓明 1973年8月出生，中共党员，本科毕业于吉林工商学院旅游管理专业，吉菜烹饪大师、中餐烹饪技师、烹饪专业学科带头人，吉林省双师型教师，吉菜交流大使，吉林省饭店餐饮烹饪协会理事会常务理事，国家职业技能鉴定中式烹调师工种吉林省考评员，国家职业资格鉴定吉林省中餐烹饪工种考评员，吉林市饭店餐饮烹饪协会专家委员会评委。曾担任北苑酒店解放西路店、北苑酒店岔路乡店行政总厨、副经理。

谢晓明自1992年起，从事烹饪教育与科研工作31年。他先后参编了《东北地区教学菜点》《华夏菜点精萃 关东风味》等书籍。他一直致力于吉菜的研发与推广，先后参加了吉林松花湖鱼宴、吉林船厂宴等宴席的研发工作。2006年主持吉林市电视台烹饪类特别节目《点食成金》。2007年在全省烹饪技能竞赛中，荣获教师组（热菜）二等奖。2008年获得第六届全国烹饪技能竞赛团体赛金奖，个人赛获得中式烹调项目金奖。2011年被评为吉林市中等职业学校技能大赛优秀评委。2014年担任吉林市电视台《我爱吉菜》特别节目专业主讲教师。

董晓辉 女，1974年出生，中式面点高级技师、西式面点高级技师、注册裁判员、吉林省饮食文化研究会副会长、面点专业委员会副主席，有着丰富的职业经历和卓越的成就，现任和润艺术酒店西点厨师长。

董晓辉的职业生涯起步于1998年，在长春市花园酒店担任面点制作。2000年，他进入了梁氏面包房，开始了西点制作的工作。此后，他在多家知名餐饮企业担任面点制作与管理的职务，如长春市韩式烤肉、比尔森健康烤肉、紫荆花饭店、清真健康烤肉以及和合会馆。董晓辉的职业生涯中不乏荣誉和奖项。他曾在2015年荣获吉林省饺子大赛特金奖，又在2011年获得嘉豪劲霸杯第四届全国中餐技能创新大赛金奖。这些奖项彰显了他在面点制作领域的实力和才华。在面点制作领域，董晓辉的成就不仅仅是在技艺上的精湛，更在于他对面点文化的深入理解和传承。他以精湛的技艺和独特的创意，为酒店的客人带来了别具一格的餐饮体验。他的面点作品不仅在口感上独具魅力，更在视觉上展现出了独特的艺术魅力。

董志红 女，1974年5月出生于吉林省，高级烹调技师、吉菜烹饪名师，凭借着29年的餐饮从业经验，成为吉林省国盛大酒店的重要一员。

董志红的职业生涯可谓硕果累累。在2003年第五届净月先锋杯全省烹饪大赛中，她荣获个人凉菜项目的特金奖。四年后，在第八届（榆树钱杯）全省烹饪大赛中，凭借精湛的烹饪技艺和独到的菜品设计，使牡丹四围碟脱颖而出，被评为吉菜名菜金奖。2015年，她在首届中国饮食文化节中荣获了金厨奖，这一奖项无疑是对她烹饪技艺和职业精神的肯定。而在2018年第八届东北美食节暨第三届亚洲国际厨神挑战赛中，她更是以出色的表现斩获了东北餐饮百强名店、团体宴席特金奖、中国吉菜十大特色宴席吉鹤同春宴等多个大奖。

董志红在工作过程中也始终坚守着爱岗敬业的职业道德底线。她以高效、优质、负责的态度，踏实完成各项任务，为吉林省国盛大酒店有限公司贡献着自己的力量。她的敬业精神和职业素养得到了公司的高度认可，荣获了优秀员工的称号。

芦世霞 女，1974 年 2 月出生于吉林省延吉市，国家中式面点高级技师、延边烹饪大师、延边面点大师，从业 30 年，现任延边白山大厦中餐面食主管。

芦世霞巧妙地将烹饪美学运用于面点制作，采用纯天然的蔬菜汁代替色素，创新出各种象形中式面点。她制作的吉林地方风味面点和象形面点深受各界食客的认可。芦世霞还在各种赛事活动中获得多项荣誉。2014 年，她荣获中国延边首届金海蓝天杯厨艺技能大赛金奖，并被聘为延吉市职业高级中学中餐烹饪与营养膳食专业教师。2016 年，她在国际厨神料理大赛中荣获金厨奖。2019 年和 2020 年，她分别荣获延边州旅游接待单位服务技能大赛中式面点制作第一名和延吉市首届企业酒店职工技能竞赛中式面点一等奖。此外，她还荣获吉林大米美食文化节最佳创新奖、第五届吉林省冰雪美食节暨延吉朝鲜族餐饮职工技能竞赛朝鲜族面点比赛优秀奖。她的代表菜品有延边黄牛火烧、朝鲜族土豆粉饺子、民族鲜虾饼、酸菜蒸饺、泡菜煎饼等。

吕睿 1974 年 4 月出生，吉林省图们市人，国家中式烹调高级技师、国家职业技能鉴定考评员、注册中国烹饪大师、延边烹饪大师，图们市烹饪协会理事，从业 31 年，现任图们市名扬职业技能培训学校教师。他于 1991 年开始在图们饭店学习烹饪，先后前往沈阳市御膳酒楼学习宫廷菜和东北菜。

吕睿具备扎实的理论基础和实践经验，以及良好的分析决策能力。多年来，他对吉菜进行了深入的探索和研究，并积极推广吉菜。他思想活跃，不断学习进取。此外，他更注重工匠传承精神，已经培养了 40 余名学生，他们现在都在餐饮领域的重要岗位上工作。吕睿积极参加国家或省市级行业协会举办的职业技能竞赛，并在多个比赛中获得金奖，包括 2003 年的中国伊尹奖中华烹饪技术创新大赛、2006 年的第二届全国餐饮业博览会技能大赛、2011 年的第四届全国饭店业职业技能竞赛中式烹调项目以及 2018 年的东方美食国际大赛。他的代表菜品包括锅包肉、锅燭豆腐、雪衣豆沙、一品吉牛焖果梨和庆岭活鱼等。

张立松 1974 年 10 月出生于吉林省吉林市，中专学历，吉菜烹饪名师，具备高级职称。

他毕业于吉林市商业技工学校，曾在该校的北苑酒店及楼外楼酒店、新兴酒家、吉林市中保酒店、吉林省城市建设学校北苑酒店等多家单位工作。张立松在烹饪领域积累了丰富的经验，荣获过诸多荣誉和奖项。其中包括：2002 年接受酒店领导指派，前往承德宾馆学习河豚鱼制作；2006 年 5 月，在吉林市开江鱼美食节上荣获最高金厨帽奖；2007 年 9 月，在北苑酒店的优质服务百日竞赛活动中被评为技术能手；2010 年 3 月，被吉林省城市建设学校烹饪与管理专业聘请为实习指导教师；2014 年 9 月，在第四届东北美食节创新菜点展评活动中，其作品情结被评为东北金牌菜，红梅鱼饼被评为东北名菜；2014 年 11 月，在第四届东北美食节创新菜展中荣获东北金厨奖；2017 年 8 月，在吉林市技兴江城职业技能竞赛北苑杯中式烹调师大赛中荣获一等奖。张立松用自己的实际行动，诠释了“厨艺人生”的真谛。

赵振鸿 1974年出生，吉林省白城市人，白城市政协洮北区第四届委员会委员，白城市餐饮行业商会会长，白城饭店餐饮烹饪协会副会长，出生于烹饪世家。

1996年，赵振鸿创立了“红火烧烤店”，随后又开设了“火爆烤肉店”。1997年5月，他进军辽宁省大连市，创建了“红火煎肉城”。此后，他返回白城创业，于2008年开设了“弘记烤肉店8632旗舰店”，并在2010年创立了“弘记川味火锅时尚店”。在白城市内，他还开设了4家烤肉分店，总经营面积达到4000余平方米，员工人数超过130人。2016年，他又创新推出“筛网烤肉”。在全国范围内，他发展了120余家加盟连锁企业，加盟店遍布吉林、黑龙江、辽宁、内蒙古等地，业务十分繁荣，同时帮助解决了数百人的下岗再就业及农民工就业问题。

在过去的30多年里，赵振鸿积极参与白城冰雪节捐款、植树造林等活动，累计捐款数万元，并荣获各类奖牌，成绩斐然。

郭红艳 女，1974年11月出生，中式面点高级技师，国家职业技能鉴定考评员，拥有23年的面点制作经验，曾在长春新东方烹饪技工学校任教9年。

郭红艳的工作经历丰富，曾在北京市力天餐饮有限公司、北京市汉丽轩烤肉超市、美洲岛国际美食、北京市北京人大酒楼等知名企业担任部门主管、主食部负责人、广点主管等职位。郭红艳在新东方烹饪技工学校担任中式面点教师，并兼任私人定制小吃创业授课教师。在她的指导下，学员王鹏、张桂玲、张桂荣在2019年的新东方杯竞赛中取得了一、二、三名的优异成绩。

郭红艳在业内享有盛誉，2016年劲霸杯全国厨师华山论剑技能大比武获金奖，2016年7月第五届吉林省饭店餐饮业技能竞赛获金奖，2016年12月被吉林省饭店协会授予“餐饮行业技能标兵”称号，2017年4月新华网高手在人间太太乐杯饺子大王争霸赛获银奖，2017年6月全国新东方丘比杯合肥技能竞赛银奖等。郭红艳拥有丰富的经验和卓越的成就，为中式面点行业作出了突出贡献。

朱振山 1974年12月出生，现居于吉林省长春市，吉菜烹饪大师、吉林省资深名厨，中式烹调高级技师，二级公共营养师，吉林省饮食文化研究会副会长、注册裁判员，吉林省中式烹调职业技能鉴定考评员，传统吉菜技术指导专家，吉林省一九四九老长春菜馆创始人。

朱振山于1991年毕业于吉林商业专科学校烹饪系第三届吉菜研修班。毕业后先后在利洋大酒店、春宜宾馆、东风大饭店等学习工作，至今已从业32年。在吉林省烹饪技能人才培养方面也作出了突出贡献：2012年至2016年，被吉林工商学院旅游学院聘为兼职教师，从事中式烹调吉菜的实践教学工作。此外在吉林省、长春市等举办的多项烹饪职业技能竞赛中担任评委工作，主要有：2001年吉林省中等职业技术学校烹饪技能大赛裁判员、2023年吉林省第二届餐饮行业职工技能大赛吉菜项目中式烹调（冷菜）裁判员。朱振山对吉菜的研究和创新坚持不懈，创立的一九四九老长春菜馆经营规模不断扩大，已经开设多家门店。

井占友 中共党员，1975年12月出生，吉林省珲春市人，国家中式烹调高级技师、国际烹饪大师、中国厨艺高级技师、吉林烹饪工匠、吉菜烹饪大师，吉林省特色菜名厨，吉林省民办培训机构教师，吉林省技术能手，吉林省岗位创新能手，延边州餐饮科学学会副会长，从业30年，现任延边白山大厦行政总厨。

他师从中国烹饪大师尹良，并成功培养了3名技师和18名高级工。2008年，他荣获第六届全国烹饪技能大赛银奖。2015年和2017年连续两届荣获国际餐饮文化名厨大师赛金钻奖。2020年，他在第五届吉林省冰雪美食节暨延吉朝鲜族餐饮职工技能竞赛中荣获最佳菜品制作奖。2021年7月16日主题日活动期间，他荣获吉林大米美食文化节最佳创新奖。此外，在首届吉林省百姓最喜欢特色菜代表店评选活动中，他荣获特金奖，获奖菜品包括韩味明太卷和黑椒松茸黄牛舌。2022年，他荣获中共延边州委、州政府颁发的延边州劳动模范称号。井占友的代表菜品包括香脆苏叶五花卷、内脂凉瓜扇贝、泡菜蒸冷水鱼、低温豉椒牛舌等。

李勇 1975年11出生于吉林省长春市，中式烹调高级技师、中国吉林名厨、吉菜烹饪名师，从业年限达29余年，现就职于吉林省国盛大酒店。

李勇自1999年开始在餐饮行业崭露头角，在吉林省长白山杯吉菜烹饪大赛中荣获金牌，并被授予全省最佳厨师称号。在2003年第五届净月先锋杯全省烹饪大赛中荣获个人热菜特金奖，并被授予吉林省最佳厨师。2006年第八届（榆树钱杯）全省烹饪大赛中，他制作的黄金豆腐、果味山药、双味大虾、红油鸵鸟掌被评为吉菜名菜。2014年，他在第四届东北美食节创新菜点展中，荣获东北金厨奖，制作的酒香煎转黄花鱼被评为东北名菜，肚仁桔梗被评为东北金牌菜。在2019年吉林省第三届冰雪美食节网络评选中，他被授予百佳名厨称号，制作的“金汁雪蛤”和“石锅参烧鲍”被评为特色菜。2019年5月，他参加第八届东北美食节，凭借“吉鹤同春宴”荣获中国菜·全国省籍地城主题名宴。同月，荣获团体宴席特金奖。李勇不仅拥有出色的烹饪技艺，同时他还展现出了非凡的创新精神。

马军强 1975年10月出生于吉林省榆树市，国家烹饪技师，尚德厨艺冷菜团队创始人，中烹协冷菜艺术委员会高级讲师，中烹协名厨委员会会员，中烹协冷菜艺术委员会标准化团队成员，中烹协冷菜艺术委员会长春分会副会长，吉林省名厨专业委员会委员，吉林省厨师爱心基金会理事，吉林省药膳专业委员会理事，吉林省饮食文化研究会常务理事，长春市饭店餐饮烹饪协会副秘书长，世界御厨美食联合会、世界厨皇美食会、亚太区域组织理事会大中华区副秘书长，被授予国际烹饪艺术大师勋章。现任吉林省天行健餐饮管理有限公司冷菜顾问，延边新食代餐饮管理有限公司冷菜顾问。

马军强在首届关东美食节及首届中国饮食文化节中荣获金厨奖，2009年在兔肉美食烹饪大赛中获得银奖。2015年在中国冷菜美食节中，马军强带领团队制作的展台菜肴获得皇家五星钻石奖，个人赛获得金奖。此外，他在2018年的第十一届（阿具杯）艺术冷菜美食节中获得创意冷菜个人特金奖。

王金双 1975年9月出生，原黑龙江省绥棱县现吉林省珲春市人，从业30年，国家中式烹调技师，中国烹饪大师，延边烹饪大师，吉林省民办培训机构职业技能教师，第六届吉林省饭店餐饮烹饪协会常务理事，珲春市名厨委员会会长，珲春市延边菜与朝鲜族食品开发推广协会会长，现任珲春市小拜年创意菜馆总经理。

他先后担任徐州市香港大酒店、徐州市阳光大酒店、珲春市国际酒店、珲春市银河宾馆、珲春市汇泉宾馆、珲春市东北明珠大酒店等重要职务。带领团队多次成功接待国家领导人和国外来宾。先后培养高级工8人，中级工23人，现都成为餐饮业的主要技术骨干。他积极参加各种烹饪赛事均获得优异成绩，2014年参加第四届东北美食节创新菜点展评活动中制作的菜品“菌王炭烤黄牛上脑”被评为东北名菜，同时荣获东北金厨奖；2015年荣获首届中国饮食文化节烹饪大赛金厨奖；2019年荣获吉菜发展20年杰出人物称号；2019年荣获吉菜改革开放40年杰出人物奖。代表菜有宗师烧鹅、御宴土豆磨、炭烤松茸、黄牛上脑等。

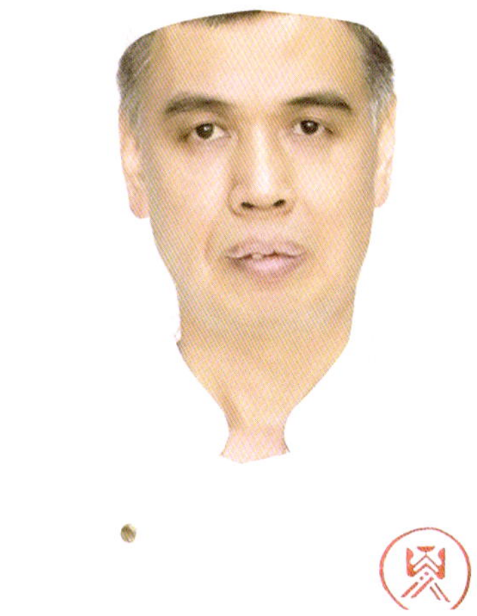

张辉志 1975年1月出生，吉林省长春市人，世界奥古斯法国美食协会优质名厨、雀巢中国有限公司智能团成员、吉林省厨师爱心基金理事、吉林省名厨专业委员会委员、吉林省药膳专业委员会理事、吉林省饮食文化研究会常务理事、长春市饭店餐饮烹饪协会常务理事、中国凉菜协会吉林省区秘书长，他有着29年的从业经历，目前就职于亚泰会议中心酒店。

1994年，张辉志在阳光酒楼餐饮管理有限公司担任凉菜主管和烧腊主管。2000年，他在原碧丽湖酒店担任凉菜主管。2001年，在天鹅湖大酒店担任凉菜主管。2002年，在德亨肥牛担任凉菜主管。2005年，在百利宾馆担任凉菜主管。2006年，在天鹅湖宾馆担任凉菜主管。2009年，在任泉家居酒楼担任凉菜主管。2013年，在蜀香楼担任凉菜出品总监。2016年，在任盘古家宴担任凉菜主管。2022年，他在瀚林餐饮丽晶店担任凉菜主管。自2023年起，他担任亚泰集团会议中心凉菜主管。

赵银辉 女，1975年5月出生于黑龙江省，国家级高级健康管理师、国家营养指导员，吉林省四平餐饮协会副会长、四平市健康学会副会长、四平市健康餐饮专业委员会主任委员，在餐饮食品健康管理领域有着25年的丰富经验。

赵银辉的职业生涯起步于黑龙江省七台河市勃利县烟叶经销公司食堂管理员，之后又担任了四平红嘴科利佳冶金设备公司伙食科长。2014年，赵银辉创办了四平华普健康管理公司，为自己的职业生涯开辟了新的篇章。凭借着对营养健康的深刻理解和多年来的实践经验，她带领华普健康管理公司团队，立足于吉菜单品和宴席的开发，创造出独具特色的小乐园品牌吉菜系列菜品，使小乐园迅速成为四平餐饮界的领军品牌。赵银辉在餐饮食品健康管理领域有着丰富的经验和卓越的成就，她的专业素养、创新精神和领导才能使她在这个领域具有广泛的影响力。出了积极贡献。

李向羽 1975年8月出生，高级厨师，毕业于吉林省旅游职业技术学院烹饪专业。他制作的“青芥焗海参”和“吉林八珍汤”已入选国宴菜谱。

李向羽的职业生涯中曾在多个知名宾馆酒店工作学习，在吉林省春谊宾馆、吉林泰丰集团等担任过重要职务。李向羽在烹饪方面的成就也得到了广泛认可，他曾多次参加各类烹饪比赛，并获得过多项奖项和荣誉，如全国烹饪大赛个人金牌、吉林省十大劳动技术能手称号、吉林省首届金樽斗宴大赛第一名等。他承办过长白山珍禽宴会的制作并多次担任省政协会和人大会菜肴的制作。李向羽还具备丰富的学习和培训经验，他多次参加馆内外组织的学习与培训，带领团队在多家单位、私企、个人家庭聚会上得到大家的认可。他还受邀参加中央电视台《回家吃饭》栏目，推广吉林名菜活动。李向羽是一位经验丰富、技艺高超的烹饪大师，他在职业生涯中不断探索创新，为烹饪事业作出了重要贡献。

王金天 1975年3月出生，中国饭店协会国家级评委、高级工人技师、吉菜烹饪大师，从业30年，现任厦门天食仁和餐饮管理有限公司董事长。自1997年起，他历任长春高尔夫大酒店厨师长、长春国际饭店副总经理、金安大饭店副总经理等职务，对酒店管理有着深厚积累。

在烹饪领域，王金天大师技艺精湛，成绩斐然。1999年，他在吉林省长白山杯吉菜烹饪大赛中斩获金牌，并被授予“全省优秀厨师”称号。2000年，晋升为高级工人技师。此后，他在2002年、2005年、2006年的吉林省全省名厨表演中屡次荣获金厨奖。2004年，他在首届东北三省“家乐杯”名厨技术交流比赛中被授予最具市场开发潜力奖。王金天的辛勤付出和卓越成就得到了业界的高度赞誉。2011年，他被吉林省饭店餐饮烹饪协会评为吉林烹饪大师。2015年，荣获国家酒店酒家钻级评定先进工作者称号。2018年，在第八届东北美食节上，他被授予东北餐饮创新杰出人物奖。

宋维 1976年5月出生，中国烹饪大师、烹饪高级讲师、全国职业院校技能竞赛裁判员、国家级优秀指导教师兼任吉林市饭店餐饮烹饪协会会长，现任吉林省城市建设学校烹饪教师。

宋维在烹饪专业教学领域拥有26年的丰富经验。在他的指导下，2011年施海波在全国职业院校技能大赛中餐烹饪热菜项目中荣获金牌。2013年，他指导的学生宫宇宝荣获全国职业院校技能大赛中餐热菜项目金牌，同年6月在第七届全国烹饪大赛中获得中餐热菜个人单项金牌并被评为国赛优秀指导教师。2017年，建立吉林省中餐烹饪专业宋维技能导师工作室。2019年，建立吉林市中餐烹饪专业宋维技能大师工作室。

宋维荣获了吉林省第三届中职学校烹饪“专业带头人”称号。宋维参编了《烹饪教学品种100例》等10余部专业教材。2010年，他受国家教育部委派赴奥地利开展进修交流，进修交流随感被评为吉林省教育科研成果一等奖。在吉菜研究和推广领域，宋维参与研制的松花湖鱼宴、吉林船厂宴、四季迎宾宴获得省级金奖。在国家级、东北三省和省级烹饪大赛中，他荣获了11枚金牌。

郭建武 1976年4月出生，国家二级技师、高级营养师，中国凉菜协会长春分会会长、吉林省药膳专业委员会凉菜研究会会长、吉林省厨师爱心基金会理事、吉林省饮食文化研究会常务理事、吉林省养生保健协会药膳专业委员会副会长、吉林省饭店协会常务理事、世界御厨美食联合会、世界厨皇美食会、亚太区域组织理事会副理事长，并被授予国际酒店管理专家勋章，拥有26年的从业经验，现担任长春市光荣巷餐饮管理有限公司创始人。

郭建武在餐饮行业取得了诸多荣誉，包括第七届关东美食年会金牌厨师、首届中国饮食文化节金厨奖、第五届吉林省饭店餐饮业职业技能竞赛金厨奖、第六届全国饭店职业技能竞赛银奖。此外，他还担任过多本美食书籍的编委工作，如《中国新吉菜》《大厨拿手菜》《家常炒饭盖饭》等。郭建武不仅在餐饮行业取得了显著的成就，还对营养学和养生保健领域有着深厚的造诣，能够将实用营养建议和养生方法融入菜品中，展现出精湛的烹饪技艺和独特的口味。

兰海 1976年1月出生，高级中式烹调师、高级技师、吉菜烹饪大师，毕业于吉林市商业技术学校，同年进入吉林市北苑酒店工作，现任北苑酒店副总经理。

他擅长传统吉菜，其次是川、鲁、粤、湘菜的蒸、焖、炖、炒等。2001年12月，他在北苑杯第一届技术技能比赛中，所制作的辣子羊腿和果仁羊排被评为创新奖。2002年12月，在北苑杯全市技能大赛中制作的创新菜被评为金奖。2007年9月，在北苑酒店百日优秀服务竞赛活动中，被评为技术能手。2010年3月，他被吉林省城市建设学校烹饪与管理专业聘为实习指导教师。2010年6月，在中国吉林第五届松花湖开江美食节活动中，他所制作的春笋鱼丝被评为金牌菜。同月，他还荣获金牌鱼师傅优秀奖。2010年10月，在吉林市中等职业学校企业杯技能大赛中，兰海被评为优秀指导教师。2017年1月，他荣获北苑酒店优质竞赛月比赛综合技能二等奖。2017年12月，被吉林省城市建设学校聘为现代学徒制中餐烹饪与营养膳食专业企业导师。

陆柏荣 1976年9月17日出生，中国知名烹饪大师、国家高级烹饪技师、吉林省烹饪大师，任吉林省饮食文化研究会副会长、吉林省饭店餐饮烹饪协会副会长、吉林省慈善总会厨师爱心基金常务理事、吉林省养生保健协会药膳专业委员会副会长、吉林省吉菜研究专业委员会副会长、吉林省厨师厨艺联谊专业委员会副会长兼秘书长。从业25年，目前任长春市茶啊冲饭店行政总厨。

在陆柏荣的烹饪生涯中，他屡次斩获佳绩。其中包括：2003年长春首届烹饪名师表演赛金奖，2004年吉林省长春市孙进技校首届技能大赛热菜集体金奖和个人特等奖，2008年北京国际大赛中华金厨奖，2010年全国烹饪大赛中三花海陆空获得银奖，2021年在吉林省饮食文化研究会举办的妙味探赜盛世典艺吉菜烹饪技艺与中华饮食文化推介研讨会中，参与五谷的红色记忆粮食百菜展菜品制作和世界纪录创造，并获突出贡献奖；2017年荣获“吉林餐饮杰出人物”称号，2018年中国长春冰雪旅游节首届长春东北亚旅游美食年会专家评审中荣获烹饪艺术家。

王国力 1976年5月出生于吉林省长春市，国家中式高级烹调师资格，白城市饭店餐饮烹饪协会会员，具有29年从业经验的资深餐饮服务专家，现任白城市老蒋屯餐饮服务有限公司出品顾问。

王国力18岁时，在长春市百菊大厦饭店师从吉菜名厨夏铁状潜心学厨，技艺娴熟。通过对吉菜文化的传承和创新，掌握了独特的烹饪风格。他技术全面，根基扎实，善于吸收其他菜系的优点，创新出具有时代感的吉林风味菜肴。王国力曾在吉林省市阿里郎大酒店、长春市农家酱骨头馆、长春市汉斯啤酒城、长春市老家食府等多家餐饮机构担任厨师或厨师长等职务，为多家餐饮机构贡献了自己的力量。

在职业生涯中，王国力注重培育，亲自带教学生20余人。他积极参加烹饪行业大赛，屡获殊荣。其中包括：2005年荣获中国餐饮业博览技能大赛金奖，2008年荣获“秋冬食博会青年厨师”称号，2018年吉林省冰雪美食节金奖。他的代表菜品有梅花鹿血糕、香酥鸡、飞鸭熗土豆、锅包肉、营养滋补羊排、海参烧牛肝菌等，深受广大食客的喜爱和好评。

于世春 1976年3月出生于吉林省伊通县，中级中式烹调师，从事餐饮行业近30年，现就职于吉林省四平市婚博园餐饮服务有限公司。

在1994年至2005年，于世春曾在吉林省长春市南湖宾馆、挺进招待所、小乐园以及四平市的园中园酒店等担任厨师。2015年，于世春正式加入吉林省四平市的溢香阁餐饮任厨师。2016年，他在溢香阁担任党校厨师长，进一步证明了他的烹饪才华和管理能力。2018年至2023年，于世春在吉林省四平市的婚博园担任厨师长，专注于为婚宴和宴会提供美味的菜肴。他的努力和才华得到了业界的认可。2022年9月，在四平市首届“品四平玉米享人间臻味”厨艺大赛中，于世春凭借其烹饪的“五香熏肚”菜品，荣获四平首届玉米大赛的大师奖。这个奖项再次证明了他的烹饪技艺，同时也为他的职业生涯增添了一份光彩。

于世春在近30年的餐饮行业从业经历中，凭借自身努力，不断积累经验，提高烹饪技艺，取得了一系列成就，在吉林省四平市的餐饮行业中有着广泛的知名度和影响力。

赵继东 中共党员，1976年5月出生，已从业31年。现任吉林省城市建设学校烹饪专业教师，吉菜烹饪名师、吉林市饭店餐饮烹饪协会秘书长、吉林省双师型教师、吉林省骨干教师、吉林市中餐烹饪学科带头人。

赵继东在2008年全国中等职业教育烹饪技能大赛中荣获优秀指导教师奖，2012年东北三省烹饪大赛获个人金奖，同时被评为吉菜大师，2013年第七届全国烹饪大赛中餐面点金奖，2014年吉林省职业院校技能大赛面点项目金奖指导教师、2016年全国职业院校学生技能大赛优秀指导教师奖、2016年吉林省职业院校技能大赛中职组西式面点比赛金牌指导教师奖。在2018年吉林市教育教学大练兵、大比武技能竞赛中，荣获一等奖。此外，他2012年的论文《论烹饪教学实习品种选择的方法》在吉林省基础教育质量评价论坛中被吉林省教育科学院评为优秀教育科研成果论文类一等奖。2015年吉林市教育学会申报的十二五规划课题“加强教师队伍建设促进教育质量提升的研究”之子课题“教师专业精神和素养提升的研究”结题。

赵学斌 1976年5月出生，吉林省珲春市人，从业30年，国家中式烹调高级技师，延边烹饪大师，延边技术能手，延边烹饪协会副会长，珲春市餐饮协会副会长，现任珲春市赵记酱骨店总经理兼厨师长。

1992年，赵学斌毕业于吉林市北极商校，曾先后到香港，广州、北京、上海等地进修。多年来先后在吉林市餐饮服务公司丰华大饭店、延吉市邮政大厦、珲春市百汇大厦等担任要职。他始终致力于吉菜工匠传承精神，亲授学生28人，其中高级工5人、中级工23人。他积极参加吉菜推广活动与竞赛，2002年长春市吉菜大赛活动中荣获吉林省名厨称号，2004年荣获第二届国际食神争霸赛金奖，2008年荣获第六届全国烹饪技能大赛银奖。2017年荣获第二届国际餐饮文化名厨大师赛金钻奖，2020年荣获第五届吉林省冰雪美食节暨延吉朝鲜族餐饮职工技能竞赛最佳菜品制作奖，2021年7·16主题日活动荣获吉林大米美食文化节最佳创新奖。代表菜品包括赵记酱大骨、赵记爆三样、赵记酱猪手、赵记驴板肠、熘肉段等。

邹伟 1976年6月出生，中共党员，毕业于吉林商务学校烹饪专业，吉林市饭店餐饮烹饪协会副会长，国家烹饪教材指导委员会委员和国家职业技能认定中式烹调师高级考评员，现任吉林省城市建设学校餐旅服务教学部主任。

邹伟已从事烹饪教育与科研工作31年。他先后主编《中式烹调教学菜肴100例》《中式烹调师考核品种培训基础》《中式烹调技艺》《烹饪工艺基础》等著作。2019年《烹饪工艺基础》荣获国家首届优秀教材评选二等奖。2023年主编的《中式烹调技艺》获国家“十四五”规划教材并由高等教育出版社在全国发行。1999年在吉林省同达杯吉菜大赛中，邹伟荣获个人和团体金奖。邹伟注重烹饪育才文化研究，主持省市级烹饪教育课题3项。《烹饪体验式教学流程》获省级优秀教学成果三等奖。他主持设计的吉林迎宾宴吉菜金牌菜肴舞狮等菜品获国家三等奖。校企共同研究—烹饪岗位任务驱动教学模式收录在吉林《职业教育指导学习手册》中。

王俭 1976年12月出生，高级技师，中国西餐烹饪大师，世界厨师联合会国际裁判、中国饭店协会裁判、长春资深十大名厨，吉林省饮食文化研究会副会长、长春市饭店餐饮烹饪协会副会长。

王俭早年赴法学习，在2004年获得了法兰西烹饪协会的证书。他的厨艺天赋和努力使他在2006年获得了全国饭店技能大赛西餐个人金牌的殊荣。他的职业生涯中，不仅在厨艺方面有所成就，还在烹饪教育方面作出了贡献。2020年，他担任了第二十二届HFC中国国际烹饪艺术大赛的裁判，对于参赛选手的厨艺进行了严格的评判和指导。同年，他还担任了餐饮服务企业职工职业技能竞赛的裁判，在评判中展现了他在烹饪领域的专业能力和公正品鉴。

王俭的成就不仅体现了他在烹饪艺术上的高超技艺，也展现了他在烹饪教育上的努力。他以自己的专业知识和经验，为年轻厨师提供指导和帮助，推动着中国烹饪艺术的发展和传承。

韩磊 1977年12月出生，从业30年，中国吉菜烹饪技师、国家高级烹饪大师，吉林省饮食文化研究会理事。

韩磊的烹饪生涯始于1994年，当时他在吉林省商业技工学校烹饪系学习，掌握了扎实的烹饪技艺。2000年至2002年，他在长春吉隆坡大酒店担任西餐厅主厨，进一步丰富了他的烹饪经验和提高了他的管理能力。2008年至2011年，韩磊在珲春市宾馆担任厨师长，进一步积累了丰富的烹饪经验和提高了管理能力。2011年至2018年，他继续在通榆向海大酒店担任厨师长，在此期间，他不断提高自己的烹饪技艺，并在餐饮行业取得了较高的声誉。2019年，韩磊成为吉林省龙门里餐饮管理有限公司的总经理，他继续致力于推动餐饮行业的发展，推广吉菜烹饪技艺，培养更多的烹饪人才。

韩磊的烹饪生涯不仅包括丰富的工作经验，还包括他对烹饪技艺的不懈追求和创新。他的作品色香味俱佳，深受广大食客的喜爱和赞誉。同时，他还积极参与餐饮行业的各项活动，为推动行业发展、传承烹饪文化作出了贡献。

李志伟 1977年出生于长春市，国家中式高级烹调师、吉菜烹饪名师，白城市饭店餐饮烹饪协会副会长，从业29年，现任长春市老娟牛肉锅贴总经理兼厨师长。

李志伟于1994年跟随著名吉菜名师高云桥专心学习厨艺；曾先后在北京和沈阳学习进修，亲自带徒20余人，为餐饮行业培养了一批优秀人才。李志伟在餐饮管理方面成效显著，始终致力于推动团队建设和优秀人才的培养。在他的领导下，公司拥有实力雄厚的厨师队伍，为各种接待活动提供了优质的服务。

他曾担任过多家餐饮机构的厨师长或行政总厨，如长春市大手肥牛城、长春市喜来登国际酒店等。他曾多次在烹饪行业大赛中获奖，如2005年荣获中国餐饮业博览技能大赛金奖，2008年荣获东方美食年度最受欢迎厨师奖。他的代表菜肴有牛肉馅锅贴、锅包肉、九转大肠、剁椒鱼头、豉汁排骨、石板鸡蛋豆腐等。2015年，李志伟在吉林地方传统名小吃锅贴的基础上创立了老娟牛肉锅贴品牌店，至今已发展至8家直营店和20家加盟店。

马利国 1977年4月出生，吉林省白城市人，国家中式高级烹调师、中国名厨，吉林省饭店餐饮烹饪协会特邀美食顾问、白城市餐饮协会美食顾问，现任白城市厨把头总经理出品总监。

自1997年入厨开始学徒，已经从业26年，2000年为了提高厨艺他加入大连市天天渔港和海都酒楼学习海鲜菜和东北菜，他严格要求自己，苦练基本功，勤奋钻研烹饪技术，大胆实践使他的烹饪技术得以迅速提高。为了使技艺得到更大发展空间，曾先后在鞍山市海参巨无霸餐厅、青岛市永丽海鲜酒楼等多家酒店磨炼成长，2008年创立白城市笨妈妈菜馆。马利国具有扎实的理论基础和实践经验，良好的分析决策能力，多年来对吉菜有着较为深入的探索和研究并积极推广吉菜。他具有创新意识，有较强的团队精神，思想活跃，不断学习进取。他更注重工匠传承精神，培养徒弟20余人，现都在餐饮领域的重要岗位上工作。代表菜有锅包肉、火盆大公鸡、生烤大油边、锅煬豆腐、糖醋瓦块鱼、雪衣豆沙、乌拉满味汆锅底、罐焖牛肉等。

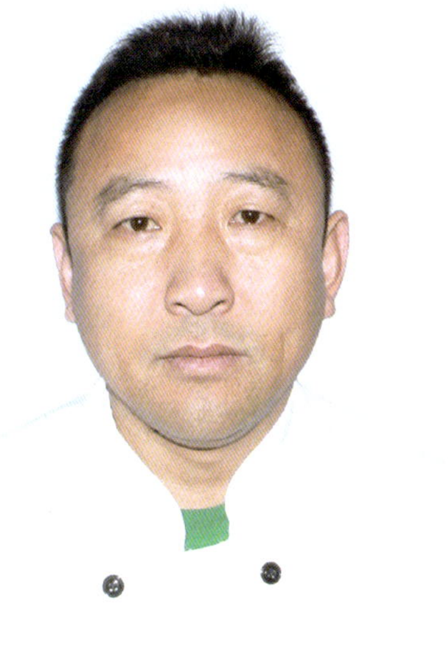

沙承基 1977 年 10 月出生，中式烹调高级技师，1998 年在华宫大酒店开始从厨生涯。

自 2001 年开始，他在北京东来顺饭庄担任主厨，之后又在其他餐饮企业担任过要职。他曾参与编写了《中国吉菜 20 年风云录》《舌尖上的家常菜》等多本书籍。2008 年荣获法国三星蓝带世界奥古斯法国美食协会优质名厨勋章，2011 年吉林省饭店餐饮烹饪协会举办的首届东北三省美食年会中荣获金厨奖，2015 年首届中国饮食文化节创新菜点展评估活动中制作的双色太极羹被评为金牌菜，2016 年在中国烹饪协会举办的第三届全国名厨烹饪邀请赛热菜项目中荣获金奖，2017 年被世界御厨美食联合会世界厨皇美食会亚太区域授予国际酒店管理专家勋章，2018 年在金海蓝天杯第三届亚洲国际厨神挑战赛中荣获个人特金奖，2018 年被长春市商务局、长春市旅游局与长春市饭店餐饮烹饪协会共同评为中国长春烹饪艺术家，2019 年中天厨杯 2019 年度餐饮行业职工技能竞赛荣获特金奖。2020 年，他担任长春市人社局举办的吉林省餐饮职工技能大赛中式烹调评委。

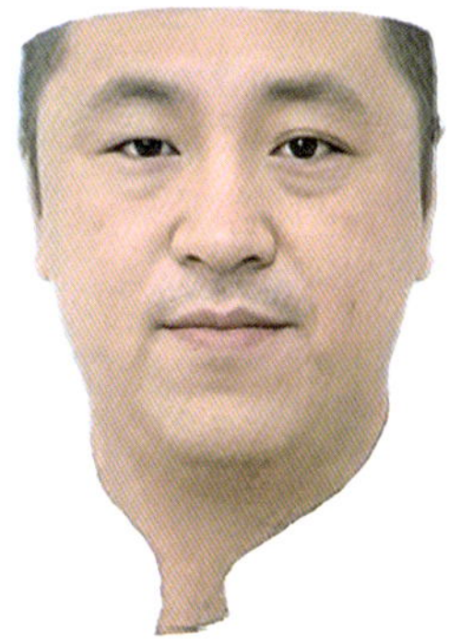

孙磊 1977 年出生于吉林省吉林市，本科学历，国家高级中式烹调师、技师，中国东北烹饪大师、吉菜烹饪大师，吉林市饭店餐饮烹饪协会副会长。曾任吉林省城市建设学校北苑酒店厨师长，以及吉林省城市建设学校烹调与管理专业实习指导教师。

自 1997 年起在北苑酒店工作至今。2006 年，孙磊荣获第一届松花湖开江鱼美食节最高奖项金厨帽奖；2008 年，他在中国烹饪协会开办的高级粤菜研修班进修；2008 年，获得全国第六届烹饪大赛精品宴会金厨奖；2010 年 3 月，他被吉林省城市建设学校烹饪与管理专业聘为实习指导教师；2010 年，吉林市中等职业学校企业杯技能大赛中，荣获殊荣，被教育局评为优秀指导教师；2012 年，获得东三省吉菜美食节东北金牌菜、东北金厨奖；2017 年 12 月，他被吉林省城市建设学校聘为现代学徒制中餐烹饪与营养膳食专业企业导师。

王孟菲 1977 年 11 月出生，吉林省延吉市人，从业 30 年，本科学历，国家中式烹调高级技师，国际烹饪大师，吉菜烹饪大师，吉林省餐饮名厨，中国烹饪协会行政总厨，中国烹饪协会职业经理人，延边州餐饮科学学会副会长。

1993 年在延边白山大厦跟随中国烹饪大师尹良学习，曾先后被选派到北京和武汉等星级酒店进修。他以传承工匠精神为己任，带徒弟 30 人，现在都是餐饮业中的技术骨干。他曾先后担任延吉市民族会馆，延吉市高丽大厦、延吉洲际酒店等大型餐饮机构的厨师长。他创立了延边孟菲调料行，经营朝鲜族菜、吉菜以及西餐调料和特殊原料，为延边地方餐饮和厨师在菜品研发方面，提供了强有力的支持和贡献。2008 年荣获吉林省第三届烹饪技术大赛金奖，2011 年荣获首届延边金海蓝天杯厨艺大赛特金奖，2013 年荣获同盛源杯首届国际餐饮文化名厨大师赛金钻奖，2016 年荣获图们江食运会国际厨神料理大赛金厨奖。代表菜有七味边城黄牛舌、民族米香鲜鱿筒、金汁浸地参、籽苏香排肉、芝麻香明太鱼等。

徐守岩 1977年12月出生，吉林省延吉市人，从业28年，现任花忆庭餐厅行政总厨，国家中式烹调高级技师，吉菜烹饪大师，延边烹饪大师，延边州餐饮科学学会秘书长。

1996年，徐守岩在哈尔滨市道里区椰岛大酒店学厨，曾先后在大庆市让湖路区天和大酒店、佳木斯市北京大自然海鲜酒店等担任要职。他于2006年在延边白山大厦工作，受到中国烹饪大师尹良的悉心指导，在以尹良大师团队的领导下成功完成了多次政务接待任务，以及许多大型的重要宴会用餐受到嘉奖和好评。2008年荣获吉林省第三届烹饪技术大赛金奖，2011年荣获首届延边金海蓝天杯厨艺大赛特金奖，2012年荣获庆祝延边朝鲜族自治州建州60周年技能大赛一等奖，2016年荣获第三届全国名厨烹饪邀请赛特金奖，2017年荣获首届中国朝鲜族菜品创新大赛金奖。基本功扎实，善于融会贯通，不仅对吉菜、延边地方菜有着较为深入的研究，还旁通粤菜、龙江菜的烹调制作。代表菜有芙蓉鱼翅球、天山鹅卵石烤羊腿、原创石板牛肋肉、朝鲜族辣白菜焖飞蟹等。

杨军 1977年11月出生于吉林省蛟河市，现居住在吉林省长春市绿园区。

杨军有着丰富的酒店行业工作经验。1999年至2000年，他在长春市吉通大酒店工作。2001年，他在长春市生日城大酒店任职。2002年至2003年，在长春市诺亚酒店工作。2004年至2005年，在长春市月亮神家常菜酒店工作。2013年，杨军创建了吉林省金管家经贸有限公司，并一直担任公司负责人。该公司主要从事经贸领域的业务，在杨军的领导下，公司取得了良好的业绩和声誉。

杨军是一位经验丰富的酒店行业从业者，同时也是一位成功的企业家。他在工作中展现出了卓越的领导才能和商业智慧，为吉林省的餐饮及经贸发展做出了突出贡献。

杨勇 1977年8月出生，延吉市人，从业31年，现任延吉市德铭餐饮有限公司餐饮部经理兼行政总厨，国家中式烹调技师，延吉市劳动模范，餐饮业职业经理人，延边烹饪大师，延边餐饮烹饪协会理事。

他从学习厨艺和管理以来，对菜肴的烹饪制作工艺潜心研究，使菜肴的色、香、味、形、器、养等符合规定的质量标准，始终坚持在厨房和餐厅一线，多年来致力于吉菜和延边地方菜的传承和创新，积极推广吉菜。1997年参与德铭餐饮的创立，推出了众多菜品，成为延吉菜肴标杆和种子菜。在其多年管理厨房的同时，注重工匠传承精神，培养了100多名优秀的厨师和管理型服务人员，为促进延吉市餐饮事业的发展作出了贡献。

杨勇积极参加各类烹饪赛事，2011年荣获首届延边金海蓝天杯厨艺大赛金奖，2013年荣获同盛源杯首届国际餐饮文化名厨大师赛金钻奖，2016年荣获图们江食运会国际厨神料理大赛金厨奖。代表菜有烧汁无骨刀鱼、韩式牛排、酥嫩羔羊肉、私房混椒鸡等。

于兴旺 1977 年 6 月出生，高级中式烹调师。他厨艺精湛，在多项烹饪比赛中荣获大奖。在 2020 年长春市经济开发区首届餐饮职业技术竞赛中获得特金奖，并且在同年的长春市锅包肉挑战赛中被评为“锅包肉大王”。

在 2019 年长春市第二届厨师节张氏鱼庄杯鱼类菜肴创新奖的评选中脱颖而出，荣获创新奖。于兴旺现任职于长春的和润艺术酒店，担任吉菜厨师，为顾客呈献美味佳肴。他的精湛厨艺和丰富经验使他在烹饪界享有盛誉，为推动长春地区餐饮业的发展作出了积极贡献。

张秀臣 中共党员，1977 年 2 月出生，吉林省四平市人，现任溢香阁餐饮管理集团的行政总厨。自 1993 年起，他师从溢香阁第三代传人巩越辉，逐渐成为厨师行业的佼佼者，从业 30 年来，在餐饮领域取得了卓越的成就。

2009 年，他被任命为宏泰宾馆的副厨师长，积累了丰富的管理经验。2012 年，他正式成为溢香阁盛宴汇的厨师长，负责厨房的日常管理和菜品的研发创新。在 2017 年，张秀臣被任命为溢香阁餐饮管理集团的行政总厨。他在职业生涯中荣获了多项荣誉，包括 2017 年四平市直机关职工食堂厨艺展示赛优秀选手、2020 年度餐饮业杰出人物、吉林省川渝酒店名厨烹饪委员会副会长、吉林省川渝酒店名厨烹饪委员会常务副会长、联合利华餐饮策划认证家乐星厨和 2022 年四平市首届“品四平玉米 享人间臻味”厨艺大赛中被评为玉米菜品大师等。张秀臣在吉菜的发展方面作出了突出的贡献。他不仅继承了吉菜的传统技艺，还通过不断的创新和改进，打造出了更多美味佳肴，为吉菜的发展注入了新的活力。

武雨 1977 年 7 月出生，从事餐饮行业累积 28 年，现任老百事成传统中国菜董事长兼行政总监。

武雨职业生涯始于长春饭店，曾在金融大厦、东风饭店、福来饭店、中奥大都、中日友好会馆、惠仙阁酒楼、北航海鲜酒楼等餐厅任职。1997 年，担任白山宾馆和美乐斯大饭店总经理兼行政总监，负责饭店的日常运营和管理。2001 年，武雨在北京首都饭店和绿方生态园担任行政总监等职务，进一步拓宽职业发展领域。2006 年，在富民大厦担任总经理兼行政总监，展现卓越的领导才能和战略思维。2007 年，武雨在大连碧海酒店和青岛扎啤的 7 家分店担任行政总监，积累了丰富的连锁餐饮管理经验。2008 年至 2009 年，在济南食府担任厨师长，专注提升烹饪技艺和菜品质量。2010 年，在大食客酒店担任总厨，展现卓越的菜品研发和创新能力。2011 年至 2018 年，在百事成菜馆担任董事长兼行政总监，成功引领企业实现快速发展。2018 年至 2020 年，在好事成传统中国菜担任董事长兼行政总监，持续发挥其卓越的领导才能和管理能力。

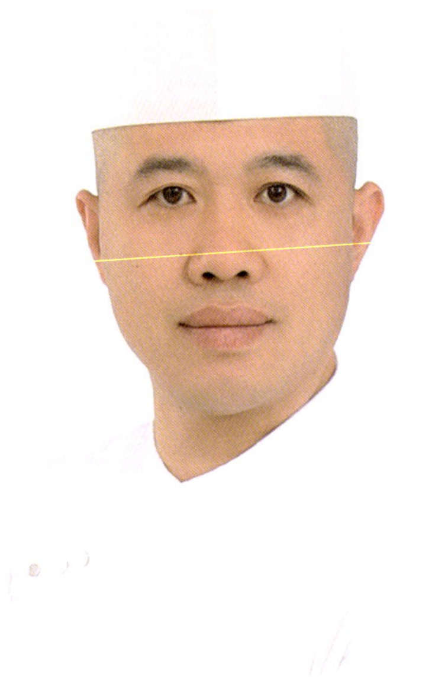

范春雨 1977年12月出生，国家高级烹饪技师、国家公共营养师、吉林烹饪工匠、全国餐饮服务单位食品安全管理员、吉林省厨师爱心基金理事、国际艺术烹饪大师、国际酒店管理专家勋章、吉菜烹饪名师、东北名厨奖，吉林省饮食文化研究会副会长、吉林省养生保健协会副秘书长、世界御厨厨皇美食会副理事长、吉林省厨师厨艺联谊委员会副秘书长，吉林省最具影响力厨师称号、黑龙江绿色食材研发烹饪大师、研发大师。

范春雨从业29年，现任吉林省铂爵酒店管理有限公司总经理、中国石油吉林销售公司餐饮总监、东北中小企业融资再担保股份有限公司行政总厨。他获得过诸多荣誉，2007年第七届亚冬关东美食节暨冰雪节金牌厨师、2009年爱心杯国际食神争霸赛特金奖、2018年第七届吉林省饭店餐饮业职业技能竞赛金奖和2019年吉林省餐饮行业职工技能竞赛特金奖。

他的职业生涯还涉及餐饮行业的食品安全管理、营养健康、品牌建设等多个领域。

高力 1978年1月3日出生于吉林省梨树县。

高力自1998年踏入烹饪行业以来，他曾在北京、天津、沈阳和长春等地工作，积累了丰富的烹饪经验。高力刻苦钻研，对吉菜系列的研究有着多年的实践和学习，有独到的领悟和见解。

经过对吉林食材的研究和对吉林大众口味的理解，高力先生独自开发了东北酸菜的创新吃法。于2005年冬天，他创新发明了海鲜与酸菜合炖的新组合，并将其命名为“海鲜小厨酸菜火锅”。这个菜的食材来自东北民间最普通的酸菜，做法简单，酸咸适口，鲜香解腻，口味独具东北特点，在东北民间深受追捧，也成为吉菜系列中一个重点名菜。高力先生的创新精神和对吉林菜的独特贡献，使他在厨师界获得了广泛的认可。

李洪亮 1978年1月出生，吉林省大安市知名厨师，大安市饭店餐饮协会会委员、中式烹调师。

李洪亮有着25年的丰富从厨经验，现任吉林省大安市帝王餐饮娱乐有限公司行政总厨。曾任大安市向阳屯厨师长、大安市小乐天大酒店厨师长、白城市大安宾馆主厨、帝王餐饮娱乐有限公司大安宾馆厨师长等。

李洪亮曾获得诸多荣誉和奖项，其中包括：2020年大安市第五届冰雪美食节“大安招牌鱼”厨师争霸赛金奖，2021年大安市第六届冰雪美食节“鱼头争霸赛”特金奖，2021年大安市厨神杯职业技能大赛一等奖，以及2023年“东城杯”长春锅包肉超级大王挑战赛特金奖。此外，他还获得过吉林省餐饮企业财务人员岗位培训结业证书。李洪亮曾在南湖宾馆、同心宾馆、松苑宾馆、和润艺术酒店等多家星级宾馆酒店进修，擅长传统吉菜、融合菜等多种菜式。在宾馆就职期间，李洪亮完成了国家级接待8次、省级接待35次、市级接待58次以及人大政协会议13次，受到了市级领导的高度认可。

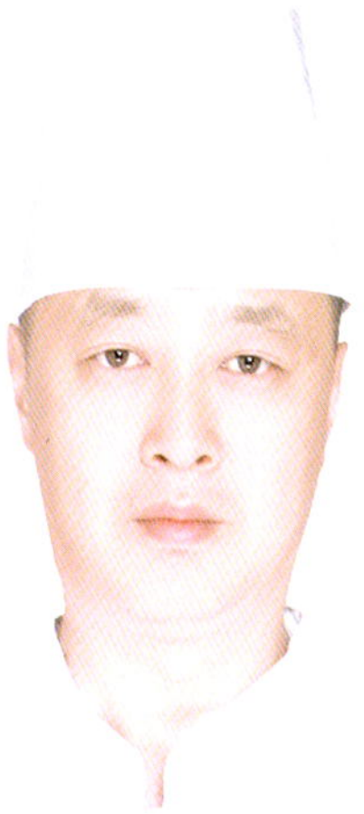

卢宪刚 1978年1月出生于大安市，国家中式高级烹调师，白城市饭店餐饮烹饪协会会员。从业27年，现任大安市艾普利斯饭店厨师长。

卢宪刚从1996年开始在大安饭店当学徒，凭借严格的自我要求、勤奋钻研烹饪技术和大胆实践，曾先后在白城市、沈阳市、哈尔滨市等多家餐饮企业学习。凭借扎实的理论基础和实践经验，良好的分析决策能力，他对吉菜有着较为深入的探索和研究，并积极推广吉菜。他曾任松原市宾馆、白城市艾普利斯饭店等大型餐饮机构的厨师长或总厨。卢宪刚特别注重工匠传承精神，先后培养徒弟16人，现都在餐饮领域的重要岗位上担任技术骨干。他积极参加国家或省市级行业协会举办的职业技能竞赛，曾在2008年荣获全国青年厨师大赛金奖，2020年荣获吉林省冰雪美食节金奖。卢宪刚的代表菜品有酱焖大鱼头、辣炒小河虾、传统红烧肉、一鱼四吃、香煎岛子鱼、拔丝白果等。这些菜品既展现出他精湛的烹饪技艺，又体现了他对吉菜的传承和创新。

金鹏威 1978年8月出生于辽宁省沈阳市，现居吉林省图们市，大专学历，国家中式烹调高级技师，高级营养师，国际烹饪艺术大师，中华满汉全席烹饪大师，中国烹饪大师，全国优秀青年厨师，中式烹调师职业技能鉴定考评员。从业27年，现任大安市正兴职业技能培训学校副校长。

1996年金鹏威步入厨师行业，在沈阳东方大厦学徒，曾先后在图们市天池大酒店、沈阳市御膳酒楼担任厨师长或行政总厨等职务。他积极参加各类烹饪赛事均获优异成绩，在2006年中国餐饮业博览会暨全国饭店系统服务技能比赛中荣获十佳中餐厨师（行政总厨）长称号；2007年首届爱心杯酒店旺菜技术交流大赛评委；2009年荣获新中国六十周年中餐发展论坛暨第四届搜厨国际烹饪大赛特金奖；同年荣获第五届全国烹饪大赛金奖。多年来，他注重传承工匠精神，带徒36人，其中技师2人，高级工34人，现都是餐饮业中的技术骨干。代表菜有砂锅花丽高鱼、雪衣豆沙、煎沙参、海参烧鹿筋、农家小豆腐、锅巴肉等。

张文军 1978年12月出生，从业22年，吉林省饮食文化研究会会员，吉林省青年技术能手，现任长春市金财物业厨务部厨师长。

作为一名优秀的厨师，张文军积极投身于各类烹饪技能大赛，不断挑战和提升自己的厨艺。在2018年中国长春冰雪旅游节首届长春东北亚美食青年会名厨烹饪技能大赛（热菜）项目中，他凭借精湛的技艺和独特的创意，荣获金奖。他不仅拥有丰富的从业经验和出色的烹饪技能，还积极参与各类餐饮行业交流和比赛。他的努力和成就使其在餐饮行业内得到了广泛的认可。

张廷艳 女，中共党员，1978年7月出生，从业26年，现任吉林省工商技师学院副教授，全国技术能手，全国最佳面点师，中西式面点高级技师，吉林省高技能D类人才，中国饭店协会国家级评委，吉林省饮食文化研究会面点专业委员会副主席，吉菜烹饪大师，吉林省最佳厨师，吉林省优秀指导教师，吉林省高级考评员、督导员，吉林省烹饪协会常务理事，吉林省青年技术能手，第五届全国烹饪技术比赛金牌获得者，全国饭店业职业技能竞赛获金奖，吉林省烹饪交流获金厨奖，吉林省岗位技术标兵，吉菜发现20年杰出人物，先后出版著作《中式面点技术》《西式面点技术》《食品雕刻与盘饰造型艺术》《烹调技术》《中式烹调技术》，电教片《吉菜美食》以及“十四五”规划烹饪专业系列教材《面点基本功》《烹调基本功》《西点技术》等。

于艳庆 1979年11月出生，长春市饭店餐饮烹饪协会的副会长，吉林省青年技术能手。从业24年，现任吉林省食代餐饮管理有限公司的总经理。

从于艳庆踏入社会的那一刻起，他就立志要投入餐饮行业，为实现这一目标，他付出了极大的努力与汗水，取得了令人瞩目的成就。在长期的从业经历中，于艳庆凭借着自己坚韧不拔的精神，一步一个脚印地走上了餐饮业的巅峰。他现任吉林省食代餐饮管理有限公司的总经理，负责公司的整体运营和管理。在他的带领下，公司发展迅速，业务范围不断扩大，成为吉林省内颇具影响力的餐饮企业之一。他不仅关注行业动态，还不断学习和研究烹饪新技术，将最新的餐饮理念融入日常经营中。这些努力使他在业内享有极高的声誉，被誉为吉菜名师。

在于艳庆的带领下，吉林省食代餐饮管理有限公司始终坚持以客户为中心，精益求精地提供优质服务。他们对食材严格把关，讲究营养搭配，注重烹饪技艺，力求为每一位顾客带来美好的用餐体验。同时，公司还紧跟时代步伐，运用现代科技手段，提升管理水平。

高树亮 1979年7月出生于吉林省长春市，中式烹调高级技师，公共营养师，在世界御厨美食联合会、世界厨皇美食会、亚太区域组织理事会大中华区担任副秘书长，吉林省饭店餐饮烹饪协会吉菜研究专业委员会副会长，吉林省养生保健协会药膳专业委员会副秘书长，目前在吉林省长春市知水餐饮有限公司担任厨师长。

26年的从业生涯，高树亮在厨艺领域取得了许多荣誉，其中，在2013年食杂店杯首届厨艺大赛中荣获荣誉证书，2018年获得鳌霸杯名厨烹饪大赛团体特金奖，以及在2018年获得吉林省万名青年技术能手选拔暨首届北李杯青年厨师技能大赛技术能手称号。他还荣获了国际烹饪艺术大师勋章。高树亮的厨艺成就不仅仅局限于实际操作，他还积极参与烹饪书籍的编撰工作。他曾在《美食集锦》《家常炒饭盖饭》《家常汤煲》《中餐厨房里的养生菜》《老乐美食》等烹饪书籍中担任编委。他凭借着对厨艺的热爱和执着，以及不断探索的精神，成功地将吉菜推向了全国。

李海 1979年10月1日出生于洮南市，国家中式高级烹调师、吉菜烹饪名师，白城市饭店餐饮烹饪协会副会长，现任白城市咱们屯餐饮有限公司总经理兼出品总监。

李海的职业生涯始于1997年，在白城金都大酒店当学徒期间，他勤奋好学，并被选派到深圳和哈尔滨学习进修。他曾拜中国烹饪大师、锅包肉传人郑树国为师继续深造。李海始终抱着对技术的精益求精和工匠传承精神，在餐饮管理方面取得了显著的成绩。他注重人才培养，亲自带徒30余人。李海始终坚持推动团队建设、培养和发掘优秀人才的理念，使公司拥有了实力雄厚的厨师队伍。李海参加过多次烹饪行业大赛，并屡获殊荣。2000年，他荣获广东省美食博览会金奖；2005年，荣获中国餐饮业博览会技能大赛金奖。他的代表菜有锅包肉、老东北红烧肉、大鱼泡饼、瀚海原味羊排、海味全家福等。李海曾担任过多家餐饮机构的厨师或厨师长，并于2014年创立了白城市咱们屯餐饮有限公司。公司旗下拥有10余个品牌，20家直营店，50家加盟店遍布全国各地。

齐志强 1979年出生于吉林省吉林市，目前就职于吉林省通化市绿萝餐厅。他从业已有26年，专注吉菜烹饪，利用当地特色食材为吉菜研发出鹿肉宴、菌菇宴、土特产山野菜等特色菜品。

齐志强毕业于通化市烹饪学校。他的职业生涯起始于于通化市龙悦酒店担任热菜厨师。2002年至2005年，他在通化市中兴宾馆担任厨师长一职。2005年至2020年，他在通化市工商银行内部餐厅担任总厨一职。齐志强的职业生涯发展迅速，2016年他担任通化市绿萝餐厅总经理，并在2018年兼任通化市鲍螺湾家常菜总经理。他曾多次参加吉菜推广比赛，并在2013年的中华御宴"新满汉全席"烹饪大赛个人赛项中荣获特金奖。齐志强凭借自身丰富的烹饪经验和对吉菜文化的深刻理解，在吉林省通化地区享有极高的声誉。他的事业成就充分体现了他对烹饪事业的热爱和执着，以及在吉菜领域的专业水平和贡献。

王春俊 1979年2月出生于磐石市，国家中式高级烹调师，白城市饭店餐饮烹饪协会会员。从业26年，曾在白城市天湖宾馆、长春市都市情大酒店、哈尔滨市通宝鱼港大酒店等大型餐饮机构担任厨师长、总厨职务，现任白城市秦商人家厨师长。

1995年，王春俊跟随吉菜名厨高云桥潜心学厨，积极上进。1995年被推荐到沈阳市烹饪技术学校进修深造。王春俊制作的菜肴保留了吉菜传统，不拘泥，能突出吉菜风味，创新具有潮流感，充满灵气，形成了极强的新吉菜时代风格。王春俊技艺传承，亲带学生30余人，现都是餐饮业的骨干力量。

王春俊曾多次参加烹饪行业大赛屡获殊荣，包括2000年广东市国际餐饮博览会金奖，2005年东方美食大奖赛金奖，菜品被编入《名菜录》一书。他的代表菜品有葱烧海参、梅花鹿血糕、糖醋鲤鱼、海味全家福、锅包肉、七味花胶等。2023年，他烹制的二十四节气菜阳春极品山药和药芹鲜鱼球被《烹饪艺术家》杂志刊登并推广应用。

徐西泉 1979年3月出生，国家中式烹调高级技师，国际烹饪大师，延边烹饪大师，延边技术能手，吉林省民办培训机构技能教师，吉林省职业技能鉴定考评员。原山东汶上县人，现居延吉市，从业23年，现任延吉市万佳酒店行政总厨。

2002年在白山大厦跟随中国烹饪大师尹良习艺受到悉心指导，得到食雕大师张勇的技艺相传，后拜中国烹饪大师付建平为师得其真传。工作努力进取，被选送到白山市进修酒店管理。多年来他在餐饮领域屡获殊荣，2005年第十五届国际萝卜节萝卜雕刻大赛中荣获金奖；2008年延边州首届延黄牛杯厨艺大赛荣获金牌菜；2012年庆祝延边朝鲜族自治州建州60周年技能大赛荣获二等奖；2015年同盛源杯首届国际餐饮文化名厨大师赛荣获金钻奖；2016年第三届全国名厨烹饪邀请赛荣获特金奖；2017年首届中国朝鲜族菜品创新大赛荣获金奖；2021年7·16主题日活动荣获吉林大米美食文化节最佳创新奖；2023年荣获东北亚文化旅游节特金奖。代表菜有什锦哈什蚂油、兰花葱烧鹿筋、滑炒长白松茸山药、鹿茸三珍汤等。

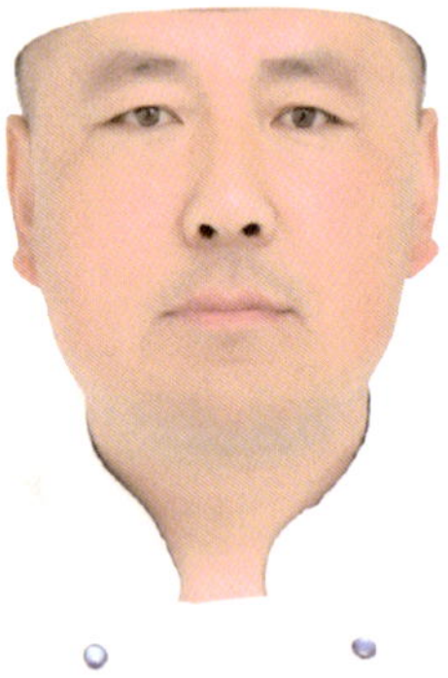

于海峰 1979年5月出生于吉林省白城市镇赉县，白城市饭店餐饮烹饪协会会员和镇赉县餐饮协会会员，拥有23年从业经验，现任镇赉县姥姥家春饼店总经理兼厨师长。

2000年，于海峰在镇赉县饭店开始从业生涯。2008年，他创立了镇赉县小北屯农家饭庄，开始了属于自己的餐饮事业。2017年，他又成立了以吉菜为主的镇赉县姥姥家春饼店，凭借菜品接地气、实惠、好吃等特点，深受消费者青睐。于海峰对吉菜的热爱深入骨髓。此外，他还积极参与社会公益活动。

多年来，于海峰凭借精湛的厨艺，多次荣获本地奖项。他曾获得“镇赉最佳厨师”的荣誉称号，这些荣誉充分体现了他在当地烹饪界的影响力。他的拿手菜有自制血肠、大肠灌肉、农家熥菜等，深受食客的喜爱。于海峰在烹饪生涯中，不断创新传统吉林美食，将地方特色菜与现代元素巧妙融合，形成了自己独特的烹饪风格。他的不懈努力和对美食的追求，一直在激励着更多的厨师。

白刚 1979年出生于吉林省四平市。现任四平一窝羊清真饭店总经理及厨师长。

白刚自17岁起跟随其父回民烹饪大师白云发学习烹饪技艺，他一直潜心研究回民餐饮，对清真火锅、清真炒菜以及特色烤全羊等菜品有独到的钻研和实践。通过改良、创新和传承传统清真老菜，白刚成功开发了具有吉菜特色的清真菜品，推动了当地民族企业的发展。他领导的企业多次被市政府评选为优秀服务商，并成为市政府招待穆斯林客人的首选。在2017年国际军事比赛接待工作中，他提供的富有吉菜特色的清真菜品深受客人喜爱。2019年及2021年，白刚领导的清真一窝羊在四平市餐饮名店名菜评选中荣获“四平市餐饮名店”的称号。他所制作的菜品溜胸口也在评选中被评为四平名菜。几十年来，饭店一直以民族特色为核心，成为政府接待和民众欢聚的首选。

李营 1978年10月出生，毕业于长春商业技工学校，目前就职于吉林省南湖宾馆。

李营曾经任职于多个酒店，包括吉隆坡酒店、金都饭店、艾博丽思西餐、花园酒店、吉林世贸万锦西餐等，并在这些地方担任厨师长等重要职务，还曾担任餐饮设备食品研发部总监。2000年，李营开始在吉隆坡酒店参加工作，逐步积累经验，踏进了餐饮行业。

2012年，李营荣获沈阳体育学院万能蒸烤箱中式团餐研发年度荣誉奖，显示了他在中式团餐研发方面的创新和才能；2013年，他荣获新加坡国际厨具展万能蒸烤箱菜式创意奖，体现了他的烹饪创意和实力；2023年，他荣获全国职业技能大赛金奖，这是他在烹饪技艺上的最高荣誉。

李营的职业生涯经历了多个酒店的历练，在职位上不断提升，并取得了多个重要的荣誉。他的餐饮行业经验和烹饪技艺的精湛，使他成为酒店餐饮部门的一位杰出成员。

马德志 1979年7月出生，中国西餐烹饪大师，吉林省餐饮烹饪协会副会长。

自2004年起，马德志在全国西餐烹饪艺术大赛中崭露头角，一举夺得银牌，展示了他在烹饪领域的卓越才华。2008年至2022年，马德志担任一汽大众外籍职工餐厅的负责人，充分展现了他的领导才能和管理技巧。2020年，马德志担任吉林省餐饮烹饪协会副会长，这使他有机会为餐饮行业的发展作出更大的贡献。同年，他还担任了餐饮服务企业职工职业技能竞赛的裁判，展示了他在烹饪领域的专业素养和公正态度。2021年，他任了第二十三届HFC中国国际烹饪艺术大赛的裁判，他的专业判断和公正评判，为烹饪大赛的成功举办作出了重要贡献。

马德志的才华、专业素养和对工作的热情使他在餐饮行业中取得了令人瞩目的成就。他的职业生涯不仅展示了他对烹饪艺术的热爱，也体现了他对推动餐饮行业发展的不懈努力。

韩宏博 1980年7月28日出生，中国烹饪大师，吉林省饮食文化研究会常务副会长、吉林省吉商商会常务理事、吉林省饭店餐饮烹饪协会执行会长、吉林省慈善总会理事、中国吉菜推广大使，现任博崛餐饮集团董事长。

韩宏博在1998年毕业于吉林省商业学校烹饪专业，在2012年成立博崛餐饮集团，随后在2013年创建九段烧传统中国菜餐饮品牌和2015年创建他五叔东北地锅菜品牌。

韩宏博在餐饮行业的成就得到了广泛的认可，目前兼任多个重要职务。博崛餐饮企业在韩宏博董事长兼总经理的领导下经营11年，荣获了诸多奖项，如中国吉林餐饮企业杰出人士奖、吉林省饭店餐饮烹饪协会突出贡献奖、吉林省“长白山人参”美食推广大使、第四届“长白山人参”美食大赛总决赛金奖等。此外，韩宏博还在2019年荣获吉菜发展20周年杰出人物奖、改革开放40周年吉林省饭店餐饮业突出贡献人物奖、吉林省慈善总会爱心人士奖、吉林省餐饮领军人物奖等荣誉。

贾秋贵 1980年7月出生，从业25年，国家中式烹调高级技师，吉林省民办培训机构职业技能教师，吉林省青年技术能手，延边烹饪技术能手，延边烹饪大师，图们市烹饪协会副会长，现任图们市面香缘饭店总经理兼厨师长。

贾秋贵自2000年开始在黑龙江桦南县桦林宾馆学厨，2003年在哈尔滨市幸园酒店担任厨师。2006年跟随中国烹饪大师刘海全学习，曾多次被选派到沈阳、杭州等地进修。他以传承工匠精神为己任，亲授学生20余人。多年来他积极参加各类烹饪赛事均取得了优异成绩，2006年荣获首届中国药膳美食文化节金牌；2009年荣获新中国六十周年中餐发展论坛暨第四届搜厨国际烹饪大赛金奖；2012年荣获庆祝建州60周年延边职业技能大赛中式烹调师优秀奖；2013年荣获中国延边首届金海蓝天杯厨艺技能大赛金奖；不忘初心2021吉林大米7·16主题日活动，大米文化美食节荣获最佳创新奖，2023年荣获东北亚文化旅游节金奖。代表菜有辣白菜海鲜卷、锅煽豆腐、雪衣豆沙、小鸡炖榛蘑、私房翡翠虾等。

鄢新明 1980年3月8日出生于吉林省长春市，现任中和餐饮管理有限公司、老长春肉馆餐饮管理有限公司、西味餐饮管理有限公司董事长，拥有25年的餐饮行业经验。

老长春肉馆创建于2008年，在鄢新明的带领下，独创了红烧肉、酱熥排骨、干豆腐卷、香肉肠等特色菜品，深受广大食客的喜爱和好评。中和餐饮管理有限公司秉承严谨、规范、创新的经营理念，为广大客户提供优质、健康的餐饮服务，赢得了业界的认可和赞誉。西味餐饮管理有限公司是鄢新明在餐饮领域的又一尝试，他希望通过这个品牌，让长春人享受到最好的西餐。西味餐饮不仅注重菜品的口感和品质，还着力打造独特的用餐环境和服务体验，为广大食客提供一个品味美食、交流情感的理想场所。在鄢新明的带领下，中和餐饮、老长春肉馆和西味餐饮三家公司共同发展，形成了独具特色的餐饮品牌矩阵。

鄢新明致力于推动餐饮行业的创新发展，提升餐饮服务的品质，为广大食客带来更多美好的餐饮体验。

张鹏 1980年出生于黑龙江省哈尔滨市，中国吉林青年名厨，吉林省烹饪工匠，吉林省烹饪协会烹饪委员会副主席。

张鹏从事餐饮行业已有26年之久，曾在亚泰龙达饭店、海洋码头北菜担任厨师长。自2013年起，张鹏重返亚泰龙达饭店担任厨师长，直到2021年晋升为龙达饭店行政总厨。

张鹏在烹饪事业上的成就斐然，曾在众多国内外烹饪大赛中斩获殊荣。2008年，在吉林美食节中，他凭借创新技艺荣获创新金奖。2015年，在新派满汉全席走进民间全国烹饪大赛中，他荣获名厨金爵奖。2017年，他在长白山美食节大赛中荣获特金奖。2018年，张鹏在吉林省万名青年技能大赛中荣获金奖，并在全国第八届烹饪大赛吉林赛区中荣获金奖。2023年，张鹏荣获中国长春“资深十大名厨”称号。

此外，张鹏还热衷于公益活动，在2023年，他在吉林省慈善总会同在蓝天下活动中，荣获2023年“爱心传播大使”荣誉称号。张鹏在烹饪行业取得的成就，源于他对烹饪事业的热爱和执着。

冯伟 中共党员，1980 年 5 月生于吉林省敦化市。2018 年度吉林省最具影响力厨师称号，2018 年联合利华策划杯第八届全国烹饪技能竞赛（分赛区）热菜铜奖，2018 年其作品被选入《中国吉林名厨大典》一书中，荣获 2019 年吉林省第三届冰雪美食节网络评选百佳名厨荣誉称号。代表菜品有包菜小笨鸡、雁鸣湖熏鱼、红烧羊肉锅、私房红烧肉、红烧鲤鱼、集安板栗鸡、人参滋补鸡、秘制羊蝎子、长白全家福、金瓜藏宝、气泡虾、飞丝香蕉、红果鹅肝包等。

郭闯 中共党员，1980 年 4 月出生于辽宁省昌图县，国家高级烹饪技师。从业 23 年，现任溢香阁旗下店欧屹方舟店厨师长。

郭闯一直坚持保护传承、创新开发吉菜。在粗粮细作系列、腌制菜品系列、干菜系列以及民间宴席系列等领悟独到，形成了较为完整的体系，一直在为捍卫吉菜努力前行。2005 年，郭闯来到溢香阁饺子城，开始从事厨师工作。凭借精湛的厨艺和出色的表现，他在 2018 年升任欧屹方舟大酒店厨师长。2020 年，郭闯被评为餐饮业杰出人物，并被任命为吉林省川渝酒店明厨烹饪委员会副会长。2022 年，他在吉林省第六届冰雪美食节上荣获金牌名菜奖（雪衣豆沙）。同年，他还获得了四平首届玉米节玉米菜品大师和四平首届玉米节玉米主食明厨的称号。

郭闯在厨师生涯中，始终致力于传承和发扬吉菜，不断创新和优化菜品，赢得了业界的认可和赞誉。他的努力和成绩，不仅提升了吉菜在餐饮界的地位，也为吉菜的推广和发展作出了贡献。

李光明 1980 年出生于山东省，中国注册烹饪大师、国家公共营养师、高级技师、国家级餐饮专业评委、吉林省饮食文化研究会副会长、吉林省吉菜专业委员会副会长、吉林省总厨联盟第四届常务理事会执行委员，东方美食杂志客座讲师。从业 25 年，现任红事会集团旗舰店长春红事会商务酒店厨师长。

李光明于 1996 年开始从厨生涯，他师承中国烹饪大师高峰先生，凭借精湛的烹饪技艺和独特的创新思维，他在各种烹饪大赛中屡获佳绩。其中，较为突出的奖项包括 2009 年第六届全国烹饪大赛团队金奖，2011 年第四届全国技能创新大赛特金奖，2014 年吉林省餐饮烹饪协会研究专业委员会颁发的吉菜杰出贡献奖，2016 年第二十六届中国厨师节荣获中国名厨新锐奖，2016 年获得吉林省商业服务行业工会以及吉林烹饪协会技术标兵，2018 年被评为吉林省青年技术能手，2019 年被评为吉林长春资深十大名厨。在餐饮书籍编写方面，李光明也颇有建树。他曾参与编写《新编家常菜全集》《周末下厨房》等餐饮书籍。

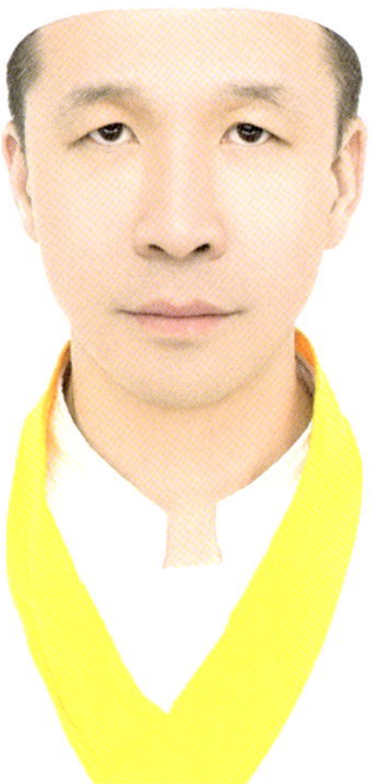

孙俊宇 1980年12月出生于吉林省大安市，中式烹调师，大安餐饮饭店餐饮协会会员。拥有26年的丰富从业经验，现任吉林省大安市帝王餐饮娱乐有限公司大安江鱼村厨师长。

孙俊宇曾在南湖宾馆、松苑、和润艺术酒店、南苑宾馆等多家星级酒店学习进修，不断提升自己的烹饪技艺和职业素养。2006年至2023年，孙俊宇曾在多家餐馆担任厨师职务，如吉林省长春市蛟河庄家院厨师、吉林省吉林市东方红农家院厨师、吉林省松原市东方饺子主厨等，2018年担任大安市锦园荟宾馆主厨，2019年担任锦园荟宾馆主管，2023年担任大安江鱼村厨师长。

孙俊宇在诸多烹饪大赛中屡获佳绩，包括2020年吉林省大安市第五届冰雪美食节“大安招牌鱼”厨师争霸赛金奖、2021年荣获吉林省特色菜品个人二等奖、2021年荣获吉林省中式烹调竞赛凉菜项目一等奖、2021年厨神杯职业技能大赛一等奖、2021年厨神杯第二季职业技能大赛二等奖、2021年第六届吉林省大安市冰雪美食节“鱼头争霸赛”特金奖、2023年“东城杯”长春锅包肉超级大王挑战赛金奖。

吴文宪 1980年1月出生于吉林省农安县，国家中式高级烹调师，白城市饭店餐饮烹饪协会的会员，有着25年的从业经验。他现任白城市老蒋屯餐饮服务有限公司的出品顾问。

吴文宪自18岁开始，就在长春市在水一方饭店向吉菜名厨高云桥学艺。多年来，吴文宪一直致力于吉菜文化的传承与创新，对文化宴和吉菜融合有着较为深入的研究。吴文宪曾在多家大型餐饮机构担任要职，包括长春市在水一方大酒店、长春市良城大酒店、长春市农家酱骨头馆。长春市大菜篓子饭庄等。在工作过程中，他始终秉持工匠传承精神，悉心教导学生20余人，他们现在都已成为餐饮业的重要力量。吴文宪积极参与各类烹饪行业大赛，并屡获殊荣。如在2000年荣获广东省美食博览会金奖，2005年获得香港国际大奖赛银奖等。他的代表菜有梅花鹿血糕、风味酱大骨、玉带虾仁、糖醋鲤鱼、拔丝白果、海味全家福、锅包肉、扒牛肉条等，这些菜品不仅技艺精湛，而且色香味俱佳，赢得了广大食客的喜爱和赞誉。

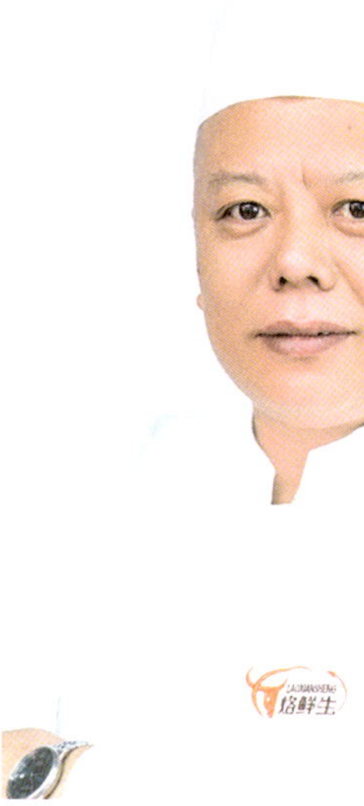

张庆龙 1980年11月出生于吉林省大安市，国家中式高级烹调师，白城市饭店餐饮烹饪协会会员。已经从事烹饪行业23年，现任白城市烙鲜生油饼世家厨师长。

自2000年开始学厨以来，张庆龙一直不断地钻研吉菜技法，不仅提高了自己对普通食材的中高端应用能力，同时也得到了吉菜泰斗唐文和吉菜顶级大师赵怀信等前辈的指导教诲，使自己的烹饪技术得到了飞速提升。张庆龙曾在多家餐饮机构担任厨师长或行政总厨，这些经历不仅丰富了他的工作经验，同时也让他具备了极强的沟通与合作能力，以及团队合作和团队精神。在工作中，他一直严把食品安全和菜肴出品控制。

多年来，张庆龙对吉菜的热爱和不懈研究，让他成为烹饪领域的服务者和传承者。他研发推广吉菜和白城地方菜30余道，这些菜品都被各饭店应用，并取得了显著的成果。除了吉菜，张庆龙还对川菜、融合菜有一定的研究，其中他的代表菜有锅包肉、真菌胡椒汤炖鱼腹、生焗月亮湖大鱼头、当家一品红烧肉、石板血肠等。

刘子厚 1981年11月出生于吉林省蛟河市，中国东北菜烹饪名师、中国饭店协会名厨、中国饭店协会绿色餐饮企业4D厨房建设优秀总厨、吉菜烹饪名师、雾凇冰雪节名厨、中国传统吉菜传承人、吉林市劳动局烹饪大赛评委、吉林市烹饪协会理事。拥有24年的餐饮行业从业经验。

刘子厚毕业于吉林市商业技工学校后，跟随传统吉菜烹饪大师刘家魁先生学习技艺14年。在职业生涯中，他率领团队出色地完成了第二十四届金鸡百花电影节、吉林国际马拉松、雾凇冰雪节龙舟邀请赛、中澳男篮对抗赛、中国俄罗斯冰球联赛、江西内蒙古白城援吉医疗队、政府“两会”等重要接待任务并获得了高度的认可和赞扬。2015年，他的团队通过了“五钻五叶”双评获得吉林省模范样板店与示范店称号。2016年4D厨房建设获得了中饭协颁发的“白金五钻”称号成为吉林省首例。2017年他的团队获得吉林省吉林市昌邑区五一“模范集体”称号。他的代表菜品包括满族灌骨、多尔衮焗烤羊腿、东珠狮子头、翡翠蟹肉羹等。

石磊 1981年12月出生于吉林省吉林市，国家高级技师、国家级餐饮行业出品总监、全国饭店业营销师及点菜师、全国绿色饭店评审员、中国烹饪大师、中国东北烹饪大师、中国吉菜烹任大师、中国吉菜烹饪名师、中国吉菜地方菜传承人，吉林省饮食文化研究会吉林区域主席、吉林市烹饪协会副会长、吉林市劳动局烹饪大赛评委成员，现任儒厨味道连锁饭店董事长，已经拥有25年的丰富工作经验。

1998年至今，他在烹饪领域取得了多项荣誉和奖项。曾获得2002年首届吉林市烹饪技能大赛刀工项目第一名及热菜一等奖；首届吉林市开江鱼美食节个人金牌，其制作的啤酒烧松花湖金丝鲤鱼被评为船厂宴名菜品；第六届全国烹任大赛冷拼项目个人银牌，热菜团体铜牌；第三届吉林省烹任技术技能大赛中荣获个人金厨奖；吉林市松花湖美食节创作的“松江情一品宴”被评为吉林市名宴席；吉林省第七届烹饪大赛一等奖。他还参编了《全国中等职业教育烹饪实习菜点100例一书》。

韩光绪 1981年5月出生，毕业于青岛新港科技学院，中式烹调高级技师，吉林省饮食文化研究会常务副会长，长春市饭店餐饮烹饪协会副会长，吉林省人社厅韩光绪首席技师工作室领办人，目前担任吉林陈家店餐饮服务有限公司餐厅副总经理。

韩光绪曾在多个餐厅担任过行政总厨，如吉林省八一宾馆、金业大厦等。

韩光绪曾在多个出版物中参与编写食谱，如《中国吉菜20年风云录》《舌尖上的家常菜》等。他荣获过多个奖项，包括法国三星蓝带世界奥古斯法国美食协会“优质名厨”勋章及证书，吉林省饭店餐饮烹饪协会举办的首届东北三省美食年会中荣获“金厨奖”，除此之外，韩光绪还被授予世界厨皇美食会亚太区域“国际酒店管理专家勋章”，被吉林省饮食文化研究会评为中国吉林名厨、吉林餐饮杰出人物等。2021年，韩光绪被认证为吉林省非物质文化遗产吉菜制作技艺申遗第五代传承人，吉林工商学院烹饪研究所（餐饮行业）兼职研究员，中国饭店协会名厨委员会吉林地区副主席。

张利民 1981年出生，中式烹调高级技师、中式面点高级技师、西式面点高级技师、吉林省饮食文化研究会的注册裁判员，目前就职于中国银行长春市分行担任培训中心主管。

张利民曾在多家知名餐饮企业担任要职，如长春市和合会馆和长春市和润艺术酒店。在这些岗位上，他充分发挥了自己的专业技能，为顾客带来了美妙的美食体验。

张利民的出色表现获得了业界的认可。在2014年第四届海峡两岸春节民俗庙会上，他荣获突出贡献奖。2017年，在新华网《高手在民间》大赛中，他荣获太太乐杯饺子大王争霸赛的“饺子大王”称号。2019年，他在“张氏鱼庄杯”创新烹饪技能大赛中荣获金奖。同年，他还参加了吉林省长春市经开区首届餐饮行业职工技能大赛（中式烹调），并荣获金奖。

张利民的成就充分体现了他在餐饮行业的专业素质和技能。他的经历和荣誉必将激励更多餐饮从业人员努力提高自己的技艺。

郭涛 1981年出生于吉林省辽源市，拥有25年餐饮从业经验，现在吉林省通化市快大县丽景建国饭店担任厨师长。

郭涛的厨艺精湛，他曾在吉林的多家知名酒店担任过重要职务，包括佟佳江宾馆、江东大酒店、权金城、妙香山等。在这些酒店中，他积累了丰富的经验和技能，并逐渐形成了自己独特的烹饪风格。郭涛擅长研发和创作各种特色宴席，如鸭绿江鱼宴、全鹿宴、山珍宴、野味宴等。他的创意和技艺使得这些宴席在菜品的呈现和味道上达到了极致。这些宴席不仅展示了郭涛对食材的深入了解和精湛的烹饪技艺，也展现了他对餐饮艺术的独特见解和追求。

郭涛的创新研发能力令人赞叹。他成功地创作了麒麟人参、人参水晶红果等多款获奖菜品。这些菜品不仅外观精美，而且味道鲜美，深受食客们的喜爱。其中，麒麟人参和人参水晶红果在2016年第二届人参美食宴中荣获金奖，这充分证明郭涛的烹饪技艺和创新能力得到了业界的广泛认可。他曾带领团队在2023年通化市美食宴中荣获团队金奖。

孙宝秋 1981年8月出生于黑龙江省龙江县，现居长春市，曾任职长春市东方大酒店，长春市天都大酒店，哈尔滨市中央大街全州拌饭等餐饮机构。2013年创立孙福记水煎包家常菜馆，现任总经理兼出品总监。

孙宝秋从业24年，拥有丰富的烹饪经验和管理能力。他在18岁开始学厨，曾在白城市馨泽园饭店学习，勤奋钻研烹饪技术，不断提升自己的技艺。孙宝秋被酒店推荐到北京市和哈尔滨市深造，进一步提高了自己的技艺水平。孙宝秋对吉菜有着较为深入的研究，他不仅继承传统吉菜，还不断创新研发推广。凭借着高超的技艺和管理才能，孙宝秋曾担任过多家餐饮机构的厨师或厨师长等职务，同时也培养了30余名学生。在2005年，他荣获大连首届鱼家美食大赛金奖，其代表菜品有牛肉冰花水煎包、草原牛肉、长白三宝、锅包肉、雪衣豆沙、松茸鸽子等。

孙福记水煎包家常菜馆在孙宝秋的领导下，目前已有直营店5家、加盟店15家的，他为推动行业发展和传承烹饪技艺作出了重要贡献。

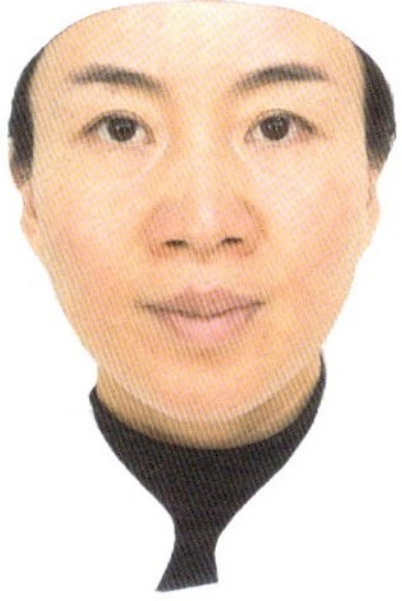

陈海云 中共党员，女，1981年10月出生，大学本科，吉林市烹饪协会理事，毕业于吉林农业科技学院食品科学与工程专业。

陈海云自2004年参加工作以来，从事烹饪教育与科研工作19年，先后担任了《面点技术》《中式面点技艺》《中西面点基本功》等10多门烹饪面点专业课程的教学工作。她先后发表与编写了《低盐西瓜翠泡菜生产工艺研究》《考核品种培训基础》等专业书籍。陈海云在2008年第六届全国烹饪技能个人赛中获得中式面点项目优秀奖和团体银奖。2013年获得中国·吉林第八届松花湖美食烹饪大赛江城特色名宴宴席研发制作奖。2014年，在吉林省职业院校技能大赛项目中荣获吉林省教育厅银奖。她曾荣获吉林市中等职业学校学苑杯教师教育教学基本功大赛优秀教案奖、全省中等职业学校教师说课大赛三等奖、吉林市中等职业学校首届创新型教师、吉林市中等职业学校双师型教师、吉林市中等职业学校名优教师示范引领研训优质课、吉林省青年教师技术能手等荣誉称号。

吕春雨 1982年出生于吉林省长春市，中国烹饪大师，中国吉菜烹饪大师，国家高级职业经理人。吉林省饮食文化研究会副会长，国际酒店金领袖联合会东北亚分会秘书长，目前任职中国国际金管家酒店管理集团总经理。

吕春雨钻研吉菜烹饪技法多年，并参加了多部烹饪书籍的编撰工作，如《中国新吉菜》《CCTV天天饮食系列》《素食大全》《健康饮食》《大厨拿手家常菜系列》等，为烹饪技能及餐饮文化的传播作出了突出贡献。吕春雨在餐饮领域取得了丰硕的成果，他拥有丰富的烹饪经验和高超的烹饪技艺，擅长吉菜、素食、健康饮食等多个领域，赢得了业界的广泛认可和赞誉。他积极参与各类烹饪比赛和活动，频频获奖，为提高餐饮行业的整体水平贡献了自己的力量。他还积极参与餐饮行业的管理和研究工作，通过与业内同人的交流与合作，不断推动吉林省餐饮行业的发展与创新。他兼具烹饪技艺和管理才能，一直致力于提高餐饮行业的整体水平，传承和发扬吉菜餐饮文化。

姜艳辉 1982年11月出生，中国烹饪大师、国家高级烹饪技师、吉菜烹饪大师，现任吉林省饮食文化研究会吉林区域分会副秘书长，董克平餐桌特约品鉴专家，吉林市昱都餐饮公司行政总厨。

姜艳辉从事厨师行业已有27年，师从国家高级烹调技师夏金龙教授。从1997年开始，他在长春月亮神大酒店开始了自己的学徒生涯。到2003年，他已经成为海口市江南好味的厨师长，这标志着他烹饪技艺的显著提升。为了不断提高自己的烹饪水平和经验，他先后到长春市海关宾馆、长春市小鱼汤酒店、长春市海鲜码头、长春市枫会所、榆树市龙胜门酒店等担任总厨。在这些经历中，他深入学习了吉菜、杭帮菜等菜系的制作精髓，从菜品的设计研发、制作到南北方口味的融合，他都驾轻就熟。2015年，姜艳辉满怀信心地来到吉林市，担任吉林昱都餐饮公司的行政总厨至今。他的到来为该公司注入了新的活力，他的烹饪技艺和丰富的经验也帮助公司提升了菜品质量和竞争力。

魏海波 1981年4月出生，毕业于吉林省商业职业技术学校，高级烹饪师、中级营养师、中国药膳大师、烹饪高级技师和中国资深名厨，目前任千喜集团区域厨政经理一职。魏海波从事餐饮职教工作长达27年，获得了无数奖项。他致力于培养自己的学生，使他们成为各大饭店食堂的核心成员。曾担任吉林艺术学院的后勤厨师长、财经大学餐饮部的首席厨师、外企海拉的行政总厨等要职。作为一名优秀管理者和技术专家，魏海波先后为多家知名餐饮企业提供技术支持与服务。在2004年的吉林省伙专会评选中，获得了三个中级烹饪技能奖项。在2007年的吉林省全国技术能手评选中，荣获了高级烹饪技术奖项，并在2020年第四届千喜杯中式烹调赛中获得了亚军，在2021年，他参与了吉林省工商技师学院主办的烹饪大赛，并成功获得了高级技师的职称。此外，他还在中华人民共和国第二届职业技能大赛吉林省选拔赛的烹饪中餐项目中获得了突出贡献奖。

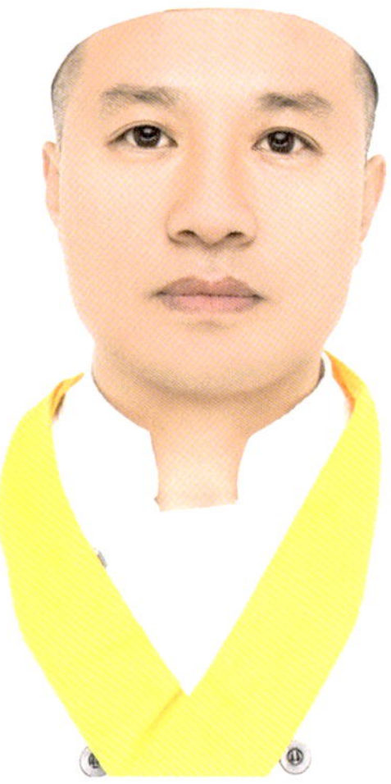

许涛 1981年9月出生，吉林省大安市人，大安市饭店餐饮协会会员，中式烹调师。现任吉林省大安市帝王餐饮娱乐有限公司嫩江味道厨师长。

许涛拥有18年的从厨经历，擅长传统吉菜、吉菜融合菜，曾先后服务于多家酒店，具备良好的厨房管理、产品研发和菜品成本核算能力。许涛的职业生涯始于2008年，他曾担任恒源大酒店、大众风味酒店、金地大酒店、荣庆宫大酒店、曹红鲜鱼馆、长春翠花菜馆、金手勺牛肉庄馅饼等多家酒店的厨师长。2021年，他开始担任帝王餐饮娱乐有限公司嫩江味道厨师长。

在厨师生涯中，许涛取得了众多奖项和荣誉。其中包括2020年大安市第五届冰雪美食节“大安招牌鱼”厨师争霸赛金奖、2021年吉林省特色菜品二等奖、2021年吉林省中式烹调竞赛凉菜项目一等奖、2021年厨神杯职业技能大赛一等奖、2021年厨神杯第二季职业技能大赛二等奖、2021年第六届冰雪美食节“鱼头争霸赛”金奖以及2023年“东城杯”长春锅包肉超级大王挑战赛金奖。

杜军 1982年5月29日出生于吉林省德惠市，中国吉菜烹饪大师、国家高级烹饪技师、吉林省饭店餐饮协会理事，同时也是改革开放40周年吉林省饭店餐饮业突出贡献人物、吉菜推广大使，从业24年。

杜军在烹饪领域取得了多项荣誉和成就。他曾在第六届东北美食节精品点菜展中获得金厨奖，在中国技能大赛吉林赛区选拔赛中获得金奖，2008年被中国食文化研究会授予中国名厨称号。此外，他还在2018年参加了全国青年技术能手选拔赛，以优异成绩获得青年技术能手称号，并在2019年荣获吉林省第三届冰雪美食节百佳名厨荣誉称号。自2005年至今，杜军一直担任吉林油田石油大厦行政总厨，多次受到吉林油田系统表彰，为吉林省餐饮行业和油田第三产业发展作出了突出贡献。

刘亚轩 1982年1月出生，中式烹调技师、国家高级公共营养师、国家高级食品安全管理员、国家职业技能鉴定高级考评员、吉林省青年技术能手、中国吉林名厨，吉林省饮食文化研究会副会长，吉林工匠。拥有24年的从业经验，现任长春索迪斯管理服务有限公司区域经理及行政总厨。

刘亚轩曾在多个权威出版物中担任编委，如《中国新吉菜》《CCTV天天饮食》等。他在2006年中国长春冰雪旅游节第六届关东美食年会活动中荣获高级烹饪师称号，主理的元宝鱼翅墨鱼仔赢得金奖。在2007年的亚冬会关东美食节暨长春冰雪旅游节第七届关东美食年会活动中被评为金牌厨师，制作的牡丹虾荣获金牌；在2008年法国奥古斯国际美食会大中华区烹饪比赛中获得“蓝带优质名厨勋章”，并被授予大中华区名誉会员；2012年在中国《美食之窗》烹饪杂志上发表创新代表作品。2014年首届新派满汉全席走向民间全国烹饪大赛中荣获“金勺特金奖”。2015年首届中国饮食文化节中荣获金厨奖，制作的阿宽秘制排骨和轩源小锅肉被评为金牌菜。

宋艳彬 1982年5月出生，中式烹调师，中国吉菜大师，国际烹饪艺术大师，世界厨皇美食亚太地区大中华区副秘书长。

宋艳彬从事餐饮行业25年，历任金凤凰生态园厨师长、君瑞花园酒店行政总厨、吉林省明华园餐饮管理有限公司行政总厨等职，现为吉林省松原市棠悦艺术酒店行政总厨、主理兼总经理助理。其间，他曾获中国延边第一届金海蓝天杯厨艺技能大赛金奖，荣获第四届东北美食节创新菜品展、东北金厨奖，第六届东北美食节精品菜品展金厨奖，全国厨师华山论剑本领比武比赛中获烹调项目金牌，中国技能大赛吉林赛区的选拔赛中获得金奖，第12届中国吉菜美食节查干湖杯鱼王争霸赛一等奖。2018年在亚洲厨神争霸赛中荣获金奖，并在当年的全国青年技术能手选拔赛中取得青年技术能手的荣誉称号。在业界享有较高声誉，并多次荣获业内杰出个人荣誉称号，多次受邀参加《中华名宴》杂志等媒体采访报道。

杨凤明 1982年9月出生于吉林省大安市，现任大安市老蒋屯儿酱大骨厨师长，国家中式高级烹调师，白城市饭店餐饮烹饪协会会员。他从业23年，师从白城市名厨崔远泽潜心学厨，形成了自己独特的烹饪风格，对吉菜传承和创新有着深入的研究。

杨凤明的厨艺功底深厚，注重菜肴的口感、色香味俱全，对食材的选取和烹饪技巧都有着深刻的理解。杨凤明的创新意识极强，追求潮流感的同时，也不忘吉菜的传统特色。他的新吉菜时代风格，不仅丰富了吉菜的烹饪技巧和菜品种类，还为吉菜的传承和发展注入了新的活力。杨凤明曾担任白城市日月明酒楼、房产大酒店、海丽园酒楼、胜利吉府宾馆等餐饮机构的厨师长或出品总监等职务。他还积极参加烹饪行业大赛，屡获殊荣。2008年荣获奥运会美食节金奖，2015年荣获吉林省冰雪美食节金奖。他的代表菜有梅花鹿血糕、鸡汁粗粮煮鲜鲍、飘香私房牛肉、稻草扎排骨、柠檬冰镇龙虾、风味酱大骨、糖醋鲤鱼、拔丝白果、海味全家福、锅包肉等。

高波 1982年12月出生，从业24年，国家级烹饪技师、中国烹饪大师、吉菜烹饪大师、中国餐饮名师、国家职业技能鉴定高级考评员、国家高级公共营养师、中国十大最有发展潜力青年厨师、中国饭店企业金牌总厨、国际美食博士勋章、法国国际美食蓝带三星勋章，吉林省长白山吉菜专业委员会秘书长、吉林省饭店餐饮烹饪协会副会长、吉林省药膳保健协会药膳专业委员会副会长、吉林省养生保健协会副秘书长、吉林省慈善总会厨师爱心基金会常务理事、世界中医药联合会药膳食疗研究专业委员会中国区域理事，目前任职御诺大酒店厨师长。

高波参与了多次大型美食节厨艺大赛，出版过多部美食书籍，如《中国新吉菜》《中餐厨房里的养生菜》《快乐厨房系列》等。这些成就和荣誉见证了高波在烹饪领域的专业和成就。作为御诺大酒店的厨师长，高波带领团队不断创新，打造独具特色的美食佳肴，传承和发展中华美食文化。

李明明 中共党员，1982年2月出生于吉林省四平市，中式烹调师，吉林省吉菜委员会副会长、四平市首届玉米大赛菜品大师。他在餐饮行业拥有20年的从业经验，目前任溢香阁餐饮咨询管理有限公司厨师长，同时也是吉林省川渝酒店的厨师。

1997年12月，李明明参军入伍，2002年年底，他从部队转业后通过自身实践学习成为一名厨师，正式进入餐饮行业。2019年6月，他在三度集团管理落地辅导课程中，帮助团队获得冠军，一举夺魁。2020年10月，他被吉林省川渝酒店名厨烹饪委员会评选为2020年度餐饮业杰出人物。同年10月，他的菜品毛血旺被吉林省饭店餐饮烹饪协会及川渝酒店名厨烹饪委员会评选为首届吉林省百姓最喜欢特色菜代表。2021年12月，在四平溢香阁餐饮咨询管理有限公司举办的中式烹饪技能大赛中，李明明荣获热菜组一等奖。他的努力和成就在餐饮行业得到了广泛的认可和赞誉。

刘庆志 中共党员，1982年3月出生，吉林烹饪工匠，至今已经有23年的从业经验，目前担任吉林市西关宾馆餐饮部副经理。刘庆志在这20余年里，一直从事政务接待服务工作。在他的努力下，2012年至2016年连续五年获得西关宾馆先进工作者称号，2012年、2015年、2016年分别获得吉林市机关事务管理局岗位技术能手称号。此外，他制作的黄金藕片赛螃蟹被评为江城名菜，制作的蜈蚣鳜鱼被评为江城金牌菜。在2016年，刘庆志参加了G20杭州礼宾接待会务保障专题研修班，并获得了浙江大学继续教育结业证书。2017年，他被吉林省饮食研究会评为中国吉林名厨。2018年12月，在第二届省、市政务宾馆技能大赛中，他获得了主题宴席团体第三名的荣誉。在2020年、2021年、2022年，他被机关事务管理局西关宾馆评为优秀共产党员，并在2022年，被吉林市宣传部评为江城好人·最美抗疫先锋。他曾先后接待过胡锦涛、朱镕基、汪洋、李长春、吴官正等党和国家领导人及相关国家元首，受到高度评价。

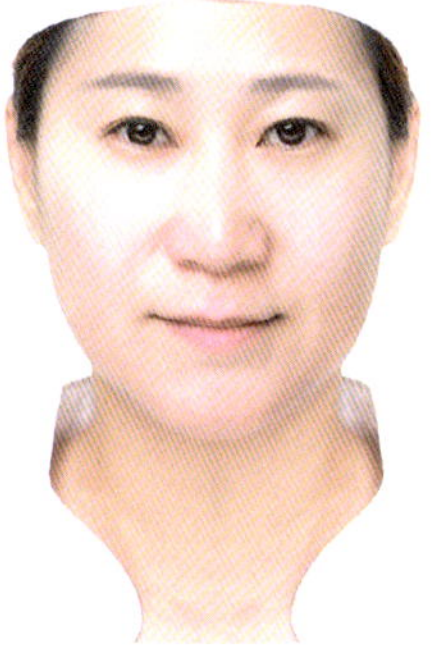

李子洋 女，中共党员，1982年8月出生，大学本科学历，中式面点高级技师，吉林市烹饪协会理事。从业22年，现任吉林省城市建设学校餐旅服务专业中西式面点专业教师。她先后获得市教育学会优秀会员、校级教育教学先进个人、优秀班主任、最美班主任等荣誉称号。

李子洋在教育教学方面不断创新，采用理实一体化、任务驱动教学模式授课，在班级管理上实施“养成教育”，树立以人为本的学生观，注重能力的培养，让学生充分地展现人格魅力，树立良好班风。她还积极组织策划“一二·九”大型德育活动，三次荣获年度“优秀班主任”。李子洋的教育事业成果显著，她在2022年5月国家级课题“立德树人与文明礼仪有效融合的研究”结题，荣获国家一等奖。她还担任中餐烹饪国赛项目中的面点指导教师工作，省烘焙精选项目中的指导教师、裁判工作。

班兆金 1983年9月出生，中式烹调高级技师、中国吉菜大师、吉林省烹饪名师，吉林省饮食文化研究会副会长、吉林省饭店餐饮烹饪协会理事、吉林省吉菜研究专业委员会副秘书长、吉林省慈善总会厨师爱心基金会理事、吉林省养生保健协会药膳专业委员会副秘书长、长春市饭店餐饮烹饪协会理事、全国餐饮服务单位食品安全管理员以及长春市金管家餐饮管理有限公司骨干成员，从业23年。

班兆金在烹饪领域拥有着非凡的成就。他不仅在国际食神争霸赛中荣获特金奖，还被授予了国际艺术大师的称号。除此之外，他在多个烹饪比赛中获得荣誉，如东北鱼王、东北金牌菜（点）、东北金厨奖等。同时，他还在鱼出江湖吉浙两省星厨厨艺PK暨餐饮业创业技能竞赛中荣获中式烹调项目的特金奖。在第四届中国长春厨师节上，他荣获了中国长春青年十大名厨的称号。班兆金担任吉林省元亨物业有限公司餐饮部总监，管理5个机关单位餐厅，展现了他的卓越管理才能。

李文国 1983年出生，高级烹饪技师，长春市饭店餐饮烹饪协会食品雕刻协会副会长，长春市饭店餐饮烹饪协会副秘书长，拥有20年丰富的餐饮从业经验。他在厨艺生涯中荣获了一系列业界荣誉，如2017年查干湖第二十届中国吉菜美食节银奖，2018年东北名厨菜品交流峰会金奖，2018年吉林省青年技术能手北李杯特金奖，2018年嘉豪食品年会最佳创新菜品金奖，2019年吉林省长春市饭店餐饮烹饪协会十大名厨称号，以及2023年10月荣获长春市锅包肉大王赛特金奖。

李文国的工作经历丰富，曾在多个知名酒店担任要职，包括四平市大富豪酒店副厨师长、北京饺子王厨师长、北京红太阳吉菜厨师长、山东烟台龙翔大酒店中餐行政总厨、喜福会大酒店行政总厨、慧丰海鲜大酒店行政总厨、以及宴喜楼酒店行政总厨。李文国在2021年至2023年2月担任有维餐饮管理有限公司出品总监与研发总监。

李文国一直以传承吉菜文化为己任，致力于推动吉菜行业的发展。他的奉献精神和对行业的付出得到了广泛认可。

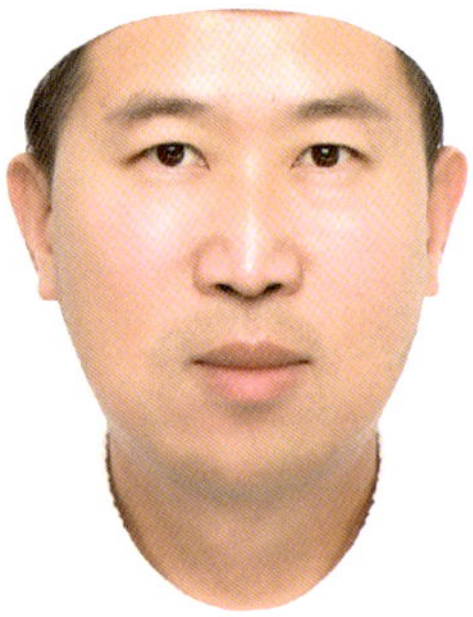

赵昱维 中共党员，1982 年 3 月出生，中式烹调师高级技师、高级营养师、吉菜烹饪大师、中等职业学校中级讲师、省双师型教师、国家职业技能鉴定吉林市中餐烹饪工种考评员，吉林市饭店餐饮烹饪协会理事，毕业于吉林工商学院酒店管理专业，从事中餐烹饪 22 年，现任吉林省城市建设学校餐旅服务专业中餐烹调教师。

2001 年至 2011 年，赵昱维在吉林市北苑酒店担任主厨等管理职务。在 2006 年吉林市开江鱼美食节烹饪技能大赛中荣获金厨帽奖项，2008 年皓月杯烹饪技能大赛中获得金奖。他所制作的菜品和参与制作的宴席被评为江城名菜和江城名宴，2009 年参加全国烹饪技能竞赛荣获银奖。自 2011 年起，赵昱维任教于吉林省城市建设学校，从事烹饪专业教育教学工作。他负责《烹调技术》《烹饪原料加工》等专业课程的教育教学工作，并参与编写校本教材《烹饪品种教学 100 例》。2016 年，赵昱维指导学生参加全国职业院校技能大赛中职组烹饪赛项，荣获中餐热菜三等奖。

周旭 中共党员，1982 年出生于吉林通化市，高级技师、中国烹饪名师、中国中餐烹饪大师、吉菜大师、国宴传承人，《中国烹饪大师名师百人作品精选》特邀编委、吉林省饮食文化研究会通化分会秘书长、吉林省烹饪协会通化市联谊会副会长、吉林省厨师联谊会副会长、吉林省通化市美食协会副会长，现任吉林省隆膳餐饮管理有限公司董事长。他擅长鸭绿江全鱼宴、全鹿宴、全羊宴等高档商务宴席的设计与制作。周旭从业 24 年，师从于国家级烹饪大师王富贵先生。

周旭在烹饪比赛中屡获殊荣。他在 2009 年参加北方绿色厨艺大赛荣获特金奖，受到中央电视台及多家媒体采访。此外，他还在 2011 年参加第二届东北美食节鱼王争霸赛荣获鱼王奖，2012 年参加东方国际超级厨师综艺大赛荣获金厨皇奖，并担任裁判长秘书。2015 年参加首届长白山人参美食大赛荣获金奖，2016 年参加第二届长白山人参美食大赛荣获金奖。2023 年参加“烹然心动 通化味道”荣获通化名宴金奖。周旭不仅在餐饮行业有着丰富的经验，还积极参与各种美食类节目的录制。

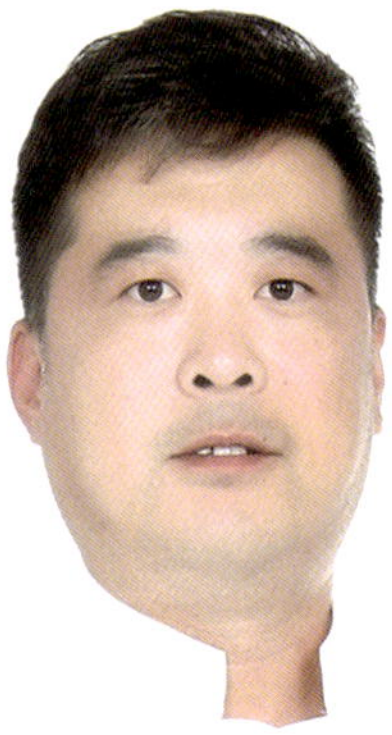

张磊 1982 年 12 月出生，吉林省图们市人，从厨 23 年。国家中式烹调高级技师、高级面点师、吉林省青年技术能手、延边烹饪技术能手、延边朝鲜族民俗料理大师，现任图们市名扬职业技能培训学校有限公司副校长。

1997 年跟随中国烹饪大师刘海全学习，工作积极肯干，曾多次被选派到长春、吉林、广东等地进修。2014 开始担任厨师技能培训工作，多年来他培训的学员达 1000 人次。2005 年荣获延边烹饪之星荣誉称号；2006 年荣获首届中国药膳美食文化节金牌；2008 年荣获图们市迎奥运北交会烹饪技能大赛金奖；2011 年荣获首届关东美食节创新菜点交流活动关东金厨奖；2012 年庆祝建州 60 周年延边职业技能大赛优秀奖；2013 年中国延边首届金海蓝天杯厨艺技能大赛特金奖；2020 年荣获图们市职工烹饪技能大赛第一名；2020 年荣获图们市总工会颁发的图们工匠荣誉称号。代表菜肴有酱大骨、酱小肚、酱全肘、熏鸡、朝鲜族海鲜锅、锅煱豆腐、兰花鹿筋、人参江米鸡等。

邵雷 1983年出生于吉林省松原市，中国烹饪名师、中式烹调高级烹调师、国家餐饮二级评委，现任长春市红事会餐饮集团旗舰店宴会厨师长。

邵雷在烹饪领域有着丰富的经验和卓越的成就。他曾担任长春新东方烹饪学院的客座教授，传授烹饪技艺，培养新一代的烹饪人才。此外，他还参与了《新编家常菜全集》《大厨小菜》和《美味家常菜》等烹饪书籍的编写工作，为烹饪文化的传播作出了贡献。

在2019年的中国吉菜美食节上，他荣获了特金奖，同年，他还在吉林省首届餐饮行业职工技能大赛中再次荣获特金奖。邵雷以其精湛的烹饪技艺和丰富的行业经验，带领团队为顾客提供高品质的菜品和服务，赢得了广泛的赞誉。

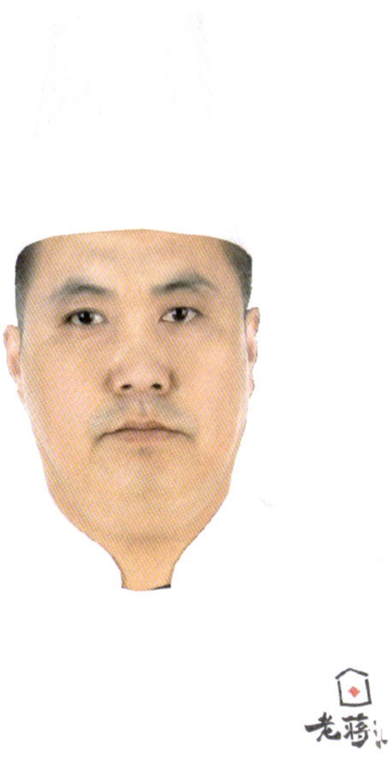

齐永治 1983年11月出生，吉林省大安市人，从业24年，国家中式高级烹调师，白城市饭店餐饮烹饪协会副会长，现任大安市老蒋屯儿餐饮服务有限公司安广镇店厨师长。1998年，他在吉林省大安饭店勤奋学厨，对吉菜有着浓厚的兴趣。为了开阔视野，他于2003年加入大连饭店工作，潜心学习海鲜菜和融合菜。2015年以后，他就职于哈尔滨市富豪酒店，勤奋钻研烹饪技术，曾先后去长春、沈阳、大连市等地多家酒店进修。2018年，齐永治担任大安市安广镇蒋家饭店的厨师，2020年担任大安市老蒋屯儿餐饮服务有限公司的厨师长。多年来，他对吉菜有着较为深入的探索和研究并积极推广吉菜，同时更注重工匠传承精神，已培养学生20余人，现都在餐饮领域的重要岗位上工作。他积极参加烹饪行业大赛，屡获殊荣。2013年，他荣获大连市长海名厨称号，2017年荣获吉林省冰雪美食节金奖，2021年荣获大安市鱼头争霸赛金奖。代表菜有燕麦招牌鱼、梅花鹿血糕、海味全家福、葱烧海参、锅包肉等。

张福生 1983年9月出生，现居吉林省图们市，国家中式烹调高级技师、延边烹饪大师、吉林省青年技术能手、延边州技术能手，吉林省饭店餐饮烹饪协会常务理事、延边州餐饮科学学会副会长、图们市烹饪协会常务副会长、安图县工商业联合会执行委员会委员、安图县第十九届人大代表，拥有22年烹饪经验，目前担任安图县仁杰职业技能培训学校的校长。

2001年，张福生跟随中国烹饪大师刘海全学习，曾多次被选派到长春和济南等地进修，在烹饪技术方面得到了长足的发展。张福生曾先后在龙井市大富豪酒店、桦甸市松柏大厦、图们金刚山饭店担任厨师长。自2014年开始，他投身于厨师技能培训工作，多年来已培训了4000名学员。

在各类烹饪技能赛事中，张福生积极参与并获得多项殊荣。在2006年荣获首届中国药膳美食文化节金牌；2009年荣获第四届搜厨国际烹饪大赛特金奖；2013年荣获中国延边首届金海蓝天杯厨艺技能大赛特金奖。他的代表菜品包括朝鲜族私房安康鱼、鸡丝松茸菇、砂锅泡菜胖头鱼和锅盖碟鱼头等。

李文忠 1983年4月出生，高级烹饪技师，长春市饭店餐饮协会食品雕刻协会秘书长，拥有20年的从业经验。他获得了多项个人荣誉，如2017年荣获查干湖第二十届中国吉菜美食节金奖，2018年荣获吉林省青年技术能手北李杯金奖，以及2018年荣获嘉豪食品年会最佳创新菜品金奖。

李文忠曾在多家知名酒店担任要职，如四平市大富豪酒店、北京如意春饼店等。2006年至2008年，他在四平市大富豪酒店担任行政总厨，随后于2008年至2011年在北京如意春饼店担任厨师长。2011年至2016年，他在山东吉祥大酒店担任行政总厨。2016年至2021年，他加入大连顺德大酒店担任行政总厨，进一步弘扬吉菜文化。自2021年至今，他在听潮阁民间海味厨房担任行政总厨，致力于为顾客提供独具特色的吉菜美食。

李文忠在弘扬吉菜文化、传承吉菜之魂的过程中，不仅提升了自身的职业素养，还凭借专业精神和精湛的技艺赢得了行业内外的认可。

梁长才 1983年出生于辽宁沈阳市，中国烹饪大师，吉菜烹饪大师，在餐饮事业方面拥有卓越的成就。如今，梁长才担任吉林省隆膳餐饮有限公司的总经理、鼎祥餐饮公司监事长，以及吉林省饮食文化研究会副会长。梁长才曾在辽宁、吉林和内蒙古等地的多家星级酒店担任行政总厨，并参与筹备与建设方案。他还曾多次参与接待外国首脑和国家领导人宴会的设计与制作，展现出他非凡的才能。

梁长才在厨艺大赛中屡获殊荣。2009年，他参加了北方绿色厨艺大赛，荣获特金奖。随后，中央电视台及其他多家媒体对他进行了采访。2011年，他参加了第二届东北美食节鱼王争霸赛，荣获鱼王奖。而在2012年，他参加了东方国际超级厨师综艺大赛，荣获金厨皇奖。2015年及2016年，梁长才分别参加了首届和第二届长白山人参美食大赛，并荣获金奖。在2023年，他又参加了“烹然心动 通化味道”大赛，再次荣获金奖。

刘金平 1983年1月出生，吉林省图们市人，国家中式烹调技师、高级营养师、中国烹饪名师、吉菜名厨、延边烹饪大师，图们市烹饪协会副会长，从业22年，现任图们市考利亚饭店行政总厨。他曾担任珲春市玉珊瑚酒店、珲春市森林山宾馆、龙井市梨花宾馆等厨师长或总厨等职务。

他不仅技术全面，还善于根据就餐民族饮食习俗的不同反馈，调整菜肴的口味和供应品种。他带领团队烹制的朝鲜族花甲宴、婚宴、小儿生日宴满足了各民族不同消费需求，深受广大消费者的好评。他以传承工匠精神为己任，亲传学生26人，现在都是餐饮业中的技术骨干。他曾屡获殊荣，2013年荣获中国延边首届金海蓝天杯朝鲜族名师厨艺技能大赛特金奖，2015年荣获珲春职业技能大赛金奖，2020年荣获图们市企业职工大赛金奖，2021年荣获图们市餐饮业职工技能大赛金牌菜等。代表菜品有黑椒梅花肉、芝士辣闷排骨、酒香养生红焖肉、橡生菠萝虾、锦绣荷花墨鱼仔、虎皮鸡爪拌面等。

刘忠辉 1983年9月出生，中式烹调师、高级技师、高级公共营养师，总厨联盟第四届常务理事会执行委员，中国国际美食青年技艺精英人才，吉林资深十大名厨，吉林省饮食文化研究会注册裁判员，具备24年的丰富从业经历，现任中共吉林省委厅级餐厅厨师长。

刘忠辉的职业生涯中，不乏诸多奖项和荣誉。他曾荣获2006年省直机关事务管理局、省人事厅、省劳动和社会保障厅举办的宾馆（酒店）烹饪竞赛食品雕刻项目铜奖。2008年，第六届全国烹饪技能竞赛个人赛中式烹调项目中获得银奖。2016年，他荣获长白山冰雪嘉年华暨“珍选捞汁杯”名厨烹饪大赛金奖。2017年，他在吉林电视台厨王争霸赛中获得亚军，参赛作品翡翠金瓜鱼圆和杏仁百花酿肥肠深受好评。2018年，刘忠辉被评为吉林省青年技术能手称号，并在吉林省评选万名青年技术能手振兴吉林发展行动计划活动中荣获特金奖。2022年，他荣获中国文旅特色美食水城黑山羊烹饪技能专项赛金奖。

四、知名吉菜企业管理者

温亚龙 出生于1950年9月出生，资深注册中国烹饪大师，他兼任全国快餐专业委员会委员，中国烹饪协会中华小吃委副主席，现任四平李连贵饮食服务股份有限公司董事长兼总经理。

在过去的30多年里，温亚龙引领李连贵这个百年老字号克服重重困境，不断发展壮大。他刚接手时，公司年销售额不足100万元，如今已实现全口径年销售额逾7亿元。

近年来，在温亚龙的指导下，李连贵品牌荣获中华老字号、中国驰名商标和中国国家级非物质文化遗产等多项称号。公司产品李连贵熏肉大饼被评为中国十佳面食，企业连续十多年荣获中国特许连锁经营百强和中国餐饮百强企业荣誉。温亚龙先生还荣获中国商业联合会中华老字号工作委员会颁发的中华老字号传承创新优秀掌门人称号。

高江 1954年出生于黑龙江省通河，中国烹饪名师，吉林省烹饪协会理事，曾担任吉林商业高等专科学校烹饪专业的客座教授，以及长春市职业技术教育的兼职专家教师，他的烹饪技艺高超，深受食客们的喜爱，对我国烹饪界有着深远的影响。

在学术研究方面，高江也有很高的成就。他先后编著了《中国吉菜》《健康快车》两部著作。他还曾在各类期刊上发表过众多论文，包括《试论吉菜代表菜开发与推广》《饭店风水学》《酒店发展与未来》等，为我国烹饪理论研究作出了重要贡献。

高江的职业生涯丰富多彩，他毕业于吉林省财贸学校烹饪专业。曾担任吉林省宾馆厨师、中国驻伊朗大使馆厨师、吉林省鹿鸣宾馆餐饮部经理、吉林省南湖宾馆副总经理、吉林省吉祥大酒店副总经理、吉林省国际大厦总经理、吉林省世洋大饭店总经理、北京香饼居总经理、长春市先锋会馆总经理、长春市柳苑食府总经理等重要职务。

杜静波 1963年吉林四平出生，本科学历，中式烹调高级技师、吉菜烹饪大师，吉林省饭店餐饮烹饪协会第六届、第七届副会长，吉林省饮食文化研究会常务副会长、专家委员、注册裁判员，被吉林省旅游协会选举为旅游饭店分会副会长，中国金钥匙联盟总经理会员，中国饭店业高级职业经理人，全国生态食材与生态餐饮评定中心专家委员会吉林专家工作站专家，吉林省绿色饭店工作委员会执行主席。现任吉林省吉旅酒店集团有限责任公司副总经理，兼任吉林省乐府大酒店有限责任公司执行董事、总经理。

2014年，被吉林省饭店餐饮烹饪协会吉菜研究专业委员会授予中国吉林餐饮企业杰出人士奖。2017年在第二十二届中国金钥匙年会评选中被授予最佳金钥匙总经理。2017年被吉林省饮食文化研究会授予2017年中国吉林酒店业白金五星总经理勋章。2018年领导研发的“吉鹤同春宴”成功入选中国烹饪协会编撰的《中华人民共和国省籍地域经典名菜名筵录》。2021年被吉林省饮食文化研究会授予吉林省餐饮功勋人物。

郭晓玲 女，1967年出生，国家人社部注册高级创业咨询师，中国食文化研究会特聘咨询培训专家，中国饭店协会国家级技能竞赛裁判员，中国饭店协会地标美食（食材）专家，上海理工大学发展战略与区域经济研究所特约研究员，吉林大学高等技术学院兼职教授，吉林省人力资源和社会保障厅专家库专家，吉林省饮食文化研究会副会长，吉林省饭店餐饮烹饪协会副会长。

郭晓玲多次受邀在国家级行业研讨会上担任高峰论坛主讲嘉宾，足迹遍布北京、江苏、上海、新疆、内蒙古、吉林等地。在学术研究领域，郭晓玲已发表了多篇具有影响力的学术论文，例如员工高流动率原因及应对办法、浅谈酒店例会的艺术以及浅谈酒店业职业经理人的素质修炼。郭晓玲曾荣获多项荣誉，包括国际酒店金领袖联合会授予的金领袖杰出总经理奖、中国烹饪协会授予的中国餐饮30年杰出人物和吉菜发展20年杰出人物奖。她还成功策划了商务部及中国饭店协会在西安举办的第二届中外餐饮博览会吉林馆的品牌展，获得最佳展台设计奖。

魏萍 女，中共党员，1969年9月出生，吉林省饮食文化研究会副会长，身兼会计师与高级经济师双重身份，目前担任长春名人酒店的总经理。她曾荣获国际酒店金领袖联合会授予的白金五星总经理勋章，以及其他由吉林省饭店餐饮烹饪协会吉菜研究专业委员会颁发的中国吉林餐饮企业杰出人士奖等荣誉称号。她所管理的酒店不仅被吉林省饭店餐饮烹饪协会授予优秀饭店餐饮企业荣誉称号，还获得了中国吉林餐饮白金五星企业荣誉称号、吉林省餐饮功勋企业荣誉称号、年度餐饮业特殊贡献单位荣誉称号等。

在她的领导下，酒店成功打造了一支精干的酒店管理专业队伍，创新经营，用心服务，精心设计推出了航空管家服务团队，让会员及航司合作伙伴尽享完美体验。同时，她将这个理念应用于多元化的业务拓展中，在努力做好酒店经营的同时，担任省内外多家酒店经营顾问，项目不断拓展，为多家企业开展企业内训，多次被行业协会及城市名人酒店集团聘请为技能大赛专家评委。

石杰 女，1968 年 4 月出生于吉林省长春市，一级服务技师、吉林省服务大师、中烹协注册点菜师，吉林省知名餐饮管理者。

1986 年至 1999 年，石杰在松苑宾馆担任服务员、领班、前台经理等职务，其间积累了宝贵的酒店运营和管理经验。1999 年至 2008 年，石杰在亚泰集团龙达宾馆担任餐饮部经理，负责餐饮部门的日常运营和管理工作。此外，他还担任亚泰集团保健饮食有限公司总经理助理，协助总经理全面管理公司业务，拓宽她的职业视野。2008 年至 2011 年，石杰在新加坡菜馆自营，担任店主，全面负责菜馆的运营和管理。2011 年至 2023 年，石杰在吉林警察学院西点宾馆担任副总经理（主持工作），主要负责宾馆的日常运营和管理，其间宾馆业绩不断提升，获得业界好评。

石杰是中国餐饮行业的杰出代表，她的职业生涯和成就以及对餐饮行业的热爱和执着，赢得了业界的广泛赞誉。

关丽艳 女，中共党员，1972 年 9 月出生，中国烹饪协会高级职业经理人、中国饭店业杰出经理人，吉林省饭店餐饮烹饪协会第七届理事会副会长、吉林省旅游协会旅游饭店分会副会长，拥有 31 年从业经验，目前担任吉林省长春市和润艺术酒店的总经理。

关丽艳曾获得多项荣誉称号，包括吉菜发展 20 年杰出人物、“一带一路”土菜文化美食节专家评委，吉林省职业技能鉴定中心考取一级面点师。她还被国际金钥匙酒店联盟授予“卓越总经理”“中国服务优秀总经理”和“中国服务贡献奖”。她还获得了中成伟业酒店管理教育集团 4D 现场管理考核成绩全国第一名，并参加过黄埔特训、风暴例会、优质服务培训、三效定格培训以及酒店专业化礼仪培训等。

作为酒店行业的管理专家，她不仅不断提高自身的业务能力和管理水平，而且更加注重并致力于酒店行业后备人才的培养。她将自己多年积累的管理经验和管理知识，向年轻人倾囊相授，培养了一大批高素质的酒店行业管理人才。

杨芳 女，1972 年 11 月出生，高级经济师，现任长勤集团事业单位餐饮项目总经理，兼任吉林省饮食文化研究会副会长。荣获国际酒店金领袖联合会授予的白金五星总经理勋章，获得吉林省饭店餐饮烹饪协会吉菜研究专业委员会颁发的中国吉林餐饮企业杰出人士奖以及中国东三省金领袖杰出总经理等荣誉称号。

杨芳在餐饮服务行业有着近 30 年的工作经历，先后在长春华侨饭店等多家餐饮服务管理单位任职。她带领团队专注于做好事业单位餐饮服务，凭借高度负责的工作态度、执着敬业的职业精神和精益求精的服务技艺，圆满完成了国际 14 个国家外交官的餐饮服务接待和多次高规格国家级、市级会议的餐饮服务保障。这些努力得到了各级领导和教职员工的赞誉，她多次荣获单位颁发的特殊贡献奖。在餐饮服务管理方面，杨芳取得了卓越的成绩。她不仅在本职工作上表现出色，还积极参与行业交流和比赛，荣获多项荣誉。她的专业技能和敬业精神值得餐饮服务行业学习，也为我国餐饮服务事业的发展作出了贡献。

刘方 1971年出生于吉林省长春市，吉林省饮食文化研究会副会长、吉林省饭店餐饮烹饪协会副会长、世界中餐业联合会企业家委员会吉林区副主席、吉林省功能食品协会副会长、吉林省农特产品商会副会长以及企跳板善商会企业家俱乐部长春分会会长，中国餐饮界的资深从业者。

他职业生涯的开始可以追溯到1986年，当时他在市商业技术学校求学，毕业后先后在市饮食服务公司东风饭店、社会餐饮、市政府驻京办事处长春大厦等单位工作，担任总厨等职务。自2002年起，刘方先后加入亚泰集团，先后在亚泰饭店、亚泰国际俱乐部、海南亚泰温泉酒店、奇朔酒业红酒坊等子公司担任经理、副总经理、总经理等职务，展现出卓越的管理才能。他在亚泰集团的职业生涯中，荣获了亚泰集团优秀企业管理者的称号，在行业中拥有广泛的影响力和知名度。刘方的个人经历充分展现了他在餐饮行业的专业素质和领导才能，他对行业的贡献和对社会的责任感也得到了业界的广泛认可。

李万国 1973年4月出生，毕业于吉林大学，从业33年间致力于饭店业及度假村实战运营管理及度假村策划管理、会展会议活动策划、养生文化美食节策划等领域；国旅饭店总经理资格、中国饭店业策划大师、国家级酒家酒店注册评审员；2008年获得全球酒店十大杰出青年、全球酒店五星钻石奖章，2010年获得中华英才白金勋章，2011年获得中国饭店业策划大师证书，2012年获得国际酒店金领袖联合会颁发的中国酒店业杰出总裁“五星勋章”，2015年荣获国际酒店金领袖联合会颁发的最佳酒店管理公司“金狮奖”。担任泰中东盟经贸促进会（泰国）吉林代表处秘书长、中国鹿业协会鹿文化专家委员会专家委员、中国旅游协会休闲度假分会常务理事、中国饭店业名人俱乐部副主席、世界金钥匙酒店联盟金钥匙总经理、国际白金管家联盟东北区秘书长 、国际酒店金领袖联合会常务理事、吉林省松花江文化研究会饮食文化专委会会长。为吉林省餐饮服务领域做出积极贡献。

祁莹 女，中共党员，1974年2月出生，吉林省吉林市人，大学本科学历，高级讲师，吉林市饭店餐饮烹饪协会第四届理事会副会长。

祁莹在2008年11月荣获第六届全国烹饪技能竞赛餐厅服务项目个人赛金奖，并被吉林省政府授予吉林省劳动技术能手称号；2009年9月被吉林省烹饪协会授予餐饮服务大师称号；2016年被吉林省商业服务业工会授予餐饮行业服务标兵称号；2021年12月由吉林省人力资源和社会保障厅授予吉林省技术能手荣誉称号。

在教育教学方面，祁莹始终坚守教学一线，多年来培养了大批优秀餐旅服务专业人才，更有佼佼者获得国家、省、市级荣誉。2017年11月，她指导学生参加黄炎培职业教育创新创业大赛，荣获省一等奖，本人获优秀指导教师称号，同年参加中华职业教育创新创业大赛获优胜奖。在教学实践中，祁莹注重科研能力的提升，取得了丰富的科研成果。她主持国家级课题1项，省级课题1项，参加国家、省、市级课题多项，发表专业论文6篇。

魏艳 女，中共党员，1975年6月2日出生，大学本科学历。魏艳的职业生涯起始于1993年，其间在吉林省春谊宾馆餐厅担任前台服务员；之后晋升为餐厅领班，并于2003年至2011年担任餐厅主管。其间，她在2004年取得了全省职业技能大赛前台摆台设计中西餐二等奖，并被评为春谊宾馆先进个人。2008年至2011年，魏艳连续三年被评为春谊宾馆先进个人。2011年，她晋升为餐厅副经理，并在2012年至今担任餐厅经理。在职期间，魏艳在2018年取得了全省省直接待服务单位技能大赛全体一等奖和前台设计摆台一等奖，并于2019年成为中国饭店协会前台服务二级裁判员。此外，魏艳在2022年获得了吉林省烹饪协会举办的第六届冰雪美食节展台设计一等奖，并在2017年至2022年连续五年被评为吉林省机关事务管理局先进个人。魏艳的业绩和荣誉充分展示了她在餐饮服务领域的专业能力和领导才能，她将继续为吉林省春谊宾馆的餐饮业务作出贡献。

曹金玲 女，中共党员，1975年3月出生，本科学历，人力资源管理专业学士学位，酒店餐饮类高级技师、酒店管理运营师、酒店管理OTA线上运营管理师、高级茶艺师、中级评茶员、家政服务高级培训师、吉林省服务名师，中国饭店协会酒店服务技术顾问，全国职业院校酒店数字化运营技能精英邀请赛专家、裁判长，海南省经贸职业技术学院智慧酒店实践教学示范中心设计技术顾问，市家协介护分会会长，曾担任长春凯撒森林温泉5A级度假酒店总经理、长春耆爱农业科技旅游发展有限公司总经理、吉林省江源苏里瑟利酒店有限公司总经理等要职。

她善于创新，多次参与吉菜展台创新与布置大赛，为宣传和推广吉菜作出了积极贡献。她还热心公益事业，积极投身培训事业，为行业发展培养后备人才。凭借丰富的行业经验和突出的业务成就，曹金玲在吉林省餐饮行业享有较高的声誉，为推动吉林省餐饮行业创新和发展做出了积极贡献。

于凯业 1976年2月出生于吉林省，现任东巴人餐饮集团董事长、吉大商学院总裁班班长、长春市南关区人大代表，吉林省饮食文化研究会常务副会长，吉林省饭店餐饮烹饪协会火锅委员会主席。

于凯业曾任两届蛟河市人大代表，并在2016年被评为蛟河之星、蛟河市助人为乐好公民等个人荣誉。作为东巴人餐饮集团的创始人，他在火锅餐饮连锁化运营、品牌项目孵化、食品加工贸易等领域积累了深厚的行业资源和项目运作经验。东巴人餐饮集团旗下拥有5个分支机构，分别是长春东巴人餐饮管理有限公司、吉凯达（吉林省）供应链科技有限公司、吉林省仁良谷道食品厂、河北吉凯达食品股份有限公司、黄金海岸假日酒店。这些分支机构共同构成了东巴人餐饮集团的业务体系，涵盖了餐饮管理、食品供应链、食品生产以及酒店经营等多个领域。于凯业带领东巴人餐饮集团，致力于发挥协会桥梁纽带作用，提高协会成员的品牌竞争力，促进行业良性健康发展。

张志 中共党员，1978年4月出生，吉林省梅河口市人，大学学历，吉林省工商学院客座教授、金天鹅和特学院特聘讲师。曾在紫荆花饭店、吉林省国盛大酒店等单位任职，现任吉旅酒店集团运营部部长，兼任吉林省清华宾馆有限责任公司书记、执行董事、总经理，带领团队一直致力于将美食与精湛服务相融合，创造出一系列广受欢迎的菜肴和宴席。他不仅仅是一位卓越的管理者，更是一位对餐饮艺术有着独到见解的创作者。在他的领导下，酒店成为客人心目中用餐的胜地，为客人提供了无与伦比的用餐体验。

张志的卓越表现也为他赢得了众多业内奖项和荣誉，其卓越的领导和服务方法为所在酒店赢得了广泛的赞誉。张志不仅在自己的事业中取得了杰出的成就，还积极致力于推动整个餐饮服务行业的发展。在社会责任方面，他积极倡导本地文化、本地食材与特色餐饮烹饪相融合，并将这些理念融入酒店经营管理中，为吉林省餐饮行业的繁荣与发展贡献了力量。

彭娟 女，中共党员，1979年4月生于吉林省梅河口市，拥有大学本科学历和学士学位，高级工程师职称。

彭娟的职业生涯始于2002年7月在亚泰地产担任人力资源主管。2006年1月至2013年2月，彭娟在长春吉泰建设监理有限公司担任办公室主任。2013年2月至2018年3月，彭娟在亚泰商贸投资公司综合管理部担任经理，她带领团队，为公司的发展提供了有力的行政支持。2018年3月至2020年1月，彭娟在亚泰商贸投资公司经理室担任总经理助理，其间她充分发挥自己的专业知识和经验为公司的发展起到了关键作用。2020年1月至10月，她在长春亚泰饭店经理室担任总经理助理一职。自2020年10月起，彭娟担任长春龙达宾馆有限公司总经理，她将继续带领团队，为公司的发展贡献自己的力量。

彭娟在多年的职业生涯中，展现出了卓越的管理能力和领导才能，她的专业知识和丰富经验为多家公司的发展提供了有力的支持。

赵旭 女，中共党员，1977年10月出生，大学本科学历。她通过不断学习，提升自身的专业教学能力。2019年，她荣获全国中职学校旅游类教师说课一等奖。在培养专业学生的过程中，她也取得了显著的成绩。2018年至今，她指导学生参加吉林省中职组茶艺比赛荣获二等奖；2018年和2019年，她指导学生参加吉林市“技兴江城”中华茶艺比赛，分别获得一、二等奖；2021年9月，她指导学生参加吉林省第一届乡村振兴职业技能大赛餐厅服务员赛项，荣获一等奖。此外，她还多次担任酒店服务、茶艺比赛的评委工作。

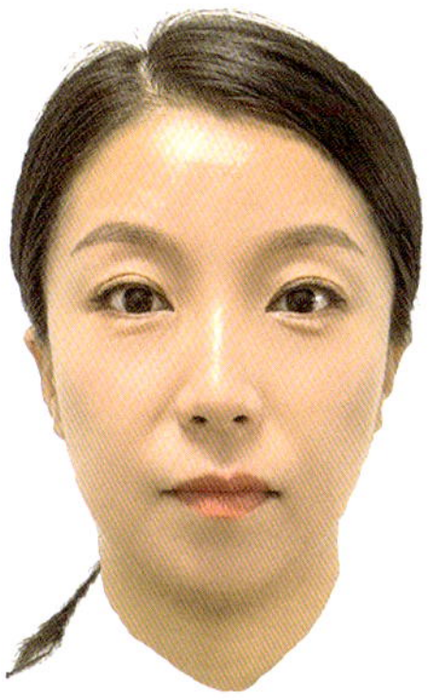

马岩 女，1981 年 10 月出生于吉林省吉林市，大学专科学历，国家高级酒店管理人。她 1998 年踏入餐饮行业，就职于吉林省城市建设学校北苑酒店，并且曾担任前厅经理职务。在此期间，她凭借丰富的经验、敏锐的服务意识和卓越的技能，得到了业界的广泛认可。2002 年，她荣获“北苑杯”全市餐饮技术技能大赛金奖，展示了她在餐饮行业的专业水准。此后，马岩在 2006 年的“北苑杯”技术技能优质服务竞赛月活动中被评为“服务能手”。2007 年，她获得了全国餐饮职业经理人资格，进一步拓宽了自己的职业发展空间。并且在同年的北苑酒店优质服务百日竞赛活动中，她再次被评为“服务能手”。

2010 年，马岩获得了吉林省城市建设学校优秀实习指导教师的称号，这充分体现了她在餐饮教育领域的贡献。在马岩的 24 年职业生涯中，她始终坚守在餐饮行业的一线，为社会培养了众多优秀的服务人才，她们现如今在各大酒店中发挥着重要作用。马岩的敬业精神和专业能力，赢得了业界的高度评价。

张馨予 女，1981 年 11 月 13 日出生，大专学历。从 1999 年 12 月至 2001 年 2 月，她在月亮神酒店担任服务员，凭借出色的工作被晋升为前厅经理。从 2001 年 2 月至 2003 年年底，张馨予在华天大酒店担任前厅经理。在这段期间，她积累了丰富的酒店管理经验，并提高了自己的组织协调能力。从 2004 年 7 月至 2008 年 3 月，张馨予担任老妈菜馆总店店长，负责店面的整体运营管理。这段经历使她进一步了解了餐饮行业的运作模式，塑造了出色的领导力和团队建设能力。2008 年 3 月至 2015 年，张馨予开始自行创业，开拓自己的事业领域。在创业期间，她展现出敏锐的市场洞察力和果敢的决策能力，为自己的事业奠定了坚实的基础。自 2015 年至今，张馨予担任吉林省千喜集团运营部事业部总经理，负责集团的运营管理工作。在这个岗位上，她充分发挥了自己的专业知识和技能，为集团的发展作出了重要贡献。

张馨予拥有丰富的工作经历和扎实的专业背景，无论是在酒店管理、餐饮企业运营方面，都展现出了优秀的能力和领导潜力。

王昕 女，中共党员，1982 年 7 月出生于吉林省长春市，长春市饭店餐饮烹饪协会的创始人之一，三届理事会秘书长。她在餐饮行业工作 15 年，师承中国吉菜烹饪大师唐文。

王昕热衷于推动吉菜建设及发展工作，以便更好地服务吉林本土餐饮企业并提升行业发展水平。自 2011 年开始，王昕组织了数十场行业级和地区级的盛会，其中包括吉菜创新发展论坛 2017 — 2022 年五届中国长春厨师节、2023 迎新春美食供应链年货线上大集、“华丹啤酒”长春市云端美食直播节暨长春市民最喜爱的菜评选大型活动、2023 长春食品博览会等。其中，中国 · 长春厨师节已成为吉林省餐饮行业的标志性节日，声名远播。曾参与编撰《中国吉林名厨大典》。组织参与全澳门东北三省美食节、历届中国厨师节等全国及地区级行业盛会及论坛，有力地推动了吉菜品牌形象和产业路径的建设工作，为吉林餐饮企业、餐饮人真正走出去开拓了有利的局面。

李婷 女，1983年8月出生，酒店行业前厅高级服务师、餐饮高级服务师，现任吉林省锦悦管理有限公司董事长，吉林省饮食文化研究会副会长，自2005年开始深耕团餐行业18年，拥有丰富的行业经验和卓越的领导才能。在她的领导下，公司为政府、学校、医院、国企、外资企业等各类食堂提供专业服务。

在她的职业生涯中，曾获得多项荣誉。2018年，被评为吉林省餐饮行业领军人物。此外，她还是吉林省慈善总会第六届委员、爱心传播大使、团餐协会副主席。她带领的团队积极投身于吉菜学习及宣传活动，定期为外企外籍员工制作及宣传吉菜特色美食，赢得了广泛好评。如今，特色吉菜已成为团餐的重要菜式，菜谱丰富多样，供客户选择。这种美食在团餐菜品中占据重要地位，食用频率最高，也是团餐客户最喜爱的美食之一。

李婷的从业经验和取得的成就，充分展示了她在团餐行业的专业素养和管理能力，为推动行业发展做出了积极贡献。

刘春影 女，1982年5月出生，1998年毕业于吉林省长春市商业技工学院餐饮服务管理专业，中级技师，从事餐饮服务工作已有23年，现任吉林市西关宾馆餐饮部前台主管。

她始终以高度的工作热情，从用餐前餐厅布置、餐具、桌椅的摆放，口布折花、上菜的顺序，为宾客服务时的礼仪以及餐后卫生清洁等每一项工作都要求高质量完成，经过不懈的努力，自己的业务技能和服务本领取得了飞快的进步，曾多次参加服务技能比赛，接受餐巾折花、国宴摆台技能培训，很快就成为业务骨干，赢得了广泛认可，一步步走到了管理岗位，2022年被评为机关事务管理局、西关宾馆优秀工作人员。在工作中曾在2002年接待过中共中央政治局常委、国务院总理朱镕基；2010年8月接待过中共中央政治局常委、国务院总理温家宝总理；2011年8月接待过中共中央政治局常委李长春；2022年3月接待过中共中央政治委员、国务院副总理孙春兰；2023年接待过中国企业联合会、中国企业家协会会长王忠禹；2023年接待过十世班禅大师夫人李洁。

倪赛娇 女，1983年出生于黑龙江省哈尔滨市，自2004年开始从事餐饮业。现任北京华虹酒店管理有限公司、东方美食学院、中国饭店协会客座讲师及世界中餐联合会东北亚餐饮产业分会联席主席，吉林省饮食文化研究会副会长等职务，并荣获中国顶级宴会设计师、中国饭店协会饭店业职业经理人、酒店高参推荐酒店业年度杰出总经理等荣誉称号。2009年加入红事会餐饮集团，历任执行副总，主管营销，创造年度营收过亿元的销售神话。2015年加入长春国信南山温泉酒店，历任酒店副总经理，带领酒店连续三年年度销售额破亿元，奠定企业形象。2020年，带领团队进军通化酒店行业市场，接管吉林杨靖宇干部学院、关东美景酒店、江南宾馆三个酒店项目，创造三个月内完成三家综合性酒店项目开荒筹备运营的行业佳话。

她始终保持着谦卑进取的心，带领团队不断创新、不断进步。凭借独到的营销策略、亲情化的服务理念，力做引领东北餐饮酒店行业市场先锋。

董洪雨 1983年4月出生，吉林省长春市人，吉林财经大学金融学和吉林大学工商企业管理的双本科学历，人力资源管理师、高级理财规划师、酒店系统化管理实践者、企业销售体系实战家、企业组织变革高级顾问以及商业模式及战略设计专家，拥有16年的餐饮服务行业工作经验。他曾在多家知名餐饮企业担任要职，包括营口市鸿运酒店餐饮部经理以及北京共隆管理咨询有限公司培训部高级经理等。在这些职位上，董洪雨展现出卓越的领导才能和管理能力。他擅长制定公司中、长期经营发展规划和经营目标，确立公司发展方向，并指挥实施。同时，他还能组织制定整体品牌策划战略、营销战略和市场开发战略，以及负责公司品牌的经营、发展和管理规划。

在职业生涯中，董洪雨不断总结经验，提高自身的专业素质。他协助管理外聘公司对企业管理体系的搭建，对公司所有部门进行全面检查，对体系落地情况进行检查；对公司战略发展提出合理化意见；协助公司对现有系统进行优化及完善。

杨洋洋 女，1988年7月出生，大学本科学历，从业17年，现任长春市和润艺术酒店餐饮部总监。2006年至2010年，她在长春市香格里拉酒店担任中餐厅主管，负责餐饮服务的管理和运营。2011年初至2017年，她在长春市和合会馆担任餐饮部经理，负责整个餐饮部门的运营和管理。自2018年3月起，杨洋洋担任长春市和润艺术酒店餐饮部总监。

她注重团队合作精神，拥有敏感的洞察力和数据分析能力，善于运营管理、销售管理以及策划。在和润艺术酒店成为行业领跑者的过程中，作为餐饮部总监的杨洋洋对吉菜有了深深的热爱并严格要求厨师把握菜肴的出品质量。她在2018年中国顶级大师技艺交流会中全程服务并跟进，深受老一辈匠传精神的启发，督促厨师们推陈出新，以“传承不守旧、创新不忘本”的理念做好每一道菜肴。凭借出色的工作表现，杨洋洋在2021年餐饮服务技能竞赛中获得了餐饮服务名师的荣誉称号。

她具备多年的管理经验和餐饮推广经验，擅长运营管理、数据收集策划等工作。她以身作则，带领团队不断追求卓越，为吉菜事业的发展作出了自己的贡献。

邵文鹏 1993年2月出生，现任吉林省帝王酒店餐饮娱乐管理有限公司副总经理，于2021年担任大安市政协委员。自2018年接手大安宾馆工作以来，邵文鹏始终坚持个人成长与团队建设并行，通过不断学习及组织员工培训，带领公司取得了卓越的发展。同年2月14日，他承接大安市政府宾馆，为宾馆的发展奠定了坚实基础。之后，邵文鹏带领团队先后接待了大安市人大代表会议、政协会议团体用餐，展现出卓越的服务与管理能力。2019年，邵文鹏的团队规模超过60人，同年8月，他策划并举办了大安市婚礼行业交流会。2020年他承办了吉林省冰雪美食节系列活动，获得了吉林省餐饮协会的高度认可。

2021年3月，邵文鹏承办了大安市冬季捕鱼美食节活动，为大安“渔猎文化”推广贡献了力量。2021年8月，邵文鹏积极响应人社部门政策，举办职业技能大赛，为大安市餐饮行业输送人才。同年10月，他承办了吉林省大安市“鱼头争霸赛”美食节比赛，大安宾馆餐饮部获得金牌鱼头称号。在他的领导下，大安宾馆年收入可达1000万元，利税40万元，成为吉林省餐饮住宿行业的翘楚。

五、青年吉菜烹饪名师

陈金龙 1984年2月出生于吉林省桦甸市。从业22年，现任吉林省龙门鲤餐饮管理有限公司董事长、吉林省饮食文化研究会常务副会长、松原区域主席，世界厨师联合会的国际裁判、中国吉菜烹饪大师、国家级烹饪高级技师、国家高级营养师。他荣获过中国国际美食青年技艺精英人才、吉林省青年技术能手等多项荣誉称号。此外，他还被吉林省慈善总会授予“爱心传播大使”荣誉称号，以及被吉林省饮食文化研究会授予“中国吉菜推广大使”。

在烹饪职业生涯中，陈金龙积累了丰富的经验，曾在多家知名酒店担任要职。2003年至2005年，他在长春市金棕榈海鲜大酒店担任厨师长；2005年至2007年，他在通化市大宅门酒店担任行政总厨；2007年至2015年，他在松原市美仑商务宾馆担任行政总厨。自2015年起，他担任吉林省龙门鲤餐饮管理有限公司董事长，致力于推广中国吉菜文化，创新菜品，引领餐饮行业发展。陈金龙不仅拥有高超的烹饪技艺，还具有丰富的餐饮管理和企业运营经验。

蒋海波 1984年1月出生于吉林省大安市，从业22年，现任白城市老蒋屯餐饮服务有限公司总经理兼餐饮总监，大安市政协委员，国家中式烹调高级技师，高级公共营养师，注册中国烹饪大师，吉菜烹饪大师，吉林省饮食文化研究会常务副会长，白城区域主席，吉林省饮食文化研究会注册评委，吉林省饭店餐饮烹饪协会执行会长。

蒋海波17岁入厨，于1981年跟随烹饪大师高云桥学徒，从厨22年对吉菜和辽捺钵文化有着较为深入的研究，烹制的代表菜老蒋屯酱大骨、熏鸡等品种成为引领酒店热销名菜，深受消费者的好评。2021年当选吉林省饭店餐饮烹饪协会执行会长，同年被任命为吉林省酒店酒家绿色饭店工作委员会委员；2022年被评为大安市优秀政协委员，同年被大安市宣传部授予大安好人、战役先锋荣誉称号；2023年被授予白城市乡村振兴青年先锋荣誉称号，同年被吉林省饮食文化研究会特聘为白城区域主席。

他带领的企业在2019年荣获吉菜发展20年突出贡献企业。

王雨 女，1985年出生，大学专科学历，中式面点高级技师、西式面点高级技师，现任和润艺术酒店面点厨师长。2021年，王雨被任命为吉林省饮食文化研究会面点专业委员会副主席、吉林省饭店餐饮烹饪协会烹饪委员会常务副主席。在此之前，她还分别于2020年和2016年担任吉林省饮食文化研究会副会长、长春市饭店餐饮协会副会长。王雨的专业技能得到了广泛的认可。2016年，她被吉林省总工会和吉林省饭店餐饮协会联合授予技术标兵称号。2018年，她又获得了吉林省青年技术能手称号。

在烹饪大赛中，王雨更是展现出了卓越的技艺。2018年，她在第三届亚洲厨神大赛中获得了特金奖。此外，她还在2016年被评为吉菜烹饪名师，2017年被评为中国吉林名厨，2019年被评为吉林烹饪工匠以及2019年吉菜发展20年杰出人物。凭借丰富的经验和过硬的专业技能，王雨在餐饮行业内取得了较高的声誉。她在和润艺术酒店担任面点厨师长期间，致力于为客人提供美味的面点佳肴，赢得了广泛的好评。

张光有 1986年12月出生于吉林省桦甸市，注册国际营养师、国家高级食品安全管理师、国家烹饪高级技师、国家青年技术能手、吉林省饮食文化研究会注册裁判员，吉林省烹饪协会副会长、吉林省饮食文化研究会团餐专业委员会主席，长春市饭店餐饮烹饪协会副会长。

张光有在团餐领域拥有20余年的工作经验，并在科技烹饪与数字化烹饪方面有着独特的见解。曾规划出千禧智慧央厨的伟大蓝图，并逐步建立起一套标准化体系。这套体系使央厨更加便于管理，从而有效地保证了菜品的安全和质量。在标准应用过程中，他将传统的吉林菜从食物原料的采购、加工、烹调、储存和配送等环节进行了细化，最终完善出一套全面且系统的智慧央厨出品体系。结合并参照了ISO 9001质量管理体系、良好生产规范、AIB美国食品安全标准和危害分析与关键控制点，制定了高标准的食品安全保障体系，并应用到央厨加工的全过程，以确保食品安全与菜品美味。

刘东 中共党员，1986年出生，博士学位获得者，吉林省饮食文化研究会副会长，注册裁判员，并在吉林工商学院担任教师。

刘东先后主持饮食及烹饪类科研项目多项，包括省教育厅科技项目《减盐保咸技术体系在吉菜烹饪中的应用研究》和《基于风味与质构调控的红烧鹿肉工业化加工技术研究》，以及长春市哲学社会科学规划课题《乡村振兴战略下的吉菜饮食文化传承与弘扬》等。此外，他还主持吉林省职教教研课题《非遗技艺传承视野下的大学生工匠精神创新培育与评价研究》，主持吉林省高教科研课题《面向新餐饮的地方院校烹饪与营养教育专业改造升级途径研究》。他参与的项目还包括吉林省社会科学基金重点项目《吉牛餐食品牌创建研究》，吉林省“秸秆变肉”暨千万头肉牛工程专家课题项目牛肉餐食行业专题调研等。在学术发表方面，刘东曾发表SCI论文2篇。此外，他还发表了包括“模糊数学评价结合响应面法优化低盐蘑菇酱配方”等4篇核心论文。

陈立萍 女，中共党员，1989年12月出生，中现任吉林工商学院旅游烹饪学院烹饪专业教师，中式面点师一级、中式烹调师二级、世界厨师联合会国际裁判，吉林省饮食文化研究会监事长。

从业以来，陈立萍积极投身教育和科研事业，曾发表教研论文2篇，参与教改课题1项，发表科研论文6篇，主持、参与科研课题15项，参与编撰学术著作2部（副主编），主持校级课程思政示范课1门。陈立萍在职业技能竞赛领域也取得了突出成绩，2021年省人社厅授予“吉林省技术能手”称号；2020年被长春市人力资源和社会保障局聘任为长春市职业能力建设领域专家。2019年吉林省商业服务业工会授予“吉林烹饪工匠”称号；2018年省人社厅授予“青年技术能手”称号。曾受邀赴西班牙巴塞罗那参加“一带一路”中西餐饮文化交流活动。2019年，受邀担任第二十一届FHC中国国际烹饪艺术比赛裁判。2021年担任吉林省第一届乡村振兴职业技能大赛中式烹调师项目裁判。曾牵头在企业建立5家药膳研发基地。

任建华 1983年7月出生，国家高级营养师，2020年度长春市十佳青年名厨，长春市烹饪协会常务副会长，厦门新东方烹饪学校客座教授，长春市新东方烹饪技工学校客座教授，餐饮界从业21年。

任建华先后在许多知名的餐饮企业任厨师长、脂肪膳主厨和行政总厨。这些经历让他在餐饮管理、运营方面积累了大量经验，也为其日后走上创业道路打下了扎实基础。2011年任建华创办高记川味楼走出餐饮创业第一步。随后，先后出任北京王记烧鸽坊总经理和吉林火炉火总经理，不断扩大餐饮事业版图。2021年又创办梧悦桐 · 精致中国菜，借此继续给消费者提供优质餐饮体验。

梧悦桐·精致中国菜在任建华的带领下，不仅重视菜品的创新与质量，更致力于创造出独具特色的餐饮文化与服务理念。经过不懈努力，梧悦桐·精致中国菜在餐饮市场上获得不俗声誉与成绩。任建华以精湛的技艺、持续的创新、无私的奉献在餐饮领域树起了标杆。

孙影 女，1984年10月出生于吉林省梅河口市，吉林工商学院吉林省饮食文化研究院助理研究员，吉林省饮食文化研究会副会长、注册裁判员。2007年毕业于长春工业大学取得法学学士学位，2010年毕业于东北师范大学取得民商法硕士学位。

自加入吉林省饮食文化研究院以来，孙影一直致力于餐饮行业经验积累与突破，为吉林省饮食文化的传承与发展作出了重要贡献。其中包括参与举办吉林省第二届餐饮行业职工技能大赛、“东城杯”长春超级锅包肉大王挑战赛，挖掘高水平技能人才，提升行业整体技能水平；参与举办中国吉菜高质量发展论坛、吉林省饮食文化研究会注册裁判员培训班，承办社会组织的助力乡村振兴城乡吉菜传统烹饪技艺及预制菜技术带头人培训班，扩充高水平技能人才培养，助推吉林地域饮食文化传播；参与举办吉林省首届老年美食节、特色品牌食材交流会，搭建文化交流平台建设，优化产业升级赋能。

殷红亮 1985年2月出生，目前就职于吉林省南湖宾馆，是一位在餐饮行业具有丰富经验和独特技能的人才。

他在职业生涯中，曾多次在吉林省乃至全国范围内的餐饮行业大赛中取得优异成绩。殷红亮在2021年荣获吉林省餐饮行业大赛特金奖，同年也被授予“吉林省餐饮行业职工技术带头人”称号，充分展示了他在餐饮行业的专业技能和领导才能。2022年，殷红亮获得第九届全国饭店职业技能大赛东北区特金奖，进一步证明了他在行业中的卓越实力。2023年，殷红亮在全国职业技能大赛中荣获银牌，这是他职业生涯中的又一座里程碑，证明了他在全国范围内都拥有出色的厨艺技能和竞争力。

殷红亮的职业生涯丰富多彩，他曾在多家知名酒店担任厨师长，如贵阳东景希尔顿酒店、古滇名城皇冠假日酒店、西双版纳皇冠假日酒店、天津滨海圣光皇冠假日酒店以及银川东湖国际大酒店等，这些丰富的工作经验无疑对他的专业成长起到了重要作用。

宋艳辉 1986年3月出生，中式烹调高级技师、中国烹饪大师、中国吉林名厨、吉林烹饪工匠，吉林省饮食文化研究会副会长、注册裁判员，长春市饭店餐饮烹饪协会秘书长。

2003年他开始从业，至今已有近20年的工作经验。2017年8月被吉林省饮食文化研究会授予“中国吉林名厨”，2018年1月在中国长春冰雪旅游节首届长春东北亚旅游美食年会名厨烹饪技能大赛（热菜）项目中荣获特金奖。宋艳辉凭借精湛的厨艺和独特的创新理念，在业界取得了骄人的成绩。2016年5月，他参加了新城吾悦广场第十一届中国吉菜美食节活动，荣获金厨奖；2018年12月，吉林省人力资源和社会保障厅授予青年技术能手称号；2019年9月12日，被吉林省饮食文化研究会授予“中国吉菜推广大使”称号。这些荣誉和成就见证了宋艳辉在烹饪领域的不断努力和进步。

他不仅继承了传统烹饪技艺，还不断尝试创新，将吉林地方特色与现代烹饪技术相融合，为吉林菜的发展做出了积极贡献。

刘兴春 1986年1月出生，中式烹调高级技师、中国烹饪大师、中国吉林名厨、中国长春青年十大名厨、吉林烹饪工匠，吉林省饮食文化研究会副会长、注册裁判员、长白山区域主席，长春市饭店餐饮烹饪协会副秘书长，吉林省慈善总会宣传大使。从业21年，现任中共吉林省委党校（吉林省行政学院）行政总厨。

刘兴春在烹饪技艺上精益求精，不懈追求。2018年9月，他参加了吉林省万名青年技术能手暨首届北李杯厨师技能大赛，荣获特金奖。同年12月，他被吉林省人力资源和社会保障厅授予青年技术能手称号。

刘兴春在烹饪领域取得了诸多荣誉，但他并未因此止步。他曾参与编写《中国吉林名厨大典》等烹饪书籍，为吉林菜的传承和发展作出了积极贡献。刘兴春在21年的从业生涯中，始终严格要求自己，立足本职岗位，勇于创新，积极推动吉林烹饪事业的发展。他的敬业精神和精湛技艺，得到了业界同人的广泛赞誉。

任术峰 1987年10月出生，吉林省松原市人，拥有21年的餐饮行业经验，国际烹饪艺术大师、中国吉菜烹饪大师、国家高级烹饪技师，吉林省饮食文化研究会副会长、吉林省饭店餐饮协会理事、世界厨皇美食亚太地区大中华区副秘书长，现任吉林省明华园餐饮公司行政总厨。

任术峰在职业生涯中取得了多项荣誉，其中包括第六届东北美食节精品点菜展金厨奖，全国厨师华山论剑技能比武大赛烹调项目金奖，中国技能大赛吉林赛区选拔赛金奖等。2016年，他被评选为中国大厨杂志社驻松原大厨记者。2018年，任术峰参加了亚洲厨神争霸赛并获得金奖，同年参加了全国青年技术能手选拔赛，并取得了优异的成绩，获得青年技术能手称号。

2019年，他荣获吉林省第三届冰雪美食节百佳名厨荣誉称号。2021年，在吉林工商学院烹饪研究所举办的妙味探赜盛世典艺吉菜烹饪技艺与中华饮食文化推介研讨会中，任术峰参与了五谷的红色记忆粮食百菜展菜品制作和世界纪录创造，以餐饮人的初心使命献礼党的百年华诞，并被授予突出贡献奖。

钱禹成 1984年出生，中式面点高级技师、西式面点高级技师，自2000年开始在吉林省乐府大酒店担任面点技师及厨师长，积累了丰富的实践经验。凭借着他的专业技能和才华，他在2008年全国第六届烹饪大赛中式面点项目中荣获铜牌，这是对他精湛技艺的肯定。在2012年东北美食节金牌菜中，他再次展现了自己的实力，赢得了荣誉。

他的才华和努力得到了广泛的认可，2020年他成为吉林省工商技师学院的教师，传授面点制作技艺。在2022年吉林省第六届冰雪美食节中，他凭借出色的面点制作技艺荣获吉林金厨奖，再次证明了他在面点制作领域的卓越成就。

此外，他还积极参与了“十四五”系列教材西式面点的编写工作，为面点制作领域的知识传承和发展作出了贡献。钱禹成不仅拥有出色的面点制作技能，还具备严谨的教学态度和深厚的专业知识。

陈晓西 1984年2月出生于吉林省长春市，世界厨师联合会国际裁判、中国吉菜烹饪大师、国家级烹饪高级技师、国家高级营养师，吉林省饮食文化研究会副会长。

他在餐饮行业从业24年，还获得了吉林省青年技术能手的荣誉称号。这不仅说明了他在烹饪技艺上的出色表现，还体现了他在推广吉菜文化方面的贡献。陈晓西在慈善事业方面也做出了突出贡献，被吉林省慈善总会授予爱心传播大使荣誉称号。此外，他还被吉林省饮食文化研究会授予中国吉菜推广大使称号，以表彰他在推广吉菜方面的努力和成果。

他的职业生涯始于2002年，担任长春市大通海鲜酒楼吉菜主管。随后，他在2005年至2007年担任苏州市红太阳休闲会馆总厨，并在2007年至2015年担任中国克劳森深海鱼品牌店出品总监。2015年至今，陈晓西担任吉林省西克腾餐饮服务有限公司董事长，同时兼任吉林省金泰门餐饮服务有限公司总经理，继续在餐饮行业发挥着他的专业才能。

刘岩 1984年8月出生于吉林省汪清市，吉林省高级烹饪大师。自2000年起开始职业生涯，在多家知名宾馆积累了丰富的烹饪经验。曾在汪清汪粮宾馆工作，随后担任延吉市宾馆厨师长，自2008年起至今担任延边宾馆行政副总厨，负责协调和管理厨房的日常运营。

刘岩在职业生涯中取得了多项荣誉。他曾在2009年获得烹饪技艺交流金厨奖，2016年在长白山冰雪嘉年华珍选捞汁杯名厨烹饪大赛中获得特金奖，2017年被吉林省饮食文化研究会专家委员会鉴定特授予中国吉林名厨称号，2018年在中国技能大赛上海市徐汇区职业技能竞赛暨第二届赖声强杯烹饪技能大赛中获得优秀指导教师称号，2020年荣获长春锅包肉大王挑战赛金奖，2021年在吉林省首届百姓最喜欢特色菜代表店评选活动中获得吉林省特色菜金奖。

刘岩的职业生涯和未来的发展令人期待，他的努力和精湛的烹饪技艺使他在众多知名宾馆中崭露头角，赢得了业界的认可。

马庆刚 1984年6月出生于吉林省珲春市，从业23年，现任珲春市红菊国际大酒店行政总厨、国家中式烹调高级技师、中国烹饪大师、吉菜烹饪大师，延边烹饪大师，延边建州60周年职业技术能手，延边州餐饮科学学会会员。

马庆刚从白城市镇赉技术学校毕业后，于2000年参加工作，在延边白山大厦维也纳餐厅跟随中国烹饪大师井占友当学徒。2008年任延边白山大厦中餐厅厨师长，他曾多次带领厨师团队成功地接待时任国家副主席张德江、国家副总理吴仪、国家三军总参谋长陈炳德、香港行政长官曾荫权等，受到上级领导的肯定和好评。

他特别重视工匠传承精神，积极推动青年厨师技能人才的培养工作，还源源不断地为社会餐饮输送了多位技术型人才和管理人才。他2013年荣获延边首届金海蓝天杯厨艺技能大赛铜奖，2020年荣获第五届吉林省冰雪美食节暨延吉朝鲜族餐饮职工技能竞赛最佳菜品银奖。代表菜有黄汤人参烩松茸、韩式烤牛肉锅、双味煎沙参、朝鲜族泡菜锅、红汁烧扒牛掌等吉菜和延边地方特色菜。

任志鹏 中共党员，1984年12月出生，籍贯吉林省延吉市。他拥有20年的行业经验，国家中式烹调技师和中国烹饪名师，担任延边白山大厦的厨师长。

自2004年起，任志鹏在延边白山大厦师从中国烹饪大师尹良，多年来，他参与并领导了多次重要的政务接待工作，每次都出色地完成任务赢得了赞誉。此外，任志鹏非常重视工匠传承精神，积极推动青年厨师技能人才的培养工作，延边白山大厦已经储备了第五代厨师技能人才，同时源源不断地为社会餐饮输送了众多技术型人才和管理人才。

在各类烹饪技能赛事中，任志鹏先生表现优异。他在2013年荣获延边首届金海蓝天杯厨艺大赛的特金奖和延边烹饪技术标兵称号。2014年，他参加中国名酒店组织的名菜名点制作和品鉴活动，荣获特别优质奖。2018年，他荣获延边新时代、新理念、新厨艺展示的创新奖，以及2019年度的吉林赛区优秀星厨称号。他的代表菜品包括排骨冻白菜、苏叶饼煎沙参、明太鱼焖三宝以及米肠炒杂菜等。

王亮 1984年3月出生于内蒙古乌兰浩特市，现居白城市，白城市餐饮饭店烹饪协会会员。他在餐饮行业已经耕耘了23年，现任白城市一品唐厨大酒店的董事长兼出品总监。

王亮的厨师生涯始于2000年，从《东方美食》《中国吉菜》等烹饪刊物和书籍中汲取营养，使他的烹饪技艺得以迅速提高。为了进一步提高自己的烹饪技艺，王亮师从吉菜烹饪大师孟繁军，烹饪视野得到了更大的拓展。

多年来，王亮一直致力于吉菜的研究与推广，并成功创新了30多款菜肴。这些菜肴一经推出，立刻受到了食客的热烈欢迎，并被其他酒店广泛采用。王亮的代表菜有吊炉烤鸭、过桥鱼、纽西兰炭烤牛肋排、原味羊排和锅包肉等。他曾在白城市的雅客轩酒店、万豪大酒店、尚德一品、咱们屯大酒店等餐饮机构担任厨师长或行政总厨等职务。王亮积极参与省内外的各种烹饪活动，并取得了优异的成绩。在2005年，他荣获了全国中餐技能创新大赛金奖；2008年，他又获得了超级明星美食表演赛金奖。

宿春玲 女，1984年出生，中式面点技师，国家营养师，拥有20年的工作经验。她就职于吉林省宾馆，在专业领域取得了诸多荣誉，包括吉林省青年技术能手的称号，以及各种烹饪技能竞赛的金奖。

在她职业生涯中，曾于2008年荣获第六届全国烹饪技能竞赛团体赛金奖，2012年获得吉林省省直机关技术技能突出贡献奖，2018年再次被授予吉林省青年技术能手称号，并被评为吉林省最具影响力厨师。此外，她在第三届亚洲国际厨神挑战赛中荣获个人金奖，以及在东北美食节菜品展评中斩获特金奖。

2021年，宿春玲担任了黑龙江绿色食材研发推广体验中心的研发大师，致力于推动绿色食材的研发和推广。她继续在2022年取得辉煌成就，赢得了吉林省第六届冰雪美食节金牌名点的奖项。宿春玲专业技能、创新精神和对美食的热爱，使她在厨师行业中独树一帜。

孙波 1984年1月出生，原山东省滕州市人，现居住在吉林省珲春市，从业25年，现任珲春市德意楼融合餐厅总经理兼厨师长，国家中式烹调技师、延边烹饪大师，珲春餐饮协会副会长。

1999年跟随陈为家学厨，后创立孙师傅手把排，2017年创办德意楼融合餐厅。他一直不断改进和创新餐厅经营模式，努力在烹饪领域发挥自己的作用。多年来他热心公益事业，捐款捐物累计人民币20万元。2012年荣获中国延边首届金海蓝天杯厨艺技能大赛金奖；2013年被珲春市餐饮烹饪协会评选为珲春名厨；2014年荣获珲春市餐饮业年度风云人物；2015年荣获珲春市饭店餐饮烹饪行业金鼎奖；同年在首届中国饮食文化节活动中荣获金厨奖，创新菜点展评活动中烹制的孙师傅手把排和红芋朵朵被评为金牌菜；德意楼融合餐厅2016年、2019年分别被评选认定为大美珲春菜示范店和2019年吉菜发展20年突出贡献企业，2023年荣获东北亚文化旅游节特金奖。代表菜有金鼎手把排、金丝长白野山参、百里香芝士焗马哈鱼等。

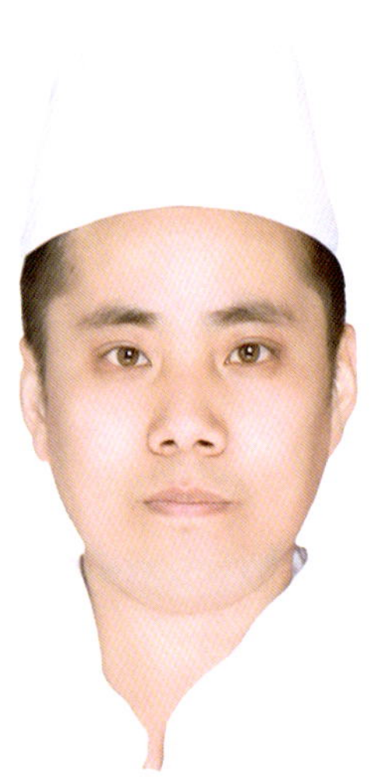

田继成 1984年12月出生于大安市，高级中式烹调师，白城市饭店餐饮烹饪协会理事，从业已有21年，现任大安市百福家宴厨师长。

田继成18岁开始从厨，曾在多家知名餐饮机构任厨师长或出品总监等职务，不仅在技术水平上得到长足发展，还在餐饮管理方面吸收了国内外先进的经验，形成了一套现代化的餐饮管理理念和行之有效的管理方法。田继成先后培养学生20余名，并在餐饮各领域担当重要角色。

田继成在吉菜领域有着较为深入的研究，继承传统吉菜不断创新研发推广。此外，他在鲁菜方面也有所作为，擅长干锅系列、铁板系列、石锅系列、小炒系列等菜肴。他曾多次参加烹饪行业大赛并荣获奖项，包括2019年带队参加吉林省冰雪美食节团体银奖，以及个人赛银奖。田继成的代表菜肴有酱焖花鲢鱼、溜鱼片、海参鹿茸菌、拔丝白果、农家一锅出、雪衣豆沙、大鹅炖酸菜.焗笨鸡炖黄蘑、汆锅底、锅包肉、锅　豆腐、茴香里脊等。这些菜品各具特色，展现了田继成在烹饪技艺上的精湛造诣。

高强 1985年12月出生，中式烹调高级技师、高级营养师、西式烹调师，拥有20年的从业经验。他在个人创业领域表现出色，还获得了世界御厨金爵勋章这一国际性的荣誉，目前经营一家广受欢迎的老味道东北菜馆。

作为一名烹饪专家，高强在吉林省饮食文化研究会担任常务理事，积极参与行业的发展和研究。他的专业技能和创作才华在多项比赛中得到了充分的展现，他曾在2018年吉林省青年技术能手称号的评选中脱颖而出。此外，他还曾在2014年吉菜味道创意美食烹饪大赛、2012年吉菜美食节、2009年烹饪技艺交流和2007年亚冬会美食节等比赛中荣获金奖。

高强在烹饪技巧和营养搭配方面具有深厚的造诣，他曾受邀参与了吉林电视台七套《聊聊天》吉菜药膳节目的录制，向观众展示了他精湛的技艺和独特的饮食文化见解。他的努力和成就在业界得到了广泛的认可和赞誉。

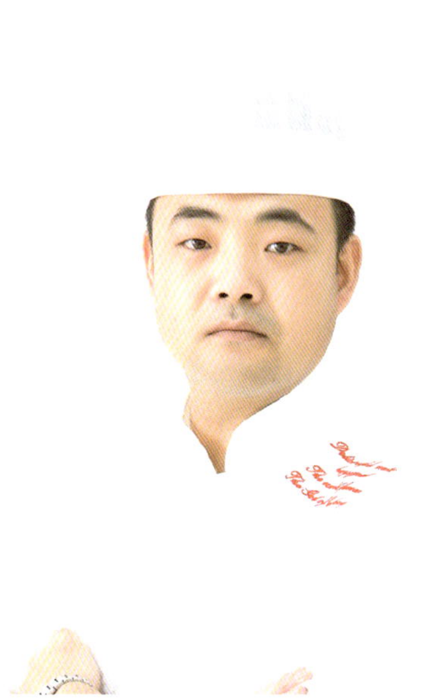

潘国兵 1985年6月出生于吉林省白城市，高级中式烹调师和高级营养师，白城市饭店餐饮烹饪协会会员。他拥有20年的餐饮行业从业经验，曾经在白城市一品私厨、白城市盛记水煎包、白城市玉海岸海鲜城等多家餐饮企业担任重要职务，目前担任白城市铜锣湾海鲜酒店餐饮总厨，兼王记酱骨厨师长。

2002年，潘国兵跟随吉菜名厨高云桥学习厨艺。他勤奋好学，吃苦耐劳，被所在单位推荐到北京市和石家庄市学习进修。在餐饮管理方面，潘国兵有所成绩，对技术精益求精，注重工匠传承精神。他的学生有20余人，并在餐饮行业的重要岗位担当要职。他积极参加国内各类烹饪行业竞赛，屡获殊荣。2005年，他在中华美食丝路东方风情宴中获得金奖；2008年，他在奥运会美食节中获得金奖；2016年，他在冰雪美食节中获得金奖。

潘国兵的代表菜品包括锅包肉、松鼠鱼、霸王肘子、高钙脆皮虾、虎皮烧肉等。这些菜品体现了他精湛的厨艺和独特的烹饪风格。

赵科伟 1985年3月出生，长春市人现居珲春市，国家中式烹调技师，延边烹饪大师，珲春名厨，珲春市餐饮协会理事。从业24年，现任国家级风景名胜区珲春防川酒店管理有限公司行政总厨，兼莲花阁宴会厅厨师长，敬信湿地都一乐鱼基地创新菜工作室引领人。

赵科伟曾在长春市、延吉市、哈尔滨市等地进修，通过不断学习，使视野开阔。2019年任防川酒店管理有限公司行政总厨以来，带领精干厨师服务团队，成功地完成了国内和国外友人的多个大型及重要接待活动，受到了上级领导的肯定和好评。他对技术精益求精，在餐饮管理方面成效显著，注重团队建设培养与发掘优秀人才和工匠传承精神，带徒28人，现在都是餐饮业中的技术骨干力量。

他积极参加各种吉菜美食活动取得优异成绩，在2013年荣获延边首届金海蓝天杯厨艺大赛银奖，2021年7·16主题日活动中荣获吉林大米美食文化节最佳创新奖，2023年荣获东北亚文化旅游节金奖。代表菜有七彩马哈鱼、甜辣酱梭鱼、秘制鲽鱼头、烤全羊、酒香乳鸽等。

孙青余 1985 年 3 月出生，原籍黑龙江省北安市，现居住在吉林省延吉市。他拥有 22 年的烹饪经验，目前担任延边白山大厦的韩餐厨师长，国家中式烹调技师、延边烹饪大师、延边民餐烹饪大师。

孙青余自 2000 年开始在黑龙江牡丹江市莲花水电宾馆担任学徒，2006 年他升任为山东烟台市新天水韩国料理的总厨。2008 年，他拜中国烹饪大师尹良为师，后被白山大厦任命为韩餐部长。2013 年，他担任延边大洲酒店的韩餐厨房长。2015 年，他赴河北石家庄市青瓦台韩国料理担任总厨。

2017 年，他回白山大厦工作，曾多次参加烹饪比赛并获得优异成绩，包括 2013 年荣获延边首届金海蓝天杯厨艺大赛特金奖，同时荣获延边烹饪技术标兵称号，2015 年荣获中国 · 集安养生文化美食节太阳神鸟奖，2015 年荣获国餐饮文化名厨大师赛金奖，2018 年荣获延边新时代、新理念、新厨艺展示交流会菜品创新奖，以及 2023 年荣获东北亚文化旅游节金奖。他的代表菜品包括刺身澳龙、石锅烤鹿肉、泡菜海鲜饼、石锅拌饭等具有延边朝鲜族特色的菜肴。

徐超 1985 年 2 月出生于吉林省榆树市，中式烹调技师，具有 23 年的从业经历，于 2000 年开始学习厨艺，并在 2010 年担任宏泰宾馆的厨师长。徐超在 2014 年至 2018 年，先后在酸菜汤春饼烤鸭店担任厨师长。自 2019 年起，他创立了小厨当家菜馆，并一直担任创始人和经营者。

徐超在餐饮领域的成就颇丰，曾获得过《中国吉林名厨大典》书籍贡献奖，并被评为中国吉林名厨。此外，他还在 2018 年北李杯青年厨师大赛中荣获金奖，以及在 2017 年吉林中华餐饮美食红喜汇杯、第十届吉菜美食节活动中获得最佳创意金奖。在 2018 年江城吉林吉菜峰味杯、第十一届美食节竞赛中，徐超也赢得了热菜特金奖。他在 2021 年盛世餐饮国际绿色烹饪食艺大赛中，以烹调吉菜，厨艺精湛而荣获特金奖。

徐超通过不懈的努力和精湛的厨艺，在中式烹调领域取得了卓越的成就，这充分展现了他对烹饪艺术的热爱和执着。他的成功故事激励着年青一代的厨师，为推动中式烹饪的发展作出贡献。

李云鹏 1985 年出生于吉林省柳河县，现为通化市五月花美食街特色美食门店的经营者。他从事厨师职业 19 年，专注于通化特色美食—高丽火盆的研发和烹饪。

李云鹏经营的美食门店以其独特的高丽火盆特色吸引了众多食客，并被 CCTV2《消费主张》栏目和吉林长影频道《向快乐出发》栏目组关注并专题报道。李云鹏还积极参与各类美食活动和比赛，并取得了优异的成绩。他曾代表通化市美食行业参加了第一届、第三届和第五届吉林省冰雪产业博览会（简称雪博会），并获得了各级领导和广大群众的高度认可和欢迎。

此外，他还参加了通化本地“烹然心动 通化味道”首届美食大赛，获得了“通化名品”“通化名店”“通化名厨”“通化名席”等多类奖项。作为通化特色美食的代表门店，李云鹏专注于高丽火盆的研发和烹饪，用心制作当地特有美食，努力把“火盆”文化推向全国，让更多的人品尝到通化特色地道美食。

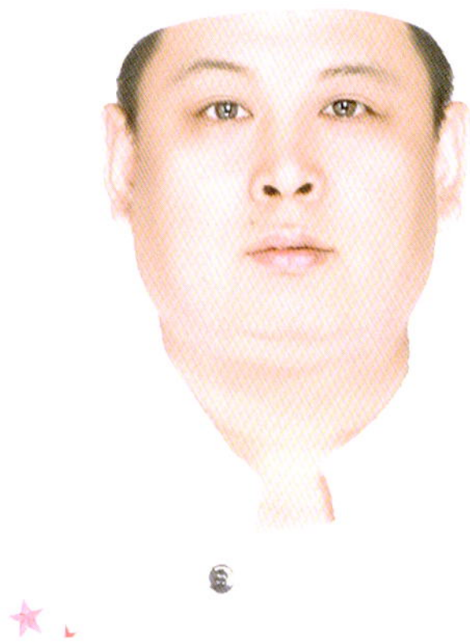

李春贺 1985年10月出生于大安市，国家中式高级烹调师，白城市餐饮饭店烹饪协会会员。从2000年开始学厨，至今已有20年的从业经验，现任大安市老屈头生鱼馆厨师长。

在从业期间，李春贺苦练基本功，勤奋钻研烹饪技术，大胆实践，使他的烹饪技术得以迅速提高。他曾在白城市民间菜馆、阿尔山市农家乐伊尔施大本营、金辉大酒店、阜新市森博农庄、洮南市金良大酒店等多个餐饮企业担任厨师长或行政总厨等职务。

多年来，李春贺对吉菜和白城地方菜充满热情，醉心于厨艺钻研，用辛勤创造诠释了吉菜餐饮人的精神风貌。他不仅为行业同人树立了一个榜样，也为当地餐饮业的发展做出了积极的贡献。他的代表菜有凉拌生鱼、五味鱼头、熘鱼段、清蒸鳌花鱼等。

张艳锋 1985年11月出生，国家高级烹调技师，世界御厨联合会授予亚洲区厨皇美食高级理事，吉林省养生保健委员协会常务理事，现任吉林省榆树钱酒业——壹品轩会所厨务总监。

他的职业生涯开始于2003年，至今已有19年的丰富餐饮经验，并且曾多次荣获各种烹饪大赛的奖项。其中，在2008年省青年厨师烹饪大赛中荣获金奖，以及在2009年康大杯厨师烹饪大赛中再次夺得金奖。这些荣誉充分展示了张艳锋在烹饪技艺方面的高超水平。

作为一位经验丰富且技艺高超的厨师，张艳锋在烹饪领域取得了丰硕的成果。他的职业生涯不仅展现了他在烹饪技艺方面的深入理解和不断进取，也彰显出他对于餐饮行业的热爱和执着追求。

邵壮 1985年出生于镇赉县，高级中式烹调师，同时也是白城市饭店餐饮烹饪协会副会长，具有22年的从业经验，曾在白城市银河宾馆、白城市天龙大酒店、长春市刘府酒店、镇赉县知音饭店等餐饮机构担任厨师、厨师长职务，现任镇赉县知音饭店厨师长。

邵壮自2001年起跟随吉菜名厨高云桥学习厨艺，并被推荐至北京市和沈阳市学习进修。他对技术精益求精，对吉菜有着较为深入的研究，致力于吉菜的传承和推广。他研发的菜肴在镇赉县被争相模仿，成为种子菜，受到一致好评。邵壮特别注重技艺传承，亲自带教学生20余人，使所在餐饮机构拥有实力雄厚的厨师队伍，并在各类接待活动中发挥了重要作用。

邵壮积极参与烹饪行业大赛，并屡获殊荣。2005年，他荣获全国青年厨师大赛金奖；2008年，荣获东方美食大奖赛金奖。他的代表菜有锅包肉、脆皮鲜虾千层肉、五味鱼、铁锅熥大鹅、鱼头泡饼等。

隋建国 1985年6月出生于松原市，高级中式烹调师、高级营养师，白城市饭店餐饮烹饪协会的理事，现任白城市熏酱小馆水煎饺的总经理兼厨师长。

隋建国18岁在白城市饭店开始厨师生涯，曾担任悦来大酒店的厨师长；2009年，他又担任市春华海鲜酒楼的厨师长。在这段时间里，隋建国对吉菜产生了浓厚的兴趣，并对其进行了较为深入的研究。他不仅继承了传统吉菜的精髓，还不断创新研发推广，同时也在鲁菜方面取得了一定的成就。

除了在烹饪技术上获得长足发展外，隋建国还在餐饮管理方面形成了一套单品店现代化餐饮管理理念和行之有效的管理方法。2018年，他在白城市创立了熏酱小馆水煎饺品牌店，注重工匠传承精神，培养了30多名学生，这些学生现在都在餐饮领域的重要岗位上工作。隋建国积极参加烹饪行业大赛，并取得了诸多殊荣。他在2005年荣获了大连首届鱼家美食大赛金奖。他的代表菜有熏鸡、锅包肉、风味酱大骨、酱猪蹄、水煎饺、国宴狮子头、柠檬鲜鲍、豆花牛腩等。

廖宇 1985年5月出生于吉林省辽源市，现任职于吉林省通化市集安市喜乐海鲜酒楼，拥有20年的从业经验。他善于因地制宜利用地方特色食材，为吉菜研发出了人参宴、鱼宴、土特产野菜宴、山珍宴菜等多种特色菜式。

廖宇的职业生涯始于2002年，毕业于通化市烹饪学校，随后在韩风格担任热菜厨师。2008年至2011年，他在韩风格二部担任厨师长。2012年，他在沈阳鑫蚨人海鲜酒楼担任融合菜厨师长。2013年至2020年，他在通化市妙香山酒店担任厨师长。2020年，他在集安市豆谷离宫担任厨师长。2021年至2022年，他在丽景建国酒店五星酒店担任厨师。2022年至今，他在集安市喜乐海鲜酒楼担任厨师长。

在职业生涯中，廖宇积极参与各类餐饮比赛，屡获佳绩。2016年，他在通化新品研发比赛中荣获创意奖。2017年，他代表朝鲜族酒店参加延吉地产研发，荣获最佳研发奖。2019年，他在集安参加人参丰收节，荣获最佳荣誉奖。2023年，他在集安市参加高丽火盆节的大型活动，展现出卓越的烹饪技艺。

毛永市 1986年2月出生，吉林省敦化市人，中式烹调技师，中式初级面点师，吉林省职业技能培训机构教师，延边烹饪名师，从业21年，现任延边白山大厦餐饮部厨师长兼延边州直机关事务管理局执行主厨。

毛永市2002年参加工作，在延边高丽大厦从学徒到餐饮部主管，2006年任国际连锁洲际酒店出品总监。2008年拜吉菜烹饪大师王孟菲为师，深受教诲，技艺得以迅速提高。

他积极参加各类烹饪技能赛事均取得了优异成绩，在2015年经纬乐天地杯延边名厨大赛活动中荣获延边烹饪名师荣誉称号，2016年荣获中国·图们江国际旅游食运会国际厨神料理大赛金厨奖，2018年荣获新时代、新理念、新交流厨艺展示会菜品创新奖，2021年参加“百年吉林·百店百菜”活动被评选为“吉林省特色菜金奖”，2021年7·16主题日活动荣获吉林大米美食文化节最佳创新奖。代表菜有椰汁脆皮明太鱼、民族双味鲜沙参、苏叶四宝烩猪脚、金汁参米煮螺片、黑椒松茸黄牛舌、砂锅芝士韭花鸡等。

张德伟 1986年7月出生，国家二级烹调技师，长春市饭店餐饮烹饪协会副秘书长，世界厨皇美食会亚太区域组织理事会高级理事以及世界御厨美食联合会亚太区组织理事会世界御厨金厨勋章持有者，吉林名厨，吉林省青年技术能手，曾在北李杯青年厨师技能大赛中担任监理。

张德伟在首届中国饮食文化节金厨奖的评选中脱颖而出，赢得了诸多赞誉。另外，他还荣获了首届中国饮食文化节创新菜点展评估活动的“金牌菜”称号，其创作的“特色大黄鱼”和“金盏雪花牛肉粒”深受好评。此外，张德伟在“金士百纯生 金尊斗篷—首届名店·名厨·名酒品鉴大赛”中荣获一等奖，充分展示了他在烹饪领域的卓越才能。而在2021年吉林省饮食行业职工大赛职工技能大赛中，他又一次凭借精湛的技艺斩获一等奖。

张德伟的成就充分体现了他在烹饪领域的专业素养和精湛技艺。他的职业生涯不仅见证了他在烹饪领域的成长，也为吉林省餐饮行业发展贡献了力量。

耿忱军 1986年3月出生，吉林烹饪工匠，吉林省养生保健协会药膳专业委员会常务理事，长春市饭店餐饮烹饪协会运动健康专业委员会常务副主席，拥有20年的从业经验。

他在烹饪领域的成就和荣誉不胜枚举，曾在2008年中国长春冰雪旅游节国际烹饪大赛中荣获国际烹饪金鼎奖。2015年首届中国饮食文化节中荣获金厨奖。在2017年，他获得了世界御厨美食联合会、世界厨皇美食会、亚太区域组织理会联合授予的世界御厨金爵勋章，并被特批授予亚太区域理事会大中华区高级理事，这一系列荣誉充分展示了他在烹饪领域的地位和影响力。

耿忱军在2018年被评为吉林省最具影响力厨师，他在第八届全国烹饪技能竞赛中荣获银奖，他还被评为吉林省青年技术能手，充分肯定了他在烹饪领域的才华和潜力。在各类烹饪比赛中，耿忱军也屡获佳绩。他在第二届长春市厨师节鱼类菜肴创新烹饪技能大赛中荣获亚军。此外，他在盛记杯吉菜烹饪技能大赛中式热菜项目中荣获金奖，以及在盛记杯吉菜烹饪技能大赛中式烹调项目中荣获特金奖。

范国栋 1986年4月出生，高级工人技师，长春饮食文化研究会副会长，中国烹饪协会国际美食委员会委员。

他的职业生涯始于2007年，其间他一直负责一汽大众外籍职工餐厅的烘焙产品制作，同时，他也负责吉林省南湖宾馆的烘焙产品制作与研发。他的专业能力以及烘焙产品的制作技术在行业内广受认可，被誉为烘焙产品行业的带头人。范国栋不仅注重自身技能的提升，还积极参与行业中的专业赛事，担任裁判的职务。在2020年餐饮服务企业职工职业技能竞赛中，他担任裁判一职，确保了比赛的公正性和专业性。此外，他还在第二十一届HFC烹饪艺术大赛中担任裁判，为参赛选手提供了专业的评判与指导。

范国栋不仅拥有扎实的专业知识和技能，而且在行业中发挥着重要的作用，为烘焙产品的制作和研发作出了巨大的贡献。

李桂强 1986年9月出生，吉林省农安县人，国际烹饪艺术大师，吉菜烹饪名师，长春市饭店餐饮烹饪协会常务理事，吉林省养生协会药膳专业委员会常务理事。从业22年，目前在吉林省百草园旅游度假山庄担任厨师长。

2014年，他获得满汉全席赛金厨奖，他凭借自己丰富的烹饪经验和独特的艺术眼光，为百草园带来了众多独具匠心的佳肴，赢得了广大游客和业界同行的高度评价。

李桂强的职业生涯不仅为自己的个人成长带来了辉煌，也为吉林省的餐饮行业贡献了自己的力量。

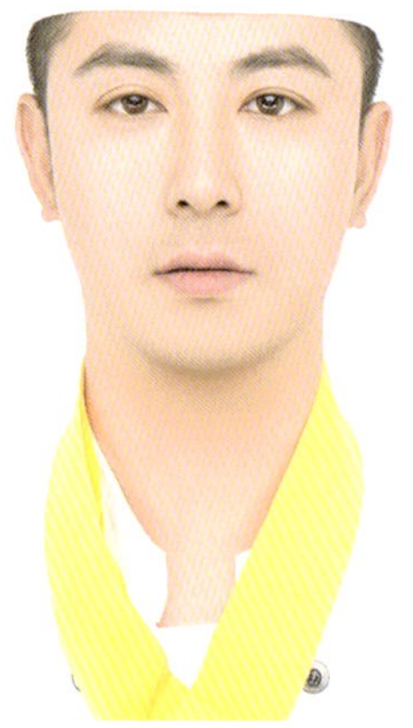

战国强 1985年5月出生，吉林省大安市人，中式烹调师，大安市饭店餐饮协会委员会会员，拥有20年的餐饮从业经验。现任吉林省大安市帝王餐饮娱乐有限公司银帝酒店厨师长，擅长吉菜系列、融合菜系列。

从业期间，战国强服务于多家酒店厨房管理工作，曾先后担任过吉林省长白山宾馆吉菜食府主厨、吉林省长春市东方假日酒店主厨、吉林省长春市牛约客清真自助餐厅厨师长、吉林省长春市和吉林市两家牛约客自助餐厅行政总厨等要职。

作为一名优秀的厨师，战国强在厨艺上屡获殊荣。2017年，他荣获吉林省吉林市美食文化节青年组金奖；2018年，他荣获吉林省餐饮行业技能大赛二等奖；2020年，他获得吉林省第五届冰雪美食节“大安招牌鱼”厨师争霸赛金奖；2021年，他在吉林省大安市第六届冰雪美食节大安“鱼头争霸赛”中荣获特金奖；2021年，他参加了“厨神杯”职业技能大赛，在热菜组比赛中获得一等奖。2023年，他又荣获“东城杯”长春锅包肉超级大王挑战赛金奖。

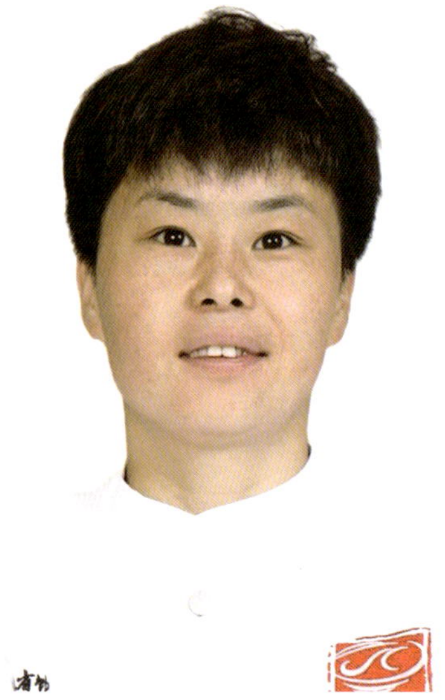

王莉 女，1986年出生，中式面点技师，吉林省饮食文化研究会副秘书长，自2004年以来一直致力于餐饮服务行业。在吉林省清华宾馆担任面点主管期间，她以其出色的面点制作技能和卓越的服务精神，赢得了广大顾客和同人的赞誉。

2021年，她在餐饮服务企业职工职业技能竞赛中荣获一等奖，体现了她优秀的职业技能。2022年，她荣获吉林省第六届冰雪美食节的吉林金厨奖，这一荣誉进一步彰显了她在餐饮行业中的卓越成就。同年，王莉代表中国参加中国文旅特色美食水城黑山羊烹饪技能专项赛，并获得了特金奖。2023年，王莉在在吉林省第二届餐饮行业职工技能大赛中获得三等奖，这些荣誉再次证明了她在餐饮行业中的卓越成就和突出贡献。

王莉积极推动饮食文化的研究和发展，为弘扬中华美食文化作出了重要贡献。她的成功经历和专业素养，无疑为那些在餐饮行业中追求成功的人树立了榜样。

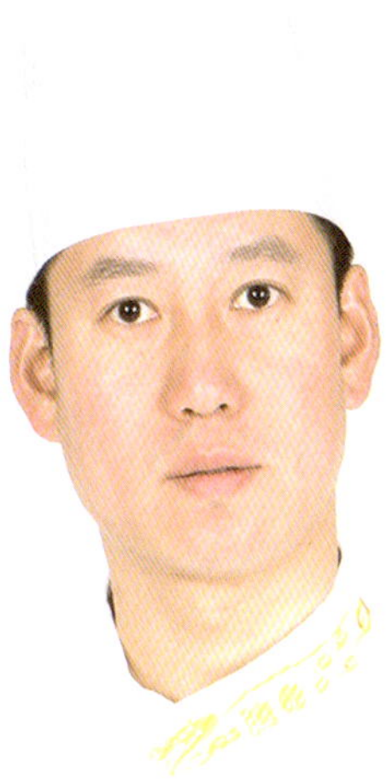

姜涛 1986年4月出生，汪清县人，从业19年，国家中式烹调技师、国家高级公共营养师、国家职业技能鉴定考评员、延边烹饪大师，图们市烹饪协会常务理事，现任汪清县汪粮生态园行政总厨，汪清县玉姐美食总经理兼厨师长。

姜涛2005年入厨学习烹饪技术，后拜中国烹饪大师刘海全受到指导和教诲。2018年在日本工作期间进行民间厨艺交流大会，他制作的锅包肉、煎饼盒子、酸菜蒸饺获得最受喜爱的中国美食称号。他积极参加各类烹饪技能赛事，均取得了优异成绩，2008荣获迎奥运北郊会图们市烹饪技能大赛银奖，2013年荣获延边首届金海蓝天杯厨艺大赛银奖，2020年荣获第五届吉林省冰雪美食节暨延吉朝鲜族餐饮职工技能竞赛最佳菜品制作奖，2021年荣获延边朝鲜族自治州图们餐饮业职工技能大赛特色菜金牌，2021年7·16主题日活动荣获吉林大米美食文化节最佳创新奖，2022年荣获延边文化旅游美食节地方特色菜肴技能竞赛金奖，2023年东北亚文化旅游节金奖。代表菜有金牌红烧肉、软炸沙参、清炖冷水鱼、砂锅鹿宝等。

王爽 1986年3月出生，吉林省大安市人，现任吉林省大安市帝王餐饮娱乐有限公司大安宾馆厨师长，拥有从事餐饮行业16年的丰富经验。

在担任厨师长期间，他擅长吉菜、融合菜系列，具备一定的厨房管理能力，研发新菜、成本把控、原材料营养搭配。王爽的职业生涯始于长春天翼宾馆担任主厨一职。随后，他在2018年成功晋升为大安市大安宾馆的主厨。2020年，王爽担任了大安市大安宾馆主管，并于2023年担任了大安市大安宾馆厨师长。

在职业生涯中，王爽屡获殊荣，包括2018年荣获吉林省餐饮行业技能大赛二等奖，2020年吉林省第五届冰雪美食节“大安招牌鱼”厨师争霸赛个人金奖，2021年吉林省第六届冰雪美食节大安市“鱼头争霸赛”金奖，以及2021年厨神杯职业技能大赛荣获热菜组一等奖。此外，王爽还在2023年荣获了“东城杯”长春锅包肉超级大王挑战赛特金奖。凭借着丰富的经验和卓越的烹饪技艺，王爽在吉林省餐饮行业取得了卓越的成就，为大安市餐饮饭店餐饮协会的发展作出了重要贡献。

姜立志 1986年3月出生，中国吉林名厨，拥有丰富的餐饮行业从业经验。自2000年起，先后在辽宁工程技术大学食堂、韩庄吉林大路店、夫妻创业中式快餐店、竹林小木屋、丰茂烤串、汉拿山烤肉等知名餐饮企业担任要职，现任仓库烤肉运营总监。2019年至2020年，姜立志担任汉拿山烤肉厨师长，以其精湛的厨艺赢得了消费者的认可。2017年1月至2019年5月，姜立志在丰茂烤串担任厨师长，他积极参与番茄课堂培训，并获得了“学霸”称号。同时，他还参加了各种烹饪比赛，荣获了长白山冰雪嘉年华名厨烹饪大赛特金奖等多项大奖。2016年3月至2018年2月，姜立志参与了竹林小木屋的创立，并担任出品总监一职。2013年4月至2016年6月，姜立志在韩庄吉林大路店担任厨师长。2005年至2011年，姜立志在韩庄吉林大路店担任店长等职务。在此期间，他荣获了中华人民共和国人力资源和社会保障部颁发的“五级证书”。

姜立志在餐饮行业深耕多年，积累了丰富的餐饮管理经验和烹饪技艺，并取得了多项荣誉和成就。

尹广志 1986年4月出生，中共党员，吉林省四平工匠，吉林省川渝酒店名厨烹饪委员会副会长，自2003年起致力于餐饮行业，从业已有20余年，目前担任四平市溢香阁餐饮咨询管理有限公司厨师长一职。他从四平市铁西圆中园酒店的面食工作，到铁东杨麻子大饼的厨师工作，再到溢香阁拜第三代传人巩越辉为师，职业生涯中展现出卓越的专业技能和敬业精神。

2020年8月在四平职工职业技能竞赛婚博园中餐烹饪赛中荣获热菜组别一等奖；2021年4月在四川烹饪杂志社赢在后厨（第19季）川菜培训研学中，为弘扬川菜饮食文化、推动川菜产业发展方面作出突出贡献；2022年9月在四平市首届“品四平玉米 享人间臻味”厨艺大赛中，尹广志凭借菜品白玉狮子头，被四平玉米厨艺大赛委员会评选为四平玉米佳餐，并被评选为玉米菜品大师；2023年4月在中国饭店协会川菜培训基地荣获优秀艺术家称号。

朱立元 1986年7月出生，中国烹饪名师、国家中式烹调技师、国际美食评委、国家高级公共营养师，云南省餐美协粤菜名厨分会理事，拥有21年餐饮行业从业经验。现任洲际酒店集团宜宾华邑酒店、宜宾国际会议中心、宜宾智选假日酒店行政总厨，师从烹饪大师夏金龙先生。

在职业生涯中，朱立元参与并组织过各类重大接待工作，如2011年中航直升机博览会餐饮接待，2013年、2014年、2015年、2018年共计4届南亚博览会餐饮接待，2017年借调参与厦门金砖国家峰会筹备用餐接待，以及2022年6月8日重要领导人宜宾之行接待，并组织参与接待省市级政务会议用餐活动，多次参与一线明星及世界500强企业领导的用餐接待活动。

此外，朱立元还被任命为2023年中秋晚会重点接待单位餐饮厨房第一负责人。他取得了诸多成就，曾于2018年至2020年担任云南省餐美协粤菜名厨分会理事，并在2019年至2020年度被云南省冶金技工高级学校烹饪系特聘为大赛高级顾问。

王智刚 1986年8月出生于吉林省白山市，国家高级烹调师，目前担任吉林省通化市康世餐饮金庄源北京烤鸭店厨师长。

2002年开始从事餐饮行业，已有21年的从业经验。他担任过多个重要职务，包括淄博饭店的主厨、青岛东海饭店的厨师长和青岛海派的厨师长。在烹饪技艺上，王智刚深得中国烹饪大师、吉菜大师周旭的真传，擅长东北菜和鲁菜的制作。他参与过“长白山人参宴”“鸭绿江鱼宴”和“长白山山珍宴”等吉菜的创新与研发工作，为吉菜的发展贡献了自己的力量。

在职业生涯中，王智刚参加了许多烹饪技术比赛，并取得了优异的成绩。他在2008年青岛第一届青年厨师技术比武中获得金奖；2012年在同盛圆杯比赛中获得最佳菜品奖；2015年在青岛优秀厨师长评比中获得最佳厨师长等多项荣誉。

陆广利 1986年出生于白城市，中国烹饪大师、吉菜烹饪大师，现任咱们屯餐饮行政总厨。他自2000年入厨已经从业17年，2005年跟随吉菜名厨李海虚专心钻研吉菜，并在哈尔滨市跟随锅包肉第四代传人郑树国大师学习龙江菜。陆广利曾担任过哈尔滨市老厨家、成都市许家菜馆等大型餐饮企业的厨师长，拥有丰富的餐饮管理和烹饪技术经验。

陆广利一直致力于吉菜的研究和推广，通过分享外埠菜，提高了白城市厨师们的烹饪技艺。他注重工匠传承精神，带徒20人，这些徒弟现已成为餐饮领域的技术骨干力量。陆广利代表菜有瀚海原味羊排、锅包肉、宫廷一品酥肘、秘制烤鹅、新派酥黄菜、家焖鳌花鱼、脱脂红烧肉、私房鱼头泡饼等。

罗志 1986年7月出生，国家高级烹饪技师、吉林烹饪工匠、吉林省“技术青年能手”，吉林省饮食文化研究会副秘书长，吉林省饭店餐饮烹饪协会吉菜专业委员会副主席。自2003年开始投身餐饮行业，至今已有20年的从业经验，现担任长春市净月益田喜来登酒店采悦轩中餐厅厨师长。他曾在多家知名酒店担任中餐厅厨师长和日料餐厅厨师长等要职，如长春市和润艺术酒店中餐厅厨师长、日料餐厅厨师长以及长春市宴都酒店（高新店）厨师长。

罗志在任职期间，罗志多次代表酒店参加外地菜品交流活动，与各地同人切磋技艺，提升自身的烹饪水平。他曾参加中国烹饪协会名厨委员会中国厨艺高级研修班，并顺利获得结业证书。此外，他还跟随吉林省烹饪协会代表团前往杭州、哈尔滨等地参加创业创新宣传交流活动，积极推广吉林特色餐饮文化。

罗志在烹饪技能大赛中屡获殊荣，如2019年荣获中天厨具杯餐饮行业技能大赛金奖、太太乐杯烹饪技能大赛金奖。

吕超 1986年出生于吉林省四平市伊通县，中式烹调高级技师、高级面点师、高级公共营养师，毕业于吉林工商学院烹饪与营养专业，一直致力于餐饮行业工作，至今已有15年。

吕超的职业生涯丰富多彩，他曾在星级酒店、特色中餐、大型宴会、自助餐厅、连锁餐饮、高校企业食堂等多种餐饮场所工作，积累了丰富的餐饮经验。他还与团队自主创业，在工作中注重菜品的研发与更新。现在，他任职于吉、川菜系结合的酒楼，尽情施展自己的才华。

2008年，他在北京奥运会媒体村亚洲厨房工作中表现出色。在吉林省评选万名青年技术能手振兴吉林发展行动计划活动中，他荣获了吉林省青年技术能手称号，并获得了个人特金奖。

魏超强 1987年10月出生，中共党员，毕业于吉林农业大学，中式烹调技师、国家高级营养师、中式烹调师职业技能考评员，目前担任吉林省城市建设学校烹饪教研室教师，荣获吉林省“双师型”教师的称号。

在过去的十多年里，魏超强一直致力于烹饪领域的学习和工作。他曾在吉林市北苑酒店担任一线厨师，并逐渐进入中、高职烹饪职业教育行业。他曾获得多项荣誉和奖项：曾在新城吾悦广场举办的第十一届中国吉菜美食节上获得“金厨奖”，并荣获长春市技能职工带头人称号。在吉林省职业院校技能大赛一教学能力比赛中获得三等奖，并在吉林市中等职业学校技能大赛教学能力比赛中获得一等奖。

在学术研究方面，魏超强主持并参与了多项吉林省职业与成人教育教学改革课题。其中包括“中职餐旅教学与校企深度融合的实效研究”等课题。他还公开发表了多篇省级论文，其中包括《烹饪工艺课程理实一体化教学模式探究》《“六步”教学法在食品雕刻教学中的应用》等。

刘杰 女，1987年8月出生，中式面点技师，自2018年任职于和润艺术酒店担任面点师，积累了丰富的工作经验。她的精湛技艺和热情服务态度赢得了众多食客的赞誉。从2022年开始，刘杰转战千喜集团出品部，担任面点教练，负责培训和指导新的面点师。她将自己的技艺和经验传授给更多的年轻人，为弘扬中式面点文化作出了杰出的贡献。

在过去的几年中，刘杰参加了多次餐饮行业技能竞赛，并屡获殊荣。2019年，她参加了中天厨具杯餐饮行业职工技能竞赛和太太乐杯吉菜烹饪技能大赛，均获得了特金奖。这些荣誉充分证明了她在面点制作方面的卓越才华和技艺。2021年，刘杰在吉林省餐饮行业职工技能大赛中脱颖而出，不仅获得了职工技术带头人的称号，还荣获了特金奖。她的实力和才华得到了广泛的认可和赞誉。2022年，刘杰再次参加中国文化特色美食水城黑山羊烹饪技能专项赛，并获得了特金奖。她的卓越表现和精湛技艺再次获得了行业内的认可。

方红亮 中共党员，1987年4月出生，吉林省四平市人，国家级特二级烹调技师、国家高级营养师，吉林省饭店餐饮烹饪协会吉菜委员会常务理事、长春市饭店烹饪协会青年名厨委员会副会长，拥有21年的丰富从业经验，目前担任溢香阁餐饮集团欧屹方舟大酒店厨师长一职。

2017年，方红亮受邀担任四平特勤支队厨师技能比武的评委；2019年，他荣获了劲霸星勺奖吉林赛区优秀星厨的殊荣；在吉菜烹饪大赛烹饪技能大赛中，他勇夺中式烹调特金奖；2020年至2022年，方红亮担任了四平93169部队空军场站中式烹饪技能培训师，并于2023年成为了中国人民解放军65334部队的中式烹调培训师。

方红亮始终秉持着“良知、诚信、精细、创新”的职业道德，遵循着“用手只能做到，用心才能做好”的从厨格言。在厨师这个充满热爱和激情的职业道路上，方红亮凭借着自己的不懈努力和坚持，为食客们带来了一道道精美的佳肴，赢得了广泛的赞誉。

张洪洋 1987年10月出生于吉林省白山市，吉林烹饪大师、集安市鸭绿江非物质文化遗产传承人，现任吉林省通化市康世餐饮公司行政总厨。张洪洋自17岁开始厨师职业生涯，至今已有20年的工作经验。他跟随中国烹饪大师周旭先生学习烹饪技艺，掌握了长白山山珍宴、长全鹿宴、吉菜、辽宁菜和粤菜等多种菜系的烹饪技法。

张洪洋擅长菜品研发、菜牌设计以及厨房管理，曾在通化市金樽鱼先楼担任炒锅，集安市濠江宾馆担任厨师长，集安市云电山庄担任厨师长，通化市北京烤鸭店担任厨师长，以及通化市康世餐饮担任行政总厨至今。

张洪洋在餐饮烹饪大赛中屡获佳绩，曾在2014年参加吉林厨邦杯吉菜味道大赛荣获金奖，2016年参加辽宁省沈阳市全国烹饪大赛荣获金奖，2019年参加吉林省集安市人参丰收节荣获最佳荣誉奖，以及2023年参加“烹然心动 通化味道”美食大赛，以极品山珍宴获得通化名宴称号。他的职业生涯充满了对烹饪技艺的不懈追求和创新，展示了他对于餐饮行业的热爱和执着。

赵大鹏 1987年出生，中式烹调高级技师，长春市饭店餐饮协会副会长，有着19年的丰富从业经验，现任和润艺术酒店热菜主厨，在餐饮行业内享有盛誉。

赵大鹏曾荣获2020年长春市锅包肉大王挑战赛特金奖，展示了他在厨艺方面的精湛技艺。在2019年，赵大鹏凭借在劲霸星勺奖星厨创造营中的专业表现，受邀担任专业评委。同年，他在餐饮行业职业技能竞赛中表现出色，荣获中式烹调技能突出金奖。他还曾在长春市真不同酒店有限公司担任厨师长和门店店长职务，充分展示了他在餐饮管理和烹饪方面的全面才能。2018年，赵大鹏被评为吉林省青年技术能手，体现了他在烹饪领域的专业技能和青年领军作用。同年，他还获得了第三届亚洲厨神大赛特金奖，进一步证明了他在国际烹饪舞台上的竞争力。此外，他还在北李杯青年厨师技能大赛活动中荣获特金奖，展现了他始终如一的高超厨艺。他的成就和荣誉展示了他在中式烹调领域的专业水平和杰出表现，使他在行业中备受赞誉。

周大蓬 1987年出生于吉林省吉林市，吉林市饭店餐饮烹饪协会副会长，吉林省松花江文化研究会会长，目前担任吉林省周氏万事发餐饮管理有限公司总经理。他是吉林省松花江鱼宴的省级非遗传承人，这是他家族世代相传的一项宝贵技艺，并将周氏传统鱼宴的技艺发扬光大。

周大蓬的厨艺生涯始于2003年6月，当时他进入吉林省周氏万事发餐饮管理有限公司，开始学习鱼宴烹饪技艺。经过多年的刻苦学习和实践，他在2010年2月接任公司总经理一职，从此公司在他的带领下，规模不断扩大，业务不断增长。在2022年的吉林市首届鱼乐一夏·寻味江城松花湖鱼文化节上，周大蓬以其卓越的厨艺和深厚的饮食文化素养，荣获“金牌鱼厨”荣誉称号。这一荣誉不仅肯定了他的厨艺成就，也使松花江周氏传统鱼宴的知名度和美誉度得到进一步提升。

周大蓬致力于传承与弘扬我国的传统饮食文化，让更多人了解到我国的饮食文化。他以实际行动践行传承与创新之使命，成为我们学习的典范。

孙步捷 1987年10月出生于吉林省松原市前郭尔罗斯蒙古族自治县，中式烹调技师，高级公共营养师，吉林省青年技术能手，吉林省饭店餐饮烹饪协会第七届常务理事，毕业于吉林工商学院烹饪与营养专业，孙步捷职业生涯已有15年，涉足星级酒店、连锁餐饮、高校和企业食堂，目前担任长春钻智制药有限公司食堂主厨。

孙步捷擅长吉菜，精通大锅菜、小锅菜烹饪技艺，尤其在米饭烹制方面具有丰富研究经验。他以吉林省大米为基础，研发出多款美味米饭。2008年，他担任北京奥运会残奥会餐饮服务工作志愿者。

孙步捷在全国第六届烹饪大赛中，荣获中式烹调团队银奖和个人铜奖。在吉林省第三届烹饪大赛中，荣获中式烹调个人金奖。此外，他还荣获吉林省首届凯利泛美食文化嘉年华菜品展东北金厨奖、吉林省第四届东北美食节创新菜品展东北金厨奖、首届中国饮食文化节创新菜品展金厨奖、吉林省第二届吉菜冰雪美食节金牌菜和金厨奖、吉林省第三届美食网络评选百佳名厨称号等荣誉。

刘本一 1987年3月出生，中共党员，中式烹调技师、高级公共营养师。刘本一毕业于吉林工商学院烹饪工艺与营养专业，职业生涯已经长达15年，这让他在烹饪领域打下了扎实的理论基础。

刘本一现任职于吉林城市建设学校，传承着烹饪技艺，教育着一代又一代的烹饪爱好者。他的教学经验丰富，对烹饪有着独特的见解和深厚的热情。刘本一曾在多家高档星级酒店工作，积累了丰富的实践经验。

2008年北京奥运会上，刘本一担任亚洲厨房厨师，他以出色的厨艺赢得了众多赞誉，并荣获贡献奖。这一荣誉不仅是对他个人出色的烹饪技艺的认可，也是对他在推广中华饮食文化中所作贡献的肯定。

刘京 1987年8月出生，中式烹调师中级，吉林省厨师厨艺联谊专业委员会常务理事、吉林省药膳专业委员会凉菜研究分会常务理事、吉林省慈善总会爱心大使，现任北京鸽行天下餐饮公司西城区凉菜出品总监、食汇川湘餐饮有限公司股东兼出品总监。

刘京于2008年开始星级酒店职业生涯，曾担任长春华天大酒店、长春开元名都大酒店、长春圣豪酒店等酒店的凉菜主管。刘京曾多次赴北京开元名都、北京歌华开元大酒店等进行学习。他还三赴天津糖艺大师李涛的糖艺工作室学习糖艺、分子料理及巧克力雕，并参与北京人民大会堂第二小会堂的糖艺展台布置。2016年，刘京曾在澳门银河酒店唐茶苑中餐厅任冷餐厨房主管，深受澳门名厨谭国峰、米其林三星厨师欧阳文彦两位名厨指点。在澳门第十五届国际美食节上，刘京作为银河酒店代表团副团长荣获亚军。此外，他还参与过长白山朝鲜族自治县朝族菜发展技术交流会，荣获第一名。在北京一厨一菜美食文化传播赛中，他凭借参赛作品“大地飞鸽”荣获金奖。

赛勇 1987年6月出生，吉林省青年技术能手，中式烹调师高级技师，中国饭店协会名厨专业委员会委员，吉林省饭店餐饮烹饪协会吉菜委员会副主席，吉林中华餐饮美食协会副会长。从业21年，现任吉林世贸万锦大酒店中餐总厨。

赛勇2015年获东方国际超级厨师综艺大赛“特金奖”“金厨皇奖”；2016年，获东方国际超级厨师综艺大赛“国际金厨皇奖得主”；2017年获江城吉林吉菜美食节“最佳厨艺金牌得主”；同年在弘扬中华饮食文化、发展烹饪技术等方面成绩显著，荣获中餐烹饪大师荣誉称号的“荣誉勋章”；2018年吉林市“技兴江城”职业技能大赛中式烹饪师类项目比赛中，荣获二等奖；2019年度星勺奖星厨创造营“专业评委”；2021年获第四届美极鲜生青年厨师烹饪大赛“美极先生”称号。

他曾经为多家酒店提供过管理服务，在产品研发和体系管控上尤为精通，所经营的店面也取得了优异的成绩，有多家酒店获得“国家五钻级企业”。

施海波 1987年8月5日出生，本科学历。他在2008年就读于吉林省城市建设学校烹饪与管理专业，目前担任吉林市北苑实训基地实习指导教师、吉林市北苑酒店副厨师长职务。

他曾取得许多荣誉和奖项：在2009年全国中等职业院校技能大赛中获得二等奖；2010年，吉林省中等职业学校技能竞赛烹饪热菜项目获得一等奖；全国职业院校技能大赛烹饪技能中餐冷拼比赛中获得优秀奖；2010年中国吉林松花湖开江鱼美食节活动中，荣获金牌鱼师傅优秀奖，同年6月制作的清汤菊花鳜鱼荣获金牌菜肴。在2011年，吉林省中等职业学校技能大赛烹饪技能项目荣获一等奖。2014年，参加第四届东北美食节创新菜点展评所制作的干枝鹿肉和绿野仙踪分别被评为东北名菜和东北金牌菜；在东北菜研发创新和推广工作中被授予2014年度东北厨艺精英。2017年，在吉林市技兴江城职业技能竞赛荣获中式烹调组一等奖，并被授予吉林市技术能手称号。2022年，参加吉林市首届松花湖鱼文化节，所做心有千千结入选金牌全鱼宴。

王文涛 1987年2月出生，中式烹调师，大安市饭店餐饮协会会员，现任吉林省大安市帝王餐饮娱乐有限公司锦园荟宾馆厨师长、大安饭店餐饮协会委员和中式烹调师。他从业17年，擅长吉菜、海鲜系列和融合菜系列。他曾在多家星级宾馆如南湖宾馆、清华宾馆等地学习进修。

王文涛在烹饪比赛中屡获佳绩。2017年，他荣获吉林省美食文化节青年组白金奖。2019年，他在青岛美食烹饪锦标赛、海鲜美食专项赛中获得最佳创意奖。2021年，王文涛荣获吉林省特色菜品二等奖，吉林省中式烹调竞赛金奖，2021年“厨神杯”长春锅包肉超级大王挑战赛中获得金奖。王文涛的烹饪技艺和创新精神得到了业界的认可和赞誉。获得职业技能大赛一等奖和2021年第六届冰雪美食节大安市“鱼头争霸赛”特金奖。此外，在2023年，他还荣获了“东城杯”长春锅包肉超级大王挑战赛金奖。

他不仅拥有高超的烹饪技巧，还对厨房的管理和饮食业的发展方向有着独到的见解。期待他在未来的职业生涯中创造出更多美食佳作。

李春迪 1987年出生，吉林省松原市人，国家高级技师、中国吉林名厨，吉林省青年技术能手，拥有20年从业经验。

2008年，他参加了中国长春瓦萨国际冰雪旅游滑雪节“国际烹饪大赛”，荣获了“国际烹饪金鼎奖”，这是对他烹饪技艺的极大肯定。2018年，李春迪在第八届全国烹饪技能竞赛（吉林省赛区）中荣获银奖，再次证明他的烹饪技艺和丰富经验。2019年，李春迪在吉林省第三届冰雪美食节网络评选中荣获“百佳名厨”荣誉称号。2021年，李春迪在中国技能大赛吉林赛区选拔赛暨“查干湖杯”吉林省第六届饭店餐饮业职业技能竞赛中，荣获银奖，进一步证明了他在餐饮行业的实力和竞争力。

现在，李春迪担任吉林省龙门鲤餐饮管理公司旗下柒捌玖传统中国菜行政总厨，他在餐饮行业的专业技能和丰富经验备受认可，为吉林省的餐饮业作出了重要贡献。

徐国强 1987年3月出生于吉林省白城市，国家中式高级烹调师，白城市饭店餐饮烹饪协会会员，具有18年的餐饮从业经验，现任白城市红茶中餐小厨餐饮店厨师长。

徐国强的烹饪生涯始于2005年，先后前往北京市、沈阳市等多家酒店进修磨炼。多年来，他一直深入研究吉菜和白城地方菜，并不断推广吉菜，培养了10余名学生。徐国强具备创新意识，适应能力强，工作积极，团队精神突出，思想活跃，不断学习进取。2014年，徐国强创立了白城市老妈菜馆，并担任厨房部总监一职。在此期间，他独立设计菜品，并成功研发推广了30余款吉菜，这些菜品受到了消费者的喜爱和好评，并被多家餐饮店应用推广。

徐国强积极参与烹饪活动，曾在2008年荣获东方美食大赛金奖，2015年荣获吉林省冰雪美食节金奖。他的代表菜有东北压锅菜、海味全家福、糖醋里脊、汆白肉血肠、人参狮子头、老东北红烧肉、海参鹿茸菌、雪衣豆沙、锅包肉等。

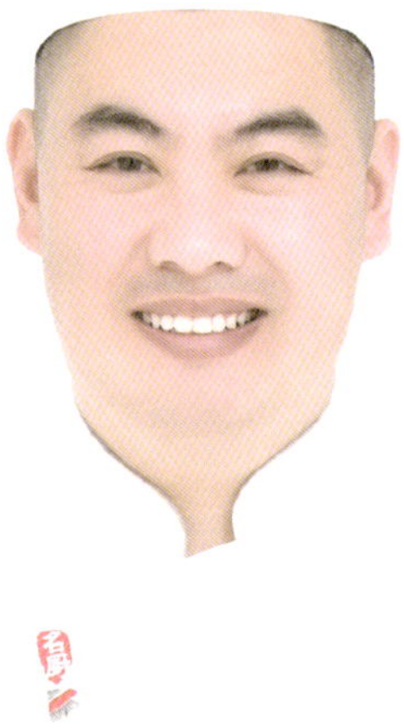

于刚 1987年2月出生于吉林省白城市，长春饭店火锅协会副会长、镇赉县政协委员、镇赉工商联餐饮工会主席，从业20年，现任吉林省白城市镇赉县镇赉鱼馆总经理兼行政总厨。

于刚的烹饪生涯始于17岁，师从本地名厨刘大伟。为了进一步提升技艺，他曾先后在长春市、吉林市等多家酒店担任厨师。2010年，于刚在镇赉县自主创业经营于家村土菜馆，2014年创立镇赉县那家老院子，2016创立178麻辣涮串，2018年创立镇赉鱼馆。

于刚特别擅长白城市特产野生鱼的烹制，他制作的全鱼宴、一鱼多吃、凉拌生鱼、家焖鲤鱼等品种深受消费者的好评，成为引领本地餐饮的热销名菜。他制作的菜肴保留传统不拘泥，能突出本味，形成了极强的典雅时代风格。2023年，镇赉鱼馆被评为镇赉十佳餐饮饭店，2021年被评为消费者安全消费单位。

于刚在烹饪领域具有丰富的经验和独特的见解，他创新进取，勇于实践，为镇赉县的餐饮业作出了突出贡献。他所创立的镇赉鱼馆，已成为镇赉县餐饮行业的代表企业，赢得了顾客的认可和赞誉。

朱文志 1988年11月出生于吉林省长春市，中西式烹调高级技师、国家职业技能鉴定高级考评员、国家高级公共营养师、食品安全管理师，吉林省饮食文化研究会理事、餐饮饭店烹饪协会常务理事，在吉林省工商技师学院获得大专学历，现任长春新东方烹饪技工学校中餐教师。

在从业的20年间，朱文志积极参与各项专业技能比赛，曾荣获国家职业技能大赛吉林赛区中餐优胜奖，并被授予吉林省青年名厨的荣誉称号。他的特色菜式林蛙烧土豆被收录在《中国吉林名厨大典》，进一步彰显了他的烹饪技艺。

作为一名烹饪教育从业者，朱文志在吉林省餐饮行业岗位技术能手评选中脱颖而出。此外，在新东方烹饪技工学校，朱文志凭借其出色的教学能力荣获了最美教师、优秀班主任等荣誉称号，并荣获突出贡献奖。他的教育理念和实践成果得到了广泛认可，为推动烹饪教育行业的发展贡献了力量。

孙胜强 1988年2月出生，吉林省汪清县人，国家中式烹调中级技师，延边烹饪大师，延边州餐饮科学学会会员。从业20年，现任汪清县罗子沟人家饭店总经理兼厨师长。

孙胜强自2003年入厨先后在天府大酒店学徒，曾先后到北京和沈阳进修，练就了一身过硬的本领，8年历练他找准了人生的航标。他凭着延边汉子特有的实诚和执着，让罗子沟大山菜成为招牌，在家乡大放异彩。2012年他任吉林省磐石市福满三湘大酒店行政总厨，2015年任汪清县蓬莱餐饮粗粮馆厨师长，2016年任蓬莱餐饮技术总监。

他积极参加各类烹饪技能竞赛均取得了优异成绩。2013年荣获延边首届金海蓝天杯厨艺大赛银奖，2014年参加中国名酒店组织的名菜名点菜品制作和品鉴活动荣获特别优质奖，2021年荣获延边州图们市餐饮业职工技能大赛特色菜奖牌，2023年东北亚文化旅游节金奖。代表菜有百年传承罗子沟老式扣肉、农家炕头菜、朝鲜族大黄米蒸花肘、麒麟鲈鱼、五谷杂粮打包饭、赛百味熏鸡等。

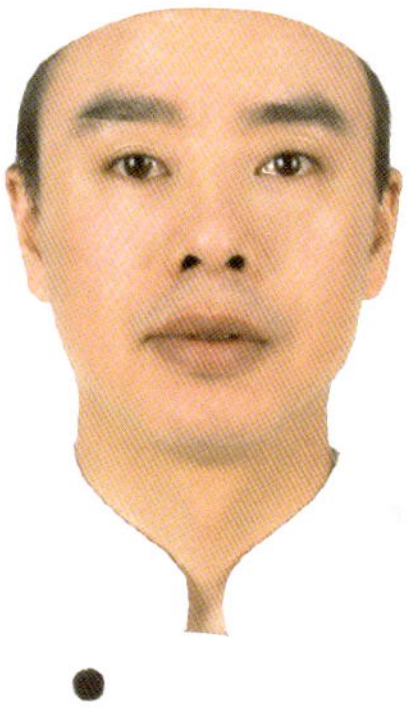

王刚 1988年5月出生，吉林省大安市人，高级中式烹调师，白城市饭店餐饮烹饪协会的会员。他有着17年的从业经验，现任大安市老蒋屯餐饮服务有限公司安广店厨师长。

18岁时，王刚在长春市钓鱼岛饭店师从吉菜名厨高云桥潜心学习烹饪技艺。一直以来，王刚致力于吉菜传承与创新，对文化宴和吉菜融合有着较为深入的研究。王刚的技术全面，功底深厚，擅长从不同菜系中汲取精华，并将其运用于自己的菜肴中，使作品既保留了吉菜的传统特色，又不失时代潮流感。在职业生涯中，王刚曾在长春市华侨饭店、长春市喜来登酒店以及长春市钓鱼岛等餐饮机构担任厨师或厨师长等职务。他不仅注重个人技艺的提升，还注重技艺延续，亲自带教学生20余人。

王刚曾多次参加烹饪大赛，并屡获殊荣。2005年，他荣获中国餐饮业博览会银奖；2008年，在新奥尔良厨师烹饪比赛中荣获金奖。王刚的代表菜品有梅花鹿血糕、糖醋鲤鱼、海味全家福、锅包肉、扒牛肉条、百花豆腐、人参狮子头、养生滋补肉等。

魏兴 1988年12月出生，吉林省青年技术能手，西式烹调师技师、国家级营养师、注册中国烹饪名师。从业13年，现任职于长春新东方烹饪技工学校，凭借卓越的烹饪技能和丰富的教学经验，他在烹饪教育领域发挥着重要作用。

魏兴在烹饪领域的专业性和成就得到了广泛的认可，在国内各大烹饪比赛中，屡次夺魁。他于2017年在中国技能大赛吉林赛区选拔赛中赢得金奖，又在2018年举行的第三届亚洲厨神挑战赛中荣获金奖。此外，他还在第八届东北美食节上荣获特金奖，在2018年首届吉林省万名青年技术能手选拔赛暨首届北李杯青年厨师技能大赛活动中荣获特金奖。他的专业素养和敬业精神使他在行业内备受肯定，成为烹饪教育领域的中坚力量。

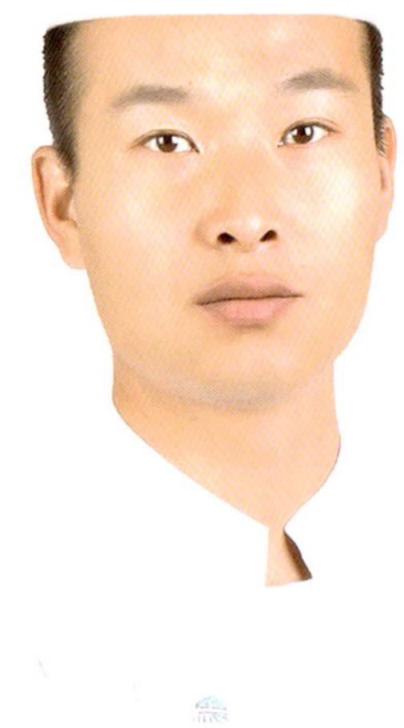

胡忠海 1988年出生，中式高级面点师，吉林省饮食文化研究会副秘书长，现任和润艺术酒店厨师长。

拥有18年丰富工作经验的他，在吉林省同鑫宾馆担任面点师期间，曾获得2012年吉林省同鑫宾馆年终考核白案第一名的优秀成绩。之后，他在和合会馆担任面点师，进一步提高了自己的烹饪技艺和经验。自2017年起，胡忠海担任和润艺术酒店厨师长，凭借精湛的厨艺和丰富的经验，在2018年吉林省万名青年技术能手特金奖和吉林省万名青年技术能手称号的角逐中脱颖而出。2021年，他在吉林省饮食行业职工技能大赛中荣获优胜奖，同年被授予吉林省餐饮行业岗位技术能手的称号。纵观胡忠海的职业历程，他不仅具备精湛的烹饪技艺，而且在餐饮行业积累了丰富的工作经验。他多次在技能大赛中获奖，表现出色，是吉林省餐饮行业一位杰出的面点师和厨师长。2023年，胡忠海在参加东城杯长春锅包肉大王挑战赛时，勇夺金奖，再次展现了他出众的烹饪才华。

他拥有深厚的烹饪功底和丰富的工作经验，是餐饮行业的一名优秀人才。

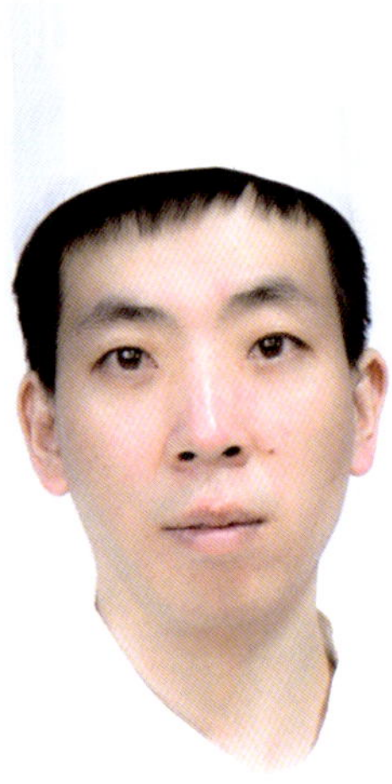

刘秉 1988年12月出生，全国餐饮业技能大师，中国烹饪协会会员，长春市饭店餐饮烹饪协会副会长，从业16年，现任东巴人餐饮管理有限公司行政总厨。曾获得多项荣誉和认证，包括最具影响力厨师、中国吉菜20年风云录收录菜品认证等。他成功完成了多次培训课程和活动，包括“共克时难，稳定发展”餐饮人员业务培训和“提升财务管控，助推企业发展”吉林省餐饮企业财务管理人员岗位培训等。此外，他还创下了世界纪录协会“世界最大的一桌五谷粮食宴”世界纪录，这一成就充分展示了他的烹饪技艺和创新能力。最近，他还获得了吉林省慈善总会“童在蓝天下”活动的年度“爱心传播大使”荣誉称号，并参加了社会组织助力乡村、振兴城乡吉菜传承烹任技艺及预制菜技术带头人培训班并顺利结业。在职业生涯中，他还代表东巴人团队参加了第四届中国火锅出品大赛特色火锅出品赛，并获得了由中国烹饪协会颁发的火锅套餐赛金奖和火锅宴席赛银奖。这些荣誉和成就充分证明了他的烹饪技艺和实力。

车德意 1988年8月出生，现任吉林省千喜餐饮集团有限公司（长春市政务中心食堂）厨师长。车德意于2004年年初在吉林省春谊宾馆进修厨艺。他曾担任长春市三家店茶文化有限公司厨师长、长春市真火餐饮服务有限公司厨师长等。

在职业技能竞赛中，车德意取得了多项荣誉。在2010年省直机关事务管理局职工技能竞赛宾馆组热菜项目中，他荣获优胜奖。2016年，他在长白山冰雪嘉年华暨“珍选捞汁杯”名厨烹饪大赛中勇夺金奖。此外，他还在第一届千喜杯中式烹调竞赛和第四届千喜杯中式烹调竞赛中分获亚军和冠军。在吉林省万名青年技术能手选拔赛暨首届北李杯青年厨师技能大赛中，车德意荣获特金奖。2022年，他在中国文旅特色美食水城黑山羊烹饪技能专项赛中再获特金奖。车德意不仅在专业技能上取得了优异的成绩，还在团队管理、菜品创新等方面表现出色。在他的带领下，吉林省千喜餐饮集团有限公司（长春市政务中心食堂）为员工和客户提供了优质的餐饮服务，赢得了广泛的好评。

罗海平 1989年8月出生，原籍广东省兴宁市，现居吉林省白城市，高级中式烹调师、高级美食营养师、高级食品安全管理师，白城市餐饮饭店烹饪协会的会员，现任白城市红茶中餐小厨餐饮店的行政总厨。

罗海平自17岁学厨，已有18年的餐饮从业经验，他师承中国烹饪艺术家天津市名厨委主席许百顺先生。先后在长春市、吉林市、白城市等多家酒店进修学习吉菜，对吉菜有着深厚的热爱和独特的见解。他的代表菜品包括锅包肉、鹿茸三珍汤、雪衣豆沙、砂锅鹿宝等。

罗海平于2012年开始就职于白城市红茶中餐小厨餐饮店。凭借着精湛的厨艺和对菜品的深刻理解，罗海平在重大接待工作中总能圆满完成任务，获得了社会广泛的好评和认可。罗海平还积极向他人传授烹饪技艺，先后培养了10名餐饮业技术人才。此外，他还积极参与行业组织举办的技能提升机会和烹饪活动，并于2017年参加中餐名厨大讲堂暨中餐厨艺技能提升高级研修班，获得高级技能证书；2019年荣获新时代厨师楷模荣誉称号。

孙大伟 1989年11月出生，本科学历，中式烹调高级技师。

孙大伟在第八届全国烹饪技能竞赛（分赛区）专业组中餐热菜荣获金奖，中国长春烹饪艺术家，中国长春冰雪旅游节首届长春东北亚旅游美食年会名厨烹饪技能大赛热菜项目特金奖，2018年度吉林省最具影响力厨师，代表中国赴西班牙参加“一带一路”中西餐饮文化交流并担任技术指导老师，中天厨杯2019年度餐饮行业职工技能竞赛（中式烹调）荣获特金奖，吉菜发展20周年庆典系列活动中荣获吉菜烹饪技能大赛中式烹调项目特金奖，“百佳名厨”荣誉称号。他曾担任吉林省餐饮职工技能大赛中式烹调评委、长春市第三届厨师节中式烹调评委。

孙大伟在吉林餐饮行业中取得了丰硕的成果，为传承和发展中华美食文化作出了突出贡献。

吕闯 1989年5月出生于吉林省松原市，国家高级中式烹调师、高级营养师，白城市饭店餐饮烹饪协会的会员，现任乾安县熏酱小厨水煎饺厨师长。

吕闯的厨艺生涯始于2007年，至今已有17年的餐饮从业经验，他曾跟随吉菜名厨高云桥学厨。先后被选派到北京和秦皇岛等餐饮名店进修，系统地学习了中餐厨房各部门的协调运营管理和培训工作。吕闯在单品店营销策略方面有着深入的研究，擅长对吉菜的传承和创新，尤其单品把控灵活性推动成效显著，为企业创造了经济效益和社会效益。他曾担任长春市飞乐酒店、大连市金州饭店、哈尔滨市建国大酒店等餐饮机构的厨师或厨师长等职务。

吕闯在烹饪行业大赛中屡获殊荣，其中包括：2015年荣获武汉国际美食节银奖，2017年荣获中国美食节济南站银奖，2019年荣获吉林省冰雪美食节金奖。他的代表菜有熏肚、酱大骨、水煎饺、锅包肉、锅烧鸡、玉带虾仁、熘肉段、麻婆豆腐等，这些菜品深受大众的喜爱和推崇。

王永富 1989年7月出生于吉林通化市，毕业于吉林工商学院烹饪与营养专业，中式烹调技师、高级公共营养师、吉林省青年技术能手，吉林工商学院旅游烹饪学院校友会餐饮行业委员会主任委员。从业15年，王永富的职业生涯丰富，曾就职于星级酒店、连锁餐饮等多家企业，并且与团队一起创立了饭小猪营养快餐，他的团队在吉林省餐饮行业中享有一席之地。

王永富作为吉林省鱼馆家餐饮管理有限公司的创始人，擅长连锁餐饮菜品标准化设计和连锁餐饮菜单结构设计。他热衷于吉菜连锁化创新，并为此付出多年的努力。王永富的烹饪实力得到了业界的广泛认可，他曾在吉林省首届凯利泛美食文化嘉年华菜品展中荣获东北金厨奖，在第四届东北美食节创新菜品展中亦荣获东北金厨奖，在中国首届饮食文化节创新菜品展中荣获金厨奖，在吉林省第二届吉菜冰雪美食节中菜品荣获金牌菜和金厨奖，在吉林省第三届美食网络评选中荣获百佳名厨称号。

付瑶 1989年8月出生，吉林省四平市人，吉林省饭店餐饮烹饪协会会员、长春市饭店烹饪协会会员，目前担任婚博园喜都酒店高级技师，拥有15年的从业经验。

从最初的帮厨做起，付瑶凭借自己的努力和才华，逐渐成长为独当一面的主厨，最后成功地独立管理一家酒店。他的日常工作包括带领团队研发新式特色菜肴，不断优化菜品口味，保证每一道菜品的出品质量。此外，付瑶还擅长成本核算，能够准确把握价格定位，控制成本和利润，成为一名优秀的行政总厨。

除了在烹饪领域的成就，2023年，付瑶被聘为中国人民解放军65334部队的中式烹调培训师，为部队官兵传授烹饪技艺。凭借丰富经验和精湛烹饪技艺，付瑶在婚博园喜都酒店担任要职，积极参与烹饪行业的交流与培训活动，为餐饮行业的发展贡献自己的力量。

郑星 1990年12月出生，中式烹调高级技师、硕士研究生，本科及硕士分别毕业于吉林工商学院烹饪与营养教育专业、吉林农业大学食品加工与安全专业。现任吉林工商学院旅游烹饪学院教师，主要研究领域为预制菜研究与管理。

在授课之余，郑星深耕烹饪行业，取得了一系列成就：2017年，他赴泰国孔敬大学孔子学院担任汉语教师，并参与创建海外孔子学院首家“中国厨房”；2018年9月，在吉林省万名青年技术能手选拔暨首届北李杯青年厨师技能大赛中荣获“特金奖”；2018年12月，在吉林省“评选万名青年技术能手振兴吉林发展行动计划”活动中，被评为“吉林省青年技术能手”；2020年，荣获长春锅包肉大王挑战赛特金奖；2023年，被评为吉林省首届老年美食节养老膳食烹饪技能大赛优秀指导教师；2023年10月，在长春市“东城杯”锅包肉大王挑战赛中再次获得特金奖；2023年11月，在吉林省第二届餐饮行业职工技能大赛中获得二等奖，并被授予吉林省餐饮行业职工技术带头人称号。

李东 1991年8月出生，吉林省青年技术能手、吉林省技术能手、吉林省饭店餐饮烹饪协会理事，从业12年，现任吉林省工商技师学院教师。

他在吉林省厨师界的成就斐然，荣获了一系列荣誉和奖项。李东曾在第四届东北美食节中荣获东北金厨奖，这项荣誉充分彰显了他的烹饪技艺和独特风格。此外，他还荣获了首届吉林省百姓最喜欢特色菜金奖和第二届吉林省锅包肉大赛金奖，这些奖项都是对他高超烹饪技艺的肯定。

除了在烹饪技艺方面表现出色，李东还在职业教育方面做出了积极贡献。他参与了“十四五”全国职业教育教科书的编写，以及“十四五”国家级职业教育教材《西式烹调技术》的编写，这些教材将为全国职业教育提供重要参考。此外，他还参与了全国72所职业院校国家课程标准的开发，为烹饪《西式烹调》的编写献出了自己的力量。

牛庆雨 1991年出生，自2015年开始在吉林省望龙餐饮产品研发部担任经理，以其卓越的专业能力和领导才能，负责引领和管理公司的产品研发工作，为公司的发展作出了重要贡献。2017年，他转至尚我佳永和豆浆产品研发部，继续深化对餐饮行业的理解和研究，展现出了极高的专业素养和领导才能。2019年，他成为1949豆腐脑餐饮出品总监，以独特的视角和敏锐的洞察力，推动公司的餐饮出品质量不断提升。自2021年至今，他担任吉林省书安餐饮产品研发部经理，继续在这个领域发挥他的专业技能和领导才能。

在职业生涯中，牛庆雨不仅在各个岗位上展现出了卓越的能力和专业的素养，还荣获了多个奖项。2017年，他荣获太太乐杯金奖，这个奖项充分肯定了他的专业能力和领导才能。2021年，他在第三届长春厨师节技能大赛中获得特金奖，这个奖项再次证明了他的专业技能和实力。此外，他还担任吉林省饮食文化研究会副秘书长，积极参与推广和传承吉林省的饮食文化。

张青华 1990年出生于吉林省大安市，国家高级中式烹调师，白城市饭店餐饮烹饪协会会员，已有15年的从业经验，现担任大安市老蒋屯儿酱大骨餐饮顾问一职。

张青华在18岁时，跟随长春市春发合饭店的吉菜名厨高云桥学习厨艺，他一直致力于吉菜的传承和创新，对吉菜的自主创新和模仿创新及其融合有着较为深入的研究。他曾在白城市银河宾馆、万豪酒店、天府酒店多家餐饮机构担任厨师长、总厨等职务。

张青华积极参与省内外的烹饪行业大赛，屡获殊荣。2015年，他荣获全国旅游饭店服务业技能大赛金奖；2017年，他带队参加吉林省冰雪美食节长白山站，荣获团队奖。他的代表作品有焖大虾、糖醋排骨、梅花鹿血糕、风味酱大骨、拔丝白果、海味全家福、锅包肉、锅㸆豆腐等，深受食客的喜爱。

司伟建 1991年8月出生于吉林省农安市，中国饭店协会中餐委员会会员、中国烹饪协会会员、中国青年烹饪比赛会员、世界厨师联合会会员、钱以斌WF创意厨房会员、吉林省饮食文化研究会会员以及中国西餐技能大师工作室会员，从业16年。

他在2015年先后到北京丽思卡尔顿大酒店、上海安曼养云酒店、澳门永利皇宫米其林二星餐厅川江月学习深造。司伟建擅长本帮菜、粤菜以及融合冷菜等多种菜系，尤其在担任冷菜厨师长工作后主抓了菜品研发、市场同类产品分析、厨房团队建设、厨房团队管理、单店人员成本管理等多个方面的工作。

司伟建曾于2016年与中国技能大赛吉林省职业技能竞赛烹饪（冷菜）项目比赛评委钱以斌（WF创意厨房）合作，参与了吉林长春溪park创意餐厅型高端餐饮项目的筹备与实施，展现出他在高端餐饮项目策划与执行中的优秀能力。此外，司伟建还曾参加了上海西岸米其林美食节、NBA上海站、维密秀上海站等活动，为这些高端餐饮项目提供了专业的支持和服务。

薛海 1992年3月出生，吉林省长春市人，中式烹调高级技师，三级公共营养师，兼具文学、管理学双学士学位及农学硕士学位。吉林省饭店餐饮烹饪协会第七届理事会理事，现任吉林工商学院旅游烹饪学院教师，主要负责中国《烹饪概论》《烹饪基本功》等课程教学。

薛海在烹饪教学领域成果丰硕，职业生涯亮点纷呈：2018年9月，在吉林省万名青年技术能手选拔暨首届北李杯青年厨师技能大赛中荣获特金奖；2018年12月，被评为吉林省青年技术能手；2019年7月，在年度餐饮行业职工技能竞赛中式烹调项目中斩获银奖；2021年5月，在吉林省餐饮行业职业技能大赛中夺金；2021年5月，荣获吉林省商业服务业公会委员会颁发的吉林省餐饮行业高技能职工证书；2023年10月，在长春市东城杯锅包肉大王挑战赛中取得特金奖；2023年11月，在吉林省第二届餐饮行业职工技能大赛中获得二等奖，并被授予吉林省餐饮行业职工技术带头人称号。

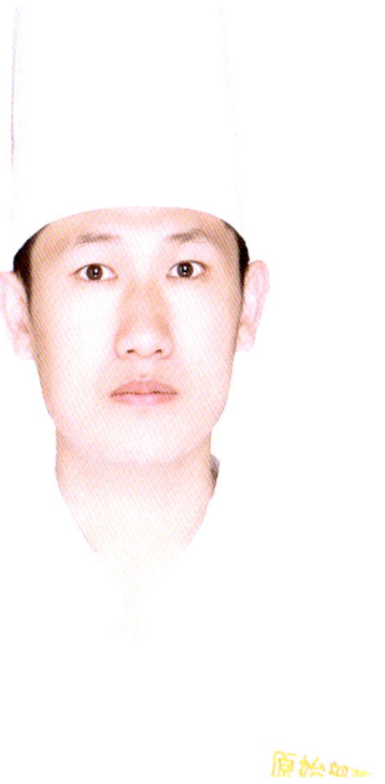

张佰河 1992年10月出生，吉林省大安市人，拥有15年的从业经验，现任吉林省大安市原始部落徒手餐厅的行政主厨。2013年，他开始在大安市俄罗斯大串学习烧烤技术;先后到沈阳、长春、上海、天津、锦州等多个城市进修学习。2017年，他回到大安，在原始部落烧烤担任烧烤师傅，将自己的所学运用到实际操作中。在从业的10余年里，张佰河不仅注重提升自己的烹饪技艺，也培养了30多名学生，这些徒弟现在都在烧烤领域的重要岗位上工作。

张佰河对吉菜和辽捺钵文化有着较为深入的研究，是集企业餐饮管理和厨艺广泛的人才。他在继承烧烤传统的基础上，根据季节和顾客的口味变化和要求，不断对菜品进行改革和创新。他推出的炭烧碟鱼头、炭烤稻花蟹、酱油羊板筋、特色羊排羊腿等菜品，深受消费者喜爱，引领了新时代的烧烤潮流。张佰河的代表菜品有铁锅炖鱼、花鲢焖面、小米嘎牙鱼等，这些菜品既体现了他对传统烹饪技艺的传承，又展示了他对现代饮食文化的创新和探索。

单喜松 1992年出生，中专学历，吉林省饮食文化研究会副秘书长、吉林省饭店餐饮烹饪协会吉菜专业委员会副主席，拥有16年的丰富烹饪从业经验。他的厨艺生涯始于2008年，在长春市匡园会馆学习5年；2013年，他成为万隆宾馆的主厨；2018年，单喜松晋升为和润艺术酒店的副厨师长。2021年，他担任净月益田喜来登酒店的副厨师长。单喜松对烹饪有着无尽的热情，热爱研究各种食材的特点，并不断探索全新的烹饪方法。

他不仅热衷于分享美食，还积极参与省内菜肴的培训和创新活动，努力推动餐饮文化的发展和传承。凭借不懈的努力和卓越的烹饪技艺，单喜松在比赛中屡获佳绩，如2018年荣获吉林省青年技术能手称号，2019年获得吉菜20周年张氏鱼庄杯大赛金奖，2020年荣获长春市经济技术开发区首届餐饮行业职工技能大赛特金奖，以及2023年“东城杯”长春锅包肉超级大王挑战赛特金奖。单喜松完美地诠释了厨师对行业的热爱和传承，为餐饮行业的发展注入了无尽的活力和创造力。

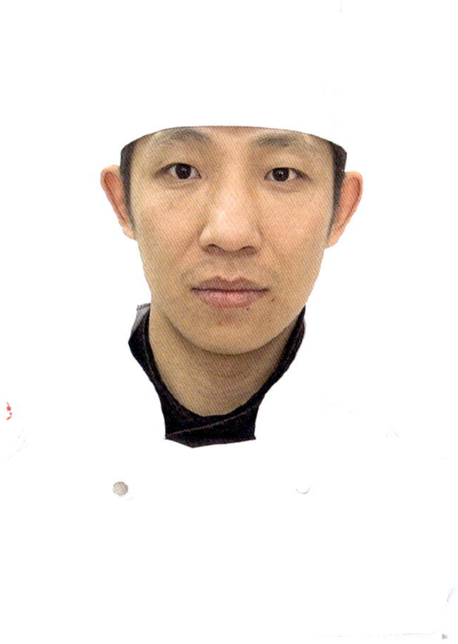

陈亮 1992年10月出生于吉林省四平市。他自小热爱厨艺，2005年7月进入四平市石岭镇职业高中，开始专心研究厨艺技艺；2007年，陈亮正式踏入职场，担任长春大连城建肥牛厨师长；2009年，他继续提升自己的厨艺水平，担任长春东光宾馆凉菜主厨；2010年至2013年，他前往北京瀚金佰国际酒店，担任凉菜厨师长，进一步积累了丰富的烹饪经验和技巧；2019年，陈亮在沈阳市青梅酒肆进修深造，不断拓宽自己的美食视野。学成归来后，他回到家乡四平，担任四平一块豆腐乡味菜馆烤鸭店厨师长至今。

陈亮在厨艺领域已经拥有了16年的丰富经验，对吉菜系列菜品有着深刻的感悟和钻研，尤擅长吉菜凉拌菜的制作与开发。他希望通过自己的努力，将吉菜推向更广阔的市场，让更多人品尝到吉林地区的地道美食。

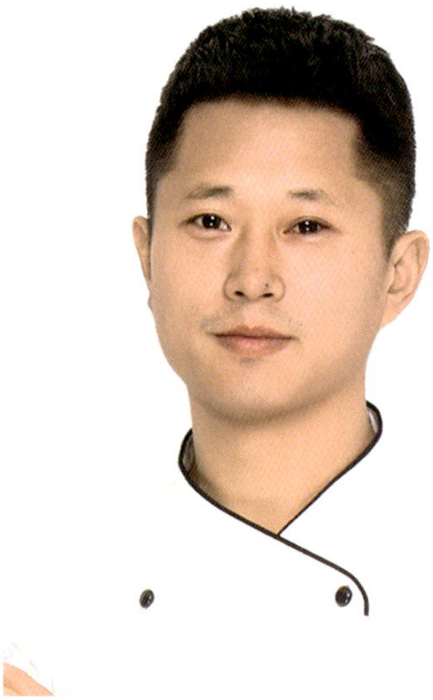

杨东博 1991年10月出生，中式烹调师，拥有15年的工作经验。他的职业生涯丰富多彩，曾在多个知名餐饮公司和机构工作过，包括皇宫御膳、大回小回餐饮有限公司、长春市体育局雪立方运动摩尔、金大洲集团和润艺术酒店等。

杨东博在职业生涯中取得了出色的成绩。他曾在2022年和润艺术酒店中餐PK中获得第二名，又在2023年长春市二道区东城杯长春锅包肉超级大王挑战赛中荣获特金奖第二名。这些荣誉充分展示了杨东博在中式烹调领域的专业技能和高超技艺。杨东博的工作经验丰富，涵盖了多个领域，包括皇宫御膳、餐饮公司、运动摩尔、艺术酒店等。这些经历使他积累了丰富的行业知识和实践经验，使他能够在各种场合应对自如。杨东博的专业技能和高超技艺得到了广泛的认可，是行业中的佼佼者。

袁百成 1992年出生，高级中式烹调师，拥有本科学历，现就职于吉林省松苑宾馆。他在2008年至2011年就读于长春市商贸旅游技术学校的中式烹调专业。自2011年开始，他在吉林省松苑宾馆工作，其间曾前往上海、天津重庆等地学习，并亲手为多名国家领导服务。

袁百成在职业生涯中取得了诸多荣誉和奖项。他曾在2017年12月获得单位先进个人、技术能手和岗位标兵称号，并于2018年12月获得吉林省人社厅青年技术能手称号。2019年5月，袁百成被评为吉林省烹饪工匠，同年3月在冰雪美食节中被评为百佳名厨。2018年9月，他在吉林省首届青年厨师技能大赛中荣获特金奖。2019年8月在国宾馆赛区的第八届全国烹饪大赛中获得银奖，2019年11月在第二届长春市厨师节吉菜烹饪大赛获得金奖，并被评为长春市十大名厨。2020年，他被中国烹饪协会中式菜肴研发中心聘为研发员，并在中国首届海参烹饪邀请赛中获得金奖，同时荣获全国海参烹饪能手称号。最近，袁百成在2023长春锅包肉大王挑战赛中获得特金奖，并获得锅包肉大王称号。

李冬雪 女，1994年6月出生，中式面点高级技师、西式面点高级技师，卓越的面点制作技艺在餐饮行业取得了令人瞩目的成就。

李冬雪的职业生涯始于2013年，她在新民宾馆开始了自己的面点学徒生涯。通过不懈的努力和学习，她的技艺迅速提升。随后，她在和合会馆担任面点师，进一步锤炼了自己的技能。2017年，她加入了和润艺术酒店，担任面点技师，负责酒店的面点制作和管理工作。凭借出色的表现，她于2021年成为中国银行培训中心的面点主管，继续在该领域发光发热。

李冬雪的才华和努力得到了业界的广泛认可。她曾多次在各类烹饪技能竞赛中荣获大奖，包括吉林省餐饮行业技术标兵、吉林省饭店餐饮业职业技能铜奖和金厨奖、第八届全国烹饪技能竞赛金奖等荣誉。特别是在2018年，她不仅荣获了吉林省和全国性的面点金奖，还在中国长春冰雪旅游节首届长春东北亚旅游美食年会名厨烹饪技能大赛中获得了金奖，充分展现了她的面点制作技艺。

蒋洪禹 1993年6月出生，黑龙江省双城市人，他在餐饮行业拥有15年的从业经验，具备丰富的烹饪知识和技能。曾担任多个城市的知名酒店的厨师长，以及多家餐饮企业的行政总厨和出品总监。目前，他在长春市临河街溢香阁饺子城担任厨师长。

蒋洪禹在餐饮行业取得了显著的成就。他曾与餐饮部经理一起筹划和设计菜单，及时开发符合当地需求的餐饮产品。他的创新精神和精湛的烹饪技艺得到了业界的认可，曾荣获哈尔滨市新厨艺技能烹饪比赛“杰出厨艺能手”称号，以及北京市中华厨艺创意大赛暨预制菜创新精选大赛金奖。此外，蒋洪禹还十分注重对员工的技能和工作上的培训，帮助他们提高职业素养和服务水平。这充分体现了他对餐饮行业的热情和责任感。

蒋洪禹在餐饮行业拥有丰富经验，他不仅在烹饪领域取得了卓越的成就，还在餐饮管理和人才培养方面有所建树。他的辛勤努力和敬业精神得到了业界的广泛认可，是一位值得尊敬的餐饮行业从业者。

王守仁 1994年出生，中式烹调高级技师，吉林省青年技术能手，已有13年从业经历，现就职于吉林省白山市嘉诚培训学校，担任金牌讲师一职。

他在职业生涯中取得了诸多荣誉和成就，曾获得“吉林省最具影响力厨师”称号，彰显了他在烹饪行业中的影响力。此外，他还在第八届全国烹饪技能竞赛中荣获银奖，以及在首届青年厨师技术大赛中摘得特金奖。2019年，他在餐饮行业职工技能竞赛（中式烹调）项目中勇夺金奖，再次证明了他在该领域的实力。

王守仁在烹饪领域的专业能力和丰富的经验，使他成为嘉诚培训学校的金牌讲师。他的授课内容深入浅出，独具匠心，深受学员们的喜爱。他致力于推动烹饪行业的发展，培养更多优秀的烹饪人才，为餐饮行业的繁荣作出了贡献。

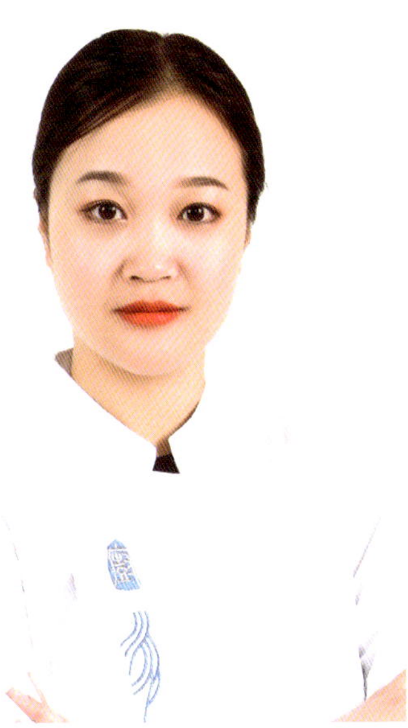

刘丹 女，1995年6月出生，中式面点技师、西式面点高级技师，以其卓越的技能和不懈的努力，在面点行业中取得了令人瞩目的成就。她自2013年起便踏入了餐饮行业，最初在和合会馆积累经验，之后于2017年加入长春市和润艺术酒店，并一直工作至今。

刘丹的才华和努力也得到了业界的广泛认可，多次在各类烹饪技能竞赛中荣获大奖。在荣誉方面，刘丹不仅获得了吉林省烘焙比赛选拔赛第四名，还在中国长春冰雪旅游节首届长春东北亚旅游美食年会名厨烹饪技能大赛中荣获中式面点金奖。此外，她还在第三届亚洲国际厨神挑战赛东北赛区选拔赛、经开区首届餐饮行业职工大赛、第八届全国烹饪技能竞赛等多个重要赛事中荣获金奖和特金奖。

她的成就不仅彰显了她的专业技能，也体现了她对烹饪事业的热爱和执着。在吉林省评选万名青年技术能手振兴吉林发展行动计划中，刘丹更是荣获了吉林省“青年技术能手称号”，这不仅是她个人的荣誉，也是对她专业技能和贡献的肯定。

李玉 1996年9月出生于吉林省通化市，现任职于吉林省通化市东昌区康世餐饮旗下小江南民间菜馆，从事厨师行业已有10年之久。

李玉师从于中国烹饪大师周旭，擅长制作吉菜、辽菜、潮汕菜、鸭绿江鱼宴、长白山山珍宴以及本土菜研发创新。2016年，李玉在集安市豆谷离宫担任炒锅，随后于2018年在通化市康世餐饮旗下北京烤鸭担任炒锅。经过多年的不懈努力和卓越表现，李玉于2022年在通化市康世餐饮旗下小江南民间菜馆担任厨师长至今。

在此期间，李玉曾多次参加各类烹饪大赛并取得优异成绩。2016年，在沈阳参加金牌辽菜大赛，荣获特金奖；2019年，在集安参加丰收人参节，荣获金奖；2023年，在通化参加“烹然心动 通化味道”，荣获最佳名厨称号。李玉在厨师行业中展现出了卓越的才华和不断成长的态势，他能够将各种食材巧妙地融合在一起，不断探索新的烹饪方法和技巧，使得他在业界和食客中赢得了赞誉。

张诗雨 女，2001年8月出生，西式面点高级技师，吉林省技术能手，吉林省饭店餐饮烹饪协会理事，现任吉林省工商技师学院教师。

在从业的4年时间里，她取得了一系列令人瞩目的成绩。她曾在首届吉林省百姓最喜欢特色菜金奖比赛中荣获金奖，并在高手在民间“太太乐杯”饺子大王争霸赛中获得状元奖。此外，她还在第一届中华人民共和国职业技能大赛吉林省选拔赛（烘焙）项目中荣获第一名，并在第二届“中华人民共和国职业技能大赛”吉林省选拔赛中（烘焙）项目荣获第一名。除了个人成就，张诗雨还致力于培养年青一代的技能人才。她指导学生在第一届中华人民共和国职业技能大赛吉林省选拔赛（烘焙）项目中荣获第二名，并在吉林省第一届“乡村振兴”大赛（西点）项目中，指导学生荣获第三名。

在学术领域，张诗雨积极参与教材的编写工作。她参与了“十四五”全国职业教育教科书的编写，国家级职业教育规划教材《西式面点工艺》的编写，以及全国72所职业院校国家课程标准的编写。

第五章

吉林地方名菜名点

JI LIN DI FANG MING CAI MING DIAN

第一节 吉林十大地方名菜

清蒸松花湖白鱼

主辅调料：松花湖白鱼 1500 克，咸肉片 50 克，大葱段 10 克，姜 10 克，香葱 50 克，精盐 5 克，胡椒粉、鸡油适量。

制作工艺：

1. 将白鱼去鳞、鳃、内脏，从头至尾一分为二片开，用刀将鱼的脊骨切断，腹内相连备用。

2. 将葱段、姜、精盐、味精、胡椒粉用少许清水融化，涂抹在鱼身上，揉搓两分钟腌制备用。

3. 将腌制好的鱼码入盘中，放上咸肉片，淋上少许鸡油放入蒸箱内，大火蒸 10 分钟取出，放上香葱丝，淋上热油即成。

成品特点：鱼肉细嫩，汤汁鲜美，咸鲜适口。

雪衣豆沙

主辅调料：鸡蛋 8 个，红豆沙馅 300 克，面粉 20 克，玉米淀粉 80 克，白糖 50 克，色拉油 1000 克。

制作工艺：

1. 将红豆沙馅揉成直径 4 厘米左右的圆球状，沾匀面粉。
2. 取蛋清，用蛋抽顺一个方向搅打，打至发泡，加入淀粉，顺一个方向搅拌均匀。
3. 起锅烧油至二至三成热，将豆沙球沾满蛋泡糊，形成直径约 6 厘米的球状，下入油锅中炸制。
4. 炸至自由转动至熟时，捞出装盘，撒上白糖即成。

成品特点：色泽洁白，香甜绵软。

红烧林蛙

主辅调料：林蛙 12 只，葱 20 克，姜 10 克，精盐 2 克，味精 3 克，白糖 5 克，鸡粉 2 克，酱油 20 克，料酒 5 克，高汤 20 克，豆油 50 克。

制作工艺：

1. 将葱叶切丝，葱白切块，姜切片备用。

2. 将林蛙用清水冲洗干净。

3. 锅中加入清水，烧至约 70°C时，下入林蛙汆烫，待定型后立即捞出。

4. 起锅加入豆油烧热，下入葱、姜炝锅，烹入料酒，加入高汤和调料调味，下入林蛙，盖上锅盖，小火烧至入味，用水淀粉勾芡，淋明油，装盘即成。

成品特点：色泽红亮，咸香浓郁。

扒三白

主辅调料：大白菜 250 克，熟猪大肠 250 克，鲜猴头蘑 250 克，老鸡汤 500 克，葱段 25 克，姜片 20 克，精盐 5 克，味精 5 克，料酒 10 克，花椒 10 克，八角 5 克，水淀粉 50 克，色拉油 20 克。

制作工艺：

1. 大白菜取帮洗净，切成均匀的柳叶片。
2. 熟猪大肠顶刀切成均匀的片状。
3. 锅内烧水，分别将白菜、肥肠片焯水后捞出备用。
4. 鲜猴头蘑洗净，切成大片，码在碗里加老鸡汤、精盐调味，蒸 15 分钟。
5. 葱、姜、花椒、八角用油炸成调料油备用。
6. 锅内加色拉油烧热，下入葱、姜炝锅，加入料酒、鸡汤、精盐、味精调味烧沸，将猪大肠、白菜和蒸好的猴头蘑码在锅中小火煨至入味。锅内汤汁勾芡，淋调料油，大翻勺出锅，修饰好菜形即可食用。

成品特点：色泽洁白，口味咸鲜，形状美观，质地软嫩。

人参江米鸡

主辅调料：家鸡1只（约1000克），江米200克，人参1根，大枣20克，瓜子仁20克，熟白豆30克，葡萄干50克，枸杞子20克，熟松仁50克，地瓜干50克，香葱20克，精盐10克，中粗辣椒粉10克，酱油50克，蜂蜜10克。

制作工艺：

1. 将香葱切成葱花备用。
2. 人参、大枣、葡萄干、枸杞、地瓜干洗净，沥干水分。
3. 家鸡宰杀，去毛和内脏清洗干净。
4. 江米用清水浸泡5小时备用。
5. 中粗辣椒粉、酱油、葱花放一起调匀制成蘸料备用。
6. 江米、蜂蜜、大枣、葡萄干、瓜子仁、枸杞子、熟白豆、熟松仁、地瓜干、人参、精盐拌均匀，放入鸡腹内，放入蒸锅蒸2小时至熟烂入味。
7. 将蒸好的江米鸡取出，把鸡撕成丝和江米饭一起装盘，配蘸料上桌即可。

成品特点：色泽分明，香甜软糯，咸香适口。

白肉血肠

主辅调料：酸菜 400 克，熟五花肉 200 克，熟血肠 200 克，粉条 50 克，大葱 10 克，姜 10 克，香葱花 10 克，精盐 8 克，味精 5 克，花椒 3 克，大料 2 瓣，猪油 30 克，煮肉原汤 800 克。

制作工艺：

1. 粉条洗净，用清水浸泡回软。

2. 葱、姜切块，酸菜切成丝，用清水泡洗干净，挤干水分；花椒粒和大料瓣用纱布包好。

3. 熟五花肉切成厚 0.3 厘米，长约 5 厘米的片；血肠切成 1.5 厘米厚的片。

4. 锅内加入猪油烧热，放入葱、姜炝锅，下入酸菜炒香，加煮肉原汤，花椒大料包，用砂锅炖制 30 分钟，加入精盐、味精、粉条和五花肉片继续炖煮至粉条透明。

5. 将熟血肠码入五花肉片周围，撒香葱即成。

成品特点：咸鲜酸爽，软滑脆嫩。

熘肉段

主辅调料：猪底板肉 300 克，红尖椒 20 克，绿尖椒 20 克，葱花 5 克，姜末 3 克，蒜片 5 克，精盐 2 克，味精 5 克，白糖 2 克，酱油 20 克，料酒 10 克，花椒水 5 克，淀粉 200 克，色拉油 1500 克。

制作工艺：

1. 将红绿尖椒分别切成排骨片备用。

2. 将猪底板肉切成 3 厘米长的段，用少许精盐、料酒、花椒水腌制备用。

3. 起锅烧油，将腌制好的肉段裹上淀粉糊，放入五至六成热油中炸至定型，再用七成至八成热的油复炸至金黄色，捞出沥油备用。

4. 锅留底油，下入葱、姜、蒜、红绿尖椒略炒片刻，加入少许清汤和精盐、味精、白糖、酱油、料酒、花椒水调味调色，大火烧开，用湿淀粉勾芡，淋明油，下入炸好的肉段翻炒均匀，装盘即成。

成品特点：色泽红润，外焦里嫩，咸鲜适口。

烤全鹿

主辅调料：仔鹿1只（白条）13千克，生菜250克，苏子叶200克，紫皮圆葱250克，香葱200克，蒜瓣200克，精盐100克，椒盐100克，蒜蓉辣酱100克，烧烤蘸料80克，韭菜花酱100克，花生油100克，果木炭12000克。

制作工艺：

1. 将生菜、苏子叶洗净控净水，紫皮圆葱洗净切丝，香菜洗净切段，分别装入盘中做配菜。
2. 将韭菜花酱、椒盐、烧烤蘸料、蒜蓉辣酱装入小碗内作蘸料。
3. 将仔鹿用淡盐水洗净，沥干水分，用刀把胸骨劈开压平，绑在烤肉架上备用。
4. 烤炉内放上果木炭点燃，炉内温升至200℃时，将绑好的仔鹿放入炉内烤制，烤制的过程中刷3~4遍花生油。
5. 将烤好的仔鹿出炉放在烤鹿架上，配生菜叶、苏子叶、香菜段、韭菜花酱、椒盐、烧烤蘸料、蒜蓉辣酱上菜即成。

成品特点：色泽红亮，口味咸鲜，肉香四溢，外酥里嫩。

红烧胖头鱼头

主辅调料：查干湖胖头鱼头 1500 克，香葱 50 克，姜 20 克，蒜 5 克，干辣椒 10 克，精盐 5 克，味精 4 克，白糖 3 克，酱油 3 克，蚝油 2 克，料酒 20 克，老抽 5 克，八角 5 克，豆油 200 克。

制作工艺：

1. 鱼头清理干净，改刀备用。

2. 香葱洗净切段，姜、蒜用刀拍松备用。

3. 锅中加豆油烧热，下入鱼头两面煎至片刻取出备用。

4. 另起锅，加入豆油烧热，下入香葱、姜、蒜、八角、干辣椒爆香，烹入料酒，加入酱油、蚝油、清水、鱼头大火烧开，转小火炖至入味，大火收汁出锅即可。

成品特点：色泽红润，咸香滑嫩，汤汁浓郁。

小鸡炖蘑菇粉

主辅调料：笨鸡 600 克，泡发好的榛蘑 150 克，泡好的圆粉 50 克，精盐 5 克，味精 2 克，白糖 5 克，老抽 5 克，生抽 10 克，姜片 30 克，葱花 10 克，八角 5 克，桂皮 5 克，香叶 5 克，豆油 20 克，猪油 15 克，水适量。

制作工艺：

1. 鸡肉剁成大块，清水冲洗干净。

2. 锅内加入清水，冷水下入鸡块焯水去除血沫，捞出沥水备用。

3. 锅内加入豆油、猪油烧热，加姜片、葱花、八角略炒片刻，加入鸡块、桂皮、香叶后，中火煸炒 3 分钟，加入清汤和调料，小火炖 [illegible]0 分钟，再加入榛蘑和圆粉炖 10 分钟后收汁，出锅撒上香葱花即可。

成品特点：色泽红润，咸香浓郁。

第二节 吉林地方名菜

锅包肉

主辅调料：猪底板肉 200 克，香菜 10 克，葱、姜、蒜各 10 克，精盐 2 克，白糖 50 克，白醋 50 克，酱油 3 克，淀粉 150 克，色拉油 1500 克。

制作工艺：

1. 猪底板肉洗净，顺纤维方向顶刀切，切成约 8 厘米长，0.3 厘米厚的片，挂淀粉糊备用。

2. 葱、姜切丝，蒜切片，香菜切成段备用。

3. 将白糖、白醋、精盐、酱油放入碗内，调制好口味备用。

4. 锅中加入色拉油，烧制五成热时，逐个下入挂糊的肉片，炸至定型捞出，再将油烧制七至八成热，将定型的肉片下入复炸，炸至金黄色捞出控油。

5. 锅中加入少许色拉油烧热，下入葱、姜丝和蒜片炝炒，加入炸好的肉片和入调好的糖醋汁翻炒均匀，装盘，撒上香菜即成。

成品特点：色泽金黄，酸甜适口，外焦里嫩。

吉林省饮食文化研究会
预制菜研发中心
Xia Jinlong
夏金龙

莲花肉卷

主辅调料：熟五花肉 400 克，酸菜 100 克，荷兰豆 20 克，南瓜 300 克，熟莲子 20 克，葱 5 克，姜 5 克，精盐 3 克，味精 3 克，色拉油 50 克。

制作工艺：

1. 熟五花肉放入冰箱冷冻后，片成薄片备用。
2. 荷兰豆洗净，掐尖去筋，剖开切成六叶片状；南瓜去皮，切成柳叶片状备用。
3. 锅中加入色拉油烧热，放入酸菜和调料在锅中炒香备用。
4. 用五花肉片将酸菜卷成卷，在肉皮端将熟莲子镶入卷内，码入碗中蒸约 30 分钟，出锅后扣入盘中。
5. 锅中加入清水烧沸，下入南瓜片、荷兰豆汆汤捞出备用。
6. 锅中加入色拉油烧热，下入南瓜片、荷兰豆、精盐、味精翻炒入味，围摆在盘边即可。

成品特点：口味咸鲜，质地软糯，香而不腻。

酒香坛肉

主辅调料：猪五花肉 750 克，豆角干 150 克，葱、姜、胡萝卜、芹菜、八角、桂皮、花椒、香叶各 15 克，精盐 15 克，味精 10 克，白糖 30 克，红曲米 25 克，酱油 40 克，陈年花雕酒 300 克，色拉油 50 克。

制作工艺：

1. 将部分葱、姜切末，另一部分切块备用。

2. 将胡萝卜洗净切块，芹菜洗净切段与葱姜块、八角、桂皮、花椒、香叶一起用纱布包成料包备用。

3. 将五花肉改刀，切成大方块备用。

4. 将豆角干用水泡至回软，改刀成黄豆粒大小备用。

5. 将白糖熬成糖色备用。

6. 将五花肉下入冷水锅焯水，去掉血污后捞出洗净备用。

7. 另起锅烧水，下入红曲米，搅拌均匀后放入焯好水的五花肉煮至上色捞出备用。

8. 另起锅烧水，放入五花肉、料包、糖色和调料煮至入味捞出，晾凉备用。

9. 锅中放入底油，放入葱、姜末爆香，再放入豆角粒煸炒，然后烹入酱油和料酒，加精盐、味精、白糖炒拌均匀装盘备用。

10. 将煮好的五花肉片成长片，卷成六个大小均匀的卷，再分别倒扣入塔形模具中，酿入炒好的豆角粒，淋上煮肉的原汤，上笼屉蒸至酥烂入味，扣在小碗中装盘即成。

成品特点：色泽美观，口味咸鲜，酒香浓郁，肉质酥烂。

红烧肉

主辅调料：猪下五花肉500克，葱20克，姜10克，精盐5克，味精5克，冰糖30克，生抽10克，老抽2克，八角2个，花椒粒3克，桂皮2克，白芷2克，香叶3克，陈皮2克，色拉油50克。

制作工艺：

1. 将葱、姜切块，八角、花椒粒、桂皮、白芷、香叶、陈皮一起包成料包备用。

2. 将五花肉用喷枪把皮上的猪毛烧掉，用清水洗干净，切成约5厘米见方的块备用。

3. 锅中下入色拉油烧热，下入五花肉煸炒至表皮金黄，去除多余的油汁，捞出备用。

4. 锅留底油，下入冰糖小火熬至颜色呈枣红色，加入开水，下煸炒好的五花肉块、蒜瓣、料包及其他调料，加水没过肉块，倒入砂锅中，小火煲1个半小时后再大火收汁备用。

成品特点：色泽红润，咸鲜微甜，肉质软烂。

南煎丸子

主辅调料：猪前槽肉400克，鸡蛋1个，葱20克，姜10克，精盐3克，味精2克，白糖15克，酱油15克，料酒20克，大料10克，花椒10克，淀粉30克，色拉油50克，老汤适量。

制作工艺：

1. 葱、姜切丝备用。

2. 花椒、大料煮水备用。

3. 将猪前槽肉剁成肉馅，放入精盐、味精、酱油、料酒、花椒大料水搅打上劲后放入鸡蛋液、淀粉搅拌均匀备用。

4. 锅中加热，加入色拉油，将肉馅挤成丸子下入锅中，慢火煎至金黄色，用手勺将丸子按成扁圆形，煎至金黄色倒出备用。

5. 锅留底油，下入葱、姜丝炝锅，添老汤、酱油、料酒，放入煎好的肉丸和调料，慢火烧至入味，最后大火勾芡，淋明油，大翻勺装盘即成。

成品特点：色泽红润，口味咸香，肉质软烂。

红烧肘子

主辅调料：猪前肘1个（约800克），毛葱100克，去皮大蒜100克，大葱50克，生姜50克，油酥豆5克，精盐3克，味精3克，冰糖30克，老抽50克，烧汁10克，肉桂12克，草果15克，花椒5克，八角8克，桂皮10克，丁香3克，陈皮10克，香叶10克，良姜5克，白芷3克，生粉20克，色拉油1500克。

制作工艺：

1. 将大葱切段，生姜切片，毛葱和去皮大蒜切成两半备用。

2. 将肉桂、草果、花椒、八角、桂皮、丁香、陈皮、香叶、良姜、白芷用纱布包成香料包备用。

3. 将猪肘子表面的猪毛用火燎干净，再刷洗干净备用。

4. 将猪肘子焯水后捞出沥干水分，放热油锅中炸至表皮呈金黄色时捞出。

5. 锅中加入清汤，放香料包，加老抽调色，再放入精盐、冰糖、大葱、生姜调好口味，把肘子下锅中用大火烧沸撇去浮沫，改用小火煮2个小时捞出。

6. 将砂锅加底油放毛葱和大蒜、油酥豆炒香，放入煮好的肘子，加老汤，调入烧汁、味精、白糖、老抽，勾薄芡即可。

成品特点：色泽红亮，咸香软烂，香而不腻。

扒赛熊掌

主辅调料：净猪肘子1个（约750克），油菜60克，葱15克，姜10克，精盐10克，鸡粉5克，酱油5克，蚝油5克，料酒10克，淀粉30克，花椒粒5克，大料2克，高汤500克。

制作工艺：

1. 葱、姜切块备用。

2. 油菜洗净去除根部，一切两半备用。

3. 将肘子放入冷水锅中焯水洗净备用。

4. 沙锅内加入高汤和适量清水，加入调料烧沸，下入猪肘子煮至熟烂。

5. 将煮熟的肘子皮完整片下铺在模具内，再将肘子肉切成块填满，放入蒸箱内蒸透，取出扣在盘中备用。

6. 锅中加入清水烧沸，加入精盐和少许色拉油，下入油菜汆烫，捞出沥净水分，摆在盘中边。

7. 炒锅烧热，加入煮肘子的汤，调料调制入味，勾欠淋明油，浇在熊掌上即成。

成品特点：色泽红亮，口味咸香，造型逼真，质地软烂。

荷叶饼扣肉

主辅调料：猪五花肉500克，荷叶饼8个，酸菜350克，大葱50克，生姜50克，精盐3克，味精3克，白糖5克，老抽5克，一品鲜酱油5克，花雕酒30克，排骨酱5克，海鲜酱5克，柱侯酱5克，八角3粒，色拉油1000克。

制作工艺：

1. 将猪五花肉皮用火烤一下清洗干净，改刀成12厘米长的大块备用。

2. 将酸菜切细丝，大葱切段，生姜切片备用。

3. 将猪五花肉皮表面薄薄地涂抹一层老抽，入热油炸至表面金黄色时捞出晾凉，再切成薄片备用。

4. 将五花肉用排骨酱、海鲜酱、柱侯酱拌均匀腌制10分钟，将五花肉皮面朝下装碗，酸菜调味炒熟放在五花肉上，再放上八角，上屉蒸2小时取出，翻扣在盘子中心位置，再将蒸熟的荷叶饼围摆在盘子的四周即成。

成品特点：色泽红亮，咸香酥烂。

蒜香小排

主辅调料：猪小排500克，开心果仁30克，蒜瓣10克，姜末5克，精盐5克，味精2克，蒜香粉30克，料酒10克，白糖2克，香叶2克，色拉油1500克。

制作工艺：

1. 将猪排剁成1厘米的块状，放入冷水中浸泡2个小时，捞出控干水分。

2. 将猪排放入蒜香粉、精盐、料酒、味精、白糖腌制1小时备用。

3. 锅内放色拉油，烧至五成热时，下入排骨炸至金黄色制熟，捞出备用。

4. 锅留底油，放入蒜瓣、姜末、香叶炒香，加入排骨、开心果仁、精盐、味精、白糖翻匀均，使食材匀入味，出锅装盘即可。

成品特点：色泽金黄，蒜香浓郁，咸香适口。

芝麻肉排

主辅调料：猪肉馅 400 克，鸡蛋 3 个，白芝麻 200 克，圆葱 10 克，胡萝卜 10 克，姜 4 克，精盐 6 克，鸡精 3 克，白糖 1 克，胡椒粉 2 克，蚝油 4 克，酱油 5 克，淀粉 20 克，色拉油 1500 克。

制作工艺：

1. 将圆葱、胡萝卜、姜切末备用。

2. 鸡蛋打入碗中，放入水淀粉搅拌均匀，摊成蛋皮备用。

3. 肉馅放入碗中，放入圆葱、胡萝卜、姜和调料，用筷子顺时针搅拌均匀备用。

4. 把摊好的蛋皮铺到案板上，再把调好的肉馅均匀地涂抹在蛋皮上，四边对折成正方形，将剩余的蛋液均匀地涂抹两面，两面沾满芝麻备用。

5. 锅中加入色拉油，烧至四成热，放入肉排炸至金黄色时，捞出控油。

6. 将肉排放在砧板上，改刀成均匀的长条状，装入盘中，搭配蘸料即成。

成品特点：色泽金黄，口味咸香，外酥里嫩。

㸆肉排

主辅调料：猪精排 750 克，哈密瓜 200 克，鲜青花椒 5 克，熟白芝麻 2 克，白糖 50 克，黑醋 20 克，精盐 3 克，番茄酱 10 克，色拉油 1000 克。

制作工艺：

1. 把猪精排切成 6 厘米长的段，冷水下锅焯水，去除血沫捞出，控净水分备用。

2. 锅中加入色拉油烧热，油温六成热时，下入排骨炸至定型捞出备用。

3. 锅中留底油，下入鲜青花椒、番茄酱、排骨略炒片刻，加入白糖、黑醋、精盐、清水小火焖至熟透，大火收汁出锅，码在盘中。

4. 把哈密瓜切成排骨片摆在盘中，排骨撒上白芝麻即可。

成品特点：肉质软烂，甜酸微麻，香而不腻。

排骨熥地瓜

主辅调料：排骨 350 克，地瓜 300 克，葱 5 克，陈皮米 3 克，姜 3 克，精盐 3 克，味精 3 克，酱油 4 克，大豆酱 5 克，大豆油 30 克，调料油 800 克。

制作工艺：

1. 葱、姜切成米状备用。

2. 将排骨洗净，剁成寸段，焯水，撇去浮沫捞出备用。

3. 地瓜洗净，切段备用。

4. 锅中加入适量大豆油烧热，下入葱姜、陈皮米、大豆酱炒出香味，放入排骨、地瓜翻炒上色。

5. 将炒好的原料倒入高压锅中，加入调料油，盖好锅盖置于火上，压 10 分钟关火取出，滤净油分，把原料盛入碗中即可。

成品特点：色泽油亮，咸香软糯。

青蔬猪肋排

主辅调料：猪肋排 750 克，芹菜 100 克，胡萝卜 100 克，洋葱 50 克，西生菜 30 克，水果粒 50 克，精盐 4 克，味精 2 克，葡萄酒 20 克，沙拉酱 10 克，色拉油 1000 克。

制作工艺：

1. 将猪肋排剁成长段，放入流水中冲洗，去除血水，放入容器内备用。

2. 把芹菜、洋葱、胡萝卜拍碎，放入装有排骨的容器内，加入精盐、味精、葡萄酒腌制 2 小时入味。

3. 锅中加入色拉油烧至三成热时，下入腌好的猪肋排炸熟，捞出摆在盘中。

4. 西生菜和水果粒做成水果沙拉摆在一旁即成。

成品特点：酒香浓郁，咸鲜适口，肉质清香酥嫩。

油煎肝

主辅调料：猪肝 300 克，红尖椒 20 克，尖椒 20 克，紫圆葱 20 克，腊八蒜片 5 克，精盐 5 克，味精 3 克，白糖 5 克，酱油 10 克，老抽 2 克，生粉 5 克，花椒水 10 克，红油 20 克，色拉油 1000 克。

制作工艺：

1. 将猪肝洗净，切成片。

2. 红绿尖椒、圆葱切成菱形片，腊八蒜切成片备用。

3. 猪肝加入生粉、色拉油上浆。

4. 锅加色拉油，烧至五成热，下入猪肝滑油，捞出控油。

5. 锅留底油，下入腊八蒜片、尖椒、圆葱、胡萝卜炒香，下入猪肝、花椒水、调料快速翻炒入味，勾芡淋红油，出锅即成。

成品特点：色泽红亮，咸鲜滑嫩。

熘腰花

主辅调料：猪腰 300 克，胡萝卜 15 克，笋尖 15 克，油菜 15 克，葱花 6 克，姜末 6 克，蒜片 6 克，精盐 3 克，味精 5 克，白糖 3 克，老抽 5 克，香醋 2 克，料酒 3 克，色拉油 1000 克，淀粉 50 克。

制作工艺：

1. 胡萝卜、笋尖切片；油菜洗净修根，切成两半备用。

2. 猪腰从中间片开，再去掉中间腰臊，改成麦穗花刀，放入清水中洗干净并上浆备用。

3. 锅中加油烧至六成热时，下入腰花，用筷子划散断生迅速倒出。

4. 锅留底油，下入葱、姜、蒜爆香，加入配料、调料，将腰花快速炒匀，装盘即成。

成品特点：色泽红润，咸鲜脆嫩。

真不同风味小肚

主辅调料：鲜猪精肉800克，猪小肚皮1个，葱白10克，老姜10克，紫皮蒜10克，精盐20克，白糖10克，白酒10克，酱油10克，香油3克，淀粉150克，中药料包（五加皮1克，毛桃1克，莲子1克，干山楂1克，杜仲1克，桂圆儿1克，良姜1克，黄栀子1克，草果1克，肉蔻1克，白蔻1克，碧波1克，草豆蔻1克，香果1克，丁香1克，山奈1克，罗汉果1克，香茅草1克，小茴香1克，香叶1克，桂皮1克，白胡椒1克，陈皮1克，草寇1克，白芷1克，砂仁1克，八角1克，大红袍1克），混合香辛料5克。

制作工艺：

1. 将葱白、老姜、紫皮蒜切成碎末备用。
2. 将猪小肚皮清洗干净。
3. 将精盐、白糖、白酒、酱油、香油、混合香辛料放入容器中，调制好口味，制成腌料汁备用。
4. 将猪精肉洗净，用刀将其切成2厘米的方块。
5. 将所有的药料放入卤料袋中，制成中药包备用。
6. 将切好的精肉块、淀粉放入腌料汁中搅拌均匀，灌制到猪小肚皮内，用竹签封口。
7. 将灌制好的小肚放入中药包熬制的老汤中，煮制两个小时，至其浮于煮锅水面关火。
8. 将煮熟的小肚放置熏锅内熏制10~15分钟，熏制完成后，用刀切成薄片，即可食用。

成品特点：色泽红润，口味咸香，形状圆润饱满，质地软韧。

真不同金丝卷

主辅调料：鲜猪前槽精肉500克，鸡蛋100克，淀粉200克，精盐20克，白糖10克，白酒10克，香油3克，混合香辛料5克。

制作工艺：

1. 将猪前槽精肉用绞馅机将其绞成肉馅。
2. 将鸡蛋搅拌均匀，摊成鸡蛋皮备用。
3. 将精盐、白糖、白酒、香油、混合香辛料放入容器中，调制好口味，制成腌料备用。
4. 将绞好的肉馅，放入淀粉、腌料中搅拌均匀，用提前准备好的鸡蛋皮将肉馅包卷起来。
5. 将包制好的金丝卷放入蒸锅中，蒸两个半小时至其完全熟透即成。

成品特点：皮黄肉嫩，口味咸鲜。

真不同肉焖子

主辅调料：猪前槽肉500克，鸡蛋50克，淀粉150克，精盐20克，白糖10克，白酒10克，香油3克，混合香辛料5克。

制作工艺：

1. 将猪前槽肉洗净，用绞馅机将其绞成肉泥。

2. 将鸡蛋磕入碗中，去除鸡蛋清后，将鸡蛋黄搅拌均匀备用。

3. 将精盐、白糖、白酒、香油、混合香辛料放入容器中拌匀，制成腌料汁备用。

4. 将绞好的肉馅、淀粉放入腌料汁中搅拌均匀，放入蒸盘中，将提前准备好的蛋黄液均匀地抹在上面，入蒸锅蒸一个半小时，至其完全熟透，取出改刀上桌即可。

成品特点：色泽金黄，口味咸鲜，质地软糯。

真不同酱猪手

主辅调料：猪前蹄750克，葱白10克，老姜10克，紫皮蒜10克，精盐30克，白糖50克，白酒20克，酱油20克，砂仁3克，五加皮1克，毛桃1克，莲子1克，干山楂1克，杜仲1克，桂圆儿1克，良姜1克，黄栀子1克，草果1克，肉蔻1克，白蔻1克，碧波1克，草豆蔻1克，香果1克，丁香1克，山奈1克，罗汉果1克，香茅草1克，小茴香1克，香叶1克，桂皮1克，白胡椒1克，陈皮1克，草蔻1克，白芷1克，砂仁1克，八角1克，大红袍1克，红曲红5克。

制作工艺：

1. 葱白切段，姜切块，蒜拍松备用。

2. 将新鲜带筋的猪前蹄清洗干净备用。

3. 将所有药料食材放入卤料袋中，制成中药包；将药包放入老汤中熬制。

4. 将猪前蹄放入中药包熬制的老汤中，开小火慢慢炖煮，在炖煮过程中，需要适时翻动猪前蹄，确保其均匀受热，待炖煮半个小时后，将火关闭，焖制八个小时捞出即成。

成品特点色泽红润，咸鲜醇香，软韧劲道。

红汤舌肚

主辅调料：熟牛肚 150 克，熟牛心管 150 克，熟牛舌 150 克，长豆芽 250 克，油麦菜 100 克，泰椒、蒜、香葱各 5 克，精盐 1 克，味精 2 克，豆瓣酱 10 克，香辣酱 10 克，老汤 300 克，红油 10 克，色拉油 50 克。

制作工艺：

1. 香葱切成葱花，蒜切成米状，泰椒切成圈。

2. 将牛肚、牛心管、牛舌清洗干净，改刀切成长约 5 厘米、宽约 3 厘米的片。

3. 将豆芽和牛肚放入热水锅中煮沸，涮烫约 30 秒后捞出，摆放在瓷锅中。

4. 另起锅烧油，加入豆瓣酱和香辣酱炒香，然后加入老汤煮沸，加入精盐、味精调好口味，倒入瓷锅中，撒上蒜米、香葱花、泰椒圈，淋入少许红油即成。

成品特点：色彩红亮，香辣鲜香。

汆锅底

主辅调料：酸菜 200 克，羊肉片 100 克，熟五花肉 100 克，飞蟹 50 克，切蟹 50 克，红虾 50 克，冻豆腐 50 克，紫菜 25 克，干虾仁 25 克，干牡蛎 25 克，干海红 20 克，龙口粉丝 15 克，葱 20 克，姜 20 克，精盐 5 克，味精 2 克，芝麻酱 40 克，韭菜花 30 克，红方 30 克，干辣椒油 20 克，高汤 800 克。

制作工艺：

1. 将粉丝用清水泡软；冻豆腐冲洗干净自然解冻切块；紫菜撕成小块；其他海产品浸泡，摘洗干净。

2. 将部分葱姜切块，部分切末，盛入味碟作蘸料。

3. 将芝麻酱、韭菜花、红方、干辣椒油分别盛入味碟作蘸料。

4. 将熟五花肉切成厚 0.3 厘米、长 5 厘米的片。

5. 将酸菜切成细丝，用清水洗干净，挤干水分。

6. 铜锅加入高汤加热，下入葱姜块、切蟹、干虾仁、干牡蛎、干海红、精盐等调料烧开调味。

7. 待锅中汤味浓鲜时，下入酸菜，再将飞蟹、红虾、紫菜、冻豆腐、羊肉片、五花肉片、粉丝等下入烧开，撒上葱花，配味碟上菜即成。

成品特点：咸鲜酸爽，质地软嫩。

石板血肠

主辅调料：猪血 500 克，明肠 300 克，鸡蛋 2 个，葱 50 克，姜 50 克，香葱 2 克，香菜 2 克，泰椒 2 克，蒜泥 10 克，精盐 5 克，味精 2 克，鸡粉 2 克，白糖 2 克，生抽 20 克，十三香 2 克，香油 2 克，豆油 10 克，色拉油 5 克，高汤 200 克。

制作工艺：

1. 葱、姜切成块，榨成葱姜汁；香葱切成葱花，香菜、泰椒切末。

2. 将明肠清洗干净备用。

3. 猪血加入葱、高汤、鸡蛋液、精盐、味精、白糖、十三香、香油、豆油搅匀，灌入明肠中备用。

4. 锅中加入水，把灌好的血肠下入水中加热，小火煮 30 分钟，捞出放入凉水中凉透捞出，切成约 3 厘米厚的片。

5. 石板加热，加适量色拉油，码入血肠片，盖上盖子，小火加热至血肠没有血汁，淋入生抽，撒上葱花、香菜末、蒜末、泰椒末即成。

成品特点：色泽红润，蒜香浓郁，咸鲜滑嫩。

炭烤油边

主辅调料：猪油边肉 400 克，精盐 5 克，孜然粉 5 克，料酒 10 克，味精 3 克，辣椒粉 10 克，鸡油 20 克。

制作工艺：

1. 将油边改刀成长 3 厘米块，用冷水泡去血水，控干备用。

2. 将切好的原料放入盆中加入精盐、料酒、味精腌制 30 分钟。

3. 将原料用钢签穿起后放置阴凉处，用风扇吹 3 小时，肉表面脱水后取出备用。

4. 烤炉生起炭火，烧至木炭通透状态。

5. 将肉串放入烤炉上淋上鸡油，烤至热透撒上孜然、辣椒面烤至冒油状态即成。

成品特点：色泽红润，咸香微辣，外焦里嫩。

肉烧黄金勾

主辅调料：黄金勾豆角 400 克，猪五花肉 50 克，大葱 5 克，姜 5 克，香葱 2 克，精盐 5 克，味精 2 克，白糖 2 克，生抽 5 克，蚝油 2 克，姜汁 2 克，柱侯酱 2 克，香油 2 克，豆油 10 克，猪油 10 克，鸡油 10 克。

制作工艺：

1. 葱、姜改刀成小块，香葱切成葱花。
2. 猪五花肉切成手指宽的条备用。
3. 黄金勾豆角掐尖去筋，清洗干净。
4. 锅中加入豆油、猪油、鸡油烧热，下入五花肉炒香，再加入葱姜块略炒片刻，放入黄金勾豆角和清水，调料调制入味。
5. 把调好口味的豆角放入高压锅内，压制 5 分钟至熟，盛出即可。

成品特点：咸鲜软烂，干香适口。

肉丸烧肥肠

主辅调料：熟肥肠 200 克，熟肉丸 150 克，红尖椒 20 克，绿尖椒 20 克，葱 5 克，姜 5 克，精盐 3 克，味精 2 克，白糖 2 克，生抽 3 克，老抽 1 克，胡椒粉 2 克，水淀粉 10 克，色拉油 1000 克。

制作工艺：

1. 将红绿尖椒切成圈，葱、姜切粒。
2. 将肥肠切成约 2 厘米的段。
3. 锅中加油烧至五成热，下入肥肠滑油，捞出控油。
4. 炒锅加底油，下入葱姜炝锅，加入红绿尖椒煸炒变色，下入肉丸和肥肠，加入精盐、味精、白糖、生抽和老抽快速翻炒，加少许清汤和胡椒粉调制入味，水淀粉勾芡，淋明油出锅即可。

成品特点：咸鲜微甜，味道香浓，软滑可口。

葱烧肥肠

主辅调料：猪大肠 500 克，大葱 300 克，姜 30 克，蒜仔 10 克，精盐 3 克，味精 5 克，料酒 10 克，胡椒粉 3 克，酱油 5 克，老抽 2 克，料酒 5 克，淀粉 6 克，色拉油 1000 克。

制作工艺：

1. 猪大肠清洗干净，放入锅中，加入葱、姜、料酒、老抽煮熟后切成段状备用。
2. 将大葱切成段，逐一穿入猪大肠中备用。
3. 锅中加入色拉油，油温达到五成热时，下入猪大肠炸至表皮金黄，捞出控油备用。
4. 锅中留底油，下入蒜仔略炒，烹入料酒，加入调料、猪大肠烧至入味，勾芡，淋明油出锅即可。

成品特点：咸香软嫩，葱香浓郁。

花椒小腰

主辅调料：鲜猪腰500克，青花椒30克，胡萝卜10克，圆葱20克，大葱10克，鲜姜20克，香菜梗10克，精盐5克，酱油5克，孜然粉150克，辣椒粉100克，红花椒10克，色拉油50克。

制作工艺：

1. 将猪腰改刀成4厘米大块，放入冷水中，浸泡出血水，捞出控干水分备用。

2. 将胡萝卜切片，香菜梗切段，圆葱切丝，大葱切段，鲜姜切片，同酱油、料酒放入盆内，加入控好水的猪腰腌制30分钟，把猪腰子取出来备用。

3. 起锅烧油至六成热，放入腌制好的猪腰炸至成熟，捞出并控油。

4. 锅中留底油，将青花椒、红花椒炒香，下入孜然粉、辣椒粉、腰子、精盐炒至入味，出锅即可。

成品特点：咸鲜麻辣，外焦里嫩。

酱牛腱芯

主辅调料：牛前腱芯肉 900 克，葱白 10 克，老姜 10 克，紫皮蒜 10 克，精盐 30 克，白糖 50 克，白酒 20 克，酱油 20 克，五加皮 1 克，毛桃 1 克，莲子 1 克，干山楂 1 克，杜仲 1 克，桂圆儿 1 克，良姜 1 克，黄栀子 1 克，草果 1 克，肉蔻 1 克，白蔻 1 克，碧波 1 克，草豆蔻 1 克，香果 1 克，丁香 1 克，山奈 1 克，罗汉果 1 克，香茅草 1 克，小茴香 1 克，香叶 1 克，桂皮 1 克，白胡椒 1 克，陈皮 1 克，草蔻 1 克，白芷 1 克，砂仁 1 克，八角 1 克，大红袍 1 克。

制作工艺：

1. 葱白切段，姜切块，蒜拍松备用。
2. 将牛前腱芯肉清洗干净，用线扎紧备用。
3. 将调料食材放入卤料袋中，制成中药包备用。
4. 将牛前腱芯肉放入中药料包熬制的老汤中，用小火慢慢炖煮。在炖煮过程中，需要适时翻动腱芯，确保其均匀受热并充分吸收汤汁，慢炖一个小时后关火，焖制 5 个小时，捞出晾凉，切片装盘即成。

成品特点：色泽红润，咸香可口，肉质紧实，质地筋道。

酸菜虎皮肉

主辅调料：酸菜 500 克，五花肉 500 克，猪血 100 克，鸡蛋 2 个，裙带菜 25 克，精盐 8 克，味精 6 克，鸡粉 6 克，葱 6 克，姜 6 克，蒜末 20 克，老抽 10 克，老汤 1000 克，猪油 50 克。

制作工艺：

1. 将五花肉皮用火烤去细毛洗净，放入蒸锅蒸至八成熟，肉皮涂上老抽炸至虎皮色晾凉后，放入冰箱冷却定型，再切长片备用。

2. 猪血加入鸡蛋液和调料蒸熟，冷却后刻成花的形状；裙边菜刻成叶子形状备用。

3. 锅内加猪油烧热，放入葱姜炝锅，加入酸菜煸炒片刻，加老汤和调料炖至 20 分钟倒入明炉内，码上五花肉片、血肠花、裙边菜叶，明炉点火，配上蒜酱一同上桌即可。

成品特点：口味咸鲜，肉质醇香。

水烤黄牛肉

主辅调料：延边黄牛上脑肉 300 克，金针菇 30 克，香菇 30 克，红彩椒 30 克，圆葱 30 克，大葱 25 克，韭菜 30 克，胡萝卜 30 克，白萝卜 30 克，黄彩椒 30 克，黄豆芽 30 克，延边苹果梨 20 克，去皮大蒜 15 克，熟芝麻 3 克，精盐 3 克，味精 2 克，酱油 10 克，味淋 10 克，烧酒 10 克，可口可乐 10 克，老抽 5 克，胡椒粉 5 克，黄砂糖 20 克，芝麻油 3 克，色拉油 5 克。

制作工艺：

1. 将牛上脑肉切薄片备用。

2. 将香菇、胡萝卜、白萝卜、红彩椒、黄彩椒清洗干净，改刀成条备用。

3. 将金针菇和黄豆芽去根清洗干净，韭菜切长段备用。

4. 将苹果梨、圆葱、大葱打细碎放在容器内，加入色拉油及所有调料兑成烤肉汁。

5. 将牛上脑肉，加入调好的烤肉汁，加圆葱丝腌制 10 分钟。

6. 将各种辅料依次摆放在锅中。

7. 将腌制好的牛上脑肉放在蔬菜上面，无须加水，上火煮熟即成。

成品特点：色彩鲜艳，口味鲜咸微甜。

松塔黄牛肉

主辅调料：延边黄牛板腱 750 克，虾胶 200 克，杏仁片 80 克，大葱 15 克，姜 10 克，黑胡椒碎 2 克，白砂糖 10 克，清酒 20 克，烧汁 15 克，老抽 6 克，精盐 5 克，味精 3 克，香葱 6 克，色拉油 1000 克。

制作工艺：

1. 将大葱、姜切片，香葱切小马蹄状。

2. 黄牛板腱去筋膜，大葱、姜与牛肉拌一起，放入蒸箱蒸制 90 分钟，蒸熟后改刀，切厚 1 厘米左右的长方片备用。

3. 将虾胶制作成大小均匀的梯形，把杏仁片从下到上一次插在虾胶上，制作成松塔的形状，放入蒸箱蒸熟取出备用。

4. 锅中加入色拉油，烧至八成热时，将蒸好的牛肉，炸至表皮坚挺时捞出备用。

5. 另起锅，将调料放入锅中熬制黏稠，下入炸好的牛肉拌炒均匀，码在盘中，再把松塔、香葱装盘中即可。

成品特点：色泽分明，咸甜适口，外酥里嫩。

石锅焖牛肉萝卜

主辅调料: 牛肋排肉 500 克, 白萝卜 100 克, 葱 20 克, 姜 20 克, 精盐 5 克, 味精 2 克, 冰糖 10 克, 东古酱油 5 克, 老抽 5 克, 八角 1 个, 桂皮 2 克, 香叶 2 片, 白芷 2 片, 陈皮 2 克, 草果 1 克, 小茴香 2 克, 色拉油 20 克。

制作工艺:

1. 葱、姜切块备用。

2. 白萝卜去皮洗净, 切成滚刀块备用。

3. 牛肋排肉清洗干净, 改刀成大块备用。

4. 将八角、桂皮、香叶、白芷、陈皮、草果、小茴香用纱布包好备用。

5. 将改好刀的牛肋排肉下入冷水中煮透, 去除血沫, 捞出清洗干净。

6. 锅中加入色拉油烧热, 下入葱、姜炝锅, 加入清汤煮沸, 倒入石锅内, 把牛肉、萝卜块和调料、料包下入锅中调制入味, 文火卤制一个半小时收汁即成。

成品特点: 色泽红亮, 咸香酥烂。

煎炒牛肉

主辅调料: 牛外脊 400 克, 黄油 20 克, 鲜花椒 5 克, 香葱花 20 克, 精盐 5 克, 味精 4 克, 白糖 3 克, 酱油 3 克, 蚝油 2 克, 花雕酒 2 克, 蒜香粉 20 克, 黑椒碎 3 克, 香油 2 克, 淀粉 10 克, 色拉油 30 克。

制作工艺:

1. 牛外脊去除筋膜, 改刀成 2 厘米的块, 冲去血水控净水分, 放入蒜香粉、花雕酒、精盐、蚝油、湿淀粉抓拌均匀腌制 20 分钟备用。

2. 平底锅放入黄油, 下入腌过的牛肉块煎至七分熟倒出备用。

3. 锅内放入色拉油烧热, 放入姜、蒜片炒香, 加入煎好的牛肉块、酱油、味精、白糖、黑椒碎翻炒均匀, 最后放入鲜花椒、香葱拌炒入味, 出锅即可。

成品特点: 色泽分明, 咸鲜滑嫩, 葱椒味醇。

松针牛肋

主辅调料: 带骨牛肋条 500 克, 松针、毛葱、蒜仔、杭椒、泰椒、小柿子各 10 克, 精盐 10 克, 味精 5 克, 料酒 10 克, 白糖 3 克, 酱油 10 克, 黑椒碎 10 克, 黄油 50 克。

制作工艺:

1. 毛葱、蒜子、杭椒、泰椒、小柿子均切成粒备用。

2. 把带骨牛肋条加入调料卤熟, 去骨。

3. 松针去掉两头, 下入沸水中汆烫, 捞出整齐摆放盘中。

4. 卤好的牛肋撒上黑椒碎, 用锡纸包好, 烤箱 180°C 烤 30 分钟, 烤好的牛肋顶刀切片, 摆在松针上面。

5. 锅内放黄油, 将毛葱、蒜子、杭椒、泰椒、小柿子粒放入锅内一起煸炒, 浇在切好的牛肋上面即成。

成品特点: 咸鲜微辣, 肉质鲜香软嫩。

酒香风干肠

主辅调料：净猪肉 1000 克（三肥七瘦），肠衣 50 克，精盐 20 克，白糖 10 克，味精 10 克，白酒 30 克，干肠粉 5 克。

制作工艺：

1. 净猪肉去皮，切成丁；肠衣洗净表面盐渍备用。

2. 将肉丁加入调料搅拌均匀，腌制 20 分钟，用灌肠器把肉馅灌入肠衣内备用。

3. 将灌好的干肠挂在通风处风干 7 天，放入蒸箱，大火上汽蒸至 30 分钟至熟即可。

成品特点：肉质干香，咸香适口，酒味飘香。

扣牛肉条

主辅调料：牛肋条 500 克，葱 20 克，姜 20 克，精盐 20 克，味精 5 克，花椒粒 10 克，香油 10 克，十三香 5 克，一品鲜酱油 10 克。

制作工艺：

1. 将葱切段、姜切块备用。
2. 牛肉洗净，切成大块，放入冷水锅焯水，去除血沫洗净备用。
3. 将焯水的牛肉放入高压锅中，加水、葱、姜、精盐、花椒粒压制 20 分钟，捞出备用。
4. 将煮熟的牛肉改刀成大片，码入碗中，加入剩下的葱、姜等调料和压牛肉的肉汤，上汽蒸 30 分钟后，扣入碗中，点缀葱花即成。

成品特点：汤汁红润，咸香浓郁，质地软烂。

生拌牛肉

主辅调料：牛里脊 350 克，延边苹果梨 200 克，鸡蛋 1 个，松仁 20 克，红绿尖椒各 30 克，熟芝麻 3 克，去皮大蒜 30 克，精盐 3 克，白糖 25 克，白醋精 35 克，中粗辣椒粉 10 克，细辣椒粉 5 克，朝鲜族辣椒酱 35 克，大喜大牛肉粉 8 克，芝麻油 10 克。

制作工艺：

1. 将牛里脊肉放冰箱冰镇后取出切丝，延边苹果梨去皮切丝备用。
2. 将去皮大蒜切细末，松仁用刀切成粉末状备用。
3. 将红绿尖椒切菱形片备用。
4. 将延边苹果梨丝铺在盘底备用。
5. 将牛里脊丝加白醋精拌均匀，再放入精盐、中粗辣椒粉、细辣椒粉、白糖、朝鲜族辣椒酱、大喜大牛肉粉、蒜末拌至入味，最后放芝麻油拌好。
6. 将拌好的牛里脊丝放在苹果梨丝上面，在牛肉上面放一个生鸡蛋黄，撒松仁粉末和熟芝麻，在盘边点缀青红椒即成。

成品特点：色泽红亮，口味酸甜辣，肉质滑嫩。

炭烤三分熟

主辅调料：牛外脊肉 400 克，精盐 5 克，味精 3 克，孜然粉 5 克，特辣辣椒粉 5 克。

制作工艺：

1. 鲜牛外脊剔除肥边、筋膜，切成宽 1 厘米、长 5 厘米、厚 0.3 厘米的片备用。

2. 将切好的牛肉片用钢签穿起，每串 1 片肉。

3. 烤炉生起炭火，烧至木炭通透状态。

4. 将肉串摆放整齐，撒上精盐、味精、辣椒面、孜然粉。

5. 将肉串上炉，急火熏烤至两边微微变色即成。

成品特点：色泽红润，咸鲜干辣，肉质软嫩。

烤筋皮子

主辅调料：牛腩筋皮肉 500 克，葱 50 克，姜 30 克，精盐 5 克，味精 3 克，孜然粉 5 克，辣椒粉 10 克，八角 3 克，香叶 2 克，桂皮 4 克，肉蔻 5 克，草果 6 克，鸡油 20 克。

制作工艺：

1. 葱姜切段。

2. 将八角、香叶、桂皮、肉蔻、草果包成料包。

3. 将筋皮子用清水清洗干净，放入高压锅，加入料包，上汽压 20 分钟至软烂，捞出晾凉后，切成 3 厘米大小的片，用竹签穿成串备用。

4. 烤炉生起炭火，烧至木炭通透状态。

5. 将筋皮串放入烤炉上烤制，刷上鸡油，热透撒上调料，烤至冒泡状态即成。

成品特点：色泽金黄，咸鲜微辣。

烤窝骨筋

主辅调料：牛窝骨筋 400 克，精盐 5 克，味精 3 克，孜然粉 5 克，辣椒粉 10 克，鸡油 20 克。

制作工艺：

1. 窝骨筋清洗干净，放入高压锅中，上汽压 45 分钟，捞出控水，晾凉切成 2 厘米大小的块。

2. 用钢签将窝骨筋穿成串备用。

3. 烤炉生起炭火，烧至木炭通透状态。

4. 将窝骨筋串放入烤炉上，淋上鸡油，烤至热透时撒上精盐、味精、孜然粉、辣椒粉至冒泡状态即成。

成品特点：色泽金黄，咸鲜微辣，质地软糯。

烤酱油筋

主辅调料：牛肋条 500 克，松仁 10 克，精盐 3 克，酱油 10 克，味精 3 克，孜然粉 5 克，鸡油 20 克。

制作工艺：

1. 将牛肋条切成 3 厘米的片，用酱油腌制 15 分钟。
2. 将腌制好的牛肉用钢签穿成串备用。
3. 烤炉生起炭火，烧至木炭通透状态。
4. 将肉串放入烤炉上，淋上鸡油，撒上调料，烤至酱汁翻滚，香味浓郁即可。

成品特点：色泽油亮，咸鲜适口，外焦里嫩。

风味黄牛掌

主辅调料：延边黄牛掌 1 个（约 1000 克），油菜 50 克，大葱 30 克，生姜 20 克，精盐 2 克，味精 10 克，白糖 25 克，老抽 5 克，花雕酒 25 克，四川郫县豆瓣酱 30 克，火锅底料 20 克，川椒段 50 克，青花椒 50 克，淀粉 20 克，色拉油 50 克。

制作工艺：

1. 将大葱切段、生姜切片备用。

2. 将牛蹄用火燎去浮毛，放清水浸泡，清洗干净备用。

3. 将油菜清洗干净，将鲜嫩菜帮修整均匀备用。

4. 锅加底油烧热，将白糖炒成糖色备用。

5. 将牛蹄焯水 5 分钟去除血沫，取出清洗干净。

6. 将高压锅里面加水，放入牛蹄，待水沸，计时 30 分钟取出。

7. 将大砂锅置火上，放色拉油烧热，下入郫县豆瓣酱，火锅底料炒出红油，放葱段、姜片炒香，烹入花雕酒，添清水和糖色放牛蹄，调好口味，小火煮至入味。

8. 将油菜放适量精盐和色拉油焯水，捞出摆盘备用。

9. 将煮好的牛蹄码在油菜中间，用水淀粉将汤汁勾芡，淋明油即成。

成品特点：色泽红亮，麻辣鲜香，外软里糯。

苹果梨炖牛排

主辅调料：黄牛排肉 400 克，龙井苹果梨 750 克，鲜人参 1 根，枸杞 5 克，大枣 20 克，胡萝卜 100 克，葱段 15 克，姜片 10 克，精盐 1 克，味精 5 克，白糖 80 克，酱油 10 克，老抽 5 克，牛肉粉 30 克。

制作工艺：

1. 将人参、大枣、枸杞清洗干净备用。

2. 将苹果梨雕切成梨罐，胡萝卜和苹果梨肉修饰成小球状备用。

3. 将牛排肉切成块，用清水浸泡，冲水至牛排肉无血水时捞出备用。

4. 将牛排肉放冷水锅中煮出血沫，捞出清洗干净。

5. 将锅置火上，加适量水，放入牛排肉、人参、葱、姜、白糖、精盐、味精、酱油、老抽、牛肉粉调好口味，大火烧开，改用小火焖制 1 小时，再用大火收汁。

6. 将做好的牛排肉，放入梨罐，加汤、枸杞、大枣、苹果梨球、胡萝卜球，再摆入炖盅内，入笼屉蒸 30 分钟取出即成。

成品特点：鲜咸微甜，肉质软烂。

牛肉煨萝卜

主辅调料：黄牛肉300克，白萝卜300克，鲜薄荷叶20克，牛肉汁10克，排骨酱5克，牛肉粉2克，精盐3克，味精3克，料酒10克，耗蚝油10克，黄油30克，高汤700克，色拉油50克。

制作工艺：

1. 将牛肉改刀，切成4厘米的方块，冲水备用。

2. 白萝卜去皮洗净，切成约5厘米厚的圆墩备用。

3. 将鲜薄荷叶洗净备用。

4. 将牛肉用黄油煎至金黄色，烹入料酒，添高汤，大火烧开撇去浮沫，加入调料调好口味，改小火烧30分钟，再放入萝卜墩用小火烧20分钟收汁。

5. 锅中加入色拉油烧热，下入薄荷叶炸至酥脆备用。

6. 将萝卜墩摆放盘中，再将烧好的牛肉块放在萝卜上，点缀薄荷叶即成。

成品特点：色泽红润，咸鲜微甜，质地软嫩。

香酥牛肋排

主辅调料：牛肋排1根（约750克），洋葱50克，姜20克，脆皮粉60克，精盐20克，万字酱油150克，美极鲜50克，蚝油100克，冰糖50克，牛肉汁10克，鸡汁150克，红油25克，白酒10克，生粉30克，八角25克，香叶10克，白芷20克，桂皮35克，小茴香20克，黑椒汁20克，味椒盐10克，色拉油1000克。

制作工艺：

1. 洋葱、姜洗净，改成大块备用。

2. 将八角、花椒、麻椒、香叶、白芷、桂皮、干辣椒、小茴香包成料包。

3. 将牛肋排洗净，下入冷水锅焯水，去除血沫，清洗干净。

4. 酱锅加清水烧沸，下入料包煮出香味，加其他调料调味上色，烧开后将牛肋排放入锅中卤煮1小时，关火焖煮半小时。

5. 将卤好的牛肋排去骨，切成长方条形，蘸匀生粉，裹上脆皮粉调好的糊，下入五成热油中炸至一遍定型，油温升七成热，复炸至表面呈金黄色捞出，将炸好的牛肋排切成厚片，码在盘中，蘸黑椒汁、味椒盐食用均可。

成品特点：色泽金黄，口味咸鲜，外酥里嫩。

麻酱百叶

主辅调料：鲜牛百叶500克，青笋100克，胡萝卜100克，韭菜花10克，鲜红椒丝5克，精盐10克，味精5克，芝麻酱20克，香油5克，红油5克，炸树椒油5克，色拉油20克。

制作工艺：

1. 将香葱切成葱花。

2. 将青笋、胡萝卜用模具刀旋切成拧绳状备用。

3. 芝麻酱、精盐、味精、香油、红油、韭菜花调成料汁备用。

4. 鲜牛百叶用清水反复冲洗，切条备用。

5. 将牛百叶用80℃水烫5秒钟，冲凉备用。

6. 锅中加入清水烧沸，加入精盐、色拉油，下入青笋、胡萝卜焯熟，捞出冲凉。

7. 牛百叶分层铺在盘中，每铺一层涂抹一层芝麻酱和调料汁，最后放上红椒丝。

8. 青笋和胡萝卜码在四周即可。

成品特点：色彩鲜艳，清爽脆嫩，咸鲜适口。

刺五加烧排骨

主辅调料：猪精排 500 克，腌刺五加 100 克，叉烧酱 15 克，葱 10 克，姜 20 克，精盐 5 克，味精 5 克，白糖 6 克，料酒 5 克，一品鲜酱油 10 克，老抽 5 克，色拉油 500 克，高汤 2500 克。

制作工艺：

1. 葱、姜切块。

2. 腌制刺五加用清水漂洗掉多余的盐分，去梗剁碎。炒干备用。

3. 将猪精排斩成 6 厘米长的段，用葱、姜、料酒腌制。

4. 锅内放入油烧至六成热，下入排骨炸至上色捞出备用。

5. 锅内放入底油，放入葱、姜炒香，加入高汤，放入精盐、味精、白糖、一品鲜酱油、料酒调味，放老抽调色，倒入排骨，放入高压锅内压制 8 分钟。

6. 将压好的排骨倒入锅内，大火收汁至汤汁浓稠明亮时，加入刺五加拌炒均匀码在盘中即可。

成品特点：色泽红亮，咸鲜微甜，肉质软烂。

牛肉酱尖椒

主辅调料：牛腱肉 350 克，尖椒 500 克，鲜野苏子叶 50 克，去皮蒜 15 瓣，生姜 20 克，葱段 20 克，酱油 30 克，蚝油 30 克，味精 10 克，白糖 10 克，大喜大牛肉粉 10 克，色拉油 50 克。

制作工艺：

1. 将牛腱子肉切片备用。

2. 野苏子叶清洗干净备用。

3. 将尖椒去蒂清洗干净，沥干水分切段备用。

4. 将锅置火上加入底油，放尖椒炒至表皮起小泡备用。

5. 将色拉油放锅内烧热，放蒜瓣炸至金黄色时，放葱段和姜片炒香，加入牛肉片翻炒，添汤，加入酱油、蚝油、白糖、辣椒、野苏子叶，改小火烧至软烂时，加入大喜大牛肉粉和味精调制入味，出锅装盘即成。

成品特点：肉质软嫩，咸鲜香辣。

牛肉焖板栗

主辅调料：牛肋条 400 克，板栗 200 克，葱、姜、大料、辣椒段各 10 克，沙茶酱 30 克，白糖 5 克，蚝油 5 克，酱油 3 克，老抽 3 克，色拉油 50 克。

制作工艺：

1. 葱姜切块，板栗洗净备用。

2. 将牛肋条洗净，切成 3 厘米见方的块备用。

3. 将牛肉块焯水，板栗煮熟去皮备用。

4. 锅中加少许色拉油烧热，下入牛肉块煸炒出香味，放入葱、姜、大料继续煸炒，加水调味，大火烧开，小火炖煮 20 分钟，放入板栗收汁，直至汤汁浓稠后出锅，点缀香葱花即可。

成品特点：色泽红润，味道浓郁，咸鲜软烂。

香酥羊腿

主辅调料：羊腿1500克，酸黄瓜30克，圆葱40克，姜20克，大蒜20克，精盐1克，味精10克，海鲜酱油30克，美极鲜20克，海鲜酱10克，柱侯酱10克，料酒50克，麻辣鲜5克，辣椒面20克，花生碎20克，孜然粉5克，香叶2克，烧烤料30克，色拉油1500克。

制作工艺：

1. 圆葱切丝，姜切片，蒜切片，酸黄瓜切片备用。

2. 羊腿洗净，在肉面上切一字花刀备用。

3. 将蒜蓉酱、酸黄瓜片、蒜片、烧烤料装入味碗中作蘸料。

4. 容器里加入辣椒面、海鲜酱、柱侯酱、海鲜酱油、料酒、美极鲜、圆葱、姜、味精、香叶拌均，下入羊腿涂抹均匀腌制6小时。

5. 将腌制好的羊腿放入蒸箱中，蒸2个小时，至用筷子可以轻松扎入后取出，去除余料。

6. 锅中加入色拉油，烧至六成热时，下入羊腿炸至表面深红色、表皮酥脆时捞出。

7. 将孜然粉、辣椒面、味精、麻辣鲜、花生碎搅拌均匀，撒在羊腿表面即成。

成品特点：外酥里嫩，口味咸鲜香辣。

干煸羊排

主辅调料：羊排 500 克，红尖椒 1 个，绿尖椒 1 个，洋葱 50 克，葱 10 克，姜 10 克，烧烤酱 5 克，精盐 5 克，味精 3 克，白糖 5 克，孜然 5 克，二细辣椒面 3 克，白芝麻 5 克，色拉油 1500 克。

制作工艺：

1. 将葱、姜切块，红尖椒、绿尖椒、洋葱切丁。

2. 将羊排放入凉水中，泡去血水，剁成 12 厘米长的段。

3. 将羊排放入高压锅中，加水，葱姜块压制 20 分钟。

4. 将羊排放入六成热油锅中炸至干香，呈金黄色捞出。

5. 炒锅加底油，放入孜然、红绿尖椒末、圆葱末、辣椒面、白芝麻、烧烤酱炒香，下入炸好的羊排、精盐、味精煸炒入味，装盘即可。

成品特点：口味咸鲜香辣，外焦里嫩。

清炖羊腩

主辅调料：白城地产羊腩肉 500 克，山药 100 克，胡萝卜 50 克，鲜人参 1 棵，大枣 5 克，香葱 5 克，精盐 10 克，味精 5 克，鸡精 10 克，大葱 50 克，姜 20 克，八角 5 克。

制作工艺：

1. 将羊腩肉洗净，切成块状，用流水冲洗备用。

2. 将山药、胡萝卜去皮，改刀成长段；香葱切段备用。

3. 将羊腩肉焯水，捞出洗净。

4. 锅中加清水，羊腩肉冷水下锅进行焯水，去除浮沫。

5. 另起锅，加入清水烧沸，下入羊腩肉、大葱、姜、八角、人参、大枣、山药、胡萝卜大火烧开，小火煮 50 分钟，下入调料调好口味，撒入香葱段出锅即可。

成品特点：汤鲜味醇，质地软烂。

酱驴肉

主辅调料：带皮驴肉 750 克，大葱 20 克，姜 20 克，蒜 30 克，泰椒 1 克，香菜 10 克，黄豆酱 200 克，郫县豆瓣酱 300 克，精盐 2 克，味精 10 克，白糖 5 克，蚝油 10 克，老抽 10 克，一品鲜酱油 10 克，料酒 5 克，香叶 3 克，桂皮 10 克，八角 5 克，十三香 2 克，色拉油 500 克。

制作工艺：

1. 葱、姜切块，部分蒜切末，泰椒切圈，香菜切末。

2. 将驴肉切成块，放入凉水中泡去血水。

3. 将蒜末、泰椒圈、香菜末、一品鲜酱油放在碗中，调制成蘸料。

4. 将驴肉加料酒、葱、姜块焯水洗净备用。

5. 起锅加入色拉油，放入葱、姜、蒜、香菜、香叶、桂皮、八角炸至干香后捞出装袋备用。

6. 起锅烧油，加入黄豆酱、郫县豆瓣酱、蚝油、一品鲜酱油、十三香爆香后加入清水，把驴肉下入汤中，再放入精盐、味精、白糖调味，大火烧开文火煮制 1 个小时后，将驴肉捞出晾凉，切片装盘，配蘸料上菜即成。

成品特点：酱香浓郁，口味咸香。

炖鹿肉

主辅调料：鹿腿肉500克，尖椒150克，芹菜50克，泰椒20克，葱10克，姜5克，精盐10克，味精10克，酱油50克，料酒15克，十三香5克，豆油30克。

制作工艺：

1. 把尖椒和泰椒去籽，芹菜去叶洗净。
2. 葱、姜切丁，尖椒、芹菜、泰椒切成段。
3. 将鹿腿肉冲水1小时，洗净控干水分，切成方块备用。
4. 将切好的鹿肉放入冷水锅中，加料酒焯水备用。
5. 锅中放入豆油烧热，葱、姜爆锅，下入鹿肉煸炒片刻，放十三香、酱油、矿泉水小火慢炖至熟烂，放尖椒、芹菜段、泰椒段煮至断生，加入调料入味即成。

成品特点：肉质软烂，咸鲜微辣。

人参鹿肉

主辅调料：梅花鹿上脑肉500克，人参1棵，葱段15克，姜片15克，白糖20克，精盐5克，味精3克，料酒20克，鸡饭老抽50克，水淀粉2克，老汤400克，色拉油35克。

制作工艺：

1. 梅花鹿上脑肉切大块，冷水下锅焯透，去除血沫捞出备用。
2. 起锅放色拉油，加葱段、姜片略炒片刻，放入鹿肉大火煸炒均匀，倒入老汤，加入精盐、料酒、味精调味开锅后，放入人参，倒入器皿中，上蒸箱蒸90分钟后倒入锅中，取出人参，加入鸡饭老抽，再上炉灶旺火熗至上色入味，收汁码在盘中，人参改刀装盘即可。

成品特点：鹿肉色泽黑亮，口感香嫩软烂，参味浓厚，造型美观。

酱鹿腿

主辅调料：小鹿腿 750 克，酱肉汤 2000 克，蒜片 50 克，蒜酱 50 克。

制作工艺：

1. 将小鹿腿冲水约 2 小时，捞出控水备用。

2. 锅中加入清水，鹿腿冷水下锅焯透，去除浮沫洗净备用。

3. 鹿腿放入酱肉汤中小火卤制 1 小时，关火焖 30 分钟捞出冷却，取出剔骨，将腿肉切片装盘，配蒜片、蒜酱上菜即成。

成品特点：色泽红润，酱香浓郁，口味咸鲜，质地软韧。

蒜烧鹿筋

主辅调料：熟鹿筋 250 克，蒜瓣 150 克，西蓝花 100 克，杭椒 50 克，泰椒 50 克，精盐 5 克，味精 3 克，一品鲜酱油 5 克，老抽 5 克，黄酒 20 克，水淀粉 30 克，高汤 150 克，色拉油 1000 克。

制作工艺：

1. 熟鹿筋切段；大蒜瓣切去两头备用。

2. 西蓝花切成小朵；杭椒切段，泰椒切段。

3. 锅中加入清水烧沸，加入精盐、色拉油、西蓝花焯水，捞出码盘备用。

4. 锅内加入色拉油烧热，下入鹿筋、杭椒、泰椒滑油，捞出控油。

5. 锅内留底油，下入蒜瓣小火炒至金黄色时，加入高汤，放入原料和调料烧至入味，勾芡淋明油，出锅即可。

成品特点：咸鲜软烂，滑嫩适口。

兰花鹿筋冻

主辅调料：熟鹿筋 100 克，猪肉皮 300 克，西蓝花 50 克，葱 6 克，姜 6 克，精盐 10 克，味精 5 克，料酒 3 克。

制作工艺：

1. 熟鹿筋改刀成丁备用。

2. 葱、姜切大块；西蓝花改成小朵清洗干净，焯水备用。

3. 猪肉皮清理干净，放入锅中，加入葱、姜、料酒、清水煮 20 分钟后，捞出去除油脂，改刀成丝放入盛器里，加入葱姜块、清水、精盐、味精放入蒸锅里蒸 40 分钟取出备用。

4. 取模具，放入鹿筋丁、西蓝花，倒入蒸好的皮冻汁，冷却凝固定型后，取下磨具装盘即可。

成品特点：口味咸鲜，质嫩 Q 弹。

酱熏鹿蹄

主辅调料：鹿蹄 600 克，酱汤 2000 克，茶叶 15 克，葱段、姜段、蒜瓣各 20 克，砂糖 30 克，料酒 30 克。

制作工艺：

1. 鹿蹄冲水洗净，用火烤至表皮金黄，放入温水中浸泡清洗备用。

2. 将清洗好的鹿蹄锯切成 5 厘米长段备用。

3. 将切好的鹿蹄放入凉水锅中，加料酒焯水备用。

4. 把焯好水的鹿蹄放入酱汤中，加入葱段、姜段、蒜瓣、八角卤制熟烂捞出。

5. 起熏锅，锅底放入茶叶、砂糖，将酱制好的鹿蹄熏制成金黄色出锅，装盘即成。

成品特点：色泽褐红，口味咸鲜微甜，质地软糯。

梅花鹿肉串

主辅调料：梅花鹿肉 200 克，秋葵 10 克，红泰椒 10 克，绿尖椒 10 克，牛网油 30 克，蒜末 10 克，精盐 3 克，味精 5 克，孜然粉 30 克，辣椒粉 10 克，东古酱油 5 克，鸡油 20 克。

制作工艺：

1. 将梅花鹿肉切成 1.5 厘米的方块，用精盐、味精、酱油、蒜末腌制 15 分钟。
2. 红泰椒、绿尖椒、秋葵去掉头尾，切 2 厘米的段备用。
3. 将腌制好的鹿肉块，与红泰椒、绿尖椒、秋葵用铁签穿成串备用。
4. 烤炉生起炭火，烧至木炭通透状态。
5. 将肉串放入烤炉上刷上牛网油，撒上调料，烤至里外通熟状态即成。

成品特点：色泽暗褐，咸鲜香辣，肉质鲜嫩。

浓汤鹿宝

主辅调料：鹿筋 100 克，鹿舌 100 克，鹿鞭 50 克，鹿皮 100 克，鹿心 100 克，鹿耳 100 克，鹿肉 150 克，鹿茸片 20 克，高汤 2000 克，枸杞 30 克，菜心 100 克，南瓜蓉 50 克，精盐 8 克，酱油 10 克，蚝油 5 克，料酒 40 克。

制作工艺：

1. 将鹿筋、鹿舌、鹿鞭、鹿皮、鹿心、鹿耳、鹿肉加入料酒煮熟，放至冷却，鹿心、鹿舌、鹿皮、鹿肉、鹿耳切丝，鹿筋、鹿鞭分别切花备用。

2. 菜心洗净切去老叶，枸杞汆水备用。

3. 把主料放入高汤中煲 20 分钟，加南瓜蓉、枸杞、菜心、调料调好口味，煮至汤汁黏稠时盛入炖煲中即可。

成品特点：色泽黄润，汤浓味醇，咸香滑嫩。

参花鹿肉丝

主辅调料：人参 12 支，鹿肉 750 克，精盐 10 克，鸡饭老抽 10 克，砂糖 50 克，红酒 1000 克，生粉 50 克，清水 2000 克，蜂蜜 500 克，胡椒粉 10 克，色拉油 1000 克。

制作工艺：

1. 人参洗净，顺着一侧切成连刀片后定型，放入锅中，加入砂糖、清水、蜂蜜、鸡饭老抽小火煮熟，出锅码在盘中。

2. 将鹿肉切成丝，去除血水，用精盐、胡椒粉腌制。

3. 锅中加入色拉油烧热，油温达到五成热时，将拍上生粉的鹿肉丝下入锅中炸熟并捞出控油。

4. 锅中加入葡萄酒、白糖熬至黏稠，下入鹿肉丝翻炒均匀，出锅即可。

成品特点：参花香甜软烂，鹿肉丝酥脆，酒香浓郁。

梅花鹿双宝

主辅调料：带皮鹿腩肉 700 克，鹿鞭 100 克，油菜心 200 克，精盐 20 克，味精 10 克，冰糖 100 克，酱油 30 克，蚝油 20 克，花雕酒 100 克，葱 50 克，姜 20 克，干辣椒 5 克，香叶 3 克，色拉油 50 克，老汤 1000 克，淀粉 20 克。

制作工艺：

1. 把带皮鹿腩肉用火燎去毛，鹿鞭用清水泡洗干净备用。

2. 将鹿腩和鹿鞭上蒸箱蒸至七成熟取出晾凉，把鹿腩切成 4 厘米的方块，鹿鞭切成梅花形状备用。

3. 油菜心洗净，焯水码在盘中。

4. 起锅热油，放冰糖熬成糖色，加入开水，放入葱、姜、香叶、干辣椒、调料、老汤，下入鹿肉、鹿鞭小火炖 1 个小时至熟，大火收汁，勾芡淋明油出锅，鹿肉摆在油菜中间，鹿鞭花摆在四周即成。

成品特点：色彩红润，咸香微甜，质地软糯。

水晶鹿鞭

主辅调料：鹿鞭 400 克，鸡蛋 6 个，猪肉皮 500 克，葱、姜、蒜各 10 克，精盐 5 克，味精 3 克，酱油 5 克，红油 3 克，香油 2 克。

制作工艺：

1. 葱、姜切段，蒜切末备用。

2. 鹿鞭用温水发透，刮去杂质，剖开再刮去里面的内膜洗净，下入锅中煮至熟烂捞出，改成梳子花刀备用。

3. 猪肉皮剔净猪毛，刮去猪油，切成条状，放入容器内加适量清水和精盐、味精、葱姜段，入蒸箱蒸制 3 小时取出备用。

4. 将鸡蛋从侧面打开一个小孔，把蛋清、蛋黄倒出来，撕去蛋皮内白膜，然后把熟鞭花放入蛋壳内，用漏斗把蒸好的皮冻灌入蛋壳内，待其冷却凝固后，将蛋壳剥开，将水晶皮冻摆盘。

5. 将调料混拌均匀，作为水晶冻蘸汁与菜品一起上桌即成。

成品特点：晶莹剔透，口味咸鲜，软韧爽滑。

林蛙油鹿血糕

主辅调料：鹿血 200 克，发好林蛙油 50 克，鸡蛋 2 个，尖椒 10 克，枸杞 2 克，姜 3 克，精盐 5 克，味精 3 克，大豆油 5 克。

制作工艺：

1. 尖椒、枸杞、姜洗净，尖椒切圈，姜切片。

2. 将发好的林蛙油去除杂质及黑膜，在开水锅中加 2 片生姜片汆烫，捞出备用。

3. 把鹿血和鸡蛋液分别加入调料、温水、豆油搅拌均匀备用。

4. 先将 1/2 的鹿血和蛋液混合搅均匀，倒入碗内，蒸成糕底备用。

5. 把蒸好的糕底上面放上梅花模具，在模具的中间倒入蛋液，周围倒入鹿血继续蒸熟，取出模具，放入林蛙油、尖椒圈、枸杞即成。

成品特点：色彩鲜明，咸鲜滑嫩。

鹿肉烧萝卜

主辅调料：鹿肉腱子 500 克，白萝卜 150 克，胡萝卜 150 克，薄荷叶 5 克，葱、姜段各 30 克，精盐 5 克，味精 3 克，酱油 20 克，老抽 5 克，八角 5 克，料酒 20 克，高汤 1500 克，豆油 30 克。

制作工艺：

1. 将鹿腱肉冲水洗净，切块状备用。

2. 将白萝卜、胡萝卜去表皮，用刀修成小萝卜形备用。

3. 锅中加豆油生炒鹿腱肉，炒至表皮微黄，下入葱、姜、八角、料酒、酱油、老抽炒至上色，加入高汤炖到九成熟，下胡萝卜、白萝卜继续炖至熟烂，大火收汁装盘，用薄荷叶点缀即成。

成品特点：色彩鲜艳，口味咸鲜，肉质软烂，萝卜清爽解腻。

葱香鹿筋冻

主辅调料：梅花鹿筋 400 克，大葱 500 克，精盐 5 克，味精 5 克，鸡粉 5 克，蚝油 10 克，东古酱油 5 克，老抽 3 克，高汤 300 克，色拉油 1000 克。

制作工艺：

1. 大葱切段，葱白切细丝备用。

2. 梅花鹿筋洗净切条，用油炸至蓬松备用。

3. 起锅烧油，将葱丝、葱段分别炸成金黄色备用。

4. 梅花鹿筋倒入高压锅，加入高汤、炸好的葱段、调料压制 40 分钟，捞出葱段。

5. 将鹿筋及汤汁倒入模具冷却成形。

6. 将制成的鹿筋冻取出，切片摆放盘中，码上炸好的葱丝即成。

成品特点：葱香浓郁，口味咸鲜，形状美观，质地滑嫩。

人参扒鹿心

主辅调料：鹿心 500 克，长白山林下参 10 克，高汤 150 克，枸杞 5 克，菜心 20 克，香菇 15 克，葱 10 克，姜 5 克，精盐 5 克，味精 3 克，蚝油 5 克，料酒 10 克，酱油 10 克，淀粉 10 克。

制作工艺：

1. 葱姜切块，香菇顶面切花，菜心、枸杞洗净，人参泡水备用。

2. 将菜心、香菇焯水入味备用。

3. 鹿心冲水洗净，煮熟，切片码在碗中，香菇放在底部，加入高汤、葱姜、酱油、味精、蚝油、精盐、枸杞、人参、香菇，放入蒸箱蒸 1 小时入味。

4. 将蒸好的鹿心取出，扣在盘子中心，把人参取出改刀，按原形码在盘边，将蒸鹿心的汁水进行熬制并勾芡，最后浇在原料上即成。

成品特点：色泽红亮，鹿心软嫩，口味咸鲜。

汁水牛肉粒

主辅调料：牛柳 300 克，荷兰黄瓜 150 克，鸡蛋 1 个，精盐 5 克，味精 3 克，鸡粉 3 克，砂糖 30 克，黄油 20 克，蚝油 10 克，黑胡椒碎 10 克，淀粉 20 克，色拉油 1000 克。

制作工艺：

1. 将牛柳改刀切块，放入器皿内，加入盐精、味精、清水、鸡蛋液、淀粉顺时针搅拌摔打至充分上浆备用。

2. 起锅，下入黑胡椒碎炒至成熟倒出，锅中加入黄油、蚝油、砂糖、味精、鸡粉、黑胡椒碎和少许清水熬至略微黏稠，盛出备用。

3. 荷兰黄瓜改刀，去内瓤切段，焯水整齐地码在盘中备用。

4. 起锅，加入色拉油烧至六成热，下入牛柳炸至表皮定型成熟后捞出控油。

5. 锅留底油，加入酱汁、牛肉翻炒入味，盛入盘中即可。

成品特点：肉质软嫩，椒香适口。

牡丹鹿血豆腐

主辅调料：鹿血 300 克，鸡蛋 120 克，精盐 5 克，味精 5 克，胡椒粉 2 克，鸡汤 500 克。

制作工艺：

1. 将鹿血过滤干净，加入鸡蛋清搅拌均匀备用。

2. 将制备好的鹿血放入牡丹花模具中，蒸 8 分钟后取出，脱模放入盅内备用。

3. 起锅加入鸡汤烧开，加入精盐、味精、胡椒粉调味后，淋入装有牡丹鹿血的盅内即成。

成品特点：形象逼真，汤鲜味美，细腻滑嫩。

石锅鹿肉小根蒜

主辅调料：梅花鹿肉 200 克，小根蒜 200 克，鸡蛋 30 克，泰椒 10 克，绿杭椒 10 克，精盐 5 克，味精 3 克，东古酱油 5 克，老抽 3 克，蚝油 5 克，生粉 10 克，色拉油 500 克。

制作工艺：

1. 将梅花鹿肉洗净切成薄片，放入生粉、鸡蛋清上浆备用。

2. 将小根蒜洗净改刀后备用。

3. 泰椒、杭椒切制成丁备用。

4. 起锅烧油，将上浆的梅花鹿肉片、小根蒜分别滑油。

5. 起锅加入少许色拉油，放入泰椒丁、杭椒丁、小根蒜炒香后放入鹿肉片，加调料翻炒均匀入味，装入提前烧热的石锅内即可。

成品特点：色泽红润，咸鲜微辣，鹿肉滑嫩适口。

鹿肉炖两样

主辅调料：鹿腿肉200克，豆油30克，土豆150克，干豆腐150克，香葱5克，葱花10克，姜10克，干红辣椒10克，精盐15克，味精10克，酱油20克，花椒面5克，老汤1000克。

制作工艺：

1. 葱姜切块，干红辣椒切小段，香葱切丁备用。
2. 将鹿腿肉洗净切片，土豆和干豆腐切菱形片备用。
3. 锅内加豆油，下入鹿肉炒至断生，下葱姜炒香后，放入酱油、花椒面、老汤、土豆、干豆腐，炖到土豆起沙，放精盐、味精调味。
4. 将炖好的鹿肉、土豆片、干豆腐装入碗中，放上香葱段和干红辣椒，淋上热油即成。

成品特点：口味咸鲜微辣，肉质滑嫩。

扣鹿舌

主辅调料：梅花鹿舌500克，老鸡100克，棒骨200克，精肉100克，干贝100克，油菜心50克，南瓜500克，葱20克，姜20克，花椒5克，大料5克，精盐3克，蚝油10克，白糖3克，老抽10克，清水1500克。

制作工艺：

1. 梅花鹿舌洗净，用开水烫去外皮；油菜焯水码在盘中备用。
2. 将棒骨、老鸡、精肉放入冷水锅中焯水，去除血沫捞出，下入汤锅，加入干贝、清水大火烧沸，鹿舌用纱布包好下入锅中，小火煮制2个小时取出鹿舌晾凉备用。
3. 南瓜去皮，修饰成心形，下入锅中，加入清水、蜂蜜、白糖蜜焖熟取出，码在盘中。
4. 鹿舌修饰成长方条形，切片码入碗中，加入葱、姜、大料、花椒、精盐、蚝油、白糖、老抽和原汤，放入蒸箱蒸25分钟取出，汤汁倒出来备用，鹿舌扣在盘中。
5. 把汤汁倒入锅中加热，水淀粉勾芡，浇在蒸好的鹿舌上即成。

成品特点：咸香浓郁，质地软嫩。

牡丹鳌花鱼

主辅调料：鳌花鱼 1000 克，青萝卜 500 克，紫薯 50 克，乌米 20 克，胡萝卜 100 克，淀粉 200 克，精盐 3 克，味精 2 克，料酒 10 克，色拉油 1000 克。

制作工艺：

1. 鳌花鱼去头、去骨、去皮，片成薄片，冲去血水；再加入盐精、味精、料酒入味，拍上薄薄一层淀粉炸至雪白酥脆即可。

2. 青萝卜取萝卜皮，修成花叶，焯水待用。

3. 紫薯去皮切成细松，炸至酥脆点缀花蕊。

4. 乌米除去表皮，焯水做花茎。

5. 胡萝卜去皮切成细松，炸至酥脆摆成花盘形状。

成品特点：形象逼真，香甜酥脆。

松茸珊瑚豆腐

主辅调料：内脂豆腐 3 盒，清鸡汤 1000 克，松茸 50 克，白糖 500 克，精盐 3 克，味精 2 克，蚝油 2 克。

制作工艺：

1. 内脂豆腐去盒，取一圆形模具切形，再横竖切制成珊瑚形状，每盒豆腐可切两块珊瑚豆腐。

2. 清鸡汤倒入锅中，烧开除去浮沫，加入精盐、白糖、味精、蚝油进行调味。

3. 松茸切片，加入调好味的清鸡汤中，使松茸的菌香与清鸡汤充分融合。

4. 将切好的珊瑚豆腐和松茸鸡汤装入容器内，上蒸箱蒸制 10 分钟即可。

成品特点：豆腐细如发丝，菌香浓郁，口感细嫩，咸鲜适口。

鹿肉煎松茸

主辅调料：松茸200克，鲜鹿肉250克，龙须挂面20克，鸡蛋2个，炸好的薯片20克，红、绿尖椒粒3克，生粉30克，面粉30克，精盐8克，味精3克，鸡粉2克，海鲜酱油5克，姜汁、料酒各10克，色拉油1000克。

制作工艺：

1. 松茸用小刀修饰干净，切薄片。

2. 鹿肉切小块，放入搅肉机内搅成肉馅，放入容器里，加入调料搅拌均匀。

3. 将松茸片拍上少许生粉，然后放上鹿肉馅，再用另一片压在松茸上，逐个做完备用。

4. 将面粉、生粉、鸡蛋清、水、红绿尖椒粒调成粉浆备用。

5. 将龙须挂面条一端根部扎至紧实，放入热油内小火浸炸，炸至面条前端发散蓬松呈扇形时，将粉浆淋在面条上再炸至定型，摆入盘内。

6. 煎锅中加入少许色拉油烧热，把夹好肉馅的松茸逐个下入锅中，转小火煎至两面金黄色，取出，摆在薯片上装盘即成。

成品特点：口味咸鲜，形状美观，酥香脆嫩。

清蒸鳌花鱼

主辅调料：鳌花鱼1条（约1000克），精盐5克，蒸鱼豉油20克，葱白、姜、香葱叶、红椒、香菜各10克，色拉油30克。

制作工艺：

1. 香菜切段；部分葱、姜切块，其余葱白、姜、香葱叶、红辣椒分别切丝，放在清水中泡卷。

2. 鳌花鱼去鱼鳞、鱼鳃、内脏，清洗干净，在背部紧贴脊骨切到腹部开背。

3. 将葱姜块、精盐均匀涂抹在鱼身上，腌制5分钟。

4. 将鱼放入蒸箱，蒸熟出锅，拣去葱姜块，撒上葱白丝、姜丝、香葱丝、红椒丝、香菜段，淋蒸鱼豉油，浇热油即成。

成品特点：色彩鲜艳，口味咸鲜，质地滑嫩。

干煎岛子鱼

主辅调料：岛子鱼2条，葱10克，姜10克，精盐10克，味精10克，白酒10克，花椒粒10克，豆油50克。

制作工艺：

1. 葱、姜切块备用。

2. 将岛子鱼去鳞、鳃、内脏，清洗干净。在鱼身两面斜切一字刀纹，加入精盐、味精、白酒、花椒粒腌制入味备用。

3. 平底锅放入豆油烧热，下入岛子鱼煎至成熟，两面金黄装盘即成。

成品特点：色泽金黄，口味咸鲜，外脆里嫩。

干烧鳊花鱼

主辅调料：鳊花鱼1条（约1250克），五花肉丁20克，榨菜丁20克，香葱段10克，杭椒段10克，葱、姜、蒜、干辣椒各10克，精盐20克，白糖100克，豆瓣酱30克，色拉油2000克。

制作工艺：

1. 葱、姜、蒜、干辣椒切丁。

2. 鳊花鱼去鳞、鳃、内脏，洗净，在鱼身两面切一字花刀。

3. 油锅加热，油温达到六成热时，下入鳊花炸成金黄色捞出控油。

4. 锅留底油，加五花肉丁、干辣椒丁、葱段、杭椒段、豆瓣酱炒出红油，下入葱、姜、蒜炒香，加白糖、精盐、清水，放入鱼烧至成熟入味，大火收汁，装盘即成。

成品特点：色泽红润，咸甜微辣。

糖醋鲫花鱼

主辅调料：鲫花鱼2条（每条约300克），蒜薹20克，川椒10克，精盐5克，味精3克，白糖200克，白醋200克，色拉油1000克，淀粉50克。

制作工艺：

1. 蒜薹、川椒切丁备用。

2. 鲫花鱼去鳞、鳃、内脏，洗净，切头去尾，沿着鱼脊骨取下两侧鱼肉，将鱼肉切薄片备用。

3. 将鲫花鱼头、切好的鱼肉蘸上一层干淀粉，下入六成热油锅中炸制，炸至酥脆捞出备用。

4. 锅留底油，下入川椒丁、蒜薹丁略炒片刻，下入调料调制入味，再加入炸好的鱼头、鱼肉片翻炒均匀，出锅即可。

成品特点：外酥里嫩，酸甜适口。

红烧江鲤鱼

主辅调料：松花江鲤鱼1条（约2000克），葱20克，姜10克，蒜10克，香菜5克，精盐20克，味精30克，鸡精30克，白糖30克，陈醋20克，啤酒600毫升，酱油30克，农家酱30克，干红辣椒20克，花椒粒10克，大料5克，豆油200克。

制作工艺：

1. 葱姜切块，蒜瓣拍松；香菜切段。

2. 将鲤鱼去鳞、鳃、内脏，清洗干净，在鱼身两面切一字刀纹备用。

3. 锅中加入豆油烧热，下入葱、姜、蒜炝锅，放入干红辣椒、花椒、大料炒香，再下入农家酱煸炒，加入白糖、陈醋、酱油、啤酒，下入鲤鱼，加入清水没过鱼身，烧至入味汤汁浓稠，出锅装盘，撒上香菜段即成。

成品特点：色泽红润，口味咸鲜，质地鲜嫩。

酱焖牛尾巴鱼

主辅调料：牛尾巴鱼3条（每条约600克），泰椒丁10克，葱10克，姜10克，精盐5克，味精3克，白糖10克，酱油15克，料酒5克，农家酱20克，花椒、大料水20克，色拉油20克。

制作工艺：

1. 部分葱、姜切丝，部分切段。

2. 鱼去鳃、去内脏备用。

3. 锅烧底油，加入葱、姜块炝锅，烹入料酒，加入清汤和调料，下入鱼火焖制熟透，待汤汁浓稠时即可出锅，撒上泰椒装盘即可。

成品特点：口味咸香，酱香味浓，肉质细嫩。

雪蓉鱼丝

主辅调料：草鱼肉500克，胖头鱼肉300克，鸡蛋100克，蟹籽150克，西芹200克，红椒10克，葱10克，姜10克，精盐10克，味精5克，白糖5克，胡椒粉3克，色拉油1000克，生粉20克。

制作工艺：

1. 葱、姜切块，拍松后放入清水中制成葱姜水。

2. 西芹去皮洗净，切成椭圆片；红椒洗净，切菱形，放入水中浸泡。

3. 将草鱼肉洗净，制成鱼泥，加入精盐、味精、白糖、胡椒粉、生粉摔打上劲，加入蟹籽，分多次加入鸡蛋液搅拌均匀，倒入容器中上笼屉蒸熟，取出晾凉，切成鱼丝。

4. 将胖头鱼肉放入清水中浸泡，冲洗，漂净血水，制成鱼泥。

5. 锅中加入色拉油，烧至六成热时，把鱼丝撒上少许淀粉下入锅中炸至酥脆捞出，码在盘中。

6. 胖头鱼泥中加入精盐、味精、葱姜水、鸡蛋清，搅匀上劲，酿入小勺内，点缀红椒，放入笼屉蒸熟，将鱼肉取出围摆在盘边。

7. 锅中烧开水，加精盐和色拉油，放西芹片汆熟，部分围边，部分在盘中围成隔断。

成品特点：色彩鲜艳，口味咸鲜，鱼丝干爽脆嫩，鱼蓉滑嫩。

杀猪烩菜

主辅调料：酸菜500克，熟哈拉巴肉500克，熟棒骨500克，熟五花肉150克，熟血肠200克，熟苦肠50克，熟猪肝50克，猪油20克，煮肉汤1500克，香葱15克，葱20克，姜20克，精盐8克，味精3克，鸡精3克，大料5克。

制作工艺：

1. 葱切段，姜切块，香葱切成葱花；酸菜切丝，泡洗后沥干水分。

2. 熟五花肉切0.5厘米厚的片，血肠切2厘米厚的片，猪肝切0.5厘米厚的柳叶片，苦肠切2厘米长的段。

3. 锅中放入猪油烧热，放入葱、姜、大料炒香，放入酸菜丝炒出水分，加入煮肉汤、哈拉巴肉、棒骨、苦肠、五花肉大火将锅烧开调味，加入精盐、味精、鸡精调味，改为小火炖制。

4. 酸菜炖至30分钟时，放入熟猪肝、熟血肠摆放整齐继续炖5分钟入味，散上香葱花即可。

成品特点：咸香微酸，汤汁浓郁，质地软嫩。

松茸酿花炒鱼丝

主辅调料：黑鱼 1500 克，松茸 400 克，秋木耳 50 克，虾仁 150 克，精盐 3 克，味精 5 克，料酒 8 克，胡椒粉 3 克，香油 5 克，淀粉 6 克，色拉油 20 克，鸡蛋 1 个，心里美萝卜皮 50 克，高汤 50 克。

制作工艺：

1. 黑鱼去鳞、鳃、内脏，洗净，用剔骨刀剔除鱼骨，放入冰箱冷冻，然后将鱼片切成丝，加蛋清液、淀粉上浆备用。

2. 将秋木耳泡发好，松茸切片，虾仁去除虾线，用刀背儿剁成虾泥，加入调料调味；心里美萝卜皮刻出花叶形状码在盘中备用。

3. 将木耳去干水分后，和虾胶一起粘成花瓣，放入蒸箱蒸 2 分钟取出，码在萝卜花叶中。

4. 锅中加入高汤，放入松茸和调料烧至入味，勾芡淋明油，整齐码在盘中备用。

5. 锅中加入色拉油，将鱼丝滑熟捞出控油。

6. 锅中留底油，下入姜丝略炒，加入鱼丝和调料翻炒入味，淋入欠汁出锅盛盘即可。

成品特点：鱼丝咸鲜滑嫩，松茸清香味浓，虾肉木耳 Q 弹脆爽。

锅煽鱼片

主辅调料：净鱼肉 500 克，鸡油 20 克，鸡蛋 3 个，香菜梗 10 克，胡萝卜 10 克，葱 5 克，姜 5 克，蒜 5 克，精盐 5 克，味精 2 克，白糖 2 克，料酒 2 克，花椒水 10 克，面粉 150 克，生粉 5 克，豆油 250 克。

制作工艺：

1. 葱、姜切丝，蒜切片，香菜梗切段，胡萝卜切丝备用。

2. 将鱼肉洗净，斜刀切成约 3 厘米宽、10 厘米长、0.4 厘米厚的片，用精盐、味精、料酒抓匀入味。

3. 鸡蛋打入碗内搅匀，鱼片均匀蘸上面粉。

4. 锅中加豆油烧热，把鱼片蘸上蛋液，放入锅内煎至两面金黄，取出码盘。

5. 锅内放底油，下入葱姜丝、蒜片炒出香味，放入胡萝卜丝，鱼片，添汤，加精盐、味精、白糖、料酒、花椒水调味，慢火煨至入味，用水淀粉勾芡，淋入鸡油，大翻勺，放入香菜梗，拖入盘内即成。

成品特点：色泽金黄，口味咸鲜，形状规整，质地软嫩。

香酥鲫鱼

主辅调料: 鲫鱼400克, 葱50克, 姜50克, 精盐5克, 味精2克, 白糖15克, 白醋100克, 酱油15克, 料酒100克, 大料5克, 香叶2克, 色拉油1000克。

制作工艺:

1. 葱、姜切块备用。

2. 鲫鱼去鳞、鳃、内脏, 清理干净备用。

3. 将清理好的鲫鱼下入六成热的油中炸至酥脆, 捞出备用。

4. 锅加底油, 加葱、姜、大料、香叶爆香, 加水、精盐等调料调味, 把鲫鱼码在锅中, 小火煮至约1小时, 关火焖至鲫鱼骨酥肉烂, 晾凉后出锅, 改刀装盘即成。

成品特点: 色泽红润, 口味咸甜微酸, 质地酥烂。

干烧白鱼

主辅调料: 白鱼1条(约1000克), 五花肉30克, 青辣椒30克, 榨菜20克, 红辣椒20克, 绿辣椒20克, 大葱10克, 生姜5克, 郫县豆瓣酱20克, 料酒30克, 精盐2克, 味精4克, 冰糖10克, 陈醋15克, 猪油50克, 色拉油2000克, 高汤300克。

制作工艺:

1. 将大葱、红辣椒、绿辣均切成丁, 生姜切片备用。

2. 将五花肉和榨菜切丁备用。

3. 将白鱼去鳞、鳃、内脏, 冲洗干净, 在鱼身两面改十字花刀备用。

4. 将锅置火上放油烧热, 放入白鱼炸至金黄色捞出。

5. 另起锅放熟猪油加热, 下入五花肉丁和榨菜丁略炒, 再放豆瓣酱炒至出红油, 放葱段和姜片爆香, 放入白鱼, 烹入料酒, 添汤用大火烧沸撇去浮沫, 调好口味, 转成小火烧至15分钟。

6. 待汤汁即将收尽时, 放红绿辣椒段, 烹陈醋, 中火烧至锅内呈现见油不见汤汁时, 出锅装盘即成。

成品特点: 色泽红亮, 口味咸甜微辣, 质地酥嫩。

砂锅鱼头

主辅调料：花鲢鱼头1个（约750克），毛葱100克，大蒜100克，精盐3克，味精2克，料酒25克，蚝油10克，蒸鱼豉油10克，黄剁椒酱20克，红剁椒酱20克，色拉油30克。

制作工艺：

1. 将鱼头去鳞、去鳃清洗干净，切成4厘米宽的条备用。

2. 将毛葱切成块，大蒜轻轻拍一下备用。

3. 将鱼头用精盐、味精、料酒、蚝油腌制10分钟备用。

4. 将砂锅放置火上，放入色拉油，下入毛葱、蒜煸炒出香味，烹入料酒，将腌制好的鱼头摆放到砂锅中，上面放入剁椒酱，淋入蒸鱼豉油，盖上锅盖，大火烧沸，转用中火烧15分钟即成。

成品特点：口味咸鲜微辣，鱼肉鲜爽嫩滑。

脆皮鱼卷

主辅调料：黑鱼1条（约750克），春饼皮6张，芹菜200克，红彩椒30克，面粉3克，大葱50克，生姜50克，精盐3克，味精3克，鸡粉2克，白胡椒粉1克，花雕酒20克，沙拉酱30克，色拉油1000克。

制作工艺：

1. 将大葱、生姜、红彩椒分别切丝，芹菜洗净切细条备用。

2. 将鱼去鳞、鳃和内脏，冲洗干净，鱼肉去骨切成条。

3. 面粉加水搅成面糊。

4. 鱼肉加精盐、味精、花雕酒、白胡椒粉、生粉拌均匀，腌制备用。

5. 芹菜条、大葱、生姜、红彩椒丝加调料调拌入味码在春饼皮上，放上鱼肉，卷成2厘米粗的卷，用面糊封口。

6. 锅中加入色拉油，烧至五成热时，下入鱼卷生坯，炸至金黄色捞出沥油，改刀装盘，挤上沙拉酱即成。

成品特点：色泽浅黄，口味鲜咸，质地脆嫩。

鸡茸鱼肚

主辅调料：油发鱼肚200克，鸡牙子肉100克，鸡蛋2个，青豆20克，葱10克，姜6克，蒜5克，精盐5克，味精3克，料酒10克，猪油20克，淀粉10克，鸡清汤100克。

制作工艺：

1. 葱、姜部分切块，部分切丝，蒜切片，青豆洗净。

2. 将发好的鱼肚洗净，改成5厘米长的抹刀片，加精盐、味精、料酒、葱块、姜块腌制入味。

3. 将鸡牙子肉制成鸡蓉，加入精盐、清汤、蛋清制成浓稠状的鸡蓉。

4. 勺内放清水烧开后转小火，将鱼肚蘸上干淀粉，拖匀鸡蓉放入热水锅中，待浮起后捞出，用凉水过凉，整齐地码放在盘中。

5. 勺内放猪油烧热，下入葱、姜、蒜炝锅，添入鸡汤，加入调配料，下入码好的鱼肚，烧至入味后勾薄芡，淋明油，大翻勺拖入盘中即成。

成品特点：色泽洁白，口味咸鲜，形状规整，质地爽滑。

铁锅炖鸭绿江鲤鱼

主辅调料：鸭绿江鲤鱼1条（约3500克），猪五花肉100克，香葱50克，姜末20克，香菜30克，精盐10克，白糖5克，料酒20克，东古酱油10克，老抽5克，陈醋45克，豆瓣酱30克，干红椒30克，八角5克，猪油80克，高汤3500克。

制作工艺：

1. 姜、香葱、洗净切段，干红辣椒、香菜切段。

2. 猪五花肉切片。

3. 把鲤鱼去鳞、鳃、内脏，用清水里外洗净，控净水分，改成一字花刀。

4. 铁锅烧热，下入猪油烧热，五花肉煸炒，加入葱段、姜段、干红辣椒段、八角炒香，再加入豆瓣酱煸炒出红油，倒入高汤烧沸，加入精盐、白糖、陈醋、酱油、料酒，将鲤鱼放入锅内，盖上锅盖，用中火焖至成熟入味，汤汁稠浓，盛入盘中，撒上葱姜丝、香菜段即成。

成品特点：色泽红亮，口味咸香浓郁，肉质软嫩。

红焖胖头鱼

主辅调料：胖头鱼1条（约2500克），土豆200克，干红辣椒10克，葱20克，姜末15克，蒜10克，香葱10克，香菜段5克，精盐30克，味精30克，白糖20克，酱油30克，白酒20克，陈醋20克，大料瓣3克，豆油200克。

制作工艺：

1. 葱切段，蒜瓣拍松，香葱切葱花，干红辣椒、香菜切段备用。

2. 将土豆洗净去皮，切块备用。

3. 将胖头鱼去鳞、鳃、内脏，清洗干净，在鱼身两面切一字刀纹。

4. 锅中加豆油，放入葱、姜、蒜、大料、干红辣椒爆香，放入精盐、酱油、白糖、陈醋、白酒和胖头鱼，放入清水，大火烧开，小火焖至熟透入味，汤汁浓稠时，出锅装盘，撒上葱花、香菜段即成。

成品特点：色泽红润，肉质软嫩，咸香可口。

鱼蓉龙爪菊

主辅调料：胖头鱼尾 400 克，脆炸粉 200 克，低筋面粉 150 克，生粉 150 克，鸡蛋黄 2 个，精盐 5 克，葱 5 克，姜 5 克，橙汁 50 克，色拉油 1000 克。

制作工艺：

1. 胖头鱼尾去骨、皮，取净肉，加入冰水和葱、姜放入碰壁机打成蓉。

2. 把鱼蓉加入脆炸粉、面粉、生粉、鸡蛋黄、精盐和一个面团，饧面。

3. 把鱼蓉面团用擀面杖擀成一个薄 3 毫米的片，用刀切成长 20 厘米宽、8 厘米的长方形鱼蓉片。

4. 先用长竹签卷一个边，再用刀在 5 厘米处，切间距 3 毫米的丝，切完后把片卷成花形，用牙签固定。

5. 起锅烧油，油温达到五成热时，下入卷好的鱼蓉龙爪菊定型，炸至金黄色捞出。

6. 起锅加入橙汁、清水、白糖熬制，加淀粉勾芡，浇在炸好的菊花上即可。

成品特点：色泽鲜艳，酸甜酥脆，造型逼真。

锅包鱼片

主辅调料：松花江鳌花鱼 1 条（约 750 克），红椒 10 克，大葱 20 克，去皮大蒜 3 瓣，香菜梗 10 克，精盐 3 克，白糖 60 克，白醋 50 克，酱油 1 克，生粉 130 克，色拉油 2000 克。

制作工艺：

1. 将大葱和红椒切细丝，香菜洗净切段，大蒜切片备用。

2. 将鳌花鱼去鳞、鳃、内脏，冲洗干净，剔除鱼骨，净鱼肉切成长度 5~6 厘米，厚度 0.3~0.4 厘米的鱼片，用清水冲洗干净备用。

3. 将鱼肉片加精盐和酒拌均匀腌制 10 分钟备用。

4. 将腌制好的鱼肉片加生粉和水拌匀，最后放色拉油调拌均匀备用。

5. 将精盐、白糖、白醋、酱油放碗内兑成糖醋汁备用。

6. 将油烧至五成热，下入挂糊的鱼肉片炸至定型捞出；油温烧七至八成热时进行第二次复炸，炸至金黄色，捞出沥油。

7. 锅留底油，放葱丝、姜丝、蒜片、红椒丝炒香，放入炸好的鱼肉片，烹入糖醋汁翻炒均匀，加香菜梗，出锅装盘即成。

成品特点：色泽金黄，口味酸甜适口，外焦里嫩。

拌鱼皮

主辅调料：鱼皮 200 克，红椒丝 10 克，葱 10 克，蒜 10 克，香菜 5 克，精盐 5 克，味精 5 克，白糖 15 克，醋精 100 克，米醋 15 克，川椒油 20 克。

制作工艺：

1. 葱切丝，蒜切片，香菜切小段备用。
2. 将鱼皮洗净，切成条。
3. 将鱼皮下入开水中汆烫 10 秒，倒入冰水投凉，控净水分。
4. 将鱼皮加醋精腌制 1 分钟后沥干，加入精盐、味精、白糖、米醋、葱丝、蒜片、红椒丝、川椒油拌匀，装盘即成。

成品特点：酸爽微辣，咸鲜微甜，质地爽脆。

铁锅胖头鱼

主辅调料：胖头鱼 1 条（3500 克），豆油 50 克，长白山红蘑干 250 克，大葱 60 克，香葱 20 克，姜 10 克，蒜瓣 15 克，香菜 20 克，精盐 5 克，味精 5 克，白糖 10 克，酱油 20 克，老抽 5 克，白酒 20 克，陈醋 30 克，大豆酱 20 克，十三香 5 克，干红辣椒 10 克，八角 5 克。

制作工艺：

1. 大葱切段，香葱切葱花，大蒜切末，姜切片，干红辣椒切段，香菜切段备用。
2. 将红蘑干用温水发透，除去老根、杂物，清洗干净，沥干水分。
3. 将鱼去鳞、鳃、内脏，擦掉鱼腹中的黑色膜，清理干净，将鱼背部斩断，每段长约 5 厘米，鱼腹相连。
4. 锅中加入豆油烧热，葱姜蒜炝锅，放干红辣椒、八角、大豆酱炒香，加入清汤烧沸，下入其他调料调好口味，将胖头鱼放入锅中，转中小火慢炖约 40 分钟后，打开锅盖，放入红蘑再用小火慢炖 15 分钟，然后大火收汤，放少许葱花、蒜末、香菜段即成。

成品特点：色泽红润，汤浓味醇，口味咸香，鱼肉鲜嫩。

银鱼狮子头

主辅调料：猪肥膘肉 100 克，银鱼 200 克，鸡蛋清 15 克，菜心 1 棵，枸杞 5 克，精盐 5 克，鸡精 3 克，料酒 10 克，胡椒粉 3 克，淀粉 10 克，高汤 1000 克。

制作工艺：

1. 把猪肥膘肉切成小丁，菜心洗净备用。
2. 将银鱼搅碎后与肥肉丁、鸡蛋、淀粉和调料一起搅拌均匀，摔打上劲备用。
3. 锅中烧水，将摔打上劲的鱼肉馅团成直径约 8 厘米的丸子，下入锅中汆烫成型，捞出放入炖盅内。
4. 另起锅，加入高汤、枸杞和调料调好口味后，分别盛入炖盅内，把炖盅放入蒸锅蒸至熟透取出，放入胡椒粉、菜心即成。

成品特点：汤汁洁白，口味咸鲜，肉质滑嫩适口。

拌鱼肚

主辅调料：胖头鱼肚 200 克，红椒丝 10 克，葱 10 克，蒜 10 克，香菜 5 克，醋精 100 克，精盐 5 克，味精 5 克，白糖 15 克，米醋 15 克，辣椒油 20 克。

制作工艺：

1. 葱切丝，蒜切片，香菜切小段。
2. 将胖头鱼肚洗净，再切成条。
3. 将鱼肚下入开水中汆烫 10 秒，倒入冰水投凉，控净水分备用。
4. 将鱼肚加醋精腌制 2 分钟后沥干，加入精盐、味精、白糖、米醋、葱丝、蒜、红椒丝、川椒油拌匀，装盘即成。

成品特点：口味酸爽微辣，咸鲜酸甜，质地爽脆。

养生鱼圆

主辅调料：胖头鱼肉 500 克，猪肥膘 50 克，精排 200 克，老鸡 100 克，小油菜 200 克，干贝 20 克，鸡蛋 1 个，葱 10 克，姜 10 克，陈皮 8 克，精盐 10 克，味精 5 克，胡椒粉 3 克，香油 5 克，料酒 10 克。

制作工艺：

1. 将老鸡、精排斩块洗净，焯水装入器皿内，加入开水、干贝、葱、姜、陈皮、精盐、味精调味，上蒸箱蒸制 4 小时后，取汤汁备用。
2. 将鱼肉和肥膘肉改刀成小粒，放入器皿内，加入精盐、味精、料酒、胡椒粉、香油、蛋清、水淀粉顺时针搅拌摔打上劲，制成鱼圆状，表面裹匀水淀粉，温水下锅，小火煮至成熟。
3. 将小油菜改刀修形，汆水备用。
4. 取汤盅加热，放入加工的鱼圆，搭配小油菜，盛入清鸡汤即可。

成品特点：鱼圆口感嫩滑，鸡汤清醇，口味鲜香。

生吃金鳟鱼

主辅调料：金鳟鱼 1000 克，茭白 30 克，红萝卜 30 克，木耳 30 克，青笋 30 克，干兰 30 克，三叶香 30 克，红腰豆 30 克，瓜子仁 30 克，玉米粒 20 克，熟土豆松 100 克，蒜泥 10 克，味精 5 克，精盐 6 克，香醋 10 克，白糖 5 克，海鲜酱油 5 克，胡椒粉 3 克，香油 5 克，辣椒油 3 克，花生油 20 克。

制作工艺：

1. 金鳟鱼先剁掉尾巴，在水里游半小时，排出血水，去鱼头、内脏备用。
2. 去掉鱼皮、鱼骨、鱼刺，切制成丝，用冰泡制 5 分钟备用。
3. 取成器，盘底铺一层熟土豆松，再把鱼丝码在盘中堆起造型。
4. 食用时，将各种辅料倒入盘中，加入蒜泥和调味料拌至入味即可。

成品特点：造型美观，口味咸鲜，微酸微辣，清爽适口。

一品圣水鱼

主辅调料：胖头鱼1条(15斤)，鲜山楂250克，玉米淀粉100克，精盐5克，白糖20克，色拉油1500克。

制作工艺：

1. 先将胖头鱼剔骨、去皮，鱼肉流水冲去血水，再切成粗细均匀的细丝备用。

2. 胖头鱼骨蒸熟，除去表面多余的鱼肉，冲洗干净保持鱼骨完整，再进行烘烤至干无水分装盘。

3. 切好的鱼丝加入精盐、白糖调制入味，再蘸薄薄的一层淀粉炸至酥脆，保持鱼丝笔直装盘。

4. 鲜山楂洗净去籽，加入清水、白糖熬制山楂汁，熬至浓稠时盛入碗中即可。

成品特点：造型美观，色泽金黄，鱼丝酥脆，酸甜可口。

八宝酿黄鱼

主辅调料：大黄花鱼1000克，山药3克，洋葱30克，胡萝卜30克，芹菜30克，笋30克，虾仁30克，猪肉30克，海参30克，瑶柱30克，精盐3克，味精5克，料酒8克，胡椒粉3克，香油5克，酱油5克，淀粉6克，色拉油20克。

制作工艺：

1. 黄花鱼去鳞、去鳃，用筷子从嘴中插入鱼腹将内脏搅出来，之后用平尺插入鱼腹慢慢剔除鱼骨，清洗备用。

2. 将山药、圆葱、胡萝卜、笋、虾仁、猪肉、海参、瑶柱切丁。

3. 起锅热油，下入山药、洋葱、胡萝卜、笋、虾仁、猪肉、海参、瑶柱丁煸炒，加入调料炒熟，酿入鱼腹中，放入蒸箱蒸制15分钟取出。

4. 起锅烧底油，放入余下的胡萝卜丁、芹菜丁、圆葱丁翻炒片刻，加汤和调料烧沸调制味，勾芡淋明油，浇在蒸好的鱼身上即成。

成品特点：色彩绚丽，咸鲜适中，形状整齐，质地软嫩。

泡菜蒸鲽鱼

主辅调料：鲽鱼1条（约750克），朝鲜族泡菜200克，五花肉50克，薄荷叶2克，精盐3克，味精5克，白糖5克，牛肉粉10克，蒸鱼豉油30克，花雕酒25克，色拉油30克。

制作工艺：

1. 将鲽鱼洗净，改成牡丹花刀，用花雕酒腌制一下备用。

2. 将朝鲜族泡菜切成细丝，五花肉切小粒备用。

3. 将锅置火上放底油烧热，放五花肉粒炒熟，加入朝鲜族泡菜炒至微软调好口味。

4. 将炒好的泡菜夹入鱼肉中，蒸锅烧沸，将鱼上锅中蒸15分钟取出，撒上葱花，淋上蒸鱼豉油，浇热油，点缀薄荷叶即成。

成品特点：咸鲜微辣，肉质鲜美，滑嫩适口。

林蛙炖山药

主辅调料：林蛙400克，铁棍山药150克，泥鳅鱼100克，干红辣椒50克，豆苗10克，葱10克，姜5克，精盐3克，味精5克，酱油10克，黄豆酱10克，花椒面3克，老抽5克，淀粉20克，色拉油1000克，豆油150克，猪油100克。

制作工艺：

1. 将大葱切段，姜切大片，干红辣椒切段备用。

2. 铁棍山药去皮洗净，切成5厘米长的段备用。

3. 林蛙、泥鳅鱼清洗干净备用。

4. 将山药段油炸至金黄色捞出备用。

5. 起锅烧水，烧至90℃，分别把林蛙和泥鳅鱼汆烫20秒，立刻捞出冲凉。

6. 起锅加豆油、熟猪油烧热，下入辣椒、葱段、姜片、花椒面、黄豆酱炒香，加入清水及其他调味料，再加入林蛙、泥鳅鱼、山药，大火烧开后改文火烧制15分钟，至汤汁黏稠勾薄芡，淋明油，出锅撒上豆苗即可。

成品特点：色泽红亮，口味咸鲜，香味浓郁。

玉米林蛙油

主辅调料：发好的林蛙油50克，去皮黏玉米粒200克，姜片5克，冰糖10克，花雕酒5克，枸杞5克，清水150克。

制作工艺：

1. 玉米粒放入破壁机中，加入适量的水打碎，用密网漏出渣子备用。

2. 把发好的林蛙油挑去杂质，加水、姜片、花雕酒放入蒸锅中蒸20分钟备用。

3. 另起锅，下入玉米汁、冰糖、枸杞慢火熬煮入味，装入器皿中，放上蒸好的林蛙油即可。

成品特点：色泽黄润，口味香甜。

河鱼汤

主辅调料：河鱼100克，鸡蛋1个，土豆50克，角瓜30克，黄豆芽10克，金针菇10克，大豆腐50克，小白菜10克，水发海带20克，辣椒20克，干野苏子叶2克，朝鲜族辣椒酱50克，大喜大牛肉粉5克，味精3克，白胡椒粉1克。

制作工艺：

1. 将河鱼取出内脏和鱼鳃清洗干净备用。

2. 将土豆去皮、小白菜去根部、金针菇去根和角瓜、辣椒、黄豆芽、干野苏子叶分别清洗干净，土豆切片，角瓜切片，小白菜、金针菇切段，辣椒顶刀切段，大豆腐切小块，干野苏子浸泡至软，水发海带切小片备用。

3. 将石头锅置火上烧水，放朝鲜族辣椒酱在水中融开，放入河鱼、干野苏子叶、土豆、黄豆芽、海带、大豆腐煮3分钟。

4. 将石头锅汤中的浮沫撇去，再放金针菇、角瓜、小白菜调好口味，最后放辣椒圈，煮熟食用即可。

成品特点：酱香浓郁，鲜美滑嫩。

金瓜酿林蛙油

主辅调料：

南瓜1000克，泡发好的林蛙油50克，芥兰20克，鲜南瓜藤20克，澄粉20克，冰糖10克，蜂蜜5克，水淀粉5克。

制作工艺：

1. 南瓜去皮、瓤，取部分切成块，蒸熟捣成泥，剩余南瓜切成橄榄形薄片备用。

2. 把发好的林蛙油加冰糖蒸5分钟取出备用。

3. 南瓜泥加澄粉调拌好，制成饼坯，包上蒸好的林蛙油，制作成南瓜的形状，然后用切好的南瓜片均匀地贴在南瓜泥上，用芥兰雕刻成南瓜蒂，放在南瓜上蒸制5分钟取出备用。

4. 锅中加入清汤和蜂蜜调好口味，水淀粉勾薄芡，浇在南瓜上，用鲜南瓜藤点缀装盘即可。

成品特点：形象逼真，色泽亮丽，软糯香甜。

裙边白灵菇

主辅调料：甲鱼裙边200克，白灵菇300克，水淀粉10克，高汤200克，莴笋150克，鲜香菇1朵，葱3克，姜3克，精盐4克，味精3克，白糖3克，鸡粉3克，酱油5克，蚝油3克，料酒3克，胡椒粉2克。

制作工艺：

1. 葱、姜洗净，切块备用。

2. 将甲鱼裙边涨发好，刮去裙边的黑皮，改成梳子花刀。

3. 白灵菇切成薄厚均匀的大片备用。

4. 莴笋去皮洗净，用挖球器挖成球状；香菇去除根部备用。

5. 裙边下入沸水中汆烫，捞出立刻用清水过凉，莴笋球烫至断生捞出备用。

6. 将白灵菇、裙边和香菇一同放入砂锅内，加入高汤和调料煲至入味，取出码在碗中，再反扣在盘中，裙边和烫好的莴笋球码在四周。

7. 原汤加热，水淀粉勾芡汁浇在原料上即可。

成品特点：色泽金黄，口味咸鲜，软糯滑嫩。

煎蒸大黄鱼

主辅调料：黄鱼1条（约750克），鸡蛋2个，鲜柠檬1个，葱5克，姜5克，干红椒10克，精盐10克，味精5克，料酒10克，胡椒粉5克，香油5克，面粉30克，色拉油80克。

制作工艺：

1. 葱、姜部分切块，部分切丝；干红辣椒剪成丝，柠檬切片；鸡蛋打散备用。

2. 黄鱼去鳞、鳃、内脏，腹开脊连，在肉面处改一字刀纹，修形。

3. 将鱼放入盛器内，加葱块、姜块、胡椒粉、柠檬片、精盐、味精、料酒腌制20分钟，取出晾干水分，蘸干面粉与蛋液。

4. 勺内加少许油，将鱼煎至两面金黄。

5. 将煎好的鱼放入盘中，上屉蒸制8分钟。

6. 将葱丝、姜丝、干红辣椒丝撒在鱼身，淋热油即成。

成品特点：色泽分明，口味咸鲜，肉质细嫩。

麒麟黄鱼

主辅调料：黄鱼 1 条（750 克），大虾 12 只，红尖椒 30 克，绿尖椒 20 克，粉丝 10 克，香葱 15 克，大蒜 200 克，精盐 10 克，味精 5 克，鸡精 2 克，豆豉 15 克，色拉油 100 克。

制作工艺：

1. 香葱切丝，大蒜切末，红尖椒部分切丝，部分切米，绿尖椒切米；将葱丝、红椒丝放入水中浸泡备用。

2. 将部分蒜末炸成金黄色，制成蒜金蒜油；豆豉与生蒜蓉混合加色拉油拌匀，制成蒜豉油，将蒜蓉与红绿椒米混合，加精盐、味精、鸡精、色拉油拌匀，制成蒜椒油。

3. 将粉丝用温水泡透，控净水，加入金蒜油、生蒜蓉、精盐、味精拌匀。

4. 将黄鱼处理干净，去掉鱼头，中间片开去掉鱼骨，尾部相连，再切成 1 厘米的小条，腹部相连，加精盐、味精略腌后，放入盘中，摆上鱼头。

5. 大虾去虾头、虾线，中间片开，尾部相连。

6. 将粉丝放入鱼中间，再把大虾摆在粉丝上面，大虾肉上浇上蒜椒油，在　　鱼肉一侧放上蒜豉油，上蒸锅蒸制 10 分钟。

7. 将蒸熟的鱼取出，在鱼的另一侧放上葱丝、红椒丝。

8. 锅烧热油，浇在鱼身上即可。

成品特点：色彩鲜艳，形状逼真，口味多样，咸鲜细嫩。

明太鱼头包饭

主辅调料：朝鲜明太鱼 500 克，糯米 300 克，干白菜叶 30 克，薄荷叶 1 枚，枸杞子 10 粒，香葱 3 克，香菜 3 克，洋葱末 20 克，干野苏子叶 2 克，精盐 2 克，牛肉粉 2 克，味精 2 克，胡椒粉 0.5 克，芝麻油 0.5 克，中粗辣椒粉 5 克，特辣椒粉 5 克，酱油 5 克，色拉油 50 克。

制作工艺：

1. 将明太鱼洗净，用筷子插入明太鱼头内，旋转把内脏取出，从鱼头至尾部留三分之二，腹部之外改刀切段，保留腹部完整备用。

2. 糯米清洗干净，用清水浸泡 5 小时，泡透备用。

3. 将野苏子叶和干白菜叶清洗干净，切细碎备用。

4. 将中粗辣椒粉、特辣椒粉、酱油、洋葱末，放一起调均制成蘸料备用。

5. 将锅中烧油，把鱼尾部位煎一下，加入热水，用大火煮沸，熬出白汤备用。

6. 将野苏子叶，干白菜叶和糯米加入调料拌均匀，装入鱼头中。

7. 取大石锅，加入煮好的明太汤，放入鱼头、枸杞子大火烧开，小火煮 20 分钟，加入调料调好口味，撒香葱和香菜出锅，配蘸料食用即可。

成品特点：造型独特，汤鲜味美，鱼肉细腻。

松仁明太鱼

主辅调料：干明太鱼 200 克，熟松仁 50 克，鲜红辣椒 30 克，洋葱 30 克，蒜末 40 克，精盐 2 克，白糖 40 克，白醋 30 克，细辣椒粉 20 克，红辣椒油 30 克，朝鲜族辣椒酱 50 克，芝麻油 10 克，酱油 10 克，白糖稀 35 克，啤酒 100 克，雪碧 80 克。

制作工艺：

1. 将干明太鱼泡至松软，撕成丝备用。
2. 将鲜红辣椒和洋葱切细丝备用。
3. 将明太鱼丝加啤酒和雪碧拌匀。
4. 将明太鱼丝、熟松仁、鲜红辣椒丝、洋葱丝同放一个容器内，加入白醋、精盐、白糖、细辣椒粉、朝鲜族辣椒酱、酱油、白糖稀、蒜末拌均，最后放红辣椒油和芝麻油拌均匀即可。

成品特点：色泽红润，酸甜适口。

百花大虾

主辅调料：青虾 500 克，鸡蛋清 200 克，红椒 20 克，香菜 15 克，精盐 5 克，味精 3 克，胡椒粉 1 克，淀粉 50 克，色拉油 1000 克。

制作工艺：

1. 香菜叶洗净，红椒改刀成象眼片备用。
2. 将一部分青虾去壳、去虾线，剁成虾泥，加精盐、味精、鸡蛋清搅拌上劲备用。
3. 将另一部分青虾去头、去壳、留尾，背部切开展平，用刀尖排斩，加精盐、味精、胡椒粉腌制入味备用。
4. 将腌制好的虾铺平，将虾泥抹在上面。
5. 将鸡蛋清用筷子搅打成蛋泡糊，加入淀粉搅拌均匀，抹在虾泥上面，再将香菜叶及红椒片摆在蛋泡糊上加以装饰，制成虾托。
6. 锅加油，烧至三成热时，将虾托逐个下入，炸至成熟，捞出摆盘即可。

成品特点：色彩鲜艳，咸鲜可口，质地脆嫩。

群龙戏牡丹

主辅调料：大虾 500 克，木耳 100 克，油菜 100 克，板栗 100 克，葱油 20 克，白糖 3 克，精盐 10 克，鸡粉 5 克，蚝油 5 克，生抽 5 克，老抽 3 克，高汤 500 克，料酒 20 克。

制作工艺：

1. 大虾去除虾头、虾线，部分去掉外壳留尾部，做成龙头形状，一起下入锅中焯水，高汤煨熟，摆盘造型备用。
2. 油菜洗净，选用茎部修形，焯水摆盘。
3. 锅中加入高汤、板栗、木耳、调料煨制入味，勾芡淋葱油，出锅装盘即可。

成品特点：虾肉鲜嫩，板栗甜糯，木耳爽脆，咸鲜适口。

南乳汁小河虾

主辅调料：小河虾 400 克，白肉火龙果 20 克，红肉火龙果 20 克，苦苣 5 克，南乳汁 10 克，葱 5 克，姜 5 克，精盐 2 克，味精 5 克，白糖 15 克，蚝油 10 克，东古酱油 5 克，花雕酒 10 克，龙门米醋 10 克，色拉油 1000 克。

制作工艺：

1. 葱切段，姜切块备用。

2. 将白肉火龙果、红肉火龙果用挖球器挖成球形，装入盘中。

3. 将小河虾剪去虾须洗净备用。

4. 起锅烧油，将油温烧至六成热时，把小河虾下入锅中炸成虾皮酥脆时捞出备用。

5. 锅留底油，下入葱姜块煸炒出香味，加入调料调制入味，再将炸制好的河虾倒入锅中翻炒均匀，出锅装入碗中即可。

成品特点：色泽红亮，外酥里嫩，咸鲜微甜。

葱香大虾仁

主辅调料：大虾仁 300 克，脆炸粉 150 克，香葱 10 克，精盐 2 克，味精 2 克，白糖 2 克，料酒 2 克，胡椒粉 2 克，大豆油 10 克，色拉油 1000 克。

制作工艺：

1. 香葱切成葱花。

2. 大虾仁沿背部片一刀，去除虾线。

3. 锅中烧开水，下入大虾仁焯水，捞出冷水过凉，用厨房用纸将虾仁水分吸干，加入调料腌制入味，再加入香葱花、脆炸粉、清水、大豆油搅拌均匀，下入虾仁上糊。

4. 另取锅，加入色拉油，烧至五成热，逐个下入虾仁，炸至金黄色捞出，装盘即成。

成品特点：色泽金黄，葱香浓郁，质地酥脆，咸鲜适口。

冰花江虾饼

主辅调料：江虾 1000 克，鸡蛋 60 克，白萝卜 300 克，精盐 5 克，味精 3 克，鸡粉 3 克，胡椒粉 2 克，淀粉 10 克，生粉 10 克，色拉油 20 克。

制作工艺：

1. 将江虾剥壳取肉，打制成泥后加入调料、蛋清搅打至黏稠起胶，做成虾饼备用。

2. 将白萝卜雕刻成底座，下入锅中，加入精盐煮至入味，捞出码在盘中备用。

3. 将生粉、淀粉加入适量清水调制成糊备用。

4. 平底锅烧热，放入色拉油，将虾饼逐个码入锅中煎至九分熟时，淋入调好的淀粉糊，待淀粉糊和虾饼融合在一起并且淀粉糊成网状酥脆时出锅。

5. 将煎制好的虾饼分别用牙签插在萝卜底座上即可。

成品特点：形象逼真，咸鲜 Q 弹，质地脆嫩。

玫瑰盐烤鸽子

主辅调料：鲜活乳鸽 10 只，玫瑰盐 30 克，味精 15 克。

制作工艺：

1. 将鸽子宰杀，除去内脏，并修理整齐，放血洗净。
2. 将鸽子放入冷水中浸泡，泡出多余血水后，控干水分备用。
3. 玫瑰盐打碎，放入味精拌匀，均匀涂抹到鸽子身上。
4. 烤炉温度上火 200℃，底火 180℃。
5. 将鸽子放入炉中，烤制 50 分钟即成。

成品特点：色泽金黄，表皮干香，肉质鲜嫩，咸鲜适口。

飞燕大虾

主辅调料：大虾 26 只，鲜虾仁 150 克，猪肥膘肉 50 克，黄瓜 100 克，香菇 100 克，花椒籽 16 个，大葱 10 克，生姜 10 克，精盐 6 克，味精 4 克，白糖 40 克，白醋 30 克，番茄酱 30 克，花雕酒 30 克，生粉 50 克，色拉油 500 克。

制作工艺：

1. 将大葱、生姜制成葱姜汁备用。

2. 将大虾保留尾部，去掉外壳，制成凤尾虾，取虾线，冲洗干净，加精盐、味精、花雕酒腌制入味备用。

3. 将鲜虾仁和猪肥膘肉打成肉泥，加精盐、葱姜汁、生粉、鸡蛋清顺时针搅拌上劲备用。

4. 将香菇清洗干净，改刀切成飞燕的翅膀备用。

5. 将黄瓜清洗干净顶刀切片，围摆在盘内呈圆形，做成盘饰备用。

6. 将 8 只大虾铺平抹上虾泥，装饰上焯水的香菇翅膀、眼睛、燕嘴、燕头帽制成飞燕生坯入笼屉蒸 8 分钟取出，摆在盘子四周，浇上白色芡汁。

7. 将锅加入色拉油置火上烧至六成热时，下入凤尾虾滑熟捞出沥干油。

8. 锅留底油，放番茄酱、白糖、精盐炒至红色时加入白醋、凤尾虾翻炒均匀，淋明油出锅，盛放在盘中即成。

成品特点：形象逼真，色泽分明，鲜咸甜酸。

虾胶玉米棒

主辅调料：虾仁 40 克，猪肥肉 50 克，玉米粒 200 克，鸡蛋 2 个，淀粉 20 克，大头油菜 150 克，发好的发菜 10 克，精盐 5 克，味精 3 克，白糖 3 克，鸡粉 3 克。

制作工艺：

1. 虾仁挑去虾线同猪肥肉一起放入搅肉机内，搅打成蓉，加入精盐、味精、鸡粉、淀粉、鸡蛋清用筷子顺着一个方向搅至上劲，制成虾胶备用。

2. 将虾胶放在盘内，做成玉米形状，沾上玉米粒和发菜做成玉米棒。

3. 大头油菜取其根茎部，修饰成玉米叶，镶嵌在玉米棒上，放入蒸箱内蒸 10 分钟取出，摆在盘中。

4. 锅内加入清汤烧沸，放入精盐、味精、白糖、鸡粉调匀，用水淀粉勾薄芡，浇在玉米棒上即成。

成品特点：形状逼真，口味咸鲜，质地滑嫩。

酥皮鲜虾肉

主辅调料：鲜虾仁 300 克，鸡蛋 1 个，蟹柳 20 克，五花肉 30 克，葱花 50 克，姜末 50 克，面包糠 30 克，脆炸粉 100 克，生粉 15 克，精盐 2 克，味精 3 克，鸡粉 3 克，花雕酒 20 克，色拉油 1000 克。

制作工艺：

1. 将鲜虾仁和五花肉打成泥，蟹柳撕成条备用。

2. 将虾泥加入调料、葱、姜、生粉、鸡蛋清、蟹柳，顺时针搅拌上劲，放平盘内抹平，制成 3 厘米厚的虾泥生坯，入冷藏冰镇 20 分钟取出，切成长条备用。

3. 将脆炸粉加面包糠、清水调成糊备用。

4. 将虾泥生坯两面沾上一层生粉，然后挂糊，入热油锅炸至金黄色捞出，改刀装盘即成。

成品特点：色泽金黄，口味咸鲜，层次分明，外酥里嫩。

金丝凤尾虾

主辅调料：大斑节虾 8 只，鸡蛋 3 个，红薯 500 克，柠檬 2 片，沙拉酱 50 克，炼乳 10 克，辣根 1 克，精盐 2 克，味精 2 克，生粉 100 克，豆油 10 克，色拉油 1000 克。

制作工艺：

1. 将斑节虾去虾头和虾皮，去除虾线，留尾。

2. 将红薯去皮切成细丝冲水。

3. 将鸡蛋、豆油、生粉调成炸虾糊备用。

4. 将沙拉酱、炼乳、辣根调拌均匀备用。

5. 将红薯丝用色拉油炸至金黄捞出沥油。

6. 将斑节虾加精盐、味精、柠檬水腌制两分钟，挂糊炸至外酥里嫩，捞出沥油。

7. 将炸好的斑节虾表面均匀涂抹沙拉酱汁，再裹匀红薯丝，装盘即成。

成品特点：色泽金黄，口味咸鲜，形状美观，质地酥嫩。

虾胶酿白玉

主辅调料：卤水豆腐 2 块，虾仁 200 克，发好的发菜 30 克，蟹黄 30 克，葱 5 克，姜 3 克，精盐 8 克，味精 3 克，鸡粉 3 克，料酒 5 克，淀粉 20 克，鸡汤 50 克。

制作工艺：

1. 将葱、姜制成葱姜水备用。

2. 将豆腐切成大厚片，用模具压成圆柱形，摆在盘中。

3. 虾仁挑去虾线，剁成虾蓉，加入精盐、味精、葱姜水、料酒调制入味，搅打上劲，抹在豆腐上，再将蟹黄点缀在虾胶上备用。

4. 将虾胶豆腐墩放入蒸箱内蒸熟取出，摆入盘内。

5. 锅中加入鸡汤烧沸，放入发菜、精盐、味精、鸡粉调味，用水淀粉勾薄芡，浇在虾胶豆腐墩上即成。

成品特点：色泽鲜艳，口味咸鲜，质地滑嫩。

鲍鱼红烧肉

主辅调料：鲜鲍鱼 400 克，精品五花 肉 200 克，青豆 3 克，精盐 5 克，味精 5 克，冰糖 15 克，生抽 20 克，黄酒 100 克，老抽 10 克，鸡粉 5 克，桂皮 2 克，香叶 2 克，草果 2 克，八角 2 克。

制作工艺：

1. 将五花肉切成 5 厘米的方块。
2. 鲍鱼清理干净。
3. 锅加热，下入五花肉煎至两面金黄，取出控油。
4. 将调料和煎好的五花肉、鲍鱼一起放入砂锅中，加入适量的水，小火煲煮两小时，至鲍鱼和五花肉酥软入味，旺火收汁出锅即可。
5. 将青豆煮熟，点缀即成。

成品特点：色泽红亮，质地软烂，咸香微甜。

辣拌虾蟹

主辅调料：鲜虾 200 克，切蟹 300 克，延边苹果梨 100 克，柠檬 15 克，洋葱 50 克，去皮大蒜 30 克，朝鲜族辣椒酱 40 克，细辣椒粉 10 克，中粗辣椒粉 30 克，大喜大海鲜粉 15 克，小鱼粉 3 克，白糖稀 30 克，白糖 20 克，花雕酒 15 克，姜汁 10 克，芝麻油 5 克。

制作工艺：

1. 将鲜虾去除虾线，用清水冲洗干净备用。
2. 将切蟹改成块，清洗干净备用。
3. 将去皮大蒜和洋葱切末，柠檬挤汁备用。
4. 将朝鲜族辣椒酱、细辣椒、中粗辣椒粉、大喜大海鲜粉、白糖稀、白糖、姜汁、料酒、小鱼粉放容器内，调拌均匀制成辣酱汁。
5. 将鲜虾和切蟹放入花雕酒拌均腌制 10 分钟，再将多余的汁水倒出，放辣酱汁、蒜末、洋葱末、柠檬汁拌匀，最后放芝麻油拌匀装盘即成。

成品特点：色泽红亮，咸甜香辣，味道鲜美。

海蜇拌鱿鱼

主辅调料：鲜鱿鱼200克，海蜇皮200克，红椒20克，去皮大蒜20克，香菜梗20克，熟芝麻3克，精盐3克，鲜味宝3克，芥末油2克，白糖5克，芝麻油10克。

制作工艺：

1. 将香菜梗切段，大蒜切末，红椒切细丝备用。
2. 将海蜇皮清洗干净，切丝冲水，去除咸味备用。
3. 将鲜鱿鱼去皮和内脏清洗干净，切成丝备用。
4. 将锅置火上，加入清水烧沸，下鱿鱼丝焯水至熟，捞出投凉备用。
5. 将海蜇丝用沸水轻轻焯一下，迅速捞起投凉备用。
6. 将鱿鱼丝和海蜇丝放容器内加精盐、鲜味宝、芥末油、蒜末、白糖、芝麻油、香菜段、红椒丝、熟芝麻拌匀即可。

成品特点：咸鲜微辣，口感爽脆。

香椿鸡蛋炒虾仁

主辅调料：香椿苗100克，虾仁150克，鸡蛋4个，葱花10克，精盐5克，生粉3克，色拉油500克。

制作工艺：

1. 香椿苗洗净控干水分，去除根部备用。
2. 虾仁从背部改刀洗净，控净水分，放入生粉抓拌上浆备用。
3. 将鸡蛋打入碗内，加入少许精盐搅拌均匀备用。
4. 锅中加入色拉油，放入鸡蛋滑炒熟倒出备用。
5. 锅内放入色拉油烧至三成热，放入浆好的虾仁，滑熟倒出备用。
6. 锅中留少许底油，下入葱花炝炒，加入虾仁、鸡蛋、精盐翻炒均匀，再下入香椿苗翻炒至入味，出锅装盘即可。

成品特点：色彩鲜艳，清香滑嫩，口味咸鲜。

海鲜葱饼

主辅调料：鲜大虾仁30克，鲜鱿鱼30克，蟹棒20克，海蛎子20克，鸡蛋1个，煎炸粉100克，香葱100克，精盐2克，味精3克，大喜大海鲜粉5克，芝麻油10克，白胡椒粉1克，色拉油50克。

制作工艺：

1. 将香葱切葱花备用。
2. 将鲜鱿鱼去除鱼皮和内脏清洗干净，切成粒状；蟹棒切段，海蛎子和大虾仁切丁备用。
3. 将鲜大虾、鲜鱿鱼、蟹棒、海蛎子、葱花、鸡蛋液加煎炸粉调味，再加清水调成稠糊。
4. 锅置火上烧热放色拉油，将调好的稠糊用勺子盛放在锅内，呈小圆饼形状，待两面呈金黄色时，取出装盘即成。

成品特点：色泽金黄，口味鲜咸，外酥里嫩。

松茸鸡豆花

主辅调料：鸡胸肉 500 克，松茸 150 克，葱 20 克，枸杞 5 克，姜 15 克，精盐 5 克，味精 5 克，胡椒粉 3 克，鸡蛋 3 个，淀粉 25 克，鹰栗粉 10 克，清鸡汤 2000 克。

制作工艺：

1. 鸡胸肉破壁机打成鸡蓉，用纱布过滤备用。
2. 葱、姜榨成葱姜水，松茸切片备用。
3. 鸡蓉内加入葱姜水、精盐、味精、胡椒粉、鸡蛋清、淀粉、鹰栗粉搅拌均匀。
4. 清鸡汤烧开，下入鸡蓉小火慢煮至鸡蓉呈云朵状时，再放入松茸、枸杞煮至入味，盛入炖盅内即可

成品特点：颜色洁白，咸鲜清淡，口感滑嫩。

甲鱼炖家鸡

主辅调料：甲鱼 600 克，家鸡 400 克，大葱 30 克，姜 30 克，香菜 10 克，香葱 10 克，精盐 3 克，白糖 5 克，酱油 10 克，老抽 5 克，八角 5 克，桂皮 2 克，香叶 2 克，猪油 20 克，色拉油 30 克。

制作工艺：

1. 大葱切段，香葱切葱花，姜切片，香菜切小段备用。
2. 鸡肉剁块状，清水冲洗 10 分钟备用。
3. 甲鱼宰杀后剁成块状，洗净后备用。
4. 锅内加入清水，分别下入甲鱼和鸡块焯水后捞出备用。
5. 锅内加入色拉油、猪油烧热，加姜片、葱段、八角小火煸炒至变色，加入鸡块、甲鱼、桂皮、香叶中火煸炒后加入精盐、白糖、老抽、酱油和适量的水，倒入砂锅中小火炖至软烂，撒上香葱段，香菜即成。

成品特点：色泽红润，咸香软烂。

蒲棒鲜贝

主辅调料：鲜贝肉 500 克，面粉 10 克，面包糠 30 克，鸡蛋 2 个，韭菜 20 克，精盐 5 克，味精 3 克，料酒 10 克，甜辣酱 30 克，色拉油 1000 克。

制作工艺：

1. 鸡蛋打入碗中，取出蛋液备用。
2. 首先将鲜贝肉洗净，用精盐、味精、料酒腌至入味，用竹签串起来，拍上干面粉，涂上鸡蛋液，沾匀面包糠备用。
3. 韭菜洗净，修饰成蒲棒叶备用。
4. 锅中加入色拉油烧至五成热时，下入鲜贝串炸熟捞出控油，与韭菜叶一起摆在盛器中。
5. 吃碟放入甜辣酱与鲜贝串一起上桌即可。

成品特点：形象逼真，甜辣适口，外酥里嫩。

三宝炖家鸡

主辅调料：净家鸡肉500克，人参20克，林蛙10只，鹿茸3片，葱15克，姜3克，蒜仔20克，精盐5克，鸡粉5克，酱油10克，蚝油20克，料酒15克，红烧汁5克，花椒面2克，干辣椒3个，大料5克，香叶2克，豆油20克。

制作工艺：

1. 葱部分切段，部分切成葱花，姜切片，蒜瓣拍松备用。

2. 鸡肉剁成块状。

3. 人参、鹿茸、林蛙洗净备用。

4. 锅中加入清水，冷水下入鸡块焯水，去除血沫捞出备用。

5. 林蛙用滚烫的开水烫3秒，捞出备用。

6. 起锅热油，下入葱段、蒜、姜片、大料、干辣椒爆香，下入鸡块煸炒出油，放入调料，烹入料酒，加入清水，大火烧开，再放入人参、鹿茸炖至熟透入味，汤汁浓稠时出锅即可。

成品特点：色泽红润，口味咸香，肉质软烂。

五香熏鸡

主辅调料：红毛家鸡1500克，葱白10克，老姜10克，紫皮蒜10克，精盐30克，白糖50克，白酒20克，酱油20克，五加皮1克，毛桃1克，莲子1克，干山楂1克，杜仲1克，桂圆儿1克，良姜1克，黄栀子1克，草果1克，肉蔻1克，白蔻1克，碧波1克，草豆蔻1克，香果1克，丁香1克，山奈1克，罗汉果1克，香茅草1克，小茴香1克，香叶1克，桂皮1克，白胡椒1克，陈皮1克，草蔻1克，白芷1克，砂仁1克，八角1克，大红袍1克，红曲红5克。

制作工艺：

1. 葱白切段，姜切块，蒜拍松备用。

2. 将药料食材放入卤料袋中，制成中药包备用。

3. 将整只鸡放入中药料包熬制的老汤中，开小火慢慢炖煮，炖煮的过程中需要适时翻动鸡肉，确保其均匀受热。慢火炖煮2个小时，关火泡制5小时，以便让鸡肉充分吸收汤汁的味道。

4. 将熟制的家鸡取出放入熏锅中熏制上色入味即成，熏制的过程中需要保持火候适中，并适时翻动，以便让其均匀地熏烤上色。

成品特点：色泽红润，酱香浓郁，口味咸香，肉质酥烂。

年糕鸡腿

主辅调料：年糕条 300 克，鸡腿 200 克，马苏里拉芝士 100 克，大葱 30 克，去皮蒜 5 粒，生姜 10 克，朝鲜族辣椒酱 100 克，中粗辣椒粉 10 克，细辣椒粉 15 克，白糖稀 50 克，大喜大牛肉粉 10 克，芝麻油 15 克，雪碧 20 克，色拉油 40 克。

制作工艺：

1. 将大葱、蒜、生姜切末备用。
2. 将鸡腿去骨改刀切块，年糕条切段备用。
3. 将朝鲜族辣椒酱、中粗辣椒粉、细辣椒粉、白糖稀、大喜大牛肉粉、芝麻油、雪碧一起搅拌均匀做成酱汁备用。
4. 将锅置于火上，放色拉油加热，加入葱、姜、蒜末炒香，把兑好的酱汁倒入锅中炒出香味，放年糕条和鸡腿肉烧 10 分钟，淋入芝麻油翻炒均匀，装入盛器中，淋上马苏里拉芝士备用。
5. 将年糕鸡腿放入烤箱，用上火 180℃，下火 200℃烤制 5 分钟，取出即成。

成品特点：色泽红亮，鲜香微辣，香甜软烂。

金粒玉米鸡

主辅调料：鸡腿 300 克，玉米粒 100 克，淀粉 20 克、香葱 5 克，香辣酥 10 克，熟芝麻 5 克，精盐 5 克，白糖 5 克，酱油 5 克，香醋 5 克，蚝油 10 克，料酒 10 克，色拉油 1500 克。

制作工艺：

1. 香葱切成葱花备用。
2. 将鸡腿洗净，切成块状，加精盐、料酒抓匀腌制入味。
3. 玉米粒洗净，沥干水分备用。
4. 在锅中加适量的色拉油，下入玉米粒翻炒片刻，加入精盐炒至入味，盛入盘内垫底。
5. 另起锅加油，烧至五成热后，将腌制好的鸡腿块拍粉，放入油锅中炸至熟透，捞出控油。
6. 炒锅加底油，放入麻椒粒炒香，加入酱油、蚝油、白糖、芝麻炒拌均匀，下入炸好的鸡腿块、香辣酥翻拌均匀，盛入玉米粒上即成。

成品特点：色彩分明，咸鲜微辣，玉米粒清爽滑嫩。

鹿茸炖家鸡

主辅调料：家鸡 500 克，毛桃鹿茸片 20 克，大葱 20 克，香葱 10 克，姜 10 克，干红辣椒 15 克，精盐 10 克，味精 10 克，酱油 100 克，老抽 5 克，花椒面 5 克，豆油 50 克，高汤 100 克。

制作工艺：

1. 将大葱、香葱、姜洗净，大葱、香葱切段，姜切片，干红辣椒切段。
2. 将鹿茸片清洗干净备用。
3. 将家鸡清洗干净，剁成块备用。
4. 锅内放豆油，加入大葱、姜、干红辣椒、花椒面炒香，下入鸡块炒出香味，加入鹿茸片、酱油、精盐、高汤、老抽，大火烧开，中小火炖至熟烂，放味精调制入味，放上香葱段出锅即可。

成品特点：色泽黄润，口味咸鲜，鸡肉软嫩适口。

松塔山珍

主辅调料：鸡脯肉 200 克，杏鲍菇 150 克，大杏仁片 50 克，油菜 50 克，黄瓜 50 克，精盐 3 克，味精 2 克，鸡粉 2 克，料酒 2 克，蚝油 3 克，色拉油 500 克，淀粉 3 克。

制作工艺：

1. 将鸡脯肉洗净，切成小块并放入搅肉机内搅成鸡肉泥取出备用。

2. 杏鲍菇洗净切成粒，放入容器内，加入鸡肉泥、淀粉和调料搅拌均匀，做成松塔形状的坯子，再把大杏仁片镶嵌在上面，做成松塔。

3. 油菜洗净修饰成花形，酿入鸡肉泥，制成油菜花。

4. 黄瓜一分为二，顶刀切片码在盘中备用。

5. 将酿馅的油菜花放入蒸箱内蒸熟，取出摆盘。

6. 起锅烧油，油温烧至四成热时，下入松塔炸至熟透，捞出控油，装盘即成。

成品特点：造型逼真，色泽金黄，口味咸鲜，外脆里嫩。

鱼翅汽锅鸡

主辅调料：发好的鱼翅 50 克，家鸡 200 克，火腿 100 克，精盐 5 克，味精 5 克，酱油 10 克，胡椒粉 2 克，清汤 1000 克。

制作工艺：

1. 将家鸡宰杀整理干净，剁成块。

2. 火腿洗净，斩成块。

3. 发好的鱼翅清洗干净，沥干水分备用。

4. 锅中加入清水，冷水下入鸡块、火腿块并焯透，捞出洗净备用。

5. 把鸡块、火腿块放入汽锅里，加入清汤、调料放入蒸锅蒸 1 小时至熟，再将发好的鱼翅下入汽锅中，继续蒸 5 分钟取出即可。

成品特点：汤鲜味醇，咸鲜软嫩。

烤爆汁鸡手

主辅调料：鸡手 10 只，精盐 3 克，味精 3 克，白糖 3 克，酱油 10 克，孜然粉 5 克。

制作工艺：

1. 将鸡手冷水解冻，剁去脚趾尖。

2. 用调料腌制入味。

3. 将鸡手悬挂在吊炉的上端烤制 6 分钟左右。

4. 取出并转个方向，继续烤制 6 分钟即成。

成品特点：色泽金黄，咸香适口，外焦里嫩。

吉林

烤鸭

主辅调料：填鸭1只（2250克左右），春饼400克，玉兰菜100克，面包100克，哈密瓜150克，蒜片20克，柠檬2片，大葱丝20克，黄瓜条20克，红心萝卜条20克，麦芽糖25克，松子10克，干桂花5克，春饼酥10克，大红浙醋50克，白砂糖10克，甜面酱10克，糖桂花酱10克，干贝酱5克，纯净水2000克。

制作工艺：

1. 将纯净水、麦芽糖、大红浙醋、柠檬放入锅中烧开，糖水融化转为小火，提起鸭钩，将鸭子提着放到糖水锅上方（注意鸭子不能浸入水中），持手勺均匀地将糖水浇淋在鸭身3~4次，控去鸭腔内的水即可。

2. 将鸭坯挂入晾坯间，温度应在40℃，晾48小时。

3. 烤鸭炉子烧炉需提前清理干净，留足炭底，码上枣木，点燃60分钟左右，当温度上升到200℃以上，将鸭坯放入炉中烤制成熟备用。

4. 将鸭胸脯皮片下来，切长方形片状，依次将面包、哈密瓜摆入盘中，鸭皮上方均匀放上干贝酱备用。

5. 剩余烤鸭片成柳叶片，摆形呈莲花状，放入松子、春饼酥、玉兰菜、淋上甜面酱备用。

6. 春饼放入蒸屉里加热，蒜片、大葱丝、黄瓜条、红心萝卜条、甜面酱放入盛器备用。

7. 片制好的鸭腿取下来，根部使用锡纸卷起来和其他做好的原料一同上桌即可食用。

成品特点：皮酥肉嫩，香气浓郁，饼薄劲道，造型美观。

家常烧鹅

主辅调料：白城地产大鹅1只，猪大骨头150克，鸡架骨500克，小米10克，茶叶10克，葱30克，姜30克，精盐50克，味精30克，白糖20克，老抽30克，糖色20克，花雕酒50克，白酒20克，八角3粒，桂皮3克，沙姜3克，良姜3克，香叶2克，白芷2克，陈皮2克，草果2克，罗汉果1个，荜拨2克，排草1克，香砂3克，小茴香2克，香果2个，黄栀子2个，丁香2克，豆蔻2克，香油50克。

制作工艺：

1. 将葱切段、姜切片备用。

2. 将八角、桂皮、沙姜、良姜、香叶、白芷、陈皮、草果、罗汉果、荜拨、排草、香砂、小茴香、香果、黄栀子、丁香、豆蔻用纱布包成料包。

3. 将大鹅宰杀，去毛、去内脏，浸泡至无血水洗净，用精盐、葱、姜、花雕酒腌制2小时备用。

4. 将猪大骨头斩断，鸡骨架剁成块备用。

5. 将锅置火上放清水加入猪大骨头、鸡骨架熬制4小时，骨渣捞出。

6. 将料包放入酱锅中，加入调料调味，再将腌制好的大鹅放入酱汤中煮50分钟关火，焖卤40分钟捞出。

7. 将铁锅内垫上锡纸，加白糖、茶叶、小米，上面放铁帘子，把大鹅放上，盖严锅盖，点火熏4分钟，取出刷香油装盘即成。

成品特点：色泽红润，咸鲜软烂，糖熏味醇。

怪味鸭舌

主辅调料：鸭舌 250 克，糖桂花 5 克，烧肉汁 4 克，精盐 2 克，美极鲜酱油 2 克，老抽 3 克，蚝油 5 克，桂花香醋 5 克，色拉油 1500 克。

制作工艺：

1.鸭舌根部用剪子剪掉，冲净血水并控干水分，加少许精盐腌制备用。

2. 用糖桂花、美极鲜、蚝油、桂花香醋、烧肉汁兑成味汁备用。

3. 将鸭舌焯水，控干水分，放入老抽抓拌均匀上色。

4. 锅内放入色拉油，烧至六成热时，下入鸭舌炸至外焦里嫩色泽金红时，倒出备用。

5. 炒锅加少许底油，大火加热，放入鸭舌，烹入味汁翻炒均匀，出锅装盘即成。

成品特点：色泽红亮，咸鲜微甜，外脆里嫩。

大鹅炖榛蘑

主辅调料：净大鹅肉 500 克，榛蘑 100 克，农家大酱 30 克，葱 20 克，姜 10 克，蒜 10 克，精盐 5 克，白糖 10 克，酱油 20 克，老抽 10 克，料酒 20 克，花椒面 3 克，干辣椒 2 个，大豆油 50 克。

制作工艺：

1. 大葱切段，姜切片，蒜瓣拍松备用。

2. 将鹅肉剁成大块备用。

3. 将榛蘑泡发透，剪去老根，清洗干净备用。

4. 起锅烧油，加葱、姜、大料、干辣椒、蒜炒香，下入大鹅肉块煸炒，炒至肉块出油，表皮金黄，下入农家大酱和调料，加热水、榛蘑小火炖制。

5. 将大鹅炖至熟透软烂，汤汁黏稠即成。

成品特点：色泽红亮，咸香浓郁。

怪味山药粒

主辅调料：铁棍山药400克，青椒50克，葱50克，姜5克，蒜5克，豆瓣酱5克，泰式甜辣酱8克，白糖5克，陈醋8克，老抽3克，树椒3克，麻椒2克，色拉油1500克。

制作工艺：

1. 葱、树椒、青椒切丁，姜、蒜切成末。

2. 将山药去皮洗净，切成丁备用。

3. 锅内加入油，烧至五成热时，放入山药丁炸至熟透、色泽金黄时，捞出控油备用。

4. 锅内放入底油，加入葱丁煸炒，放入树椒丁、麻椒、豆瓣酱、姜末、蒜末炒香，再放入泰式甜辣酱、陈醋、白糖、老抽熬至黏稠，倒入青椒切丁、山药丁翻炒均匀，装盘即成。

成品特点：色彩分明，咸甜麻辣，质地软嫩。

黄金土豆丝

主辅调料：土豆600克，芹菜15克，泰椒5克，葱白15克，精盐5克，味精3克，花生油100克。

制作工艺：

1. 将泰椒、芹菜和葱白分别洗净，芹菜切成段，葱切马蹄片，泰椒斜刀切片备用。

2. 土豆去皮洗净，切成丝，用清水冲泡备用。

3. 锅中加入色拉油，烧至六成热时，放入土豆丝炒至软熟时，加精盐、味精调好口味，用手勺压成饼状，煎至两面金黄色时出锅装盘，用芹菜段、葱片、泰椒点缀即成。

成品特点：色泽金黄，咸鲜酥脆。

朝鲜族辣白菜

主辅调料：白菜 5 棵，江米粉 200 克，萝卜 200 克，延边苹果梨 2 个，去皮大蒜 150 克，生姜 50 克，卤虾酱 100 克，细辣椒粉 800 克，粗盐 300 克，精盐 60 克，味精 50 克，白糖 50 克，白糖稀 100 克，雪碧 50 克。

制作工艺：

1. 将大白菜去除根部洗干净，顺刀切成两半，放入粗盐水中腌制，并将剩余的 1/2 粗盐放进白菜帮之间，将白菜腌制 24 小时备用。

2. 将萝卜去根洗干净，切细丝备用。

3. 将大蒜和生姜切细末备用。

4. 将一个苹果梨加雪碧用榨汁机榨汁，另一个改刀切粗丝。

5. 去皮蒜切末备用。

6. 将江米粉加清水搅拌均匀，制成粉浆，下入开水锅中调制成稠糊，倒入细辣椒粉趁热搅拌均匀，冷却后加入精盐、味精、白糖、白糖稀、卤虾酱、蒜末、萝卜丝、姜末调拌均匀，制成辣椒酱。

7. 将腌制好的白菜取出，流水冲 3~4 次水洗净，控水 1 小时左右。

8. 将白菜刀切面朝上，平铺在容器内，在白菜帮之间均匀的抹上辣椒酱，再用大白菜叶将其围裹，整齐地摆放在泡菜坛子中，最后将容器里的辣椒酱和汤汁均匀地洒在泡菜上，盖上盐腌过的大白菜叶，用干净的鹅卵石将辣白菜压实保管即成。常温条件下发酵 3 天左右即可食用。

成品特点：色泽红润，咸鲜甜辣，质地脆嫩。

腊肠炒奶白菜

主辅调料：奶白菜400克，腊肠100克，洋葱50克，姜片20克，泰椒丁20克，精盐5克，味精3克，白糖3克，东古酱油3克，蚝油2克，花雕酒5克，生粉10克，色拉油30克。

制作工艺：

1. 奶白菜清洗干净，修饰好一分为二切开；腊肠顶刀切片、洋葱切块备用。

2. 锅中加入油烧热，下入奶白菜旺火煎炒，淋入少许生粉水，煎至两面上色出锅备用。

3. 另起锅，锅中加色拉油烧热，下入洋葱块、姜片、泰椒丁、腊肠炒出香味，烹花雕酒，下入奶白菜和调料炒至入味出锅即可。

成品特点：咸鲜微辣，清甜爽脆。

黄花菜冻

主辅调料：鲜黄花菜100克，猪肉皮300克，精盐5克，味精5克，鸡粉5克。

制作工艺：

1. 鲜黄花菜洗净，沥干水分备用。

2. 将猪肉皮汆烫后，去净肥肉，切成条，用精盐把肉皮上的油搓洗干净备用。

3. 黄花菜汆烫后放入冰水中凉透，沥干水分备用。

4. 将肉皮放入盆中，加入清水，上屉蒸约两个小时，捞出肉皮，加精盐、味精调味，放凉备用。

5. 把黄花菜放入模具中，将放凉的肉皮汤汁倒入模具中冷却取出，装盘即成。

成品特点：晶莹剔透，咸鲜清爽，质地软韧。

红焖南瓜

主辅调料：绿皮南瓜600克，蒜瓣15克，泰椒10克，萝卜苗2克，蜂蜜5克，精盐10克，白糖10克。

制作工艺：

1. 蒜瓣切块，泰椒切斜刀片。

2. 将南瓜洗净，除净瓜籽，切成三角块。

3. 锅内加入清水烧开，下入倭瓜块汆烫，捞出备用。

4. 另起锅，泰椒、蒜炝锅，加入适量清水、精盐、白糖调味，下入南瓜，大火烧开，转为小火焖至熟软，加蜂蜜大火收浓汤汁，取出摆在盘中，将原汁淋在原料上，放入萝卜苗点缀即成。

成品特点：色泽美观，咸鲜甜香，形状规整，质地软糯。

薄荷四季豆

主辅调料：四季豆300克，薄荷叶3克，冬笋10克，大蒜3克，精盐5克，味精3克，白糖3克，鸡粉3克，酱油5克，树椒5克，麻椒粒5克，色拉油2000克。

制作工艺：

1. 大蒜切末，树椒切段备用。

2. 冬笋煮熟，改刀成片；薄荷叶洗净，沥干水分备用。

3. 将四季豆洗净，切成10厘米长的段。

4. 锅内放色拉油，烧至三成热时，下入薄荷叶，炸至深绿色，捞出控油备用。

5. 另起锅加油，烧至六成热，将冬笋片炸干，四季豆炸熟，捞出控油备用。

6. 锅内留底油，放入树椒段、麻椒粒、蒜末炒香，放入四季豆和冬笋片和调料翻炒均匀入味，出锅装盘，放上薄荷叶即成。

成品特点：色泽翠绿，麻辣鲜香，形状规整，质地脆嫩。

烧二冬

主辅调料：干冬菇150克，干冬笋150克，鸡汤100克，葱花10克，姜末5克，蒜片5克，精盐5克，味精2克，白糖5克，酱油10克，老抽3克，料酒30克，蚝油5克，淀粉50克，色拉油100克。

制作工艺：

1. 将干冬菇、干冬笋泡发，清理干净改刀备用。

2. 起锅烧水，下入冬菇、冬笋焯水，捞出挤去多余水分备用。

3. 锅加油，烧至五成热时，下入冬菇、冬笋过油，捞出控油备用。

4. 锅留底油，下入葱、姜、蒜炝锅，烹入料酒、酱油，放入冬菇、冬笋略炒，加入鸡汤和调料调味，小火烧至熟透入味，大火勾芡，淋明油，装盘即成。

成品特点：色泽红亮，咸鲜微甜，质地脆嫩。

压锅猴头蘑

主辅调料：干猴头菇 200 克，葱 5 克，姜 5 克，味精 10 克，鸡粉 5 克，酱油 15 克，蚝油 8 克，鸡油 50 克，豆油 50 克，色拉油 750 克，鸡汤 300 克。

制作工艺：

1. 葱切小段，姜切片备用。

2. 将干猴头菇发透，清理干净，切成厚片备用。

3. 起锅烧水，将猴头菇汆烫后捞出压干水分。

4. 起锅烧油，放入葱、姜炒香后，放入猴头菇煸炒，加鸡汤、酱油、鸡粉和其他调料，倒入高压锅压制 3 分钟。

5. 将压制好的猴头菇捞出，沥干汤汁装盘即成。

成品特点：咸鲜干香，质地软嫩。

红扒猴头蘑

主辅调料：干猴头蘑 200 克，油菜心 100 克，鸽蛋 10 个，大葱段 10 克，姜片 10 克，大料 5 克，精盐 10 克，味精 5 克，料酒 20 克，胡椒粉 5 克，香油 5 克，酱油 10 克，老抽 5 克，淀粉 20 克，清汤 50 克，色拉油 20 克，调料油 5 克。

制作工艺：

1. 将干猴头菇清洗干净，加水泡透，挤干水分，片成厚片，加入葱、姜、料酒焯水，码放在碗中，将葱段、姜片、大料放在码好的猴头蘑上，加入高汤和调料，放入蒸箱蒸制 20 分钟，取出汤汁留用，猴头蘑扣在盘中。

2. 将油菜心，加精盐焯水装盘；鸽蛋打入勺内蒸熟码在盘中。

3. 汤汁倒入锅中加热，勾芡淋明油，浇在猴头蘑上即可。

成品特点：咸香浓郁，质地软嫩，菌香四溢。

扣猴头蘑

主辅调料：长白山干猴头蘑 200 克，鸡胸脯肉 200 克，鸡蛋清 60 克，鸡清汤 300 克，西芹 50 克，红椒 20 克，黄瓜 50 克，葱 10 克，姜 10 克，精盐 5 克，味精 10 克，料酒 10 克，八角 5 克，花椒 5 克，淀粉 50 克，色拉油 1000 克。

制作工艺：

1. 葱切段，姜切片；取一半葱、姜制成葱姜水。

2. 西芹去皮洗净，切成椭圆片；红椒洗净，切菱形片；黄瓜洗净；纵向切取三分之二，横切成片。

3. 将猴头蘑采用水发的方法发透，切成厚约 0.3 厘米的片。

4. 鸡胸脯肉洗净，剔除筋膜切成小块，绞成肉泥，加精盐、味精、葱姜水、鸡蛋清搅打上劲。

5. 把羹匙内抹油，将调制好的鸡肉泥挤在羹匙内，抹匀摆上红椒丁，做成猴脸状。

6. 锅内加入油，将猴头蘑片抓蛋清浆，至油温四成热，下入滑散滑透捞出，摆在碗内，加精盐、味精、料酒、葱、姜、八角、花椒、鸡清汤上屉蒸 30 分钟，去除葱、姜、花椒、八角，滗汤后扣入盘中。

7. 将抹好鸡肉泥的羹匙放入蒸锅，蒸熟取出。

8. 将西芹片、黄瓜片用油、盐水汆烫，捞出控干水分，先将黄瓜片围摆在猴头蘑周围，再将蒸好的“猴脸”从羹匙中取出，围摆在盘边，用西芹片围摆在猴脸颚下。

9. 锅中加鸡清汤烧开，加水淀粉勾芡，淋明油，浇在猴头蘑和猴脸上即成。

成品特点：色彩鲜艳，口味咸鲜，造型美观，质地软滑。

松茸虾仁狮子头

主辅调料：长白山松茸 100 克，青虾仁 200 克，鸡胸肉 100 克，肥肉 50 克，胡萝卜 300 克，白菜叶 15 克，油菜 200 克，草菇 30 克，精盐 8 克，味精 3 克，白糖 5 克，香油 5 克，胡椒粉 2 克，葱姜水 8 克，花椒水 10 克，淀粉 5 克，鸡蛋清 1 个。

制作工艺：

1. 将鲜松茸洗净吸干水分，切成小粒，加入精盐、味精调一下底口，用焯好水的白菜叶包扎起呈小球状备用。

2. 将虾仁去除虾线，鸡胸肉和肥肉切粒，一起用刀斩碎成泥，加入花椒水、葱姜水、鸡蛋清用力向一个方向打成起胶，加精盐、味精、白糖、香油、胡椒粉加入少许淀粉调制好备用。

3. 胡萝卜去皮，切成小方粒，加少许精盐拌匀，然后用干毛巾吸干水分，将虾泥制成均匀的团，把松茸球包在中间，团成圆球形状，再沾裹上胡萝卜粒制作成红色的丸子，放入蒸箱蒸制熟透取出。

4. 将蒸好的丸子放入调好的汤底中，用油菜、草菇制作小鸟点缀即可。

成品特点：色泽红亮，咸鲜香滑，肉弹质嫩。

葱烧榆茸蘑

主辅调料：干榆茸蘑 200 克，葱白 200 克，油菜 300 克，鲍汁 10 克，蚝油 5 克，鸡汁 5 克，花雕酒 10 克，白糖 5 克，酱油 10 克，淀粉 10 克，鸡油 20 克，色拉油 100 克。

制作工艺：

1. 将葱白切段备用。
2. 将干榆茸蘑泡发透，清理干净，切片备用。
3. 将油菜洗净，去掉绿叶，切段备用。
4. 起锅烧水，加精盐、味精、色拉油，将切好的油菜焯水，码在盘中。
5. 起锅烧油，将葱段炒至片刻，下入榆茸蘑煸炒，烹入花雕酒，加酱油、鲍汁、蚝油、鸡汁、白糖调味，加入清汤小火烧至入味，大火勾芡，淋明油，出锅装盘即成。

成品特点：色泽分明，葱香味浓，咸鲜软滑。

葱烧木耳

主辅调料：干木耳 50 克，葱白 150 克，精盐 2 克，味精 5 克，白糖 15 克，酱油 5 克，老抽 5 克，蚝油 10 克，生粉 5 克，鸡汤 100 克，色拉油 1000 克。

制作工艺：

1. 将葱白切段备用。
2. 将干木耳提前用清水泡发透，去掉耳根，清洗干净。
3. 起锅烧水，将木耳下入锅中焯水后捞出，控干水分备用。
4. 起锅烧油，将葱段炸炒至金黄色，加入酱油爆香，下入木耳，加精盐、白糖、蚝油、味精、鸡汤、老抽调好口味与颜色，烧至 2 分钟后勾芡，淋明油，翻炒均匀，出锅即可。

成品特点：色泽光亮，口味咸鲜，葱香味浓，质地脆爽。

松茸酿竹笙

主辅调料：鲜松茸 100 克，干竹笙 30 克，青笋 10 克，青椒 5 克，红椒 5 克，木耳 5 克，香菜梗 5 克，精盐 3 克，味精 2 克，白糖 3 克，鸡粉 3 克，酱油 10 克，陈醋 5 克，鸡汁 5 克，辣鲜露 3 克，鱼子酱 15 克，辣椒油 20 克，高汤 100 克。

制作工艺：

1. 干竹笙用水发透，切成 6 厘米的段备用。
2. 松茸、青笋、木耳、青红椒洗净，切丝备用。
3. 将香菜梗洗净切 10 厘米的段备用。
4. 锅中加入清水烧沸，加入精盐、色拉油调味，下入松茸、青笋、木耳、青红椒、香菜梗汆烫捞出备用。
5. 将烫好的原料丝酿入竹笙中，用香菜梗捆扎后装盘。
6. 锅中加入高汤，下入精盐、味精、白糖、鸡粉、酱油、陈醋、鸡汁、辣鲜露、辣椒油调好口味，盛入盘中，将鱼子酱放在竹笙卷上点缀即成。

成品特点：咸鲜香辣，清脆爽口。

浇汁松茸菜丸

主辅调料：鲜松茸 200 克，鲜虾仁 150 克，猪肥肉 50 克，鲜山芹菜 100 克，南瓜 100 克，精盐 5 克，味精 3 克，鸡汁 5 克，淀粉 50 克，色拉油 1000 克。

制作工艺：

1. 将鲜松茸洗净，切成粒备用。

2. 将鲜山芹菜洗净，焯水，攥干水分，切成粒备用。

3. 将虾仁、猪肥肉剁成肉泥，放入松茸粒和山芹菜粒，加入精盐、味精、鸡汁、湿淀粉搅拌均匀，做成丸子备用。

4. 南瓜蒸熟，制成泥备用。

5. 起锅烧油，烧至油温五成热时，下入丸子炸至成熟，捞出控油码在盘中。

6. 起锅烧水，加入南瓜泥、精盐、鸡汁调味，烧开后撇去浮沫，加水淀粉勾芡，淋明油，浇在丸子上即成。

成品特点：色泽黄亮，咸鲜适口，软嫩鲜香。

酿羊肚菌

主辅调料：干羊肚菌 350 克，鸡脯肉 150 克，甜豆 100 克，红椒丝 10 克，蘑菇高汤 200 克，葱花 5 克，姜末 3 克，精盐 5 克，鸡粉 3 克，酱油 3 克，蚝油 2 克，料酒 2 克，香油 2 克，水淀粉 20 克。

制作工艺：

1. 将羊肚菌泡发好备用。

2. 鸡脯肉切成小块，搅成肉馅，放入容器内加入精盐、味精、料酒、葱姜末、香油调拌均匀。

3. 把调制好的肉馅酿入羊肚菌内，放入蒸箱里蒸熟取出。

4. 锅中加入蘑菇高汤烧开或烧沸，下入蒸好的羊肚菌、甜豆、百合、蚝油、鸡粉烧至入味，加水淀粉勾芡，把甜豆和百合盛入盘底，羊肚菌整齐地码在上方，最后放上红椒丝点缀即成。

成品特点：口味咸鲜，菌香味浓，质地软嫩。

葱烧牛肝菌

主辅调料：牛肝菌300克，葱段100克，味精3克，鸡粉2克，白糖5克，美极鲜酱油5克，生抽10克，蚝油5克，色拉油50克。

制作工艺：

1. 牛肝菌清洗干净，下入开水中汆烫，捞出备用。

2. 锅中倒入少许色拉油，下入葱段小火炒至金黄色，加入适量清水，再下入蚝油、美极鲜酱油、生抽、味精、鸡粉、白糖、牛肝菌烧至入味，大火勾芡收汁装盘即可。

成品特点：色泽红亮，咸鲜滑嫩，葱香浓郁。

丝瓜烧牛蛙

主辅调料：牛蛙500克，丝瓜200克，色拉油100克，猪油20克，鲜汤500克，泰椒10克，绿杭椒10克，香葱花10克，姜片10克，蒜末10克，精盐5克，味精3克，酱油5克，料酒10克，郫县豆瓣酱5克，泡椒5克，花椒5克。

制作工艺：

1. 将牛蛙宰杀冲洗干净，剁成块，加入精盐、料酒、葱段、姜片腌制入味。

2. 将丝瓜洗净去皮，切成宽条备用。

3. 锅加适量色拉油，烧至四五成热时，将腌制好的牛蛙滑油至半熟捞出备用。

4. 炒锅中加入适量猪油，放入姜片、蒜末、郫县豆瓣酱、花椒炒香，放入炸好的牛蛙和丝瓜条，烹入料酒、酱油和其他调料，加清汤调制入味，烧至牛蛙熟透入味，出锅，撒上泰椒丁即可。

成品特点：口味咸鲜微辣，清脆滑嫩。

蝲蛄豆腐

主辅调料：蝲蛄 600 克，韭菜 50 克，葱花 5 克，精盐 5 克，味精 2 克，香油 2 克，色拉油 30 克。

制作工艺：

1. 将蝲蛄去头洗干净，取脑备用。

2. 用破碎机将蝲蛄搅碎成泥，倒入盆中，加适量清水搅拌均，用纱布滤出蝲蛄皮，留取汁水。

3. 韭菜洗净，切成碎末备用。

4. 起锅烧油，下葱花炒香，加入过滤过的蝲蛄汁，小火煮制。

5. 将蝲蛄汁煮至凝固时，下入蝲蛄脑和精盐、味精、韭菜煮至入味，出锅时淋入香油即成。

成品特点：色泽红润，汤鲜味美，咸鲜爽滑。

蟹味豆腐

主辅调料：河蟹 200 克，卤水豆腐 750 克，菜籽油 20 克，韭菜 15 克，葱 15 克，精盐 3 克，味精 3 克，鸡精 5 克。

制作工艺：

1. 葱洗净，切成葱花；韭菜洗净，控干水，切丁。

2. 将河蟹洗净，蟹黄、蟹肉用打碎机打碎备用。

3. 将豆腐捣成碎粒备用。

4. 汤锅加清水，下入打碎的蟹肉，用 70℃水温煮至汤浓味厚。

5. 起锅烧油，加入葱花和熬制好的河蟹汤煮沸，放入豆腐碎，煮至入味，加入精盐、味精和鸡精调味，倒入容器中，撒上韭菜丁即成。

成品特点：口味咸鲜，蟹香味浓，质地软滑。

参茸滋补养生汤

主辅调料：净家鸡200克，人参1棵，鲜松茸50克，鹿茸片5克，枸杞10克，红枣50克，姜片10克，精盐5克，纯净水1000克。

制作工艺：

1. 鸡切成块洗净，冷水下锅焯水，去除血沫。

2. 人参洗净改刀，鲜松茸切片备用。

3. 将鸡块、人参、松茸、红枣、鹿茸片、枸杞、姜片放入器皿中，加入纯净水、精盐调味，放入蒸锅蒸至两个小时取出即可。

成品特点：汤汁鲜醇，咸鲜适口。

灯笼人参

主辅调料：长白山人参300克，鸭绿江江虾仁200克，猪肥肉100克，海苔10克，泰式辣鸡酱20克，精盐3克，味精3克，白糖10克，淀粉10克，色拉油1000克。

制作工艺：

1. 先将人参洗净，切成6厘米的丝备用。

2. 将海苔片剪成5厘米条状备用。

3. 将江虾仁、肥肉剁成肉泥，加入少许精盐、味精后搅拌均匀，制成10个椭圆的球，将人参丝纵向沾在上面，再用海苔条将两端人参丝扎紧，形成灯笼状备用。

4. 起锅烧油，油温至五成热时，将灯笼滚沾一层淀粉下入，炸至表皮金黄酥脆捞出备用。

5. 锅留底油，加入泰式辣鸡酱、清水、精盐、味精、白糖熬至汤黏稠，放入炸好的灯笼人参，裹匀汤汁，装盘即成。

成品特点：色泽红亮，微酸甜辣，参味浓郁，肉质滑嫩。

小炒南瓜

主辅调料：绿皮南瓜400克，五花肉50克，香葱15克，姜片5克，泰椒10克，精盐5克，味精3克，白糖3克，东古酱油3克，蚝油2克，豆豉3克，花雕酒20克，色拉油500克。

制作工艺：

1. 绿皮南瓜洗净，去瓤切成片；五花肉切片；香葱、泰椒切成段备用。

2. 锅中加入色拉油烧热，烧至五成热时，下入南瓜片炸至成熟捞出备用。

3. 锅中留底油，下入五花肉炒至断生，再加入香葱、姜丁、泰椒丁、豆豉爆香，下入炸好的南瓜和调味料炒至均匀入味，盛入烧热的砂锅内，顺着砂锅边缘淋入花雕酒，盖上砂锅盖焖1分钟，即可食用。

成品特点：色泽鲜艳，咸鲜微甜，质地软糯。

蜜焖四宝

主辅调料：无核大枣20克，山药100克，绿皮南瓜100克，胡萝卜100克，糖桂花酱2克，蜂蜜20克，橙汁10克，白糖20克，色拉油1000克，

制作工艺：

1. 山药和胡萝卜去皮，山药切成段，胡萝卜切成块备用。

2. 绿皮南瓜去瓤，改成块备用。

3. 锅内加入色拉油烧至三成热，加入南瓜、山药、胡萝卜小火慢炸3分钟后捞出，待油温升至五成热时复炸坚挺，捞出控油备用。

4. 锅内加入适量清水烧热，加入橙汁、蜂蜜、白糖、桂花酱小火慢熬至充分融化，下入南瓜、山药、胡萝卜、大枣小火焖熟透软糯后装盘即可。

成品特点：色泽鲜艳，香甜软糯。

拔丝人参

主辅调料：人参 300 克，鸡蛋 1 个，面粉 30 克，淀粉 30 克，白糖 200 克，色拉油 1000 克。

制作工艺：

1. 人参洗净，切成排骨片。
2. 将鸡蛋打入碗中，放入面粉、淀粉、清水，制成全蛋糊备用。
3. 将人参片放入碗中，加入适量白糖上屉蒸熟取出，控干水分备用。
4. 起锅烧油，至油温五成热时，将人参片沾上鸡蛋糊逐个下入锅中，炸至金黄色捞出控油。
5. 锅中加入清水、白糖小火熬制，至能拔起丝时，马上下入炸好的人参翻拌均匀，使人参完全包裹上糖浆，拔起丝后装盘即可。

成品特点：香甜可口，外脆里嫩。

金丝沙律瓜

主辅调料：哈密瓜 200 克，土豆 150 克，鸡蛋 2 个，沙拉酱 20 克，芥末 5 克，脆炸粉 15 克，面粉 15 克，淀粉 15 克，精盐 4 克，白糖 3 克，色拉油 1000 克。

制作工艺：

1. 将哈密瓜去皮洗净，切成边长约 4 厘米的方块。
2. 将土豆去皮洗净，切成特细丝，放入清水中浸泡备用。
3. 取一个鸡蛋打散，加面粉、脆炸粉、淀粉调和成三和糊。
4. 将另一个鸡蛋蛋黄和沙拉酱、芥末、精盐、白糖搅拌在一起，调制成调味酱备用。
5. 起锅烧油至五成热，下入土豆丝炸至起松，待金黄酥脆时，捞出控油。
6. 起锅烧油，将哈密瓜块沾匀淀粉，挂匀三和糊逐个下入锅中炸至金黄色捞出控油。
7. 把炸好的哈密瓜块沾裹调味酱，然后再逐一滚上土豆松，装盘即成。

成品特点：色泽金黄，咸甜酥脆。

鸡蛋煎米肠

主辅调料：朝鲜族米肠 500 克，鸡蛋 2 个，葱 15 克，大喜大牛肉粉 5 克，酱油 25 克，味精 3 克，中粗辣椒粉 2 克，白面粉 30 克，色拉油 50 克。

制作工艺：

1. 将葱切成葱花，加酱油、味精、大喜大牛肉粉、中粗辣椒粉调好味汁备用。
2. 将鸡蛋打散搅匀。
3. 将米肠切成约 2.5 厘米长的段，拍面粉拖鸡蛋液备用。
4. 起锅烧油，下入米肠，煎至两面金黄。
5. 将煎好的米肠放入砂锅，把调好的味汁倒入砂锅中烧沸，煮 2 分钟即成。

成品特点：咸鲜微辣，外酥里糯。

琥珀冬瓜

主辅调料：冬瓜400克，藏红花3克，薄荷叶1片，精盐3克，白糖20克，白醋3克，橙汁30克。

制作工艺：

1. 将冬瓜洗净去皮，修饰成直径3厘米的球形。

2. 将冬瓜球下入沸水锅中煮至断生时捞出备用。

3. 把煮好的冬瓜球放入容器内，加入精盐、白糖、白醋、橙汁、藏红花调拌匀，放入冰箱内镇两小时取出，放入盛器里，点缀薄荷叶即成。

成品特点：色泽金黄，甜酸清脆。

沙参时蔬饼

主辅调料：鲜沙参 300 克，煎炸粉 100 克，鸡蛋 4 个，土豆 150 克，朝鲜族辣白菜 150 克，角瓜 150 克，洋葱 100 克，熟芝麻 2 克，朝鲜族辣椒酱 30 克，大喜大牛肉粉 9 克，精盐 10 克，味精 10 克，白糖 15 克，鸡粉 2 克，十三香 0.5 克，细辣椒粉 3 克，芝麻油 3 克，淀粉 50 克，色拉油 100 克。

制作工艺：

1. 将鲜沙参用木槌敲打至软，撕成长条，加煎炸粉、鸡蛋、淀粉、细辣椒粉、辣椒酱、大喜大牛肉粉、芝麻油调拌均匀备用。

2. 将土豆和洋葱去皮洗净，用搅拌器打成泥，加煎炸粉、鸡蛋、淀粉、大喜大牛肉粉、精盐、味精、白糖调拌均匀，制成土豆饼稠糊备用。

3. 将朝鲜族辣白菜切细，洋葱切末，加煎炸粉、鸡蛋、淀粉、大喜大牛肉粉调拌均匀，制成泡菜饼稠糊备用。

4. 将角瓜洗净切丝，加煎炸粉、鸡蛋、淀粉、大喜大牛肉粉、精盐、味精、白糖、鸡粉调拌均匀，制成稠糊备用。

5. 起锅烧油，放沙参煎熟透至两面呈金黄色，取出放盘子的中央位置，撒白芝麻。

6. 起锅烧油，依次下土豆饼稠糊、泡菜饼稠糊、角瓜饼稠糊，煎至两面呈金黄色取出，放在盘子的边缘处即成。

成品特点：色彩鲜艳，层次分明，咸辣鲜香。

石锅酱汤

主辅调料：土豆 100 克，大豆腐 100 克，五花肉片 30 克，角瓜 50 克，黄豆芽 15 克，小白菜 15 克，水发海带 30 克，朝鲜族大酱 50 克，大喜大牛肉粉 5 克，中粗辣椒粉 2 克，味精 3 克。

制作工艺：

1. 将土豆去皮清洗干净切片；角瓜洗净切片；五花肉切片备用。

2. 将小白菜去根，清洗干净，从中间一切两段；大豆腐切小方块；水发海带切小片；黄豆芽清洗干净备用。

3. 将石锅洗干净，置于火上，放入清水和朝鲜族大酱，再放土豆片和五花肉片，大豆腐烧 3 分钟，将黄豆芽、角瓜片、小白菜、海带放入石锅中煮熟，放入味精、大喜大牛肉粉、辣椒粉调好口味即成。

成品特点：酱香味浓，汤鲜味美。

工艺冷盘
——思语

主辅调料：盐水茭白 70 克，糖醋心里美 70 克，酱耳卷 50 克，酱牛腱芯 50 克，卤墨鱼 50 克，卤水蛋干 70 克，盐水贡笋 70 克，炝西蓝花 70 克，炝韭薹 70 克，盐水胡萝卜 70 克，土豆泥。

制作工艺：

1. 将土豆泥在盘中塑成鹦鹉形体轮廓。

2. 将盐水茭白雕切成鹦鹉头，鹦鹉羽毛，摆成鹦鹉主体，用胡萝卜雕刻鹦鹉腿爪和部分羽毛，将鹦鹉装饰完整。

3. 用糖醋心里美修成牵牛花瓣形，切成薄片摆出牵牛花，放在花摆盘中上方。

4. 将其他原料切成薄片，在盘中下方叠码成假山即成。

成品特点：色彩鲜艳，口味丰富，质地多样，刀工细腻，造型优美，意蕴华美。

工艺冷盘
——风韵

主辅调料：炝好的绿角瓜 70 克，盐水黄角瓜 70 克，卤水蛋干 70 克，醋泡心里美 70 克，卤水素鲍 50 克，酱牛舌 50 克，酱牛腱芯 50 克，卤水鸭脯 50 克，炝西蓝花 70 克，盐水茭白 70 克，盐水胡萝卜 70 克，盐水贡笋 70 克。

制作工艺：

1. 将炝好的绿角瓜和黄角瓜去掉心，用表皮部分切成细条，然后码成扇面，用盐水贡笋刻成扇把。

2. 用盐水茭白刻出翠鸟头部，用盐水胡萝卜，盐水茭白切成圆薄片，码成鸟身子和翅膀。

3. 用盐水黄角瓜修成花瓣形，切薄片码成绢花。

4. 将码好的扇子放在盘中间，将码好的翠鸟放在扇子上，再将码好的绢花放在扇子旁边。

5. 将主料切成薄片码成假山形状，放在盘子底部即成。

成品特点：色彩鲜艳，口味丰富，质地多样，刀工细腻，造型优美，意蕴绵长。

孔雀戏牡丹

作品主要由孔雀、山石、残墙、牡丹花、树枝树叶等五部分素材组成。所构成的“画面”预示吉祥如意，欣欣向荣。此作品所用的原料主要有白萝卜、绿萝卜、心里美萝卜、胡萝卜、南瓜。主要工具有切刀、主刀、弧面弯刀、三角口戳刀、圆口戳刀、V 形掏刀、U 形掏刀。

作品特点：

造型设计大气美观，雕工细腻，两只孔雀昂首挺胸，散发着清雅脱俗的韵味，与牡丹花仿佛融为了一体。吐蕊怒放的牡丹繁花似锦，衬托的孔雀更加高雅，整幅画面洋溢着和谐自然的气息，以及朝气蓬勃的旺盛生命力，给人以美的享受。

第三节 吉林十大地方名点

三杖饼

主辅调料：

面粉 500 克，水 250 克，精盐 2 克，色拉油 80 克。

制作工艺：

1. 将面粉放在案板上开窝，放入精盐，用温水和成面团，揉匀饧面 60 分钟。

2. 将案板刷上色拉油，面团放在案板上搓成长条，下出均匀的剂子，再次饧面剂 30 分钟，将饧好的剂子放在案板上按成椭圆形薄片，用面杖上推下擀左提拉，呈圆形饼坯。

3. 饼锅预热 100℃，用擀面杖从一侧卷起放入锅中，烙制成熟装盘。

成品特点：色泽透明，筋道柔软，薄如蝉翼。

银丝卷

主辅调料：面粉 1000 克，白糖 30 克，酵母 8 克，水 550 克，色拉油 300 克。

制作工艺：

1. 将面粉加酵母、白糖用水和成面团饧 10 分钟。

2. 饧好的面团搓成长条，用双手拿住两头溜条，溜至粗细相等时，放在案板上撒干面粉开条，对折打扣 8 扣时刷油均匀，切成 6 厘米的段，把剩下的面和在一起揉匀，按需要数量下成皮面等份剂子，再擀成中间厚四边薄的长方形皮。

3. 把切好面的条段，逐个用皮包成枕头形，摆在屉内饧 15 分钟，旺火蒸 12 分钟即可。

成品特点：色泽洁白，根根分明，粗细均匀，暄软香甜。

兰花酥

主辅调料：面粉 500 克，水 100 克，白糖 50 克，仙人掌果粉 5 克，猪油 250 克，豆油 150 克。

制作工艺：

1. 用 200 克低筋面粉加 100 克猪油擦成油酥面。把 300 克低筋面粉放入 50 克猪油拌匀，用温水和成水油面揉匀。

2. 白糖、仙人掌果粉搓匀备用。

3. 用水油面包进干油酥面，擀成长方形大片，刷一层油，叠成 3 层，再擀成长方形，重复再叠成 3 层，擀成长方形的片，分割成 8 厘米的正方形，在正方形的三只角，每只角切一直刀，在另外一只角的两边各切一刀，共切五刀，将切好的前面两只长角提起捏紧，再将后面两只短角提起捏紧，然后把前后捏紧处并起来再次捏紧，逐个做完。

4. 锅内放入油升温 160°C，做好的生坯放入油内炸熟捞出。每只中间撒上粉红色的糖点缀即可。

成品特点：形似兰花，层次分明，色泽洁白，酥脆香甜。

粘豆包

主辅调料：水磨黄米面 1000 克，大芸豆馅 50 克，水适量。

制作工艺：

1. 将水磨黄米面放入容器中，加适量的水调和成面团，静置发酵。
2. 取适量发酵好的黄米面团，包入大芸豆馅封口捏紧团圆成豆包坯。
3. 将豆包放在开水锅中，蒸 15 分钟熟透即可。
4. 饼锅加热至 200℃，放入蒸好的豆包煎 两面至金黄色，豆包装盘，撒少量白糖作为调味。

成品特点：色泽金黄，外脆内糯，米香浓郁。

炸龙须面

主辅调料：高筋面粉 500 克，精盐 5 克，水 280 克，油 2000 克。

制作工艺：

1. 高筋面粉中放入精盐，分次加入水和成面团，饧面 30 分钟。

2. 将饧好的面团甩长，对折上正劲，再甩长，对折上反劲，反复操作，使面筋顺畅。

3. 将干净的案板上撒适量的干面粉，再把溜好条的面，放案板上，均匀沾上干面粉，两手抓住面两头，均匀用力向外抻，然后两手向里，其中一只手上的面挂在另一只手上，空出的手抓在面中间的位置，顺势上劲，两手将面抻长打开撒面，重复 11 扣，面条分成四段。

4. 电磁炉预热，方盘倒入油，油温 160℃左右放入面条炸制，炸时用筷子夹住两头，面条抻直炸至成熟。

成品特点：色泽洁白，丝丝分明，质地香酥。

延边冷面

主辅调料：荞麦面粉 300 克，玉米淀粉 100 克，食用碱水 25 克，沸水 200 克，大头菜丝咸菜 50 克，盐边辣酱 30 克，酱牛肉 30 克，芝麻油 3 克，熟芝麻 2 克，黄瓜丝 30 克，熟鸡蛋 1 个，时令水果 30 克，矿泉水 200 克，白糖 35 克，精盐 1 克，味精 1 克，生抽 25 克，雪碧 10 克，高度白醋 25 克，酱油 10 克，水晶梨片 10 克。

制作工艺：

1. 将矿泉水、白糖、精盐、味精、生抽、雪碧、高度白醋、酱油、梨片混合均匀至白糖和精盐充分溶化即成冷面汤，入冰箱冷藏备用。

2. 将荞麦粉和土豆淀粉拌匀，加沸水 200 克烫面，然后加食用碱水 25 克和成光滑面团备用。

3. 锅中烧 100℃沸水，把和好的冷面团放入冷面机内启动，冷面压出条后直接沸水下锅煮 2 分钟，冷面条成熟，迅速捞出过凉，用冷水反复冲洗至面条之间不粘连，呈松散状，冷面装碗浇冷面汤，再放上大头菜丝咸菜、延边辣酱、酱牛肉、熟鸡蛋、黄瓜丝、芝麻油、熟芝麻、时令水果即可。

成品特点：酸甜爽口，劲道丝滑，汤鲜味美，老少皆宜。

朝鲜族打糕

主辅调料：江米（糯米）500 克，熟黄豆粉 100 克，白糖 50 克。

制作工艺：

1. 江米淘洗干净，放在冷水中浸泡 5 小时。
2. 把江米上屉蒸 45 分钟取出，趁热用木槌反复敲打，待江米呈糕状即成。
3. 将打糕用刀切成小块，再蘸均匀熟黄豆面和白糖食用即可。

成品特点：色泽黄润、口味香甜、豆香浓郁、质地软糯。

李连贵熏肉大饼

主辅调料：面粉 500 克，水 300 克，丁香粉 0.1 克，肉蔻粉 0.2 克，花椒粉 0.03 克，大茴香粉 0.03 克，精盐 1 克，老汤油 20 克。

制作工艺：

1. 盆内放面粉 50 克开窝，加调料、老汤油和成浓糊状，做油酥备用。
2. 将面粉倒入盆中，分次加入温水，揉成不沾手的光滑面团，饧 15 分钟。
3. 将面团搓成直径 3 厘米的圆柱形长条，揪成 16 厘米的面剂，用擀面杖将面剂擀成约 6 厘米的长条片，用刮板在已经擀开的饼剂片抹上 2 厘米厚的油酥。
4. 抹好油酥后，捏住饼剂的两头抻长至 60 厘米左右，自左向右叠，按照每折 7.5 厘米的宽度，折叠 8 次，叠成立方体饼坯。
5. 把做好的饼坯压扁，擀成直径 15.5 厘米的圆饼。
6. 将平锅烧热，淋入老汤油，放入饼后轻轻旋转，待饼面起泡时翻个，根据锅底温度调整饼的位置，尽量让饼受热均匀，根据锅底温度和饼面对底油的吸收情况适量再淋入老汤油，直至皮面金黄即可。

成品特点：表面金黄，层薄如纸，外酥里嫩。

搅面馅饼

主辅调料：面粉 250 克，猪瘦肉 500 克，芹菜碎 300 克，芝麻油 15 克，葱末 100 克，姜末 15 克，豆油 25 克，精盐 20 克，味精 5 克，花椒面 5 克，色拉油 100 克。

制作工艺：

1. 面粉倒在盆里加温水搅匀，搅到不沾盆能挑起为止。
2. 肉剁成馅，加入所有调料，拌匀成馅。
3. 面团搓成条，分成 20 个剂子，拍扁包入馅，擀成圆饼。
4. 饼锅预热 200℃，放入饼坯，烙至青白色成熟即可。

成品特点：圆润劲道，皮薄馅大，咸鲜可口。

酸菜馅水饺

主辅调料：面粉 500 克，猪肉 250 克，酸菜馅 250 克，老汤 150 克，酱油 50 克，葱花、姜末各 5 克，味精 3 克，精盐 3 克，鸡粉 3 克，蚝油 2 克，花椒面 1 克。

制作工艺：

1. 把老汤分次加入肉馅中顺时针搅拌均匀，依次加入所有调料搅拌，加入酸菜馅制成馅心备用。

2. 面粉加水揉成光滑面团，饧 30 分钟，揉匀搓长条，下成均匀剂子按扁，擀成圆皮。

3. 左手拿皮，右手抹馅，两手合拢包成饺子。

4. 锅内水烧开时，将饺子下锅，随时用手勺顺时针推动，开锅时加点凉水再煮开，反复 3 次，见饺子皮鼓起时即成熟捞出即可。

成品特点：荤素相宜，肉嫩汁多，清爽适口。

第四节 吉林地方名点

三鲜空心面

主辅调料：面粉 1000 克，水 800 克，鸡汤 500 克，鲜虾仁 15 克，蟹棒 15 克，菜心 100 克，精盐 5 克，芝麻油 5 克，食用碱 3 克，味精 2 克，豆油 15 克。

制作工艺：

1. 面粉开窝，加入精盐、碱、水和成面团揉匀饧 30 分钟。

2. 饧好的面团，双手握两端溜大条，面案撒上干面，溜好的大条放在干面上，用擀面杖在大条的中间顺长擀压一道沟，在沟的中间刷上一层豆油，撒少许干面，然后把两边提起将沟捏严卷起，再拿住面的两头抻起，对折，抻六至七扣粗细度备用。

3. 勺内放入鸡汤，将已抻好的面条断成 20 厘米的段，放入勺内煮，同时将蟹棒、虾仁、切段，放入锅中，再加入精盐、味精。烧开后，在将上面的浮沫轻轻撇去，放入菜心、芝麻油，盛入碗中即可。

成品特点：色泽洁白，粗细均匀，口味咸鲜，筋道可口。

荞面打卤面

主辅调料：荞麦面粉 300 克，高筋面粉 200 克，五花肉丁 250 克，酸菜馅 250 克，水 180 克，葱 20 克，味精 3 克，鸡粉 5 克，酱油 5 克，精盐 3 克，花椒粉 1 克，老抽、水淀粉各适量，豆油 150 克。

制作工艺：

1. 荞麦面粉、高筋面粉混合一起，分次加入水，和成面团揉匀饧 30 分钟。

2. 将面团擀成均匀长方形大片 0.5 厘米厚，撒干面粉，叠起，切成面条。

3. 锅中放油，下入五花肉丁煸炒七成熟时，放入酸菜馅儿、加入酱油、花椒粉、葱煸炒，煸炒好放入适量的水、精盐、味精、鸡粉、老抽，最后放入适量的水淀粉勾芡出锅。

4. 锅中烧水，水开煮面条至成熟，盛入碗中。

成品特点：色泽灰褐，清香鲜咸，筋道爽滑。

三鲜伊府面

主辅调料：面粉 200 克，海参 150 克，白菜 100 克，水 80 克，虾仁 50 克，胡萝卜 50 克，鸡蛋 1 个，葱、姜各 5 克，精盐 5 克，味精 2 克，色拉油 10 克。

制作工艺：

1. 将面粉加入水、精盐、鸡蛋和成面团，揉匀饧 30 分钟。

2. 面团用面杖擀成薄片，撒上干面粉叠成长条，从一头开始用刀切成宽 0.3 厘米的面条。

3. 将面条放入开水锅中，等锅中的水再次滚开后，面捞出，过凉水，晾干后放入七成油温锅内，将面条炸好备用，食用时，用葱花炝锅，将白菜切丝炒软放入炸过的面条煮散放入调料，辅料煮熟即可。

成品特点：色泽微黄，口味鲜香，粗细均匀，质地软烂。

馄饨

主辅调料：面粉 250 克，猪肉 100 克，葱丝 10 克，青菜 25 克，海米 10 克，紫菜 5 克，蛋清 1 个，葱、姜末适量，酱油 5 克，芝麻油 15 克，精盐 2 克，味精、花椒面适量。调料油 30 克，豆油 20 克。

制作工艺：

1. 把猪肉剁成泥，加入酱油、花椒面、味精、芝麻油、调料油、葱、姜末拌匀成馅。

2. 面粉加入精盐、蛋清用水和好揉匀。

3. 把面团揉光滑，撒上干淀粉，擀成薄片，卷在面杖上，用刀由中间顺面杖切开，再切成 7 厘米见方的皮子，拿好皮子，用筷子头抹上馅，包成菱角形，下锅煮熟捞出。

4. 在煮馄饨的同时，勺内放入豆油，烧热，加入葱、姜炝锅加汤，放入酱油、盐、味精、海米，并将煮熟的馄饨也倒入汤内，汤开分碗盛装，再撒上紫菜、青菜，淋上芝麻油即可。

成品特点：形如猫耳，大小均匀，皮薄汤鲜，口感爽滑。

肉三鲜水饺

主辅调料：面粉500克，肉250克，鲜虾段100克，韭菜碎100克，老汤130克，葱花、姜末各5克，酱油50克，芝麻油5克，味精3克，精盐3克，鸡粉3克，蚝油2克，花椒面1克，调料油30克，色拉油30克。

制作工艺：

1. 把老汤分次加入肉馅中顺时针搅拌均匀，加入所有调料搅拌，加入韭菜碎和鲜虾段制成馅心。

2. 面粉加水和成面团饧30分钟后，揉成长条，下成均匀剂子按扁，擀成四边薄中间微厚圆皮。

3. 左手拿皮，右手抹馅，两手合拢包成饺子。

4. 锅内水烧开时，将饺子下锅，边下饺子，随时用手勺顺时针推动，避免粘连，开锅时加点凉水再煮，见饺子皮鼓起时即成熟捞出即可。

成品特点：皮薄馅大，咸鲜适口，爽滑相宜。

玉米面水饺

主辅调料：玉米面粉500克，猪肉350克，白菜250克，骨头汤175克，猪油50克，酱油50克，葱姜末各10克，芝麻油5克，味精3克，精盐3克，鸡粉3克，蚝油2克，花椒面1克，调料油30克，色拉油30克。

制作工艺：

1. 将白菜洗净去水分剁碎，猪肉馅加入骨头汤顺时针搅拌均匀，加入酱油、猪油拌匀，放上葱、姜末和其他调料拌匀成馅。

2. 把玉米面粉用水和好成团揉匀饧30分钟，搓成细长条，下成剂子按扁，用面杖擀成圆皮。

3. 左手拿皮，右手抹馅，两手合拢捏包成饺子。

4. 锅内加水，水开时把饺子下锅煮至成熟。

成品特点：色泽金黄，馅鲜汁浓，爽滑筋道。

煸馅蒸饺

主辅调料：面粉500克，玉米面100克，猪肉馅300克，韭菜250克，鲜虾150克，酱油20克，猪油30克，鸡蛋3个，姜末5克，精盐3克，花椒面、芝麻油、味精各2克，色拉油150克。

制作工艺：

1. 将面粉和细玉米面拌匀用开水烫好，揉成面团，饧好备用。

2. 鸡蛋磕在碗内搅匀。勺内放入油，鸡蛋炒成蛋花，倒出晾凉备用。勺内再放入油加肉馅煸炒至七成，加酱油、姜末炒熟倒出晾凉，韭菜、鲜虾洗净切碎，加在肉馅内，放入蛋花、花椒面、味精、芝麻油拌匀成馅。

3. 把面揉匀搓成长条，下成均匀剂子，按扁，擀成圆形薄皮，左手拿皮，右手抹馅合拢，用右手由右向左捏成月牙形的饺子生坯，摆在笼屉内。

4. 放入开水锅蒸10分钟左右，成熟即可。

成品特点：色泽金黄，口味鲜香，清淡不腻。

灌汤包

主辅调料：面粉 400 克，猪前槽肉馅 450 克，猪肥膘馅 50 克，调料油 50 克，葱末 50 克，姜末 30 克，香油 20 克，酱油 15 克，鸡粉 8 克，精盐 8 克，味精 3 克，色拉油 60 克。

制作工艺：

1. 将前槽肉馅、肥膘馅搅拌一起，放入所有调料，搅拌均匀，顺时针搅拌上劲，封好盖子放冰箱内，冷藏醒馅 30 分钟。

2. 面粉放入盆中加入清水、精盐搅拌均匀和成面团饧 40 分钟，面团饧好后下成 13 克的面剂子。

3. 将面剂子擀成直径 15 厘米的面皮，放入 40 克馅心，包成包子。

4. 将包好的包子放入蒸笼内，开水蒸 6 分钟即可。

成品特点：汁多鲜美，形状均匀，质地软嫩。

灯笼饺

主辅调料：面粉 500 克，肉馅 250 克，葱花 60 克，姜末 5 克， 酱油 5 克，精盐 2 克，花椒面 2 克，味精 1 克，火龙果汁 100 克，豆油 25 克。

制作工艺：

1. 把面粉分别和成白面团和红面团，饧好备用。

2. 肉馅煸炒加入酱油、精盐、姜末、花椒面炒匀出勺晾凉，晾后拌入葱花调成馅。

3. 把红面团擀成片，白面搓成细条，红面包入白面下成均匀剂子，按扁擀成圆皮，把擀好的圆皮逐个抹上馅心，捏成四角形，分别将四角捏严。用剪子在每个角的棱上剪两次，然后把一角的上条和另一角的下条捏在一起，角逐个捏完，呈四个洞孔。

4. 把包好的生坯上屉蒸 8 分钟出锅。

成品特点：色泽分明，形似灯笼，口味鲜香，筋道可口。

冠顶饺

主辅调料：面粉 500 克，肉馅 250 克，鸡蛋 2 个，海米 25 克，葱末 50 克，姜末 10 克，水 230 克，干淀粉 25 克，豆油 15 克，酱油 15 克，花椒面、味精各 2 克，芝麻油 10 克，豆油 150 克。

制作工艺：

1. 把面粉用开水烫好，和成面团饧好备用。

2. 在肉馅中加入花椒面、酱油、姜末炒熟勾芡倒出。鸡蛋炒成蛋花，和在一起加葱花、芝麻油、味精拌匀。

3. 把面团揉匀搓成条，下成均匀剂子，按扁，擀成圆形皮，叠成三角形翻过来，包入馅，捏住成立式三角形，每角边部沾干淀粉，捏出花纹，上屉蒸 8 分钟即成。

成品特点：色泽青白，形似金盔，鲜香适口，质地软嫩。

金鱼蒸饺

主辅调料：高筋面粉 500 克，五花肉馅 500 克，南瓜泥 100 克，红曲米粉 1 克、开水 180 克，精盐 2 克，鸡粉 5 克，味精 5 克，花椒面 1 克，酱油 10 克，香油 5 克，调料油 50 克，大葱 20 克，姜 5 克，黑豆适量，色拉油 50 克。

制作工艺：

1. 高筋面粉 250 克加入南瓜泥，再加水 50 克，和成黄面团，饧好备用。

2. 高筋面粉 250 克加入红曲米粉，加水 130 克，和成红面团，饧好备用。

3. 五花肉馅加入酱油、花椒面搅拌，加入大葱、姜、鸡粉、味精、盐搅拌，再加入香油、调料油、色拉油搅拌均匀冷藏 30 分钟。

4. 两块面团融合，下剂擀成面皮，在面皮背面折一下，反过来面皮包入馅，折的部分当眼睛，捏边，用剪刀整理鱼的尾部，用木梳压印，把黑豆塞进眼睛的位置，整体修形状，放入蒸屉。

5. 蒸箱预热，水开后，生坯放入蒸箱蒸至 8 分钟成熟。

成品特点：色泽分明，口味咸鲜，形似金鱼，质地软嫩。

麦穗蒸饺

主辅调料：面粉 500 克，猪肉 250 克，老汤 130 克，青菜 250 克，葱花 50 克，姜末 8 克，猪油 25 克，酱油 20 克，芝麻油 15 克，精盐 3 克，味精 2 克，花椒面 1 克，调料油 50 克，色拉油 50 克。

制作工艺：

1. 将猪肉剁成馅，加入酱油、精盐、花椒面、老汤向一个方向搅拌，搅匀，把青菜洗净剁碎，挤干水分，放在肉馅内，加入味精、葱花、姜末、芝麻油、调料油、色拉油拌匀成馅备用。

2. 把面粉放在案板上用开水烫熟拌成雪花状，揉成面团，用刀切开晾凉后，再揉成面团，饧 40 分钟。

3. 揉匀搓成长条，下成均匀剂子，撒点干面按扁，用面杖擀成圆形薄皮，左手拿皮子，右手抹馅，右手提拉捏褶，将饺子包成麦穗形状。

4. 把饺子摆在屉内，锅内加水预热，水开蒸 8 分钟即熟。

成品特点：形似麦穗，馅嫩汁多，鲜香适口。

青蛙蒸饺

主辅调料：高筋面粉 500 克，五花肉馅 250 克，菠菜汁 100 克，开水 200 克，胡萝卜 50 克，精盐 2 克，鸡粉 5 克，味精 5 克，花椒面 1 克，蚝油 5 克，酱油 10 克，香油 5 克，大葱 20 克，姜 5 克，调料油 50 克，色拉油 20 克。

制作工艺：

1. 面粉中加入菠菜汁、开水，和成面团，饧面 40 分钟，备用。

2. 五花肉馅中加入酱油，花椒面，搅拌，加入大葱、姜、鸡粉、味精、蚝油和盐搅拌，再加入香油、调料油、色拉油搅拌均匀成馅，胡萝卜切小条备用。

3. 面团每个剂子 18 克，擀皮包入馅，捏边，捏形，用剪刀剪出形状，把胡萝卜小条放在眼睛处卷起，最后用锯齿夹，夹出背部。整体形似青蛙。

4. 蒸箱预热，水开蒸 8 分钟即可。

成品特点：色泽碧绿，口味咸鲜，形似青蛙，质地软嫩。

荞麦蒸饺

主辅调料：荞麦面粉 400 克，白面 100 克，猪五花肉 500 克，鸡汤 500 克，葱花 50 克，姜末 10 克，酱油 20 克，精盐 3 克，味精 2 克，花椒面 1 克，芝麻油 2 克，猪油 50 克，调料油 50 克，豆油 30 克。

制作工艺：

1. 将猪肉剁碎成馅，勺内放入猪油、豆油、肉馅煸炒，炒七成熟，加入花椒面、姜末、酱油、鸡汤炒熟倒出，放冰箱内凉透。

2. 把荞麦面粉、白面混合好用开水烫好，揉成面团，饧 40 分钟揉匀后搓成长条，下成剂子，按扁，擀成圆皮。

3. 肉馅凉后，放入芝麻油，左手拿皮，右手抹馅合拢，捏成月牙形的饺子生坯。

4. 把生坯摆在屉内，蒸 10 分钟即可。

成品特点：色泽灰褐，形似弯月，馅大边薄，馅鲜味香。

月牙蒸饺

主辅调料：面粉 500 克，猪肉 250 克，青菜 250 克，葱花 50 克，姜末 8 克，猪油 25 克，酱油 50 克，芝麻油 15 克，精盐 3 克，味精 2 克，花椒面 1 克，调料油 20 克，色拉油 20 克。

制作工艺：

1. 将猪肉剁成馅，加入酱油、精盐拌匀，再放入花椒面、猪油加入水向一个方向搅动，搅匀。把青菜洗净剁碎，挤干水分，放在肉馅内加入味精、葱花、姜末、芝麻油、调料油、色拉油拌匀成馅。

2. 把面粉放在案板上用开水烫熟拌成雪花状，揉成面团，饧好备用。

3. 揉匀搓成长条，下成均匀的剂子，撒点干面按扁，用面杖擀成圆形薄皮，左手拿皮子，右手抹馅，然后用手顺饺子皮边，从右到左捏合在一起，做成月牙形的饺子生坯。

4. 把饺子摆在屉内蒸 10 分钟即熟。

成品特点：色泽青白，形似弯月，馅嫩汁多，鲜香适口。

四喜蒸饺

主辅调料：面粉 250 克，猪肉 150 克，水发海参 50 克，虾仁 50 克，鸡蛋 2 个，水发木耳 25 克，青椒 50 克，胡萝卜 50 克，葱花 25 克，姜末 5 克，鸡汤 100 克，猪油 25 克，酱油 50 克，盐 10 克，花椒面、芝麻油、味精少许，豆油 80 克。

制作工艺：

1. 将猪肉剁成馅，虾仁、海参切成小丁，加酱油、猪油拌匀，再加入鸡汤搅拌成稠状，之后加葱花、姜末、花椒面、味精、芝麻油拌匀成馅冷藏备用。鸡蛋取出蛋黄放入碗中用筷子搅匀，勺内放底油，蛋黄炒熟炒碎加盐备用。木耳切碎加味精、精盐拌匀备用；青椒、胡萝卜分别用开水焯完剁碎加适量味精、盐拌匀备用。

2. 把面粉用开水烫好，揉成面团饧好，揉匀搓成条，下成均匀剂子，擀成圆皮。

3. 在皮子中间抹上三鲜馅，之后把皮四边提起捏住，形成四个孔洞，分别将蛋黄碎、木耳碎、青椒碎、胡萝卜碎放入孔洞内，做成生坯。

4. 摆在屉上放入开水锅上蒸 8 分钟即可。

成品特点：色泽分明，口味鲜香，筋道可口。

翡翠烧麦

主辅调料：高筋面粉 250 克，肉馅 250 克，菠菜 500 克，鲜香菇 100 克，骨头汤 100 克，猪油 50 克，芝麻油 10 克，葱花、姜末各 10 克，味精 0.5 克，精盐 0.5 克，干淀粉 150 克，调料油 30 克，色拉油 30 克。

制作工艺：

1. 将面粉用开水烫好，揉成面团，饧面 40 分钟。

2. 将菠菜洗净用开水烫一下，捞出过凉，榨汁机榨汁，和成面团，饧面备用。

3. 将猪肉馅加入酱油、盐、花椒面、骨头汤，向一个方向搅动，搅匀，把香菇洗净剁碎，挤干水分，放在肉馅内加入味精、葱花、姜末、芝麻油、调料油、色拉油拌匀成馅。

4. 把两种面团揉匀，粘在一起，搓成长条，下成均匀剂子，按扁，擀成直径 6 厘米的饼，撒上干淀粉，将皮周围用小凸槌压成四边生菜叶形状的皮子，左手拿皮子，右手抹馅，拢成类似核桃纹白菜形状。

5. 放入笼屉内，锅温预热水开蒸 8 分钟即可。

成品特点：透明碧绿，口味鲜咸，形似白菜，筋道爽滑。

烧麦

主辅调料：面粉 500 克，羊肉（或牛肉）350 克，水 190 克，葱 100 克，姜末 10 克，骨头汤 180 克，酱油 50 克，芝麻油 15 克，花椒面 1 克，精盐 2 克，味精 2 克，淀粉 125 克，豆油 60 克。

制作工艺：

1. 将羊肉剁成馅，加入酱油、葱、姜、花椒面、精盐、味精、芝麻油、骨头汤顺时针搅拌，加豆油拌匀成馅。

2. 把面粉用开水烫成面絮状揉成面团，饧面 40 分钟，揉匀搓成长条，下成每个剂子 13 克按扁。

3. 把剂子先擀成直径 6 厘米的饼，再撒淀粉用走槌压成生菜叶形状的皮子。

4. 将圆皮放在左手，右手拿馅匙，抹上馅，用手轻轻拢起，放入笼屉内，开水锅内蒸 8 分钟即可。

成品特点：外皮透明，雪白如霜，口味鲜香。

糯米烧麦

主辅调料：面粉 500 克，糯米 500 克，熟肉丁 125 克，香菇丁 50 克，酱油 50 克，白糖 25 克，干淀粉 100 克，葱花、姜末各 5 克，味精 3 克，绍酒 5 克，水 250 克，猪油 125 克，色拉油 80 克。

制作工艺：

1. 将糯米淘洗干净，用温水（夏季用凉水）浸泡 4 小时，把水沥净，上笼屉蒸熟。然后把锅放在旺火上，倒入色拉油烧热，放入葱花、姜末、熟肉丁、香菇丁翻炒均匀，再加入酱油、白糖、味精，稍炒片刻，待其滋味融入后，加水，汤开时将蒸熟的糯米倒进汤锅继续翻炒，待到糯米将汤料完全吸收后，再放入猪油搅拌即成馅。

2. 将面粉用开水烫熟和好揉匀，下成每个 8 克剂子，擀成圆形，撒上干淀粉，再用小走槌将皮子边沿轧成麦穗状的皮子，包入糯米馅，将皮拢起即成。

3. 将生坯摆入屉内，用旺火蒸 15 分钟即熟。

成品特点：皮薄馅大，甜咸鲜香，软糯饱满，香气四溢。

金龙送福

主辅调料：中筋面粉 1500 克，酵母 12 克，南瓜泥 200 克，红曲米粉 5 克，蝶豆花粉 5 克，白糖 30 克，水 400 克。

制作工艺：

1. 将白糖、酵母混合，加入水，把糖溶化，倒入 600 克面粉中搅拌和成软硬适中的白面团。

2. 再将剩余面粉分成不同大小 3 份，将白糖、酵母混合，分别加入南瓜泥、红曲米粉、蝶豆花粉，把糖溶化倒入面粉中加入水和成黄色、红色、蓝色面团备用。

3. 白色面团 800 克剂子，面团揉实揉光滑，做一个面圈，黄色面团 200 克揉实揉光滑搓长条用手捏成龙的形状，红色面团擀成大片约 0.8 厘米厚，用磨具压“金龙送福”四个字，蓝色面剂和白色面剂擀薄卷起做祥云形状，把做好的龙身盘放在白色面圈上，整圈的空白处贴上“金龙送福“字，理好形状，再在其他空白处贴上祥云，饧发。

4. 蒸箱预热，水开后放入饧发好的生坯蒸 25 分钟即可。

成品特点：栩栩如生，表面光亮，暄软香甜。

花饽饽

主辅调料：中筋面粉 5000 克，酵母 40 克，南瓜泥 450 克，红曲米粉 5 克，仙人掌果粉 5 克，蝶豆花粉 5 克，菠菜汁 450 克，白糖 200 克，水 2000 克。

制作工艺：

1. 将白糖、酵母混合，加入水把糖溶化，倒入面粉中搅拌和成软硬适中的白面团。

2. 再将面粉分成 5 份，将白糖、酵母混合，分别加入南瓜泥、红曲米粉、仙人掌果粉、蝶豆花粉，把糖溶化倒入面粉中加入水和成黄色、红色、粉色、蓝色、绿色面团。

3. 福袋

黄、红、粉面团 把每个剂子都揉实，擀成圆片，边缘微薄，包入馅心，皮对称的 4 个点捏一起，出 4 个孔，再把 4 个孔向中心对折成 8 个孔，捏出八瓣花的形状，底部做实，呈福袋形。用绿面搓绳，黄、粉面用模具压花，先围绿绳，最后粘花，饧发好蒸 15 分钟。

4. 石榴

黄、红、粉面团 分别下成 75 克剂子，揉实揉光滑，揉成馒头形后捏出个凸字形，用剪刀剪六瓣，呈石榴状。用模具压出绿叶，红、黄、粉面压出花，贴在石榴上，饧发好蒸 15 分钟成熟。

5. 寿桃

将白面团分剂 75 克，每个剂揉实，做成寿桃形状，用刮板在中间压出线，用模具压出绿叶和黄色、粉色小花，贴在寿桃上，饧发好后蒸 15 分钟。

蒸好后，用喷枪装好仙人掌果粉汁由桃尖向下喷均匀即可。

6. 节节高

黄、粉、白面团分成 75 克剂子，每个剂子揉实，呈高庄馒头形，用花夹，交叉夹出形状，用黄、粉、红面团压出小花，贴在节节高的上面装饰饧发，蒸 15 分钟。

7. 葫芦

把黄面团分成 75 克的剂子，揉实揉匀用手虎口的位置，捏出葫芦形状，用模具分别压绿叶、红、粉花，用红面搓细绳，先粘叶子，再粘红绳，最后粘小花，饧发好后，蒸 15 分钟。

8. 柿柿如意

取红、黄面团，混合均匀，下剂 75 克，揉成馒头形，用刮板压出柿子形状，用模具压出柿子叶，粘到柿子根部，饧发好后蒸 15 分钟。

9. 招财进宝葫芦

取 1500 克白面团揉光滑做成葫芦状，红面擀成 0.3 厘米厚，用招财进宝、福袋模具扣出贴在葫芦上，再分别用粉、绿、黄搓绳扣花做装饰，饧发好后蒸 30 分钟。

成品特点：色泽鲜艳，组织细腻，形似逼真。

碱面馒头

主辅调料：面粉 500 克，水 350 克，碱面 2~4 克。

制作工艺：

1. 将面粉加水放入盆内混合搅拌，和成面团揉到不沾容器即可，盖上盖子或者保鲜膜，防止水分蒸发。

2. 发酵 12 小时到两倍大，面内里起空洞，将碱（夏季 4 克，冬季 2 克）用 10 克水化开加入面团内，用力揉面至碱水完全吸收，感觉有弹性，不沾盆不沾手，饧发 10 分钟。

3. 分成等量剂子，揉成馒头形状。

4. 蒸锅加热，水开蒸 15 分钟。

成品特点：暄软可口，色泽洁白，组织细腻。

吉林包子

主辅调料：面粉 500 克，猪肉馅 250 克，水 260 克，酵母 5 克，猪油 40 克，葱花 50 克，姜末 5 克，海米 25 克，骨头汤 150 克，酱油 75 克，芝麻油 25 克，花椒面 5 克，精盐 2 克，调料油 30 克，色拉油 50 克。

制作工艺：

1. 将面粉和酵母加水揉匀，揉透，光滑为止。

2. 猪肉馅，加入酱油、花椒面、精盐拌匀，加骨头汤时边加边顺着一个方向搅，搅到肉馅呈黏稠状即可；随后放海米、葱花、芝麻油、猪油、调料油、色拉油拌匀成馅。

3. 搓成长条，下成剂子，把剂子擀成圆形皮子，左手拿皮，右手抹馅，收拢，用右手拇指和食指，顺时针提褶收口，捏成圆形包子生坯，饧发 20 分钟。

4. 摆在屉内，放在开水锅上用旺火蒸 15 分钟成熟。

成品特点：色泽洁白，皮薄馅嫩，质地暄软。

酸菜包子

主辅调料：面粉 500 克，酵母 5 克，温水 260 克，猪肉馅 350 克，酸菜 350 克，老汤 200 克，葱花 100 克，精盐 2 克，蚝油 10 克，酱油 20 克，老抽 10 克，香油 20 克，花椒面 2 克，调料油 30 克，花生油 50 克。

制作工艺：

1. 酵母用温水溶化倒入面粉中，用筷子搅拌成絮状之后，用手揉成一个光滑的面团，密封饧发至 2 倍大。

2. 酸菜用凉水清洗，攥干水分，酸菜切碎，猪肉剁成肉馅少量分次加老汤顺时针搅拌，加葱花、酸菜碎、精盐、老抽、蚝油、酱油、花椒面、花生油、香油、调料油搅拌均匀。

3. 面团发好取出放在案板上揉面排气后，再饧 5 分钟，饧好的面团下成剂子，按扁用擀面杖擀成皮子，放入肉馅包成包子的形状，全部包好后再次饧发 15 分钟。

4. 包子放入蒸笼，温水下锅，上汽后中火蒸 20 分钟，关火焖 2 分钟出锅。

成品特点：色泽洁白，暄软可口，馅心醇厚，肥而不腻。

三鲜包子

主辅调料：面粉 500 克，猪肉馅 250 克，骨头汤 130 克，水发海参 100 克，鲜大虾 100 克，酵母 5 克，姜 5 克，葱花 10 克，酱油 25 克，芝麻油 10 克，精盐 2 克，味精 2 克，花椒面 1 克，调料油 30 克，色拉油 30 克。

制作工艺：

1. 用半数面粉加酵母、温水和好发酵，待面发起时，再将剩余面粉加温水一起和好揉匀，饧面 30 分钟。

2. 先将肉馅加入姜、花椒面、精盐、酱油一起搅匀，再加骨头汤，顺一个方向搅，随添汤随搅拌，一直搅成黏稠状为止。再将海参、大虾切成小丁，加芝麻油、味精、调料油、色拉油，连同肉馅一起拌成馅。

3. 将和好的面，搓成长条，下剂子，用面杖擀成中间厚边沿薄的圆皮，左手托皮，右手拿匙子往皮中间抹馅，随后再用右手拇指和食指捏拢成包子生坯。

4. 屉内铺屉布，摆好包子，用旺火蒸 15 分钟即熟。

成品特点：色泽洁白，皮薄馅大，馅嫩汁浓。

五谷杂粮包

主辅调料：紫米 300 克，花腰豆 150 克，红腰豆 150 克，红小豆 80 克，花生 50 克，三象糯米粉 350 克，玉米粒 80 克，大枣丁 150 克，紫薯丁 80 克，地瓜丁 80 克，白糖 25 克，水 150 克。

制作工艺：

1. 将紫米浸泡 10 小时，加少量水蒸熟晾凉，花腰豆、红腰豆、红小豆、花生加水蒸 8 分熟控干水分，紫薯丁、地瓜丁蒸熟晾凉，加入大枣切丁、玉米粒拌匀，糖和水溶化混合一起翻拌均匀，分成 60 克剂子攥成团备用。

2. 每个剂子沾水裹一层干糯米粉团实制成生坯。

3. 蒸屉放油纸，摆放好生坯，入蒸箱开水蒸 18 分钟。

成品特点：晶莹剔透，香甜软糯，营养丰富。

蚕茧包

主辅调料：

面粉 500 克，豆沙馅 200 克，温水 260 克，酵母 5 克。

制作工艺：

1. 将面粉与酵母用温水和成面团，饧发 30 分钟。

2. 把面团醒好后，揉匀搓成条下出 20 个剂子，每个剂子包入 10 克豆沙馅。

3. 按扁，擀成椭圆形，用刀在上面并排切成均匀刀口，不要切断，露馅即可。然后再用手将两边捏一下，上面鼓起即成生坯饧发 1 倍大。

4. 笼屉内铺上屉布，将生坯摆入屉内，旺火蒸 12 分钟即熟。

成品特点：色泽洁白，形似蚕茧，香甜适口。

豆沙包

主辅调料：面粉500克，赤小豆500克，白糖500克，食碱5克，桂花酱10克，猪油100克，酵母5克。

制作工艺：

1. 将面粉、酵母加入温水和好后饧发30分钟。

2. 将赤小豆淘洗干净，下锅煮七成熟，豆烂时取出晾凉，加冷水，用筛子除掉豆皮，灌入布袋，放在器皿上，将水分压干。锅内放入猪油、白糖，加入少量水，待白糖溶化后，放入豆沙翻炒，待熗干水分呈稠泥状时出锅，晾凉后拌入桂花酱即成。

3. 把面团搓成长条，下成同样大的20个剂子，按扁，左手拿面剂，右手馅匙子抹豆沙馅，包好搓成圆形，最后用拇指和食指捏成橄榄形。

4. 把生坯摆在屉内，用旺火蒸12分钟即可。

成品特点：色泽洁白，口味香甜，形如橄榄，质地柔软。

豆沙卷

主辅调料：面粉500克，酵面250克，豆沙馅250克，食碱适量，色拉油25克。

制作工艺：

1. 将面粉用温水和好，加入酵面揉匀，饧30分钟，把发好的酵面加入食碱揉匀搓成条，下10个等量的剂子，每个面剂擀成15厘米长、6厘米宽的大片。

2. 在面片上刷一层油，均匀抹上豆沙馅，从外向里卷起，整理均匀。

3. 将生坯摆在屉内，放到锅上蒸熟取出，上桌时切成小段，摆盘即可。

成品特点：色泽洁白，形状整齐，大小均匀，暄软甜香。

荷花包

主辅调料：面粉500克，酵母5克，豆沙馅200克，温水260克。

制作工艺：

1. 将面粉与酵母用温水和成面团，饧面30分钟。

2. 面团饧好后，揉匀，搓成长条，下出20个剂子，每个剂子包入10克豆沙馅。

3. 按扁用面杖擀成圆形，对叠二次呈扇面形，用刀在宽面处切3米厘长的刀口，再用手捏住宽面的两个角往里划过来，捏住再用刀背横压一下即成生坯。

4. 笼屉内铺好屉布，将生坯摆入屉内蒸10分钟即熟。

成品特点：色泽洁白，形似荷花，暄甜适口。

开花馒头

主辅调料：中筋面粉1000克，红糖200克，酵母10克，开水420克，小苏打8克，色拉油80克。

制作工艺：

1.开水加入红糖化开，放凉加中筋面粉和酵母和成面团，饧发2倍大，小苏打加少量水化开，倒入饧发好的面团里搅匀，加入色拉油，搅拌成光滑的面团。

2.分成500克每个的剂子，将面剂揉实，收成倒三角形，把三个角捏在一起，收口向上放入蒸盘中。

3.放入水开的蒸锅内蒸30分钟。

成品特点：色泽棕黄，花开自然，柔软可口，组织细腻。

蝴蝶卷

主辅调料：面粉500克，酵面250克，温水260克，面碱3克，芝麻油10克，色拉油50克。

制作工艺：

1.将面粉倒在面案上，用温水和好，加酵面揉匀发酵。

2.见酵面发起时，再加入面碱揉匀，把面团搓成长条，用面杖擀成长方形的片，刷一层芝麻油，撒上干面卷起，抻长把条整理均匀，用刀切成均匀剂子。每两个剂子为一组，刀口朝上并在一起，面剂的边露在外边做蝴蝶须子，用两根筷子在中间夹一下，即成蝴蝶形生坯。

3.笼屉内铺上屉布，摆入生坯，上蒸锅用旺火，蒸10分钟即熟。

成品特点：色泽洁白，形似蝴蝶，暄软可口。

香葱花卷

主辅调料：中筋面粉 500 克，白糖 10 克，酵母 5 克，水 260 克，香葱末少许，精盐 2 克，色拉油 50 克。

制作工艺：

1. 将面粉放入盆中，加入白糖、酵母拌匀，放入水中溶解，溶解后倒入面粉中和成光滑面团，然后饧面。

2. 将面团擀成长方形的薄片约 0.5 厘米厚，刷一层色拉油，撒适量的盐和香葱末，从长方形的长开始叠出层次，用刀切大小均匀的剂子，用手捏剂子中间，切口层次重叠，把住两头从一头卷起，呈花卷形状，饧发两倍大。

3. 蒸箱预热，水开放入饧发好的花卷，蒸 15 分钟成熟。

成品特点：色泽洁白，葱香浓郁，纹路一致，质地柔软。

长条花卷

主辅调料：面粉 500 克，酵面 250 克，食碱适量，花椒盐 7 克，温水 260 克，芝麻油 10 克。

制作工艺：

1. 面粉加入温水和好，放入酵面揉匀，面团发起时再加入食碱揉匀。

2. 用走槌擀成 0.5 厘米的长方形，刷上一层芝麻油，撒上花椒盐，由外向里叠卷起，呈扁圆形，切成均匀长方形的剂子，双手捏住两头抻长，向反方向拧一扣，即为长条形花卷生坯。

3. 摆在笼屉内蒸 10 分钟即熟。

成品特点：色泽洁白，层次分明，暄软可口。

如意卷

主辅调料：面粉 500 克，酵面 150 克，豆沙 200 克，白糖 100 克，食碱适量，温水 260 克。

制作工艺：

1. 将面粉与酵面加食碱，用温水和成面团，饧面 30 分钟。

2. 把面团搓成长条下出等份剂子，每个面剂擀成长方形薄片，均匀抹上豆沙馅，从左右两端对卷捏严，翻过来整理成生坯。

3. 笼屉内铺好屉布，将生坯摆入屉里用旺火蒸 12 分钟即熟。

4. 出屉后取出，切成 2 厘米的段，刀口处向上，码入盘中。

成品特点：色泽洁白，卷层均匀，形似如意，甜香适口。

什锦糖包

主辅调料：面粉 500 克，酵母 5 克，绵白糖 300 克，黑白芝麻各 10 克，青红丝 10 克，坚果碎 20 克，温水 260 克，色拉油 30 克。

制作工艺：

1. 将面粉，酵母加入温水和好。

2. 绵白糖加入黑白芝麻、青红丝、坚果碎、色拉油拌成馅料。

3. 把面团搓成长条，下成同样大的 20 个剂子，按扁，左手拿面剂包入糖馅，随即包好搓成圆形，最后用钳花在四周夹出花纹，饧发 1 倍大。

4. 把生坯摆在屉内，用旺火蒸 10 分钟成熟。

成品特点：色泽洁白，甜度适中，形似灯笼，质地柔软。

玉米面菜团

主辅调料：玉米面 100 克，面粉 400 克，酵母 5 克，南瓜泥 150 克，酸菜馅 250 克，熟五花肉馅 300 克，白糖 10 克，水约 100 克，葱 50 克，姜 10 克，鸡粉 20 克，鸡汁 15 克，味精 10 克，花椒面 3 克，蚝油 10 克，香油、酱油、老抽适量，大油 50 克，调料油 100 克。

制作工艺：

1. 锅中放油，放入五花肉馅煸炒，加鸡粉、花椒面、鸡汁、味精、蚝油、酱油、老抽炒熟，放凉备用，酸菜馅用水清洗挤出水放入盆中，加入葱、姜、鸡粉、鸡汁、味精、花椒面、大油、调料油、老抽搅拌均匀，炒熟的肉馅加入调好的酸菜馅混合成馅。

2. 把玉米面和中筋面粉混合一起放入盆中，加入酵母、白糖、南瓜泥、水和成面团。

3. 将面团下成均匀的剂子，擀成皮，包入调好的馅心，收口朝下放入蒸屉内饧发，约 30 分钟。

4. 蒸箱预热，水开放入饧发好的菜团子，蒸 15 分钟。

5. 饼锅升温 200℃，锅中淋油，放入菜团子，烙至两面金黄。

成品特点：色泽金黄，鲜香可口，质地柔软。

脂油卷

主辅调料：面粉 500 克，酵面 250 克，猪板油 100 克，芝麻油 10 克，食碱适量，精盐 1 克，青红丝 30 克。

制作工艺：

1. 将面粉用温水和好，加入酵面、食碱揉匀，饧 30 分钟。

2. 把猪板油去硬皮，切成小丁，加入精盐、青红丝、芝麻油拌匀成馅。

3. 将面揉匀，擀成 0.4 厘米厚的长方形片，把脂油葱花馅均匀抹在面片上，由外向里卷起来，用刀切成同样大小的剂子。

4. 屉内铺屉布，把生坯摆在屉内，蒸 10 分钟。

成品特点：色泽洁白，大小整齐，暄软可口，香而不腻。

紫薯包

主辅调料：面粉 500 克，绵白糖 10 克，酵母 5 克，紫薯 100 克，水 260 克。

制作工艺：

1. 紫薯去皮切块蒸熟，制成馅备用。

2. 在中筋面粉中放入酵母、绵白糖、水和成面团。

3. 把和好的面团儿分成大小均匀的剂子，按扁包入紫薯馅，呈圆形，用剪子在上面剪出十字口，饧发 30 分钟。

4. 蒸箱预热水开后，放入醒好的紫薯包，蒸 15 分钟成熟。

成品特点：色泽洁白，形态美观，口味香甜，松软可口。

绿豆糕

主辅调料：去皮绿豆 125 克，辅料细砂糖 30 克，麦芽糖 15 克，黄油 15 克。

制作工艺：

1. 把去皮的绿豆清洗干净，泡制 5 个小时，用蒸箱蒸制 45 分钟软烂，趁热用破壁机打碎。

2. 打碎的绿豆泥，加入少许的黄油和糖，用锅炒干水分即可。

3. 把炒好的绿豆面分成每个 25 克的剂子，用模具定制成形。

成品特点：色泽浅黄，形态美观，细腻香甜，营养丰富。

柿柿如意

主辅调料：糯米粉500克，南瓜泥100克，可可粉30克，砂糖30克，水100克，莲蓉馅100克，猪油30克。

制作工艺：

1. 将糯米粉加南瓜泥、砂糖、水、猪油和成南瓜面团。

2. 部分糯米粉加可可粉和成可可面团。

3. 将和好的面团分成30克面剂包入15克莲蓉馅，做成柿子形状，将可可面团制成叶子形状装饰在柿子上制成生坯。

4. 将制好的生坯上笼屉蒸制8分钟即可。

成品特点：软糯香甜，色泽橘黄，形象逼真。

象形人参

主辅调料：面粉500克，人参水300克，盐5克，糯米粉50克，白糖50克，椰蓉30克，水150克，色拉油1500克。

制作工艺：

1. 将面粉、盐、水和好面团饧20分钟，再次揉光滑饧30分钟。

2. 把糯米粉、白糖、椰蓉加入水熬成黏稠状，放凉后搓成等分的椭圆形馅心。

3. 饧好的面团搓成长条，用双手拿住两头溜条，溜至粗细相等时，案板上撒干面粉开条，对折打6扣时均匀刷油，再对折2扣，切出所需要的长度备用。

4. 取面丝中间抽出所需要的包上馅料，制成人参形状，油温170℃炸至成熟即可。

成品特点：色泽金黄，形状整齐，粗细均匀，形似人参。

带馅麻花

面粉 500 克，鸡蛋 1 个，豆沙 200 克，蜂蜜 50 克，酵母 5 克，白糖 50 克，水 200 克，豆油 1500 克。

制作工艺：

1. 将鸡蛋、蜂蜜、酵母、白糖加水和少许豆油搅匀倒入面粉内，揉成面团，搓成长条，下成等份剂子，逐个搓成长条，刷豆油醒饧发 10 分钟。

2. 把两个条分别包入馅心上好劲儿，同时搓成绳子状，折成三折把两头掖住，即成麻花坯，1.5 倍饧大 .

3. 锅内放油升温 190°C时，把麻花坯放入锅内炸成深红色，捞出即可。

成品特点：色泽深红，酥香甜脆，齿颊留香，形状整齐。

酵面麻花

主辅调料：面粉 500 克（包括酵面 200 克），鸡蛋 1 个，食碱 10 克，白糖 200 克，豆油 250 克。

制作工艺：

1. 将酵面加入食碱揉匀，把鸡蛋、豆油、白糖搅匀，放入酵面内匀开，倒入面粉拌匀，揉成面团，搓成长条，下成 40 个剂子，逐个搓成 7 厘米长的条，刷豆油饧 30 分钟。

2. 把两个条分别上好劲儿，同时搓成绳子状，折成三折把两头掖住，即成麻花坯。

3. 锅内放油，烧至八成热时，把麻花坯放入锅内用慢火炸成枣红色，麻花浮出油面时捞出即可。

成品特点：色泽枣红，酥香甜脆，形状整齐。

蝴蝶麻花

主辅调料：面粉 500 克，鸡蛋 4 个，白糖 250 克，水适适量，豆油 200 克。

制作工艺：

1. 将白糖、豆油、鸡蛋搅匀倒入面内加适量水和成面团，饧面 20 分钟。

2. 先把面团擀成大片卷成圆桶，用刀切成 0.5 厘米的片。每两片为一组，中间一片把边切去，用筷子由中间夹紧，呈蝴蝶形的麻花坯。

3. 锅内放油，油温 180°C，筷子夹住，下油锅炸熟即可。

成品特点：色泽浅黄，形似蝴蝶，香酥可口。

萨满酥麻花

主辅调料：面包粉 1400 克，面粉 600 克，酵母 25 克，精盐 20 克，白糖 50 克，奶油酥片 1 片，水 1200 克。

制作工艺：

1. 将面粉、酵母、精盐、糖白、拌匀加入水和好，揉成手套膜状，饧 20 分钟备用。

2. 用走槌将面团擀成光滑长方形大片，包好奶油酥片，四边捏紧，避免擀制时外漏酥片。

3. 包好面坯用走槌再次均匀擀成大片，反复 3 层叠压 3 次，继续擀成长 60 厘米、宽 30 厘米、厚 2 厘米的长方形，用尺子、刀切割成宽 2 厘米的长条，双手搓条上劲，呈麻花形。

4. 放入刷油的烤盘，覆膜饧发至 2 倍大。

5. 油温 150°下入锅中，炸至金黄出锅即可。

成品特点：色泽金黄，层次分明，酥软香甜。

套环

主辅调料：中筋粉 500 克，白糖 50 克，酵母 6 克，鸡蛋 1 个，奶粉 5 克，水 200 克，色拉油 50 克。

制作工艺：

1. 把主料和辅料搅拌均匀和成面团。

2. 把面团擀成正方形的薄饼，再将薄饼分成每个长 10 厘米、宽 4 厘米的长条形，再将两个长条形叠加在一起，做成套环的形状，饧发 20 分钟。

3. 把饧发好的套环放入 200°C油温，炸至金黄色。

成品特点：色泽金黄，香脆适口，甜而不腻。

空心葱油饼

主辅调料：高筋面粉 500 克，精盐 5 克，香葱 50 克，开水 270 克，色拉油适量。

制作工艺：

1. 在高筋面粉中放入精盐，加入开水和成粗糙面团，加入色拉油、香葱花和成细腻面团。

2. 把面团擀成大片，约 0.5 厘米的厚度，用光极压成圆片直径 8 厘米。

3. 锅中热油，油温 180°C，下入圆坯，边炸边用手勺浇油，至饼鼓起上色即成熟。

成品特点：表面金黄，葱香浓郁。

迷你提包酥

主辅调料：高筋粉 500 克，低筋粉 200 克，猪油 200 克，水 100 克，莲蓉馅 150 克，南瓜蓉 100 克，紫薯粉 100 克，菠菜汁 100 克，色拉油 1500 克。

制作工艺：

1. 将高筋粉分成 3 份，分别加入水、南瓜蓉、紫薯粉、菠菜汁和成不同颜色的水油面团，低筋面粉加入猪油和成油酥面团备用。

2. 油酥分成 3 份，再将分好的水油面团包入油酥，每个面团都擀成长方形，折叠成 3 层，再次擀成长方形，分成等份长方形，把每条不同的颜色都穿插叠加在一起，做成酥条，放入冰箱冷冻 20 分钟备用。

3. 冷冻好的酥条，切成 0.5 厘米的厚度，擀成薄片包入莲蓉馅，做成手提包的形状，油温 190°C炸至成熟。

成品特点：层次分明，色泽鲜艳，形似提包，酥脆香甜。

炸酥盒

主辅调料：面粉 250 克，豆沙馅 100 克，绵白糖 70 克，豆油 100 克，猪板油 50 克，猪油 100 克。

制作工艺：

1. 先用一半面粉加猪油和成油酥面，再把剩余面粉加猪油 50 克用温水和成水油面。

2. 猪板油去皮切成小丁，加白糖拌匀成脂油白糖馅。

3. 用水油面包进油酥面，用面杖擀成长方形片，叠三层，再擀成长方形片。用刀切齐边沿，由外向里卷起搓成条，切成 20 段，擀成 0.5 厘米薄厚的圆皮，每一张皮放 10 克豆沙馅，再放 10 克脂油白糖馅，再用一张皮盖在上面捏紧边，锁成绳状花纹边即成盒子生坯。

4. 锅内加油升温 180°C，把盒子生坯下锅，炸至盒子浮起呈浅黄色，捞出摆盘即可。

成品特点：酥层分明，色泽浅黄，香酥适口。

荷花酥

主辅调料：低筋面粉 500 克，枣泥馅 200 克，水 100 克，仙人掌果粉 5 克，猪油 150 克，植物油 1000 克。

制作工艺：

1. 将低筋面粉 200 克加入猪油 100 克擦成干油酥面。将低筋面粉 300 克加入猪油 50 克拌匀，用温水和成水油面，取一半的水油面加入红色素揉成粉色面团，白色包粉色成双色面，两块面团要擦透，揉匀，软硬相同，将两块面团揉匀后分别下成 20 个剂子。

2. 用双色水油面（白色包粉色或粉色包白色）逐块包上干油酥面，按扁擀成圆形薄片，再叠起来呈三角形，把角窝在里面，包上枣泥馅，收口处向下做成馒头形状，用刀在顶端三分之二处切 8 瓣，不要露馅。

3. 锅内油温烧至 160°C，逐个下油锅炸，见花瓣张开浮出油面成熟即可。

成品特点：层次清晰，形似荷花，花瓣饱满，香脆甜酥。

南瓜酥

主辅调料：面粉 500 克，猪油 50 克，蛋清 50 克，砂糖 55 克，南瓜汁 200 克。

酥面：黄油 50 克，酥油 200 克，土豆粉 75 克，熟粉 200 克。

馅料：糯米粉 120 克，玉米淀粉 30 克，细砂糖 30 克，牛奶 160 克。

制作工艺：

1. 将面粉倒入案板上开窝加入猪油、蛋清、砂糖、南瓜汁和成面团，饧 20 分钟，再次揉光滑备用。

2. 将黄油、酥油、土豆粉、熟粉擦均匀成酥心。

3. 把糯米粉、玉米淀粉、细砂糖、牛奶全部倒到碗里和匀上屉蒸 25 分钟，将蒸好的面加少许油揉匀下剂包入南瓜馅后沾上巧克力备用。

4. 将皮面包入酥心，擀大片折叠 2 次 3 层，1 次 4 层，擀成 6 厘米后的大片再切成宽 7 厘米的片，喷水逐个摞在一起，放入冰箱冷藏 30 分钟。

5. 将冷藏好的酥皮切成 8 毫米厚的薄片包入馅心，制成南瓜形。

6. 将酥皮用 130°C油温炸至成熟即可。

成品特点：形似南瓜，外酥内软，甜而不腻。

葱花饼

主辅调料：面粉 500 克，葱花 100 克，温水 300 克，花椒面 1 克，精盐 2 克，豆油 100 克。

制作工艺：

1. 将面粉用温水和好，饧面 60 分钟。

2. 将葱花、花椒面、精盐加入豆油里拌匀，制成葱花油酥。

3. 把面揉匀搓成长条，下成均匀的剂子，逐个擀成长方形的片，抹上葱花油酥，卷起来抻长，由两头对盘到中间时一上一下摞起来做成饼坯。

4. 平锅烧热，将饼坯用手按成扁圆形放锅内烙，刷油反复烙熟取出，上桌时切成 2 块装盘。

成品特点：色泽金黄，外焦里嫩，形状整齐，咸香适口。

黄米烙

主辅调料：高筋面粉 600 克，大黄米 50 克，牛奶 50 克，炼乳 25 克，黄油 15 克，白糖 40 克，鸡蛋 1 个，水适量，南瓜蓉 25 克，油 200 克。

制作工艺：

1. 面粉加入辅料搅拌均匀，和成光滑面团，大黄米加入南瓜蓉和适量的水蒸好备用。

2. 把蒸好的大黄米分割成剂子，搓成长条备用。

3. 把和好的面团分成剂子，包入做好的大黄米条放入 200°C的锅内煎至两面金黄即可。

成品特点：色泽金黄，奶香浓郁，外皮酥脆，内里软糯。

单饼

主辅调料：面粉 500 克，猪油 75 克，水 250 克。

制作工艺：

1. 将面粉用开水烫好，加入猪油揉透，揉匀饧面 60 分钟备用。

2. 把面团搓成条，下成 10 个剂子，揉成馒头形按扁，用细面杖擀成圆片，再把圆片卷在面杖上，向前推擀至薄如纸的圆饼。

3. 平锅烧热，把饼放入锅内，旺火烙制出芝麻花点即熟。

成品特点：色泽洁白，筋道可口，形状规整，饼花均匀。

合饼

主辅调料：面粉 500 克，水 250 克，猪油 75 克，色拉油 200 克。

制作工艺：

1. 将面粉用开水烫好，加猪油揉透，揉匀饧面 30 分钟。

2. 把烫好的面团揉匀，搓成长条，下成 20 个剂子按扁，刷上一层色拉油，撒上干面粉，再将两片合在一起。用面杖擀成直径 20 厘米的薄饼坯。

3. 平锅烧热，将饼坯放入锅内烙制，呈现芝麻花点 2 面鼓起时即为成熟，取出时用手揭开成两片叠起装盘即可。

成品特点：色泽青白，形状圆整，筋道柔软。

单饼烙盒

主辅调料：面粉 500 克，鸡蛋 4 个，韭菜 500 克，芝麻油 25 克，精盐 50 克，味精 5 克，花椒面少许，豆油 100 克。

制作工艺：

1. 将面粉用开水烫好，加猪油揉透，揉匀饧面 30 分钟。把烫好的面团揉匀，搓成长条，下成 20 个剂子按扁擀成单饼生坯。

2. 平锅烧热，将饼坯放入锅内烙制，呈现芝麻花点两面鼓起时即为成熟。

3. 将勺内刷净，加入适量的豆油，把鸡蛋打散，下入油锅中煸炒成蛋花，韭菜洗净，切成 3 厘米的段。将以上原料拌在一起，加入海米、味精、精盐、花椒面、芝麻油拌匀成馅。

4. 将 50 克面粉用水调成稀面糊待用。把每张单饼铺在案板上，放入 150 克馅，将单饼四角叠起，封口处抹上面糊粘住，包成长 13 厘米、宽 5 厘米的长方形。

5. 电饼锅预热至 200℃，放入包好的盒子生坯烙至两面金黄即可。

成品特点：色泽金黄，口味鲜香，外酥里嫩。

豆沙烧饼

主辅调料：面粉 500 克，豆油 75 克，赤豆 50 克，红糖 15 克，芝麻 50 克，酵母 3 克。

制作工艺：

1. 将赤豆淘洗干净下锅煮烂，取出捣碎，擦成细泥，加红糖拌匀成馅。

2. 用 100 克面粉加入豆油和成油酥，余下的面粉加酵母、温水和成面团揉匀，饧发 30 分钟。

3. 将饧发好的面团包上油酥面，擀成长方形大片卷起搓匀，下成剂子按扁，逐个包入豆馅，擀成圆饼。

4. 饼锅预热至 180℃，将生坯放入锅内烙至两面金黄即可。

成品特点：色泽金黄，外皮酥脆，香甜可口。

回锅烙

主辅调料：高筋面粉 500 克，水 260 克，红绿尖椒丁 50 克，五花肉丁 300 克，花椒面 3 克，精盐 3 克，味精 3 克，鸡粉 5 克，酱油 10 克，色拉油 200 克。

制作工艺：

1. 把面粉放入盆中，加入水和成面团。

2. 色拉油加面粉、加少许花椒面，调成油酥，呈酸奶状。

3. 将面团擀成长方形大片，抹上油酥卷成筒状，下成均匀的剂子，剂口对折收紧擀成圆形饼坯。

4. 锅中放油加热放入肉丁翻炒，加入调料放入红、绿尖椒丁炒熟出锅。

5. 饼锅升温至 180℃，锅中淋油放入饼坯，烙至两面金黄色出锅切开，夹上炒好的馅心摆盘即可。

成品特点：色泽金黄，鲜香可口，形如口袋，质地酥脆。

冰花煎饺

主辅调料：面粉 500 克，肉 250 克，芹菜 250 克，老汤 130 克，水 800 克，葱花、姜末各 8 克，酱油 50 克，香油 5 克，味精 3 克，精盐 3 克，花椒面 2 克，调料油 30 克，色拉油 50 克。

制作工艺：

1. 芹菜洗净剁碎，攥干水分备用。

2. 把老汤分次加入肉馅中顺时针搅拌均匀，依次加葱花、姜末、酱油、香油、味精、精盐、花椒面、调料油、色拉油继续搅拌均匀，添加芹菜制成馅心。

3. 面粉加入开水和成面团，晾凉后饧 20 分钟，切长条，双手向两边伸展搓匀下成均匀剂子按扁，擀成圆形饺子皮。

4. 一手拿皮，一手抹馅，食指和大拇指捏褶成月牙饺子。

5. 水 580 克加入油 15 克、面粉 100 克搅拌均匀成冰花汁备用。

6. 平底锅加热至 200℃，淋少许油，摆入包好的月牙饺子生坯，饺子底部变金黄色，冰花汁搅匀倒入饼锅内，没过饺子三分之一处盖好盖子，水干后形成冰花，即可出锅。

成品特点：薄脆如冰，纹若冰花，爆汁鲜嫩，唇齿留香。

椒盐饼

主辅调料：面粉 500 克，白糖 30 克，芝麻 125 克，花椒面 1 克，精盐 2 克，芝麻油 25 克，猪油 150 克。

制作工艺：

1. 先将 200 克面粉加入 100 克猪油擦成干油酥面，擦透、揉匀。再将 300 克面粉加入 50 克猪油拌匀，用温水和成水油面揉匀。

2. 将芝麻洗净炒熟、擀碎，加入白糖、芝麻油、花椒面、精盐拌匀成馅。

3. 用水油面包入干油酥面，擀成长方形薄片，卷起搓细，下成等份剂子，顺剂按扁，包上馅心，擀成椭圆形饼坯。

4. 饼锅预热至 180℃，把饼坯的表面刷一层油，放入锅内烙成金黄色，翻面盖上锅盖，用慢火烙至成熟取出。

成品特点：色泽金黄，口味咸香，形状椭圆，质地香酥。

杨麻子大饼

主辅调料：高筋面 500 克，水 260 克，精盐 3 克，色拉油 100 克。

制作工艺：

1. 将水和精盐加入面粉中搅拌成絮状再揉成光滑的面团，分成剂子，表面刷油，饧面 30 分钟。

2. 饧好之后将剂子取出，用手虎口的部位按成长条，用面杖擀成长方形的薄片，用双手从面片的中间拿起将其摔打两次，然后从面的四周将其抻薄，然后上下对折中间兜气盘成圆饼。

3. 锅温 200℃时，放入饼坯烙至两面金黄即可出锅。

成品特点：色泽金黄，层次分明，外脆里嫩。

韭菜盒子

主辅调料：面粉250克，水100克，韭菜200克，鸡蛋150克，虾皮50克，精盐10克，味精2克，豆油50克。

制作工艺：

1. 面粉用开水和好揉匀，晾凉，饧面。

2. 鸡蛋打散用热油炒碎，韭菜洗净切末，鸡蛋加入虾皮与韭菜，精盐、味精拌匀。

3. 面团搓条下剂，擀成面皮，包入馅料，边缘捏紧推成花边。

4. 平底锅放入底油，把生坯放入锅内烙至两面金黄，装盘即可。

成品特点：色泽金黄，鲜香不腻。

家常糖饼

主辅调料：面粉500克，温水200克，白糖150克，芝麻油50克，色拉油100克。

制作工艺：

1. 先将面粉用温水和好面团，饧面30分钟备用。

2. 把面揉好擀成长方形薄片，刷一层芝麻油，撒上一层白糖，由外向里卷起来，搓长搓细，下成等份剂子，抻长由两端盘起按扁，擀成直径15厘米的饼坯。

3. 平锅烧热，把饼坯放在平锅内反复刷油烙熟即可。

成品特点：饼花均匀，层次分明，柔软香甜。

萝卜丝饼

主辅调料：面粉 500 克，水 300 克，白萝卜 750 克，火腿 100 克，精盐 2 克，味精 2 克，芝麻油 15 克，猪油 150 克，色拉油 200 克。

制作工艺：

1. 面粉加入水和成面，饧面 60 分钟。

2. 白萝卜削去外皮，切成细丝，勺内加水烧开放入萝卜丝焯水捞出过凉，挤去水分。火腿切成末放入萝卜丝内加入适量猪油、精盐、芝麻油、味精拌匀成馅，每个馅 10 克。

3. 饧好的面团下 10 克的剂子，表面刷油饧面 30 分钟，把剂子擀成长条，包入馅顺时针卷起，两头封口捏紧，再按扁成圆柱形。

4. 饼锅预热至 170℃，把饼面刷一层色拉油，放入锅内。烙至金黄色翻过来，盖上锅盖，用慢火再烙至饼边透明即熟。

成品特点：色泽金黄，口味鲜香，大小均匀，外酥里软。

金丝饼

主辅调料：面粉 1000 克，白糖 50 克，温水 280 克，豆油 250 克。

制作工艺：

1. 将面粉放在面案上，中间开成窝放入白糖，加入温水，和成面团饧发 40 分钟。

2. 将面团向两侧拉伸，抓住面的两端用力在案板上摔打，摔打时两端要用力均匀。

3. 当面的筋性摔到顺条时，开始溜条，溜条时双手向中心打劲儿，同时双手力度要均匀，反复打劲到面筋完全捋顺。

4. 面案撒上干面粉，将溜好的面出条，动作一定要快，双手搓均匀，对折 8 扣，将出好的面条放入油中充分浸泡，切成 15 厘米后向两边拉伸，从一边卷起盘成饼坯。

5. 盘好的饼坯入 180℃锅中烙至两面金黄即可。

成品特点：色泽金黄，香甜可口，丝丝分明。

清糖饼

主辅调料：面粉 500 克（包括熟面粉 100 克），白糖 250 克，黑白芝麻 20 克，猪油 250 克，豆油 100 克。

制作工艺：

1. 把 250 克面粉加入 125 克猪油，擦成干油酥面。再把剩余面粉加入 50 克猪油，用温水和成水油面，擦透揉匀。

2. 将白糖加入黑白芝麻、熟面粉，再加入适量的猪油，搓成馅。

3. 水油面包入油酥面团，擀成长方形大片，对折 3 层，再次擀成长方形大片，上下分别卷成长筒，从中间分开，分别下成 40 克剂子。

4. 剂子按扁包入 20 克馅料，擀成 0.3 厘米厚的饼坯。

5. 饼锅预热至 170°C，把锅刷油放入饼坯，烙至两面金黄即熟。

成品特点：色泽金黄，香甜软糯，质地酥软。

糯米饼

主辅调料：糯米面 500 克，豆沙馅 350 克，白糖 100 克，水 250 克，大油 10 克。

制作工艺：

1. 把水和糖溶化倒进糯米面里加入大油和匀。

2. 把和好的糯米面团下剂，包入豆沙馅团成圆形沾上芝麻。

3. 饼锅预热至 200°C，把糯米饼生坯放在锅内按扁薄厚均匀，烙至两面金黄即可。

成品特点：色泽金黄，口味香甜，馅心均匀，质地软糯。

千层饼

主辅调料：中筋粉 500 克，白糖 100 克，酵母 6 克，温水 250 克，白芝麻 10 克，稀油酥 200 克。

制作工艺：

1. 将面粉、白糖、酵母搅拌均匀，加入温水和成面团备用，醒面 30 分钟。

2. 和好的面团分成均匀的剂子，将剂子擀成长方形的形状，将稀油酥涂抹在面皮上，面皮上下对折，对折后边角捏死，生培表面沾上少许的生芝麻，用面杖擀成长方形的饼坯，放入蒸盘中醒发 40 分钟。

3. 把醒发好的饼坯放入蒸箱内蒸 20 分钟，蒸好的饼坯放入电饼铛中，煎至两面金黄色。

成品特点：表面金黄，层次分明，柔软可口。

手撕饼

主辅调料：高筋面粉 250 克，低筋面粉 250 克，炼乳 35 克，三花淡奶 40 克，椰浆 40 克，白糖 50 克，鸡蛋 1 个，酥片 100 克，黄油 50 克，水适量，色拉油 100 克。

制作工艺：

1. 面粉加入白糖、鸡蛋、炼乳、三花淡奶、椰浆、黄油、酥片和适量的水，和成软硬适中的面团，将酥片擀薄备用。

2. 把面团擀成长方形包入酥片，开酥折叠 3 层，擀成薄片，从一端卷起分成剂子。

3. 饼锅预热至 180°C把饼剂擀成薄饼，锅中淋油，放入饼坯，烙至两面金黄即熟。

成品特点：色泽金黄，奶香浓郁，香酥可口。

玉米面煎饼

主辅调料：玉米粒子 500 克，黄豆 200 克，白糖 50 克，水适量，熟豆油 100 克。

制作工艺：

1. 将玉米粒子、黄豆加水浸泡 12 小时，沥去部分水分。

2. 用磨浆机将泡好的玉米粒子和黄豆逐步磨成面浆，加入白糖混合均匀备用。

3. 煎饼烙子预热 135°C，用油擦，擦光煎饼烙，把搅好的面糊倒在煎饼烙子上，用耧耙由外向内顺时针搂匀，立刻再用刮板把剩余黏稠糊刮均匀，形成边缘完整，厚薄均匀，成熟一致，干爽薄脆的煎饼，当煎饼边缘翘起时揭起即好，摊开晾凉，把边缘包严实，避免风干。

成品特点：口味甜香，色泽自然，薄脆爽口。

酥皮家常饼

主辅调料：面粉 500 克，猪油 150 克，水 220 克，豆油 100 克。

制作工艺：

1. 取面粉 200 克、猪油 100 克擦成干油酥，将剩余的面粉加入猪油 50 克用水和成水油面团备用。

2. 用水油面包入干油酥，四周捏紧用面杖擀成长方形大片，由外向里卷起来，下成均匀的剂子，用双手把两端窝起，擀成圆形饼坯。

3. 饼锅预热至 180°C，放入饼坯刷上豆油烙成金黄色出锅即可。

成品特点：色泽金黄，外酥里嫩，质地松软。

白皮酥

主辅调料：面粉 500 克（包括熟面粉 50 克），温水 100 克，白糖 150 克，青红丝 5 克，猪油 200 克。

制作工艺：

1. 用 200 克面粉加猪油 100 克擦成油酥面，其余面粉加猪油 50 克用温水和成水油面。

2. 将白糖、青红丝切碎加猪油 50 克，用熟面粉搓成馅备用。

3. 水油面包入油酥面，用面杖擀成长方片，切齐边沿，由外往里卷起抻长，下 20 个剂子，将剂子按扁，包上馅收紧剂口擀成圆饼，中间卡酥戳。

4. 生坯摆入烤盘放入 180°C的烤箱烤至成熟。

成品特点：形状圆整，色泽洁白，口味甜香，质地松酥。

大虾酥

主辅调料：面粉 500 克，水 100 克，豆沙馅适量，猪油 175 克。

制作工艺：

1. 先将面粉 200 克和猪油 100 克和成干油酥，再用 75 克猪油、100 克水与剩余的面粉和成水油面。

2. 用水油面包入油酥，擀成大片，擀好的酥皮包入豆沙馅制成虾仁形状，再取一块酥皮切成 0.5 厘米宽的长条缠在虾仁上面做成虾身，取一块三角形酥皮制成虾头，另取一块酥皮切成细条，制作虾须和虾爪组装成大虾形状。表面刷蛋黄成生坯。

3. 炉温 160°C时，将生坯逐个摆入烤盘中，烤 10 分钟成熟。

成品特点：色泽金黄，形似大虾，酥香可口。

豆沙小鸡酥

主辅调料：面粉 500 克，豆沙馅 200 克，水 180 克，鸡蛋 1 个，黑芝麻少许，猪油 175 克。

制作工艺：

1. 把 250 克面粉加入猪油 125 克，擦成干油酥面。再把余下面粉加入猪油 50 克，用温水和成水油面，擦透揉匀，用水油面包进油酥面，再用面杖擀成长方形，从一边卷起呈圆柱状，双手向两侧抻长，下等份剂子。

2. 每个剂子包入 10 克豆沙馅收口捏紧，用手做出小鸡头、嘴的形状，再用花夹子在面剂两边捏两下成小鸡翅膀，再在后边捏一下成小鸡尾巴。鸡蛋打散搅匀，刷上蛋液，再把黑芝麻沾在小鸡头的两边，即成眼睛。

3. 炉温 160°C时，将生坯摆入烤盘内，烤 10 分钟即成。

成品特点：形似雏鸡，色泽杏黄，松酥甜脆。

佛手酥

主辅调料：低筋面粉 500 克，枣泥馅 200 克，猪油 175 克。

制作工艺：

1. 低筋面粉 250 克加猪油 125 克擦成油酥面，再用低筋面粉 250 克加猪油 50 克、温水和成水油面，将水油面团和油酥面团分别下成等份剂子，将水油面剂按扁包进油酥面剂，擀成椭圆形饼，由外往里卷起按扁，逐个包上枣泥馅，再按扁，搓成椭圆形生坯。

2. 生坯三分之二处用掌跟部按扁，用刀在两侧切开成为佛手的拇指和小指，然后中间均匀切几刀漏馅用手窝下去即可。

3. 将生坯放入烤盘内，送入 200℃烤箱内，烤 5 分钟将烤盘上面盖上油纸，避免上色再用慢火烤至成熟。

成品特点：色泽洁白，形似佛手，层次分明，酥甜适口。

豆沙鸳鸯酥

主辅调料：面粉 500 克，水 100 克，豆沙馅 200 克，猪油 175 克。

制作工艺：

1. 把面粉 250 克加入猪油 125 克，擦成干油酥，余下面粉加入猪油 50 克，用温水和成水油面揉匀，用水油面包进油酥，再用面杖擀成长方形，卷起双手抻长，下等份剂子。

2. 面剂包入豆沙馅收口捏紧，将包完馅的面剂用右手捏住一端，左手掌压住另一端，按成扇形，用刀切出 7 条，中间的一条用手提起弯成鸳鸯头形，把剩下的四条交叉编起，余下两边的小条作为鸳鸯翅膀，然后在鸳鸯的头部捏一下呈鸳鸯嘴形。

3. 炉温 160℃时，将生坯摆入烤盘内，烤 10 分钟。

成品特点：色泽浅白，形似鸳鸯，香酥甜脆。

菊花酥

主辅调料：高筋面粉 300 克，低筋面粉 200 克，猪油 120 克，水 180 克，豆沙馅 600 克，红曲米粉 2 克。

制作工艺：

1. 高筋面粉 300 克中加入猪油 20 克，分次加入水和成水油面团备用，低筋面粉 200 克加入猪油 100 克搓成油酥，豆沙馅分成每个 18 克馅心备用，红曲米粉用水溶化备用。

2. 水油面团包入油酥，擀成长方形薄片，从上往下卷起呈筒状，搓匀下成等份面剂。

3. 把下好的剂子按扁包入馅心，收口擀成圆饼 0.5 厘米厚，饼中间留出花心部分，用刀均匀切成等份，再将每份向一个方向翻转成菊花状放入烤盘，在花心处用筷子蘸红曲米粉水点缀即可。

4. 烤箱升温 200°C，放入生坯，烤约 15 分钟，不需要上色，成熟即可。

成品特点：色泽洁白，酥香可口，花瓣均匀，质地酥脆。

梨酥

主辅调料：面粉 500 克，水 150 克，豆沙馅 200 克，鸡蛋黄 1 个，豆油 50 克，猪油 180 克。

制作工艺：

1. 把面粉 250 克加入猪油 130 克，擦成干油酥面，再把余下面粉加入猪油 50 克，用温水和成水油面揉匀饧 30 分钟，水油面包入油酥面，然后用面杖擀成长方形，切齐边沿，从外往里卷起抻长，下均匀剂子。

2. 把剂子按扁，包入豆沙馅收紧捏成梨状。

3. 将生坯放进烤盘刷上鸡蛋黄，炉温 180°C，烤成金黄色即可。

成品特点：色泽浅黄，形状逼真，酥香浓郁。

螺旋酥

主辅调料：低筋面粉500克，枣泥馅200克，猪油175克，水180克。

制作工艺：

1. 低筋面粉250克加猪油125克擦成油酥面，低筋面粉250克加猪油50克、温水和成水油面，将水油面团和油酥面团分别下成等份剂子，将水油面剂按扁包进油酥面剂，擀成圆饼，两面叠起成3层，再擀成长形饼，由外往里卷起按扁，包上枣泥馅。

2. 将包上馅的坯子，按扁用刀在生坯侧面划上四刀露馅即可。

3. 将生坯摆入烤盘内，入180℃烤箱内，见饼坯鼓起盖上油纸避免上色，慢火烤至成熟即可。

成品特点：色泽洁白，层次分明，酥脆甜香。

元宝酥

主辅调料：面粉500克，水100克，莲蓉馅200克，猪油150克。

制作工艺：

1. 面粉200克、猪油100克擦成干油酥面，再将面粉300克、猪油50克、温水和成水油面。

2. 水油面包入干油酥面，擀成长方大片，叠成3层，再擀成长方形，由上向下卷起，搓匀下剂，剂子按扁包上莲蓉馅，剂口朝下，搓成长条，双手将两边的面按扁提起，整理成元宝形生坯。

3. 将生坯摆入烤盘内，用180℃慢火烤成金黄色成熟。

成品特点：形似元宝，色泽金黄，香甜酥脆。

桃花酥

主辅调料：面粉500克，紫薯泥50克，莲蓉馅300克，猪油80克。

制作工艺：

1. 取面粉250克加猪油125克搓成油酥面，取面粉250克加猪油50克、紫薯泥和成水油面。

2. 用水油面包入油酥面擀成大片，从外向内卷成长筒下剂，然后包入15克莲蓉馅，做成桃花形成生坯。

3. 将做好的生坯放入上火160℃下火140℃烤箱，将桃花坯烤至微微变色。

成品特点：色泽微紫，酥香可口，形似桃花。

杏仁酥

主辅调料：面粉500克，水100克，杏仁片100克，白糖150克，青红丝5克，猪油150克。

制作工艺：

1. 用面粉200克、猪油100克擦成干油酥面，分成20个剂子，再将300克面粉、50克猪油、温水和成水油面揉匀饧30分钟分成20个剂子。

2. 白糖、青红丝、杏仁片加少许面粉制成馅心。

3. 用水油面逐个包进干油酥面，擀成椭圆形片，把两边叠起成3层，再擀成长条，由外向内卷起，按扁包入馅心，擀成0.5厘米厚的圆饼，刷上蛋黄，撒上杏仁片。

4. 把生坯放入200℃烤炉内，烤至金黄即可。

成品特点：色泽金黄，松酥甜脆。

青蛙酥

主辅调料：低筋面粉500克，水100克，猪油175克，豆沙馅200克。

制作工艺：

1. 用低筋面粉250克加猪油125克搓成油酥，剩余低筋面粉加猪油、水和成水油面，饧30分钟，将水油面团、油酥面团分别下成均匀剂子，将水油面剂按扁包进油酥面剂，擀成椭圆形饼，由外往里卷起按扁，包入豆沙馅，收口捏紧。

2. 包好的生坯滚成椭圆形，一只手捏住一端，用另一只手大拇指根部按扁三分之二处，用刀切出青蛙腿，剩余部分用刀横切一刀（露馅）成为嘴，表面刷蛋液成生坯。

3. 烤箱预热至180℃，将生坯放入烤盘内，烤成金黄即可。

成品特点：色泽金黄，形似青蛙，香脆酥甜。

肉火勺

主辅调料：高筋粉 300 克，低筋面粉 200 克，水 180 克，白芝麻 100 克，大油 200 克，五花肉馅 500 克，大葱 80 克，姜 10 克，花椒面 2 克，鸡粉 10 克，味精 5 克，鸡汁 5 克，香油 5 克，调料油 50 克。

制作工艺：

1. 高筋面粉加入大油 100 克，加入水和成水油面团，低筋面粉加入大油 100 克，擦成油酥备用。

2. 五花肉馅加入葱、姜、调料搅拌，然后加入调料油搅拌均匀制成馅心，放冰箱备用。

3. 取水油面擀成长方形，油酥再次擦匀，用手按压成水油面二分之一大小，放在水油面上，对折边缘捏紧，用走槌擀成长方片，从外往里卷起搓长条，下成均匀的剂子，两头向中间按扁，逐个包上肉馅，表面刷水沾上芝麻，用手掌根部轻压收口处成生坯。

4. 生坯摆入烤盘，炉温上火 200℃下火 180℃，烤制 15 分钟即熟。

成品特点：形圆饱满，肉香四溢，鲜咸适口，外酥里嫩。

烤发面饼

主辅调料：面粉 500 克，白糖 50 克，酵母 5 克，鸡蛋 1 个，猪油 10 克，水 350 克。

制作工艺：

1. 将面粉、糖、酵母、鸡蛋，加入水搅拌成面絮状加入猪油，和成光滑面团，饧发 60 分钟。

2. 面团分剂每个 80 克，沾干面粉揉成圆馒头状，擀成 1.5 厘米厚，烤盘撒干面，放入饼坯，再次饧发 40 分钟。

3. 烤箱提前预热，上火 220℃下火 190℃，饧发好在饼坯上撒少许干面，码入烤盘，放入烤箱，烤制 15 分钟。

成品特点：边缘雪白，松软可口。

金钱酥

主辅调料：面粉500克，水100克，豆沙馅400克，白芝麻20克，色拉油150克。

制作工艺：

1. 将面粉200克加入色拉油100克和成油酥面，再用面粉300克加色拉油50克用温水和成水油面。

2. 用水油面包入油酥面，然后用面杖擀成长方形卷起，下成等份剂子，逐个包进豆沙馅，剂口朝上按扁，叠起呈半圆形，再叠一次呈扇形，用刀切掉尖部形成一个孔洞，均匀分成四份，分别在刀口处压一下呈金钱形，表面沾上白芝麻。

3. 烤箱预热至180°C，将制好的生坯放入烤盘，放入烤箱烤至表面微黄即可。

成品特点：形似金钱，大小均匀，质地酥香。

乌龙酥

主辅调料：低筋面粉500克，豆沙馅200克，黑芝麻少许，猪油175克。

制作工艺：

1. 低筋面粉250克加猪油125克擦成油酥面，剩余低筋面粉250克加猪油50克、温水和成水油面，将水油面团和油酥面团分别下成均匀剂子，将水油面剂按扁包进油酥面剂，擀成椭圆形饼，两面叠起成3层，再擀成长形饼，由外往里卷起，由中间切一刀分成两块，按扁，逐个包上豆沙馅。

2. 将包上馅的坯子，按扁用面杖擀成长9厘米、宽3厘米的椭圆形片，用刀并排切成0.5厘米宽刀口不要切透，见馅即可，然后刀口朝外顺长整理成乌龙形状，将头部沾上黑芝麻做眼睛，即成乌龙生坯。

3. 将生坯摆入烤盘内，送入200°C烤炉烤5分钟时，将烤盘上面盖油纸，避免上色，再用慢火烤熟。

成品特点：色泽洁白，形似乌龙，层次分明。

烤大花卷

主辅调料：中筋面粉 500 克，酵母 5 克，白糖 50 克，鸡蛋 1 个，炼乳 35 克，纯牛奶 100 克，水、豆油各适量，色拉油 30 克。

制作工艺：

1. 将面粉、酵母、糖、鸡蛋、炼乳、纯牛奶、色拉油，加入适量的水，和成光滑面团。

2. 每个剂 400 克，揉成长条用面杖擀成长方形，刷上豆油，第一刀切 2 厘米宽，第二刀 6 厘米宽，叠摞在一起，像塔形状以此类推，叠 5 层，从一端翻过去，两边对叠中间再次翻正，放入蒸屉，饧发 30 分钟。

3. 蒸箱预热，水开后放入饧发好的花卷蒸 25 分钟。

4. 烤箱预热 200°C，花卷放烤盘上刷一层蛋液，送入烤箱，烤 10 分钟上色出炉，撒上糖粉。

成品特点：色泽金黄，香甜可口，组织细腻。

石头烤馍

主辅调料：中筋粉 500 克，绵白糖 50 克，酵母 5 克，吉士粉 5 克，水 350 克。

制作工艺：

1. 把大小均匀的鹅卵石洗干净后，倒入烤盘，送进烤箱。烤箱预热，上火 230°C下火 180°C。

2. 盆中放入中筋面粉、吉士粉、酵母、白糖加水溶化后倒入面粉中和成面团，饧发 30 分钟。

3. 把饧发好的面团再次揉匀，每个剂子分成 30 克，呈圆形轻按 0.8 厘米厚，再次饧发 2 倍大。

4. 把饧发好的面剂逐个放入烤箱预热好的石头上烤 13 分钟。

成品特点：焦色自然，面香浓郁，外韧内暄。

第六章

吉菜筵席及名宴名席

JI CAI YAN XI JI MING YAN MING XI

第一节 吉菜筵席设计

筵席，又叫筵宴、宴会、酒席、宴席、酒宴、酒会。

筵席是人们为了一定的社交目的而聚食的、具有一定规格质量的一整套菜点。

一、吉菜筵席的特征

吉菜筵席典雅精美、隆重热烈。各种筵席又都强调突出主旨和统筹规划，注意拟定菜单和接待细节，讲究餐室布置和席位编排，重视选聘主厨和精心烹制。服务热情、礼仪周详。是中国饮食文化重要的组成部分。经过不断演变和发展，形成了聚餐式、规格化、程序化、社交性、礼仪性五个特征。

（一）聚餐式

聚餐式是指筵席的形式。它是多人围坐、边吃边谈的进餐方式。赴宴者有主有宾，以主宾为中心人物。因是隆重的聚餐，又有一定的目的，故而菜肴丰盛，整桌筵席一般有十几道甚至更多的菜品。

（二）规格化

规格化是指筵席的内容制定有条件、有标准、有要求。吉菜筵席十分重视菜品的配套成龙。要求整个席面，冷菜、热菜、点心、茶酒、果品等，均按一定比例、一定档次组合，形成某种格局，并要花色丰富，制作精细，餐具美观。

（三）程序化

程序化是指菜品的上席顺序，先上什么，后上什么，顺序不能颠倒。什么时候喝酒，什么时候吃饭，什么时候吃水果等，都有次序和时间安排。

（四）社交性

社交性是指筵席的社会作用。举办酒宴，都有明显的目的，通过筵席这种社交形式，人们可以加深了解，增进情谊。

（五）礼仪性

礼仪性是指筵席的礼节和仪式。吉菜现代筵席虽然废除了旧时代的一些繁文缛节，但仍然十分讲究必要的礼节。筵席的礼仪主要是围绕主宾尤其第一主宾展开的。如宴前发送请柬、车马迎宾、门前恭迎、敬烟献茶。入席以后，开宴致辞、敬酒布菜、请字当先、主宾先用。宴后，宾客致谢、主宾道别、相互致意。还有衣冠整洁、谈吐文雅、表情谦恭。整个席面表现得气氛融洽、落落大方、彬彬有礼。

二、吉菜筵席的规格与分类

（一）吉菜筵席的规格

吉菜筵席的规格即档次，是就其等级而言的。筵席的等级是相对而言的。它与筵席菜品质量、菜品数量、主厨级别、餐馆声誉、餐室设备、接待规格有关，分为高、中、低三个档次，即高级筵席、中级筵席、一般筵席。

（二）吉菜筵席的分类

传统吉菜筵席名目繁多。如游猎宴、谢恩宴、省亲宴、开业宴、婚嫁宴、寿庆宴等。现代吉菜筵席更加丰富多彩，其种类大体如下。

1. 按编排套路分，有传统筵席和现代筵席之别

传统筵席是从古代沿袭下来的，规格比较严格，菜品数目较多。较高档的传统筵席，干果、鲜果、蜜果、凉菜、大件、热炒、饭菜、汤菜、各式点心、酒、饮料等种类齐全。整个筵席以大件为主，突出头菜，层次分明，节奏清晰。现代筵席菜品数目少些，规格质量相对灵活一些。

2. 按头菜名称分，有燕菜席、鱼翅席、海参席、全家福席等

头菜即为筵席的主菜，要求选料名贵、烹制精美、装盘丰满，能统率全席。用头菜分类，主要从质上体现档次，也便于配套成龙，所以使用普遍。

3. 按地方风味分，有吉林船厂宴、长白山珍宴等

食用此类筵席，不仅可以欣赏地方名菜名点，品尝地产名贵原料，饮用地方名酒饮料，还能领略地方风土人情，了解地方风俗文化。

4. 按季节时令分，有除夕宴、春季筵席、夏季筵席等

这些筵席较重视选用正当时令的鲜活原料。

5. 按所用主料分，有全羊席、豆腐宴、飞龙宴、白山野味宴、鳇鱼宴等

此类筵席重在突出筵席所用的主料，体现某一地区的风味原料、土特产品，能充分体现“一物多吃”的风采。

6. 按办宴目的分，有婚宴、庆宴、寿宴、丧宴等

这类筵席重于菜单编排、菜名吉祥和菜品美化，多从感观上和心理上迎合宾客。

三、吉菜筵席设计

（一）吉菜筵席设计的基本要求

1. 体现规格化的统一性

筵席各部分要全，比例要适当，不可“头重脚轻”，也不可“头轻脚重”。

菜品搭配要符合筵席档次。不能把低档的菜配到高、中档筵席上，否则影响筵席整体质量，也不能高档筵席上低档酒、低档点心。

突出头菜，选料要精，技艺要高，质量要好。

上席顺序应为先凉后热，先咸后甜，先酒后饭。

2. 突出风味的地方性

要展现当地的独特原料。如选用鹿肉、鳇鱼、蕨菜、刺嫩芽、松茸蘑、榆黄蘑等，高档宴席尤其应如此。

要发挥当地、本店的技术特长，拿出名师的绝招，使食者口目一新，感到不虚此行。

要配备风味酒或地方名酒，使筵席酒菜相宜，互补益彰，不可千篇一律，唯茅台、五粮液为佳。

3. 展现菜品的多变性

不论何种筵席，都应根据需要与可能灵活排定席单或菜单。菜单既要有统一的风格，又不可缺少多变的灵活。做到统一而不死板，灵活而不紊乱。使筵席有节奏感，不枯燥，不呆板。

席单上的菜品要多变，反对菜式单调和口味雷同。

原料要变。鸡、鸭、鱼、肉、虾、蟹、果、蔬等要相互搭配(特殊些筵席除外）。

形状要变。丁、丝、片、段、条、块等要有机组合。

色泽要变。白、黄、绿、红要灵活相配。

技法要变。炸、熘、爆、炒、烧、扒等要穿插上席。

口味要变。酸、甜、苦、辣、咸各种味型层次分明。

质地要变。酥、脆、柔、滑、软、嫩要兼顾。

器皿要变。杯、盘、碗、碟、锅交替使用。

席单要多变，反对千篇一律，多年一贯，使客人有常吃常新之感。

4. 体现出筵席的雅趣性

雅，即反对庸俗化。多搭配一些典雅的菜品，如掌上明珠、贵妃鸡翅、碧波龙舟等。还要注意餐室的布置，适当点缀字画、古玩、花草、古香古色的家具，使之有典雅的中国气派和民族风格。

趣，即要有情趣，使客人心情舒畅、欢快。安排菜点要有祝福、助兴的作用，以突出筵席主旨，把筵席气氛推向高潮。

5. 注意制作的现实性

筵席设计要结合技术能力、餐馆设备、酒具餐具、原料供应、准备时间等实际，做到有的放矢，力所能及。如果制作不了，再好的席单也只是一纸空文，毫无意义。

6. 科学、合理搭配营养

要注意选配多种原料入席，不可只注意山珍海味，忽视肉、蛋、果、蔬、豆制品等原料。

要克服重荤菜、轻素菜的倾向，每筵都应安排几道素菜或荤素结合菜。

要注意脂肪不可过多，尤其是动物性脂肪不可过多。

要注意蛋白质的互补作用。

（二）吉菜筵席设计的依据

1. 根据宾客情况设计筵席

设计筵席时一定要考虑宾客的具体情况。尤其是主宾的国籍、民族、宗教、职业、年龄、嗜好等，在设计筵席时要重点考虑。保证主宾，兼顾其他。

2. 根据季节变化设计筵席

一年有四时之变。在设计筵席时，既要按季节选用时令原料，力争鲜活，丰美可口，又要按季节变化菜品的口味和颜色，鲜醇浓淡，四时各异。冬季可多配烧、扒、炖菜和火锅、砂锅，宜多用暖色调；夏季应多配炒、烩、爆、熘、拌、炝菜，宜多用冷色调。

3. 根据价格档次设计筵席

根据筵席的等级和价格决定菜品的数量和质量，做到质价相符。筵席价格常受原料供应、市场物价、工艺难度、餐馆等级等因素的影响，需进行成本核算，以保证供需双方的利益都不受损害。一般来说，档次高的，质量要精，档次低的质量要差些。

4. 根据办筵需求设计筵席

宾客的需求是多方面的，如设宴目的、主人要求、客人类别、主宾食性、等级高低等。事先应征求客人的意见，了解客人的需求。调配菜品宜实行推荐和自选相结合的原则，给客人以选择的余地。根据客人的需要结合餐馆的实际能力设计好席单。

四、吉菜筵席的内容

吉菜筵席的内容主要有冷菜、热菜、汤菜、饭菜、酒水、点心、饭食、果品等。

（一）冷菜

冷菜是筵席的序曲，也是筵席的门面，它的优劣对筵席质量影响很大。因此冷菜要求选料要精，制作形味要美，每碟之间的质地要富于变化。力求小巧玲珑，以味取胜，先声夺人。花色冷拼或雕刻看盘要体现筵席的主题思想，形态逼真，色彩鲜艳。双拼、三拼在搭配上要注意咸与咸拼、甜（咸甜、甜辣、甜酸等）与甜拼、湿与湿拼、干与干拼，以防串味、浸软，影响食欲。

冷菜在形式上有多种。一般筵席可以安排什绵拼盘或四单盘或六单盘；中高档筵席可以安排四双拼或四三拼或一花色冷拼带数个围碟或一大盘（碗）凉拌菜带数个围碟，也有只上数围碟凉菜，中间放雕刻、花卉看盘。

（二）热菜

热菜是筵席中食用的主要部分，是筵席的主旋律。筵席热菜组成、上席形式与要求如下。

1. 筵席热菜由大件、热炒组成

大件一般由头菜及整只、整块、整条的原料烹制而成，菜品个数 4~6 个，一般原料数量要多些，盛器要大些，多用烧、扒、焖、烤、蒸等方法制成。大件的地位必须突出，头菜要引人入胜，起到领衔主演的作用。大件要求香酥、软烂、鲜嫩、肥美。

热炒要采用炸、熘、爆、炒、烹、煎等多种烹调方法烹制，菜品个数 4~10 个不等，可根据情况增减。热炒要求色、香、味、形多样化，盘不宜大，量不宜多，要鲜香爽口。它可以起到大件与大件之间衔接、过渡口味的作用，不可轻视。

2. 筵席热菜由大菜组成，无大件、热炒之分

大菜的个数多在 6~12 道之间，根据情况安排。大菜要求用多种原料、多种烹调方法制成。大菜口味要多变，质地要多变，形状要各异，要突出头菜。

热菜中包括甜菜，甜菜不论是大件或是大菜，原料多为果品、菜蔬，制法有蜜焖、拔丝、挂霜、甜羹等。

（三）汤菜

汤菜不管什么档次、何种筵席，一般都有。汤菜，多用氽的方法制成，以大碗盛装。口味要清淡、鲜美，以促进食欲、解除油腻。

（四）饭菜

档次较高的筵席多上饭菜，档次低的筵席可不上。不上饭菜的筵席则最后一二个热菜（含大件）要宜于佐饭。饭菜多为热炒小菜，菜品个数或 2 个或 4 个，以素为主，兼及荤鲜，口味咸香。饭菜要用小盘盛装，刻意求精，味道略重，以佐饭压酒。

（五）酒水

酒水包括茶水、饮料、酒。茶应在开筵前和结束后上。茶应为名茶，茶具要精美。餐厅应备齐红茶、绿茶、花茶、乌龙茶，听凭客人选用。酒应根据筵席规格和主宾嗜好确定，白酒、葡萄酒、啤酒兼备为好。如有儿童、妇女、司机还要准备饮料、果汁，力求人人满意。

（六）点心

点心的数量，一般筵席为 1~2 道，较高档的筵席可上 3~6 道。点心的品类有糕、团、饼、饺、包等。点心要求小巧精致，每件不超过 25 克，并要随菜入席，甜点心随甜件或甜口菜上席，咸点心随件或咸口菜上席，有的点心必须跟特定菜肴上席。

（七）饭食

多为米饭，也可上其他如米粥、面条、水饺、包子等。虽然酒后客人食量有限，吃得不多，但饭食不可轻率处理，要根据客人要求和本店情况安排，质量要精。

（八）果品

传统筵席往往开筵前先上果品。高档筵席要上干果、蜜果、鲜果；中档筵席只上鲜果。

现代筵席一般只上水果，而且是酒饭后上。

水果应选用时令佳果和著名品种，多为双色或四样，以解腻、消食、开胃。要求清洗干净、削皮、去核、切片、插签。较高档的筵席还要求把水果摆成一定图形（果盘）上席。

五、筵席菜品的比例关系

设计筵席席单时，要注意冷菜、热菜、点心、饭菜、汤菜、饭食、酒水、果品等的比例。要防止“头轻脚重”或“头重脚轻”的现象发生。一般来说，其比例如下：

筵席规格和筵席内容	冷菜 酒水	热菜 点心	饭菜 汤菜 饭食 果品
一般筵席	10%	85%	5%
中级筵席	15%	75%	10%
高级筵席	20%	65%	15%

注：这一比例，在实际工作中，可根据情况酌情调整。

从表面上看，等级越高，热菜比例越小，似乎高档筵席中热菜的地位削弱。实际上，因为等级越高，价格越高，增加的钱主要用于大件或大菜。同时冷菜、酒和其他菜品的比例要适当加强，提高档次，以相互适应。

六、筵席的程序及菜品上席的基本原则

（一）筵席的程序

1. 传统筵席的程序

果品→冷菜→头菜（第一大件）→热炒→其他大件、热炒和点心→饭菜、汤菜。

在热菜、点心中，每个大件后跟 2~4 个热炒，点心也随大件上席，这就使筵席以大件为主，突出头菜，层次分明，节奏清晰。

2. 现代筵席的程序

现代筵席的程序是在传统筵席的基础上进行了改革和创新。目前有如下两种形式：

(1) 冷菜→头菜→其他大菜、点心→饭菜、汤菜、主食→水果。

(2) 冷菜→热炒→头菜→其他大件、点心→饭菜、汤菜、主食→水果。

现代筵席会使人感到菜品少而精，冷热咸甜，循序渐进。

（二）筵席菜品上席的基本原则

筵席菜品上席要按一定的顺序，无论是传统筵席还是现代筵席，其基本原则是：先冷后热，先酒后饭，先上咸的、味淡的菜，后上甜的、味浓的菜。

七、吉菜筵席的准备与制作

筵席的制作是一项复杂的工作，涉及原料的购买、干料的涨发、切配、烹调、服务等各个方面，必须事先做好准备，计划周全。制作时要各司其职、各负其责、指挥得当、分工合作、忙而不乱，否则将影响整个筵席的菜品质量和服务质量。

（一）吉菜筵席的准备

1. 制定席单，成本核算

筵席菜单是筵席的总体设计，是筵席的实施蓝图，对筵席制作的完善程度起着决定性的作用，所以首先要根据价格、客人意图、市场货源、本店能力等具体情况制定好席单。同时要认真进行成本核算，做到既使客人满意，又不让餐企吃亏。

2. 检查库存，购买原料

根据席单，检查库存原料，发现原料不足或某些原料不符合质量要求，要立即组织人员购买或准备好代用品，必要时，也可更换菜品内容。

3. 干货原料，提前涨发

干货原料的涨发加工，往往需时较长，要提前进行，以免误事。

4. 检查用具、炊具、餐具

按照席单的规格、桌数，检查烹饪设备、用具是否完好，损坏的要及时修复。检查炊具、餐具是否齐全，卫生程序如何，做好清洗、消毒工作。

5. 安排人员，各就各位

把各个岗位的人员都安排好。初加工、细加工、熟处理、烹调、服务等各环节都要有人负责，各就各位。

6. 检查和弄清水、电、气的供给情况，备好应急设备

水、电、气是厨房工作顺利进行的基本保障，筵席制作前必须认真做好相应的应急准备工作，以保证筵席制作工作按时顺利完成。

（二）吉菜筵席的制作

1. 根据菜单内容及其质量标准要求，切配加工

根据筵席菜点制品色、香、味、形、质等各方面要求，做好原料的初步加工、切配加工和初步熟处理等工作。

2. 有先有后，烹制菜肴

(1) 设计好筵席菜点制品制作的先后顺序，对烹调方法复杂、加热时间较长的菜肴，应事先进行烹制。

(2) 在菜点制品制作时，要按照上席顺序做出成品，程序不能颠倒。同时还要控制好节奏的快慢，一般来说吃得快则上得快，吃得慢则上得慢。既防止上菜脱节、菜盘空空、筵席冷场现象，又要避免上菜过快、堆盘叠碗的弊端。

3. 宴后处理，清洁卫生

筵席完毕后，要搞好宴后处理，如剩余原料的储存、废弃物的处理、炊具餐具的洗刷、工作环境卫生的清洁等。

第二节 名宴名席选例

一、吉菜传统筵席选例

（一）一级燕菜席

四盘干果，四盘蜜果，四盘鲜果，两盘酒铺垫，四盘串拼凉菜（可放花摆），五个大件，八盘熘炒，三道点心，两个小炒，一碗汤菜。

1. 果品

四盘干果：核桃酥、炸大扁、葡萄干、瓜条。

四盘蜜果：蜜红果、蜜菠萝、蜜香蕉、蜜甘橘。

四盘鲜果：国光苹果、大头梨、香蕉、葡萄。

两盘酒铺垫：青梅、冰糖。

2. 冷菜

四盘串拼凉菜：糟蛋、金华火腿、虾子炝芹菜、熏鸡、炝虾片、酱鸭、卤鱼片、熽鹌鹑、珊琥白菜。

3. 热菜、点心

第一个大件：一品燕菜。

两盘熘炒：氽银耳、炸金果鱼。

第二个大件：白扒鱼翅。

两盘熘炒：扒熊掌、酿龙须。

第三个大件：清蒸元鱼。

头道点心：三鲜烙盒。

两盘熘炒：葱烧海参。

第四个大件：什锦杏仁豆腐。

二道点心：小个炸酥盒（甜的）。

两盘熘炒：火腿扒猴头蘑、烧鲍鱼。

第五个大件：烤北京填鸭。

三道点心：片饽饽、片火勺。带葱丝、面酱、蒜泥各一小碟。

两个小炒：炒二冬、雪里蕻炒山鸡丁。

一碗汤菜：生鸡锅。

（二）二级燕菜席

四盘干果，四盘蜜果，四盘鲜果，两盘酒铺垫，四盘三拼凉菜，五个大件，八盘熘炒，三道点心，两个小炒，一碗汤菜。

1. 果品

四盘干果：桃仁酥、果脯、炸大扁、元肉。

四盘蜜果：蜜饯红果、蜜汁鲜桃、蜜汁凤梨、蜜汁梅果。

四盘鲜果：元帅苹果、香蕉、陈橘、甜水梨。

两盘酒铺垫：青梅、冰糖。

2. 冷菜

四盘三拼凉菜：切火腿、糟蛋、熏鱼。拌鸡丝冻粉、虾片生菜、蜇米瓜菜。炝瓜皮、熽沙半鸡、叉烧肉。卤鱼片、炝鸭掌、卤胗。

3. 热菜、点心

第一个大件：一品燕菜。

两盘熘炒：氽银耳哈什蚂、清炸鸭肝。

第二个大件：三鲜鱼翅。

两盘馏炒：葱烧海参、糟熘鱼片。

第三个大件：红烧元鱼。

头道点心：炸春卷。

两盘熘炒：琥珀鸽蛋、炒鳝鱼丝。

第四个大件：花样西瓜糕。

二道点心：一品酥（甜的）。

两盘熘炒：炒鸡片玉米笋、酿馅羊肚蘑。

第五个大件：烤北京填鸭。

三道点心：片火勺、片饽饽。葱酱、蒜泥各一碟。

两个小炒：炒雪冬、炒鸡丝佛手。

一碗汤菜：酒锅鱼腐。

（三）三级燕菜席

四盘干果，四盘鲜果，两盘酒铺垫，四盘三拼，四个大件，八盘熘炒，三道点心，两个小炒，一碗汤菜。

1. 果品

四盘干果：元肉、果脯、瓜条、葡萄干。

四盘鲜果：苹果、香蕉、鸭梨、鲜桃。

两盘酒铺垫：青梅、冰糖。

2. 冷菜

四盘三拼：香肠、鸡丝卷、切松花蛋。拌鸡丝冻粉、海螺瓜片、蜇米。糖排骨、炝瓜皮、熏鱼。卤鱼片、炝鸭掌、炝蛎黄。

3. 热菜、点心

第一个大件：芙蓉燕菜。

两盘熘炒：汆银耳竹荪、软炸鸭腰。

第二个大件：刮炖家吉鱼，用小碟带姜汁。

头道点心：炸春段。

四盘熘炒：鸡腿扒海参、烧口蘑、糟熘鱼片、扒鱼肚。

第三个大件：蜜焖三鲜。

二道点心：豆沙蛋果。

两盘熘炒：烩鸭丁腐皮、炒乌鱼卷。

第四个大件：烤北京填鸭。

三道点心：片火勺、片饽饽。葱、酱、蒜泥各一小碟。

两个小炒：炒雪冬、炒鸡丝榨菜。

一碗汤菜：汆鱼卷。

（四）一级鱼翅席

四盘干果，四盘鲜果，两盘酒铺垫，一盘花摆图案凉菜（也可以放四盘三拼），四个大件，八盘熘炒，三道点心，两个小炒，一碗汤菜。

1. 果品

四盘干果：桃酥、炸大扁、果脯、瓜饯。

四盘鲜果：苹果、橘子、葡萄、香蕉。

两盘酒铺垫：青梅、冰糖。

2. 冷菜

花摆图案凉菜。外配六个单碟，腊肠、松花蛋、熏鱼、酱鸡、炝虾片、叉烧肉。

3. 热菜、点心

第一个大件：砂锅鳇鱼翅。

两盘熘炒：炸鸭肝、清炒虾仁。

第二个大件：干蒸白鱼。

头道点心：炸三角。

四盘熘炒：葱烧海参、糟熘鱼片、虾子烧冬笋、口蘑烧龙鱼肠。

第三个大件：琥珀莲子。

二道点心：山药糕。

两盘熘炒：红烧干贝、桃仁鸡丁。

第四个大件：烤北京填鸭。

三道点心：片火勺、片饽饽。带葱、酱、蒜泥各一小碟。

两个小炒：炒山鸡片雪里蕻、烧二冬。

一碗汤菜：汆三鲜。

（五）二级鱼翅席

四盘干果，四盘鲜果，四盘双拼，四个大件，八盘熘炒，三道点心，两个小炒，一碗汤菜。

1. 果品

四盘干果：瓜条、葡萄干、青梅、冰糖。

四盘鲜果：苹果、鸭梨、鲜桃、甘橘。

2. 冷菜

四盘双拼：鸡丝卷、松花蛋。拌鸡丝冻粉、虾片生菜。炝腰花、卤海螺。糖醋排骨、炝黄瓜皮。

3. 热菜、点心

第一个大件：白扒翅角。

两盘熘炒：虾仁土司、口蘑锅巴汤。

第二个大件：干烧鲫鱼。

头道点心：圆笼烧麦。

四盘熘炒：红烧海参、熘鱼片、酱爆鸡丁、锅蛎黄。

第三个大件：蜜焖山药段。

二道点心：兰花酥。

两盘熘炒：烧管廷脊髓、扒鲍鱼。

第四个大件：清蒸炉鸭。

三道点心：脂油卷。

两个小炒：炒鸡丝榨菜、虾干炒油菜。

一碗汤菜：汆什锦䓤子。

（六）三级鱼翅席

1. 果品

四盘鲜果，四盘双拼，四个大件，八盘熘炒，两道点心，两个小炒，一碗汤菜。

四盘鲜果：苹果、鸭梨、葡萄、蜜桃。

2. 冷菜

四盘双拼：糖排骨、辣白菜卷。拌鸡丝冻粉、蜇米瓜菜。切小肚、腊肠。熏鸡、酱牛腱。

3. 热菜、点心

第一个大件：红烧三丝鱼翅。

两盘熘炒：软炸鸡、烧海杂拌。

第二个大件：糖醋瓦块鱼。

头道点心：炸酥饺。

四盘熘炒：爆双脆、熘鸡片、木须蛎黄、烧鱼肚。

第三个大件：冰糖莲子。

二道点心：盅黄糕。

两盘熘炒：烧二冬、烩鸭丁腐皮。

第四个大件：清蒸鸭子。
两个小炒：炒雪冬、炒虾干芹菜。
一碗汤菜：氽虾片黄瓜。

（七）一级海参席

应时鲜果一大盘，六个双拼，四个大件，八盘熘炒，两道点心，一碗汤菜。

1. 果品

一盘鲜果：苹果、梨、香蕉、橘子。

2. 冷菜

六个拼盘：酱鸡、小肚。拌虾片生菜、蜇米黄瓜。糖醋排骨、辣白菜。炝腰花、卤海螺。拌鸡丝冻粉、肚丝白菜。切腊肠、熏鱼。

3. 热菜、点心

第一个大件：葱烧海参。
两盘熘炒：炸胗肝、熘鱼片。
第二个大件：红烧鲤鱼。
第一道点心：鸡丝炒伊府面。
四盘熘炒：番茄大虾、油爆肚仁、炒海螺、宫保鸡丁。
第三个大件：雪衣豆沙。
第二道点心：炸山药匙。
两盘熘炒：烧蹄筋、锅焗里脊卷。
第四个大件：砂锅狮子头。
一碗汤菜：氽蘯子。

（八）二级海参席

四个双拼，四个大件，八盘熘炒，一道点心，一碗汤菜。

1. 冷菜

四个双拼：酱鸡、卤肚片。拌蜇米黄瓜、肉丝拌白菜。鸡丝卷、切松花蛋。糖醋排骨、炝黄瓜皮。

2. 热菜、点心

第一个大件：葱烧海参。
两盘熘炒：炸笋鸡、炒海螺。
第二个大件：红烧镜鱼。
四盘熘炒：熘虾段、盐爆里脊、烧脊髓、香辣肉丝。
第三个大件：菠萝糯米饭。
一道点心：黄糕。
两盘熘炒：九转肥肠、烧蹄筋。
第四个大件：红焖肘子。
一碗汤菜：氽锅底。

（九）三级海参席

六个凉菜，四个大件，八盘熘炒，一道点心，一碗汤菜。

1. 冷菜

六个凉菜：酱牛腱、拌蜇米白菜、切松花蛋、糖排骨、切灌肠、拌肉丝瓜菜。

2. 热菜、点心

第一个大件：肉片烧海参。
两盘熘炒：炸鸡块、爆乌鱼卷。
第二个大件：松汁黄鱼。
四盘熘炒：扒肥肠、熘鱼段、番茄里脊、烧蹄筋。
第三个大件：八宝饭。
一道点心：黄糕。
两盘熘炒：清炒腰花、锅焗肉片。
第四个大件：红烧狮子头。
一碗汤菜：氽里脊瓜片。
注：宴席、套菜的菜肴，应根据顾客要求，席价、季节和原材料等情况，恰当安排，合理搭配。

（十）素席（清素）

四盘干果，四盘蜜果，四盘鲜果，四盘三拼凉菜，五个大件，八盘熘炒，两道点心，两个小炒，一碗汤菜。

1. 果品

四盘干果：桃仁酥、炸大扁、果脯、瓜饯。
四盘蜜果：蜜红果、蜜饯菠萝、蜜杨梅、蜜香蕉。
四盘鲜果：苹果、葡萄、鲜桃、橘子。

2. 冷菜

四盘三拼凉菜：素火腿、酿馅素肠、切素鸡。拌冻粉瓜菜、糟煨冬笋、拌面筋丝口蘑。辣白菜卷、糖拌梨丝、酸辣瓜皮。炝掐菜、椿头拌豆腐、炝冬菇。

3. 热菜、点心

第一个大件：清汤素燕菜。
两盘熘炒：炸素什锦丸子、氽银耳竹荪。
第二个大件：红烧素鱼翅。
两盘熘炒：葱烧素海参、素熘虾仁。
第三个大件：金糕山药卷。

第一道点心：橙子羹汤元。

两盘熘炒：扒素熊掌猴头蘑、素烧二冬。

第四个大件：素焦汁鱼。

两盘熘炒：番茄龙须菜、素青椒鸡。

第五个大件：锅烧素鸭。

第二道点心：片火勺、片饽饽，带葱、酱。

两个小炒：腐干炒佛手、炒雪冬。

一碗汤菜：氽什锦鳖子。

（十一）普通一级宴席

六盘凉菜，四个大件，八盘熘炒，一碗汤菜。

1. 冷菜

六盘凉菜：切酱肉、切腊肠、熏鸡、拌肉丝瓜菜、炝腰花、卤肚片。

2. 热菜、点心

第一个大件：红烧全家福。

两盘熘炒：炸笋鸡、熘鱼片。

第二个大件：红烧鲤鱼。

四盘熘炒：盐爆肚仁、扒肥肠白菜、锅焗里脊卷、香辣肉丝。

第三个大件：八宝糯米饭。

两盘熘炒：拔丝山药、香酥肉。

第四个大件：红焖肘子。

一碗汤菜：氽鳖子。

（十二）普通二级宴席

四盘凉菜，四个大件，八盘熘炒，四个饭菜。

1. 冷菜

四盘凉菜：拌蜇米黄瓜、切松花蛋、鸡丝卷、酱腱子。

2. 热菜、点心

第一个大件：炸鸡块、软炸里脊。

两盘熘炒：滑烹里脊、烧熘肥肠。

第二个大件：焦汁黄花鱼。

两盘熘炒：炒腰花、宫保肉丁、青椒肉段、肉片焖黄蘑。

第三个大件：香酥丸子。

两盘熘炒：炒肉丝兰片、肉片烧茄子。

第四个大件：红焖肉。

四个饭菜：煎丸子、炒肉榨菜、里脊瓜片汤、氽丸子。

（十三）普通三级宴席

四盘凉菜，十个大菜，一碗汤菜。

1. 冷菜

四盘凉菜：酱肉、切灌肠、拌肉丝白菜、切松花蛋。

2. 热菜

十个大菜：炸里脊、滑熘里脊、青椒肉段、红烧黄鱼、肉片烧茄子、扒三白、拔丝白果、红焖肘子、煎丸子、烩三丁。

一碗汤菜：氽白肉渍菜粉。

（十四）全羊席（一）

四个酒铺垫，六个冷荤，六个大件，12盘熘炒，两道点心，六个饭菜。

1. 果品

四个酒铺垫：青梅、冰糖、橘饼、瓜钱。

2. 冷菜

六个冷荤：酱羊肉、凉焖羊肉、炝羊肝、沾羊蹄、银丝拌蜇头、冬滑拌冻粉。

3. 热菜、点心

第一个大件：红烧羊头。

两盘熘炒：香炸天花、烩银耳千里风。

第二个大件：扒登云。

两盘熘炒：爆三元、烧紫盖鲍鱼。

第三个大件：清烧羊肉。

两盘熘炒：滑羊鸡片、醋熘炸焦羊肉片。

第一道点心：片火勺，带葱丝、面酱。

第四个大件：青羊绣球梅。

两盘熘炒：冰酥羊尾、雪花羊肉。

第二道点心：黄糕。

第五个大件：扒海羊。

两盘熘炒：扒三白、四喜羊肉。

第六个大件：酿羊尾。

两盘熘炒：烹蝴蝶、银片肝。

六个饭菜：红松羊肉、清蒸胸口、烩口蘑羊眼、烩蹄黄、氽羊肉、全羊汤。

（十五）全羊席（二）

四个酒铺垫，六个冷荤，六个大件，12盘熘炒，两道点心，六个饭菜。

1. 果品

四个酒铺垫：冰糖、青梅、橘饼、瓜饯。

2. 冷菜

六个冷荤：酱羊肝拼花腱、卤羊腰拌冬笋、酱炒羊肉拼松花蛋、炝羊肚拼青梅、水晶樱桃、肉丝冻粉。

3. 热菜、点心

第一个大件：扒羊头。

两盘熘炒：烧龙门角、嘟脊髓脑。

第二个大件：红烧羊蹄。

两盘熘炒：麻辣腰花、葵花羊肉。

第三个大件：煎转排叉。

第一道点心：银丝卷。

两盘熘炒：熘金钟、锅烧羊肉。

第四个大件：白羊苹。

第二道点心：菊花饼。

两盘熘炒：糖酥羊肉、炸羊尾。

第五个大件：扣烧羊肉。

两盘熘炒：栗子肝、煎扒口白。

第六个大件：清蒸羊尾。

两盘熘炒：翡翠羊肚、五柳羊座。

六个饭菜：扣焖羊肉、四喜蝴蝶、烩散旦、烩松柏长青、氽羊肉、全羊汤。

(十六)全羊席（三）

四个酒铺垫，六个对拼，六个大件，12盘熘炒，三道点心，六个饭菜，四盘鲜果。

1. 果品

四个酒铺垫：冰糖、青梅、橘饼、瓜饯。

2. 冷菜

六个对拼：辣肚拼酱羊肉、羊柳虾、鸡丝卷拼炝羊腰、油焖鱼拼卤羊肝、滑里脊丝拼蜇头、炒肉丝拼冻粉拌三丝。

3. 热菜、点心

第一个大件：清蒸羊头。

两盘熘炒：酥炸羊脑、烩千里风。

第二个大件：千里奔月。

两盘熘炒：口蘑熘明睛、爆金钟。

第三个大件：京烧羊肉。

两盘熘炒：焦熘里脊、煸羊肝。

第一道点心：片火勺。

第四个大件：白羊山药桃。

两盘熘炒：清烹紫盖、雪花羊角夹。

第二道点心：糖酥盒。

第五个大件：一群羊。

两盘熘炒：金钱豹羊腰、醋辣肥肠。

第六个大件：蜈蚣羊尾。

两盘熘炒：松百羊肚、葱爆羊肉。

第三道点心：银丝卷。

六个饭菜：烧羊肉丁鸡蛋、云字羊肉、烩酸辣肉丁、烩银丝散旦、氽羊肉、全羊汤。

四盘鲜果：香蕉、葡萄、苹果、白梨。

注：上述菜单系按上菜顺序排列的。

(十七)桌菜（朝鲜族）（单人）

两个小菜，一个凉菜，三个热菜，四样饭。

两个小菜：白菜咸菜、萝卜丝咸菜。

一个凉菜：头蹄冻子。

三个热菜：烤牛排、煎虾片、婴鸡汤。

四样饭：打糕、片糕、散状、紫菜饭。

(十八)桌菜（朝鲜族）（多人）

四个凉菜，14个热菜，四样饭。

四个凉菜：生拌鱼、生拌牛肉、头蹄冻子、九节盘。

14个热菜：辣人参鸡、水卵大虾、菊花脑瓤、焖鲤鱼、炸麻雀丸子、煎串肉、烤牛肉、煎青椒、酿海参、龙凤汤、烤肉饼、蒸猪肉、拔丝鱼段、神仙炉。

四样饭：打糕、豆馅饺子、片糕、紫菜饭。

注：上述桌菜系一次上桌。

二、吉菜传统创新筵席选例

（一）凤吉园乌拉满族火锅宴

凤吉园乌拉满族火锅是吉林市传统火锅名店——凤吉园——经营的满族传统火锅，因经营店铺地处吉林市乌拉街而得名。凤吉园是“大名”，当地俗名是“贾家馆子”。凤吉园始创时间在 1870 年至 1880 年，至今已有 140 余年的历史。“凤吉园乌拉满族锅子加工技艺”现已列入《吉林省非物质文化遗产保护名录》。

凤吉园乌拉满族传统火锅的特点是主材全是肉，没有青菜。当时的主材并非今天的牛羊肉，而是各种野味肉食。为了让“锅子”走进平民生活，几代人对“锅子”的配菜进行了精简，在保证汤底味道不变的情况下，去掉了那些昂贵的配菜，今天的主材以牛羊猪肉和饲养的野猪肉、狍子肉等“野味”为主，海鲜为辅，也加入了一些山野干菜、时令青菜、血肠、冻豆腐、土豆粉条等食材，使今天的“锅子”文化更加富有地方风格特色。

凤吉园乌拉满族传统火锅的另一个特点是食材的摆台特别讲究。以炭火火锅为中心，以火锅“灶门”为起点，食材摆设有“前飞禽、后走兽，左海鲜、右山珍”之要求。

此外，汤鲜、蘸料纯真自然也是凤吉园乌拉满族传统火锅的一大特点。火锅汤底的用料决定汤的质量。汤底的用料非常讲究，随着技艺的不断优化，活蟹、冻蟹、干蟹的使用更加合理，百年来形成了自己独特的汤料配方和制备工艺，使汤喝起来更加鲜美。蘸料主要由芝麻酱、腐乳、韭菜花酱、紫蒜泥、碎辣椒油搭配而成，所有用料均为地产。芝麻酱不加任何配料，小磨磨制而成，质地细腻，口味幽香，韭菜花酱韭香悠长，紫蒜泥辛香开窍，使得蘸料独具风格。

特别值得一提的是吃法独特，即在涮料前必先喝汤。锅汤的鲜美让人口味大开，为“开涮”打开了食欲的大门。

满族铜火锅

四碟压桌菜

蘸料

前飞禽：野鸡肉

后走兽：1. 驴肉

2. 鹿肉（饲养鹿）

3. 羊腿肉

4. 熟野猪肉（饲养野猪）

5. 猪血肠

6. 熟家猪五花肉

7. 鲜牛肉切片

8. 鲜羊肉切片

9. 冻羊肉片

10. 冻牛肉片

海鲜：1. 大虾

2. 鱼肉丸

山珍：1. 榛蘑

2. 水发干黄花菜

酸菜

水发土豆粉条

冻豆腐

（二）松花湖鱼宴

松花湖鱼宴的出品方吉林市万事发鱼庄，是吉林（省）老字号，始创于清光绪十五年（1889年），历经五代传承，见证百年沧桑。中央电视台经济频道《消费主张》专栏曾两次予以长时段报道。鱼庄先后获得多项荣誉：从吉林市特色旅游饭店、百佳名店，到江城特色餐饮名店、江城鱼头王店，鱼香漫城。2022年，被吉林市评为“金牌鱼餐馆”，成为城市美食的地标符号，香飘全国的城市美食名片。

松花江周氏鱼宴烹饪技艺始创于清朝光绪年间，家族内部传承，上百年的传承发展，形成了自己独特技艺。周慧蓬是省级“非遗”鱼宴烹饪技艺第五代传承人，现任吉林省松花江文化研究会饮食协会会长，吉林市“金牌鱼厨”。他发扬传统并不断创新，吸收了满族皇家鱼宴、朝鲜族鱼餐等烹饪技艺中的优点，既让鱼宴保持着独特的地域风格，又体现出与众不同的口味。

鱼宴用料方面，主选出自松花江流域的鲜活鱼种。制作工艺及口味方面：杀鱼技巧独特，能将鱼血全部放出无残留，保证鱼出锅后肉色雪白无腥味；沿用家族古老改刀加工技艺，在鱼体表面加工的每片麟花下插入一小片猪肋条肥肉片，经蒸煮使鱼肉和猪肉的鲜香充分融合，相得益彰，营养均衡。焖鱼技法纯熟，让胖头鱼肥而不腻，色味俱佳，品相完美；炸鱼、煎鱼、火候独到，外焦里嫩；蒸鱼清淡鲜香，回味悠长，受到了八方宾客的好评。

2022年，吉林市从10家当地鱼餐馆中精选出18道菜，作为城市代表性的“松花江金牌全鱼宴”，万事发鱼庄有三道主菜和一道主食入选，入选数量和品质在各家中独占鳌头。“不吃松花湖鱼等于没到过吉林市，不去万事发等于没吃到松花湖鱼宴”，已成为美食爱好者共识。

1. 冷菜

拌鱼皮、拌鱼肚、酥鲫鱼、熏鲟鳇鱼、鲟鳇鱼肠、生拌鱼。

2. 热菜

家常焖胖头鱼、酒烧松花湖金丝大鲤鱼、干烧鳊花、老式蒸鳌花鱼、糖醋鲫花鱼、干煎导子鱼、酱焖嘎牙子鱼、鱼家熬白鲢鱼、干炸青林子、大蒜烧鲶鱼。

3. 汤

白鱼鱼丸汤。

4. 主食

鱼肉水饺。

拌鱼皮

拌鱼肚

酥鲫

熏鲟鳇鱼

生拌鱼

鲟鳇鱼肠

家常焖胖头鱼

酒烧松花湖金丝大鲤鱼

干烧鳊花

老式蒸鳌花鱼

糖醋鲫花鱼

干煎导子鱼

酱焖嘎牙子鱼

鱼家熬白鲢鱼

干炸青林子

大蒜烧鲶鱼

白鱼鱼丸汤

主食：鱼肉水饺

（三）满族八大碗

满族八大碗是满族特有的民间筵席形式。据《满族旗人祭礼考》记载，满族人在年、节、庆典、迎、送、嫁娶等活动中，富裕人家多用八个大碗菜来宴请宾朋。故俗称八大碗。传统八大碗菜品采用酱、扒、炒、熘、焖、烧、炖、蒸等烹饪手法制作，菜品浓醇鲜香，脆嫩软嫩，滑软酥烂。由于是民间筵席，因此八碗菜品的内容因地区、活动内容、参加人员等因素的不同都会有所不同，但“阿玛尊肉”因其是清太祖努尔哈赤创制的菜品而广为沿用。

满族八大碗经过长期的发展和演变，形成了多元化的特点。本台筵席是基于吉林地域满族饮食习俗的历史记述创制而成的。在筵席菜品内容、烹饪方法等的选择上力显其传统性。

扒猪手、小鸡榛蘑粉、阿玛尊肉、年猪烩菜、御府椿鱼、卤虾豆腐蛋、灼碗田鸡、雪菜小豆腐。

扒猪手

小鸡榛蘑粉

阿玛尊肉

年猪烩菜

御府椿鱼

卤虾豆腐蛋

灼碗田鸡

雪菜小豆腐

（四）长白山珍宴

长白山珍宴是以长白山地区的珍稀食材为主要原料精心烹制而成的一款吉林传统筵席。长白山地区拥有丰富的自然资源，生长着各种珍稀的动植物，如人参、鹿茸、熊掌、林蛙、飞龙、冷水鱼等珍奇野味食材，为吉林传统筵席制作提供了独具特色物质基础。传统长白山珍宴，选料严格，烹饪方法独特，擅长蒸、扒、烧、煮、炖、熘、炒等烹饪方法，注重保留食材的原汁原味。随着长白山自然保护区的建立，一些食材已不能入馔。因此，本台筵席是通过选用目前可用的山珍美味，利用传统筵席的烹饪方法设计创制而成，具有选料珍贵、烹饪方法多样，富有变化，菜品原汁原味、养生滋补、质感丰富、造型精美的特点。此筵席早在 1979 年，吉林省烹饪代表团赴香港表演时就声名远播。当地十几家报纸盛赞为“这是烹饪文化的传承”“出色的厨艺”“进补与美食的结合”。1983 年，吉林省烹饪代表团应邀赴美国费城进行烹饪文化交流，“长白山珍宴”再一次受到青睐，美国时任总统里根品尝了“长白山珍宴”并为此祝辞，给予了很高的评价。

1. 果品

干果四道：松子仁、山榛子仁、山核桃仁、南瓜籽仁

鲜果四道：菇娘、蓝莓、葡萄、红柿果。

2. 冷菜

看盘一道：仙鹤迎宾。

花色冷拼：金鹿梅花。

六个味碟：陈皮鹿肉、鹿皮阿胶、肉丝蕨菜、酥鱼伴时蔬、核仁雪菜墩、炝拌丝瓜尖。

3. 热菜

松花熊掌福禄寿（仿制）、箭射鹿肉白玉兔、多喜人参长寿鱼、长白猴头献寿桃、荷花家鳞戏野凤、双味山菌呈吉祥、天池雪蛤红莲花、珍馐飞禽鲜香锅。

4. 主食

珍宴肉饼、鹿肉火勺、艾窝窝、驴打滚、沙琪玛、酥麻花、窝窝头、玉米山菜饺。

四干果

四鲜果

仙鹤迎宾

金鹿梅花

陈皮鹿肉

鹿皮阿胶

肉丝蕨菜

酥鱼伴时蔬

核仁雪菜墩

炝拌丝瓜尖

松花熊掌福禄寿（仿制）

箭射鹿肉白玉兔

多喜人参长寿鱼

长白猴头献寿桃

荷花家麟戏野凤

双味山菌呈吉祥

天池雪蛤红莲花

珍馐飞禽鲜香锅

珍宴肉饼

鹿肉火勺

艾窝窝

驴打滚

沙琪玛

酥麻花

窝窝头

玉米山菜饺

（五）康乾东巡宴

康乾东巡宴是清华睿景酒店根据康熙、乾隆两帝数次东巡，促进“满菜”发展的历史，在专研相关历史文献后，推出的一款具有历史意蕴的宴席。历史上，康熙进行了三次东巡；乾隆进行了四次东巡。康乾两帝东巡除拜谒祖先之外，还有考察官吏、视察民情、绥靖蒙古、促进统一的目的。因此在数次东巡的过程中，康乾两帝给满族菜的发展带来了动力，在很大程度上促进了“满菜”的发展，也为满菜入关与享誉海内之汉席并现，促发“满汉全席”奠定了基础。

康乾东巡宴具有甄选吉林长白山最具代表性的山珍河鲜，结合清朝宫廷菜、鲁菜及吉林地方菜的烹饪技法，秉承不时不食的原则，随四季变化而确定食材的特点。自创制推出，就在吉林省第六届冰雪节上获奖。目前，在吉林省政商宴请上已经成为一张地方特色的饮食名片。

1. 果品

干果四道：松仁、榛子仁、核桃仁、南瓜仁。

鲜果四道：菇娘、蓝莓、葡萄、红柿果。

2. 冷菜

秘制猪手、陈皮鹿肉、陈皮牛肉、拌蕨菜。

3. 热菜

燕窝肥鸡丝一品（位上）、贡品松花湖白鱼、皇阿玛御膳尊肉、御府秘制珍宝鸭、一品梅花鹿腩、扒长白山猴头菇、凤尾卤虾豆腐蛋（位上）、鸡油炒叶赫白蘑、玉米枸杞雪蛤盅（位上）、松仁什锦小炒皇。

4. 汤菜

乌拉什锦一品锅。

5. 主食

鹿肉火烧、艾窝窝、驴打滚、沙琪玛、伊府面。

干果四道：松仁、榛子仁、核桃仁、南瓜仁

鲜果四道：菇娘、蓝莓、葡萄、红柿果

秘制猪手

陈皮鹿肉

陈皮牛肉

拌蕨菜

燕窝肥鸡丝一品（位上）

贡品松花湖白鱼

皇阿玛御膳尊肉

御府秘制珍宝鸭

一品梅花鹿腩

扒长白山猴头菇

凤尾卤虾豆腐蛋（位上）

鸡油炒叶赫白蘑

玉米枸杞雪蛤盅（位上）

松仁什锦小炒皇

乌拉什锦一品锅

鹿肉火烧

艾窝窝

驴打滚

沙琪玛

伊府面

三、吉林传统与现代融合筵席选例

（一）燕菜席

1. 冷菜

花色冷拼：鸳鸯戏水。

八个围碟：切火腿、熏兔肉、拌虾仁、炝腰花、海米芹菜、㸆鹌鹑、糖醋萝卜卷、鸡丝冻粉。

2. 热菜、点心（十道大菜）

一品燕菜、汆珍珠银耳、三鲜鱼翅、炸三样（虾仁、鸭肝、铁雀）、清炖圆鱼，头道点心：三鲜烙盒，葱烧海参、㸆凤尾虾、什锦田鸡油，二道点心：黄糕，扒三白（鲍鱼、鹿筋、龙须菜）、北京烤鸭，三道点心：片饽饽（带葱丝、甜面酱、瓜条），两盘饭菜：炒鸡丝榨菜、炒山鸡丁雪里蕻。

3. 汤菜

汆鱼腐。

4. 果盘

各种时令鲜果。

（二）海参席

1. 冷菜

一花色冷拼：龙凤呈祥。

六围碟：水晶虾仁、五香牛腱、金钩掐菜、芥末肚丝、叉烧里脊、糖醋菜卷。

2. 热菜

葱烧海参、炸三样（银鱼、鸭胗、菜包鸡）、菜心虾仁、清蒸白鱼，头道点心：一品烧麦，素扒四宝（松茸蘑、油菜、胡萝卜、龙须菜）、干煸鹿肉丝、腰果鸡丁、蜜焖三鲜（山药、苹果、蜜枣），二道点心：炸酥盒，两盘饭菜：虾干油菜、肉丝蕨菜。

3. 汤菜

三鲜银耳汤。

4. 果盘

鸭梨、苹果。

（三）打牲乌拉贡品宴

1. 冷菜

象形花色冷盘：一掌定乾坤。

四道围碟：人参、鹿茸、貂皮、乌拉草。

2. 热菜

八旗蒸鲟鳇鱼、满族灌骨、魁府脆皮虾、炭烤松茸菌、额娘小豆腐、多尔衮蒸福肉、木兰围场鸡、蜜汁老山参、翡翠蟹肉羹、满蒙烤羊排。

3. 汤菜（位吃）

东珠狮子头。

4. 点心

慈禧小窝头、乌拉贡小米。

（四）吉林船厂宴

1. 冷菜

主题食品雕刻看盘：帆船。

四道冷菜：吉林生拌鱼、炒肉拉皮、熏酱合盘、炝鸡丝蕨菜。

2. 热菜

硕果鱼腹、红梅鱼饼、干枝鹿肉、芙蓉蕨菜、八宝季花鱼、绿野仙踪、啤酒烧松花湖金丝鲤鱼、拔丝人参。

3. 汤菜

鱼家鳌。

4. 主食

丰收玉米酥、龙须面。

（五）状元宴

1. 凉菜

主凉菜：绵绣前程（什绵鱼生）。

六围碟：麻辣炝腰片、水晶肴肉、椒麻鸡丝、糊辣瓜条秘、汁糯米藕、炝三丝。

2. 热菜

寒毡铁杵（葱烧海参）、平步青云（鱼肚扒鹅掌）、蟾宫折桂（桂香鹌鹑）、金榜题名（一品肘子）、梦笔生花（滑熘鸡丝拼芥兰）、独占鳌头（啤酒烧金丝鲤鱼）、三元及第（吉列虾球）、五子登科（素什绵）、苦尽甘来（拔丝人参）。

3. 汤

红梅映雪 （红梅鱼饼）。

4. 主食

状元包、硕归（玉米酥）。

（六）心心相印宴（婚宴）

1. 冷菜

百花闹喜：六个花卉造型精美冷菜（卤汁虾片、香酥里脊、香辣鲜鱿、葱香木耳、柠檬白玉、荷花白菜、菊花萝卜）。

2. 热菜

双味鳌花鱼（情投意合）、四喜丸子（幸福美满）、鸡丝银牙（白头偕老）、菊花冬瓜（花团锦簇）、红酒里脊（相思绵绵）、爆墨鱼串珠（珠联璧合）、拔丝人参果（甜甜蜜蜜）、红杞玉米羹（浓浓爱意）。

3. 汤菜

氽锅底（蒸蒸日上）。

4. 主食

透字薄饼（玉透心明）、荞麦馅饼（表里如一）、四喜蒸饺（四方报喜）、炸燕鱼酥（甜在心里）。

（七）寿贵双全宴（寿宴）

1. 冷菜

群菊拜寿：六个菊花造型精美冷菜（葱香里脊卷、香辣鸡肉卷、紫菜蛋皮卷、甜辣萝卜卷、酸辣白菜卷、红心萝卜卷）。

2. 热菜

腐竹焖鹿排（福禄贺寿）、玉蜀须扒鸡（凤报青丝）、番茄虾球（洪福齐天）、油爆墨鱼珠（长命百岁）、松仁莲子炒百合（多子多孙）、富贵参果（福寿绵长）。

3. 汤菜

桂圆甲鱼汤（寿贵双全）。

4. 主食

生日蛋糕（松鹤延年）、长寿面（长长久久）。

第七章

吉菜的文化价值与未来发展

JI CAI DA WEN HUA JIA ZHI YU WEI LAI FA ZHAN

第一节 吉菜的文化价值

白山松水诗美如画，民风民俗淳朴无瑕，得来天时地利人和，孕育吉菜佳肴精华。历史钟爱了吉菜，在多民族文化交融和长白山文化孕育中悄然走过了千年，她在一个个杯盘碗盏间，在绿的芽、红的果中记录着历史，讲述着民俗，传承着文化。吉菜技艺包含了朝鲜族、满族、蒙古族等多民族饮食文化，包含了地域性的民俗民风，成为一地人、几代人的文化认同与记忆追寻，吉菜的传承，更是地域文化、民族文化、民俗文化的追忆传承。

一、吉菜文化的特性

（一）自然资源丰富

吉林省东部山区长白山脉连绵千里，千山竞秀、林木茂盛、土壤肥美，盛产各种动植物资源。据统计，长白山区有植物资源 2300 多种，其中经济价值较高的有 900 多种，药用植物多达 870 余种。野生动物资源多达 437 种。这些丰富的自然资源成为吉菜不可多得的烹饪原料。

这里盛产各种山果、山药、野蘑、山野菜，在吉林地方志及清代文人笔记等文献中，记载了大量贡赋、风物特产类资料，如猴头菇、熊掌、蛤什蟆、鹿尾（筋、脯、鞭等），这些都是吉林东部山区的特产，被清代宫廷认为是“无上珍品”。著名的蛤什蟆油为清代“满汉全席”的必备珍品，京师有“一碗之费，白金半流”之美誉（西清《黑龙江外纪》卷八，清光绪广雅书局刻本）。这些珍贵山珍目前常作为烹饪原料的有人参、刺人参、松茸、木耳、山核桃、松籽、榛子、刺五加、刺嫩芽、五味子、蕨菜、荠荠菜、薇菜、松茸蘑、猴头菇、榛蘑、元蘑、猪嘴蘑等，人们将其制成佳肴。这种习俗其实是源于古代肃慎人常常采集山野菜补充蔬菜的不足，一直延续至今。例如蕨菜，作为野蔬菜中的佳品，已有 2000 余年的历史了。而榛子，味道鲜美，原始社会时期即被先民采摘为食了。

这里野生动物资源丰富，作为烹饪原料主要有林蛙、梅花鹿、花尾榛鸡、田鸡、野猪、狍子、山鸡等，由于用量较多，现部分野生动物已开始进行人工饲养。这一区域还盛产冷水鱼，具有代表性的有细鳞、花羔红点鲑、不川哲罗等。

东部山区经典菜肴以山珍野味最具代表性。主要包括浓汁参茸飞龙丸、鲍汁扣松茸、鸡片长白松茸、苏香林蛙油、凤茸松子、蜜汁红参、牡丹熊掌、干煨哈士蟆、林海参蛙、素扒山蔬、白扒猴头菇、水晶狗肉、人参鸡、烧鹿尾、红烧田鸡、参杞田鸡油、鸡丝蕨菜、葱烧木耳、冰糖雪蛤等。

吉林中部地处松辽平原，是著名的“黑土”分布区。这里土壤肥沃，大豆、高粱、玉蜀黍、小麦、甜菜、亚麻产量极高。同时，养殖业也十分发达，以牛、猪、羊、家禽为主。这里烹饪原料以农副产品居多，蔬菜、玉米、豆制品、猪牛羊、家禽等。其中榆树干豆腐、松花湖“三花一岛”（鳌花、鳊花、吉花、白鱼）、农安大鹅最具特色。这里经典菜肴以家常菜最具特色。主要包括小鸡炖蘑菇、猪肉炖粉条、清蒸松花江白鱼、白肉血肠、白肉酸菜、八宝吉花鱼、拔丝白果、炒肉渍菜粉、四喜丸子、松仁玉米、锅包肉、熘肉段、满族“三套碗”、回宝珍饺子、李连贵熏肉大饼、庆岭活鱼等。

吉林省西部草原是“全国八大牧区”之一，草量丰富，以盛产羊草驰名中外，是我国东北小尾寒羊、草原红牛的重要产区。饮食结构主要以牛羊肉、奶制品为主。这里的牛羊肉堪称烹饪原料中的极品，肉质鲜美，深受人们的喜爱。这一区域地势低平，湖泊星罗棋布，同时也是吉林省淡水鱼的主要产区，以“淡水四宝”（鳊花、白鱼、鲤鱼、鳌花）及胖头鱼最具特色。农产品以糜子、荞麦、红豆、绿豆、花生为主。这里的经典菜肴以肉及鱼类最为著名。主要包括手把羊肉、羊汤、白城烤串、烤羊腿、飞龙汤、前郭尔罗斯烤全羊、蒙古包子、馅饼、生拌鲤鱼、鱼头泡饼、刮炖杂鱼等。

（二）多元文化交融

吉林省，这片富饶的黑土地，自古以来就是多民族聚居的地区。汉族、满族、朝鲜族、蒙古族等多个民族在此地繁衍生息，相互交融，形成了独具特色的吉菜饮食文化。吉菜，以其深厚的文化底蕴、丰富的内涵，展现了各民族独特的风采。它既有汉族的精致烹饪技艺，又有满族、朝鲜族、蒙古族等民族独特的烹饪方式。这种多元化的融合，使得吉菜具有很强的包容性、开放性和创造性。在吉菜中，满族美食占有重要地位。满族的白肉血肠，以其鲜美的口感和独特的制作工艺，深受人们喜爱。乌拉火锅更是满族人的骄傲，其丰富的食材和独特的火锅文化，吸引了无数食客。朝鲜族的美食也同样引人注目。辣白菜的鲜辣爽口，冷面的清凉爽滑，都是朝鲜族饮食文化的代表。这些美食不仅体现了朝鲜族对食材的热爱，也展示了他们对生活的热情和讲究。此外，蒙古族的烤全羊、手把肉等美食，也是吉菜的重要组成部分。这些美食以其独特的烹饪方式，展现了蒙古族对肉的热爱和烹饪技艺的精湛。

总的来说，吉菜是吉林省多民族共同创造的饮食文化，它是各民族饮食文化的融合，也是东北山区和西部平原自然特征的体现。吉菜的多元化，使得它在全国范围内独树一帜，吸引了越来越多的美食爱好者。在未来的日子里，我们有理由相信，吉菜将会以更加丰富的姿态，绽放出更加耀眼的光彩。

（三）特色烹饪技艺与创新发展

吉菜总结鲁菜之精华，融合宫廷菜的传统技艺，形成以吉林特产原料和绿色食品为原料，精烹山珍，讲究火候，擅长刀工、勺工的技艺特点。吉菜技艺具有地方性、融合性、创新性。吉林苦寒，需要热能，菜肴肉多，形成了以炖、烧、蒸、煮为主的吉菜技艺，为了延长保质期，以满族为主的吉菜技艺推出“酱”这一独特工艺。以炖、烧、蒸、煮、酱等技法为主，融汇鲁菜传统扒、煎、贴等技法，结合地方民族、民俗特色，形成以烧、扒、酱、炖、蒸、煎、烤、熘、爆、拔丝、锅煽为主的技艺。因冬日长，创造晒制、腌制和窖藏等方法存放烹饪原料，因此制作晒制、腌制和窖藏吉菜品种技艺方法较为独特。20 世纪 70 年代资源匮乏，创造粗粮细作技艺，延续至今。

千百年前满族祖先肃慎在白山松水间渔猎，吉菜悄然孕育。清朝建立，清帝东巡祭祖祭山的著名菜点烀猪头、清蒸白鱼等，成为固定吉菜写入宫廷菜谱。满族等民族佳肴和民间绝活“八大碗”、爆炒活鸡等，丰富了宫廷菜，满汉全席诞生更把吉菜推向顶峰。清代至民国，齐鲁民众闯关东，中原菜肴入东北，吉菜融入鲁菜扒、煎、贴等烹饪技艺。溥仪在长春建立伪满洲国时期，御膳房囊括清宫御厨和山东名厨，宫廷菜、山东菜与民间菜相互交融。1934 年创建满西饭店（长春饭店前身），作为国宾馆接待伪满高官，由刘仁斋等 20 人共同经营，成为民间发展、宫廷菜系后可考的吉菜烹饪第一代传承人，三酥、三煽等菜品风靡一时。

20 世纪 60 年代，从业于满西饭店的潘瑱担任长春商业技工学校教师，作为第二代传承人开启吉菜系统研究，将朝鲜族、蒙古族等民族餐饮纳入吉菜，桔梗鲤鱼、苏叶鸡丁等特色菜品层出不穷。1999 年，吉菜由时任吉林省省长洪虎正式命名。唐文受省商务厅委托担任吉菜开发专家组组长，出席《中国吉菜》首发式，肩负起引领吉菜保护和传承的重大使命。以吉林工商学院吉林烹饪研究所终身名誉所长唐文、吉林省饮食文化研究会会长夏金龙为代表的第三、第四代传承人承古纳新，开创外阜融合菜、国际融合菜理念让吉菜广纳四方，借鉴国内国际技艺，将吉菜赋予崭新内涵，推向时代前沿。

二、吉菜文化的现代价值

（一）吉菜文化的社会地位

1. 吉菜在全国乃至全球美食文化中的定位

吉菜作为正式认定的地域菜系，列入“中国菜”大家庭范畴，迎来了历史性的发展机遇。在 2001 年第二届中国美食节上，吉菜以其鲜明的特色，被确定为中国“新八大菜系”之一。吉菜在全国乃至全球美食文化中的定位，主要表现在以下三个方面。

(1) 吉菜是展示吉林省地域文化和民族风情的重要载体。吉菜不仅是吉林人民的口福，也是吉林人民的骄傲。吉菜反映了吉林省的地理环境、气候条件、物产资源、民族风俗、历史变迁等多方面的特点，是吉林省文化的重要组成部分。吉菜的传承和发展，也是吉林省文化的传承和发展，是吉林省对中华民族和世界文化的贡献。

(2) 吉菜是推动吉林省餐饮业和旅游业发展的重要动力。吉菜以其独特的魅力，诱人的馨香，盛开在中国烹饪的百花园中，吸引了众多的食客和游客。吉菜的发展，也带动了吉林省的餐饮业和旅游业的发展，为吉林省的经济增长和社会进步提供了强劲的支撑。近年来，吉林省政府部门对建立吉菜标准化体系和制定吉菜标准十分重视，先后制定并颁布了《清蒸松花江白鱼》《锅包肉》《家鸡炖榛蘑》等十多道吉菜地方标准，以推动吉菜产业化，繁荣餐饮经济。同时，吉林省也积极开展吉菜的宣传和推广，举办各种吉菜展示、交流、竞赛等活动，提升吉菜的知名度和影响力。

(3) 吉菜是促进吉林省与国内外友好交流和合作的重要桥梁。吉菜不仅受到国内外宾客的垂青，也受到国内外同行的赞誉。吉菜的发展，也促进了吉林省与其他地区和国家的美食文化的交流和互鉴，增进了相互的了解和友谊。近年来，吉林省派出了多支吉菜代表团，参加了国内外的各种美食节、烹饪大赛、美食展览等活动，展示了吉菜的风采，赢得了广泛的赞誉和好评。同时，吉林省也积极引进和培养吉菜的人才，与国内外的烹饪机构和专家进行合作和交流，提高了吉菜的技术水平和创新能力。

2. 吉菜传统风味的当代接受度和市场需求

吉菜传统风味是吉菜的灵魂，是吉菜的核心竞争力。吉菜传统风味的当代接受度和市场需求，主要表现在以下三个方面。

（1）吉菜传统风味符合当代人们的健康理念和消费需求。吉菜传统风味的特点是清淡、鲜香、滋补、营养，不油腻、不辛辣、不浓重，适合各种人群的口味和身体状况。吉菜传统风味的原料多为吉林特产的绿色食品，如人参、红景天、松花江白鱼、松口蘑等，具有很高的营养价值和药用价值，能够增强人体的免疫力和抗病能力，预防和治疗各种疾病。吉菜传统风味的烹饪方法多为清蒸、炖、煮、炒等，保留了食材的原汁原味，减少了油烟和油脂的摄入，符合当代人们追求健康、绿色、低碳的生活方式。

（2）吉菜传统风味具有较强的市场竞争力和发展潜力。吉菜传统风味在全国乃至全球的美食市场上，有着自己的独特优势和魅力，能够满足不同地区和国家的消费者的需求和喜好。吉菜传统风味的菜品种类繁多，有肉类、蔬菜、水产、豆制品、面食等，有冷盘、热菜、汤羹、小吃等，有家常菜、宴会菜、节日菜、特色菜等，能够适应各种场合和氛围，满足各种口味和层次的消费者。吉菜传统风味的菜品价格合理，有高档的也有平民的，有贵的也有便宜的，能够适应各种消费水平和消费能力的消费者。吉菜传统风味的菜品质量优良，有保证的也有创新的，有传统的也有现代的，能够适应各种消费观念和消费趋势的消费者。

（3）吉菜传统风味面临着一些挑战和问题，需要加强保护和发展。吉菜传统风味虽然有着诸多的优势和潜力，但也存在着一些不容忽视的挑战和问题，需要引起吉林省政府部门和餐饮业界的重视和关注，采取有效的措施，加强吉菜传统风味的保护和发展。一是吉菜传统风味的原料供应不足，导致菜品的质量下降和价格上涨。吉林省的特产原料，如人参、红景天、松花江白鱼等，由于种植、养殖、采摘等环节的限制，产量不高，供不应求，价格居高不下，给吉菜传统风味的制作和销售带来了困难和压力。二是吉菜传统风味的技术传承不畅，导致菜品的风格失真和品牌淡化。吉林省的烹饪人才，尤其是吉菜的老一辈名厨，由于年龄、健康、退休等原因，逐渐退出了餐饮业的一线，而他们的技艺和经验，却没有得到有效的传承和继承，导致吉菜传统风味的技术水平下降，风格不纯，品牌不突出。三是吉菜传统风味的创新不足，导致菜品的吸引力减弱和竞争力降低。吉林省的餐饮业，尤其是吉菜的餐饮企业，由于缺乏创新意识和创新能力，对吉菜传统风味的保护过于保守，对吉菜传统风味的发展缺乏活力，导致吉菜传统风味的菜品单调，缺乏变化，不能适应市场的变化和消费者的需求。

（二）吉菜文化对地方经济发展的作用

1. 文旅产业的发展与吉菜文化的传播

随着人们对美食的追求，文旅产业逐渐成为推动经济发展的重要力量。吉林省依托丰富的旅游资源和独特的吉菜文化，吸引了大量国内外游客。各大旅游景区纷纷打出吉菜文化牌，将美食与旅游相结合，创新推出了一系列富有地方特色的美食旅游产品。这些举措不仅提升了旅游业的整体收入，还带动了相关产业的发展，为经济增长注入了新动力。

2. 吉菜文化产业链的拓展

吉菜文化产业链的拓展是推动经济发展的重要途径。吉林省抓住机遇，以吉菜文化为核心，大力发展农产品加工业、食品加工业、餐饮业等产业。通过政策扶持、资金投入、技术研发等手段，促进产业链上下游企业的协同发展。同时，积极开拓国内外市场，将吉菜文化推向世界，提高吉菜品牌的知名度和美誉度。

3. 吉菜文化创新与人才培养

为了使吉菜文化更好地服务于经济发展，吉林省加大了吉菜创新与人才培养的投入。通过烹饪学校、研究机构等平台，培养了一批批具有创新精神的厨师和餐饮业人才。在继承传统烹饪技艺的基础上，鼓励厨师们勇于创新，开发出更多具有时代特色的吉菜新品。这为吉菜文化的传承与发展注入了源源不断的活力。

4. 吉菜文化与其他产业的融合发展

吉菜文化与其他产业的融合发展也是推动经济增长的重要途径。吉林省充分发挥吉菜文化的优势，推动与文化、旅游、农业、健康等产业的深度融合，形成了一批具有竞争力的产业集群。如以吉菜文化为主题的特色小镇、农业观光园、康养基地等，实现了产业链的拓展和升级，为经济发展创造了更多价值。

吉菜文化在促进经济发展方面发挥了重要作用。今后，吉林省应继续深化吉菜文化的挖掘、创新与发展，推动与其他产业的融合发展，为经济增长注入新的活力。同时，加大人才培养力度，提升吉菜文化的软实力，将吉菜文化推向世界，为我国餐饮事业的繁荣作出更大的贡献。

第二节 吉菜的创新发展

吉菜以东北风味为基础，融合了满族、朝鲜族等少数民族的饮食特色，形成了独具风格的菜品。吉菜讲究火候、醇厚香浓、朴素实惠，具有浓郁的地域文化色彩。随着时代的发展，吉菜也不断进行创新和改良，尤其是在现代烹饪技术的融入方面，取得了显著的成效。

一、吉菜文化的社会地位

现代烹饪技术，是指运用现代科学技术和设备，对传统烹饪工艺进行改进和创新的技术。现代烹饪技术的应用，可以提高烹饪的效率和质量，丰富烹饪的形式和内容，满足消费者的多样化需求。在吉菜中，新型烹饪工具和方法的应用，主要体现在以下两个方面。

（一）新型烹饪方法的应用

新型烹饪方法，是指运用现代科学技术和理论，对传统烹饪方法进行改良和创新的方法，如低温慢煮、分子料理、真空浸泡、超声波处理等。这些方法的应用，可以使吉菜的烹饪过程更加精准、科学、个性化，同时也可以突破烹饪的局限性，创造出新颖的菜品。例如，使用低温慢煮法烹制吉菜，可以在低温下长时间地煮制食材，使其保持完整的形态和肉质，提高菜品的鲜美度和营养度；使用分子料理法烹制吉菜，可以利用食材中的分子结构和化学反应，创造出不同的形态和质感，增加菜品的趣味性和创意性；使用真空浸泡法烹制吉菜，可以在真空状态下将食材和调味料充分融合，增强菜品的风味和色泽；使用超声波处理法烹制吉菜,可以利用超声波的机械效应和热效应，加速食材的渗透和熟化，提升菜品的嫩度和香度。

（二）智能技术的应用

智能技术，是指利用人工智能、物联网、大数据、云计算等技术，对餐饮服务模式进行革新和优化的技术。智能技术的应用，可以提高餐饮服务的智能化、便捷化、个性化，同时也可以降低餐饮服务的成本和风险，提升餐饮服务的效率和质量。在吉菜中，智能技术的应用，主要体现在以下两个方面。

1. 智能点餐系统的应用

智能点餐系统，是指利用人工智能、物联网、大数据等技术，实现餐饮订单的自动化、智能化、网络化的系统，如自助点餐机、手机点餐软件、语音点餐机器人等。这些系统的应用，可以使消费者在点餐过程中享受到更多的便利和选择，同时也可以减少餐饮人员的工作量和失误，提高餐饮服务的速度和准确度。例如，使用自助点餐机点餐，可以让消费者自主选择菜品，快速下单，方便支付，避免排队等待；使用手机点餐软件点餐，可以让消费者随时随地浏览菜单，提前预订，享受优惠，实现线上线下互动；使用语音点餐机器人点餐，可以让消费者通过语音交流，轻松点餐，同时也可以根据消费者的口味和健康状况，推荐合适的菜品，实现智能化服务。

2. 智能制作系统的应用

智能制作系统，是指利用人工智能、物联网、大数据等技术，实现餐饮制作的自动化、智能化、标准化的系统，如智能烹饪机器人、智能调味机器人、智能分装机器人等。这些系统的应用，可以使餐饮制作过程更加科学和规范，同时也可以保证菜品的质量和卫生，提高菜品的一致性和稳定性。例如，使用智能烹饪机器人制作吉菜，可以根据菜品的标准化流程，精确控制火候、时间、温度等参数，实现吉菜的快速制作，避免人为的失误。使用智能调味机器人制作吉菜，可以根据菜品的标准化配方，精确控制调味料的种类、比例、顺序等参数，实现吉菜的精准调味，避免人为的偏差；使用智能分装机器人制作吉菜，可以根据菜品的标准化规格，精确控制分装的数量、大小、形状等参数，实现吉菜的均匀分装，避免人为的浪费。

现代烹饪技术的融入，为吉菜的创新发展提供了强有力的支撑，使吉菜在保持传统风味的基础上，展现出更多的新鲜和活力，满足了现代消费者的需求和期待。当然，现代烹饪技术的应用，也需要注意一些问题，如保持吉菜的地域特色和文化内涵，避免过度的同质化和失真化；尊重吉菜的烹饪原理和工艺，避免过度的复杂化和随意化；平衡吉菜的营养和美味，避免过度的添加和浪费等。只有这样，才能使吉菜在现代烹饪技术的融入中，实现更好的发展和创新。

二、跨文化融合的创新

跨文化融合，是指在不同的文化背景下，对不同的菜系进行相互借鉴和融合，创造出具有新的风味和特色的菜品。跨文化融合是餐饮业的一种重要的创新方式，可以拓展菜品的种类和市场，满足消费者的多元化需求，提升菜品的竞争力和影响力。在吉菜中，跨文化融合的创新，主要体现在以下三个方面。

（一）吉菜与西餐的融合

吉菜与西餐的融合，是指在吉菜的基础上，引入西餐的食材、调味料、烹饪方法等，创造出具有中西合璧的菜品。这种融合，可以使吉 菜的口味更加丰富和多样，同时也可以吸引更多的西方消费者，提升吉菜的国际化程度。例如，人参炖鸡是一道以人参、鸡为主要食材，蘑菇、青豆、红枣、生姜、盐、白糖、味精为辅料制作而成的传统药膳。具有参味醇厚，鸡肉细嫩，滋补强身的特点。人参鸡是食料滋补中的佳品，具有补脾益肺、生津止渴、安神定志、补气生血等功效。这道菜的创新之处在于，它采用了西餐中常用的烘焙方法，将鸡肉和人参等食材放入烤箱中，用低温慢烤，使鸡肉更加鲜嫩多汁，人参的香气也更加浓郁，同时保留了食材的营养成分。

（二）吉菜与日韩菜的融合

吉菜与日韩菜的融合，是指在吉菜的基础上，引入日韩菜的食材、调味料、烹饪方法等，创造出具有东亚风情的菜品。这种融合，可以使吉菜的口味更加清爽和鲜辣，同时也可以吸引更多的日韩消费者，提升吉菜的区域化程度。例如，韩式烤肉是一道在吉林省非常受欢迎的菜品，它是将牛肉、猪肉或羊肉等肉类切成薄片，用酱油、蒜泥、芝麻油等调料腌制后，放在烤架上烤熟，再用生菜、大葱等蔬菜包裹着吃。这道菜的特点是肉质鲜嫩，口感多样，酱料香辣，适合各种口味的人群。这道菜的创新之处在于，它在韩式烤肉的基础上，加入了吉林特产的长白山野生菌，增加了菜品的风味和营养，也体现了吉菜的绿色健康理念。

（三）吉菜与其他地方菜的融合

吉菜与其他地方菜的融合，是指在吉菜的基础上，引入其他地方菜的食材、调味料、烹饪方法等，创造出具有全国风味的菜品。这种融合，可以使吉菜的口味更加和谐和平衡，同时也可以吸引更多的全国消费者，提升吉菜的全国化程度。通过分析，可以看出跨文化融合的创新，为吉菜的发展带来了新的活力和机遇，使吉菜在保持自身特色的同时，也能与其他菜系进行交流和互动，实现了菜品的多元化和创新化。当然，跨文化融合的创新，也需要注意一些问题，如尊重吉菜和他菜系的文化差异和风味特点，避免过度的模仿和冲突。坚持吉菜的品质和卫生标准，避免过度的添加和污染；平衡吉菜的创新和传承，避免过度的变化和失真等。只有这样，才能使吉菜在跨文化融合的创新中，实现更好的发展和提升。

三、健康概念的融入

健康概念，是指在餐饮消费中，注重食材的营养价值和安全性，烹饪方法的科学性和卫生性，菜品的平衡性和适度性等，以保障和促进人体的健康。健康概念是餐饮业的一种重要的发展趋势，可以提高餐饮消费的质量和水平，满足消费者的健康需求，提升餐饮业的社会责任和公信力。在吉菜中，健康概念的融入，主要体现在以下两个方面。

（一）健康饮食趋势对吉菜配料和制作方法的影响

健康饮食趋势，是指在餐饮消费中，越来越多的消费者倾向于选择低脂、低盐、低糖、高纤、高蛋白等具有健康效益的食材，以及清蒸、煮、炖、烤等具有健康特点的烹饪方法。这种趋势，对吉菜的配料和制作方法提出了新的要求和挑战，要求吉菜在保持原有的风味和特色的同时，也要适应消费者的健康需求和喜好，进行相应的调整和改进。例如，吉菜的传统配料中，有些是高脂、高盐、高糖的，如锅包肉、红烧肉、糖醋排骨等。这些配料，虽然可以增加吉菜的香气和甜度，但也会增加吉菜的脂肪和热量，不利于消费者的健康。因此，吉菜可以适当地减少这些配料的使用，或者用其他的食材替代，如用鸡肉、鱼肉、豆制品等代替猪肉，用蜂蜜、果酱、醋等代替糖，用清淡的酱汁、鲜汤、水淀粉等代替酱油等，以降低吉菜的脂肪和热量，提高吉菜的营养和健康度。吉菜的传统制作方法中，有些是高温、高油、高盐的，如油炸、炒、烧、炖等。这些制作方法，虽然可以增加吉菜的酥脆和鲜香，但也会增加吉菜的油脂和盐分，不利于消费者的健康。因此，吉菜可以适当地减少这些制作方法的使用，或者用其他的制作方法替代，如用清蒸、煮、烤、凉拌等代替油炸、炒、烧、炖等，以降低吉菜的油脂和盐分，提高吉菜的清爽和自然度。

（二）健康饮食趋势对吉菜发展带来的新机遇

健康饮食趋势，也为吉菜的发展带来了新的机遇和空间，使吉菜可以利用更多的有机和可持续的食材，创造出更加健康和环保的菜品。这些食材，可以使吉菜的品质和口感更加优良，同时也可以提升吉菜的社会责任和公信力。例如，吉菜可以使用有机的蔬菜、水果、肉类、米面等，以保证食材的无污染和无添加，提高食材的安全性和新鲜度；吉菜可以使用可持续的海鲜、野生动物、农副产品等，以保证食材的生态平衡和资源节约，提高食材的珍稀性和价值。

健康概念的融入，为吉菜的发展带来了新的挑战和机遇，使吉菜在保持原有的风味和特色的同时，也要适应消费者的健康需求和喜好，进行相应的调整和改进。当然，健康概念的融入，也需要注意一些问题，如保持吉菜的风味和特色，避免过度的简化和单调化；坚持吉菜的烹饪原理和工艺，避免过度的改变和损失；平衡吉菜的营养和美味，避免过度的偏颇和牺牲；等等。只有这样，才能使吉菜在健康概念的融入中，实现更好的发展和提升。

第三节 吉菜产业布局

吉菜作为吉林省的地方特色美食，不仅在国内享有盛誉，在国际上也有一定的影响力。吉菜的产业布局，是指吉菜在餐饮市场中的分布、发展和竞争的情况，是吉菜产业发展的重要方面。吉菜的产业布局，主要包括以下三个方面。

一、商业网络与品牌建设

商业网络是指吉菜餐饮企业在不同地域和市场中的分支机构和合作伙伴，是吉菜餐饮业务的载体和渠道。品牌建设是指吉菜餐饮企业通过产品质量、服务水平、文化内涵等方面，树立和提升吉菜的知名度、美誉度和忠诚度，是吉菜餐饮业务的核心和灵魂。商业网络与品牌建设，是吉菜餐饮产业发展的基础和保障，也是吉菜餐饮产业发展的动力和目标。

（一）吉菜餐饮连锁的发展历程

吉菜餐饮连锁，是指以吉菜为主打产品，采用统一的品牌、标准、管理和服务的餐饮企业，是吉菜餐饮产业的主要形式。吉菜餐饮连锁的发展历程，可以分为以下三个阶段。

1. 初创阶段

这一阶段是从 20 世纪 80 年代到 90 年代初，吉菜餐饮连锁的雏形开始出现，主要是一些吉林省内的个体餐馆，以吉菜为特色，吸引了一定的消费者，但规模较小，品牌较弱，管理较粗放，市场较局限。

2. 发展阶段

这一阶段是从 20 世纪 90 年代中期到 21 世纪初，吉菜餐饮连锁的数量和规模开始增长，主要是一些吉林省内的餐饮集团，以吉菜为主营，形成了一些知名的品牌，采用了加盟、合作、直营等多种经营模式，拓展了全国的市场，提高了管理水平，增强了竞争力。

3. 转型阶段

这一阶段是从 21 世纪初至今，吉菜餐饮连锁的质量和效益开始提升，主要是一些吉林省内外的餐饮企业，以吉菜为基础，进行了产品创新和多元化，形成了一些新的品牌，采用了互联网、电子商务、智能化等新技术和新手段，开拓了国际的市场，优化了服务质量，提升了品牌形象。

（二）吉菜餐饮连锁的扩张策略

1. 区域扩张

吉菜餐饮连锁在不同的地理区域中开设分店或合作店，以覆盖更多的消费者和市场。这种策略的优点是可以利用区域的资源和优势，增加销售额和利润，扩大品牌影响力；缺点是需要投入更多的资金和人力，面临更多的风险和竞争，可能导致品牌形象和服务质量的不一致。

2. 产品扩张

吉菜餐饮连锁在原有的产品基础上，开发和推出新的产品或系列，以满足更多的消费者和需求。这种策略的优点是可以增加产品的多样性和创新性，吸引更多的消费者和市场，提高品牌知名度和忠诚度；缺点是需要投入更多的研发和推广，面临更多的不确定性和失败，可能导致产品的同质化和混乱。

3. 渠道扩张

吉菜餐饮连锁在原有的销售渠道基础上，开拓和利用新的销售渠道或平台，以增加销售的途径和方式。这种策略的优点是可以利用新的技术和手段，降低销售成本和难度，拓宽销售范围和对象，提高销售效率和效果；缺点是需要投入更多的资源和合作，面临更多的规则和约束，可能导致渠道的冲突和失控。

（三）吉菜品牌的构建和培养

吉菜品牌，吉菜餐饮企业通过产品、服务、文化等方面，形成的对消费者的认知、印象和情感，是吉菜餐饮企业的核心竞争力和价值体现。吉菜品牌的构建和培养，主要包括以下三个方面。

1. 品牌定位

吉菜餐饮企业根据自身的特点和优势，以及目标市场的需求和特征，明确自己的品牌形象和目标，是品牌构建的基础和方向。品牌定位要求吉菜餐饮企业要有清晰的品牌愿景和使命，有明确的品牌目标和策略，有独特的品牌个性和风格，有合理的品牌差异和优势。

2. 品牌传播

吉菜餐饮企业通过各种有效的媒介和手段，向消费者传递自己的品牌信息和价值，是品牌培养的重要途径。品牌传播要求吉菜餐饮企业要有统一的品牌标志和口号，有丰富的品牌故事和内容，有多元的品牌渠道和平台，以及有效的品牌活动和互动。

3. 品牌管理

吉菜餐饮企业通过制定和执行一系列的规范和措施，保证和提升品牌的质量和效果，是品牌构建和培养的保障和监督。品牌管理要求吉菜餐饮企业要有完善的品牌体系和组织，有严格的品牌监测和评估，有有效的品牌维护和升级，有持续的品牌创新和优化。

二、电子商务与全球市场

电子商务与全球市场，是吉菜餐饮产业发展的新方向和新目标，也是吉菜餐鲜产业发展的新挑战和新问题。线上销售平台是电子商务的主要载体和工具，线上销售平台对吉菜传统商业模式的冲击与融入，主要体现在以下四个方面。

（一）线上销售平台对吉菜传统商业模式的冲击

线上销售平台的出现，打破了吉菜传统商业模式的时间和空间的限制，使得消费者可以随时随地享受吉菜的美味，同时也增加了吉菜餐饮企业的竞争压力和成本压力，要求吉菜餐饮企业要提高自身的效率和质量，适应消费者的多样化和个性化的需求。

1. 市场竞争

线上销售平台的出现，使得吉菜餐饮企业不仅要面对传统的同行竞争，还要面对来自其他地区和国家的竞争，甚至要面对来自其他行业和领域的竞争，如快餐、外卖、零食等。这就要求吉菜餐饮企业要提高自身的核心竞争力，如产品的质量、创新、差异化等，以及服务的速度、便捷、体验等，以赢得消费者的青睐和信任。

2. 成本压力

线上销售平台的出现，使得吉菜餐饮企业不仅要承担传统的经营成本，如人力、物料、设备等，还要承担额外的网络成本，如平台的入驻、推广、佣金等，以及物流的配送、包装、退换等。这就要求吉菜餐饮企业要降低自身的成本，如优化管理、提高效率、节约资源等，以及增加收入，如拓展市场、提高利润、增加附加值等，以实现经济效益和社会效益的平衡。

3. 消费需求

线上销售平台的出现，使得吉菜餐饮企业不仅要满足传统的消费需求，如口味、营养、卫生等，还要满足新的消费需求，如个性、时尚、体验等，以及不同的消费场景，如家庭、办公、旅行等。这就要求吉菜餐饮企业要了解和分析消费者的喜好和行为，如通过数据挖掘、用户调研、社交媒体等，以及定制和优化产品和服务，如通过菜单设计、口味调整、包装改进等，以适应和引导消费者的需求和趋势。

（二）线上销售平台对吉菜传统商业模式的融入

线上销售平台的发展，也为吉菜传统商业模式提供了新的机会和空间，使得吉菜餐饮企业可以利用线上销售平台的优势和资源，拓展自身的市场和客户，同时也可以利用线上销售平台的数据和反馈，优化自身的产品和服务，实现线上线下的互动和融合。线上销售平台的发展，使得吉菜餐饮企业可以利用互联网和信息技术，突破地域和时间的限制，将自己的产品和服务，展示和销售给全国乃至全球的消费者，从而扩大自身的市场规模和覆盖。同时，线上销售平台也为吉菜餐饮企业提供了更多的市场信息和消费者反馈，有助于企业了解市场需求和消费者喜好，进行产品创新和服务优化，提升自身的竞争力和品牌影响力。此外，线上销售平台还可以与线下实体店相互配合，形成线上线下融合的新型经营模式，实现资源共享和效率提升，为消费者提供更加便捷和多样的餐饮体验。

（三）吉菜产品利用跨境电商进军国际市场

跨境电商，是指利用互联网和信息技术，进行跨国和跨地区的商品和服务的在线交易和交流的电子商务活动，是电子商务的重要组成部分和发展方向。吉菜产品如何利用跨境电商进军国际市场，主要包括以下两个方面。

吉菜产品要利用跨境电商进军国际市场，首先要保证产品的质量和安全，符合国际的标准和规范；其次要注重产品的创新和差异化，突出吉菜的特色和优势，满足国际消费者的口味和需求。品质优良的吉菜产品应通过跨境电商平台，将其独特的风味和品质展示给海外消费者，同时也根据不同国家和地区的消费习惯和口味，进行产品的改良和创新，以适应国际市场的需求。

1. 平台方面

吉菜产品首先要利用跨境电商进军国际市场；其次要选择合适的平台和渠道，利用国内外的知名的跨境电商平台，如阿里巴巴、亚马逊、易贝等，或者建立自己的独立的网站和应用，实现产品的展示、推广、销售和配送。应参考其他地区菜系的建设方案，通过建立自己的跨境电商平台，将其特色的菜肴产品销售到美国、加拿大、澳大利亚等国家，同时也通过与当地的物流和仓储合作伙伴的合作，保证了产品的及时配送和质量保障。

2. 服务方面

吉菜产品要利用跨境电商进军国际市场，最后要提供优质的服务和支持，利用互联网和信息技术，提供多语言的沟通和咨询，提供快速的物流和售后，提供灵活的支付和退换，提供丰富的互动和评价，提高消费者的满意度和忠诚度。应该鼓励吉林省有实力的餐饮品牌企业到国外开设经营网点，主动加强与海外中餐业较发达的国家协商，逐步解决食材、人才准入等制约餐饮企业“走出去”的难题，以提升吉菜品牌在国际市场的服务水平和影响力。

（四）电子商务在提升吉菜品牌全球影响力中的作用

1. 扩大吉菜品牌的知名度和覆盖度

电子商务可以使吉菜品牌的信息和价值，通过互联网和信息技术，迅速地传播和扩散到全球各地，使更多的国际消费者了解和认识吉菜品牌，提高吉菜品牌的市场占有率和竞争力。电子商务还可以通过提供多样化的产品和服务，满足不同国家和地区消费者的需求和喜好，扩大吉菜品牌的目标市场和潜在客户，增强吉菜品牌的忠诚度和口碑。

2. 提升吉菜品牌的形象和价值

电子商务可以使吉菜品牌在全球范围内展示其独特的文化和魅力，传递其优质的品质和服务，提升吉菜品牌的形象和价值。电子商务还可以通过与其他国际知名品牌合作，共享资源和优势，提高吉菜品牌的信誉和影响力，增加吉菜品牌的附加值和溢价能力。

3. 促进吉菜品牌的创新和发展

电子商务可以使吉菜品牌利用互联网和信息技术，收集和分析全球市场的信息和数据，及时了解和把握国际消费者的需求和趋势，促进吉菜品牌的创新和发展。电子商务还可以通过提供便捷的交易和支付方式，降低吉菜品牌的运营成本和风险，提高吉菜品牌的效率和利润，增强吉菜品牌的生存和发展能力。

三、文旅融合与吉菜产业

文旅融合在提升吉菜文化价值中的作用越发显著，已成为推动餐饮产业转型升级的重要途径。吉菜，作为吉林省的特色菜系，拥有丰富的文化内涵和独特的地域特色。文旅融合的发展模式不仅有助于弘扬吉菜文化，提升吉菜品牌的知名度，还能刺激旅游消费，带动相关产业经济增长。

一方面，文旅融合有助于挖掘吉菜文化内涵，丰富菜品的文化底蕴。通过深入研究吉菜的历史、地域、民族等多方面背景，将文化元素融入菜品创新，赋予吉菜更加丰富的精神内涵。这使得吉菜在满足人们味蕾的同时，也能带来精神享受，提升了吉菜的文化价值。

另一方面，文旅融合推动了吉菜产业的创新发展。结合旅游业的发展，吉菜产业链不断延伸，从传统的餐饮服务向文化体验、休闲度假等领域拓展。以吉菜为主题的餐饮景区、特色小镇等新兴业态层出不穷，为游客提供丰富的吉菜体验，带动了旅游消费增长。同时，吉菜产业与农业、林业、旅游业等产业的深度融合，为农村经济发展注入了新动力。

此外，文旅融合还促进了吉菜品牌的推广和传播。通过举办各类美食节、烹饪大赛等活动，以及利用新媒体、网络平台等进行宣传推广，吉菜的知名度逐渐提升。这使得吉菜在国内外市场的竞争力不断增强，为餐饮企业带来了更高的经济效益。

在此基础上，吉菜产业还应把握文旅融合的发展趋势，进一步挖掘和传承吉菜文化，提升菜品品质，丰富产业形态。加强政策扶持，培育一批具有核心竞争力的吉菜企业，发挥示范引领作用。同时，加强产业链上下游企业的合作，推动吉菜产业向规模化、品牌化、产业化方向发展，实现经济效益和社会效益的双赢。

文旅融合为吉菜文化经济价值的提升提供了有力支撑。在新的发展阶段，吉菜产业应紧紧抓住文旅融合的历史性机遇，进一步发挥产业优势，为推动我国餐饮产业高质量发展贡献力量。

第四节 吉菜的未来走向

1999 年“吉菜”正式得名以来，以现代化的姿态，呈现在世人面前。原料考究，追求天然绿色；技法多样，讲求营养健康。立足大众，讲究朴素实惠。底蕴深厚，寓意吉祥……吉菜美名广泛传扬。

20 年余来，吉菜不断创新、发展，取得了长足的进步。未来，特色化、品牌化、科学化、产业化、国际化成为吉菜产业的发展远景。

一、弘扬地域食材特色化

中国幅员辽阔，各地地理环境差异性大，形成了我国丰富的饮食文化和各具特色的地方菜系。吉菜的一个最瞩目的特色，就是本地天然、绿色食材在菜品中的应用。东部长白山的山珍野味，中部松辽平原的鲜果、蔬菜、粮食，西部草原的牛羊，松花江的淡水鱼类……这些上好的烹饪原料，为吉菜的发展奠定了丰富的物质基础。

为更好地开发和利用这些珍贵的资源，要深入挖掘长白山地区的特色食材，这些食材不仅具有独特的口感和营养价值，还承载着当地丰富的历史文化。通过科学合理的加工和烹饪，将这些食材转化为美食，不仅可以满足消费者的味蕾，还能提升餐饮的品质和品味。要扩大这些特色食材在各类餐饮领域的应用。例如，吉菜快餐、民俗餐饮、风味小吃和大众化特色餐饮等，都是非常适合这些食材的舞台。通过丰富多样的烹饪手法和菜品创新，让更多的人了解和喜爱长白山特色食材。还可以通过举办各类餐饮交流展销活动，进一步推动我省餐饮原材料的销售。这样不仅可以提升我省特色原材料的知名度，还能带动特种种植、养殖产业和农副产品加工业的发展。

总的来说，加强地产食材的开发利用和推广，不仅有助于提升吉林省餐饮行业的整体水平，还能带动相关产业的发展，实现产业链的升级。

二、争创吉菜产品品牌化

随着人们生活水平的不断提高，对于美食的追求不仅仅局限于口感，更注重食品的品质和安全性。我国菜肴种类繁多，吉菜作为其中之一，具有丰富的地域特色和独特的烹饪技法。争创吉菜产品品牌化，不仅有助于提升吉菜的知名度，还能推动地方经济的发展。

（一）挖掘吉菜文化底蕴

吉菜起源于吉林市，历经数百年的演变，融合了满、蒙古、汉等多民族饮食文化，形成了独特的风味。在品牌化过程中，首先要深入挖掘吉菜的文化底蕴，通过整理和研究吉菜的历史、典故、食材、烹饪技法等，将吉菜的文化内涵展现给消费者，增加其品牌价值。

（二）提高产品质量

产品质量是品牌的基础。要想实现吉菜产品品牌化，必须从源头把控食材质量，注重绿色、有机、安全的食材采购，保证食材的新鲜度。同时，要不断提高烹饪技艺，注重菜品口感、色香味形的搭配，提高菜品品质。

（三）加强品牌宣传和推广

品牌宣传和推广是吉菜产品走向全国乃至全球的关键。要充分利用各类媒体平台，如电视、网络、报纸等进行吉菜的宣传推广，提高消费者的认知度。此外，还可以通过举办吉菜美食节、烹饪大赛等活动，加强吉菜与其他菜系的交流与合作，提升吉菜的品牌影响力。

（四）培育产业链上下游企业

吉菜产品品牌化需要整个产业链的共同推动。要培育一批具有核心竞争力的上下游企业，如食材供应商、餐饮企业、烹饪培训机构等，实现产业链的协同发展。同时，要加强与产业链上下游企业的合作，形成利益共同体，共同打造吉菜品牌。

（五）政策支持和政策引导

政府在吉菜产品品牌化过程中发挥着至关重要的作用。政府部门要出台相关政策，鼓励和引导企业加强品牌建设，如提供财政支持、减税降费等。此外，还要加强对吉菜产业的监管，确保食品安全，提升消费者的信任度。

争创吉菜产品品牌化，需要从文化挖掘、产品质量、品牌宣传、产业链建设和政策支持等多方面入手，共同努力，将吉菜打造成具有较高知名度和影响力的品牌，为推动我国餐饮产业的发展贡献力量。

三、坚守吉菜创新科学化

加强吉菜文化研究，为吉菜发展提供理论支撑。组织餐饮、烹饪、食品、文化、经济等专家，对吉菜的历史、文化、菜系理论、营养科学、食品科学、代表菜点和吉菜标准化、产业化发展项目等软硬课题进行研究。

充分发挥行业协会作用，全面推行标准化体系建设和信用体系建设。发挥行业协会在推动标准化制定及推广中的作用，推动国家级绿色饭店和酒家酒店等级评定工作的作用，大力推动吉菜地方标准的制定和推广工作，加强吉菜理论研究，加快完善吉菜理论体系建设。

吉菜产业发展中利用科技和信息技术，进行吉菜产品和服务的生产和管理是吉菜产业发展的新形式和新趋势。效率提升，是指吉菜产业中通过科技应用，提高吉菜产品和服务的质量和效果的目标，是吉菜产业发展的新方向和新目标。科技应用与效率提升，是吉菜产业发展的新动力和新源泉，也是吉菜产业发展的新挑战和新问题。

（一）科技进步在吉菜产业链（原料环节、菜品制作、物流配送等）中的应用

吉菜产业是吉林省的优势产业之一，也是吉林省乡村振兴的重要抓手。随着科技进步的推动，吉菜产业链不断延伸拓展，形成了从原料采购、菜品制作、物流配送到市场消费的完整产业链，提高了吉菜产业的效率、质量和创新能力，满足了消费者的多元需求，促进了吉菜产业的发展和壮大。

1. 原料环节

未来吉菜产业将利用以下科技和信息技术对吉菜原料的种植、收购和加工过程进行强化，这将是吉菜产业科技应用的起点和基础。

种植技术：吉菜产业利用现代农业技术，包括智能温室、水肥一体化、无土栽培等，以提高吉菜原料的种植效率和质量，保证其绿色和安全，满足产业的原料需求。例如，利用智能温室技术种植高品质的辣椒，成为辣椒生产的重要基地；利用水肥一体化技术种植优质的西红柿，打造了“中国北方西红柿之乡”；利用无土栽培技术种植特色的香葱，形成了香葱产业集群。

收购技术：吉菜产业利用物联网技术，包括条码、二维码、RFID 等，实现吉菜原料的追溯和管理，保证原料的来源和流向，提高可追溯性和可信度。例如，通过条码技术对原料进行标识和记录，建立了原料的追溯体系；利用二维码技术对原料进行扫描和查询，建立了信息平台；利用 RFID 技术对原料进行识别和监控，建立了智能管理系统。

加工技术：吉菜产业利用食品加工技术，包括冷冻、真空、微波等，对吉菜原料进行初步加工和保存，以保证其新鲜和卫生，延长保质期和运输距离。例如，利用冷冻技术对原料进行快速冷冻，保持了其色泽和营养；利用真空技术对原料进行包装，防止氧化和变质；利用微波技术进行杀菌，消除细菌和病毒。

2. 菜品制作

未来，吉菜产业将利用以下科技和信息技术对吉菜产品制作和服务过程进行强化，这将是科技应用的重点和核心。

制作技术的应用：吉菜产业利用智能厨房技术，包括智能炒锅、智能烤箱、智能切菜机等，提高产品的制作效率和质量，保证一致性和标准化，满足产品需求。例如，利用智能炒锅技术实现了自动翻炒和温控，保证口感和营养；利用智能烤箱技术实现了自动烘烤和定时，保证香气和色泽；利用智能切菜机技术实现了自动切割和分拣，保证形状和卫生。

服务技术的应用：吉菜产业利用智能服务技术，包括智能点餐、智能送餐、智能结算等，提高服务的提供效率和质量，保证便捷性和个性化，满足服务需求。例如，利用智能点餐技术实现了自助点餐和智能推荐，提高了服务的效率和满意度；利用智能送餐技术实现了无人送餐和智能导航，提高了服务的速度和安全性；利用智能结算技术实现了自助结算和智能优惠，提高了服务的便利性和经济性。

创新技术的应用：吉菜产业利用人工智能技术，包括机器学习、深度学习、自然语言处理等，对产品和服务进行创新和优化，保证多样性和创新性，满足产业的创新需求。例如，利用机器学习技术实现了智能配方和智能调味，提高了风味和品质；利用深度学习技术实现

了智能识别和智能推荐，提高了精准性和个性化；利用自然语言处理技术实现了智能对话和智能评价，提高了互动性和满意度。

3. 物流配送

未来，吉菜产业将利用以下科技和信息技术对吉菜产品和服务的运输过程进行强化，这将是科技应用的终点和延伸。

运输技术的应用：吉菜产业利用智能物流技术，提高产品和服务的运输效率和质量，保证安全和及时性，满足运输需求。例如，利用智能货柜技术实现了智能存储和取货，增加了存储空间和取货便利性。

分发技术的应用：吉菜产业利用智能分发技术，包括智能柜、智能售货机、智能快递箱等，提高产品和服务的分发效率和质量，保证方便和灵活性，满足分发需求。例如，利用智能柜技术实现了自助取餐和智能支付，节省了人力和时间，提升了安全性和及时性。

监控技术：吉菜产业利用大数据技术，包括云计算、物联网、区块链等，对产品和服务的运输和分发进行监控和管理，保证可视化和可控制，提高物流效能和效益。例如，利用云计算技术、物联网技术和区块链技术，实现了数据存储和数据分析，优化了物流方案和成本，进行数据采集和传输，监测物流状态和质量，实现了数据加密和数据共享，保障了物流安全和信用。

（二）通过科技提升吉菜制作的精确度和一致性的方法

精确度是指吉菜产品和服务与预期和标准的一致程度，是吉菜产业发展的重要指标和目标。一致性是指吉菜产品和服务不同时间和地点的相似程度，是吉菜产业发展的重要保障和条件。科技可以提升吉菜制作的精确度和一致性，主要方法包括以下几个方面。

1. 标准化

利用科技和信息技术，制定和执行吉菜产品和服务的质量和效果的统一标准和规范，以保证吉菜产品和服务的精确度和一致性。制定标准可以通过使用传感器和仪器对原料、制作、保存、配送等环节进行科学的测量和评估，确保质量和效果符合合理的标准和规范。执行标准可以通过利用摄像头和扫描仪追溯和核验吉菜原料的来源和质量，利用显示屏和语音提示指导和提醒吉菜制作步骤，利用标签和二维码标记吉菜保存的日期、期限、成分等，以严格监控和管理吉菜产品和服务的质量和效果。

2. 数字化

利用科技和信息技术，对吉菜产品和服务的数据和信息进行收集、存储、分析、展示，提高吉菜产品和服务的精确度和一致性。收集数据可以利用传感器、摄像头、扫描仪等设备实时采集吉菜产品和服务的数据和信息。存储数据可以利用云存储、数据库、服务器等技术安全地存储和备份数据和信息。分析数据可以通过数据挖掘、数据分析、数据可视化等技术深入分析和处理数据，发现规律和问题，提出改进和优化方案。展示数据可以利用报表、图表、仪表盘等方式直观地展示吉菜产品和服务的状况和成果，提高透明度和可信度。

3. 智能化

将吉菜产品和服务的数据和信息与人工智能技术相结合，提高吉菜产品和服务的精确度和一致性。学习数据可以利用机器学习、深度学习、自然语言处理等人工智能技术对数据进行学习和理解，提高吉菜产品和服务的智能水平和能力。生成数据可以利用生成对抗网络、神经网络、自动编码器等技术生成吉菜产品和服务的新数据和信息，提高创新能力。应用数据可以利用智能推荐、智能优化、智能决策等技术实现吉菜产品和服务的自动化和智能化，提高效率和效果。

四、推动吉菜发展产业化

近些年来，吉菜产业自身谋求发展的同时，也形成了上下游产业链。促进了吉林省粮食转化和农副产品加工业的发展，吉菜半成品的加工更推动了上游种植、养殖业的发展，实现了“以小餐桌拉动大经济”的发展经济理念。

（一）创新商业模式推动吉菜产业发展

随着社会的不断发展和消费者需求的不断变化，吉菜产业需要不断探索和创新商业模式，以提升吉菜产品的附加值和竞争力。这些创新商业模式为吉菜产业带来了新的形式和趋势，对于推动吉菜产业的发展和壮大具有重要意义。

首先，预制菜模式是吉菜产业中的一种创新商业模式。通过预先制作、冷冻保存和快速加热的方式，预制菜模式提供了方便、快捷、卫生的吉菜产品。这种模式节省了时间和人力成本，保证了质量和安全，满足了消费者对便利和健康的需求。随着快节奏生活的普及和消费者对食品安全的关注，预制菜模式获得了广泛的认可和接受。预制菜模式还可以提高吉菜产品的保鲜期和运输效率，扩大销售范围和市场渗透率。然而，预制菜模式也面临一些挑战，例如，需要投入更多的设备和技术来确保产品的质量和口感，并且可能需要应对更多的标准和规范，以确保产品符合消费者的口味和健康需求。

其次，网络订餐模式是另一种吉菜产业中的创新商业模式。随着互联网和移动设备的普及，网络订餐模式为消费者提供了在线订餐、支付和配送的服务。通过这种模式，消费者可以通过手机或电脑轻松地下单，并选择各种吉菜产品进行配送。网络订餐模式的优点在于可以扩大市场和客户群体，降低成本和难度，提高效率和效果，满足消费者对多样化和个性化需求的要求。对于吉菜产业来说，网络订餐模式不仅可以提高销售额和知名度，还可以通过数据分析和用户反馈来了解消费者需求，进行精准营销和产品创新。然而，网络订餐模式也需要投入更多的资源和建立合作伙伴关系，以确保供应链的稳定和服务的质量。此外，面对越来越多的规则和约束，例如食品安全和网络支付的监管要求，吉菜产业需要加强合规意识，确保产品和服务能够符合相关的法律法规和行业标准。

最后，体验式餐厅模式是吉菜产业中另一种备受关注的创新商业模式。体验式餐厅模式注重提供吉菜制作、品尝、学习等多种体验，通过独特的装修和布置、特色的菜品和服务，为消费者打造一个充满趣味性和互动性的用餐环境。通过参与吉菜的制作过程，消费者可以深入了解吉菜的文化内涵和教育意义，增强他们对吉菜的认知和兴趣。体验式餐厅模式给消费者带来更多的参与感和情感共鸣，让他们在享受美食的同时，也能感受到一种独特的体验和情感连接。体验式餐厅模式还可以促进吉菜文化的传承和推广，通过向消费者传递吉菜的背后故事和价值，提高他们对吉菜的认知和认可度。然而，体验式餐厅模式面临一些挑战，例如需要投入更多的创意和人力，以设计和实施独特的体验项目；同时，为了保证体验的质量和效果，还需要培训和管理专业的服务人员，提供全方位的体验服务。

创新商业模式是吉菜产业发展的重要推动力。通过预制菜模式、网络订餐模式和体验式餐厅模式等方式，吉菜产业能够满足消费者日益多元化和个性化的需求，提高吉菜产品的附加值和竞争力。然而，实施这些创新商业模式也需要吉菜产业投入相应的资源和努力，以应对相应的挑战和风险。只有不断创新和优化商业模式，吉菜产业才能跟上市场的发展趋势，实现持续的发展和增长。吉菜产业需要密切关注消费者需求的变化和市场趋势的演变，不断迭代和改进商业模式，提高产品质量和服务体验，以打造具有竞争力和可持续发展的吉菜品牌。

在吉菜产业中的市场竞争态势对创新商业模式的发展产生影响。随着吉菜产业的快速发展，竞争对手的增加和市场的竞争压力也在不断增大。在这样的背景下，创新商业模式可以为吉菜产业提供差异化竞争的优势，通过新的经营理念、组织形式和收入来源等，提高吉菜产品的附加值和竞争力，从而在激烈的竞争中脱颖而出。

未来，创新商业模式在吉菜产业中的前景将更加广阔。首先，随着科技的不断进步和发展，新的科技和信息技术将不断涌现，为吉菜产业的创新商业模式提供更多的支持和保障。例如，人工智能、大数据分析、物联网等技术的应用将进一步提升吉菜产业的智能化、数字化水平，为消费者提供更加个性化和便利化的吉菜产品和服务。

其次，随着消费者对吉菜的需求和喜好的进一步多样化和个性化，吉菜产业将不断推出创新的商业模式，以满足消费者的不同需求。例如，提供定制化菜品的模式、发展健康养生菜品的模式、结合线上线下的多渠道销售模式等，将成为吉菜产业未来创新商业模式的发展方向。

再次，随着社会对于健康、环保、可持续发展的日益关注，吉菜产业将进一步强化创新商业模式中的可持续性和社会责任意识。例如，采用绿色种植和生产方式，推行循环利用和资源节约的模式，加强与农业合作社、农民专业合作社的合作，以促进产业链的可持续发展。

最后，政府的政策和支持也将对吉菜产业的创新商业模式发展起到积极的推动作用。政府可以通过优惠政策、补贴支持、专项基金等途径，鼓励和支持吉菜产业的创新和创业，为创新商业模式提供良好的政策环境和资源保障。

创新商业模式对于吉菜产业的发展具有重要意义。通过不断创新和完善商业模式，吉菜产业可以提高产品的附加值和竞争力，满足消费者的需求，拓宽市场空间，实现可持续发展。在未来，创新商业模式在吉菜产业中的前景将更加广阔，需要吉菜产业从市场需求、技术支持、政策环境、竞争态势等多个方面综合考虑，不断探索和创新，实现吉菜产业的可持续发展与繁荣。

（二）消费者口味变化对吉菜市场趋势的影响

消费者口味的变化对吉菜市场趋势产生了重要影响。首先，消费者越来越注重吉菜产品的健康性，他们更加关注吉菜的营养价值和食品安全。因此，吉菜产业需要提供天然、绿色、低脂、低盐、低糖等健康的吉菜产品和服务，以满足消费者对健康化饮食的需求。这意味着吉菜产业需要关注原料的选择与质量管理，符合健康标准的吉菜产品和服务将受到消费者青睐。其次，消费者对吉菜的口味多样性和创新性的追求也在不断增加。消费者希望尝试不同的吉菜口味、风格和形式，以满足他们对美食的探索和娱乐需求。因此，吉菜产业需要不断创新和改进现有的产品和服务，提供更多样化的吉菜选择，以满足消费者对多样化吉菜的需求。同时，吉菜产业也需要关注消费者对创新和新鲜感的追求，提供独特的菜品和烹饪方式，吸引消费者的兴趣和品尝欲望。另外，消费者越来越呈现出吉菜个性化和定制化的需求。不同消费者对于吉菜的量、质、价等方面都有不同的要求和偏好。因此，吉菜产业需要不断提升个性化服务的能力，为消费者提供量身定制的吉菜产品和服务。这要求吉菜产业能够灵活地根据消费者的需求和要求调整菜品的配料、口味和价格，进一步提升消费者的满意度和忠诚度。

随着消费者口味的变化，吉菜产业面临着增加的机遇和挑战。首先，消费者对于有机和可持续的食材的需求逐渐增加，这为吉菜产业提供了更多的机会，可以创造更健康、环保的菜品，并因此得到更多消费者的认可和信任。其次，消费者对于创新和差异化的味道体验的需求也在增加，这为吉菜产业提供了更大的创新空间和发展机会。然而，消费者口味的多样化也对吉菜产业提出了挑战。随着消费者对各种口味的需求不断增加，吉菜产业需要不断提高产品和服务的水平，以满足消费者不同层次、不同需求的多样性。吉菜产业也需要关注市场竞争的变化，时刻了解竞争对手的情况，并不断提高自身的竞争力。再次，随着社会对食品安全和环保的要求越来越高，吉菜产业需要适应和应对相应的政策法规的变化，主动采取精细管理和质量控制等手段，保证吉菜产品的质量和安全。最后，吉菜产业也需要已有的生产模式和管理方式进行创新和调整，更好地适应市场和消费者的需求。

五、致力吉菜交流国际化

文化交流与国际合作，是吉菜产业发展的新机遇和新空间，也是吉菜产业发展的新挑战和新问题。

吉菜，是中国东北菜的重要组成部分，也是中国饮食文化的瑰宝。吉菜以其鲜香、浓郁、酥软、爽口的特点，深受广大食客的喜爱。然而，吉菜在海外的知名度和影响力还不够高，需要通过更多的文化交流与国际合作，来提升吉菜的海外形象和市场。国际美食交流项目，是指吉菜产业中参与和组织的各种国际性的美食展览、竞赛、论坛、节庆等活动，是文化交流的主要形式和载体。国际美食交流项目对提升吉菜海外知名度的作用，主要体现在展示吉菜的形象和特色和交流吉菜的经验和技巧。

展示吉菜的形象和特色是指吉菜产业中通过国际美食交流项目，向海外的观众和媒体展示吉菜的风味、技艺、文化等方面的形象和特色，以提高吉菜的认知度和影响力，增强吉菜的吸引力和竞争力。例如，2017 年 6 月，在中国外交部蓝厅，外交部联合吉林省人民政府举行“开放的中国：精彩吉林 相约世界”吉林全球推介活动，夏金龙教授、朱基富教授以餐饮技术顾问的身份为推介会结束后的冷餐会提供全程技术支持，现场向外国友人介绍了吉林的美味食材，并与法国、瑞士等外国使节就吉菜的现状与发展进行了交流，让吉菜也借此推介活动走向了世界。2018 年，4 月，唐文教授受邀赴澳门银河大酒店开展东北三省美食节，为澳门同胞以及海内外游客呈现了一场东北美食饕餮盛宴，并将吉菜美食扎根澳门，使得吉菜的国际化发展取得长足进步。2018 年 7 月，唐文教授团队受邀赴西班牙巴塞罗那参加‘一带一路’中西餐饮文化交流活动”，在活动现场，吉林厨师现场制作长白山黑木耳、演示蒙眼切菊花豆腐，充分展示了吉菜文化与烹饪技艺。2022 年 1 月 6 日，长春市举办了“吉飨盛宴 · 逐梦冬奥”冰雪春城旅游美食发展推介研讨会，邀请了国内外的美食专家、媒体和旅游机构，展示了吉菜的冬季特色养生菜，推广了吉菜的冰雪文化和冬奥精神。

交流吉菜的经验和技巧是指吉菜产业中通过国际美食交流项目，与海外的美食界人士进行吉菜的经验和技巧的交流和互动，以提高吉菜的水平和质量，促进吉菜的创新和发展。推广吉菜的产品和服务。这是指吉菜产业中通过国际美食交流项目，向海外的消费者和市场推广吉菜的产品和服务，以提高吉菜的销量和收入，拓展吉菜的市场和合作。除了国际美食交流项目，吉菜产业还可以通过与国际餐饮机构的合作，来提升吉菜的海外知名度。吉菜产业与国际餐饮机构的合作，是指吉菜产业中与其他地区和国家的餐饮机构进行的各种形式的合作和共赢的活动，是国际合作的主要方式和途径。吉菜产业与国际餐饮机构的合作模式和效果，主要包括联合开发、联合经营和联合培训是吉菜产业与国际餐饮机构合作的三种重要模式。联合开发指的是吉菜产业与国际餐饮机构共同合作开发和推广吉菜的新产品和新服务，旨在实现吉菜的创新和多样化，以满足不同消费者和市场的需求和喜好。联合经营则是指吉菜产业与国际餐饮机构共同合作经营和管理吉菜餐厅和品牌，通过规范化和标准化的手段，提高吉菜的质量和效果，增强吉菜的竞争力和影响力。而联合培训是指吉菜产业与国际餐饮机构共同合作培训和教育吉菜的人才和专业知识，以实现吉菜的传承和发展，提升吉菜的水平和能力，并培养吉菜产业的后继者和领军者。这些合作模式的实施将有助于吉菜产业与国际餐饮机构的共同发展和提升。

综上所述，文化交流与国际合作，是吉菜产业发展的新机遇和新空间，也是吉菜产业发展的新挑战和新问题。当然，文化交流与国际合作，也需要注意一些问题，如尊重各地区和国家的餐饮文化和习俗，避免过度的冲突和误解；保持吉菜的本土特色和优势，避免过度的同化和失真；平衡吉菜的合作和竞争，避免过度的依赖和排斥等。只有这样，才能使吉菜产业在文化交流与国际合作中，实现更好的发展和提升。

第八章

吉菜名店名企

JI CAI MING DIAN MING QI

第一节 吉菜示范店

一、南湖宾馆

南湖宾馆始建于1958年，并于1960年10月正式投入使用，占地面积约为86万平方米。它不仅成为省市政务、外事、商贸活动以及旅游休闲的首选之地，更是我国第七批省级文物保护单位，其地位之重要不言而喻。南湖宾馆建筑群以其独特的历史底蕴和建筑风格，荣获了中华人民共和国成立初期长春“十大建筑”的美誉，可谓实至名归。在南湖宾馆，可以在喧嚣的繁华都市中寻找到一份遗世独立的宁静。漫步在青草、白桦、花丛中，聆听鸟儿的啁啁鸣叫、鹿儿的呦呦声，感受大自然的和谐乐章。人们与生俱来的“亲生命性”，使得这里成为心灵休憩的理想之地。正如唐代诗人王维的诗句：“随意春芳歇，王孙自可留。”南湖宾馆的建筑与园林相映成趣，却并不抢眼，反而将主角地位留给了自然，展现出一种连绵不绝的美。

南湖宾馆的一些细节之处，见证了拥有历史的建筑如何历经岁月磨砺，展现出独特的魅力。那些不经意间的细微之处，都闪耀着历史的印记，让人不禁感慨时光流转，岁月如歌。南湖宾馆是一个集历史、文化、自然于一体的综合性场所，无论是政务活动、外事往来，还是旅游休闲，都能在这里找到属于自己的一片天地。

二、吉林省松苑宾馆

吉林省松苑宾馆始建于1933年，原为日本侵华关东军第一任司令长官本庄繁官邸。其后，作为历任侵华关东军司令官官邸使用。1949年全国解放后，改为长春市政府一号招待所。1954年，吉林省省会由吉林市迁至长春市，将此楼改为吉林省委一号招待所。

吉林省松苑宾馆一栋、二栋曾多次接待过党和国家领导人及外国友人。

1950年2月28日，中共中央主席、中华人民共和国主席毛泽东同志从莫斯科签订《中苏友好条约》回国途中，视察吉林省，下榻于一栋101房间（润之厅）。周恩来总理陪同毛主席视察，下榻在一栋103房间（润泽厅）。1952年10月7日，中华人民共和国副主席宋庆龄，在中央人民政府秘书长林伯渠的陪同下视察吉林省，下榻在一栋105、102房间（润霖厅、润丰厅）。1953年8月，中华人民共和国副主席宋庆龄视察吉林省，下榻于一栋101房间（润之厅）。1955年2月16日至20日，全国人大副委员长达赖喇嘛丹增加措和全国政协委员会副主席班禅额尔德尼却吉坚赞来吉林省视察，下榻在一栋。1956年9月3日，印度尼西亚总统苏加诺来吉林省访问，下榻在一栋101房间（润之厅）。1957年10月15日，1959年7月26日至30日，中共中央副主席、政治局常委、国务院副总理陈云同志两次来吉林省视察，均下榻于一栋109房间（杜鹃厅）。1958年2月13日至14日，中共中央主席、中华人民共和国主席毛泽东来长春视察汽车厂、长春电影制片厂时下榻在一栋101房间（润之厅）。

1958年2月23日，中央政治局候补委员康生来吉林省参加杨靖宇将军公祭安葬大会，入住一栋104房间（润珍厅）。1958年9月18日至24日，中共中央总书记、政治局常委、国务院副总理邓小平，中共中央政治局委员、书记处书记、国务院副总理李富春及杨尚昆、刘澜涛、蔡畅等领导同志来吉林省视察时下榻在一栋，邓小平同志下榻于105房间（润霖）。1958年，全国政协副主席班禅额尔德尼却吉坚赞视察吉林省，下榻于一栋101房间（润之厅）。1959年6月15日至20日，中共中央副主席、政治局常委、全国人大常委会委员长朱德及董必武、林枫、康克清、何莲芝等领导同志来吉林省视察，下榻在一栋102、101、103房间（润丰厅、润之厅、润泽厅）。1959年7月26日至30日，中共中央副主席、政治局常委、国务院副总理陈云来吉林省视察时，下榻在一栋109房间（杜鹃厅）。1959年，地质部长何长工来吉林省视察，下榻在一栋。1959年和1960年8月3日至5日，中共中央委员、中央军委委员叶剑英来吉林省视察，下榻在一栋101房间（润之厅）。1962年6月16日，中共中央副主席、政治局常委、国务院总理周恩来同志来吉林省视察，下榻在二栋201房间。1963年5月19日，中共中央副主席、中央政治局常委林彪再次来长春，进行为期两个月的“休养”，仍入住在一栋一楼会议大厅（润成厅）。1963年8月，刘伯承元帅来吉林省视察，下榻于一栋。

1964年，周恩来总理来长会见朝鲜首相金日成，下榻于二栋。

1964年7月6日至10日，康克清同志陪同全国人大常委会委员长朱德同志在吉林省视察，下榻于一栋。1974年1月30日至2月4日，中共中央政治局委员、国务院副总理陈永贵来吉林省视察，下榻在一栋103房间（润泽厅）。1980年8月5日，中央政治局常委，国务院副总理赵紫阳在吉林省视察，下榻于二栋。1988年，国务院总理李鹏同志在吉林省视察，在松苑宾馆二栋停留休息。1990年6月26日至29日，中央书记处书记温家宝同志来吉林省视察，下榻在二栋。吉林省松苑宾馆一栋现为国家级重点保护文物（省委主楼）附属建筑。

三、清华睿景酒店

清华睿景酒店，总建筑面积达 8720 平方米，位于长春市朝阳区清华路 95 号，坐落于吉林省人大常委会后院，紧邻热门的网红步行街桂林路。酒店周边设有南湖公园、长影旧址博物馆等市区主要旅游景点，地处人民大街中段，享有便捷的交通条件。清华睿景酒店在 2018 年经历全面翻新装修，以简约大气的装修风格和热情周到的服务，为商旅客人提供温馨的住宿体验。酒店共有六层，设有商务套房、行政大床房、商务大床房、商务双床房、标准间等客房 113 间。清华睿景酒店，位于风光旖旎的桂林路商圈，周边的娱乐购物设施也相当完善，汇集了众多知名品牌商家，琳琅满目的商品和服务，尽现都市生活的繁华。

四、春谊宾馆

春谊宾馆位于长春火车站商圈，前身是始建于 1907 年的“长春大和旅馆”，作为当年呼应世界建筑思潮的作品，长春“大和旅馆”创下了很多纪录。它是“满铁附属地”内单位面积造价最高的建筑，也是长春最早使用暖气、水洗式厕所等设施的旅馆。1975 年定名春谊宾馆后，这座豪华旅馆终于面向普通百姓开放，逐渐实现其市场经营的本来功能。1992 年，为突破原有建筑的局限，又在“大和旅馆”旧址旁新建一幢九层建筑，起名“贵宾楼”，原建筑定名为“迎宾楼”。

2011 年，宾馆投入六千万元，依照四星级酒店评定标准进行了全面装修改造：迎宾楼在市政统一规划下进行了复古式修缮，基本恢复了原貌，极具历史厚重感，贵宾楼进行了简约化设计，整体感观明快大方，更富现代气息；全部客房进行了重新规划，面积增加，卫生间干湿分离，功能更加完善，设备设施档次也相应大幅提升；为适应现代化经营管理的需要，宾馆引进了智能客房管理系统，实现了门锁、网络、电气设备的集约化管理；餐厅重新进行了主题化设计，突出了文化内涵和艺术特质，与整体设计风格遥相呼应。宾馆也将以全新的管理模式和服务标准打造更优秀的企业品牌。

在 20 世纪七八十年代，各色宫廷糕点、“面包王”独创的面包、享誉南北的传统名菜，使春谊宾馆一直享有“食在春谊”的美名，经过市场大潮的洗礼，历经无数的坎坷沉浮，新一代春谊人厚积薄发，又在美食的天地重新续写新的历史。经历百年风雨的“大和旅馆”，曾经见证了长春的发展历程。

五、凤吉园乌拉火锅

“凤吉园”是一家历经五代传承的百年老店，历经五代传承，凝结百年记忆。如今，凤吉园经营面积 800 平方米，占地 5000 余平方米。贾成明注重品牌建设，2010 年将“凤吉园”字号申请注册商标。凤吉园先后被评为“吉林省非物质文化遗产”“吉林特色餐饮旅游名店”“中华老字号”，其商标被评为“吉林省著名商标”。随着乌拉古镇、吉林雾凇知名度的提高，凤吉园乌拉满族火锅成为游客的重要行程。吉林市满族博物馆展示凤吉园的围桌就餐图片，这对其经营起到认证和引流的作用。在口碑宣传和媒体报道下，凤吉园知名度逐年提高，已接待 30 多个国家的游客。

凤吉园乌拉满族火锅在贾福时期进行了精简，保留了核心汤底“两熬三味”，并适当去掉了珍贵的食材药材，使其更亲民。主要肉类有五花肉、大骨、牛肉、羊肉等，菜品类有酸菜、冻豆腐、蘑菇等，这些都与满族传统饮食习惯紧密相连。加工技艺源于满族民俗生活。猪五花肉片肥而不腻，獐狍野鹿肉秘方加工，山珍海味聚于一锅，私房佐料配制讲究。凤吉园坚守传统文化，吸引食客品味珍馐。除了保留最接近原始味道的做法外，也传承了严格的食用、摆放等礼节规矩，如满族“四围碟”和摆法等，体现满族古朴风俗和礼俗文化，具有历史价值。

六、万事发酒家

万事发酒家位于我国吉林市丰满区丰满大坝下游，历经五代传承，专门研制鱼宴已有 134 年历史，荣获吉林省老字号店及吉林省非遗鱼宴“双冠”。该酒家始建于 1889 年，秉持几代人传承的工匠精神，致力于让吉林市“三花一岛”这张地方餐饮名片在全国飘香。我们首创的“三花一岛”礼盒，每逢元旦春节，便成为顾客争相购买的礼品，畅销各地。赠送一份“三花一岛”礼盒，便是传递一张北国江城名片，使每位顾客都成为吉林市及松花湖形象的义务代言人。如今，万事发酒家已成为吉林市特色鱼宴的代表性符号，连续多届担任吉林市开江鱼美食节主办方指定接待地。

2022 年，在吉林市文旅局和丰满区联合举办的松花湖鱼文化节上，万事发酒家荣获“金牌鱼餐馆”殊荣，成为吉林市的鱼宴地标。本酒家的四道菜品入选代表吉林市的“松花江金牌全鱼宴”，独占鳌头。2015 年春天，中央电视台经济频道《消费主张》播出的介绍松花江开江鱼节目中，万事发酒家非遗鱼宴内容占据超过 15 分钟。随着品牌知名度的不断提升，万事发酒家荣获众多荣誉，包括“太阳神鸟”奖及最佳文化宴席奖。因美名远播，本酒家曾接待过香港特区前任行政长官、商界名人、影视明星及归国华侨等各界人士。

七、李连贵熏肉大饼

李连贵熏肉大饼，1908年（清光绪三十四年）诞生在中国东北四平市梨树县的老字号。主打产品是熏肉和大饼。在传承过程中，始终坚守“师徒相传毫发不敢有变”的原则，采用中草药调味，保持了“肉有药香，饼有肉味”的独特品质。其熏肉棕红剔透，肥而不腻，瘦而不柴；大饼金黄酥嫩，皮层分离，香浓可口。作为东北地区的特色药膳佳肴，李连贵已成为四平市的一张亮丽名片。1958年，邓小平同志在四平视察工作时，曾将李连贵熏肉大饼作为工作餐，并给予高度评价：“经济实惠、简单好吃。”2013年1月6日，百年老字号李连贵成功改制，成立了四平李连贵饮食服务股份有限公司。公司发起人及绝对控股人为温亚龙先生。现拥有自投资直营店 16个，员工 230人，连锁加盟店 300多个，分布于全国 23个省、自治区直辖市。近年来，企业荣获多项殊荣，包括“中华老字号”“中国驰名商标”“中国国家级非物质文化遗产”“中国餐饮百强企业”“中国特许连锁百强”等。公司连续多年总部及连锁店营业总收入超过8亿元。李连贵公司秉持“广厚忠诚、连年富贵”的价值观，致力于打造独特的美味体验，为广大消费者提供高品质、中低价位的餐饮服务。同时，通过不断拓展市场和提升品牌影响力，致力于成为饼类餐饮企业的领军性代表。

八、和润艺术酒店

和润艺术酒店成立于 2018 年 5 月，坐落在吉林省长春市，始终坚持高标准、高品质的服务，以执着和坚守赢得了良好的口碑，成为春城酒店行业的标杆。和润艺术酒店，秉承“真、鲜、嫩、爽、滑”的出品标准，糅合传统中华美食文化与创新时尚元素，遵循古法烹饪技艺与现代出品工艺相结合，经过 6 年的磨炼，成功打造了“和润中餐厅”“和润海鲜火锅厅”“和润精酿音乐餐厅”“和合料理餐厅”等优质子品牌，形成了数十款独具特色的代表菜品。多年来，酒店始终深耕吉林市场，数十年经验的粤菜大厨坐镇，各式海鲜鱼生是主打，严选新鲜优质的食材，带给食客地道美味的和润菜。在这里既能品尝到东北的地道美食，也能体会到粤菜菜系的精髓，更能感受到日本料理的精致工艺和独特味道，每一样都充满了惊喜。酒店先后荣获 2018 中国服务示范企业，第八届东北美食节团体宴席特金奖、中国吉菜十大特色宴席，东北餐饮百强名店，吉菜发展 20 年突出贡献企业，4D 食品现场管理体系认证，以及一系列省、市、区各级名店、名厨、名菜的荣誉。未来，和润艺术酒店将一如既往地在餐饮行业精耕细作，与时俱进，守正出新，整合线上宣传矩阵和线下品牌活动，以经营环境、菜品特色、服务水平、管理能力，打造一流的和润品牌形象，以官

方认可和具有公信力的品牌形象，引领行业良性发展，以扎实肯干的精神和强力的责任担当，持续推进吉林餐饮业高质量发展。

九、延边白山大厦

延边白山大厦实业有限公司，1988年元月5日建立，是一家集餐饮、住宿、婚庆服务、健身房、桑拿浴、茶座、酒吧、航空售票代理服务、汽车出租、批发兼零售、预包装食品兼散装食品、乳制品（含婴幼儿西方乳粉）（酒类、其他食品）、零售，书报刊、音像制品、烟、鲜花、日用百货、家用电器、工艺美术品、服装、鞋帽、土特产品等多种项目于一体的综合性集团公司。自开业35年以来，公司坚持传承传统吉菜与朝鲜族特色菜融合技法，创新了多数经典宴席和菜肴，使得公司在延边州政务接待中担任了重点单位的角色，得到了国家、省和州级等领导的充分肯定和赞扬。延边白山大厦实业有限公司为提升全州城市饮食文化的美誉度和影响力注入了蓬勃活力，对吉菜的发展意义深远，发挥了重要的作用。延边白山大厦实业有限公司在多年的经营中赢得了无数荣誉，包括：1994年全国最佳星级饭店，2005年加入中国名酒店组织，2009年度平安单位，2008年全国三八红旗集体，2010年中国饭店金星奖，2011年巾帼文明岗，2011年度水资源管理先进单位，2013年州级餐饮服务食品安全示范店，2013年健康单位，2014年延边十佳食品安全明星企业，2015年延边优质酒店，2015—2016年度全国青年文明号，2017年百姓口碑最佳单位，2017年吉林省五一劳动奖状，2020年放心消费示范企业，2020年百家餐饮示范店，2020年全国金叶级绿色旅游饭店，2021年吉林省特色菜名店，2021年吉林省最受网络欢迎十大名店，2021年全国青年文明号，2021年延边州五一劳动奖状，2023年国家级文明旅游示范单位，2023年吉菜示范店等众多荣誉。公司始终以传承吉菜和朝鲜族特色美食，提高全州饮食文化美誉度为己任，不断创新菜品，提升服务水平，赢得了社会各界的广泛赞誉。

十、秦家满园春私房菜

秦家满园春私房菜，位于吉林省长春市南湖大路，始建于1988年，已经拥有37年的经营历史。作为一家以吉菜传统技法烹饪为特色的私房菜馆，它将厚重的历史底蕴与独特的古典建筑风格完美融合，为食客们提供了一处充满历史韵味的用餐空间。秉持着绿色、天然、健康的理念，秦家满园春私房菜在选材和用料上严格把关，选用吉林省特有的优质食材，使用的吉林特色黑毛猪、江鱼等食材，都是新鲜无冷链选材确保每道菜品的官感美味。其代表性菜品锅包肉和熏酱制品深受食客喜爱，成为食客们心中难忘的美味。餐厅建筑面积为970平方米、毗邻南湖大路，周边环境优雅清净，为食客们提供了一个舒适的用餐环境。秦家满园春私房菜始终对食材保持着新鲜和高标准的追求。餐厅使用的吉林特色黑毛猪、江鱼等食材，都是新鲜无冷链选材。

总之，秦家满园春私房菜以其独特的历史底蕴、精湛的料理技艺、新鲜的食材选择和宁静的用餐环境，为食客们提供了一次难忘的美食之旅。无论您是寻求吉菜的传统美味，还是寻找一份宁静的用餐体验，秦家满园春私房菜都将是您的不二之选。

十一、茶啊冲人民饭店

茶啊冲人民饭店，成立于 2012 年 8 月的地域文化创意餐饮饭店，名字源于七千年前的肃慎族，即东北最早的游牧民族。饭店名称源自松花江流域的人类祖先聚集地，承载了东北文化的根基。1800 年（嘉庆五年），此地设立地方行政机构“长春厅”，寓含了“茶啊冲”的汉译转音。茶啊冲人民饭店致力于发掘长春地方老菜，传承长春味道的记忆。在这里可以一窥 20 世纪 30 年代、40 年代、50 年代等历史年代的文化风貌，聆听相应年代的历史歌曲。茶啊冲人民饭店荣获多项荣誉，包括 2020—2021 年度世界中餐业联合会东北亚餐饮产业委员会授予的“东北餐饮年度人气品牌”以及 2021 年 8 月长春市城市管理委员会颁发的“最美店面”。2023 年，“华丹啤酒”长春市云端美食直播节暨长春市民最喜爱的菜评选活动授予茶啊冲人民饭店“长春地标美食名吃”。长春茶啊冲人民饭店以传承为经营理念，通过视觉印象、文字和照片记录，唤起人们对长春的美好回忆，引发文化共鸣。自品牌创建以来，饭店不懈追求弘扬美食文化、倡导健康饮食，从传统文化中汲取营养，创新改良，为饮食文化赋予独特的城市印记。发展至今，茶啊冲人民饭店坚守传统长春老菜制作工艺，以独特味道唤醒城市记忆，让人回味无穷。通过传承和创新传统美食，推广地方特色菜品和美食，茶啊冲人民饭店为不同文化的交流和理解搭建了桥梁。

十二、延吉市海兰江餐饮

延吉市海兰江餐饮管理有限公司，自 1983 年 5 月组建以来，凭借其雄厚的企业实力和卓越的经营管理理念，已成为吉林餐饮行业中的佼佼者。主营项目包括吉菜、民餐、融合菜、韩国料理等，旗下拥有众多知名餐饮品牌，如海兰江民俗宫饭店、海兰江釜山石锅饭、三代家猪蹄拌面等。海兰江餐饮管理有限公司依托延边地区独特的地理人文环境和民族美食文化，不断推动吉菜发展，并取得了显著成果。公司已深度研究并推出了 50 多款地方特色菜，极大地丰富了朝鲜族菜点的内容，打造出新一代时尚美食品牌。其代表菜有石锅拌饭、鱼籽拌饭、参鸡汤、土豆饺子、冷面、温面、江米鸡、菜包肉、大酱排骨、酱猪手、米肠等，深受广大食客的喜爱和推崇。

在多年的发展过程中，延吉市海兰江餐饮管理有限公司荣获了诸多荣誉，如延边风味美食名店、延边特色行业优秀企业、吉林餐饮优秀企业、吉林省百强餐饮企业、吉菜发展 20 年突出贡献企业、传统饮食名家、吉林餐饮卓越企业、民族特色餐饮名店、中国吉菜示范店

等。这些荣誉见证了公司的辉煌历程，凸显了其在餐饮行业中的重要地位。未来，延吉市海兰江餐饮管理有限公司将继续坚持品质为本、创新为魂的经营理念，不断提升企业核心竞争力，将朝鲜族饮食文化推向全国乃至世界，让更多人领略吉林省民族美食的魅力。同时，公司也将在吉菜发展的道路上不断开拓创新，为食在吉林、鲜在延边、响彻全国的吉菜名片作出更大的贡献。

十三、利雅德

吉林市利雅德饭店始建于1995年，位于吉林市船营区解放西路75号，饭店所处地点环境优雅，邻近美丽的松花江畔，扼守吉林外环公路，交通极为便利。

饭店外观极具民族特色，典型的穆斯林新月穹顶直插云霄。饭店总营业面积近2万平方米，华美明亮的大堂，处处充满异域风情的装饰，让您仿佛置身于神秘的阿拉伯世界。饭店拥有豪华行政套房及标准间94间，房间设施豪华、格调高雅，配备独立的上网端口及卫星电视系统。10个独具特色的宴会大厅，最大的可同时容纳千余人就餐和集会。VIP会客厅装修典雅，设施高档、奢华，是贵宾接见、高端会谈和重要接待的理想场所。20余间面积超大装修精美的餐饮包房，即可以享用经典粤菜和招牌菜，还可以品尝到地道的穆斯林特色及东北菜肴。功能齐备的前厅商务中心，可给商住客人提供尽善尽美的服务，全覆盖的WIFI网络更是无微不至的体贴和便捷的关怀。

利雅德饭店近30年来一直秉承“德为上，雅为先，利为辅”的经营理念，弘扬民族餐饮文化；始终坚持“以真情回报社会，创造民族品牌”为己任的经营理念，屹立于餐饮界之巅，成为行业的翘楚。几年来利雅德饭店先后获得了国家、省、市颁发的“吉林餐饮名店”“吉林老字号”“诚信企业”“先进民营企业”“再就业先进集体”“吉林市春雷技能培训基地”等荣誉称号。2016年1月18日被评为国家级五钻、绿色饭店，得到了省市各餐饮同人的一致好评！

十四、新兴园饺子馆

新兴园创建于1893年（光绪十九年），以经营地方传统风味圆笼蒸饺著称于市，历经六代传承，至今已有百余年历史。新兴园始终坚持“历经百年传承，品质始终如一”的理念，继承和发扬了我国传统面食的独特制作工艺，形成了文化底蕴丰厚的百年老店、中华老字号企业、吉林省非物质文化遗产，圆笼蒸饺更是以独特口感，成为关东美食的代表之一。

1893年，河北省冀县人董世昌在吉林开办了“董家饭铺”。1905年（光绪三十一年），吉林善人牛子厚为董家饭铺题字“新兴园”。1920年搬迁到河南街道西，王氏兄弟承接了董世昌的饭铺，易名“天怡兴”，俗称“王饺子馆”。1935年，“天怡兴”扩建新店，聘韩钰掌勺，包饺子的有曹建华、刘中文等，红案有于占清、刘继普等，主要经营圆笼蒸饺，并增添熘炒，包办酒席，店号以韩钰的钰字为名，改“天怡兴”为“天钰兴”。1949年，曾以“新生饭店”命名，成为吉林市第一家国营饭店。1956年，市政府批准公私合营，新兴园饺子馆合并到市饮食服务公司江城饭店。20世纪80年代，经过两次扩建和设备更新，第四代传承人顿德永研创出大虾馅和

海参馅饺子，第五代传承人贾慧杰在传统风味圆笼蒸饺的基础上，增添饺子宴。

新兴园老字号虽几经更迭，发展至今，已经拥有数十家门店，技艺代代相传，不断发展。

第二节 吉菜特色店

一、他五叔东北地锅菜

他五叔东北地锅菜是一家以东北吉林饮食文化为主题的特色餐饮，在基于东北吉菜系的餐饮文化前提下，提炼出吉林百姓人家的地锅饮食精髓，并进行整合、优化与创新。以东北文化国际范为自己的品牌定位核心，打造全新的用户体验。

他五叔东北地锅菜，身为地道的吉林餐饮人，始终致力于发扬吉林饮食，并以传播吉林传统地锅文化为己任。他五叔立志将吉林地锅菜推向全国，乃至全球，重塑东北饮食的形象与地位。他五叔东北地锅菜的技术特点在于东北铁锅炖，品牌主张为“传承 300 年东北地锅文化，携手五江两山一海特有食材，演绎大东北饮食精髓”。五江包括嫩江、松花江、鸭绿江、图们江、乌苏里江，两山指长白山山脉与大兴安岭山脉，一海为渤海海域，吉林三宝为人参、鹿茸、林蛙。这些元素共同构成了他五叔东北地锅菜的鲜明特色，使其在 2015 年创立至今，已成为吉林省的地域特色品牌。

二、张氏鱼庄

张氏鱼庄成立于 2004 年，是以松花江水域，特色野生胖头鱼为主，并融合东北吉菜的餐厅。成立之初，就以“品质是生命、品牌是灵魂，以品质求生存、以品牌求发展”为企业宗旨，凭借着健康、绿色的餐饮理念，迅速地进入了长春食客们的视野。自 2004 年建店之初，仅有十几人小团队，不足百平小店，经过脚踏实地，勤勤恳恳的经营模式。于 2008 年扩大面积，秉承新的战略，新的思想，新的理念。从最初的十几人小团队，百平小店，发展至今经营面积已达 3000 余平，员工达 100 多人的大家庭，每一位张氏鱼庄的成员都做出了卓绝的努力。张氏鱼庄历经 19 年风雨洗礼，十次重磅升级，并融入于渔民打鱼丰收的理念，将五万条聚氨酯材质的鱼悬挂于整体外墙上，健康又环保的鱼为春城人民打造出全新的视觉冲击，从远处看煞是新奇、壮观。现已成为春城地标性建筑。

传播中华饮食文化，弘扬东北吉菜理念，张氏鱼庄内含春城独有的 3000 平方米点菜明档区，琳琅满目的各式菜肴任您挑选，专业培训的点菜师为您搭配。深受春城人民的喜爱，被誉为“中国餐饮明档之王”。开放式厨房，更多的出品现场制作，保证让您看的舒心，吃着放心。2010 年起，公司更是积极投入社会各类公益事业及慈善事业，每年均抽出一部分资金用于购物捐赠给社会弱势群体。曾多次向长春市敬老院、儿童福利院、街道老年协会等捐赠财物，并设立“捐资助学慈善基金”。这是张氏鱼庄向世人传达真情、回报社会的良好愿望，以求达到企业、社会共赢。19 年来，张氏鱼庄不断地将自己爱心发展壮大，收获了社会的肯定。先后荣获“全国质量稳定信誉保证企业”“放心消费餐饮名牌企业”“质量、服务、信誉 AAA 级品牌企业”，并在 2015 年度长春市卫生等级评比中荣获卫生安全信誉最高等级——A 级称号，在同行业中名列前茅。公司董事长张泰齐先生更是以卓越的管理才能被评为“双优民营企业家”等称号。

三、九段烧传统中国菜

九段烧传统中国菜创建于2013年，是一家传统与时尚相融合的餐厅，“烧”代表烹饪，“九段”代表着对烹饪境界的目标追求，本着要成营养家、美食家、艺术家的追求，严格要求餐厅的每一个细节，希望呈递给顾客更加优质的饮食概念。九段烧以吉菜为主，川、杭、粤菜为辅四大菜系为构成，中国的饮食文化源远流长，在现今这个高速发展的时代，各行各业都在为了猎奇而创新，创新的并不是从“以传承为本”出发的，九段烧作为吉林省本土品牌，本着对中国传统饮食文化的热爱与虔诚出发，以传承中华饮食文化为己任，致力于吉菜发展，以势必要将吉菜发扬光大的决心不断地为顾客呈现以吉菜为主的各大菜系的传统菜，做中华传统饮食文化的传承者、守护者，发展的引领者。

四、柒捌玖传统中国菜

柒捌玖传统中国菜位于吉林省松原市，成立于2016年，主营传统中国吉菜，现有直营店三家。历经数年的不断发展壮大，现已成为松原人民老少皆知的餐饮品牌名店。“吉菜名店”、百姓最喜爱的消费品牌，吉林餐饮杰出企业，东北餐饮百强名店，优秀校企合作单位，是松原市吉菜的代表店。柒捌玖传统中国菜坚守“百姓至上”的菜肴研发根本，博采众长、不断创新，在关东美食节上荣获金奖。柒捌玖传统中国菜在长期的经营和实践中，饭店创办人将企业文化的精髓融入经营生产中，形成了顾客至上的经营理念。以服务百姓为基础，在弘扬中华饮食文化的同时，为地方餐饮行业的进步和发展作出了应有的贡献。

五、冷大厨灌汤包

冷大厨灌汤包是吉林省饮食文化研究会副会长、长春市饭店餐饮烹饪协会执行会长冷孝冰大师原创品牌，以灌汤包为主打产品，注册商标为“冷大厨”。该品牌创立之初，即立志打造东北地域城市餐饮标志性名片，传承我国特色烹饪文化。在经营理念上，冷大厨突破传统，引入现代化4D厨房管理技术，不仅在长春、丹东、凤凰城等地开设多家门店，广泛获得市场认可，还致力于发展连锁战略加盟，实现品牌扩张。冷大厨品牌坚守“工匠精神”，以“食之工匠，炙烹以饪，彰显气质，冷厨味道”为品牌宗旨，致力于打造“中国味道”。并以“持续研发，力求精益求精”作为品牌目标，以“小鲜者，尚事大厨”为品牌精神。在冷大厨灌汤包店面中，醒目牌匾上书。“食之工匠，炙烹以饪，彰显气质，冷厨味道。泱泱大国，食尚先锋，拥名餐之鼎甘滋千百。冷厨之德，品华庭欢畅无不谈工匠情怀，匠心独运，以灌汤包为己任。全身研发，力争精益求精，以小鲜者，尚事大厨，此为冷厨中国味道。经营者良苦用心，以名菜名品为依托，全力打造和挖掘中国特色，以厚实和顺的立业性格，寻求连锁战略加盟。”充分展现了冷大厨品牌的企业文化和经营理念。冷大厨以灌汤包为核心产品，以“工匠精神”为品牌核心价值，运用现代化管理技术为经营手段，通过连锁战略加盟实现品牌扩张，打造了东北地域城市餐饮标志性名片。

六、吉林省鼎原力量

吉林省鼎原力量餐饮管理有限公司，创立于2011年，凭借多年诚信经营与匠心独运，已发展成为拥有多家直营及连锁加盟门店的东北吊炉烧烤领军品牌，为春城餐饮业的繁荣发展增添了光彩。鼎原力量主打艺术与烟火气息的融合，以前瞻性的视野和领先的时代姿态，深入洞察餐饮行业，铸就了春城土地上显赫的城市餐饮封面。

鼎原力量以前瞻性的目光看待发展问题，深知要想使一家店铺做大做强，必须拥有核心拳头产品。因此，公司潜心研究菜品，于2020年独家首创玫瑰盐烧鸽，一举引爆春城烧烤市场。历经数年研究，食材与技艺相辅相成，实现了艺术与口味的完美融合。

鼎原力量不断推陈出新，逐渐形成以特色吊炉烧鸽为主，东北烧烤为辅的经营模式。凭借独特的口味、过硬的品质、高效的出品速度以及欢乐酣畅的就餐氛围，深受省内外游客和市民的喜爱，成为颇具特色的餐饮品牌，被誉为长春烧烤的名片企业。

历经岁月的沉淀，时代的进阶，鼎原力量逐年壮大。公司成立之初，旨在满足人们的味蕾，提升春城人民的幸福感。同时，也为各界精英人士提供一个对话交流的平台。鼎原力量充分体现了圈层概念，成为长春商业精英、知名学者、文化艺术精英、各界名流等高端人士的聚集地。

七、三毛烤羊腿

三毛烤羊腿位于我国吉林省长春市，自2003年创立以来，始终专注于烤羊腿领域，成为全国首家专业烤羊腿品牌，年销量高达30万条羊腿。三毛烤羊腿所选用的羊腿源自甘肃纳尔科牧场的菁茂甘草羊肉，因其特殊的水质、土壤和甘草环境，使得喂养出的羊肉口感鲜嫩多汁，无膻味，且不上火。羊肉内富含氨基酸、不饱和脂肪酸和矿物质等人体必需营养，保证了纯绿色有机的品质。主要以秋季打捆储存的甘草叶为主要粗饲料，以自产玉米、甘草粉、黄芪粉、文蔻果果壳等为主要精饲料，无任何添加物。

三毛烤羊腿自2003年创立以来，已在长春市内开设四家直营店面，单店最大面积2000平方米，最小500平方米。年销量达30万条羊腿，深受市民信赖，并在心中占据一席之地。三毛烤羊腿秉持着信誉、质量、服务第一的宗旨，稳步前行，不断发展，致力于将烤羊腿美食文化发扬光大，传承中华美食文化。

八、东丰镇德胜饭店

东丰镇德胜饭店的“鹿肉酸菜火锅”是吉林省东丰县满族传统火锅名店的代表。得益于吉林省东丰县被誉为“中国梅花鹿之乡”，当地具备长达数百年的梅花鹿养殖历史，使得梅花鹿鹿肉成为特色食材。经过几代人的传承，德胜饭店于1982年正式成立，主营业务为“鹿肉酸菜火锅”。

鹿肉酸菜火锅的独特之处在于，创立之初的主材主要由梅花鹿肉、各类野味以及酸菜等食材构成。随着社会变迁，为了让鹿肉酸菜火锅普及至大众，火锅配菜经过精选，确保汤底味道不变的前提下，去掉了价格较高的食材。现今的主材以养殖梅花鹿、野猪、牛羊、鸡肉等为主，辅以海鲜，同时还加入了山野食用菌类和时令青菜等食材，使“鹿肉酸菜火锅”成为具有地方特色的美食。

值得一提的是，东丰镇德胜饭店的“鹿肉酸菜火锅”作为吉菜特色食材火锅，为吉菜特色食材火锅的未来发展奠定了基础并作出了引领性的贡献。

九、贾小馆烤鸭粤菜馆

贾小馆烤鸭粤菜馆，作为吉林省贾氏餐饮管理有限责任公司旗下的一家重要餐饮企业，自2019年成立以来，以其卓越的品质和服务在业内赢得了良好的口碑。拥有490平方米的营业面积，宽敞舒适的环境，大小标准包房12间，为顾客提供了私密优雅的用餐空间。贾小馆以吉菜为主，兼顾中国八大菜系的精华，打造出一道道美味佳肴。秉承着“菜饭质量领先、服务周到领先、创新研发菜品领先、营养搭配健康领先、环境卫生达标领先”的经营理念，贾小馆在食材选择上精益求精，严格把关质量。从食用油、调味品，到各种肉类、淡水鱼、海产品、蔬菜类、蛋品类、酒水饮品类、茶叶类等，贾小馆都精选正规资质供应商，确保所有食材新鲜，无腐烂、无变质，这是贾小馆对美食的执着，也是对顾客的承诺。贾小馆深知，人才是企业发展的基石，诚信是企业立足的根本。因此，贾小馆坚持以人才为本、诚信立业的经营原则，不断提升员工的专业素养，打造一支高效、专业的团队。发展规划中，贾小馆在原有店面基数上，三年内开设达

到10家餐饮企业，其中包括引入机器人自动化服务和厨房自动操作智能化，以提升服务效率，满足更多顾客的需求。贾小馆通过自身的努力，为我国吉林省餐饮业的蓬勃发展贡献力量。贾小馆将继续坚持品质第一，顾客至上的服务理念，以提供更优质、更健康的美食为己任，回馈广大消费者对贾小馆的支持与信任。

十、儒厨味道

儒厨味道，创立于2017年，专注于传统中国吉菜的传承与创新，现已发展成为拥有三家直营连锁店的餐饮品牌。创立之初，该公司即与吉林省城市建设学校展开校企合作，共同培育烹饪人才。数年间，儒厨味道历经风雨，茁壮成长，已成为江城人民家喻户晓的美食名店。儒厨味道荣誉无数，包括“吉菜名店”“江城美食名店”“百姓最喜爱的消费品牌”“吉林市餐饮立信商户”“吉林市放心消费示范店”以及“中国吉林品质中餐厅”等，见证了其辉煌的发展历程。儒厨味道集传统吉菜与创新融合菜品于一身，秉承老商业技工学校的教育理念，深受老一辈烹饪大师的熏陶，坚守“百姓至上”的研发原则，兼容并蓄，不断创新。其招牌菜品“走字人生”等，在第一届、第二届、第三届关东美食节上荣获金奖。儒厨味道在长期的经营实践中，将企业文化精髓融入经营生产，形成了“顾客至上、端品励学”的经营理念。以服务百姓为基础，儒厨味道在弘扬中华饮食文化的同时，为我国地方餐饮行业的繁荣和发展做出了积极贡献。

儒厨之道，营商为前提，立信、立德、立菜“三立”为不朽，儒厨人物以言行、品德、思想受人敬仰。儒厨味道，既有肴馔之本味，也含厨艺的领悟和经营之道。以“仁”为核心的儒家思想，强调“义利相生”，追求人与人、人与自然万物的和谐。儒厨味道，体现了为人之道、学艺之道、经营之道。

十一、延吉市吴氏包饭屋

吴氏包饭屋，成立于 2014 年 3 月 14 日，总部位于延吉市局子街，目前已拥有四家直营门店，分别在延吉市和龙井市。

吴氏包饭屋多年来始终坚持真材实料、选用上好食材的原则，在继承传统手艺的同时，积极弘扬朝鲜族民餐文化，潜心研究民餐与韩餐的融合，研究出了更符合当地朝鲜族的特色菜品，形成了以包健康、传美味、包民俗、传文化的全新理念。创始人朴惠玉女士曾是白山大厦汉城馆的厨师长，凭借高超的手艺，曾在 1999 年第一届吉林省地方特色餐食展览会中制作的石锅拌饭、辣白菜、萝卜块等多种菜品荣获金奖。作为朝鲜族民族特色美食店，吴氏包饭屋的特色菜品有吴氏五花肉包饭套餐、宫廷烤牛肉、吴氏元祖虾酱豆腐、拌冷面等 60 多种菜品，极大地丰富了延边地方美食和吉菜的文化内涵。

吴氏包饭屋不仅吸引了众多本地食客，还吸引了大量外地游客前来品尝，成为延边美食必打卡地。在企业荣誉方面，吴氏包饭屋在 2016 年中国图们江国际旅游食运会上被评为延边必吃美食——包饭推荐名店，

2021 年延边州文化广播电视和旅游局联合延边晨报文化传煤举办的延边网红打卡评选中，被评为网红美食，2023 年更是荣获中国吉菜特色店荣誉称号。吴氏包饭屋的发展历程，既是对朝鲜族美食文化的传承和创新，也是吉菜发展的一个缩影。未来，吴氏包饭屋将继续秉承真材实料、精选食材的原则，为食客们带来更美味的朝鲜族美食，为吉菜文化的发扬光大贡献力量。

十二、吉牛两岁半·炭烤肋条

吉牛两岁半·炭烤肋条是一家以独特炭烤技艺和创新餐饮理念为核心，致力于打造世界级餐饮品牌新文化的企业。企业隶属于吉凯达（吉林）供应链科技有限公司，该公司成立于 2021 年，是一家集研发、采购、生产、销售、仓储、运输、金融、餐饮等为一体的综合性企业。

在“吉林打造千万头肉牛产业”的背景下，吉牛两岁半 ·炭烤肋条应运而生，成为推动吉林省餐饮连锁品牌落地项目的重要力量。品牌立志将南北饮食文化融合，研发出更适合国人口味的美食，从牧场到餐桌，保证食材品质，将匠心精神传递给每一个人。

吉牛两岁半·炭烤肋条以让政府放心、合作商舒心、员工安心为服务宗旨，积极为中国餐饮发展助力。创新性的“明档自选模式”和“亲民的价格”使其在“春城”形成了一道独具特色的风景线。在这里，顾客可以自助点餐，享受优质服务，产品定价有标准，价格亲民。核心产品炭烤肋条，以其独特的烹饪技艺和美味的口感，赢得了广大消费者的喜爱。此外，吉牛两岁半·炭烤肋条还搭配了市面热门菜品，满足了消费者多样化的需求。

未来，吉牛两岁半·炭烤肋条将继续秉持品质经营理念，发挥企业优势，为推动我国餐饮业的发展贡献自己的力量。同时，品牌将不断探索创新，将更多优质食材和匠心精神融入餐饮文化，让更多人享受到美食的魅力。

吉牛两岁半·炭烤肋条作为一家具有创新精神和强烈社会责任感的企业，为中国餐饮事业的繁荣和发展做出了贡献，让更多人享受到美食带来的快乐。

十三、延吉市金阿迈牛肉汤饭馆

延吉市金阿迈牛肉汤饭馆，成立于 2018 年 2 月，已然成为延边地区颇具盛名的美食品牌。其主要经营项目涵盖吉菜、延边地方特色小吃及牛肉汤等。金阿迈在延吉市已设有 4 家直营店，并于 2019 年开启加盟业务，至 2023 年 6 月，加盟店总数已达 22 家。2022 年 9 月，金阿迈投资建造了占地 1000 平方米的物料生产加工车间，并成功取得生产加工资质，为加盟店提供安全可靠的调味料，为品质稳定奠定了坚实基础。金阿迈依托延边朝鲜族在优质吉牛肉加工方面的独特技艺，擅长以牛肉、牛骨、牛下水煮汤，并以野苏子调味。金阿迈朝鲜族牛肉汤不仅已形成实体店规模，还致力于打造新兴预制菜产业，拓展产业链条，为经济发展注入强大动力。2022 年，延吉市金阿迈牛肉汤饭馆荣获 CCTV-2 评选的延边美食名片称号，2023 年又荣获中国吉菜特色店荣誉称号。

十四、睿德·名人艺术酒店

睿德·名人艺术酒店是由诺睿德房地产开发集团股份有限公司按四星级标准投资兴建，委托中国知名酒店管理公司——城市名人酒店集团经营管理。酒店位于净月西部新城中心区域、EBD 商核中心，交通便利，地理位置优越。酒店建筑面积 1.5 万平方米，主体共 12 层，拥有 165 间各式豪华艺术主题客房，5 间不同规模和类型的会议室，是一家集住宿、餐饮、会议服务等为一体的特色商务艺术酒店。置身其中，可以享受到名人酒店的超值服务，零距离感受浓郁的长白风情、萨满文化、名家名作的艺术气息。酒店拥有装修豪华、高雅、环境舒适的各类客房，房间装饰明亮宽敞，设施设备齐全；配备大型多功能厅，为各级商贸洽谈、研讨会等会议提供场所。酒店同时配备商务咖啡吧，自助餐厅等设施及

3000 席复式立体停车位，全自动智能化停车系统，高效便捷的服务。

十五、阿拉佰饭店

阿拉佰饭店始建于 1991 年，紧临松花江边，经营面积 2000 平方米。阿拉佰饭店在不断经营发展中，始终秉承“清真第一家”的宗旨，已经形成了独特的品牌优势和企业文化。

成为百万市民评选的百家诚信企业之一；被市工商局、江城晚报社评为江城市民喜爱的消费品牌；被市商务局、江城晚报社评为江城人喜爱的地产消费精品；获得省级东北餐饮名店、“3·15”名优企业上榜单位等。近几年里先后被评为吉林市“诚信建设”先进单位，“重合同守信用”先进企业，以及获得省“美食节餐饮名店”称号。经营的菜品手把羊肉、阿拉佰牛肉、沾板羊排、香酥羊腿、酱牛肉、风味牛掌、烧子盖等广受好评。饭店坚守“做 30 年不变的味道”的信念，从原料选购到菜品及配料等，确保安全、绿色、放心，加工环境安全、洁净、加工流程准确、用料精准。

附录 吉林工商学院简介

吉林工商学院是一所吉林省省属公办普通高等院校，坐落在素有北国春城美誉的吉林省省会长春市。学校始建于1958年，2007年经国家教育部批准，由吉林财税高等专科学校、吉林商业高等专科学校和吉林粮食高等专科学校合并升本组建而成。

2013年12月，学校顺利通过教育部本科教学工作合格评估。2015年12月，学校被批准为吉林省首批整体转型试点高校。

2012年，经省发改委批复，学校在长春九台经济开发区卡伦湖畔移地建设新校区。2014年学校整体搬入卡伦湖新校区，新校区占地面积达98.4万平方米，绿化面积38.4万平方米，建筑面积达32.6万余平方米。

学校招生范围覆盖全国31个省份，拥有全日制本专科在校生15362人，教职工974人，高级职称教职工381人，硕士、博士学位教职工762人。拥有国务院政府特殊津贴获得者，文化奖获得者、文华大奖获得者、德艺双馨工作者、教育部新世纪优秀人才、吉林省高级专家、吉林省有突出贡献中青年专业技术人才、吉林省拔尖创新人才、省级教学名师、吉林省会计领军人才、长白山技能名师、吉林省优秀留学回国人员、最美教师暨黄大年式好老师等一批高层次人才。

学校坚持以教育教学为中心，构建了德、智、体、美、劳“五位一体”的人才培养体系，现有45个本科专业和14个专科专业，覆盖了经济学、管理学、工学、理学、文学、艺术学、农学7个学科门类。先后获得国家级教学成果奖1项，省级教学成果奖21项，省教育科学优秀成果奖和省优秀高教科研成果奖76项，获批省级及以上教研课题762项，其中全国教育科学规划课题2项，省教学成果奖培育项目1项。教育部产学合作协同育人项目75项，教育厅产学合作协同育人项目39项。拥有国家级一流本科专业建设点2个，省级一流专业10个。拥有省级一流课程（金课）6门、省级虚拟仿真课程2门、省级在线开放课程3门、省级学科育人示范课2门、省级课程思政建设课程2门、省级普通本科高校优秀基层教学组织1个、省级教学名师工作坊1个、省第三批高校黄大年式教师团队1个、省级示范性现代产业学院1个。学校设有“吉林省高等财经教育研究基地”等3个吉林省高等教育研究基地，“粮油食品工程实验教学中心”等2个省级实验教学示范中心，拥有省级校外实践教育基地2个，省级教学基地“吉林省粮食工程双师双能教师培训基地”1个，省级大学生创业园1个，省双创示范基地1个，省级大学生创业创新实训基地1个，省级首批本科高校耕读教育校外实践基地1个，长春市创新创业实训基地1个。大学生创业园2022年被省人社厅评为“省级创业孵化示范基地”。学校获批吉林省第三批“1+X”证书制度试点院校，申报了20项27个级别的证书。学校学生作为国家队成员参加国际大学生无线电测向比赛并屡获金牌；在国际数学建模美赛中获M奖一等奖；在全国大学生烹饪大赛获得团体金奖，37名学生获得“中华金厨”奖；学校

“学伴 +”志愿者团队在团中央组织的 2020年全国大中专学生志愿者暑期“三下乡”社会实践评选中获“优秀团队”荣誉称号。学生在参加全国高校和全国大学生金融、贸易、信息、新闻、广告、体育等各类竞赛中屡获大奖，多次在吉林省大学生乒乓球比赛、吉林省学生武术锦标赛等比赛中摘金夺银。学校学生参加吉林省第七届、第八届、第九届“互联网 +创新创业大赛”共获得 11金、21银、21铜的好成绩。

学校结合财经、粮食、餐旅学科专业特色，先后获批省部级科研平台 13个，包括与航天信息股份有限公司联合申报的“国家粮食产业人工智能仓储装备与服务技术创新中心”获批为部级科技创新平台、学校结合财经类科研资源申报的“吉林省农村综合改革创新发展战略研究中心”获省科技厅批准为吉林省创新发展战略研究中心。学校与辽源市、珲春市签署校地战略合作协议。学校分别与延边大学、珲春市共建了“吉林粮食与边疆安全研究院”、“珲春创新发展研究院”2个联合研究机构。学校建有“吉林省饮食文化研究院”等7个校级科研机构。学校获批第三批“全国粮食安全宣传教育基地”。学校成为国家粮食与物资储备局首批十家“全国粮食与物资储备教育培训基地”之一。学校获批中国金融教育发展基金会理事单位、中国教育发展战略学会理事单位。学校当选省市场监督管理学会理事会副会长单位、省粮食行业协会第六届理事会副会长单位。学校拥有省特色高水平学科 1个，累计发表省级以上论文7296篇，其中，重点期刊 175篇，核心期刊论文 1245篇，SCI检索论文 70篇，SSCI检索论文 5篇，EI检索论文 416篇，CPCI检索论文 354篇。

学校在长期的办学实践中，形成了以“财经”为底色，突出发展“粮食”“餐旅”为特色，加强新时代新工科、新文科建设，多学科多专业协调发展的办学格局。财经类学科专业以服务地方经济发展为己任，主动与行业对接，面向财经类行业、产业、企事业单位培养应用技能型人才，为省直相关部门提供人才培训和咨询服务；原吉林粮食高等专科学校是东北地区唯一一所以培养粮食全产业链应用型人才为主的院校，目前学校在粮食综合教学、科研能力方面已进入国家前列；学校作为国内为数不多的餐饮类本科人才培养院校，始终把“技能传承和文化传承”相结合，以“吉菜”菜系开发、吉菜标准体系建立、吉菜文化打造为己任，形成了“美景 +美食 +文化”的品牌特色，为吉林饮食走出吉林、走出国门做出了重大贡献。

学校坚持扩大教育对外开放，响应国家“一带一路”倡议，不断拓宽国际合作交流空间。与美国特拉华州立大学、瑞士教育集团、法国 AD教育集团、日本京都情报大学院大学、马来西亚亚洲城市大学、泰国格乐大学等 10余所海外院校签署合作协议，开展国际合作教育项目。与新加坡特许科技学院举办中外合作办学项目，已连续招生 14年。作为吉林省孔子学院（课堂）理事成员单位，参与教育部中外语言交流合作中心“汉语桥”线上文化感知交流活动，发挥我校烹饪等特色专业优势，圆满完成韩国大教集团彩虹孔子学院的课程录制工作，展现出“吉菜”烹饪技艺和文化内涵，为弘扬中华美食传统文化，讲好中国故事，担当使命和责任。

学校聚焦吉林省“一主六双”高质量发展战略，不断加强服务社会能力，24份研究咨询报告获省部级及以上领导肯定性批示。其中，研究报告《当前我国经济、金融舆情的总体态势与舆论引导》被中宣部舆情信息局采用，并获习近平总书记批示，为服务大局、为党中央建言献策发挥了积极作用；学校提出的“关于深化我省农村宅基地制度改革的调查报告”等获省委书记景俊海肯定性批示并采纳应用，为深化农村改革提供决策咨询。《关于建设现代肉牛产业学院助力吉林省肉牛产业发展的建议》获吉林省第十四届社会科学优秀成果奖研究报告类一等奖，学校人文社科研究成果应用于区域发展规划、特色旅游资源开发及利用、中小型企业发展对策、政府咨询等方面并取得显著成效。学校牵头成立“吉林现代粮食产业学院联盟”，持续助力“吉林大米”品牌建设，持续完善和推广“5T管理”标准，为实施吉林省“千亿斤粮食”产能建设工程提供有力支撑。学校组织召开“吉林省区域饮食文化助力地方经济高质量发展研讨会”“吉林省中小企业高质量发展座谈会”等系列高水平学术活动，为我省文旅产业发展贡献智慧力量，助力地方经济高质量发展，为新时代东北地区的全面振兴提供有力的智力支持。学校被中国扶贫开发协会列入乡村振兴人才联合培训院教学区。学校人文社科研究成果应用于区域发展规划、特色旅游资源开发及利用、中小型企业发展对策、政府咨询等方面并取得显著成效。

作为一所培养应用型人才的本科院校，吉林工商学院秉承“博学善思、厚德自强”的校训，坚持“育人为本、突出特色，改革创新、服务社会”的办学理念，走出了一条特色鲜明的办学之路，正以崭新的形象和良好的发展势头，赢得社会各界的普遍关注。学校坚持以习近平新时代中国特色社会主义思想为指导，全面贯彻党的教育方针，坚持社会主义办学方向，落实立德树人根本任务，不断提高人才培养质量，坚持为地方经济服务，通过改革创新和转型发展，努力把学校建设成一所国内知名、省内一流的特色高水平应用型大学。

（数据统计截止到 2024年 4月 30日）

参考文献

[1] 省情. 吉林省人民政府.

[2] 行政区划. 吉林省人民政府.

[3] 生态区域分布. 吉林省人民政府 .

[4] 吉林省地理位置. 吉林省人民政府.

[5] 吉林省地方志编纂委员会编纂，吉林省志·人口志·民族人口，吉林人民出版社，2004.05.

[6] 吉林省地方志编纂委员会编纂，吉林省志 卷 1 总述，吉林人民出版社，2004.05.

[7] 吉林省少数民族基本情况. 吉林省民族宗教网.

[8] 吉林省行政区划沿革. 吉林省地方志编纂委员会.

[9] 吉菜在产业与消费升级中嬗变. 中国食品报网 .

[10] 吉林省地方志编纂委员会编纂，吉林省志·国内商业志·商业·饮食服务，吉林人民出版社，2004.05.

[11] 吉林省地方志编纂委员会编纂，吉林省志·民俗志，吉林人民出版社，2004.05.

[12] 孙建权 .东北非物质文化遗产丛书·民间饮食技艺与习俗卷，东北大学出版社，2018.02.

[13] 姜春和 .与时俱进 改革开拓——论吉菜的发展方向 [J].吉林商业高等专科学校学报， 2003，(1):3.

[14] 姜春和 .菜肴味型及其研究浅谈 [J].烹饪教育，1992.03.

[15] 姜春和 .论吉菜在吉林省各区域的发展方向 [J].吉林工商学院学报，2010，(3):3.

[16] 醇厚香浓是吉林菜的主要特征 .搜狐“中外美食文化”[2017-10-04].

[17] 重口味背后的独特风味与文化 .搜狐 “大吉网评”[2023-10-12].

[18] 周繇 .中国长白山植物资源志，中国林业出版社，2009.7.

[19] 唐文 .齐忠新，陶牧，赵兴友. 烹调技术 .吉林省机关事业单位工人技术考核培训教材 .1995年.

[20] 朱基富 .烹饪美学 [M].中国轻工业出版社，2010.

[21] 李宏梁 .食品添加剂安全与应用（第二版）.化学工业出版社. 2012年.

[22] 李和平 .精细化工工艺学 .科学出版社，2005.

[23] 姜春和等 .烹饪技术 [M].吉林音像出版社，2004.06.

[24] 明胶制备工艺及溯源方法研究. 中国知网 [引用日期 2019-10-30].

[25] 白庆华，李鸿义 . 增稠剂的研究进展 [J]. 煤炭与化工 , 2011，34(7):46-48.

[26] 吴世敏，印德麟 主编 .简明精细化工大辞典 .沈阳：辽宁科学技术出版社 .1999： 462 .

[27] 吉林省饮食服务公司 .吉林菜谱（第二版）.吉林科学技术出版社，1992.

后记

时光如白驹过隙，此刻站在《中国吉菜大典》即将出版的节点上，回首往昔，奋斗和辛劳成为丝丝的记忆，甜美与欢笑也都尘埃落定。《中国吉菜大典》汇聚了几代吉菜人的智慧、情怀。自吉菜的细枝末节被搜索到，吉菜人对其真谛、内涵的追寻便从未停止。历经沧桑、岁月轮转，吉菜在正式得名后，获得了长足发展，走上了标准化、产业化之路，也让世人见到了它的臻颜。

为吉菜编书立说，是吉菜传承者的使命，更是吉菜人义不容辞的责任。在吉林工商学院的支持下，在吉林省饮食文化研究会的组织下，历时一年，《中国吉菜大典》编撰委员会走遍了全省 9个地市州和长白山地区，行程 4000多千米，探寻吉菜的地域特色、文化内涵，参与编撰工作的厨师、专家和服务人员达 200余位。编撰委员会夙夜匪懈，共总结了吉菜代表菜肴 186道、点心 100道、元老级大师 13名、吉菜资深大师 43名、吉菜知名大师 178名，吉菜青年名师 92名，特色店和示范店 29家，凝练出 60余万字，并对吉菜的历史源流进行了系统梳理，让世人真正了解吉菜的发展脉络，几经沧桑，吉菜的味道没变，吉菜的内涵却越发丰富，吉菜的文化也日渐繁荣。

完成这样一项艰巨而意义重大的工作，我们的初衷是为了对吉菜进行全面、准确的理解和定义。吉菜，作为中国菜系中的一朵奇葩，拥有着丰富的文化底蕴和独特的烹饪技艺。通过对吉菜文化的深入挖掘和提炼，我们希望让更多的人了解和认识到这一宝贵的文化遗产。

在保护吉菜技艺方面，我们致力于记录和传承吉菜的独特烹饪方法、原材料选用以及口味特点。这些技艺是吉菜的灵魂，也是我们民族智慧的结晶。只有将它们完整地保存和传承下去，才能让吉菜的魅力得以延续。

为了给吉菜的发展提供有力的理论支撑和技术支持，我们研究了大量的文献资料，采访了多位烹饪大师和专家学者。通过对吉菜的历史、食材、烹饪方法、风味特点等方面进行全面而深入的剖析，我们希望建立起一套完整的吉菜理论体系，为今后的吉菜创新和发展提供依据。

在完成这项工作的过程中，我们深感责任重大。因为吉菜不仅仅是一种美食，更是一种文化的体现，承载着我们的民族精神和生活智慧。让我们共同努力，传承和发扬吉菜文化，让它在新时代焕发出更加璀璨的光芒。

通过对吉菜的定义、文化提炼、技艺保护和理论支撑，我们希望搭建一个全面、系统的吉菜研究体系，为吉菜的传承和发展奠定坚实的基础。这不仅是对吉菜的独特贡献，更是对中华民族文化多样性的赞美。让我们携手共进，让吉菜在未来的岁月里绽放更加绚烂的色彩。

《中国吉菜大典》的完成，无疑是一件功在当代，利在千秋的伟绩。这部大典的编纂过程，凝聚了众多编委会成员的心血和智慧。他们在探寻吉菜文化的道路上，不畏艰辛，不断前行。在此过程中，他们经过不计其数的研讨、修改，付出了艰辛的努力。

在编撰《中国吉菜大典》的过程中，编委会成员们深入挖掘吉菜的内涵，全面梳理吉菜的历史渊源、技艺传承、地域特色等各个方面。他们以严谨的态度，对每一个词条、每一段文字都进行细致地研究和探讨。在这个过程中，他们相互启发、取长补短，共同为这部大典的完善而努力。

十易其稿，是对《中国吉菜大典》的精心打磨。每一次修改，都意味着编委会成员们对吉菜文化的认识更加深入，对大典的品质要求更高。他们在严谨的学术态度和精益求精的精神指引下，力求将大典打造成一部全面、系统、权威的“吉菜文化百科全书”。

《中国吉菜大典》的完成，不仅是对我国吉菜文化的一次全面梳理，更是对中华民族优秀传统文化的传承和发扬。这部大典的出版发行，将为广大民众提供一把打开吉菜文化大门的钥匙，使他们能够更深入地了解和欣赏这一博大精深的饮食文化。同时，它也将为我国餐饮业的发展提供宝贵的借鉴和启示。

回顾《中国吉菜大典》的编撰过程，我们不禁感慨万千。其中所经历的甘苦，唯有参与其中的编委会成员们才能深刻体会。然而，正是这种艰辛，使得大典的完成显得越发珍贵。让我们向编委会成员们致敬，感谢他们为传承和发扬我国吉菜文化所付出的辛勤努力！

在未来的日子里，我们相信，《中国吉菜大典》将继续发挥其深远的影响，激发更多人对吉菜文化的热爱和追求。这部大典将成为一座桥梁，连接过去与未来，让吉菜文化在世代间传承，永续发展。而我们，也将为这部大典的诞生感到自豪，为曾经参与其中而倍感荣幸。

吉菜文化浩如烟海，吉菜技艺历久弥新，编委会历经磨难，深入研究吉菜的历史渊源，探讨各种烹饪技法，勤奋钻研食材的搭配与烹饪原理。在长期的努力下，编委会成功编撰出了一部极具价值的《中国吉菜大典》。然而即便是组委会尽心尽力的细致钻研、考察，也难免有疏漏和不足，我们诚挚地期待广大读者和专家批评指正，帮助我们不断完善和提升这部大典。同时，编委会也将不忘初心，继续砥砺前行，深入挖掘吉菜的内涵，躬耕钻研，为《中国吉菜大典》进行修订翻新，为广大食客和烹饪爱好者带来更多精彩的吉菜美食。

在这个过程中，我们坚信，只要我们齐心协力，共同努力，吉菜文化必定能在新时代焕发出更加璀璨的光芒。让更多的人了解、传承并发扬吉菜文化，是我们共同的责任和使命。让我们携手共进，为推动我国吉菜事业的发展贡献自己的一份力量。

最后，我们要对《中国吉菜大典》的读者们说一声：谢谢您的关注与支持，让我们共同期待这部大典的修订翻新，为美食爱好者们带来更多精彩的篇章。同时，也祝愿吉菜事业蒸蒸日上，走向更加辉煌的未来！

《中国吉菜大典》编撰委员会
2024年6月

我们的足迹

新食路 新思路 创中国吉菜新格局 ……